Springer Collected Works in Mathematics

More information about this series at http://www.springer.com/series/11104

Carl Ludwig Siegel

Gesammelte Abhandlungen II

Editors
Komaravolu Chandrasekharan
Hans Maaß

Reprint of the 1966 Edition

Springer

Author
Carl Ludwig Siegel (1896 - 1981)
Universität Göttingen
Göttingen
Germany

Editors
Komaravolu Chandrasekharan
ETH Zürich
Zürich
Switzerland

Hans Maaß (1911 - 1992)
Universität Heidelberg
Heidelberg
Germany

ISSN 2194-9875
Springer Collected Works in Mathematics
ISBN 978-3-662-48904-8 (Softcover)
978-3-540-03658-6 (Hardcover)

Library of Congress Control Number: 2012954381

Springer Heidelberg New York Dordrecht London

Printed on acid-free paper

Springer-Verlag GmbH Berlin Heidelberg is part of Springer Science+Business Media
(www.springer.com)

CARL LUDWIG SIEGEL
GESAMMELTE ABHANDLUNGEN

BAND II

Herausgegeben von

K. Chandrasekharan und H. Maaß

SPRINGER-VERLAG

BERLIN · HEIDELBERG · NEW YORK 1966

Library of Congress Catalog Card Number 65-28289

Titel-Nr. 1311

Inhaltsverzeichnis Band II

27.

Analytische Theorie der quadratischen Formen

Comptes Rendus du Congrès international des Mathématiciens (Oslo) 1937, S. 104—110

Es ist bekannt, daß zwischen der Arithmetik und der Theorie der analytischen Funktionen gewisse Analogien bestehen; insbesondere spiegeln sich manche Eigenschaften algebraischer Zahlkörper wider in ähnlichen Aussagen über algebraische Funktionen. Die funktionentheoretischen Sätze liefern einen Zusammenhang zwischen den lokalen und den integralen Eigenschaften der analytischen Funktionen. Die Entwickelbarkeit in eine Reihe nach Potenzen der Ortsuniformisierenden auf der Riemannschen Fläche ist eine lokale Eigenschaft der analytischen Funktion. Ihr entspricht in der Arithmetik der rationalen Zahlen die Entwicklung in eine p-adische Potenzreihe. Will man also in der Zahlentheorie Analogien finden zu den Integralsätzen der Analysis, so wird man danach fragen, inwieweit arithmetische Funktionen im Großen, also im Körper der rationalen Zahlen, bestimmt sind durch die entsprechenden arithmetischen Funktionen im Kleinen, also in den p-adischen Körpern, oder, was auf dasselbe hinauskommt, durch das entsprechende arithmetische Problem modulo q, wobei q eine beliebige natürliche Zahl bedeutet.

Einen Satz dieser Art verdankt man Legendre. Es seien a, b, c, d ganze Zahlen. Der Satz von Legendre besagt, daß die diophantische Gleichung

$$a x^2 + b x y + c y^2 = d$$

dann und nur dann in rationalen Zahlen x, y lösbar ist, wenn die diophantische Kongruenz

$$a x^2 + b x y + c y^2 \equiv d \pmod{q}$$

für jeden natürlichen Modul q eine rationale Lösung besitzt. Es ist trivial, daß diese Bedingung notwendig ist; die Bedeutung des Satzes liegt darin, daß die Bedingung zugleich auch hinreichend ist, daß also aus der lokalen Lösbarkeit die Lösbarkeit im Großen folgt. Eine schöne Verallgemeinerung des Satzes von Legendre hat Hasse gegeben. Sie bezieht sich auf die rationale Darstellbarkeit einer quadratischen Form R von n Variablen durch eine quadratische Form Q von m Variablen, also auf das Problem, Q in R

durch eine homogene lineare Substitution mit rationalen Koeffizienten zu transformieren. Wir wollen der Einfachheit halber in diesem Vortrage nur den Fall behandeln, daß die quadratischen Formen Q und R positiv-definit sind. Bedeutet S die Matrix der quadratischen Form Q von m Variabeln, T die Matrix der quadratischen Form R von n Variabeln und X die Matrix der linearen Transformation, welche Q in R überführt, so besteht die Matrizengleichung

$$X' S X = T. \tag{1}$$

Hierin sind S und T gegeben, während eine Matrix X mit m Zeilen und n Spalten von rationalen Elementen gesucht wird und X' die Transponierte zu X bedeutet. Es ist wieder trivial, daß aus der rationalen Lösbarkeit von (1) die rationale Lösbarkeit der Kongruenz

$$X' S X \equiv T \pmod{q} \tag{2}$$

für jeden Modul q folgt; dabei soll eine solche Matrizenkongruenz bedeuten, daß entsprechende Elemente rechts und links miteinander kongruent sind. Der wichtige Satz von Hasse lautet nun, daß umgekehrt aus der rationalen Lösbarkeit von (2) für jedes q auch wieder die rationale Lösbarkeit von (1) folgt. Der Spezialfall $m=2$, $n=1$ ergibt insbesondere den Satz von Legendre, und andere Spezialfälle sind bereits von Smith und Minkowski behandelt worden.

Es liegt jetzt nahe, folgende Frage zu stellen: Läßt sich die qualitative Aussage des Hasseschen Satzes zu einer quantitativen verschärfen, also zu einer Aussage über Lösungsanzahl statt Lösungsexistenz. Diese Fragestellung muß aber noch modifiziert werden, damit sie zu einer befriedigenden Lösung führen kann. Zunächst ist nämlich leicht ersichtlich, daß aus der Existenz einer einzigen rationalen Lösung von (1) zugleich unendlich viele solche Lösungen folgen. Um unter diesen eine endliche Anzahl auszuscheiden, wird man nur ganzzahlige Lösungen in Betracht ziehen. Ohne Beschränkung der Allgemeinheit kann noch vorausgesetzt werden, daß auch die Elemente von S und T ganz sind. Es sei nun $A(S, T)$ die Anzahl der Lösungen von (1) in ganzen Matrizen X, d. h. Matrizen mit ganzzahligen Elementen, und $A_q(S, T)$ die Anzahl der modulo q inkongruenten ganzen Lösungen von (2). Das Problem lautet jetzt: Welcher Zusammenhang besteht zwischen $A(S, T)$ und den $A_q(S, T)$?

Um zu erkennen, ob dieses Problem lösbar ist, stellen wir folgende Betrachtung an. Man nennt zwei quadratische Formen Q und Q_1 mit den Matrizen S und S_1 äquivalent oder zur gleichen Klasse gehörig, wenn sowohl Q in Q_1 als auch Q_1 in Q durch eine lineare Substitution mit ganzen Koeffizienten transformiert werden kann, wenn also die Matrizengleichungen

$$(3) \qquad X'SX = S_1, \quad X_1'S_1X_1 = S$$

beide ganze Lösungen haben. Es ist klar, daß sich die Anzahl $A(S, T)$ nicht ändert, wenn die quadratische Form mit der Matrix S durch eine äquivalente ersetzt wird. Daher ist $A(S, T)$ eine Klasseninvariante. Nennt man ferner Q und Q_1 zum gleichen Geschlecht gehörig, wenn anstelle der Gleichungen (3) die entsprechenden Kongruenzen

$$X'SX \equiv S_1 \pmod{q}, \quad X_1'S_1X_1 \equiv S \pmod{q}$$

für jedes q ganzzahlig lösbar sind, so sind die Zahlen $A_q(S, T)$ offenbar Geschlechtsinvarianten. Ließe sich nun $A(S, T)$ aus den $A_q(S, T)$ eindeutig berechnen, so wäre diese Zahl ebenfalls eine Geschlechtsinvariante. Dies läßt sich nun aber durch ein Beispiel widerlegen. Wie man leicht einsehen kann, gehören $Q = x^2 + 55y^2$ und $Q_1 = 5x^2 + 11y^2$ zum gleichen Geschlecht. Folglich haben bei beliebigem q die Kongruenzen $Q \equiv 1 \pmod{q}$ und $Q_1 \equiv 1 \pmod{q}$ die gleiche Lösungsanzahl. Andererseits ist aber $Q = 1$ ganzzahlig lösbar und $Q_1 = 1$ unlösbar. Dieses Beispiel zeigt zugleich, daß Q und Q_1 nicht äquivalent sind, daß also die Klasseneinteilung schärfer ist als die Geschlechtseinteilung. Aus einem Satze von Hermite ergibt sich, daß jedes Geschlecht aus nur endlich vielen Klassen besteht. Liegen nun im Geschlechte von Q genau h Klassen, so wähle man aus jeder einen Repräsentanten und bilde mit den zugehörigen Matrizen $S_1, \cdots, S_h$ die Anzahlen $A(S_1, T), \cdots, A(S_h, T)$. Die h analogen Zahlen $A_q(S_1, T), \cdots, A_q(S_h, T)$ haben alle denselben Wert $A_q(S, T)$. Die ursprüngliche Frage nach dem Zusammenhang zwischen $A(S, T)$ und $A_q(S, T)$ kann jetzt vernünftiger folgendermaßen gestellt werden: Besteht ein Zusammenhang zwischen den $A_q(S, T)$ und den Zahlen $A(S_1, T), \cdots, A(S_h, T)$? Der Hauptsatz der Theorie besagt nun, daß in der Tat diese Größen durch eine sehr einfache Beziehung miteinander verknüpft sind.

Ehe wir zur Formulierung dieses Hauptsatzes übergehen, wollen wir noch die mittleren Werte von $A_q(S, T)$ und $A(S, T)$ definieren. In der Kongruenz (2) ist X eine ganzzahlige Matrix mit m Zeilen und n Spalten, also mit mn Elementen. Läßt man nun X sämtliche modulo q inkongruenten Matrizen durchlaufen und nicht nur die Lösungen jener Kongruenz, so erhält man insgesamt q^{mn} Matrizen X, da für jedes Element von X genau q Möglichkeiten bestehen. Jedesmal ist dann $X'SX = Y$ eine ganzzahlige symmetrische Matrix mit n Reihen. Da eine n-reihige symmetrische Matrix nur $\frac{n(n+1)}{2}$ unabhängige Elemente besitzt, so hat man $q^{\frac{n(n+1)}{2}}$

Möglichkeiten für Y. Daher ist

$$\sum_{Y \,(\mathrm{mod}\, q)} A_q(S, Y) = q^{mn}, \quad \sum_{Y \,(\mathrm{mod}\, q)} 1 = q^{\frac{n(n+1)}{2}}$$

und folglich kann man die Zahl $q^{mn - \frac{n(n+1)}{2}}$ als den mittleren Wert von $A_q(S, T)$ bezeichnen.

Ganz entsprechend wird der mittlere Wert von $A(S, T)$ erklärt. Man deute die $\frac{n(n+1)}{2}$ unabhängigen Elemente von Y als rechtwinklige cartesische Koordinaten eines Punktes im Raume von $\frac{n(n+1)}{2}$ Dimensionen. Vermöge der Gleichung $X'SX = Y$ wird dann ein beliebiges Gebiet y dieses Raumes abgebildet auf ein Gebiet x im X-Raume, dessen Koordinaten die mn Elemente von X sind. Man lasse nun y auf den Punkt T zusammenschrumpfen und bezeichne den Grenzwert des Volumenquotienten

$$\lim_{y \to T} \frac{\int_x dX}{\int_y dY} = A_\infty(S, T)$$

als den mittleren Wert von $A(S, T)$. In der Tat gelten für ein beliebiges Gebiet y die Gleichungen

$$\int_y A_\infty(S, Y)\, dY = \int_x dX$$

$$\sum_{Y \text{ in } y} A(S, Y) = \sum_{X \text{ in } x} 1 .$$

Man setze noch $A(S, S) = E(S)$; dies ist also die Anzahl der ganzzahligen Transformationen der quadratischen Form mit der Matrix S in sich selbst. Der Hauptsatz besagt dann: Es ist

$$(4) \qquad \frac{\dfrac{A(S_1, T)}{E(S_1)} + \cdots + \dfrac{A(S_h, T)}{E(S_h)}}{\dfrac{A_\infty(S_1, T)}{E(S_1)} + \cdots + \dfrac{A_\infty(S_h, T)}{E(S_h)}} = \lim_{q \to \infty} \frac{A_q(S, T)}{q^{mn - \frac{n(n+1)}{2}}},$$

wenn q eine geeignete Folge natürlicher Zahlen durchläuft, z. B. die Folge $1!, 2!, 3!, \cdots$. Im Falle $m \leqq n+1$ ist auf der rechten Seite noch der Faktor $\frac{1}{2}$ hinzuzufügen, im Falle $m = n$ außerdem noch im Nenner rechts der Faktor $2^{\omega(q)}$, wo $\omega(q)$ die Anzahl der Primteiler von q bedeutet. Es sei noch bemerkt, daß dieser Satz sich sinngemäß auf indefinite quadratische

Formen und auf quadratische Formen in beliebigen algebraischen Zahlkörpern übertragen läßt.

Der Ausdruck auf der rechten Seite von (4) kann als arithmetischer Ersatz für die Integralbildungen der Funktionentheorie angesehen werden. Dies wird deutlicher, wenn man die rechte Seite von (4) als unendliches Produkt schreibt. Für teilerfremde q, r ist nämlich $A_{qr}(S, T) = A_q(S, T) A_r(S, T)$; ferner ist für die Potenzen $q = p^a$ jeder festen Primzahl p der Quotient $A_q(S, T) : q^{mn - \frac{n(n+1)}{2}}$ bei hinreichend großem a konstant, kann also gleich $\alpha_p(S, T)$ gesetzt werden. Da auch die Zahlen $A_\infty(S_1, T), \cdots, A_\infty(S_h, T)$ alle den Wert $A_\infty(S, T)$ besitzen, so läßt sich die Formel des Hauptsatzes in der Gestalt

$$(5) \qquad \frac{\dfrac{A(S_1, T)}{E(S_1)} + \cdots + \dfrac{A(S_h, T)}{E(S_h)}}{\dfrac{1}{E(S_1)} + \cdots + \dfrac{1}{E(S_h)}} = A_\infty(S, T) \prod_p \alpha_p(S, T)$$

schreiben, wo p alle Primzahlen wachsend durchläuft. Die Faktoren auf der rechten Seite sind erklärt durch die Arithmetik im Kleinen, nämlich an den einzelnen Primstellen, während sich der Ausdruck auf der linken Seite auf die Arithmetik im Großen bezieht.

Der Hauptsatz ist seinem Wesen nach transcendenter Natur. Dementsprechend enthält sein Beweis auch einen transcendenten Teil, nämlich die Dirichletsche Methode der Mittelwertbildung. Außerdem sind eingehende arithmetische Überlegungen nötig. Da es nicht möglich ist, den Beweis in der noch zur Verfügung stehenden Zeit zu skizzieren, so ziehe ich es vor, nur noch einiges über die Bedeutung des Satzes zu sagen.

Ein Spezialfall der Formel (5), nämlich $S = T$, ist bereits durch Minkowski entdeckt worden. Für diesen Fall hat nämlich der Zähler auf der linken Seite von (5) den Wert 1, und man erhält einen Ausdruck für die Größe $\frac{1}{E(S_1)} + \cdots + \frac{1}{E(S_h)}$, die man seit Eisenstein als Geschlechtsmaß bezeichnet. Die so entstehende Minkowskische Formel ist eine Verallgemeinerung der Eisensteinschen Formel für das Geschlechtsmaß bei definiten ternären quadratischen Formen und der Dirichletschen Klassenzahlformel bei binären quadratischen Formen.

Ein anderer Spezialfall entsteht, wenn man voraussetzt, daß die Klassenzahl h des Geschlechtes von S den Wert 1 hat. Dann liefert nämlich der Hauptsatz offenbar eine Aussage über $A(S, T)$ selbst. Dieser Fall liegt z. B. dann vor, wenn S die Einheitsmatrix und $m \leqq 8$ ist, also Q eine Summe von höchstens 8 Quadraten bedeutet. Nimmt man noch $n = 1$, also für die

Matrix T eine Zahl, so erhält man aus (5) die Sätze von Lagrange, Gauss, Jacobi, Eisenstein und Liouville über die Zerlegungen natürlicher Zahlen in Quadrate.

Es ist bekannt, daß Jacobi seinen Satz über die Anzahl der Zerlegungen von natürlichen Zahlen in 4 Quadrate aus der Theorie der elliptischen Funktionen entnahm; genauer gesagt, entsteht dieser Satz durch Koeffizientenvergleich aus einer gewissen Identität zwischen Modulfunktionen. Es ist nun bemerkenswert, daß auch für den Fall eines beliebigen S und $n=1$ der Hauptsatz in eine Beziehung zwischen elliptischen Modulfunktionen übertragen werden kann. Hat man die dazu nötigen Umformungen durchgeführt, so erhält man zugleich einen Ansatz für eine funktionentheoretische Formulierung des Hauptsatzes im allgemeinen Fall, nämlich für beliebiges n. Auf diesem Wege gewinnt man dann ein überraschendes Ergebnis: Der Hauptsatz geht über in eine sehr einfache Relation zwischen denjenigen analytischen Funktionen von $\frac{n(n+1)}{2}$ Veränderlichen, die zu den $2n$-fach periodischen meromorphen Funktionen von n Variablen in derselben Beziehung stehen wie die Modulfunktionen zu den elliptischen Funktionen. Es soll nun zum Schluß noch diese Relation angegeben werden.

Es sei Z eine n-reihige symmetrische Matrix mit komplexen Elementen, und zwar sei der Imaginärteil von Z die Matrix einer positiv-definiten quadratischen Form. Man lasse C alle ganzen Matrizen mit m Zeilen und n Spalten durchlaufen und bilde die unendliche Reihe

$$\sum_C e^{\pi i \sigma (C' S C Z)} = f(S, Z),$$

wobei das Zeichen σ die Spur der dahinterstehenden Matrix bedeutet, also die Summe der Diagonalelemente. Ferner setze man noch

$$\frac{f(S_1, Z)}{E(S_1)} + \cdots + \frac{f(S_h, Z)}{E(S_h)} : \frac{1}{E(S_1)} + \cdots + \frac{1}{E(S_h)} = F(S, Z).$$

Faßt man nun in $f(S, Z)$ alle Summanden zusammen, für welche $C' S C$ denselben Wert T hat, so wird in $F(S, Z)$ der Koeffizient von $e^{\pi i \sigma (T Z)}$ genau die linke Seite von (5). Der Hauptsatz ergibt dann nach einer längeren Umformung schließlich eine Entwicklung der Gestalt

$$F(S, Z) = \sum_{K, L} \gamma_{K, L} |K Z + L|^{-\frac{m}{2}}. \tag{6}$$

Dabei ist der Koeffizient $\gamma_{K, L}$ von Z unabhängig und K, L durchlaufen ein volles System von Paaren ganzzahliger n-reihiger Matrizen mit folgenden 3 Eigenschaften: 1) das Paar ist symmetrisch, d. h. es ist $K L' = L K'$,

2) das Paar ist primitiv, d. h. es gibt keine gebrochene Matrix M, so daß MK und ML beide ganz sind, 3) zwei verschiedene Paare K_1, L_1 und K_2, L_2 sind stets nicht-assoziiert, d. h. es gibt keine Matrix M, so daß $MK_1 = K_2$ und $ML_1 = L_2$ ist.

Nun läßt sich beweisen, daß eine Partialbruchzerlegung der Form (6) für eine feste Funktion höchstens auf eine Art möglich ist; die Koeffizienten $\gamma_{K,L}$ gewinnt man nämlich eindeutig aus dem Verhalten der Funktion an ihren singulären Stellen. Auf diese Weise geht der Hauptsatz über in die einfache Aussage, daß die Funktion $F(S, Z)$ überhaupt in eine Partialbruchreihe der Form (6) entwickelbar ist. Um die funktionentheoretische Bedeutung von (6) zu verstehen, muß man sich über die analytische Natur solcher Partialbruchreihen klar werden. Diese sind aber nun nichts anderes als Verallgemeinerungen der Eisensteinschen Reihen, welche explizite Ausdrücke für die elliptischen Modulfunktionen liefern. Die einfachsten unter diesen Reihen, nämlich $\sum_{K,L} |KZ+L|^{-\varrho}$, sind bis auf einen trivialen Faktor invariant bei den Substitutionen $Z=(AZ_1+B)(CZ_1+D)^{-1}$, welche entstehen, wenn für $\begin{pmatrix} A & B \\ C & D \end{pmatrix}$ eine beliebige $2n$-reihige Matrix gesetzt wird, die dem Übergang von einer kanonischen Zerschneidung einer Riemannschen Fläche vom Geschlecht n zu einer andern zugeordnet ist. Man kann beweisen, daß sich aus diesen Reihen rational alle meromorphen Funktionen $\varphi(Z)$ zusammensetzen lassen, die bei der Gruppe jener Substitutionen absolut invariant sind. Diese Funktionen von $\frac{n(n+1)}{2}$ Variabeln können mit Recht ebenfalls Modulfunktionen genannt werden, weil sie genau die Gesamtheit der rationalen Moduln einer algebraischen Kurve vom Geschlecht n liefern, wenn für Z die Periodenmatrix der zur Kurve gehörigen Abelschen Normalintegrale erster Gattung gesetzt wird. Für beliebiges Z stehen sie zu den $2n$-fach periodischen Funktionen von n Variabeln in analoger Beziehung wie die elliptischen Modulfunktionen zu den doppelt-periodischen Funktionen einer Variablen. Die Bedeutung des Hauptsatzes für die Analysis ist nun darin zu sehen, daß durch ihn eine Verbindung hergestellt wird zwischen den aus Thetareihen gebildeten Funktionen $F(S, Z)$ und den einfachsten Bausteinen der allgemeinen Modulfunktionen, nämlich den Eisensteinschen Reihen.

28.

Die Gleichung $ax^n - by^n = c$

Mathematische Annalen 114 (1937), 57—68

In der Theorie der algebraischen diophantischen Gleichungen mit zwei Unbekannten hat Thue eine wichtige und weittragende Methode geschaffen, durch deren Verallgemeinerung insbesondere sämtliche solche Gleichungen mit unendlich vielen Lösungen ermittelt werden konnten [1]. Bei den Gleichungen mit nur endlich vielen Lösungen ergibt die Thuesche Methode eine explizit als Funktion der Koeffizienten angebbare obere Schranke für die Lösungsanzahl. Es liegt jedoch im Wesen dieser Methode, daß mit ihrer Hilfe allein niemals festgestellt werden kann, ob eine vorgelegte diophantische Gleichung überhaupt lösbar ist oder nicht. Immerhin gibt es gewisse einfache Fälle, in welchen sich bei Benutzung der Thueschen Ideen feststellen läßt, daß höchstens eine Lösung existieren kann. Hierzu gehört insbesondere die Gleichung

$$ax^n - by^n = c \tag{1}$$

mit $n \geqq 3$, $c > 0$, wenn $|ab|$ eine nur von n und c abhängige Schranke übersteigt und nur positive Lösungen betrachtet werden [2]. Die Gleichung (1) bildete für Thue den Ausgangspunkt seiner allgemeineren Untersuchungen [3]. In diesem Falle lassen sich nämlich gewisse zur Durchführung der Methode notwendige Approximationen algebraischer Funktionen durch rationale direkt mit Hilfe eines Ansatzes gewinnen, welcher mit der Theorie der hypergeometrischen Differentialgleichung verknüpft ist. Im allgemeinen Falle dagegen ergeben sich jene Approximationen erst durch Benutzung eines Satzes über die Lösbarkeit von Systemen linearer diophantischer Ungleichungen und haben dann naturgemäß nicht mehr ein so einfaches Bildungsgesetz. In seiner letzten Veröffentlichung [4], kurz vor seinem

---

[1] C. L. Siegel, Über einige Anwendungen diophantischer Approximationen, Abhdl. d. preuß. Akad. d. Wiss., Jahrg. 1929, phys.-math. Kl., Nr. 1.

[2] Vgl. S. 70 der unter [1] genannten Abhandlung.

[3] A. Thue, Bemerkungen über gewisse Näherungsbrüche algebraischer Zahlen, Skrifter udgivne af Videnskabs-Selskabet i Christiania, math.-naturv. Kl., 1908, No. 3.

[4] A. Thue, Berechnung aller Lösungen gewisser Gleichungen von der Form $ax^r - by^r = f$, Skrifter utgit av Videnskapsselskapet i Kristiania, mat.-naturv. Kl., 1918, No. 4.

Tode, ist Thue noch einmal auf die Gleichung (1) zurückgekommen. Er scheint aber nicht bemerkt zu haben, daß der oben ausgesprochene Satz gilt und aus seinen Formeln durch Hinzunahme einer einfachen Idee, nämlich die Verwendung der unten als Hilfssatz 9 bezeichneten Aussage, ohne weitere Schwierigkeit bewiesen werden kann. Da die Gleichung (1) auch neuerdings verschiedentlich das Interesse der Mathematiker gefunden hat, so sei es gestattet, im folgenden den schönen Thueschen Ansatz zusammen mit der kleinen notwendigen Ergänzung ausführlich darzustellen.

Zur Vereinfachung der Ausdrucksweise werde die Abkürzung

$$\lambda_n = 4\left(n \prod_{p \mid n} p^{\frac{1}{p-1}}\right)^n \tag{2}$$

eingeführt, wobei p alle verschiedenen Primteiler der natürlichen Zahl n durchläuft. Als Resultat der Untersuchung erhält man den

Satz: *Es seien a, b, c ganz, $c > 0$, $n \geqq 3$. Ist dann*

$$|ab|^{\frac{n}{2}-1} \geqq \lambda_n c^{2n-2}, \tag{3}$$

so hat die Ungleichung

$$|ax^n - by^n| \leqq c \tag{4}$$

höchstens eine Lösung in teilerfremden natürlichen Zahlen x und y.

Hieraus folgt dann sofort, daß die Gleichung (1) unter der Voraussetzung (3) höchstens eine Lösung in natürlichen Zahlen x, y haben kann; es würden nämlich zwei verschiedene Lösungspaare von (1) nach Beseitigung des größten gemeinsamen Teilers auch zwei verschiedene Lösungspaare von (4) liefern.

Man kann andererseits für jedes $n \geqq 3$ leicht Beispiele von Gleichungen der Form (1) machen, die eine beliebig vorgeschriebene Lösung haben, während ihre Koeffizienten der Bedingung (3) genügen. Diese Gleichungen haben dann also keine weitere Lösung außer der einen vorgeschriebenen. Ist insbesondere $x = 1$, $y = 1$ diese Lösung, so muß $a = b + c$ sein. Setzt man noch

$$\varkappa_n = \lambda_n^{\frac{1}{n-2}} = 4^{\frac{1}{n-2}} \left(n \prod_{p \mid n} p^{\frac{1}{p-1}}\right)^{\frac{n}{n-2}},$$

so ist dann die Bedingung (3) sicher erfüllt, wenn

$$b \geqq \varkappa_n c^{\frac{2n-2}{n-2}} \tag{5}$$

gewählt wird. Unter der Voraussetzung (5) hat daher die Gleichung

$$(b + c)\,x^n - b\,y^n = c$$

nur die triviale Lösung $x = 1$, $y = 1$. Man findet speziell $\varkappa_3 < 562$, $\varkappa_4 = 128$, $\varkappa_5 < 46$, $\varkappa_6 < 135$, $\varkappa_7 < 32$, $\varkappa_8 < 51$, $\varkappa_9 < 42$, $\varkappa_{10} < 84$, $\varkappa_{11} < 30$, $\varkappa_{12} < 101$, $\varkappa_{13} < 31$. Es hat also z. B. die Gleichung

$$33\,x^n - 32\,y^n = 1$$

für $n = 7, 11, 13$ keine ganzzahlige Lösung außer $x = 1$, $y = 1$.

Ist d ein Teiler von n, so entspringt offenbar aus jeder Lösung von (4) in teilerfremden natürlichen x und y eine Lösung der mit d statt n gebildeten Ungleichung (4). Ist $d > 2$, so läßt sich darauf der Satz anwenden. Diese Bemerkung zeigt, daß die Aussage des Satzes richtig bleibt, wenn die Voraussetzung (3) durch

$$|a\,b|^{\frac{1}{2}} \geqq \min_{2<d|n} \varkappa_d\, c^{\frac{2d-2}{d-2}} \tag{6}$$

ersetzt wird. Beachtet man nun noch, daß die Glieder der Folge $d^{-1}\varkappa_d$ monoton fallen, wenn d die ungeraden Primzahlen und die Zahl 4 wachsend durchläuft, so erkennt man, daß (6) sicher erfüllt ist, wenn die Ungleichung

$$|a\,b|^{\frac{1}{2}} \geqq 188\,n\,c^4 \tag{7}$$

besteht. Unter der Voraussetzung (7) hat also die Ungleichung (4) höchstens eine Lösung in teilerfremden natürlichen x und y. Diese Aussage ist zwar schwächer als die des Satzes, da (7) mehr fordert als (6); sie ist aber für manche Anwendungen praktisch, weil n in (7) nur in einfachster Form auftritt.

Es sei noch darauf hingewiesen, daß in zwei speziellen Fällen, nämlich für $n = 3$, $c = 1$ oder $c = 3$ und für $n = 4$, $a = c = 1$, $b \neq 15$, die vorstehenden Ergebnisse über die Gleichung (1) nicht neu sind. In diesen Fällen haben nämlich Delaunay, Nagell, Tartakowski[5]) bereits auf anderem Wege schärfere Resultate erhalten; doch scheint ihre interessante Methode sich nicht auf den Fall eines beliebigen n übertragen zu lassen.

§ 1.

Hilfssätze über hypergeometrische Funktionen.

Im folgenden bedeutet das Zeichen $F(\alpha, \beta, \gamma, z)$ in üblicher Weise die durch die Reihe

$$F(\alpha, \beta, \gamma, z) = 1 + \frac{\alpha \cdot \beta}{1 \cdot \gamma} z + \cdots$$

definierte hypergeometrische Funktion, die also der Differentialgleichung

$$z(z-1)\frac{d^2 F}{d z^2} + \{(1+\alpha+\beta)z - \gamma\}\frac{dF}{dz} + \alpha\beta F = 0 \tag{8}$$

[5]) Vgl. T. Nagell, L'analyse indéterminée de degré supérieur, Mémorial des Sciences Mathématiques, Fasc. XXXIX, 1929.

genügt. Es sei ferner $0 < \nu < 1$. Für jedes natürliche r sind dann die Funktionen

(9) $$A_r(z) = F(-\nu - r, -r, -2r, z)$$
$$= \sum_{m=0}^{r} \frac{(r+\nu)(r+\nu-1)\dots(r+\nu-m+1)}{(2r)(2r-1)\dots(2r-m+1)} \binom{r}{m} (-z)^m$$

und

(10) $$B_r(z) = F(\nu - r, -r, -2r, z)$$
$$= \sum_{m=0}^{r} \frac{(r-\nu)(r-\nu-1)\dots(r-\nu-m+1)}{(2r)(2r-1)\dots(2r-m+1)} \binom{r}{m} (-z)^m$$

Polynome r-ten Grades in z. Man setze noch

(11) $$A_r(z) - (1-z)^\nu B_r(z) = C_r(z),$$

mit dem Hauptwerte von $(1-z)^\nu$.

Hilfssatz 1: *Für ein konstantes* $\varrho_r \neq 0$ *gilt*

(12) $$C_r(z) = \varrho_r z^{2r+1} F(-\nu + r + 1, r + 1, 2r + 2, z).$$

Beweis: Durch eine elementare Rechnung folgt, daß auch die Funktionen

(13) $$f(z) = (1-z)^\nu B_r(z)$$

und

(14) $$g(z) = z^{2r+1} F(-\nu + r + 1, r + 1, 2r + 2, z)$$

der hypergeometrischen Differentialgleichung für $A_r(z)$ genügen, also der Differentialgleichung (8) mit $\alpha = -\nu - r$, $\beta = -r$, $\gamma = -2r$. Wegen $f(0) = 1$, $g(0) = 0$ sind $f(z)$ und $g(z)$ linear unabhängig. Daher gilt

(15) $$A_r(z) = \sigma_r f(z) + \varrho_r g(z),$$

wo σ_r und ϱ_r von z frei sind. Aus $A_r(0) = 1$ folgt $\sigma_r = 1$ und dann vermöge (11), (13), (14), (15) die Behauptung (12). Dabei ist $\varrho_r \neq 0$, da sich sonst $(1-z)^\nu$ aus (11) und (12) als rationale Funktion von z ergäbe.

Hilfssatz 2: *Für* $z \neq 0$ *ist*

$$A_r(z) B_{r+1}(z) \neq B_r(z) A_{r+1}(z).$$

Beweis: Aus den Gleichungen

$$A_r - (1-z)^\nu B_r = C_r, \quad A_{r+1} - (1-z)^\nu B_{r+1} = C_{r+1}$$

folgt

(16) $$A_r B_{r+1} - B_r A_{r+1} = C_r B_{r+1} - B_r C_{r+1}.$$

Wegen Hilfssatz 1 beginnt die Entwicklung von $C_r B_{r+1} - B_r C_{r+1}$ nach Potenzen von z mit dem Gliede $\varrho_r z^{2r+1}$. Andererseits ist $A_r B_{r+1} - B_r A_{r+1}$

ein Polynom in z, dessen Grad höchstens $2r+1$ beträgt. Zufolge (16) gilt daher

$$A_r(z) B_{r+1}(z) - B_r(z) A_{r+1}(z) = \varrho_r z^{2r+1},$$

und diese Gleichung enthält wegen $\varrho_r \neq 0$ die Behauptung.

Hilfssatz 3: *Für* $0 < z < 1$ *ist*

(17) $$0 < A_r(z) < 1, \quad 0 < C_r(z) < z^{2r+1} A_r(1).$$

Beweis: Auch das Polynom $F(-\nu - r, -r, 1-\nu, 1-z)$ genügt der hypergeometrischen Differentialgleichung für $A_r(z)$. Wäre es nicht von $A_r(z)$ linear abhängig, so ergäbe sich wieder $(1-z)^\nu$ als rationale Funktion. Also ist

(18) $$A_r(z) = A_r(1) F(-\nu - r, -r, 1-\nu, 1-z).$$

Das Polynom $F(-\nu - r, -r, 1-\nu, w)$ in w hat nun lauter positive Koeffizienten. Ferner ist $A_r(0) = 1$. Zufolge (18) ist dann $A_r(1) > 0$ und $A_r(z)$ als Funktion von z positiv und monoton fallend für $0 < z < 1$, also in diesem Intervall

$$0 < A_r(1) < A_r(z) < A_r(0) = 1.$$

Damit ist die erste Ungleichung in (17) bewiesen.

Nach (11) ist

(19) $$C_r(1) = A_r(1).$$

Da nun alle Koeffizienten der Reihe für $F(-\nu + r + 1, r+1, 2r+2, z)$ positiv sind, so ergibt Hilfssatz 1 die Ungleichung

$$0 < C_r(z) z^{-2r-1} < C_r(1)$$

für $0 < z < 1$, also wegen (19) die zweite Behauptung in (17).

Hilfssatz 4: *Es ist*

(20) $$\binom{2r}{r} A_r(1) = \prod_{m=1}^{r} \left(1 - \frac{\nu}{m}\right).$$

Beweis: Durch Benutzung der von Gauß herrührenden Formel

$$F(\alpha, \beta, \gamma, 1) = \frac{\Gamma(\gamma)\,\Gamma(\gamma - \alpha - \beta)}{\Gamma(\gamma - \alpha)\,\Gamma(\gamma - \beta)}$$

liefert (18) die Beziehung

$$1 = A_r(1) F(-\nu - r, -r, 1-\nu, 1) = A_r(1) \frac{\Gamma(1-\nu)\,\Gamma(2r+1)}{\Gamma(r+1)\,\Gamma(r+1-\nu)},$$

$$\frac{(2r)!}{(r!)^2} A_r(1) = \frac{(r-\nu)(r-1-\nu)\ldots(1-\nu)}{r(r-1)\ldots 1},$$

und dies ist (20).

Fortan sei $\nu = n^{-1}$ die Reziproke der natürlichen Zahl $n \geqq 3$, die in der Behauptung des Satzes auftritt. Ferner bedeute q_r das Produkt aller in n aufgehenden Primfaktoren von $r!$, wobei jeder mit seiner Vielfachheit gezählt werde. Man setze

(21) $$s_r = \binom{2r}{r} q_r n^r, \quad t_r = q_r n^r \prod_{m=1}^{r} \left(1 - \frac{1}{mn}\right),$$

(22) $$s_r A_r(z) = G_r(z), \quad s_r B_r(z) = H_r(z).$$

Hilfssatz 5: *Die Polynome $G_r(z)$ und $H_r(z)$ haben ganzzahlige Koeffizienten.*

Beweis: Nach (9) und (10) ist

$$G_r(z) = q_r n^r \sum_{m=0}^{r} \binom{r+\nu}{m} \binom{2r-m}{r} (-z)^m,$$

$$H_r(z) = q_r n^r \sum_{m=0}^{r} \binom{r-\nu}{m} \binom{2r-m}{r} (-z)^m.$$

Es genügt also zu zeigen, daß für $m = 1, \ldots, r$ die beiden Zahlen

$$g_m = \prod_{k=r-m+1} (kn+1), \qquad h_m = \prod_{k=r-m+1}^{r} (kn-1)$$

durch $m!:q_m$ teilbar sind. Zu diesem Zwecke hat man nachzuweisen, daß jede zu n teilerfremde Primzahl p in g_m und in h_m zu mindestens derselben Potenz aufgeht wie in $m!$. Dies folgt aber daraus, daß für jedes natürliche v von den m Faktoren sowohl in g_m wie in h_m mindestens $[m p^{-v}]$ und von den m Zahlen $1, 2, \ldots, m$ genau $[m p^{-v}]$ durch p^v teilbar sind.

Hilfssatz 6: *Für jedes natürliche r gibt es zwei Polynome $G_r(z)$ und $H_r(z)$ vom Grade r mit ganzen Koeffizienten, so daß im Intervall $0 < z < 1$ die Ungleichungen*

(23) $$G_r(z) H_{r+1}(z) \neq H_r(z) G_{r+1}(z),$$

(24) $$0 < G_r(z) < s_r,$$

(25) $$0 < G_r(z) - (1-z)^\nu H_r(z) < t_r z^{2r+1}$$

gelten.

Beweis: Die durch (22) erklärten Polynome $G_r(z)$ und $H_r(z)$ haben nach Hilfssatz 5 ganze Koeffizienten und sind vom Grade r. Die Behauptung (23) folgt aus Hilfssatz 2. Für $0 < z < 1$ ist ferner zufolge Hilfssatz 3

$$0 < G_r(z) = s_r A_r(z) < s_r$$

und wegen (11) auch

$$0 < G_r(z) - (1-z)^\nu H_r(z) = s_r C_r(z) < s_r z^{2r+1} A_r(1)$$
$$= \binom{2r}{r} A_r(1) q_r n^r z^{2r+1}.$$

Also gilt (24) und wegen Hilfssatz 4 und (21) auch (25).

Von den bisherigen Hilfssätzen wird weiterhin nur noch der letzte benutzt. Außerdem gebraucht man eine Ungleichung, welche s_{r+2} und t_r mit der in (2) definierten Größe λ_n verknüpft, nämlich

Hilfssatz 7: *Für jedes natürliche r ist*

$$n s_{r+2}\left(\frac{t_r}{1-\frac{1}{n}}\right)^{n-1} < \lambda_n^{r+1}. \tag{26}$$

Beweis: Für $r = 1$ ist in (26) die linke Seite

$$n s_3\left(\frac{t_1}{1-\frac{1}{n}}\right)^{n-1} = 20\,(n, 6)\, n^{n+3} \leqq 120\, n^{n+3}$$

und die rechte Seite

$$\lambda_n^2 = 16\, n^{n+3} \cdot n^{n-3} \prod_{p|n} p^{\frac{2n}{p-1}} \geqq 432\, n^{n+3}.$$

Daher ist die Behauptung im Falle $r = 1$ richtig.

Nun sei $r \geqq 2$. Es ist dann

$$n s_{r+2}\left(\frac{t_r}{1-\frac{1}{n}}\right)^{n-1} = \binom{2r+4}{r+2} q_{r+2}\, q_r^{n-1}\, n^{(r+1)n-(n-3)} \prod_{m=2}^{r}\left(1-\frac{1}{mn}\right)^{n-1} \tag{27}$$

$$\leqq \binom{2r+4}{r+2}\left(1-\frac{1}{2n}\right)^{n-1} q_{r+2}\, q_r^{n-1}\, n^{(r+1)n}.$$

Für $k \geqq 5$ gilt

$$\binom{2k}{k} 4^{-k} = \prod_{h=1}^{k}\left(1-\frac{1}{2h}\right) \leqq \prod_{h=1}^{5}\left(1-\frac{1}{2h}\right) = \frac{63}{64}\cdot\frac{1}{4} < \frac{1}{4}. \tag{28}$$

Ferner ist

$$(n-1)\log\left(1-\frac{1}{2n}\right) = -\left(\frac{1}{2}-\frac{1}{2n}\right)\sum_{h=1}^{\infty}\frac{(2n)^{1-h}}{h}$$

$$= -\frac{1}{2} + \sum_{h=1}^{\infty}\left(\frac{1}{h}-\frac{1}{2h+2}\right)(2n)^{-h},$$

also wegen $n \geqq 3$

$$\left(1-\frac{1}{2n}\right)^{n-1} \leqq \left(1-\frac{1}{2\cdot 3}\right)^{3-1} = \frac{25}{36},$$

$$\binom{8}{4} 4^{-4}\left(1-\frac{1}{2n}\right)^{n-1} \leqq \frac{35}{128}\cdot\frac{25}{36} < \frac{1}{4}. \tag{29}$$

Zufolge (28) und (29) gilt also für alle $r \geqq 2$ die Ungleichung

$$\binom{2r+4}{r+2}\left(1-\frac{1}{2n}\right)^{n-1} < 4^{r+1}. \tag{30}$$

Endlich ist

$$\log q_r = \sum_{p\mid n} \log p \sum_{h=1}^{\infty} [r\,p^{-h}] < r \sum_{p\mid n} \frac{\log p}{p-1}$$

$$(31) \qquad q_{r+2}\, q_r^{n-1} < \Big(\prod_{p\mid n} p^{\frac{1}{p-1}}\Big)^{n(r+1)-(n-2)} < \Big(\prod_{p\mid n} p^{\frac{1}{p-1}}\Big)^{n(r+1)}.$$

Aus (27), (30), (31) folgt jetzt wegen (2) die Behauptung auch im Falle $r \geqq 2$.

§ 2.

Hilfssätze über die Lösungen von $|a x^n - b y^n| \leqq c$.

Es mögen a, b, c, n die Voraussetzungen des Satzes erfüllen. Es sind also a, b, c ganz, $c > 0$, $n \geqq 3$. Setzt man noch zur Abkürzung

$$|a b| = \gamma,$$

so geht die Voraussetzung (3) über in

$$(32) \qquad \gamma^{\frac{n}{2}-1} \geqq \lambda_n\, c^{2n-2}.$$

Zufolge (32) gilt für jede Lösung von (4) die Ungleichung

$$|a|\, x^n + |b|\, y^n \geqq |a| + |b| \geqq 2\gamma^{\frac{1}{2}} > c^{\frac{2n-2}{n-2}} \geqq c \geqq |a x^n - b y^n|.$$

Daher haben a und b gleiches Vorzeichen, wenn (4) überhaupt lösbar ist. Zum Beweise des Satzes kann man sich deshalb auf den Fall

$$a > 0, \quad b > 0$$

beschränken.

Hilfssatz 8: *Ist die Zahl* $\left(\frac{a}{b}\right)^{\nu}$ *rational, so hat die Ungleichung* (4) *genau eine Lösung in teilerfremden natürlichen* x, y.

Beweis: Da $\left(\frac{a}{b}\right)^{\nu}$ rational ist, so gilt $a = d\,\eta^n$, $b = d\,\xi^n$ mit natürlichem d und teilerfremden natürlichen ξ, η. Dies ergibt die triviale Lösung $x = \xi$, $y = \eta$ von (4). Wäre ξ_1, η_1 eine von dieser verschiedene Lösung, also

$$|a \xi_1^n - b \eta_1^n| \leqq c, \quad \eta \xi_1 - \xi \eta_1 \neq 0,$$

so folgte aus der Zerlegung

$$a \xi_1^n - b \eta_1^n = d(\eta \xi_1 - \xi \eta_1)\,\{(\eta \xi_1)^{n-1} + \dots + (\xi \eta_1)^{n-1}\}$$

die Ungleichung

$$c > d(\eta^{n-1} + \xi^{n-1}) > d(\xi\eta)^{\frac{n-1}{2}} \geqq (a\,b)^{\frac{n-1}{2n}} = \gamma^{\frac{1}{2}-\frac{1}{2n}} \geqq \gamma^{\frac{1}{4}},$$

$$c^{2n-2} > \gamma^{\frac{n}{2}-\frac{1}{2}} \geqq \gamma^{\frac{n}{2}-1},$$

gegen (32).

Auf Grund von Hilfssatz 8 braucht man weiterhin nur noch den Fall eines irrationalen $\left(\frac{a}{b}\right)^{\nu}$ zu behandeln. Für natürliche x, y ist dann stets $a x^n - b y^n \neq 0$. Es werde angenommen, daß (4) im Widerspruch mit der Behauptung zwei verschiedene Lösungen x, y und x_1, y_1 in teilerfremden natürlichen Zahlen hat. Vertauscht man nötigenfalls noch a mit b und x mit y, so kann man voraussetzen, daß die Ungleichungen

$$(33) \qquad 0 < a x^n - b y^n \leqq c, \quad |a x_1^n - b y_1^n| \leqq c,$$

$$(34) \qquad a x^n + b y^n \leqq a x_1^n + b y_1^n$$

gelten.

Man setze

$$a x^n = w, \quad a x_1^n = w_1.$$

Hilfssatz 9: *Es ist*

$$(35) \qquad w > \gamma^{\frac{1}{2}},$$

$$(36) \qquad w_1 > \gamma (2c)^{-n} w^{n-1}.$$

Beweis: Wegen (33) gilt

$$2w = (a x^n - b y^n) + (a x^n + b y^n) > a + b \geqq 2\gamma^{\frac{1}{2}},$$

also (35).

Aus

$$\frac{a x^n - b y^n}{a^{\nu} x - b^{\nu} y} = (a x^n)^{\frac{n-1}{n}} + \ldots > (a x^n)^{\frac{n-1}{n}}$$

folgt

$$0 < 1 - \left(\frac{b}{a}\right)^{\nu} \frac{y}{x} < \frac{c}{w}$$

und analog nach (33)

$$(37) \qquad \left|1 - \left(\frac{b}{a}\right)^{\nu} \frac{y_1}{x_1}\right| < \frac{c}{w_1}.$$

Daher ist

$$\frac{1}{x x_1} \leqq \left|\frac{y}{x} - \frac{y_1}{x_1}\right| < \left(\frac{a}{b}\right)^{\nu} c \left(\frac{1}{w} + \frac{1}{w_1}\right),$$

$$(38) \qquad \left(\frac{\gamma}{w w_1}\right)^{\nu} < 2c \max(w^{-1}, w_1^{-1}),$$

und hieraus folgt (36), wenn noch die Ungleichung

$$(39) \qquad w \leqq w_1$$

bewiesen wird.

Wäre nun (39) falsch, so ergäbe (38) die Beziehung

$$w_1^{1-\nu} < 2c\gamma^{-\nu} w^{\nu}$$

und in Verbindung mit (2), (3), (33), (34), (35) den Widerspruch

$$0 \geqq \tfrac{1}{2}(a x^n + b y^n - a x_1^n - b y_1^n) \geqq a x^n - a x_1^n - c = w - w_1 - c$$

$$> w^{\frac{1}{n-1}} \left\{ w^{\frac{n-2}{n-1}} - \left(\frac{(2c)^n}{\gamma}\right)^{\frac{1}{n-1}} \right\} - c > \gamma^{\frac{1}{2}} - \left(\gamma^{-\frac{1}{2}} (2c)^n\right)^{\frac{1}{n-1}} - c$$

$$> 3c - \left(\frac{(2c)^n}{3c}\right)^{\frac{1}{n-1}} - c > 3c - 2c - c = 0.$$

Hilfssatz 10: *Für eine eindeutig bestimmte natürliche Zahl l gilt*

$$s_l w^l \leqq \frac{\gamma^\nu}{n c} w^{-\nu} w_1^{1-\nu} < s_{l+1} w^{l+1};$$

und zwar ist $l \geqq 2$ für $n \geqq 4$.

Beweis: Die Zahlfolge $s_k w^k$ $(k = 1, 2, \ldots)$ wächst monoton ins Unendliche. Daher genügt es zu beweisen, daß die Ungleichung

$$s_k w^k \leqq \frac{\gamma^\nu}{n c} w^{-\nu} w_1^{1-\nu} \tag{40}$$

im Falle $n = 3$ mit $k = 1$ und im Falle $n \geqq 4$ mit $k = 2$ richtig ist. Für $k \leqq \min(n-2, 2)$ ist nun nach Hilfssatz 9 und (3)

$$\frac{\gamma^\nu}{n c s_k} w^{-k-\nu} w_1^{1-\nu} > \frac{\gamma}{n c s_k} (2c)^{1-n} w^{n-2-k} \geqq \frac{(2c)^{1-n}}{n c s_k} \gamma^{\frac{n}{2} - \frac{k}{2}}$$

$$\geqq \frac{2^{1-n} \lambda_n}{n s_k} c^{n-2} \geqq \frac{2^{1-n} \lambda_n}{n s_k}.$$

Nach (21) gilt

$$s_1 = 2n, \quad s_2 = 6(n, 2) n^2 \leqq 12 n^2,$$

also mit Rücksicht auf (2) für $n \geqq 3$

$$\frac{2^{1-n} \lambda_n}{n s_1} > \left(\frac{n}{2}\right)^{n-2} > 1$$

und für $n \geqq 4$

$$\frac{2^{1-n} \lambda_n}{n s_2} \geqq \frac{1}{12} \left(\frac{n}{2}\right)^{n-3} \prod_{p \mid n} p^{\frac{n}{p-1}} > 1.$$

Folglich besteht tatsächlich (40) mit $k = 1$ im Falle $n = 3$ und mit $k = 2$ im Falle $n \geqq 4$.

§ 3.

Schluß des Beweises.

Man setze

$$1 - \frac{b}{a} \left(\frac{y}{x}\right)^n = z. \tag{41}$$

Dann ist also

$$(1 - z)^\nu = \left(\frac{b}{a}\right)^\nu \frac{y}{x} \tag{42}$$

und nach (33)

$$0 < z < 1, \quad z \leqq \frac{c}{w}. \tag{43}$$

Es sei l die in Hilfssatz 10 eingeführte natürliche Zahl und es seien $G_l(z)$, $H_l(z)$ die in § 1 erklärten Polynome. Man wähle $r = l - 1$ oder $r = l$, je nachdem die Zahl

$$\frac{y_1}{x_1} G_l(z) - \frac{y}{x} H_l(z)$$

verschwindet oder nicht. Der Fall $l = 1$, $r = 0$ wird nachträglich auf besonderem Wege erledigt werden. Vorläufig ist dann also $r \geqq 1$. Vermöge der soeben gegebenen Definition von r lehrt (23) in Hilfssatz 6, daß

$$\frac{y_1}{x_1} G_r(z) - \frac{y}{x} H_r(z) \neq 0 \tag{44}$$

ist. Aus (25) in Hilfssatz 6 folgt ferner wegen (42) und (43)

$$0 < G_r(z) - \left(\frac{b}{a}\right)^\nu \frac{y}{x} H_r(z) < t_r \left(\frac{c}{w}\right)^{2r+1}.$$

Endlich ist nach (24) und (37)

$$\left| G_r(z) - \left(\frac{b}{a}\right)^\nu \frac{y_1}{x_1} G_r(z) \right| < s_r \frac{c}{w_1}.$$

Aus den beiden letzten Ungleichungen erhält man

$$\left| \frac{y_1}{x_1} G_r(z) - \frac{y}{x} H_r(z) \right| < \left(\frac{a}{b}\right)^\nu \left\{ s_r \frac{c}{w_1} + t_r \left(\frac{c}{w}\right)^{2r+1} \right\}.$$

Hierin steht links eine rationale Zahl, die zufolge (44) positiv ist. Andererseits ist ihr Nenner nach (41) ein Teiler von $x_1 x w^r$. Folglich gilt

$$\left(\frac{w_1 w}{\gamma}\right)^\nu w^r \left\{ s_r \frac{c}{w_1} + t_r \left(\frac{c}{w}\right)^{2r+1} \right\} > 1. \tag{45}$$

Wegen $r \leqq l$ ist nach Hilfssatz 10

$$\left(\frac{w_1 w}{\gamma}\right)^\nu w^r \cdot s_r \frac{c}{w_1} \leqq \left(\frac{w_1 w}{\gamma}\right)^\nu \frac{c}{w_1} s_l w \leqq \frac{1}{n}. \tag{46}$$

Wegen $l \leqq r + 1$ liefert Hilfssatz 10 in Verbindung mit Hilfssatz 7, (3) und (35) die weitere Ungleichung

$$\begin{aligned} \left(\frac{w_1 w}{\gamma}\right)^\nu w^r \cdot i_r \left(\frac{c}{w}\right)^{2r+1} &< \gamma^{-\nu} c^{2r+1} t_r w^{-r-1} \left(\gamma^{-\nu} n c s_{r+2} w^{r+3}\right)^{\frac{1}{n-1}} \\ &= t_r (n s_{r+2})^{\frac{1}{n-1}} \gamma^{-\frac{1}{n-1}} c^{2r+1+\frac{1}{n-1}} w^{\frac{2}{n-1} - (r+1)\frac{n-2}{n-1}} \\ &\leqq \left(1 - \frac{1}{n}\right) \left(\gamma^{1-\frac{n}{2}} \lambda_n c^{2n-2}\right)^{\frac{r+1}{n-1}} \leqq 1 - \frac{1}{n}. \end{aligned} \tag{47}$$

Nach (46) und (47) ist die linke Seite in (45) kleiner als 1, und dies ist ein Widerspruch.

Schließlich ist noch der Fall $l = 1$, $r = 0$ zu erledigen. Nach Definition von r ist dann

(48) $$\frac{y_1}{x_1} G_1(z) - \frac{y}{x} H_1(z) = 0,$$

und nach Hilfssatz 10 ist außerdem $n = 3$, also nach (9) und (10)

(49) $$A_1(z) = 1 - \tfrac{2}{3} z, \quad B_1(z) = 1 - \tfrac{1}{3} z.$$

Setzt man noch

(50) $$a x^3 - b y^3 = h,$$

so ist nach (41)

$$z = \frac{h}{w}$$

und nach (22), (48), (49)

$$\frac{y_1}{x_1} = \frac{y(3w - h)}{x(3w - 2h)}.$$

Für ein natürliches d gilt daher

(51) $$d x_1 = x(3w - 2h), \quad d y_1 = y(3w - h),$$

(52) $$d^3(a x_1^3 - b y_1^3) = a x^3 (3w - 2h)^3 - b y^3 (3w - h)^3.$$

Nach (50) ist

(53) $$a x^3 (3w - 2h)^3 - b y^3 (3w - h)^3 = h^3 (2w - h),$$

also nach (33) und (52)

(54) $$h^3 |2w - h| \leqq d^3 c.$$

Es sei nun

$$(w, h) = u, \quad w = u w_0, \quad h = u h_0,$$
$$(d, h_0) = v, \quad d = v d_0, \quad h_0 = v h_1,$$

also $(w_0, h_0) = 1$, $(d_0, h_1) = 1$. Nach (51), (52), (53) gilt dann

(55) $$d_0^3 \mid u^4 w_0 (3 w_0 - 2 h_0)^3, \quad d_0^3 \mid u^4 h_1^3 (2 w_0 - h_0).$$

Es ist aber

$$(2 w_0 - h_0,\ w_0 (3 w_0 - 2 h_0)^3) = (2 w_0 - h_0,\ w_0^4) = 1,$$

und (55) liefert

$$d_0^3 \mid u^4,$$

$$d = v d_0 \leqq h_0 u^{\frac{4}{3}} \leqq h^{\frac{4}{3}}.$$

Folglich ist nach (54)

$$h^3 |2w - h| \leqq h^4 c,$$

$$w \leqq h \frac{c+1}{2} \leqq c^2$$

im Widerspruch zu (3) und (35), und der Beweis ist beendet.

(Eingegangen am 11. 12. 1936.)

29.

Formes quadratiques et modules des courbes algébriques

Bulletin des Sciences Mathématiques, 2. série 61 (1937), 331—352

On sait qu'il y a certaines analogies entre l'arithmétique et la théorie des fonctions analytiques. Par exemple, la théorie des corps de nombres algébriques correspond à la théorie des fonctions algébriques d'une variable complexe. Les théorèmes de la théorie des fonctions donnent des relations entre les propriétés locales et les propriétés intégrales des fonctions analytiques. Dans chaque point de sa surface de Riemann, une fonction analytique peut être représentée par une série de Taylor, et ce développement est une propriété locale de la fonction. Dans l'arithmétique des nombres rationnels, la propriété correspondante est exprimée par les séries p-adiques au sens de M. Hensel, parce que les nombres premiers p sont en arithmétique un équivalent des points du plan des nombres complexes en analyse. Si l'on veut trouver en arithmétique des théorèmes qui sont analogues aux théorèmes intégraux de l'analyse, il faut poser la question dans quelle mesure une fonction arithmétique est déterminée dans le domaine entier des nombres rationnels par ses propriétés locales, c'est-à-dire par la fonction qui lui correspond dans le domaine des résidus par rapport à un module quelconque q.

Pour fixer les idées, considérons un exemple. On doit à Legendre un théorème important et très curieux sur l'équation indéterminée

$$ax^2 + 2bxy + cy^2 = d. \tag{1}$$

Ici les nombres a, b, c, d sont entiers et les inconnus x, y sont rationnels. Legendre a fait voir que la condition nécessaire et suffisante pour la solubilité de l'équation (1) en nombres rationnels x et y est la suivante : la congruence indéterminée

$$ax^2 + 2bxy + cy^2 \equiv d \pmod q$$

doit être soluble en nombres rationnels x et y pour chaque module entier positif q. Il est peut-être utile d'expliquer en quelques mots la notion de congruence relative aux nombres fractionnels. Deux nombres rationnels a et b sont appelés congrus par rapport au module q, si leur différence $a-b$ est un nombre entier divisible par q; par exemple

$$\frac{13}{3} \equiv \frac{1}{3} \pmod{2}.$$

Il est clair que la condition de Legendre est nécessaire. En effet, s'il y a une solution rationnelle x, y de l'équation (1), la différence des deux membres de l'équation est zéro et par conséquent divisible par tous les nombres entiers positifs q. Par contre, il n'est point évident que la condition de Legendre est aussi suffisante, c'est-à-dire que la solubilité de l'équation est une conséquence de la solubilité de la congruence pour tous les modules q. Comme en arithmétique les modules q correspondent aux systèmes de points du plan des nombres complexes, nous dirons : localement soluble, au lieu de : soluble pour tous les modules q. Avec cette terminologie on peut dire que le théorème de Legendre réduit le problème de la solubilité de l'équation (1) au problème local correspondant.

M. Hasse a trouvé une belle généralisation du théorème de Legendre. Elle se rapporte au problème suivant :

Soient $Q(u_1, \ldots, u_m)$ et $R(v_1, \ldots, v_n)$ *deux formes quadratiques à coefficients entiers. Est-il possible de transformer* Q *en* R *par une substitution linéaire*

$$u_k = x_{k1} v_1 + \ldots + x_{kn} v_n \qquad (k = 1, \ldots, m), \tag{2}$$

dont les coefficients x_{kl} $(k = 1, \ldots, m;\ l = 1, \ldots, n)$ *sont des nombres rationnels?*

Dans ce qui suit, nous ne considérerons de ce problème général qu'un cas particulier qui est le plus important pour les applications; nous supposerons que les formes quadratiques Q et R soient toutes les deux positives définies.

Soient S la matrice symétrique de la forme quadratique Q à m variables, T la matrice symétrique de la forme quadratique R à n variables et $X=(x_{kl})$ la matrice rectangulaire de la substitution (2) qui transforme Q en R. On a alors l'équation aux matrices

$$X'SX=T, \tag{3}$$

où le symbole X' signifie la matrice transposée de X. Cette équation est une généralisation de l'équation (1) considérée par Legendre. En effet, si l'on choisit

$$\begin{aligned} m &= 2, & n &= 1, \\ Q &= au_1^2+2bu_1u_2+cu_2^2, & R &= dv_1^2, \\ u_1 &= xv_1, & u_2 &= yv_1, \end{aligned}$$

on a

$$S=\begin{pmatrix} a & b \\ b & c \end{pmatrix}, \qquad T=(d), \qquad X=\begin{pmatrix} x \\ y \end{pmatrix}$$

et l'équation (3) devient

$$(x \quad y)\begin{pmatrix} a & b \\ b & c \end{pmatrix}\begin{pmatrix} x \\ y \end{pmatrix}=(d). \tag{4}$$

En faisant la multiplication des trois matrices dans le premier membre de (4), on obtient précisément l'équation (1).

Retournons au cas général ! Il est évident que l'équation (3) entraîne la congruence aux matrices

$$X'SX\equiv T \pmod q \tag{5}$$

pour tous les nombres entiers positifs q; ici une congruence aux matrices de la forme $A\equiv B \pmod q$ veut dire, que tous les éléments de la matrice $A-B$ sont divisibles par q. Pour abréger, nous appellerons rationnelle une matrice dont tous les éléments sont des nombres rationnels. Pour la solubilité de l'équation (3) par une matrice rationnelle X, nous avons donc la condition nécessaire suivante : Il faut que pour tous les modules q la congruence (5) soit soluble par une matrice rationnelle X. Le théorème de M. Hasse dit que cette condition est aussi suffisante; en d'autres termes : l'équation (3) est soluble si elle est localement soluble. La démonstration du théorème de Hasse est difficile; elle fait usage de la loi de réciprocité des résidus quadratiques et du théorème de Dirichlet sur les nombres premiers dans une progression arithmétique. Le théorème de Legendre est le cas spécial $m = 2$, $n = 1$ du théorème de Hasse. Un autre cas particulier, à savoir $m = n$, avait déjà été considéré par Smith et Minkowski.

Le théorème de Hasse est d'une nature qualitative en ce qu'il nous assure seulement qu'il y a au moins une solution du problème. On peut poser la question : Est-il possible de trouver un théorème quantitatif qui complète le théorème de Hasse, c'est-à-dire un théorème qui nous renseigne sur le nombre de ces solutions ? Pour répondre à cette question d'une manière satisfaisante, il faut la modifier. En premier lieu, il est facile de voir qu'une seule solution rationnelle de (3) conduit à un nombre infini de telles solutions. Mais le nombre des solutions est fini, si l'on se borne à considérer seulement les solutions entières, c'est-à-dire les matrices X dont tous les éléments x_{kl} sont des nombres entiers. Nous appellerons représentation de T par S toute solution entière de (3). Soit A(S,T) le nombre des représentations de T par S. En outre soit $A_q(S,T)$ le nombre des représentations de T par S par rapport au module q, c'est-à-dire le nombre des solutions X de la congruence (5) qui sont entieres et non congrues par rapport au module q. Maintenant notre problème est le suivant : *Y a-t-il une relation entre* A(S, T) *et* $A_q(S, T)$?

Pour reconnaître si ce problème a un sens, nous allons étudier la distribution des formes quadratiques en classes et en genres. Deux formes quadratiques Q et Q_1 avec les matrices S et S_1 sont dites équivalentes ou appartenantes à la même classe, si Q_1 est représentable par Q et en même temps Q par Q_1, c'est-à-dire si les deux équations

$$X'SX = S_1, \qquad X_1' S_1 X_1 = S$$

sont toutes les deux solubles en matrices entières X et X_1. Il est évident que le nombre A(S, T) ne change pas, si la forme quadratique Q avec la matrice S est remplacée par la forme quadratique équivalente Q_1 avec la matrice S_1. Le nombre $A(S, T) = A(S_1, T)$ est donc un invariant de classe.

Il est évident de plus, que le nombre $A_q(S, T)$ des représentations de T par S par rapport au module q ne change pas, si la forme quadratique Q avec la matrice S est remplacée par une forme quadratique Q_0 avec la matrice S_0 qui lui est équivalente par rapport au module q; cela veut dire que Q_0 est représentable par Q par rapport au module q et en même temps Q par Q_0 par rapport au même module ou, en d'autres termes, que les deux congruences

$$X' S X \equiv S_0 \pmod{q},$$
$$X'_0 S_0 X_0 \equiv S \pmod{q}$$

sont toutes les deux solubles en matrices entières X et X_0. On dit que S et S_0 appartiennent au même genre, si les formes quadratiques Q et Q_0 sont équivalentes par rapport à tous les modules q. On a alors $A_q(S, T) = A_q(S_0, T)$ et les nombres $A_q(S, T)$ sont par conséquent des invariants de genre. Nous employons ici la définition du genre due à Poincaré, qui est plus pratique que la définition donnée autrefois par Gauss et Eisenstein.

Notre question était la suivante : Est-il possible de calculer le nombre A(S, T) si l'on ne connaît que les nombres $A_q(S, T)$ pour tous les modules q ? Or, si la réponse était affirmative, le nombre A(S, T) serait aussi un invariant de genre. Mais il est facile de démontrer par un exemple, que le nombre A(S, T) n'est pas toujours un invariant de genre. En effet, on peut montrer que les deux formes quadratiques binaires $Q = x^2 + 55y^2$ et $Q_0 = 5x^2 + 11y^2$ appartiennent au même genre. Il s'ensuit que les deux congruences $Q \equiv 1 \pmod{q}$ et $Q_0 \equiv 1 \pmod{q}$ ont le même nombre de solutions pour chaque module q. Au contraire, l'équation $Q = 1$ a la solution entière $x = 1$, $y = 0$ et l'équation $Q_0 = 1$ n'a aucune solution entière. Donc pour les matrices

$$S = \begin{pmatrix} 1 & 0 \\ 0 & 55 \end{pmatrix}, \qquad S_0 = \begin{pmatrix} 5 & 0 \\ 0 & 11 \end{pmatrix}, \qquad T = (1),$$

les nombres A(S, T) et $A(S_0, T)$ ne sont pas égaux, quoique S et S_0 appartiennent au même genre. Le nombre A(S, T) étant un invariant de classe, nous voyons aussi que S et S_0 ne sont pas équivalentes.

Par conséquent, la distribution des formes quadratiques en classes est plus étroite que la distribution en genres. En employant les méthodes de réduction d'Hermite, on peut démontrer que chaque genre est composé d'un nombre fini de classes. Soit h le nombre des classes contenues dans le genre de la forme quadratique Q. Dans chacune de ces h classes nous choisissons une forme quadratique quelconque. Soient $S_1, \ldots, S_h$ les matrices de ces formes quadratiques et $A(S_1, T), \ldots, A(S_h, T)$ les nombres des représentations de T par $S_1, \ldots, S_h$. Il va sans dire que les nombres correspondants $A_q(S_1, T), \ldots, A_q(S_h, T)$ ont tous la même valeur $A_q(S, T)$, parce que $S_1, \ldots, S_h$ appartiennent au genre de S et le nombre $A_q(S, T)$ est un invariant de genre. Alors il est évident de quelle façon il faut modifier notre question antérieure afin qu'elle soit bien posée. On doit demander : Quelle relation y a-t-il entre les nombres $A_q(S, T)$ pour tous les modules q et les h nombres $A(S_1, T), \ldots, A(S_h, T)$? Je vais montrer que ces nombres sont liés les uns aux autres par une loi très simple. Pour formuler cette loi que j'appellerai dans la suite théorème fondamental, il nous faut quelques préparatifs.

D'abord il faut définir les valeurs moyennes de $A_q(S, T)$ et de $A(S, T)$. Commençons par $A_q(S, T)$, le nombre des solutions entières X de la congruence $X'SX \equiv T \pmod{q}$ qui ne sont pas congrues par rapport au module q. Si nous faisons prendre à chaque élément x_{kl} de X les valeurs $1, 2, \ldots, q$, nous obtenons toutes les matrices X qui ne sont pas congrues par rapport au module q. Parce que nous avons mn éléments dans X et q possibilités pour chaque élément, le nombre des X qui sont non congrues par rapport au module q est exactement q^{mn}. Pour toutes ces X, la matrice $X'SX = Y$ à n lignes est symétrique et entière. Une matrice symétrique à n lignes contient $\frac{1}{2}n(n+1)$ éléments indépendants. Par conséquent, le nombre des matrices entières symétriques à n lignes Y, non congrues par rapport au module q, est $q^{\frac{1}{2}n(n+1)}$. Donc nous avons les relations

$$\sum_{Y \pmod{q}} A_q(S, Y) = q^{mn}, \qquad \sum_{Y \pmod{q}} 1 = q^{\frac{1}{2}n(n+1)},$$

où Y parcourt toutes les matrices non congrues par rapport au module q, et par conséquent le quotient $q^{mn} : q^{\frac{1}{2}n(n+1)} = q^{mn-\frac{1}{2}n(n+1)}$ représente la valeur moyenne du nombre $A_q(S, T)$.

De la même manière que la valeur moyenne du nombre $A_q(S, T)$, nous allons définir la valeur moyenne de $A(S, T)$. On peut considérer les $\frac{1}{2} n(n+1)$ éléments indépendants de la matrice symétrique T comme les coordonnées rectangulaires cartésiennes d'un point dans un espace à $\frac{1}{2}n(n+1)$ dimensions. Soit y un domaine dans cet espace qui comprend le point T et qui a un volume. Cherchons toutes les matrices réelles X qui satisfont à l'équation $X'SX = Y$, où Y est un point quelconque de y. Si Y parcourt tous les points de y, les éléments réels de la matrice X parcourent les mn coordonnées rectangulaires cartésiennes des points d'un domaine x dans un espace à mn dimensions. Désignons les volumes de y et x par

$$v(y) = \int_y dY, \qquad v(x) = \int_x dX$$

et formons le quotient

$$v(x) : v(y) = \int_x dX : \int_y dY$$

de ces deux volumes. Soit Y un point quelconque de y. Si le domaine y converge vers ce point Y, la limite

$$\lim_{y \to Y} \int_x dX : \int_y dY = A_\infty(S, Y)$$

existe. On en conclut immédiatement la relation

$$(6) \qquad \int_y A_\infty(S, Y)\, dY = \int_x dX.$$

D'autre part, si X parcourt les matrices entières situées dans le domaine x et Y les matrices entières situées dans le domaine y, on a la relation

$$(7) \qquad \sum_{Y \text{ en } y} A(S, Y) = \sum_{X \text{ en } x} 1,$$

parce que $A(S, Y)$ matrices entières X correspondent à la même matrice $Y = X'SX$. Il s'ensuit des formules (6) et (7) qu'il est raisonnable d'appeler l'expression $A_\infty(S, T)$ la valeur moyenne du nombre $A(S, T)$.

Enfin, pour abréger, posons $A(S, S) = E(S)$; c'est le nombre des représentations de la forme quadratique Q par elle-même ou le nombre des substitutions automorphes.

Alors le théorème fondamental consiste dans la formule

$$(8)\qquad \frac{\dfrac{A(S_1, T)}{E(S_1)}+\dots+\dfrac{A(S_h, T)}{E(S_h)}}{\dfrac{A_\infty(S_1, T)}{E(S_1)}+\dots+\dfrac{A_\infty(S_h, T)}{E(S_h)}} = \lim_{q\succ\infty} \frac{A_q(S, T)}{q^{mn-\frac{1}{2}n(n+1)}} \qquad (m > n+1);$$

dans le cas $m = n+1$ ou $m = n$, il faut ajouter le facteur $\frac{1}{2}$ au second membre; de plus, dans le cas $m = n$, il faut diviser la fraction dans le second membre par le nombre $2^{\omega(q)}$, où $\omega(q)$ désigne le nombre des diviseurs premiers de q. Dans cette formule, la variable q ne parcourt pas la suite de tous les nombres entiers positifs, mais seulement des suites particulières, par exemple la suite des nombres $1!, 2!, 3!, \dots$. Les matrices $S_1, \dots, S_h$ sont les h représentants des différentes classes du genre de S, et $A_\infty(S, T)$ est la valeur moyenne de $A(S, T)$ que nous avons définie tout à l'heure. Il est intéressant d'observer que l'expression

$$(9)\qquad A_q(S, T) : q^{mn-\frac{1}{2}n(n+1)}$$

dans le second membre est le quotient du nombre $A_q(S, T)$ et de sa valeur moyenne et que le premier membre de (8) est le quotient de l'expression

$$\frac{A(S_1, T)}{E(S_1)}+\dots+\frac{A(S_h, T)}{E(S_h)}$$

et de sa valeur moyenne. Jusqu'à présent nous avons supposé que la forme quadratique Q avec la matrice S soit définie. On peut transformer la formule du théorème fondamental de telle manière qu'elle est valable aussi pour les formes quadratiques indéfinies. De plus, on peut généraliser toute la théorie au cas d'un corps de nombres algébriques quelconque au lieu du corps des nombres rationnels. Mais dans ce qui suit, nous ne ferons pas usage de ces généralisations.

La limite dans le second membre du théorème fondamental peut être considérée comme un analogue arithmétique des intégrales de la théorie des fonctions. Cette remarque un peu mystique devient plus claire, si nous écrivons le second membre de (8) dans la forme d'un produit infini. En premier lieu, on a

$$A_{qr}(S, T) = A_q(S, T)\,A_r(S, T), \qquad \text{si} \quad (q, r) = 1.$$

Par conséquent, il suffit de calculer les nombres $A_q(S, T)$ pour les puissances $q = p^a$ des nombres premiers p. On peut démontrer que le quotient (9) du nombre $A_q(S, T)$ et de sa valeur moyenne $q^{mn - \frac{1}{2}n(n+1)}$ a la même valeur pour toutes les puissances $q = p^a$ du nombre premier p, dont l'exposant a est suffisamment grand; nous désignons cette valeur constante rationnelle par $d_p(S, T)$ et l'appelons la densité p-adique de la représentation de T par S. En outre, il est facile de démontrer que les valeurs moyennes $A_\infty(S_1, T), \ldots, A_\infty(S_h, T)$ sont toutes égales à $A_\infty(S, T)$. En faisant usage de ces simplifications, on peut transformer sans difficultés la formule fondamentale dans la forme suivante :

$$(10) \qquad \frac{\dfrac{A(S_1, T)}{E(S_1)} + \ldots + \dfrac{A(S_h, T)}{E(S_h)}}{\dfrac{1}{E(S_1)} + \ldots + \dfrac{1}{E(S_h)}} = A_\infty(S, T) \prod_p d_p(S, T),$$

le produit étendu sur tous les nombres premiers p. Le premier membre de (10) représente une fonction arithmétique dans le domaine des nombres rationnels; au contraire, les facteurs dans le second membre sont définis par l'arithmétique p-adique. En se rappelant que les nombres premiers sont l'analogue arithmétique des points complexes de l'analyse, on voit que notre théorème fondamental ressemble en effet à certains théorèmes de la théorie des fonctions.

La démonstration du théorème fondamental présente beaucoup de difficultés. Il est impossible que cette démonstration soit d'une nature purement arithmétique, parce que l'énoncé du théorème contient un passage à la limite. Il faut faire usage des méthodes analytiques que Dirichlet a introduites dans la théorie des nombres. Il n'est pas possible d'esquisser en peu de mots la marche de la démonstration; à cause de cela je préfère expliquer seulement la signification du théorème par quelques exemples intéressants et exposer les relations avec la théorie des fonctions de plusieurs variables complexes. Pour la démonstration complète il faut consulter mon mémoire *Über die analytische Theorie der quadratischen Formen* dans les volumes **36**, **37**, **38** des *Annals of Mathematics*.

Considérons en premier lieu le cas particulier $S = T$. Dans ce cas, le numérateur, dans le premier membre de (10), se réduit à 1, et nous obtenons une formule pour l'expression

$$\frac{1}{E(S_1)} + \dots + \frac{1}{E(S_h)} = m(S),$$

qu'on appelle la mesure du genre de S. Cette formule a déjà été donnée par Minkowski. Elle est une généralisation d'une formule célèbre de Dirichlet pour le nombre des classes des formes quadratiques binaires d'un déterminant donné.

Nous avons vu qu'il n'est pas possible en général de calculer le nombre $A(S, T)$ des représentations de T par S, si l'on ne connaît que les nombres $A_q(S, T)$ des représentations par rapport au module q. En effet, le théorème fondamental donne seulement la combinaison

$$\frac{\dfrac{A(S_1, T)}{E(S_1)} + \dots + \dfrac{A(S_h, T)}{E(S_h)}}{\dfrac{1}{E(S_1)} + \dots + \dfrac{1}{E(S_h)}}$$

des h nombres $A(S_1, T), \dots, A(S_h, T)$. Cependant il y a un cas spécial important dans lequel cette combinaison se réduit au nombre $A(S, T)$; c'est le cas d'un genre qui ne contient qu'une seule classe; c'est-à-dire le cas $h = 1$. Dans ce cas nous obtenons la formule simple

$$A(S, T) = A_\infty(S, T) \prod_p d_p(S, T). \tag{11}$$

Pour déterminer la valeur moyennne $A_\infty(S, T)$, il faut avoir recours au calcul intégral. Si s et t sont les déterminants des matrices S et T, on trouve

$$A_\infty(S, T) = \frac{\pi^{\frac{1}{4}n(2m-n+1)}}{\Gamma\left(\frac{m}{2}\right)\Gamma\left(\frac{m-1}{2}\right)\cdots\Gamma\left(\frac{m-n+1}{2}\right)} s^{-\frac{1}{2}n} t^{\frac{1}{2}(m-n-1)}. \tag{12}$$

Les facteurs $d_p(S, T)$ sont connus, si l'on connaît les nombres $A_q(S, T)$, c'est-à-dire les nombres des solutions des congruences quadratiques

$$X'SX \equiv T \pmod{q}.$$

Il n'est pas difficile de trouver des expressions explicites pour $d_p(S, T)$ à l'aide de sommes de Gauss généralisées; mais l'expression générale est assez compliquée. Pour donner une idée de la forme de ces expressions, j'indiquerai la valeur de $d_p(S, T)$ seulement pour le cas particulier suivant : soient m un nombre impair, n un nombre pair et que le nombre premier p ne rentre pas comme facteur dans le produit $2st$. Alors on a

$$d_p(S, T) = (1 - p^{-2})(1 - p^{-4})\ldots(1 - p^{n-m-1}). \tag{13}$$

La forme de $d_p(S, T)$ est plus compliquée, si p est un diviseur de $2st$. Pour trouver une expression pour $A(S, T)$, il faut calculer la valeur du produit infini $\prod_p d_p(S, T)$ dans le second membre de (11). Or, les facteurs de ce produit sont déterminés par (13), excepté dans le cas d'un diviseur p de $2st$. D'autre part, les produits

$$\prod_p (1 - p^{-2}), \quad \prod_p (1 - p^{-4}), \quad \ldots$$

sont connus à l'aide des formules d'Euler qui donnent la somme des puissances des réciproques des nombres entiers. De cette manière, on calcule la valeur du second membre de (11), sous forme finie. On trouve donc une formule pour le nombre $A(S, T)$ dans le cas d'un genre qui ne contient qu'une seule classe.

Cette supposition est satisfaite par exemple, si S est la matrice unité

$$S = E_m = \begin{pmatrix} 1 & 0 & \ldots & 0 \\ 0 & 1 & \ldots & 0 \\ . & . & \ldots & . \\ 0 & 0 & \ldots & 1 \end{pmatrix}$$

et $m \leqq 8$; c'est-à-dire, si la forme quadratique Q est la somme de huit carrés au plus. Dans le cas particulier $n = 1$, $T = (t)$, on obtient les théorèmes de Fermat, Lagrange, Gauss, Jacobi,

Eisenstein et Liouville sur le nombre des représentations d'un nombre entier positif t par une somme de carrés.

Par exemple, dans le cas $m = 4$, t impair, on trouve

$$d_2(E_4, t) = 1,$$
$$d_p(E_4, t) = (1 - p^{-2})(1 + p^{-1} + p^{-2} + \ldots + p^{-l}),$$

si p^l est la plus grande puissance du nombre premier impair p qui divise t. Il s'ensuit

$$\prod_p d_p(E_4, t) = \prod_{p \neq 2} (1 - p^{-2}) \sum_{g \mid t} g^{-1} = \frac{4}{3} \sum_{g \mid t} g^{-1} : \sum_{n=1}^{\infty} n^{-2} = 8\pi^{-2} \sum_{g \mid t} g^{-1},$$

où g parcourt tous les diviseurs positifs de t. Donc à l'aide de (11) et (12),

$$A(E_4, t) = 8 \sum_{g \mid t} g. \tag{14}$$

C'est le théorème de Jacobi.

Dans sa thèse intéressante, Mlle Braun a étudié le cas $S = E_m$, $n > 1$, c'est-à-dire la représentation d'une forme quadratique définie à n variables par la somme de m carrés de formes linéaires à n variables et à coefficients entiers. Elle a trouvé des résultats très remarquables, par exemple une formule pour le nombre des représentations d'une forme quadratique binaire par la somme de cinq carrés de formes linéaires. Cette formule est analogue à la formule (14) de Jacobi qui donne le nombre des représentations d'un nombre par la somme de quatre carrés. Soit

$$T = \begin{pmatrix} a & b \\ b & c \end{pmatrix}$$

la matrice de la forme binaire. Si la forme est proprement primitive, c'est-à-dire $(a, 2b, c) = 1$, et si de plus le déterminant

$$ac - b^2 = t \equiv 3 \pmod 4,$$

Mlle Braun trouve la formule

$$A(E_5, T) = 80 \sum_{g \mid t} \chi(g) g,$$

où g parcourt tous les diviseurs positifs de t et la valeur du caractère $\chi(g)$ est définie par le symbole de Legendre

$$\chi(g)=\left(\frac{a}{g_1}\right), \qquad g_1=\frac{t}{g}.$$

Par exemple, pour

$$T=\begin{pmatrix} 7 & 1 \\ 1 & 8 \end{pmatrix},$$

on a les représentations

$$\begin{aligned} 7x^2+2xy+8y^2 &= (x+y)^2+(x+y)^2+(x+y)^2+(2x-y)^2+(2y)^2 \\ &= (x+y)^2+(x-y)^2+(x-y)^2+(2x+y)^2+(2y)^2 \\ &= (x-y)^2+(x-y)^2+(x-y)^2+(2x+2y)^2+y^2. \end{aligned}$$

En permutant les cinq carrés et en changeant le signe de leurs bases de toutes les manières possibles, on obtient

$$2^5(20+60+20)=3200$$

représentations différentes. D'autre part, on a

$$80\left[55+\left(\frac{7}{11}\right)5+\left(\frac{7}{5}\right)11+\left(\frac{7}{55}\right)\right]=80(55-5-11+1)=3200.$$

On sait que Jacobi a démontré son théorème à l'aide de la théorie des fonctions elliptiques; en effet, ce théorème est équivalent à une identité de la théorie des fonctions modulaires. Il est important que notre théorème fondamental, pour le cas d'une matrice symétrique S quelconque et $n=1$, s'exprime aussi par une relation entre des fonctions modulaires elliptiques. Pour trouver cette relation, on a besoin de quelques transformations qui subsistent aussi dans le cas $n>1$. De la sorte on obtient une forme analytique du théorème fondamental pour le cas de matrices S et T quelconques. Le résultat est extrêmement curieux. Le théorème fondamental se transforme en une relation très simple entre des fonctions analytiques de $\frac{1}{2}n(n+1)$ variables complexes, et ces fonctions jouent le même rôle pour les fonctions $2n$-fois périodiques méromorphes de n variables que les fonctions modulaires pour les fonctions elliptiques.

Pour transformer le théorème fondamental dans une identité de la théorie des fonctions, nous construisons une fonction génératrice, c'est-à-dire une série dont le coefficient général est le premier membre de la formule (10). Soit Z une matrice symétrique à n lignes dont les éléments z_{kl} soient des nombres complexes. Nous supposons que les parties imaginaires des z_{kl} forment la matrice d'une forme quadratique positive définie. Pour abréger, nous dirons que la partie imaginaire d'une telle matrice Z est positive. Toutes ces matrices sont situées dans un domaine d de l'espace des $\frac{1}{2}n(n+1)$ variables complexes z_{kl}. Par le symbole $\sigma(M)$ nous désignons la trace d'une matrice M, c'est-à-dire la somme des éléments de la diagonale principale de M. Ceci posé, formons la série infinie

$$f(S, Z) = \sum_{C} e^{\pi i \sigma(C'SCZ)},$$

où C parcourt toutes les matrices entières à m lignes et à n colonnes. On peut démontrer que cette série est uniformément convergente dans toute partie finie du domaine d. Il s'ensuit que la fonction $f(S, Z)$ des $\frac{1}{2}n(n+1)$ variables complexes z_{kl} est holomorphe dans tout le domaine d. Pour étudier la relation entre la fonction $f(S, Z)$ et les nombres A(S, T) que nous avons définis auparavant, nous choisissons toutes les matrices entières C qui ont la propriété que la matrice symétrique $C'SC$ est égale à une matrice donnée quelconque T. Or, le nombre des solutions de l'équation $C'SC = T$ est précisément A(S, T), et nous obtenons la formule

$$f(S, Z) = \sum_{T} A(S, T) e^{\pi i \sigma(TZ)}, \tag{15}$$

où T parcourt toutes les matrices symétriques entières à n lignes. Soient $S_1, \ldots, S_h$ les représentants des diverses classes du genre de S et soit

$$F(S, Z) = \frac{\dfrac{f(S_1, Z)}{E(S_1)} + \ldots + \dfrac{f(S_h, Z)}{E(S_h)}}{\dfrac{1}{E(S_1)} + \ldots + \dfrac{1}{E(S_h)}}.$$

Parce que la fonction analytique F(S, Z) est déterminée par le genre de S, nous l'appelons l'invariant analytique de genre. Il résulte de la formule (15) qu'on peut écrire

$$(16)\qquad F(S, Z)=\sum_{T} \frac{\dfrac{A(S_1, T)}{E(S_1)}+\ldots+\dfrac{A(S_h, T)}{E(S_h)}}{\dfrac{1}{E(S_1)}+\ldots+\dfrac{1}{E(S_h)}} e^{\pi i \sigma(TZ)}.$$

Pour transformer le second membre de cette équation, nous emploierons le théorème fondamental. La formule (10) nous fournit une expression de la valeur du coefficient dans le second membre. Au moyen de quelques identités de la théorie des séries de Fourier, on peut déduire un développement du second membre de (16) en série de fractions simples. Après un calcul assez difficile, que nous ne reproduirons pas, on trouve la formule

$$(17)\qquad F(S, Z)=\sum_{K, L} c_{K, L}|KZ+L|^{-\frac{m}{2}}.$$

Les symboles K et L parcourent un système complet de matrices entières à n lignes et à n colonnes avec les trois propriétés suivantes :

1° Le couple K, L est symétrique, c'est-à-dire $KL'=LK'$;

2° Le couple K, L est primitif, c'est-à-dire, si pour une matrice quelconque M les deux matrices MK et ML sont entières, la matrice M est elle-même entière;

3° Les couples K, L sont non associés, c'est-à-dire pour deux couples quelconques K_1, L_1 et K_2, L_2 du système des K, L on a toujours l'inégalité $K_1 L'_2 \neq L_1 K'_2$.

Au second membre de (17), les K, L parcourent donc un système complet de couples de matrices symétriques primitifs non associés. De plus, le coefficient $c_{K, L}$ ne dépend pas de la variable Z, mais seulement de K et de L, et le symbole $|KZ+L|$ désigne le déterminant de la matrice $KZ+L$.

On peut démontrer que tous les points de la frontière du domaine d sont des points singuliers essentiels de la fonction F(S, Z) qui est holomorphe à l'intérieur de d. La formule (17) met en évidence l'allure de F(S, Z) au voisinage des points singuliers. Sous la seule hypothèse qu'on peut développer F(S, Z) dans une série de la forme du second membre de (17), on peut démontrer que les coefficients $c_{K,L}$ de ce développement sont déterminés univoquement; en effet, ils se déterminent par un passage à la limite et sont des sommes de Gauss généralisées. Il en résulte que le théorème fondamental est complètement équivalent au théorème suivant : l'invariant analytique de genre F(S, Z) peut être représenté par une série de fractions simples. Pour comprendre la signification de ce théorème analytique, nous allons étudier les propriétés de la série du second membre de (17).

Considérons d'abord deux exemples : Soit $m = 8$, $n = 1$, $S = E_8$; c'est-à-dire que la forme quadratique Q avec la matrice S est la somme de huit carrés et Z est un nombre complexe z. On a alors $h = 1$,

$$F(E_8, z) = f(E_8, z) = \sum_{c_1, \dots, c_8 = -\infty}^{+\infty} e^{\pi i z(c_1^2 + \dots + c_8^2)} = \left(\sum_{c=-\infty}^{+\infty} e^{\pi i c^2 z} \right)^8.$$

En calculant les nombres $c_{K,L}$, on trouve $c_{K,L} = 1$ ou 0 et

$$(18) \qquad \left(\sum_{c=-\infty}^{+\infty} e^{\pi i c^2 z} \right)^8 = \sum_{k,l} (kz + l)^{-4},$$

où k, l parcourent tous les couples de nombres entiers avec les trois propriétés : $(k, l) = 1$; kl pair; $k > 0$ ou $k = 0$, $l > 0$. Soit encore $m = 8$, mais $n = 2$,

$$Z = \begin{pmatrix} x & y \\ y & z \end{pmatrix}.$$

On trouve

$$(19) \qquad F(E_8, Z) = \left(\sum_{a, b = -\infty}^{+\infty} e^{\pi i (x a^2 + 2 y a b + z b^2)} \right)^8 = \sum_{K, L} |KZ + L|^{-4},$$

où K, L parcourent un système complet de couples de matrices entières à deux lignes et à deux colonnes qui sont symétriques, primitifs et non associés; de plus, la matrice $\frac{1}{2} KL'$ doit être entière.

La formule (18) est d'un type connu depuis longtemps dans la théorie des fonctions elliptiques. En effet, le premier membre est la huitième puissance de la valeur que la fonction $\vartheta(u, z)$ de Jacobi prend pour la valeur $u = 0$ de l'argument; le second membre se présente sous la forme des séries considérées par Eisenstein. Ces séries jouent un rôle important dans la théorie des fonctions elliptiques au point de vue de Weierstrass et dans la théorie des fonctions modulaires. La formule (18) établit une relation entre les fonctions ϑ et les séries d'Eisenstein; elle se démontre d'ailleurs aussi par des considérations purement analytiques.

La formule (19) est complètement analogue à la formule (18). Le premier membre est la huitième puissance d'une valeur de la fonction ϑ de Riemann correspondant à une courbe algébrique de genre deux. Le second membre est une généralisation des séries d'Eisenstein. Poincaré a déjà étudié certaines généralisations des séries d'Eisenstein dans ses recherches sur la théorie des fonctions automorphes d'une variable complexe. D'autres généralisations se rattachent à la théorie des fonctions de plusieurs variables et ont été faites par M. Picard, et d'un autre coté par MM. Hilbert et Blumenthal. Notre généralisation est intimement liée à la théorie des formes quadratiques; en même temps elle résout un problème important de la théorie des courbes algébriques d'un genre quelconque. Nous allons expliquer cette relation avec la théorie des fonctions algébriques.

Considérons une surface de Riemann de genre n. Soit $Z = (z_{kl})$ la matrice des périodes des n intégrales normales abéliennes de première espèce sur cette surface de Riemann. On sait, par les recherches de Riemann, que Z est symétrique et que sa partie imaginaire est positive. La matrice Z ne dépend pas seulement de la surface de Riemann donnée, mais aussi du système canonique de coupures sur cette surface. En changeant de système de coupures, il faut remplacer la matrice des périodes Z par

$$Z_1 = (AZ + B)(CZ + D)^{-1}, \tag{20}$$

où A, B, C, D désignent quatre matrices entières à n lignes et à n colonnes avec les trois propriétés

$$AB' = BA', \qquad CD' = DC', \qquad AD' - BC' = E.$$

D'autre part, à chaque système de quatre matrices A, B, C, D jouissant de ces propriétés correspond un passage d'un système canonique de coupures à un autre, et les deux matrices des périodes Z_1 et Z, déterminées par ces coupures, sont liées par l'équation (20).

Les substitutions (20) forment un groupe. Dans le cas particulier $n = 1$, ce groupe est précisément le groupe modulaire

$$z_1 = \frac{az+b}{cz+d}, \qquad ad - bc = 1 \qquad (a,\, b,\, c,\, d \text{ entiers});$$

pour cette raison, le groupe des substitutions (20) sera appelé le groupe modulaire de degré n. Définissons les fonctions modulaires de degré n. Ce sont toutes les fonctions $\varphi(Z)$ des $\frac{1}{2}n(n+1)$ variables complexes z_{kl} méromorphes dans tout le domaine d et invariantes par rapport au groupe modulaire, c'est-à-dire qui ont la propriété

$$\varphi(Z_1) = \varphi(Z)$$

pour toutes les substitutions modulaires de degré n. D'abord il faut démontrer l'existence de ces fonctions. On en obtient des expressions simples par des séries d'Eisenstein généralisées suggérées par la formule (17).

Formons la série

$$\psi_r(Z) = \sum_{K,L} |KZ + L|^{-r} \qquad (r = 2, 4, 6, \ldots), \tag{21}$$

où le couple de matrices K, L parcourt le même système comme dans la série du second membre de (17), c'est-à-dire un système complet de couples de matrices entières à n lignes et à n colonnes, symétriques, primitifs et non associés. On peut démontrer que la série (21) converge, si l'exposant r est suffisamment grand, et que la fonction $\psi_r(Z)$ est alors holomorphe dans tout le domaine d. De plus, la fonction $\psi_r(Z)$ se transforme d'une manière très simple par toutes les substitutions modulaires (20). En effet, on vérifie, par un raisonnement facile, la relation

$$\psi_r(Z_1) = |CZ + D|^r \psi_r(Z).$$

Il s'ensuit que la fonction

$$\varphi_{rs}(Z) = \psi_r^s(Z)\, \psi_s^{-r}(Z) \tag{22}$$

est une fonction modulaire de degré n. Une étude approfondie fait même voir qu'il y a $\frac{1}{2}n(n+1)$ fonctions $\varphi_{rs}(Z)$ qui sont analytiquement indépendantes.

Weierstrass a énoncé sans démonstration le théorème important, que les fonctions méromorphes de n variables complexes avec le même système de $2n$ périodes forment un corps algébrique de n variables indépendantes. Ce théorème a été démontré plus tard notamment par M. Blumenthal et étendu au cas général de fonctions à domaine fondamental. On peut se servir des idées de sa démonstration pour arriver à une conclusion analogue pour les fonctions modulaires, c'est-à-dire au théorème suivant : les fonctions modulaires de degré n sont les éléments d'un corps algébrique de $\frac{1}{2}n(n+1)$ variables indépendantes. En d'autres termes : Tout système de $\frac{1}{2}n(n+1)+1=g$ fonctions modulaires est lié par une équation algébrique à coefficients constants, et l'on peut trouver un système de g fonctions modulaires $\varphi_1, \ldots, \varphi_g$, de sorte que toute autre fonction modulaire soit une fonction rationnelle de $\varphi_1, \ldots, \varphi_g$. Enfin, on peut démontrer que ces fonctions $\varphi_1, \ldots, \varphi_g$ peuvent être choisies parmi les fonctions $\varphi_{rs}(Z)$ définies par (22). Ainsi l'on voit que toute fonction modulaire s'exprime rationnellement à l'aide des séries d'Eisenstein généralisées.

Pour terminer ces remarques sur la théorie des fonctions modulaires, nous revenons à notre point de départ, qui était l'étude des périodes des n intégrales normales abéliennes de première espèce sur une courbe algébrique de genre n. Le système de ces intégrales reste invariant pour toute transformation birationnelle de la courbe. Il s'ensuit que les valeurs des fonctions modulaires $\varphi(Z)$, où Z désigne la matrice des périodes, dépendent seulement des modules de la courbe, c'est-à-dire des paramètres qui sont les mêmes pour toutes les courbes qui peuvent être ramenées à l'une d'elles par des transformations birationnelles. A l'aide de quelques théorèmes de Torelli et de M. Severi, on arrive au résultat important que les modules rationnels des courbes algébriques s'expriment rationnellement par des séries d'Eisenstein généralisées.

Dans le cas $n=1$, ce résultat était déjà connu depuis les travaux de Weierstrass. En effet, toute courbe de genre un peut être transformée par une transformation birationnelle dans la courbe

$$y^2 = 4x^3 - g_2 x - g_3;$$

et la condition nécessaire et suffisante pour l'équivalence birationnelle de deux courbes de genre un est, que le nombre

$$\frac{g_2^3}{g_2^3 - 27 g_3^2} = j$$

ait la même valeur pour les deux courbes. D'autre part, si ω_1 et ω_2 sont deux périodes fondamentales de l'intégrale elliptique de première espèce

$$\int \frac{dx}{y},$$

on a, en posant

$$\frac{\omega_1}{\omega_2} = z.$$

les équations

$$g_2 = 60\,\omega_2^{-4} \sum_{k,l\neq} (kz + l)^{-4}, \qquad g_3 = 140\,\omega_2^{-6} \sum_{k,l\neq 0,0} (kz + l)^{-6},$$

et le module $j = j(z)$ s'exprime donc rationnellement par les séries d'Eisenstein

$$\sum (kz + l)^{-4}, \qquad \sum (kz + l)^{-6},$$

où k, l parcourent tous les systèmes de nombres entiers à l'exception de o, o.

Par nos recherches, cette relation entre le module d'une courbe algébrique de genre un et les séries d'Eisenstein est étendue au cas d'une courbe algébrique de genre quelconque. Considérons, pour fixer les idées, l'exemple d'une courbe de genre trois. Par une transformation birationnelle, on peut la ramener à une courbe du quatrième degré sans point multiple. D'autre part, toute courbe du quatrième degré sans point multiple a le genre trois, et la transformation générale birationnelle qui conserve le degré d'une telle courbe est une homographie. Il s'ensuit que les modules des courbes de genre trois se confondent avec les invariants rationnels projectifs de la forme ternaire homogène biquadratique. Or, la forme ternaire biquadratique contient 15 coefficients et l'homographie du plan contient 9 coefficients. On voit donc qu'il y a $15 - 9 = 6$ invariants projectifs indépendants. Soient $j_1, \ldots, j_6$ ces invariants; on peut les choisir de manière que tout autre invariant rationnel projectif soit une fonction rationnelle de $j_1, \ldots, j_6$. Considérons alors les trois intégrales abéliennes de première espèce sur la courbe de genre trois et la matrice des périodes Z à 3 lignes qui dépend de $\frac{3(3+1)}{2} = 6$ éléments indépendants. Notre théorème dit que les 6 invariants fondamentaux $j_1, \ldots, j_6$ s'expriment rationnellement par les séries d'Eisenstein $\psi_r(Z)$ définies par (21). Il est évident que ce résultat est tout à fait analogue au cas elliptique $n = 1$.

En terminant, je veux préciser la signification du théorème fondamental pour la théorie des fonctions modulaires de degré n. Dans l'équation (17), qui est l'énoncé analytique du théorème fondamental, la série au second membre n'est pas précisément une série d'Eisenstein du type considéré, parce que les coefficients $c_{K,L}$ sont en général différents de l'unité. Mais ces séries plus générales se rattachent de même à la théorie des fonctions modulaires. Si l'on veut obtenir les fonctions méromorphes de Z, qui ne sont invariantes que par rapport à un sous-groupe du groupe modulaire, on est conduit à étudier des séries de la forme du second membre de (17). La formule (17) s'interprête donc de la manière suivante : le théorème fondamental donne une relation entre la fonction F(S, Z) définie à l'aide des formes quadratiques et les séries d'Eisenstein généralisées, qui sont les éléments les plus simples pour la construction des modules des courbes algébriques.

(Extrait du *Bulletin des Sciences mathématiques*, 2e série, t. LXI, novembre 1937.)

30.

Über die Zetafunktionen indefiniter quadratischer Formen

Mathematische Zeitschrift 43 (1938), 682—708

Die klassische Theorie der binären quadratischen Formen $ax^2 + 2bxy + cy^2$ mit ganzen Koeffizienten ist in dem Zeitraum der letzten hundert Jahre nach zwei Richtungen hin verallgemeinert worden: Verlangt man von der Verallgemeinerung als wesentliche Eigenschaft die Möglichkeit einer Komposition der Formen, so kommt man zu den algebraischen Zahlringen und darüber hinaus zu den nicht-kommutativen Zahlsystemen mit endlicher Basis; behält man dagegen nur den Grad bei, so wird man zu den quadratischen Formen $Q(x_1, \ldots, x_n)$ mit einer beliebigen Anzahl n von Variabeln und ganzen Koeffizienten geführt. Jeder dieser beiden wichtigen Verallgemeinerungen der binären quadratischen Formen entspricht auch eine Verallgemeinerung der von Dirichlet eingeführten Zetafunktion

$$\sum_{x,y}{}' (ax^2 + 2bxy + cy^2)^{-s}:$$

Im ersten Falle hat man die Dedekindsche Zetafunktion und ihre Übertragung auf nicht-kommutative Bereiche; im zweiten Falle ist die Zetafunktion einer beliebigen quadratischen Form zu bilden.

Die Fortsetzbarkeit und die Funktionalgleichung der Dedekindschen Zetafunktion ist bekanntlich von Hecke bewiesen worden, und K. Hey[1]) hat diesen Beweis auf nicht-kommutative Körper übertragen. Hierbei spielt die Komposition der zugehörigen Formen eine wesentliche Rolle. Andererseits hat schon früher Epstein in einer wichtigen Untersuchung die Fortsetzbarkeit und die Funktionalgleichung der Zetafunktion einer definiten quadratischen Form mit beliebig vielen Variabeln bewiesen. Dieser Beweis läßt sich aber nicht auf den indefiniten Fall übertragen.

Die analytische Theorie der quadratischen Formen liefert nun einen Zusammenhang zwischen Thetareihen und Eisensteinschen Reihen, und zwar auch für indefinite Formen. Ist insbesondere $Q(x_1, \ldots, x_n)$ reell in $-(y_1^2 + \ldots + y_p^2) + (y_{p+1}^2 + \ldots + y_n^2)$ mit geradem p transformierbar und die Determinante D von Q ungerade, so folgt aus jener Theorie im Falle $n > 4$ für die zugeordnete Thetafunktion, daß sie eine Modulform der Di-

[1]) K. Hey, Analytische Zahlentheorie in Systemen hyperkomplexer Zahlen. Hamburg 1929, Dissertation.

mension $n/2$ und der Stufe $2D$ ist; und in üblicher Weise erhält man daraus für die zugehörige Zetafunktion die Fortsetzbarkeit und die Funktionalgleichung. Es erscheint aber methodisch unbefriedigend, für die Herleitung dieser Resultate die Darstellungstheorie der quadratischen Formen heranzuziehen, und man wird einen einfacheren Weg suchen.

Die Erkenntnis, daß überhaupt indefinite quadratische Formen zur Bildung von Modulformen benutzt werden können, verdankt man Hecke[2]), und zwar für den Fall einer indefiniten binären Form, in welchem die Transformationstheorie der zugeordneten Thetafunktionen aus der Funktionalgleichung der Zetafunktionen des reell-quadratischen Zahlkörpers folgt. Ferner hat neuerdings B. Schoeneberg[3]) den Fall behandelt, daß Q die Normenform eines indefiniten Quaternionenbereiches ist; dann gestattet nämlich Q eine Komposition, und es läßt sich zur Ableitung der Funktionalgleichung der Ansatz von Hecke und Hey benutzen. Dieser Weg ist im allgemeinen Fall nicht gangbar, da dann keine Komposition möglich ist. Man kommt aber auf andere Weise zum Ziel, wenn man gewisse Identitäten aus der Theorie der vielfachen Integrale und die Poissonsche Summenformel benutzt. Im folgenden wird dies durchgeführt unter der einschränkenden Annahme, daß Q reell in $-(y_1^2 + \dots + y_{n-1}^2) + y_n^2$ transformierbar ist, dabei ist die Determinante von Q beliebig und $n > 2$.

Die genaue Definition der Zetafunktion von Q findet man in § 4, wo auch die Fortsetzbarkeit und die Funktionalgleichung in drei Sätzen formuliert werden. Es ist bemerkenswert, daß die Gestalt der Resultate wesentlich davon abhängt, ob n gerade oder ungerade ist. Eine eingehende Untersuchung erfordert dabei der Fall, daß Q eine ternäre Nullform ist; dann ist auch das Ergebnis von besonderer Art. Die Anwendung auf die Theorie der Modulfunktionen wird in § 10 gegeben. Dabei zeigen wieder die ternären Nullformen ein abweichendes Verhalten. Für die spezielle ternäre Form $x_1 x_2 - x_3^2$ gewinnt man eine Identität, die bereits Mordell[4]) mit Hilfe der Theorie der elliptischen Funktionen bewiesen hat.

Über die weiterhin verwendeten Bezeichnungen sei noch bemerkt, daß deutsche Buchstaben Matrizen bedeuten, und zwar kleine deutsche Buchstaben stets Spalten. Es ist z. B. $\mathfrak{x}'\mathfrak{S}\mathfrak{x}$ die quadratische Form mit der symmetrischen Matrix $\mathfrak{S}$ und der Variablenspalte $\mathfrak{x}$, und speziell hat die Einheitsform $\mathfrak{x}'\mathfrak{x}$ die Matrix $\mathfrak{E}$. Ferner soll unter $\mathfrak{n}$ eine Nullspalte verstanden werden.

---

[2]) E. Hecke, Über einen neuen Zusammenhang zwischen elliptischen Modulfunktionen und indefiniten quadratischen Formen. Göttinger Nachrichten 1925.

[3]) B. Schoeneberg, Indefinite Quaternionen und Modulfunktionen. Math. Annalen **113**, S. 380–391.

[4]) L. J. Mordell, On some series whose nth term involves the number of classes of binary quadratics of determinant $-n$. Messenger of Math. **49**, S. 65–72.

§ 1.

Die Einheitengruppe.

Es sei $\mathfrak{x}'\mathfrak{S}\mathfrak{x}$ eine nicht-ausgeartete reelle quadratische Form von n Variablen $x_1, \ldots, x_n$ und D der absolute Betrag ihrer Determinante. Setzt man $x_k : x_n = z_k$ $(k = 1, \ldots, n)$ oder kurz $\mathfrak{x} = x_n \mathfrak{z}$, so ist der Ausdruck

$$(1) \qquad D^{\frac{1}{2}} (\mathfrak{z}'\mathfrak{S}\mathfrak{z})^{-\frac{n}{2}} d z_1 \ldots d z_{n-1}$$

das zu dem absoluten Gebilde $\mathfrak{x}'\mathfrak{S}\mathfrak{x} = 0$ gehörige nicht-euklidische Volumenelement des projektiven $\mathfrak{x}$-Raumes P.

Weiterhin seien die Elemente von $\mathfrak{S}$ rationale Zahlen. Eine ganzzahlige Matrix $\mathfrak{C}$ möge eine Einheit von $\mathfrak{S}$ heißen, wenn $\mathfrak{C}'\mathfrak{S}\mathfrak{C} = \mathfrak{S}$ ist. Vermöge der Abbildungen $\mathfrak{x} \to \mathfrak{C}\mathfrak{x}$ liefern die Einheiten eine Gruppe nicht-euklidischer Bewegungen der Punkte des Raumes P mit dem absoluten Gebilde $\mathfrak{x}'\mathfrak{S}\mathfrak{x} = 0$; dabei ist aber zu beachten, daß die beiden Einheiten $\mathfrak{C}$ und $-\mathfrak{C}$ jedesmal dieselbe Bewegung definieren. Die Bewegungsgruppe $\Gamma(\mathfrak{S})$ ist also die Faktorgruppe der vollen Einheitengruppe in bezug auf die von den beiden Elementen $\mathfrak{E}$ und $-\mathfrak{E}$ gebildete invariante Untergruppe.

Für indefinites $\mathfrak{x}'\mathfrak{S}\mathfrak{x}$ ist die Einheitengruppe von unendlicher Ordnung, wenn nicht der triviale Fall einer binären Form mit quadratischer Diskriminante vorliegt. Es sei insbesondere $\mathfrak{x}'\mathfrak{S}\mathfrak{x}$ reell in $y_1^2 - (y_2^2 + \ldots + y_n^2)$ transformierbar. Dann folgt aus der Reduktionstheorie der quadratischen Formen, daß die Gruppe $\Gamma(\mathfrak{S})$ in dem Teile $\mathfrak{x}'\mathfrak{S}\mathfrak{x} > 0$ von P diskontinuierlich ist und dort ein von endlich vielen Ebenen begrenztes Fundamentalpolyeder $F(\mathfrak{S})$ besitzt. Das unter Zugrundelegung des Volumenelements (1) berechnete nicht-euklidische Volumen $v(\mathfrak{S})$ von $F(\mathfrak{S})$ ist endlich, wenn der soeben erwähnte triviale Fall ausgeschlossen wird.

Deutet man die n Elemente von $\mathfrak{x}$ nicht als homogene Koordinaten eines Punktes im projektiven Raume P, sondern als rechtwinklige cartesische Koordinaten im euklidischen Raume R, so wird durch $\mathfrak{x} \to \mathfrak{C}\mathfrak{x}$ eine affine Abbildung von R auf sich selbst definiert, welche den Kegel $\mathfrak{x}'\mathfrak{S}\mathfrak{x} = 0$ festhält. Das Innere dieses Kegels, also das Gebiet $\mathfrak{x}'\mathfrak{S}\mathfrak{x} > 0$, besteht aus zwei spiegelbildlich zum Nullpunkt gelegenen Teilen. Einer von diesen beiden werde ausgewählt und mit K bezeichnet. Diejenigen Einheiten von $\mathfrak{S}$, welche sogar K festlassen, sollen eigentliche Einheiten heißen. Da bei der Abbildung $\mathfrak{x} \to -\mathfrak{x}$ der Halbkegel K in sein Spiegelbild übergeht, so stimmt $\Gamma(\mathfrak{S})$ überein mit der Gruppe der eigentlichen Einheiten. Dem $(n-1)$-dimensionalen Fundamentalpolyeder $F(\mathfrak{S})$ im projektiven $\mathfrak{x}$-Raum entspricht im n-dimensionalen euklidischen $\mathfrak{x}$-Raum eine von endlich vielen Ebenen begrenzte Ecke E, deren Spitze im Nullpunkt liegt. Die Eckpunkte von $F(\mathfrak{S})$ ergeben die Kanten von E. Läßt man bei der Abbildung $\mathfrak{x} \to \mathfrak{C}\mathfrak{x}$ die

Matrix $\mathfrak{C}$ sämtliche eigentlichen Einheiten von $\mathfrak{S}$ durchlaufen, so erhält man durch die Bilder von E eine lückenlose und einfache Überdeckung des Kegelinneren $\mathfrak{x}'\mathfrak{S}\mathfrak{x} > 0$.

Für definites $\mathfrak{x}'\mathfrak{S}\mathfrak{x}$ ist die Einheitengruppe stets von endlicher Ordnung $h(\mathfrak{S})$. Der elliptische Raum P zerfällt in bezug auf $\Gamma(\mathfrak{S})$ in $\frac{1}{2}h(\mathfrak{S})$ kongruente Exemplare eines Fundamentalpolyeders $F(\mathfrak{S})$. Bedeutet wieder $v(\mathfrak{S})$ das Volumen von $F(\mathfrak{S})$, so ist $\frac{1}{2}h(\mathfrak{S})\,v(\mathfrak{S})$ das Volumen des gesamten elliptischen Raumes, also die halbe Oberfläche der n-dimensionalen Einheitskugel, und folglich

$$\frac{2}{h(\mathfrak{S})} = \pi^{-\frac{n}{2}}\,\Gamma\left(\frac{n}{2}\right)v(\mathfrak{S}). \tag{2}$$

Im vorliegenden Falle eines definiten $\mathfrak{x}'\mathfrak{S}\mathfrak{x}$ soll jede Einheit von $\mathfrak{S}$ eigentlich genannt werden.

§ 2.

Elliptische und hyperbolische Punkte.

Fortan bedeutet $\mathfrak{x}'\mathfrak{S}\mathfrak{x}$ dauernd eine indefinite quadratische Form mit rationalen Koeffizienten, welche reell in $y_1^2 - (y_2^2 + \ldots + y_n^2)$ transformierbar ist. Ferner sei $n \geqq 3$. Ist $\mathfrak{x}'\mathfrak{S}\mathfrak{x} \neq 0$, so heißt $\mathfrak{x}$ ein elliptischer oder ein hyperbolischer Punkt, je nachdem $\mathfrak{x}'\mathfrak{S}\mathfrak{x} > 0$ oder $\mathfrak{x}'\mathfrak{S}\mathfrak{x} < 0$ ist.

Es sei $\mathfrak{x} = \mathfrak{a}$ rational und $\mathfrak{a} \neq \mathfrak{n}$. Die eigentlichen Einheiten von $\mathfrak{S}$ mit dem Fixpunkt $\mathfrak{a}$, für welche also $\mathfrak{C}\mathfrak{a} = \mathfrak{a}$ ist, bilden eine Untergruppe $\Gamma(\mathfrak{S}, \mathfrak{a})$ der Gruppe $\Gamma(\mathfrak{S})$ aller eigentlichen Einheiten. Für rationales $r \neq 0$ ist offenbar $\Gamma(\mathfrak{S}, r\mathfrak{a}) = \Gamma(\mathfrak{S}, \mathfrak{a})$. Setzt man speziell $\mathfrak{a} = r\,\mathfrak{a}_0$, wobei die Elemente von $\mathfrak{a}_0$ teilerfremd sind, so kann man sich also auf die Untersuchung von $\Gamma(\mathfrak{S}, \mathfrak{a}_0)$ beschränken. In diesem Paragraphen sei

$$\mathfrak{a}_0'\,\mathfrak{S}\,\mathfrak{a}_0 = t \neq 0,$$

also $\mathfrak{a}$ elliptisch oder hyperbolisch, je nachdem t positiv oder negativ ist.

Ergänzt man die Spalte $\mathfrak{a}_0$ zu einer unimodularen Matrix

$$\mathfrak{A} = (\mathfrak{a}_0\,\mathfrak{B})$$

und setzt

$$\mathfrak{B}'\mathfrak{S}\mathfrak{a}_0 = \mathfrak{b}, \qquad \mathfrak{B}'\mathfrak{S}\mathfrak{B} - t^{-1}\mathfrak{b}\mathfrak{b}' = \mathfrak{H}, \qquad \begin{pmatrix} t & \mathfrak{b}' \\ \mathfrak{n} & \mathfrak{E} \end{pmatrix} = \mathfrak{G}, \tag{3}$$

so wird

$$\mathfrak{A}'\mathfrak{S}\mathfrak{A} = \begin{pmatrix} t & \mathfrak{b}' \\ \mathfrak{b} & \mathfrak{H} + t^{-1}\mathfrak{b}\mathfrak{b}' \end{pmatrix} = \mathfrak{G}'\begin{pmatrix} t^{-1} & \mathfrak{n}' \\ \mathfrak{n} & \mathfrak{H} \end{pmatrix}\mathfrak{G}. \tag{4}$$

Ist nun $\mathfrak{C}$ ein Element der Gruppe $\Gamma(\mathfrak{S}, \mathfrak{a})$, so folgt aus $\mathfrak{C}\mathfrak{a} = \mathfrak{a}$ zunächst die Gleichung

$$\mathfrak{A}^{-1}\mathfrak{C}\mathfrak{A} = \begin{pmatrix} 1 & \mathfrak{c}' \\ \mathfrak{n} & \mathfrak{W} \end{pmatrix} \tag{5}$$

mit ganzen $\mathfrak{c}$ und $\mathfrak{W}$. Aus $\mathfrak{C}'\mathfrak{S}\mathfrak{C} = \mathfrak{S}$ ergeben sich sodann nach (3) und (4) die Bedingungen

$$\mathfrak{W}'\mathfrak{H}\mathfrak{W} = \mathfrak{H}, \quad t\,\mathfrak{c} = (\mathfrak{E} - \mathfrak{W}')\,\mathfrak{b} \tag{6}$$

für $\mathfrak{c}$ und $\mathfrak{W}$. Auf Grund von (5) und (6) ist $\Gamma(\mathfrak{S}, \mathfrak{a})$ einstufig isomorph zu der Gruppe derjenigen eigentlichen Einheiten $\mathfrak{W}$ von $\mathfrak{H}$, für welche

$$\mathfrak{W}'\mathfrak{b} \equiv \mathfrak{b} \pmod{t}$$

ist. Diese Gruppe ist offenbar von endlichem Index $j(\mathfrak{S}, \mathfrak{a})$ in der Gruppe aller Einheiten von $\mathfrak{H}$. Zufolge (4) ist die quadratische Form mit der Matrix $\mathfrak{H}$ entweder negativ-definit oder aber reell in $y_1^2 - (y_2^2 + \cdots + y_{n-1}^2)$ transformierbar, je nachdem $\mathfrak{a}$ elliptisch oder hyperbolisch ist. Nach § 1 existiert stets die Zahl $v(\mathfrak{H})$, außer wenn $n - 1 = 2$ und zugleich $-|\mathfrak{H}|$ eine Quadratzahl ist; dieser Ausnahmefall bedeutet nach (4), daß $n = 3$ und $-D\,\mathfrak{a}'\mathfrak{S}\mathfrak{a}$ ein Quadrat ist.

Man definiere

$$m(\mathfrak{S}, \mathfrak{a}) = \frac{1}{2}\pi^{-\frac{n-1}{2}}\Gamma\Big(\frac{n-1}{2}\Big)j(\mathfrak{S}, \mathfrak{a})\,v(\mathfrak{H}). \tag{7}$$

Für elliptisches $\mathfrak{a}$ gilt dann nach (2) die Gleichung

$$\frac{1}{m(\mathfrak{S}, \mathfrak{a})} = \frac{h(\mathfrak{H})}{j(\mathfrak{S}, \mathfrak{a})};$$

und hierin steht rechts die Ordnung von $\Gamma(\mathfrak{S}, \mathfrak{a})$, also die Anzahl der Einheiten von $\mathfrak{S}$ mit dem Fixpunkt $\mathfrak{a}$. Für hyperbolisches $\mathfrak{a}$ ist $\frac{1}{2}j(\mathfrak{S}, \mathfrak{a})$ der Index von $\Gamma(\mathfrak{S}, \mathfrak{a})$ in der Gruppe $\Gamma(\mathfrak{H})$ und folglich

$$\tfrac{1}{2}j(\mathfrak{S}, \mathfrak{a})\,v(\mathfrak{H}) = v(\mathfrak{S}, \mathfrak{a})$$

das nicht-euklidische Volumen eines Fundamentalbereiches $F(\mathfrak{S}, \mathfrak{a})$ für $\Gamma(\mathfrak{S}, \mathfrak{a})$ im $(n-2)$-dimensionalen projektiven Raum. Dann wird also

$$m(\mathfrak{S}, \mathfrak{a}) = \pi^{-\frac{n-1}{2}}\Gamma\Big(\frac{n-1}{2}\Big)v(\mathfrak{S}, \mathfrak{a}). \tag{8}$$

§ 3.

Parabolische Punkte.

Ist $\mathfrak{x}'\mathfrak{S}\mathfrak{x} = 0$ und $\mathfrak{x} \neq \mathfrak{n}$, so heißt $\mathfrak{x}$ ein parabolischer Punkt. Die quadratische Form heißt eine Nullform, wenn es mindestens einen rationalen parabolischen Punkt gibt. Jede indefinite quadratische Form von mindestens fünf Variablen ist eine Nullform. Wie das Beispiel $7x_1^2 - x_2^2 - x_3^2 - x_4^2$ zeigt, gibt es indefinite ternäre und quaternäre Formen, die keine Nullformen sind. Das zur Gruppe $\Gamma(\mathfrak{S})$ gehörige Fundamentalpolyeder $F(\mathfrak{S})$ hat dann und nur dann Ecken auf $\mathfrak{x}'\mathfrak{S}\mathfrak{x} = 0$, wenn $\mathfrak{x}'\mathfrak{S}\mathfrak{x}$ eine Nullform ist, und zwar liegen alle solche Ecken in rationalen Punkten.

Für das rationale parabolische $\mathfrak{a}$ sei wieder $\mathfrak{a} = r\,\mathfrak{a}_0$, wobei die Elemente von $\mathfrak{a}_0$ teilerfremd sind. Man kann $\mathfrak{a}_0$ zu einer unimodularen Matrix $\mathfrak{A} = (\mathfrak{a}_0\mathfrak{B})$ derart ergänzen, daß die Matrix $\mathfrak{A}'\mathfrak{S}\mathfrak{A} = \mathfrak{S}_1$ die Gestalt

$$\mathfrak{S}_1 = \begin{pmatrix} 0 & p & \mathfrak{n}' \\ p & q & \mathfrak{b}' \\ \mathfrak{n} & \mathfrak{b} & \mathfrak{H} \end{pmatrix} \tag{9}$$

mit positivem p bekommt; und zwar ist dann p eindeutig bestimmt als der größte gemeinsame Teiler der Elemente von $\mathfrak{S}\mathfrak{a}_0$. Es sei nun $\mathfrak{C}$ eine Einheit von $\mathfrak{S}$ mit dem Fixpunkte $\mathfrak{a}$. Für die Matrix $\mathfrak{A}^{-1}\mathfrak{C}\mathfrak{A} = \mathfrak{C}_1$ erhält man wegen der Gleichungen

$$\mathfrak{C}_1\mathfrak{A}^{-1}\mathfrak{a} = \mathfrak{A}^{-1}\mathfrak{a}, \quad \mathfrak{C}_1'\mathfrak{S}_1\mathfrak{C}_1 = \mathfrak{S}_1$$

die Form

$$\mathfrak{C}_1 = \begin{pmatrix} 1 & c & \mathfrak{c}' \\ 0 & 1 & \mathfrak{n}' \\ \mathfrak{n} & \mathfrak{q} & \mathfrak{W} \end{pmatrix}, \tag{10}$$

wobei c, $\mathfrak{c}$, $\mathfrak{q}$ und $\mathfrak{W}$ den Bedingungen

$$\mathfrak{W}'\mathfrak{H}\mathfrak{W} = \mathfrak{H}, \quad p\,\mathfrak{c} = (\mathfrak{E} - \mathfrak{W}')\,\mathfrak{b} - \mathfrak{W}'\mathfrak{H}\mathfrak{q}, \quad 2\,p\,c = -\,\mathfrak{q}'\,(\mathfrak{H}\mathfrak{q} + 2\mathfrak{b}) \tag{11}$$

genügen. Setzt man jetzt

$$\mathfrak{x} = \mathfrak{A}\mathfrak{y}, \quad y_k : y_2 = z_k \ (k = 3, \ldots, n), \quad (z_3 \ldots z_n)' = \mathfrak{z},$$

so entspricht der Abbildung $\mathfrak{x} \to \mathfrak{C}\mathfrak{x}$ nach (10) und (11) umkehrbar eindeutig die Abbildung $\mathfrak{z} \to \mathfrak{W}\mathfrak{z} + \mathfrak{q}$, und dabei ist $\mathfrak{W}$ eine Einheit von $\mathfrak{H}$ und $\mathfrak{q}$ eine ganze Spalte mit den Eigenschaften

$$(\mathfrak{E} - \mathfrak{W}')\mathfrak{b} \equiv \mathfrak{W}'\mathfrak{H}\mathfrak{q} \pmod{p}, \quad \mathfrak{q}'\,(\mathfrak{H}\mathfrak{q} + 2\,\mathfrak{b}) \equiv 0 \pmod{2\,p}. \tag{12}$$

Der Gruppe dieser Abbildungen des $\mathfrak{z}$-Raumes ist also $\Gamma(\mathfrak{S}, \mathfrak{a})$ einstufig isomorph.

Man definiere nun $v(\mathfrak{S}, \mathfrak{a})$ als den mit dem Volumenelement

$$|-\mathfrak{H}|^{\frac{1}{2}}\, d z_3 \ldots d z_n$$

gemessenen euklidischen Inhalt des Fundamentalbereiches für $\Gamma(\mathfrak{S}, \mathfrak{a})$ im $\mathfrak{z}$-Raum. Es bedeute l eine natürliche Zahl, für welche $l\mathfrak{S}$ ganz ist. In der soeben betrachteten Gruppe von Abbildungen des $\mathfrak{z}$-Raumes bilden nach (12) die speziellen Translationen $\mathfrak{z} \to \mathfrak{z} + \mathfrak{q}$ mit $\mathfrak{q} \equiv \mathfrak{n} \pmod{2\,pl}$ eine Untergruppe, und zwar eine Untergruppe mit endlichem Index $k(\mathfrak{S}, \mathfrak{a})$, weil $\mathfrak{z}'\mathfrak{H}\mathfrak{z}$ zufolge (9) negativ-definit ist. Es ist $|-\mathfrak{H}| = D p^{-2}$ und folglich

$$v(\mathfrak{S}, \mathfrak{a}) = D^{\frac{1}{2}} (2\,l)^{n-2} \frac{p^{n-3}}{k(\mathfrak{S}, \mathfrak{a})}. \tag{13}$$

Aus (4) und (9) ist ersichtlich, daß eine ternäre quadratische Form $\mathfrak{x}'\mathfrak{S}\mathfrak{x}$ dann und nur dann Nullform ist, wenn für ein geeignetes rationales $\mathfrak{a}$ die Zahl $-D\mathfrak{a}'\mathfrak{S}\mathfrak{a}$ eine positive Quadratzahl ist. Ist $\mathfrak{x}'\mathfrak{S}\mathfrak{x}$ keine ternäre Nullform, so existiert nach § 2 die in (7) erklärte Größe $m(\mathfrak{S}, \mathfrak{a})$ für alle elliptischen und hyperbolischen $\mathfrak{a}$; im Falle einer ternären Nullform sind dagegen diejenigen hyperbolischen $\mathfrak{a}$ auszuschließen, für welche $-D\mathfrak{a}'\mathfrak{S}\mathfrak{a}$ ein Quadrat wird.

§ 4.

Die Zetafunktionen.

Ist $\mathfrak{x} = \mathfrak{C}\mathfrak{y}$ und $\mathfrak{C}$ eine eigentliche Einheit von $\mathfrak{S}$, so heißen $\mathfrak{x}$ und $\mathfrak{y}$ assoziiert in bezug auf $\Gamma(\mathfrak{S})$, oder kurz assoziiert. Ein Repräsentant aller mit $\mathfrak{x}$ Assoziierten werde durch $\{\mathfrak{x}\}$ bezeichnet.

Es sei s eine komplexe Variable, deren reeller Teil $\sigma > \frac{n}{2}$ ist. Man definiere

$$\zeta_1(\mathfrak{S}, s) = \sum_{\{\mathfrak{a}\} > 0} m(\mathfrak{S}, \mathfrak{a})(\mathfrak{a}'\mathfrak{S}\mathfrak{a})^{-s} \tag{14}$$

und, wenn $\mathfrak{x}'\mathfrak{S}\mathfrak{x}$ keine ternäre Nullform ist,

$$\zeta_0(\mathfrak{S}, s) = \sum_{\{\mathfrak{a}\} < 0} m(\mathfrak{S}, \mathfrak{a})(-\mathfrak{a}'\mathfrak{S}\mathfrak{a})^{-s}. \tag{15}$$

Dabei soll in (14) die Spalte $\mathfrak{a}$ ein volles System nicht-assoziierter elliptischer Gitterpunkte des n-dimensionalen Raumes R durchlaufen, in (15) ein volles System von nicht-assoziierten hyperbolischen Gitterpunkten. Diese Summationsbedingungen werden durch die Zeichen $\{\mathfrak{a}\} > 0$ und $\{\mathfrak{a}\} < 0$ angedeutet. Der Koeffizient $m(\mathfrak{S}, \mathfrak{a})$ ist in (7) erklärt worden.

Aus der Reduktionstheorie der quadratischen Formen entnimmt man die absolute Konvergenz der beiden Reihen für $\sigma > \frac{n}{2}$, so daß also die beiden Zetafunktionen in dieser Halbebene regulär sind. Das Ziel der vorliegenden Untersuchung ist vor allem der Beweis folgender drei Sätze:

Satz 1. *Es sei n ungerade und im Falle $n = 3$ außerdem $\mathfrak{x}'\mathfrak{S}\mathfrak{x}$ keine Nullform. Dann ist $\zeta_1(\mathfrak{S}, s)$ in der ganzen endlichen s-Ebene regulär bis auf einen Pol erster Ordnung bei $s = \frac{n}{2}$ mit dem Residuum $D^{-\frac{1}{2}} v(\mathfrak{S})$, und die Funktion*

$$\pi^{-s}\Gamma(s)\,\zeta_1(\mathfrak{S}, s) = \varphi(\mathfrak{S}, s)$$

genügt der Funktionalgleichung

$$\varphi(\mathfrak{S}, s) = (-1)^{\frac{n-1}{2}} D^{-\frac{1}{2}} \varphi\left(\mathfrak{S}^{-1}, \frac{n}{2} - s\right). \tag{16}$$

Satz 2. *Es sei n gerade. Dann sind $\zeta_1(\mathfrak{S}, s)$ und $\zeta_0(\mathfrak{S}, s)$ beide in der ganzen endlichen s-Ebene regulär bis auf einen Pol erster Ordnung bei $s = \frac{n}{2}$ mit dem Residuum $D^{-\frac{1}{2}} v(\mathfrak{S})$ und eventuell einen Pol erster Ordnung bei $s = 1$. In letzterem Punkte liegt nur dann ein Pol, wenn $\mathfrak{x}' \mathfrak{S} \mathfrak{x}$ eine Nullform ist. Das Residuum von $\zeta_1(\mathfrak{S}, s)$ ist dort*

$$\varrho = \zeta(3-n) D^{-\frac{1}{2}} \sum_{\mathfrak{a}} v(\mathfrak{S}, \mathfrak{a}),$$

wobei $\mathfrak{a}$ die parabolischen Ecken von $F(\mathfrak{S})$ durchläuft und $\zeta(3-n)$ den Wert der Riemannschen Zetafunktion im Punkte $3-n$ bedeutet; ferner hat $\zeta_0(\mathfrak{S}, s)$ bei $s = 1$ das Residuum $(-1)^{\frac{n}{2}-1} \varrho$. Setzt man

$$\frac{n}{2} - 2\left[\frac{n}{4}\right] = \varepsilon,$$

$$\left(\frac{\pi}{2}\right)^{-s} \Gamma\left(\frac{s+1-\varepsilon}{2}\right) \Gamma\left(\frac{s+1}{2} - \frac{n}{4}\right) (\zeta_1(\mathfrak{S}, s) + \zeta_0(\mathfrak{S}, s)) = \varphi_1(\mathfrak{S}, s),$$

$$\left(\frac{\pi}{2}\right)^{-s} \Gamma\left(\frac{s+\varepsilon}{2}\right) \Gamma\left(\frac{s}{2} + 1 - \frac{n}{4}\right) (\zeta_1(\mathfrak{S}, s) - \zeta_0(\mathfrak{S}, s)) = \varphi_0(\mathfrak{S}, s),$$

so gelten die Funktionalgleichungen

$$\varphi_1(\mathfrak{S}, s) = (-1)^{\frac{\varepsilon}{2} - \frac{n}{4}} D^{-\frac{1}{2}} \varphi_\varepsilon\left(\mathfrak{S}^{-1}, \frac{n}{2} - s\right), \tag{17}$$

$$\varphi_0(\mathfrak{S}, s) = (-1)^{\frac{\varepsilon}{2} + \frac{n}{4}} D^{-\frac{1}{2}} \varphi_{1-\varepsilon}\left(\mathfrak{S}^{-1}, \frac{n}{2} - s\right). \tag{18}$$

Satz 3. *Es sei $\mathfrak{x}' \mathfrak{S} \mathfrak{x}$ eine ternäre Nullform. Dann ist $\zeta_1(\mathfrak{S}, s)$ in der ganzen endlichen s-Ebene regulär bis auf einen Pol erster Ordnung bei $s = \frac{3}{2}$ vom Residuum $D^{-\frac{1}{2}} v(\mathfrak{S})$ und einen Pol erster Ordnung bei $s = 1$ vom Residuum*

$$\varrho = \zeta(0) D^{-\frac{1}{2}} \sum_{\mathfrak{a}} v(\mathfrak{S}, \mathfrak{a}),$$

wobei $\mathfrak{a}$ die parabolischen Ecken von $F(\mathfrak{S})$ durchläuft. Die Funktion

$$\pi^{-s} \Gamma(s) \zeta_1(\mathfrak{S}, s) = \varphi(\mathfrak{S}, s)$$

genügt der Funktionalgleichung

$$\varphi(\mathfrak{S}, s) = -D^{-\frac{1}{2}} \varphi\left(\mathfrak{S}^{-1}, \frac{3}{2} - s\right) + \frac{\pi^{-s}\Gamma(s)}{\cos \pi s} \zeta(2s-1) D^{\frac{1}{2}-s} \sum_{\mathfrak{a}} v(\mathfrak{S}, \mathfrak{a}) a^{2s-2}; \tag{19}$$

dabei bedeutet a den Quotienten aus dem größten gemeinsamen Teiler der Elemente von $\mathfrak{S}\mathfrak{a}$ und dem der Elemente von $\mathfrak{a}$.

Der in diesen Sätzen auftretende Fundamentalbereich $F(\mathfrak{S})$ und sein nicht-euklidisches Volumen $v(\mathfrak{S})$ sind in § 1 erklärt worden, die Volumina $v(\mathfrak{S}, \mathfrak{a})$ in § 3.

Es ist zu beachten, daß in Satz 1 keine Aussage über $\zeta_0(\mathfrak{S}, s)$ enthalten ist. Über den analytischen Charakter dieser Funktion für ungerades n liefert die im folgenden benutzte Methode keinen Aufschluß.

§ 5.

Berechnung einiger Integrale.

Das Gebiet $\mathfrak{x}'\mathfrak{S}\mathfrak{x} > 0$ der elliptischen Punkte im Raume R besteht aus zwei getrennten Teilen, die durch die Abbildung $\mathfrak{x} \to -\mathfrak{x}$ ineinander übergehen. Wie in § 1 werde einer dieser beiden Halbkegel mit K bezeichnet. In diesem Paragraphen sei $\mathfrak{y}$ ein Punkt von K und

$$(\mathfrak{y}'\mathfrak{S}\mathfrak{y})^{\frac{1}{2}} = y > 0.$$

Unter $d\mathfrak{x}$ soll das n-dimensionale Volumenelement $dx_1 \ldots dx_n$ verstanden werden.

Hilfssatz 1. *Für* $R(\lambda) > -1$ *gilt*

$$(20) \qquad \int\limits_K (\mathfrak{x}'\mathfrak{S}\mathfrak{x})^\lambda e^{-\mathfrak{x}'\mathfrak{S}\mathfrak{y}}\, d\mathfrak{x}$$
$$= 2^{2\lambda+n-1}\pi^{\frac{n}{2}-1}\Gamma(\lambda+1)\,\Gamma\!\left(\lambda+\frac{n}{2}\right) D^{-\frac{1}{2}} y^{-2\lambda-n}.$$

Beweis: Es gibt bei festem $\mathfrak{y}$ aus K eine reelle Transformation $\mathfrak{x} = \mathfrak{A}\mathfrak{z}$ mit $\mathfrak{x}'\mathfrak{S}\mathfrak{x} = z_1^2 - (z_2^2 + \ldots + z_n^2)$ und $\mathfrak{y} = \mathfrak{A}(y\ 0 \ldots 0)'$. Dabei ist $|\mathfrak{A}|^2 = D^{-1}$ und folglich

$$\int\limits_K (\mathfrak{x}'\mathfrak{S}\mathfrak{x})^\lambda e^{-\mathfrak{x}'\mathfrak{S}\mathfrak{y}}\, d\mathfrak{x} = D^{-\frac{1}{2}} \int\limits_{\substack{z_1^2 > z_2^2 + \ldots + z_n^2 \\ z_1 > 0}} (z_1^2 - z_2^2 - \ldots - z_n^2)^\lambda e^{-y z_1}\, d\mathfrak{z}$$

$$= D^{-\frac{1}{2}} \int\limits_0^\infty z_1^{2\lambda+n-1} e^{-yz_1}\, dz_1 \int\limits_{t_2^2 + \ldots + t_n^2 < 1} \!\!\cdots\!\! \int (1 - t_2^2 - \ldots - t_n^2)^\lambda\, dt_2 \ldots dt_n$$

$$= D^{-\frac{1}{2}}\Gamma(2\lambda+n)\, y^{-2\lambda-n} \frac{\pi^{\frac{n-1}{2}}}{\Gamma\left(\frac{n-1}{2}\right)} \int\limits_0^1 (1-v)^\lambda v^{\frac{n-3}{2}}\, dv$$

$$= D^{-\frac{1}{2}}\Gamma(2\lambda+n)\, y^{-2\lambda-n}\pi^{\frac{n-1}{2}} \frac{\Gamma(\lambda+1)}{\Gamma\left(\lambda+\frac{n+1}{2}\right)}$$

$$= 2^{2\lambda+n-1}\pi^{\frac{n}{2}-1}\Gamma(\lambda+1)\Gamma\left(\lambda+\frac{n}{2}\right) D^{-\frac{1}{2}} y^{-2\lambda-n}.$$

Hilfssatz 2. *Für $R(\lambda) > -1$ und beliebiges μ gilt*

$$\int\limits_K (\mathfrak{x}'\mathfrak{S}\mathfrak{x})^\lambda e^{-\mathfrak{x}'\mathfrak{S}\mathfrak{y}}\left\{\frac{1}{4}\mathfrak{x}'\mathfrak{S}\mathfrak{x}\cdot\mathfrak{y}'\mathfrak{S}\mathfrak{y}-(\mu+1)\mathfrak{x}'\mathfrak{S}\mathfrak{y}+(\mu+1)\left(\mu+\frac{n}{2}\right)\right\}d\mathfrak{x}$$
$$=(\lambda-\mu)\left(\lambda-\mu+\frac{n}{2}-1\right)2^{2\lambda+n-1}\pi^{\frac{n}{2}-1}$$
$$\cdot\Gamma(\lambda+1)\,\Gamma\left(\lambda+\frac{n}{2}\right)D^{-\frac{1}{2}}y^{-2\lambda-n}.$$

Beweis. In (20) ersetze man $\mathfrak{y}$ durch $t\mathfrak{y}$ mit $t>0$, differentiiere nach t und setze dann $t=1$. Dies ergibt

$$\int\limits_K (\mathfrak{x}'\mathfrak{S}\mathfrak{x})^\lambda e^{-\mathfrak{x}'\mathfrak{S}\mathfrak{y}}\,\mathfrak{x}'\mathfrak{S}\mathfrak{y}\,d\mathfrak{x}$$
$$=2\left(\lambda+\frac{n}{2}\right)2^{2\lambda+n-1}\pi^{\frac{n}{2}-1}\,\Gamma(\lambda+1)\,\Gamma\left(\lambda+\frac{n}{2}\right)D^{-\frac{1}{2}}y^{-2\lambda-n}.$$

Verwendet man diese Formel und noch zweimal (20), so wird

$$\int\limits_K (\mathfrak{x}'\mathfrak{S}\mathfrak{x})^\lambda e^{-\mathfrak{x}'\mathfrak{S}\mathfrak{y}}\left\{\frac{1}{4}\mathfrak{x}'\mathfrak{S}\mathfrak{x}\cdot\mathfrak{y}'\mathfrak{S}\mathfrak{y}-(\mu+1)\mathfrak{x}'\mathfrak{S}\mathfrak{y}+(\mu+1)\left(\mu+\frac{n}{2}\right)\right\}d\mathfrak{x}$$
$$=\left\{(\lambda+1)\left(\lambda+\frac{n}{2}\right)-2(\mu+1)\left(\lambda+\frac{n}{2}\right)+(\mu+1)\left(\mu+\frac{n}{2}\right)\right\}$$
$$\cdot\,2^{2\lambda+n-1}\pi^{\frac{n}{2}-1}\,\Gamma(\lambda+1)\,\Gamma\left(\lambda+\frac{n}{2}\right)D^{-\frac{1}{2}}y^{-2\lambda-n},$$

und hieraus folgt wegen

$$(\lambda+1)\left(\lambda+\frac{n}{2}\right)-2(\mu+1)\left(\lambda+\frac{n}{2}\right)+(\mu+1)\left(\mu+\frac{n}{2}\right)$$
$$=(\lambda-\mu)\left(\lambda-\mu+\frac{n}{2}-1\right)$$

die Behauptung.

Hilfssatz 3. *Es sei $R(\lambda)>-1$, $R(\mu)>n-1$ und t komplex, aber nicht reell und zugleich ≤ 0. Dann ist*

$$(21)\quad \int\limits_K (\mathfrak{x}'\mathfrak{S}\mathfrak{x})^\lambda\,\{(\mathfrak{x}+t\mathfrak{y})'\mathfrak{S}(\mathfrak{x}+t\mathfrak{y})\}^{-\mu-\lambda}\,d\mathfrak{x}$$
$$=D^{-\frac{1}{2}}\pi^{\frac{n}{2}-1}\,\frac{\Gamma(\lambda+1)\,\Gamma\left(\lambda+\frac{n}{2}\right)\Gamma(\mu-n+1)\,\Gamma\left(\mu-\frac{n}{2}\right)}{2\,\Gamma(\mu+\lambda)\,\Gamma\left(\mu+\lambda+1-\frac{n}{2}\right)}(t\,y)^{n-2\mu},$$

wo die Potenzen ihre Hauptwerte haben.

Beweis. Da beide Seiten von (21) als Funktionen von t analytisch sind in der längs der Halbgeraden $t\leq 0$ aufgeschnittenen Ebene, so braucht die

Behauptung nur für positive t bewiesen zu werden. Da dann mit $\mathfrak{x}$ und $\mathfrak{y}$ auch $\mathfrak{x} + t\,\mathfrak{y}$ in K liegt, so ergibt dreimalige Anwendung von Hilfssatz 1

$$\int\limits_K (\mathfrak{x}'\,\mathfrak{S}\,\mathfrak{x})^{\lambda}\,\{(\mathfrak{x}+t\,\mathfrak{y})'\,\mathfrak{S}\,(\mathfrak{x}+t\,\mathfrak{y})\}^{-\mu-\lambda}\,d\,\mathfrak{x}$$

$$= \frac{2^{1-2\mu-2\lambda}\,\pi^{1-\frac{n}{2}}\,D^{\frac{1}{2}}}{\Gamma(\mu+\lambda)\,\Gamma\left(\mu+\lambda+1-\frac{n}{2}\right)} \int\limits_K (\mathfrak{x}'\,\mathfrak{S}\,\mathfrak{x})^{\lambda} \left\{\int\limits_K (\mathfrak{z}'\,\mathfrak{S}\,\mathfrak{z})^{\mu+\lambda-\frac{n}{2}}\, e^{-\mathfrak{z}'\,\mathfrak{S}\,(\mathfrak{x}+t\,\mathfrak{y})}\,d\,\mathfrak{z}\right\} d\,\mathfrak{x}$$

$$= 2^{n-2\mu}\,\frac{\Gamma(\lambda+1)\,\Gamma\left(\lambda+\frac{n}{2}\right)}{\Gamma(\mu+\lambda)\,\Gamma\left(\mu+\lambda+1-\frac{n}{2}\right)} \int\limits_K (\mathfrak{z}'\,\mathfrak{S}\,\mathfrak{z})^{\mu-n}\,e^{-t\,\mathfrak{z}'\,\mathfrak{S}\,\mathfrak{y}}\,d\,\mathfrak{z}$$

$$= D^{-\frac{1}{2}}\,\pi^{\frac{n}{2}-1}\,\frac{\Gamma(\lambda+1)\,\Gamma\left(\lambda+\frac{n}{2}\right)\Gamma(\mu-n+1)\,\Gamma\left(\mu-\frac{n}{2}\right)}{2\,\Gamma(\mu+\lambda)\,\Gamma\left(\mu+\lambda+1-\frac{n}{2}\right)}\,(t\,y)^{n-2\mu}.$$

Hilfssatz 4. *Für $R(\lambda) > -1$, $R(\mu) > n-1$ ist*

$$\int\limits_{\mathfrak{x}'\,\mathfrak{S}\,\mathfrak{x}>0} (\mathfrak{x}'\,\mathfrak{S}\,\mathfrak{x})^{\lambda}\,\{(\mathfrak{x}+i\,\mathfrak{y})'\,\mathfrak{S}\,(\mathfrak{x}+i\,\mathfrak{y})\}^{-\mu-\lambda}\,d\,\mathfrak{x}$$

$$= D^{-\frac{1}{2}}\,\pi^{\frac{n}{2}-1}\,\frac{\Gamma(\lambda+1)\,\Gamma\left(\lambda+\frac{n}{2}\right)\Gamma(\mu-n+1)\,\Gamma\left(\mu-\frac{n}{2}\right)}{\Gamma(\mu+\lambda)\,\Gamma\left(\mu+\lambda+1-\frac{n}{2}\right)}\cos\pi\left(\frac{n}{2}-\mu\right)(\mathfrak{y}'\,\mathfrak{S}\,\mathfrak{y})^{\frac{n}{2}-\mu}.$$

Beweis. Man benutze die Formel (21) mit $t = i$ und $t = -i$. Die Behauptung folgt durch Addition.

Hilfssatz 5. *Für $R(\lambda) > 0$, $R(\mu) > 0$, $R(\mu) > R(\nu) > -R(\lambda)$ ist*

$$\int\limits_0^{\infty} x^{2\lambda-1}\left\{\int\limits_{-\infty}^{+\infty} (x^2+1-2\,i\,w)^{-\lambda-\mu-\nu}\,(x^2+w^2)^{\nu-\frac{1}{2}}\,d\,w\right\}d\,x$$

$$= \frac{\pi^{\frac{1}{2}}\,\Gamma(\lambda)\,\Gamma(\mu)\,\Gamma(\lambda+\nu)\,\Gamma(\mu-\nu)}{2\,\Gamma(\lambda+\mu)\,\Gamma(\lambda+\mu+\nu)\,\Gamma(\frac{1}{2}-\nu)}.$$

Beweis: Nach dem Prinzip der analytischen Fortsetzung kann man sich auf den Fall $R(\lambda+\mu+\nu) > 0$, $R(\nu) < \frac{1}{2}$ beschränken. Dann ist

$$\Gamma(\lambda+\mu+\nu)\,\Gamma(\tfrac{1}{2}-\nu)\int\limits_0^{\infty} x^{2\lambda-1}\left\{\int\limits_{-\infty}^{+\infty}(x^2+1-2\,i\,w)^{-\lambda-\mu-\nu}\,(x^2+w^2)^{\nu-\frac{1}{2}}\,d\,w\right\}d\,x$$

$$= \int\limits_0^{\infty}\int\limits_{-\infty}^{+\infty} x^{2\lambda-1}\left\{\int\limits_0^{\infty} z^{\lambda+\mu+\nu-1}\,e^{-z\,(x^2+1-2\,i\,w)}\,d\,z\int\limits_0^{\infty} t^{-\nu-\frac{1}{2}}\,e^{-t\,(x^2+w^2)}\,d\,t\right\}d\,x\,d\,w$$

$$= \tfrac{1}{2}\,\pi^{\frac{1}{2}}\,\Gamma(\lambda)\int\limits_0^{\infty}\int\limits_0^{\infty} z^{\lambda+\mu+\nu-1}\,t^{-\nu-1}\,(z+t)^{-\lambda}\,e^{-z-z^2\,t^{-1}}\,d\,z\,d\,t$$

$$= \tfrac{1}{2}\,\pi^{\frac{1}{2}}\,\Gamma(\lambda)\int\limits_0^{\infty} t^{-\nu-1}\,(1+t)^{-\lambda}\left(\int\limits_0^{\infty} z^{\mu-1}\,e^{-z\,(1+t^{-1})}\,d\,z\right)d\,t$$

$$= \tfrac{1}{2}\,\pi^{\frac{1}{2}}\,\Gamma(\lambda)\,\Gamma(\mu)\int\limits_0^{\infty} t^{\mu-\nu-1}\,(1+t)^{-\lambda-\mu}\,d\,t = \tfrac{1}{2}\,\pi^{\frac{1}{2}}\,\Gamma(\lambda)\,\Gamma(\mu)\,\frac{\Gamma(\lambda+\nu)\,\Gamma(\mu-\nu)}{\Gamma(\lambda+\mu)}.$$

§ 6.

Anwendung der Poissonschen Summenformel.

In diesem Paragraphen sollen Verallgemeinerungen der Hilfssätze 1 und 2 abgeleitet werden, bei denen Summen an die Stelle der Integrale treten. Es sei wieder $\mathfrak{y}$ ein Punkt von K.

Hilfssatz 6. *Für $R(\mu) > \frac{n}{2}$ ist*

$$(22)\quad \sum_{\mathfrak{a} \text{ in } K} (\mathfrak{a}' \mathfrak{S}\, \mathfrak{a})^{\mu} e^{-\mathfrak{a}' \mathfrak{S} \mathfrak{y}} = 2^{2\mu+n-1} \pi^{\frac{n}{2}-1} \Gamma(\mu+1) \Gamma\left(\mu + \frac{n}{2}\right) D^{-\frac{1}{2}}$$
$$\cdot \sum_{\mathfrak{b} \text{ in } R} \{(\mathfrak{y} + 2\pi i \mathfrak{S}^{-1} \mathfrak{b})' \mathfrak{S} (\mathfrak{y} + 2\pi i \mathfrak{S}^{-1} \mathfrak{b})\}^{-\mu-\frac{n}{2}},$$

wo $\mathfrak{a}$ alle Gitterpunkte von K und $\mathfrak{b}$ alle Gitterpunkte des ganzen Raumes R durchlaufen.

Beweis. Für reelles $\mathfrak{z}$ ist nach Hilfssatz 1

$$(23)\quad \int_K (\mathfrak{x}' \mathfrak{S}\, \mathfrak{x})^{\mu} e^{-\mathfrak{x}' \mathfrak{S} \mathfrak{y} - 2\pi i \mathfrak{x}' \mathfrak{z}} d\mathfrak{x} = 2^{2\mu+n-1} \pi^{\frac{n}{2}-1} \Gamma(\mu+1) \Gamma\left(\mu + \frac{n}{2}\right) D^{-\frac{1}{2}}$$
$$\cdot \{(\mathfrak{y} + 2\pi i \mathfrak{S}^{-1} \mathfrak{z})' \mathfrak{S} (\mathfrak{y} + 2\pi i \mathfrak{S}^{-1} \mathfrak{z})\}^{-\mu-\frac{n}{2}}.$$

Kann man noch beweisen, daß die Reihe auf der rechten Seite von (22) absolut konvergiert, so folgt die Behauptung aus (23) durch Anwendung der Poissonschen Summenformel. Wie beim Beweise von Hilfssatz 1 sei $(\mathfrak{y}' \mathfrak{S}\, \mathfrak{y})^{\frac{1}{2}} = y > 0$, $\mathfrak{y} = \mathfrak{A}(y\, 0 \ldots 0)'$ und $\mathfrak{A}' \mathfrak{S} \mathfrak{A}$ die Diagonalmatrix mit den Diagonalelementen $1, -1, \ldots, -1$. Setzt man noch $2\pi \mathfrak{A}' \mathfrak{b} = \mathfrak{c} = (c_1 \ldots c_n)'$, so wird

$$(\mathfrak{y} + 2\pi i \mathfrak{S}^{-1} \mathfrak{b})' \mathfrak{S} (\mathfrak{y} + 2\pi i \mathfrak{S}^{-1} \mathfrak{b}) = y^2 - c_1^2 + (c_2^2 + \ldots + c_n^2) + 2 i c_1 y$$

und folglich der absolute Betrag

$$|(\mathfrak{y} + 2\pi i \mathfrak{S}^{-1} \mathfrak{b})' \mathfrak{S} (\mathfrak{y} + 2\pi i \mathfrak{S}^{-1} \mathfrak{b})| \geqq y (y^2 + 2 c_1^2 + \ldots + 2 c_n^2)^{\frac{1}{2}}.$$

Demnach hat die Reihe auf der rechten Seite von (22) eine Majorante der Gestalt

$$\gamma \sum_{\mathfrak{b} \text{ in } R} (1 + \mathfrak{b}' \mathfrak{b})^{-\frac{\mu_0}{2} - \frac{n}{4}},$$

wo $\mu_0 = R(\mu)$ gesetzt ist und γ nur von y abhängt. Die Majorante konvergiert nun für $\frac{\mu_0}{2} + \frac{n}{4} > \frac{n}{2}$, und dies ist gerade die Voraussetzung $R(\mu) > \frac{n}{2}$.

Durch eine feinere Abschätzung kann man übrigens feststellen, daß die Reihe auf der rechten Seite von (22) sogar noch für $R(\mu) > \frac{n}{2} - 1$ absolut konvergiert, aber nicht mehr für $\mu = \frac{n}{2} - 1$. Die Untersuchung des Streifens bedingter Konvergenz scheint schwieriger zu sein. Für das Folgende genügt aber die Aussage von Hilfssatz 6.

Hilfssatz 7. *Für* $R(\mu) > \frac{n}{2}$ *ist*

$$(24)\quad \sum_{\mathfrak{a} \text{ in } K} (\mathfrak{a}' \mathfrak{S} \mathfrak{a})^{\mu} e^{-\mathfrak{a}' \mathfrak{S} \mathfrak{y}} \left\{ \frac{1}{4} \mathfrak{a}' \mathfrak{S} \mathfrak{a} \cdot \mathfrak{y}' \mathfrak{S} \mathfrak{y} - (\mu + 1) \mathfrak{a}' \mathfrak{S} \mathfrak{y} + (\mu + 1)\left(\mu + \frac{n}{2}\right) \right\}$$

$$= -\, 2^{2\mu + n + 1} \pi^{\frac{n}{2} + 1} \Gamma(\mu + 2)\, \Gamma\left(\mu + \frac{n}{2} + 1\right) D^{-\frac{1}{2}}$$

$$\cdot \sum_{\mathfrak{b} \text{ in } R} \mathfrak{b}' \mathfrak{S}^{-1} \mathfrak{b} \left\{ (\mathfrak{y} + 2\pi i\, \mathfrak{S}^{-1} \mathfrak{b})' \mathfrak{S} (\mathfrak{y} + 2\pi i\, \mathfrak{S}^{-1} \mathfrak{b}) \right\}^{-\mu - \frac{n}{2} - 1}.$$

Beweis. In (22) ersetze man $\mathfrak{y}$ durch $t\mathfrak{y}$ mit $t > 0$, differentiiere nach t und setze dann $t = 1$. Dies ergibt

$$\sum_{\mathfrak{a} \text{ in } K} (\mathfrak{a}' \mathfrak{S} \mathfrak{a})^{\mu} \mathfrak{a}' \mathfrak{S} \mathfrak{y}\, e^{-\mathfrak{a}' \mathfrak{S} \mathfrak{y}} = 2\left(\mu + \frac{n}{2}\right) 2^{2\mu + n - 1} \pi^{\frac{n}{2} - 1} \Gamma(\mu + 1) \Gamma\left(\mu + \frac{n}{2}\right) D^{-\frac{1}{2}}$$

$$\cdot \sum_{\mathfrak{b} \text{ in } R} \mathfrak{y}' \mathfrak{S} (\mathfrak{y} + 2\pi i\, \mathfrak{S}^{-1} \mathfrak{b}) \left\{ (\mathfrak{y} + 2\pi i\, \mathfrak{S}^{-1} \mathfrak{b})' \mathfrak{S} (\mathfrak{y} + 2\pi i\, \mathfrak{S}^{-1} \mathfrak{b}) \right\}^{-\mu - \frac{n}{2} - 1}.$$

Verwendet man diese Formel und noch zweimal (22), so wird

$$\sum_{\mathfrak{a} \text{ in } K} (\mathfrak{a}' \mathfrak{S} \mathfrak{a})^{\mu} e^{-\mathfrak{a}' \mathfrak{S} \mathfrak{y}} \left\{ \frac{1}{4} \mathfrak{a}' \mathfrak{S} \mathfrak{a} \cdot \mathfrak{y}' \mathfrak{S} \mathfrak{y} - (\mu + 1) \mathfrak{a}' \mathfrak{S} \mathfrak{y} + (\mu + 1)\left(\mu + \frac{n}{2}\right) \right\}$$

$$= 2^{2\mu + n - 1} \pi^{\frac{n}{2} - 1} \Gamma(\mu + 2)\, \Gamma\left(\mu + \frac{n}{2} + 1\right) D^{-\frac{1}{2}}$$

$$\sum_{\mathfrak{b} \text{ in } R} \left\{ \mathfrak{y}' \mathfrak{S} \mathfrak{y} - 2\mathfrak{y}' \mathfrak{S} (\mathfrak{y} + 2\pi i \mathfrak{S}^{-1} \mathfrak{b}) + (\mathfrak{y} + 2\pi i \mathfrak{S}^{-1} \mathfrak{b})' \mathfrak{S} (\mathfrak{y} + 2\pi i \mathfrak{S}^{-1} \mathfrak{b}) \right\}$$

$$\cdot \left\{ (\mathfrak{y} + 2\pi i\, \mathfrak{S}^{-1} \mathfrak{b})' \mathfrak{S} (\mathfrak{y} + 2\pi i\, \mathfrak{S}^{-1} \mathfrak{b}) \right\}^{-\mu - \frac{n}{2} - 1},$$

und dies liefert wegen

$$\mathfrak{y}' \mathfrak{S} \mathfrak{y} - 2\,\mathfrak{y}' \mathfrak{S} (\mathfrak{y} + 2\pi i\, \mathfrak{S}^{-1} \mathfrak{b}) + (\mathfrak{y} + 2\pi i\, \mathfrak{S}^{-1} \mathfrak{b})' \mathfrak{S} (\mathfrak{y} + 2\pi i\, \mathfrak{S}^{-1} \mathfrak{b}) = (2\pi i)^2\, \mathfrak{b}' \mathfrak{S}^{-1} \mathfrak{b}$$

die Behauptung.

§ 7.

Fortsetzbarkeit und Funktionalgleichung.

In diesem Paragraphen soll bewiesen werden, daß die Funktion

$$\left(s - \frac{n}{2}\right)(s - 1)\, \zeta_1(\mathfrak{S}, s)$$

und bei geradem n auch die Funktion

$$\left(s - \frac{n}{2}\right)(s - 1)\, \zeta_0(\mathfrak{S}, s)$$

in der ganzen endlichen s-Ebene regulär ist und daß ferner die in den Sätzen 1 und 2 ausgesprochenen Funktionalgleichungen bestehen.

Zunächst sei $R(s) = \sigma > \frac{n}{2}$, ferner sei μ eine der Bedingung $\mu > \frac{n}{2} + 1$ genügende Konstante und

$$\lambda = s + \mu - \frac{n}{2}.$$

Für die Funktion

$$(25) \quad \left(s - \frac{n}{2}\right)(s-1)\, 2^{2\lambda + n - 1} \pi^{\frac{n}{2} - 1} \Gamma(\lambda + 1)\, \Gamma\left(\lambda + \frac{n}{2}\right) D^{-\frac{1}{2}} \zeta_1(\mathfrak{S}, s) = f(s)$$

ergibt Hilfssatz 2 unter Benutzung der Definition (14) von $\zeta_1(\mathfrak{S}, s)$ die Darstellung

$$(26) \quad f(s) = 2 \sum_{\{\mathfrak{a}\} \text{ in } K} m(\mathfrak{S}, \mathfrak{a}) (\mathfrak{a}' \mathfrak{S} \mathfrak{a})^{\mu} \int_K (\mathfrak{x}' \mathfrak{S} \mathfrak{x})^{\lambda} e^{-\mathfrak{a}' \mathfrak{S} \mathfrak{x}}$$
$$\cdot \left\{\frac{1}{4} \mathfrak{a}' \mathfrak{S} \mathfrak{a} \cdot \mathfrak{x}' \mathfrak{S} \mathfrak{x} - (\mu + 1) \mathfrak{a}' \mathfrak{S} \mathfrak{x} + (\mu + 1)\left(\mu + \frac{n}{2}\right)\right\} d\mathfrak{x}.$$

Das in § 1 erklärte Gebiet E hat die Eigenschaft, daß seine Bilder bei den Abbildungen $\mathfrak{x} \to \mathfrak{C}\mathfrak{x}$ eine lückenlose und einfache Überdeckung des Gebietes $\mathfrak{x}' \mathfrak{S} \mathfrak{x} > 0$ ergeben, wenn $\mathfrak{C}$ alle eigentlichen Einheiten von $\mathfrak{S}$ durchläuft. Andererseits läßt sich jeder mit $\mathfrak{a}$ assoziierte Punkt gleich oft in die Form $\mathfrak{C}^{-1}\mathfrak{a}$ setzen, nämlich so oft, wie es Einheiten mit dem Fixpunkt $\mathfrak{a}$ gibt. Wie in § 2 gezeigt wurde, ist aber diese Anzahl genau $1 : m(\mathfrak{S}, \mathfrak{a})$. Daher geht (26) über in

$$(27) \quad f(s) = \int_E (\mathfrak{x}' \mathfrak{S} \mathfrak{x})^{\lambda} \sum_{\mathfrak{a} \text{ in } K} \left\{\frac{1}{4} \mathfrak{a}' \mathfrak{S} \mathfrak{a} \cdot \mathfrak{x}' \mathfrak{S} \mathfrak{x} - (\mu + 1) |\mathfrak{a}' \mathfrak{S} \mathfrak{x}|\right.$$
$$\left. + (\mu + 1)\left(\mu + \frac{n}{2}\right)\right\} (\mathfrak{a}' \mathfrak{S} \mathfrak{a})^{\mu} e^{-|\mathfrak{a}' \mathfrak{S} \mathfrak{x}|} d\mathfrak{x},$$

wo nunmehr $\mathfrak{a}$ alle Gitterpunkte von K durchläuft.

Man zerlege jetzt E in zwei Teile E_1 und E_2; auf E_1 sei $0 < \mathfrak{x}' \mathfrak{S} \mathfrak{x} < 1$, auf E_2 sei $\mathfrak{x}' \mathfrak{S} \mathfrak{x} \geqq 1$. Verwendet man Hilfssatz 7 für die $\mathfrak{x}$ aus E_1, so folgt aus (27) die Darstellung

$$(28) \quad f(s) = \int_{E_2} (\mathfrak{x}' \mathfrak{S} \mathfrak{x})^{\lambda} \sum_{\mathfrak{a} \text{ in } K} \left\{\frac{1}{4} \mathfrak{a}' \mathfrak{S} \mathfrak{a} \cdot \mathfrak{x}' \mathfrak{S} \mathfrak{x} - (\mu + 1) |\mathfrak{a}' \mathfrak{S} \mathfrak{x}|\right.$$
$$\left. + (\mu + 1)\left(\mu + \frac{n}{2}\right)\right\} (\mathfrak{a}' \mathfrak{S} \mathfrak{a})^{\mu} e^{-|\mathfrak{a}' \mathfrak{S} \mathfrak{x}|} d\mathfrak{x}$$
$$- 2^{2\mu + n + 1} \pi^{\frac{n}{2} + 1} \Gamma(\mu + 2)\, \Gamma\left(\mu + \frac{n}{2} + 1\right) D^{-\frac{1}{2}} \int_{E_1} (\mathfrak{x}' \mathfrak{S} \mathfrak{x})^{\lambda}$$
$$\cdot \sum_{\mathfrak{b} \text{ in } R} \mathfrak{b}' \mathfrak{S}^{-1} \mathfrak{b} \left\{(\mathfrak{x} + 2\pi i \mathfrak{S}^{-1} \mathfrak{b})' \mathfrak{S} (\mathfrak{x} + 2\pi i \mathfrak{S}^{-1} \mathfrak{b})\right\}^{-\mu - \frac{n}{2} - 1} d\mathfrak{x}.$$

Hieraus ergibt sich, wie nun gezeigt werden soll, daß $\left(s - \frac{n}{2}\right)(s - 1)\, \zeta_1(\mathfrak{S}, s)$ eine ganze Funktion von s ist.

Das erste Integral auf der rechten Seite von (28) ist zunächst eine ganze Funktion von s. Um den analytischen Charakter des zweiten Integrals zu untersuchen, hat man die Reduktionstheorie der quadratischen Formen zu benutzen. Am einfachsten ist diese Untersuchung für den Fall, daß $F(\mathfrak{S})$ lauter elliptische Ecken hat oder, was dasselbe ist, daß $\mathfrak{x}'\mathfrak{S}\mathfrak{x}$ keine Nullform ist; allerdings kann dies nur für $n \leqq 4$ eintreten. In diesem Falle ist der Quotient $\mathfrak{x}'\mathfrak{x} : \mathfrak{x}'\mathfrak{S}\mathfrak{x}$ auf $F(\mathfrak{S})$ beschränkt. Indem man wie beim Beweise von Hilfssatz 6 verfährt, erkennt man, daß dann die Reihe unter dem zweiten Integral in (28) gleichmäßig für alle $\mathfrak{x}$ aus E die Majorante

$$\gamma \sum_{\mathfrak{b} \text{ in } R} \mathfrak{b}'\mathfrak{b}\,\{\mathfrak{x}'\mathfrak{x}\,(\mathfrak{x}'\mathfrak{x} + \mathfrak{b}'\mathfrak{b})\}^{-\frac{\mu}{2} - \frac{n}{4} - \frac{1}{2}}$$

besitzt, wo γ von $\mathfrak{x}$ unabhängig ist. Multipliziert man diese Majorante noch mit dem Faktor $(\mathfrak{x}'\mathfrak{x})^{\frac{\mu}{2} + \frac{n}{4} + \frac{1}{2}}$, so erhält man wegen $\mu > \frac{n}{2} + 1$ eine im Gebiet E_1 gleichmäßig konvergente Reihe. Folglich ist das zweite Integral in (28) eine in der Halbebene $\sigma > \frac{n}{4} + \frac{1-\mu}{2}$ reguläre Funktion von s. Diese Aussage gilt auch noch für den Fall, daß $F(\mathfrak{S})$ parabolische Ecken besitzt. Das ergibt sich durch eine Untersuchung des Verhaltens des Integranden in der Nähe der parabolischen Ecken; da diese Untersuchung keine prinzipielle Schwierigkeit bietet, so sei die etwas langwierige Rechnung hier übergangen.

Es ist also die Funktion $f(s)$ regulär für $\sigma > \frac{n}{4} + \frac{1-\mu}{2}$ und die Formel (28) für diese σ gültig. Da nun aber μ beliebig groß gewählt werden kann, so zeigt (25), daß $\left(s - \frac{n}{2}\right)(s-1)\,\zeta_1(\mathfrak{S}, s)$ tatsächlich ganz ist.

Nun sei entweder $n > 3$ oder $n = 3$ und zugleich $\mathfrak{x}'\mathfrak{S}\mathfrak{x}$ keine Nullform. Ferner sei weiterhin

$$\frac{n}{4} + \frac{1-\mu}{2} < \sigma < 0.$$

Verwendet man Hilfssatz 7 auch für die $\mathfrak{x}$ aus E_2, so geht (28) über in

$$(29)\quad f(s) = -\,2^{2\mu+n+1}\pi^{\frac{n}{2}+1}\,\Gamma(\mu+2)\,\Gamma\!\left(\mu + \frac{n}{2} + 1\right) D^{-\frac{1}{2}}$$

$$\cdot \int_E (\mathfrak{x}'\mathfrak{S}\mathfrak{x})^{\lambda} \sum_{\mathfrak{b} \text{ in } R} \mathfrak{b}'\mathfrak{S}^{-1}\mathfrak{b}\,\{(\mathfrak{x} + 2\pi i\,\mathfrak{S}^{-1}\mathfrak{b})'\,\mathfrak{S}\,(\mathfrak{x} + 2\pi i\,\mathfrak{S}^{-1}\mathfrak{b})\}^{-\mu - \frac{n}{2} - 1} d\mathfrak{x}.$$

Wegen des Faktors $\mathfrak{b}'\mathfrak{S}^{-1}\mathfrak{b} = (\mathfrak{S}^{-1}\mathfrak{b})'\,\mathfrak{S}\,(\mathfrak{S}^{-1}\mathfrak{b})$ braucht man auf der rechten Seite nur über die ganzen $\mathfrak{b}$ zu summieren, für welche $\mathfrak{S}^{-1}\mathfrak{b}$ elliptisch oder hyperbolisch ist, also $\mathfrak{b}'\mathfrak{S}^{-1}\mathfrak{b} > 0$ oder $\mathfrak{b}'\mathfrak{S}^{-1}\mathfrak{b} < 0$. Man erhält alle Assoziierten von $\mathfrak{S}^{-1}\mathfrak{b}$ genau einmal in der Form $\mathfrak{C}\,\mathfrak{S}^{-1}\mathfrak{b}$, wenn $\mathfrak{C}$ ein volles System von Repräsentanten der Nebengruppen der Einheitenuntergruppe $\Gamma(\mathfrak{S}, \mathfrak{S}^{-1}\mathfrak{b})$ in der Gruppe $\Gamma(\mathfrak{S})$ durchläuft. Andererseits erfüllen die

Bilder von E bei den Abbildungen $\mathfrak{x} \to \mathfrak{C}\mathfrak{x}$ lückenlos und einfach einen Teil $E_{\mathfrak{b}}$ von $\mathfrak{x}'\mathfrak{S}\mathfrak{x} > 0$, der genau einen Fundamentalbereich für die Gruppe $\Gamma(\mathfrak{S}, \mathfrak{S}^{-1}\mathfrak{b})$ bildet. Also ist

$$(30)\quad \int\limits_{E} (\mathfrak{x}'\mathfrak{S}\mathfrak{x})^{\lambda} \sum_{\mathfrak{b} \text{ in } R} \mathfrak{b}'\mathfrak{S}^{-1}\mathfrak{b}\,\{(\mathfrak{x}+2\pi i\,\mathfrak{S}^{-1}\mathfrak{b})'\mathfrak{S}(\mathfrak{x}+2\pi i\,\mathfrak{S}^{-1}\mathfrak{b})\}^{-\mu-\frac{n}{2}-1} d\mathfrak{x}$$

$$= \sum_{\{\mathfrak{S}^{-1}\mathfrak{b}\}} \mathfrak{b}'\mathfrak{S}^{-1}\mathfrak{b} \int\limits_{E_{\mathfrak{b}}} (\mathfrak{x}'\mathfrak{S}\mathfrak{x})^{\lambda} \{(\mathfrak{x}+2\pi i\,\mathfrak{S}^{-1}\mathfrak{b})'\mathfrak{S}(\mathfrak{x}+2\pi i\,\mathfrak{S}^{-1}\mathfrak{b})\}^{-\mu-\frac{n}{2}-1} d\mathfrak{x},$$

wo $\mathfrak{S}^{-1}\mathfrak{b}$ ein volles System nicht-assoziierter elliptischer und hyperbolischer Punkte mit ganzem $\mathfrak{b}$ durchläuft.

Für jede Einheit $\mathfrak{C}$ von $\mathfrak{S}$ ist $\mathfrak{C}'$ eine Einheit von $\mathfrak{S}^{-1}$ und $\mathfrak{C}'^{-1}\mathfrak{S}^{-1}\mathfrak{b} = \mathfrak{S}^{-1}\mathfrak{C}'\mathfrak{b}$. Die Elemente von $\Gamma(\mathfrak{S}, \mathfrak{S}^{-1}\mathfrak{b})$ sind also die Transponierten der Elemente von $\Gamma(\mathfrak{S}^{-1}, \mathfrak{b})$. Für die elliptischen $\mathfrak{S}^{-1}\mathfrak{b}$ kann man auf der rechten Seite von (30) den Integrationsbereich $E_{\mathfrak{b}}$ durch den vollen Bereich $\mathfrak{x}'\mathfrak{S}\mathfrak{x} > 0$ ersetzen, wenn man noch als Faktor den reziproken Wert der Ordnung von $\Gamma(\mathfrak{S}^{-1}, \mathfrak{b})$ hinzufügt, der nach § 2 gleich $m(\mathfrak{S}^{-1}, \mathfrak{b})$ ist. Dann läßt sich aber Hilfssatz 4 anwenden, und man erkennt, daß die elliptischen $\mathfrak{S}^{-1}\mathfrak{b}$ zur rechten Seite von (30) genau den Beitrag

$$(31)\quad -D^{-\frac{1}{2}}\pi^{\frac{n}{2}-1}\frac{\Gamma(\lambda+1)\,\Gamma\left(\lambda+\frac{n}{2}\right)\Gamma(2-s)\,\Gamma\left(\frac{n}{2}-s+1\right)}{\Gamma(\mu+2)\,\Gamma\left(\mu+\frac{n}{2}+1\right)} \cdot (2\pi)^{2s-n-2}\cos\pi\left(s-\frac{n}{2}\right)\zeta_1\left(\mathfrak{S}^{-1}, \frac{n}{2}-s\right)$$

ergeben.

Für hyperbolisches $\mathfrak{S}^{-1}\mathfrak{b}$ sei $(-\mathfrak{b}'\mathfrak{S}^{-1}\mathfrak{b})^{\frac{1}{2}} = b > 0$ und $\mathfrak{x} = \mathfrak{A}\mathfrak{y}$ mit $\mathfrak{x}'\mathfrak{S}\mathfrak{x} = y_1^2 - (y_2^2 + \dots + y_n^2)$, $\mathfrak{S}^{-1}\mathfrak{b} = \mathfrak{A}(0 \dots 0\, b)'$, also

$$(\mathfrak{x}+2\pi i\,\mathfrak{S}^{-1}\mathfrak{b})'\mathfrak{S}(\mathfrak{x}+2\pi i\,\mathfrak{S}^{-1}\mathfrak{b})$$
$$= y_1^2 - (y_2^2 + \dots + y_n^2) - 4\pi i\, b y_n + 4\pi^2 b^2.$$

Setzt man noch

$$z_1 = \{y_1^2 - (y_2^2 + \dots + y_n^2)\}^{\frac{1}{2}}, \qquad z_k = y_k : y_1 \qquad (k = 2, \dots, n-1)$$

und beachtet, daß die Abbildung $x_1, \dots, x_n \to z_1, \dots, z_{n-1}, y_n$ zwei-eindeutig ist, so erhält man

$$\int\limits_{E_{\mathfrak{b}}} (\mathfrak{x}'\mathfrak{S}\mathfrak{x})^{\lambda}\{(\mathfrak{x}+2\pi i\,\mathfrak{S}^{-1}\mathfrak{b})'\mathfrak{S}(\mathfrak{x}+2\pi i\,\mathfrak{S}^{-1}\mathfrak{b})\}^{-\mu-\frac{n}{2}-1} d\mathfrak{x}$$

$$= 2D^{-\frac{1}{2}}\int_0^{\infty} z_1^{2\lambda+1}\Big\{\int_{-\infty}^{+\infty}(z_1^2+4\pi^2b^2-4\pi i\, b y_n)^{-\mu-\frac{n}{2}-1}(z_1^2+y_n^2)^{\frac{n-3}{2}}\,dy_n\Big\}\,dz_1$$
$$\cdot \int\limits_{F_{\mathfrak{b}}}\!\cdots\!\int \frac{dz_2 \dots dz_{n-1}}{(1-z_2^2-\dots-z_{n-1}^2)^{\frac{n-1}{2}}},$$

wobei $F_{\mathfrak{b}}$ einen Fundamentalbereich für $\Gamma(\mathfrak{S}^{-1}, \mathfrak{b})$ im $z_2 \ldots z_{n-1}$-Raume bedeutet. Zufolge Hilfssatz 5 und Formel (8) wird also

$$(32)\quad \mathfrak{b}'\mathfrak{S}^{-1}\mathfrak{b}\int\limits_{F_{\mathfrak{b}}} (\mathfrak{x}'\mathfrak{S}\mathfrak{x})^{\lambda}\{(\mathfrak{x}+2\pi i\,\mathfrak{S}^{-1}\mathfrak{b})'\,\mathfrak{S}\,(\mathfrak{x}+2\pi i\,\mathfrak{S}^{-1}\mathfrak{b})\}^{-\mu-\frac{n}{2}-1}\,d\mathfrak{x}$$

$$= -D^{-\frac{1}{2}}(2\pi)^{2s-n-2}\,\frac{\Gamma(\lambda+1)\,\Gamma\left(\lambda+\frac{n}{2}\right)\Gamma(2-s)\,\Gamma\left(\frac{n}{2}-s+1\right)}{\Gamma(\mu+2)\,\Gamma\left(\mu+\frac{n}{2}+1\right)\Gamma\left(\frac{3-n}{2}\right)}$$

$$\cdot\,\pi^{\frac{1}{2}}\,v(\mathfrak{S}^{-1},\mathfrak{b})\,(-\mathfrak{b}'\mathfrak{S}^{-1}\mathfrak{b})^{s-\frac{n}{2}} = -\sin\pi\frac{n-1}{2}\,D^{-\frac{1}{2}}\,\pi^{\frac{n}{2}-1}$$

$$\cdot\,\frac{\Gamma(\lambda+1)\,\Gamma\left(\lambda+\frac{n}{2}\right)\Gamma(2-s)\,\Gamma\left(\frac{n}{2}-s+1\right)}{\Gamma(\mu+2)\,\Gamma\left(\mu+\frac{n}{2}+1\right)}\,(2\pi)^{2s-n-2}\,m(\mathfrak{S}^{-1},\mathfrak{b})(-\mathfrak{b}'\mathfrak{S}^{-1}\mathfrak{b})^{s-\frac{n}{2}}.$$

Aus (25), (29), (30), (31), (32) folgt jetzt

$$(33)\quad \zeta_1(\mathfrak{S}, s) = D^{-\frac{1}{2}}\pi^{2s-\frac{n}{2}-1}\,\Gamma(1-s)\,\Gamma\left(\frac{n}{2}-s\right)$$

$$\cdot\left\{\cos\pi\left(s-\frac{n}{2}\right)\zeta_1\left(\mathfrak{S}^{-1}, \frac{n}{2}-s\right)+\sin\pi\frac{n-1}{2}\,\zeta_0\left(\mathfrak{S}^{-1}, \frac{n}{2}-s\right)\right\}.$$

Ist nun n ungerade, also

$$\sin\pi\frac{n-1}{2} = 0, \qquad \Gamma(1-s)\cos\pi\left(s-\frac{n}{2}\right) = (-1)^{\frac{n-1}{2}}\,\frac{\pi}{\Gamma(s)},$$

so ergibt (33) die Funktionalgleichung (16). Wegen der oben bewiesenen Regularität von $\left(s-\frac{n}{2}\right)(s-1)\,\zeta_1(\mathfrak{S}, s)$ für alle endlichen s gilt das gleiche für die Funktion $s\left(s+1-\frac{n}{2}\right)\zeta_1\left(\mathfrak{S}^{-1}, \frac{n}{2}-s\right)$. Die rechte Seite von (16) ist also regulär bei $s = 1$ und folglich hat $\zeta_1(\mathfrak{S}, s)$ in Wahrheit gar keinen Pol bei $s = 1$. Die in Satz 1 enthaltenen Aussagen sind damit bewiesen, bis auf die Bestimmung des Residuums bei $s = \frac{n}{2}$.

Ist n gerade, also

$$\sin\pi\frac{n-1}{2} = (-1)^{\frac{n}{2}-1}, \qquad \cos\pi\left(s-\frac{n}{2}\right) = (-1)^{\frac{n}{2}}\cos\pi s,$$

so geht (33) über in

$$\zeta_1(\mathfrak{S}, s) = (-1)^{\frac{n}{2}}\,D^{-\frac{1}{2}}\,\pi^{2s-\frac{n}{2}-1}\,\Gamma(1-s)\,\Gamma\left(\frac{n}{2}-s\right)$$

$$\cdot\left\{\cos\pi s\,\zeta_1\left(\mathfrak{S}^{-1}, \frac{n}{2}-s\right)-\zeta_0\left(\mathfrak{S}^{-1}, \frac{n}{2}-s\right)\right\}.$$

Hieraus folgt für $\zeta_0(\mathfrak{S}, s)$ die Darstellung

$$\zeta_0(\mathfrak{S}, s) = (-1)^{\frac{n}{2}}\cos\pi s\,\zeta_1(\mathfrak{S}, s)$$

$$+\,D^{-\frac{1}{2}}\,\pi^{2s-\frac{n}{2}-1}\,\Gamma(1-s)\,\Gamma\left(\frac{n}{2}-s\right)\sin^2\pi s\,\zeta_1\left(\mathfrak{S}^{-1}, \frac{n}{2}-s\right),$$

und demnach ist auch $\left(s-\frac{n}{2}\right)(s-1)\,\zeta_0(\mathfrak{S},s)$ eine ganze Funktion von s. Die beiden letzten Gleichungen ergeben

$$\zeta_1(\mathfrak{S},s)+\zeta_0(\mathfrak{S},s)=2D^{-\frac{1}{2}}\pi^{2s-\frac{n}{2}-1}\,\Gamma(1-s)\,\Gamma\left(\frac{n}{2}-s\right)\cos^2\frac{\pi}{2}\left(s+\frac{n}{2}\right)$$
$$\cdot\left\{\zeta_1\left(\mathfrak{S}^{-1},\frac{n}{2}-s\right)+(-1)^{\frac{n}{2}-1}\zeta_0\left(\mathfrak{S}^{-1},\frac{n}{2}-s\right)\right\},$$

$$(34)\qquad \zeta_1(\mathfrak{S},s)-\zeta_0(\mathfrak{S},s)=-2D^{-\frac{1}{2}}\pi^{2s-\frac{n}{2}-1}\,\Gamma(1-s)\,\Gamma\left(\frac{n}{2}-s\right)\sin^2\frac{\pi}{2}\left(s+\frac{n}{2}\right)$$
$$\cdot\left\{\zeta_1\left(\mathfrak{S}^{-1},\frac{n}{2}-s\right)+(-1)^{\frac{n}{2}}\zeta_0\left(\mathfrak{S}^{-1},\frac{n}{2}-s\right)\right\}.$$

Hieraus folgen die Funktionalgleichungen (17) und (18) durch eine leichte Rechnung. Damit sind auch die Aussagen von Satz 2 bewiesen, bis auf die Residuenbestimmung bei $s=\frac{n}{2}$ und $s=1$.

§ 8.

Berechnung der Residuen.

Obwohl in der Definition von $\zeta_1(\mathfrak{S},s)$ nur die elliptischen Punkte auftreten, so waren beim Beweis der Fortsetzbarkeit im vorigen Paragraphen durch die Benutzung von Hilfssatz 7 auch die hyperbolischen Punkte in den Formeln zum Vorschein gekommen. Dabei war aber der Ansatz so gewählt, daß die parabolischen Punkte wegen des Faktors $\mathfrak{b}'\mathfrak{S}^{-1}\mathfrak{b}$ im allgemeinen Gliede der rechten Seite von (24) aus der Rechnung herausfielen, wodurch sich eine Vereinfachung ergab. Allerdings erhielt man auf diese Weise nicht die Werte der Residuen der Zetafunktion. Um diese zu finden, hat man gerade einen Ansatz durchzuführen, bei welchem die parabolischen Punkte nicht herausfallen. In diesem Paragraphen werde vorausgesetzt, daß $\mathfrak{x}'\mathfrak{S}\mathfrak{x}$ keine ternäre Nullform ist.

Der Ansatz selbst ist noch näherliegender wie der von § 7: man benutzt direkt die Hilfssätze 1 und 6 statt der Hilfssätze 2 und 7. An Stelle von (28) erhält man dann die Darstellung

$$(35)\qquad \zeta_1(\mathfrak{S},s)=\frac{D^{\frac{1}{2}}\pi^{1-\frac{n}{2}}\,2^{1-n-2\lambda}}{\Gamma(\lambda+1)\,\Gamma\left(\lambda+\frac{n}{2}\right)}\int\limits_{E_2}(\mathfrak{x}'\mathfrak{S}\mathfrak{x})^{\lambda}\sum_{\mathfrak{a}\text{ in }K}(\mathfrak{a}'\mathfrak{S}\mathfrak{a})^{\mu}e^{-|\mathfrak{a}'\mathfrak{S}\mathfrak{x}|}\,d\mathfrak{x}$$
$$+\,2^{n-2s}\frac{\Gamma(\mu+1)\,\Gamma\left(\mu+\frac{n}{2}\right)}{\Gamma(\lambda+1)\,\Gamma\left(\lambda+\frac{n}{2}\right)}\int\limits_{E_1}(\mathfrak{x}'\mathfrak{S}\mathfrak{x})^{\lambda}$$
$$\cdot\sum_{\mathfrak{b}\text{ in }R}\{(\mathfrak{x}+2\pi i\,\mathfrak{S}^{-1}\mathfrak{b})'\,\mathfrak{S}\,(\mathfrak{x}+2\pi i\,\mathfrak{S}^{-1}\mathfrak{b})\}^{-\mu-\frac{n}{2}}\,d\mathfrak{x},$$

und zwar zunächst für $\sigma > \frac{n}{2}$, mit $\mu > \frac{n}{2}$ und $\lambda = s + \mu - \frac{n}{2}$. Der wesentliche Unterschied gegenüber (28) besteht jetzt darin, daß in (35) auch die Gitterpunkte $\mathfrak{b}$ auftreten, für welche $\mathfrak{b}' \mathfrak{S}^{-1} \mathfrak{b} = 0$ ist. Läßt man alle diese $\mathfrak{b}$ fort, so erhält man statt der rechten Seite von (35) eine Funktion von s, von welcher man nach dem Vorbilde von § 7 beweisen kann, daß sie in der Halbebene $\sigma > \frac{n}{4} - \frac{\mu}{2}$ regulär ist. Die Residuen von $\zeta_1(\mathfrak{S}, s)$ bei $s = \frac{n}{2}$ und $s = 1$ stimmen daher überein mit denen der Funktion

$$(36)\quad g(s) = 2^{n-2s} \frac{\Gamma(\mu+1)\,\Gamma\left(\mu+\frac{n}{2}\right)}{\Gamma(\lambda+1)\,\Gamma\left(\lambda+\frac{n}{2}\right)} \int\limits_{E_1} (\mathfrak{x}'\mathfrak{S}\mathfrak{x})^{\lambda} \sum_{\mathfrak{b}'\mathfrak{S}^{-1}\mathfrak{b}=0} (\mathfrak{x}'\mathfrak{S}\mathfrak{x} + 4\pi i \mathfrak{b}'\mathfrak{x})^{-\mu-\frac{n}{2}}\, d\mathfrak{x}.$$

In der Summe auf der rechten Seite von (36) greife man zuerst das Glied $\mathfrak{b} = \mathfrak{n}$ heraus. Bei den übrigen Gliedern vereinige man wie in § 7 alle assoziierten $\mathfrak{S}^{-1}\mathfrak{b}$ und außerdem alle $\mathfrak{b}$, die auseinander durch Multiplikation mit einer rationalen Zahl hervorgehen. Man lasse nun $\mathfrak{p}$ die verschiedenen parabolischen Ecken von $F(\mathfrak{S}^{-1})$ durchlaufen, wobei die Elemente von $\mathfrak{p}$ teilerfremd seien. Bedeutet dann $E_{1\mathfrak{p}}$ einen Fundamentalbereich für die Einheitenuntergruppe $\Gamma(\mathfrak{S}, \mathfrak{S}^{-1}\mathfrak{p})$ auf dem Gebiete $0 < \mathfrak{x}'\mathfrak{S}\mathfrak{x} < 1$, so wird

$$(37)\quad 2^{2s-n} \frac{\Gamma(\lambda+1)\,\Gamma\left(\lambda+\frac{n}{2}\right)}{\Gamma(\mu+1)\,\Gamma\left(\mu+\frac{n}{2}\right)} g(s)$$

$$= \int\limits_{E_1} (\mathfrak{x}'\mathfrak{S}\mathfrak{x})^{s-n} d\mathfrak{x} + 2 \sum_{l=1}^{\infty} \sum_{\mathfrak{p}} \int\limits_{E_{1\mathfrak{p}}} (\mathfrak{x}'\mathfrak{S}\mathfrak{x})^{\lambda} (\mathfrak{x}'\mathfrak{S}\mathfrak{x} + 4\pi i l \mathfrak{p}'\mathfrak{x})^{-\mu-\frac{n}{2}} d\mathfrak{x}.$$

Im ersten Integral führe man durch die Substitution

$$t = (\mathfrak{x}'\mathfrak{S}\mathfrak{x})^{\frac{1}{2}}, \qquad x_k : x_n = z_k \qquad (k = 1, \ldots, n)$$

neue Integrationsvariable $t, z_1, \ldots, z_{n-1}$ ein. Nach (1) wird dann

$$(38)\quad \int\limits_{E_1} (\mathfrak{x}'\mathfrak{S}\mathfrak{x})^{s-n} d\mathfrak{x} = 2\int\limits_0^1 t^{2s-n-1}\, dt \int\limits_{F(\mathfrak{S})}\!\!\ldots\!\int (\mathfrak{z}'\mathfrak{S}\mathfrak{z})^{-\frac{n}{2}} dz_1 \ldots dz_{n-1} = \frac{D^{-\frac{1}{2}} v(\mathfrak{S})}{s - \frac{n}{2}}.$$

Im zweiten Integral auf der rechten Seite von (37) führe man durch die Substitutionen

$$\mathfrak{x} = \mathfrak{A}\mathfrak{y}, \qquad t = (\mathfrak{x}'\mathfrak{S}\mathfrak{x})^{\frac{1}{2}}, \qquad y_k : y_2 = z_k \qquad (k = 3, \ldots, n)$$

die Variablen $t, y_2, z_3, \ldots, z_n$ ein; dabei soll $\mathfrak{A}$ dieselbe Bedeutung haben wie in § 3. Dann ist also $\mathfrak{A}$ unimodular, $\mathfrak{p}'\mathfrak{x} = y_2$ und

$$t^2 = \mathfrak{x}'\mathfrak{S}\mathfrak{x} = \mathfrak{y}'\mathfrak{S}_1\mathfrak{y} = 2\,p\,y_1 y_2 + \ldots.$$

Es wird

$$\int\limits_{E_{1\mathfrak{p}}} (\mathfrak{x}'\mathfrak{S}\mathfrak{x})^{\lambda}(\mathfrak{x}'\mathfrak{S}\mathfrak{x}+4\pi i l\mathfrak{p}'\mathfrak{x})^{-\mu-\frac{n}{2}}d\mathfrak{x}$$

$$=\int\limits_0^1 t^{2\lambda+1}\left\{\int\limits_{-\infty}^{+\infty}(t^2+4\pi i l y_2)^{-\mu-\frac{n}{2}}|y_2|^{n-3}dy_2\right\}p^{-1}\int\limits_{F(\mathfrak{S},\mathfrak{S}^{-1}\mathfrak{p})}\!\!\cdots\int dz_3\ldots dz_n;$$

wo $F(\mathfrak{S}, \mathfrak{S}^{-1}\mathfrak{p})$ den Fundamentalbereich für $\Gamma(\mathfrak{S}, \mathfrak{S}^{-1}\mathfrak{p})$ im $z_3 \ldots z_n$-Raum bedeutet. Folglich gilt für den zweiten Summanden auf der rechten Seite von (37) die Gleichung

$$(39)\quad 2\sum_{l=1}^{\infty}\sum_{\mathfrak{p}}\int\limits_{E_{1\mathfrak{p}}}(\mathfrak{x}'\mathfrak{S}\mathfrak{x})^{\lambda}(\mathfrak{x}'\mathfrak{S}\mathfrak{x}+4\pi i l\mathfrak{p}'\mathfrak{x})^{-\mu-\frac{n}{2}}d\mathfrak{x}$$

$$=2D^{-\frac{1}{2}}\sum_{l=1}^{\infty}(4\pi l)^{2-n}\sum_{\mathfrak{p}}v(\mathfrak{S},\mathfrak{S}^{-1}\mathfrak{p})\int\limits_0^1 t^{2s-3}dt\int\limits_{-\infty}^{\infty}(1+iy)^{-\mu-\frac{n}{2}}|y|^{n-3}dy$$

$$=2D^{-\frac{1}{2}}(4\pi)^{2-n}\cos\pi\left(\frac{n}{2}-1\right)\zeta(n-2)\frac{\Gamma(n-2)\,\Gamma\left(\mu-\frac{n}{2}+2\right)}{\Gamma\left(\mu+\frac{n}{2}\right)}\frac{1}{s-1}\sum_{\mathfrak{p}}v(\mathfrak{S},\mathfrak{S}^{-1}\mathfrak{p}).$$

Nach (37) und (38) hat die Funktion $g(s)$ bei $s=\frac{n}{2}$ einen Pol erster Ordnung mit dem Residuum $D^{-\frac{1}{2}}v(\mathfrak{S})$. Nach (37) und (39) ist $g(s)$ für ungerades n bei $s=1$ regulär; für gerades n ist dagegen der Punkt $s=1$ ein Pol erster Ordnung mit dem Residuum

$$\varrho=2D^{-\frac{1}{2}}(2\pi)^{2-n}\cos\pi\left(\frac{n}{2}-1\right)\Gamma(n-2)\,\zeta(n-2)\sum_{\mathfrak{p}}v(\mathfrak{S},\mathfrak{S}^{-1}\mathfrak{p})$$

$$=D^{-\frac{1}{2}}\zeta(3-n)\sum_{\mathfrak{p}}v(\mathfrak{S},\mathfrak{S}^{-1}\mathfrak{p})$$

Hierdurch sind die Residuen von $\zeta_1(\mathfrak{S}, s)$ ermittelt. Aus (34) folgt jetzt, daß für gerades n die Differenz $\zeta_1(\mathfrak{S}, s)-\zeta_0(\mathfrak{S}, s)$ bei $s=\frac{n}{2}$ regulär ist; also haben $\zeta_1(\mathfrak{S}, s)$ und $\zeta_0(\mathfrak{S}, s)$ dort das gleiche Residuum. Ferner folgt aus (34), daß die Funktion $\zeta_1(\mathfrak{S}, s)+(-1)^{\frac{n}{2}}\zeta_0(\mathfrak{S}, s)$ bei $s=1$ regulär ist; also hat $\zeta_0(\mathfrak{S}, s)$ dort das Residuum $(-1)^{\frac{n}{2}-1}\varrho$.

Damit sind sämtliche in den Sätzen 1 und 2 aufgestellten Behauptungen bewiesen.

§ 9.

Ternäre Nullformen.

Ist $n=3$ und $\mathfrak{x}'\mathfrak{S}\mathfrak{x}$ eine Nullform, so versagt die Methode von § 7 zur Herleitung der Funktionalgleichung, da die Fundamentalbereiche für die Gruppen $\Gamma(\mathfrak{S}^{-1}, \mathfrak{b})$ keinen endlichen Inhalt haben, wenn $n=3$ und

$-D\mathfrak{b}'\mathfrak{S}^{-1}\mathfrak{b}$ eine positive Quadratzahl ist. In diesem Fall führt der folgende modifizierte Ansatz zum Ziel.

Wie im vorigen Paragraphen lasse man $\mathfrak{S}^{-1}\mathfrak{p}$ die verschiedenen parabolischen Ecken von $F(\mathfrak{S})$ durchlaufen, wobei die Elemente von $\mathfrak{p}$ teilerfremd seien. Es sei $\gamma > 0$. Entfernt man aus den früher erklärten Gebieten E, E_1, E_2 die sämtlichen Punkte $\mathfrak{x}$, für welche mit irgend einem jener $\mathfrak{p}$ die Ungleichung

$$\mathfrak{x}'\mathfrak{S}\mathfrak{x} > \gamma(\mathfrak{p}'\mathfrak{x})^2 \tag{40}$$

erfüllt ist, so mögen die Gebiete E_γ, $E_{1\gamma}$, $E_{2\gamma}$ entstehen. Diese sind dann Fundamentalbereiche für $\Gamma(\mathfrak{S})$ auf den drei Gebieten, die aus $\mathfrak{x}'\mathfrak{S}\mathfrak{x} > 0$, $0 < \mathfrak{x}'\mathfrak{S}\mathfrak{x} < 1$, $\mathfrak{x}'\mathfrak{S}\mathfrak{x} \geqq 1$ entstehen, wenn man sämtliche Punkte $\mathfrak{x}$ entfernt, für welche die Ungleichung

$$\mathfrak{x}'\mathfrak{S}\mathfrak{x} > \gamma(\mathfrak{t}'\mathfrak{x})^2 \tag{41}$$

mit irgend einem parabolischen $\mathfrak{S}^{-1}\mathfrak{t}$ und ganzen $\mathfrak{t}$ erfüllt ist.

Sind $\mathfrak{S}^{-1}\mathfrak{p}_1$ und $\mathfrak{S}^{-1}\mathfrak{p}_2$ zwei verschiedene parabolische Ecken von $F(\mathfrak{S})$, so ist

$$2\,\mathfrak{p}_1'\mathfrak{S}^{-1}\mathfrak{p}_2\cdot\mathfrak{p}_1'\mathfrak{x}\cdot\mathfrak{p}_2'\mathfrak{x} - (\mathfrak{p}_1'\mathfrak{S}^{-1}\mathfrak{p}_2)^2\cdot\mathfrak{x}'\mathfrak{S}\mathfrak{x} = D^{-1}\,|\,\mathfrak{p}_1, \mathfrak{p}_2, \mathfrak{S}\mathfrak{x}\,|^2, \tag{42}$$

wobei das Symbol $|\mathfrak{p}_1, \mathfrak{p}_2, \mathfrak{S}\mathfrak{x}|$ die Determinante bedeutet. Hätten nun die durch (40) für $\mathfrak{p} = \mathfrak{p}_1$ und $\mathfrak{p} = \mathfrak{p}_2$ erklärten Gebiete einen Punkt $\mathfrak{x}$ gemeinsam, so wäre für diesen

$$(\mathfrak{x}'\mathfrak{S}\mathfrak{x})^2 > \gamma^2(\mathfrak{p}_1'\mathfrak{x})^2(\mathfrak{p}_2'\mathfrak{x})^2,$$

und (42) lieferte die Ungleichung

$$\gamma^2(\mathfrak{p}_1'\mathfrak{S}^{-1}\mathfrak{p}_2)^2 < 4. \tag{43}$$

Es sei nun h der Hauptnenner der Elemente von $\mathfrak{S}^{-1}$ und weiterhin $\gamma \geqq 2h$. Dann kann (43) nicht erfüllt sein, und die durch (40) für verschiedene $\mathfrak{p}$ definierten Gebiete haben also keinen Punkt gemeinsam.

Zunächst sei $\sigma > \frac{3}{2}$. Mit $\mu > \frac{3}{2}$ setze man $\lambda = s + \mu - \frac{3}{2}$ und

$$f_\gamma(s) = \int_{E_\gamma} (\mathfrak{x}'\mathfrak{S}\mathfrak{x})^\lambda \sum_{\mathfrak{a} \text{ in } K} (\mathfrak{a}'\mathfrak{S}\mathfrak{a})^\mu e^{-|\mathfrak{a}'\mathfrak{S}\mathfrak{x}|}\,d\mathfrak{x}.$$

Offenbar ist dann

$$\lim_{\gamma\to\infty} f_\gamma(s) = 2\pi D^{-\frac{1}{2}}\Gamma(2\lambda + 2)\,\zeta_1(\mathfrak{S}, s),$$

und andererseits erhält man für $f_\gamma(s)$ die Darstellung

$$f_\gamma(s) = \int_{E_{2\gamma}} (\mathfrak{x}'\mathfrak{S}\mathfrak{x})^\lambda \sum_{\mathfrak{a} \text{ in } K} (\mathfrak{a}'\mathfrak{S}\mathfrak{a})^\mu e^{-|\mathfrak{a}'\mathfrak{S}\mathfrak{x}|}\,d\mathfrak{x}$$

$$+ 2\pi D^{-\frac{1}{2}}\Gamma(2\mu + 2)\int_{E_{1\gamma}} (\mathfrak{x}'\mathfrak{S}\mathfrak{x})^\lambda \sum_{\mathfrak{b} \text{ in } R} \{(\mathfrak{x} + 2\pi i\mathfrak{S}^{-1}\mathfrak{b})'\mathfrak{S}(\mathfrak{x} + 2\pi i\mathfrak{S}^{-1}\mathfrak{b})\}^{-\mu-\frac{3}{2}}\,d\mathfrak{x}.$$

Analog wie in § 8 wird nun

$$\int\limits_{E_{1\gamma}} (\mathfrak{x}'\mathfrak{S}\mathfrak{x})^\lambda \sum_{\mathfrak{b}'\mathfrak{S}^{-1}\mathfrak{b}=0} (\mathfrak{x}'\mathfrak{S}\mathfrak{x} + 4\pi i \mathfrak{b}'\mathfrak{x})^{-\mu-\frac{3}{2}} d\mathfrak{x}$$

$$= \int\limits_{E_{1\gamma}} (\mathfrak{x}'\mathfrak{S}\mathfrak{x})^{s-3} d\mathfrak{x} + 2\sum_{l=1}^{\infty}\sum_{\mathfrak{p}} \int\limits_{E_{1\mathfrak{p}\gamma}} (\mathfrak{x}'\mathfrak{S}\mathfrak{x})^\lambda (\mathfrak{x}'\mathfrak{S}\mathfrak{x} + 4\pi i l \mathfrak{p}'\mathfrak{x})^{-\mu-\frac{3}{2}} d\mathfrak{x};$$

dabei bedeutet $E_{1\mathfrak{p}\gamma}$ einen Fundamentalbereich für die Einheitenuntergruppe $\Gamma(\mathfrak{S}, \mathfrak{S}^{-1}\mathfrak{p})$ auf dem Gebiete, das aus $0 < \mathfrak{x}'\mathfrak{S}\mathfrak{x} < 1$ entsteht, wenn man alle $\mathfrak{x}$ entfernt, für welche die Ungleichung (41) mit irgend einem parabolischen $\mathfrak{S}^{-1}\mathfrak{t}$ und ganzen $\mathfrak{t}$ erfüllt ist. Durch dieselbe Umformung wie in § 8 erhält man weiter

$$\lim_{\gamma\to\infty} \int\limits_{E_{1\gamma}} (\mathfrak{x}'\mathfrak{S}\mathfrak{x})^\lambda \sum_{\mathfrak{b}'\mathfrak{S}^{-1}\mathfrak{b}=0} (\mathfrak{x}'\mathfrak{S}\mathfrak{x} + 4\pi i \mathfrak{b}'\mathfrak{x})^{-\mu-\frac{3}{2}} d\mathfrak{x} = \frac{D^{-\frac{1}{2}} v(\mathfrak{S})}{s-\frac{3}{2}}$$

$$+ 2D^{-\frac{1}{2}} \sum_{\mathfrak{p}} v(\mathfrak{S}, \mathfrak{S}^{-1}\mathfrak{p}) \lim_{\gamma\to\infty} \sum_{l=1}^{\infty} \int_0^1 t^{2\lambda+1} \Big\{ \int\limits_{y_2^2 > t^2\gamma^{-1}} (t^2 + 4\pi i l y_2)^{-\mu-\frac{3}{2}} dy_2 \Big\} dt$$

$$= \frac{D^{-\frac{1}{2}} v(\mathfrak{S})}{s-\frac{3}{2}} + \frac{D^{-\frac{1}{2}}}{s-1} \sum_{\mathfrak{p}} v(\mathfrak{S}, \mathfrak{S}^{-1}\mathfrak{p}) \int_0^\infty \frac{(1+ix)^{-\mu-\frac{1}{2}} - (1-ix)^{-\mu-\frac{1}{2}}}{2\pi i(2\mu+1)x} dx$$

$$= \frac{D^{-\frac{1}{2}} v(\mathfrak{S})}{s-\frac{3}{2}} - \frac{1}{s-1}\,\frac{\frac{1}{2}D^{-\frac{1}{2}}}{2\mu+1} \sum_{\mathfrak{p}} v(\mathfrak{S}, \mathfrak{S}^{-1}\mathfrak{p}),$$

und folglich

$$\lim_{\gamma\to\infty} f_\gamma(s) = \int\limits_{E_2} (\mathfrak{x}'\mathfrak{S}\mathfrak{x})^\lambda \sum_{\mathfrak{a} \text{ in } K} (\mathfrak{a}'\mathfrak{S}\mathfrak{a})^\mu e^{-|\mathfrak{a}'\mathfrak{S}\mathfrak{x}|} d\mathfrak{x}$$

$$+ 2\pi D^{-\frac{1}{2}} \Gamma(2\mu+2) \Big(\frac{D^{-\frac{1}{2}} v(\mathfrak{S})}{s-\frac{3}{2}} - \frac{1}{s-1}\,\frac{\frac{1}{2}D^{-\frac{1}{2}}}{2\mu+1} \sum_{\mathfrak{p}} v(\mathfrak{S}, \mathfrak{S}^{-1}\mathfrak{p})$$

$$+ \int\limits_{E_1} (\mathfrak{x}'\mathfrak{S}\mathfrak{x})^\lambda \sum_{\mathfrak{b}'\mathfrak{S}^{-1}\mathfrak{b}\neq 0} \{(\mathfrak{x} + 2\pi i \mathfrak{S}^{-1}\mathfrak{b})'\mathfrak{S}(\mathfrak{x} + 2\pi i \mathfrak{S}^{-1}\mathfrak{b})\}^{-\mu-\frac{3}{2}} d\mathfrak{x} \Big).$$

Von den beiden Integralen auf der rechten Seite dieser Formel zeigt man ähnlich wie früher, daß sie in der Halbebene $\sigma > \frac{3}{4} - \frac{\mu}{2}$ reguläre Funktionen von s sind. Folglich ist $s = \frac{3}{2}$ ein Pol erster Ordnung von $\zeta_1(\mathfrak{S}, s)$ mit dem Residuum $D^{-\frac{1}{2}} v(\mathfrak{S})$ und $s = 1$ ein Pol erster Ordnung mit dem Residuum

$$\varrho = -\tfrac{1}{2} D^{-\frac{1}{2}} \sum_{\mathfrak{p}} v(\mathfrak{S}, \mathfrak{S}^{-1}\mathfrak{p}) = D^{-\frac{1}{2}} \zeta(0) \sum_{\mathfrak{p}} v(\mathfrak{S}, \mathfrak{S}^{-1}\mathfrak{p}).$$

Von den in Satz 3 ausgesprochenen Behauptungen bleibt noch die Funktionalgleichung (19) zu beweisen. Es sei jetzt $\frac{3}{4} - \frac{\mu}{2} < \sigma < 0$. Nach dem Vorbild von § 7 erhält man die Darstellung

$$\frac{\Gamma(2\lambda+2)}{\Gamma(2\mu+2)}\zeta_1(\mathfrak{S}, s)$$

$$= \sum_{\{\mathfrak{S}^{-1}\mathfrak{b}\}} \lim_{\gamma\to\infty} \int_{E_{\mathfrak{b}\gamma}} (\mathfrak{x}'\mathfrak{S}\mathfrak{x})^{\lambda}\{(\mathfrak{x}+2\pi i\mathfrak{S}^{-1}\mathfrak{b})'\mathfrak{S}(\mathfrak{x}+2\pi i\mathfrak{S}^{-1}\mathfrak{b})\}^{-\mu-\frac{3}{2}}d\mathfrak{x};$$

dabei wird summiert über ein volles System nicht-äquivalenter elliptischer und hyperbolischer $\mathfrak{S}^{-1}\mathfrak{b}$ mit ganzem $\mathfrak{b}$, ferner bedeutet $E_{\mathfrak{b}\gamma}$ einen Fundamentalbereich für $\Gamma(\mathfrak{S}, \mathfrak{S}^{-1}\mathfrak{b})$ auf dem Gebiete G_γ, das aus $\mathfrak{x}'\mathfrak{S}\mathfrak{x} > 0$ entsteht, wenn man alle $\mathfrak{x}$ entfernt, für welche die Ungleichung (41) mit irgend einem parabolischen $\mathfrak{S}^{-1}\mathfrak{t}$ und ganzem $\mathfrak{t}$ erfüllt ist. Bei denjenigen $\mathfrak{b}$, für welche der Fundamentalbereich für $\Gamma(\mathfrak{S}, \mathfrak{S}^{-1}\mathfrak{b})$ auf $\mathfrak{x}'\mathfrak{S}\mathfrak{x} > 0$ im $(n-2)$-dimensionalen projektiven Raum ein endliches nicht-euklidisches Volumen $v(\mathfrak{S}^{-1}, \mathfrak{b})$ hat, kann man die Rechnung in derselben Weise weiterführen wie in § 7. Besonders zu beachten sind jetzt aber die $\mathfrak{b}$, bei denen die Zahl $-D\mathfrak{b}'\mathfrak{S}^{-1}\mathfrak{b}$ ein positives Quadrat wird. Durchläuft $\mathfrak{q}$ alle diese $\mathfrak{b}$, so ergibt sich an Stelle der Funktionalgleichung (16) die Formel

$$(44)\quad \pi^{-s}\Gamma(s)\zeta_1(\mathfrak{S}, s) = -D^{-\frac{1}{2}}\pi^{-\left(\frac{3}{2}-s\right)}\Gamma\left(\tfrac{3}{2}-s\right)\zeta_1\left(\mathfrak{S}^{-1}, \tfrac{3}{2}-s\right)$$
$$+\pi^{-s}\Gamma(s)\frac{\Gamma(2\mu+2)}{\Gamma(2\lambda+2)}\sum_{\{\mathfrak{S}^{-1}\mathfrak{q}\}}\lim_{\gamma\to\infty}\int_{E_{\mathfrak{q}\gamma}}(\mathfrak{x}'\mathfrak{S}\mathfrak{x})^{\lambda}$$
$$\cdot\{(\mathfrak{x}+2\pi i\mathfrak{S}^{-1}\mathfrak{q})'\mathfrak{S}(\mathfrak{x}+2\pi i\mathfrak{S}^{-1}\mathfrak{q})\}^{-\mu-\frac{3}{2}}d\mathfrak{x}.$$

Man hat noch den Grenzwert auf der rechten Seite von (44) zu bestimmen.

Die beiden Tangenten von dem Punkt $\mathfrak{S}^{-1}\mathfrak{q}$ der projektiven $\mathfrak{x}$-Ebene an den Kegelschnitt $\mathfrak{x}'\mathfrak{S}\mathfrak{x} = 0$ berühren ihn in zwei rationalen Punkten $\mathfrak{S}^{-1}\mathfrak{p}$, $\mathfrak{S}^{-1}\mathfrak{r}$. Dies folgt aus der Formel (4) von § 2, wenn dort $\mathfrak{a} = \mathfrak{S}^{-1}\mathfrak{q}$ gewählt und beachtet wird, daß im vorliegenden Falle die binäre quadratische Form mit der Matrix $\mathfrak{H}$ in das Produkt von zwei linearen Formen mit rationalen Koeffizienten zerfällt. Aus (42) folgt umgekehrt, daß die Tangenten in zwei parabolischen rationalen Punkten $\mathfrak{S}^{-1}\mathfrak{p}$ und $\mathfrak{S}^{-1}\mathfrak{r}$ sich in einem rationalen Punkte $\mathfrak{S}^{-1}\mathfrak{q}$ treffen, für welchen die Zahl $-D\mathfrak{q}'\mathfrak{S}^{-1}\mathfrak{q}$ ein Quadrat ist. Ist $\mathfrak{C}$ eine Einheit der Gruppe $\Gamma(\mathfrak{S}, \mathfrak{S}^{-1}\mathfrak{q})$, so gehen bei der Abbildung $\mathfrak{x}\to\mathfrak{C}\mathfrak{x}$ die beiden Tangenten von $\mathfrak{S}^{-1}\mathfrak{q}$ an den Kegelschnitt entweder in sich über oder sie vertauschen sich. Im ersten Falle ist $\mathfrak{C} = \mathfrak{E}$. Im zweiten Falle ist $|\mathfrak{C}| = -1$, und die Gruppe $\Gamma(\mathfrak{S}, \mathfrak{S}^{-1}\mathfrak{q})$ besteht aus den beiden Elementen $\mathfrak{C}$, $\mathfrak{E}$; dieser Fall kann nur eintreten, wenn es überhaupt eigentliche Einheiten mit negativer Determinante gibt.

Es mögen zunächst alle Einheiten von $\Gamma(\mathfrak{S})$ positive Determinante haben. Dann besteht $\Gamma(\mathfrak{S}, \mathfrak{S}^{-1}\mathfrak{q})$ nur aus der Identität, und $E_{\mathfrak{q}\gamma}$ fällt mit dem oben definierten Gebiete G_γ zusammen. Offenbar erhält man alle in (44) auftretenden $\mathfrak{q}$ genau zweimal, indem man $\mathfrak{S}^{-1}\mathfrak{p}$ die parabolischen Ecken von $F(\mathfrak{S})$ durchlaufen läßt und jedesmal alle $\mathfrak{S}^{-1}\mathfrak{q}$ mit $\mathfrak{p}'\mathfrak{S}^{-1}\mathfrak{q} = 0$ bestimmt, die in bezug auf die Untergruppe $\Gamma(\mathfrak{S}, \mathfrak{S}^{-1}\mathfrak{p})$ nicht-assoziiert sind. Entsprechend wie in § 3 sei $\mathfrak{x} = \mathfrak{A}\mathfrak{y}$ mit unimodularem $\mathfrak{A}$ und

$$\mathfrak{S}^{-1}\mathfrak{p} = \mathfrak{A}(d\,0\,0)', \qquad \mathfrak{x}'\mathfrak{S}\mathfrak{x} = -hy_3^2 + (2ay_1 + by_2 + 2cy_3)\,y_2,$$

wo d den größten gemeinsamen Teiler der Elemente von $\mathfrak{S}^{-1}\mathfrak{p}$ bedeutet und $ad = 1$ der größte gemeinsame Teiler der Elemente von $\mathfrak{p}$ ist. Dann ist also $D = a^2h$. Man erhält alle Elemente $\mathfrak{C}$ von $\Gamma(\mathfrak{S}, \mathfrak{S}^{-1}\mathfrak{p})$ in der Form

$$\mathfrak{C} = \mathfrak{A}\mathfrak{C}_1\mathfrak{A}^{-1}, \qquad \mathfrak{C}_1 = \begin{pmatrix} 1 & u & v \\ 0 & 1 & 0 \\ 0 & w & 1 \end{pmatrix},$$

indem man für u, v, w alle den beiden Bedingungen

$$av = hw, \qquad 2au = hw^2 - 2cw$$

genügenden ganzen Zahlen setzt. Sämtliche $\mathfrak{S}^{-1}\mathfrak{q}$ mit ganzem $\mathfrak{q}$ und $\mathfrak{p}'\mathfrak{S}^{-1}\mathfrak{q} = 0$, die in bezug auf $\Gamma(\mathfrak{S}, \mathfrak{S}^{-1}\mathfrak{p})$ nicht-assoziiert sind, erhält man aus $\mathfrak{A}'\mathfrak{q} = (0\alpha\beta)'$, indem man für α, β alle Paare ganzer Zahlen mit $\beta \neq 0$ setzt, die in bezug auf die Gruppe $\alpha \to \alpha + w\beta$, $\beta \to \beta$ nicht-assoziiert sind. Wie in § 3 bedeute l eine natürliche Zahl, für welche $l\mathfrak{S}$ ganz ist. Man betrachte die durch die weitere Bedingung $w \equiv 0 \pmod{2al}$ definierte Untergruppe von $\Gamma(\mathfrak{S}, \mathfrak{S}^{-1}\mathfrak{p})$, deren Index wieder mit $k(\mathfrak{S}, \mathfrak{S}^{-1}\mathfrak{p})$ bezeichnet werde. Bei festem β gibt es genau $2al|\beta|$ Paare α, β, die in bezug auf diese Untergruppe nicht-assoziiert sind. Zu festen $\mathfrak{p}$ und β gibt es also $\frac{2al|\beta|}{k(\mathfrak{S}, \mathfrak{S}^{-1}\mathfrak{p})}$ Systeme $\mathfrak{S}^{-1}\mathfrak{q}$ mit ganzem $\mathfrak{q}$ und $\mathfrak{p}'\mathfrak{S}^{-1}\mathfrak{q} = 0$, die in bezug auf $\Gamma(\mathfrak{S}, \mathfrak{S}^{-1}\mathfrak{p})$ nicht-assoziiert sind. Es gilt dabei die Gleichung

$$\mathfrak{q}'\mathfrak{S}^{-1}\mathfrak{q} = -h^{-1}\beta^2.$$

Es sei nun $\mathfrak{S}^{-1}\mathfrak{r}$ der Berührungspunkt der anderen von $\mathfrak{S}^{-1}\mathfrak{q}$ an $\mathfrak{x}'\mathfrak{S}\mathfrak{x} = 0$ gezogenen Tangente. Man setze

$$\mathfrak{S}^{-1}(\mathfrak{q}\,\mathfrak{p}\,\mathfrak{r}) = \mathfrak{B}, \qquad \mathfrak{x} = \mathfrak{B}\mathfrak{z},$$

$$(\mathfrak{x}'\mathfrak{S}\mathfrak{x})^{\frac{1}{2}} = \xi > 0, \qquad z_1 : z_3 = \eta, \qquad \xi : z_3 = \zeta,$$

$$(-\mathfrak{q}'\mathfrak{S}^{-1}\mathfrak{q})^{\frac{1}{2}} = h^{-\frac{1}{2}}|\beta| = \varrho > 0, \qquad \mathfrak{p}'\mathfrak{S}^{-1}\mathfrak{r} = \tau > 0.$$

Dann wird

$$\frac{d(x_1, x_2, x_3)}{d(\xi, \eta, \zeta)} = D^{-\frac{1}{2}}\varrho\,\xi^2\zeta^{-2}, \tag{45}$$

$$(\mathfrak{x} + 2\pi i\,\mathfrak{S}^{-1}\mathfrak{q})'\,\mathfrak{S}\,(\mathfrak{x} + 2\pi i\,\mathfrak{S}^{-1}\mathfrak{q}) = \xi^2 + 4\pi^2\varrho^2 - 4\pi i\varrho^2\xi\eta\,\zeta^{-1}. \tag{46}$$

Dem Gebiet G_γ des $\mathfrak{x}$-Raumes entspricht im $\xi\eta\zeta$-Raume das Bild B_γ, das durch die unendlich vielen Ungleichungen

$$(47)\qquad \gamma^{-\frac{1}{2}}|\zeta| \leqq \left|\left(\eta, \frac{\zeta^2+\varrho^2\eta^2}{2\tau}, 1\right)\mathfrak{W}'\mathfrak{t}\right|, \qquad \xi > 0$$

definiert wird, wobei $\mathfrak{S}^{-1}\mathfrak{t}$ alle parabolischen Punkte mit teilerfremden Elementen von $\mathfrak{t}$ durchläuft. Dabei kann man noch voraussetzen, daß $\mathfrak{t}'\mathfrak{S}^{-1}\mathfrak{p} \geqq 0$ ist. Für $\mathfrak{t} = \mathfrak{p}$ liefert (47) die Ungleichung

$$|\zeta| \leqq \tau\gamma^{\frac{1}{2}},$$

und für $\mathfrak{t} \neq \pm\mathfrak{p}$ erhält man

$$(48)\qquad \left(\varrho\eta + \frac{\tau\,\mathfrak{t}'\mathfrak{S}^{-1}\mathfrak{q}}{\varrho\,\mathfrak{t}'\mathfrak{S}^{-1}\mathfrak{p}}\right)^2 \geqq \frac{2\tau\gamma^{-\frac{1}{2}}}{\mathfrak{t}'\mathfrak{S}^{-1}\mathfrak{p}}|\zeta| - \zeta^2.$$

Nach (45) und (46) ergibt sich

$$(49)\qquad \int_{G_\gamma} (\mathfrak{x}'\mathfrak{S}\mathfrak{x})^\lambda \{(\mathfrak{x}+2\pi i\mathfrak{S}^{-1}\mathfrak{q})'\mathfrak{S}(\mathfrak{x}+2\pi i\mathfrak{S}^{-1}\mathfrak{q})\}^{-\mu-\frac{3}{2}} d\mathfrak{x}$$

$$= D^{-\frac{1}{2}}\varrho \iiint_{B_\gamma} \xi^{2\lambda+2}\zeta^{-2}(\xi^2+4\pi^2\varrho^2-4\pi i\varrho^2\xi\eta\zeta^{-1})^{-\mu-\frac{3}{2}}\,d\xi\,d\eta\,d\zeta.$$

Genügt nun ζ für alle $\mathfrak{t} \neq \pm\mathfrak{p}$ der Bedingung

$$|\zeta| \geqq \frac{2\tau\gamma^{-\frac{1}{2}}}{\mathfrak{t}'\mathfrak{S}^{-1}\mathfrak{p}},$$

so ist (48) für beliebiges reelles η erfüllt, und die η-Integration auf der rechten Seite von (49) liefert dann den Wert 0. Setzt man noch zur Abkürzung

$$\frac{2\tau\gamma^{-\frac{1}{2}}}{\mathfrak{t}'\mathfrak{S}^{-1}\mathfrak{p}} = \zeta_{\mathfrak{t}}, \qquad -\frac{\tau\,\mathfrak{t}'\mathfrak{S}^{-1}\mathfrak{q}}{\varrho^2\,\mathfrak{t}'\mathfrak{S}^{-1}\mathfrak{p}} = \eta_{\mathfrak{t}}, \qquad \varrho^{-1}(\zeta_{\mathfrak{t}}|\zeta|-\zeta^2)^{\frac{1}{2}} = \varepsilon_{\mathfrak{t}}(\zeta) \geqq 0,$$

so wird

$$(50)\qquad \int_{G_\gamma} (\mathfrak{x}'\mathfrak{S}\mathfrak{x})^\lambda \{(\mathfrak{x}+2\pi i\mathfrak{S}^{-1}\mathfrak{q})'\mathfrak{S}(\mathfrak{x}+2\pi i\mathfrak{S}^{-1}\mathfrak{q})\}^{-\mu-\frac{3}{2}} d\mathfrak{x}$$

$$= -\frac{D^{-\frac{1}{2}}}{2\pi i\varrho(2\mu+1)} \sum_{\mathfrak{t}'\mathfrak{S}^{-1}\mathfrak{p}>0} \int_0^\infty \xi^{2\lambda+1}$$

$$\cdot\left\{\int_{-\zeta_{\mathfrak{t}}}^{\zeta_{\mathfrak{t}}} \left[(\xi^2+4\pi^2\varrho^2-4\pi i\varrho^2\xi\eta\zeta^{-1})^{-\mu-\frac{1}{2}}\right]_{\eta=\eta_{\mathfrak{t}}-\varepsilon_{\mathfrak{t}}(\zeta)}^{\eta=\eta_{\mathfrak{t}}+\varepsilon_{\mathfrak{t}}(\zeta)} \frac{d\zeta}{\zeta}\right\} d\xi$$

$$= \frac{D^{-\frac{1}{2}}}{\pi i\varrho(2\mu+1)} \sum_{\mathfrak{t}'\mathfrak{S}^{-1}\mathfrak{p}>0} \int_{-\infty}^{+\infty} |\xi|^{2\lambda}\xi$$

$$\cdot\left(\int_{-\infty}^{+\infty} \left\{\xi^2+4\pi^2\varrho^2+4\pi i\xi\left(\varrho t - \mathfrak{t}'\mathfrak{S}^{-1}\mathfrak{q}\,\gamma^{\frac{1}{2}}\frac{1+t^2}{2}\right)\right\}^{-\mu-\frac{1}{2}} \frac{t\,dt}{1+t^2}\right) d\xi.$$

In der letzten Summe hat nun das Glied mit $\mathfrak{t} = \mathfrak{r}$ den von γ freien Wert

$$(51)\qquad \int_{-\infty}^{+\infty} |\xi|^{2\lambda}\xi\left\{\int_{-\infty}^{+\infty}(\xi^2+4\pi^2\varrho^2+4\pi i\xi\varrho t)^{-\mu-\frac{1}{2}}\frac{t\,dt}{1+t^2}\right\}d\xi$$

$$= -2\pi i\int_0^{\infty}\xi^{2\lambda+1}(\xi+2\pi\varrho)^{-2\mu-1}\,d\xi = -2\pi i(2\pi\varrho)^{2s-2}\frac{\Gamma(2\lambda+2)\,\Gamma(2-2s)}{\Gamma(2\mu+1)},$$

während die Summe aller übrigen Glieder für $\gamma\to\infty$ den Grenzwert 0 besitzt. Aus (44), (50) und (51) erhält man unter Benutzung der früher gefundenen Anzahl der $\mathfrak{S}^{-1}\mathfrak{q}$ bei festen $\mathfrak{p},\beta$ die Formel

$$(52)\qquad \pi^{-s}\Gamma(s)\,\zeta_1(\mathfrak{S},s) + D^{-\frac{1}{2}}\pi^{-\left(\frac{3}{2}-s\right)}\Gamma\left(\tfrac{3}{2}-s\right)\zeta_1\left(\mathfrak{S}^{-1},\tfrac{3}{2}-s\right)$$

$$= -2^{2s-2}\pi^{s-1}\Gamma(s)\,\Gamma(2-2s)\,D^{1-s}\sum_{\mathfrak{p}}\frac{2\,l\,a^{2s-2}}{k(\mathfrak{S},\mathfrak{S}^{-1}\mathfrak{p})}\sum_{\beta=1}^{\infty}\beta^{2s-2}$$

$$= \frac{\pi^{-s}\Gamma(s)}{\cos\pi s}\,\zeta(2s-1)\,D^{\frac{1}{2}-s}\sum_{\mathfrak{p}} v(\mathfrak{S},\mathfrak{S}^{-1}\mathfrak{p})\,a^{2s-2},$$

wobei a^{-1} der größte gemeinsame Teiler der Elemente von $\mathfrak{S}^{-1}\mathfrak{p}$ ist. Dies ist aber gerade die Funktionalgleichung (19).

Es bleibt noch der Fall zu behandeln, daß es in $\Gamma(\mathfrak{S})$ auch Einheiten mit der Determinante -1 gibt. In diesem Fall lege man den Überlegungen dieses Paragraphen an Stelle von $\Gamma(\mathfrak{S})$ die Untergruppe der eigentlichen Einheiten mit der Determinante $+1$ zugrunde. An die Stelle von $\zeta_1(\mathfrak{S},s)$ und $\sum_{\mathfrak{p}} v(\mathfrak{S},\mathfrak{S}^{-1}\mathfrak{p})\,a^{2s-2}$ treten dann die Ausdrücke $2\,\zeta_1(\mathfrak{S},s)$ und $2\sum_{\mathfrak{p}} v(\mathfrak{S},\mathfrak{S}^{-1}\mathfrak{p})\,a^{2s-2}$, und die obige Rechnung führt genau zu der mit 2 multiplizierten Formel (52).

§ 10.

Zusammenhang mit der Theorie der Modulfunktionen.

Es sei x eine komplexe Variable mit positivem Imaginärteil. Die Funktionalgleichung von $\zeta_1(\mathfrak{S},s)$ läßt sich in üblicher Weise vermöge der Mellinschen Transformation in eine Eigenschaft der Funktion

$$(53)\qquad f(\mathfrak{S},x) = (-1)^{\frac{n-1}{2}}\pi^{-\frac{n}{2}}\Gamma\left(\frac{n}{2}\right)v(\mathfrak{S}) + \sum_{\{\mathfrak{a}\}>0} m(\mathfrak{S},\mathfrak{a})\,e^{\pi i x\mathfrak{a}'\mathfrak{S}\mathfrak{a}}$$

übersetzen, wenn n ungerade ist. Ist $\mathfrak{x}'\mathfrak{S}\mathfrak{x}$ keine ternäre Nullform, so liefert Satz 1 die Formel

$$f(\mathfrak{S},x) = (-1)^{\frac{n-1}{2}}D^{-\frac{1}{2}}\left(\frac{i}{x}\right)^{\frac{n}{2}}f\left(\mathfrak{S}^{-1},-\frac{1}{x}\right),$$

und hierdurch wird das Verhalten von $f(\mathfrak{S},x)$ bei der Modulsubstitution $x\to-\frac{1}{x}$ zum Ausdruck gebracht.

Will man die Transformationstheorie von $f(\mathfrak{S}, x)$ für beliebige Modulsubstitutionen entwickeln, so hat man außer $\zeta_1(\mathfrak{S}, s)$ auch analog gebildete Zetafunktionen mit Restklassen-Charakteren zu untersuchen. Die zum Beweise der Sätze 1, 2, 3 führenden Überlegungen lassen sich ohne wesentliche Schwierigkeit auf den allgemeinen Fall übertragen. Vermöge der Mellinschen Transformation erhält man dann das wichtige Resultat, daß die durch (53) definierte Funktion $f(\mathfrak{S}, x)$ eine Modulform der Dimension $\frac{n}{2}$ und der Stufe $2D$ ist; dabei wird vorausgesetzt, daß n ungerade und $\mathfrak{x}'\mathfrak{S}\mathfrak{x}$ keine ternäre Nullform ist.

Für ternäre Nullformen $\mathfrak{x}'\mathfrak{S}\mathfrak{x}$ ist dagegen $f(\mathfrak{S}, x)$ keine Modulform. Das Verhalten von $f(\mathfrak{S}, x)$ bei der speziellen Modulsubstitution $x \to -\frac{1}{x}$ läßt sich dann mit Hilfe von Satz 3 untersuchen. Man erhält die Formel

$$f(\mathfrak{S}, x) = -D^{-\frac{1}{2}}\left(\frac{i}{x}\right)^{\frac{3}{2}} f\left(\mathfrak{S}^{-1}, -\frac{1}{x}\right) - D^{-\frac{1}{2}} \sum_{\mathfrak{a}} v(\mathfrak{S}, \mathfrak{a}) \int_{-\infty}^{+\infty} \frac{y\, e^{\pi i x y^2}}{e^{2\pi D^{-\frac{1}{2}} a y} - 1}\, dy,$$

wobei $\mathfrak{a}$ und a wie in Satz 3 zu erklären sind. Für den Fall der ternären Nullform $x_1 x_2 - x_3^2$ findet sich dieses Resultat in etwas anderer Gestalt bereits in der oben zitierten Abhandlung von Mordell.

(Eingegangen am 9. September 1937.)

31.

Über die Zetafunktionen indefiniter quadratischer Formen II

Mathematische Zeitschrift 44 (1939), 398—426

Es sei $\mathfrak{x}'\mathfrak{S}\mathfrak{x}$ eine quadratische Form mit m Variabeln und rationalen Koeffizienten, die durch eine reelle lineare Substitution in

$$y_1^2 + \dots + y_n^2 - (y_{n+1}^2 + \dots + y_m^2) \qquad (1 \leqq n \leqq m-1)$$

transformiert werden kann. Im ersten Teile dieser Abhandlung ist die zugehörige Zetafunktion für den speziellen Fall $n = 1$ untersucht worden. Zur Behandlung des allgemeinen Falles eines beliebigen n sind weitere Hilfsmittel nötig, die im folgenden besprochen werden sollen.

Zur Definition der Zetafunktion hat man wie im Falle $n = 1$ die Einheitentheorie heranzuziehen. Es sei $\Gamma(\mathfrak{S})$ die Einheitengruppe von $\mathfrak{S}$, also die multiplikative Gruppe der unimodularen Matrizen $\mathfrak{U}$ mit $\mathfrak{U}'\mathfrak{S}\mathfrak{U} = \mathfrak{S}$. Identifiziert man $\mathfrak{U}$ mit $-\mathfrak{U}$, so erhält man eine Faktorgruppe von $\Gamma(\mathfrak{S})$, die als gekürzte Einheitengruppe $\Gamma^*(\mathfrak{S})$ bezeichnet werden soll. Im Falle $n = 1$ oder $n = m - 1$ wird durch die Abbildungen $\mathfrak{x} \to \pm\,\mathfrak{U}\mathfrak{x}$ eine mit $\Gamma^*(\mathfrak{S})$ isomorphe diskontinuierliche Gruppe von Kollineationen des $(m-1)$-dimensionalen projektiven $\mathfrak{x}$-Raumes erklärt, deren Fundamentalbereich in diesem Raume ein endliches nicht-euklidisches Volumen besitzt, wenn nicht $m = 2$ und $-|\mathfrak{S}|$ das Quadrat einer rationalen Zahl ist. Ist aber $1 < n < m - 1$, so ist jene Gruppe nicht diskontinuierlich im $\mathfrak{x}$-Raume. Man betrachte dann an Stelle von $\mathfrak{x}$ reelle Matrizen $\mathfrak{X}$ von m Zeilen und n Spalten. Sieht man zwei solche Matrizen nicht als verschieden an, wenn sie durch rechtsseitige Multiplikation mit einer n-reihigen Matrix ineinander übergeführt werden können, so liefern sie die Punkte eines Raumes R von $n(m-n)$ Dimensionen, der eine Verallgemeinerung des projektiven Raumes ist. Durch die Abbildungen $\mathfrak{X} \to \pm\,\mathfrak{U}\mathfrak{X}$ erhält man jetzt eine mit $\Gamma^*(\mathfrak{S})$ isomorphe Gruppe von gebrochenen linearen Transformationen des Raumes R. Die Reduktionstheorie zeigt, daß diese Gruppe in R diskontinuierlich ist und dort einen Fundamentalbereich besitzt, dessen Volumen in einer gegenüber den Abbildungen invarianten Maßbestimmung eine endliche Zahl $\mu(\mathfrak{S})$ ist. Diese Zahl $\mu(\mathfrak{S})$ möge das Gruppenmaß von $\Gamma(\mathfrak{S})$ heißen.

Ist $\mathfrak{a}'\mathfrak{S}\mathfrak{a} = t$ eine Darstellung einer von 0 verschiedenen Zahl t durch $\mathfrak{S}$, also $\mathfrak{x} = \mathfrak{a}$ eine ganzzahlige Lösung von $\mathfrak{x}'\mathfrak{S}\mathfrak{x} = t$, so gehört zu ihr eine Untergruppe von $\Gamma(\mathfrak{S})$, nämlich die Gruppe $\Gamma(\mathfrak{S}, \mathfrak{a})$ der Einheiten von $\mathfrak{S}$

mit dem Fixpunkt $\mathfrak{a}$. Auch für $\Gamma(\mathfrak{S}, \mathfrak{a})$ läßt sich ein endliches Gruppenmaß $\mu(\mathfrak{S}, \mathfrak{a})$ erklären, wenn nicht $m = 3$ und $-t|\mathfrak{S}|$ das Quadrat einer rationalen Zahl ist. Die genaue Definition der Gruppenmaße $\mu(\mathfrak{S})$ und $\mu(\mathfrak{S}, \mathfrak{a})$ findet man in den Paragraphen 2 und 3.

Zwei Darstellungen $\mathfrak{a}_1'\mathfrak{S}\mathfrak{a}_1 = t$ und $\mathfrak{a}_2'\mathfrak{S}\mathfrak{a}_2 = t$ heißen assoziiert, wenn es eine Einheit $\mathfrak{U}$ von $\mathfrak{S}$ gibt, so daß $\mathfrak{a}_2 = \mathfrak{U}\mathfrak{a}_1$ ist. Unter dem Maß der Darstellungen von t durch $\mathfrak{S}$ versteht man den Ausdruck

$$M(\mathfrak{S}, t) = \sum_{\mathfrak{a}'\mathfrak{S}\mathfrak{a} = t} \mu(\mathfrak{S}, \mathfrak{a}),$$

in welchem über ein volles System nicht-assoziierter Darstellungen von t durch $\mathfrak{S}$ summiert wird. Wie die Reduktionstheorie lehrt, ist dabei die Anzahl der Summanden stets endlich. Die Zetafunktion von $\mathfrak{S}$ wird nun in der Halbebene $\sigma > \frac{m}{2}$ durch die dort konvergente Dirichletsche Reihe

$$\zeta(\mathfrak{S}, s) = \sum_{t>0} M(\mathfrak{S}, t)\, t^{-s}$$

erklärt, in der t alle positiven durch $\mathfrak{S}$ darstellbaren Zahlen durchläuft. Dabei ist der Fall auszuschließen, daß $\mathfrak{x}'\mathfrak{S}\mathfrak{x}$ eine ternäre Nullform mit negativer Determinante ist.

Das Ziel unserer Untersuchung ist der Beweis der Fortsetzbarkeit von $\zeta(\mathfrak{S}, s)$ in die ganze endliche s-Ebene und die Auffindung einer Funktionalgleichung. Wir können uns auf den Fall $m > 2$ beschränken, da der Fall $m = 2$ in allgemeineren Ergebnissen von Hecke enthalten ist. Es stellt sich heraus, daß $\zeta(\mathfrak{S}, s)$ für alle endlichen s regulär ist bis auf einen Pol erster Ordnung bei $s = \frac{m}{2}$ und einen etwaigen Pol erster Ordnung bei $s = 1$. In letzterem Punkte liegt nur dann ein Pol vor, wenn entweder $\mathfrak{x}'\mathfrak{S}\mathfrak{x}$ eine Nullform mit negativer Determinante oder eine ternäre Nullform (mit positiver Determinante) oder eine quaternäre Nullform mit quadratischer Determinante ist. Die Gestalt der Funktionalgleichung ist von der Restklasse abhängig, welcher die Differenz $m - n$ nach dem Modul 4 angehört. Setzt man zur Abkürzung

$$\pi^{-s}\Gamma(s)\,\zeta(\mathfrak{S}, s) = \varphi(\mathfrak{S}, s)$$

und bezeichnet mit S den absoluten Betrag der Determinante $|\mathfrak{S}|$, so lautet nämlich die Funktionalgleichung

$$\varphi(\mathfrak{S}, s) = (-1)^{\frac{m-n}{2}} S^{-\frac{1}{2}} \varphi\left(\mathfrak{S}^{-1}, \frac{m}{2} - s\right) \qquad (m - n \text{ gerade}), \tag{1}$$

$$\sin(\pi s)\,\varphi(\mathfrak{S}, s) \tag{2}$$
$$= (-1)^{\frac{m-n+1}{2}} S^{-\frac{1}{2}} \left\{\cos(\pi s)\,\varphi\left(\mathfrak{S}^{-1}, \frac{m}{2} - s\right) - \varphi\left(-\mathfrak{S}^{-1}, \frac{m}{2} - s\right)\right\}$$
$$(m - n \text{ ungerade}).$$

Die Aussage ist für den Fall einer ternären Nullform zu modifizieren; da aber dieser Fall bereits ausführlich im ersten Teil der Abhandlung untersucht worden ist, so soll er weiterhin ausgeschlossen werden.

Der Beweis der Fortsetzbarkeit und der Funktionalgleichung erfolgt vermittels einer Darstellung von $\varphi(\mathfrak{S}, s)$ durch ein Integral über eine Thetareihe und bildet also eine Übertragung der im definiten Fall üblichen Methode. Die Schwierigkeit liegt aber jetzt vorwiegend in der Gewinnung jener Integraldarstellung. Die Moduln der dabei benötigten Thetareihe hängen von den $n(m-n)$ Koordinaten der Punkte des oben erklärten Raumes R ab, und die Thetareihe wird eine Invariante der Einheitengruppe. Im Laufe der Untersuchung treten die hypergeometrischen Funktionen auf, deren Monodromiegruppe bei der Herleitung der Funktionalgleichung benutzt wird.

Durch die Mellinsche Integraltransformation entsteht aus $\zeta(\mathfrak{S}, s)$ die analytische Klasseninvariante $f(\mathfrak{S}, x)$. Die Ergebnisse der analytischen Theorie der quadratischen Formen legen die Vermutung nahe, daß $f(\mathfrak{S}, x)$ für gerades $m-n$ eine Modulform ist. Aus der Funktionalgleichung von $\zeta(\mathfrak{S}, s)$ ergibt sich nun zunächst das Verhalten von $f(\mathfrak{S}, x)$ bei der Modulsubstitution $x \to -x^{-1}$. Zur Untersuchung von $f(\mathfrak{S}, x)$ bei einer beliebigen Modulsubstitution hat man an Stelle von $\zeta(\mathfrak{S}, s)$ allgemeinere Zetafunktionen mit Charakteren zu betrachten. Die Durchführung der Rechnung liefert die vollständige Transformationstheorie von $f(\mathfrak{S}, x)$ und damit die Bestätigung jener Vermutung. Es läßt sich also das Ergebnis der im ersten Teil genannten Arbeit von B. Schoeneberg, das sich auf die zu nullteilerfreien indefiniten Quaternionenringen gehörigen Thetareihen bezieht, auf beliebige Klasseninvarianten mit geradem $m-n$ übertragen.

Der Begriff der Zetafunktion einer quadratischen Form ist noch einer weiteren Verallgemeinerung fähig, die ebenfalls durch die Sätze der analytischen Theorie der quadratischen Formen nahegelegt wird und für die Theorie der analytischen Klasseninvarianten von Bedeutung ist. Diese allgemeinen Zetafunktionen stehen zu den oben definierten in analogem Verhältnis, wie die Darstellungen einer symmetrischen r-reihigen Matrix $\mathfrak{T}$ durch $\mathfrak{S}$ zu den Darstellungen einer Zahl t durch $\mathfrak{S}$. Ist z. B. $\mathfrak{x}'\mathfrak{S}\mathfrak{x}$ positiv-definit, so wird jene Zetafunktion erklärt durch die Reihe

$$\zeta_r(\mathfrak{S}, s) = \sum_{\mathfrak{T}} A(\mathfrak{S}, \mathfrak{T}) |\mathfrak{T}|^{-s} \qquad (r = 1, 2, \ldots, m),$$

wobei $A(\mathfrak{S}, \mathfrak{T})$ die Anzahl der Darstellungen von $\mathfrak{T}$ durch $\mathfrak{S}$ bedeutet und $\mathfrak{T}$ ein volles System von darstellbaren Klassen durchläuft. Auch hier kann man sinngemäß indefinite Formen zugrunde legen und noch Restklassencharaktere einfügen. Da unsere Methode ohne Hinzunahme neuer Ideen auch zur Untersuchung dieser allgemeinen Funktionen ausreicht, so soll im Interesse einfacher Ausdrucksweise nur der Fall $r = 1$ für den Hauptcharakter behandelt werden.

Bezüglich der Abkürzungen sei noch folgendes bemerkt. Durch die Gleichung $\mathfrak{M} = \mathfrak{M}^{(a,b)}$ wird angedeutet, daß $\mathfrak{M}$ eine Matrix mit a Zeilen und b Spalten ist; dabei kann für $\mathfrak{M}^{(a,a)}$ auch $\mathfrak{M}^{(a)}$ geschrieben werden. Mit kleinen deutschen Buchstaben werden nur Spalten bezeichnet. Stets ist $\mathfrak{E}$ eine Einheitsmatrix, $\mathfrak{N}$ eine Nullmatrix, $\mathfrak{n}$ eine Nullspalte. Der absolute Betrag der Determinante einer mit einem großen deutschen Buchstaben bezeichneten Matrix wird immer durch den entsprechenden großen lateinischen Buchstaben ausgedrückt. Läßt sich die quadratische Form $\mathfrak{x}'\mathfrak{S}\mathfrak{x}$ von m Variabeln durch eine reelle lineare Substitution in die Form

$$y_1^2 + \dots + y_n^2 - (y_{n+1}^2 + \dots + y_m^2)$$

transformieren, so sagen wir, $\mathfrak{S}$ habe die Signatur n, $m - n$. Im Falle $m = n$ heißt $\mathfrak{S}$ positiv, wofür auch $\mathfrak{S} > 0$ geschrieben werden soll.

§ 1.

Die invariante Thetafunktion.

Es seien $\mathfrak{T} = \mathfrak{T}^{(n)}$ und $\mathfrak{V} = \mathfrak{V}^{(r)}$ symmetrisch und umkehrbar. Definiert man mit $\mathfrak{Q} = \mathfrak{Q}^{(n,r)}$ die Matrizen

$$\mathfrak{G} = \mathfrak{T} - \mathfrak{Q}\mathfrak{V}^{-1}\mathfrak{Q}', \qquad \mathfrak{H} = \mathfrak{V} - \mathfrak{Q}'\mathfrak{T}^{-1}\mathfrak{Q},$$

$$\mathfrak{A} = \begin{pmatrix} \mathfrak{E} & \mathfrak{T}^{-1}\mathfrak{Q} \\ \mathfrak{N} & \mathfrak{E} \end{pmatrix}, \qquad \mathfrak{B} = \begin{pmatrix} \mathfrak{E} & \mathfrak{N} \\ \mathfrak{V}^{-1}\mathfrak{Q}' & \mathfrak{E} \end{pmatrix},$$

so wird

$$\begin{pmatrix} \mathfrak{T} & \mathfrak{Q} \\ \mathfrak{Q}' & \mathfrak{V} \end{pmatrix} = \mathfrak{A}' \begin{pmatrix} \mathfrak{T} & \mathfrak{N} \\ \mathfrak{N} & \mathfrak{H} \end{pmatrix} \mathfrak{A} = \mathfrak{B}' \begin{pmatrix} \mathfrak{G} & \mathfrak{N} \\ \mathfrak{N} & \mathfrak{V} \end{pmatrix} \mathfrak{B}. \tag{3}$$

Also gilt die Determinantengleichung

$$|\mathfrak{T}|\,|\mathfrak{H}| = |\mathfrak{G}|\,|\mathfrak{V}|. \tag{4}$$

Hat die symmetrische Matrix $\mathfrak{S}$ die Signatur n, $m - n$, so kann man eine reelle Matrix $\mathfrak{X}^{(m,n)}$ derart wählen, daß $\mathfrak{X}'\mathfrak{S}\mathfrak{X}$ positiv ist. Setzt man nun insbesondere

$$r = m, \quad \mathfrak{Q} = \mathfrak{X}'\mathfrak{S}, \quad \mathfrak{X}'\mathfrak{S}\mathfrak{X} = \mathfrak{T}, \quad \mathfrak{V} = \lambda\mathfrak{S}, \quad \mathfrak{R} = \mathfrak{S}\mathfrak{X}\mathfrak{T}^{-1}\mathfrak{X}'\mathfrak{S},$$

wobei

$$0 < \lambda < 1$$

ist, so wird

$$\mathfrak{G} = (1 - \lambda^{-1})\mathfrak{T}, \qquad \mathfrak{H} = \lambda\mathfrak{S} - \mathfrak{R}.$$

Da $\mathfrak{T} > 0$ ist, so hat $\mathfrak{G}$ die Signatur 0, n. Aus (3) folgt, daß $\mathfrak{H}$ die Signatur 0, m besitzt, also $-\mathfrak{H}$ positiv ist. Nach (4) ist ferner

$$|\mathfrak{H}| = \lambda^m (1 - \lambda^{-1})^n |\mathfrak{S}|. \tag{5}$$

Um $\mathfrak{H}^{-1}$ zu berechnen, bilde man die Matrix

(6) $$\mathfrak{H}_1 = (1-\lambda)\,\mathfrak{S}^{-1} - \mathfrak{S}^{-1}\mathfrak{R}\mathfrak{S}^{-1}.$$

Wegen $\mathfrak{R}\mathfrak{S}^{-1}\mathfrak{R} = \mathfrak{R}$ wird dann

$$\mathfrak{H}\mathfrak{H}_1 = \lambda(1-\lambda)\,\mathfrak{E} - \lambda\mathfrak{R}\mathfrak{S}^{-1} - (1-\lambda)\,\mathfrak{R}\mathfrak{S}^{-1} + \mathfrak{R}\mathfrak{S}^{-1} = \lambda(1-\lambda)\,\mathfrak{E},$$

(7) $$\mathfrak{H}_1 = \lambda(1-\lambda)\,\mathfrak{H}^{-1}.$$

Man erhält also den Ausdruck $\lambda(1-\lambda)\,\mathfrak{H}^{-1}$, indem man in der Definition von $\mathfrak{H}$ die Symbole $\lambda, \mathfrak{S}, \mathfrak{X}$ durch $1-\lambda$, $\mathfrak{S}^{-1}$, $\mathfrak{S}\mathfrak{X}$ ersetzt.

Mit der Abkürzung

(8) $$\{\lambda(1-\lambda)\}^{-\frac{1}{2}} = \gamma$$

bilde man für $u > 0$ die Funktion

$$\vartheta(u, \lambda, \mathfrak{X}, \mathfrak{S}) = \sum_{\mathfrak{c}} e^{\pi\gamma u \mathfrak{c}'\mathfrak{H}\mathfrak{c}},$$

wo $\mathfrak{c}$ alle Spalten aus m ganzen Zahlen durchläuft. Ist nun $\mathfrak{U}$ eine Einheit von $\mathfrak{S}$, also $\mathfrak{U}$ ganz und $\mathfrak{U}'\mathfrak{S}\mathfrak{U} = \mathfrak{S}$, so wird

$$\mathfrak{T} = (\mathfrak{U}^{-1}\mathfrak{X})'\mathfrak{S}(\mathfrak{U}^{-1}\mathfrak{X}), \quad \mathfrak{U}'\mathfrak{R}\mathfrak{U} = \mathfrak{S}(\mathfrak{U}^{-1}\mathfrak{X})\mathfrak{T}^{-1}(\mathfrak{U}^{-1}\mathfrak{X})'\mathfrak{S},$$
$$\mathfrak{U}'\mathfrak{H}\mathfrak{U} = \lambda\mathfrak{S} - \mathfrak{U}'\mathfrak{R}\mathfrak{U}$$

und folglich, da $\mathfrak{U}\mathfrak{c}$ mit $\mathfrak{c}$ alle ganzen Spalten durchläuft,

$$\vartheta(u, \lambda, \mathfrak{U}\mathfrak{X}, \mathfrak{S}) = \vartheta(u, \lambda, \mathfrak{X}, \mathfrak{S}).$$

Unsere Thetafunktion behält also ihren Wert, wenn $\mathfrak{X}$ durch eine beliebige, in bezug auf die Einheitengruppe $\Gamma(\mathfrak{S})$ assoziierte Matrix $\mathfrak{U}\mathfrak{X}$ ersetzt wird.

Die Transformationsformel

$$\sum_{\mathfrak{c}} e^{\pi\gamma u \mathfrak{c}'\mathfrak{H}\mathfrak{c}} = |-\gamma u \mathfrak{H}|^{-\frac{1}{2}} \sum_{\mathfrak{c}} e^{\pi(\gamma u)^{-1}\mathfrak{c}'\mathfrak{H}^{-1}\mathfrak{c}}$$

liefert vermöge (5), (6), (7), (8) die Beziehung

(9) $$\vartheta(u, \lambda, \mathfrak{X}, \mathfrak{S}) = S^{-\frac{1}{2}}(\lambda^{-1}-1)^{\frac{m}{4}-\frac{n}{2}}\, u^{-\frac{m}{2}}\, \vartheta(u^{-1}, 1-\lambda, \mathfrak{S}\mathfrak{X}, \mathfrak{S}^{-1}).$$

Aus dieser wird sich die Funktionalgleichung der Zetafunktion $\zeta(\mathfrak{S}, s)$ ergeben, wenn es uns gelungen sein wird, $\zeta(\mathfrak{S}, s)$ in einfacher Weise unter Benutzung der Thetafunktion auszudrücken. Dazu sind verschiedene Hilfsbetrachtungen notwendig.

§ 2.

Das Gruppenmaß.

Es sei $\mathfrak{S}$ reell. Durch die Gleichung $\mathfrak{X}'\mathfrak{S}\mathfrak{X} = \mathfrak{T}$ wird der m^2-dimensionale reelle $\mathfrak{X}^{(m)}$-Raum auf den $\frac{m(m+1)}{2}$-dimensionalen Raum der symmetrischen

$\mathfrak{T}^{(m)}$ abgebildet. Zunächst sei $\mathfrak{S} > 0$. Es bedeute g ein Gebiet im $\mathfrak{T}$-Raum, das ein Volumen besitzt, und g_1 das entsprechende Gebiet im $\mathfrak{X}$-Raum. Bezeichnet man die Volumenelemente in diesen Räumen mit $d\mathfrak{T}$ und $d\mathfrak{X}$, so wird das Verhältnis der Volumina von g_1 und g durch den Quotienten

$$v(g_1) : v(g) = \int_{g_1} d\mathfrak{X} : \int_{g} d\mathfrak{T}$$

gegeben. Läßt man jetzt g auf einen Punkt $\mathfrak{T}_0$ zusammenschrumpfen, so erhält man in dem Grenzwert

$$\lim_{g \to \mathfrak{T}_0} \int_{g_1} d\mathfrak{X} : \int_{g} d\mathfrak{T} = \alpha(\mathfrak{S}, \mathfrak{T}_0) \tag{10}$$

eine gewisse Funktion von $\mathfrak{S}$ und $\mathfrak{T}_0$. Um diese näher zu bestimmen, setze man $\mathfrak{S} = \mathfrak{A}'\mathfrak{A}$, $\mathfrak{T}_0 = \mathfrak{B}'\mathfrak{B}$ und mache die linearen Substitutionen $\mathfrak{X} = \mathfrak{A}^{-1}\mathfrak{X}_1\mathfrak{B}$, $\mathfrak{T} = \mathfrak{B}'\mathfrak{T}_1\mathfrak{B}$. An die Stelle von $\mathfrak{X}'\mathfrak{S}\mathfrak{X} = \mathfrak{T} \to \mathfrak{T}_0$ tritt dann die Relation $\mathfrak{X}_1'\mathfrak{X}_1 = \mathfrak{T}_1 \to \mathfrak{E}$, und aus

$$\int d\mathfrak{X} = A^{-m} B^{m} \int d\mathfrak{X}_1, \quad \int d\mathfrak{T} = B^{m+1} \int d\mathfrak{T}_1$$

folgt

$$\alpha(\mathfrak{S}, \mathfrak{T}_0) = A^{-m} B^{-1} \alpha(\mathfrak{E}, \mathfrak{E})$$

oder

$$\alpha(\mathfrak{S}, \mathfrak{T}_0) = \varrho_m S^{-\frac{m}{2}} T_0^{-\frac{1}{2}}, \tag{11}$$

wobei

$$\varrho_m = \alpha(\mathfrak{E}^{(m)}, \mathfrak{E}^{(m)})$$

zu setzen ist. Also gilt

$$\int_{g_1} d\mathfrak{X} = \varrho_m S^{-\frac{m}{2}} \int_{g} T^{-\frac{1}{2}} d\mathfrak{T}. \tag{12}$$

Nunmehr sei $\mathfrak{S}$ rational und von beliebiger Signatur. Zwei Punkte $\mathfrak{X}_1$ und $\mathfrak{X}_2$ mögen assoziiert heißen, wenn es eine Einheit $\mathfrak{U}$ von $\mathfrak{S}$ mit $\mathfrak{X}_2 = \mathfrak{U}\mathfrak{X}_1$ gibt. Wie in der Reduktionstheorie bewiesen wird, läßt sich für jedes $\mathfrak{X}$ aus dem System aller mit $\mathfrak{X}$ assoziierten Punkte ein reduzierter Punkt derart auswählen, daß für jedes Gebiet g des $\mathfrak{T}$-Raumes, welches ein endliches Volumen hat, das ihm vermöge der Gleichung $\mathfrak{X}'\mathfrak{S}\mathfrak{X} = \mathfrak{T}$ zugeordnete, aus lauter reduzierten Punkten bestehende $\mathfrak{X}$-Gebiet g^* wieder ein Volumen besitzt. Dieses Volumen ist ebenfalls endlich, wenn nicht $m = 2$ und $-|\mathfrak{S}|$ das Quadrat einer rationalen Zahl ist. Nach Analogie von (10) und (11) definieren wir jetzt

$$\lim_{g \to \mathfrak{T}_0} \int_{g^*} d\mathfrak{X} : \int_{g} d\mathfrak{T} = \frac{1}{2} \varrho_m S^{-\frac{m}{2}} T_0^{-\frac{1}{2}} \mu(\mathfrak{S})$$

und nennen die nur von $\mathfrak{S}$ und nicht von $\mathfrak{T}_0$ abhängige Zahl $\mu(\mathfrak{S})$ das Maß der Einheitengruppe von $\mathfrak{S}$. Offenbar ist $\mu(\mathfrak{S})$ für positives $\mathfrak{S}$ der reziproke Wert der Ordnung von $\Gamma^*(\mathfrak{S})$. Es wird

$$(13)\qquad \int_{g^*} d\,\mathfrak{X} = \frac{1}{2}\,\varrho_m\,\mu(\mathfrak{S})\,S^{-\frac{m}{2}} \int_g T^{-\frac{1}{2}}\,d\,\mathfrak{T}.$$

Der durch g^* gebildete Fundamentalbereich für $\Gamma(\mathfrak{S})$ ist m^2-dimensional. Ist $\mathfrak{S}$ von der Signatur $n,\ m-n$ und $0 < n < m$, so können wir, wie jetzt gezeigt werden soll, einen Fundamentalbereich in einem geeigneten Raum nur $n(m-n)$ Dimensionen finden. Dieser wird in Analogie zu dem Diskontinuitätsbereich der im Falle $n = 1$ auftretenden nicht-euklidischen Bewegungsgruppe definiert werden.

Zuerst soll die Dimension m^2 auf mr verkleinert werden, wobei $n \leqq r < m$ ist. Es bedeute $\mathfrak{X}_1$ die aus den ersten r Spalten von $\mathfrak{X} = (\mathfrak{X}_1\mathfrak{X}_2)$ gebildete Matrix. Man setze

$$\mathfrak{X}'\mathfrak{S}\mathfrak{X} = (\mathfrak{X}_1\mathfrak{X}_2)'\,\mathfrak{S}\,(\mathfrak{X}_1\mathfrak{X}_2) = \begin{pmatrix}\mathfrak{T}_1 & \mathfrak{T}_2\\ \mathfrak{T}_2' & \mathfrak{T}_3\end{pmatrix} = \mathfrak{T}$$

und betrachte nur solche $\mathfrak{X}_1$, für welche $\mathfrak{X}_1'\mathfrak{S}\mathfrak{X}_1 = \mathfrak{T}_1$ die Signatur $n,\ r-n$ besitzt. Vermöge der linearen Substitution

$$(\mathfrak{X}_1\mathfrak{X}_2) = (\mathfrak{X}_1\mathfrak{X}_0)\begin{pmatrix}\mathfrak{E} & \mathfrak{F}\\ \mathfrak{N} & \mathfrak{W}\end{pmatrix}$$

mit festem $\mathfrak{X}_0$ wird

$$\mathfrak{X}_2 = \mathfrak{X}_1\mathfrak{F} + \mathfrak{X}_0\mathfrak{W}$$

$$\int d\,\mathfrak{X} = \int \|(\mathfrak{X}_1\,\mathfrak{X}_0)\|^{m-r}\,d\,\mathfrak{F}\,d\,\mathfrak{W}\,d\,\mathfrak{X}_1.$$

Setzt man noch

$$(\mathfrak{X}_1\mathfrak{X}_0)'\,\mathfrak{S}\,(\mathfrak{X}_1\mathfrak{X}_0) = \begin{pmatrix}\mathfrak{T}_1 & \mathfrak{B}_2\\ \mathfrak{B}_2' & \mathfrak{B}_3\end{pmatrix} = \mathfrak{T}_0,$$

so erhält man

$$(14)\qquad \mathfrak{T}_1\mathfrak{F} + \mathfrak{B}_2\mathfrak{W} = \mathfrak{T}_2,$$

$$(15)\qquad \mathfrak{W}'(\mathfrak{B}_3 - \mathfrak{B}_2'\mathfrak{T}_1^{-1}\mathfrak{B}_2)\,\mathfrak{W} = \mathfrak{T}_3 - \mathfrak{T}_2'\mathfrak{T}_1^{-1}\mathfrak{T}_2.$$

Zufolge (3) hat die letzte Matrix die Signatur $0,\ m-r$ und es gilt

$$|(\mathfrak{X}_1\mathfrak{X}_0)| = T_0^{\frac{1}{2}} S^{-\frac{1}{2}}, \quad |\mathfrak{B}_3 - \mathfrak{B}_2'\mathfrak{T}_1^{-1}\mathfrak{B}_2| = T_1^{-1}\,|\mathfrak{T}_0|,$$
$$|\mathfrak{T}_3 - \mathfrak{T}_2'\mathfrak{T}_1^{-1}\mathfrak{T}_2| = T_1^{-1}\,|\mathfrak{T}|.$$

Führt man nun durch (14) die Variable $\mathfrak{T}_2$ statt $\mathfrak{F}$ ein und benutzt für die Integration über $\mathfrak{W}$ die Formeln (12), (15), so wird

$$\int_{g^*} d\,\mathfrak{X} = \int T_0^{\frac{m-r}{2}} S^{\frac{r-m}{2}} T_1^{r-m}\,\varrho_{m-r}\,(T_0\,T_1^{-1})^{\frac{r-m}{2}}\,(T\,T_1^{-1})^{-\frac{1}{2}}\,d\,\mathfrak{T}_2\,d\,\mathfrak{T}_3\,d\,\mathfrak{X}_1$$
$$= \varrho_{m-r}\,S^{\frac{r-m}{2}} \int T_1^{\frac{r-m+1}{2}}\,T^{-\frac{1}{2}}\,d\,\mathfrak{T}_2\,d\,\mathfrak{T}_3\,d\,\mathfrak{X}_1.$$

Nach (13) ergibt sich also

$$\frac{1}{2}\varrho_m \mu(\mathfrak{S}) \int\limits_{g_1} d\mathfrak{T}_1 = \varrho_{m-r} S^{\frac{r}{2}} \int\limits_{g_1^*} T_1^{\frac{r-m+1}{2}} d\mathfrak{X}_1; \tag{16}$$

dabei bedeutet g_1 einen beliebigen Bereich im Raume der $\mathfrak{T}_1$ vom Typus $n, r-n$, und g_1^* ist der durch die Gleichung $\mathfrak{X}_1' \mathfrak{S} \mathfrak{X}_1 = \mathfrak{T}_1$ definierte reduzierte $\mathfrak{X}_1$-Bereich.

Speziell folgt aus (16) für $\mathfrak{S} = \mathfrak{E}$, $r = 1$ die Rekursionsformel

$$\varrho_m \int\limits_0^1 dt = \varrho_{m-1} \int\limits_{x_1^2+\dots+x_m^2 \leqq 1} \cdots \int (x_1^2 + \dots + x_m^2)^{1-\frac{m}{2}} dx_1 \dots dx_m = \varrho_{m-1} \frac{\pi^{\frac{m}{2}}}{\Gamma\left(\frac{m}{2}\right)}$$

$$(m = 2, 3, \dots)$$

Da nach (12) die Größe ϱ_1 den Wert 1 besitzt, so gilt also

$$\varrho_m = \prod_{k=1}^{m} \frac{\pi^{\frac{k}{2}}}{\Gamma\left(\frac{k}{2}\right)}. \tag{17}$$

Das in (16) auftretende Gebiet g_1^* ist mr-dimensional, mit $r \geqq n$. Jetzt soll das Gruppenmaß $\mu(\mathfrak{S})$ durch ein $n(m-n)$-faches Integral ausgedrückt werden. Es sei $r = n$, also $\mathfrak{T}_1^{(n)} > 0$. Bedeutet nun $\mathfrak{Y}^{(n)}$ die aus den letzten n Zeilen von $\mathfrak{X}_1$ gebildete Matrix, so setze man

$$\mathfrak{X}_1 \mathfrak{Y}^{-1} = \mathfrak{Z} = \begin{pmatrix} \mathfrak{P} \\ \mathfrak{E} \end{pmatrix},$$

wobei also die ersten $m - n$ Zeilen von $\mathfrak{Z}$ die Matrix $\mathfrak{P}$ und die letzten n Zeilen von $\mathfrak{Z}$ die Einheitsmatrix bilden. Es ist dann

$$\mathfrak{T}_1 = \mathfrak{Y}' \mathfrak{Z}' \mathfrak{S} \mathfrak{Z} \mathfrak{Y}$$

und man erhält nach (12) die Formel

$$\int\limits_{g_1^*} T_1^{\frac{n-m+1}{2}} d\mathfrak{X}_1 = \int |\mathfrak{Z}' \mathfrak{S} \mathfrak{Z}|^{\frac{n-m+1}{2}} Y d\mathfrak{P} d\mathfrak{Y} = \frac{1}{2}\varrho_n \int |\mathfrak{Z}' \mathfrak{S} \mathfrak{Z}|^{-\frac{m}{2}} d\mathfrak{P} d\mathfrak{T}_1. \tag{18}$$

Zufolge (16) ergibt sich daher endlich

$$\varrho_m \mu(\mathfrak{S}) = \varrho_n \varrho_{m-n} S^{\frac{n}{2}} \int\limits_{g(\mathfrak{S})} |\mathfrak{Z}' \mathfrak{S} \mathfrak{Z}|^{-\frac{m}{2}} d\mathfrak{P}, \tag{19}$$

und hierbei ist der $n(m-n)$-dimensionale $\mathfrak{P}$-Bereich $g(\mathfrak{S})$ folgendermaßen erklärt. Ist

$$\mathfrak{U} = \begin{pmatrix} \mathfrak{U}_1 & \mathfrak{U}_2 \\ \mathfrak{U}_3 & \mathfrak{U}_4 \end{pmatrix}$$

eine Einheit von $\mathfrak{S}$ und

$$\mathfrak{U}\mathfrak{X}_1 = \mathfrak{Z}_1 \mathfrak{Y}_1 = \begin{pmatrix} \mathfrak{P}_1 \\ \mathfrak{E} \end{pmatrix} \mathfrak{Y}_1,$$

so wird

$$(\mathfrak{U}_1 \mathfrak{P} + \mathfrak{U}_2) \mathfrak{Y} = \mathfrak{P}_1 \mathfrak{Y}_1, \quad (\mathfrak{U}_3 \mathfrak{P} + \mathfrak{U}_4) \mathfrak{Y} = \mathfrak{Y}_1,$$

also

$$\mathfrak{P}_1 = (\mathfrak{U}_1 \mathfrak{P} + \mathfrak{U}_2)(\mathfrak{U}_3 \mathfrak{P} + \mathfrak{U}_4)^{-1}. \tag{20}$$

Da die beiden Einheiten $\mathfrak{U}$ und $-\mathfrak{U}$ dieselbe gebrochene lineare Substitution (20) ergeben, so erhält man durch diese verallgemeinerten projektiven Abbildungen eine treue Darstellung der gekürzten Einheitengruppe $\Gamma^*(\mathfrak{S})$ im $n(m-n)$-dimensionalen $\mathfrak{P}$-Raume. Das Gebiet $g(\mathfrak{S})$ ist nun erklärt als ein Fundamentalbereich für $\Gamma^*(\mathfrak{S})$ in dem durch $\mathfrak{Z}'\mathfrak{S}\mathfrak{Z} > 0$ ausgezeichneten Teile des $\mathfrak{P}$-Raumes.

Mit der Abkürzung

$$\sigma_{mn} = \prod_{k=1}^{m-n} \frac{\Gamma\left(\frac{k+n}{2}\right)}{\pi^{\frac{n}{2}} \Gamma\left(\frac{k}{2}\right)}$$

erhält man nach (17) und (19) für das Gruppenmaß den gesuchten Ausdruck

$$\mu(\mathfrak{S}) = \sigma_{mn} S^{\frac{n}{2}} \int_{g(\mathfrak{S})} |\mathfrak{Z}'\mathfrak{S}\mathfrak{Z}|^{-\frac{m}{2}} d\mathfrak{P}. \tag{21}$$

Man hätte natürlich auch von dem Volumenelement $S^{\frac{n}{2}} |\mathfrak{Z}'\mathfrak{S}\mathfrak{Z}|^{-\frac{m}{2}} d\mathfrak{P}$ ausgehen können, um analog wie in § 1 des ersten Teiles das nicht-euklidische Volumen von $g(\mathfrak{S})$ zu definieren. Der jetzt gewählte Ausgangspunkt ist aber für unsere Zwecke geeigneter.

Es sei noch einmal hervorgehoben, daß der Fall einer rational zerlegbaren binären Form $\mathfrak{x}'\mathfrak{S}\mathfrak{x}$ im vorhergehenden auszuschließen ist, da dann das Integral in (21) divergiert.

§ 3.

Das Darstellungsmaß.

Weiterhin sei dauernd $\mathfrak{S}$ rational und von der Signatur $n, m-n$. Für irgendein rationales $\mathfrak{a} \neq \mathfrak{n}$ betrachte man alle Einheiten $\mathfrak{U}$ von $\mathfrak{S}$ mit dem Fixpunkt $\mathfrak{a}$, für die also $\mathfrak{U}\mathfrak{a} = \mathfrak{a}$ ist. Sie liefern eine Untergruppe $\Gamma(\mathfrak{S}, \mathfrak{a})$ in der Einheitengruppe $\Gamma(\mathfrak{S})$. Für rationales $r \neq 0$ ist offenbar $\Gamma(\mathfrak{S}, r\mathfrak{a}) = \Gamma(\mathfrak{S}, \mathfrak{a})$. Wählt man für r^{-1} den größten gemeinsamen Teiler aller Elemente von $\mathfrak{a}$, so ist $r\mathfrak{a} = \mathfrak{a}_0$ primitiv.

Zunächst sei $\mathfrak{a}_0'\mathfrak{S}\mathfrak{a}_0 = t_0 \neq 0$. Ergänzt man die Spalte $\mathfrak{a}_0$ zu einer unimodularen Matrix $\mathfrak{A} = (\mathfrak{a}_0\mathfrak{B})$ und setzt

$$\mathfrak{B}'\mathfrak{S}\mathfrak{a}_0 = \mathfrak{b}, \quad \mathfrak{B}'\mathfrak{S}\mathfrak{B} - t_0^{-1}\mathfrak{b}\mathfrak{b}' = \mathfrak{K}, \quad \begin{pmatrix} 1 & t_0^{-1}\mathfrak{b}' \\ \mathfrak{n} & \mathfrak{E} \end{pmatrix} = \mathfrak{G},$$

so wird

$$\mathfrak{A}'\mathfrak{S}\mathfrak{A} = \begin{pmatrix} t_0 & \mathfrak{b}' \\ \mathfrak{b} & \mathfrak{K} + t_0^{-1}\mathfrak{b}\mathfrak{b}' \end{pmatrix} = \mathfrak{G}' \begin{pmatrix} t_0 & \mathfrak{n}' \\ \mathfrak{n} & \mathfrak{K} \end{pmatrix} \mathfrak{G}.$$

Ist nun $\mathfrak{U}$ eine Einheit von $\Gamma(\mathfrak{S}, \mathfrak{a})$, so ist

(22) $$\mathfrak{U} = \mathfrak{A} \begin{pmatrix} 1 & \mathfrak{c}' \\ \mathfrak{n} & \mathfrak{W} \end{pmatrix} \mathfrak{A}^{-1}$$

mit ganzen $\mathfrak{c}$, $\mathfrak{W}$ und

(23) $$\mathfrak{W}'\mathfrak{K}\mathfrak{W} = \mathfrak{K}, \quad t_0\mathfrak{c} = (\mathfrak{E} - \mathfrak{W}')\mathfrak{b}.$$

Ist umgekehrt (23) mit ganzen $\mathfrak{c}$, $\mathfrak{W}$ erfüllt, so gehört die durch (22) definierte Matrix $\mathfrak{U}$ zu $\Gamma(\mathfrak{S}, \mathfrak{a})$. Folglich ist $\Gamma(\mathfrak{S}, \mathfrak{a})$ einstufig isomorph zu der durch die Kongruenz

$$\mathfrak{W}'\mathfrak{b} \equiv \mathfrak{b} \pmod{t_0}$$

erklärten Untergruppe in der Gruppe aller Einheiten $\mathfrak{W}$ von $\mathfrak{K}$. Offenbar ist der Index dieser Untergruppe von $\Gamma(\mathfrak{K})$ eine endliche Zahl $j(\mathfrak{S}, \mathfrak{a})$. Die Signatur von $\mathfrak{K}$ ist $n - 1$, $m - n$ oder n, $m - n - 1$, je nachdem, ob die Zahl t_0 positiv oder negativ ist. Ferner ist die Determinante $|\mathfrak{K}| = t_0^{-1}|\mathfrak{S}|$. Es existiert also ein endliches Gruppenmaß $\mu(\mathfrak{K})$, wenn nicht $m = 3$ und $-t_0|\mathfrak{S}|$ das Quadrat einer rationalen Zahl ist.

Wir definieren jetzt das Gruppenmaß von $\Gamma(\mathfrak{S}, \mathfrak{a})$ durch den Ausdruck

(24) $$\mu(\mathfrak{S}, \mathfrak{a}) = j(\mathfrak{S}, \mathfrak{a})\,\mu(\mathfrak{K}).$$

Dabei ist der eben genannte Fall auszuschließen, daß $m = 3$ und $-\mathfrak{a}'\mathfrak{S}\mathfrak{a}\,|\mathfrak{S}|$ das Quadrat einer rationalen Zahl ist. Läßt man nun $\mathfrak{a}$ bei festgehaltenem $t \neq 0$ ein volles System nicht-assoziierter ganzer Lösungen von $\mathfrak{a}'\mathfrak{S}\mathfrak{a} = t$ durchlaufen, so nennt man die endliche Summe

(25) $$M(\mathfrak{S}, t) = \sum_{\mathfrak{a}'\mathfrak{S}\mathfrak{a} = t} \mu(\mathfrak{S}, \mathfrak{a})$$

das Darstellungsmaß von t.

Um das Darstellungsmaß auch für $t = 0$ zu definieren, betrachten wir die primitiven Lösungen $\mathfrak{a}$ von $\mathfrak{a}'\mathfrak{S}\mathfrak{a} = 0$, wenn es solche gibt, wenn also $\mathfrak{x}'\mathfrak{S}\mathfrak{x}$ eine Nullform ist. Man kann dann $\mathfrak{a}$ zu einer unimodularen Matrix $\mathfrak{A} = (\mathfrak{a}\mathfrak{B})$ so ergänzen, daß die Matrix $\mathfrak{A}'\mathfrak{S}\mathfrak{A} = \mathfrak{S}_1$ die Gestalt

$$\mathfrak{S}_1 = \begin{pmatrix} 0 & p & \mathfrak{n}' \\ p & q & \mathfrak{b}' \\ \mathfrak{n} & \mathfrak{b} & \mathfrak{K} \end{pmatrix}$$

mit positivem p bekommt, und zwar ist p der größte gemeinsame Teiler der Elemente von $\mathfrak{S}\mathfrak{a}$. Damit $\mathfrak{U}$ zu $\Gamma(\mathfrak{S}, \mathfrak{a})$ gehört, ist jetzt notwendig und hinreichend, daß

$$\mathfrak{U} = \mathfrak{A}\begin{pmatrix} 1 & c & \mathfrak{c}' \\ 0 & 1 & \mathfrak{n}' \\ \mathfrak{n} & \mathfrak{q} & \mathfrak{W} \end{pmatrix}\mathfrak{A}^{-1} \tag{26}$$

mit ganzen c, $\mathfrak{c}$, $\mathfrak{q}$, $\mathfrak{W}$ und

$$\mathfrak{W}'\mathfrak{K}\mathfrak{W} = \mathfrak{K}, \quad p\mathfrak{c} = (\mathfrak{E} - \mathfrak{W}')\mathfrak{b} - \mathfrak{W}'\mathfrak{K}\mathfrak{q}, \quad 2pc = -\mathfrak{q}'(2\mathfrak{b} + \mathfrak{K}\mathfrak{q}) \tag{27}$$

gilt. Bedeutet $\mathfrak{z}$ eine Spalte aus $m-2$ Elementen, so ist also $\Gamma(\mathfrak{S}, \mathfrak{a})$ einstufig isomorph mit der durch

$$\mathfrak{z} \to \mathfrak{W}\mathfrak{z} + \mathfrak{q}, \quad \mathfrak{W}'\mathfrak{K}\mathfrak{W} = \mathfrak{K}, \tag{28}$$

$$(\mathfrak{E} - \mathfrak{W}')\mathfrak{b} \equiv \mathfrak{W}'\mathfrak{K}\mathfrak{q} \pmod{p}, \quad \mathfrak{q}'(2\mathfrak{b} + \mathfrak{K}\mathfrak{q}) \equiv 0 \pmod{p} \tag{29}$$

bei ganzen $\mathfrak{q}$, $\mathfrak{W}$ definierten Gruppe von affinen Abbildungen des $\mathfrak{z}$-Raumes auf sich selbst. Diese Gruppe ist aber von endlichem Index $j(\mathfrak{S}, \mathfrak{a})$ in der durch Fortlassung der Kongruenzbedingungen (29) entstehenden Gruppe (28). Letztere Gruppe enthält als Normalteiler die ganzzahlige Translationsgruppe $\mathfrak{z} \to \mathfrak{z} + \mathfrak{q}$ mit der Faktorgruppe $\Gamma(\mathfrak{K})$. Nun ist $\mathfrak{K}$ von der Signatur $n-1$, $m-n-1$ und $|\mathfrak{K}| = -p^{-2}|\mathfrak{S}|$. Folglich existiert das Gruppenmaß $\mu(\mathfrak{K})$, wenn nicht $m = 4$ und $|\mathfrak{S}|$ das Quadrat einer rationalen Zahl ist. In dem auszuschließenden Falle soll $\mathfrak{x}'\mathfrak{S}\mathfrak{x}$ kurz eine Quaternionen-Nullform heißen. Wir erklären jetzt das Gruppenmaß von $\Gamma(\mathfrak{S}, \mathfrak{a})$ durch den Ausdruck

$$\mu(\mathfrak{S}, \mathfrak{a}) = p^{-1} j(\mathfrak{S}, \mathfrak{a})\, \mu(\mathfrak{K}), \tag{30}$$

wobei also p den größten gemeinsamen Teiler der Elemente von $\mathfrak{S}\mathfrak{a}$ bedeutet. Läßt man $\mathfrak{a}$ ein volles System nicht-assoziierter primitiver Lösungen von $\mathfrak{a}'\mathfrak{S}\mathfrak{a} = 0$ durchlaufen, so soll die endliche Summe

$$M(\mathfrak{S}, 0) = \sum_{\mathfrak{a}'\mathfrak{S}\mathfrak{a} = 0} \mu(\mathfrak{S}, \mathfrak{a}) \tag{31}$$

das Darstellungsmaß von 0 genannt werden. Dabei wird vorausgesetzt, daß $\mathfrak{x}'\mathfrak{S}\mathfrak{x}$ eine Nullform ist, aber keine Quaternionen-Nullform.

Zwischen $\mu(\mathfrak{S}, \mathfrak{a})$ und $\mu(\mathfrak{S}^{-1}, p^{-1}\mathfrak{S}\mathfrak{a})$ besteht ein einfacher Zusammenhang. Es sei $\mathfrak{a}'\mathfrak{S}\mathfrak{a} = 0$, $\mathfrak{a}$ primitiv und $\mathfrak{S}\mathfrak{a} = p\mathfrak{r}$ mit primitivem $\mathfrak{r}$. Dann ist offenbar $\mathfrak{r}'\mathfrak{S}^{-1}\mathfrak{r} = 0$, $\mathfrak{S}^{-1}\mathfrak{r} = p^{-1}\mathfrak{a}$. Ist ferner $\mathfrak{U}$ ein Element von $\Gamma(\mathfrak{S}, \mathfrak{a})$, so gehört $\mathfrak{U}'$ zu $\Gamma(\mathfrak{S}^{-1}, \mathfrak{r})$, und umgekehrt. An die Stelle der oben betrachteten Gruppe $\mathfrak{z} \to \mathfrak{W}\mathfrak{z} + \mathfrak{q}$ tritt bei $\mathfrak{S}^{-1}$ die Gruppe $\mathfrak{z} \to \mathfrak{W}'\mathfrak{z} + \mathfrak{c}$, wobei wieder die Bedingungen (27) erfüllt sein müssen. Aus der Gleichung

$$p\mathfrak{c} = (\mathfrak{E} - \mathfrak{W}')\mathfrak{b} - \mathfrak{W}'\mathfrak{K}\mathfrak{q}$$

folgt nun

$$p^{m-2} j(\mathfrak{S}^{-1}, \mathfrak{r}) = K j(\mathfrak{S}, \mathfrak{a}).$$

Andererseits erhalten wir aus (13) die Formel $\mu(\mathfrak{R}^{-1}) = \mu(\mathfrak{R})$. Da $K = p^{-2}S$ ist und der größte gemeinsame Teiler der Elemente von $\mathfrak{S}^{-1}\mathfrak{r}$ den Wert p^{-1} hat, so wird

$$\mu(\mathfrak{S}^{-1}, \mathfrak{r}) = pj(\mathfrak{S}^{-1}, \mathfrak{r})\,\mu(\mathfrak{R}^{-1}) = p^{1-m}\,Sj(\mathfrak{S}, \mathfrak{a})\,\mu(\mathfrak{R}),$$

$$S\mu(\mathfrak{S}, \mathfrak{a}) = p^{m-2}\,\mu(\mathfrak{S}^{-1}, \mathfrak{r}). \tag{32}$$

§ 4.

Die Zetafunktion.

Es sei $\mathfrak{x}'\mathfrak{S}\mathfrak{x}$ eine indefinite quadratische Form mit der Signatur $n, m-n$ und s eine komplexe Variable, deren Realteil $\sigma > \frac{m}{2}$ ist. Die zu $\mathfrak{S}$ gehörige Zetafunktion definieren wir durch die Dirichletsche Reihe

$$\zeta(\mathfrak{S}, s) = \sum_{t>0} M(\mathfrak{S}, t)\, t^{-s}, \tag{33}$$

in der t alle durch $\mathfrak{S}$ ganzzahlig darstellbaren positiven Zahlen durchläuft und $M(\mathfrak{S}, t)$ das im vorigen Paragraphen erklärte Darstellungsmaß bedeutet. Die Konvergenz der Reihe entnimmt man der Reduktionstheorie. Auszuschließen ist hierbei der Fall einer ternären Nullform mit der Signatur 2, 1, da dann die $M(\mathfrak{S}, t)$ nicht sämtlich endliche Werte haben.

Im ersten Teil wurden unter der Annahme $n = 1$ die Funktionen $\zeta_1(\mathfrak{S}, s) = \zeta(\mathfrak{S}, s)$ und $\zeta_2(\mathfrak{S}, s) = \zeta(-\mathfrak{S}, s)$ studiert. Für die Untersuchung von $\zeta(\mathfrak{S}, s)$ bei beliebigem n wollen wir im folgenden voraussetzen, daß $m \geqq 3$ und $\mathfrak{x}'\mathfrak{S}\mathfrak{x}$ keine ternäre Nullform ist. Der Fall $m = 2$ ist bereits in allgemeineren Resultaten von Hecke enthalten, und der Fall der ternären Nullform wurde im ersten Teil eingehend behandelt.

Die weiterhin zu beweisenden Sätze über $\zeta(\mathfrak{S}, s)$ lauten dann folgendermaßen.

Satz 1. *Die Funktion $\zeta(\mathfrak{S}, s)$ ist in der ganzen endlichen s-Ebene regulär bis auf einen Pol erster Ordnung bei $s = \frac{m}{2}$ mit dem Residuum*

$$\varrho(\mathfrak{S}) = \frac{\pi^{\frac{m}{2}}}{\Gamma\left(\frac{m}{2}\right)} S^{-\frac{1}{2}} \mu(\mathfrak{S})$$

und einen etwaigen Pol erster Ordnung bei $s = 1$.

Satz 2. *Für*

$$\pi^{-s}\,\Gamma(s)\,\zeta(\mathfrak{S}, s) = \varphi(\mathfrak{S}, s) \tag{34}$$

gilt die Funktionalgleichung

$$\sin(\pi s)\,\varphi(-\mathfrak{S}, s) = S^{-\frac{1}{2}}\left\{\sin\left(\pi s - \frac{\pi n}{2}\right)\varphi\left(-\mathfrak{S}^{-1}, \frac{m}{2} - s\right) + \sin\frac{\pi n}{2}\,\varphi\left(\mathfrak{S}^{-1}, \frac{m}{2} - s\right)\right\}. \tag{35}$$

Hieraus entstehen die Formeln (1) und (2) der Einleitung durch Spezialisierung.

Satz 3. *Die Funktion* $\zeta(\mathfrak{S}, s)$ *hat bei* $s = 1$ *nur dann einen Pol, wenn entweder* $m - n$ *ungerade und* $\mathfrak{x}'\mathfrak{S}\mathfrak{x}$ *eine Nullform oder aber* $\mathfrak{x}'\mathfrak{S}\mathfrak{x}$ *eine Quaternionen-Nullform ist. Im ersteren Falle hat das Residuum bei* $s = 1$ *den Wert*

$$\varrho_1(\mathfrak{S}) = (-1)^{\frac{m-n-1}{2}} (2\pi)^{2-m} \Gamma(m-2)\, \zeta(m-2)\, M(\mathfrak{S}, 0).$$

Für den Fall einer Quaternionen-Nullform ist in Satz 3 keine Aussage über den Wert des Residuums von $\zeta(\mathfrak{S}, s)$ bei $s = 1$ enthalten. Dieses Residuum läßt sich in folgender Weise berechnen. Man transformiere die Quaternionen-Nullform $\mathfrak{x}'\mathfrak{S}\mathfrak{x}$ durch eine lineare rationalzahlige Substitution $\mathfrak{x} = \mathfrak{R}\mathfrak{y}$ in die spezielle Nullform $2(y_1 y_4 - y_2 y_3)$ mit der Matrix $\mathfrak{S}_0$ und setze

$$\begin{pmatrix} y_4 & y_2 \\ y_3 & y_1 \end{pmatrix} = \mathfrak{Y}.$$

Es bedeute jetzt q eine natürliche Zahl > 2, die durch das Produkt der Hauptnenner der Elemente von $\mathfrak{R}$ und $\mathfrak{R}^{-1}$ teilbar ist. Durch die Substitutionen

$$(36) \qquad \mathfrak{Y} \to \mathfrak{A}\,\mathfrak{Y}\,\mathfrak{B}, \qquad \mathfrak{A} \equiv \mathfrak{B} \equiv \mathfrak{E} \pmod{q}$$

mit unimodularen zweireihigen Matrizen $\mathfrak{A}$ und $\mathfrak{B}$ wird eine Untergruppe von $\Gamma(\mathfrak{S}_0)$ geliefert. Ist $\mathfrak{U}_0$ die durch (36) festgelegte Einheit von $\mathfrak{S}_0$, so ist $\mathfrak{U}_0 \equiv \mathfrak{E} \pmod{q}$ und folglich $\mathfrak{R}\mathfrak{U}_0\mathfrak{R}^{-1} = \mathfrak{U}$ eine Einheit von $\mathfrak{S}$. Die in dieser Art erzeugten Einheiten von $\mathfrak{S}$ bilden eine Untergruppe $\Gamma_1(\mathfrak{S})$ von endlichem Index j in der Einheitengruppe $\Gamma(\mathfrak{S})$. Man lasse nun $\mathfrak{a}$ ein volles System solcher primitiver Lösungen von $\mathfrak{a}'\mathfrak{S}\mathfrak{a} = 0$ durchlaufen, die in bezug auf $\Gamma_1(\mathfrak{S})$ nicht-assoziiert sind, und verstehe unter $\delta(\mathfrak{a})$ den größten gemeinsamen Teiler der Elemente von $\mathfrak{R}^{-1}\mathfrak{a}$. Mit diesen Bezeichnungen gilt dann

Satz 4. *Die Zetafunktion einer Quaternionen-Nullform hat bei* $s = 1$ *das Residuum*

$$\varrho_1(\mathfrak{S}) = -\frac{q^2}{12j} \sum_{\mathfrak{a}'\mathfrak{S}\mathfrak{a}=0} \{\delta(\mathfrak{a})\}^{-2}.$$

Der Ansatz zum Beweis unserer vier Sätze wird durch eine Integralformel geliefert, welche die Zetafunktion mit der in § 1 erklärten Thetafunktion verknüpft.

§ 5.

Integraldarstellung der Zetafunktion.

Es sei $\mathfrak{X} = \mathfrak{X}^{(m,n)}$ variabel und $\mathfrak{X}'\mathfrak{S}\mathfrak{X} = \mathfrak{T} > 0$. Wie in § 2 setze man

$$\mathfrak{X}\mathfrak{Y}^{-1} = \mathfrak{Z} = \begin{pmatrix} \mathfrak{P} \\ \mathfrak{E} \end{pmatrix},$$

wobei also $\mathfrak{Y}$ die aus den letzten n Zeilen von $\mathfrak{X}$ gebildete Matrix bedeutet. Es sei $g(\mathfrak{S})$ der in § 2 erklärte Fundamentalbereich für $\Gamma^*(\mathfrak{S})$, der im Teile $\mathfrak{Z}'\mathfrak{S}\mathfrak{Z} > 0$ des $\mathfrak{P}$-Raumes gelegen ist. Wie in § 1 sei ferner

$$\mathfrak{R} = \mathfrak{S}\mathfrak{X}\mathfrak{T}^{-1}\mathfrak{X}'\mathfrak{S}, \qquad \mathfrak{H} = \lambda\mathfrak{S} - \mathfrak{R}, \qquad 0 < \lambda < 1.$$

Ist nun $\mathfrak{a}$ ganz, so lassen wir $\mathfrak{a}_1$ alle mit $\mathfrak{a}$ in bezug auf $\Gamma(\mathfrak{S})$ assoziierten Spalten durchlaufen und bilden für $u > 0$ die Reihe

$$(37) \qquad \psi(\mathfrak{a}, u) = \sum_{\mathfrak{a}_1} \int_{g(\mathfrak{S})} |\mathfrak{Z}'\mathfrak{S}\mathfrak{Z}|^{-\frac{m}{2}} e^{u\,\mathfrak{a}_1'\mathfrak{H}\mathfrak{a}_1} d\mathfrak{P}.$$

Nach (21) ist insbesondere

$$(38) \qquad \psi(\mathfrak{n}, u) = \sigma_{mn}^{-1} S^{-\frac{n}{2}} \mu(\mathfrak{S}).$$

Weiterhin sei in diesem Paragraphen $\mathfrak{a} \neq \mathfrak{n}$. Es sei g ein Gebiet im positiven $\mathfrak{T}$-Raume und g^* das durch $\mathfrak{X}'\mathfrak{S}\mathfrak{X} = \mathfrak{T}$ definierte in bezug auf $\Gamma(\mathfrak{S})$ reduzierte $\mathfrak{X}$ Gebiet. Da $\mathfrak{H}$ nicht von $\mathfrak{Y}$ abhängt, so ergibt (18) die Formel

$$(39) \int_g \psi(\mathfrak{a}, u)\, d\mathfrak{T} = 2\varrho_n^{-1} \sum_{\mathfrak{a}_1} \int_{g^*} T^{\frac{n-m+1}{2}} e^{u\,\mathfrak{a}_1'\mathfrak{H}\mathfrak{a}_1} d\mathfrak{X} = 2\varrho_n^{-1} \int_{g^*(\mathfrak{a})} T^{\frac{n-m+1}{2}} e^{u\,\mathfrak{a}'\mathfrak{H}\mathfrak{a}} d\mathfrak{X},$$

wobei das Gebiet $g^*(\mathfrak{a})$ aus g^* dadurch hervorgeht, daß $\mathfrak{X}$ durch $\mathfrak{U}^{-1}\mathfrak{X}$ ersetzt wird und $\mathfrak{U}$ ein volles System von Repräsentanten linksseitiger Nebengruppen zu $\Gamma(\mathfrak{S}, \mathfrak{a})$ in bezug auf $\Gamma(\mathfrak{S})$ durchläuft. Es ist demnach $g^*(\mathfrak{a})$ ein durch die Gleichung $\mathfrak{X}'\mathfrak{S}\mathfrak{X} = \mathfrak{T}$ dem $\mathfrak{T}$-Gebiete g zugeordnetes, in bezug auf $\Gamma(\mathfrak{S}, \mathfrak{a})$ reduziertes $\mathfrak{X}$-Gebiet.

Fortan sei in diesem Paragraphen auch noch die Zahl $\mathfrak{a}'\mathfrak{S}\mathfrak{a} = t \neq 0$. Wie in § 3 sei $r\mathfrak{a} = \mathfrak{a}_0$ primitiv, $\mathfrak{a}_0'\mathfrak{S}\mathfrak{a}_0 = t_0$, $\mathfrak{A} = (\mathfrak{a}_0\,\mathfrak{B})$ unimodular, $\mathfrak{B}'\mathfrak{S}\mathfrak{a}_0 = \mathfrak{b}$,

$$\begin{pmatrix} 1 & t_0^{-1}\mathfrak{b}' \\ \mathfrak{n} & \mathfrak{E} \end{pmatrix} = \mathfrak{G}, \qquad \mathfrak{A}'\mathfrak{S}\mathfrak{A} = \mathfrak{G}' \begin{pmatrix} t_0 & \mathfrak{n}' \\ \mathfrak{n} & \mathfrak{K} \end{pmatrix} \mathfrak{G}.$$

Man setze noch

$$\mathfrak{G}\mathfrak{A}^{-1}\mathfrak{X} = \mathfrak{X}_1 = \begin{pmatrix} \mathfrak{x}_1' \\ \mathfrak{X}_2 \end{pmatrix},$$

wobei also $\mathfrak{x}_1' = t_0^{-1}\mathfrak{a}_0'\mathfrak{S}\mathfrak{X}$ die erste Zeile von $\mathfrak{X}_1$ bedeutet. Mit

$$\alpha = 1 - t_0\,\mathfrak{x}_1'\mathfrak{T}^{-1}\mathfrak{x}_1$$

wird

$$\mathfrak{a}'\mathfrak{H}\mathfrak{a} = \lambda t - t\,t_0\,\mathfrak{x}_1'\mathfrak{T}^{-1}\mathfrak{x}_1 = t(\lambda - 1 + \alpha).$$

Bedeutet $\mathfrak{U}$ eine zu $\Gamma(\mathfrak{S}, \mathfrak{a})$ gehörige Einheit von $\mathfrak{S}$, so bleibt bei der Abbildung $\mathfrak{X} \to \mathfrak{U}\mathfrak{X}$ die Spalte $\mathfrak{x}_1$ fest, während $\mathfrak{X}_2$ in $\mathfrak{W}\mathfrak{X}_2$ übergeht, mit der in (23) erklärten Bedeutung von $\mathfrak{W}$.

Für die Matrix

(40) $$\mathfrak{X}_2' \mathfrak{K} \mathfrak{X}_2 = \mathfrak{T}_1$$

gilt nun

$$\mathfrak{T}_1 = \mathfrak{T} - t_0 \mathfrak{x}_1 \mathfrak{x}_1'.$$

Wendet man (3) an mit $\mathfrak{Q} = \mathfrak{x}_1$, $\mathfrak{B} = t_0^{-1}$ und berücksichtigt, daß

$$\begin{pmatrix} \mathfrak{T} & \mathfrak{x}_1 \\ \mathfrak{x}_1' & t_0^{-1} \end{pmatrix} = (\mathfrak{X}, t^{-1} \mathfrak{a})' \mathfrak{S} (\mathfrak{X}, t^{-1} \mathfrak{a})$$

die Signatur n, 1 haben muß, so folgt, daß $t_0^{-1} \alpha < 0$ ist; ferner ist bei $\mathfrak{T}_1$ die Signatur $n - 1$, 1 oder n, 0, je nachdem, ob t_0 positiv oder negativ ist. Entsprechend ist die Signatur von $\mathfrak{K}$ entweder $n - 1$, $m - n$ oder n, $m - n - 1$.

Setzt man $\varepsilon = 1$ für $t > 0$, $\varepsilon = -1$ für $t < 0$, so wird

$$|\mathfrak{T}_1| = (1 - t_0 \mathfrak{x}_1' \mathfrak{T}^{-1} \mathfrak{x}_1) |\mathfrak{T}| = \alpha |\mathfrak{T}|$$

$$\int T^{\frac{n-m+1}{2}} e^{u \mathfrak{a}' \mathfrak{H} \mathfrak{a}} d\mathfrak{X} = \int (\varepsilon \alpha^{-1} T_1)^{\frac{n-m+1}{2}} e^{u t (\lambda - 1 + \alpha)} d\mathfrak{x}_1 d\mathfrak{X}_2,$$

und zufolge (16), (24), (40) erhält man

$$2 \int\limits_{g^*(\mathfrak{a})} T^{\frac{n-m+1}{2}} e^{u \mathfrak{a}' \mathfrak{H} \mathfrak{a}} d\mathfrak{X}$$

$$= \frac{\varrho_{m-1}}{\varrho_{m-n-1}} \mu(\mathfrak{S}, \mathfrak{a}) K^{-\frac{n}{2}} \int (\varepsilon \alpha)^{\frac{m-n}{2} - 1} T^{-\frac{1}{2}} e^{u t (\lambda - 1 + \alpha)} d\mathfrak{x}_1 d\mathfrak{T}_1$$

$$= \frac{\varrho_{m-1}}{\varrho_{m-n-1}} \mu(\mathfrak{S}, \mathfrak{a}) (\varepsilon t_0 S^{-1})^{\frac{n}{2}} \frac{\pi^{\frac{n}{2}}}{\Gamma\left(\frac{n}{2}\right)}$$

$$\int\limits_{r > 0, t_0^{-1}} \{\varepsilon(1 - t_0 r)\}^{\frac{m-n}{2} - 1} r^{\frac{n}{2} - 1} e^{u t (\lambda - t_0 r)} dr \int\limits_{g} d\mathfrak{T}.$$

Nach (39) ist also

$$\psi(\mathfrak{a}, u) = \frac{\varrho_{m-1}}{\varrho_{n-1} \varrho_{m-n-1}} S^{-\frac{n}{2}} \mu(\mathfrak{S}, \mathfrak{a}) \int\limits_{r > 0, \varepsilon} (r - \varepsilon)^{\frac{m-n}{2} - 1} r^{\frac{n}{2} - 1} e^{-u \varepsilon t (r - \varepsilon \lambda)} dr.$$

In dieser Gleichung ersetze man u durch $\pi \gamma u$, wobei γ die durch (8) gegebene Bedeutung hat, multipliziere mit u^{s-1} und integriere über alle positiven u. Mit Hilfe von (37) ergibt sich dann

(41) $$\sum_{\mathfrak{a}_1} \int\limits_0^\infty u^{s-1} \Big(\int\limits_{g(\mathfrak{S})} |\mathfrak{Z}' \mathfrak{S} \mathfrak{Z}|^{-\frac{m}{2}} e^{\pi \gamma u \mathfrak{a}_1' \mathfrak{H} \mathfrak{a}_1} d\mathfrak{P} \Big) du$$

$$= \frac{\varrho_{m-1}}{\varrho_{n-1} \varrho_{m-n-1}} S^{-\frac{n}{2}} \mu(\mathfrak{S}, \mathfrak{a}) \Gamma(s) (\pi \gamma \varepsilon t)^{-s} \omega(\varepsilon)$$

mit

$$\omega(\varepsilon) = \int\limits_{r > 0,\, \varepsilon} (r - \varepsilon)^{\frac{m-n}{2} - 1} r^{\frac{n}{2} - 1} (r - \varepsilon\lambda)^{-s} \, d\, r.$$

Die Größe $\omega(\varepsilon)$ hängt in einfacher Weise mit den hypergeometrischen Funktionen zusammen. Setzt man

$$\int\limits_0^1 y^a (1 - y)^b (1 + xy)^c \, dy = f(a, b, c, x) \tag{42}$$

für positives x, wobei die reellen Teile von a und b größer als -1 seien, so wird

$$\omega(1) = \int\limits_1^\infty (r - 1)^{\frac{m-n}{2} - 1} r^{\frac{n}{2} - 1} (r - \lambda)^{-s} \, dr$$

$$= (1 - \lambda)^{\frac{m}{2} - 1 - s} f\left(s - \frac{m}{2}, \frac{m-n}{2} - 1, \frac{n}{2} - 1, \frac{\lambda}{1 - \lambda}\right),$$

$$\omega(-1) = \int\limits_0^\infty (r + 1)^{\frac{m-n}{2} - 1} r^{\frac{n}{2} - 1} (r + \lambda)^{-s} \, dr$$

$$= \lambda^{\frac{m}{2} - 1 - s} f\left(s - \frac{m}{2}, \frac{n}{2} - 1, \frac{m-n}{2} - 1, \frac{1 - \lambda}{\lambda}\right).$$

Man schreibe nun noch zur Abkürzung

$$\frac{\lambda}{1 - \lambda} = x,$$

$$\begin{cases} f\left(s - \frac{m}{2}, \frac{m-n}{2} - 1, \frac{n}{2} - 1, x\right) = f_1(s, x) = f_1, \\ x^{\frac{m}{2} - 1 - s} f\left(s - \frac{m}{2}, \frac{n}{2} - 1, \frac{m-n}{2} - 1, x^{-1}\right) = f_2(s, x) = f_2 \end{cases} \tag{43}$$

und summiere (41) über ein volles System nicht-assoziierter ganzer $\mathfrak{a}$ mit $\mathfrak{a}'\mathfrak{S}\mathfrak{a} \neq 0$. Nach (25), (33), (34) erhält man so die Integraldarstellung

$$\frac{\varrho_{m-1}}{\varrho_{n-1}\varrho_{m-n-1}} S^{-\frac{n}{2}} (1 + x)^{1 - \frac{m}{2}} x^{\frac{s}{2}} \{f_1(s, x)\, \varphi(\mathfrak{S}, s) + f_2(s, x)\, \varphi(-\mathfrak{S}, s)\} \tag{44}$$

$$= \int\limits_{g(\mathfrak{S})} |\mathfrak{Z}'\mathfrak{S}\mathfrak{Z}|^{-\frac{m}{2}} \Big(\int\limits_0^\infty u^{s-1} \sum_{\mathfrak{a}'\mathfrak{S}\mathfrak{a} \neq 0} e^{\pi\gamma u \mathfrak{a}'\mathfrak{H}\mathfrak{a}} \, du\Big) \, d\,\mathfrak{P},$$

gültig in der Halbebene $\sigma > \frac{m}{2}$.

§ 6.

Analytische Fortsetzung.

In üblicher Weise zerlege man das in (44) auftretende u-Intervall in die beiden Teile $0 \leqq u \leqq 1$, $1 \leqq u$ und führe bei dem ersten von diesen die Thetareihe $\vartheta(u, \lambda, \mathfrak{X}, \mathfrak{S})$ aus § 1 ein. Setzt man

$$\vartheta_0(u, \lambda, \mathfrak{X}, \mathfrak{S}) = \sum_{\mathfrak{a}'\mathfrak{S}\mathfrak{a} = 0} e^{\pi\gamma u \mathfrak{a}'\mathfrak{H}\mathfrak{a}}, \quad \vartheta_1(u, \lambda, \mathfrak{X}, \mathfrak{S}) = \sum_{\mathfrak{a}'\mathfrak{S}\mathfrak{a} \neq 0} e^{\pi\gamma u \mathfrak{a}'\mathfrak{H}\mathfrak{a}},$$

wobei unter den angegebenen Bedingungen über die ganzen $\mathfrak{a}$ summiert wird, so ist $\vartheta_1 = \vartheta - \vartheta_0$. Nach der Transformationsformel (9) gilt nun

$$\int_0^1 u^{s-1}\vartheta_1(u,\lambda,\mathfrak{X},\mathfrak{S})\,du$$

$$= (\lambda^{-1}-1)^{\frac{m}{4}-\frac{n}{2}} S^{-\frac{1}{2}} \int_1^\infty u^{\frac{m}{2}-s-1}\,\vartheta(u,1-\lambda,\mathfrak{S}\mathfrak{X},\mathfrak{S}^{-1})\,du$$

$$- \int_0^1 u^{s-1}\vartheta_0(u,\lambda,\mathfrak{X},\mathfrak{S})\,du$$

$$= x^{\frac{n}{2}-\frac{m}{4}} S^{-\frac{1}{2}} \int_1^\infty u^{\frac{m}{2}-s-1}\,\vartheta_1(u,1-\lambda,\mathfrak{S}\mathfrak{X},\mathfrak{S}^{-1})\,du$$

$$+ x^{\frac{n}{2}-\frac{m}{4}} S^{-\frac{1}{2}} \int_1^\infty u^{\frac{m}{2}-s-1}\,\vartheta_0(u,1-\lambda,\mathfrak{S}\mathfrak{X},\mathfrak{S}^{-1})\,du$$

$$- \int_0^1 u^{s-1}\vartheta_0(u,\lambda,\mathfrak{X},\mathfrak{S})\,du.$$

Mit der Abkürzung

$$(45)\qquad \int_{g(\mathfrak{S})} |\mathfrak{Z}'\mathfrak{S}\mathfrak{Z}|^{-\frac{m}{2}} \Big\{x^{\frac{n}{2}-\frac{m}{4}} S^{-\frac{1}{2}} \int_1^\infty u^{\frac{m}{2}-s-1}\,\vartheta_0(u,1-\lambda,\mathfrak{S}\mathfrak{X},\mathfrak{S}^{-1})\,du - \int_0^1 u^{s-1}\vartheta_0(u,\lambda,\mathfrak{X},\mathfrak{S})\,du\Big\}\,d\mathfrak{P} = \Delta$$

geht dann (44) über in

$$(46)\qquad \frac{\varrho_{m-1}}{\varrho_{n-1}\varrho_{m-n-1}} S^{-\frac{n}{2}} (1+x)^{1-\frac{m}{2}} x^{\frac{s}{2}} \{f_1\,\varphi(\mathfrak{S},s) + f_2\,\varphi(-\mathfrak{S},s)\} - \Delta$$

$$= \int_{g(\mathfrak{S})} |\mathfrak{Z}'\mathfrak{S}\mathfrak{Z}|^{-\frac{m}{2}} \Big\{\int_1^\infty u^{s-1}\vartheta_1(u,\lambda,\mathfrak{X},\mathfrak{S})\,du\Big\}\,d\mathfrak{P}$$

$$+ x^{\frac{n}{2}-\frac{m}{4}} S^{-n-\frac{1}{2}} \int_{g(\mathfrak{S}^{-1})} |\mathfrak{Z}'\mathfrak{S}^{-1}\mathfrak{Z}|^{-\frac{m}{2}} \Big\{\int_1^\infty u^{\frac{m}{2}-s-1}\,\vartheta_1(u,1-\lambda,\mathfrak{X},\mathfrak{S}^{-1})\,du\Big\}\,d\mathfrak{P}$$

In dieser Relation ist die rechte Seite eine ganze Funktion von s. Zwecks Feststellung der Fortsetzbarkeit der Zetafunktion hat man jetzt den Ausdruck Δ näher zu untersuchen. Dabei werde vorläufig vorausgesetzt, daß $\mathfrak{x}'\mathfrak{S}\mathfrak{x}$ keine Quaternionen-Nullform sei. Für diesen Ausnahmefall selbst, der im letzten Paragraphen behandelt werden soll, ist die Untersuchung von Δ auf besondere Art zu führen.

Nach (21), (37) und (38) ist

$$(47)\qquad \int_{g(\mathfrak{S})} |\mathfrak{Z}'\mathfrak{S}\mathfrak{Z}|^{-\frac{m}{2}}\,\vartheta_0(u,\lambda,\mathfrak{X},\mathfrak{S})\,d\mathfrak{P} = \sigma_{mn}^{-1} S^{-\frac{n}{2}} \mu(\mathfrak{S}) + \sum_{\mathfrak{a}}{}' \,\psi(\mathfrak{a},\pi\gamma u).$$

wobei $\mathfrak{a}$ ein volles System nicht-assoziierter ganzer Lösungen $\neq \mathfrak{n}$ von $\mathfrak{a}'\mathfrak{S}\mathfrak{a} = 0$ durchläuft. Andererseits gilt nach (39) die Formel

$$(48)\qquad \int_g \psi(\mathfrak{a}, u)\, d\mathfrak{T} = 2\varrho_n^{-1} \int_{g^*(\mathfrak{a})} T^{\frac{n-m+1}{2}} e^{u\,\mathfrak{a}'\mathfrak{H}\mathfrak{a}}\, d\mathfrak{X}.$$

Es sei $\mathfrak{a} = l\mathfrak{a}_0$ mit primitivem $\mathfrak{a}_0$. Wie in § 3 wähle man ein unimodulares $\mathfrak{A} = (\mathfrak{a}_0\mathfrak{B})$, so daß

$$\mathfrak{A}'\mathfrak{S}\mathfrak{A} = \begin{pmatrix} 0 & p & \mathfrak{n}' \\ p & q & \mathfrak{b}' \\ \mathfrak{n} & \mathfrak{b} & \mathfrak{K} \end{pmatrix}$$

wird, mit positivem p, das der größte gemeinsame Teiler der Elemente von $\mathfrak{S}\mathfrak{a}_0$ ist. Setzt man

$$\begin{pmatrix} 1 & \frac{q}{2p} & p^{-1}\mathfrak{b}' \\ 0 & 1 & \mathfrak{n}' \\ \mathfrak{n} & \mathfrak{n} & \mathfrak{E} \end{pmatrix} = \mathfrak{G}, \qquad \mathfrak{G}\mathfrak{A}^{-1}\mathfrak{X} = \mathfrak{X}_1 = \begin{pmatrix} \mathfrak{x}_1' \\ \mathfrak{x}_2' \\ \mathfrak{X}_3 \end{pmatrix}, \qquad \mathfrak{F} = \begin{pmatrix} 0 & p \\ p & 0 \end{pmatrix},$$

so ist

$$\mathfrak{A}'\mathfrak{S}\mathfrak{A} = \mathfrak{G}' \begin{pmatrix} \mathfrak{F} & \mathfrak{N} \\ \mathfrak{N} & \mathfrak{K} \end{pmatrix} \mathfrak{G}, \qquad \mathfrak{a}_0'\mathfrak{S}\mathfrak{X} = p\,\mathfrak{x}_2', \qquad \mathfrak{a}'\mathfrak{H}\mathfrak{a} = -(lp)^2\,\mathfrak{x}_2'\mathfrak{T}^{-1}\mathfrak{x}_2.$$

Die Matrix

$$(\mathfrak{a}_0\,\mathfrak{X})'\,\mathfrak{S}\,(\mathfrak{a}_0\,\mathfrak{X}) = \begin{pmatrix} 0 & p\,\mathfrak{x}_2' \\ p\,\mathfrak{x}_2 & \mathfrak{T} \end{pmatrix} = \begin{pmatrix} \mathfrak{R}^{(2)} & \mathfrak{Q} \\ \mathfrak{Q}' & \mathfrak{T}_1^{(n-1)} \end{pmatrix}$$

besitzt die Signatur $n, 1$, da nach Voraussetzung $\mathfrak{T} > 0$ ist. Da $\mathfrak{R}$ die Signatur $1, 1$ hat, so wird nach (3) die Matrix

$$\mathfrak{T}_1 - \mathfrak{Q}'\mathfrak{R}^{-1}\mathfrak{Q} = \mathfrak{T}_2$$

positiv. Ferner ist

$$|\mathfrak{R}|\,|\mathfrak{T}_2| = -p^2\mathfrak{x}_2'\mathfrak{T}^{-1}\mathfrak{x}_2\,|\mathfrak{T}|.$$

Bedeutet nun ξ das erste Element von $\mathfrak{x}_2$, so wird $|\mathfrak{R}| = -(p\xi)^2$ und folglich

$$(49)\qquad T_2 = \xi^{-2}\,T\,\mathfrak{x}_2'\mathfrak{T}^{-1}\mathfrak{x}_2.$$

Endlich sei noch $\xi\mathfrak{v}$ die erste Spalte von $\mathfrak{X}_3$ und

$$\mathfrak{X}_3 - \mathfrak{v}\mathfrak{x}_2' = (\mathfrak{n}\,\mathfrak{V}).$$

Dann gilt

$$(50)\qquad \mathfrak{V}'\mathfrak{K}\mathfrak{V} = \mathfrak{T}_2.$$

Jede zu $\Gamma(\mathfrak{S}, \mathfrak{a})$ gehörige Einheit $\mathfrak{U}$ hat die in (26) angegebene Gestalt. Bei der Abbildung $\mathfrak{X} \to \mathfrak{U}\mathfrak{X}$ bleibt dann $\mathfrak{x}_2$ fest, während $\mathfrak{v}$ und $\mathfrak{V}$ in $\mathfrak{W}\mathfrak{v} + \mathfrak{q}$ und $\mathfrak{W}\mathfrak{V}$ übergehen, mit der in (27) festgelegten Bedeutung von $\mathfrak{q}, \mathfrak{W}$.

In (48) führe man jetzt statt $\mathfrak{X}$ zuerst die Integrationsvariablen $\mathfrak{x}_1$, $\mathfrak{x}_2$, $\mathfrak{X}_3$ ein und dann statt $\mathfrak{x}_1$ die erste Spalte $\mathfrak{t}$ von $\mathfrak{T}$, statt $\mathfrak{X}_3$ die Variablen $\mathfrak{v}$, $\mathfrak{V}$. Bedeutet x_1 das erste Element von $\mathfrak{x}_1$, so wird $\mathfrak{t} = p(\xi \mathfrak{x}_1 + x_1 \mathfrak{x}_2) + \ldots$, und demnach hat die Funktionaldeterminante unserer Transformation den Wert $\frac{1}{2}(p\xi)^{-n}\xi^{m-2}$. Nach § 3 erhält man wegen (16), (30), (49), (50) die Formel

$$2 \int\limits_{g^*(\mathfrak{a})} T^{\frac{n-m+1}{2}} e^{u\,\mathfrak{a}'\mathfrak{H}\mathfrak{a}}\, d\mathfrak{X}$$

$$= \frac{\varrho_{m-2}}{2\,\varrho_{m-n-1}} p^{1-n} \mu(\mathfrak{S}, \mathfrak{a}_0) K^{-\frac{n-1}{2}} \int \xi^{m-n-2}\, T_2^{\frac{m-n}{2}-1}\, T^{\frac{n-m+1}{2}} e^{u\,\mathfrak{a}'\mathfrak{H}\mathfrak{a}}\, d\mathfrak{t}\, d\mathfrak{x}_2\, d\mathfrak{T}_2$$

$$= \frac{\varrho_{m-2}}{2\,\varrho_{m-n-1}} S^{\frac{1-n}{2}} \mu(\mathfrak{S}, \mathfrak{a}_0) \int\limits_{g} T^{-\frac{1}{2}} \Big\{ \int (\mathfrak{x}_2'\mathfrak{T}^{-1}\mathfrak{x}_2)^{\frac{m-n}{2}-1} e^{-(l p)^2 u\, \mathfrak{x}_2'\mathfrak{T}^{-1}\mathfrak{x}_2}\, d\mathfrak{x}_2 \Big\}\, d\mathfrak{T}$$

$$= \frac{\pi^{\frac{n}{2}} \varrho_{m-2}}{2\,\Gamma\left(\frac{n}{2}\right)\varrho_{m-n-1}} S^{\frac{1-n}{2}} \mu(\mathfrak{S}, \mathfrak{a}_0) \int\limits_0^\infty r^{\frac{m}{2}-2} e^{-(lp)^2 u r}\, dr \int\limits_g d\mathfrak{T}.$$

In Verbindung mit (48) und (32) ergibt sich also

$$\psi(\mathfrak{a}, u) = \frac{1}{2} \frac{\varrho_{m-2}}{\varrho_{n-1}\varrho_{m-n-1}} \Gamma\left(\frac{m}{2} - 1\right) S^{-\frac{n+1}{2}} \mu(\mathfrak{S}^{-1}, \mathfrak{r}_0)(u l^2)^{1-\frac{m}{2}},$$

wobei $\mathfrak{r}_0 = p^{-1}\mathfrak{S}\mathfrak{a}_0$ ist. Summiert man noch über ein volles System nichtassoziierter primitiver $\mathfrak{a}_0$ mit $\mathfrak{a}_0'\mathfrak{S}\mathfrak{a}_0 = 0$ und über alle ganzen $l > 0$, so wird nach (31)

$$\sum_{\mathfrak{a}}{}' \psi(\mathfrak{a}, \pi\gamma u)$$

$$= \frac{1}{2} \frac{\varrho_{m-2}}{\varrho_{n-1}\varrho_{m-n-1}} \pi^{1-\frac{m}{2}} \Gamma\left(\frac{m}{2} - 1\right) \zeta(m-2) S^{-\frac{n+1}{2}} M(\mathfrak{S}^{-1}, 0)(\gamma u)^{1-\frac{m}{2}}.$$

Vermöge (45) und (47) erhalten wir den expliziten Ausdruck

$$(51)\quad \Delta = \frac{\varrho_m}{\varrho_n\,\varrho_{m-n}} S^{-\frac{n}{2}} \mu(\mathfrak{S}) \left(\frac{S^{-\frac{1}{2}} x^{\frac{n}{2}-\frac{m}{4}}}{s - \frac{m}{2}} - \frac{1}{s} \right)$$

$$+ \frac{1}{2} \frac{\varrho_{m-2}}{\varrho_{n-1}\varrho_{m-n-1}} \pi^{1-\frac{m}{2}} \Gamma\left(\frac{m}{2} - 1\right) \zeta(m-2) S^{-\frac{n}{2}} (1+x)^{1-\frac{m}{2}} x^{\frac{n-1}{2}} \left(\frac{M(\mathfrak{S}, 0)}{s-1} - \frac{S^{-\frac{1}{2}} x^{\frac{m}{4}-\frac{n}{2}} M(\mathfrak{S}^{-1}, 0)}{s - \frac{m}{2} + 1} \right)$$

und damit ist auf Grund von (46) die Funktion $f_1\varphi(\mathfrak{S}, s) + f_2\varphi(-\mathfrak{S}, s)$ in die ganze s-Ebene fortgesetzt. Sie ist überall regulär bis auf zwei Pole erster Ordnung bei $s = \frac{m}{2}$, $s = 0$ und zwei etwaige Pole erster Ordnung bei $s = 1$, $s = \frac{m}{2} - 1$. Die letzteren treten nur dann auf, wenn $\mathfrak{x}' \mathfrak{S} \mathfrak{x}$ eine Nullform ist. Um nun zu Aussagen über $\varphi(\mathfrak{S}, s)$ und $\varphi(-\mathfrak{S}, s)$ selbst zu gelangen, hat man die Abhängigkeit der Koeffizienten f_1 und f_2 von x zu benutzen.

§ 7.

Die Funktionalgleichung.

Wir multiplizieren (46) mit $x^{\frac{m}{4}-\frac{n}{2}} S^{n+\frac{1}{2}}$ und ersetzen in der entstehenden Formel die Symbole λ, x, $\mathfrak{S}$, s durch $1 - \lambda$, x^{-1}, $\mathfrak{S}^{-1}$, $\frac{m}{2} - s$. Es ergibt sich dann rechts wieder genau die rechte Seite von (46). Da das Entsprechende für das durch (51) ausgedrückte Δ gilt, so folgt

$$(52)\quad \begin{aligned} f_1(s,x)\,\varphi(\mathfrak{S},s) &+ f_2(s,x)\,\varphi(-\mathfrak{S},s) \\ = S^{-\frac{1}{2}} x^{\frac{n}{2}-1} \Big\{ f_1\Big(\frac{m}{2}-s, x^{-1}\Big)\,\varphi\Big(\mathfrak{S}^{-1}, \frac{m}{2}-s\Big) \\ &+ f_2\Big(\frac{m}{2}-s, x^{-1}\Big)\,\varphi\Big(-\mathfrak{S}^{-1}, \frac{m}{2}-s\Big)\Big\}. \end{aligned}$$

Um hieraus die Funktionalgleichung in der Form (35) zu gewinnen, hat man die hypergeometrischen Funktionen f_1 und f_2 zu eliminieren. Benutzt man aus der Theorie dieser Funktionen die Beziehungen

$$x^{\frac{n}{2}-1} \sin(\pi s)\, f_1\Big(\frac{m}{2}-s, x^{-1}\Big) = \sin\Big(\pi s - \pi\frac{m-n}{2}\Big) f_1(s,x) + \sin\frac{\pi n}{2} f_2(s,x),$$

$$x^{\frac{n}{2}-1} \sin(\pi s)\, f_2\Big(\frac{m}{2}-s, x^{-1}\Big) = \sin\frac{\pi(m-n)}{2} f_1(s,x) + \sin\Big(\pi s - \frac{\pi n}{2}\Big) f_2(s,x)$$

und die lineare Unabhängigkeit von $f_1(s, x)$ und $f_2(s, x)$, so erhält man (35).

Ohne explizite Benutzung der Theorie der hypergeometrischen Funktionen kann man auch folgendermaßen schließen. Es sei x beliebig komplex, aber $\neq 0, -1, \infty$. Bedeutet C eine von $+1$ nach $+1$ gehende einfach geschlossene Kurve, die den Nullpunkt der y-Ebene positiv umläuft und nicht den Punkt $-x^{-1}$ enthält, so ist

$$(53)\qquad (e^{2\pi i a} - 1) f(a,b,c,x) = \int_C y^a (1-y)^b (1+xy)^c\, dy,$$

und hier steht für $R(b) > -1$ auf der rechten Seite eine ganze Funktion von a. Zufolge (43) sind also $f_1(s, x)$ und $f_2(s, x)$ meromorphe Funktionen von s. Ferner ist der Quotient $f_1(s, x) : f_2(s, x)$ als Funktion des positiven x nicht konstant; es gilt nämlich

$$\lim_{x \to 0} x^{\frac{n}{2} - s} \frac{f_1(s, x)}{f_2(s, x)} = \frac{\Gamma\left(\frac{m-n}{2}\right) \Gamma\left(s - \frac{m}{2} + 1\right) \Gamma(s)}{\Gamma\left(\frac{n}{2}\right) \Gamma\left(s - \frac{n}{2} + 1\right) \Gamma\left(s - \frac{n}{2}\right)}.$$

Nach (46) und (51) sind also $\varphi(\mathfrak{S}, s)$ und $\varphi(-\mathfrak{S}, s)$ meromorphe Funktionen von s.

Die Darstellung (53) zeigt ferner, daß $f_1(s, x)$ und $f_2(s, x)$ als Funktionen von x regulär sind in der ganzen x-Ebene mit Ausnahme der Punkte $0, -1, \infty$. Die Funktionalgleichung (52) gilt also auch für komplexe x. Es sei nun $\sigma > \frac{m}{2} - 1$. Wir setzen $x = -1 \pm \delta i$ und lassen δ durch positive Werte gegen 0 streben. Nach (43) ergibt sich

$$f_1(s, x) \to \int_0^1 y^{s - \frac{m}{2}} (1 - y)^{\frac{m}{2} - 2} \, dy = \frac{\Gamma\left(\frac{m}{2} - 1\right) \Gamma\left(s - \frac{m}{2} + 1\right)}{\Gamma(s)} = c_1$$

$$f_2(s, x) \to c_1 \, e^{\pm \pi i \left(\frac{m}{2} - 1 - s\right)}.$$

Andererseits folgt aus (53) durch Anwendung des Cauchyschen Integralsatzes

$$\left(e^{-2\pi i s} - 1\right) f_1\left(\frac{m}{2} - s, x^{-1}\right) \to \left(e^{-\pi i \frac{m}{2}} - e^{-2\pi i s + \pi i \frac{m}{2}}\right) \int_1^\infty y^{-s} (y-1)^{\frac{m}{2} - 2} \, dy$$

$$f_1\left(\frac{m}{2} - s, x^{-1}\right) \to c_1 \frac{\sin\left(\pi \frac{m}{2} - \pi s\right)}{\sin(\pi s)} = c_2$$

$$f_2\left(\frac{m}{2} - s, x^{-1}\right) \to c_2 \, e^{\pm \pi i (1 - s)}.$$

Dies liefert als Spezialfall von (52) die Formel

$$\varphi(\mathfrak{S}, s) - e^{\mp \pi i \left(s - \frac{m}{2}\right)} \varphi(-\mathfrak{S}, s)$$

$$= e^{\pm \pi i \frac{n}{2}} S^{-\frac{1}{2}} \frac{\sin\left(\pi s - \frac{\pi m}{2}\right)}{\sin(\pi s)} \left\{\varphi\left(\mathfrak{S}^{-1}, \frac{m}{2} - s\right) - e^{\mp \pi i s} \varphi\left(-\mathfrak{S}^{-1}, \frac{m}{2} - s\right)\right\}$$

und damit wieder Satz 2.

§ 8.

Die Residuen.

Es sei jetzt wieder $x > 0$. Zur Bestimmung der Residuen von $\zeta(\mathfrak{S}, s)$ hat man die Beziehungen (46) und (51) zu benutzen.

Als Funktionen von x genügen $f_1(s, x)$ und $f_2(s, x)$ der linearen Differentialgleichung zweiter Ordnung

$$x(x+1)\frac{d^2 y}{d x^2} + \left\{\left(s - \frac{m+n}{2} + 3\right)x + s - \frac{n}{2} + 1\right\}\frac{d y}{d x} + \left(\frac{m}{2} - s - 1\right)\left(\frac{n}{2} - 1\right)y = 0.$$

Hieraus folgt in üblicher Weise die Formel

$$(54)\quad f_2\frac{d f_1}{d x} - f_1\frac{d f_2}{d x} = \Gamma\left(\frac{n}{2}\right)\Gamma\left(\frac{m-n}{2}\right)\frac{\Gamma\left(s - \frac{m}{2} + 1\right)}{\Gamma(s)}\, x^{\frac{n}{2} - s - 1}(x+1)^{\frac{m}{2} - 2}.$$

Ferner lehrt (53), daß $f_1, f_2, \frac{d f_1}{d x}, \frac{d f_2}{d x}$ nach Division durch $\Gamma\left(s - \frac{m}{2} + 1\right)$ ganze Funktionen von s werden. Differentiiert man nun (46) nach x und benutzt (54), so erkennt man, daß die beiden Funktionen

$$\pi^s \frac{\varphi(\mathfrak{S}, s)}{\Gamma(s)} = \zeta(\mathfrak{S}, s), \qquad \pi^s \frac{\varphi(-\mathfrak{S}, s)}{\Gamma(s)} = \zeta(-\mathfrak{S}, s)$$

höchstens vier Pole haben können, und zwar von erster Ordnung bei $s = \frac{m}{2}$, $\frac{m}{2} - 1$, 1, 0. Zum Beweise der Sätze 1 und 3 hat man also nur noch jene Stellen zu untersuchen und dort die Residuen zu berechnen.

Es seien α und β die Residuen von $\varphi(\mathfrak{S}, s)$ und $\varphi(-\mathfrak{S}, s)$ bei $s = \frac{m}{2}$. Nach (46) und (51) gilt dann

$$(55)\qquad \alpha f_1\left(\frac{m}{2}, x\right) + \beta f_2\left(\frac{m}{2}, x\right) = \frac{\Gamma\left(\frac{n}{2}\right)\Gamma\left(\frac{m-n}{2}\right)}{\Gamma\left(\frac{m}{2}\right)} S^{-\frac{1}{2}}\mu(\mathfrak{S})\, x^{\frac{n-m}{2}}(1+x)^{\frac{m}{2}-1}.$$

Andererseits ist

$$(56)\qquad f_1\left(\frac{m}{2}, x\right) + f_2\left(\frac{m}{2}, x\right) = \int_{-x^{-1}}^{1}(1-y)^{\frac{m-n}{2}-1}(1+xy)^{\frac{n}{2}-1}\,d y = \frac{\Gamma\left(\frac{n}{2}\right)\Gamma\left(\frac{m-n}{2}\right)}{\Gamma\left(\frac{m}{2}\right)} x^{\frac{n-m}{2}}(1+x)^{\frac{m}{2}-1}$$

und $f_1\left(\frac{m}{2}, 0\right) = \frac{2}{m-n}$, also der Quotient $f_1\left(\frac{m}{2}, x\right) : f_2\left(\frac{m}{2}, x\right)$ nicht konstant. Aus (55) und (56) folgt jetzt

$$\alpha = \beta = S^{-\frac{1}{2}}\mu(\mathfrak{S}),$$

und die Residuen von $\zeta(\mathfrak{S}, s)$ und $\zeta(-\mathfrak{S}, s)$ bei $s = \frac{m}{2}$ haben den gemeinsamen Wert

$$\varrho(\mathfrak{S}) = \frac{\pi^{\frac{m}{2}}}{\Gamma\left(\frac{m}{2}\right)} S^{-\frac{1}{2}} \mu(\mathfrak{S}).$$

Aus der Funktionalgleichung (35) entnehmen wir jetzt, daß die Funktionen $\zeta(\mathfrak{S}, s)$ und $\zeta(-\mathfrak{S}, s)$ bei $s = 0$ regulär sind. Für gerades $m - n$ ergibt sich noch die einfache Wertbestimmung

$$\zeta(\mathfrak{S}, 0) = (-1)^{\frac{m-n}{2} - 1} \mu(\mathfrak{S}).$$

Nunmehr werde das Verhalten bei $s = \frac{m}{2} - 1$ untersucht. Aus (46) und (51) folgt, daß der Ausdruck

$$(57) \qquad f_1(s, x)\, \zeta(\mathfrak{S}, s) + f_2(s, x)\, \zeta(-\mathfrak{S}, s)$$
$$+ \frac{1}{2} \pi^{\frac{1-m}{2}} \Gamma\left(\frac{m-1}{2}\right) \zeta(m-2) \left(\frac{S^{-\frac{1}{2}} M(\mathfrak{S}^{-1}, 0)}{s - \frac{m}{2} + 1} - \frac{x^{\frac{n}{2} - \frac{m}{4}} M(\mathfrak{S}, 0)}{s - 1} \right)$$

und seine Ableitung nach x bei $s = \frac{m}{2} - 1$ regulär ist. Ferner haben nach (42) die Funktionen $f_1(s, x)$ und $f_2(s, x)$ bei $s = \frac{m}{2} - 1$ einen Pol erster Ordnung vom Residuum 1, während ihre Ableitungen nach x dort regulär sind. Vermöge (54) erkennen wir, daß die Funktion

$$\frac{\Gamma\left(\frac{n}{2}\right) \Gamma\left(\frac{m-n}{2}\right)}{\Gamma\left(\frac{m}{2} - 1\right)} \zeta(\mathfrak{S}, s)$$
$$+ \frac{1}{2}\left(\frac{m}{4} - \frac{n}{2}\right) \pi^{\frac{1-m}{2}} \Gamma\left(\frac{m-1}{2}\right) \zeta(m-2)\, x^{\frac{m}{4} - 1} (x+1)^{\frac{m}{2} - 2} \frac{M(\mathfrak{S}, 0)}{s - 1}$$

bei $s = \frac{m}{2} - 1$ regulär ist. Liegt nicht der Fall $m = 4$, $n \neq 2$ vor, so ist also $\zeta(\mathfrak{S}, s)$ regulär bei $s = \frac{m}{2} - 1$, und ebenfalls $\zeta(-\mathfrak{S}, s)$. Ist aber $m = 4$, $n \neq 2$, so hat $\zeta(\mathfrak{S}, s)$ bei $s = \frac{m}{2} - 1 = 1$ einen Pol erster Ordnung mit dem Residuum $(-1)^{\frac{n+1}{2}} \frac{1}{24} M(\mathfrak{S}, 0)$.

Endlich ist noch die Stelle $s = 1$ zu untersuchen. Dabei kann man $m \neq 4$ voraussetzen, da man sonst auf den soeben behandelten Fall

$s = \frac{m}{2} - 1$ zurückkäme. Wegen der Regularität des Ausdrucks (57) bei $s = \frac{m}{2} - 1$ ist nun

$$(58)\ \zeta\left(\mathfrak{S}, \frac{m}{2} - 1\right) + \zeta\left(-\mathfrak{S}, \frac{m}{2} - 1\right) = -\tfrac{1}{2}\pi^{\frac{1-m}{2}}\, \Gamma\left(\frac{m-1}{2}\right) \zeta(m-2)\, S^{-\frac{1}{2}} M(\mathfrak{S}^{-1}, 0).$$

Für gerades $m - n$ folgt aus (1) die Regularität von $\zeta(\mathfrak{S}, s)$ bei $s = 1$. Für ungerades $m - n$ folgt aus (2) und (58), daß $\zeta(\mathfrak{S}, s)$ bei $s = 1$ einen Pol erster Ordnung mit dem Residuum

$$\varrho_1(\mathfrak{S}) = (-1)^{\frac{m-n-1}{2}} (2\pi)^{2-m}\, \Gamma(m-2)\, \zeta(m-2)\, M(\mathfrak{S}, 0)$$

besitzt. Nach dem im vorigen Absatz Bewiesenen gilt diese Formel auch für $m = 4$. Im Falle eines geraden m läßt sich auf Grund der Funktionalgleichung der Riemannschen Zetafunktion für $\varrho_1(\mathfrak{S})$ der einfachere Ausdruck

$$\varrho_1(\mathfrak{S}) = (-1)^{\frac{n-1}{2}}\, \tfrac{1}{2}\, \zeta(3-m)\, M(\mathfrak{S}, 0)$$

angeben.

Damit sind die Sätze 1, 2, 3 bewiesen, wenn von dem bisher ausgeschlossenen Fall einer Quaternionen-Nullform $\mathfrak{x}'\mathfrak{S}\mathfrak{x}$ abgesehen wird. Dieser Fall ist nun noch zu untersuchen.

§ 9.

Die Quaternionen-Nullform.

Es sei fortan $m = 4$, $\mathfrak{x}'\mathfrak{S}\mathfrak{x}$ eine Nullform und $|\mathfrak{S}|$ das Quadrat einer rationalen Zahl, also $n = 2$. Da $\mathfrak{x}'\mathfrak{S}\mathfrak{x}$ eine Nullform ist, so läßt sie sich durch eine lineare rationalzahlige Substitution in $2\,y_1 y_4 + Q$ transformieren, wobei Q eine quadratische Form in y_2, y_3 mit rationalen Koeffizienten bedeutet. Die Determinante $|\mathfrak{S}|$ ist das Quadrat einer rationalen Zahl und folglich die binäre Form Q rational zerlegbar; man kann also $Q = -2\,y_2 y_3$ voraussetzen. Die gegebene Form $\mathfrak{x}'\mathfrak{S}\mathfrak{x}$ geht demnach durch eine geeignete lineare rationalzahlige Substitution $\mathfrak{x} = \mathfrak{R}\mathfrak{y}$ in $2(y_1 y_4 - y_2 y_3)$ über, und dabei ist $|\mathfrak{R}| = S^{-\frac{1}{2}}$. Man bezeichne die Matrix der Form $2(y_1 y_4 - y_2 y_3)$ mit $\mathfrak{S}_0$ und setze noch

$$\begin{pmatrix} y_4 & y_2 \\ y_3 & y_1 \end{pmatrix} = \mathfrak{Y}.$$

Man wähle nun eine natürliche Zahl $q > 2$, die durch das Produkt der Hauptnenner der Elemente von $\mathfrak{R}$ und $\mathfrak{R}^{-1}$ teilbar ist. Ist dann $\mathfrak{U}$ eine Einheit von $\mathfrak{S}$, die $\equiv \mathfrak{E} \pmod{q}$ ist, so ist $\mathfrak{R}^{-1}\mathfrak{U}\mathfrak{R} = \mathfrak{U}_0$ eine Einheit von $\mathfrak{S}_0$. Ist umgekehrt $\mathfrak{U}_0$ eine Einheit von $\mathfrak{S}_0$ und $\mathfrak{U}_0 \equiv \mathfrak{E} \pmod{q}$, so ist $\mathfrak{R}\mathfrak{U}_0\mathfrak{R}^{-1} = \mathfrak{U}$

eine Einheit von $\mathfrak{S}$. Folglich gibt es in $\Gamma(\mathfrak{S})$ eine Untergruppe $\Gamma_1(\mathfrak{S})$ mit endlichem Index j und in $\Gamma(\mathfrak{S}_0)$ eine Untergruppe $\Gamma_1(\mathfrak{S}_0)$ mit endlichem Index, so daß $\Gamma_1(\mathfrak{S}) = \mathfrak{R}\Gamma_1(\mathfrak{S}_0)\mathfrak{R}^{-1}$ ist. Eine zulässige Wahl von $\Gamma_1(\mathfrak{S}_0)$ ist die folgende. Sind $\mathfrak{A}$ und $\mathfrak{B}$ unimodulare zweireihige Matrizen, so wird durch die Substitution

$$\mathfrak{Y} \to \mathfrak{A}'\mathfrak{Y}\mathfrak{B} \tag{59}$$

eine Einheit $\mathfrak{U}_0$ von $\mathfrak{S}_0$ definiert, die kurz mit $\mathfrak{A}\times\mathfrak{B}$ bezeichnet werde. Sind $\mathfrak{A}$ und $\mathfrak{B} \equiv \mathfrak{E} \pmod{q}$, so ist auch $\mathfrak{U}_0 = \mathfrak{A}\times\mathfrak{B} \equiv \mathfrak{E} \pmod{q}$. Wir wählen für $\Gamma_1(\mathfrak{S}_0)$ die Gruppe dieser $\mathfrak{U}_0 = \mathfrak{A}\times\mathfrak{B}$ mit $\mathfrak{A} \equiv \mathfrak{B} \equiv \mathfrak{E} \pmod{q}$.

Es sei $\mathfrak{a} \neq \mathfrak{n}$ eine ganzzahlige Lösung von $\mathfrak{a}'\mathfrak{S}\mathfrak{a} = 0$. Dann ist $\mathfrak{R}^{-1}\mathfrak{a} = \mathfrak{a}_0$ eine rationale Lösung von $\mathfrak{a}_0'\mathfrak{S}_0\mathfrak{a}_0 = 0$, also $a_1 a_4 - a_2 a_3 = 0$, wenn a_1, a_2, a_3, a_4 die Elemente von $\mathfrak{a}_0$ bedeuten. Setzt man noch

$$\begin{pmatrix} a_4 & a_2 \\ a_3 & a_1 \end{pmatrix} = \mathfrak{A}_0,$$

so kann man zwei unimodulare Matrizen $\mathfrak{A}_1$ und $\mathfrak{B}_1$ derart finden, daß

$$\mathfrak{A}_1'\mathfrak{A}_0\mathfrak{B}_1 = \begin{pmatrix} 0 & 0 \\ 0 & \delta \end{pmatrix} \tag{60}$$

wird, wobei $\delta = \delta(\mathfrak{a})$ den größten gemeinsamen Teiler der Elemente von $\mathfrak{R}^{-1}\mathfrak{a}$ bedeutet. Ist nun $\mathfrak{U}_0 = \mathfrak{A}\times\mathfrak{B}$ eine Einheit der Untergruppe $\Gamma_1(\mathfrak{S}_0)$, welche $\mathfrak{a}_0$ als Fixpunkt hat, also ein Element von $\Gamma_1(\mathfrak{S}_0, \mathfrak{a}_0)$, so gilt

$$\mathfrak{A}'\mathfrak{A}_0\mathfrak{B} = \mathfrak{A}_0,$$

und hieraus folgt vermöge (60), daß $\mathfrak{A}$ und $\mathfrak{B}$ die Form

$$\mathfrak{A} = \mathfrak{A}_1\begin{pmatrix} 1 & \alpha \\ 0 & 1 \end{pmatrix}\mathfrak{A}_1^{-1}, \qquad \mathfrak{B} = \mathfrak{B}_1\begin{pmatrix} 1 & \beta \\ 0 & 1 \end{pmatrix}\mathfrak{B}_1^{-1}$$

besitzen, wobei α und β beide durch q teilbar sind. Umgekehrt liefert jedes solche Paar $\mathfrak{A}, \mathfrak{B}$ wieder ein Element $\mathfrak{A}\times\mathfrak{B} = \mathfrak{U}_0$ von $\Gamma_1(\mathfrak{S}_0, \mathfrak{a}_0)$.

Wir haben jetzt den durch (45) erklärten Ausdruck Δ zu berechnen. Aus dem Fundamentalbereiche $g(\mathfrak{S})$ für die gekürzte Einheitengruppe $\Gamma^*(\mathfrak{S})$ erhält man einen Fundamentalbereich $g_1(\mathfrak{S})$ für die Untergruppe $\Gamma_1(\mathfrak{S})$, indem man $\frac{1}{2}j$ geeignete Bilder von $g(\mathfrak{S})$ vereinigt. Um $\mathfrak{S}_0$ an Stelle von $\mathfrak{S}$ in Δ einzuführen, setze man

$$\mathfrak{P} = \mathfrak{P}^{(2)}, \quad \mathfrak{Z} = \begin{pmatrix} \mathfrak{P} \\ \mathfrak{E} \end{pmatrix}, \quad \mathfrak{Z}'\mathfrak{S}_0\mathfrak{Z} = \mathfrak{T}_0, \quad \mathfrak{S}_0\mathfrak{Z}\mathfrak{T}_0^{-1}\mathfrak{Z}'\mathfrak{S}_0 = \mathfrak{B}$$

und bilde die Summe

$$\psi_1(u, \mathfrak{Z}) = \sum_{\mathfrak{a}_0'\mathfrak{S}_0\mathfrak{a}_0 = 0} e^{-\pi\gamma u\mathfrak{a}_0'\mathfrak{B}\mathfrak{a}_0},$$

in welcher $\mathfrak{a}_0$ alle Lösungen von $\mathfrak{a}_0'\mathfrak{S}_0\mathfrak{a}_0 = 0$ mit ganzem $\mathfrak{R}\mathfrak{a}_0$ durchläuft. Ferner sei $\psi_2(u, \mathfrak{Z})$ die Summe mit demselben allgemeinen Gliede, wobei aber $\mathfrak{a}_0$ alle Lösungen von $\mathfrak{a}_0' \mathfrak{S}_0 \mathfrak{a}_0 = 0$ mit ganzem $\mathfrak{S} \mathfrak{R} \mathfrak{a}_0$ durchläuft. Bedeutet nun $g_1(\mathfrak{S}_0)$ einen Fundamentalbereich für $\Gamma_1(\mathfrak{S}_0)$, so wird

$$(61)\quad \tfrac{1}{2} j S \Delta = \int\limits_{g_1(\mathfrak{S}_0)} |\mathfrak{Z}' \mathfrak{S}_0 \mathfrak{Z}|^{-2} \Big\{ S^{-\frac{1}{2}} \int\limits_1^\infty u^{1-s} \psi_2(u, \mathfrak{Z})\, du - \int\limits_0^1 u^{s-1} \psi_1(u, \mathfrak{Z})\, du \Big\}\, d\mathfrak{P}.$$

Ist

$$(62)\qquad \mathfrak{P} = \begin{pmatrix} u_1 & u_2 \\ v_1 & v_2 \end{pmatrix},$$

so gilt

$$(63)\qquad \mathfrak{T}_0 = \mathfrak{Z}' \mathfrak{S}_0 \mathfrak{Z} = \begin{pmatrix} -2v_1 & u_1 - v_2 \\ u_1 - v_2 & 2u_2 \end{pmatrix},$$

und die Bedingung $\mathfrak{T}_0 > 0$ liefert

$$(64)\qquad u_2 > 0, \quad (u_1 - v_2)^2 + 4 v_1 u_2 < 0.$$

Wir definieren nun durch die Gleichung $(1, \xi, \eta, \xi\eta)\, \mathfrak{Z} = \mathfrak{n}'$, oder ausführlicher

$$(65)\qquad u_1 + \xi v_1 + \eta = 0, \quad u_2 + \xi v_2 + \xi \eta = 0,$$

zwei Größen ξ und η. Für ξ erhält man die quadratische Gleichung $v_1 \xi^2 + (u_1 - v_2)\xi - u_2 = 0$, deren Wurzeln nach (64) imaginär sind. Wir können also voraussetzen, daß der imaginäre Teil ξ_2 von $\xi = \xi_1 + i\xi_2$ positiv sei. Zufolge (64) und (65) liegt dann auch $\eta = \eta_1 + i\eta_2$ in der oberen Halbebene. Sind $\bar{\xi}, \bar{\eta}$ konjugiert komplex zu ξ, η, so wird

$$(66)\quad u_1 = \frac{\bar{\xi}\eta - \xi\bar{\eta}}{\xi - \bar{\xi}}, \quad v_1 = \frac{\bar{\eta} - \eta}{\xi - \bar{\xi}}, \quad u_2 = \frac{\eta - \bar{\eta}}{\xi - \bar{\xi}} \xi \bar{\xi}, \quad v_2 = \frac{\bar{\xi}\bar{\eta} - \xi\eta}{\xi - \bar{\xi}},$$

und daher ist die Funktionaldeterminante

$$(67)\qquad \frac{d(u_1\, v_1\, u_2\, v_2)}{d(\xi_1\, \xi_2\, \eta_1\, \eta_2)} = 4\, \eta_2^2\, \xi_2^{-2}.$$

Ferner findet man

$$(68)\qquad |\mathfrak{Z}' \mathfrak{S}_0 \mathfrak{Z}| = 4\, \eta_2^2.$$

Ist nun $\mathfrak{U}_0 = \mathfrak{A} \times \mathfrak{B}$ ein Element von $\Gamma_1(\mathfrak{S}_0)$ mit

$$\mathfrak{A} = \begin{pmatrix} \alpha_1 & \alpha_2 \\ \alpha_3 & \alpha_4 \end{pmatrix}, \qquad \mathfrak{B} = \begin{pmatrix} \beta_1 & \beta_2 \\ \beta_3 & \beta_4 \end{pmatrix},$$

so ist die Abbildung $\mathfrak{Z} \to \mathfrak{U}_0 \mathfrak{Z}$ zufolge (59) und (65) gleichbedeutend mit den simultanen Modulsubstitutionen

$$(69)\qquad \xi \to \frac{\alpha_1 \xi + \alpha_2}{\alpha_3 \xi + \alpha_4}, \qquad \eta \to \frac{\beta_1 \eta + \beta_2}{\beta_3 \eta + \beta_4}.$$

Die Modulsubstitutionen mit $\mathfrak{A} \equiv \mathfrak{E} \pmod{q}$ bilden die Hauptkongruenzuntergruppe q-ter Stufe der Modulgruppe. Wir wählen für sie einen Fundamentalbereich g_0 in der oberen Halbebene. Läßt man dann ξ und η unabhängig voneinander je den Bereich g_0 durchlaufen, so beschreibt der nach (62) und (66) zugeordnete Punkt $\mathfrak{P}$ den Fundamentalbereich $g_1(\mathfrak{S}_0)$.

Der Übergang von (61) zu einer mit (51) analogen Formel läßt sich nicht ohne weiteres ausführen, da bei direkter Übertragung der früheren Rechnung jetzt divergente Integrale auftreten würden. Um dies zu vermeiden, entferne man von dem Fundamentalbereich g_0 die Umgebung der parabolischen Eckpunkte, indem man für festes $\varepsilon > 0$ das Gebiet $\xi_2 > \varepsilon^{-1}$ und seine sämtlichen Bildgebiete bei allen Modulsubstitutionen fortläßt. So entsteht ein im Innern der oberen Halbebene gelegenes endliches Gebiet g_ε. Zufolge (67) und (68) geht jetzt (61) über in

$$(70)\quad 2jS\Delta = \lim_{\varepsilon\to 0}\iint\limits_{g_\varepsilon}\iint\limits_{g_\varepsilon}\Big\{S^{-\frac{1}{2}}\int_1^\infty u^{1-s}\,\psi_2(u,\mathfrak{Z})\,du$$
$$-\int_0^1 u^{s-1}\,\psi_1(u,\mathfrak{Z})\,du\Big\}\,(\xi_2\eta_2)^{-2}\,d\xi_1\,d\xi_2\,d\eta_1\,d\eta_2.$$

Nun fasse man in der Summe $\psi_1(u,\mathfrak{Z})$ alle Glieder zusammen, für welche $\mathfrak{a}_0$ mit einem festen $\mathfrak{a}_1$ in bezug auf die Einheitenuntergruppe $\Gamma_1(\mathfrak{S}_0)$ assoziiert ist. Macht man noch die Modulsubstitutionen (69) mit

$$\begin{pmatrix}\alpha_1 & \alpha_2\\ \alpha_3 & \alpha_4\end{pmatrix} = \mathfrak{A}_1,\qquad \begin{pmatrix}\beta_1 & \beta_2\\ \beta_3 & \beta_4\end{pmatrix} = \mathfrak{B}_1,$$

wobei $\mathfrak{A}_1$ und $\mathfrak{B}_1$ die in (60) auftretenden Matrizen sind, so wird $\mathfrak{a}_1'\mathfrak{S}_0\mathfrak{Z} = \delta(\mathfrak{a}_1)\,(0\;1)$, und man erhält mit Hilfe von (66), (68), (63) die Beziehung

$$\mathfrak{a}_1'\,\mathfrak{B}\,\mathfrak{a}_1 = \frac{\delta^2(\mathfrak{a}_1)}{2\,\xi_2\eta_2}.$$

Jene $\mathfrak{a}_0$ liefern zu dem Integral auf der rechten Seite von (70) den Beitrag

$$-\iint\limits_{b_\varepsilon}\iint\limits_{b_\varepsilon}\Big\{\int_0^1 u^{s-1}\,e^{-\pi\gamma u\frac{\delta^2(\mathfrak{a}_1)}{2\xi_2\eta_2}}\,du\Big\}\,(\xi_2\eta_2)^{-2}\,d\xi_1\,d\xi_2\,d\eta_1\,d\eta_2,$$

wo der Bereich b_ε aus dem Halbstreifen $0 \leqq \xi_1 \leqq q$ der oberen ξ-Halbebene durch die oben erklärte Ausschließung der Umgebungen der rationalen Randpunkte entsteht. In analoger Weise vereinige man die Summanden von $\psi_2(u,\mathfrak{Z})$.

Jetzt hat man noch bei ψ_1 über ein volles System solcher $\mathfrak{a}_1$ zu summieren, die nicht-assoziiert in bezug auf $\Gamma_1(\mathfrak{S}_0)$ sind und für welche $\mathfrak{R}\mathfrak{a}_1$ ganz ist. Man wähle zunächst die endlich vielen nicht-assoziierten $\mathfrak{a}_1 = \mathfrak{a}_0$ aus, so daß $\mathfrak{R}\mathfrak{a}_0$ primitiv ist. Man erhält dann alle $\mathfrak{a}_1$ in der Form $\mathfrak{a}_1 = l\mathfrak{a}_0$ mit natürlichem l. Bei ψ_2 hat man die $\mathfrak{a}_1$ so zu normieren, daß $\mathfrak{S}\mathfrak{R}\mathfrak{a}_1$ ganz ist. Sie ergeben sich aus den soeben definierten $\mathfrak{a}_0$ in der Form $\mathfrak{a}_1 = rl\mathfrak{a}_0$ mit natürlichem l, wobei r^{-1} den größten gemeinsamen Teiler der Elemente von $\mathfrak{S}\mathfrak{R}\mathfrak{a}_0$ bedeutet. Außerdem hat man noch das Glied $\mathfrak{a}_0 = \mathfrak{n}$ zu berücksichtigen. Es wird

$$(71)\quad 2jS\Delta = v^2\left(\frac{S^{-\frac{1}{2}}}{s-2} - \frac{1}{s}\right)$$
$$+ \lim_{\varepsilon \to 0} \sum_{\mathfrak{a}_0} \iint\limits_{\mathfrak{b}_\varepsilon} \iint\limits_{\mathfrak{b}_\varepsilon} \int_0^1 u^{s-2}\Big\{S^{-\frac{1}{2}} u^{-1} \sum_{l=1}^{\infty} e^{-\frac{\pi\gamma(r\delta l)^2}{2u\xi_2\eta_2}}$$
$$- u \sum_{l=1}^{\infty} e^{-\frac{\pi\gamma(\delta l)^2}{2\xi_2\eta_2}u}\Big\} du\,(\xi_2\eta_2)^{-2}\, d\xi_1\, d\xi_2\, d\eta_1\, d\eta_2.$$

Dabei ist v das bekannte nicht-euklidische Volumen von g_0, δ und r^{-1} sind die größten gemeinsamen Teiler der Elemente von $\mathfrak{a}_0$ und $\mathfrak{S}\mathfrak{R}\mathfrak{a}_0$, und $\mathfrak{a}_0$ durchläuft ein volles System in bezug auf $\Gamma_1(\mathfrak{S}_0)$ nicht-assoziierter Lösungen von $\mathfrak{a}_0'\mathfrak{S}_0\mathfrak{a}_0 = 0$ mit primitivem $\mathfrak{R}\mathfrak{a}_0$.

Bezeichnet man mit w den Grenzwert auf der rechten Seite von (71), so wird

$$\frac{\pi\gamma}{2q^2} w = \lim_{\varepsilon \to 0} \sum_{\mathfrak{a}_0} \int_0^{\varepsilon^{-1}} \left(\int_0^1 u^{s-2}\Big\{S^{-\frac{1}{2}} \sum_{l=1}^{\infty} (r\delta l)^{-2} e^{-\frac{\pi\gamma\varepsilon(r\delta l)^2}{2u\eta_2}}\right.$$
$$\left. - \sum_{l=1}^{\infty} (\delta l)^{-2} e^{-\frac{\pi\gamma\varepsilon(\delta l)^2}{2\eta_2}u}\Big\} du\right) \frac{d\eta_2}{\eta_2}$$
$$= \sum_{\mathfrak{a}_0} \int_0^1 u^{s-2} \sum_{l=1}^{\infty} (\delta l)^{-2} \left\{S^{-\frac{1}{2}} r^{-2} \log \frac{2u}{\pi\gamma(r\delta l)^2} - \log \frac{2}{\pi\gamma u(\delta l)^2}\right\} du$$
$$+ \frac{\pi^2}{6(s-1)} \lim_{\varepsilon \to 0} \sum_{\mathfrak{a}_0} \delta^{-2} (S^{-\frac{1}{2}} r^{-2} - 1) \int_\varepsilon^\infty e^{-t} \frac{dt}{t}.$$

Hieraus folgt zunächst

$$\sum_{\mathfrak{a}_0} \delta^{-2} (S^{-\frac{1}{2}} r^{-2} - 1) = 0$$

und sodann

$$\frac{\pi\gamma}{2q^2} w = \frac{\pi^2}{3} \sum_{\mathfrak{a}_0} \delta^{-2} \left\{ \int_0^1 u^{s-2} \log u\, du + (\log\delta - S^{-\frac{1}{2}} r^{-2} \log(r\delta)) \int_0^1 u^{s-2}\, du\right\}$$
$$= -\frac{\pi^2}{3(s-1)^2} \sum_{\mathfrak{a}_0} \delta^{-2} + \frac{c}{s-1}$$

mit konstantem c. Also ist

$$(72)\qquad 2jS\Delta = v^2\left(\frac{S^{-\frac{1}{2}}}{s-2} - \frac{1}{s}\right) - \frac{2\pi q^2}{3\gamma(s-1)^2} \sum_{\mathfrak{a}_0} \delta^{-2} + \frac{c_1}{\gamma(s-1)}.$$

Damit ist Δ bestimmt.

Im vorliegenden Falle ist andererseits

$$f_1(s, x) = \int_0^1 y^{s-2}\, dy = \frac{1}{s-1}, \qquad f_2(s, x) = \frac{x^{1-s}}{s-1}.$$

Also wird nach (46) und (72) der Ausdruck

$$j\pi^{2-s}\Gamma(s)\{x^{\frac{s-1}{2}}\zeta(\mathfrak{S},s)+x^{\frac{1-s}{2}}\zeta(-\mathfrak{S},s)\}$$

$$-\frac{s-1}{4}v^2\left(\frac{S^{-\frac{1}{2}}}{s-2}-\frac{1}{s}\right)(x^{\frac{1}{2}}+x^{-\frac{1}{2}})+\frac{\pi q^2}{6(s-1)}\sum_{\mathfrak{a}_0}\delta^{-2}$$

eine ganze Funktion von s, die sich nicht ändert, wenn man sie mit $S^{\frac{1}{2}}$ multipliziert und dann x, $\mathfrak{S}$, s durch x^{-1}, $\mathfrak{S}^{-1}$, $2-s$ ersetzt. Außerdem hängt ihr Wert bei $s=1$ nicht von x ab. Hieraus findet man nun wieder die Funktionalgleichung von $\zeta(\mathfrak{S},s)$ und erkennt, daß diese Funktion in der ganzen endlichen s-Ebene regulär ist bis auf Pole erster Ordnung bei $s=2$ und $s=1$. Für das Residuum bei $s=1$ ergibt sich der negative rationale Wert

$$\varrho_1(\mathfrak{S})=-\frac{q^2}{12j}\sum_{\mathfrak{a}'\mathfrak{S}\mathfrak{a}=0}\{\delta(\mathfrak{a})\}^{-2},$$

wobei $\mathfrak{a}$ ein volles System primitiver, in bezug auf $\Gamma_1(\mathfrak{S})$ nicht-assoziierter Lösungen von $\mathfrak{a}'\mathfrak{S}\mathfrak{a}=0$ durchläuft und $\delta(\mathfrak{a})$ den größten gemeinsamen Teiler der Elemente von $\mathfrak{R}^{-1}\mathfrak{a}$ bedeutet.

Damit sind unsere sämtlichen Behauptungen bewiesen.

(Eingegangen am 18. März 1938.)

32.

Einführung in die Theorie der Modulfunktionen n-ten Grades

Mathematische Annalen 116 (1939), 617—657

Trotz der Bemühungen ausgezeichneter Mathematiker befindet sich die Theorie der analytischen Funktionen mehrerer Variabeln noch in einem recht unbefriedigenden Zustand. Dies liegt wohl zum Teil daran, daß wir noch nicht genügend Erfahrung gesammelt haben, um überblicken zu können, welche speziellen Arten von Funktionen sich mit den heutigen Mitteln der Analysis näher untersuchen lassen. Der klassischen Funktionentheorie einer Variabeln war ja eine 200jährige Entwicklung vorangegangen, in welcher man erst ganz allmählich von den elementaren transzendenten Funktionen und den elliptischen Integralen her zu allgemeineren Begriffsbildungen gekommen ist. Obwohl nun Fragestellungen verschiedener mathematischer Disziplinen schon vor längerer Zeit auf Probleme der Funktionentheorie mehrerer Veränderlichen geführt haben, so verfügen wir in dieser Theorie doch nur über recht wenige nichttriviale Beispiele von solchen Funktionsklassen, deren Eigenschaften wir näher durchschauen. Es handelt sich bei diesen Beispielen um Funktionen, welche bei gewissen Gruppen von Transformationen der Variabeln entweder invariant bleiben oder dabei selbst in einfacher Weise transformiert werden. Solche Funktionen traten zuerst beim Umkehrproblem der Abelschen Integrale auf. Man kam dann bei der Untersuchung der Abelschen Funktionen auf die allgemeinen Thetafunktionen und die $2n$-fach periodischen meromorphen Funktionen von n Variabeln[1]). Ferner hat Picard[2]) Funktionen zweier Veränderlichen betrachtet, die bei einer Gruppe projektiver Transformationen dieser Veränderlichen invariant bleiben, also eine Verallgemeinerung der automorphen Funktionen einer Variabeln. Später behandelte Blumenthal[3]) auf Hilberts Anregung eine andere Übertragung der elliptischen

[1]) Vgl. hierzu die ausführliche geschichtliche Übersicht im Enzyklopädie-Referat II, B 7 von A. Krazer und W. Wirtinger über Abelsche Funktionen und allgemeine Thetafunktionen.

[2]) E. Picard, Sur une classe de groupes discontinus de substitutions linéaires et sur les fonctions de deux variables indépendantes restant invariables par ces substitutions, Acta mathematica **1** (1882), S. 297—320.

[3]) O. Blumenthal, Über Modulfunktionen von mehreren Veränderlichen, Math. Annalen **56** (1903), S. 509—548 und **58** (1904), S. 497—527; Über Thetafunktionen und Modulfunktionen mehrerer Veränderlicher, Jahresbericht der Deutschen Mathematiker-Vereinigung **13** (1904), S. 120—132.

Modulfunktionen, in welcher nämlich die Gruppe der unimodularen gebrochenen linearen Substitutionen mit ganzen Koeffizienten aus einem beliebigen total-reellen algebraischen Zahlkörper zugrunde gelegt wird. In dieser Untersuchung wurde insbesondere sehr sorgfältig die algebraische Abhängigkeit solcher Funktionen studiert. Endlich hat Hecke [4]) die Hilbert-Blumenthalschen Funktionen für die Konstruktion gewisser Klassenkörper nutzbar gemacht und eine wichtige Darstellung durch verallgemeinerte Eisensteinsche Reihen gefunden.

Von der analytischen Theorie der quadratischen Formen her ist man[5]) neuerdings zu Funktionen von $\frac{n(n+1)}{2}$ Variabeln geführt worden, die für ein beliebiges algebraisches Gebilde vom Geschlecht n dasselbe leisten wie die elliptischen Modulfunktionen im Falle $n = 1$ und die deshalb Modulfunktionen n-ten Grades genannt werden. Diese Funktionen sind von Interesse wegen verschiedenartiger Anwendungen auf Algebra und Arithmetik, und ihre analytischen Eigenschaften lassen sich ziemlich weit verfolgen. Einige beachtenswerte Beiträge auf diesem Gebiete verdankt man H. Braun[6]). Da aber die Grundlage der Theorie dieser Funktionen bisher nur in großen Zügen skizziert worden ist, so soll jetzt eine eingehende Begründung gegeben werden. Die Anwendungen bleiben in dieser einführenden Darstellung außer Betracht.

Zunächst werden die Eigenschaften der Modulgruppe n-ten Grades genauer untersucht, insbesondere ihr Fundamentalbereich, und dann die Modulformen n-ten Grades eingeführt. Der wichtige Satz, daß zwischen je $\frac{n(n+1)}{2} + 2$ Modulformen eine isobare algebraische Gleichung mit konstanten Koeffizienten besteht, wird in allen Einzelheiten bewiesen. Dabei benötigt man nicht die sehr mühsam zu begründenden Hilfsbetrachtungen aus der allgemeinen Funktionentheorie mehrerer Variabeln, wie sie in der Blumenthalschen Untersuchung auftreten. Es wird die Reduktionstheorie der definiten quadratischen Formen herangezogen und eine gewisse Verall-

---

[4]) E. Hecke, Höhere Modulfunktionen und ihre Anwendung auf die Zahlentheorie, Math. Annalen **71** (1912), S. 1—37; Über die Konstruktion relativ-Abelscher Zahlkörper durch Modulfunktionen von zwei Variabeln, ebenda **74** (1913), S. 465—510; Analytische Funktionen und algebraische Zahlen II. Teil, Abhandlungen aus dem Mathematischen Seminar der Hamburgischen Universität **3** (1924), S. 213—236.

[5]) C. L. Siegel, Lectures on the analytical theory of quadratic forms, autographiert, Princeton (1935); Über die analytische Theorie der quadratischen Formen, Annals of mathematics **36** (1935), S. 527—606; Formes quadratiques et modules des courbes algébriques, Bulletin des sciences mathématiques, 2. Reihe, **61** (1937), S. 331—352.

[6]) H. Braun, Zur Theorie der Modulformen n-ten Grades, Math. Annalen **115** (1938), S. 507—517; Konvergenz verallgemeinerter Eisensteinscher Reihen, Math. Zeitschr. **44** (1939), S. 387—397.

gemeinerung des Schwarzschen Lemmas. Dann werden Modulformen durch Eisensteinsche Reihen konstruiert, und es wird gezeigt, daß es unter diesen $\frac{n(n+1)}{2}+1$ algebraisch unabhängige gibt. Definiert man die Modulfunktionen n-ten Grades durch Quotienten von Modulformen gleichen Gewichtes, so folgt sofort die algebraische Abhängigkeit von je $\frac{n(n+1)}{2}+1$ Modulfunktionen. Ferner ergibt sich, daß jede Modulfunktion rational durch Eisensteinsche Reihen ausgedrückt werden kann. Endlich wird noch bewiesen, daß die zwischen den Eisensteinschen Reihen identisch bestehenden algebraischen Gleichungen rationale Zahlenkoeffizienten haben.

Nicht berücksichtigt wird im folgenden die von der Theorie der elliptischen Modulfunktionen her naheliegende Verallgemeinerung, welche auch die Kongruenzuntergruppen der Modulgruppe n-ten Grades umfaßt. Gleichfalls fällt aus dem Rahmen unserer Betrachtung die Untersuchung derjenigen Funktionen, die zu den Modulfunktionen n-ten Grades in analogem Verhältnis stehen, wie die Hilbert-Blumenthalschen Funktionen zu den elliptischen Modulfunktionen.

Es seien hier noch einige der weiterhin zu benutzenden Symbole erklärt. *Deutsche* Buchstaben bezeichnen *Matrizen*, und zwar *kleine* deutsche Buchstaben stets *Spalten*. Durch den oberen Index (a, b) in $\mathfrak{M}^{(a,b)}$ wird ausgedrückt, daß $\mathfrak{M}$ eine Matrix aus a Zeilen und b Spalten ist; ferner bedeutet $\mathfrak{M}^{(a)}$ eine Matrix aus a Zeilen und Spalten. Gelegentlich werden unwichtige Elemente einer Matrix durch das Zeichen $*$ angedeutet. Unter abs $\mathfrak{K}$ verstehen wir den absoluten Betrag der Determinante einer komplexen Matrix $\mathfrak{K}$. *Nullmatrix* und *Einheitsmatrix* werden mit $\mathfrak{N}$ und $\mathfrak{E}$ bezeichnet, die *Nullspalte* mit $\mathfrak{n}$. Der Buchstabe $\mathfrak{S}$ wird für *symmetrische* Matrizen reserviert. Geht die quadratische Form $\mathfrak{x}'\mathfrak{S}\mathfrak{x}$ durch die lineare Transformation $\mathfrak{x} = \mathfrak{C}\mathfrak{y}$ in $\mathfrak{y}'\mathfrak{T}\mathfrak{y}$ über, so ist $\mathfrak{T} = \mathfrak{C}'\mathfrak{S}\mathfrak{C}$, und hierfür schreiben wir kürzer $\mathfrak{T} = \mathfrak{S}[\mathfrak{C}]$; insbesondere ist also $\mathfrak{x}'\mathfrak{S}\mathfrak{x} = \mathfrak{S}[\mathfrak{x}]$. Ist $\mathfrak{S}$ reell und stets $\mathfrak{S}[\mathfrak{x}] \geqq 0$ für reelles $\mathfrak{x}$, so nennen wir $\mathfrak{S}$ *nicht-negativ* und bezeichnen dies durch $\mathfrak{S} \geqq 0$; gilt schärfer sogar $\mathfrak{S}[\mathfrak{x}] > 0$ für alle reellen $\mathfrak{x} \neq \mathfrak{n}$, so heißt $\mathfrak{S}$ *positiv*, und wir schreiben dafür $\mathfrak{S} > 0$. Dieselbe Bezeichnung verwenden wir sinngemäß bei *hermitischen* Formen. Eine Matrix $\mathfrak{M}$ heißt *ganz*, wenn alle ihre Elemente ganze rationale Zahlen sind. Sind $\mathfrak{M}$ und $\mathfrak{M}^{-1}$ beide ganz, so heißt $\mathfrak{M}$ *unimodular*; für solche Matrizen bleibt der Buchstabe $\mathfrak{U}$ vorbehalten. Ist die Zahl $\mathfrak{S}[\mathfrak{x}] = \sum_{k,l=1}^{n} s_{kl} x_k x_l$ ganz für alle ganzen $\mathfrak{x}$, so müssen die Koeffizienten s_{kk} $(k = 1, \ldots, n)$ und $2 s_{kl}$ $(1 \leqq k < l \leqq n)$ der quadratischen Form sämtlich ganze Zahlen sein; wir nennen dann $\mathfrak{S}$ *halbganz*.

§ 1.

Die Modulgruppe n-ten Grades.

In verschiedenen Teilen der Mathematik wird man zu der Aufgabe geführt, die homogenen linearen Substitutionen zweier Reihen von je $2n$ Variabeln $x_1, \ldots, x_{2n}$ und $y_1, \ldots, y_{2n}$ zu bestimmen, welche die bilineare Form

$$\sum_{k=1}^{n} (x_k y_{n+k} - x_{n+k} y_k) \tag{1}$$

in sich überführen. Bezeichnet man mit

$$\mathfrak{M} = \begin{pmatrix} \mathfrak{A} & \mathfrak{B} \\ \mathfrak{C} & \mathfrak{D} \end{pmatrix}$$

die Matrix der gesuchten Substitution, wobei $\mathfrak{A}$, $\mathfrak{B}$, $\mathfrak{C}$, $\mathfrak{D}$ aus n Zeilen und Spalten bestehen, und mit

$$\mathfrak{J} = \begin{pmatrix} \mathfrak{N} & \mathfrak{E} \\ -\mathfrak{E} & \mathfrak{N} \end{pmatrix}$$

die Matrix der bilinearen Form (1), so muß also $\mathfrak{M}$ der Bedingung

$$\mathfrak{M}'\mathfrak{J}\mathfrak{M} = \mathfrak{J} \tag{2}$$

genügen. Diese Bedingung besagt, daß die 3 Gleichungen

$$\mathfrak{A}'\mathfrak{C} = \mathfrak{C}'\mathfrak{A}, \quad \mathfrak{B}'\mathfrak{D} = \mathfrak{D}'\mathfrak{B}, \quad \mathfrak{A}'\mathfrak{D} - \mathfrak{C}'\mathfrak{B} = \mathfrak{E} \tag{3}$$

gelten sollen. Wegen $\mathfrak{J}^{-1} = -\mathfrak{J}$ und (2) gilt auch

$$\mathfrak{M}\mathfrak{J}\mathfrak{M}' = \mathfrak{J}, \tag{4}$$

also

$$\mathfrak{A}\mathfrak{B}' = \mathfrak{B}\mathfrak{A}', \quad \mathfrak{C}\mathfrak{D}' = \mathfrak{D}\mathfrak{C}', \quad \mathfrak{A}\mathfrak{D}' - \mathfrak{B}\mathfrak{C}' = \mathfrak{E}. \tag{5}$$

Ein Paar von Matrizen $\mathfrak{X}$ und $\mathfrak{Y}$ mit der Eigenschaft

$$\mathfrak{X}\mathfrak{Y}' = \mathfrak{Y}\mathfrak{X}' \tag{6}$$

heiße *symmetrisch*. Zufolge (3) gilt dann für jedes symmetrische Paar n-reihiger Matrizen $\mathfrak{X}$, $\mathfrak{Y}$ die Beziehung

$$\begin{pmatrix} \mathfrak{X}\mathfrak{C}' + \mathfrak{Y}\mathfrak{D}' & -\mathfrak{X}\mathfrak{A}' - \mathfrak{Y}\mathfrak{B}' \\ \mathfrak{N} & \mathfrak{E} \end{pmatrix} \mathfrak{M} \begin{pmatrix} \mathfrak{E} & \mathfrak{X}' \\ \mathfrak{N} & \mathfrak{Y}' \end{pmatrix} = \begin{pmatrix} \mathfrak{Y} & \mathfrak{N} \\ \mathfrak{C} & \mathfrak{C}\mathfrak{X}' + \mathfrak{D}\mathfrak{Y}' \end{pmatrix}$$

und daher

$$|\mathfrak{X}\mathfrak{C}' + \mathfrak{Y}\mathfrak{D}'| \cdot |\mathfrak{M}| \cdot |\mathfrak{Y}'| = |\mathfrak{Y}| \cdot |\mathfrak{C}\mathfrak{X}' + \mathfrak{D}\mathfrak{Y}'|. \tag{7}$$

Nun ist aber die Determinante $|\mathfrak{X}\mathfrak{C}' + \mathfrak{Y}\mathfrak{D}'|$ auch unter der Nebenbedingung (6) nicht identisch in $\mathfrak{X}$ und $\mathfrak{Y}$ gleich 0, denn nach (5) hat sie speziell für $\mathfrak{X} = -\mathfrak{B}$, $\mathfrak{Y} = \mathfrak{A}$ den Wert 1. Daher folgt aus (7) die Gleichung

$$|\mathfrak{M}| = 1. \tag{8}$$

Alle reellen Matrizen $\mathfrak{M}$ mit der Eigenschaft (2) bilden offenbar bei Multiplikation eine Gruppe Ω. Unter ihnen bilden die ganzen $\mathfrak{M}$ wegen (8) ebenfalls eine Gruppe Γ, und diese nennen wir *homogene Modulgruppe n-ten Grades*. Die *homogenen Modulsubstitutionen*

$$\mathfrak{M} = \begin{pmatrix} \mathfrak{A} & \mathfrak{B} \\ \mathfrak{C} & \mathfrak{D} \end{pmatrix}$$

erhält man durch die sämtlichen ganzen Lösungen von

$$\mathfrak{A}\mathfrak{B}' = \mathfrak{B}\mathfrak{A}', \quad \mathfrak{C}\mathfrak{D}' = \mathfrak{D}\mathfrak{C}', \quad \mathfrak{A}\mathfrak{D}' - \mathfrak{B}\mathfrak{C}' = \mathfrak{E},$$

und es ist dann

$$\mathfrak{M}^{-1} = -\mathfrak{J}\mathfrak{M}'\mathfrak{J} = \begin{pmatrix} \mathfrak{D}' & -\mathfrak{B}' \\ -\mathfrak{C}' & \mathfrak{A}' \end{pmatrix}.$$

Die Matrizen $(\mathfrak{A}\mathfrak{B})$ und $(\mathfrak{C}\mathfrak{D})$ heißen erste und zweite *Matrizenzeile* der Modulsubstitution $\mathfrak{M}$. Es sollen jetzt einige einfache Eigenschaften dieser beiden Matrizenzeilen abgeleitet werden. Nach (5) und der Erklärung (6) ist zunächst jedes der Paare $\mathfrak{A}$, $\mathfrak{B}$ und $\mathfrak{C}$, $\mathfrak{D}$ symmetrisch. Nach (5) ist ferner

$$\mathfrak{G}\mathfrak{D} \cdot \mathfrak{A}' - \mathfrak{G}\mathfrak{C} \cdot \mathfrak{B}' = \mathfrak{G};$$

sind also für irgendeine Matrix $\mathfrak{G}$ die Matrizen $\mathfrak{G}\mathfrak{C}$ und $\mathfrak{G}\mathfrak{D}$ beide ganz, so ist $\mathfrak{G}$ selbst ganz. Diese Eigenschaft von $\mathfrak{C}$ und $\mathfrak{D}$ drücken wir aus, indem wir sagen, das Paar $\mathfrak{C}$, $\mathfrak{D}$ ist *teilerfremd*. Das Paar $\mathfrak{A}$, $\mathfrak{B}$ ist ebenfalls teilerfremd. Die Matrizen jeder der beiden Zeilen von $\mathfrak{M}$ bilden also ein teilerfremdes symmetrisches Paar.

Nun sei ein beliebiges teilerfremdes symmetrisches Paar $\mathfrak{C}$, $\mathfrak{D}$ gegeben. Wir wollen ein weiteres teilerfremdes symmetrisches Paar $\mathfrak{A}$, $\mathfrak{B}$ derart bestimmen, daß eine Modulsubstitution zustande kommt, daß also $\mathfrak{A}\mathfrak{D}' - \mathfrak{B}\mathfrak{C}' = \mathfrak{E}$ wird. Zu diesem Zwecke zeigen wir zunächst, daß die Gleichung $\mathfrak{C}\mathfrak{X} + \mathfrak{D}\mathfrak{Y} = \mathfrak{E}$ in ganzen $\mathfrak{X}$, $\mathfrak{Y}$ lösbar ist. Wir wählen eine unimodulare Matrix $\mathfrak{U}$, für welche $(\mathfrak{C}\mathfrak{D})\,\mathfrak{U}$ rechts von der Diagonale nur Nullen enthält. Dann ist sicher

$$(\mathfrak{C}\mathfrak{D})\,\mathfrak{U} = (\mathfrak{F}\mathfrak{N})$$

mit ganzem $\mathfrak{F} = \mathfrak{F}^{(n)}$, und da das Paar $\mathfrak{C}, \mathfrak{D}$ teilerfremd ist, so muß $\mathfrak{F}$ unimodular sein. Setzt man

$$\begin{pmatrix} \mathfrak{X} \\ \mathfrak{Y} \end{pmatrix} = \mathfrak{U} \begin{pmatrix} \mathfrak{F}^{-1} \\ \mathfrak{N} \end{pmatrix},$$

so leisten $\mathfrak{X}$ und $\mathfrak{Y}$ das Gewünschte. Endlich sei

$$\mathfrak{A} = \mathfrak{Y}' + \mathfrak{X}'\mathfrak{Y}\mathfrak{C}, \quad \mathfrak{B} = -\mathfrak{X}' + \mathfrak{X}'\mathfrak{Y}\mathfrak{D}.$$

Dann ist

$$\mathfrak{A}\mathfrak{B}' - \mathfrak{B}\mathfrak{A}' = (\mathfrak{Y}' + \mathfrak{X}'\mathfrak{Y}\mathfrak{C})(\mathfrak{D}'\mathfrak{Y}'\mathfrak{X} - \mathfrak{X}) - (\mathfrak{X}'\mathfrak{Y}\mathfrak{D} - \mathfrak{X}')(\mathfrak{Y} + \mathfrak{C}'\mathfrak{Y}'\mathfrak{X}) = \mathfrak{N},$$

$$\mathfrak{A}\mathfrak{D}' - \mathfrak{B}\mathfrak{C}' = (\mathfrak{Y}' + \mathfrak{X}'\mathfrak{Y}\mathfrak{C})\,\mathfrak{D}' + (\mathfrak{X}' - \mathfrak{X}'\mathfrak{Y}\mathfrak{D})\,\mathfrak{C}' = \mathfrak{E},$$

also unsere Aufgabe gelöst.

Wie erhält man alle Modulsubstitutionen $\mathfrak{M}$ mit gegebener zweiter Matrizenzeile $(\mathfrak{C}\,\mathfrak{D})$? Sind

$$\mathfrak{M} = \begin{pmatrix} \mathfrak{A} & \mathfrak{B} \\ \mathfrak{C} & \mathfrak{D} \end{pmatrix}, \qquad \mathfrak{M}_1 = \begin{pmatrix} \mathfrak{A}_1 & \mathfrak{B}_1 \\ \mathfrak{C} & \mathfrak{D} \end{pmatrix}$$

zwei derartige Modulsubstitutionen, so bilde man

$$\mathfrak{M}\mathfrak{M}_1^{-1} = \begin{pmatrix} \mathfrak{A} & \mathfrak{B} \\ \mathfrak{C} & \mathfrak{D} \end{pmatrix} \begin{pmatrix} \mathfrak{D}' & -\mathfrak{B}_1' \\ -\mathfrak{C}' & \mathfrak{A}_1' \end{pmatrix} = \begin{pmatrix} \mathfrak{E} & \mathfrak{S} \\ \mathfrak{N} & \mathfrak{R} \end{pmatrix}$$

mit

$$\mathfrak{S} = \mathfrak{B}\mathfrak{A}_1' - \mathfrak{A}\mathfrak{B}_1', \quad \mathfrak{R} = \mathfrak{D}\mathfrak{A}_1' - \mathfrak{C}\mathfrak{B}_1'.$$

Da $\mathfrak{M}\mathfrak{M}_1^{-1}$ wieder eine Modulsubstitution ist, so folgt

$$\mathfrak{R} = \mathfrak{E}, \quad \mathfrak{S}' = \mathfrak{S},$$

und es ist

(9) $$\mathfrak{M} = \begin{pmatrix} \mathfrak{E} & \mathfrak{S} \\ \mathfrak{N} & \mathfrak{E} \end{pmatrix} \mathfrak{M}_1$$

mit ganzem symmetrischem $\mathfrak{S}$. Für jedes solches $\mathfrak{S}$ ist umgekehrt mit $\mathfrak{M}_1$ auch $\mathfrak{M}$ eine Modulsubstitution, und beide haben die gleiche zweite Matrizenzeile. Aus einer festen Modulsubstitution $\mathfrak{M}_1$ mit der vorgeschriebenen zweiten Matrizenzeile erhält man also eineindeutig alle $\mathfrak{M}$ mit derselben zweiten Zeile, indem man in (9) für $\mathfrak{S}$ alle ganzen symmetrischen Matrizen einträgt.

Die speziellen Modulsubstitutionen

$$\begin{pmatrix} \mathfrak{E} & \mathfrak{S} \\ \mathfrak{N} & \mathfrak{E} \end{pmatrix}$$

bilden eine Abelsche Untergruppe Δ_0 in der homogenen Modulgruppe Γ. Nach (9) ist nun die Menge aller $\mathfrak{M}$ aus Γ mit fester zweiter Matrizenzeile genau eine rechtsseitige Nebengruppe in bezug auf Δ_0.

Die Elemente von Δ_0 sind dadurch ausgezeichnet, daß ihre zweite Zeile $(\mathfrak{N}\,\mathfrak{E})$ ist. Wir wollen allgemeiner alle Modulsubstitutionen von der Form

$$\mathfrak{M} = \begin{pmatrix} \mathfrak{A} & \mathfrak{B} \\ \mathfrak{N} & \mathfrak{D} \end{pmatrix}$$

untersuchen. Diese bilden eine Δ_0 umfassende Untergruppe Δ von Γ, welche wir die Gruppe der *ganzen* Modulsubstitutionen nennen wollen. Es ist dann

$$\mathfrak{D}\mathfrak{A}' = \mathfrak{E}, \quad \mathfrak{A}\mathfrak{B}' = \mathfrak{B}\mathfrak{A}',$$

also $\mathfrak{A}' = \mathfrak{U}$ unimodular, $\mathfrak{D} = \mathfrak{U}^{-1}$, $\mathfrak{B}\mathfrak{U} = \mathfrak{S}$ symmetrisch. Die Elemente von Δ sind daher

$$\mathfrak{M} = \begin{pmatrix} \mathfrak{U}' & \mathfrak{S}\mathfrak{U}^{-1} \\ \mathfrak{N} & \mathfrak{U}^{-1} \end{pmatrix}$$

mit beliebigem unimodularem $\mathfrak{U}$ und beliebigem ganzem symmetrischem $\mathfrak{S}$. Aus den Zerlegungen

$$\mathfrak{M} = \begin{pmatrix} \mathfrak{E} & \mathfrak{S} \\ \mathfrak{N} & \mathfrak{E} \end{pmatrix} \begin{pmatrix} \mathfrak{U}' & \mathfrak{N} \\ \mathfrak{N} & \mathfrak{U}^{-1} \end{pmatrix} = \begin{pmatrix} \mathfrak{U}' & \mathfrak{N} \\ \mathfrak{N} & \mathfrak{U}^{-1} \end{pmatrix} \begin{pmatrix} \mathfrak{E} & \mathfrak{S}[\mathfrak{U}^{-1}] \\ \mathfrak{N} & \mathfrak{E} \end{pmatrix}$$

ersieht man, daß Δ_0 eine invariante Untergruppe von Δ ist. Die Faktorgruppe Δ/Δ_0 besteht aus den Modulsubstitutionen

$$\begin{pmatrix} \mathfrak{U}' & \mathfrak{N} \\ \mathfrak{N} & \mathfrak{U}^{-1} \end{pmatrix}$$

mit beliebigem unimodularem $\mathfrak{U}$.

Endlich wollen wir noch Γ in rechtsseitige Nebengruppen zu Δ einteilen. Sind

$$\mathfrak{M}_1 = \begin{pmatrix} \mathfrak{A}_1 & \mathfrak{B}_1 \\ \mathfrak{C}_1 & \mathfrak{D}_1 \end{pmatrix}, \qquad \mathfrak{M}_0 = \begin{pmatrix} \mathfrak{U}' & \mathfrak{S}\,\mathfrak{U}^{-1} \\ \mathfrak{N} & \mathfrak{U}^{-1} \end{pmatrix}$$

Elemente von Γ und Δ, so gilt für die zweite Zeile $(\mathfrak{C}\,\mathfrak{D})$ von

$$\mathfrak{M}_0\mathfrak{M}_1 = \mathfrak{M} = \begin{pmatrix} \mathfrak{A} & \mathfrak{B} \\ \mathfrak{C} & \mathfrak{D} \end{pmatrix}$$

die Beziehung

(10) $$(\mathfrak{C}_1\mathfrak{D}_1) = \mathfrak{U}\,(\mathfrak{C}\,\mathfrak{D}),$$

also auch

(11) $$\mathfrak{C}\,\mathfrak{D}_1' = \mathfrak{D}\,\mathfrak{C}_1'.$$

Ist umgekehrt $\mathfrak{M}$ irgendeine Modulsubstitution, deren zweite Zeile $(\mathfrak{C}\,\mathfrak{D})$ die Bedingung (11) erfüllt, so wird

$$\mathfrak{M}\,\mathfrak{M}_1^{-1} = \begin{pmatrix} \mathfrak{A} & \mathfrak{B} \\ \mathfrak{C} & \mathfrak{D} \end{pmatrix} \begin{pmatrix} \mathfrak{D}_1' & -\mathfrak{B}_1' \\ -\mathfrak{C}_1' & \mathfrak{A}_1' \end{pmatrix} = \begin{pmatrix} * & * \\ \mathfrak{N} & * \end{pmatrix}$$

ein Element $\mathfrak{M}_0$ von Δ. Insbesondere gilt dann wieder (10), mit einer eindeutig bestimmten unimodularen Matrix $\mathfrak{U}$.

Stehen nun zwei teilerfremde symmetrische Matrizenpaare $\mathfrak{C}, \mathfrak{D}$ und $\mathfrak{C}_1, \mathfrak{D}_1$ in der Beziehung (11) zueinander, so sagen wir, die Paare sind *assoziiert.* Diese Relation ist reflexiv und symmetrisch; nach (10) ist sie auch transitiv. Wir vereinigen alle assoziierten teilerfremden symmetrischen Matrizenpaare $\mathfrak{C}, \mathfrak{D}$ in eine *Klasse* $\{\mathfrak{C}, \mathfrak{D}\}$. Dann bilden alle Modulsubstitutionen, deren zweite Matrizenzeilen derselben Klasse angehören, genau eine rechtsseitige Nebengruppe in bezug auf Δ.

Ist der Rang r von $\mathfrak{C}$ kleiner als n, so läßt das teilerfremde symmetrische Paar $\mathfrak{C}, \mathfrak{D}$ noch eine gewisse Reduktion zu, die wir später benötigen werden. Man bestimme dann zwei unimodulare Matrizen $\mathfrak{U}_1$ und $\mathfrak{U}_2$, so daß

$$\mathfrak{U}_1\mathfrak{C} = \begin{pmatrix} \mathfrak{C}_1 & \mathfrak{N} \\ \mathfrak{N} & \mathfrak{N} \end{pmatrix} \mathfrak{U}_2', \qquad \mathfrak{C}_1 = \mathfrak{C}_1^{(r)}, \quad |\mathfrak{C}_1| \neq 0$$

gilt. Setzt man analog

$$\mathfrak{U}_1 \mathfrak{D} = \begin{pmatrix} \mathfrak{D}_1 & \mathfrak{D}_2 \\ \mathfrak{D}_3 & \mathfrak{D}_4 \end{pmatrix} \mathfrak{U}_2^{-1},$$

so folgen wegen $\mathfrak{C}\mathfrak{D}' = \mathfrak{D}\mathfrak{C}'$ die Gleichungen

$$\mathfrak{C}_1\mathfrak{D}_1' = \mathfrak{D}_1\mathfrak{C}_1', \quad \mathfrak{C}_1\mathfrak{D}_3' = \mathfrak{N};$$

also ist das Paar $\mathfrak{C}_1$, $\mathfrak{D}_1$ symmetrisch und $\mathfrak{D}_3 = \mathfrak{N}$. Da das Paar $\mathfrak{C}, \mathfrak{D}$ teilerfremd ist, so ist $\mathfrak{D}_4$ unimodular und das Paar $\mathfrak{C}_1, \mathfrak{D}_1$ teilerfremd. Ersetzt man noch $\mathfrak{U}_1$ durch

$$\begin{pmatrix} \mathfrak{E} & \mathfrak{D}_2 \\ \mathfrak{N} & \mathfrak{D}_4 \end{pmatrix} \mathfrak{U}_1,$$

so wird

$$(12) \qquad \mathfrak{U}_1 \mathfrak{C} = \begin{pmatrix} \mathfrak{C}_1 & \mathfrak{N} \\ \mathfrak{N} & \mathfrak{N} \end{pmatrix} \mathfrak{U}_2', \qquad \mathfrak{U}_1 \mathfrak{D} = \begin{pmatrix} \mathfrak{D}_1 & \mathfrak{N} \\ \mathfrak{N} & \mathfrak{E} \end{pmatrix} \mathfrak{U}_2^{-1}.$$

Es sei nun $\mathfrak{Q}$ die aus den ersten r Spalten von $\mathfrak{U}_2$ gebildete Matrix. Ist $\mathfrak{U}_3 = \mathfrak{U}_3^{(r)}$ eine beliebige unimodulare Matrix, so bleibt (12) erfüllt, wenn darin $\mathfrak{Q}$, $\mathfrak{C}_1$, $\mathfrak{D}_1$ durch $\mathfrak{Q}\mathfrak{U}_3'$, $\mathfrak{C}_1\mathfrak{U}_3^{-1}$, $\mathfrak{D}_1\mathfrak{U}_3'$ ersetzt werden. Die Gesamtheit der $\mathfrak{Q}\mathfrak{U}_3'$, die für variables $\mathfrak{U}_3'$ entsteht, vereinigen wir wieder in eine *Klasse* $\{\mathfrak{Q}\}$. Aus jeder solchen Klasse wählen wir einen festen Repräsentanten. Dieser möge die ersten r Spalten von $\mathfrak{U}_2$ bilden. Endlich kann man über $\mathfrak{U}_1$ noch so verfügen, daß das Paar $\mathfrak{C}_1, \mathfrak{D}_1$ ein vorgeschriebener Repräsentant seiner Klasse ist.

Wir wollen jetzt nachweisen, daß die Zuordnung zwischen den Klassen $\{\mathfrak{C}, \mathfrak{D}\}$ und den Klassen $\{\mathfrak{Q}\}$, $\{\mathfrak{C}_1, \mathfrak{D}_1\}$ eine umkehrbar eindeutige ist. Es sei $\mathfrak{U}_4$ eine unimodulare Matrix, die mit $\mathfrak{U}_2$ in den ersten r Spalten übereinstimmt. Dann ist

$$(13) \qquad \begin{pmatrix} \mathfrak{D}_1 & \mathfrak{N} \\ \mathfrak{N} & \mathfrak{E} \end{pmatrix} \mathfrak{U}_4^{-1} \mathfrak{U}_2 = \mathfrak{U}_5 \begin{pmatrix} \mathfrak{D}_1 & \mathfrak{N} \\ \mathfrak{N} & \mathfrak{E} \end{pmatrix}$$

mit geeignetem unimodularen $\mathfrak{U}_5$ und

$$(14) \qquad \mathfrak{U}_5 \mathfrak{U}_1 \mathfrak{C} = \begin{pmatrix} \mathfrak{C}_1 & \mathfrak{N} \\ \mathfrak{N} & \mathfrak{N} \end{pmatrix} \mathfrak{U}_4'. \qquad \mathfrak{U}_5 \mathfrak{U}_1 \mathfrak{D} = \begin{pmatrix} \mathfrak{D}_1 & \mathfrak{N} \\ \mathfrak{N} & \mathfrak{E} \end{pmatrix} \mathfrak{U}_4^{-1}.$$

Folglich ist die Klasse $\{\mathfrak{C}, \mathfrak{D}\}$ durch $\{\mathfrak{Q}\}$ und $\{\mathfrak{C}_1, \mathfrak{D}_1\}$ eindeutig bestimmt. Um das Umgekehrte zu zeigen, nehmen wir an, es sei auch

$$(15) \qquad \mathfrak{U}_0 \mathfrak{C} = \begin{pmatrix} \mathfrak{C}_0 & \mathfrak{N} \\ \mathfrak{N} & \mathfrak{N} \end{pmatrix} \mathfrak{U}_6', \qquad \mathfrak{U}_0 \mathfrak{D} = \begin{pmatrix} \mathfrak{D}_0 & \mathfrak{N} \\ \mathfrak{N} & \mathfrak{E} \end{pmatrix} \mathfrak{U}_6^{-1}.$$

Aus der Gleichung

$$\mathfrak{U}_0 \mathfrak{U}_1^{-1} \begin{pmatrix} \mathfrak{C}_1 & \mathfrak{N} \\ \mathfrak{N} & \mathfrak{N} \end{pmatrix} = \begin{pmatrix} \mathfrak{C}_0 & \mathfrak{N} \\ \mathfrak{N} & \mathfrak{N} \end{pmatrix} (\mathfrak{U}_2^{-1} \mathfrak{U}_6)'$$

folgt, daß

$$\mathfrak{U}_2^{-1} \mathfrak{U}_6 = \begin{pmatrix} \mathfrak{U}_7 & * \\ \mathfrak{N} & * \end{pmatrix}$$

ist. Bilden die ersten r Spalten von $\mathfrak{U}_6$ die Matrix $\mathfrak{Q}_1$, so ist also

$$\mathfrak{Q}_1 = \mathfrak{Q}\mathfrak{U}_7.$$

Da wir den Klassenrepräsentanten $\mathfrak{Q}$ fest gewählt haben, so ist

$$\mathfrak{Q}_1 = \mathfrak{Q}.$$

Benutzen wir nun (13) und (14) mit $\mathfrak{U}_6$ statt $\mathfrak{U}_4$, so sehen wir, daß wir in (15) bereits die Annahme

$$\mathfrak{U}_6 = \mathfrak{U}_2$$

machen können. Endlich sei noch

$$\mathfrak{U}_0\mathfrak{U}_1^{-1} = \mathfrak{U}_8.$$

Aus (12) und (15) ergibt sich dann

$$\mathfrak{U}_8\begin{pmatrix}\mathfrak{C}_1 & \mathfrak{N} \\ \mathfrak{N} & \mathfrak{N}\end{pmatrix} = \begin{pmatrix}\mathfrak{C}_0 & \mathfrak{N} \\ \mathfrak{N} & \mathfrak{N}\end{pmatrix}, \qquad \mathfrak{U}_8\begin{pmatrix}\mathfrak{D}_1 & \mathfrak{N} \\ \mathfrak{N} & \mathfrak{E}\end{pmatrix} = \begin{pmatrix}\mathfrak{D}_0 & \mathfrak{N} \\ \mathfrak{N} & \mathfrak{E}\end{pmatrix},$$

also

$$\mathfrak{U}_8 = \begin{pmatrix}\mathfrak{U}_9 & \mathfrak{N} \\ * & \mathfrak{E}\end{pmatrix},$$

$$\mathfrak{C}_0 = \mathfrak{U}_9\mathfrak{C}_1, \quad \mathfrak{D}_0 = \mathfrak{U}_9\mathfrak{D}_1,$$

und wegen der festen Wahl des Klassenrepräsentanten $\mathfrak{C}_1$, $\mathfrak{D}_1$ ist schließlich

$$\mathfrak{C}_0 = \mathfrak{C}_1, \quad \mathfrak{D}_0 = \mathfrak{D}_1.$$

§ 2.

Der Fundamentalbereich.

Zwei beliebige komplexe Matrizen $\mathfrak{V}^{(n)}$ und $\mathfrak{W}^{(n)}$ unterwerfen wir der linearen Transformation

(16) $$\mathfrak{V}_1 = \mathfrak{A}\mathfrak{V} + \mathfrak{B}\mathfrak{W}, \quad \mathfrak{W}_1 = \mathfrak{C}\mathfrak{V} + \mathfrak{D}\mathfrak{W},$$

kürzer

(17) $$\begin{pmatrix}\mathfrak{V}_1 \\ \mathfrak{W}_1\end{pmatrix} = \mathfrak{M}\begin{pmatrix}\mathfrak{V} \\ \mathfrak{W}\end{pmatrix}.$$

Dabei gehöre $\mathfrak{M}$ zu der Gruppe Ω aller reellen linearen Substitutionen, welche die bilineare Form (1) in sich überführen. Nach (2) ist dann

$$\mathfrak{V}_1'\mathfrak{W}_1 - \mathfrak{W}_1'\mathfrak{V}_1 = \mathfrak{V}'\mathfrak{W} - \mathfrak{W}'\mathfrak{V}$$

und, wenn durch Überstreichen die Bildung der konjugiert komplexen Matrix angedeutet wird, auch

$$\mathfrak{V}_1'\overline{\mathfrak{W}}_1 - \mathfrak{W}_1'\overline{\mathfrak{V}}_1 = \mathfrak{V}'\overline{\mathfrak{W}} - \mathfrak{W}'\overline{\mathfrak{V}}.$$

Die Matrix $\mathfrak{B}_1'\mathfrak{W}_1$ ist also dann und nur dann symmetrisch, wenn $\mathfrak{B}'\mathfrak{W}$ es ist. Ferner ist die hermitische Matrix

$$\mathfrak{H} = \frac{1}{2i}(\mathfrak{B}'\overline{\mathfrak{W}} - \mathfrak{W}'\overline{\mathfrak{B}})$$

bei der Transformation (17) invariant.

Weiterhin sei dauernd $\mathfrak{B}'\mathfrak{W} = \mathfrak{W}'\mathfrak{B}$ symmetrisch und $\mathfrak{H} > 0$, also $\mathfrak{z}'\mathfrak{H}\bar{\mathfrak{z}} > 0$ für jedes komplexe $\mathfrak{z} \neq \mathfrak{n}$. Dies ist z. B. für $\mathfrak{B} = i\mathfrak{E}$, $\mathfrak{W} = \mathfrak{E}$ erfüllt. Es ist dann stets $|\mathfrak{W}| \neq 0$; denn aus $\mathfrak{W}\mathfrak{z} = \mathfrak{n}$ folgt $\overline{\mathfrak{W}}\bar{\mathfrak{z}} = \mathfrak{n}$, $\mathfrak{z}'\mathfrak{B}'\overline{\mathfrak{W}}\bar{\mathfrak{z}} = 0$, $\mathfrak{z}'\mathfrak{H}\bar{\mathfrak{z}} = 0$, $\mathfrak{z} = \mathfrak{n}$. Wegen der Invarianz von $\mathfrak{H}$ ist also auch $|\mathfrak{W}_1| \neq 0$.

Wir setzen nun

$$\mathfrak{Z} = \mathfrak{B}\mathfrak{W}^{-1}.$$

Aus den Formeln

$$\mathfrak{W}'\mathfrak{B} = \mathfrak{W}'\mathfrak{Z}\mathfrak{W}, \qquad \mathfrak{H} = \frac{1}{2i}\mathfrak{W}'(\mathfrak{Z}' - \overline{\mathfrak{Z}})\overline{\mathfrak{W}}$$

ersieht man, daß $\mathfrak{Z}$ symmetrisch ist und daß der imaginäre Teil $\mathfrak{Y}$ von $\mathfrak{Z} = \mathfrak{X} + i\mathfrak{Y}$ positiv ist. Setzt man analog $\mathfrak{Z}_1 = \mathfrak{B}_1\mathfrak{W}_1^{-1}$, $\mathfrak{Z}_1 = \mathfrak{X}_1 + i\mathfrak{Y}_1$ mit reellen $\mathfrak{X}_1$, $\mathfrak{Y}_1$, so geht (16) über in

$$\mathfrak{Z}_1 = (\mathfrak{A}\mathfrak{Z} + \mathfrak{B})(\mathfrak{C}\mathfrak{Z} + \mathfrak{D})^{-1}, \tag{18}$$

und wegen der Invarianz von $\mathfrak{H}$ gilt $\mathfrak{W}'\mathfrak{Y}\overline{\mathfrak{W}} = \mathfrak{W}_1'\mathfrak{Y}_1\overline{\mathfrak{W}}_1$, also

$$\mathfrak{Y} = (\mathfrak{C}\mathfrak{Z} + \mathfrak{D})'\mathfrak{Y}_1(\mathfrak{C}\overline{\mathfrak{Z}} + \mathfrak{D}). \tag{19}$$

Deutet man die $n(n+1)$ Elemente x_{kl} und y_{kl} $(k \leqq l)$ von $\mathfrak{X}$ und $\mathfrak{Y}$ als kartesische Koordinaten eines Punktes, so erfüllen alle komplexen symmetrischen $\mathfrak{Z} = \mathfrak{X} + i\mathfrak{Y}$ mit positivem Imaginärteil $\mathfrak{Y}$ eine offene konvexe Punktmenge P, deren Begrenzung von endlich vielen algebraischen Flächen gebildet wird. Nach dem oben Bewiesenen geht P in sich selbst über bei allen gebrochenen linearen Substitutionen (18), für welche $\mathfrak{M}$ zu Ω gehört. Im folgenden möge $\mathfrak{M}$ dauernd sogar der homogenen Modulgruppe Γ angehören.

Wann ergeben nun zwei Modulsubstitutionen $\mathfrak{M}$ und $\mathfrak{M}_1$ dieselbe gebrochene Substitution (18)? Gilt identisch für symmetrisches $\mathfrak{Z}$ die Gleichung

$$(\mathfrak{A}\mathfrak{Z} + \mathfrak{B})(\mathfrak{C}\mathfrak{Z} + \mathfrak{D})^{-1} = (\mathfrak{A}_1\mathfrak{Z} + \mathfrak{B}_1)(\mathfrak{C}_1\mathfrak{Z} + \mathfrak{D}_1)^{-1},$$

so folgt wegen $\mathfrak{Z}_1 = \mathfrak{Z}_1'$ zunächst

$$(\mathfrak{Z}\mathfrak{C}_1' + \mathfrak{D}_1')(\mathfrak{A}\mathfrak{Z} + \mathfrak{B}) = (\mathfrak{Z}\mathfrak{A}_1' + \mathfrak{B}_1')(\mathfrak{C}\mathfrak{Z} + \mathfrak{D}),$$

$$\mathfrak{Z}(\mathfrak{C}_1'\mathfrak{A} - \mathfrak{A}_1'\mathfrak{C})\mathfrak{Z} + \mathfrak{Z}(\mathfrak{C}_1'\mathfrak{B} - \mathfrak{A}_1'\mathfrak{D}) + (\mathfrak{D}_1'\mathfrak{A} - \mathfrak{B}_1'\mathfrak{C})\mathfrak{Z} = \mathfrak{B}_1'\mathfrak{D} - \mathfrak{D}_1'\mathfrak{B}$$

und hieraus

$$\mathfrak{C}_1'\mathfrak{A} = \mathfrak{A}_1'\mathfrak{C}, \quad \mathfrak{D}_1'\mathfrak{B} = \mathfrak{B}_1'\mathfrak{D}, \quad \mathfrak{D}_1'\mathfrak{A} - \mathfrak{B}_1'\mathfrak{C} = \mathfrak{A}_1'\mathfrak{D} - \mathfrak{C}_1'\mathfrak{B} = \lambda\mathfrak{E},$$

mit einer gewissen Zahl λ. Dann wird aber auch

$$\mathfrak{M}_1^{-1}\mathfrak{M} = \lambda\,\mathfrak{E},$$

und da dies ebenfalls eine Modulsubstitution ist, so ergibt sich $\lambda^2 = 1$, $\mathfrak{M}_1 = \pm\,\mathfrak{M}$. Aus der Gruppe Γ aller homogenen Modulsubstitutionen $\mathfrak{M}$ erhält man also die Gruppe Γ_0 der gebrochenen Modulsubstitutionen (18), indem man $\mathfrak{M}$ und $-\,\mathfrak{M}$ nicht als verschieden ansieht; d. h. Γ_0 ist die Faktorgruppe von Γ in bezug auf die von $\mathfrak{E}$ und $-\,\mathfrak{E}$ gebildete invariante Untergruppe. Fortan wollen wir dauernd unter der *Modulgruppe* die Gruppe Γ_0 verstehen.

Zwei Punkte $\mathfrak{Z}_1$ und $\mathfrak{Z}$ von P heißen *äquivalent*, wenn sie in der Beziehung (18) zueinander stehen, also durch eine Modulsubstitution auseinander hervorgehen. Es ist eine wichtige Aufgabe, durch geeignete Bedingungen in jedem vollen System äquivalenter Punkte einen *reduzierten* Punkt derart festzulegen, daß die reduzierten Punkte einen Bereich mit möglichst einfacher Begrenzung ergeben. Eine Lösung dieser Aufgabe erhält man durch die folgenden Betrachtungen.

Wir nennen den mit $\mathfrak{Z}$ äquivalenten Punkt $\mathfrak{Z}_1$ *höher* als $\mathfrak{Z}$, wenn für die imaginären Teile $\mathfrak{Y}_1$ und $\mathfrak{Y}$ von $\mathfrak{Z}_1$ und $\mathfrak{Z}$ die Ungleichung $|\mathfrak{Y}_1| > |\mathfrak{Y}|$ gilt. Nach (19) ist dies gleichbedeutend mit der Ungleichung

$$\operatorname{abs}(\mathfrak{C}\mathfrak{Z} + \mathfrak{D}) < 1.$$

Jetzt sei $\mathfrak{Z}, \mathfrak{Z}_1, \mathfrak{Z}_2, \ldots$ eine Folge äquivalenter Punkte, von denen jeder höher ist als der vorangehende. Wir wollen zeigen, daß diese Folge nur endlich viele Glieder enthalten kann. Ist nämlich

$$\mathfrak{Z}_k = (\mathfrak{A}_k\mathfrak{Z} + \mathfrak{B}_k)(\mathfrak{C}_k\mathfrak{Z} + \mathfrak{D}_k)^{-1} \qquad (k = 1, 2, \ldots),$$

so gilt

$$1 > \operatorname{abs}(\mathfrak{C}_1\mathfrak{Z} + \mathfrak{D}_1) > \operatorname{abs}(\mathfrak{C}_2\mathfrak{Z} + \mathfrak{D}_2) > \ldots. \tag{20}$$

Hierbei können keine zwei Paare $\mathfrak{C}_k$, $\mathfrak{D}_k$ und $\mathfrak{C}_l$, $\mathfrak{D}_l$ $(k < l)$ miteinander assoziiert sein, denn aus $\mathfrak{C}_k = \mathfrak{U}\mathfrak{C}_l$, $\mathfrak{D}_k = \mathfrak{U}\mathfrak{D}_l$ mit unimodularem $\mathfrak{U}$ folgte $\operatorname{abs}(\mathfrak{C}_k\mathfrak{Z} + \mathfrak{D}_k) = \operatorname{abs}(\mathfrak{C}_l\mathfrak{Z} + \mathfrak{D}_l)$. Andererseits gibt es nur endlich viele Klassen $\{\mathfrak{C}, \mathfrak{D}\}$, für welche der Ausdruck $\operatorname{abs}(\mathfrak{C}\mathfrak{Z} + \mathfrak{D})$ unterhalb einer beliebigen festen Schranke liegt. Dies folgt z. B. aus dem von H. Braun bewiesenen Satze, daß die Dirichletsche Reihe

$$\sum_{\{\mathfrak{C}, \mathfrak{D}\}} \operatorname{abs}(\mathfrak{C}\mathfrak{Z} + \mathfrak{D})^{-s}$$

für $s > n + 1$ konvergiert, kann aber auch aus den weiter unten hergeleiteten Abschätzungen von $\operatorname{abs}(\mathfrak{C}\mathfrak{Z} + \mathfrak{D})$ entnommen werden. Folglich treten in (20) nur endlich viele Glieder auf.

Es existiert also ein mit $\mathfrak{Z}$ äquivalenter Punkt, zu dem es keinen höheren mehr gibt. Bezeichnen wir ihn wieder mit $\mathfrak{Z}$, so gilt daher für alle teilerfremden symmetrischen Paare $\mathfrak{C}, \mathfrak{D}$ die Ungleichung

$$\operatorname{abs}(\mathfrak{C}\mathfrak{Z} + \mathfrak{D}) \geqq 1.$$

Unterwerfen wir dann $\mathfrak{Z}$ einer beliebigen ganzen Modulsubstitution

$$\mathfrak{Z}_1 = (\mathfrak{U}'\mathfrak{Z} + \mathfrak{S}\mathfrak{U}^{-1})\,\mathfrak{U} = \mathfrak{Z}\,[\mathfrak{U}] + \mathfrak{S}$$

mit unimodularem $\mathfrak{U}$ und ganzem symmetrischem $\mathfrak{S}$, so wird

$$\mathfrak{X}_1 = \mathfrak{X}\,[\mathfrak{U}] + \mathfrak{S}, \qquad \mathfrak{Y}_1 = \mathfrak{Y}\,[\mathfrak{U}], \qquad |\mathfrak{Y}_1| = |\mathfrak{Y}|.$$

Nun können wir $\mathfrak{U}$ so wählen, daß die positive symmetrische Matrix $\mathfrak{Y}_1$ den *Minkowskischen Reduktionsbedingungen* [7]) genügt. Diese besagen folgendes: Setzt man $\mathfrak{Y}_1 = (y_{kl})$, $y_{kk} = y_k$, so ist für jede Spalte $\mathfrak{g}_k$ aus ganzen Zahlen $g_1, \ldots, g_n$, von denen $g_k, g_{k+1}, \ldots, g_n$ teilerfremd sind, die Ungleichung

$$\mathfrak{Y}_1\,[\mathfrak{g}_k] \geqq y_k \qquad (k = 1, \ldots, n)$$

erfüllt; außerdem gilt

$$y_{k,\,k+1} \geqq 0 \qquad (k = 1, \ldots, n-1).$$

Endlich bestimmen wir die ganze symmetrische Matrix $\mathfrak{S}$, so daß alle Elemente x_{kl} von $\mathfrak{X}_1$ zwischen $-\frac{1}{2}$ und $\frac{1}{2}$ liegen. Schreiben wir dann wieder $\mathfrak{Z}$ für $\mathfrak{Z}_1$, so genügt $\mathfrak{Z} = \mathfrak{X} + i\mathfrak{Y}$ den sämtlichen Ungleichungen

(21) $$\operatorname{abs}(\mathfrak{C}\mathfrak{Z} + \mathfrak{D}) \geqq 1,$$

(22) $$\mathfrak{Y}\,[\mathfrak{g}_k] \geqq y_k \quad (k = 1, \ldots, n), \qquad y_{k,\,k+1} \geqq 0 \quad (k = 1, \ldots, n-1),$$

(23) $$-\tfrac{1}{2} \leqq x_{kl} \leqq \tfrac{1}{2} \qquad (k, l = 1, \ldots, n).$$

Jeder Punkt $\mathfrak{Z}$ aus P, der allen diesen Bedingungen genügt, heißt *reduziert*. Zu jedem Punkte aus P gibt es dann mindestens einen äquivalenten reduzierten Punkt. Die Gesamtheit der reduzierten Punkte bildet eine Menge F. Von dieser wollen wir beweisen, daß sie *abgeschlossen* und *zusammenhängend* ist, daß ihre Begrenzung von *endlich* vielen algebraischen Flächen gebildet wird und daß jeder Punkt von P entweder genau *einem* inneren Punkte von F oder aber nicht mehr als *endlich* vielen Randpunkten von F äquivalent ist.

Hat $\mathfrak{C}$ den Rang r, so gilt nach (12) die Formel

(24) $$\operatorname{abs}(\mathfrak{C}\mathfrak{Z} + \mathfrak{D}) = \operatorname{abs}(\mathfrak{C}_0\mathfrak{Z}\,[\mathfrak{Q}] + \mathfrak{D}_0)$$

mit teilerfremdem symmetrischem Paar $\mathfrak{C}_0^{(r)}, \mathfrak{D}_0^{(r)}$ und $|\mathfrak{C}_0| \neq 0$; ferner ist $\mathfrak{Q} = \mathfrak{Q}^{(n,\,r)}$ *primitiv*, d. h. ergänzbar zu einer unimodularen Matrix. Wählt man insbesondere

$$\mathfrak{C}_0 = \mathfrak{E}, \qquad \mathfrak{D}_0 = \mathfrak{N}, \qquad \mathfrak{Q} = \begin{pmatrix}\mathfrak{E}\\ \mathfrak{N}\end{pmatrix},$$

---

[7]) H. Minkowski, Diskontinuitätsbereich für arithmetische Äquivalenz, Gesammelte Abhandlungen, Bd. 2, S. 53—100. Leipzig und Berlin 1911.

so folgt aus (21) die Bedingung

(25) $$\operatorname{abs} \mathfrak{Z}_{(r)} \geqq 1,$$

wobei $\mathfrak{Z}_{(r)}$ den r-ten Abschnitt von $\mathfrak{Z}$ bedeutet, also diejenige Matrix, welche aus $\mathfrak{Z}$ durch Streichen der letzten $n - r$ Zeilen und Spalten entsteht. Für $r = 1$ folgt speziell aus (23) und (25) die Ungleichung $y_1^2 + \frac{1}{4} \geqq 1$, also

(26) $$y_1 \geqq \tfrac{1}{2} \sqrt{3}.$$

Aus den Minkowskischen Reduktionsbedingungen erhält man nun andererseits

(27) $$y_1 \leqq y_2 \leqq \ldots \leqq y_n, \qquad \pm 2\, y_{kl} \leqq y_k \quad (1 \leqq k < l \leqq n),$$

(28) $$y_1 y_2 \ldots y_n < c_1 \,|\mathfrak{Y}|,$$

wo c_1, wie auch weiterhin $c_2, \ldots, c_{25}$, eine nur von n abhängige natürliche Zahl ist. Zufolge (26) ist also

(29) $$|\mathfrak{Y}| \geqq c_2^{-1}.$$

Jetzt ist zunächst leicht einzusehen, daß F abgeschlossen ist. Konvergiert nämlich irgendeine Punktfolge aus F gegen einen Punkt $\mathfrak{Z}$, so genügt auch diese den Ungleichungen (21), (22), (23), (29). Aus der letzten folgt, daß $\mathfrak{Z}$ noch zu P gehört, und aus den drei vorhergehenden, daß $\mathfrak{Z}$ sogar ein Punkt von F ist.

Um nachzuweisen, daß F zusammenhängend ist, formen wir zuerst den Ausdruck $\operatorname{abs}(\mathfrak{C}_0 \mathfrak{Z}[\mathfrak{Q}] + \mathfrak{D}_0)$ um. Es sei

(30) $$\mathfrak{Z}[\mathfrak{Q}] + \mathfrak{C}_0^{-1} \mathfrak{D}_0 = \mathfrak{S}_0 + i\,\mathfrak{T}_0$$

mit $\mathfrak{S}_0 = \mathfrak{X}[\mathfrak{Q}] + \mathfrak{C}_0^{-1} \mathfrak{D}_0$, $\mathfrak{T}_0 = \mathfrak{Y}[\mathfrak{Q}]$. Man wähle dann eine reelle Matrix $\mathfrak{F}^{(r)}$, so daß $\mathfrak{T}_0[\mathfrak{F}] = \mathfrak{E}$ und zugleich $\mathfrak{S}_0[\mathfrak{F}] = \mathfrak{H}$ eine Diagonalmatrix ist, deren Diagonalelemente $h_1, \ldots, h_r$ seien. Dann wird $|\mathfrak{F}|^{-2} = |\mathfrak{T}_0|$ und

$$\mathfrak{S}_0 + i\,\mathfrak{T}_0 = (\mathfrak{H} + i\,\mathfrak{E})[\mathfrak{F}^{-1}],$$

$$|\mathfrak{S}_0 + i\,\mathfrak{T}_0| = |\mathfrak{T}_0| \prod_{k=1}^{r} (h_k + i).$$

Zufolge (24) und (30) ist daher

(31) $$\operatorname{abs}(\mathfrak{C}\mathfrak{Z} + \mathfrak{D})^2 = |\mathfrak{C}_0|^2\, |\mathfrak{T}_0|^2 \prod_{k=1}^{r} (h_k^2 + 1).$$

Für $\mathfrak{Z}_1 = \mathfrak{X} + i\lambda\mathfrak{Y}$ mit $\lambda \geqq 1$ gilt dann

(32) $$\operatorname{abs}(\mathfrak{C}\mathfrak{Z}_1 + \mathfrak{D})^2 = |\mathfrak{C}_0|^2\, |\mathfrak{T}_0|^2 \prod_{k=1}^{r} (h_k^2 + \lambda^2),$$

also

$$\operatorname{abs}(\mathfrak{C}\mathfrak{Z}_1 + \mathfrak{D}) \geqq \operatorname{abs}(\mathfrak{C}\mathfrak{Z} + \mathfrak{D}),$$

und demnach genügt mit $\mathfrak{Z}$ auch $\mathfrak{Z}_1$ den sämtlichen Ungleichungen (21), (22), (23). Es ist also $\mathfrak{Z}_1 = \mathfrak{X} + i\lambda\mathfrak{Y}$ für alle $\lambda > 1$ reduziert, wenn $\mathfrak{Z} = \mathfrak{X} + i\mathfrak{Y}$ reduziert ist.

Da bei der Wahl von $\mathfrak{Q}$ noch über einen rechtsseitigen unimodularen Faktor beliebig verfügt werden kann, so darf man ohne Beschränkung der Allgemeinheit annehmen, daß $\mathfrak{Y}[\mathfrak{Q}]$ nach Minkowski reduziert ist. Liegt $\mathfrak{Z}$ in F, so ist nach (22) und (26) jedes Diagonalelement von $\mathfrak{Y}[\mathfrak{Q}]$ mindestens gleich $\frac{1}{2}\sqrt{3}$. Wenn man dann (28) für $\mathfrak{Y}[\mathfrak{Q}]$ statt $\mathfrak{Y}$ anwendet, so folgt

$$|\mathfrak{Y}[\mathfrak{Q}]| > c_3^{-1}. \tag{33}$$

Nun setze man $\mathfrak{Z}_0 = \mathfrak{X}_0 + i\lambda\mathfrak{Y}$ mit $\lambda > 0$ und einem beliebigen $\mathfrak{X}_0$, das nur den Bedingungen (23) genügt. Nach (31) und (33) wird jetzt

$$\operatorname{abs}(\mathfrak{C}\mathfrak{Z}_0 + \mathfrak{D}) \geqq |\lambda\mathfrak{Y}[\mathfrak{Q}]| > \lambda^r c_3^{-1}.$$

Für $\lambda \geqq c_3$ liegt also auch $\mathfrak{Z}_0$ in F.

Von einem beliebigen Punkte $\mathfrak{Z}_1 = \mathfrak{X}_1 + i\mathfrak{Y}_1$ von F gelangt man zu einem beliebigen anderen Punkt $\mathfrak{Z}_2 = \mathfrak{X}_2 + i\mathfrak{Y}_2$ von F durch den Streckenzug

$$\mathfrak{Z} = \mathfrak{X}_1 + i\lambda\mathfrak{Y}_1 \qquad (1 \leqq \lambda \leqq c_3),$$
$$\mathfrak{Z} = (1-\lambda)(\mathfrak{X}_1 + ic_3\mathfrak{Y}_1) + \lambda(\mathfrak{X}_2 + ic_3\mathfrak{Y}_2) \qquad (0 \leqq \lambda \leqq 1),$$
$$\mathfrak{Z} = \mathfrak{X}_2 + i\lambda\mathfrak{Y}_2 \qquad (c_3 \geqq \lambda \geqq 1).$$

Beachtet man noch, daß mit $|c_3\mathfrak{Y}_1[\mathfrak{Q}]| > 1$ und $|c_3\mathfrak{Y}_2[\mathfrak{Q}]| > 1$ auch $|(1-\lambda)c_3\mathfrak{Y}_1[\mathfrak{Q}] + \lambda c_3\mathfrak{Y}_2[\mathfrak{Q}]| > 1$ ist, so folgt aus dem in den beiden vorangehenden Absätzen Bewiesenen, daß die drei Strecken ganz zu F gehören. Daher ist F tatsächlich zusammenhängend.

Von den Bedingungen (21) und (22) lassen wir diejenigen fort, die identisch in $\mathfrak{Z}$ erfüllt sind. Diese erhält man aus (21) für $\{\mathfrak{C}, \mathfrak{D}\} = \{\mathfrak{N}, \mathfrak{E}\}$ und aus (22), indem man in der Spalte $\mathfrak{g}_k$ für das Element g_k die Werte ± 1 und alle anderen Elemente gleich 0 setzt. Die inneren Punkte von F sind dann dadurch charakterisiert, daß für sie in allen übrig gebliebenen Bedingungen (21), (22) und (23) nirgends das Gleichheitszeichen steht. Hieraus folgt nun leicht, daß kein innerer Punkt $\mathfrak{Z}$ von F einem anderen Punkte $\mathfrak{Z}_1$ von F äquivalent sein kann. Ist nämlich

$$\mathfrak{Z}_1 = (\mathfrak{A}\mathfrak{Z} + \mathfrak{B})(\mathfrak{C}\mathfrak{Z} + \mathfrak{D})^{-1}, \tag{34}$$

so gilt

$$(-\mathfrak{C}'\mathfrak{Z}_1 + \mathfrak{A}')(\mathfrak{C}\mathfrak{Z} + \mathfrak{D}) = \mathfrak{E}.$$

Für das teilerfremde symmetrische Paar $-\mathfrak{C}', \mathfrak{A}'$ liefert (21) die Ungleichung

$$\operatorname{abs}(-\mathfrak{C}'\mathfrak{Z}_1 + \mathfrak{A}') \geqq 1.$$

Also ist $\operatorname{abs}(\mathfrak{C}\mathfrak{Z} + \mathfrak{D}) = 1$ und folglich $\mathfrak{C} = \mathfrak{N}$,

$$\mathfrak{Z}_1 = \mathfrak{Z}[\mathfrak{U}] + \mathfrak{S} \quad .$$

mit unimodularem $\mathfrak{U}$ und ganzem symmetrischem $\mathfrak{S}$. Da nun $\mathfrak{Y}_1 = \mathfrak{Y}[\mathfrak{U}]$

und $\mathfrak{Y}$ Punkte des Minkowskischen reduzierten Bereiches sind, und zwar $\mathfrak{Y}$ nach Voraussetzung ein innerer Punkt, so folgt weiter $\mathfrak{U} = \pm \mathfrak{E}$. Aus $\mathfrak{X}_1 = \mathfrak{X} + \mathfrak{S}$ und (23) erhält man dann $\mathfrak{S} = \mathfrak{N}$, und (34) wird die identische Substitution $\mathfrak{Z}_1 = \mathfrak{Z}$.

Jetzt untersuchen wir schließlich noch den Rand von F. Es sei $\mathfrak{Z}$ ein Randpunkt von F, also $\mathfrak{Z}$ reduziert, und $\mathfrak{Z}_k$ ($k = 1, 2, \ldots$) eine Folge von Punkten aus P, die nicht zu F gehören, aber gegen $\mathfrak{Z}$ konvergieren. Es gibt zu jedem k eine von der Identität verschiedene Modulsubstitution, so daß

$$\mathfrak{W}_k = (\mathfrak{A}_k \mathfrak{Z}_k + \mathfrak{B}_k)(\mathfrak{C}_k \mathfrak{Z}_k + \mathfrak{D}_k)^{-1} \tag{35}$$

reduziert ist. Wir betrachten zunächst den Fall, daß es unendlich viele k mit $\mathfrak{C}_k \neq \mathfrak{N}$ gibt. Indem wir zu einer geeigneten Teilfolge übergehen, können wir annehmen, daß $\mathfrak{C}_k$ für alle k von $\mathfrak{N}$ verschieden ist. Es sei r der Rang von $\mathfrak{C}_k$. Nach (24) und (31) gilt dann

$$\operatorname{abs}(\mathfrak{C}_k \mathfrak{Z}_k + \mathfrak{D}_k)^2 = \operatorname{abs}(\mathfrak{C}_0 \mathfrak{Z}_k [\mathfrak{Q}] + \mathfrak{D}_0)^2 = |\mathfrak{C}_0|^2 \, |\mathfrak{T}_0|^2 \prod_{k=1}^{r} (h_k^2 + 1). \tag{36}$$

Dabei ist $\mathfrak{C}_0^{(r)}$, $\mathfrak{D}_0^{(r)}$ ein teilerfremdes symmetrisches Paar, $|\mathfrak{C}_0| \neq 0$, ferner $\mathfrak{Q}$ primitiv, $\mathfrak{T}_0 = \mathfrak{Y}_k [\mathfrak{Q}]$ und $h_1, \ldots, h_r$ die Wurzeln der Gleichung $|\lambda \mathfrak{T}_0 - \mathfrak{S}_0| = 0$ mit $\mathfrak{S}_0 = \mathfrak{X}_k [\mathfrak{Q}] + \mathfrak{C}_0^{-1} \mathfrak{D}_0$. Bedeutet wieder $\mathfrak{H}$ die Diagonalmatrix aus den Diagonalelementen $h_1, \ldots, h_r$, so gilt $\mathfrak{T}_0 [\mathfrak{F}] = \mathfrak{E}$, $\mathfrak{S}_0 [\mathfrak{F}] = \mathfrak{H}$ mit reellem $\mathfrak{F}$.

Man kann sich $\mathfrak{Q}$ so gewählt denken, daß $\mathfrak{T}_0 = \mathfrak{Y}_k [\mathfrak{Q}]$ den Minkowskischen Reduktionsbedingungen genügt. Das erste Diagonalelement von $\mathfrak{T}_0$ ist dann kleiner als $c_4 \, |\mathfrak{T}_0|^{\frac{1}{r}}$ und andererseits mindestens gleich dem Minimum der quadratischen Form $\mathfrak{Y}_k [\mathfrak{g}]$ für alle ganzen $\mathfrak{g} \neq \mathfrak{n}$. Für $\mathfrak{Y}$ statt $\mathfrak{Y}_k$ ist das Minimum zufolge (22) und (26) mindestens gleich $\frac{1}{2}\sqrt{3}$, ferner ändert es sich stetig mit $\mathfrak{Y}_k$. Wegen $\mathfrak{Y}_k \to \mathfrak{Y}$ gilt also

$$|\mathfrak{T}_0| > c_5^{-1}.$$

Da $\mathfrak{W}_k$ reduziert ist, so ist aber außerdem

$$\operatorname{abs}(\mathfrak{C}_k \mathfrak{Z}_k + \mathfrak{D}_k) \leqq 1. \tag{37}$$

In Verbindung mit (36) folgt daraus die Beschränktheit der Zahlen $|\mathfrak{C}_0|$, $|\mathfrak{T}_0|$, $h_1, \ldots, h_r$. Da $\mathfrak{T}_0$ reduziert ist und die Reziproke des ersten Diagonalelementes beschränkt ist, so ergibt sich die Beschränktheit aller Elemente von $\mathfrak{T}_0$. Wegen der Beziehungen $\mathfrak{T}_0 [\mathfrak{F}] = \mathfrak{E}$, $\mathfrak{S}_0 = \mathfrak{H} [\mathfrak{F}^{-1}]$ erkennt man dann die Beschränktheit von $\mathfrak{F}^{-1}$ und $\mathfrak{S}_0$. Weil $\mathfrak{Y}_k$ gegen das reduzierte $\mathfrak{Y}$ strebt, gilt ferner die Ungleichung

$$\mathfrak{Y}_k [\mathfrak{g}] \geqq c_6^{-1} \mathfrak{g}'\mathfrak{g}$$

für alle genügend großen k. Zufolge der Beschränktheit von $\mathfrak{T}_0$ ist also auch $\mathfrak{Q}$ beschränkt. Ferner ist $\mathfrak{X}_k \to \mathfrak{X}$, und alle Elemente von $\mathfrak{X}$ liegen zwischen $-\frac{1}{2}$ und $+\frac{1}{2}$. Demnach ist auch $\mathfrak{C}_0^{-1}\mathfrak{D}_0 = \mathfrak{S}_0 - \mathfrak{X}_k[\mathfrak{Q}]$ beschränkt. In dieser rationalen Matrix ist aber wegen der Beschränktheit von $|\mathfrak{C}_0|$ auch der Nenner beschränkt, also gibt es für sie nur beschränkt viele Möglichkeiten. Auf Grund von (11) ist durch die Kenntnis von $\mathfrak{C}_0^{-1}\mathfrak{D}_0$ die Klasse $\{\mathfrak{C}_0, \mathfrak{D}_0\}$ eindeutig festgelegt. Hieraus ergibt sich die Existenz eines beschränkten teilerfremden symmetrischen Paares $\mathfrak{C}, \mathfrak{D}$, so daß für eine unendliche Teilfolge

$$\operatorname{abs}(\mathfrak{C}_k \mathfrak{Z}_k + \mathfrak{D}_k) = \operatorname{abs}(\mathfrak{C}\,\mathfrak{Z}_k + \mathfrak{D})$$

gilt und $\mathfrak{C} \neq \mathfrak{N}$ ist. Aus (37) folgt dann, daß der Randpunkt $\mathfrak{Z}$ auf der Fläche

$$\operatorname{abs}(\mathfrak{C}\mathfrak{Z} + \mathfrak{D}) = 1 \tag{38}$$

gelegen ist.

Nun haben wir noch den Fall zu untersuchen, daß in (35) unendlich oft $\mathfrak{C}_k = \mathfrak{N}$ ist. Dann wird

$$\mathfrak{W}_k = \mathfrak{Z}_k[\mathfrak{U}_k] + \mathfrak{S}_k$$

mit unimodularem $\mathfrak{U}_k$ und ganzem symmetrischem $\mathfrak{S}_k$. Dabei ist $\mathfrak{Y}_k[\mathfrak{U}_k]$ ein Punkt des Minkowskischen reduzierten Bereiches. Dieser Bereich wird von endlich vielen Ebenen begrenzt. Ist nun $\mathfrak{U}_k \neq \pm\mathfrak{E}$ für unendlich viele k, so folgt, daß der Grenzpunkt $\mathfrak{Y}$ von $\mathfrak{Y}_k$ auf einer dieser Ebenen liegt. Die Gleichungen der Ebenen ergeben sich, indem man in gewissen endlich vielen der Beziehungen (22) das Gleichheitszeichen wählt. Schließlich sei $\mathfrak{U}_k = \pm\mathfrak{E}$ für fast alle k, also

$$\mathfrak{W}_k = \mathfrak{Z}_k + \mathfrak{S}_k$$

mit $\mathfrak{S}_k \neq \mathfrak{N}$. Dann muß aber für $\mathfrak{X}$ in einer der Bedingungen (23) ein Gleichheitszeichen stehen.

Damit ist bewiesen, daß die Begrenzung von F aus endlich vielen algebraischen Flächen besteht, nämlich endlich vielen Ebenen und endlich vielen Flächen mit der Gleichung (38). Wir wollen zum Schluß noch zeigen, daß ein Randpunkt $\mathfrak{Z}$ nur *beschränkt* vielen weiteren Randpunkten $\mathfrak{Z}_1, \mathfrak{Z}_2, \ldots$ äquivalent sein kann. Es sei

$$\mathfrak{Z}_k = (\mathfrak{A}_k\mathfrak{Z} + \mathfrak{B}_k)(\mathfrak{C}_k\mathfrak{Z} + \mathfrak{D}_k)^{-1} \qquad (k = 1, 2, \ldots). \tag{39}$$

Dann ist jedenfalls $\operatorname{abs}(\mathfrak{C}_k\mathfrak{Z} + \mathfrak{D}_k) = 1$ und folglich bestehen für die Klasse $\{\mathfrak{C}_k, \mathfrak{D}_k\}$ nur beschränkt viele Möglichkeiten. Wir brauchen daher nur noch den Fall zu betrachten, daß $\mathfrak{C}_k = \mathfrak{U}_k\mathfrak{C}_1$, $\mathfrak{D}_k = \mathfrak{U}_k\mathfrak{D}_1$ $(k = 1, 2, \ldots)$ gilt, mit unimodularem $\mathfrak{U}_k$ und festem teilerfremdem symmetrischem Paar $\mathfrak{C}_1, \mathfrak{D}_1$. Zufolge (9) ist dann aber

$$\mathfrak{Z}_1 = \mathfrak{Z}_k[\mathfrak{U}_k] + \mathfrak{S}_k$$

mit ganzem symmetrischem $\mathfrak{S}_k$, und für die imaginären Teile $\mathfrak{Y}_k$ von $\mathfrak{Z}_k$ gilt also insbesondere

$$\mathfrak{Y}_1 = \mathfrak{Y}_k [\mathfrak{U}_k].$$

Da die $\mathfrak{Y}_k$ sämtlich reduziert sind, so folgt hieraus nach einem wichtigen, zuerst von Minkowski bewiesenen Satze die Beschränktheit von $\mathfrak{U}_k$. Dann ist aber auch

$$\mathfrak{S}_k = \mathfrak{X}_1 - \mathfrak{X}_k [\mathfrak{U}_k]$$

beschränkt.

Wir haben übrigens hiermit nicht bewiesen, daß die in (39) möglichen Modulsubstitutionen einer von $\mathfrak{Z}$ unabhängigen endlichen Menge angehören; wir haben nämlich nicht die Beschränktheit des einen Paares $\mathfrak{C}_1, \mathfrak{D}_1$ bewiesen. Erst hieraus würde sich ergeben, daß von den aus F durch die Modulsubstitutionen entstehenden äquivalenten Bereichen nur endlich viele mit F einen Randpunkt gemeinsam haben. Daß auch dieser schärfere Satz richtig ist, ergibt sich durch genauere Untersuchung der Gleichung (19), und zwar auf ähnliche Art, wie beim Beweis des eben genannten Minkowskischen Satzes über den Rand des Bereiches der reduzierten positiven $\mathfrak{Y}$. Da wir aber diesen Satz weiterhin nicht gebrauchen werden und sein Beweis ein genaueres Eingehen auf die Minkowskische Reduktionstheorie erfordern würde, so wollen wir uns hier mit diesem Hinweis begnügen.

§ 3.

Modulformen n-ten Grades.

Wie im vorhergehenden Paragraphen seien $\mathfrak{V}^{(n)}$ und $\mathfrak{W}^{(n)}$ zwei komplexe Matrizen, für welche $\mathfrak{V}' \mathfrak{W}$ symmetrisch und die hermitische Matrix $\frac{1}{2i} (\mathfrak{V}' \overline{\mathfrak{W}} - \mathfrak{W}' \overline{\mathfrak{V}})$ positiv ist. Wir wollen Funktionen der $2 n^2$ Elemente von $\mathfrak{V}$ und $\mathfrak{W}$ betrachten, die stetig sind und bei der vollen homogenen Modulgruppe *invariant* bleiben. Für diese Funktionen $\varphi (\mathfrak{V}, \mathfrak{W})$ soll also bei jeder homogenen Modulsubstitution

$$\mathfrak{V}_1 = \mathfrak{A} \mathfrak{V} + \mathfrak{B} \mathfrak{W}, \qquad \mathfrak{W}_1 = \mathfrak{C} \mathfrak{V} + \mathfrak{D} \mathfrak{W}$$

die Gleichung

$$\varphi (\mathfrak{V}_1, \mathfrak{W}_1) = \varphi (\mathfrak{V}, \mathfrak{W}) \tag{40}$$

erfüllt sein. Ferner sollen sie *homogen* in $\mathfrak{V}$ und $\mathfrak{W}$ sein, in folgendem Sinne: Ersetzt man $\mathfrak{V}, \mathfrak{W}$ durch $\mathfrak{V} \mathfrak{K}, \mathfrak{W} \mathfrak{K}$ mit beliebigem umkehrbarem $\mathfrak{K}$, so sollen sie sich mit einem nur von $\mathfrak{K}$ abhängigen Faktor $f(\mathfrak{K})$ multiplizieren; es soll also

$$\varphi (\mathfrak{V} \mathfrak{K}, \mathfrak{W} \mathfrak{K}) = f(\mathfrak{K}) \, \varphi (\mathfrak{V}, \mathfrak{W})$$

gelten. Ist dann $\varphi(\mathfrak{V}, \mathfrak{W})$ nicht identisch 0, so ist $f(\mathfrak{K})$ ebenfalls stetig und nicht identisch 0. Ferner besteht die Funktionalgleichung

$$f(\mathfrak{K}_1 \mathfrak{K}_2) = f(\mathfrak{K}_1) f(\mathfrak{K}_2),$$

aus der bekanntlich

$$f(\mathfrak{K}) = |\mathfrak{K}|^\gamma$$

folgt, mit konstantem γ. Wegen

$$\varphi(\mathfrak{V}, \mathfrak{W}) = \varphi(-\mathfrak{V}, -\mathfrak{W}) = f(-\mathfrak{E})\, \varphi(\mathfrak{V}, \mathfrak{W})$$

muß noch

$$(-1)^{n\gamma} = 1$$

sein, also $n\gamma$ eine gerade ganze Zahl. Es wird nun

(41) $\varphi(\mathfrak{V}, \mathfrak{W}) = |\mathfrak{W}|^\gamma\, \varphi(\mathfrak{V}\mathfrak{W}^{-1}, \mathfrak{E}), \quad \varphi(\mathfrak{V}_1, \mathfrak{W}_1) = |\mathfrak{W}_1|^\gamma\, \varphi(\mathfrak{V}_1 \mathfrak{W}_1^{-1}, \mathfrak{E}).$

Wir brauchen uns demnach nur noch mit den Funktionen

$$\varphi(\mathfrak{Z}, \mathfrak{E}) = \varphi(\mathfrak{Z})$$

zu beschäftigen, die für alle $\mathfrak{Z}$ aus P stetig sind und nach (40) und (41) der Funktionalgleichung

$$\varphi(\mathfrak{Z}_1) = |\mathfrak{C}\mathfrak{Z} + \mathfrak{D}|^{-\gamma}\, \varphi(\mathfrak{Z})$$

für jede gebrochene Modulsubstitution

$$\mathfrak{Z}_1 = (\mathfrak{A}\mathfrak{Z} + \mathfrak{B})(\mathfrak{C}\mathfrak{Z} + \mathfrak{D})^{-1}$$

genügen.

Für die ganzen Modulsubstitutionen

(42) $$\mathfrak{Z}_1 = \mathfrak{Z}[\mathfrak{U}] + \mathfrak{S},$$

mit unimodularem $\mathfrak{U}$ und ganzem symmetrischem $\mathfrak{S}$, gilt dann insbesondere

$$\varphi(\mathfrak{Z}_1) = |\mathfrak{U}|^\gamma\, \varphi(\mathfrak{Z}).$$

Den einfachsten Fall erhalten wir, wenn wir γ selbst als gerade ganze Zahl voraussetzen; dann ist nämlich

(43) $$\varphi(\mathfrak{Z}_1) = \varphi(\mathfrak{Z})$$

für alle ganzen Modulsubstitutionen (42).

Unter einer *Modulform n-ten Grades* verstehen wir eine Funktion $\varphi(\mathfrak{Z})$ mit folgenden drei Eigenschaften:

1. *Sie ist in P eine reguläre analytische Funktion der $\frac{n(n+1)}{2}$ unabhängigen Elemente von $\mathfrak{Z}$;*

2. *sie ist im Fundamentalbereich F beschränkt;*

3. *sie genügt für jede Modulsubstitution $\mathfrak{Z}_1 = (\mathfrak{A}\mathfrak{Z} + \mathfrak{B})(\mathfrak{C}\mathfrak{Z} + \mathfrak{D})^{-1}$ der Funktionalgleichung*

(44) $$\varphi(\mathfrak{Z}_1) = |\mathfrak{C}\mathfrak{Z} + \mathfrak{D}|^g\, \varphi(\mathfrak{Z})$$

mit einer festen geraden Konstanten g.

In dieser Erklärung haben wir g an Stelle von $-\gamma$ geschrieben. Wir werden bald sehen, daß $\varphi(\mathfrak{Z})$ im Falle $g < 0$ identisch verschwindet und im Falle $g = 0$ identisch konstant ist. Die gerade Zahl g nennen wir das *Gewicht* der Modulform.

Nach (42) und (43) hat die Modulform $\varphi(\mathfrak{Z})$ in jedem Elemente z_{kl} $(1 \leqq k \leqq l \leqq n)$ von $\mathfrak{Z}$ die Periode 1. Folglich gilt überall in P eine Fouriersche Entwicklung

(45)
$$\varphi(\mathfrak{Z}) = \sum_{\mathfrak{T}} a(\mathfrak{T})\, e^{2\pi i \sigma(\mathfrak{T}\mathfrak{Z})}.$$

Hierin durchläuft $\mathfrak{T}$ alle halbganzen symmetrischen n-reihigen Matrizen, das Zeichen σ bedeutet die Bildung der *Spur* und die Koeffizienten $a(\mathfrak{T})$ hängen nur von $\mathfrak{T}$ ab. Es sei $\mathfrak{X} = (x_{kl})$ der reelle Teil von $\mathfrak{Z} = \mathfrak{X} + i\mathfrak{Y}$, ferner X der Einheitswürfel $-\frac{1}{2} \leqq x_{kl} \leqq \frac{1}{2}$ $(1 \leqq k \leqq l \leqq n)$ und $d\mathfrak{X} = \Pi\, d x_{kl}$ das Volumenelement von X. Dann gilt

(46)
$$a(\mathfrak{T})\, e^{-2\pi\sigma(\mathfrak{T}\mathfrak{Y})} = \int_X \varphi(\mathfrak{Z})\, e^{-2\pi i \sigma(\mathfrak{T}\mathfrak{X})}\, d\mathfrak{X}.$$

Es bedeute nun $\mathfrak{Y}_0$ irgendeinen Punkt des Minkowskischen reduzierten Bereiches. Aus (32) entnimmt man, daß $\mathfrak{Z} = \mathfrak{X} + i\lambda\mathfrak{Y}_0$ für alle genügend großen Zahlen λ und jedes $\mathfrak{X}$ aus X im Fundamentalbereiche F gelegen ist. Da nun aber $\varphi(\mathfrak{Z})$ in F beschränkt ist, so ergibt (46) die Beschränktheit des Ausdrucks

$$a(\mathfrak{T})\, e^{-2\pi\lambda\sigma(\mathfrak{T}\mathfrak{Y}_0)}$$

für $\lambda \to \infty$. Wenn $\sigma(\mathfrak{T}\mathfrak{Y}_0) < 0$ ist, so ist also $a(\mathfrak{T}) = 0$.

Nach (42) und (43) gilt für jedes unimodulare $\mathfrak{U}$ die Gleichung

(47)
$$\varphi(\mathfrak{Z}[\mathfrak{U}]) = \varphi(\mathfrak{Z}),$$

also wegen der Eindeutigkeit der Fourierschen Entwicklung auch

(48)
$$a(\mathfrak{T}[\mathfrak{U}]) = a(\mathfrak{T}).$$

Für jedes $\mathfrak{Y} > 0$ gibt es ein $\mathfrak{U}$, so daß $\mathfrak{Y}[\mathfrak{U}] = \mathfrak{Y}_0$ reduziert ist. Besteht nun die Ungleichung $\sigma(\mathfrak{T}\mathfrak{Y}) < 0$, so ist auch $\sigma(\mathfrak{T}_0\mathfrak{Y}_0) < 0$, mit $\mathfrak{T}_0[\mathfrak{U}'] = \mathfrak{T}$. Dann ist aber $a(\mathfrak{T}_0) = 0$, und (48) ergibt $a(\mathfrak{T}) = 0$.

Folglich kann $a(\mathfrak{T})$ nur dann von 0 verschieden sein, wenn die Ungleichung $\sigma(\mathfrak{T}\mathfrak{Y}) \geqq 0$ für alle positiven $\mathfrak{Y}$ erfüllt ist. Setzt man $\mathfrak{Y} = \mathfrak{R}\mathfrak{R}'$ mit beliebigem reellem $\mathfrak{R}$ und $|\mathfrak{R}| \neq 0$, so muß also $\sigma(\mathfrak{T}[\mathfrak{R}]) \geqq 0$ gelten. Wegen der Stetigkeit in $\mathfrak{R}$ ist dies dann auch noch für $|\mathfrak{R}| = 0$ richtig, also für alle reellen $\mathfrak{R}$. Das bedeutet aber, daß die quadratische Form $\mathfrak{T}[\mathfrak{x}] \geqq 0$ ist für alle reellen $\mathfrak{x}$; es ist also $\mathfrak{T}$ nicht-negativ, und wir können die Summation in (45) auf $\mathfrak{T} \geqq 0$ beschränken.

Wir verstehen jetzt unter $\mathfrak{Z}_1$ eine komplexe symmetrische Matrix mit *positivem* Imaginärteil und nur $n-1$ Reihen. Für jede positive Zahl λ ist dann offenbar

$$\mathfrak{Z} = \begin{pmatrix} \mathfrak{Z}_1 & \mathfrak{n} \\ \mathfrak{n}' & i\lambda \end{pmatrix} \tag{49}$$

ein Punkt von P. Wir werden beweisen, daß für festes $\mathfrak{Z}_1$ und $\lambda \to \infty$ der Wert der Modulform $\varphi(\mathfrak{Z})$ gegen einen Grenzwert $\psi(\mathfrak{Z}_1)$ strebt, der als Funktion von $\mathfrak{Z}_1$ eine Modulform $(n-1)$-ten Grades mit dem gleichen Gewicht wie $\varphi(\mathfrak{Z})$ ist.

Die aus den ersten $n-1$ Reihen von $\mathfrak{T}$ gebildete Matrix sei $\mathfrak{T}_1$, ferner seien $t_1, \ldots, t_n$ die Diagonalelemente von $\mathfrak{T}$. Es gilt dann

$$\sigma(\mathfrak{T}\mathfrak{Z}) = \sigma(\mathfrak{T}_1\mathfrak{Z}_1) + i\lambda t_n. \tag{50}$$

Wir setzen voraus, $\mathfrak{Z}_1$ liege in einem abgeschlossenen Gebiet G des $n(n-1)$-dimensionalen Raumes, in welchem der imaginäre Teil $\mathfrak{Y}_1$ von $\mathfrak{Z}_1$ durchweg positiv ist. Es soll zunächst gezeigt werden, daß für alle reellen nicht-negativen $\mathfrak{T}_1$ die Ungleichung

$$\sigma(\mathfrak{T}_1\mathfrak{Y}_1) \geqq \gamma\, \sigma(\mathfrak{T}_1) \tag{51}$$

gilt, mit einer positiven nur von G und n abhängigen Zahl γ. Diese Behauptung ist jedenfalls richtig für $\mathfrak{T}_1 = \mathfrak{N}$. Es sei $\mathfrak{T}_1 \neq \mathfrak{N}$, also $\sigma(\mathfrak{T}_1) > 0$, wegen $\mathfrak{T}_1 \geqq 0$. Da die Ungleichung homogen vom ersten Grade in den Elementen von $\mathfrak{T}_1$ ist, so kann man weiterhin $\sigma(\mathfrak{T}_1) = 1$ voraussetzen. Läßt man $\mathfrak{Z}_1$ in G variieren und $\mathfrak{T}_1$ in dem durch die Bedingungen $\mathfrak{T}_1 \geqq 0$, $\sigma(\mathfrak{T}_1) = 1$ festgelegten Bereiche, so erhält man ein abgeschlossenes endliches Gebiet. In diesem hat die stetige Funktion $\sigma(\mathfrak{T}_1\mathfrak{Y}_1)$ ein Minimum γ. Wegen $\mathfrak{Y}_1 > 0$, $\mathfrak{T}_1 \neq \mathfrak{N}$ ist dort ferner überall $\sigma(\mathfrak{T}_1\mathfrak{Y}_1) > 0$, also auch $\gamma > 0$.

Andererseits konvergiert die Reihenentwicklung (45) speziell für $\mathfrak{Z} = i\frac{\gamma}{2}\mathfrak{E}$. Folglich ist für alle halbganzen $\mathfrak{T} \geqq 0$ der Ausdruck $a(\mathfrak{T})\, e^{-\pi\gamma\sigma(\mathfrak{T})}$ beschränkt. Für $\lambda \geqq \gamma$ und ein geeignetes nur von G und n abhängiges K ist daher die Reihe

$$K \sum_{\mathfrak{T}} e^{-\pi\gamma\sigma(\mathfrak{T})}$$

eine Majorante für die rechte Seite von (45); dabei ist über alle halbganzen nicht-negativen $\mathfrak{T}$ zu summieren. Die Konvergenz dieser Reihe ist nun leicht einzusehen. Wegen $\mathfrak{T} \geqq 0$ ist nämlich $t_{kl}^2 \leqq t_k t_l$ und demnach die Anzahl der halbganzen $\mathfrak{T}$ mit festem Werte von $\sigma(\mathfrak{T}) = t$ nicht größer als $(4t+1)^{\frac{n(n+1)}{2}}$. Es konvergiert aber sogar die Reihe

$$\sum_{t=0}^{\infty} (4t+1)^{\frac{n(n+1)}{2}} e^{-\pi\gamma t}.$$

Damit ist nachgewiesen, daß die rechte Seite von (45) *gleichmäßig* für alle $\mathfrak{Z}_1$ aus G und $\lambda \geqq \gamma$ konvergiert, wobei $\mathfrak{Z}$ durch (49) erklärt ist. Jetzt führen wir den Grenzübergang $\lambda \to \infty$ aus. Nach (50) ist dabei $\lim e^{2\pi i \sigma(\mathfrak{T}\mathfrak{Z})} = e^{2\pi i \sigma(\mathfrak{T}_1 \mathfrak{Z}_1)}$ für $t_n = 0$, aber $= 0$ für $t_n > 0$. Setzt man noch $a(\mathfrak{T}) = a(\mathfrak{T}_1)$ für

$$\mathfrak{T} = \begin{pmatrix} \mathfrak{T}_1 & \mathfrak{n} \\ \mathfrak{n}' & 0 \end{pmatrix},$$

so ist also

$$\lim \varphi(\mathfrak{Z}) = \sum_{\mathfrak{T}_1} a(\mathfrak{T}_1) e^{2\pi i \sigma(\mathfrak{T}_1 \mathfrak{Z}_1)},$$

wobei über alle $(n-1)$-reihigen halbganzen nicht-negativen $\mathfrak{T}_1$ zu summieren ist. Da die rechte Seite gleichmäßig in G konvergiert, so ist sie eine dort reguläre analytische Funktion $\psi(\mathfrak{Z}_1)$.

Im ganzen Raume P_1 der $\mathfrak{Z}_1$ mit positivem Imaginärteil ist also $\lim \varphi(\mathfrak{Z}) = \psi(\mathfrak{Z}_1)$ regulär. Wir betrachten insbesondere den Fundamentalbereich F_1 in bezug auf die Modulgruppe $(n-1)$-ten Grades. Ist $\mathfrak{Z}_1$ ein Punkt von F_1, so folgt leicht aus den Ungleichungen (21), (22), (23), (25), daß auch der durch (49) erklärte Punkt $\mathfrak{Z}$ für genügend großes λ in F gelegen ist. Da nun $\varphi(\mathfrak{Z})$ in F beschränkt ist, so folgt die Beschränktheit von $\psi(\mathfrak{Z}_1)$ in F_1.

Endlich sei

$$\mathfrak{Z}_1 \to (\mathfrak{A}_1 \mathfrak{Z}_1 + \mathfrak{B}_1)(\mathfrak{C}_1 \mathfrak{Z}_1 + \mathfrak{D}_1)^{-1} \tag{52}$$

eine Modulsubstitution $(n-1)$-ten Grades. Setzt man dann

$$\mathfrak{A} = \begin{pmatrix} \mathfrak{A}_1 & \mathfrak{n} \\ \mathfrak{n}' & 1 \end{pmatrix}, \quad \mathfrak{B} = \begin{pmatrix} \mathfrak{B}_1 & \mathfrak{n} \\ \mathfrak{n}' & 0 \end{pmatrix}, \quad \mathfrak{C} = \begin{pmatrix} \mathfrak{C}_1 & \mathfrak{n} \\ \mathfrak{n}' & 0 \end{pmatrix}, \quad \mathfrak{D} = \begin{pmatrix} \mathfrak{D}_1 & \mathfrak{n} \\ \mathfrak{n}' & 1 \end{pmatrix},$$

so ist

$$\mathfrak{Z} \to (\mathfrak{A}\mathfrak{Z} + \mathfrak{B})(\mathfrak{C}\mathfrak{Z} + \mathfrak{D})^{-1} \tag{53}$$

eine Modulsubstitution n-ten Grades. Hat nun $\mathfrak{Z}$ die durch (49) gegebene Gestalt, so bleibt bei (53) diese Gestalt erhalten, wobei λ sich nicht ändert und $\mathfrak{Z}_1$ nach (52) transformiert wird. Aus (44) folgt dann durch den Grenzübergang $\lambda \to \infty$, daß $\psi(\mathfrak{Z}_1)$ bei (52) die Transformation

$$\psi(\mathfrak{Z}_1) \to |\mathfrak{C}_1 \mathfrak{Z}_1 + \mathfrak{D}_1|^g \, \psi(\mathfrak{Z}_1)$$

erleidet.

Hiermit ist bewiesen, daß $\psi(\mathfrak{Z}_1)$ die drei definierenden Eigenschaften einer Modulform besitzt. Die vorhergehenden Betrachtungen sind zum Teil inhaltlos im Falle $n = 1$, dann ist eben $\lim \varphi(\mathfrak{Z})$ eine Konstante, und zwar die Konstante $a(0)$ der Fourierschen Entwicklung.

Wir wollen schließlich noch zeigen, daß eine Modulform mit negativem Gewicht g *identisch verschwindet*. Nach (19) und (44) ist der absolute Betrag von $|\mathfrak{Y}|^{\frac{g}{2}}\,\varphi(\mathfrak{Z})$ invariant bei allen Modulsubstitutionen. Nun ist $\varphi(\mathfrak{Z})$ in F beschränkt, und nach (29) gilt das gleiche von $|\mathfrak{Y}|^{-1}$. Ist $g \leqq 0$, so ist also der Ausdruck $|\mathfrak{Y}|^{\frac{g}{2}}\,\varphi(\mathfrak{Z})$ überall in P beschränkt. Wir wählen speziell $\mathfrak{Y} = \varepsilon\mathfrak{E}$ mit $\varepsilon > 0$ und verwenden (46). Dies liefert die Beschränktheit von $a(\mathfrak{T})\,\varepsilon^{\frac{ng}{2}}\,e^{-2\pi\varepsilon\sigma(\mathfrak{T})}$. Im Falle $g < 0$ zeigt der Grenzübergang $\varepsilon \to 0$ das Verschwinden aller Koeffizienten $a(\mathfrak{T})$.

Will man nachweisen, daß eine Modulform mit dem Gewicht 0 identisch konstant ist, so muß man feinere Abschätzungen benutzen. Der Beweis läßt sich wohl am einfachsten führen, indem man den Satz vom Maximum des absoluten Betrages einer analytischen Funktion anwendet. Man muß dabei aber noch genauer untersuchen, wie sich eine Modulform verhält, wenn $\mathfrak{Z}$ auf einer Folge von Punkten aus F ins Unendliche wandert. Diese Untersuchung stößt auf keine Schwierigkeiten. Wir verzichten hier auf die Ausführung, da wir den Satz über die Modulformen vom Gewicht 0 im nächsten Paragraphen als Spezialfall einer allgemeineren Aussage finden werden.

§ 4.

Algebraische Abhängigkeit.

Sind φ_1 und φ_2 zwei Modulformen n-ten Grades mit den Gewichten g_1 und g_2, so ist ihr Produkt $\varphi_1\varphi_2$ eine Modulform n-ten Grades mit dem Gewicht $g_1 + g_2$. Ist $g_1 = g_2 = g$, so ist ferner für beliebige Konstanten a_1 und a_2 auch $a_1\varphi_1 + a_2\varphi_2$ eine Modulform vom Gewicht g. Allgemeiner erhält man eine Modulform, indem man mit h Modulformen $\varphi_1, \ldots, \varphi_h$ von den Gewichten $g_1, \ldots, g_h$ ein isobares Polynom bildet, also ein solches Polynom, in welchem alle wirklich auftretenden Systeme von Exponenten $k_1, \ldots, k_h$ in den Potenzprodukten der Variabeln einer Gleichung $g_1k_1 + \ldots + g_hk_h = g_0$ mit festem g_0 genügen. Wir wollen dann g_0 auch das *Gewicht* des Polynoms nennen.

Weiterhin sei

$$h = \frac{n(n+1)}{2} + 2.$$

Wir werden in diesem Paragraphen den wichtigen Satz beweisen, daß zwischen je h Modulformen n-ten Grades stets eine isobare algebraische Gleichung mit konstanten Koeffizienten besteht. Wir werden genauer beweisen: *Es gibt eine nur von n abhängige natürliche Zahl c_7, so daß zwischen h beliebigen Modulformen mit den Gewichten $g_1, \ldots, g_h$ stets eine isobare algebraische Gleichung vom Gewicht $c_7\,g_1 \ldots g_h$ besteht.* Unser Beweis wird zugleich eine brauchbare Methode zur Konstruktion dieser Gleichung ergeben.

Wir haben zum Schluß des vorigen Paragraphen gesehen, daß eine Modulform mit negativem Gewicht identisch verschwindet. Es wird sich ferner weiter unten als Nebenresultat ergeben, daß eine Modulform mit dem Gewicht 0 identisch konstant ist. Wir können also weiterhin voraussetzen, daß die Zahlen $g_1, \ldots, g_h$ sämtlich positiv sind. Es sei μ eine natürliche Zahl, die später genau festgelegt werden wird. Zunächst werde nur angenommen, daß μ durch $2h-2$ teilbar ist. Wir setzen noch zur Abkürzung

$$g_1 g_2 \ldots g_h = G.$$

Es soll jetzt die Anzahl der Potenzprodukte $\varphi_1^{k_1} \ldots \varphi_h^{k_h}$ vom Gewicht $g_0 = \mu G$ nach unten abgeschätzt werden, also die Anzahl der Lösungen von $g_1 x_1 + \ldots + g_h x_h = \mu G$ in nicht-negativen ganzen Zahlen $x_1, \ldots, x_h$. Wir setzen für x_k alle ganzen Zahlen des Intervalls

$$0 \leqq x_k \leqq \frac{\mu G}{(2h-2) g_k} \qquad (k = 1, \ldots, h-1).$$

Dies liefert insgesamt

$$H = \prod_{k=1}^{h-1} \left(1 + \frac{\mu G}{(2h-2) g_k}\right)$$

verschiedene Systeme $x_1, \ldots, x_{h-1}$. Für mindestens $\frac{H}{g_h}$ dieser Systeme muß dann der Wert der Linearform $g_1 x_1 + \ldots + g_{h-1} x_{h-1}$ einer gewissen festen Restklasse modulo g_h angehören. Es sei $\xi_1, \ldots, \xi_{h-1}$ ein festes und $\eta_1, \ldots, \eta_{h-1}$ ein variables dieser Systeme, außerdem

$$0 \leqq \xi_k < g_h \qquad (k = 1, \ldots, h-1).$$

Setzt man dann

$$x_k = \eta_k + g_h - \xi_k \qquad (k = 1, \ldots, h-1),$$

$$x_h = \mu \frac{G}{g_h} - \frac{1}{g_h} (g_1 x_1 + \ldots + g_{h-1} x_{h-1}),$$

so ist x_h ganz, $x_k > 0$ für $k = 1, \ldots, h-1$ und auch

$$x_h \geqq \mu \frac{G}{g_h} - \frac{\mu}{2} \frac{G}{g_h} - (g_1 + \ldots + g_{h-1}) \geqq 0;$$

jedes der Systeme $\eta_1, \ldots, \eta_{h-1}$ führt also zu einer Lösung von $g_1 x_1 + \ldots + g_h x_h = \mu G$ in nicht-negativen ganzen Zahlen $x_1, \ldots, x_h$. Setzt man noch zur Abkürzung

(54) $$q = \left(\frac{\mu}{2h-2}\right)^{h-1} G^{h-2},$$

so ist

$$\frac{H}{g_h} > q + 1.$$

Es existieren daher sicher $q+1$ verschiedene Potenzprodukte $\varphi_1^{k_1} \ldots \varphi_h^{k_h}$ vom Gewicht μG. Sie seien in irgendeiner Reihenfolge mit $\Phi_0, \ldots, \Phi_q$ bezeichnet.

Wir bilden mit unbestimmten Koeffizienten $\varrho_0, \ldots, \varrho_q$ den Ausdruck

$$\Phi = \varrho_0 \Phi_0 + \ldots + \varrho_q \Phi_q. \tag{55}$$

Da dies eine Modulform ist, so gilt eine Fouriersche Entwicklung

$$\Phi = \sum a(\mathfrak{T})\, e^{2\pi i \sigma(\mathfrak{T}\mathfrak{Z})}, \tag{56}$$

wobei über alle halbganzen nicht-negativen $\mathfrak{T}^{(n)}$ zu summieren ist. Da die Koeffizienten $a(\mathfrak{T})$ homogene lineare Funktionen von $\varrho_0, \ldots, \varrho_q$ sind, so lassen sich $\varrho_0, \ldots, \varrho_q$ derart wählen, daß $a(\mathfrak{T})$ für q vorgeschriebene Werte von $\mathfrak{T}$ verschwindet.

Im folgenden verstehen wir unter der *Diskriminante* $D(\mathfrak{T})$ die Determinante von $\mathfrak{T}$, wenn diese positiv ist. Ist aber $\mathfrak{T}$ vom Range $r < n$, so gilt für ein geeignetes unimodulares $\mathfrak{U}$ die Gleichung

$$\mathfrak{T}[\mathfrak{U}] = \begin{pmatrix} \mathfrak{T} & \mathfrak{N} \\ \mathfrak{N} & \mathfrak{N} \end{pmatrix} \tag{57}$$

mit $\mathfrak{T}_1 = \mathfrak{T}_1^{(r)}$, und dann definieren wir $D(\mathfrak{T}) = |\mathfrak{T}_1|$. Es ist also $D(\mathfrak{T})$ der größte gemeinsame Teiler der r-reihigen Unterdeterminanten von $\mathfrak{T}$. Vereinigt man alle mit $\mathfrak{T}$ *äquivalenten* Matrizen $\mathfrak{T}[\mathfrak{U}]$ zu einer *Klasse*, so hängt die Diskriminante $D(\mathfrak{T})$ nur von der Klasse von $\mathfrak{T}$ ab. Wir wollen uns diese Klassen nach wachsenden Werten der Diskriminante geordnet denken und abschätzen, für wie viele höchstens $D(\mathfrak{T}) \leqq T$ sein kann, wobei T irgendeine natürliche Zahl bedeutet. Bedeutet $K_n(T)$ die Anzahl der Klassen halbganzer nicht-negativer $\mathfrak{T}^{(n)}$ mit $D(\mathfrak{T}) \leqq T$, so soll die Ungleichung

$$K_n(T) < c_8 T^{\frac{n+1}{2}} \tag{58}$$

bewiesen werden.

Offenbar ist

$$K_1(T) = T + 1 \leqq 2T.$$

Es sei $n > 1$ und bereits bewiesen, daß

$$K_{n-1}(T) < c_9 T^{\frac{n-1}{2}}$$

gilt. Bedeutet $L_n(T)$ die Anzahl der Klassen halbganzer positiver $\mathfrak{T}^{(n)}$ mit $|\mathfrak{T}| = D(\mathfrak{T}) \leqq T$, so gilt zufolge (57) die Formel

$$K_n(T) = L_n(T) + K_{n-1}(T).$$

Um (58) mit geeignetem c_8 zu beweisen, hat man also nur die Richtigkeit von

$$L_n(T) < c_{10} T^{\frac{n+1}{2}}$$

zu zeigen.

Ist $\mathfrak{T}$ nach Minkowski reduziert, so gelten zufolge (27), (28) die Ungleichungen

$$0 < t_1 \leqq t_2 \leqq \ldots \leqq t_n, \quad \pm 2\, t_{kl} \leqq t_k \qquad (1 \leqq k < l \leqq n),$$
$$t_1 t_2 \ldots t_n < c_1 \,|\mathfrak{T}|.$$

Da nun in jeder Klasse mindestens eine reduzierte Matrix liegt, so genügt es zu beweisen, daß für die Anzahl $M_n(T)$ der halbganzen $\mathfrak{T}$ mit $0 < t_1 \leqq t_2 \leqq \ldots \leqq t_n$, $\pm 2\, t_{kl} \leqq t_k$ $(1 \leqq k < l \leqq n)$, $t_1 \ldots t_n \leqq c_1 T$ die Ungleichung

$$M_n(T) < c_{10}\, T^{\frac{n+1}{2}} \tag{59}$$

erfüllt ist. Da $M_1(T) = c_1 T$ ist, so können wir für den Beweis von (59) voraussetzen, daß die Beziehung

$$M_{n-1}(T) < c_{11}\, T^{\frac{n}{2}} \tag{60}$$

richtig ist.

Wir schätzen zunächst die Anzahl der zulässigen $\mathfrak{T}$ mit festem t_n ab. Es bedeute τ das Minimum der beiden Zahlen t_n^{n-1} und $\frac{c_1 T}{t_n}$. Wegen der Ungleichungen $0 < t_1 \leqq t_2 \leqq \ldots \leqq t_n$ und $t_1 \ldots t_n \leqq c_1 T$ ist dann $t_1 \ldots t_{n-1} \leqq \tau$. Da bei festem t_k für das ganze $2\, t_{kn}$ genau $2\, t_k + 1$ Möglichkeiten bestehen und $\prod_{k=1}^{n-1} (2\, t_k + 1) < c_{12}\, \tau$ ist, so gibt es bei festem t_n höchstens $c_{12}\, \tau\, M_{n-1}(\tau)$ zulässige $\mathfrak{T}$. Nach (60) ist daher

$$M_n(T) < c_{13} \sum_{t_n = 1}^{c_1 T} \tau^{\frac{n}{2}+1}$$

oder, mit Rücksicht auf die Bedeutung von τ,

$$M_n(T) < c_{13} \sum_{t \leqq (c_1 T)^{1/n}} t^{\frac{n(n+1)}{2} - 1} + c_{13} (c_1 T)^{\frac{n}{2}+1} \sum_{t > (c_1 T)^{1/n}} t^{-\frac{n}{2} - 1}$$
$$< c_{14}\, T^{\frac{n+1}{2}} + c_{15}\, T^{\frac{n}{2}+1}\, T^{-\frac{1}{2}} = c_{10}\, T^{\frac{n+1}{2}}.$$

Damit ist (59) bewiesen, also auch (58).

Nach (48) hängt der Koeffizient $a(\mathfrak{T})$ in der Fourierschen Entwicklung (56) nur von der Klasse von $\mathfrak{T}$ ab. Zufolge (58) können wir für die Koeffizienten $\varrho_0, \ldots, \varrho_q$ in (55) solche nicht sämtlich verschwindende Werte finden, daß alle $a(\mathfrak{T})$ mit $D(\mathfrak{T}) \leqq T$ gleich 0 sind, wenn nur

$$q \geqq c_8\, T^{\frac{n+1}{2}} \tag{61}$$

gilt. Setzt man noch

$$\alpha = \frac{2}{n(n+1)} = \frac{1}{h-2},$$

so ist nach der Definition (54) von q die Bedingung (61) mit dem Gleichheitszeichen erfüllt, wenn T durch die Formel

$$T^{\frac{1}{n}} = c_8^{-\alpha} \left(\frac{\mu}{2h-2}\right)^{1+\alpha} G \tag{62}$$

festgelegt wird.

Es soll jetzt bewiesen werden, daß die Modulform Φ identisch verschwindet, wenn μ größer als eine nur von n abhängige Zahl gewählt wird. Da die Gleichung $\Phi = 0$ isobar vom Gewicht μG ist, so wird damit der zu Anfang des Paragraphen ausgesprochene Satz bewiesen sein.

Auf Grund von (62) wächst der Quotient $T^{\frac{1}{n}} : \mu G$ mit μ über alle Grenzen. Also genügt es, die Richtigkeit zu zeigen für den folgenden

Satz. *Es sei*

$$\varphi(\mathfrak{Z}) = \sum a(\mathfrak{T})\, e^{2\pi i \sigma(\mathfrak{T}\mathfrak{Z})} \tag{63}$$

die Fouriersche Entwicklung einer Modulform vom Gewicht $g > 0$. *Dabei seien die Koeffizienten* $a(\mathfrak{T}) = 0$ *für alle* $\mathfrak{T}$ *mit* $D(\mathfrak{T}) \leqq T$. *Liegt dann das Verhältnis* $T : g^n$ *oberhalb einer nur von* n *abhängigen Schranke, so verschwindet* $\varphi(\mathfrak{Z})$ *identisch.*

Wir beweisen zunächst, daß für $|\mathfrak{T}| = 0$ jedenfalls $a(\mathfrak{T}) = 0$ sein muß, unter den Voraussetzungen des Satzes. Für

$$\mathfrak{Z} = \begin{pmatrix} \mathfrak{Z}_1 & \mathfrak{n} \\ \mathfrak{n}' & i\lambda \end{pmatrix}$$

und $\lambda \to \infty$ gilt, wie im vorigen Paragraphen gezeigt wurde, die Formel

$$\lim \varphi(\mathfrak{Z}) = \psi(\mathfrak{Z}_1) = \sum_{\mathfrak{T}_1} a(\mathfrak{T})\, e^{2\pi i \sigma(\mathfrak{T}_1 \mathfrak{Z}_1)},$$

wobei $\mathfrak{T}$ alle halbganzen nicht-negativen Matrizen der Gestalt

$$\mathfrak{T} = \begin{pmatrix} \mathfrak{T}_1 & \mathfrak{n} \\ \mathfrak{n}' & 0 \end{pmatrix} \tag{64}$$

durchläuft. Im Falle $n = 1$ ist $\lim \varphi(\mathfrak{Z}) = a(0)$, also $= 0$ wegen der Voraussetzung über T. Im Falle $n > 1$ nehmen wir an, der Satz sei für $n-1$ statt n schon bewiesen. Da $\psi(\mathfrak{Z}_1)$ eine Modulform $(n-1)$-ten Grades vom Gewicht g ist, so ist sie identisch 0, also $a(\mathfrak{T}) = 0$ für alle $\mathfrak{T}$ der Gestalt (64). Nach (48) und (57) ist dann aber $a(\mathfrak{T}) = 0$ für alle $\mathfrak{T}$ mit verschwindender Determinante.

In (63) braucht man also nur über positive $\mathfrak{T}$ zu summieren. Wir wollen jetzt für alle $\mathfrak{Z}$ aus dem Fundamentalbereich F eine Majorante der Reihe bestimmen. Zu diesem Zwecke soll die Ungleichung

$$\sigma(\mathfrak{T}\mathfrak{Y}) \geqq \frac{1}{c_{16}} \sum_{k=1}^{n} t_k y_k \tag{65}$$

abgeleitet werden. Es bedeute $\mathfrak{R}$ die Diagonalmatrix mit den Diagonalelementen $\sqrt{y_1}, \ldots, \sqrt{y_n}$. Alle Elemente der positiven Matrix $\mathfrak{Y}[\mathfrak{R}^{-1}] = \mathfrak{Y}_1$ sind dann absolut höchstens gleich 1 und für die Determinante gilt nach (28) die Abschätzung

$$|\mathfrak{Y}_1| = (y_1 \ldots y_n)^{-1} |\mathfrak{Y}| > c_1^{-1}.$$

Folglich liegt $\mathfrak{Y}_1$ in einem festen abgeschlossenen Gebiet im Innern des Raumes der positiven Matrizen. Verwendet man nun (51) mit n statt $n-1$ und $\mathfrak{T}[\mathfrak{R}]$ statt $\mathfrak{T}_1$, so folgt (65).

Da die Reihe (63) für alle $\mathfrak{Z}$ aus P konvergiert, so ist insbesondere die Folge $a(\mathfrak{T})\, e^{-\frac{\pi}{c_{16}}\sigma(\mathfrak{T})}$ beschränkt. Da es genügt, die Behauptung des Satzes für $K\varphi(\mathfrak{Z})$ an Stelle von $\varphi(\mathfrak{Z})$ zu beweisen, mit irgendeiner Konstanten $K \neq 0$, so kann man

$$\text{(66)} \qquad \operatorname{abs} a(\mathfrak{T}) < e^{\frac{\pi}{c_{16}}\sigma(\mathfrak{T})}$$

voraussetzen. In F gilt ferner nach (26) und (27) die Ungleichung

$$\sigma(\mathfrak{T}) \leqq \frac{2}{\sqrt{3}} \sum_{k=1}^{n} t_k y_k.$$

In Verbindung mit (65) und (66) erhält man hieraus

$$\text{(67)} \qquad \operatorname{abs} a(\mathfrak{T})\, e^{2\pi i \sigma(\mathfrak{T}\mathfrak{Z})} < e^{-\frac{1}{c_{17}} \sum_{k=1}^{n} t_k y_k}.$$

Für beliebiges natürliches t sei $A(t)$ die Anzahl der halbganzen positiven $\mathfrak{T}$ mit

$$|\mathfrak{T}| > T, \quad t-1 < \sum_{k=1}^{n} t_k y_k \leqq t.$$

Genügt $\mathfrak{T}$ diesen Bedingungen, so ist sicher

$$t^n \geqq \prod_{k=1}^{n} (t_k y_k) \geqq |\mathfrak{T}\mathfrak{Y}| > T\,|\mathfrak{Y}|,$$

also ist $A(t) = 0$ für $t \leqq T^{\frac{1}{n}}\, |\mathfrak{Y}|^{\frac{1}{n}}$. Nach (26) und (27) ist andererseits $A(t)$ nicht größer als die Anzahl der halbganzen nicht-negativen $\mathfrak{T}$ mit $\sigma(\mathfrak{T}) \leqq \frac{2}{\sqrt{3}} t$, also

$$\text{(68)} \qquad A(t) < c_{18}\, t^{\frac{n(n+1)}{2}}.$$

Aus (67) und (68) folgt

$$\text{(69)} \quad \operatorname{abs} \varphi(\mathfrak{Z}) < c_{18} \sum_{t > T^{\frac{1}{n}} |\mathfrak{Y}|^{\frac{1}{n}}} t^{\frac{n(n+1)}{2}}\, e^{-\frac{1}{c_{17}}(t-1)} < c_{19}\, e^{-\frac{1}{c_{20}} T^{\frac{1}{n}} |\mathfrak{Y}|^{\frac{1}{n}}}.$$

Dies gilt für jeden Punkt $\mathfrak{Z}$ des Fundamentalbereiches. Bedeutet δ irgendeine positive Konstante $< \frac{1}{c_{20}}$, so konvergiert also der Ausdruck

$$e^{\delta T^{\frac{1}{n}} |\mathfrak{Y}|^{\frac{1}{n}}} \varphi(\mathfrak{Z})$$

gegen 0, wenn $\mathfrak{Z}$ in F ins Unendliche wandert. Demnach hat der absolute Betrag dieses Ausdrucks in einem *endlichen* Punkte $\mathfrak{Z}_0$ von F ein Maximum M und es gilt

$$\text{(70)} \qquad \operatorname{abs} \varphi(\mathfrak{Z}) \leqq M e^{-\delta T^{\frac{1}{n}} |\mathfrak{Y}|^{\frac{1}{n}}}$$

für alle $\mathfrak{Z}$ aus F, wobei insbesondere für $\mathfrak{Z} = \mathfrak{Z}_0$ das Gleichheitszeichen zu setzen ist. Wir haben zu beweisen, daß $M = 0$ ist.

Jetzt sei $\mathfrak{Z}_1$ ein beliebiger Punkt von P und $\mathfrak{Z}$ ein äquivalenter Punkt von F. Da der absolute Betrag von $|\mathfrak{Y}|^{\frac{g}{2}} \varphi(\mathfrak{Z})$ bei allen Modulsubstitutionen invariant ist, so liefert (70) die Ungleichung

$$\operatorname{abs} \varphi(\mathfrak{Z}_1) \leqq M |\mathfrak{Y}_1|^{-\frac{g}{2}} |\mathfrak{Y}|^{\frac{g}{2}} e^{-\delta T^{\frac{1}{n}} |\mathfrak{Y}|^{\frac{1}{n}}}.$$

Die Funktion

$$y^{\frac{ng}{2}} e^{-\delta T^{\frac{1}{n}} y}$$

hat für $y \geqq 0$ das Maximum bei $y = \frac{ng}{2\delta} T^{-\frac{1}{n}}$. Folglich ist

$$\text{(71)} \qquad \operatorname{abs} \varphi(\mathfrak{Z}_1) \leqq M \left(\frac{ng}{2\delta e} T^{-\frac{1}{n}} |\mathfrak{Y}_1|^{-\frac{1}{n}}\right)^{\frac{ng}{2}}.$$

Dies verwenden wir speziell für $\mathfrak{Z}_1 = \mathfrak{X} + \frac{i}{2} \mathfrak{Y}_0$, wobei also $\mathfrak{Y}_0$ den imaginären Teil von $\mathfrak{Z}_0$ bedeutet, und benutzen (46). Es wird

$$\operatorname{abs} \varphi(\mathfrak{Z}_0) \leqq \int_X \operatorname{abs} \varphi(\mathfrak{Z}_1)\, d\mathfrak{X} \sum_{|\mathfrak{T}| > T} e^{-\pi \sigma(\mathfrak{T} \mathfrak{Y}_0)}.$$

Schätzt man die Summe analog wie bei der Herleitung von (69) ab, so folgt wegen (71) die Relation

$$\operatorname{abs} \varphi(\mathfrak{Z}_0) \leqq M c_{21} \left(\frac{ng}{\delta e} T^{-\frac{1}{n}} |\mathfrak{Y}_0|^{-\frac{1}{n}}\right)^{\frac{ng}{2}} e^{-\frac{1}{c_{22}} T^{\frac{1}{n}} |\mathfrak{Y}_0|^{\frac{1}{n}}},$$

also nach (70) auch

$$\text{(72)} \qquad M e^{\left(\frac{1}{c_{22}} - \delta\right) T^{\frac{1}{n}} |\mathfrak{Y}_0|^{\frac{1}{n}}} \leqq M c_{21} \left(\frac{ng}{\delta e} T^{-\frac{1}{n}} |\mathfrak{Y}_0|^{-\frac{1}{n}}\right)^{\frac{ng}{2}}.$$

Wir wählen noch $\delta^{-1} = c_{20} + c_{22}$ und berücksichtigen (29). Dann wird erst recht

$$M \leqq M (c_{23}\, g^n\, T^{-1})^{\frac{g}{2}}.$$

Für

$$T g^{-n} > c_{23}$$

ist also $M = 0$ und damit der Satz bewiesen.

Durch die gleiche Schlußweise ergibt sich, daß jede Modulform $\varphi(\mathfrak{Z})$ vom Gewicht 0 *identisch konstant* ist. Es sei T eine beliebige natürliche Zahl und $q \geqq c_8 T^{\frac{n+1}{2}}$. Man kann dann $q+1$ nicht sämtlich verschwindende Zahlen $\varrho_0, \ldots, \varrho_q$ derart bestimmen, daß in der Fourierschen Entwicklung der Funktion

$$\Phi = \varrho_0 + \varrho_1 \varphi + \cdots + \varrho_q \varphi^q$$

die Koeffizienten $a(\mathfrak{T}) = 0$ sind für $D(\mathfrak{T}) \leqq T$. Dabei ist Φ eine Modulform vom Gewicht 0. Es gilt genau die zu (72) führende Rechnung auch im Falle $g = 0$, wenn dann unter g^g die Zahl 1 verstanden wird. Folglich ist

$$\operatorname{abs} \Phi(\mathfrak{Z}) \leqq M e^{-\frac{1}{c_{24}} T^{\frac{1}{n}} |\mathfrak{Y}|^{\frac{1}{n}}},$$

$$M e^{\frac{1}{c_{25}} T^{\frac{1}{n}}} \leqq M c_{21}.$$

Wählt man

$$T > (c_{25} \log c_{21})^n,$$

so folgt $M = 0$, also das identische Verschwinden von Φ und damit die Behauptung über φ.

§ 5.

Eisensteinsche Reihen.

Es sei wieder $h = \frac{n(n+1)}{2} + 2$. Im vorigen Paragraphen wurde nachgewiesen, daß je h Modulformen isobar algebraisch abhängig sind. Nunmehr soll die Existenz von $h-1$ algebraisch unabhängigen Modulformen n-ten Grades gezeigt werden.

Zu diesem Zweck betrachten wir die *Eisensteinschen Reihen*

$$\psi_g(\mathfrak{Z}) = \sum_{\{\mathfrak{C}, \mathfrak{D}\}} |\mathfrak{C}\mathfrak{Z} + \mathfrak{D}|^{-g}, \tag{73}$$

wo g eine gerade natürliche Zahl bedeutet und das Paar $\mathfrak{C}, \mathfrak{D}$ ein volles System von Repräsentanten der verschiedenen Klassen teilerfremder symmetrischer Matrizenpaare durchläuft. Wie H. Braun bewiesen hat, ist die Reihe für alle $\mathfrak{Z}$ aus P dann und nur dann absolut konvergent, wenn $g > n+1$ ist. Aus dem Beweis ist auch leicht ersichtlich, daß die Reihe im Fundamentalbereich F gleichmäßig konvergiert. Also ist $\psi_g(\mathfrak{Z})$ eine in P reguläre und in F beschränkte Funktion von $\mathfrak{Z}$. Bei einer Modulsubstitution

$$\mathfrak{Z} = (\mathfrak{A}_1 \mathfrak{Z}_1 + \mathfrak{B}_1)(\mathfrak{C}_1 \mathfrak{Z}_1 + \mathfrak{D}_1)^{-1}$$

wird ferner

(74) $$\mathfrak{C}\mathfrak{Z} + \mathfrak{D} = (\mathfrak{C}_0\mathfrak{Z}_1 + \mathfrak{D}_0)(\mathfrak{C}_1\mathfrak{Z}_1 + \mathfrak{D}_1)^{-1}$$

mit

(75) $$(\mathfrak{C}_0\mathfrak{D}_0) = (\mathfrak{C}\mathfrak{D})\begin{pmatrix}\mathfrak{A}_1 & \mathfrak{B}_1\\ \mathfrak{C}_1 & \mathfrak{D}_1\end{pmatrix}.$$

Ist auch

$$(\mathfrak{P}_0\mathfrak{Q}_0) = (\mathfrak{P}\mathfrak{Q})\begin{pmatrix}\mathfrak{A}_1 & \mathfrak{B}_1\\ \mathfrak{C}_1 & \mathfrak{D}_1\end{pmatrix},$$

so folgt nach (4) die Beziehung

$$\mathfrak{C}_0\mathfrak{Q}_0' - \mathfrak{D}_0\mathfrak{P}_0' = \mathfrak{C}\mathfrak{Q}' - \mathfrak{D}\mathfrak{P}'.$$

Auf Grund der Definition der Klasse $\{\mathfrak{C}, \mathfrak{D}\}$ bilden die durch (75) erklärten Paare $\mathfrak{C}_0$, $\mathfrak{D}_0$ ebenso wie die $\mathfrak{C}$, $\mathfrak{D}$ ein volles System nicht-assoziierter teilerfremder symmetrischer Matrizenpaare. Ersetzt man aber $\mathfrak{C}$, $\mathfrak{D}$ durch irgendeinen anderen Klassenrepräsentanten $\mathfrak{U}\mathfrak{C}$, $\mathfrak{U}\mathfrak{D}$, mit unimodularem $\mathfrak{U}$, so bleibt dabei jede *gerade* Potenz der Determinante $|\mathfrak{C}\mathfrak{Z} + \mathfrak{D}|$ ungeändert. Nach (73) und (74) ist daher

$$\psi_g(\mathfrak{Z}) = |\mathfrak{C}_1\mathfrak{Z}_1 + \mathfrak{D}_1|^g\, \psi_g(\mathfrak{Z}_1).$$

Demnach ist $\psi_g(\mathfrak{Z})$ eine Modulform mit dem Gewicht g.

Daß kein $\psi_g(\mathfrak{Z})$ identisch verschwindet, ergibt sich aus der Fourierschen Reihenentwicklung, die wir im letzten Paragraphen ableiten werden. Man kann dies aber auch einfacher einsehen, indem man $\mathfrak{Z} = i\lambda\mathfrak{E}$ setzt und die Zahl λ positiv unendlich werden läßt. Aus (24) entnimmt man, daß dann jedes Glied der Reihe (73) für $\{\mathfrak{C}, \mathfrak{D}\} \neq \{\mathfrak{N}, \mathfrak{E}\}$ den Grenzwert 0 hat, und aus der gleichmäßigen Konvergenz der Reihe folgt nun $\lim \psi_g(\mathfrak{Z}) = 1$. Also ist $\psi_g(\mathfrak{Z})$ nicht identisch gleich 0. Für jedes Gewicht $g > n + 1$ existiert daher eine nicht-triviale Modulform n-ten Grades.

Es sei jetzt $\Phi_g(\mathfrak{Z})$ irgendeine nicht identisch verschwindende Modulform vom Gewicht g, z. B. die Funktion $\psi_g(\mathfrak{Z})$ selbst, und $\mathfrak{Z}$ ein Punkt aus P mit $\Phi_g(\mathfrak{Z}) \neq 0$. Wir bilden mit beliebigem komplexen λ die Reihe

$$M(\lambda) = \sum_{\{\mathfrak{C}, \mathfrak{D}\}} (\lambda - \Phi_g(\mathfrak{Z})\,|\mathfrak{C}\mathfrak{Z} + \mathfrak{D}|^g)^{-1}.$$

Die hierdurch erklärte Funktion von λ ist offenbar meromorph. Ihre Pole sind sämtlich von erster Ordnung und liegen in den Punkten

(76) $$\lambda = \Phi_g(\mathfrak{Z})\,|\mathfrak{C}\mathfrak{Z} + \mathfrak{D}|^g.$$

Setzt man noch

$$\psi_{kg}(\mathfrak{Z})\,\Phi_g^{-k}(\mathfrak{Z}) = f_k(\mathfrak{Z}) \qquad (k = 1, 2, \ldots),$$

so gilt zufolge (73) in einer gewissen Umgebung von $\lambda = 0$ die Potenzreihenentwicklung

$$(77) \qquad -M(\lambda) = \sum_{k=1}^{\infty} f_k(\mathfrak{Z})\,\lambda^{k-1}.$$

Ist die Folge der Werte $f_1(\mathfrak{Z}), f_2(\mathfrak{Z}), \ldots$ gegeben, so kennt man die Potenzreihe der meromorphen Funktion $M(\lambda)$ und findet durch analytische Fortsetzung die sämtlichen Pole (76), also die Menge der Zahlen $\Phi_g(\mathfrak{Z})\,|\mathfrak{C}\mathfrak{Z} + \mathfrak{D}|^g$, aber zunächst ohne ihre Zuordnung zu den Klassen $\{\mathfrak{C}, \mathfrak{D}\}$.

Es sei auch $\mathfrak{Z}_1$ ein Punkt aus P mit $\Phi_g(\mathfrak{Z}_1) \neq 0$. Wir wollen im folgenden untersuchen, wann die unendlich vielen Gleichungen $f_k(\mathfrak{Z}) = f_k(\mathfrak{Z}_1)$ $(k = 1, 2, \ldots)$ sämtlich erfüllt sein können. Dies ist zunächst sicher der Fall, wenn $\mathfrak{Z}$ und $\mathfrak{Z}_1$ äquivalent sind, denn die Funktionen $f_k(\mathfrak{Z})$ sind gegenüber den Modulsubstitutionen absolut invariant. Wir wollen beweisen: *Liegt $\mathfrak{Z}$ nicht auf gewissen algebraischen Flächen, von denen durch jeden abgeschlossenen Teilbereich von P nur endlich viele gehen, so folgt aus den Gleichungen $f_k(\mathfrak{Z}) = f_k(\mathfrak{Z}_1)$ $(k = 1, 2, \ldots)$ die Äquivalenz von $\mathfrak{Z}$ und $\mathfrak{Z}_1$.* Da die Berandung des Fundamentalbereiches F von endlich vielen algebraischen Flächen gebildet wird, so kann man zum Beweis dieser Behauptung wegen der Invarianzeigenschaft von $f_k(\mathfrak{Z})$ voraussetzen, daß $\mathfrak{Z}$ und $\mathfrak{Z}_1$ Punkte von F sind, und zwar $\mathfrak{Z}$ ein innerer Punkt. Für alle Klassen $\{\mathfrak{C}, \mathfrak{D}\} \neq \{\mathfrak{N}, \mathfrak{E}\}$ ist dann $\operatorname{abs}(\mathfrak{C}\mathfrak{Z} + \mathfrak{D}) > 1$ und $\operatorname{abs}(\mathfrak{C}\mathfrak{Z}_1 + \mathfrak{D}) \geqq 1$. Unter allen Polen der Funktion $M(\lambda)$ liegt genau einer dem Nullpunkt am nächsten, nämlich $\lambda = \Phi_g(\mathfrak{Z})$. Folglich ist auch $\operatorname{abs}(\mathfrak{C}\mathfrak{Z}_1 + \mathfrak{D}) > 1$ für $\{\mathfrak{C}, \mathfrak{D}\} \neq \{\mathfrak{N}, \mathfrak{E}\}$ und $\Phi_g(\mathfrak{Z}) = \Phi_g(\mathfrak{Z}_1)$.

Für eine gewisse Permutation $\{\mathfrak{C}_1, \mathfrak{D}_1\}$ aller Klassen $\{\mathfrak{C}, \mathfrak{D}\} \neq \{\mathfrak{N}, \mathfrak{E}\}$ muß jetzt

$$(78) \qquad |\mathfrak{C}\mathfrak{Z} + \mathfrak{D}| = \varepsilon\,|\mathfrak{C}_1\mathfrak{Z}_1 + \mathfrak{D}_1|$$

gelten, wobei ε eine g-te Einheitswurzel bedeutet, die noch von $\mathfrak{C}, \mathfrak{D}, \mathfrak{Z}, \mathfrak{Z}_1$ abhängen kann. Es liege $\mathfrak{Z}$ in einem abgeschlossenen Teilbereich G von F. Unter Benutzung von (31) erkennt man, daß bei jeder festen Klasse $\{\mathfrak{C}, \mathfrak{D}\}$ und variablem $\mathfrak{Z}_1$ aus F die Gleichung (78) nur für endlich viele von G abhängige Klassen $\{\mathfrak{C}_1, \mathfrak{D}_1\}$ erfüllt sein kann. Man wähle speziell $\mathfrak{C}$ vom Range 1. Hat $\mathfrak{C}_1$ den Rang r, so geht (78) vermöge (12) über in

$$(79) \qquad c\,\mathfrak{Z}[\mathfrak{q}] + d = \varepsilon\,|\mathfrak{C}_2\mathfrak{Z}_2 + \mathfrak{D}_2|;$$

dabei ist $\mathfrak{C}_2, \mathfrak{D}_2$ ein r-reihiges teilerfremdes symmetrisches Matrizenpaar, $|\mathfrak{C}_2| \neq 0$, $\mathfrak{Z}_2 = \mathfrak{Z}_1[\mathfrak{Q}_2]$ mit ganzem $\mathfrak{Q}_2 = \mathfrak{Q}_2^{(n,r)}$, ferner sind c, d irgend zwei teilerfremde Zahlen und $\mathfrak{q}$ irgendeine Spalte aus n teilerfremden Elementen. Setzt man insbesondere c, d gleich 1, 1 und 1, 0 bei festgehaltenem $\mathfrak{q}$, so folgt aus (79) durch Subtraktion eine Gleichung

$$(80) \qquad \varepsilon_2\,|\mathfrak{C}_2\mathfrak{Z}_2 + \mathfrak{D}_2| - \varepsilon_3\,|\mathfrak{C}_3\mathfrak{Z}_3 + \mathfrak{D}_3| = 1$$

mit einem s-reihigen teilerfremden symmetrischen Paar $\mathfrak{C}_3, \mathfrak{D}_3, |\mathfrak{C}_3| \neq 0$, $\mathfrak{Z}_3 = \mathfrak{Z}_1[\mathfrak{Q}_3]$, ganzem $\mathfrak{Q}_3 = \mathfrak{Q}_3^{(n,s)}$ und g-ten Einheitswurzeln $\varepsilon_2, \varepsilon_3$. Es sei $\mathfrak{q}_{kl}$ die Spalte, in welcher das k-te und l-te Element den Wert 1 haben und alle anderen den Wert 0. Dann wird $\mathfrak{Z}[\mathfrak{q}_{kl}] = z_k$ für $k = l$ und $\mathfrak{Z}[\mathfrak{q}_{kl}] = z_k + z_l + 2 z_{kl}$ für $k \neq l$. Aus (79) ergeben sich dann alle Elemente von $\mathfrak{Z}$ als Polynome in den Elementen von $\mathfrak{Z}_1$, und die Koeffizienten dieser Polynome gehören einem endlichen Wertevorrat an. Gilt nun (80) nicht identisch in $\mathfrak{Z}_1$, so würde durch Elimination von $\mathfrak{Z}_1$ folgen, daß $\mathfrak{Z}$ auf einer von endlich vielen algebraischen Flächen gelegen ist. Wegen unserer Voraussetzung können wir diesen Fall ausschließen, und es muß also (80) identisch in $\mathfrak{Z}_1$ gelten. Man schreibe diese Gleichung in der Gestalt

(81) $$|\mathfrak{Z}_2 + \mathfrak{S}_2| - \alpha\,|\mathfrak{Z}_3 + \mathfrak{S}_3| = \beta$$

mit $\alpha\beta \neq 0$, $\mathfrak{S}_2 = \mathfrak{C}_2^{-1}\mathfrak{D}_2$, $\mathfrak{S}_3 = \mathfrak{C}_3^{-1}\mathfrak{D}_3$. Hieraus folgt zunächst $r = s$ und $|\mathfrak{Z}_2| = \alpha\,|\mathfrak{Z}_3|$. Da diese Gleichung identisch in $\mathfrak{Z}_1$ besteht, so zeigt eine einfache Betrachtung, daß $\mathfrak{Q}_3 = \mathfrak{Q}_2\mathfrak{R}$ ist, mit konstantem $\mathfrak{R}$ und $\alpha\,|\mathfrak{R}|^2 = 1$. In (81) kann man also $\alpha = 1$ und $\mathfrak{Z}_3 = \mathfrak{Z}_2$ voraussetzen. Wäre nun $r > 1$, so folgte durch Vergleich der Glieder $(r-1)$-ter Dimension die Beziehung $\mathfrak{S}_2 = \mathfrak{S}_3$ und damit der Widerspruch $\beta = 0$. Also ist $r = 1$. Aus der Identität (80) ergibt sich ferner, daß beide Einheitswurzeln $\varepsilon_2, \varepsilon_3$ rationale Zahlen sind, also den Wert ± 1 haben. Ohne Beschränkung der Allgemeinheit können wir annehmen, daß sie beide gleich 1 sind, da in $\mathfrak{C}_2, \mathfrak{D}_2$ noch ein linksseitiger unimodularer Faktor willkürlich ist.

Die Elemente z_{kl} von $\mathfrak{Z}$ sind folglich lineare Funktionen der Elemente ζ_{kl} von $\mathfrak{Z}_1$, etwa

(82) $$z_{kl} = a_{kl} + \sum_{\varkappa,\lambda} a_{kl,\varkappa\lambda}\,\zeta_{\varkappa\lambda},$$

wobei die Koeffizienten a_{kl} und $a_{kl,\varkappa\lambda}$ rationale Zahlen aus einem endlichen Wertevorrat sind. Benutzen wir (79) für $c = 1$, $d = 0$ und alle Spalten $\mathfrak{q}$, deren Elemente $q_1, \ldots, q_n$ einem beliebig vorgegebenen endlichen Vorrat von Systemen teilerfremder Zahlen angehören, so liefert (82) eine Beziehung

$$\sum_{k,l,\varkappa,\lambda} a_{kl,\varkappa\lambda}\,\zeta_{\varkappa\lambda}\,q_k q_l = c \sum_{\varkappa,\lambda} \zeta_{\varkappa\lambda}\,p_\varkappa p_\lambda$$

mit ganzem $c \neq 0$ und teilerfremden Zahlen $p_1, \ldots, p_n$. Dabei können wir wieder voraussetzen, daß dies identisch in $\mathfrak{Z}_1$ gilt. Es wird dann

(83) $$\sum_{k,l} (a_{kl,\varkappa\lambda} + a_{kl,\lambda\varkappa})\,q_k q_l = 2c\,p_\varkappa p_\lambda.$$

Faßt man $\varkappa$ als Zeilenindex und λ als Spaltenindex auf, so hat also die mit den linken Seiten von (83) gebildete n-reihige Matrix den Rang 1; und zwar gilt dies auch identisch in $q_1, \ldots, q_n$, wenn es für genügend viele Zahlsysteme $q_1, \ldots, q_n$ richtig ist. Beachtet man nun noch, daß es in (82) nur auf die Verbindung $a_{kl,\varkappa\lambda} + a_{kl,\lambda\varkappa}$ ankommt, so folgt leicht, daß man $a_{kl,\varkappa\lambda} = b_{\varkappa k} b_{\lambda l}$ wählen kann und demnach

$$\mathfrak{Z} = \mathfrak{Z}_1 [\mathfrak{B}] + \mathfrak{A} \tag{84}$$

mit gewissen Matrizen $\mathfrak{A}$ und $\mathfrak{B}$ aus einem endlichen Vorrat. Aus (83) entnimmt man, daß $\mathfrak{B} = \sqrt{c}\, \mathfrak{G}$ ist, mit ganzem $\mathfrak{G}$. Da nach (84) auch $\mathfrak{Z}_1$ in einem abgeschlossenen Teilgebiet von F liegt, so gilt das für $\mathfrak{Z}$ Bewiesene auch analog für $\mathfrak{Z}_1$. Folglich ist $\mathfrak{B}^{-1} = \sqrt{c_0}\, \mathfrak{G}_1$, mit ganzen $c_0, \mathfrak{G}_1$. Also ist $\mathfrak{G}$ unimodular $= \mathfrak{U}$ und $c = \pm 1$, also $\mathfrak{Z} = \pm \mathfrak{Z}_1 [\mathfrak{U}] + \mathfrak{A}$. Hierin kann nicht das untere Vorzeichen gelten, da $\mathfrak{Z}$ und $\mathfrak{Z}_1$ beide positiven Imaginärteil haben.

Wählen wir endlich $\mathfrak{C} = \mathfrak{E}$, $\mathfrak{D} = \mathfrak{N}$ in (78), so folgt

$$|\mathfrak{Z}_1 + \mathfrak{A}[\mathfrak{U}^{-1}]| = \varepsilon\, |\mathfrak{C}_1 \mathfrak{Z}_1 + \mathfrak{D}_1|,$$

und zwar bei geeigneter Voraussetzung wieder identisch in $\mathfrak{Z}_1$. Es wird demnach $\varepsilon\,|\mathfrak{C}_1| = 1$ und $\mathfrak{A}[\mathfrak{U}^{-1}] = \mathfrak{C}_1^{-1}\mathfrak{D}_1$. In der Gleichung $\mathfrak{Z} = \mathfrak{Z}_1 [\mathfrak{U}] + \mathfrak{A}$ ist also $\mathfrak{A}$ ganz. Damit ist nachgewiesen, daß $\mathfrak{Z}$ und $\mathfrak{Z}_1$ äquivalent sind. Da aber beide Punkte im Innern von F liegen, so folgt $\mathfrak{Z}_1 = \mathfrak{Z}$.

Wir können nunmehr beweisen, daß es unter den unendlich vielen Funktionen $f_k(\mathfrak{Z})$ sicherlich $\frac{n(n+1)}{2}$ *algebraisch unabhängige* geben muß. Es sei q die Höchstzahl algebraisch unabhängiger unter diesen Funktionen. Sind dann die q Funktionen $f_{k_a}(\mathfrak{Z}) = \chi_a(\mathfrak{Z})$ für $a = 1, \ldots, q$ algebraisch unabhängig, so genügt jede der Funktionen $f_k(\mathfrak{Z})$ einer algebraischen Gleichung $A_k(f_k) = 0$, deren Koeffizienten Polynome in den χ_a sind. Die Diskriminante D_k von $A_k(f_k)$ ist ebenfalls ein Polynom in den χ_a; wir können annehmen, daß sie nicht identisch verschwindet.

Wie oben bewiesen wurde, läßt sich im Fundamentalbereich F ein abgeschlossenes Gebiet G so wählen, daß für keinen Punkt $\mathfrak{Z}$ aus G und keinen Punkt $\mathfrak{Z}_1 \neq \mathfrak{Z}$ aus F die sämtlichen Gleichungen $f_k(\mathfrak{Z}) = f_k(\mathfrak{Z}_1)$ gelten. In G gibt es ein Gebiet G_1, in welchem überall $D_1 \neq 0$ ist, darin wieder ein Gebiet G_2, in welchem auch $D_2 \neq 0$ ist, allgemein eine Folge von ineinander geschachtelten abgeschlossenen Gebieten $G_1, G_2, \ldots$, so daß in G_k überall $D_k \neq 0$ ist. Also existiert jedenfalls im Innern von G ein Punkt $\mathfrak{Z} = \mathfrak{Z}_0$, für den alle Diskriminanten D_k von 0 verschieden sind. Wäre nun $q < \frac{n(n+1)}{2}$, so würde durch die q Bedingungsgleichungen

$$\chi_a(\mathfrak{Z}) = \chi_a(\mathfrak{Z}_0) \qquad (a = 1, \ldots, q) \tag{85}$$

eine analytische Mannigfaltigkeit von mindestens $\frac{n(n+1)}{2} - q$ komplexen Parametern definiert. Es gäbe also in G eine Kurve durch den Punkt $\mathfrak{Z}_0$, auf welcher überall die Bedingungen (85) erfüllt wären. Wegen $D_k \neq 0$

wäre dann aber auf dieser Kurve auch $f_k(\mathfrak{Z}) = f_k(\mathfrak{Z}_0)$ für alle k, und das ist ein Widerspruch. Folglich ist $q \geqq \frac{n(n+1)}{2}$.

Wäre $q > \frac{n(n+1)}{2}$, so hätte man in den $q+1$ Funktionen $\psi_{kg} = \Phi_g^k f_k$ $(k = k_1, k_2, \ldots, k_q)$ und Φ_g mindestens $\frac{n(n+1)}{2} + 2$ Modulformen. Nach dem Satze des § 4 besteht zwischen diesen eine isobare algebraische Gleichung. Da ψ_{kg} und Φ_g^k gleiches Gewicht haben, so erhielte man eine algebraische Gleichung zwischen den Funktionen $\chi_1, \ldots, \chi_q$. Folglich ist $q = \frac{n(n+1)}{2}$. Es ist jetzt noch leicht zu sehen, daß $\chi_1(\mathfrak{Z}), \ldots, \chi_q(\mathfrak{Z})$ sogar analytisch unabhängig sind. Wäre dies nämlich nicht der Fall, so könnte man (85) wieder auf einer Kurve durch $\mathfrak{Z}_0$ erfüllen, was aber unmöglich ist.

Wir können speziell $\Phi_g = \psi_g$ wählen. Dann sind also die $q+1$ Modulformen ψ_{kg} $(k = 1, k_1, k_2, \ldots, k_q)$ isobar algebraisch unabhängig. Sie sind dann übrigens überhaupt algebraisch unabhängig; denn aus einer nicht-isobaren algebraischen Gleichung zwischen den ψ_{kg} würde durch die Modulsubstitutionen folgen, daß die Determinante $|\mathfrak{C}\mathfrak{Z} + \mathfrak{D}|$ für alle Klassen $\{\mathfrak{C}, \mathfrak{D}\}$ einer und derselben algebraischen Gleichung genügte, während sie doch für jedes feste $\mathfrak{Z}$ aus P unendlich viele verschiedene Werte hat.

Wir betrachten jetzt die Ausdrücke $\lambda^k \psi_k(\mathfrak{Z})$ für alle geraden $k > n+1$, wobei λ ein willkürlicher Parameter $\neq 0$ ist. Aus der Formel

$$-\lambda^{-g} \sum_{k=1}^{\infty} \lambda^{kg} \psi_{kg}(\mathfrak{Z}) = \sum_{\{\mathfrak{C}, \mathfrak{D}\}} (\lambda^g - |\mathfrak{C}\mathfrak{Z} + \mathfrak{D}|^g)^{-1}$$

ist ersichtlich, daß für jedes $\mathfrak{Z}$ aus P mindestens ein $\psi_k(\mathfrak{Z}) \neq 0$ ist. Wir haben bewiesen, daß $\mathfrak{Z}$ im Fundamentalbereich F eine eindeutige Funktion der Werte $\lambda^k \psi_k(\mathfrak{Z})$ ist, wenn nicht $\mathfrak{Z}$ auf gewissen algebraischen Flächen liegt, von denen durch jeden abgeschlossenen Teilbereich von F nur endlich viele gehen. Unter den Ausdrücken $\lambda^k \psi_k(\mathfrak{Z})$ gibt es $\frac{n(n+1)}{2} + 1$ algebraisch unabhängige, und je $\frac{n(n+1)}{2} + 2$ von ihnen sind isobar algebraisch abhängig.

§ 6.

Modulfunktionen.

Jeder Quotient von Modulformen gleichen Gewichtes soll *Modulfunktion* genannt werden. Ist $\chi(\mathfrak{Z}) = \varphi_1(\mathfrak{Z}) : \varphi_2(\mathfrak{Z})$ eine Darstellung der Modulfunktion $\chi(\mathfrak{Z})$ als Quotient von zwei Modulformen mit möglichst kleinem Gewicht g, so soll g die *Ordnung* von $\chi(\mathfrak{Z})$ heißen.

Nach § 5 gibt es $\frac{n(n+1)}{2} + 1$ algebraisch unabhängige Eisensteinsche Reihen $\psi_{l_0}, \ldots, \psi_{l_q}$. Nach § 4 besteht zwischen den $\frac{n(n+1)}{2} + 2$ Modulformen $\varphi_1, \psi_{l_0}, \ldots, \psi_{l_q}$ eine isobare algebraische Gleichung vom Gewicht $c_7\, g\, l_0\, l_1 \ldots l_q$. Jedes in dieser Gleichung auftretende Potenzprodukt $\varphi_1^a\, \psi_{l_0}^{a_0} \ldots \psi_{l_q}^{a_q}$ hat dann die Eigenschaft

$$a g + a_0\, l_0 + \ldots + a_q\, l_q = c_7\, g\, l_0 \ldots l_q,$$

und folglich ist

(86) $$a \leqq c_7\, l_0 \ldots l_q.$$

Eine ebensolche Gleichung erhält man für φ_2 an Stelle von φ_1. Durch Elimination von φ_1 und φ_2 gewinnen wir eine algebraische Gleichung zwischen den Funktionen $\chi, \psi_{l_0}, \ldots, \psi_{l_q}$. Diese Gleichung ist isobar in den Funktionen $\psi_{l_0}, \ldots, \psi_{l_q}$. Ferner ist ihr Grad in bezug auf χ beschränkt, und zwar hängt diese Schranke nach (86) nur von n ab, wenn $l_0, \ldots, l_q$ fest gewählt sind. Nimmt man wie in § 5 die Zahlen $l_0, \ldots, l_q$ gleich $g, k_1 g, \ldots, k_q g$ und setzt

$$\chi_a = \psi_g^{-k_a}\, \psi_{k_a g} \qquad \left(a = 1, \ldots, \frac{n(n+1)}{2}\right),$$

so sind die χ_a insgesamt $\frac{n(n+1)}{2}$ algebraisch unabhängige feste Modulfunktionen. Jede Modulfunktion χ genügt dann einer algebraischen Gleichung beschränkten Grades, deren Koeffizienten Polynome in den χ_a sind. *Folglich bilden die Modulfunktionen einen algebraischen Funktionenkörper mit genau* $\frac{n(n+1)}{2}$ *unabhängigen Elementen.*

Wie in § 5 bewiesen wurde, ist $\mathfrak{Z}$ im Fundamentalbereich F eine im allgemeinen eindeutige Funktion der unendlich vielen Werte $\lambda^k\, \psi_k(\mathfrak{Z})$, also ist auch die Modulfunktion $\chi(\mathfrak{Z})$ eine solche eindeutige Funktion, und zwar wegen der Invarianzeigenschaft gegenüber der Modulgruppe überall in P, abgesehen von gewissen sich nirgends häufenden algebraischen Flächenstücken. Andererseits ist aber χ eine algebraische Funktion der $\lambda^k\, \psi_k$. Hieraus folgt nun aber, daß χ sogar eine rationale Funktion dieser Werte ist. *Also läßt sich jede Modulfunktion rational durch die Eisensteinschen Reihen ausdrücken, und zwar als Quotient von zwei isobaren Polynomen gleichen Gewichtes.*

Die Sätze über die Modulfunktionen ergaben sich deshalb so einfach aus den Eigenschaften der Modulformen, weil wir die Modulfunktionen direkt als Quotienten von Modulformen gleichen Gewichtes erklärt haben. Diese Definition ist gerade für viele Fälle zweckmäßig. Man kann nun aber die Voraussetzungen in der Definition noch abschwächen. Jede Modulfunktion $\chi(\mathfrak{Z})$ ist nach unserer Erklärung meromorph in P, invariant bei der Modulgruppe und für alle Punkte $\mathfrak{Z}$ aus F mit genügend großem absoluten Betrag der Determinante $|\mathfrak{Z}|$ als Quotient zweier Fourierscher Reihen der Gestalt (45) mit nicht-negativen $\mathfrak{T}$ darstellbar. Daß umgekehrt diese Eigenschaften auch ausreichen, um eine Modulfunktion zu charakterisieren, läßt sich beweisen, aber nicht mehr ohne Heranziehung von recht mühsam abzuleitenden funktionentheoretischen Hilfssätzen. Hierbei hätte man die Gedankengänge zu verwenden, mit denen Blumenthal die algebraische Abhängigkeit von Funktionen mit gewissen Fundamentalbereichen hergeleitet hat.

§ 7.

Fouriersche Entwicklung der Eisensteinschen Reihen.

Für arithmetische Anwendungen der Modulfunktionen ist es von Wichtigkeit, daß die Koeffizienten $a(\mathfrak{T})$ der Fourierschen Reihenentwicklung bei den Eisensteinschen Reihen $\psi_g(\mathfrak{Z})$ sämtlich *rationale* Zahlen sind. Da dieser Satz nicht ganz leicht zu beweisen ist, so möge er hier noch abgeleitet werden.

Zur Gewinnung der Fourierschen Reihe für ψ_g bedient man sich am besten einer Verallgemeinerung der Partialbruchzerlegung der Cotangens-Funktion, nämlich der Formel

$$(87)\qquad \sum_{\mathfrak{T}} |\mathfrak{T}|^{g-\frac{n+1}{2}} e^{2\pi i \sigma(\mathfrak{T}\mathfrak{Z})}$$
$$= (4\pi)^{\frac{n(n-1)}{4}} (2\pi i)^{-ng}\,\Gamma(g)\,\Gamma\left(g-\frac{1}{2}\right)\ldots\Gamma\left(g-\frac{n-1}{2}\right)\sum_{\mathfrak{S}} |\mathfrak{Z}+\mathfrak{S}|^{-g};$$

dabei läuft $\mathfrak{T}$ über alle halbganzen positiven symmetrischen $\mathfrak{T}^{(n)}$ und $\mathfrak{S}$ über alle ganzen symmetrischen $\mathfrak{S}^{(n)}$. Diese Relation erhält man leicht, indem man auf ihre linke Seite die Poissonsche Summenformel anwendet und von der Integralformel

$$\int_Y |\mathfrak{Y}|^{g-\frac{n+1}{2}} e^{2\pi i \sigma(\mathfrak{Y}\mathfrak{Z})} d\mathfrak{Y}$$
$$= \pi^{\frac{n(n-1)}{4}} (2\pi i)^{-ng}\,\Gamma(g)\,\Gamma\left(g-\frac{1}{2}\right)\ldots\Gamma\left(g-\frac{n-1}{2}\right)|\mathfrak{Z}|^{-g}$$

Gebrauch macht, in welcher $d\mathfrak{Y}$ das Volumenelement des Raumes Y aller positiven symmetrischen $\mathfrak{Y}^{(n)}$ bedeutet.

In der Eisensteinschen Reihe (73) fassen wir zunächst alle Klassen $\{\mathfrak{C}, \mathfrak{D}\}$ zusammen, für welche $\mathfrak{C}$ den gleichen Rang r besitzt. Unter Benutzung von (12) erhält man dann die Zerlegung

$$(88)\qquad \psi_g(\mathfrak{Z}) = 1 + \sum_{r=1}^{n} \omega_r$$

mit

$$(89)\qquad \omega_r = \sum_{\substack{\{\mathfrak{C}^{(r)},\,\mathfrak{D}^{(r)}\}\\ \{\mathfrak{Q}^{(n,r)}\}}} |\mathfrak{C}|^{-g}\,|\mathfrak{Z}[\mathfrak{Q}] + \mathfrak{C}^{-1}\mathfrak{D}|^{-g},$$

wobei über alle nicht-assoziierten teilerfremden symmetrischen r-reihigen Paare $\mathfrak{C}, \mathfrak{D}$ unter der Bedingung $|\mathfrak{C}| \neq 0$ zu summieren ist und $\mathfrak{Q}$ alle zu einer n-reihigen unimodularen Matrix ergänzbaren Matrizen $\mathfrak{Q}^{(n,r)}$ durchläuft, welche sich nicht durch einen rechtsseitigen r-reihigen unimodularen Faktor unterscheiden.

Um nun die Reihe (89) vermöge (87) umzuformen, fassen wir die Glieder mit den gleichen $\mathfrak{C}, \mathfrak{Q}$ zusammen, für welche außerdem $\mathfrak{C}^{-1}\mathfrak{D}$ in einer festen Restklasse modulo 1 liegt. Das allgemeine $\mathfrak{D}$ mit dieser Eigenschaft ergibt sich aus einem speziellen $\mathfrak{D} = \mathfrak{D}_1$ in der Gestalt $\mathfrak{D} = \mathfrak{D}_1 + \mathfrak{C}\mathfrak{S}$, mit beliebigem ganzen symmetrischen $\mathfrak{S}$. Damit ist dann (89) aufgespalten in Reihen vom Typus der rechten Seite in (87), und man kann diese Formel anwenden. Dabei erhält man für $\mathfrak{C}^{-1}\mathfrak{D} = \mathfrak{R}$ alle r-reihigen rationalen symmetrischen Matrizen modulo 1. Wie leicht zu sehen ist, bestimmt sich aus $\mathfrak{R}$ auch wieder die Klasse $\{\mathfrak{C}, \mathfrak{D}\}$ eindeutig. Speziell ist der absolute Betrag der Determinante $|\mathfrak{C}|$ gleich dem Produkt der gekürzten Nenner der Elementarteiler von $\mathfrak{R}$; hierfür werde $\nu(\mathfrak{R})$ geschrieben. Daher gilt

$$(90) \quad \omega_r = \frac{(4\pi)^{-\frac{r(r-1)}{4}} (2\pi i)^{rg}}{\Gamma(g)\,\Gamma\left(g-\frac{1}{2}\right)\cdots\Gamma\left(g-\frac{r-1}{2}\right)} \sum_{\mathfrak{T}_1, \mathfrak{Q}, \mathfrak{R}} |\mathfrak{T}_1|^{g-\frac{r+1}{2}} \nu(\mathfrak{R})^{-g} e^{2\pi i \sigma(\mathfrak{T}_1 \mathfrak{Z}[\mathfrak{Q}] + \mathfrak{T}_1 \mathfrak{R})},$$

wobei über alle rationalen symmetrischen $\mathfrak{R}^{(r)}$ modulo 1, alle halbganzen positiven symmetrischen $\mathfrak{T}_1^{(r)}$ und dieselben $\{\mathfrak{Q}\}$ wie in (89) summiert wird. Beachtet man endlich noch, daß $\mathfrak{T}_1[\mathfrak{Q}'] = \mathfrak{T}$ genau alle halbganzen nichtnegativen symmetrischen $\mathfrak{T}^{(n)}$ vom Range r durchläuft, so erhält man für die Koeffizienten der Fourierschen Entwicklung von $\psi_g(\mathfrak{Z})$ vermöge (88) und (90) die Werte

$$a(\mathfrak{T}) = (-1)^{\frac{rg}{2}} 2^{r\left(g-\frac{r-1}{2}\right)} \prod_{l=0}^{r-1} \frac{\pi^{g-\frac{l}{2}}}{\Gamma\left(g-\frac{l}{2}\right)} \cdot D(\mathfrak{T})^{g-\frac{r+1}{2}} \sum_{\mathfrak{R}} e^{2\pi i \sigma(\mathfrak{T}_1 \mathfrak{R})} \nu(\mathfrak{R})^{-g};$$

hierin ist $\mathfrak{T}_1$ durch (57) erklärt und $D(\mathfrak{T}) = |\mathfrak{T}_1|$ die Diskriminante von $\mathfrak{T}$.

Um zu beweisen, daß $a(\mathfrak{T})$ eine rationale Zahl ist, kann man sich offenbar auf den Fall $r = n$, also $\mathfrak{T}_1 = \mathfrak{T}$ beschränken. Setzen wir noch

$$S = \sum_{\mathfrak{R}} e^{-2\pi i \sigma(\mathfrak{T}\mathfrak{R})} \nu(\mathfrak{R})^{-g},$$

wo $\mathfrak{R}$ alle n-reihigen rationalen symmetrischen Matrizen modulo 1 durchläuft, so haben wir zu zeigen, daß für gerades n die Zahl $\pi^{ng-\frac{n^2}{4}} |\mathfrak{T}|^{\frac{1}{2}} S$ rational ist und für ungerades n die Zahl $\pi^{ng-\frac{n^2-1}{4}} S$. Zu diesem Zwecke verwandeln wir S in ein über alle Primzahlen p zu erstreckendes Produkt.

Durchläuft $\mathfrak{R}_p$ alle rationalen Matrizen modulo 1, für welche $\nu(\mathfrak{R}_p)$ eine Potenz von p allein ist, so ist nämlich umkehrbar eindeutig

$$\mathfrak{R} \equiv \sum_p \mathfrak{R}_p \qquad (\text{mod } 1),$$

und ferner gilt dabei

$$\nu(\mathfrak{R}) = \prod_p \nu(\mathfrak{R}_p).$$

Setzt man

(91) $$S_p = \sum_{\mathfrak{R}_p} e^{-2\pi i \sigma(\mathfrak{T}\mathfrak{R}_p)} \nu(\mathfrak{R}_p)^{-g},$$

so wird also

$$S = \prod_p S_p.$$

Zur Berechnung der Faktoren S_p setzen wir zunächst $p \neq 2$ voraus. Es sei P eine durch $\nu(\mathfrak{R}_p)$ teilbare Potenz von p und

(92) $$G = \sum_{\mathfrak{k}\,(\text{mod}\,P)} e^{2\pi i \mathfrak{R}_p[\mathfrak{k}]},$$

wo die Spalte $\mathfrak{k}$ ein volles Restsystem modulo P durchläuft. Es gibt eine unimodulare Matrix $\mathfrak{U}$, so daß $\mathfrak{R}_p[\mathfrak{U}]$ modulo P einer Diagonalmatrix kongruent wird. Sind $a_l p^{-\nu_l}$ $(l = 1, \ldots, n)$ ihre Diagonalelemente in gekürzter Form, so ist

$$\nu(\mathfrak{R}_p) = p^{\nu_1 + \nu_2 + \cdots + \nu_n}$$

und

$$G \doteq \prod_{l=1}^{n} \sum_{k=1}^{P} e^{2\pi i a_l p^{-\nu_l} k^2}.$$

Bis auf eine vierte Einheitswurzel als Faktor ist nun die einfache Gaußsche Summe gleich $P p^{-\frac{\nu_l}{2}}$ und demnach

(93) $$G^{2g} = P^{2ng} \nu(\mathfrak{R}_p)^{-g},$$

$$\nu(\mathfrak{R}_p)^{-g} = P^{-2ng} \sum_{\mathfrak{K}\,(\text{mod}\,P)} e^{2\pi i \sigma(\mathfrak{R}_p[\mathfrak{K}])},$$

wobei $\mathfrak{K} = \mathfrak{K}^{(n,2g)}$ ein volles Restsystem modulo P durchläuft. Nach (91) ist also

$$S_p = \lim_{P \to \infty} P^{-2ng} \sum_{\mathfrak{K},\,\mathfrak{S}\,(\text{mod}\,P)} e^{\frac{2\pi i}{P}\sigma(\mathfrak{S}(\mathfrak{K}\mathfrak{K}' - \mathfrak{T}))};$$

hierin durchlaufen die Matrix $\mathfrak{K}$ von n Zeilen und $2g$ Spalten sowie die symmetrische Matrix $\mathfrak{S}$ ein volles Restsystem modulo P. Es ist nun aber

(94) $$\sum_{\mathfrak{S}\,(\text{mod}\,P)} e^{\frac{2\pi i}{P}\sigma(\mathfrak{S}(\mathfrak{K}\mathfrak{K}' - \mathfrak{T}))} = P^{\frac{n(n+1)}{2}},$$

wenn

(95) $$2\,\mathfrak{K}\,\mathfrak{K}' \equiv 2\,\mathfrak{T} \pmod{P}$$

ist; andernfalls hat die Summe in (94) stets den Wert 0. Bezeichnet $A_P(\mathfrak{T})$ die Anzahl der modulo P inkongruenten Lösungen $\mathfrak{K}$ von (95), so ist daher

(96) $$S_p = \lim_{P \to \infty} P^{\frac{n(n+1)}{2} - 2ng} A_P(\mathfrak{T}),$$

wo P die Folge der Potenzen von p durchläuft. Man kann nun leicht zeigen, daß der Ausdruck unter dem Limeszeichen für alle genügend hohen Potenzen P von p denselben Wert hat. Also ist S_p eine rationale Zahl. Für den Grenzwert ergibt sich ein einfaches Resultat, wenn p nicht in der Determinante

$$|2\mathfrak{T}| = T$$

aufgeht, nämlich

$$S_p = \left(1 + \chi(p) p^{\frac{n}{2} - g}\right)(1 - p^{-g}) \prod_{l=1}^{\frac{n}{2}-1} (1 - p^{2l-2g}) \qquad (n \text{ gerade}),$$

$$S_p = (1 - p^{-g}) \prod_{l=1}^{\frac{n-1}{2}} (1 - p^{2l-2g}) \qquad (n \text{ ungerade});$$

dabei bedeutet $\chi(p)$ das Legendresche Symbol

$$\chi(p) = \left(\frac{(-1)^{\frac{n}{2}} T}{p}\right).$$

Bei Multiplikation über alle Primzahlen ist

$$\prod_p (1 - p^{-l}) = \frac{1}{\zeta(l)} \qquad (l > 1)$$

und folglich nach Euler die Zahl

$$\pi^l \prod_{(p,\, 2T) = 1} (1 - p^{-l})$$

rational für jedes gerade natürliche l. Außerdem ist noch

$$\pi^{g - \frac{n}{2}} T^{\frac{1}{2}} \prod_{(p,\, 2T) = 1} \left(1 + \chi(p) p^{\frac{n}{2} - g}\right)$$

rational für gerades n. Demnach ist die Zahl $\pi^{ng - \frac{n^2}{4}} |\mathfrak{T}|^{\frac{1}{2}} \frac{S}{S_2}$ rational, wenn n gerade ist; und für ungerades n ist die Zahl $\pi^{ng - \frac{n^2-1}{4}} \frac{S}{S_2}$ rational. Hieraus ergibt sich die Behauptung über $a(\mathfrak{T})$, wenn wir noch nachweisen können, daß S_2 einen rationalen Wert besitzt.

Um auch für $p = 2$ eine Formel in Analogie zu (93) abzuleiten, müssen wir die Definitionsgleichung (92) etwas abändern. Es sei P eine Potenz von $p = 2$, die durch $\nu(\mathfrak{R}_2)$ teilbar ist, und

$$\mathfrak{F} = \begin{pmatrix} 1 & \frac{1}{2} \\ \frac{1}{2} & 1 \end{pmatrix}$$

die Matrix der binären quadratischen Form $x^2 + xy + y^2$. Wir setzen jetzt

$$G = \sum_{\mathfrak{K}_2 \pmod P} e^{2\pi i \sigma(\mathfrak{F}\mathfrak{R}_2[\mathfrak{K}_2])},$$

wobei $\mathfrak{K}_2 = \mathfrak{K}_2^{(n,2)}$ alle modulo P inkongruenten ganzen Matrizen mit n Zeilen und zwei Spalten durchläuft. Zur Berechnung von G kann man voraussetzen, daß die quadratische Form mit der Matrix $\mathfrak{R}_2$ die Gestalt

$$\sum_{l=1}^{q} a_l 2^{-\mu_l} x_l^2 + \sum_{l=1}^{r} 2^{-\nu_l} \Phi_l$$

besitzt, mit $q + 2r = n$; hierin bedeutet Φ_l eine binäre quadratische Form mit einer Matrix

$$\mathfrak{F}_l = \begin{pmatrix} \alpha_l & \beta_l \\ \beta_l & \gamma_l \end{pmatrix} \qquad (l = 1, \ldots, r),$$

die Zahlen a_l, β_l sind sämtlich ungerade, die Zahlen α_l, γ_l sämtlich gerade und es ist

$$\nu(\mathfrak{R}_2) = 2^{\mu_1 + \cdots + \mu_q + 2(\nu_1 + \cdots + \nu_r)}.$$

Es wird nun

$$G = \prod_{l=1}^{q} \sum_{\mathfrak{k} \pmod P} e^{2\pi i a_l 2^{-\mu_l} \mathfrak{F}[\mathfrak{k}]} \prod_{l=1}^{r} \sum_{\mathfrak{K} \pmod P} e^{2\pi i 2^{-\nu_l} \sigma(\mathfrak{F}_l[\mathfrak{K}]\mathfrak{F})},$$

wobei $\mathfrak{k}$ die Spalten aus zwei Elementen und $\mathfrak{K}$ die Matrizen aus zwei Zeilen und zwei Spalten modulo P durchlaufen. Aus den Formeln

$$\sum_{\mathfrak{k} \pmod P} e^{2\pi i a_l 2^{-\mu_l} \mathfrak{F}[\mathfrak{k}]} = (-2)^{-\mu_l} P^2,$$

$$\sum_{\mathfrak{K} \pmod P} e^{2\pi i 2^{-\nu_l} \sigma(\mathfrak{F}_l[\mathfrak{K}]\mathfrak{F})} = 2^{-2\nu_l} P^4$$

folgt

$$G = \pm P^{2n} \nu(\mathfrak{R}_2)^{-1}.$$

Bedeutet $\mathfrak{E}^*$ die Matrix der quadratischen Form $\sum_{l=1}^{g} (x_l^2 + x_l y_l + y_l^2)$ von $2g$ Variabeln, so wird

$$\nu(\mathfrak{R}_2)^{-g} = P^{-2ng} \sum_{\mathfrak{C} \pmod P} e^{2\pi i \sigma(\mathfrak{R}_2 \mathfrak{E}^*[\mathfrak{C}])}$$

mit $\mathfrak{C} = \mathfrak{C}^{(2g, n)}$. Die weitere Rechnung verläuft genau wie bei $p \neq 2$. Versteht man jetzt unter $A_P(\mathfrak{T})$ die Anzahl der modulo P inkongruenten $\mathfrak{C}$, für welche die Matrix $P^{-1}(\mathfrak{E}^*[\mathfrak{C}] - \mathfrak{T})$ halbganz ist, so gilt wieder (96), und der Ausdruck unter dem Limeszeichen ist dabei konstant für alle genügend hohen Potenzen P von $p = 2$. Folglich ist S_2 rational.

Aus dem hiermit bewiesenen Satz über die Entwicklungskoeffizienten der Eisensteinschen Reihen ψ_g ergibt sich, daß die zwischen den ψ_g bestehenden algebraischen Gleichungen *rationale* Koeffizienten haben. Zugleich ist eine *Methode* gewonnen, um diese algebraischen Gleichungen wirklich aufzustellen.

(Eingegangen am 22. 2. 1939.)

33.

Einheiten quadratischer Formen

Abhandlungen aus dem Mathematischen Seminar
der Hansischen Universität 13 (1940), 209—239

Unter den *Einheiten* einer quadratischen Form $\mathfrak{x}'\mathfrak{S}\mathfrak{x} = \sum_{k,l=1}^{m} s_{kl}\, x_k\, x_l$ mit rationalen Koeffizienten s_{kl} verstehen wir die Matrizen derjenigen ganzzahligen linearen Transformationen $\mathfrak{x} \to \mathfrak{C}\mathfrak{x}$ der Variabeln $x_1, \cdots, x_m$, welche die quadratische Form invariant lassen, also der Matrizengleichung $\mathfrak{C}'\mathfrak{S}\mathfrak{C} = \mathfrak{S}$ genügen. Ist die Determinante $|\mathfrak{S}| \neq 0$, so gilt $|\mathfrak{C}| = \pm 1$; also ist auch $\mathfrak{C}^{-1}$ ganz, und die Einheiten bilden dann bei Multiplikation eine Gruppe, die *Einheitengruppe* von $\mathfrak{S}$. Während bei definiten quadratischen Formen die Einheitengruppe stets von endlicher Ordnung ist, so zeigt es sich, daß indefinite quadratische Formen, von einer trivialen Ausnahme abgesehen, immer unendlich viele Einheiten besitzen. Im Falle $m = 2$ führt die Bestimmung der Einheiten auf die Lösung der Pellschen Gleichung $t^2 - Du^2 = \pm 4$, wobei $-D$ die Determinante von $\mathfrak{S}$ bedeutet. Die von LAGRANGE gegebene Methode zur Auflösung dieser Gleichung liefert zugleich alle Einheiten im binären Falle. Die Einheitentheorie der ternären indefiniten quadratischen Formen wurde von HERMITE[1]) behandelt, unter Benutzung einer weittragenden Idee, die auch bei beliebiger Variablenzahl verwendet werden kann. Allerdings blieb in HERMITES Untersuchungen zur Theorie der indefiniten quadratischen Formen eine Lücke, welche erst durch eine Abhandlung von STOUFF[2]) ausgefüllt worden ist.

Wegen der Bedeutung der Einheitengruppen für die Arithmetik der quadratischen Formen, für die Funktionentheorie und für die allgemeine Gruppentheorie dürfte vielleicht eine kurze zusammenhängende Einführung in die Einheitentheorie erwünscht sein, wie sie im folgenden gegeben werden soll.

§ 1. Fundamentalbereiche diskontinuierlicher Gruppen.

Es sei G ein offenes Gebiet des h-dimensionalen reellen euklidischen Raumes und Γ eine abzählbare Gruppe von eindeutigen Abbildungen

[1]) HERMITE, Sur la théorie des formes quadratiques, Werke, Bd. 1, insbesondere S. 226—232.

[2]) STOUFF, Remarques sur quelques propositions dues à M. Hermite, Annales scientifiques de l'école normale supérieure, 3. Reihe, Bd. 19 (1902), S. 89—118.

dieses Gebietes auf sich selbst. Die Gruppe heißt in G *diskontinuierlich*, wenn die Folge der Bildpunkte eines beliebigen Punktes von G keinen Häufungspunkt innerhalb G besitzt. Ein Teilgebiet F von G soll *Fundamentalbereich* von Γ (in bezug auf G) heißen, wenn jeder Punkt von G entweder genau einen Bildpunkt im Innern von F oder aber mindestens einen Bildpunkt auf dem Rande von F besitzt. Es ist eine wichtige Aufgabe, zu einer vorgelegten diskontinuierlichen Gruppe einen möglichst einfachen Fundamentalbereich zu finden. Bei der Lösung dieser Aufgabe können sich tiefere Einblicke in die Eigenschaften der Gruppe ergeben; so erhält man z. B. in gewissen Fällen dabei einen Aufbau der Gruppe aus endlich vielen Erzeugenden.

Das Problem des Nachweises der Diskontinuität einer Gruppe und der Auffindung eines geeigneten Fundamentalbereichs kann noch in folgender Weise modifiziert werden. Es sei G eindeutig auf ein Gebiet G^* des euklidischen Raumes von h^* Dimensionen abgebildet, wobei auch $h^* < h$ sein kann. Jeder Abbildung aus der Gruppe Γ entspricht dann eine Abbildung von G^* auf sich selbst, die aber nicht eindeutig zu sein braucht. Wir setzen nun voraus, daß diese Abbildungen von G^* auf sich auch sämtlich eindeutig sind; d. h. wir setzen voraus, daß je zwei Punkte P und Q von G, denen derselbe Punkt $P^* = Q^*$ von G^* entspricht, bei jeder Abbildung aus Γ in zwei Punkte P_1 und Q_1 von G übergehen, denen in G^* wieder derselbe Punkt $P_1^* = Q_1^*$ zugeordnet ist. Dann entsteht wieder eine Gruppe Γ^* von eindeutigen Abbildungen des Gebietes G^* auf sich. Die sämtlichen Abbildungen aus Γ, denen die identische Abbildung aus Γ^* zugeordnet ist, bilden eine invariante Untergruppe Γ_0 von Γ, und es ist Γ^* die Faktorgruppe Γ/Γ_0. Unsere Aufgabe läßt sich nun folgendermaßen in vielleicht einfachere Teile zerlegen: Man bestimme zunächst einen Fundamentalbereich F^* von Γ^* in bezug auf G^*, dann das Teilgebiet G_0 von G, dem F^* in G^* entspricht, und schließlich einen Fundamentalbereich F von Γ_0 in bezug auf G_0. Es ist F zugleich ein Fundamentalbereich von Γ in bezug auf G.

Wir betrachten jetzt speziell die Gruppe der *unimodularen* Substitutionen $\mathfrak{x} \to \mathfrak{U}\mathfrak{x}$ von m reellen Variablen $x_1, \cdots, x_m$, die zu der Spalte $\mathfrak{x}$ zusammengefaßt seien; dabei sind für $\mathfrak{U}$ alle m-reihigen Matrizen mit der Determinante ± 1 und ganzen rationalen Elementen zulässig. Für $m > 1$ ist diese Gruppe in keinem Gebiete des m-dimensionalen $\mathfrak{x}$-Raumes diskontinuierlich, da jeder Punkt $\mathfrak{x}$ mit rationalen Koordinaten, wie leicht zu sehen ist, Fixpunkt bei unendlich vielen $\mathfrak{U}$ ist. Um zu einem höherdimensionalen Raum zu kommen, in welchem die Gruppe diskontinuierlich ist, nimmt man statt einer einzigen Spalte m unabhängige Spalten $\mathfrak{x}$, also eine Matrix $\mathfrak{X}$ von m Zeilen und Spalten. Die Gruppe Γ der Abbildungen $\mathfrak{X} \to \mathfrak{U}\mathfrak{X}$ ist dann auf dem durch die Bedingung

$|\mathfrak{X}| \neq 0$ definierten Gebiet G des Raumes von $h = m^2$ Dimensionen diskontinuierlich; denn aus der Konvergenz einer Folge $\mathfrak{U}_k \mathfrak{X}$ $(k = 1, 2, \cdots)$ mit unimodularen $\mathfrak{U}_k$ würde als Widerspruch die Konvergenz der $\mathfrak{U}_k$ selber folgen.

Um einen Fundamentalbereich F von Γ in bezug auf G zu bestimmen, untersuchte MINKOWSKI[3]) das Gebiet G^* von nur $h^* = \frac{1}{2} m (m+1)$ Dimensionen, das durch die Koeffizienten h_{kl} $(1 \leqq k \leqq l \leqq m)$ der symmetrischen Matrix $\mathfrak{X}\mathfrak{X}' = \mathfrak{H} = (h_{kl})$ geliefert wird. Es ist also G^* der Raum der Koeffizienten der *positiven quadratischen Formen* von m Variabeln. Der Abbildung $\mathfrak{X} \to \mathfrak{U}\mathfrak{X}$ des $\mathfrak{X}$-Raumes entspricht die Abbildung $\mathfrak{H} \to \mathfrak{U}\mathfrak{H}\mathfrak{U}'$ des $\mathfrak{H}$-Raumes, und dies ist die identische Abbildung nur für $\mathfrak{U} = \pm \mathfrak{E}$, wobei $\mathfrak{E}$ die Einheitsmatrix bedeutet. Also ist die Gruppe Γ^* der zu betrachtenden Abbildungen des $\mathfrak{H}$-Raumes genau die Faktorgruppe der Gruppe Γ in bezug auf die durch $\mathfrak{E}$ und $-\mathfrak{E}$ gebildete invariante Untergruppe Γ_0, und man erhält die Elemente von Γ^* aus denen von Γ, indem man $\mathfrak{U}$ und $-\mathfrak{U}$ nicht als verschieden ansieht. Wir setzen zur Abkürzung $\mathfrak{U}'\mathfrak{H}\mathfrak{U} = \mathfrak{H}[\mathfrak{U}]$ und sagen, $\mathfrak{H}[\mathfrak{U}]$ sei *äquivalent* mit $\mathfrak{H}$. Die Bestimmung eines Fundamentalbereiches für die unimodulare Gruppe in bezug auf den $\mathfrak{X}$-Raum ist damit zurückgeführt auf die zweckmäßige Auswahl eines Repräsentanten aus jeder *Klasse* äquivalenter positiver quadratischer Formen von m Variabeln, also auf die *Reduktionstheorie* der definiten quadratischen Formen.

Für $m = 2$ stammt die Reduktionstheorie von LAGRANGE, für $m = 3$ von SEEBER, für beliebiges m ist sie von HERMITE begonnen und von MINKOWSKI vollendet worden. In neuerer Zeit haben BIEBERBACH und J. SCHUR in einer gemeinsam verfaßten Arbeit[4]) eine vereinfachte Darstellung der Minkowskischen Reduktionstheorie gegeben. Wie MINKOWSKI gezeigt hat, läßt sich als Fundamentalbereich F^* von Γ^* im $\mathfrak{H}$-Raume eine von endlich vielen Ebenen begrenzte konvexe Ecke wählen, und dabei sind zu F^* nur endlich viele Bildbereiche benachbart. Wir wollen zunächst diese beiden wichtigen Resultate auf einem etwas vereinfachten Wege herleiten und dann das zweite von ihnen so verallgemeinern, daß es für die weiterhin zu machenden Anwendungen brauchbar wird.

Nach den vorbereitenden Betrachtungen zur Theorie der positiven quadratischen Formen werden wir uns dem eigentlichen Ziel unserer Untersuchung zuwenden, nämlich der Einheitentheorie der *indefiniten* quadratischen Formen $\mathfrak{x}'\mathfrak{S}\mathfrak{x} = \mathfrak{S}[\mathfrak{x}]$ mit m Variabeln und rationalen

---

[3]) MINKOWSKI, Diskontinuitätsbereich für arithmetische Äquivalenz, Werke, Bd. 2, S. 53—100.

[4]) BIEBERBACH und SCHUR, Über die Minkowskische Reduktionstheorie der positiven quadratischen Formen, Sitzungsberichte der Preußischen Akademie der Wissenschaften, Phys.-math. Klasse, Jahrg. 1928, S. 510—535.

Koeffizienten. Es sei $n, m - n$ die Signatur von $\mathfrak{S}$, d. h. es sei $\mathfrak{S}[\mathfrak{x}]$ durch eine reelle umkehrbare lineare Substitution der Variabeln in die Summe $y_1^2 + \cdots + y_n^2 - (y_{n+1}^2 + \cdots + y_m^2)$ transformierbar. Wir betrachten dann die Matrizengleichung

$$\mathfrak{H}\mathfrak{S}^{-1}\mathfrak{H} = \mathfrak{S} \tag{1}$$

und verlangen, daß $\mathfrak{H}$ die Matrix einer positiven quadratischen Form bildet. Es zeigt sich, daß diese $\mathfrak{H}$ eine Mannigfaltigkeit H von genau $n(m-n)$ Dimensionen ergeben. Ist nun $\mathfrak{C}$ eine Einheit von $\mathfrak{S}$, also $\mathfrak{S}[\mathfrak{C}] = \mathfrak{S}$, so ist auch $\mathfrak{S}^{-1} = \mathfrak{S}^{-1}[\mathfrak{C}']$ und aus (1) folgt

$$\mathfrak{H}[\mathfrak{C}]\,\mathfrak{S}^{-1}\,\mathfrak{H}[\mathfrak{C}] = \mathfrak{S}.$$

Demnach ist H bei den Abbildungen $\mathfrak{H} \to \mathfrak{H}[\mathfrak{C}]$ invariant. Es wird bewiesen werden, daß die Einheitengruppe von $\mathfrak{S}$ in dem $n(m-n)$-dimensionalen Gebiete H diskontinuierlich ist und dort einen von endlich vielen algebraischen Flächen begrenzten Fundamentalbereich besitzt. Zugleich findet man ein System von *endlich* vielen Erzeugenden der Einheitengruppe.

Die Reduktionstheorie der indefiniten quadratischen Formen $\mathfrak{S}[\mathfrak{x}]$ ist bereits von Hermite durch Einführung der durch (1) definierten positiven quadratischen Form $\mathfrak{H}[\mathfrak{x}]$ behandelt worden. Wir wählen eine unimodulare Matrix $\mathfrak{U}$, so daß $\mathfrak{H}[\mathfrak{U}]$ im Fundamentalbereich F^* gelegen ist, also im Bereich der reduzierten positiven quadratischen Formen, und nennen dann auch $\mathfrak{S}[\mathfrak{U}]$ *reduziert.* Für ganzzahliges $\mathfrak{S}$ sprach Hermite den wichtigen Satz aus, daß die Elemente jedes reduzierten $\mathfrak{S}[\mathfrak{U}]$ zwischen Schranken liegen, die nur von der Determinante von $\mathfrak{S}$ abhängen. Dieser Satz bildet ein Hilfsmittel bei der Untersuchung der Einheitengruppe von $\mathfrak{S}$. Da der von Stouff gegebene Beweis durch langwierige und undurchsichtige Rechnungen beschwert wird, so ist der im folgenden dargestellte Beweis wohl nicht überflüssig.

§ 2. Reduktion positiver Formen.

Eine reelle symmetrische Matrix $\mathfrak{H}$ heiße *positiv,* in Zeichen $\mathfrak{H} > 0$, wenn die quadratische Form $\mathfrak{H}[\mathfrak{x}] > 0$ ist für alle reellen $\mathfrak{x} \neq \mathfrak{n}$. Bedeutet dann μ das Minimum von $\mathfrak{H}[\mathfrak{x}]$ auf der Einheitskugel $\mathfrak{x}'\mathfrak{x} = 1$, so ist $\mu > 0$, und wegen der Homogenität gilt für beliebige reelle $\mathfrak{x}$ die Ungleichung

$$\mathfrak{H}[\mathfrak{x}] \geqq \mu\,\mathfrak{x}'\mathfrak{x}.$$

Hieraus folgt, daß $\mathfrak{H}[\mathfrak{x}]$ über alle Grenzen wächst, wenn $\mathfrak{x}$ irgendeine unendliche Folge ganzer Spalten durchläuft. Auf jeder solchen Folge nimmt also insbesondere die Funktion $\mathfrak{H}[\mathfrak{x}]$ ein Minimum an.

In der Klasse aller mit $\mathfrak{H}$ äquivalenten Matrizen $\mathfrak{H}[\mathfrak{U}]$ wird eine Reduzierte von MINKOWSKI durch Extremalbedingungen festgelegt. Man wähle zunächst die erste Spalte $\mathfrak{u}_1$ von $\mathfrak{U}$ derart, daß $\mathfrak{H}[\mathfrak{u}_1]$ möglichst klein ist. Sodann betrachte man alle unimodularen Matrizen mit dieser festen ersten Spalte $\mathfrak{u}_1$ und wähle die zweite Spalte $\mathfrak{u}_2$ so aus, daß wieder $\mathfrak{H}[\mathfrak{u}_2]$ möglichst klein wird. Indem man eventuell noch $\mathfrak{u}_2$ durch $-\mathfrak{u}_2$ ersetzt, kann man erreichen, daß die Zahl $\mathfrak{u}_1'\mathfrak{H}\mathfrak{u}_2 \geqq 0$ ist. Bei festgehaltenen beiden ersten Spalten $\mathfrak{u}_1$ und $\mathfrak{u}_2$ mache man dann $\mathfrak{H}[\mathfrak{u}_3]$ durch die dritte Spalte $\mathfrak{u}_3$ zum Minimum, wobei man noch $\mathfrak{u}_2'\mathfrak{H}\mathfrak{u}_3 \geqq 0$ vorschreiben kann. Durch Fortsetzung dieses Verfahrens erhält man nach m Schritten eine gewisse unimodulare Matrix $\mathfrak{U}$, und $\mathfrak{H}[\mathfrak{U}] = \mathfrak{R}$ heißt dann *reduziert.*

Wir wollen die Reduktionsbedingungen für $\mathfrak{R}$ explizit aufschreiben. Es möge eine unimodulare Matrix $\mathfrak{U}_k$ mit $\mathfrak{U}$ in den ersten $k-1$ Spalten übereinstimmen, wobei k eine Zahl der Reihe $1, 2, \cdots, m$ sein kann. Alle diese $\mathfrak{U}_k$ werden geliefert durch den Ansatz

$$\mathfrak{U}_k = \mathfrak{U}\begin{pmatrix} \mathfrak{E}_{k-1} & \mathfrak{A} \\ \mathfrak{N} & \mathfrak{B} \end{pmatrix} \tag{2}$$

mit ganzem $\mathfrak{A}$ und unimodularem $\mathfrak{B}$, wobei $\mathfrak{E}_{k-1}$ die $(k-1)$-reihige Einheitsmatrix und $\mathfrak{N}$ eine Nullmatrix bedeuten. Ist nun $\mathfrak{g}_k$ die k-te Spalte von $\mathfrak{U}^{-1}\mathfrak{U}_k$, mit den ganzen Elementen $g_1, \cdots, g_m$, so bilden davon $g_k, \cdots, g_m$ die erste Spalte der unimodularen Matrix $\mathfrak{B}$, sind also teilerfremd, und $\mathfrak{U}\mathfrak{g}_k$ wird die k-te Spalte von $\mathfrak{U}_k$. Wählt man umgekehrt für die Elemente von $\mathfrak{g}_k$ irgend m ganze Zahlen $g_1, \cdots, g_m$, von denen $g_k, \cdots, g_m$ teilerfremd sind, so läßt sich nach einem Satze von GAUSS die aus $g_k, \cdots, g_m$ gebildete Spalte zu einer unimodularen Matrix $\mathfrak{B}$ auffüllen, und man erhält aus (2) eine unimodulare Matrix $\mathfrak{U}_k$, deren k-te Spalte $\mathfrak{U}\mathfrak{g}_k$ ist. Wegen der Extremalforderung für $\mathfrak{U}$ ist dann

$$\mathfrak{H}[\mathfrak{U}\mathfrak{g}_k] = \mathfrak{R}[\mathfrak{g}_k] \geqq r_k,$$

wo r_k das k-te Diagonalelement von $\mathfrak{R}$ bedeutet. Folglich ist $\mathfrak{R} = (r_{kl})$ dann und nur dann reduziert, wenn die sämtlichen Bedingungen

$$\mathfrak{R}[\mathfrak{g}_k] \geqq r_k \qquad (k = 1, \cdots, m) \tag{3}$$

für alle ganzen Spalten $\mathfrak{g}_k$ mit $(g_k, \cdots, g_m) = 1$ erfüllt sind und außerdem die $m-1$ Ungleichungen

$$r_{l\,l+1} \geqq 0 \qquad (l = 1, \cdots, m-1). \tag{4}$$

Die Bedingung (3) ist identisch in $\mathfrak{R}$ erfüllt, und zwar mit dem Gleichheitszeichen, wenn wir $g_k = \pm 1$ und $g_l = 0$ für $l \neq k$ wählen; diese trivialerweise erfüllten Bedingungsgleichungen denken wir uns weiterhin aus (3) fortgelassen.

Wählt man in $\mathfrak{g}_k$ alle Elemente gleich 0 mit Ausnahme eines einzigen Elementes $g_l = 1$, wobei die Zahl $l > k$ sei, so folgt aus (3) die Ungleichung

$$r_k \leqq r_l \qquad (k < l). \tag{5}$$

Setzt man andererseits $g_k = 1$, $g_l = \pm 1$ und alle andern Elemente von $\mathfrak{g}_k$ gleich 0, wobei jetzt $l < k$ sei, so folgt

$$r_k \pm 2\, r_{kl} + r_l \geqq r_k,$$

$$-r_l \leqq 2\, r_{kl} \leqq r_l \qquad (k > l). \tag{6}$$

Es bedeute $\mathfrak{R}_l$ den l-ten Abschnitt von $\mathfrak{R}$, nämlich die aus $\mathfrak{R}$ durch Streichung der letzten $m - l$ Reihen entstehende positive l-reihige Matrix. Wählt man für $\mathfrak{g}_k$ solche Spalten, deren letzte $m - l$ Elemente sämtlich 0 sind, so folgt aus (3) und (4), daß auch $\mathfrak{R}_l$ reduziert ist.

Wir verstehen fortan unter $c_1, c_2, \cdots, c_{13}$ natürliche Zahlen, die nur von m abhängen, und beweisen zunächst den wichtigen

Satz 1: *Ist $\mathfrak{R}$ reduziert, so besteht zwischen den Diagonalelementen $r_1, \cdots, r_m$ und der Determinante $|\mathfrak{R}|$ die Ungleichung*

$$r_1 \cdots r_m < c_1 \,|\mathfrak{R}|. \tag{7}$$

Beweis: Die Behauptung ist trivialerweise richtig für $m = 1$. Es sei $m > 1$ und die Behauptung richtig für $m - 1$ statt m. Da der Abschnitt $\mathfrak{R}_{m-1}$ reduziert ist, so folgt aus (7) die Beziehung

$$r_1 \cdots r_{m-1} < c_2 \,|\mathfrak{R}_{m-1}|. \tag{8}$$

Bedeutet R_{kl} die $(m-2)$-reihige Unterdeterminante von r_{kl} in $\mathfrak{R}_{m-1}$, so gilt nach (6) die Ungleichung

$$\pm R_{kl}\, r_l < c_3\, r_1\, r_2 \cdots r_{m-1}.$$

Für die Elemente von $\mathfrak{R}_{m-1}^{-1}$ erhalten wir demnach

$$\pm R_{kl}\,|\mathfrak{R}_{m-1}|^{-1} < c_2\, c_3\, r_l^{-1}. \tag{9}$$

Wir fassen die Zahlen $r_{1m}, r_{2m}, \cdots, r_{m-1\,m}$ zu einer Spalte $\mathfrak{r}$ zusammen und die $m - 1$ Variabeln $x_1, \cdots, x_{m-1}$ zu einer Spalte $\mathfrak{z}$. Setzt man noch

$$r_m - \mathfrak{R}_{m-1}^{-1}[\mathfrak{r}] = r,$$

so lautet die Formel von der quadratischen Ergänzung

(10) $$\mathfrak{R}[\mathfrak{x}] = \mathfrak{R}_{m-1}[\mathfrak{z} + \mathfrak{R}_{m-1}^{-1}\mathfrak{r}\,x_m] + r\,x_m^2,$$

und es ist

(11) $$|\mathfrak{R}| = r\,|\mathfrak{R}_{m-1}|.$$

Nach (5), (6), (9) gilt

$$\mathfrak{R}_{m-1}^{-1}[\mathfrak{r}] < c_4\, r_{m-1},$$

also

(12) $$r_m = r + \mathfrak{R}_{m-1}^{-1}[\mathfrak{r}] < r + c_4\, r_{m-1}.$$

Aus (8), (11), (12) erhalten wir

$$r_1 \cdots r_m < c_2\,|\mathfrak{R}_{m-1}|\,r_m = c_2\,|\mathfrak{R}|\,\frac{r_m}{r} < c_2\left(1 + c_4\,\frac{r_{m-1}}{r}\right)|\mathfrak{R}|.$$

Zum Beweise der Behauptung (7) genügt es daher, die Richtigkeit der Ungleichung

(13) $$r_{m-1} < c_5\, r$$

nachzuweisen.

Wir setzen

$$c_6 = 4\,(m-1)^2, \qquad c_7 = (2\,m-2)^{m-1} = c_6^{\frac{m-1}{2}}$$

und nehmen an, die Ungleichung

(14) $$r_{l+1} < c_6\, r_l$$

gälte für $l = m-2,\, m-3, \cdots, k+1,\, k$, aber nicht mehr für $l = k-1$. Dabei kann auch $k = 1$ sein, und dann fällt die auf $l = k-1$ bezügliche Annahme fort. Entsprechend ist im Falle $k = m-1$ der erste Teil der Annahme fortzulassen. Nach dem Dirichletschen Schubfachverfahren bestimmen wir nun eine natürliche Zahl x_m des Intervalls $1 \leqq x_m \leqq c_7^{m-k}$ und eine Spalte $\mathfrak{z}$ aus $m-1$ ganzen Zahlen $x_1, \cdots, x_{m-1}$, so daß die letzten $m-k$ Elemente der Spalte $\mathfrak{z} + \mathfrak{R}_{m-1}^{-1}\mathfrak{r}\,x_m$ absolut kleiner als c_7^{-1} und die ersten $k-1$ Elemente absolut kleiner als 1 sind. Offenbar kann man dabei die $m-k+1$ Zahlen $x_k, \cdots, x_m$ teilerfremd wählen. Nach (3) wird dann

$$\mathfrak{R}[\mathfrak{x}] \geqq r_k.$$

Aus (5), (6), (10), (14) ergibt sich andererseits

$$\mathfrak{R}[\mathfrak{x}] < c_6^{-1}(k-1)(m-1)\,r_k + c_7^{-2}\,c_6^{m-k-1}(m-k)^2\,r_k + c_7^{2(m-k)}\,r <$$
$$< \tfrac{1}{4}\,r_k + \tfrac{1}{4}\,r_k + c_7^{2m-2}\,r.$$

Also ist

$$r_k < c_8\, r,$$

und in Verbindung mit (14) folgt jetzt (13). Damit ist der Beweis beendet.

Für jedes positive $\mathfrak{H}$ erhält man durch das Verfahren der quadratischen Ergänzung eindeutig eine Zerlegung

$$\mathfrak{H}[\mathfrak{x}] = d_1(x_1 + b_{12}x_2 + \cdots + b_{1m}x_m)^2 + d_2(x_2 + b_{23}x_3 + \cdots + b_{2m}x_m)^2 + \cdots + d_m x_m^2$$

oder $\mathfrak{H} = \mathfrak{D}[\mathfrak{B}]$, wo $\mathfrak{D}$ die *Diagonalmatrix* aus den positiven Diagonalelementen $d_1, \cdots, d_m$ bedeutet und $\mathfrak{B} = (b_{kl})$ eine *Dreiecksmatrix* ist, d. h. eine Matrix, in welcher die Diagonalelemente b_{kk} den Wert 1 und die links von der Diagonale gelegenen Elemente b_{kl} $(k > l)$ den Wert 0 haben. Nun sei speziell $\mathfrak{H} = \mathfrak{R}$ reduziert. Aus den Gleichungen

$$r_l = d_l + \sum_{k=1}^{l-1} d_k b_{kl}^2 \qquad (l = 1, \cdots, m),$$

$$d_1 \cdots d_m = |\mathfrak{R}|$$

folgt nach Satz 1 die Abschätzung

$$1 \leqq \frac{r_l}{d_l} \leqq \prod_{k=1}^{m} \frac{r_k}{d_k} < c_1;$$

nach (5) ist daher

$$(15) \qquad 0 < \frac{d_k}{d_l} < c_1 \frac{r_k}{r_l} \leqq c_1 \qquad (k < l).$$

Es sei die Ungleichung

$$\pm b_{pl} < c_9$$

bereits bewiesen für $l > p$ und $p = 1, 2, \cdots, k-1$. Aus der Formel

$$r_{kl} = d_k b_{kl} + \sum_{p=1}^{k-1} d_p b_{pk} b_{pl} \qquad (k < l)$$

ergibt sich dann nach (6) und (15) die Relation

$$\pm b_{kl} \leqq \frac{1}{2} \frac{r_k}{d_k} + \sum_{p=1}^{k-1} \frac{d_p}{d_k} c_9^2 < c_1 + (m-1) c_1 c_9^2 = c_{10}.$$

Durch vollständige Induktion folgt, daß alle b_{kl} zwischen Schranken liegen, die nur von m abhängen. Wir fassen das gewonnene Resultat zusammen in

Satz 2: *Es sei $\mathfrak{D}$ eine Diagonalmatrix aus den positiven Diagonalelementen $d_1, \cdots, d_m$ und $\mathfrak{B} = (b_{kl})$ eine Dreiecksmatrix. Ist dann $\mathfrak{H} = \mathfrak{D}[\mathfrak{B}]$ reduziert, so gelten die Ungleichungen*

$$(16) \qquad d_k < c_{11} d_{k+1} \qquad (k = 1, \cdots, m-1),$$

$$(17) \qquad \pm b_{kl} < c_{11} \qquad (k < l).$$

Setzt man umgekehrt voraus, daß die positive Diagonalmatrix $\mathfrak{D}$ und die Dreiecksmatrix $\mathfrak{B}$ den Bedingungen (16) und (17) genügen, so folgt daraus noch nicht, daß $\mathfrak{H} = \mathfrak{D}[\mathfrak{B}]$ reduziert ist. Man wähle nun ein unimodulares $\mathfrak{U}$, so daß $\mathfrak{H}[\mathfrak{U}]$ reduziert ist. Es gilt dann der wichtige Satz, daß alle Elemente von $\mathfrak{U}$ zwischen Schranken liegen, die nur von m abhängen. Wir werden diesen Satz aus einer allgemeineren Aussage folgern, die wir später benötigen, nämlich aus

Satz 3: *Es sei $\mathfrak{D}^*$ eine Diagonalmatrix aus den positiven Diagonalelementen $d_1^*, \cdots, d_m^*$ und $\mathfrak{B}^* = (b_{kl}^*)$ eine Dreiecksmatrix; ferner sei $\mathfrak{G}$ eine ganze Matrix, deren Determinante $G \neq 0$ ist. Es bedeute μ eine gemeinsame obere Schranke für die absoluten Beträge der Zahlen $\frac{d_k^*}{d_{k+1}^*}$ $(k = 1, \cdots, m-1)$, $b_{kl}^* (k < l)$ und G. Ist dann $\mathfrak{D}^*[\mathfrak{B}^* \mathfrak{G}]$ reduziert, so liegen alle Elemente von $\mathfrak{G}$ zwischen Schranken, die nur von μ und m abhängen.*

Beweis: Die Behauptung ist trivialerweise richtig für $m = 1$. Wir wenden vollständige Induktion in bezug auf m an. Es mögen $\mu_1, \cdots, \mu_9$ natürliche Zahlen bedeuten, die nur von μ und m abhängen.

Nach Satz 2 ist

$$\mathfrak{D}^*[\mathfrak{B}^* \mathfrak{G}] = \mathfrak{D}[\mathfrak{B}],$$

wo für die Elemente von $\mathfrak{D}$ und $\mathfrak{B}$ die Ungleichungen (16) und (17) erfüllt sind. Wir setzen noch

$$\mathfrak{B}^* \mathfrak{G} \mathfrak{B}^{-1} = \mathfrak{Q} = (q_{kl}), \qquad \mathfrak{B}^* = (\beta_{kl})^{-1}. \tag{18}$$

Es ist dann

$$\mathfrak{D}^*[\mathfrak{Q}] = \mathfrak{D}, \qquad \mathfrak{D}[\mathfrak{Q}^{-1}] = \mathfrak{D}^* \tag{19}$$

und folglich

$$d_l = \sum_{k=1}^{m} d_k^* q_{kl}^2 \qquad (l = 1, \cdots, m),$$

$$d_k^* q_{kl}^2 \leqq d_l \qquad (k, l = 1, \cdots, m). \tag{20}$$

Da $\mathfrak{B}$ und $\mathfrak{B}^*$ Dreiecksmatrizen sind, so folgt nach (18) für die Elemente von $\mathfrak{G} = (g_{kl})$ die Relation

$$g_{kl} = \sum_{\varkappa=k}^{m} \sum_{\lambda=1}^{l} \beta_{k\varkappa} q_{\varkappa\lambda} b_{\lambda l}.$$

Aus unseren Voraussetzungen über $\mathfrak{D}^*$ und $\mathfrak{B}^*$ erhalten wir mit Hilfe von (20) die Abschätzung

$$d_k^* g_{kl}^2 < \mu_1 d_l. \tag{21}$$

Für die Elemente der Matrix $\mathfrak{G}^{-1} = (f_{kl})$ ergibt sich aus (18) und (19) ebenso

(22) $$d_k f_{kl}^2 < \mu_2 d_l^* .$$

Da die Determinante $|f_{kl}| \neq 0$ ist, so gibt es eine Permutation $l_1, \cdots, l_m$ der Zahlen $1, \cdots, m$, so daß f_{kl_k} für $k = 1, \cdots, m$ von 0 verschieden ist. Andererseits sind die Zahlen $G f_{kl}$ ganz. Aus (22) folgt daher

$$d_k < \mu_3 d_{l_k}^* \qquad (k = 1, \cdots, m).$$

Nun ist von den $m - k + 1$ verschiedenen Indizes $l_k, l_{k+1}, \cdots, l_m$ mindestens einer $\leqq k$ und demnach

$$\min(d_k, d_{k+1}, \cdots, d_m) < \mu_3 \max(d_1^*, d_2^*, \cdots, d_k^*),$$

$$d_k < \mu_4 d_k^* \qquad (k = 1, \cdots, m).$$

In Verbindung mit (21) erhalten wir

(23) $$d_k g_{kl}^2 < \mu_5 d_l \qquad (k, l = 1, \cdots, m).$$

Es bedeute jetzt p die größte Zahl der Reihe $1, \cdots, m$, so daß die Ungleichung

(24) $$d_k \geqq \mu_5 d_l$$

richtig ist für $k = p, p + 1, \cdots, m$ und für $l = 1, 2, \cdots, p - 1$. Für jedes g der Reihe $p + 1, p + 2, \cdots, m$ gibt es dann also ein $k = k(g) \geqq g$ und ein $l = l(g) < g$ mit

(25) $$d_k < \mu_5 d_l .$$

Im Falle $p = 1$ ist die Aussage (24) inhaltslos, im Falle $p = m$ die Aussage (25). Zufolge (16) liefert (25) die Ungleichung

$$d_g < \mu_6 d_{g-1} \qquad (g = p + 1, \cdots, m),$$

und demnach gilt

(26) $$d_l < \mu_7 d_k \qquad (k, l = p, \cdots, m).$$

Aus (23) und (26) folgt

$$g_{kl}^2 < \mu_5 \mu_7 \qquad (k, l = p, \cdots, m).$$

Da g_{kl} ganz ist, so erhält man ferner aus (23) und (24) die Gleichung

$$g_{kl} = 0 \qquad (k = p, \cdots, m;\; l = 1, \cdots, p - 1).$$

Es hat also $\mathfrak{G}$ die Gestalt

$$\mathfrak{G} = \begin{pmatrix} \mathfrak{G}_1 & \mathfrak{G}_{12} \\ \mathfrak{N} & \mathfrak{G}_2 \end{pmatrix},$$

wo $\mathfrak{N}$ die Nullmatrix aus $m-p+1$ Zeilen und $p-1$ Spalten bedeutet und alle Elemente von $\mathfrak{G}_2$ absolut kleiner als μ_8 sind. Im Falle $p=1$ ist damit der Beweis beendet; es sei also weiterhin $p>1$.

Wir zerlegen analog

$$\mathfrak{D} = \begin{pmatrix} \mathfrak{D}_1 & \mathfrak{N} \\ \mathfrak{N} & \mathfrak{D}_2 \end{pmatrix}, \qquad \mathfrak{D}^* = \begin{pmatrix} \mathfrak{D}_1^* & \mathfrak{N} \\ \mathfrak{N} & \mathfrak{D}_2^* \end{pmatrix},$$

$$\mathfrak{B} = \begin{pmatrix} \mathfrak{B}_1 & \mathfrak{B}_{12} \\ \mathfrak{N} & \mathfrak{B}_2 \end{pmatrix}, \qquad \mathfrak{B}^* = \begin{pmatrix} \mathfrak{B}_1^* & \mathfrak{B}_{12}^* \\ \mathfrak{N} & \mathfrak{B}_2^* \end{pmatrix}$$

und erhalten

$$\mathfrak{D}_1^* [\mathfrak{B}_1^* \mathfrak{G}_1] = \mathfrak{D}_1 [\mathfrak{B}_1]. \tag{27}$$

Zufolge der Induktionsannahme gilt die Behauptung für $p-1$ statt m. Also sind wegen (27) alle Elemente von $\mathfrak{G}_1$ absolut kleiner als μ_9. Endlich folgt das Entsprechende für $\mathfrak{G}_{12}$ aus der Gleichung

$$\mathfrak{G}_1' \mathfrak{D}_1^* [\mathfrak{B}_1^*] \mathfrak{G}_{12} + \mathfrak{G}_1' \mathfrak{B}_1^{*\prime} \mathfrak{D}_1^* \mathfrak{B}_{12}^* \mathfrak{G}_2 = \mathfrak{B}_1' \mathfrak{D}_1 \mathfrak{B}_{12},$$

indem man sie mit Hilfe von (27) zu

$$\mathfrak{G}_{12} = \mathfrak{G}_1 \mathfrak{B}_1^{-1} \mathfrak{B}_{12} - \mathfrak{B}_1^{*-1} \mathfrak{B}_{12}^* \mathfrak{G}_2$$

umformt. Hierdurch ist die Behauptung vollständig bewiesen.

Aus den Sätzen 2 und 3 folgt unmittelbar

Satz 4: *Sind $\mathfrak{H}$ und $\mathfrak{H}[\mathfrak{U}]$ beide reduziert, so sind alle Elemente der unimodularen Matrix $\mathfrak{U}$ absolut kleiner als c_{12}.*

Für eine spätere Anwendung auf die Theorie der indefiniten quadratischen Formen betrachten wir noch die Matrizengleichung

$$\mathfrak{R}^{-1} [\mathfrak{F}] = \mathfrak{R} \tag{28}$$

unter der Annahme, daß $\mathfrak{R}$ reduziert und $\mathfrak{F}$ ganz sei. Nach Satz 2 ist $\mathfrak{R} = \mathfrak{D}[\mathfrak{B}]$, wobei für die Diagonalelemente der Diagonalmatrix $\mathfrak{D}$ und für die Elemente der Dreiecksmatrix $\mathfrak{B}$ die Ungleichungen (16) und (17) gelten. Es bedeute noch $\mathfrak{W}$ die Matrix der Substitution $x_k \to x_{m-k+1}$ $(k = 1, \cdots, m)$. Setzt man dann

$$\mathfrak{D}^{-1} [\mathfrak{W}] = \mathfrak{D}^*, \qquad \mathfrak{W} \mathfrak{B}'^{-1} \mathfrak{W} = \mathfrak{B}^*, \qquad \mathfrak{W} \mathfrak{F} = \mathfrak{G},$$

so geht (28) über in die Gleichung

$$\mathfrak{D}^* [\mathfrak{B}^* \mathfrak{G}] = \mathfrak{R}.$$

Nun gelten die Ungleichungen (16) auch für die Diagonalelemente von $\mathfrak{D}^*$, und ferner ist $\mathfrak{B}^*$ eine Dreiecksmatrix, deren Elemente absolut kleiner als c_{13} sind. Nach (28) ist noch $|\mathfrak{G}| = \pm |\mathfrak{R}|$. Aus Satz 3 folgt daher

Satz 5: *Ist $\mathfrak{R}$ reduziert, so liegen die Elemente sämtlicher ganzen Lösungen $\mathfrak{F}$ der Matrizengleichung*

$$\mathfrak{R}^{-1}[\mathfrak{F}] = \mathfrak{R}$$

zwischen Schranken, die nur von m und der Determinante $|\mathfrak{R}|$ abhängen.

Der in § 1 genannte Satz von HERMITE ist eine unmittelbare Folgerung aus Satz 5.

§ 3. Der Bereich der reduzierten positiven Formen.

Die Reduktionsbedingungen (3) und (4) sind homogene lineare Ungleichungen für die $\frac{1}{2}m(m+1)$ Größen r_{kl} $(k \leqq l)$, die wir als rechtwinklige kartesische Koordinaten ansehen. Daher erfüllen die reduzierten Punkte $\mathfrak{R}$ im Raume aller positiven $\mathfrak{H}$ einen *konvexen Kegel R*, dessen Spitze im Nullpunkt liegt. Es sollen die *Randpunkte* von R näher untersucht werden.

Zunächst betrachten wir die Berandung des Gebietes aller positiven $\mathfrak{H}$. Ist $\mathfrak{G}$ reell symmetrisch, aber nicht positiv, so hat die Ungleichung $\mathfrak{G}[\mathfrak{x}] \leqq 0$ eine Lösung $\mathfrak{x} \neq \mathfrak{n}$, die wir durch die Bedingung $\mathfrak{x}'\mathfrak{x} = 1$ normieren können. Es sei $\mathfrak{G}_k$ $(k = 1, 2, \cdots)$ eine gegen $\mathfrak{G}_0$ konvergente Folge solcher $\mathfrak{G}$ und $\mathfrak{G}_k[\mathfrak{x}_k] \leqq 0$, $\mathfrak{x}_k'\mathfrak{x}_k = 1$. Die $\mathfrak{x}_k$ haben mindestens einen Häufungspunkt $\mathfrak{x}_0$ auf der Einheitskugel, und dann ist auch $\mathfrak{G}_0[\mathfrak{x}_0] \leqq 0$, $\mathfrak{x}_0 \neq \mathfrak{n}$. Folglich ist das Gebiet der positiven $\mathfrak{H}$ offen. Es sei $\mathfrak{G}$ ein Randpunkt dieses Gebietes und $\mathfrak{H}_k \to \mathfrak{G}$, $\mathfrak{H}_k > 0$. Aus der Ungleichung $\mathfrak{H}_k[\mathfrak{x}] \geqq 0$ folgt auch $\mathfrak{G}[\mathfrak{x}] \geqq 0$. Daher ist stets $\mathfrak{G}[\mathfrak{x}] \geqq 0$, und es gibt ein $\mathfrak{x} \neq \mathfrak{n}$ mit $\mathfrak{G}[\mathfrak{x}] = 0$. Eine solche symmetrische Matrix heiße *halbpositiv*, in Zeichen $\mathfrak{G} \geqq 0$. Durch reelle Transformation in eine Diagonalmatrix ersieht man, daß die Determinante $|\mathfrak{G}|$ verschwindet. Ist $\mathfrak{G}$ halbpositiv, so ist $\mathfrak{G} + \varepsilon\mathfrak{E}$ positiv für jede positive Zahl ε. Daher fällt der Rand des Gebietes der positiven $\mathfrak{H}$ mit der Menge der halbpositiven $\mathfrak{G}$ zusammen.

In einem *inneren* Punkte $\mathfrak{R}$ von R müssen die sämtlichen Ungleichungen (3) und (4) mit dem Zeichen $>$ erfüllt sein, denn anderenfalls würden jene Ungleichungen nicht für alle Punkte einer vollen Umgebung von $\mathfrak{R}$ gelten.

Nun sei $\mathfrak{R}_0$ ein Randpunkt von R, also entweder positiv oder halbpositiv. Wir betrachten zunächst den ersteren Fall. Da (3) und (4) auch in $\mathfrak{R}_0$ gelten, so ist $\mathfrak{R}_0$ reduziert. Andererseits gibt es eine gegen $\mathfrak{R}_0$ konvergierende Folge von positiven $\mathfrak{H}_k$ $(k = 1, 2, \cdots)$, die sämtlich außerhalb von R liegen. Es sei $\mathfrak{R}_0 = \mathfrak{D}[\mathfrak{B}]$ mit einer Diagonalmatrix $\mathfrak{D}$ aus den Diagonalelementen $d_1, \cdots, d_m$ und einer Dreiecksmatrix $\mathfrak{B} = (b_{kl})$, also $b_{kk} = 1$ und $b_{kl} = 0$ $(k > l)$. Dabei wird die Umgebung von $\mathfrak{R}_0$ umkehrbar eindeutig und stetig auf die Umgebung der $\frac{1}{2}m(m+1)$ Werte d_k $(k = 1, \cdots, m)$, b_{kl} $(1 \leqq k < l \leqq m)$ abgebildet. Setzt man analog

$\mathfrak{H}_k = \mathfrak{D}_k[\mathfrak{B}_k]$ für $k = 1, 2, \cdots$ und wendet Satz 2 auf $\mathfrak{R}_0$ an, so erkennt man, daß für hinreichend großes k alle Elemente von $\mathfrak{B}_k$ und die Quotienten aufeinanderfolgender Diagonalelemente von $\mathfrak{D}_k$ zwischen Schranken liegen, die nur von m abhängen. Nun sei $\mathfrak{H}_k[\mathfrak{U}_k]$ reduziert, wobei $\mathfrak{U}_k \neq \pm\mathfrak{E}$ ist, da $\mathfrak{H}_k$ außerhalb von R gelegen ist. Nach Satz 3 gehört dann $\mathfrak{U}_k$ für genügend großes k einer endlichen nur von m abhängigen Menge von unimodularen Matrizen an. Es gibt also eine unendliche Teilfolge der $\mathfrak{H}_k$ mit festem $\mathfrak{U}_k = \mathfrak{U} \neq \pm\mathfrak{E}$. Durch Grenzübergang ergibt sich, daß auch die Matrix $\mathfrak{R}_0[\mathfrak{U}] = \mathfrak{R}_1$ reduziert ist.

Wir wollen beweisen, daß auch $\mathfrak{R}_1$ ein Randpunkt von R ist. Zu diesem Zwecke zeigen wir gleich allgemeiner, daß für zwei Punkte $\mathfrak{R}_0$ und $\mathfrak{R}_1$ von R und eine von $\pm\mathfrak{E}$ verschiedene unimodulare Matrix $\mathfrak{U}$ die Gleichung $\mathfrak{R}_0[\mathfrak{U}] = \mathfrak{R}_1$ nur dann erfüllt sein kann, wenn $\mathfrak{R}_0$ und $\mathfrak{R}_1$ beides Randpunkte von R sind. Nach den Sätzen 2 und 3 gehört dann jedenfalls $\mathfrak{U}$ einer endlichen nur von m abhängigen Menge an. Ist $\mathfrak{U}$ keine Diagonalmatrix, so sei von den Spalten $\mathfrak{g}_1, \mathfrak{g}_2, \cdots, \mathfrak{g}_m$ von $\mathfrak{U}$ die Spalte $\mathfrak{g}_k$ die erste, welche ein nicht in der Diagonale von $\mathfrak{U}$ stehendes Element $\neq 0$ enthält; die k-te Spalte $\mathfrak{h}_k$ von $\mathfrak{U}^{-1}$ hat dann die gleiche Eigenschaft. Für die k-ten Diagonalelemente r_k und s_k von $\mathfrak{R}_0$ und $\mathfrak{R}_1$ gilt dann nach (3) die Beziehung

$$s_k = \mathfrak{R}_0[\mathfrak{g}_k] \geqq r_k = \mathfrak{R}_1[\mathfrak{h}_k] \geqq s_k,$$

also

$$\mathfrak{R}_0[\mathfrak{g}_k] = r_k = s_k = \mathfrak{R}_1[\mathfrak{h}_k]. \tag{29}$$

Daher sind $\mathfrak{R}_0$ und $\mathfrak{R}_1$ Randpunkte von R. Ferner gehören $\mathfrak{g}_k$ und $\mathfrak{h}_k$ einer nur von m abhängigen endlichen Menge an; zufolge (29) kann man also aus den Reduktionsbedingungen (3) eine nur von m abhängige endliche Menge herausgreifen, so daß mindestens eine von diesen für $\mathfrak{R} = \mathfrak{R}_0$ mit dem Gleichheitszeichen erfüllt ist; dasselbe gilt für $\mathfrak{R} = \mathfrak{R}_1$.

Ist $\mathfrak{U}$ eine Diagonalmatrix, so trete in der Folge $\pm 1, \pm 1, \cdots, \pm 1$ der Diagonalelemente von $\mathfrak{U}$ hinter dem q-ten Gliede der erste Zeichenwechsel auf. Für $\mathfrak{R}_0 = (r_{kl})$, $\mathfrak{R}_1 = (s_{kl})$ gilt dann $r_{q\,q+1} = -s_{q\,q+1}$. Nach (4) ist aber $r_{q\,q+1} \geqq 0$, $s_{q\,q+1} \geqq 0$. Also ist für $\mathfrak{R} = \mathfrak{R}_0$ und für $\mathfrak{R} = \mathfrak{R}_1$ die q-te Bedingung (4) mit dem Gleichheitszeichen erfüllt; es sind daher $\mathfrak{R}_0$ und $\mathfrak{R}_1$ auch wieder Randpunkte von R.

Die positiven Randpunkte von R liegen demnach auf *endlich* vielen Ebenen, und zwar erhält man die Gleichungen dieser Ebenen, indem man in gewissen endlich vielen der Bedingungen (3) und (4) das Gleichheitszeichen schreibt. Diese Ebenen begrenzen eine *konvexe Ecke E*, welche R ganz enthält. Es ist leicht zu sehen, daß R innere Punkte besitzt. Man wähle nämlich irgendein endliches Gebiet von $\frac{1}{2} m(m+1)$ Dimensionen, das nur aus positiven $\mathfrak{H}$ besteht. Ist dann $\mathfrak{H}[\mathfrak{U}]$ reduziert, so gehört $\mathfrak{U}$

zufolge Satz 3 einer endlichen Menge unimodularer Matrizen an, welche außer von m aber noch von dem Gebiete abhängt. Lägen nun die Punkte $\mathfrak{H}[\mathfrak{U}]$ alle auf dem Rande von R, also auf dem Rande von E, so würde dieser Rand durch die endlich vielen durch $\mathfrak{U}^{-1}$ vermittelten affinen Abbildungen in ein Gebiet von $\frac{1}{2}m(m+1)$ Dimensionen übergehen, was widersinnig ist.

Schließlich sei $\mathfrak{T}$ ein Punkt von E, der nicht zu R gehört, und $\mathfrak{R}$ ein innerer Punkt von R. Die Strecke $(1-\lambda)\mathfrak{T}+\lambda\mathfrak{R}$, wobei λ von 0 bis 1 läuft, gehört ganz zu E, und zwar mit etwaiger Ausnahme des einen Endpunktes $\mathfrak{T}$ zum Innern von E. Auf ihr liegt nun ein Randpunkt $\mathfrak{H}$ von R. Dies kann kein positiver Randpunkt sein, denn dieser müßte dann auf E liegen und würde mit $\mathfrak{T}$ zusammenfallen, gegen die Voraussetzung, daß $\mathfrak{T}$ nicht zu R gehört. Also ist $\mathfrak{H}$ halbpositiv und $|\mathfrak{H}|=0$. Läßt man dann die reduzierte Matrix $\mathfrak{R}$ gegen $\mathfrak{H}=(h_{kl})$ konvergieren, so folgt durch Grenzübergang aus (5), (6), (7) die Gleichung

$$h_{1l}=0 \qquad (l=1,2,\cdots,m).$$

Setzt man noch $\mathfrak{T}=(t_{kl})$, $\mathfrak{R}=(r_{kl})$, $\mathfrak{H}=(1-\lambda)\mathfrak{T}+\lambda\mathfrak{R}$, so gilt also

$$(1-\lambda)t_{1l}+\lambda r_{1l}=0 \qquad (l=1,2,\cdots,m),$$

wobei $\lambda<1$ ist, und folglich wird

$$t_{1l}=t_{11}\frac{r_{1l}}{r_{11}} \qquad (l=2,\cdots,m).$$

Da $\mathfrak{R}$ variabel ist, so erhält man $t_{11}=0$, $\lambda=0$, $\mathfrak{H}=\mathfrak{T}$. Folglich ist $\mathfrak{T}$ ein halbpositiver Randpunkt von R. Es entsteht also E aus R durch Hinzunahme der halbpositiven Randpunkte. Da in beliebiger Nähe eines solchen Randpunktes auch äußere Punkte in bezug auf R liegen, so fällt die gesamte halbpositive Begrenzung von R auf den Rand von E.

Damit haben wir das Hauptresultat der Minkowskischen Reduktionstheorie, nämlich

Satz 6: *Der Raum R der reduzierten positiven Matrizen $\mathfrak{R}$ bildet eine konvexe Ecke, deren Spitze im Nullpunkt liegt. Läßt man $\mathfrak{U}$ alle unimodularen Matrizen durchlaufen, wobei aber $\mathfrak{U}$ und $-\mathfrak{U}$ nicht als verschieden gelten, so liefern die Bilder $\mathfrak{R}[\mathfrak{U}]$ der Punkte $\mathfrak{R}$ von R eine lückenlose einfache Überdeckung des Raumes aller positiven quadratischen Formen. Dabei hat R nur mit endlich vielen Bildbereichen einen Punkt gemeinsam.*

Nach den Überlegungen von § 1 ergibt sich aus R auch ein Fundamentalbereich für die Gruppe der Abbildungen $\mathfrak{X}\to\mathfrak{U}\mathfrak{X}$ im m^2-dimensionalen Raume der umkehrbaren m-reihigen Matrizen $\mathfrak{X}$. Setzt man nämlich $\mathfrak{X}\mathfrak{X}'=\mathfrak{H}$, so ergeben jene Abbildungen die unimodularen

Transformationen $\mathfrak{H} \to \mathfrak{H}[\mathfrak{U}']$ im Raume der positiven $\mathfrak{H}$. Es sei F_0 das Gebiet des $\mathfrak{X}$-Raumes, dem das Gebiet R im $\mathfrak{H}$-Raume zugeordnet ist. Offenbar wird F_0 von endlich vielen Kegeln zweiter Ordnung begrenzt. Übt man auf F_0 alle unimodularen Abbildungen $\mathfrak{X} \to \mathfrak{U}\mathfrak{X}$ aus, so erhält man eine lückenlose zweifache Überdeckung des $\mathfrak{X}$-Raumes. Da nun F_0 bei der Abbildung $\mathfrak{X} \to -\mathfrak{X}$ in sich übergeht, so gewinnt man aus F_0 einen Fundamentalbereich F in bezug auf die volle unimodulare Gruppe, indem man für die Punkte von F noch irgendeine homogene lineare Ungleichung in den Elementen von $\mathfrak{X}$ vorschreibt; man kann etwa fordern, daß das erste Element der ersten Zeile $\geqq 0$ sei. Für die Anwendungen ist es aber vorteilhafter, statt F den Fundamentalbereich R im $\mathfrak{H}$-Raume zu betrachten.

§ 4. Reduktion indefiniter Formen.

Es sei $\mathfrak{S}[\mathfrak{x}]$ eine *indefinite* quadratische Form mit reellen Koeffizienten und m Variabeln. Wir setzen voraus, daß sie *nicht ausgeartet* ist, daß also der absolute Betrag D der Determinante $|\mathfrak{S}|$ größer als 0 ist. Durch eine geeignete reelle lineare Substitution $\mathfrak{y} = \mathfrak{C}\mathfrak{x}$ wird dann $\mathfrak{S}[\mathfrak{x}] = y_1^2 + \cdots + y_n^2 - (y_{n+1}^2 + \cdots + y_m^2)$ oder $\mathfrak{S} = \mathfrak{D}[\mathfrak{C}]$, wo $\mathfrak{D}$ die Diagonalmatrix aus n Diagonalelementen $+1$ und $m-n$ Diagonalelementen -1 bedeutet. Da $\mathfrak{S}[\mathfrak{x}]$ indefinit ist, so sind die Zahlen n und $m-n$ beide positiv. Das Paar $n, m-n$ heißt die *Signatur* von $\mathfrak{S}$.

Um die Reduktion auch für indefinite Formen zu erklären, ordnete Hermite der indefiniten symmetrischen Matrix $\mathfrak{S} = \mathfrak{D}[\mathfrak{C}]$ die positive Matrix $\mathfrak{H} = \mathfrak{C}'\mathfrak{C}$ zu, also der indefiniten quadratischen Form

$$\mathfrak{S}[\mathfrak{x}] = y_1^2 + \cdots + y_n^2 - (y_{n+1}^2 + \cdots + y_m^2)$$

die positive quadratische Form $y_1^2 + \cdots + y_n^2 + (y_{n+1}^2 + \cdots + y_m^2)$, und nannte $\mathfrak{S}[\mathfrak{U}]$ *reduziert*, wenn $\mathfrak{H}[\mathfrak{U}]$ reduziert ist. Allerdings besaß Hermite noch nicht genau die zweckmäßige Definition der reduzierten positiven Form, wie sie später von Minkowski gegeben wurde. Hermite sprach dann die Behauptung aus, daß es zu jedem natürlichen D nur *endlich* viele ganzzahlige reduzierte $\mathfrak{S}[\mathfrak{U}]$ gibt. Er bewies diese Behauptung nur im Falle ternärer Formen, und zwar unter der unausgesprochenen Voraussetzung, daß $\mathfrak{S}[\mathfrak{x}]$ keine *Nullform* ist, d. h. daß die diophantische Gleichung $\mathfrak{S}[\mathfrak{x}] = 0$ keine andere ganzzahlige Lösung $\mathfrak{x}$ besitzt als die triviale $\mathfrak{x} = \mathfrak{n}$. Nun gibt es zwar bei drei und vier Variabeln noch ganzzahlige indefinite quadratische Formen, welche keine Nullformen sind, so z. B. die ternäre Form $x_1^2 + x_2^2 - 3x_3^2$ und die quaternäre Form $x_1^2 + x_2^2 + x_3^2 - 7x_4^2$, dagegen ist *jede* ganzzahlige indefinite quadratische Form von mindestens fünf Variabeln stets eine Nullform. Die Hermitesche Behauptung ist tatsächlich für jeden Fall ausnahmslos richtig. Hierfür wurde 1902 von

Stouff ein Beweis gegeben; aber dieser Beweis ist so umständlich, daß er noch nicht einmal in dem sonst so ausführlichen Werke von Bachmann vollständig dargestellt worden ist.

Der Hermitesche Satz ist nun eine unmittelbare Folge von Satz 5. Aus den Relationen $\mathfrak{S} = \mathfrak{C}'\mathfrak{D}\mathfrak{C}$, $\mathfrak{H} = \mathfrak{C}'\mathfrak{C}$ folgt nämlich

$$\mathfrak{H}^{-1}[\mathfrak{S}] = \mathfrak{C}'\mathfrak{D}\mathfrak{C}(\mathfrak{C}'\mathfrak{C})^{-1}\mathfrak{C}'\mathfrak{D}\mathfrak{C} = \mathfrak{C}'\mathfrak{D}^2\mathfrak{C} = \mathfrak{C}'\mathfrak{C} = \mathfrak{H}.$$

Ersetzt man hierin $\mathfrak{C}$ durch $\mathfrak{C}\mathfrak{U}$, so erhält man für $\mathfrak{T} = \mathfrak{S}[\mathfrak{U}]$ und $\mathfrak{R} = \mathfrak{H}[\mathfrak{U}]$ analog

$$\mathfrak{R}^{-1}[\mathfrak{T}] = \mathfrak{R}; \tag{30}$$

dabei ist $|\mathfrak{R}|^2 = |\mathfrak{T}|^2 = |\mathfrak{S}|^2 = D^2$, also $|\mathfrak{R}| = D$. Jetzt sei $\mathfrak{R}$ reduziert im Sinne von Minkowski. Nach Satz 5 hat die Matrizengleichung (30) überhaupt nur endlich viele Lösungen in ganzen Matrizen $\mathfrak{T}$, deren Determinanten den festen Wert $\pm D$ haben, und zwar liegen alle Elemente von $\mathfrak{T}$ zwischen Schranken, die nur von D und m abhängen. Insbesondere muß dies für die symmetrischen $\mathfrak{T} = \mathfrak{S}[\mathfrak{U}]$ gelten. Damit haben wir

Satz 7: *Die Anzahl der reduzierten ganzzahligen indefiniten quadratischen Formen mit m Variabeln und fester von* 0 *verschiedener Determinante ist endlich.*

Nun gibt es zufolge unserer Definition in jeder Klasse mit $\mathfrak{S}$ äquivalenter Matrizen $\mathfrak{S}[\mathfrak{U}]$ mindestens eine reduzierte. Aus Satz 7 folgt also

Satz 8: *Die Anzahl der Klassen ganzzahliger indefiniter quadratischer Formen mit fester von* 0 *verschiedener Determinante und fester Variabelnzahl ist endlich.*

Sind allgemeiner alle Elemente von $\mathfrak{S}$ rational, aber nicht notwendig ganz, so wähle man für λ den Hauptnenner der Elemente von $\mathfrak{S}$ und wende den Hermiteschen Satz auf die ganze Matrix $\lambda\mathfrak{S}$ an. Da mit $\mathfrak{S}[\mathfrak{U}]$ auch $\lambda\mathfrak{S}[\mathfrak{U}]$ reduziert ist, so erhält man

Satz 9: *In jeder Klasse äquivalenter rationaler* $\mathfrak{S}$ *gibt es nur endlich viele verschiedene reduzierte Matrizen.*

Die Sätze 8 und 9 ergeben offenbar zusammen wieder den Satz 7. Wir werden weiterhin nur Satz 9 zu benutzen haben.

§ 5. Fundamentalbereich der Einheitengruppe.

Wir wollen die Matrizengleichung $\mathfrak{H}^{-1}[\mathfrak{S}] = \mathfrak{H}$ oder

$$\mathfrak{H}\mathfrak{S}^{-1}\mathfrak{H} = \mathfrak{S} \tag{31}$$

näher betrachten, unter der Nebenbedingung $\mathfrak{H} > 0$, für festes $\mathfrak{S}$ von der Signatur $n, m-n$. Im vorigen Paragraphen haben wir gesehen, daß sie jedenfalls erfüllt ist, wenn $\mathfrak{S}[\mathfrak{C}^{-1}] = \mathfrak{D}$ die Diagonalmatrix aus n Diagonalelementen $+1$ und $m-n$ Diagonalelementen -1 bedeutet und $\mathfrak{H} = \mathfrak{C}'\mathfrak{C}$ gesetzt wird. Es soll nun gezeigt werden, daß dies die allgemeine Lösung ist. Man kann $\mathfrak{H}$ und $\mathfrak{S}$ simultan reell in Diagonalmatrizen transformieren und etwa

$$(32) \qquad \mathfrak{H}[\mathfrak{C}^{-1}] = \mathfrak{E}, \qquad \mathfrak{S}[\mathfrak{C}^{-1}] = \mathfrak{D}$$

voraussetzen, mit reellem $\mathfrak{C}$, wobei $\mathfrak{D}$ eine Diagonalmatrix mit fallend geordneten Diagonalelementen sei. Aus (31) und (32) folgt aber

$$\mathfrak{C}'\mathfrak{C}(\mathfrak{C}'\mathfrak{D}\mathfrak{C})^{-1}\mathfrak{C}'\mathfrak{C} = \mathfrak{C}'\mathfrak{D}\mathfrak{C},$$

also $\mathfrak{D}^{-1} = \mathfrak{D}$, so daß $\mathfrak{D}$ tatsächlich die frühere Bedeutung hat.

Für skalares ϱ ist

$$\mathfrak{H} + \varrho\mathfrak{S} = \mathfrak{C}'(\mathfrak{E} + \varrho\mathfrak{D})\mathfrak{C},$$

also $\mathfrak{H} + \varrho\mathfrak{S} > 0$ für $-1 < \varrho < 1$, $\geqq 0$ für $\varrho = \pm 1$, und zwar ist der Rang n für $\varrho = 1$ und $m-n$ für $\varrho = -1$. Um eine Parameterlösung von (31) zu finden, bei gegebenem $\mathfrak{S}$, setzen wir $\mathfrak{H} + \mathfrak{S} = 2\mathfrak{Z}$. Dann ist also $\mathfrak{Z} \geqq 0$ und vom Range n; ferner gilt

$$\mathfrak{Z}\mathfrak{S}^{-1}\mathfrak{Z} = \tfrac{1}{4}(\mathfrak{H}+\mathfrak{S})\mathfrak{S}^{-1}(\mathfrak{H}+\mathfrak{S}) = \tfrac{1}{4}(\mathfrak{S} + 2\mathfrak{H} + \mathfrak{S}) = \mathfrak{Z}.$$

Umgekehrt sei $\mathfrak{Z}$ eine halbpositive symmetrische Matrix vom Range n, die der Gleichung

$$(33) \qquad \mathfrak{Z}\mathfrak{S}^{-1}\mathfrak{Z} = \mathfrak{Z}$$

genügt. Dann wird

$$(\mathfrak{S}-\mathfrak{Z})\mathfrak{S}^{-1}(\mathfrak{S}-\mathfrak{Z}) = \mathfrak{S} - 2\mathfrak{Z} + \mathfrak{Z} = \mathfrak{S} - \mathfrak{Z}, \qquad \mathfrak{Z}\mathfrak{S}^{-1}(\mathfrak{S}-\mathfrak{Z}) = \mathfrak{N},$$

also

$$\mathfrak{S}^{-1}[\mathfrak{Z}, \mathfrak{S} - \mathfrak{Z}] = \begin{pmatrix} \mathfrak{Z} & \mathfrak{N} \\ \mathfrak{N} & \mathfrak{S} - \mathfrak{Z} \end{pmatrix}.$$

Auf Grund des Trägheitsgesetzes ist daher $\mathfrak{Z} - \mathfrak{S} \geqq 0$. Für $\lambda \geqq 0$, $\mu \geqq 0$ ist dann $\lambda\mathfrak{Z} + \mu(\mathfrak{Z} - \mathfrak{S}) \geqq 0$, und aus der Relation

$$(\lambda\mathfrak{Z} + \mu(\mathfrak{Z}-\mathfrak{S}))\mathfrak{S}^{-1}(\mu\mathfrak{Z} + \lambda(\mathfrak{Z}-\mathfrak{S})) = \lambda\mu\mathfrak{Z} + \lambda\mu(\mathfrak{S}-\mathfrak{Z}) = \lambda\mu\mathfrak{S}$$

folgt $|\lambda\mathfrak{Z} + \mu(\mathfrak{Z}-\mathfrak{S})| \neq 0$ für $\lambda\mu \neq 0$, also $\lambda\mathfrak{Z} + \mu(\mathfrak{Z}-\mathfrak{S}) > 0$ für $\lambda > 0$, $\mu > 0$. Der spezielle Fall $\lambda = \mu = 1$ ergibt, daß $\mathfrak{H} = 2\mathfrak{Z} - \mathfrak{S}$ positiv ist und der Gleichung (31) genügt.

Wir haben also die allgemeine halbpositive Lösung $\mathfrak{Z}$ der Gleichung (33) aufzusuchen, mit dem Range n. Jedes halbpositive $\mathfrak{Z}$ vom Range n hat die Gestalt $\mathfrak{Z} = \mathfrak{X}\mathfrak{T}^{-1}\mathfrak{X}'$ mit n-reihigem, positivem $\mathfrak{T}$ und reellem $\mathfrak{X}$ vom Range n, das m Zeilen und n Spalten besitzt. Durch diesen Ansatz geht (33) über in

$$\mathfrak{X}\mathfrak{T}^{-1}(\mathfrak{X}'\mathfrak{S}^{-1}\mathfrak{X}-\mathfrak{T})\mathfrak{T}^{-1}\mathfrak{X}'=\mathfrak{N},$$

und da $\mathfrak{X}$ den Rang n hat, so folgt hieraus $\mathfrak{X}'\mathfrak{S}^{-1}\mathfrak{X}=\mathfrak{T}$. Ist umgekehrt ein reelles $\mathfrak{X}$ mit m Zeilen und n Spalten so gewählt, daß $\mathfrak{X}'\mathfrak{S}^{-1}\mathfrak{X}=\mathfrak{T}>0$ wird, so ist $\mathfrak{Z}=\mathfrak{X}\mathfrak{T}^{-1}\mathfrak{X}'$ eine halbpositive Lösung von (33) mit dem Range n. Damit haben wir für die allgemeine Lösung von (31) die Parameterdarstellung

$$(34)\qquad \mathfrak{H}=2\mathfrak{Z}-\mathfrak{S},\qquad \mathfrak{Z}=\mathfrak{X}\mathfrak{T}^{-1}\mathfrak{X}',\qquad \mathfrak{T}=\mathfrak{X}'\mathfrak{S}^{-1}\mathfrak{X}>0.$$

Die mn Elemente von $\mathfrak{X}$ sind dabei reelle Variable, die nur der Bedingung $\mathfrak{X}'\mathfrak{S}^{-1}\mathfrak{X}>0$ genügen müssen.

Nun bleibt aber offenbar $\mathfrak{H}$ invariant, wenn $\mathfrak{X}$ durch $\mathfrak{X}\mathfrak{Q}$ ersetzt wird, mit beliebigem, umkehrbarem $\mathfrak{Q}$ aus n Reihen. Daher können wir noch

$$\mathfrak{X}=\begin{pmatrix}\mathfrak{E}\\ \mathfrak{Y}\end{pmatrix}$$

normieren, wo $\mathfrak{E}$ die n-reihige Einheitsmatrix und $\mathfrak{Y}$ eine variable Matrix mit $m-n$ Zeilen und n Spalten bedeutet. Dann wird

$$(35)\qquad \mathfrak{H}=2\mathfrak{Z}-\mathfrak{S},\quad \mathfrak{Z}=\begin{pmatrix}\mathfrak{T}^{-1} & \mathfrak{T}^{-1}\mathfrak{Y}'\\ \mathfrak{Y}\mathfrak{T}^{-1} & \mathfrak{Y}\mathfrak{T}^{-1}\mathfrak{Y}'\end{pmatrix},\quad \mathfrak{T}=\mathfrak{S}^{-1}\begin{bmatrix}\mathfrak{E}\\ \mathfrak{Y}\end{bmatrix}>0$$

eine rationale Darstellung von $\mathfrak{H}$ durch $n(m-n)$ Parameter. Aus (35) kann man wiederum $\mathfrak{T}^{-1}$ und $\mathfrak{Y}\mathfrak{T}^{-1}$ rational durch die Elemente von $\mathfrak{H}$ ausdrücken, also auch $\mathfrak{Y}$ selber. Die positiven Lösungen $\mathfrak{H}$ von (31) bilden also eine rationale Mannigfaltigkeit von $n(m-n)$ Dimensionen, und diese wird vermöge (35) eineindeutig abgebildet auf den Teil des $\mathfrak{Y}$-Raumes, in welchem $\mathfrak{T}>0$ ist. Wir wollen die Mannigfaltigkeit der $\mathfrak{H}$ mit H bezeichnen.

Ist $\mathfrak{W}$ irgendeine reelle Lösung von $\mathfrak{S}[\mathfrak{W}]=\mathfrak{S}$, so ist auch $\mathfrak{S}^{-1}[\mathfrak{W}']=\mathfrak{S}^{-1}$, und folglich genügt mit $\mathfrak{H}$ auch $\mathfrak{H}[\mathfrak{W}]$ der Gleichung (31). Durch die Abbildung $\mathfrak{H}\to\mathfrak{H}[\mathfrak{W}]$ geht dann also H in sich über.

Nunmehr sei $\mathfrak{S}$ *rational.* Zu jeder Lösung $\mathfrak{H}$ von (31) gibt es eine unimodulare Matrix $\mathfrak{U}=\mathfrak{U}_{\mathfrak{H}}$, so daß $\mathfrak{H}[\mathfrak{U}_{\mathfrak{H}}]$ im Minkowskischen Fundamentalbereich R liegt, und dann ist $\mathfrak{S}[\mathfrak{U}_{\mathfrak{H}}]$ reduziert. In der Menge aller mit $\mathfrak{S}$ äquivalenten Matrizen $\mathfrak{S}[\mathfrak{U}]$ gibt es aber nach Satz 9 nur endlich viele verschiedene reduzierte; diese seien $\mathfrak{S}_k=\mathfrak{S}[\mathfrak{U}_k]$ für $k=1,\cdots,g$, und es sei $\mathfrak{H}=\mathfrak{H}_k$ eine zugehörige Lösung von [31], so daß also $\mathfrak{H}_k[\mathfrak{U}_k]$ in R gelegen ist. Ist dann $\mathfrak{U}_{\mathfrak{H}}$ eine der soeben betrachteten *reduzierenden*

Substitutionen, so gilt

$$(36) \qquad \mathfrak{S}[\mathfrak{U}_{\mathfrak{H}}] = \mathfrak{S}[\mathfrak{U}_k] = \mathfrak{S}_k$$

für einen von $\mathfrak{H}$ abhängigen Index k der Reihe $1, \cdots, g$. Dann ist aber $\mathfrak{U}_{\mathfrak{H}} \mathfrak{U}_k^{-1} = \mathfrak{V}$ eine ganzzahlige Lösung von $\mathfrak{S}[\mathfrak{V}] = \mathfrak{S}$, also eine Einheit von $\mathfrak{S}$. Ist umgekehrt $\mathfrak{V}$ eine beliebige Einheit von $\mathfrak{S}$, so liegt für jedes $k = 1, \cdots, g$ auch $\mathfrak{H}_k[\mathfrak{V}^{-1}] = \mathfrak{H}$ in H, und für $\mathfrak{U} = \mathfrak{V}\mathfrak{U}_k$ gilt $\mathfrak{H}_k[\mathfrak{U}_k] = \mathfrak{H}[\mathfrak{U}]$. Also liegt $\mathfrak{H}[\mathfrak{U}]$ in R und $\mathfrak{U}$ ist eine reduzierende Substitution. Da der in (36) auftretende Index k durch $\mathfrak{U}_{\mathfrak{H}}$ eindeutig bestimmt wird, so erhält man alle reduzierenden Substitutionen in der Form $\mathfrak{U}_{\mathfrak{H}} = \mathfrak{V}\mathfrak{U}_k$, und zwar jede nur einmal, indem man $\mathfrak{V}$ alle Einheiten von $\mathfrak{S}$ und k die Werte 1 bis g durchlaufen läßt.

Wir finden *sämtliche* Einheiten von $\mathfrak{S}$, indem wir alle reduzierenden Substitutionen $\mathfrak{U}_{\mathfrak{H}}$ aufsuchen und von diesen nur diejenigen herausgreifen, für welche (36) mit festem k gilt; dann ergeben $\mathfrak{U}_{\mathfrak{H}} \mathfrak{U}_k^{-1} = \mathfrak{V}$ die Einheiten. Mit $\mathfrak{V}$ ist auch $-\mathfrak{V}$ eine Einheit. Sehen wir wieder $\mathfrak{V}$ und $-\mathfrak{V}$ nicht als verschieden an, so erhalten wir die Faktorgruppe der Einheitengruppe in bezug auf die von $\mathfrak{E}$ und $-\mathfrak{E}$ gebildete invariante Untergruppe. Diese Faktorgruppe wollen wir *gekürzte* Einheitengruppe nennen und mit $\Gamma(\mathfrak{S})$ bezeichnen. Unsere Aufgabe besteht in der Bestimmung eines Fundamentalbereiches F von $\Gamma(\mathfrak{S})$ in bezug auf H. Die Gruppe ist diskontinuierlich in H, weil sogar die Gruppe aller unimodularen Transformationen $\mathfrak{H} \to \mathfrak{H}[\mathfrak{U}]$ im Raum der positiven $\mathfrak{H}$ diskontinuierlich ist.

Wir wollen hier eine Bemerkung über einen Sonderfall einfügen, um diesen dann weiterhin ausschließen zu können. Es handelt sich um den Fall einer *rational zerlegbaren binären* quadratischen Form; dann ist also $n = m - n = 1$ und D das Quadrat einer rationalen Zahl. Wir können $\mathfrak{S}[\mathfrak{x}] = y_1 y_2$ setzen, wo $y_1 = a x_1 + b x_2$, $y_2 = c x_1 + d x_2$ lineare Funktionen von x_1, x_2 mit rationalen Koeffizienten bedeuten. Setzt man noch $\begin{pmatrix} a & b \\ c & d \end{pmatrix} = \mathfrak{M}$, so entspricht der Substitution $\mathfrak{x} \to \mathfrak{V}\mathfrak{x}$ der Variabeln x_1, x_2 die Substitution $\mathfrak{y} \to \mathfrak{M}\mathfrak{V}\mathfrak{M}^{-1}\mathfrak{y}$ der Variabeln y_1, y_2. Ist nun $\mathfrak{V}$ eine Einheit von $\mathfrak{S}$, so müssen dabei y_1, y_2 entweder in $c y_1$, $c^{-1} y_2$ oder in $c y_2$, $c^{-1} y_1$ übergehen, mit konstantem $c \neq 0$. Aus der Annahme

$$\mathfrak{M}\mathfrak{V}\mathfrak{M}^{-1} = \begin{pmatrix} c & 0 \\ 0 & c^{-1} \end{pmatrix}$$

folgt durch Potenzieren, daß sämtliche positive und negative Potenzen von c rationale Zahlen mit beschränktem Nenner sind; also ist $c = \pm 1$ und $\mathfrak{V} = \pm \mathfrak{E}$. Gibt es ferner zwei Einheiten $\mathfrak{V}_1, \mathfrak{V}_2$ von $\mathfrak{S}$ mit

$$\mathfrak{M}\mathfrak{B}_1\mathfrak{M}^{-1} = \begin{pmatrix} 0 & c_1 \\ c_1^{-1} & 0 \end{pmatrix}, \qquad \mathfrak{M}\mathfrak{B}_2\mathfrak{M}^{-1} = \begin{pmatrix} 0 & c_2 \\ c_2^{-1} & 0 \end{pmatrix},$$

so folgt durch Multiplikation, daß $c_1 c_2^{-1} = \pm 1$, also $\mathfrak{B}_2 = \pm \mathfrak{B}_1$ ist. Also gibt es in $\Gamma(\mathfrak{S})$ außer $\pm \mathfrak{E}$ höchstens noch eine weitere Einheit $\pm \mathfrak{B}$, und zwar ist dann $|\mathfrak{B}| = -1$. Fortan wollen wir dauernd voraussetzen, daß nicht dieser besondere Fall einer rational zerlegbaren quadratischen Form vorliegt.

Durch die g Abbildungen $\mathfrak{R} \to \mathfrak{R}[\mathfrak{U}_k^{-1}]$ $(k = 1, \cdots, g)$ geht der Minkowskische Fundamentalbereich R über in g Bildbereiche $R_1, \cdots, R_g$. Es sei H_k der Durchschnitt von H mit R_k und F die Vereinigungsmenge von $H_1, H_2, \cdots, H_g$. Ist nun $\mathfrak{H}$ ein beliebiger Punkt von H und $\mathfrak{U}_{\mathfrak{H}} = \mathfrak{B}\mathfrak{U}_k$ eine zugehörige reduzierende Substitution, so liegt $\mathfrak{H}[\mathfrak{B}\mathfrak{U}_k]$ in R, also $\mathfrak{H}[\mathfrak{B}]$ in R_k und als Punkt von H sogar in H_k. Folglich existiert zu jedem Punkt $\mathfrak{H}$ von H mindestens ein Element $\pm \mathfrak{B}$ von $\Gamma(\mathfrak{S})$, so daß $\mathfrak{H}[\mathfrak{B}]$ in F gelegen ist.

Jetzt seien $\mathfrak{H}$ und $\mathfrak{H}[\mathfrak{B}]$ beide in F gelegen und $\mathfrak{B} \neq \pm \mathfrak{E}$. Liegt dabei $\mathfrak{H}$ in H_k und $\mathfrak{H}[\mathfrak{B}]$ in H_l, wobei k und l gewisse Indizes der Reihe $1, \cdots, g$ bedeuten, so gehören $\mathfrak{H}[\mathfrak{U}_k]$ und $\mathfrak{H}[\mathfrak{B}\mathfrak{U}_l]$ beide zu R, und zwar wegen $\mathfrak{U}_k \neq \pm \mathfrak{B}\mathfrak{U}_l$ zum Rande von R. Nach Satz 6 gehört $\mathfrak{B}$ dann einer von $\mathfrak{H}$ unabhängigen endlichen Menge an, die durch m und $\mathfrak{S}$ festgelegt ist. Ferner liegt $\mathfrak{H}$ auf dem Rande von R_k und $\mathfrak{H}[\mathfrak{B}]$ auf dem Rande von R_l. Es sei noch G_k der Durchschnitt von H mit dem Rande von R_k, also die Punktmenge, in welcher H von den endlich vielen Randebenen von R_k geschnitten wird. Dann liegt $\mathfrak{H}$ auf G_k und $\mathfrak{H}[\mathfrak{B}]$ auf G_l.

Es soll nunmehr gezeigt werden, daß G_k der *Rand* von H_k in bezug auf H ist. Die Richtigkeit dieser Behauptung ist keineswegs trivial, denn die Dimension $n(m-n)$ von H ist kleiner als $\frac{1}{2}m(m+1)$; es wäre also z. B. denkbar, daß H ganz auf einer Randebene von R_k gelegen ist. Ist jene Behauptung aber erst bewiesen, so folgt daraus unmittelbar, daß F tatsächlich Fundamentalbereich von $\Gamma(\mathfrak{S})$ in bezug auf H ist.

Es sei $\mathfrak{H}$ ein Randpunkt von H_k in bezug auf H. Man bilde dann eine gegen $\mathfrak{H}$ konvergierende Folge von Punkten $\mathfrak{H}_0$ aus H, die nicht zu H_k gehören. Zu jedem $\mathfrak{H}_0$ dieser Folge gibt es eine reduzierende Substitution $\mathfrak{B}\mathfrak{U}_l \neq \pm \mathfrak{U}_k$, die nach Satz 6 einer endlichen Menge angehören muß. Man kann daher eine unendliche Teilfolge mit festem $\mathfrak{B}\mathfrak{U}_l$ auswählen, und dann ist auch $\mathfrak{H}[\mathfrak{B}\mathfrak{U}_l]$ in R gelegen, also $\mathfrak{H}[\mathfrak{B}]$ in H_l. Nach dem vorhin Bewiesenen liegt dann $\mathfrak{H}$ auf G_k.

Nun sei umgekehrt $\mathfrak{H}$ ein Punkt von G_k. Wir haben zu zeigen, daß es in beliebiger Nähe von $\mathfrak{H}$ Punkte $\mathfrak{H}_0$ von H gibt, die nicht zu H_k gehören. Es ist aber H eine irreduzible algebraische Mannigfaltigkeit, und der Rand von R_k besteht aus endlich vielen Ebenen. Wir haben also nur zu beweisen, daß H nicht ganz auf einer Randebene von R_k gelegen sein kann.

Die Gleichung einer Randebene von R hat entweder die Gestalt $\mathfrak{R}[\mathfrak{g}_l] = r_l\,(l = 1, \cdots, m)$ oder $r_{l\,l+1} = 0\,(l = 1, \cdots, m-1)$. Setzt man hierin $\mathfrak{R} = \mathfrak{H}[\mathfrak{U}_k]$, so erkennt man, daß die Gleichung einer Randebene von $\mathfrak{R}_k$ entweder durch $\mathfrak{H}[\mathfrak{u}] = \mathfrak{H}[\mathfrak{v}]$ oder durch $\mathfrak{u}'\mathfrak{H}\mathfrak{v} = 0$ gegeben wird, wobei $\mathfrak{u}$ und $\mathfrak{v}$ linear unabhängige ganze Spalten bedeuten. Ersetzt man im ersten Fall $\mathfrak{u}$ und $\mathfrak{v}$ durch $\frac{1}{2}(\mathfrak{u}+\mathfrak{v})$ und $\frac{1}{2}(\mathfrak{u}-\mathfrak{v})$, so kommt man auf den zweiten Fall zurück. Es genügt also nachzuweisen, daß die allgemeine Lösung $\mathfrak{H}$ von (31) nicht identisch der Gleichung

$$\mathfrak{u}'\mathfrak{H}\mathfrak{v} = 0 \tag{37}$$

genügen kann.

Es sei wieder $\mathfrak{S} = \mathfrak{D}[\mathfrak{C}]$ mit reellem $\mathfrak{C}$, wobei $\mathfrak{D}$ die Diagonalmatrix aus n Diagonalelementen $+1$ und $m-n$ Diagonalelementen -1 bedeutet. Wir ersetzen $\mathfrak{H}$, $\mathfrak{u}$, $\mathfrak{v}$ durch $\mathfrak{H}[\mathfrak{C}]$, $\mathfrak{C}^{-1}\mathfrak{u}$, $\mathfrak{C}^{-1}\mathfrak{v}$, wobei (37) mit linear unabhängigen Spalten $\mathfrak{u}$, $\mathfrak{v}$ bestehen bleibt, und erhalten aus (35) die Parameterdarstellung

$$\mathfrak{H} = 2\,\mathfrak{Z} - \mathfrak{D}, \qquad \mathfrak{Z} = \mathfrak{T}^{-1}[\mathfrak{E}\;\mathfrak{Y}'], \qquad \mathfrak{T} = \mathfrak{E} - \mathfrak{Y}'\mathfrak{Y}$$

mit variablem $\mathfrak{Y}$ aus $m-n$ Zeilen und n Spalten. Entwickelt man nach Potenzen in der Umgebung von $\mathfrak{Y} = \mathfrak{N}$, so wird

$$\mathfrak{H} = \begin{pmatrix} \mathfrak{E} + 2\,\mathfrak{Y}'\mathfrak{Y} & 2\,\mathfrak{Y}' \\ 2\,\mathfrak{Y} & \mathfrak{E} + 2\,\mathfrak{Y}\mathfrak{Y}' \end{pmatrix} + \cdots,$$

wo die nicht hingeschriebenen Glieder mindestens von dritter Ordnung sind. Zerlegt man analog $\mathfrak{u}$ und $\mathfrak{v}$ in die Teilspalten $\mathfrak{u}_1$, $\mathfrak{u}_2$ und $\mathfrak{v}_1$, $\mathfrak{v}_2$, so folgen aus dem identischen Bestehen von (37) die beiden Gleichungen

$$\mathfrak{u}_2'\mathfrak{Y}\mathfrak{v}_1 = -\mathfrak{v}_2'\mathfrak{Y}\mathfrak{u}_1, \qquad \mathfrak{u}_1'\mathfrak{Y}'\mathfrak{Y}\mathfrak{v}_1 = -\mathfrak{u}_2'\mathfrak{Y}\mathfrak{Y}'\mathfrak{v}_2.$$

Aus der ersten dieser Gleichungen erhält man entweder $\mathfrak{u}_1 = \mathfrak{v}_1 = \mathfrak{n}$ oder $\mathfrak{u}_2 = \mathfrak{v}_2 = \mathfrak{n}$ oder $\mathfrak{u}_1 = \varrho\mathfrak{v}_1$, $\mathfrak{u}_2 = -\varrho\mathfrak{v}_2$ mit $\varrho \neq 0$. Aus der zweiten ergibt sich im ersten Falle $\mathfrak{u}_2 = \mathfrak{n}$ oder $\mathfrak{v}_2 = \mathfrak{n}$ und im zweiten Falle $\mathfrak{u}_1 = \mathfrak{n}$ oder $\mathfrak{v}_1 = \mathfrak{n}$, beide Male im Widerspruch zu $\mathfrak{u} \neq \mathfrak{n}$, $\mathfrak{v} \neq \mathfrak{n}$; im dritten Falle folgt schließlich $n = m - n = 1$.

Wir haben also nur noch den Fall einer binären Form zu behandeln. Setzt man $T = \mathfrak{S}^{-1}[\mathfrak{x}]$, so ergibt (35) die Parameterdarstellung

$$\mathfrak{H}[\mathfrak{y}] = 2\,T^{-1}(\mathfrak{x}'\mathfrak{y})^2 - \mathfrak{S}[\mathfrak{y}].$$

Aus (37) erhielte man dann

$$\mathfrak{u}'\mathfrak{S}\mathfrak{v}\cdot\mathfrak{x}'\mathfrak{S}\mathfrak{x} = 2\,\mathfrak{u}'\mathfrak{S}\mathfrak{x}\cdot\mathfrak{v}'\mathfrak{S}\mathfrak{x},$$

es wäre also $\mathfrak{S}[\mathfrak{x}]$ rational zerlegbar. Dieser Fall ist aber ausgeschlossen worden.

Wir haben damit

Satz 10: *Der Fundamentalbereich F der gekürzten Einheitengruppe $\Gamma(\mathfrak{S})$ in bezug auf den $n(m-n)$-dimensionalen Raum H der positiven Lösungen von $\mathfrak{H}\mathfrak{S}^{-1}\mathfrak{H} = \mathfrak{S}$ wird aus H von endlich vielen Ebenen des Raumes aller positiven $\mathfrak{H}$ ausgeschnitten. Setzt man in der Abbildung $\mathfrak{H} \to \mathfrak{H}[\mathfrak{V}]$ für $\pm\mathfrak{V}$ alle Elemente von $\Gamma(\mathfrak{S})$, so liefern die Bildbereiche $F_{\mathfrak{V}}$ von F eine lückenlose einfache Überdeckung von H. Dabei hat F nur mit endlich vielen $F_{\mathfrak{V}}$ einen Punkt gemeinsam.*

Es seien jetzt $F_{\mathfrak{V}}$ für $\mathfrak{V} = \mathfrak{V}_1, \cdots, \mathfrak{V}_h$ die sämtlichen endlich vielen Bilder von F, welche mit F einen Randpunkt gemeinsam haben. Sind dann $F_{\mathfrak{U}}$ und $F_{\mathfrak{W}}$ irgend zwei Bildbereiche mit gemeinsamem Randpunkt, so haben auch $F_{\mathfrak{W}\mathfrak{U}^{-1}}$ und F einen Punkt gemeinsam; es ist also $\pm\mathfrak{W}\mathfrak{U}^{-1}$ eines jener $\mathfrak{V}_k$ $(k = 1, \cdots, h)$. Ferner ist die Mannigfaltigkeit H *zusammenhängend,* wie etwa aus der rationalen Parameterdarstellung folgt. Man kann demnach einen Punkt eines beliebigen Bildbereiches $F_{\mathfrak{W}}$ mit einem Punkt von F durch eine innerhalb H verlaufende algebraische Kurve verbinden. Zufolge Satz 10 kann diese Kurve nur in endlich vielen Punkten die Begrenzung von Bildbereichen von F treffen. Also gibt es eine endliche Folge von Bildbereichen $F_0 = F, F_1, \cdots, F_{q-1}, F_q = F_{\mathfrak{W}}$, so daß für jedes k der Reihe $1, 2, \cdots, q$ die Gebiete F_{k-1} und F_k einen Randpunkt gemeinsam haben. Geht dann F_k aus F durch die Abbildung $\mathfrak{H} \to \mathfrak{H}[\mathfrak{U}_k]$ hervor, so ist $\mathfrak{U}_0 = \pm\mathfrak{E}$, $\mathfrak{U}_q = \pm\mathfrak{W}$, und $\pm\mathfrak{U}_k\mathfrak{U}_{k-1}^{-1}$ stimmt mit einer der h Matrizen $\mathfrak{V}_1, \cdots, \mathfrak{V}_h$ überein. Folglich ist

$$\mathfrak{W} = (\mathfrak{U}_q\mathfrak{U}_{q-1}^{-1})(\mathfrak{U}_{q-1}\mathfrak{U}_{q-2}^{-1}) \cdots (\mathfrak{U}_2\mathfrak{U}_1^{-1})(\mathfrak{U}_1\mathfrak{U}_0^{-1})$$

ein Produkt dieser Matrizen.

Hieraus erhalten wir

Satz 11: *Die Einheitengruppe von $\mathfrak{S}$ hat endlich viele Erzeugende.*

Wir greifen schließlich noch einmal auf die Parameterdarstellung (34) für den Raum H zurück. Es sei $\mathfrak{P}$ eine reelle umkehrbare Matrix mit m Reihen. Bei der Substitution $\mathfrak{X} \to \mathfrak{P}'\mathfrak{X}$, $\mathfrak{S} \to \mathfrak{S}[\mathfrak{P}]$ bleibt $\mathfrak{T} = \mathfrak{X}'\mathfrak{S}^{-1}\mathfrak{X}$ ungeändert, während $\mathfrak{H} = 2\mathfrak{X}\mathfrak{T}^{-1}\mathfrak{X}' - \mathfrak{S}$ durch $\mathfrak{H}[\mathfrak{P}]$ zu ersetzen ist. Um zu einer entsprechenden Aussage für die inhomogene Parameterdarstellung (35) zu kommen, zerlegen wir $\mathfrak{X}$ in

$$\mathfrak{X} = \begin{pmatrix} \mathfrak{X}_2 \\ \mathfrak{X}_1 \end{pmatrix}$$

mit n-reihigem $\mathfrak{X}_2$ und analog

$$\mathfrak{P}' = \begin{pmatrix} \mathfrak{D} & \mathfrak{C} \\ \mathfrak{B} & \mathfrak{A} \end{pmatrix},$$

so daß die Substitution $\mathfrak{X} \to \mathfrak{P}'\mathfrak{X}$ mit $\mathfrak{X}_1 \to \mathfrak{A}\mathfrak{X}_1 + \mathfrak{B}\mathfrak{X}_2$, $\mathfrak{X}_2 \to \mathfrak{C}\mathfrak{X}_1 + \mathfrak{D}\mathfrak{X}_2$ gleichbedeutend ist. Für $\mathfrak{Y} = \mathfrak{X}_1\mathfrak{X}_2^{-1}$ erhält man dann die gebrochene lineare Substitution

(38) $$\mathfrak{Y} \to (\mathfrak{A}\mathfrak{Y} + \mathfrak{B})(\mathfrak{C}\mathfrak{Y} + \mathfrak{D})^{-1},$$

und für

(39) $$\mathfrak{T} = \mathfrak{S}^{-1}\begin{bmatrix}\mathfrak{E}\\ \mathfrak{Y}\end{bmatrix}$$

wird dabei

(40) $$\mathfrak{T} \to \mathfrak{T}\,[(\mathfrak{C}\mathfrak{Y} + \mathfrak{D})^{-1}].$$

Bei den Substitutionen $\mathfrak{Y} \to (\mathfrak{A}\mathfrak{Y} + \mathfrak{B})(\mathfrak{C}\mathfrak{Y} + \mathfrak{D})^{-1}$, $\mathfrak{S} \to \mathfrak{S}[\mathfrak{P}]$ ist also $\mathfrak{H}$ durch $\mathfrak{H}[\mathfrak{P}]$ zu ersetzen. Da die Gleichung $\mathfrak{Y} = (\mathfrak{A}\mathfrak{Y} + \mathfrak{B})(\mathfrak{C}\mathfrak{Y} + \mathfrak{D})^{-1}$ nur dann identisch in $\mathfrak{Y}$ gilt, wenn $\mathfrak{P} = \lambda\mathfrak{E}$ mit skalarem $\lambda \neq 0$ ist, so ergeben zwei Matrizen $\mathfrak{P} = \mathfrak{P}_1$ und $\mathfrak{P} = \mathfrak{P}_2$ nur dann dieselbe gebrochene Substitution (38), wenn $\mathfrak{P}_2 = \lambda\mathfrak{P}_1$ ist.

Nun sei $\mathfrak{P}$ speziell eine Einheit $\mathfrak{B}$ von $\mathfrak{S}$. Da $\lambda\mathfrak{B}$ nur dann wieder eine Einheit ist, wenn λ den Wert ± 1 hat, so ergeben die Substitutionen (38) eine *treue* Darstellung der gekürzten Einheitengruppe $\Gamma(\mathfrak{S})$. Es bedeute G das Bild von F im $\mathfrak{Y}$-Raum. Da $\mathfrak{Y}$ rational von $\mathfrak{H}$ abhängt, so wird G von *endlich vielen algebraischen* Flächen begrenzt; und durch die linearen Transformationen (38) erhält man eine lückenlose einfache Überdeckung des gesamten $\mathfrak{Y}$-Raumes.

§ 6. Das Maß der Einheitengruppe.

Es soll nun im $\mathfrak{Y}$-Raume ein Volumenelement gebildet werden, das gegenüber der Gruppe aller Transformationen (38) invariant bleibt. Es bedeute $\delta\mathfrak{Y}$ die Matrix aus den Differentialen der Elemente von $\mathfrak{Y}$. Setzt man dann

(41) $$\mathfrak{Y}_1 = (\mathfrak{A}\mathfrak{Y} + \mathfrak{B})(\mathfrak{C}\mathfrak{Y} + \mathfrak{D})^{-1},$$

also

$$\mathfrak{Y}_1(\mathfrak{C}\mathfrak{Y} + \mathfrak{D}) = \mathfrak{A}\mathfrak{Y} + \mathfrak{B},$$

so folgt

$$\delta\mathfrak{Y}_1 \cdot (\mathfrak{C}\mathfrak{Y} + \mathfrak{D}) = (\mathfrak{A} - \mathfrak{Y}_1\mathfrak{C}) \cdot \delta\mathfrak{Y}.$$

Für die Funktionaldeterminante der Variabelntransformation (41) erhält man daher

$$\frac{d\mathfrak{Y}_1}{d\mathfrak{Y}} = \pm\,|\,\mathfrak{A} - \mathfrak{Y}_1\mathfrak{C}\,|^{n} \cdot |\,\mathfrak{C}\mathfrak{Y} + \mathfrak{D}\,|^{n-m},$$

wo $d\mathfrak{Y}_1$ und $d\mathfrak{Y}$ die euklidischen Volumenelemente in den $n(m-n)$-dimensionalen Räumen von $\mathfrak{Y}_1$ und $\mathfrak{Y}$ bedeuten. Andererseits gilt

$$\begin{pmatrix}\mathfrak{E} & -\mathfrak{Y}_1\\ \mathfrak{N} & \mathfrak{E}\end{pmatrix}\begin{pmatrix}\mathfrak{A} & \mathfrak{B}\\ \mathfrak{C} & \mathfrak{D}\end{pmatrix}\begin{pmatrix}\mathfrak{Y} & \mathfrak{E}\\ \mathfrak{E} & \mathfrak{N}\end{pmatrix} = \begin{pmatrix}\mathfrak{N} & \mathfrak{A} - \mathfrak{Y}_1\mathfrak{C}\\ \mathfrak{C}\mathfrak{Y} + \mathfrak{D} & \mathfrak{C}\end{pmatrix},$$

also

$$\begin{vmatrix} \mathfrak{A} & \mathfrak{B} \\ \mathfrak{C} & \mathfrak{D} \end{vmatrix} = |\mathfrak{A} - \mathfrak{Y}_1 \mathfrak{C}| \cdot |\mathfrak{C}\mathfrak{Y} + \mathfrak{D}|.$$

Folglich wird

$$\frac{d\mathfrak{Y}_1}{d\mathfrak{Y}} = \pm \begin{vmatrix} \mathfrak{A} & \mathfrak{B} \\ \mathfrak{C} & \mathfrak{D} \end{vmatrix}^n \cdot |\mathfrak{C}\mathfrak{Y} + \mathfrak{D}|^{-m}. \tag{42}$$

Wie in (39) sei

$$\mathfrak{T} = \mathfrak{S}^{-1}\begin{bmatrix} \mathfrak{E} \\ \mathfrak{Y} \end{bmatrix}.$$

Setzt man

$$\mathfrak{P}' = \begin{pmatrix} \mathfrak{D} & \mathfrak{C} \\ \mathfrak{B} & \mathfrak{A} \end{pmatrix}, \qquad \mathfrak{S}_1 = \mathfrak{S}[\mathfrak{P}], \qquad \mathfrak{T}_1 = \mathfrak{S}_1^{-1}\begin{bmatrix} \mathfrak{E} \\ \mathfrak{Y}_1 \end{bmatrix},$$

so folgt aus (40) die Formel

$$\mathfrak{T} = \mathfrak{T}_1[\mathfrak{C}\mathfrak{Y} + \mathfrak{D}].$$

Es ist daher $|\mathfrak{T}| = |\mathfrak{T}_1| \cdot |\mathfrak{C}\mathfrak{Y} + \mathfrak{D}|^2$ und ferner $|\mathfrak{S}_1| = |\mathfrak{S}| \cdot |\mathfrak{P}|^2$. Bedeutet wieder D den absoluten Betrag der Determinante $|\mathfrak{S}|$, so erkennt man jetzt auf Grund von (42) die *Invarianz* des Ausdrucks

$$dv = D^{-\frac{n}{2}} |\mathfrak{T}|^{-\frac{m}{2}} d\mathfrak{Y} \tag{43}$$

gegenüber den Transformationen $\mathfrak{Y} \to (\mathfrak{A}\mathfrak{Y} + \mathfrak{B})(\mathfrak{C}\mathfrak{Y} + \mathfrak{D})^{-1}$, $\mathfrak{S} \to \mathfrak{S}[\mathfrak{P}]$.

Das durch (43) erklärte Volumenelement hat noch eine weitere wichtige Eigenschaft, die sich auf die Vertauschung von $\mathfrak{S}$ mit $-\mathfrak{S}$ und die dadurch bedingte Vertauschung von n mit $m-n$ bezieht. Die Matrizengleichung $\mathfrak{H}\mathfrak{S}^{-1}\mathfrak{H} = \mathfrak{S}$ bleibt richtig, wenn $\mathfrak{S}$ durch $-\mathfrak{S}$ ersetzt wird. Zufolge (34) gestattet sie also auch die Parameterlösung

$$\mathfrak{H} = 2\,\mathfrak{Z}_1 + \mathfrak{S}, \qquad \mathfrak{Z}_1 = \mathfrak{T}_1^{-1}[\mathfrak{Y}_1' \;\; \mathfrak{E}], \qquad \mathfrak{T}_1 = -\mathfrak{S}^{-1}\begin{bmatrix} \mathfrak{Y}_1 \\ \mathfrak{E} \end{bmatrix} > 0,$$

wobei $\mathfrak{Y}_1$ eine beliebige reelle Matrix mit n Zeilen und $m-n$ Spalten bedeutet. Es ist dann $\mathfrak{Z}_1 = \mathfrak{Z} - \mathfrak{S}$ mit $\mathfrak{Z} = \mathfrak{T}^{-1}[\mathfrak{E} \;\; \mathfrak{Y}']$, und aus der Gleichung $\mathfrak{Z}\mathfrak{S}^{-1}\mathfrak{Z} = \mathfrak{Z}$ folgt $\mathfrak{Z}_1\mathfrak{S}^{-1}\mathfrak{Z} = \mathfrak{N}$, also

$$(\mathfrak{Y}_1' \;\; \mathfrak{E})\,\mathfrak{S}^{-1}\begin{pmatrix} \mathfrak{E} \\ \mathfrak{Y} \end{pmatrix} = \mathfrak{N}. \tag{44}$$

Die beiden Parametermatrizen hängen daher mittels einer linearen Substitution zusammen, die sich aus (44) ergibt. Es soll nun gezeigt werden, daß auch

$$dv = D^{-\frac{m-n}{2}} |\mathfrak{T}_1|^{-\frac{m}{2}} d\mathfrak{Y}_1$$

ist. Wegen der Invarianzeigenschaft des Volumenelementes (43) kann man sich auf den speziellen Fall

$$\mathfrak{S} = \begin{pmatrix} \mathfrak{E} & \mathfrak{N} \\ \mathfrak{N} & -\mathfrak{E} \end{pmatrix}$$

beschränken. Dann ist $D = 1$, und aus (44) erhält man $\mathfrak{Y}_1 = \mathfrak{Y}'$. Es genügt demnach nachzuweisen, daß $\mathfrak{T} = \mathfrak{E} - \mathfrak{Y}'\mathfrak{Y}$ und $\mathfrak{T}_1 = \mathfrak{E} - \mathfrak{Y}\mathfrak{Y}'$ dieselbe Determinante haben. Dies folgt aber aus den beiden Formeln

$$\begin{pmatrix} \mathfrak{E} & \mathfrak{Y}' \\ \mathfrak{Y} & \mathfrak{E} \end{pmatrix} \begin{pmatrix} \mathfrak{E} & \mathfrak{N} \\ -\mathfrak{Y} & \mathfrak{E} \end{pmatrix} = \begin{pmatrix} \mathfrak{T} & \mathfrak{Y}' \\ \mathfrak{N} & \mathfrak{E} \end{pmatrix}, \quad \begin{pmatrix} \mathfrak{E} & \mathfrak{N} \\ -\mathfrak{Y} & \mathfrak{E} \end{pmatrix} \begin{pmatrix} \mathfrak{E} & \mathfrak{Y}' \\ \mathfrak{Y} & \mathfrak{E} \end{pmatrix} = \begin{pmatrix} \mathfrak{E} & \mathfrak{Y}' \\ \mathfrak{N} & \mathfrak{T}_1 \end{pmatrix}.$$

Unsere Ergebnisse über die Eigenschaften von dv sind von Bedeutung für den Beweis von

Satz 12: *Das über den Fundamentalbereich G der Einheitengruppe im $\mathfrak{Y}$-Raum erstreckte Integral*

$$v(\mathfrak{S}) = D^{-\frac{n}{2}} \int\limits_G |\mathfrak{T}|^{-\frac{m}{2}} d\mathfrak{Y}$$

ist konvergent.

Beweis: Man kann sich auf den Fall eines ganzen $\mathfrak{S}$ beschränken, da man sonst nur $\mathfrak{S}$ durch $\lambda\mathfrak{S}$ zu ersetzen hätte, mit geeignetem natürlichen λ. Indem man ferner nötigenfalls $\mathfrak{S}$ durch $-\mathfrak{S}$ ersetzt, kann man nach dem vorhin Bewiesenen voraussetzen, daß $n \leqq m - n$ ist.

Im Parameterraume der $\mathfrak{Y}$ ist G das Bild des Fundamentalbereiches F von $\Gamma(\mathfrak{S})$ in bezug auf H, ferner ist F die Summe der g Teilgebiete $H_1, \cdots, H_g$. Bedeuten $\mathfrak{S}_a = \mathfrak{S}[\mathfrak{U}_a]$ für $a = 1, \cdots, g$ die sämtlichen Reduzierten von $\mathfrak{S}$, so liegt eine Lösung $\mathfrak{H}$ von $\mathfrak{H}\mathfrak{S}^{-1}\mathfrak{H} = \mathfrak{S}$ nur dann in H_a, wenn $\mathfrak{H}[\mathfrak{U}_a]$ im Minkowskischen reduzierten Raum R gelegen ist. Durch die Formeln

$$\text{(45)} \quad \mathfrak{H}_a = 2\,\mathfrak{Z}_a - \mathfrak{S}_a, \qquad \mathfrak{Z}_a = \mathfrak{T}_a^{-1}[\mathfrak{E}\ \mathfrak{Y}'], \qquad \mathfrak{T}_a = \mathfrak{S}_a^{-1}\begin{bmatrix} \mathfrak{E} \\ \mathfrak{Y} \end{bmatrix}$$

erhält man die Parameterlösung von $\mathfrak{H}_a \mathfrak{S}_a^{-1} \mathfrak{H}_a = \mathfrak{S}_a$. Es bedeute G_a dasjenige Gebiet des $\mathfrak{Y}$-Raumes, für welches die durch (45) erklärte Matrix $\mathfrak{H}_a$ in R gelegen ist. Wegen der Invarianzeigenschaft von dv ist dann

$$D^{\frac{n}{2}} v(\mathfrak{S}) = \sum_{a=1}^{g} \int\limits_{G_a} |\mathfrak{T}_a|^{-\frac{m}{2}} d\mathfrak{Y},$$

und man hat also die Konvergenz jedes Summanden auf der rechten Seite nachzuweisen.

Es seien $h_1, \cdots, h_m$ die Diagonalelemente der Matrix $\mathfrak{H}_a = (h_{kl})$. Da $|\mathfrak{H}_a| = D$ und $\mathfrak{H}_a$ reduziert ist, so folgen aus (5), (6), (7) die

Ungleichungen

(46) $$h_k \leqq h_{k+1} \qquad (k = 1, \cdots, m-1),$$

(47) $$\pm 2\, h_{kl} \leqq h_k \qquad (k < l),$$

(48) $$h_1 \cdots h_m < c_1 D.$$

Wir verstehen unter Y den Teil des Raumes aller reellen $\mathfrak{Y}$, für welchen die durch (45) erklärte Matrix $\mathfrak{H}_a$ diesen sämtlichen Ungleichungen genügt und lassen weiterhin den Index a fort. Es genügt, die Konvergenz von

$$I = \int_Y |\mathfrak{T}|^{-\frac{m}{2}} d\mathfrak{Y}$$

zu beweisen.

Setzt man $\mathfrak{H} - \mathfrak{S} = \frac{1}{2}(u_{kl})$, $\mathfrak{H} + \mathfrak{S} = \frac{1}{2}(v_{kl})$, $\mathfrak{S} = (s_{kl})$ und bezeichnet die Diagonalelemente dieser Matrizen mit u_k, v_k, s_k, so wird $s_{kl} = v_{kl} - u_{kl}$, $h_{kl} = u_{kl} + v_{kl}$, und da $\mathfrak{H} - \mathfrak{S}$, $\mathfrak{H} + \mathfrak{S}$ beide halbpositiv sind, so gelten die Ungleichungen

$$\pm u_{kl} \leqq \sqrt{u_k u_l}, \qquad \pm v_{kl} \leqq \sqrt{v_k v_l},$$

also

$$\pm s_{kl} \leqq \sqrt{u_k u_l} + \sqrt{v_k v_l}.$$

Da nun $h_k = u_k + v_k$ ist, so ergibt die Schwarzsche Ungleichung die Abschätzung

(49) $$\pm s_{kl} \leqq \sqrt{h_k h_l}.$$

Es ist aber $\mathfrak{S}$ ganz und $|\mathfrak{S}| \neq 0$. Für eine geeignete Permutation der Zahlen $1, \cdots, m$, etwa $l_1, \cdots, l_m$, muß daher

$$h_k h_{l_k} \geqq 1 \qquad (k = 1, \cdots, m)$$

gelten, und nach (46) gilt dann erst recht die Ungleichung

(50) $$h_k h_{m-k+1} \geqq 1 \qquad (k = 1, \cdots, m).$$

Jetzt betrachten wir andererseits die $m-1$ Produkte $h_k h_{m-k}$ $(k = 1, \cdots, m-1)$. Es gibt eine eindeutig bestimmte Zahl q der Reihe $0, 1, \cdots, \left[\frac{m}{2}\right]$, so daß

(51) $$h_k h_{m-k} \geqq 1 \qquad (q < k < m - q),$$

(52) $$h_q h_{m-q} < 1$$

ist. Im Falle $q = \left[\frac{m}{2}\right]$ ist bei dieser Erklärung die Bedingung (51) inhaltslos, und im Falle $q = 0$ ist (52) fortzulassen. Die Zahl q hängt noch von der Lage von $\mathfrak{Y}$ im Gebiete Y ab. Ist $q \leqq \frac{m}{2} - 1$, so folgt aus (51) die Ungleichung

$$\prod_{k=1}^{m} (h_k h_{m-k+1}) \geqq h_{m-q}^2 \prod_{k=1}^{q} (h_k h_{m-k+1})^2;$$

für $q = \frac{m-1}{2}$ ist diese Aussage sogar mit dem Gleichheitszeichen richtig. Aus (48) und (50) erhält man daher

$$h_{m-q} < c_1 D, \tag{53}$$

wenn $q \leqq \frac{m-1}{2}$ ist.

Nach (49) und (52) ist $s_{kl} = 0$ für $k \leqq q$, $l \leqq m - q$, und folglich hat $\mathfrak{S}$ die Gestalt

$$\mathfrak{S} = \begin{pmatrix} \mathfrak{N} & \mathfrak{N} & \mathfrak{P}' \\ \mathfrak{N} & \mathfrak{F} & \mathfrak{Q}' \\ \mathfrak{P} & \mathfrak{Q} & \mathfrak{G} \end{pmatrix}, \tag{54}$$

wobei $\mathfrak{G}$ und $\mathfrak{F}$ symmetrische Matrizen mit q bzw. $m - 2q$ Reihen bedeuten. Für die Grenzfälle $q = 0$, $q = \frac{m}{2}$ ist

$$\mathfrak{S} = \mathfrak{F}, \qquad \mathfrak{S} = \begin{pmatrix} \mathfrak{N} & \mathfrak{P}' \\ \mathfrak{P} & \mathfrak{G} \end{pmatrix}. \tag{55}$$

Zerlegt man analog zu (54) die Spalte $\mathfrak{x}$ in drei Teilspalten $\mathfrak{x}_1$, $\mathfrak{x}_2$, $\mathfrak{x}_3$, so wird

$$\mathfrak{S}[\mathfrak{x}] = \mathfrak{F}[\mathfrak{x}_2] + \mathfrak{x}_3'(2\mathfrak{P}\mathfrak{x}_1 + 2\mathfrak{Q}\mathfrak{x}_2 + \mathfrak{G}\mathfrak{x}_3),$$

und folglich hat $\mathfrak{F}$ die Signatur $n - q$, $m - n - q$. Daher ist insbesondere $q \leqq n$. Wir wählen eine feste reelle Matrix $\mathfrak{C}_1$, so daß

$$\mathfrak{F}[\mathfrak{C}_1] = \begin{pmatrix} \mathfrak{E}_{n-q} & \mathfrak{N} \\ \mathfrak{N} & -\mathfrak{E}_{m-n-q} \end{pmatrix} = \mathfrak{D} \tag{56}$$

wird, wobei $\mathfrak{E}_{n-q}$ und $\mathfrak{E}_{m-n-q}$ Einheitsmatrizen mit der durch den Index angegebenen Reihenzahl bedeuten, und machen die Substitution

$$\mathfrak{y}_1 = \mathfrak{x}_1 + \mathfrak{P}^{-1}\mathfrak{Q}\mathfrak{x}_2 + \tfrac{1}{2}\mathfrak{P}^{-1}\mathfrak{G}\mathfrak{x}_3, \qquad \mathfrak{y}_2 = \mathfrak{C}_1^{-1}\mathfrak{x}_2, \qquad \mathfrak{y}_3 = \mathfrak{x}_3. \tag{57}$$

Dann wird

$$\mathfrak{S}[\mathfrak{x}] = \mathfrak{D}[\mathfrak{y}_2] + 2\mathfrak{y}_3'\mathfrak{P}\mathfrak{y}_1. \tag{58}$$

Es sei $\mathfrak{C} = (c_{kl})$ die Matrix der Reziproken der Substitution (57), also

$$\mathfrak{C} = \begin{pmatrix} \mathfrak{E} & -\mathfrak{P}^{-1}\mathfrak{Q}\mathfrak{C}_1 & -\tfrac{1}{2}\mathfrak{P}^{-1}\mathfrak{G} \\ \mathfrak{N} & \mathfrak{C}_1 & \mathfrak{N} \\ \mathfrak{N} & \mathfrak{N} & \mathfrak{E} \end{pmatrix},$$

und $\mathfrak{H}[\mathfrak{C}] = \mathfrak{W} = (w_{kl})$ mit den Diagonalelementen $w_1, \cdots, w_m$. Nun ist $c_{kl} = 0$, wenn entweder $k > l$, $l \leqq q$ oder $k > m - q$, $q < l \leqq m - q$ oder $k > l$, $l > m - q$ ist, und

$$w_{kl} = \sum_{a,b=1}^{m} c_{ak} h_{ab} c_{bl}.$$

Nach (46) und (47) gilt dann

$$\pm w_{kl} < \gamma_1 h_k \qquad (k \neq q+1, \cdots, m-q),$$
$$\pm w_{kl} < \gamma_1 h_{m-q} \qquad (k = q+1, \cdots, m-q),$$

wobei γ_1, wie auch weiterhin $\gamma_2, \cdots, \gamma_{15}$, eine nur von m und $\mathfrak{S}$ abhängige natürliche Zahl bedeutet. Nach (46), (51), (53) ist aber

(59) $$h_k \geqq (c_1 D)^{-1} \qquad (q < k < m - q)$$

und daher ausnahmslos

(60) $$\pm w_{kl} < \gamma_2 h_k \qquad (k = 1, \cdots, m).$$

Nun ist $\mathfrak{W}$ positiv. Für die Zerlegung

$$\mathfrak{W} = \begin{pmatrix} \mathfrak{W}_1 & \mathfrak{W}_{12} \\ \mathfrak{W}_{21} & \mathfrak{W}_2 \end{pmatrix}$$

mit n-reihigem symmetrischen $\mathfrak{W}_1$ gilt dann die Ungleichung

$$|\mathfrak{W}| \leqq |\mathfrak{W}_1| \cdot |\mathfrak{W}_2| < \gamma_3 |\mathfrak{W}_1| \prod_{k=n+1}^{m} h_k.$$

Nach (48) ist andererseits

$$|\mathfrak{W}| = |\mathfrak{C}|^2 D > \gamma_4^{-1} \prod_{k=1}^{m} h_k$$

und demnach

(61) $$|\mathfrak{W}_1| > \gamma_5^{-1} \prod_{k=1}^{n} h_k.$$

Wegen der Invarianzeigenschaft von dv dürfen wir zum Nachweis der Konvergenz des Integrals I die Parameterstellung (35) mit $\mathfrak{S}[\mathfrak{C}]$ an Stelle von $\mathfrak{S}$ benutzen. Setzt man

$$\mathfrak{S}[\mathfrak{C}] = \begin{pmatrix} \mathfrak{S}_1 & \mathfrak{S}_{12} \\ \mathfrak{S}_{21} & \mathfrak{S}_2 \end{pmatrix}$$

mit n-reihigem $\mathfrak{S}_1$, wobei $\mathfrak{S}_1$ und $\mathfrak{S}_{12}$ nach (56) und (58) die Matrizen

$$\mathfrak{S}_1 = \begin{pmatrix} \mathfrak{N} & \mathfrak{N} \\ \mathfrak{N} & \mathfrak{E}_{n-q} \end{pmatrix}, \qquad \mathfrak{S}_{12} = \begin{pmatrix} \mathfrak{N} & \mathfrak{P}' \\ \mathfrak{N} & \mathfrak{N} \end{pmatrix}$$

bedeuten, so folgen aus (35) die Formeln

$$(62)\qquad 2\,\mathfrak{T}^{-1} = \mathfrak{W}_1 + \mathfrak{S}_1, \qquad 2\,\mathfrak{T}^{-1}\mathfrak{Y}' = \mathfrak{W}_{12} + \mathfrak{S}_{12}.$$

Nun ist

$$|\mathfrak{W}_1 + \mathfrak{S}_1| \geqq |\mathfrak{W}_1|,$$

so daß man für die Elemente σ_{kl} von $(\mathfrak{W}_1 + \mathfrak{S}_1)^{-1}$ nach (59), (60), (61) die Abschätzung

$$(63)\qquad \pm\,\sigma_{kl} < \gamma_6\, h_l^{-1} \qquad (k \leqq l \leqq n)$$

erhält. Wegen (60) sind dann alle Elemente der Matrix $(\mathfrak{W}_1 + \mathfrak{S}_1)^{-1}\,\mathfrak{W}_{12}$ absolut kleiner als γ_7. Ist ferner $\mathfrak{L}_1$ der q-te Abschnitt von

$$(\mathfrak{W}_1 + \mathfrak{S}_1)^{-1} = \begin{pmatrix} \mathfrak{L}_1 & \mathfrak{L}_{12} \\ \mathfrak{L}_{21} & \mathfrak{L}_2 \end{pmatrix},$$

so gilt

$$(\mathfrak{W}_1 + \mathfrak{S}_1)^{-1}\,\mathfrak{S}_{12} = \begin{pmatrix} \mathfrak{N} & \mathfrak{L}_1\,\mathfrak{P}' \\ \mathfrak{N} & \mathfrak{L}_{21}\,\mathfrak{P}' \end{pmatrix},$$

und nach (59), (63) sind die Elemente von $\mathfrak{L}_{21}\,\mathfrak{P}'$ absolut kleiner als γ_8. In Verbindung mit (62) ergibt sich jetzt, daß $\mathfrak{Y}$ die Form

$$\mathfrak{Y} = \begin{pmatrix} \mathfrak{Y}_1 & \mathfrak{Y}_2 \\ \mathfrak{Y}_3 & \mathfrak{Y}_4 \end{pmatrix}, \qquad \mathfrak{Y}_3 = \mathfrak{P}\,(\mathfrak{X}_1 + \mathfrak{X}_2)$$

besitzt, mit alternierendem $\mathfrak{X}_2$ und symmetrischem q-reihigen $\mathfrak{X}_1$; dabei sind alle Elemente der Matrizen $\mathfrak{Y}_1, \mathfrak{Y}_2, \mathfrak{Y}_4, \mathfrak{X}_2$ absolut kleiner als γ_9, und für die Elemente von $\mathfrak{X}_1 = (x_{kl})$ gilt nach (63) die Abschätzung

$$(64)\qquad \pm\, x_{kl} < \gamma_{10}\, h_l^{-1} \qquad (k \leqq l \leqq q).$$

Außerdem ist noch

$$|\mathfrak{T}|^{-\frac{m}{2}} = |\tfrac{1}{2}(\mathfrak{W}_1 + \mathfrak{S}_1)|^{\frac{m}{2}} < \gamma_{11} \prod_{k=1}^{q} h_k^{\frac{m}{2}}.$$

Die Zahl q kann einen der Werte $0, 1, \cdots, n$ haben; sie hängt noch von der Lage von $\mathfrak{Y}$ ab. Wir zerlegen das Integral I in

$$I = I_0 + I_1 + \cdots + I_n,$$

wobei in I_k nur über den Teil des Gebietes Y zu integrieren ist, für welchen $q = k$ ist. Es genügt, die Konvergenz von I_q zu beweisen, für $q = 0, 1, \cdots, n$. Das Integrationsgebiet zerlegen wir weiter in Teilgebiete durch die Bedingungen

$$e^{-g_k} < \frac{h_k}{h_{k+1}} \leqq e^{1-g_k} \qquad (k = 1, \cdots, q-1),$$
$$e^{-g_q} < h_q \leqq e^{1-g_q};$$

dabei können wir auf Grund von (46) und (52) die $g_1, \cdots, g_q$ auf natürliche Zahlen beschränken. Setzt man noch zur Abkürzung

$$g_k + g_{k+1} + \cdots + g_q = f_k \qquad (k = 1, \cdots, q),$$

so gilt

$$e^{-f_k} < h_k \leqq \gamma_{12}\, e^{-f_k}.$$

Zufolge (64) ist das Volumen jedes Teilgebietes kleiner als $\gamma_{13}\, e^{f_1+2f_2+\cdots+qf_q}$, andererseits ist dort die zu integrierende Funktion

$$|\mathfrak{T}|^{-\frac{m}{2}} < \gamma_{14}\, e^{-\frac{m}{2}(f_1+f_2+\cdots+f_q)},$$

also der Beitrag des Teilgebietes zu I_q höchstens

$$\gamma_{15}\, e^{-\sum_{k=1}^{q}\left(\frac{m}{2}-k\right)f_k}. \tag{65}$$

Nun ist aber

$$\sum_{k=1}^{q}\left(\frac{m}{2}-k\right)f_k = \sum_{k=1}^{q} k\,\frac{m-k-1}{2}\,g_k$$

und demnach die über alle Systeme natürlicher Zahlen $g_1, \cdots, g_q$ erstreckte Summe der Ausdrücke (65) stets konvergent, wenn nicht $m = q+1$ ist. Wäre endlich $m = q+1$, so folgte $m = 2$, $q = n = 1$, und nach (55) wäre $\mathfrak{S}[\mathfrak{x}]$ eine rational zerlegbare binäre Form; dieser Fall war aber dauernd ausgeschlossen worden. Damit ist der Beweis der Konvergenz beendet.

Wir setzen

$$\alpha_{mn} = \pi^{-\frac{n(m-n)}{2}} \frac{\Gamma\left(\frac{m}{2}\right)\Gamma\left(\frac{m-1}{2}\right)\cdots\Gamma\left(\frac{m-n+1}{2}\right)}{\Gamma\left(\frac{1}{2}\right)\Gamma\left(\frac{2}{2}\right)\cdots\Gamma\left(\frac{n}{2}\right)}$$

und nennen die Größe

$$\mu(\mathfrak{S}) = \alpha_{mn}\, D^{-\frac{n}{2}} \int_G |\mathfrak{T}|^{-\frac{m}{2}}\, d\mathfrak{Y}$$

das *Maß* der Einheitengruppe von $\mathfrak{S}$. Diese Gruppenmaße $\mu(\mathfrak{S})$ sind für die *analytische Theorie* der quadratischen Formen von Bedeutung; sie treten z. B. bei der Definition der *Zetafunktionen*[5]) auf, welche sich

---

[5]) Siegel, Über die Zetafunktionen indefiniter quadratischer Formen, Mathematische Zeitschrift, Bd. 43 (1938), S. 682—708, und Bd. 44 (1939), S. 398—426.

den indefiniten quadratischen Formen zuordnen lassen. Sind $\mathfrak{S}_1, \mathfrak{S}_2, \cdots, \mathfrak{S}_h$ Repräsentanten der verschiedenen Klassen des Geschlechtes von $\mathfrak{S}$, so nennt man die Summe $\mu(\mathfrak{S}_1) + \cdots + \mu(\mathfrak{S}_h)$ das *Maß des Geschlechtes* von $\mathfrak{S}$. Für eine beliebige natürliche Zahl t sei $\omega(t)$ die Anzahl der Primfaktoren von t und $E_t(\mathfrak{S})$ die Anzahl der Einheiten von $\mathfrak{S}$ modulo t, also die Anzahl der ganzen Lösungen $\mathfrak{X}$ von $\mathfrak{S}[\mathfrak{X}] \equiv \mathfrak{S} \pmod{t}$; ferner sei zur Abkürzung

$$\alpha_m = \prod_{k=1}^{m} \frac{\Gamma\left(\frac{k}{2}\right)}{\pi^{\frac{k}{2}}}.$$

Die analytische Theorie der quadratischen Formen[6]) ergibt dann die Relation

$$\mu(\mathfrak{S}_1) + \cdots + \mu(\mathfrak{S}_h) = 4\,\alpha_m\, D^{\frac{m+1}{2}} \lim_{t \to \infty} \frac{2^{\omega(t)}\, t^{\frac{m(m-1)}{2}}}{E_t(\mathfrak{S})}, \tag{66}$$

wenn t eine geeignete Folge natürlicher Zahlen durchläuft, z. B. die Folge $1!, 2!, 3!, \cdots$. Enthält das Geschlecht von $\mathfrak{S}$ nur eine einzige Klasse, so läßt sich $\mu(\mathfrak{S})$ mit dieser Formel bestimmen; dies ist insbesondere der Fall, wenn $m > 2$ ist und D keinen Primfaktor in höherer als erster Potenz enthält. Da die Gruppenmaße $\mu(\mathfrak{S}_1), \cdots, \mu(\mathfrak{S}_h)$ in rationalem Verhältnis zueinander stehen, so unterscheidet sich $\mu(\mathfrak{S})$ stets nur durch einen *rationalen* Zahlenfaktor von der rechten Seite in (66).

---

[6]) SIEGEL, Über die analytische Theorie der quadratischen Formen, II, Annals of Mathematics, Bd. 37 (1936), S. 230—263.

34.

Der Dreierstoß

Annals of Mathematics 42 (1941), 127—168

Einleitung

Es seien A_1, A_2, A_3 drei Massenpunkte im Raum, die sich nach dem Newtonschen Gravitationsgesetz anziehen. Es seien x_k, y_k, z_k die rechtwinkligen kartesischen Koordinaten des Punktes A_k $(k = 1, 2, 3)$ und m_k seine Masse; ferner seien die Abstände A_2A_3, A_3A_1, A_1A_2 mit r_1, r_2, r_3 bezeichnet. Setzt man

$$U = \frac{m_2 m_3}{r_1} + \frac{m_3 m_1}{r_2} + \frac{m_1 m_2}{r_3} \tag{1}$$

und versteht unter w_k eine der drei Koordinaten x_k, y_k, z_k, so lauten die Differentialgleichungen des Dreikörperproblems

$$m_k \frac{d^2 w_k}{dt^2} = \frac{\partial U}{\partial w_k} \qquad (w_k = x_k, y_k, z_k;\ k = 1, 2, 3). \tag{2}$$

Man gebe zur Zeit $t = t_0$ irgend welche endlichen Anfangswerte der 9 Koordinaten w_k, für welche die Abstände r_1, r_2, r_3 sämtlich grösser als 0 sind, und ausserdem beliebige endliche Anfangswerte der 9 Geschwindigkeitskomponenten $\frac{dw_k}{dt}$. Nach einem bekannten Existenzsatz aus der Theorie der Differentialgleichungen sind dann die durch jene Anfangswerte bestimmten Lösungen des Systemes (2) in der Umgebung von $t = t_0$ reguläre analytische Funktionen von t. Wir denken uns die Lösungen längs der reellen Achse von $t = t_0$ aus nach beiden Seiten analytisch fortgesetzt und nehmen an, dass wir auf diese Weise zu einem singulären Punkt $t = t_1$ einer der Funktionen w_k gelangen. Da die Differentialgleichungen (2) in sich übergehen, wenn zu t eine beliebige Konstante addiert wird und wenn t durch $-t$ ersetzt wird, so kann man $t_1 = 0$, $t_0 > 0$ voraussetzen.

Wie Sundman[1] gezeigt hat, bestehen bei dem Grenzübergang $t \to 0$, $t > 0$ nur die folgenden beiden Möglichkeiten: Entweder strebt genau eine der drei positiven Zahlen r_1, r_2, r_3 gegen 0, während die beiden andern einen positiven Grenzwert haben, oder aber sie streben alle drei gegen 0. Wir wollen diese beiden Fälle weiterhin als Zweierstoss und Dreierstoss bezeichnen. Der Zweierstoss wurde zuerst für das restringierte Dreikörperproblem von Levi-Cività[2] und

---

[1] K. F. Sundman, *Recherches sur le problème des trois corps*, Acta Societatis Scientiarum Fennicae, Bd. 34 (1907), Nr. 6.

[2] T. Levi-Cività, *Traiettorie singolari ed urti nel problema ristretto dei tre corpi*, Annali di matematica pura ed applicata, Ser. III^a, Bd. 9 (1904), S. 1–32.

dann allgemein von Bisconcini[3] behandelt. Sundman führte diese Untersuchungen weiter und zeigte insbesondere, dass beim Zweierstoss der Punkt $t = 0$ ein algebraischer Verzweigungspunkt zweiter Ordnung für die Lösungen ist und dass die Koordinaten w_k in der Umgebung dieses Punktes reguläre Funktionen der Ortsuniformisierenden $t^{\frac{1}{3}}$ sind.

Auch der Dreierstoss wurde von Sundman eingehend untersucht. Er bewies, dass beim Dreierstoss die Ausdrücke $r_k t^{-2/3}$ $(k = 1, 2, 3)$ für $t \to 0$ positive Grenzwerte $\hat{r}_k$ haben, für welche entweder $\hat{r}_1 = \hat{r}_2 = \hat{r}_3$ oder $\hat{r}_2 = \hat{r}_3 + \hat{r}_1$ oder $\hat{r}_3 = \hat{r}_1 + \hat{r}_2$ oder $\hat{r}_1 = \hat{r}_2 + \hat{r}_3$ gilt. Da die drei letzten dieser 4 Fälle durch zyklische Vertauschung der Indizes 1, 2, 3 ineinander übergeführt werden können, so wollen wir uns im folgenden nur noch mit dem ersten und zweiten beschäftigen. Zeichnet man ein Dreieck aus den Seiten $\hat{r}_1$, $\hat{r}_2$, $\hat{r}_3$, so erhält man im ersten Fall ein gleichseitiges Dreieck, im zweiten Fall drei Punkte einer Geraden; wir wollen daher von dem gleichseitigen und dem geradlinigen Fall sprechen. Ferner zeigte Sundman, dass bei jeder Dreierstossbahn die Ebene des Dreiecks $A_1A_2A_3$ für variables t nur eine Parallelverschiebung mit konstanter Geschwindigkeit erleidet. Da bekanntlich die Differentialgleichungen des Dreikörperproblems ungeändert bleiben, wenn man ein beliebiges neues rechtwinkliges Koordinatensystem einführt, das einer Translation mit konstanter Geschwindigkeit oder einer Drehung um konstante Winkel unterworfen wird, so braucht man für die weitere Untersuchung des Dreierstosses nur noch das ebene Dreikörperproblem zu behandeln und kann $z_k = 0$ $(k = 1, 2, 3)$ voraussetzen.

Aus den Resultaten Sundmans folgt sofort, dass beim Dreierstoss die drei Winkel des Dreiecks $A_1A_2A_3$ für $t \to 0$ Grenzwerte haben; im gleichseitigen Fall streben sie nämlich sämtlich gegen $\frac{1}{3}\pi$ und im geradlinigen Fall strebt der Winkel bei A_2 gegen π, während die beiden anderen Winkel gegen 0 streben. Es war aber bisher nicht bekannt, ob auch die Winkel der Dreiecksseiten mit den Koordinatenachsen für $t \to 0$ Grenzwerte haben, d. h. ob die drei Körper in bestimmten Richtungen zusammenstossen. Diese Frage wird im folgenden bejahend beantwortet werden. In engem Zusammenhang mit der Entscheidung dieser Frage steht das Problem der Entwickelbarkeit der Koordinaten der kollidierenden Massenpunkte in irreguläre Potenzreihen der Variabeln t. Wir werden solche Reihenentwicklungen wirklich aufstellen und damit zugleich beweisen, dass beim Dreierstoss der Punkt $t = 0$ im allgemeinen ein logarithmischer Verzweigungspunkt für die Lösungen ist. Dieses Ergebnis bezeichnet einen wesentlichen Unterschied gegenüber dem Zweierstoss. Die Reihenentwicklungen werden uns endlich einen vollen Überblick über sämtliche Dreierstossbahnen in der Nähe von $t = 0$ verschaffen. Sieht man zwei Lösungen nicht als verschieden an, wenn sie durch eine Drehung des Koordinatensystems um konstante Winkel oder durch eine Translation mit konstanter Geschwindigkeit ineinander übergeführt werden können, so zeigt es sich, dass in der Nähe

---

[3] G. Bisconcini, *Sur le problème des trois corps*, Acta Mathematica, Bd. 30 (1906), S. 49–92.

von $t = 0$ die sämtlichen Dreierstossbahnen im gleichseitigen Fall von 3 Parametern analytisch abhängen und im geradlinigen Fall von 2 Parametern.

Wir wollen das weiterhin abzuleitende hauptsächliche Resultat unserer Untersuchung noch präzis formulieren. Zur Abkürzung werde gesetzt

$$a = \frac{m_2 m_3 + m_3 m_1 + m_1 m_2}{(m_1 + m_2 + m_3)^2}$$

und

$$b = \frac{m_1\{1 + (1 - \omega)^{-1} + (1 - \omega)^{-2}\} + m_3(1 + \omega^{-1} + \omega^{-2})}{m_1 + m_2\{\omega^{-2} + (1 - \omega)^{-2}\} + m_3},$$

wo ω die im Intervall $0 < \omega < 1$ gelegene Lösung der Gleichung

$$m_1\{(1 - \omega)^{-2} - (1 - \omega)\} + m_2\{\omega(1 - \omega)^{-2} - (1 - \omega)\omega^{-2}\} + m_3(\omega - \omega^{-2}) = 0$$

bedeutet; ferner sei

$$a_1 = \tfrac{1}{6}\{-1 + [13 + 12\,(1 - 3a)^{\frac{1}{2}}]^{\frac{1}{2}}\},\ a_2 = \tfrac{1}{6}\{-1 + [13 - 12\,(1 - 3a)^{\frac{1}{2}}]^{\frac{1}{2}}\},$$

$$b_1 = \tfrac{1}{6}\{-1 + (25 + 16b)^{\frac{1}{2}}\}.$$

Ist dann weder $\dfrac{2}{3a_2}$ noch $\dfrac{a_1}{a_2}$ eine ganze Zahl, so lassen sich sämtliche Koordinaten x_k, y_k $(k = 1, 2, 3)$ im gleichseitigen Falle des Dreierstosses in der Form

$$x_k = t^{2/3} \overset{*}{x}_k(u_1, u_2, u_3), \qquad y_k = t^{2/3} \overset{*}{y}_k(u_1, u_2, u_3) \qquad (k = 1, 2, 3)$$

ausdrücken, wo $\overset{*}{x}_k(u_1, u_2, u_3)$ und $\overset{*}{y}_k(u_1, u_2, u_3)$ Potenzreihen in den Grössen

$$u_1 = \alpha_1 t^{2/3}, \qquad u_2 = \alpha_2 t^{a_1}, \qquad u_3 = \alpha_3 t^{a_2}$$

mit konstanten α_1, α_2, α_3 bedeuten; dabei hängen die Koeffizienten dieser Potenzreihen nur von m_1, m_2, m_3 ab. Die Werte α_1, α_2, α_3 sind eindeutig durch die Dreierstossbahn bestimmt, und umgekehrt liefert jedes System von reellen Werten α_1, α_2, α_3 wieder eine Dreierstossbahn, für welche der gleichseitige Fall vorliegt. Ist ferner $\dfrac{3b_1}{2}$ keine ganze Zahl, so haben die Koordinaten im geradlinigen Fall des Dreierstosses die Form

$$x_k = t^{2/3} \overset{*}{x}_k(v_1, v_2), \qquad y_k = t^{2/3} \overset{*}{y}_k(v_1, v_2) \qquad (k = 1, 2, 3),$$

wo $\overset{*}{x}_k(v_1, v_2)$ und $\overset{*}{y}_k(v_1, v_2)$ Potenzreihen in

$$v_1 = \beta_1 t^{2/3}, \qquad v_2 = \beta_2 t^{b_1}$$

mit konstanten durch die Bahn eindeutig bestimmten Werten β_1, β_2 bedeuten; umgekehrt ergibt jedes reelle System β_1, β_2 eine Dreierstossbahn für den geradlinigen Fall. Ist $\dfrac{2}{3a_2}$ eine ganze Zahl g, so bleiben die obigen Aussagen bestehen, wenn man darin u_1 durch die Formel

$$u_1 = t^{2/3}(\alpha_1 + c_1 \alpha_3^g \log t)$$

erklärt, wo c_1 eine gewisse nur von m_1, m_2, m_3 abhängige Konstante bedeutet. Im Falle eines ganzzahligen $\frac{a_1}{a_2} = h$ hat man entsprechend

$$u_2 = t^{a_1}(\alpha_2 + c_2\alpha_3^h \log t)$$

zu erklären, und für ganzzahliges $\frac{3b_1}{2} = j$ ist

$$v_2 = t^{b_1}(\beta_2 + c_3\beta_1^j \log t)$$

zu setzen, wobei c_2 und c_3 wieder nur von m_1, m_2, m_3 abhängen.

Es sei noch daran erinnert, dass wir im geradlinigen Falle zwei weitere von zwei Parametern abhängige Scharen von Dreierstossbahnen erhalten, wenn wir m_1, m_2, m_3 zyklisch vertauschen. Ausserdem kann man noch eine beliebige Drehung des Koordinatensystems um konstante Winkel vornehmen, sowie eine beliebige Translation mit konstanter Geschwindigkeit.

In den ersten 6 Paragraphen der vorliegenden Arbeit werden im wesentlichen die Ergebnisse, welche Sundman für den Dreierstoss erhalten hat, in etwas veränderter Art hergeleitet. In §7 werden spezielle Dreierstossbahnen, die in den bekannten Lagrangeschen partikulären Lösungen des Dreikörperproblems enthalten sind, kurz besprochen. Als weitere Vorbereitung wird in §8 unter Anwendung der Jacobi-Hamiltonschen Theorie die Transformation der Differentialgleichungen des Dreikörperproblems behandelt, welche man in der Astronomie als Elimination der Knoten bezeichnet.[4] Es wird dann die Bestimmung aller Dreierstossbahnen zurückgeführt auf die Lösung folgender Aufgabe:

Es sei

$$\frac{d\delta_k}{ds} = f_k \qquad (k = 1, \cdots, n) \tag{3}$$

ein System von n Differentialgleichungen erster Ordnung, dessen rechte Seiten Potenzreihen der unbekannten Funktionen $\delta_1, \cdots, \delta_n$ sind, aber nicht die unabhängige Variable s explizit enthalten. Die Reihen f_k mögen keine konstanten Glieder haben, und es sei a_{kl} der Koeffizient von δ_l $(l = 1, \cdots, n)$ in den linearen Gliedern von f_k $(k = 1, \cdots, n)$. Von den charakteristischen Wurzeln der Matrix (a_{kl}) mögen genau p einen negativen Realteil haben und keine den Realteil 0. Man gebe sämtliche Lösungen des Systemes (3) an, welche für $s \to \infty$ den Grenzwert 0 haben.

Diese Aufgabe ist unter noch allgemeineren Voraussetzungen über die Funktionen f_k von Bohl[5] bearbeitet worden. Er zeigte auf sehr geistreiche Weise, dass jene Lösungen von p Parametern abhängen. Die von Bohl verwendeten topologischen Hilfssätze beruhen aber wesentlich auf indirekten Schlüssen und können nicht ohne weiteres zu einer Konstruktion der Lösungen benutzt werden.

---

[4] Vergl. S. 339–341 in E. T. Whittaker, *A treatise on the analytical dynamics of particles and rigid bodies, with an introduction to the problem of three bodies*, Cambridge (1904).

[5] P. Bohl, *Sur certaines équations différentielles d'un type général utilisables en mécanique*, Bulletin de la société mathématique de France, Bd. 38 (1910), S. 5–138.

Deshalb wird im folgenden in den Paragraphen 11 und 12 das Problem auf eine andere Art behandelt werden, durch Benutzung gewisser Reihentransformationen, welche die gesuchten Lösungen in expliziter Gestalt ergeben. Die irregulären Potenzreihen, durch welche wir die Lösungen ausdrücken werden, treten bereits in Poincaré's Untersuchungen über asymptotische Bahnkurven auf; dort fehlt aber gerade der Nachweis, dass diese Reihen wirklich alle asymptotischen Bahnen darstellen. Die Art, in der wir die Cauchysche Majorantenmethode anwenden, weicht von der üblichen ein wenig ab und bietet vielleicht auch ein selbständiges Interesse, da sie fast ohne Rechnung zum Ziele führt.

Im letzten Paragraphen werden schliesslich unsere Resultate über das System (3) angewendet auf die geeignet transformierten Differentialgleichungen des Dreikörperproblemes und ergeben den oben ausgesprochenen Satz über die Mannigfaltigkeit der Dreierstossbahnen.

1. Algebraische Vorbereitungen

Ist F eine Funktion der Zeit t, so soll die erste und die zweite Ableitung von F nach t in üblicher Weise mit $\dot{F}$ und $\ddot{F}$ bezeichnet werden. Unter $\gamma_1, \cdots, \gamma_{17}$ wollen wir weiterhin Grössen verstehen, die längs der zu betrachtenden Bahnkurve des Dreikörperproblems konstant sind. Zur Abkürzung werde noch

$$m = m_1 + m_2 + m_3 \tag{4}$$

gesetzt.

Wir schreiben zunächst die bekannten algebraischen Integrale des Dreikörperproblems auf, nämlich die Flächenintegrale, die Schwerpunktsintegrale und das Energieintegral. Die Flächenintegrale lauten

$$\begin{gathered} \sum_{k=1}^{3} m_k(y_k \dot{z}_k - z_k \dot{y}_k) = \gamma_1, \qquad \sum_{k=1}^{3} m_k(z_k \dot{x}_k - x_k \dot{z}_k) = \gamma_2, \\ \sum_{k=1}^{3} m_k(x_k \dot{y}_k - y_k \dot{x}_k) = \gamma_3. \end{gathered} \tag{5}$$

Die Schwerpunktsintegrale besagen, dass der Schwerpunkt der drei Massenpunkte sich geradlinig und gleichförmig bewegt, nämlich

$$\begin{gathered} \frac{1}{m} \sum_{k=1}^{3} m_k x_k = \gamma_4 t + \gamma_5, \qquad \frac{1}{m} \sum_{k=1}^{3} m_k y_k = \gamma_6 t + \gamma_7, \\ \frac{1}{m} \sum_{k=1}^{3} m_k z_k = \gamma_8 t + \gamma_9. \end{gathered}$$

Da die Differentialgleichungen (2) sich nicht ändern, wenn x_k, y_k, z_k durch $x_k + \gamma_4 t + \gamma_5$, $y_k + \gamma_6 t + \gamma_7$, $z_k + \gamma_8 t + \gamma_9$ $(k = 1, 2, 3)$ ersetzt werden, so kann man weiterhin voraussetzen, dass der Schwerpunkt fest im Koordinatenanfangspunkt liegt, dass also die Gleichungen

$$\sum_{k=1}^{3} m_k x_k = 0, \qquad \sum_{k=1}^{3} m_k y_k = 0, \qquad \sum_{k=1}^{3} m_k z_k = 0 \tag{6}$$

gelten. Bedeutet

$$(7)\qquad T = \tfrac{1}{2}\sum_{k=1}^{3} m_k(\dot{x}_k^2 + \dot{y}_k^2 + \dot{z}_k^2)$$

die lebendige Kraft des Punktsystems, so ist

$$(8)\qquad T - U = \gamma_{10}$$

das Energieintegral.

Wir setzen nun

$$(9)\qquad J = \sum_{k=1}^{3} m_k(x_k^2 + y_k^2 + z_k^2).$$

Dann ist

$$(10)\qquad \tfrac{1}{2}\dot{J} = \sum_{k=1}^{3} m_k(x_k\dot{x}_k + y_k\dot{y}_k + z_k\dot{z}_k),$$

$$\tfrac{1}{2}\ddot{J} = \sum_{k=1}^{3} m_k(\dot{x}_k^2 + \dot{y}_k^2 + \dot{z}_k^2) + \sum_{k=1}^{3} m_k(x_k\ddot{x}_k + y_k\ddot{y}_k + z_k\ddot{z}_k),$$

also nach (2) und (7)

$$(11)\qquad \tfrac{1}{2}\ddot{J} = 2T + \sum_{k=1}^{3}\left(x_k\frac{\partial U}{\partial x_k} + y_k\frac{\partial U}{\partial y_k} + z_k\frac{\partial U}{\partial z_k}\right).$$

Da nun U eine homogene Funktion der Dimension -1 in den 9 Variabeln $x_1, \cdots, z_3$ ist, so ist nach einem bekannten Eulerschen Satze

$$\sum_{k=1}^{3}\left(x_k\frac{\partial U}{\partial x_k} + y_k\frac{\partial U}{\partial y_k} + z_k\frac{\partial U}{\partial z_k}\right) = -U$$

und (11) ergibt die Lagrangesche Formel

$$\tfrac{1}{2}\ddot{J} = 2T - U,$$

also nach (8)

$$(12)\qquad \tfrac{1}{2}\ddot{J} = T + \gamma_{10},$$

$$(13)\qquad \tfrac{1}{2}\ddot{J} = U + 2\gamma_{10}.$$

Sind $B_1, \cdots, B_n$ und $C_1, \cdots, C_n$ zwei Reihen von je n Grössen und bezeichnet man mit

$$D_{pq} = B_pC_q - B_qC_p \qquad (1 \leqq p < q \leqq n)$$

die $n(n-1)/2$ zweireihigen Unterdeterminanten der aus diesen beiden Reihen gebildeten Matrix, so gilt identisch

$$(14)\qquad \sum_{p=1}^{n} B_p^2 \sum_{p=1}^{n} C_p^2 - \left(\sum_{p=1}^{n} B_pC_p\right)^2 = \sum_{p,q} D_{pq}^2.$$

Wir wählen $n = 9$ und identifizieren die Paare B_p, C_p $(p = 1, \cdots, 9)$ mit $w_k\sqrt{m_k}$, $\dot{w}_k\sqrt{m_k}$ $(w_k = x_k, y_k, z_k;\ k = 1, 2, 3)$. Behält man die Abkürzung

D_{pq} bei, so geht (14) zufolge (7), (9), (10) über in

$$(15) \qquad 2TJ - \tfrac{1}{4}\dot{J}^2 = \sum_{p,q} D_{pq}^2 .$$

Also gilt insbesondere die Ungleichung

$$(16) \qquad \dot{J}^2 \leqq 8JT.$$

2. Die Singularitäten der Bahnkurve

Wir wenden auf die Differentialgleichungen des Dreikörperproblems folgenden bekannten Existenzsatz an:

Es seien $F_1, \cdots, F_n$ Funktionen von n Variabeln $s_1, \cdots, s_n$, die in der Umgebung eines Punktes $s_1 = \sigma_1, \cdots, s_n = \sigma_n$ in Reihen nach Potenzen von $s_1 - \sigma_1, \cdots, s_n - \sigma_n$ entwickelbar sind. Es sei δ eine positive Zahl, für welche die Potenzreihen in dem Gebiete

$$(17) \qquad | s_1 - \sigma_1 | \leqq \delta, \cdots, | s_n - \sigma_n | \leqq \delta$$

konvergieren; ferner sei K eine gemeinsame obere Schranke der Werte $| F_1 |, \cdots, | F_n |$ in diesem Gebiete. Es sei t eine reelle Variable und t_0 irgend ein Wert von t. Es gibt genau ein System von n Funktionen $\varphi_1, \cdots, \varphi_n$ der reellen Variabeln t mit folgenden Eigenschaften:

1) Die Funktion $\varphi_k(t)$ ist differentiierbar in einer Umgebung von $t = t_0$ und es ist $\varphi_k(t_0) = \sigma_k$ $(k = 1, \cdots, n)$;

2) in dieser Umgebung von $t = t_0$ genügen $s_1 = \varphi_1(t), \cdots, s_n = \varphi_n(t)$ den Differentialgleichungen

$$\frac{ds_k}{dt} = F_k \qquad (k = 1, \cdots, n).$$

Es gibt ausserdem eine nur von δ, K und n abhängige positive Zahl τ, sodass die Funktionen $s_k = \varphi_k(t)$ in Reihen nach Potenzen von $t - t_0$ entwickelbar sind, welche sämtlich für $| t - t_0 | < \tau$ konvergieren und in diesem Gebiete den Ungleichungen (17) genügen.

Um diesen Satz auf das System (2) anzuwenden, wählen wir $n = 18$ und setzen für $k = 1, 2, 3$

$$x_k = s_k, \qquad y_k = s_{k+3}, \qquad z_k = s_{k+6},$$

$$\dot{x}_k = s_{k+9} = F_k, \qquad \dot{y}_k = s_{k+12} = F_{k+3}, \qquad \dot{z}_k = s_{k+15} = F_{k+6},$$

$$\frac{1}{m_k}\frac{\partial U}{\partial x_k} = F_{k+9}, \qquad \frac{1}{m_k}\frac{\partial U}{\partial y_k} = F_{k+12}, \qquad \frac{1}{m_k}\frac{\partial U}{\partial z_k} = F_{k+15}.$$

Zur Zeit $t = t_0$ seien irgend welche endlichen reellen Anfangswerte $\sigma_1, \cdots, \sigma_{18}$ der 18 Grössen $x_1, \cdots, \dot{z}_3$ gegeben, für welche keine Kollision vorliegt, also die Abstände r_1, r_2, r_3 grösser als 0 sind. Wir berechnen aus den Zahlen $\sigma_1, \cdots, \sigma_{18}$ nach (1) und (8) den Anfangswert $U = U_0$ und den Wert der Konstanten γ_{10} des Energieintegrales. Ist dann K_1 irgend eine obere Schranke für

U_0, so gelten nach (1), (7), (8) für die Anfangswerte die Ungleichungen

$$r_1^{-1} < \frac{K_1}{m_2 m_3}, \qquad r_2^{-1} < \frac{K_1}{m_3 m_1}, \qquad r_3^{-1} < \frac{K_1}{m_1 m_2},$$

$$\dot{x}_k^2 + \dot{y}_k^2 + \dot{z}_k^2 \leqq 2(K_1 + \gamma_{10}) m_k^{-1} \qquad (k = 1, 2, 3).$$

Folglich lassen sich zwei positive Grössen δ und K als Funktionen von m_1, m_2, m_3, K_1 und γ_{10} allein so wählen, dass die Voraussetzungen des Satzes erfüllt sind. Die durch die Anfangswerte eindeutig bestimmte Lösung $s_k = \varphi_k(t)$ $(k = 1, \cdots, 18)$ der Differentialgleichungen ist dann regulär in einem Zeitintervall $t_0 - \tau < t < t_0 + \tau$, wo die positive Zahl τ nur von m_1, m_2, m_3, K_1, γ_{10} abhängt.

Wir betrachten jetzt, von $t = t_0$ ausgehend, die Funktionen $\varphi_k(t)$ für fallende reelle Werte von t. Entweder sind sie sämtlich regulär für alle endlichen reellen $t \leqq t_0$ oder aber es gibt einen endlichen Wert $t = t_1 < t_0$, sodass alle Funktionen im links offenen Intervall $t_1 < t \leqq t_0$ regulär sind und mindestens eine von ihnen für $t = t_1$ singulär ist. Eine analoge Aussage gilt für $t \geqq t_0$ und wachsende Werte von t. Da die Differentialgleichungen (2) bei der Transformation $t \to -t$ in sich übergehen, so kann man sich auf die Untersuchung für fallendes $t \leqq t_0$ beschränken. Weil die Differentialgleichungen die Zeit t nicht explizit enthalten, so kann man ausserdem noch $t_1 = 0$ voraussetzen. Wegen der Regularität für $t_0 - \tau < t < t_0 + \tau$ ist dann $\tau \leqq t_0$. Nun sei $0 < t_2 < \tau$ und $U = U_2$ der Wert von U für $t = t_2$. Wäre auch $U_2 < K_1$, so wären die Funktionen $\varphi_k(t)$ auch sämtlich in dem Intervall $t_2 - \tau < t < t_2 + \tau$ regulär; aber dies ist ein Widerspruch, da das Intervall den singulären Punkt $t = 0$ enthält. Für $0 < t < \tau$ gilt daher $U \geqq K_1$, und dabei hängt τ nur von m_1, m_2, m_3, γ_{10} und K_1 ab. Da K_1 beliebig gross sein kann, so folgt, dass U über alle Schranken wächst, wenn t zu 0 abnimmt. Dies bedeutet, dass für $t \to 0$ der kleinste der 3 Abstände r_1, r_2, r_3 gegen 0 strebt.

In folgenden bedeuten τ_1, τ_2, τ_3 geeignete hinreichend klein zu wählende positive Zahlen, die nur von den Massen m_1, m_2, m_3 und den gegebenen Anfangswerten von $x_1, \cdots, \dot{z}_3$ abhängen. Auf der betrachteten Bahnkurve ist $U \to \infty$ für $t \to 0$, also nach (13)

$$\ddot{J} > 0 \qquad (0 < t \leqq \tau_1). \tag{18}$$

Daher ist J im Intervall $0 < t \leqq \tau_1$ eine konvexe Funktion von t und hat folglich für $t \to 0$ einen Grenzwert J_0, der positiv oder 0 sein kann. Im Falle $J_0 > 0$ folgt aus (6) und (9), dass der grösste der drei Abstände r_1, r_2, r_3 für $t \to 0$ oberhalb einer positiven Schranke bleibt. Da andererseits der kleinste dieser Abstände gegen 0 strebt und sie sämtlich für $t > 0$ stetige Funktionen von t sind, so ergibt sich, dass für $t \to 0$ eine bestimmte der Dreiecksseiten r_k gegen 0 strebt, während die beiden anderen oberhalb einer positiven Schranke bleiben; es stossen dann also zur Zeit $t = 0$ genau zwei von den Körpern zusammen. Dieser Zweierstoss ist von Sundman vollständig untersucht worden. Er hat gezeigt, dass die Koordinaten der drei Körper in der Umgebung von $t = 0$ reguläre Funktionen der Ortsuniformisierenden $t^{1/3}$ sind.

Weiterhin beschäftigen wir uns dauernd mit dem Fall $J_0 = 0$. Dann streben aber nach (9) für $t \to 0$ alle drei Abstände r_1, r_2, r_3 gegen 0 und es stossen zur Zeit $t = 0$ alle drei Körper im Nullpunkt zusammen. Es soll genauer untersucht werden, in welcher Weise dieser Dreierstoss vor sich geht.

3. Das asymptotische Verhalten von J und $\dot{J}$

Nach (18) ist die positive Funktion J konvex im Intervall $0 < t \leqq \tau_1$, ferner strebt J gegen 0 für $t \to 0$. Folglich gilt

$$\dot{J} > 0 \qquad (0 < t \leqq \tau_1). \tag{19}$$

Andererseits ist nach (12)

$$\ddot{J}J^{-1/4} - \tfrac{1}{4}\dot{J}^2J^{-5/4} = \tfrac{1}{4}(8JT - \dot{J}^2)J^{-5/4} + 2\gamma_{10}J^{-1/4},$$

und hierin ist die linke Seite gerade die Ableitung der Funktion $\dot{J}J^{-1/4}$ nach t. Integriert man diese Gleichung zwischen den Grenzen t und τ_1 und bezeichnet mit J_1 und $\dot{J}_1$ die Werte von J und $\dot{J}$ für $t = \tau_1$, so folgt

$$\dot{J}_1J_1^{-1/4} - \dot{J}J^{-1/4} = \tfrac{1}{4}\int_t^{\tau_1}(8JT - \dot{J}^2)J^{-5/4}\,dt + 2\gamma_{10}\int_t^{\tau_1}J^{-1/4}\,dt. \tag{20}$$

Wir wollen nun beweisen, dass die beiden Integrale auf der rechten Seite für $t \to 0$ endliche Grenzwerte haben. Wir verstehen weiterhin unter $\mu_1, \cdots, \mu_5$ gewisse positive Zahlen, die genügend klein zu wählen sind und nur von m_1, m_2, m_3 abhängen. Da der Nullpunkt im Schwerpunkt des Dreiecks $A_1A_2A_3$ liegt, so ist

$$J > \mu_1(r_1^2 + r_2^2 + r_3^2)$$

und folglich

$$U > \mu_2J^{-\frac{1}{2}},$$

also auch

$$U + 2\gamma_{10} > \mu_3J^{-\frac{1}{2}} \qquad (0 < t < \tau_2).$$

Im Intervall $0 < t < \tau_2$ gilt dann nach (13) und (19)

$$(\dot{J}^2)^{\cdot} = 2\dot{J}\ddot{J} > 4\mu_3\dot{J}J^{-\frac{1}{2}}$$

$$\dot{J}^2 > 8\mu_3J^{\frac{1}{2}}$$

$$\dot{J}J^{-1/4} > \mu_4 \tag{21}$$

$$J > \mu_5t^{4/3}.$$

Demnach konvergiert das zweite Integral in (20) bis nach $t = 0$. Zufolge (19) und (20) ist dann das erste Integral in (20) für $t \to 0$ nach oben beschränkt; da aber sein Integrand wegen (16) nicht-negativ ist, so konvergiert es ebenfalls bis nach $t = 0$. Nach (20) existiert also

$$\lim_{t\to 0} \dot{J}J^{-\frac{1}{4}} = \gamma_{11}, \tag{22}$$

und zwar ist dieser Grenzwert zufolge (21) eine positive Zahl. Durch Integration von $\dot{J}J^{-1/4}$ folgt aus (22) die asymptotische Gleichung

$$J^{3/4} \sim \tfrac{3}{4}\gamma_{11}t \qquad (t \to 0)$$

$$J \sim \lambda t^{4/3} \tag{23}$$

mit

$$\lambda = (\tfrac{3}{4}\gamma_{11})^{4/3} > 0, \tag{24}$$

also nach (22)

$$\dot{J} \sim \tfrac{4}{3}\lambda t^{1/3}. \tag{25}$$

Damit ist das asymptotische Verhalten von J und $\dot{J}$ klargelegt.

4. Das asymptotische Verhalten von U und T

Setzt man

$$(8JT - \dot{J}^2)t^{-2/3} = g(t), \tag{26}$$

so ist nach (16)

$$g(t) \geqq 0 \tag{27}$$

und nach §3 das Integral

$$\int_0^{\tau_1} g(t)t^{2/3}J^{-5/4}\,dt$$

konvergent. Zufolge (23), (24), (25) konvergiert dann auch

$$\int_0^{\tau_1} g(t)\,\frac{dt}{t}. \tag{28}$$

Wir wollen beweisen, dass $g(t)$ für $t \to 0$ den Grenzwert 0 besitzt. Wegen (27) und der Konvergenz des Integrales (28) ist jedenfalls

$$\liminf_{t\to 0} g(t) = 0. \tag{29}$$

Wäre nun

$$\limsup_{t\to 0} g(t) > 0,$$

so könnte man wegen (29) und der Stetigkeit von $g(t)$ für $t > 0$ eine positive Zahl γ_{12} und eine monoton zu 0 abnehmende Folge $\tau_1 > t_1 > t_2 > \cdots$ so finden, dass

(30) $$g(t_{2n}) = \gamma_{12}\,, \qquad g(t_{2n-1}) = 3\gamma_{12} \qquad (n = 1, 2, 3, \cdots)$$

und in jedem Intervall $t_{2n} \leqq t \leqq t_{2n-1}$ die Ungleichung

(31) $$\gamma_{12} \leqq g(t) \leqq 3\gamma_{12}$$

gilt.

Nach (26) ist

$$T = \tfrac{1}{8}\{\dot{J}^2 + g(t)t^{2/3}\}J^{-1},$$

also nach (23), (25), (31)

(32) $$T < \gamma_{13}t^{-2/3} \qquad (t_{2n} \leqq t \leqq t_{2n-1}\,;\ n = 1, 2, 3, \cdots).$$

Ferner ist

$$\dot{T} = \dot{U} = \sum_{k=1}^{3}\left(\frac{\partial U}{\partial x_k}\dot{x}_k + \frac{\partial U}{\partial y_k}\dot{y}_k + \frac{\partial U}{\partial z_k}\dot{z}_k\right),$$

also nach (1), (7), (8), (32)

(33) $$|\,\dot{T}\,| < \gamma_{14}U^2T^{\frac{1}{2}} < \gamma_{15}t^{-5/3},$$

wieder im Intervall $t_{2n} \leqq t \leqq t_{2n-1}$ $(n = 1, 2, 3, \cdots)$. Folglich gilt dort auch nach (23), (25), (32), (33) die Ungleichung

$$|\,(8JTt^{-2/3})^{\cdot}\,| < \gamma_{16}t^{-1},$$

und die Funktion $8JTt^{-2/3}$ ändert sich daher im Intervall $t_{2n} \leqq t \leqq t_{2n-1}$ um weniger als

$$\gamma_{16}\int_{t_{2n}}^{t_{2n-1}}\frac{dt}{t}.$$

In dem gleichen Intervall ändert sich ferner die Funktion $\dot{J}^2t^{-2/3}$ zufolge (25) um weniger als γ_{12}, wenn nur $t_{2n-1} < \tau_3$ ist, also für alle genügend grossen Werte von n. Nach (26) und (30) erhält man dann

$$2\gamma_{12} = g(t_{2n-1}) - g(t_{2n}) < \gamma_{12} + \gamma_{16}\int_{t_{2n}}^{t_{2n-1}}\frac{dt}{t},$$

also

$$\int_{t_{2n}}^{t_{2n-1}}\frac{dt}{t} > \frac{\gamma_{12}}{\gamma_{16}}$$

und nach (31)

(34) $$\int_{t_{2n}}^{t_{2n-1}} g(t)\,\frac{dt}{t} > \gamma_{17} > 0\,,$$

für alle genügend grossen n. Durch Summation über n folgt aber aus (34) ein Widerspruch gegen die Konvergenz des Integrales (28).

Damit ist bewiesen, dass $g(t)$ für $t \to 0$ den Grenzwert 0 besitzt. Es ist also auch

$$8JT - \dot{J}^2 = o(t^{2/3}) \tag{35}$$

und nach (23), (25)

$$T \sim \tfrac{2}{9}\lambda t^{-2/3}, \tag{36}$$

nach (8)

$$U \sim \tfrac{4}{9}\lambda t^{-2/3}. \tag{37}$$

5. Ebene Bewegung

Aus (15) und (35) ersieht man, dass jede der 36 in (15) auftretenden zweireihigen Determinanten D_{pq} für $t \to 0$ von kleinerer Grössenordnung als $t^{1/3}$ ist. Sind w und w_0 irgend zwei der 9 Koordinaten $x_1, \cdots, z_3$, so gilt also

$$w\dot{w}_0 - w_0\dot{w} = o(t^{1/3}). \tag{38}$$

Nach (5) haben daher die Flächenkonstanten $\gamma_1, \gamma_2, \gamma_3$ alle drei den Wert 0. Hieraus ergibt sich nun leicht, dass die Bewegung in einer festen Ebene durch den Nullpunkt vor sich geht:

Die Differentialgleichungen (2) sind invariant gegenüber einer Drehung des Koordinatensystems um konstante Winkel. Deshalb kann man annehmen, dass zur Zeit $t = t_0$ die drei Punkte A_1, A_2, A_3 in der Ebene $z = 0$ liegen. Wegen $\gamma_1 = 0, \gamma_2 = 0$ ist dann also

$$\sum_{k=1}^{3} m_k y_k \dot{z}_k = 0, \qquad \sum_{k=1}^{3} m_k x_k \dot{z}_k = 0 \tag{39}$$

für $t = t_0$. Nach (6) ist ferner

$$\sum_{k=1}^{3} m_k \dot{z}_k = 0. \tag{40}$$

Liegen nun die drei Massenpunkte zur Zeit $t = t_0$ nicht auf einer Geraden, so ist die aus den drei Zeilen x_1, x_2, x_3; y_1, y_2, y_3; 1, 1, 1 gebildete Determinante von 0 verschieden, und aus (39), (40) folgt das Verschwinden der drei Werte $\dot{z}_1, \dot{z}_2, \dot{z}_3$ für $t = t_0$. Liegen andererseits die drei Punkte zur Zeit $t = t_0$ auf einer Geraden, so kann man durch eine Drehung des Koordinatensystems erreichen, dass diese Gerade die x-Achse wird und ausserdem die Geschwindigkeitskomponente $\dot{z}_3$ für $t = t_0$ verschwindet. Nach (39) und (40) ist dann aber

$$m_1 x_1 \dot{z}_1 + m_2 x_2 \dot{z}_2 = 0, \qquad m_1 \dot{z}_1 + m_2 \dot{z}_2 = 0 \tag{41}$$

für $t = t_0$. Da zur Zeit $t = t_0$ keine Kollision stattfindet, so ist dann $x_1 \neq x_2$, und aus (41) folgt wieder das Verschwinden von $\dot{z}_1$ und $\dot{z}_2$ für $t = t_0$. In jedem Fall liegen also die Richtungen der Bewegungen der drei Massenpunkte zur Zeit $t = t_0$ ebenfalls in der Ebene $z = 0$, und aus den Differentialgleichungen

(2) folgt nach dem Eindeutigkeitssatz, dass die Bewegung ganz in der Ebene $z = 0$ erfolgt.

Wir können daher weiterhin $z_k = 0$ $(k = 1, 2, 3)$ annehmen und brauchen nur noch ebene Bewegungen zu betrachten.

6. Das asymptotische Verhalten der Dreiecksseiten

Bedeutet w eine beliebige der 6 Koordinaten x_k, y_k $(k = 1, 2, 3)$, so wollen wir die Abkürzung

$$w^* = wt^{-2/3} \tag{42}$$

einführen, also z.B. $x_1^* = x_1 t^{-2/3}$. Ist allgemeiner Φ eine homogene Funktion von $x_1, \cdots, y_3$, so wollen wir unter Φ^* den Wert verstehen, den man erhält, wenn man in Φ alle Variabeln w durch w^* ersetzt; z.B. ist also

$$r_k^* = r_k t^{-2/3}, \qquad U^* = Ut^{2/3}.$$

Nach (23) und (36) gilt die Abschätzung

$$w = O(t^{2/3}), \qquad \dot{w} = O(t^{-1/3}). \tag{43}$$

Hieraus folgt nach (42)

$$w^* = O(1), \qquad \dot{w}^* = \dot{w}t^{-2/3} - \tfrac{2}{3}wt^{-5/3} = O(t^{-1}). \tag{44}$$

Ferner ist nach (38), wenn w_0 ebenfalls eine Koordinate bedeutet,

$$w^*\dot{w}_0^* - w_0^*\dot{w}^* = wt^{-2/3}(\dot{w}_0 t^{-2/3} - \tfrac{2}{3}w_0 t^{-5/3}) - w_0 t^{-2/3}(\dot{w}t^{-2/3} - \tfrac{2}{3}wt^{-5/3}) = o(t^{-1}) \tag{45}$$

und nach (23), (26)

$$J^* \sim \lambda, \qquad \dot{J}^* = \dot{J}t^{-4/3} - \tfrac{4}{3}Jt^{-7/3} = o(t^{-1}). \tag{46}$$

Aus (44) und (45) erhält man

$$J^*\dot{w}^* - \tfrac{1}{2}w^*\dot{J}^* = \sum_{k=1}^{3} m_k\{x_k^*(x_k^*\dot{w}^* - w^*\dot{x}_k^*) + y_k^*(y_k^*\dot{w}^* - w^*\dot{y}_k^*)\} = o(t^{-1}) \tag{47}$$

und aus (44) und (46)

$$J^*\dot{w}^* - \tfrac{1}{2}w^*\dot{J}^* = \lambda\dot{w}^* + o(t^{-1}). \tag{48}$$

Aus (24), (47), (48) ergibt sich

$$\dot{w}^* = o(t^{-1}). \tag{49}$$

Es ist

$$\frac{\partial U^*}{\partial w^*} = \frac{\partial U}{\partial w}\, t^{4/3}$$

und folglich gehen die Differentialgleichungen (2) durch die Substitution (42) über in

$$m_k(w_k^* t^{2/3})^{\cdot\cdot} = \frac{\partial U^*}{\partial w_k^*} t^{-4/3} \qquad (w_k = x_k, y_k; k = 1, 2, 3)$$

(50) $$-\tfrac{2}{9}w_k^* + (\dot{w}_k^* t^{4/3})^{\cdot} t^{2/3} = \frac{1}{m_k}\frac{\partial U^*}{\partial w_k^*}.$$

Nun sei $\epsilon > 0$, $\epsilon \to 0$. Im Intervall $\epsilon \leqq t \leqq 2\epsilon$ gilt nach (49)

(51) $$w^* = (w^*)_{t=\epsilon} + o\left(\int_\epsilon^{2\epsilon} \frac{dt}{t}\right) = (w^*)_{t=\epsilon} + o(1).$$

Ferner ist nach (37)

$$U^* \sim \tfrac{2}{9}\lambda;$$

also sind für $t \to 0$ die reziproken Werte der Grössen r_k^* $(k = 1, 2, 3)$ beschränkt und das gleiche gilt dann für die zweiten partiellen Ableitungen von U^* nach seinen Variabeln w^*. Nach dem Mittelwertsatz folgt aus (51) demnach

(52) $$\frac{\partial U^*}{\partial w^*} = \left(\frac{\partial U^*}{\partial w^*}\right)_{t=\epsilon} + o(1) \qquad (\epsilon \leqq t \leqq 2\epsilon).$$

Ausserdem ist nach (49)

(53) $$\int_\epsilon^t (\dot{w}^* t^{4/3})^{\cdot} t^{2/3}\, dt = [\dot{w}^* t^2]_\epsilon^t - \tfrac{2}{3}\int_\epsilon^t \dot{w}^* t\, dt = o(t) \qquad (\epsilon \leqq t \leqq 2\epsilon).$$

Wir integrieren jetzt die Gleichung (50) zwischen den Grenzen ϵ und 2ϵ und ersetzen nachträglich wieder ϵ durch t. Nach (51), (52), (53) folgt dann

$$-\tfrac{2}{9}w_k^* t + o(t) = \frac{1}{m_k}\frac{\partial U^*}{\partial w_k^*} t + o(t)$$

(54) $$\tfrac{2}{9}w_k^* + \frac{1}{m_k}\frac{\partial U^*}{\partial w_k^*} \to 0 \qquad (t \to 0).$$

Diese Relation ist offenbar invariant bei beliebiger orthogonaler Transformation des Koordinatensystems. Wir wählen ein derartiges bewegliches Koordinatensystem durch den Schwerpunkt, dass die Strecke A_3A_1 parallel zur Abszissenachse ist und A_2 eine nicht-negative Ordinate hat. Sind X_k, Y_k die neuen Koordinaten von A_k $(k = 1, 2, 3)$, so ist also $X_1 > X_3$, $Y_1 = Y_3$, $Y_2 \geqq 0$. Setzt man noch

(55) $$p_1 = X_1 - X_3, \qquad p_2 = X_2 - X_3, \qquad p_3 = Y_2 - Y_3,$$

so haben im neuen System die Punkte A_1 und A_2 in bezug auf A_3 die Relativkoordinaten p_1, 0 und p_2, p_3. Es sei wieder

$$X_k^* = X_k t^{-2/3}, \qquad Y_k^* = Y_k t^{-2/3}, \qquad p_k^* = p_k t^{-2/3}.$$

Benutzt man (54) mit $\overset{*}{Y_2}$, $\overset{*}{Y_3}$ anstelle von $\overset{*}{w_k}$, so folgt durch Subtraktion

(56) $$\overset{*}{p_3}\left(\frac{1}{\overset{*3}{r_2}} - \frac{1}{\overset{*3}{r_3}}\right) \to 0.$$

Verwendet man (54) analog für $\overset{*}{X_1}$, $\overset{*}{X_3}$ und für $\overset{*}{X_2}$, $\overset{*}{X_3}$, so erhält man

(57) $$\tfrac{2}{9}\overset{*}{p_1} + m_2\left(\frac{\overset{*}{p_2} - \overset{*}{p_1}}{\overset{*3}{r_3}} - \frac{\overset{*}{p_2}}{\overset{*3}{r_1}}\right) - (m_1 + m_3)\frac{\overset{*}{p_1}}{\overset{*3}{r_2}} \to 0$$

(58) $$\tfrac{2}{9}\overset{*}{p_2} + m_1\left(\frac{\overset{*}{p_1} - \overset{*}{p_2}}{\overset{*3}{r_3}} - \frac{\overset{*}{p_1}}{\overset{*3}{r_2}}\right) - (m_2 + m_3)\frac{\overset{*}{p_2}}{\overset{*3}{r_1}} \to 0.$$

Nach (23) sind die Werte $\overset{*}{p_k}$ $(k = 1, 2, 3)$ beschränkt; nach (37) sind auch die reziproken Werte der $\overset{*}{r_k}$ beschränkt. Wir betrachten jetzt irgend eine Folge $t \to 0$, für welche die zugehörigen Werte der $\overset{*}{p_k}$ gegen Grenzwerte $\hat{p}_k$ streben. Es seien $\hat{r}_k$ $(k = 1, 2, 3)$ die Grenzwerte der Grössen $\overset{*}{r_k}$. Da der Schwerpunkt des Dreiecks im Nullpunkt liegt, so streben auch die Punkte $(\overset{*}{X_k}, \overset{*}{Y_k})$ gegen gewisse Grenzpunkte $\hat{A}_k$ $(k = 1, 2, 3)$. Zufolge (56) gilt

$$\hat{p}_3(\hat{r}_2^{-3} - \hat{r}_3^{-3}) = 0,$$

also entweder $\hat{p}_3 = 0$ oder $\hat{r}_2 = \hat{r}_3$.

Liegen die drei Punkte $\hat{A}_1$, $\hat{A}_2$, $\hat{A}_3$ nicht auf einer Geraden, so ist $\hat{p}_3 \neq 0$, also $\hat{r}_2 = \hat{r}_3$, und durch zyklische Vertauschung folgt auch $\hat{r}_3 = \hat{r}_1$; daher ist das Dreieck $\hat{A}_1\hat{A}_2\hat{A}_3$ dann gleichseitig. Bedeutet r die Dreiecksseite, so ist offenbar

(59) $$\hat{p}_1 = r, \qquad \hat{p}_2 = \tfrac{1}{2}r, \qquad \hat{p}_3 = \tfrac{1}{2}r\sqrt{3},$$

also nach (4) und (57)

(60) $$\tfrac{2}{9}r^3 = m,$$

ferner nach (37)

(61) $$\tfrac{2}{9}\lambda = (m_2m_3 + m_3m_1 + m_1m_2)r^{-1}.$$

Liegen $\hat{A}_1$, $\hat{A}_2$, $\hat{A}_3$ auf einer Geraden, so kann man nach etwaiger zyklischer Vertauschung der Indizes voraussetzen, dass $\hat{A}_2$ zwischen $\hat{A}_1$ und $\hat{A}_3$ gelegen ist. Setzt man

(62) $$\hat{p}_1 = \rho, \qquad \hat{p}_2 = \omega\rho,$$

so ist also

(63) $$0 < \omega < 1$$

und aus (57), (58) folgen die Gleichungen

(64) $$\tfrac{2}{9}\rho^3 = m_1 + m_3 + m_2\{\omega^{-2} + (1 - \omega)^{-2}\}$$

(65) $$\tfrac{2}{9}\omega\rho^3 = m_1\{1 - (1 - \omega)^{-2}\} + (m_2 + m_3)\omega^{-2}.$$

Daher genügt ω der algebraischen Gleichung fünften Grades

$$(66)\quad m_1\{(1-\omega)^{-2}-(1-\omega)\}+m_2\{\omega(1-\omega)^{-2}-(1-\omega)\omega^{-2}\}+m_3(\omega-\omega^{-2})=0.$$

Schreibt man sie in der Form

$$(67)\qquad \frac{m_1+m_2\omega}{m_1+m_2\omega^{-2}}=\frac{m_3+m_2(1-\omega)}{m_3+m_2(1-\omega)^{-2}},$$

so ist leicht zu sehen, dass sie genau eine Wurzel im Intervall (63) besitzt. Lässt man nämlich ω von 0 bis 1 wandern, so wächst die linke Seite von (67) monoton von 0 bis 1 und die rechte Seite fällt monoton von 1 bis 0. Hat man ω bestimmt, so erhält man ρ vermöge (64) und dann $\hat{p}_1$, $\hat{p}_2$ aus (62), während $\hat{p}_3 = 0$ ist. Aus (37) folgt jetzt

$$(68)\qquad \tfrac{2}{9}\lambda = \{m_2m_3\omega^{-1}+m_3m_1+m_1m_2(1-\omega)^{-1}\}\rho^{-1}.$$

Man erhält die beiden anderen geradlinigen Fälle, wenn man in (64) und (66) die Massen m_1, m_2, m_3 zyklisch vertauscht.

Aus (59), (60), (62), (64), (66) ist nun ersichtlich, dass sowohl im gleichseitigen Fall als auch in den drei geradlinigen Fällen die Grössen $\hat{p}_1$, $\hat{p}_2$, $\hat{p}_3$ eindeutig durch m_1, m_2, m_3 bestimmt sind. Wir hatten bisher eine solche Folge $t \to 0$ betrachtet, für welche die Werte p_k^* ($k = 1, 2, 3$) konvergieren. Da aber die p_k^* für $t > 0$ stetige Funktionen von t sind und nur jene vier isolierten Systeme von Häufungswerten $\hat{p}_1$, $\hat{p}_2$, $\hat{p}_3$ möglich sind, so konvergieren die p_k^* auch, wenn t beliebig gegen 0 strebt. Damit ist bewiesen, dass die Ausdrücke $r_k t^{-2/3}$ ($k = 1, 2, 3$) für $t \to 0$ gegen positive Grenzwerte streben, nämlich entweder gegen den durch (60) festgelegten Wert r des gleichseitigen Falles oder gegen die Werte $\omega\rho$, ρ, $(1-\omega)\rho$ der drei geradlinigen Fälle, welche sich aus (64), (66) bestimmen, nach etwaiger zyklischer Vertauschung der Indizes.

Wir wollen weiterhin von den 3 geradlinigen Fällen nur noch den durch (64), (66) fixierten studieren, da die beiden anderen durch Vertauschung der Indizes auf diesen zurückgeführt werden.

7. Ein Spezialfall

Bei den bekannten von Lagrange entdeckten speziellen Lösungen des Dreikörperproblemes bewegen sich A_1, A_2, A_3 auf drei in einer Ebene gelegenen Kegelschnitten, während das Dreieck $A_1A_2A_3$ dauernd einem festen Dreieck ähnlich bleibt. Dabei ergeben sich für die Form des Dreiecks zwei Möglichkeiten: Entweder bilden A_1, A_2, A_3 die Ecken eines gleichseitigen Dreiecks oder sie liegen auf einer Geraden. Setzt man im letzteren Fall voraus, dass A_2 zwischen A_1 und A_3 gelegen ist, so erhält man als Wert des Verhältnisses der Strecken A_2A_3 und A_1A_3 gerade die durch (66) definierte Zahl ω. Hierdurch wird nahe gelegt, die unter den Lagrangeschen Lösungen enthaltenen Dreierstossbahnen aufzusuchen, um dann die allgemeinen Dreierstossbahnen mit diesen vergleichen zu können.

Man erhält die Kollisionsbahnen unter den Lagrangeschen Lösungen, indem man die kegelschnittförmige Bewegung der Massenpunkte in eine geradlinige ausarten lässt. Dementsprechend machen wir den speziellen Ansatz

$$x_k = \hat{x}_k g(t), \qquad y_k = \hat{y}_k g(t) \qquad (k = 1, 2, 3)$$

mit konstanten $\hat{x}_k$, $\hat{y}_k$ und einer zweimal differentiierbaren Funktion $g(t)$, die für $t > 0$ positiv ist und für $t = 0$ verschwindet. Versteht man unter $\hat{U}$ den Wert von U mit $\hat{x}_k$, $\hat{y}_k$ anstelle von x_k, y_k, so gehen die Differentialgleichungen (2) über in

$$(69) \qquad m_k \hat{w}_k \ddot{g} g^2 = \frac{\partial \hat{U}}{\partial \hat{w}_k} \qquad (\hat{w}_k = \hat{x}_k, \hat{y}_k;\ k = 1, 2, 3).$$

Folglich ist der Ausdruck $\ddot{g}g^2$ konstant, aber nicht 0, weil

$$\sum_{k=1}^{3} \left(\hat{x}_k \frac{\partial \hat{U}}{\partial \hat{x}_k} + \hat{y}_k \frac{\partial \hat{U}}{\partial \hat{y}_k} \right) = -\hat{U} \neq 0$$

ist. Dann kann man aber die Normierung

$$(70) \qquad \ddot{g} g^2 = -\tfrac{2}{9}$$

treffen und auf die Gleichungen (69) die Überlegungen anwenden, mit denen wir im vorigen Paragraphen die Relationen (54) untersucht haben. Wegen der orthogonalen Invarianz kann man noch $\hat{x}_1 > \hat{x}_3$, $\hat{y}_1 = \hat{y}_3$, $\hat{y}_2 \geqq 0$ annehmen und erhält für die Punkte $(\hat{x}_k, \hat{y}_k)$ $(k = 1, 2, 3)$ genau die Punkte $\hat{A}_1$, $\hat{A}_2$, $\hat{A}_3$ des gleichseitigen oder des geradlinigen Falles. Für die relativen Koordinaten $\hat{x}_1 - \hat{x}_3 = \hat{p}_1$, $\hat{x}_2 - \hat{x}_3 = \hat{p}_2$, $\hat{y}_2 - \hat{y}_3 = \hat{p}_3$ gilt dann nach (59) im gleichseitigen Falle

$$\hat{p}_1 = r, \qquad \hat{p}_2 = \tfrac{1}{2}r, \qquad \hat{p}_3 = \tfrac{1}{2}r\sqrt{3}$$

und nach (62) im geradlinigen Falle

$$\hat{p}_1 = \rho, \qquad \hat{p}_2 = \omega\rho, \qquad \hat{p}_3 = 0,$$

wobei r, ω, ρ durch (60), (66), (64) festgelegt werden.

Die Integration von (70) ergibt

$$\dot{g}^2 = \tfrac{4}{9} g^{-1} + c$$

mit konstantem c. Wählt man speziell $c = 0$, so erhält man durch nochmalige Integration

$$g = t^{2/3}$$

und damit als spezielle Dreierstosslösung

$$x_k = \hat{x}_k t^{2/3}, \qquad y_k = \hat{y}_k t^{2/3} \qquad (k = 1, 2, 3).$$

Für einen späteren Zweck berechnen wir noch die zu dieser Lösung gehörigen

Werte von $\dot{x}_1$, $\dot{x}_2$, $\dot{y}_2$. Nach (6) ist

$$\hat{x}_1 = \left(1 - \frac{m_1}{m}\right)\hat{p}_1 - \frac{m_2}{m}\hat{p}_2, \qquad \hat{x}_2 = \left(1 - \frac{m_2}{m}\right)\hat{p}_2 - \frac{m_1}{m}\hat{p}_1,$$

$$\hat{y}_2 = \left(1 - \frac{m_2}{m}\right)\hat{p}_3,$$

also im gleichseitigen Falle

$$(71) \qquad \dot{x}_1 = \frac{m_2 + 2m_3}{3m} rt^{-1/3}, \qquad \dot{x}_2 = \frac{m_3 - m_1}{3m} rt^{-1/3}, \qquad \dot{y}_2 = \frac{m_1 + m_3}{m\sqrt{3}} rt^{-1/3}$$

und im geradlinigen Falle

$$(72) \qquad \dot{x}_1 = 2\,\frac{m_2(1 - \omega) + m_3}{3m}\,\rho t^{-1/3}, \qquad \dot{x}_2 = 2\,\frac{m_3\omega - m_1(1 - \omega)}{3m}\,\rho t^{-1/3}, \qquad \dot{y}_2 = 0.$$

8. Reduktion der Differentialgleichungen

Um das Verhalten der Dreierstosslösungen bei $t = 0$ noch näher zu untersuchen, müssen wir die in (55) definierten Grössen p_1, p_2, p_3 in die Differentialgleichungen (2) einführen. Zunächst bilden wir die Relativkoordinaten von A_1 und A_2 in bezug auf A_3 im ruhenden Koordinatensystem

$$(73) \quad \xi_1 = x_1 - x_3, \qquad \xi_2 = y_1 - y_3, \qquad \xi_3 = x_2 - x_3, \qquad \xi_4 = y_2 - y_3$$

und setzen noch

$$(74) \qquad m_1\dot{x}_1 = \eta_1, \qquad m_1\dot{y}_1 = \eta_2, \qquad m_2\dot{x}_2 = \eta_3, \qquad m_2\dot{y}_2 = \eta_4.$$

Nach (6) ist dann

$$(75) \qquad m_3\dot{x}_3 = -(\eta_1 + \eta_3), \qquad m_3\dot{y}_3 = -(\eta_2 + \eta_4),$$

also nach (7)

$$(76) \qquad T = \frac{1}{2m_1}(\eta_1^2 + \eta_2^2) + \frac{1}{2m_2}(\eta_3^2 + \eta_4^2) + \frac{1}{2m_3}\{(\eta_1 + \eta_3)^2 + (\eta_2 + \eta_4)^2\}.$$

Ferner wird

$$(77) \qquad r_1^2 = \xi_3^2 + \xi_4^2, \qquad r_2^2 = \xi_1^2 + \xi_2^2, \qquad r_3^2 = (\xi_1 - \xi_3)^2 + (\xi_2 - \xi_4)^2,$$

also U eine Funktion von ξ_1, ξ_2, ξ_3, ξ_4 allein. Die Differentialgleichungen (2) gehen dann über in das System achter Ordnung

$$(78) \qquad \begin{cases} \dot{\xi}_1 = \left(\dfrac{1}{m_1} + \dfrac{1}{m_3}\right)\eta_1 + \dfrac{1}{m_3}\eta_3, & \dot{\xi}_3 = \left(\dfrac{1}{m_2} + \dfrac{1}{m_3}\right)\eta_3 + \dfrac{1}{m_3}\eta_1, \\[2ex] \dot{\xi}_2 = \left(\dfrac{1}{m_1} + \dfrac{1}{m_3}\right)\eta_2 + \dfrac{1}{m_3}\eta_4, & \dot{\xi}_4 = \left(\dfrac{1}{m_2} + \dfrac{1}{m_3}\right)\eta_4 + \dfrac{1}{m_3}\eta_2, \\[2ex] & \dot{\eta}_k = \dfrac{\partial U}{\partial \xi_k} \qquad (k = 1, \cdots, 4). \end{cases}$$

Führt man die Energie

$$E = T - U$$

ein, so hat das System (78) die kanonische Form

$$\dot{\xi}_k = \frac{\partial E}{\partial \eta_k}, \qquad \dot{\eta}_k = -\frac{\partial E}{\partial \xi_k} \qquad (k = 1, \cdots, 4). \tag{79}$$

Um nun die Differentialgleichungen für die Relativkoordinaten im bewegten Koordinatensystem aus §6 aufzustellen, macht man am bequemsten von der Jacobischen Transformationstheorie Gebrauch. Nach dieser gilt bekanntlich folgender Satz:

Es sei H eine Funktion von $2n$ Variabeln η_k, p_k $(k = 1, \cdots, n)$ mit stetigen partiellen Ableitungen zweiter Ordnung in der Umgebung einer Stelle, an welcher die n-reihige Determinante

$$D = \left| \frac{\partial^2 H}{\partial p_k \partial \eta_l} \right| \neq 0 \tag{80}$$

ist. Dann wird durch den Ansatz

$$\xi_k = \frac{\partial H}{\partial \eta_k}, \qquad q_k = \frac{\partial H}{\partial p_k} \qquad (k = 1, \cdots, n) \tag{81}$$

eine Variabelntransformation definiert, welche das Hamiltonsche System

$$\dot{\xi}_k = \frac{\partial E}{\partial \eta_k}, \qquad \dot{\eta}_k = -\frac{\partial E}{\partial \xi_k} \qquad (k = 1, \cdots, n)$$

in das Hamiltonsche System

$$\dot{p}_k = \frac{\partial E}{\partial q_k}, \qquad \dot{q}_k = -\frac{\partial E}{\partial p_k} \qquad (k = 1, \cdots, n)$$

überführt.

Bedeutet p_4 den Winkel zwischen der ruhenden Abszissenachse und der Richtung A_3A_1, so bestehen zwischen ξ_1, ξ_2, ξ_3, ξ_4 und den in (55) erklärten Relativkoordinaten p_1, 0, p_2, p_3 im bewegten Koordinatensystem die Gleichungen

$$\begin{aligned} \xi_1 &= p_1 \cos p_4, \qquad \xi_2 = p_1 \sin p_4, \qquad \xi_3 = p_2 \cos p_4 - p_3 \sin p_4, \\ \xi_4 &= p_2 \sin p_4 + p_3 \cos p_4. \end{aligned} \tag{82}$$

Wir wählen

$$H = \eta_1 p_1 \cos p_4 + \eta_2 p_1 \sin p_4 + \eta_3(p_2 \cos p_4 - p_3 \sin p_4) + \eta_4(p_2 \sin p_4 + p_3 \cos p_4)$$

und wenden den Transformationssatz für $n = 4$ an. Eine leichte Rechnung ergibt für die Determinante D in (80) den Wert p_1, und dieser ist von 0 verschieden, solange keine Kollision vorliegt, also für $t > 0$. Die erste Gleichung in (81) ist wegen (82) erfüllt, die zweite Gleichung ergibt die Formeln

$$
\begin{aligned}
&q_1 = \eta_1 \cos p_4 + \eta_2 \sin p_4\,, \qquad q_2 = \eta_3 \cos p_4 + \eta_4 \sin p_4\,,\\
&q_3 = -\eta_3 \sin p_4 + \eta_4 \cos p_4\,,
\end{aligned} \tag{83}
$$

$$
\begin{aligned}
q_4 = -\eta_1 p_1 \sin p_4 + \eta_2 p_1 \cos p_4 - \eta_3(p_2 \sin p_4 + p_3 \cos p_4)\\
+ \eta_4(p_2 \cos p_4 - p_3 \sin p_4),
\end{aligned} \tag{84}
$$

also

$$
q_4 = p_1(-\eta_1 \sin p_4 + \eta_2 \cos p_4) + p_2 q_3 - p_3 q_2\,. \tag{85}
$$

Setzt man zur Abkürzung noch

$$
q_0 = (p_3 q_2 - p_2 q_3 + q_4) p_1^{-1}, \tag{86}
$$

so ist nach (85)

$$
q_0 = -\eta_1 \sin p_4 + \eta_2 \cos p_4\,,
$$

und in Verbindung mit (83) folgt

$$
\begin{cases}
\eta_1 = q_1 \cos p_4 - q_0 \sin p_4, & \eta_2 = q_1 \sin p_4 + q_0 \cos p_4,\\
\eta_3 = q_2 \cos p_4 - q_3 \sin p_4, & \eta_4 = q_2 \sin p_4 + q_3 \cos p_4.
\end{cases} \tag{87}
$$

Daher gilt nach (76)

$$
T = \frac{1}{2m_1}(q_0^2 + q_1^2) + \frac{1}{2m_2}(q_2^2 + q_3^2) + \frac{1}{2m_3}\{(q_0 + q_3)^2 + (q_1 + q_2)^2\}, \tag{88}
$$

ferner nach (77) und (82)

$$
r_1^2 = p_2^2 + p_3^2\,, \qquad r_2 = p_1\,, \qquad r_3^2 = (p_1 - p_2)^2 + p_3^2\,. \tag{89}
$$

Auf Grund des Transformationssatzes geht das System (79) durch die Substitutionen (82), (87) über in

$$
\dot{p}_k = \frac{\partial E}{\partial q_k}, \qquad \dot{q}_k = -\frac{\partial E}{\partial p_k} \qquad (k = 1, \cdots, 4), \tag{90}
$$

wobei $E = T - U$ nach (88) und (89) als Funktion der p_k, q_k $(k = 1, \cdots, 4)$ anzusehen ist. Mit Rücksicht auf (86) ist ersichtlich, dass E die Variable p_4 nicht enthält, also

$$
\frac{\partial E}{\partial p_4} = 0
$$

ist. Die zweite Gleichung (90) ergibt für $k = 4$, dass q_4 konstant ist. Dies ist gerade die Aussage des Flächenintegrals, denn aus (73), (74), (75), (82), (84) folgt

$$
q_4 = -\eta_1 \xi_2 + \eta_2 \xi_1 - \eta_3 \xi_4 + \eta_4 \xi_3 = \sum_{k=1}^{3} m_k(x_k \dot{y}_k - y_k \dot{x}_k);
$$

also ist q_4 die Konstante γ_3 aus (5). Nach §5 ist daher für jede Dreierstossbahn

$$q_4 = 0, \tag{91}$$

und wir erhalten für p_k, q_k $(k = 1, 2, 3)$ das System sechster Ordnung

$$\dot{p}_k = \left(\frac{\partial E}{\partial q_k}\right)_{q_4=0}, \qquad \dot{q}_k = -\left(\frac{\partial E}{\partial p_k}\right)_{q_4=0} \qquad (k = 1, 2, 3).$$

Ist dieses integriert, so ergibt sich p_4 durch Quadratur aus

$$\dot{p}_4 = \left(\frac{\partial E}{\partial q_4}\right)_{q_4=0}.$$

9. Das asymptotische Verhalten der p_k und q_k

Wir haben in §6 bewiesen, dass die Ausdrücke $p_k^* = p_k t^{-2/3}$ $(k = 1, 2, 3)$ für $t \to 0$ Grenzwerte $\hat{p}_k$ haben. Nach (59) ist im gleichseitigen Falle

$$p_1 \sim r t^{2/3}, \qquad p_2 \sim \tfrac{1}{2} r t^{2/3}, \qquad p_3 \sim \frac{\sqrt{3}}{2} r t^{2/3}, \tag{92}$$

wobei r durch (60) gegeben ist, und nach (62) im geradlinigen Falle

$$p_1 \sim \rho t^{2/3}, \qquad p_2 \sim \omega \rho t^{2/3}, \qquad p_3 = o(t^{2/3}), \tag{93}$$

wobei die Zahlen ω, ρ in (66), (64) festgelegt sind.

Wir wenden uns jetzt zur Untersuchung des asymptotischen Verhaltens von q_1, q_2, q_3. Schreibt man zur Abkürzung

$$\cos p_4 = \mu, \qquad \sin p_4 = \nu, \tag{94}$$

so ist nach (74), (75), (87)

$$\begin{cases} m_1 \dot{x}_1 = q_1 \mu - q_0 \nu, \qquad m_2 \dot{x}_2 = q_2 \mu - q_3 \nu, \\ \qquad m_3 \dot{x}_3 = -(q_1 + q_2)\mu + (q_0 + q_3)\nu, \\ m_1 \dot{y}_1 = q_1 \nu + q_0 \mu, \qquad m_2 \dot{y}_2 = q_2 \nu + q_3 \mu, \\ \qquad m_3 \dot{y}_3 = -(q_1 + q_2)\nu - (q_0 + q_3)\mu. \end{cases} \tag{95}$$

Nach (6), (73), (82) ist ferner

$$\begin{cases} m x_1 = \{(m_2 + m_3)p_1 - m_2 p_2\}\mu + m_2 p_3 \nu, \\ \qquad\qquad m y_1 = \{(m_2 + m_3)p_1 - m_2 p_2\}\nu - m_2 p_3 \mu, \\ m x_2 = \{(m_1 + m_3)p_2 - m_1 p_1\}\mu - (m_1 + m_3)p_3 \nu, \\ \qquad\qquad m y_2 = \{(m_1 + m_3)p_2 - m_1 p_1\}\nu + (m_1 + m_3)p_3 \mu, \\ m x_3 = -(m_1 p_1 + m_2 p_2)\mu + m_2 p_3 \nu, \quad m y_3 = -(m_1 p_1 + m_2 p_2)\nu - m_2 p_3 \mu. \end{cases} \tag{96}$$

Hieraus folgt mit Rücksicht auf (10)

$$\tfrac{1}{2}\dot{J} = p_1q_1 + p_2q_2 + p_3q_3\,,$$

also nach (25)

(97) $$p_1q_1 + p_2q_2 + p_3q_3 \sim \tfrac{2}{3}\lambda t^{1/3},$$

wobei λ im gleichseitigen Falle durch (61), im geradlinigen Falle durch (68) festgelegt wird. Ausserdem ist nach (38)

$$x_1\dot{y}_1 - y_1\dot{x}_1 = o(t^{1/3}), \qquad x_2\dot{y}_2 - y_2\dot{x}_2 = o(t^{1/3}),$$

also

(98) $$\{(m_2 + m_3)p_1 - m_2p_2\}q_0 + m_2p_3q_1 = o(t^{1/3}),$$

(99) $$\{(m_1 + m_3)p_2 - m_1p_1\}q_3 - (m_1 + m_3)p_3q_2 = o(t^{1/3}).$$

Zufolge (43), (83), (86) ist

(100) $$q_k = O(t^{-1/3}) \qquad (k = 0, \cdots, 3).$$

Im gleichseitigen Falle folgen aus (91), (92), (97), (98), (99), (100) die Beziehungen

(101) $$2q_1 + q_2 + q_3\sqrt{3} \sim \tfrac{4}{3}\lambda r^{-1}t^{-1/3},$$

(102) $$(m_2 + 2m_3)(q_2\sqrt{3} - q_3) + 2m_2q_1\sqrt{3} = o(t^{-1/3}),$$

(103) $$(m_3 - m_1)q_3 - (m_1 + m_3)q_2\sqrt{3} = o(t^{-1/3}).$$

Setzt man

$$q_3 = \frac{1}{\sqrt{3}}\, m_2(m_1 + m_3)q,$$

so wird nach (103)

$$q_2 = \tfrac{1}{3}m_2(m_3 - m_1)q + o(t^{-1/3})$$

und nach (102)

$$q_1 = \tfrac{1}{3}m_1(m_2 + 2m_3)q + o(t^{-1/3}),$$

also nach (101)

$$\tfrac{4}{3}(m_2m_3 + m_3m_1 + m_1m_2)q \sim \tfrac{4}{3}\lambda r^{-1}t^{-1/3},$$

woraus nach (60), (61)

$$q \sim \frac{r}{m}\, t^{-1/3}$$

und folglich

$$(104)\qquad \begin{gathered} q_1 \sim \frac{m_1}{3m}(m_2 + 2m_3)rt^{-1/3}, \qquad q_2 \sim \frac{m_2}{3m}(m_3 - m_1)rt^{-1/3}, \\ q_3 \sim \frac{m_2}{m\sqrt{3}}(m_1 + m_3)rt^{-1/3} \end{gathered}$$

sich ergibt.

Im geradlinigen Falle ist nach (86), (91), (93), (98), (100)

$$-\{m_2(1-\omega) + m_3\}\omega q_3 = o(t^{-1/3}),$$

also

$$(105)\qquad q_3 = o(t^{-1/3}), \qquad q_0 = o(t^{-1/3}).$$

Nach (38) ist ferner

$$m_1 m_2(x_1\dot{x}_2 - x_2\dot{x}_1 + y_1\dot{y}_2 - y_2\dot{y}_1) = o(t^{1/3}),$$

also nach (95), (96), (105)

$$(106)\qquad m_1\{m_2(1-\omega) + m_3\}q_2 + m_2\{m_1(1-\omega) - m_3\omega\}q_1 = o(t^{1/3}).$$

Setzt man diesmal

$$q_1 = m_1\{m_2(1-\omega) + m_3\}q,$$

so wird

$$q_2 = m_2\{m_3\omega - m_1(1-\omega)\}q + o(t^{1/3})$$

und nach (97)

$$(107)\qquad \{m_2 m_3 \omega^2 + m_3 m_1 + m_1 m_2(1-\omega)^2\}q \sim \tfrac{2}{3}\lambda\rho^{-1}t^{-1/3}.$$

Multipliziert man (64) mit $m_1\{m_2(1-\omega) + m_3\}$ und (65) mit $m_2\{m_3\omega - m_1(1-\omega)\}$, so folgt durch Addition

$$\tfrac{2}{9}\{m_2 m_3\omega^2 + m_3 m_1 + m_1 m_2(1-\omega)^2\}\rho^3 = \{m_2 m_3 \omega^{-1} + m_3 m_1 + m_1 m_2(1-\omega)^{-1}\}m.$$

Benutzt man noch (68), so geht (107) über in

$$q \sim \frac{2}{3}\frac{\rho}{m}t^{-1/3}.$$

Demnach ist jetzt

$$(108)\qquad \begin{gathered} q_1 \sim \frac{2m_1}{3m}\{m_2(1-\omega) + m_3\}\rho t^{-1/3}, \\ q_2 \sim \frac{2m_2}{3m}\{m_3\omega - m_1(1-\omega)\}\rho t^{-1/3}, \qquad q_3 = o(t^{-1/3}). \end{gathered}$$

Durch (104) und (108) ist das asymptotische Verhalten von q_1, q_2, q_3 im gleichseitigen und im geradlinigen Falle festgestellt. Dass auch p_4 einen Grenzwert für $t \to 0$ hat, wird sich erst im späteren Verlauf der Untersuchung ergeben.

Man kann (104) auch mit etwas geringerer Rechnung aus den Formeln (101), (102), (103) erhalten, indem man von §7 Gebrauch macht. Da nämlich die auf den linken Seiten dieser Formeln stehenden linearen Formen von q_1, q_2, q_3 linear unabhängig sind, so sind die Grenzwerte von $q_k t^{1/3}$ $(k = 1, 2, 3)$ für $t \to 0$ eindeutig bestimmt. Also kann man sie durch Betrachtung des speziellen Falles von §7 ermitteln. Dort ist aber $p_4 = 0$ und folglich nach (95)

$$q_1 = m_1 \dot{x}_1, \qquad q_2 = m_2 \dot{x}_2, \qquad q_3 = m_2 \dot{y}_2 .$$

Aus (71) folgt dann (104). Analog kann man im geradlinigen Falle aus (72), (97), (105), (106) ohne weitere Rechnung auf (108) schliessen.

10. Die charakteristische Gleichung

Wir machen in den Differentialgleichungen (90) die Substitutionen

$$\text{(109)} \qquad \begin{cases} p_k = \overset{*}{p}_k t^{2/3}, & q_k = \overset{*}{q}_k t^{-1/3} \qquad (k = 1, 2, 3), \\ p_4 = \overset{*}{p}_4, & q_4 = \overset{*}{q}_4 t^{1/3}, \end{cases}$$

$$\text{(110)} \qquad t = e^{-s}.$$

Nach (86), (88), (89) ist E eine Funktion von p_k, q_k $(k = 1, \cdots, 4)$, in welcher p_4 nicht auftritt. Ersetzt man darin die Variabeln p_k, q_k durch $\overset{*}{p}_k$, $\overset{*}{q}_k$, so möge E^* entstehen, und zwar ist

$$E^* = E t^{2/3}.$$

Das System (90) geht dadurch über in

$$\text{(111)} \qquad \begin{cases} \dfrac{d\overset{*}{p}_k}{ds} = \tfrac{2}{3}\overset{*}{p}_k - \dfrac{\partial E^*}{\partial \overset{*}{q}_k}, & \dfrac{d\overset{*}{q}_k}{ds} = -\tfrac{1}{3}\overset{*}{q}_k + \dfrac{\partial E^*}{\partial \overset{*}{p}_k} \qquad (k = 1, 2, 3), \\ \dfrac{d\overset{*}{p}_4}{ds} = -\dfrac{\partial E^*}{\partial \overset{*}{q}_4}, & \dfrac{d\overset{*}{q}_4}{ds} = \tfrac{1}{3}\overset{*}{q}_4 + \dfrac{\partial E}{\partial \overset{*}{p}_4}. \end{cases}$$

Für $t \to 0$ ist $s \to \infty$. Wie im vorigen Paragraphen gezeigt wurde, haben bei diesem Grenzübergang die Ausdrücke $\overset{*}{p}_k$ und $\overset{*}{q}_k$ $(k = 1, 2, 3)$ bestimmte Grenzwerte $\hat{p}_k$ und $\hat{q}_k$. Im gleichseitigen Falle ist nach (92) und (104)

$$\text{(112)} \qquad \begin{cases} \hat{p}_1 = r, \qquad \hat{p}_2 = \tfrac{1}{2}r, \qquad \hat{p}_3 = \tfrac{1}{2}r\sqrt{3}, \\ \hat{q}_1 = \dfrac{m_1}{3m}(m_2 + 2m_3)r, \qquad \hat{q}_2 = \dfrac{m_2}{3m}(m_3 - m_1), \\ \hat{q}_3 = \dfrac{m_2}{m\sqrt{3}}(m_1 + m_3)r, \end{cases}$$

im geradlinigen Falle nach (93) und (108)

$$(113)\begin{cases} \hat{p}_1 = \rho, \qquad p_2 = \omega\rho, \qquad \hat{p}_3 = 0, \\ \hat{q}_1 = \dfrac{2m_1}{3m}\{m_2(1-\omega)+m_3\}\rho, \qquad \hat{q}_2 = \dfrac{2m_2}{3m}\{m_3\omega - m_1(1-\omega)\}\rho, \\ \hat{q}_3 = 0. \end{cases}$$

Nach §7 kennen wir eine spezielle Dreierstosslösung, nämlich

$$p_k = \hat{p}_k t^{2/3}, \qquad q_k = \hat{q}_k t^{-1/3}\ (k = 1, 2, 3), \qquad p_4 = 0, \qquad q_4 = 0,$$

wobei also $\hat{p}_k$, $\hat{q}_k$ $(k = 1, 2, 3)$ im gleichseitigen Falle durch (112), im geradlinigen Falle durch (113) gegeben sind. Wir erhalten also eine spezielle Lösung des Systems (111), eine Gleichgewichtslösung, wenn wir p_k^*, q_k^* konstant gleich $\hat{p}_k, \hat{q}_k$ $(k = 1, 2, 3)$ und $p_4 = 0$, $q_4 = 0$ setzen. Um sämtliche Dreierstossbahnen zu bekommen, haben wir sämtliche Lösungen von (111) zu untersuchen, für welche p_k^*, q_k^* $(k = 1, 2, 3)$ die Grenzwerte $\hat{p}_k$, $\hat{q}_k$ haben, wenn s über alle Grenzen wächst.

Wir setzen noch

$$(114)\qquad p_k^* = \hat{p}_k + \delta_k, \quad q_k^* = \hat{q}_k + \delta_{k+3}\ (k = 1, 2, 3), \quad p_4^* = \delta_8, \quad q_4^* = \delta_7.$$

Für genügend kleine Werte der absoluten Beträge von δ_1, δ_2, δ_3 lässt sich E^* in eine Reihe nach Potenzen von $\delta_1, \cdots, \delta_7$ entwickeln, deren Koeffizienten noch von m_1, m_2, m_3 abhängen. Die Differentialgleichungen (111) gehen dadurch über in ein System der Gestalt

$$(115)\qquad \frac{d\delta_k}{ds} = \sum_{l=1}^{8} a_{kl}\delta_l + \varphi_k \qquad (k = 1, \cdots, 8),$$

wo a_{kl} $(k, l = 1, \cdots, 8)$ Konstante bedeuten und $\varphi_1, \cdots, \varphi_8$ Potenzreihen in $\delta_1, \cdots, \delta_8$ ohne konstante und lineare Glieder. Da E^* nicht die Variable p_4^* enthält, so gilt nach (111)

$$(116)\qquad a_{k8} = 0\ (k = 1, \cdots, 8), \quad a_{77} = \tfrac{1}{3}, \quad a_{7l} = 0\ (l \neq 7), \quad \varphi_7 = 0.$$

Es bedeute $\mathfrak{M}$ die achtreihige Matrix aus den Elementen a_{kl}, ferner $\mathfrak{A}$ die Untermatrix von $\mathfrak{M}$, die durch Streichung der beiden letzten Zeilen und Spalten aus $\mathfrak{M}$ hervorgeht. Wird eine Einheitsmatrix mit $\mathfrak{E}$ bezeichnet, so sind zufolge (116) die charakteristischen Polynome

$$G(z) = |z\mathfrak{E} - \mathfrak{M}|, \qquad F(z) = |z\mathfrak{E} - \mathfrak{A}|$$

der Matrizen $\mathfrak{M}$ und $\mathfrak{A}$ durch die Gleichung

$$(117)\qquad G(z) = z(z - \tfrac{1}{3})F(z)$$

verknüpft.

Für jede Dreierstosslösung ist $q_4 = 0$, also $\delta_7 = 0$. Es sei ψ_k der Wert von φ_k für $\delta_7 = 0$. Wir haben dann das System

$$\frac{d\delta_k}{ds} = \sum_{l=1}^{6} a_{kl}\delta_l + \psi_k \qquad (k = 1, \cdots, 6), \tag{118}$$

$$\frac{d\delta_8}{ds} = \sum_{l=1}^{6} a_{8l}\delta_l + \psi_8 \tag{119}$$

zu lösen, unter der Bedingung $\delta_k \to 0$ $(k = 1, \cdots, 6)$ für $s \to \infty$. Auf den rechten Seiten dieser 7 Differentialgleichungen tritt δ_8 nicht auf. Hat man also das System (118) vollständig gelöst, unter jener Bedingung, so ergibt sich $\delta_8 = p_4$ aus (119) durch eine Quadratur. Zur näheren Diskussion von (118) ist die Kenntnis der charakteristischen Wurzeln der Matrix $\mathfrak{A}$ notwendig. Die direkte Berechnung der Determinante $| z\mathfrak{E} - \mathfrak{A} |$ ist recht mühsam, da die Koeffizienten a_{kl} sich nicht bequem bestimmen lassen. Einfacher erhält man $F(z)$ durch folgende Überlegung:

Bezeichnet man die rechten Seiten der Differentialgleichungen (115) mit Φ_k $(k = 1, \cdots, 8)$, so hat man das System

$$\frac{d\delta_k}{ds} = \Phi_k \qquad (k = 1, \cdots, 8) \tag{120}$$

und $\mathfrak{M}$ ist die Funktionalmatrix $\left(\frac{\partial\Phi_k}{\partial\delta_l}\right)$ an der Stelle $\delta_1 = 0, \cdots, \delta_8 = 0$. Man betrachte jetzt $\delta_1, \cdots, \delta_8$ als zweimal stetig differentiierbare Funktionen von 8 neuen Variabeln $\theta_1, \cdots, \theta_8$, und zwar möge für das Wertsystem $\theta_k = \hat{\theta}_k$ $(k = 1, \cdots, 8)$ speziell $\delta_k = 0$ $(k = 1, \cdots, 8)$ sein und die Funktionaldeterminante der δ_k bezüglich der Variabeln θ_k an der Stelle $\theta_k = \hat{\theta}_k$ nicht verschwinden. Durch diese Transformation gehen die Differentialgleichungen (120) über in

$$\frac{d\theta_k}{ds} = \sum_{g=1}^{8} \frac{\partial\theta_k}{\partial\delta_g}\Phi_g \qquad (k = 1, \cdots, 8),$$

wobei die rechten Seiten als Funktionen der θ_k anzusehen sind. Bezeichnet man diese rechten Seiten zur Abkürzung mit Ψ_k $(k = 1, \cdots, 8)$, so ist

$$\frac{\partial\Psi_k}{\partial\theta_l} = \sum_{g=1}^{8} \Phi_g \frac{\partial}{\partial\theta_l}\left(\frac{\partial\theta_k}{\partial\delta_g}\right) + \sum_{g,h=1}^{8} \frac{\partial\theta_k}{\partial\delta_g}\frac{\partial\Phi_g}{\partial\delta_h}\frac{\partial\delta_h}{\partial\theta_l}. \tag{121}$$

Es bedeute $\mathfrak{P}$ die Funktionalmatrix $\left(\frac{\partial\Psi_k}{\partial\theta_l}\right)$ an der Stelle $\theta_1 = \hat{\theta}_1, \cdots, \theta_8 = \hat{\theta}_8$ und $\mathfrak{G}$ die Funktionalmatrix $\left(\frac{\partial\delta_k}{\partial\theta_l}\right)$ an derselben Stelle. Da der erste Summand auf der rechten Seite von (121) an dieser Stelle verschwindet, so ergibt (121) die Beziehung

$$\mathfrak{P} = \mathfrak{G}^{-1}\mathfrak{M}\mathfrak{G}$$

und folglich ist

$$| z\mathfrak{E} - \mathfrak{P} | = | z\mathfrak{E} - \mathfrak{G}^{-1}\mathfrak{M}\mathfrak{G} | = | \mathfrak{G}^{-1}(z\mathfrak{E} - \mathfrak{M})\mathfrak{G} | = | z\mathfrak{E} - \mathfrak{M} | = G(z). \tag{122}$$

Um diese Formel zur Berechnung von $G(z)$ anzuwenden, setzen wir noch

$$(123)\qquad \xi_k = \overset{*}{\xi}_k t^{-2/3}, \qquad \eta_k = \overset{*}{\eta}_k t^{-1/3} \qquad (k = 1, \cdots, 4),$$

$$q_0 = \overset{*}{q}_0 t^{-1/3}, \qquad \hat{q}_0 = (\hat{p}_3\hat{q}_2 - \hat{p}_2\hat{q}_3)\hat{p}_1^{-1}.$$

Nach (82), (86), (87), (109) ist dann

$$\overset{*}{\xi}_1 = \mu\overset{*}{p}_1, \qquad \overset{*}{\xi}_2 = \nu\overset{*}{p}_1, \qquad \overset{*}{\xi}_3 = \mu\overset{*}{p}_2 - \nu\overset{*}{p}_3, \qquad \overset{*}{\xi}_4 = \nu\overset{*}{p}_2 + \mu\overset{*}{p}_3,$$

$$\overset{*}{\eta}_1 = \mu\overset{*}{q}_1 - \nu\overset{*}{q}_0, \quad \overset{*}{\eta}_2 = \nu\overset{*}{q}_1 + \mu\overset{*}{q}_0, \quad \overset{*}{\eta}_3 = \mu\overset{*}{q}_2 - \nu\overset{*}{q}_3, \quad \overset{*}{\eta}_4 = \nu\overset{*}{q}_2 + \mu\overset{*}{q}_3,$$

wobei μ, ν in (94) erklärt sind. Zufolge (114) sind die $\overset{*}{\xi}_k$, $\overset{*}{\eta}_k$ Funktionen von $\delta_1, \cdots, \delta_8$, die an der Stelle $\delta_1 = 0, \cdots, \delta_8 = 0$ die Werte

$$\hat{\xi}_1 = \hat{p}_1, \quad \hat{\xi}_2 = 0, \quad \hat{\xi}_3 = \hat{p}_2, \quad \hat{\xi}_4 = \hat{p}_3, \quad \hat{\eta}_1 = \hat{q}_1, \quad \hat{\eta}_2 = \hat{q}_0, \quad \hat{\eta}_3 = \hat{q}_2, \quad \hat{\eta}_4 = \hat{q}_3$$

haben. Endlich sei

$$(124)\begin{cases} \theta_k = \overset{*}{\xi}_k \qquad (k = 1, \cdots, 4), \\ \theta_5 = -\left(\dfrac{1}{m_1} + \dfrac{1}{m_3}\right)\overset{*}{\eta}_1 - \dfrac{1}{m_3}\overset{*}{\eta}_3, \qquad \theta_6 = -\left(\dfrac{1}{m_1} + \dfrac{1}{m_3}\right)\overset{*}{\eta}_2 - \dfrac{1}{m_3}\overset{*}{\eta}_4, \\ \theta_7 = -\left(\dfrac{1}{m_2} + \dfrac{1}{m_3}\right)\overset{*}{\eta}_3 - \dfrac{1}{m_3}\overset{*}{\eta}_1, \qquad \theta_8 = -\left(\dfrac{1}{m_2} + \dfrac{1}{m_3}\right)\overset{*}{\eta}_4 - \dfrac{1}{m_3}\overset{*}{\eta}_2. \end{cases}$$

Durch eine einfache Rechnung erhält man für die Funktionaldeterminante der θ_k als Funktionen der δ_k den Wert $m^2(m_1m_2m_3)^{-2} \neq 0$. Vermöge der Substitutionen (123), (124) gehen nun die Differentialgleichungen (78) über in

$$(125)\qquad \frac{d\theta_k}{ds} = \tfrac{2}{3}\theta_k + \theta_{k+4}, \qquad \frac{d\theta_{k+4}}{ds} = -\tfrac{1}{3}\theta_{k+4} - G_k \qquad (k = 1, \cdots, 4)$$

mit

$$G_1 = m_2\theta_3R_1 + (m_1 + m_3)\theta_1R_2 + m_2(\theta_1 - \theta_3)R_3,$$

$$G_2 = m_2\theta_4R_1 + (m_1 + m_3)\theta_2R_2 + m_2(\theta_2 - \theta_4)R_3,$$

$$G_3 = m_1\theta_1R_1 + (m_2 + m_3)\theta_3R_2 + m_1(\theta_3 - \theta_1)R_3,$$

$$G_4 = m_1\theta_2R_1 + (m_2 + m_3)\theta_4R_2 + m_1(\theta_4 - \theta_2)R_3,$$

$$R_1 = (\theta_3^2 + \theta_4^2)^{-3/2}, \quad R_2 = (\theta_1^2 + \theta_2^2)^{-3/2}, \quad R_3 = \{(\theta_1 - \theta_3)^2 + (\theta_2 - \theta_4)^2\}^{-3/2}.$$

Für die Werte der Ableitungen

$$\frac{\partial G_k}{\partial \theta_l} = c_{kl} \qquad (k, l = 1, \cdots, 4)$$

an der Stelle

$$(126)\qquad \theta_1 = \hat{p}_1, \qquad \theta_2 = 0, \qquad \theta_3 = \hat{p}_2, \qquad \theta_4 = \hat{p}_3$$

findet man nach (112) im gleichseitigen Falle

$$r^3 c_{kl} = \begin{cases} \tfrac{1}{4}m_2 - 2(m_1+m_3),\ \dfrac{3\sqrt{3}}{4}m_2,\ 0,\ -\dfrac{3\sqrt{3}}{2}m_2, \\ \dfrac{3\sqrt{3}}{4}m_2,\ m_1+m_3-\tfrac{5}{4}m_2,\ -\dfrac{3\sqrt{3}}{2}m_2,\ 0, \\ -\tfrac{9}{4}m_1,\ -\dfrac{3\sqrt{3}}{4}m_1,\ \tfrac{1}{4}(m_1+m_2+m_3),\ \dfrac{3\sqrt{3}}{4}(m_1-m_2-m_3), \\ -\dfrac{3\sqrt{3}}{4}m_1,\ \tfrac{9}{4}m_1,\ \dfrac{3\sqrt{3}}{4}(m_1-m_2-m_3),\ -\tfrac{5}{4}(m_1+m_2+m_3), \end{cases}$$

und nach (113) im geradlinigen Falle

$$\rho^3 c_{kl} = \begin{cases} -2(m_1+m_3) - 2m_2\omega^{-3},\ 0,\ 2m_2\{\omega^{-3} - (1-\omega)^{-3}\},\ 0, \\ 0,\ m_1+m_3+m_2\omega^{-3},\ 0,\ m_2\{(1-\omega)^{-3} - \omega^{-3}\}, \\ -2m_1(1-\omega^{-3}),\ 0,\ -2m_1\omega^{-3} - 2(m_2+m_3)(1-\omega)^{-3},\ 0, \\ 0,\ m_1(1-\omega^{-3}),\ 0,\ m_1\omega^{-3} + (m_2+m_3)(1-\omega)^{-3}, \end{cases}$$

wo die Grössen r, ω, ρ durch (60), (66), (64) fixiert sind.

Bezeichnet man zur Abkürzung die vierreihige Matrix (c_{kl}) mit $\mathfrak{C}$, so hat die Funktionalmatrix der rechten Seiten von (125) als Funktionen von $\theta_1, \cdots, \theta_8$ an der Stelle (126) die Gestalt

$$\mathfrak{P} = \begin{pmatrix} \tfrac{2}{3}\mathfrak{C} & \mathfrak{C} \\ -\mathfrak{C} & -\tfrac{1}{3}\mathfrak{C} \end{pmatrix},$$

wo die rechts auftretenden Matrizen vierreihig sind, und nach (122) wird

$$G(z) = \begin{vmatrix} (z-\tfrac{2}{3})\mathfrak{C} & -\mathfrak{C} \\ \mathfrak{C} & (z+\tfrac{1}{3})\mathfrak{C} \end{vmatrix} = |\,(z+\tfrac{1}{3})(z-\tfrac{2}{3})\mathfrak{C} + \mathfrak{C}\,|.$$

Diese vierreihige Determinante bestimmt man durch direkte Rechnung unter Benutzung der angegebenen Werte der c_{kl}. Es ergibt sich ein einfaches Resultat. Setzt man

$$(z+\tfrac{1}{3})(z-\tfrac{2}{3}) = x,$$

so wird im gleichseitigen Falle

$$G(z) = (x+\tfrac{2}{9})(x-\tfrac{4}{9})(x^2 - \tfrac{2}{9}x - \tfrac{8}{81} + \tfrac{1}{3}a) \tag{127}$$

mit

$$a = \frac{m_2 m_3 + m_3 m_1 + m_1 m_2}{(m_1+m_2+m_3)^2} \tag{128}$$

und im geradlinigen Falle

$$G(z) = (x + \tfrac{2}{9})(x - \tfrac{4}{9})(x + \tfrac{2}{9} + \tfrac{2}{9}b)(x - \tfrac{4}{9} - \tfrac{4}{9}b) \tag{129}$$

mit

$$b = \frac{m_1\{1 + (1-\omega)^{-1} + (1-\omega)^{-2}\} + m_3(1 + \omega^{-1} + \omega^{-2})}{m_1 + m_2\{\omega^{-2} + (1-\omega)^{-2}\} + m_3}. \tag{130}$$

Da

$$z(z - \tfrac{1}{3}) = x + \tfrac{2}{9}$$

ist, so erhalten wir nach (117) das charakteristische Polynom $F(z)$ der Matrix $\mathfrak{A}$, indem wir auf den rechten Seiten von (127) und (129) den Faktor $x + \frac{2}{9}$ fortlassen.

Die charakteristischen Wurzeln von $\mathfrak{A}$ sind also zufolge (127) im gleichseitigen Falle die 6 Zahlen

$$\begin{cases} -a_0 = -\tfrac{2}{3}, & -a_1 = \tfrac{1}{6}\{1 - [13 + 12(1-3a)^{\frac{1}{2}}]^{\frac{1}{2}}\}, \\ -a_2 = \tfrac{1}{6}\{1 - [13 - 12(1-3a)^{\frac{1}{2}}]^{\frac{1}{2}}\}, & a_3 = \tfrac{1}{6}\{1 + [13 - 12(1-3a)^{\frac{1}{2}}]^{\frac{1}{2}}\}, \\ a_4 = \tfrac{1}{6}\{1 + [13 + 12(1-3a)^{\frac{1}{2}}]^{\frac{1}{2}}\}, & a_5 = 1. \end{cases} \tag{131}$$

Wegen der Beziehung

$$2m^2(1 - 3a) = (m_2 - m_3)^2 + (m_3 - m_1)^2 + (m_1 - m_2)^2$$

ist $a \leqq \frac{1}{3}$, und zwar $a = \frac{1}{3}$ nur für $m_1 = m_2 = m_3$; andererseits ist $a > 0$. Folglich sind die 6 Wurzeln sämtlich reell, und zwar $-a_0$, $-a_1$, $-a_2$ negativ, a_3 , a_4 , a_5 positiv. Ferner sind sie sämtlich verschieden, ausser im Falle $m_1 = m_2 = m_3$, wo $-a_1 = -a_2$ und $a_3 = a_4$ wird.

Im geradlinigen Falle ergeben sich aus (129) die Wurzeln

$$\begin{cases} -b_0 = -\tfrac{2}{3}, & -b_1 = \tfrac{1}{6}[1 - (25 + 16b)^{\frac{1}{2}}], & b_2 = \tfrac{1}{6}[1 - (1 - 8b)^{\frac{1}{2}}], \\ b_3 = \tfrac{1}{6}[1 + (1 - 8b)^{\frac{1}{2}}], & b_4 = \tfrac{1}{6}[1 + (25 + 16b)^{\frac{1}{2}}], & b_5 = 1. \end{cases} \tag{132}$$

Von diesen sind $-b_0$ und $-b_1$ negativ, b_4 und b_5 positiv, b_2 und b_3 entweder positiv oder konjugiert komplex mit dem positiven Realteil $\frac{1}{6}$. Die Wurzeln sind alle verschieden, ausser im Falle $b = \frac{1}{8}$, wo $b_2 = b_3 = \frac{1}{6}$ wird. Die Gleichung $b = \frac{1}{8}$ liefert eine algebraische Bedingung für m_1 , m_2 , m_3 , die nicht identisch erfüllt ist. Wählt man z.B. $m_1 = m_3$, so ergibt (66) den Wert $\omega = \frac{1}{2}$, und aus der Annahme $b = \frac{1}{8}$ folgt nach (130) die Bedingung $\dfrac{m_2}{m_1} = \dfrac{55}{4}$. Also sind im allgemeinen die Wurzeln sämtlich verschieden.

Dass die Werte $-\frac{2}{3}$ und 1 unter den Wurzeln auftreten, hätte man auch ohne Rechnung aus dem Energieintegral entnehmen können. Dagegen lässt sich die Bestimmung der übrigen Wurzeln wohl kaum einfacher durchführen, als es hier geschehen ist.

11. Asymptotische Bahnen

Wir betrachten ein System von Differentialgleichungen der Form

$$\frac{d\delta_k}{ds} = \sum_{l=1}^{n} a_{kl}\delta_l + \psi_k \qquad (k = 1, \cdots, n). \tag{133}$$

Hierin seien die a_{kl} reelle Konstante und die ψ_k Potenzreihen der Variabeln $\delta_1, \cdots, \delta_n$ mit reellen Koeffizienten, welche in einer gewissen Umgebung des Nullpunktes konvergieren und weder konstante noch lineare Glieder enthalten. Es seien $\lambda_1, \cdots, \lambda_n$ die charakteristischen Wurzeln der Matrix $(a_{kl}) = \mathfrak{A}$ und ρ_k der reelle Teil von λ_k $(k = 1, \cdots, n)$. Von diesen reellen Teilen seien p negativ und $n - p$ positiv, also keiner gleich 0. Wir denken uns die Wurzeln so angeordnet, dass

$$0 > \rho_1 \geqq \rho_2 \geqq \cdots \geqq \rho_p, \qquad \rho_{p+1} \geqq \rho_{p+2} \geqq \cdots \geqq \rho_n > 0 \tag{134}$$

ist.

Nach einem bekannten Satze der Elementarteilertheorie gibt es eine Matrix $\mathfrak{H} = (h_{kl})$, sodass die Matrix

$$\mathfrak{H}^{-1}\mathfrak{A}\mathfrak{H} = \mathfrak{Q} \tag{135}$$

die Normalform besitzt. Zunächst werde angenommen, dass die Wurzeln λ_k $(k = 1, \cdots, n)$ sämtlich verschieden sind. Dann ist $\mathfrak{Q}$ die Diagonalmatrix aus den Diagonalelementen $\lambda_1, \cdots, \lambda_n$. Man kann noch voraussetzen, dass für je zwei konjugiert komplexe Wurzeln λ_j und λ_k auch die j^{te} und die k^{te} Spalte von $\mathfrak{H}$ zueinander konjugiert komplex sind. Macht man die Substitution

$$\delta_k = \sum_{l=1}^{n} h_{kl}\zeta_l \qquad (k = 1, \cdots, n), \tag{136}$$

so sind $\delta_1, \cdots, \delta_n$ dann und nur dann reell, wenn für jedes Paar konjugiert komplexer Wurzeln $\lambda_j, \lambda_k = \bar{\lambda}_j$ auch stets $\zeta_k = \bar{\zeta}_j$ gilt und für reelles λ_k auch ζ_k reell ist. Wir wollen weiterhin nur solche Werte der Variabeln ζ_k betrachten, die diesen Bedingungen genügen.

Durch die lineare Substitution (136) geht das System (133) wegen (135) über in

$$\frac{d\zeta_k}{ds} = \lambda_k\zeta_k + \chi_k \qquad (k = 1, \cdots, n); \tag{137}$$

dabei sind die $\chi_k = \chi_k(\zeta_1, \cdots, \zeta_n)$ Potenzreihen in $\zeta_1, \cdots, \zeta_n$ ohne konstante und lineare Glieder, welche den Gleichungen

$$\psi_k = \sum_{l=1}^{n} h_{kl}\chi_l \qquad (k = 1, \cdots, n)$$

genügen. Für $\lambda_k = \bar{\lambda}_j$ ist also auch $\chi_k = \bar{\chi}_j$.

Wir wollen das System (137) weiter vereinfachen durch Substitutionen der Gestalt

$$u_k = \zeta_k - P_k(\zeta_1, \cdots, \zeta_p) \qquad (k = 1, \cdots, n), \tag{138}$$

wo die P_k Potenzreihen der ersten p Variabeln $\zeta_1, \cdots, \zeta_p$ ohne konstante und lineare Glieder bedeuten. Wir setzen diese Potenzreihen zunächst mit unbestimmten Koeffizienten an und wollen diese dann rekursiv eindeutig festlegen durch gewisse Bedingungen. Die Untersuchung der Konvergenz werden wir nachträglich durchführen. Führt man die Variabeln u_k in die Differentialgleichungen (137) ein, so erhält man das System

$$\frac{du_k}{ds} = \lambda_k u_k + Q_k(u_1, \cdots, u_n) \qquad (k = 1, \cdots, n) \tag{139}$$

mit

$$Q_k = \chi_k + \lambda_k P_k - \sum_{l=1}^{p} \frac{\partial P_k}{\partial \zeta_l} (\chi_l + \lambda_l \zeta_l),$$

wobei in $\chi_k, P_k, \dfrac{\partial P_k}{\partial \zeta_l}, \chi_l, \zeta_l$ die Variabeln $u_1, \cdots, u_n$ durch Auflösung von (138) nach $\zeta_1, \cdots, \zeta_n$ einzutragen sind. Die Q_k sind dann offenbar Potenzreihen in $u_1, \cdots, u_n$ ohne konstante und lineare Glieder. Nun wollen wir die Koeffizienten der P_k so zu bestimmen versuchen, dass in keiner der Reihen Q_k Potenzprodukte der p Variabeln $u_1, \cdots, u_p$ allein auftreten; es soll also identisch

$$Q_k(u_1, \cdots, u_p, 0, \cdots, 0) = 0 \qquad (k = 1, \cdots, n) \tag{140}$$

gelten.

Nach (138) sind $\zeta_1, \cdots, \zeta_p$ Potenzreihen der p Variabeln $u_1, \cdots, u_p$ allein, und für $u_{p+1} = 0, \cdots, u_n = 0$ ist ausserdem

$$\zeta_k = P_k(\zeta_1, \cdots, \zeta_p) \qquad (k = p + 1, \cdots, n).$$

Daher sind die Bedingungen (140) gleichbedeutend mit

$$\begin{aligned} &\chi_k(\zeta_1, \cdots, \zeta_p, P_{p+1}, \cdots, P_n) + \lambda_k P_k \\ &\quad - \sum_{l=1}^{p} \frac{\partial P_k}{\partial \zeta_l} \{\chi_l(\zeta_1, \cdots, \zeta_p, P_{p+1}, \cdots, P_n) + \lambda_l \zeta_l\} = 0 \end{aligned} \tag{141}$$

für $k = 1, \cdots, n$, identisch in $\zeta_1, \cdots, \zeta_p$. Wir zerlegen

$$P_k = \sum_{q=2}^{\infty} P_{kq} \qquad (k = 1, \cdots, n),$$

wo P_{kq} ein homogenes Polynom q^{ten} Grades in $\zeta_1, \cdots, \zeta_p$ bedeutet; entsprechend sei R_{kq} der homogene Bestandteil q^{ten} Grades in $\zeta_1, \cdots, \zeta_p$ auf der linken Seite von (141). Dann gilt offenbar

$$(142)\qquad R_{kq} = \lambda_k P_{kq} - \sum_{l=1}^{p} \frac{\partial P_{kq}}{\partial \zeta_l} \lambda_l \zeta_l + H_{kq},$$

wo H_{kq} ein Polynom in $\zeta_1, \cdots, \zeta_p, P_{lh}$ $(l = p + 1, \cdots, n; h = 2, \cdots, q - 1)$ und $\frac{\partial P_{kh}}{\partial \zeta_l}$ $(l = 1, \cdots, p; h = 2, \cdots, q - 1)$ ist. Es seien bereits alle P_{lh} für $l = 1, \cdots, n$ und $h = 2, \cdots, q - 1$ bekannt; diese Annahme ist inhaltslos für $q = 2$. Dann haben wir P_{kq} $(k = 1, \cdots, n)$ zufolge (141), (142) aus den Bedingungen

$$(143)\qquad -\lambda_k P_{kq} + \sum_{l=1}^{p} \frac{\partial P_{kq}}{\partial \zeta_l} \lambda_l \zeta_l = H_{kq}$$

zu ermitteln, deren rechte Seiten bekannt sind.

Ist $c\zeta_1^{g_1} \cdots \zeta_p^{g_p}$ ein Summand von H_{kq}, so ergibt sich für den Koeffizienten σ des entsprechenden Gliedes von P_{kq} aus (143) die lineare Gleichung

$$\left(-\lambda_k + \sum_{l=1}^{p} g_l \lambda_l\right)\sigma = c,$$

und danach erhält man σ, und zwar eindeutig, wenn

$$(144)\qquad \sum_{l=1}^{p} g_l \lambda_l \neq \lambda_k$$

ist. Da $g_1, \cdots, g_p$ nicht-negative ganze Zahlen mit der Summe $q \geqq 2$ und die reellen Teile von $\lambda_1, \cdots, \lambda_p$ negativ, die von $\lambda_{p+1}, \cdots, \lambda_n$ positiv sind, so ist (144) für $k > p$ stets erfüllt und für $k = 1, \cdots, p$ jedenfalls bei genügend grossem q. Wir setzen zunächst voraus, dass (144) ausnahmslos erfüllt ist, für $k = 1, \cdots, n$ und alle Systeme nicht-negativer ganzer Zahlen $g_1, \cdots, g_p$, deren Summe grösser als 1 ist. Dann sind also die Potenzreihen P_k auf genau eine Weise so bestimmbar, dass (140) erfüllt wird.

Es muss nun untersucht werden, wie es mit der Konvergenz der formal gefundenen Reihen P_k bestellt ist. Diese Untersuchung erfolgt am bequemsten mit der Cauchyschen Majorantenmethode. Sind P und Q zwei Potenzreihen in den gleichen Variabeln, so soll das Zeichen

$$P \prec Q$$

bedeuten, dass für je zwei entsprechende Koeffizienten α und β von P und Q die Ungleichung

$$|\alpha| \leqq \beta$$

gilt. Nach Voraussetzung sind die Potenzreihen ψ_k in (133), also auch die Reihen χ_k in (137) konvergent in einer gewissen Umgebung des Nullpunktes. Bedeutet C_1, wie auch weiterhin $C_2, \cdots, C_6$ eine geeignete positive Konstante, so ist also

$$\chi_k \prec \frac{C_1(\zeta_1 + \cdots + \zeta_n)^2}{1 - C_1(\zeta_1 + \cdots + \zeta_n)} = f(\zeta_1, \cdots, \zeta_n) \quad (k = 1, \cdots, n),$$

wo die rechte Seite durch ihre Potenzreihe zu ersetzen ist.

Wegen (144) ist nun

$$1 + g_1 + \cdots + g_p < C_2 \left| -\lambda_k + \sum_{l=1}^{p} g_l \lambda_l \right|, \tag{145}$$

für $k = 1, \cdots, n$ und jedes System nicht-negativer ganzer Zahlen $g_1, \cdots, g_p$, deren Summe mindestens gleich 2 ist. Wir ersetzen (141) durch die abgeänderten Gleichungen

$$P_k^* + \sum_{l=1}^{p} \frac{\partial P_k^*}{\partial \zeta_l} \zeta_l = C_2 \left(1 + \sum_{l=1}^{p} \frac{\partial P_k^*}{\partial \zeta_l}\right) f(\zeta_1, \cdots, \zeta_p, P_{p+1}^*, \cdots, P_n^*) \tag{146}$$

$$(k = 1, \cdots, n)$$

für n unbekannte Potenzreihen $P_k^*(\zeta_1, \cdots, \zeta_p)$. Diese lassen sich durch dasselbe rekursive Verfahren bestimmen wie die P_k, und man entnimmt durch Vergleich von (141) und (146) wegen (145) unmittelbar die Beziehung

$$P_k \prec P_k^* \qquad (k = 1, \cdots, n). \tag{147}$$

Aus (146) ersieht man, dass alle P_k^* $(k = 1, \cdots, n)$ identisch gleich sind; es sei P^* der gemeinsame Wert. Setzt man noch $\zeta_1 = \zeta_2 = \cdots = \zeta_p = \zeta$, so möge P^* in $P(\zeta)$ übergehen; ferner sei

$$f(\zeta, P) = \frac{C_1\{p\zeta + (n - p)P\}^2}{1 - C_1\{p\zeta + (n - p)P\}}.$$

Offenbar ist dann

$$P^*(\zeta_1, \cdots, \zeta_p) \dot{\prec} P(\zeta_1 + \cdots + \zeta_p) \tag{148}$$

und nach (146)

$$P + \zeta \frac{dP}{d\zeta} = C_2 \left(1 + \frac{dP}{d\zeta}\right) f(\zeta, P).$$

Durch Einsetzen der Potenzreihe

$$P(\zeta) = \sum_{q=2}^{\infty} d_q \zeta^q$$

erhält man

$$\sum_{q=2}^{\infty} (q + 1)\, d_q \zeta^q = C_2 \left(1 + \sum_{q=2}^{\infty} q\, d_q \zeta^{q-1}\right) f(\zeta, P).$$

Die hieraus entstehenden Rekursionsformeln für die Koeffizienten d_q zeigen, dass

(149) $$P \prec \zeta M_1$$

ist, wo M_1 der kubischen Gleichung

$$\zeta M_1 = \frac{C_3(\zeta + \zeta M_1)^2}{1 - C_3(\zeta + \zeta M_1)} (1 + M_1)$$

genügt. Nun ist

$$\frac{(1 + M_1)^3}{1 - C_3\zeta(1 + M_1)} \prec \frac{1}{1 - C_4(\zeta + M_1)}, \qquad C_3\zeta \prec M_1$$

und folglich

(150) $$M_1 \prec M_2$$

mit

$$M_2 = \frac{C_5\zeta}{1 - C_5 M_2}.$$

Aus der Gleichung

$$(1 - 2C_5M_2)^{-2} = (1 - 4C_5^2\zeta)^{-1}$$

erhält man endlich

(151) $$M_2 \prec M$$

für

$$1 + 4C_5M = (1 - 4C_4^2\zeta)^{-1},$$
$$M = C_5\zeta(1 - 4C_5^2\zeta)^{-1},$$

also nach (147), (148), (149), (150), (151)

$$P_k \prec \frac{C_6(\zeta_1 + \cdots + \zeta_p)^2}{1 - C_6(\zeta_1 + \cdots + \zeta_p)} \qquad (k = 1, \cdots, n).$$

Damit ist die Konvergenz der Potenzreihen P_k für hinreichend kleine Werte der absoluten Beträge von $\zeta_1, \cdots, \zeta_p$ bewiesen.

Schliesslich sind noch die Realitätsverhältnisse zu untersuchen. Aus der Lösung $P_1, \cdots, P_n$ von (141) entsteht eine weitere Lösung, indem man für jede reelle Wurzel λ_k die Grösse P_k durch $\overline{P}_k$ ersetzt und für je zwei konjugiert komplexe Wurzeln λ_j, λ_k das Paar P_j, P_k durch $\overline{P}_k$, $\overline{P}_j$. Da aber die Lösung eindeutig festgelegt ist, so gilt $P_k = \overline{P}_k$ im ersten Falle und $P_k = \overline{P}_j$ im zweiten Falle. Nach (138) ist also u_k reell für reelles λ_k und $u_k = \bar{u}_j$ für $\lambda_k = \bar{\lambda}_j$.

Wir wollen nunmehr sämtliche Lösungen der Differentialgleichungen (133) bestimmen, die für $s \to \infty$ in den Nullpunkt einmünden. Nach (136) und (138) genügt es, diese Untersuchung an dem System (139) vorzunehmen. Da s nicht explizit in den Differentialgleichungen auftritt, so kann man voraussetzen, dass die gesuchten Lösungen für alle $s \geqq 0$ der Ungleichung

(152)
$$\sum_{k=1}^{n} |u_k|^2 < \epsilon$$

genügen, wo ϵ eine hinreichend klein zu wählende positive Konstante bedeutet. Setzt man

(153)
$$\sum_{k=p+1}^{n} |u_k|^2 = Z,$$

so gilt zufolge (139)

(154)
$$\frac{dZ}{ds} = \sum_{k=p+1}^{n} (\lambda_k + \bar{\lambda}_k)u_k\bar{u}_k + \sum_{k=p+1}^{n} (u_k\bar{Q}_k + \bar{u}_kQ_k).$$

Nach (140) ist nun jedes Glied der Potenzreihen Q_k und $\bar{Q}_k$ durch eine der Variabeln $u_{p+1}, \cdots, u_n$ teilbar, also jedes Glied der Potenzreihe für den zweiten Summanden auf der rechten Seite von (154) durch ein Produkt zweier dieser Variabeln teilbar. Da diese Potenzreihe mit Gliedern dritter Ordnung beginnt, so ist nach (152) und (153) für genügend kleines ϵ die Ungleichung

(155)
$$\sum_{k=p+1}^{n} (u_k\bar{Q}_k + \bar{u}_kQ_k) \geqq -\rho_n Z$$

erfüllt, also nach (134), (153), (154)

$$\frac{dZ}{ds} \geqq 2\sum_{k=p+1}^{n} \rho_k |u_k|^2 - \rho_n Z \geqq \rho_n Z,$$

$$\frac{d(Ze^{-\rho_n s})}{ds} \geqq 0.$$

Daher ist der Ausdruckt $Ze^{-\rho_n s}$ für alle $s \geqq 0$ monoton wachsend; andererseits strebt er für $s \rightarrow \infty$ nach 0, weil ρ_n positiv und $Z < \epsilon$ ist. Folglich ist für die gesuchte Lösung $Z = 0$, also

(156)
$$u_k = 0 \qquad (k = p + 1, \cdots, n).$$

Nach (140) reduzieren sich jetzt die Differentialgleichungen (139) auf die einfache Form

(157)
$$\frac{du_k}{ds} = \lambda_k u_k \qquad (k = 1, \cdots, p)$$

mit der Lösung

(158)
$$u_k = \alpha_k e^{\lambda_k s} \qquad (k = 1, \cdots, p).$$

Dabei ist α_k reell für reelles λ_k und $\alpha_k = \bar{\alpha}_j$ für $\lambda_k = \bar{\lambda}_j$. Da die Realteile von $\lambda_1, \cdots, \lambda_p$ negativ sind, so mündet die durch (156) und (158) gegebene Lösung bei beliebigen α_k tatsächlich für $s \rightarrow \infty$ in den Nullpunkt ein.

Durch die Bedingungen (156) wird eine analytische Fläche von p Dimensionen im Raume der $\delta_1, \cdots, \delta_n$ definiert. Man erhält eine Darstellung der Fläche durch die Parameter $\zeta_1, \cdots, \zeta_p$, wenn man in die Ausdrücke

$$\delta_k = \sum_{l=1}^{n} h_{kl}\zeta_l \qquad (k = 1, \cdots, n)$$

für $\zeta_{p+1}, \cdots, \zeta_n$ die aus (138), (156) folgenden Werte

$$\zeta_k = P_k(\zeta_1, \cdots, \zeta_p) \qquad (k = p + 1, \cdots, n)$$

einträgt. Will man eine reelle Parameterdarstellung haben, so hat man das Paar ζ_j, ζ_k für $\lambda_k = \bar{\lambda}_j$ durch $(\zeta_j + \zeta_k)/2$, $(\zeta_j - \zeta_k)/2i$ zu ersetzen. Die gesuchten Bahnkurven erfüllen dann genau diese p-dimensionale Fläche, und zwar erhält man die einzelnen Lösungen, indem man vermöge der Gleichungen

$$u_k = \zeta_k - P_k(\zeta_1, \cdots, \zeta_p) \qquad (k = 1, \cdots, p)$$

die Grössen $\zeta_1, \cdots, \zeta_p$ als Potenzreihen von $u_1, \cdots, u_p$ bestimmt und dann

$$u_k = \alpha_k e^{\lambda_k s}$$

setzt, mit beliebigen Konstanten α_k $(k = 1, \cdots, p)$ unter Beachtung der Realitätsbedingungen. Die allgemeine Lösung hängt also von p reellen Parametern ab.

Es seien noch einmal die beiden Voraussetzungen erwähnt, die wir in diesem Paragraphen an verschiedenen Stellen der Untersuchung eingeführt haben, nämlich die Verschiedenheit der Wurzeln $\lambda_1, \cdots, \lambda_n$ und das Bestehen der Ungleichung (144). Wir wollen noch feststellen, in welcher Art unsere Ergebnisse zu modifizieren sind, wenn wir diese Voraussetzungen fallen lassen.

12. Ausartungen

Wir verzichten nun auf die Annahme (144), halten aber zunächst noch an der Voraussetzung fest, dass $\lambda_1, \cdots, \lambda_n$ verschieden sind. Wir denken uns dann die endlich vielen Lösungssysteme der diophantischen Gleichung

$$\sum_{l=1}^{p} g_l\lambda_l = \lambda_k \tag{159}$$

bestimmt, wobei k irgend ein Index der Reihe $1, \cdots, p$ ist und $g_1, \cdots, g_p$ nicht-negative ganze Zahlen, deren Summe mindestens 2 beträgt. In dem Ansatz (138) waren bisher $P_1, \cdots, P_n$ Potenzreihen in $\zeta_1, \cdots, \zeta_p$ ohne konstante und lineare Glieder, deren Koeffizienten rekursiv eindeutig durch die Bedingung (140) festgelegt wurden. Jetzt schliessen wir aus dem mit unbestimmten Koeffizienten gebildeten Potenzreihen $P_1, \cdots, P_n$ sämtliche Glieder $\sigma\zeta_1^{g_1} \cdots \zeta_p^{g_p}$ aus, deren Exponenten einer Gleichung (159) genügen, und ersetzen (140) durch die folgende abgeschwächte Bedingung: Für $k = 1, \cdots, p$ soll eine Identität

$$Q_k(u_1, \cdots, u_p, 0, \cdots, 0) = V_k(u_1, \cdots, u_p) \tag{160}$$

gelten, wo V_k ein Polynom aus solchen Gliedern $cu_1^{g_1} \cdots u_p^{g_p}$ bedeutet, deren

Exponenten (159) erfüllen; für $k = p + 1, \cdots, n$ soll wie bisher

(161) $$Q_k(u_1, \cdots, u_p, 0, \cdots, 0) = 0$$

gelten. Es lässt sich auf dem früheren Wege ohne Mühe zeigen, dass die Potenzreihen $P_1, \cdots, P_n$ wieder eindeutig bestimmt und konvergent sind, und auch die Polynome $V_1, \cdots, V_p$ sind eindeutig fixiert. Da zur Herleitung der Ungleichung (155) die Formeln (140) nur für $k = p + 1, \cdots, n$ herangezogen werden, so bleibt die zu (156) führende Schlussweise bestehen. Bei sämtlichen für $s \to \infty$ nach dem Nullpunkt wandernden Lösungen von (133) ist also wieder $u_{p+1} = 0, \cdots, u_n = 0$. An die Stelle des Systems (157) tritt aber jetzt nach (139) und (160)

(162) $$\frac{du_k}{ds} = \lambda_k u_k + V_k(u_1, \cdots, u_p) \qquad (k = 1, \cdots, p).$$

Nach (134) ist für jede Lösung von (159)

$$g_k = 0, \qquad g_{k+1} = 0, \cdots, g_p = 0,$$

folglich ist $V_k = V_k(u_1, \cdots, u_{k-1})$ ein Polynom in $u_1, \cdots, u_{k-1}$ allein und $V_1 = 0$. Die Integration von (162) lässt sich ohne weiteres ausführen und ergibt

$$u_1 = \alpha_1 e^{\lambda_1 s},$$

(163) $$u_2 = \alpha_2 e^{\lambda_2 s} + sV_2(u_1) = \{\alpha_2 + sV_2(\alpha_1)\}e^{\lambda_2 s},$$

allgemein durch vollständige Induktion

(164) $$u_k = (\alpha_k + W_k)e^{\lambda_k s} \qquad (k = 1, \cdots, p),$$

wo W_k ein eindeutig bestimmtes Polynom in $\alpha_1, \cdots, \alpha_{k-1}$ und s ist. Da umgekehrt bei beliebiger Wahl der Konstanten $\alpha_1, \cdots, \alpha_p$ die durch (164) gegebenen Funktionen u_k für $s \to \infty$ gegen 0 streben, so gelten die Ergebnisse des vorangehenden Paragraphen auch in diesem Fall, wenn nur u_k durch (164) erklärt wird.

Endlich lassen wir auch noch die Voraussetzung fallen, dass die Wurzeln $\lambda_1, \cdots, \lambda_n$ alle verschieden sind. Dann ist die Matrix $\mathfrak{Q} = (q_{kl})$ in (135) im allgemeinen keine reine Diagonalmatrix: Es ist wieder $q_{kk} = \lambda_k$, $q_{kl} = 0$ für $k \neq l$ und $k \neq l + 1$, $q_{kl} = 0$ für $k = l + 1$ und $\lambda_l \neq \lambda_{l+1}$; für $k = l + 1$ und $\lambda_l = \lambda_{l+1}$ ist dagegen q_{kl} entweder gleich 0 oder gleich λ_l. An die Stelle des Systems (137) tritt jetzt allgemeiner

$$\frac{d\zeta_1}{ds} = \lambda_1\zeta_1 + \chi_1,$$

$$\frac{d\zeta_k}{ds} = \lambda_k(\zeta_k + e_k\zeta_{k-1}) + \chi_k \qquad (k = 2, \cdots, n);$$

dabei ist $e_k = 0$ für $\lambda_k \neq \lambda_{k-1}$, während im Falle $\lambda_k = \lambda_{k-1}$ entweder $e_k = 0$ oder $e_k = 1$ ist. Anstatt (139) erhält man durch die früher benutzte Methode die Differentialgleichungen

$$(165)\qquad \begin{cases} \dfrac{du_1}{ds} = \lambda_1 u_1 + Q_1(u_1, \cdots, u_n), \\[2ex] \dfrac{du_k}{ds} = \lambda_k(u_k + e_k u_{k-1}) + Q_k(u_1, \cdots, u_n) \qquad (k = 2, \cdots, n), \end{cases}$$

wo $Q_1, \cdots, Q_n$ wieder den Bedingungen (160) und (161) genügen, mit der dort angegebenen Bedeutung der Polynome $V_1, \cdots, V_p$. Anstelle des in (153) erklärten Ausdrucks Z betrachten wir allgemeiner

$$\sum_{k=p+1}^{n} h_k \mid u_k \mid^2 = Z_0$$

mit konstanten Werten $h_{p+1}, \cdots, h_n$. Zufolge (165) gilt dann

$$(166)\qquad \begin{aligned} \frac{dZ_0}{ds} = \sum_{k=p+1}^{n} h_k\{(\lambda_k + \bar{\lambda}_k) \mid u_k \mid^2 + e_k(\lambda_k u_{k-1}\bar{u}_k + \bar{\lambda}_k \bar{u}_{k-1} u_k)\} \\ + \sum_{k=p+1}^{n} (u_k \bar{Q}_k + \bar{u}_k Q_k). \end{aligned}$$

Wegen $\lambda_p \neq \lambda_{p+1}$ ist nun $e_{p+1} = 0$, und der erste Summand auf der rechten Seite von (166) lässt sich in der Form

$$\begin{aligned} H = \rho_n h_n \mid u_n \mid^2 + \sum_{k=p+2}^{n} \left(\rho_{k-1} h_{k-1} - e_k \frac{\mid \lambda_k \mid^2}{\rho_k} h_k\right) \mid u_{k-1} \mid^2 \\ + \sum_{k=p+1}^{n} \rho_k h_k \left| u_k + e_k \frac{\lambda_k}{\rho_k} u_{k-1} \right|^2 \end{aligned}$$

schreiben. Wählt man speziell

$$h_{p+1} = 1, \qquad h_{k+1} = \frac{\rho_k \rho_{k+1}}{2 \mid \lambda_{k+1} \mid^2} h_k \qquad (k = p + 1, \cdots, n - 1),$$

so wird offenbar

$$(167)\qquad H \geqq \tfrac{1}{2} \sum_{k=p+1}^{n} \rho_k h_k \mid u_k \mid^2 \geqq \tfrac{1}{2} \rho_n Z_0 .$$

Aus (166) und (167) folgt jetzt, wenn ϵ in (152) genügend klein gewählt wird, die Ungleichung

$$\frac{dZ_0}{ds} \geqq \tfrac{1}{3} \rho_n Z_0$$

und daraus wieder das Verschwinden von $u_{p+1}, \cdots, u_n$ bei sämtlichen Lösungen von (165), die für $s \to \infty$ im Nullpunkt einmünden. Es bleibt noch das System

$$\frac{du_1}{ds} = \lambda_1 u_1,$$

$$\frac{du_k}{ds} = \lambda_k(u_k + e_k u_{k-1}) + V_k(u_1, \cdots, u_{k-1}) \qquad (k = 2, \cdots, p)$$

zu integrieren. Die Lösung hat wieder die Gestalt

$$u_k = (\alpha_k + W_k)e^{\lambda_k s} \qquad (k = 1, \cdots, p),$$

wo W_k ein eindeutig bestimmtes Polynom in s und den Integrationskonstanten $\alpha_1, \cdots, \alpha_{k-1}$ bedeutet; insbesondere ist

$$W_1 = 0, \qquad W_2 = s\{e_2\lambda_2\alpha_1 + V_2(\alpha_1)\}.$$

Damit haben wir die Resultate des vorigen Paragraphen auf den Fall mehrfacher Wurzeln $\lambda_1, \cdots, \lambda_n$ übertragen, abgesehen von der Untersuchung der Realitätsverhältnisse. Diese Untersuchung liesse sich ohne Schwierigkeit durchführen; wir gehen aber darauf nicht mehr ein, da bei der Anwendung auf die Dreierstosslösungen im Falle einer mehrfachen Wurzel alle Wurzeln reell sind und dann überhaupt keine imaginären Grössen in die Rechnung eingeführt zu werden brauchen.

13. Die Dreierstossbahnen

Wir wenden nunmehr die Ergebnisse der beiden vorangehenden Paragraphen auf die Untersuchung des Systemes (118) an. Die charakteristischen Wurzeln der Matrix $\mathfrak{A}$ werden im gleichseitigen Falle durch die 6 Zahlen $-a_0$, $-a_1$, $-a_2$, a_3, a_4, a_5 in (131) geliefert, im geradlinigen Falle durch die Zahlen $-b_0$, $-b_1$, b_2, b_3, b_4, b_5 in (132). Es sind $-a_0$, $-a_1$, $-a_2$, $-b_0$, $-b_1$ negativ und die übrigen Wurzeln sind positiv oder haben positiven Realteil. Folglich ist $p = 3$ im gleichseitigen Falle und $p = 2$ im geradlinigen Falle.

Die Wurzeln $-a_0$, $-a_1$, $-a_2$ sind sämtlich verschieden, ausser wenn $m_1 = m_2 = m_3$ ist, und dann ist $-a_1 = -a_2 = (1 - \sqrt{13})/6 > -a_0$. Die Wurzeln $-b_0$, $-b_1$ sind stets voneinander verschieden.

Es ist noch festzustellen, wann (159) lösbar ist und welches dann die Lösungen sind. Im gleichseitigen Falle ist

$$a_0 > a_1 \geqq a_2, \qquad 2a_1 > a_0, \qquad a_1 + a_2 > a_0;$$

gilt also

$$a_0 x + a_1 y + a_2 z = a_k, \qquad x + y + z \geqq 2$$

für ein k der Reihe 1, 2, 3 in nicht-negativen ganzen Zahlen x, y, z, so folgt $x = 0$, $y = 0$, und es ist entweder

$$a_0 = g a_2, \qquad z = g \tag{168}$$

mit ganzem g oder

$$a_1 = h a_2, \qquad z = h \tag{169}$$

mit ganzem h. Die Annahme (168) ergibt nach (131) für die in (128) definierte Grösse

$$a \doteq \frac{m_2 m_3 + m_3 m_1 + m_1 m_2}{(m_1 + m_2 + m_3)^2}$$

den Wert

$$a = \tfrac{4}{27}g^{-4}(g + 2)(3g^2 - g - 2) \qquad (g = 2, 3, \cdots), \tag{170}$$

während aus (169)

$$a = \tfrac{4}{3}h(h^2 + 1)^{-2}(hv + 1)(h - v) \qquad (h = 1, 2, \cdots) \tag{171}$$

mit

$$v = \tfrac{1}{12}(h^2 - 1)(h^2 + 1)^{-1}\{-1 + [1 + 24(h^2 + 1)(h + 1)^{-2}]^{\frac{1}{2}}\}$$

folgt. Hieraus ist noch leicht ersichtlich, dass nicht (168) und (169) zugleich eintreten können. Beim geradlinigen Falle ist $b_1 > b_0$; gilt also

$$b_0x + b_1y = b_k, \qquad x + y \geqq 2$$

für ein k der Reihe 1, 2 in nicht-negativen ganzen Zahlen x, y, so ist

$$b_1 = jb_0, \qquad x = j, \qquad y = 0$$

mit ganzem j, und die in (130) erklärte Grösse

$$b = \frac{m_1\{1 + (1 - \omega)^{-1} + (1 - \omega)^{-2}\} + m_3(1 + \omega^{-1} + \omega^{-2})}{m_1 + m_2\{\omega^{-2} + (1 - \omega)^{-2}\} + m_3}$$

hat nach (132) den Wert

$$b = j^2 + \tfrac{1}{2}(j - 3). \tag{172}$$

Im gleichseitigen Falle bilden die für $s \to \infty$ in den Nullpunkt einmündenden Lösungen von (118) eine dreidimensionale analytische Mannigfaltigkeit. Ist nicht (170) oder (171) erfüllt, so lassen sich $\delta_1, \cdots, \delta_6$ in Potenzreihen der Variabeln

$$u_1 = \alpha_1 e^{-a_0 s}, \qquad u_2 = \alpha_2 e^{-a_1 s}, \qquad u_3 = \alpha_3 e^{-a_2 s} \tag{173}$$

entwickeln; dabei hängen die Koeffizienten der Potenzreihen nur von m_1, m_2, m_3 ab und α_1, α_2, α_3 sind willkürliche reelle Konstanten. Ist (170) erfüllt, so hat man auf Grund von (163)

$$u_1 = (\alpha_1 - c_1\alpha_3^g s)e^{-a_0 s} \tag{174}$$

zu setzen, wo c_1 eine von m_1, m_2, m_3 abhängige Konstante bedeutet. Im Falle (171) ist entsprechend

$$u_2 = (\alpha_2 - c_2\alpha_3^h s)e^{-a_1 s}. \tag{175}$$

Im geradlinigen Falle bilden die für $s \to \infty$ in den Nullpunkt einmündenden Lösungen von (118) eine zweidimensionale analytische Mannigfaltigkeit. Ist nicht (172) erfüllt, so lassen sich $\delta_1, \cdots, \delta_6$ in Potenzreihen der Variabeln

$$v_1 = \beta_1 e^{-b_0 s}, \qquad v_2 = \beta_2 e^{-b_1 s}$$

entwickeln, wo die Koeffizienten nur von m_1, m_2, m_3 abhängen und β_1, β_2

willkürliche reelle Konstanten bedeuten. Ist (172) erfüllt, so hat man

$$v_2 = (\beta_2 - c_3\beta_1^j s)e^{-b_1 s}$$

zu setzen.

Trägt man die gefundenen Potenzreihen für $\delta_1, \cdots, \delta_6$ in die rechte Seite von (119) ein, so erhält man $\delta_8 = p_4$ durch eine einfache Quadratur. Da das unbestimmte Integral einer Potenzreihe in den durch (173) oder (174), (175) definierten Grössen u_1, u_2, u_3 wieder eine solche Potenzreihe ist und das gleiche für die Potenzreihen in v_1, v_2 gilt, so ist also

$$p_4 = \gamma + P,$$

wo γ eine willkürliche Konstante und P eine eindeutig festgelegte Potenzreihe in u_1, u_2, u_3 oder in v_1, v_2 ohne konstantes Glied ist. Folglich hat p_4 einen Grenzwert für $s \to \infty$, nämlich die Zahl γ. Damit ist also endlich bewiesen, dass die 3 Massenpunkte im ruhenden Koordinatensystem in bestimmten Richtungen zusammenstossen. Durch eine geeignete Drehung des Koordinatensystems kann man erreichen, dass $\gamma = 0$ ist.

Trägt man die gefundenen Reihen nach (96), (109), (114) in die Werte der Koordinaten x_k, y_k $(k = 1, 2, 3)$ ein und benutzt (110), so erhält man im gleichseitigen Falle für jede Koordinate eine Darstellung

$$w = t^{2/3} w^*(u_1, u_2, u_3),$$

wo $w^*(u_1, u_2, u_3)$ eine Reihe nach positiven Potenzen von

$$u_1 = \alpha_1 t^{2/3}, \qquad u_2 = \alpha_2 t^{a_1}, \qquad u_3 = \alpha_3 t^{a_2}$$

bedeutet, deren Koeffizienten nur von m_1, m_2, m_3 abhängen. Liegt eine der Ausartungen (170) oder (171) vor, so ist statt dessen

$$u_1 = (\alpha_1 + c_1\alpha_3^g \log t)t^{2/3}$$

oder

$$u_2 = (\alpha_2 + c_2\alpha_3^h \log t)t^{a_1}$$

zu setzen. Im geradlinigen Falle hat man analog

$$w = t^{2/3} w^*(v_1, v_2)$$

mit

$$v_1 = \beta_1 t^{2/3}, \qquad v_2 = \beta_2 t^{b_1}$$

oder, wenn (172) erfüllt ist, mit

$$v_2 = (\beta_2 + c_3\beta_1^j \log t)t^{b_1}.$$

Schliesslich kann man noch eine Drehung des Koordinatensystems um konstante Winkel vornehmen und ihm eine Translation mit konstanter Geschwindigkeit erteilen.

Die Werte a_1, a_2 und b_1 sind irrational, wenn m_1, m_2, m_3 nicht im Bereich der rationalen Zahlen in gewisser Weise algebraisch abhängig voneinander sind. Daher ist der Punkt $t = 0$ im allgemeinen ein logarithmischer Verzweigungspunkt für die Koordinaten der Dreierstossbahnen.

[Zusatz bei der Korrektur:] Inzwischen bin ich aufmerksam geworden auf eine Arbeit von G. Sokoloff,[6] welche ebenfalls der Untersuchung des Dreierstosses gewidmet ist und Reihenentwicklungen für die Koordinaten der kollidierenden Massenpunkte enthält. Im Beweis findet sich eine Lücke, die aber durch Benutzung des Bohlschen Satzes leicht ausgefüllt werden kann. Die vorliegende Darstellung dürfte in wesentlichen Punkten den Vorzug grösserer Einfachheit haben.

Princeton, N. J.

---

[6] G. Sokoloff, *Conditions d'une collision générale des trois corps qui s'attirent mutuellement suivant la loi de Newton*, Académie des Sciences de l'Ukraine, Mémoires de la classe des sciences physiques et mathématiques, Bd. 9 (1928), S. 1–64.

35.

On the modern development of celestial mechanics *

American Mathematical Monthly 48 (1941), 430—435

Celestial mechanics deals with the problem of n bodies, or in other words, with the theory of the motion of n particles $P_1, \cdots, P_n$ in three-dimensional euclidean space attracting each other according to Newton's law of gravitation. If we denote by m_k the mass of the particle P_k and by r_{kl} the distance P_kP_l, the potential of gravitation of the system is

$$-U = -\sum_{1\leqq k<l\leqq n} m_k m_l r_{kl}^{-1}.$$

Let x_k, y_k, z_k be the rectangular cartesian coördinates of P_k; then the differential equations of the motion of P_k are

$$m_k\ddot{x}_k = \frac{\partial U}{\partial x_k}, \qquad m_k\ddot{y}_k = \frac{\partial U}{\partial y_k}, \qquad m_k\ddot{z}_k = \frac{\partial U}{\partial z_k}, \qquad (k = 1, \cdots, n).$$

This is a system of $3n$ ordinary differential equations of the second order. If we introduce the components of velocity u_k, v_k, w_k, the equations of motion may be written as a system of $6n$ differential equations of the first order, namely,

$$(1) \quad \dot{x}_k = u_k, \ \dot{y}_k = v_k, \ \dot{z}_k = w_k, \ \dot{u}_k = \frac{1}{m_k}\frac{\partial U}{\partial x_k}, \ \dot{v}_k = \frac{1}{m_k}\frac{\partial U}{\partial y_k}, \ \dot{w}_k = \frac{1}{m_k}\frac{\partial U}{\partial z_k}.$$

We consider the $6n$ real values $x_k, y_k, z_k, u_k, v_k, w_k, (k=1, \cdots, n)$, as the coördinates of a point Q in a space of $6n$ dimensions and we denote by S the manifold of all points Q for which the $n(n+1)/2$ distances r_{kl} are different from 0. The theorem of existence for the solutions of differential equations asserts that through any point Q of S passes exactly one curve of motion. It is the main problem of celestial mechanics to study the topological and analytical properties of this manifold of stream lines in the $6n$-dimensional space S. The complete solution of this problem seems to be far beyond the power of the known mathematical methods, but interesting special results have been obtained during the last 60 years, since the original discoveries of Hill in lunar theory. I will try to give an account of some of the more important of these modern results. They are connected with the names of Bruns, Poincaré, and Sundman.

---

* Delivered at Rutgers University, February 11, 1941, as a symposium lecture on celestial mechanics, given during the celebration of the 175th anniversary of the founding of the university.

Let us begin with the investigations of Bruns. They are concerned with the integrals of the system of differential equations (1). If

$$\dot{\xi}_k = f_k(\xi_1, \cdots, \xi_m, t), \qquad (k = 1, \cdots, m), \tag{2}$$

is a system of differential equations of the first order, then an integral of this system is any function $\phi(\xi_1, \cdots, \xi_m, t)$ which is constant for all solutions of (2). From the condition $\dot{\phi}=0$ we infer the relationship

$$\frac{\partial \phi}{\partial t} + \sum_{k=1}^{m} f_k \frac{\partial \phi}{\partial \xi_k} = 0;$$

hence an integral of (2) is any solution ϕ of this partial differential equation. It is proved in the theory of differential equations, that the system (2) of m differential equations of the first order reduces to a system of only $m-1$ differential equations of the first order, if we know any integral which is not identically constant. More generally, if we know r independent integrals of (2), this system may be replaced by a system of only $m-r$ differential equations of the first order, and if we find m independent integrals, then (2) is completely solved.

Since the researches of Euler and Lagrange we know 10 independent integrals of the system (2), namely, the 6 integrals of momentum, the 3 integrals of angular momentum, and the integral of energy. The integrals of momentum are

$$\phi_1 = \sum_{k=1}^{n} m_k u_k, \qquad \phi_2 = \sum_{k=1}^{n} m_k v_k, \qquad \phi_3 = \sum_{k=1}^{n} m_k w_k,$$

$$\phi_4 = t\phi_1 - \sum_{k=1}^{n} m_k x_k, \qquad \phi_5 = t\phi_2 - \sum_{k=1}^{n} m_k y_k, \qquad \phi_6 = t\phi_3 - \sum_{k=1}^{n} m_k z_k;$$

they assert that the center of gravity of the system of particles $P_1, \cdots, P_n$ moves on a straight line with constant velocity. The integrals of angular momentum are

$$\phi_7 = \sum_{k=1}^{n} m_k(y_k w_k - z_k v_k), \quad \phi_8 = \sum_{k=1}^{n} m_k(z_k u_k - x_k w_k), \quad \phi_9 = \sum_{k=1}^{n} m_k(x_k v_k - y_k u_k),$$

and the integral of energy is

$$\phi_{10} = T - U,$$

where

$$T = \tfrac{1}{2} \sum_{k=1}^{n} m_k(u_k^2 + v_k^2 + w_k^2)$$

denotes the kinetic energy of the system of particles. These 10 integrals of (1) have the special property that they are algebraic integrals, *i.e.*, algebraic functions of the variables $t, x_1, \cdots, w_n$. For a long time, mathematicians and astronomers tried in vain to find other simple integrals. Finally Bruns proved that there are no other independent algebraic integrals of the problem of n bodies; in other words, that any algebraic integral of the problem of n bodies is an algebraic function of the known integrals $\phi_1, \cdots, \phi_{10}$. This theorem of Bruns shows us that a further reduction of the problem of n bodies cannot be obtained by algebraic methods. The proof of Bruns's theorem is rather difficult; it uses the same ideas which led Liouville to his theorem that the elliptic functions cannot be expressed as a finite combination of exponential, logarithmic, and algebraic functions.

The researches of Sundman deal only with the special case $n=3$, the problem of three bodies. Since the right-hand sides in (1) are analytic functions of the $6n$ variables $x_1, \cdots, w_n$, we conclude from Cauchy's existence theorem that the solutions of (1) are analytic functions of the independent variable t. We choose a fixed real value t_0 of t and consider the coördinates x_k, y_k, z_k, $(k=1, 2, 3)$, on any curve of motion for increasing real values of $t>t_0$. There are two possibilities: Either these coördinates are regular for all values of $t>t_0$ or there exists a finite number $t_1>t_0$ such that all coördinates are regular for $t_0 \leqq t<t_1$, but at least one coördinate is singular for $t=t_1$. Let us now investigate the behaviour of the motion of the three bodies for $t \rightarrow t_1$. Sundman proved that in the moment $t=t_1$ we have either a simple collision or a general collision; this means that either two of the three bodies dash together or all three of them dash together, at a certain point of the space. Moreover, he found that a general collision can only occur if the three integrals of angular momentum have the value zero. If we assume that this is not the case, we have a simple collision for $t=t_1$. Sundman proved that then the coördinates, as functions of t, have a branch-point of the second order for $t=t_1$; this means that they can be represented in the neighborhood of $t=t_1$ by convergent power series of the uniformizing variable $(t-t_1)^{1/3}$ with real coefficients. Hence, we may consider the analytic continuation of these functions beyond the branch-point $t=t_1$. According to the three possible determinations of the cube root, we find three different analytic continuations beyond the branch-point, and exactly one of these branches will be real for real values $t>t_1$. Choosing this real branch for every one of the nine coördinates, we obtain a real analytic continuation of the motion beyond the point of simple collision. Of course this analytic continuation has no physical meaning, but it is important for the mathematical investigation of the differential equations.

Consider now the behaviour of the analytic functions x_k, y_k, z_k for increasing real values of $t>t_1$. There are again two possibilities: Either they are regular for all finite $t>t_1$ or there exists a first singularity $t=t_2$. Since we have assumed that the integrals of angular momentum are not all zero on our orbit, the singularity $t=t_2$ is again a simple collision; that means a branch-point of the second order, and we may construct the real analytic continuation of the motion beyond this branch-point $t=t_2$. It may happen that we find in this manner an infinite number of times $t_1, t_2, t_3, \cdots$ of simple collisions. Now Sundman proved that this infinite increasing sequence $t_1, t_2, t_3, \cdots$ does not tend to a finite limit; in other words, that the times of the single collisions do not cluster at a finite value of the time. Consequently the motion may be continued for all real finite values of the time greater than the initial value $t=t_0$. The same is obviously true for decreasing values of $t<t_0$. Therefore we have a real analytic continuation of the motion for all finite real values of the time t with the following property: If $t=\tau$ is no point of collision, then the coördinates are power series of the variable $t-\tau$ in the neighborhood of $t=\tau$; if $t=\tau$ is a point of collision, then the coördinates are, in this neighborhood, power series of the variable $(t-\tau)^{1/3}$.

These power series will not converge for all values of t, but only in a certain neighborhood of the special value τ. Sundman made the important discovery that the whole motion may be represented by one single power series, if we introduce instead of $t-\tau$ or $(t-\tau)^{1/3}$ a certain new uniformizing variable s defined by

$$s = \int_{t_0}^{t} (U + 1)dt. \tag{3}$$

If t runs from $-\infty$ to $+\infty$, the new variable s does the same. The coördinates x_k, y_k, z_k are now regular functions of s, for all finite real values of s, and the same holds for t as a function of s. Sundman proved that the singularities of x_k, y_k, z_k, t as functions of the complex variable s do not cluster towards the real s-axis; in other words, that there exists a certain strip containing the real s-axis which is completely free from singularities of those functions. The proof of this statement depends upon two lemmas which are of special interest. The first lemma asserts that throughout the whole motion the perimeter of the triangle $P_1P_2P_3$ has a positive lower bound not involving the time t, and the second lemma is the following one: Consider for any moment $t=\tau$ that point P_k which is opposite to the smallest side of the triangle, then the velocity $(u_k^2+v_k^2+w_k^2)^{1/2}$ of this point has a finite upper bound not depending upon τ. Applying these two lemmas, Sundman proved the existence of a strip $-\delta<I(s)<\delta$ not containing any singularity of x_k, y_k, z_k, t; here δ is a positive number depending only upon the initial conditions, and $I(s)$ is the imaginary part of s. By the substitution

$$p = \frac{e^{\pi s/2\delta} - 1}{e^{\pi s/2\delta} + 1}, \qquad s = \frac{2\delta}{\pi} \log \frac{1+p}{1-p}, \tag{4}$$

the strip is conformally mapped onto the unit circle $|p|<1$. The segment $-1<p<1$ corresponds to the real s-axis, hence also to the real t-axis, and x_k, y_k, z_k, t are regular functions of the uniformizing parameter p in the whole unit circle $|p|<1$. Therefore they may be expressed by power series of the variable p converging for $|p|<1$. If p runs from -1 to $+1$, the time t runs from $-\infty$ to $+\infty$ and the whole motion is represented by those power series. This is Sundman's final result:

If the three integrals of angular momentum are not all zero, then the coördinates x_k, y_k, z_k, $(k=1, 2, 3)$, *and the time t can be represented by power series of the parameter p defined in* (3) *and* (4). *The power series converge for* $|p|<1$, *and we obtain the whole curve of motion for* $-1<p<1$.

I have spoken rather explicitly of the methods and the results of Sundman, because his important papers have been studied by only very few people. The researches of Poincaré are more widely known; they were published in his famous *Méthodes nouvelles de la mécanique céleste*. It is impossible to give in brief a complete account of the different ingenious and fertile ideas of his work, and I will restrict myself to a sketch of his investigations concerning periodical orbits.

We consider again a system of differential equations of the first order,

$$\dot{\xi}_k = f_k(\xi_1, \cdots, \xi_m), \qquad (k = 1, \cdots, m), \tag{5}$$

and assume now that the functions f_k do not involve explicitly the independent variable t and that they have continuous partial derivatives of the first order, in a certain domain D. Moreover, we assume that there exists an integral not depending upon t, *i.e.*, a function $\phi(\xi_1, \cdots, \xi_m)$ which is constant for any solution of (5); let also ϕ have continuous partial derivatives in any point of D. These conditions are fulfilled in the special case of our system (1). The general solution of (5) for the initial conditions $t=0$, $\xi_k=\alpha_k$, $(k=1, \cdots, m)$, has the form

$$\xi_k = g_k(t, \alpha_1, \cdots, \alpha_m), \qquad g_k(0, \alpha_1, \cdots, \alpha_m) = \alpha_k, \qquad (k = 1, \cdots, m).$$

If we know in D a periodical solution with the period $\tau>0$ and the initial values $\xi_k=\beta_k$, $(k=1, \cdots, m)$, then the relationship

$$g_k(\tau, \beta_1, \cdots, \beta_m) = \beta_k, \qquad (k = 1, \cdots, m), \tag{6}$$

holds. By the theorem of uniqueness, the condition (6) is also sufficient for periodicity with the period τ. We consider all orbits through points in the neighborhood of the point $Q_0=(\beta_1, \cdots, \beta_m)$ and try to find other periodical solutions in D with a slightly different period σ. Let us assume that the given closed orbit through Q_0 is not tangential to the plane $\xi_1=\beta_1$; this means that $f_1(\beta_1, \cdots, \beta_m)\neq 0$. The solution passing for $t=0$ through the point $Q=(\beta_1, \alpha_2, \cdots, \alpha_m)$ of that plane cuts it for a second time $t=\sigma>0$ in a point $(\beta_1, \xi_2, \cdots, \xi_m)$, and σ lies in an arbitrarily small neighborhood of τ, if only the differences $\beta_k-\alpha_k$, $(k=2, \cdots, m)$, are sufficiently small. This orbit through Q will be closed if $\sigma, \alpha_2, \cdots, \alpha_m$ satisfy the m equations $h_1=0, \cdots, h_m=0$, where $h_1, \cdots, h_m$ denote the following functions of $\sigma, \alpha_2, \cdots, \alpha_m$:

$$h_1 = g_1(\sigma, \beta_1, \alpha_2, \cdots, \alpha_m) - \beta_1, \qquad h_k = g_k(\sigma, \beta_1, \alpha_2, \cdots, \alpha_m) - \alpha_k, \qquad (k = 2, \cdots, m).$$

If we assume that not all partial derivatives $\partial\phi/\partial\xi_k$, $(k=1, \cdots, m)$, of the integral ϕ vanish at the point Q_0, we infer from the relationship

$$\phi(h_1 + \beta_1, h_2 + \alpha_2, \cdots, h_m + \alpha_m) = \phi(\beta_1, \alpha_2, \cdots, \alpha_m)$$

that one of the m equations $h_k=0$ follows from the other $m-1$, for sufficiently small $\beta_k-\alpha_k$. Consequently we have only to solve $m-1$ equations $h_k=0$ for the m unknown quantities $\sigma, \alpha_2, \cdots, \alpha_m$, and we know the particular solution $\sigma=\tau$, $\alpha_k=\beta_k$, $(k=2, \cdots, m)$. By a well known theorem concerning implicit functions, our system of equations has for any given σ in a sufficiently small neighborhood of τ a uniquely determined solution $\alpha_2, \cdots, \alpha_m$, if the functional determinant of the $m-1$ left-hand sides h_k as functions of the variables $\alpha_2, \cdots, \alpha_m$ does not vanish for $\sigma=\tau$, $\alpha_2=\beta_2, \cdots, \alpha_m=\beta_m$. Under this last assumption we obtain a one-parameter manifold of closed orbits in the neighborhood of the given closed orbit.

If we want to apply this method of Poincaré, we have to know already a periodical solution, and the problem arises how to find such an initial solution. This problem is of a different character, and Poincaré tried to solve it by topological methods. Let us consider the solution of (5) through any point Q of the surface $\xi_1=\beta_1$ for increasing values of t, and let us assume that it cuts again this surface at a point Q'. In this manner a topological mapping of the surface onto itself is defined, and obviously the periodical solutions correspond to the fixed points $Q=Q'$ of this mapping. The problem of finding closed orbits is therefore transformed into the problem of proving the existence of fixed points under a topological mapping of a surface onto itself. Poincaré suggested that under certain conditions a fixed point will really exist, and Birkhoff later proved this suggestion. In his researches on surface transformations, Birkhoff obtained several other results which have interesting applications to dynamical problems.

I hope to have explained that some important steps have been made since the first ingenious researches of Hill. However, there remain still a great number of unsolved problems in celestial mechanics, *e.g.*, the problems of stability and transitivity, and it seems that the solution of the main problems will require new methods of analysis.

36.

Equivalence of quadratic forms *

American Journal of Mathematics 63 (1941), 658—680

Introduction. Let S be a quadratic form in m variables $x_1, \cdots, x_m$ with coefficients belonging to a ring P and T a quadratic form in n variables $y_1, \cdots, y_n$. We say that S *represents* T *in* P if S is carried into T by a linear transformation

$$x_k = \sum_{l=1}^{n} c_{kl} y_l \qquad (k = 1, \cdots, m), \tag{1}$$

where the coefficients c_{kl} are numbers of P. If also T represents S in P, we say that S and T are *equivalent in* P. We shall assume the ring P to be one of the rings R, R_p, R_∞, J, J_p defined in the following manner: R is the field of rational numbers, R_p the field of p-adic numbers, where p denotes any prime number, R_∞ the field of real numbers; moreover J is the ring of integral numbers and J_p the ring of p-adic integers. It is convenient to denote R_∞ also by J_∞. If we speak of *equivalence* without mentioning the ring, we always mean equivalence in J. On the other hand, equivalence in R is also called *rational equivalence.*

Since R is contained in all the fields R_p and R_∞, two rationally equivalent quadratic forms are certainly also equivalent in all R_p and R_∞. The converse of this obvious statement is

THEOREM 1. *If two quadratic forms with rational coefficients are equivalent in all R_p and R_∞, then they are also rationally equivalent.*

This important theorem was found by Minkowski [1] who published only a sketch of the proof. The first detailed proof was given by Hasse.[2]

We consider now the corresponding questions for J, J_p, J_∞ instead of R, R_p, R_∞. It is again obvious that two equivalent quadratic forms are *a fortiori* equivalent in all J_p and J_∞. However it may be seen from simple examples that now the converse is not generally true. In order to overcome this difficulty we introduce the notion of semiequivalence:

---

* Received March 5, 1941.

[1] H. Minkowski, *Gesammelte Abhandlungen*, vol. 1, p. 222.

[2] H. Hasse, "Über die Äquivalenz quadratischer Formen im Körper der rationalen Zahlen," *Journal für die reine und angewandte Mathematik*, vol. 152 (1923), pp. 205-224.

Let S and T be quadratic forms with integral coefficients. We say that *S represents T rationally without essential denominator,* if there exists for any positive integer q a linear transformation (1) carrying S into T, such that the coefficients c_{kl} $(k = 1, \cdots, m;\ l = 1, \cdots, n)$ are rational numbers and their denominators relative-prime to q. If also T represents S rationally without essential denominator, then S and T are called *semiequivalent.* Obviously the equivalence in all J_p and J_∞ follows already from semiequivalence. And now also the converse holds, namely

THEOREM 2. *If two quadratic forms with integral coefficients are equivalent in all J_p and J_∞, then they are also semiequivalent.*

The *genus* of a quadratic form S with integral coefficients is the set of the quadratic forms T equivalent to S in all J_p and J_∞. Theorem 2 maintains that two quadratic forms of the same genus always represent each other rationally without essential denominator. This has been proved by Smith [3] in the case of three variables. The general theorem was stated by Minkowski [4]; but a complete proof had hitherto not been given.

The assumptions in Theorems 1 and 2 contain only local properties of the quadratic forms dealing with their behavior at the finite and infinite prime-spots; on the other hand, the assertion is the existence of a certain matrix in the large, namely in the field of rational numbers. It is therefore quite natural that the proofs depend upon the transcendental methods of analytic number-theory. Hitherto the proofs of Theorem 1 used Dirichlet's theorem concerning the prime numbers in arithmetical progressions. This theorem, however, belongs to the theory of class-fields rather than to the proper theory of quadratic forms. It is of methodical interest to refrain from using Dirichlet's theorem and to apply in its place the properties of the theta functions giving the adequate tools for the investigation of quadratic forms.

Our proofs of the two theorems require very little knowledge of arithmetics. We use only the properties of linear forms contained in the main theorem on elementary divisors of rational matrices. We do not need the law of quadratic reciprocity which was important in the former proofs of Theorem 1. The method of our proofs could be generalized without difficulty to the case of quadratic forms in arbitrary algebraic number-fields.

In the statement of Theorems 1 and 2 we did not assume that the two quadratic forms are non-degenerate, i. e. that their determinants are different

---

[3] H. J. St. Smith, *Collected Papers*, vol. 1, p. 480.

[4] H. Minkowski, *Gesammelte Abhandlungen*, vol. 1, p. 221.

from 0. We show now by a simple consideration that we may restrict ourselves to the non-degenerate case.

The rank of the product of two matrices is not greater than the rank of either of the factors. Hence two quadratic forms S and T have obviously the same rank μ, if they are equivalent in P. Since Theorems 1 and 2 are certainly true in the case $\mu = 0$, we may assume $\mu > 0$. We want to prove that S is equivalent in P to a non-degenerate quadratic form in μ variables.

Let us first consider the cases $\mathrm{P} = R, R_p, R_\infty$. If the m coefficients s_{kk} $(k = 1, \cdots, m)$ of

$$S = \sum_{k,l=1}^{m} s_{kl} x_k x_l$$

are all 0, then at least one of the other coefficients $s_{kl} = s_{lk}$ $(k \neq l)$ is $\neq 0$, say s_{ab}. The special linear transformation $x_b \to x_a + x_b$, $x_k \to x_k$ $(k \neq b)$ and its inverse belong to P; hence S is equivalent in P to $S + 2x_a \sum_{k=1}^{m} s_{kb} x_k$, and the coefficient of x_a^2 in this quadratic form is $2s_{ab} \neq 0$. Hence we may assume that already one of the coefficients s_{kk}, say s_{aa}, is $\neq 0$. Then the difference

$$S - s_{aa}\Big(x_a + \sum_{k \neq a} \frac{s_{ak}}{s_{aa}} x_k\Big)^2$$

is a quadratic form in the $m - 1$ variables x_k $(k \neq a)$. Applying induction we infer that S is equivalent in P to a *diagonal form* $c_1 x_1^2 + \cdots + c_\mu x_\mu^2$, where the coefficients $c_1, \cdots, c_\mu$ are $\neq 0$. In the case $\mathrm{P} = R$ or R_p, let c be a common denominator of the numbers $c_1, \cdots, c_\mu$. By the substitutions $x_k \to c x_k$ $(k = 1, \cdots, \mu)$, we get integral coefficients. Consequently we may assume for the proof of Theorem 1, that the two quadratic forms are diagonal forms with integral coefficients.

In the cases $\mathrm{P} = J, J_p$, we apply the theory of elementary divisors to the matrix $\mathfrak{S} = (s_{kl})$ of the quadratic form S. There exist two matrices $\mathfrak{U}$ and $\mathfrak{V}$ of P with m rows and determinant 1, such that

$$\mathfrak{U}\mathfrak{S}\mathfrak{V} = \begin{pmatrix} \mathfrak{D} & 0 \\ 0 & 0 \end{pmatrix},$$

where $\mathfrak{D}$ is a diagonal matrix of μ rows and 0 is a zero matrix. If $\mathfrak{U}'$ denotes the transpose of $\mathfrak{U}$, the matrix

$$\mathfrak{U}\mathfrak{S}\mathfrak{U}' = \begin{pmatrix} \mathfrak{D} & 0 \\ 0 & 0 \end{pmatrix} \mathfrak{V}^{-1}\mathfrak{U}'$$

is symmetric. Since the elements of the last $m - \mu$ rows on the right-hand side are all 0, we obtain

$$\mathfrak{U}\mathfrak{S}\mathfrak{U}' = \begin{pmatrix} \mathfrak{W} & 0 \\ 0 & 0 \end{pmatrix},$$

where $\mathfrak{W}$ is a symmetric matrix of μ rows with non-vanishing determinant. Hence S is equivalent in $\mathbf{P}$ to the quadratic form with the matrix $\mathfrak{W}$, and we may assume for the proof of Theorem 2 that the two quadratic forms are non-degenerate.

Henceforth we denote by S only non-degenerate quadratic forms. For our further researches the notion of the zero-form is important: A quadratic form S with coefficients in $\mathbf{P}$ is called a *zero-form in* $\mathbf{P}$, if the Diophantine equation $S = 0$ has a solution in numbers $x_1, \cdots, x_m$ of $\mathbf{P}$ which are not all 0. A zero-form in R is obviously also a zero-form in all R_p and R_∞. Again the converse is true:

A quadratic form with rational coefficients is a zero-form in R, if it is a zero-form in all R_p and R_∞.

This was proved for the case $m = 3$ by Legendre,[5] in a different notation, and by Hasse [6] for the case of any m. If $m > 4$, the theorem is contained in the following result of A. Meyer [7]:

Any indefinite quadratic form with rational coefficients and more than 4 variables is a zero-form in R.

Since a quadratic form S with rational coefficients is equivalent in R to a diagonal form $a_1x_1^2 + \cdots + a_mx_m^2$ with integral coefficients $a_k \neq 0$ $(k = 1, \cdots, m)$, we may assume for the proof of these theorems of Hasse-Legendre and Meyer that S is such a diagonal form. On the other hand, the equation $S = 0$ is homogeneous and we may restrict the variables $x_1, \cdots, x_m$ to integral values. In addition to the indefinite form

$$S = \sum_{k=1}^{m} a_k x_k^2$$

we introduce the positive quadratic form

$$\mathfrak{P} = \sum_{k=1}^{m} | a_k | x_k^2$$

and consider for arbitrary $\epsilon > 0$ the sum

$$A(\epsilon) = \sum_{S=0} \exp(-\pi\epsilon\mathfrak{P}) \tag{2}$$

extended over all integral solutions $x_1, \cdots, x_m$ of $S = 0$.

---

[5] A. M. Legendre, *Théorie des nombres*, ed. 3 (1830), vol. 1, §§ 3, 4.

[6] H. Hasse, "Über die Darstellbarkeit von Zahlen durch quadratische Formen im Körper der rationalen Zahlen," *Journal für die reine und angewandte Mathematik*, vol. 152 (1923), pp. 129-148.

[7] A. Meyer, "Über die Kriterien für die Auflösbarkeit der Gleichung $ax^2 + by^2 + cz^2 + du^2 = 0$ in ganzen Zahlen," *Vierteljahrsschrift der Naturforschenden Gesellschaft in Zürich*, vol. 29 (1884), p. 209-222.

THEOREM 3. *Let S be an indefinite quadratic diagonal form, with integral coefficients, in more than 4 variables. If ϵ tends to 0 through positive values, then the expression $\epsilon^{(m/2)-1}A(\epsilon)$ tends to a positive limit.*

This is obviously a quantitative improvement of Meyer's theorem. We shall give a proof using the "circle method" of Hardy and Littlewood. The same method leads to the following special result in the case $m = 4$:

THEOREM 4. *Let S be an indefinite quaternary quadratic diagonal form with integral coefficients. If S is a zero-form in all R_p and if its determinant is the square of an integer, then the expression $(\epsilon/\log \epsilon^{-1})A(\epsilon)$ tends for $\epsilon \to 0$ to a positive limit.*

This is a quantitative improvement of the Hasse-Legendre theorem, in the case of a quaternary form with quadratic determinant. It is also possible to determine the asymptotic behavior of $A(\epsilon)$ in the remaining cases, namely $m < 4$, or $m = 4$ and the determinant not a square. But in these cases the estimation of certain quantities in the proof becomes more laborious and requires particular calculations which are not necessary under the assumptions of Theorems 3 or 4. For the purpose of our investigation, the proof of Theorems 1 and 2, we need only the statements of Theorems 3 and 4; therefore we omit here the more difficult discussion of those particular cases.

1. Gaussian sums and singular series.

LEMMA 1. *Let ρ be a primitive root of unity of degree $q \geq 1$, α and β be two integers and $\delta = (2\alpha, q)$ be the greatest common divisor of 2α and q. Then*

$$\Big| \sum_{h=1}^{q} \rho^{\alpha h^2+\beta h} \Big|^2 \leq \delta q,$$

where the sign of equality is true in the case $\delta = 1$.

Proof. Multiplying the two conjugate complex quantities

$$G = \sum_{h=1}^{q} \rho^{\alpha h^2+\beta h}, \qquad \bar{G} = \sum_{k=1}^{q} \rho^{-\alpha k^2-\beta k}$$

we find

$$| G |^2 = \sum_{k=1}^{q} \rho^{-\alpha k^2-\beta k} \Big(\sum_{h=k+1}^{q+k} \rho^{\alpha h^2+\beta h} \Big) = \sum_{l=1}^{q} \rho^{\alpha l^2+\beta l} \Big(\sum_{k=1}^{q} \rho^{2\alpha k l} \Big).$$

The inner sum on the right-hand side is 0, if $2\alpha l$ is not a multiple of q, and q otherwise. Since q is a factor of $2\alpha l$ only for the δ values $l = gq\delta^{-1}$ $(g = 1, \cdots, \delta)$ in the interval $1 \leq l \leq q$, we have

$$| G |^2 = q \sum_{l}{}' \rho^{\alpha l^2+\beta l},$$

the sum being extended over these values of l, and hence

$$|G|^2 \leq \delta q,$$

where the sign of equality certainly holds in the case $\delta = 1$.

In this paragraph we denote by S a diagonal form

$$S = S(x) = \sum_{k=1}^{m} a_k x_k^2$$

with integral coefficients a_k, where x is the row of the variables $x_1, \cdots, x_m$. Let

$$D = a_1 \cdots a_m$$

be the determinant of S. For any positive integer q, a special primitive q-th root of unity is given by

$$\rho_q = e^{2\pi i/q}.$$

The Gaussian sums are defined by

$$G_q(r) = \sum_{x(q)} \rho_q^{rS(x)}, \tag{3}$$

where the sign $x(q)$ indicates that the variables $x_1, \cdots, x_m$ run independently over a complete system of residues modulo q, and r is an integral number. If t is a common divisor of $q = tq_1$ and $r = tr_1$, we have obviously

$$G_q(r) = t^m G_{q_1}(r_1). \tag{4}$$

On the other hand, we infer from Lemma 1 the inequality

$$|G_q(r)|^2 \leq q^m \prod_{k=1}^{m} (2a_k r, q). \tag{5}$$

We define

$$H_q = q^{-m} \sum_{r(q)}' G_q(r), \tag{6}$$

where the sign $r(q)$ and the dash mean that r runs through a reduced system of residues modulo q. Denoting by $\phi(q)$ Euler's function, we obtain by (5) the estimate

$$|H_q| \leq \phi(q) q^{-m/2} \prod_{k=1}^{m} (2a_k, q)^{\frac{1}{2}}, \tag{7}$$

whence

$$|H_q| \leq \phi(q) q^{-m/2}, \tag{8}$$

if $(2D, q) = 1$, and in any case

$$|H_q| < 2^{m/2} |D|^{\frac{1}{2}} q^{1-(m/2)}. \tag{9}$$

We assume now $m > 2$ and denote by p any prime number. By (9), the series

$$(10) \qquad \sigma_p = \sum_{k=0}^{\infty} H_{p^k}$$

is absolutely convergent. On the other hand, let N_q be the number of solutions of the congruence

$$S(x) \equiv 0 \pmod{q}$$

in different systems $x(q)$. The significance of the quantity σ_p is made clear by

LEMMA 2. *If $q = p^l$ runs over the powers of the prime number p, then*

$$(11) \qquad \lim_{q \to \infty} q^{1-m} N_q = \sigma_p.$$

This limit σ_p is $\neq 0$, if and only if S is a zero-form in R_p.

Proof. Let r_k run over a reduced system of residues modulo p^k ($k = 0, \cdots, l$). The numbers $r_k p^{l-k}$ ($k = 0, \cdots, l$) form exactly a complete system of residues for the modulus $p^l = q$. By (4), the relationship

$$G_{p^l}(r_k p^{l-k}) = p^{(l-k)m} G_{p^k}(r_k)$$

holds, and hence by (6)

$$\sum_{h=1}^{q} G_q(h) = \sum_{k=0}^{l} p^{(l-k)m} \sum_{r_k(p^k)}' G_{p^k}(r_k) = q^m \sum_{k=0}^{l} H_{p^k}.$$

On the other hand, by (3)

$$\sum_{h=1}^{q} G_q(h) = \sum_{x(q)} \sum_{h(q)} \rho_q^{hS(x)} = qN_q.$$

This leads to

$$(12) \qquad q^{1-m} N_q = \sum_{k=0}^{l} H_{p^k}$$

and consequently to the first assertion of our lemma.

Now we shall prove that $\sigma_p > 0$, if S is a zero-form in R_p. Let p^α be the largest power of p dividing $2D$ and $l \geq 2\alpha + 1$, $q = p^l$. Since S is a zero-form in R_p, the congruence

$$(13) \qquad S(x) \equiv 0 \pmod{q}$$

has a *primitive* solution x, i. e. a solution in integers $x_1, \cdots, x_m$ which are not all divisible by p. The greatest common divisor

$$(14) \qquad (q, 2a_1x_1, \cdots, 2a_mx_m) = p^\beta$$

is then a factor of the number $(2D, q) = p^\alpha$, hence $\beta \leq \alpha$ and $2(l - \beta) \geq 2l - 2\alpha \geq l + 1$. If y is integral, we find

$$S(x + p^{l-\beta}y) \equiv S(x) + 2p^{l-\beta} \sum_{g=1}^{m} a_g x_g y_g \pmod{pq};$$

hence the number of modulo pq incongruent solutions z of

$$S(z) \equiv 0 \pmod{pq}, \qquad z \equiv x \pmod{p^{l-\beta}}$$

is the same as the number of modulo $p^{\beta+1}$ incongruent solutions y of

$$2p^{-\beta} \sum_{g=1}^{m} a_g x_g y_g \equiv -p^{-l} S(x) \pmod{p}.$$

By (13) and (14), this number is $p^{m-1+m\beta}$. On the other hand, the number of modulo q incongruent solutions z of

$$S(z) \equiv 0 \pmod{q}, \qquad z \equiv x \pmod{p^{l-\beta}}$$

is obviously $p^{m\beta}$, and the ratio of the two numbers of solutions is p^{m-1}, independent of the primitive solution x. Denoting by M_{p^k} the number of modulo p^k incongruent primitive solutions x of $S(x) \equiv 0 \pmod{p^k}$, we obtain by summation over x modulo $p^{l-\beta}$ the formula

$$M_{pq} = p^{m-1} M_q \qquad (q = p^l;\ l \geq 2\alpha + 1).$$

This shows that the expression $p^{(1-m)l} M_{p^l}$ $(l \geq 2\alpha + 1)$ is a positive number not depending upon l. But

$$N_q \geq M_q \qquad (q = p^l;\ l = 0, 1, \cdots),$$

and hence the sequence $q^{1-m} N_q$ has a positive lower bound. By (11), the inequality $\sigma_p > 0$ follows.

To complete the proof of our lemma, let us now assume, on the other hand, that S is not a zero-form in R_p. Then we infer, from the above discussion, that the congruence

$$(15) \qquad S(x) \equiv 0 \pmod{q}$$

has no primitive solution, if $q = p^l$, $l \geq 2\alpha + 1$ and p^α is the largest power of p dividing $2D$. Let x be any integral solution of (15) and

$$(16) \qquad (q, x_1, \cdots, x_m) = p^\gamma.$$

Then $y = p^{-\gamma} x$ satisfies the congruence

$$p^{2\gamma} S(y) \equiv 0 \pmod{q}.$$

Hence $2\gamma \geq l - 2\alpha$, and by (16)

$$N_q \leq p^{m(l-l/2+\alpha)} = p^{m\alpha} q^{m/2}$$
$$q^{1-m} N_q \leq p^{m\alpha} q^{1-(m/2)}.$$

Since $m > 2$, the right-hand side tends to zero for $q = p^l \to \infty$, and we see by (11) that $\sigma_p = 0$.

Lemma 3. *Let either $m > 4$ and p arbitrary or $m > 2$ and $(p, 2D) = 1$; then*

$$\sigma_p > 0. \tag{17}$$

In the case $m > 4$, $(p, 2D) = 1$ the stronger inequality

$$\sigma_p > 1 - p^{-3/2} \tag{18}$$

holds.

Proof. We consider first the case $m > 2$, $(p, 2D) = 1$. For $q = p^l$ $(l = 1, 2, \cdots)$, the inequality (8) implies

$$| H_q | \leq (1 - p^{-1}) q^{1-m/2}$$

$$\Big| \sum_{l=1}^{\infty} H_{p^l} \Big| \leq (1 - p^{-1}) \sum_{l=1}^{\infty} p^{l(1-m/2)} = p^{1-m/2} \frac{1 - p^{-1}}{1 - p^{1-m/2}}.$$

The right-hand side of the last formula is $< p^{-3/2}$ for $m \geq 5$, $= p^{-1}$ for $m = 4$, $= p^{-1/2} + p^{-1}$ for $m = 3$, and less than 1 in any of these cases, since $p \geq 3$. Now $H_1 = 1$ and therefore

$$| \sigma_p | \geq 1 - \Big| \sum_{l=1}^{\infty} H_{p^l} \Big|.$$

By (11), the number σ_p is non-negative. Hence (17) holds for $m > 2$, $(p, 2D) = 1$, and (18) for $m > 4$, $(p, 2D) = 1$.

It remains to prove (17) for $m > 4$ and the prime factors p of $2D$. Applying Lemma 2 we have only to show that S is a zero-form in R_p. For this proof we may assume, without loss of generality, that

$$S = \sum_{k=1}^{h} a_k x_k^2 + p \sum_{k=h+1}^{m} b_k x_k^2, \tag{19}$$

where h is a certain number of the interval $0 \leq h \leq m$ and none of the integral coefficients a_k, b_k is divisible by p. Moreover we may restrict ourselves to the case $h \geq m/2$, since the case $h \leq m/2$ is transformed into this one, if we divide S by p and replace x_k by px_k $(k = 1, \cdots, h)$. If $p \neq 2$, we apply Lemma 2 and the already proved part of our lemma to the quadratic form

$$S_1 = \sum_{k=1}^{h} a_k x_k^2$$

in more than 2 variables. Then S_1 is a zero-form in R_p and consequently so also is S. In the remaining case $p = 2$ we infer from (7) and (19) the estimate

$$| H_q | \leq 2^{m-h/2-1} q^{1-m/2} \qquad (q = 2^l;\ l = 2, 3, \cdots).$$

Since $h > 0$, we find by direct calculation that $H_2 = 0$, and in the case $h < m$ also $H_4 = 0$. Hence

$$\left| \sum_{l=1}^{\infty} H_{2^l} \right| \leq 2^{m-h/2-1} \sum_{l=\lambda}^{\infty} 2^{l(1-m/2)} < 2^{m-h/2+\lambda(1-m/2)},$$

where $\lambda = 3$ for $h < m$ and $\lambda = 2$ for $h = m$. Now $h \geq m/2$ and $m > 4$, whence $m - h/2 + \lambda(1 - m/2) < 0$ in both cases and

$$|\sigma_2| \geq 1 - \left| \sum_{l=1}^{\infty} H_{2^l} \right| > 0.$$

By Lemma 2, S is a zero-form in R_2.

LEMMA 4. *If $m > 4$, the series*

$$\sigma = \sum_{q=1}^{\infty} H_q \tag{20}$$

converges and

$$\sigma > 0. \tag{21}$$

Proof. Let $q = q_1 q_2$ be a decomposition of q into relative-prime factors. If $x^{(1)}$ and $x^{(2)}$ run over complete systems of residues mod q_1 and mod q_2, then $x = q_2 x^{(1)} + q_1 x^{(2)}$ runs over a complete system of residues mod q. In an analogous manner we may take $r = q_2 r_1 + q_1 r_2$, where r_1 and r_2 run over reduced systems of residues mod q_1 and mod q_2. We obtain

$$rS(x) = (q_2 r_1 + q_1 r_2) S(q_2 x^{(1)} + q_1 x^{(2)}) \equiv r_1 q_2^3 S(x^{(1)}) + r_2 q_1^3 S(x^{(2)}) \pmod q$$
$$\rho_q^{rS(x)} = \rho_{q_1}^{r_1 q_2^2 S(x^{(1)})} \rho_{q_2}^{r_2 q_1^2 S(x^{(2)})}$$

and by (3)

$$G_q(r) = G_{q_1}(r_1 q_2^2) G_{q_2}(r_2 q_1^2).$$

Since also $r_1 q_2^2$ and $r_2 q_1^2$ run over reduced systems mod q_1 and mod q_2, we find by (6)

$$H_q = H_{q_1} H_{q_2}. \tag{22}$$

By (9), the series (20) is absolutely convergent for $m > 4$. Hence from (10) and (22) the product-formula

$$\sigma = \prod_p \sigma_p$$

follows. By Lemma 3, all factors σ_p are positive, and moreover the inequality

$$\prod_{(p,2D)=1} \sigma_p > \prod_{(p,2D)=1} (1 - p^{-3/2}) > 0$$

holds, where the multiplication extends over all prime numbers p not dividing $2D$. Consequently (21) is proved.

LEMMA 5. *Let p be an odd prime number not dividing the determinant D; then S is equivalent in J_p to $Dx_m^2 + \sum_{k=1}^{m-1} x_k^2$.*

Proof. Let a and b be two integers not divisible by p. By (8) and (12), the number of modulo p incongruent solutions ξ, η, ζ of

$$a\xi^2 + b\eta^2 \equiv \zeta^2 \pmod{p} \tag{23}$$

is not less than $p^2\{1-(1-p^{-1})p^{-1/2}\}$, and the number of modulo p incongruent solutions ξ, η of $a\xi^2 + b\eta^2 \equiv 0 \pmod{p}$ is not more than $p(1+1-p^{-1})$. Since the difference of both numbers is $\geq (p-1)(p-p^{1/2}-1) > 0$, there exists a solution of (23) with $\zeta \not\equiv 0 \pmod{p}$. The method of the proof of Lemma 2 leads then to an integral p-adic solution α, β of $a\alpha^2 + b\beta^2 = 1$, and we get the identity

$$ax_1^2 + bx_2^2 = y_1^2 + aby_2^2,$$

where x_1, x_2 and y_1, y_2 are connected by the linear substitution

$$x_1 = \alpha y_1 - b\beta y_2, \qquad x_2 = \beta y_1 + a\alpha y_2$$

of determinant 1. Applying this result $m-1$ times, we obtain the proof of the assertion.

For the rest of this paragraph, we assume that $m = 4$ and the determinant D of S is the square of an integer, $D = a^2$. Denoting by s a real variable, we define

$$\sigma_p(s) = \sum_{l=0}^{\infty} H_{p^l} p^{-ls}, \tag{24}$$

$$\sigma(s) = \sum_{q=1}^{\infty} H_q q^{-s}, \tag{25}$$

where the first sum, by (9), converges absolutely for $s > -1$ and the second sum for $s > 0$. By (22)

$$\sigma(s) = \prod_p \sigma_p(s) \qquad (s > 0), \tag{26}$$

and by (10)

$$\lim_{s \to 0} \sigma_p(s) = \sigma_p(0) = \sigma_p. \tag{27}$$

LEMMA 6. *If $m = 4$, $D = a^2$, $(p, 2D) = 1$, then*

$$\sigma_p(s) = \frac{1-p^{-s-2}}{1-p^{-s-1}} \qquad (s > -1).$$

Proof. By Lemma 5, the quadratic form S is equivalent in J_p to $x_1^2 + x_2^2 + x_3^2 + a^2x_4^2$, hence also to $x_1^2 + x_2^2 + x_3^2 + x_4^2$, and the same holds for the quadratic form

$$T = x_1^2 + x_2^2 - x_3^2 - x_4^2.$$

If two rows of variables are connected by a linear substitution with integral coefficients whose determinant is relative-prime to q, then they run at the same time over a complete system of residues modulo q. Hence, for $q = p^l$, the Gaussian sum $G_q(r)$ is not changed, if S is replaced by T. Applying the definition (3) we find

$$G_q(r) = \Big(\sum_{h=1}^{q} \rho_q^{rh^2}\Big)^2 \Big(\sum_{h=1}^{q} \rho_q^{-rh^2}\Big)^2 \qquad (q = p^l;\ l = 0, 1, \cdots)$$

and therefore by Lemma 1

$$G_q(r) = q^2,$$

if $(p, r) = 1$. By (6) and (24)

$$H_q = (1 - p^{-1}) q^{-1} \qquad (q = p^l;\ l = 1, 2, \cdots)$$

$$\sigma_p(s) = 1 + (1 - p^{-1}) \sum_{l=1}^{\infty} p^{-l(s+1)} = 1 + \frac{1 - p^{-1}}{p^{s+1} - 1} = \frac{1 - p^{-s-2}}{1 - p^{-s-1}}.$$

Lemma 7. *If $m = 4$, $D = a^2$ and S is a zero-form in all R_p, then the sequence $\sum_{q=1}^{t} H_q \big/ \sum_{q=1}^{t} q^{-1}$ $(t = 1, 2, \cdots)$ tends for $t \to \infty$ to a positive limit.*

Proof. By (26) and Lemma 6

$$\sigma(s) = \frac{\zeta(s+1)}{\zeta(s+2)} \prod_{p/2D} \frac{(1 - p^{-s-1}) \sigma_p(s)}{1 - p^{-s-2}} \qquad (s > 0).$$

The Dirichlet series

$$\frac{1}{\zeta(s+2)} \prod_{p/2D} \frac{(1 - p^{-s-1}) \sigma_p(s)}{1 - p^{-s-2}} = \psi(s) = \sum_{q=1}^{\infty} c_q q^{-s}$$

is the product of a finite number of Dirichlet series which are absolutely convergent for $s > -1$; hence it is also absolutely convergent for $s > -1$. In particular, for $s = 0$,

$$\text{(28)} \qquad \frac{6}{\pi^2} \prod_{p/2D} \frac{\sigma_p(0)}{1 + p^{-1}} = \psi(0) = \sum_{q=1}^{\infty} c_q.$$

Defining

$$\gamma(u) = \sum_{q > u} c_q$$

we have

$$\gamma(u) \to 0 \qquad (u \to \infty).$$

If δ is an arbitrarily small positive number, the inequality $|\gamma(u)| < \delta$ holds for $u > \nu = \nu(\delta) > 0$; moreover a constant K exists, such that $|\gamma(u)| < K$ for all values of u. Using the abbreviation

$$\sum_{q=1}^{t} q^{-1} = L_t \qquad (t = 1, 2, \cdots)$$

we find

$$\Big|\sum_{q=1}^{t}\gamma(t/q)q^{-1}\Big| \leq K\sum_{t/\nu\leq q\leq t} q^{-1}+\delta\sum_{q\leq t}q^{-1}\leq K\nu+\delta L_t$$

(29) $$L_t^{-1}\sum_{q=1}^{t}\gamma(t/q)q^{-1}\to 0 \qquad (t\to\infty).$$

From (25) and the identity

$$\sigma(s)=\zeta(s+1)\psi(s)=\sum_{q=1}^{\infty}q^{-s-1}\sum_{q=1}^{\infty}c_q q^{-s}$$

we obtain

$$\sum_{q=1}^{t}H_q=\sum_{ab\leq t}c_a b^{-1}=\sum_{q=1}^{t}\{\psi(0)-\gamma(t/q)\}q^{-1}=\psi(0)L_t-\sum_{q=1}^{t}\gamma(t/q)q^{-1};$$

hence by (29)

$$L_t^{-1}\sum_{q=1}^{t}H_q\to\psi(0) \qquad (t\to\infty).$$

By (27), (28) and Lemma 2, the inequality $\psi(0)>0$ holds.

2. Farey dissection and theta functions. Let ϵ be a given number,

$$0<\epsilon<1, \qquad N=[\epsilon^{-\frac{1}{2}}], \qquad \delta=\frac{1}{N+1}$$

and J the interval $\delta\leq u\leq 1+\delta$. We consider all pairs of integers q, r with

(30) $$1\leq r\leq q\leq N, \qquad (q,r)=1$$

and denote by J_{qr} the interval

(31) $$|u-r/q|\leq\frac{1}{2qN},$$

and by J_0 the set of all points of J not belonging to any J_{qr}.

LEMMA 8. *The intervals J_{qr} are contained in J and do not overlap each other. For any point u of the set J_0, a pair of integers q, r satisfying* (30) *exists, such that*

(32) $$\frac{1}{2qN}<|u-r/q|<\frac{1}{qN}.$$

Proof. Let u be a point of J_{qr}. By (30) and (31)

$$u\geq r/q-\frac{1}{2qN}\geq 1/q\Big(1-\frac{1}{2N}\Big)\geq 1/N\Big(1-\frac{1}{N+1}\Big)=\delta,$$

$$u\leq r/q+\frac{1}{2qN}\leq 1+\frac{1}{2N}\leq 1+\delta;$$

hence u belongs to the interval J. If another interval $J_{q'r'}$ had an inner point u in common with J_{qr}, the inequality

$$|u - r'/q'| < \frac{1}{2q'N}$$

and (30), (31) lead to the contradiction

$$\frac{1}{qq'} \leq \frac{|rq' - qr'|}{qq'} = \left|\frac{r}{q} - \frac{r'}{q'}\right| < \frac{1}{2qN} + \frac{1}{2q'N} = \frac{q+q'}{2qq'N} \leq \frac{1}{qq'}.$$

Let now u be a point of J_0. Applying the theory of continued fractions we find a pair of integers q', r' such that

$$1 \leq q' \leq N, \qquad (q', r') = 1, \qquad |u - r'/q'| < \frac{1}{q'N}.$$

If $r' \leq 0$, we have

$$\frac{1}{N+1} = \delta \leq u < \frac{1}{q'N} \leq \frac{1}{N}$$

$$\left|u - \frac{1}{N}\right| < \frac{1}{N^2};$$

if $r' > q'$, we have

$$1 - \frac{1}{N} \leq 1 - \frac{1}{q'N} < u \leq 1 + \delta = 1 + \frac{1}{N+1}$$

$$\left|u - \frac{1}{1}\right| < \frac{1}{N};$$

hence the inequality

$$\left|u - \frac{r}{q}\right| < \frac{1}{qN}$$

holds also for at least one pair q, r satisfying (30). On the other hand, u not being a point of J_{qr},

$$\frac{1}{2qN} < \left|u - \frac{r}{q}\right|.$$

This completes the proof of the lemma.

Putting

$$S = \sum_{k=1}^{m} a_k x_k^2, \qquad \mathfrak{P} = \sum_{k=1}^{m} |a_k| x_k^2$$

with integral coefficients $a_k \neq 0$, we define the function

$$f(u) = \sum_x \exp(-\pi\epsilon\mathfrak{P} + 2\pi i u S), \tag{33}$$

where the sum is extended over all integral values of the variables $x_1, \cdots, x_m$. Obviously

(34) $$f(u) = \prod_{k=1}^{m} f_k(u)$$
with

$$f_k(u) = \sum_{l=-\infty}^{\infty} \exp\{-\pi \mid a_k \mid (\epsilon \mp 2iu) l^2\} \qquad (k = 1, \cdots, m),$$

where the sign is defined by

$$\pm 1 = \frac{a_k}{\mid a_k \mid}.$$

Using the substitution $u = v + r/q$, we obtain

$$f_k(u) = \sum_{h=1}^{q} \rho_q{}^{r a_k h^2} \sum_{l=-\infty}^{\infty} \exp\{-\pi \mid a_k \mid (\epsilon \mp 2iv)(ql + h)^2\}.$$

Applying the well-known formula

$$\sum_{l=-\infty}^{\infty} \exp\{-\pi z (l + w)^2\} = z^{-\frac{1}{2}} \sum_{l=-\infty}^{\infty} \exp\{-\pi/z) l^2 + 2\pi i l w\}$$

from the theory of theta functions with

$$z = z_k = \mid a_k \mid q^2 (\epsilon \mp 2iv), \qquad w = h/q$$

and introducing the abbreviation

(35) $$\gamma_{kl}(r/q) = q^{-1} \sum_{h=1}^{q} \rho_q{}^{r a_k h^2 + lh},$$
we find

(36) $$f_k(u) = \mid a_k \mid^{-\frac{1}{2}} (\epsilon \mp 2iv)^{-\frac{1}{2}} \sum_{l=-\infty}^{\infty} \gamma_{kl}(r/q) \exp\{-(\pi/z_k) l^2\}.$$

Let now u be a point of J. By Lemma 8, a fraction r/q satisfying (30) exists such that $\mid v \mid = \mid u - r/q \mid < 1/qN$. The real part of

$$z_k{}^{-1} = \mid a_k \mid^{-1} q^{-2} \frac{\epsilon \pm 2iv}{\epsilon^2 + 4v^2}$$

has the value

$$\xi_k = \mid a_k \mid^{-1} (q^2 \epsilon + 4 q^2 v^2 \epsilon^{-1})^{-1}.$$

Since $q \leq N$ and $N \leq \epsilon^{-\frac{1}{2}} < N + 1$, we have

$$q^2 \epsilon + 4 q^2 v^2 \epsilon^{-1} \leq 1 + 4(1 + N^{-1})^2 \leq 17$$

and therefore

(37) $$\mid \exp(-\pi/z_k) \mid = \exp(-\pi \xi_k) \leq \exp(-\pi \mid a_k \mid^{-1}/17) \qquad (k = 1, \cdots, m).$$

In the following estimates a formula of the type $A = O(\epsilon^c)$ with real exponent c means that the inequality $\mid A \mid < K \epsilon^c$ holds with a certain constant

K depending only upon the given quadratic form S and not upon ϵ or any other parameter involved in A.

LEMMA 9. *If u is any point of J_0, then*

$$f(u) = O(\epsilon^{-m/4}).$$

Proof. By Lemma 1 and (35)

$$(38) \qquad | \gamma_{kl}(r/q) | \leq q^{-\frac{1}{2}}(2a_k, q)^{\frac{1}{2}} \leq | 2a_k |^{\frac{1}{2}} q^{-\frac{1}{2}};$$

by Lemma 8

$$(39) \qquad | \epsilon \mp 2iv | \geq | 2v | = 2 | u - r/q | > 1/qN \geq q^{-1}\epsilon^{\frac{1}{2}}.$$

From (36), (37), (38), (39) we infer

$$f_k(u) = O(\epsilon^{-\frac{1}{4}})$$

and consequently by (34) the assertion of our lemma.

Let n of the numbers $a_1, \cdots, a_m$ be positive and $m - n$ negative. We define

$$F(v) = (\epsilon - 2iv)^{-n/2}(\epsilon + 2iv)^{-(m-n/2)}$$

and use the symbols D and $G_q(r)$ in their former meaning.

LEMMA 10. *If u is any point of J_{qr}, then*

$$f(u) = | D |^{-\frac{1}{2}} q^{-m} G_q(r) F(v) + O(\epsilon^{-m/4}).$$

Proof. By (36), (37), (38)

$$f_k(u) = | a_k |^{-\frac{1}{2}}(\epsilon \mp 2iv)^{-\frac{1}{2}} \{\gamma_{k0}(r/q) + q^{-\frac{1}{2}} \exp(-\pi\xi_k) O(1)\};$$

hence by (3) and (34)

$$f(u) = | D |^{-\frac{1}{2}} q^{-m} G_q(r) F(v) + q^{-(m/2)} (\epsilon^2 + 4v^2)^{-(m/4)} \{-1 + \prod_{k=1}^{m} (1 + \exp[-\pi\xi_k])\} O(1).$$

Now the assertion follows from the estimate

$$q^{-(m/2)} (\epsilon^2 + 4v^2)^{-(m/4)} \exp(-\pi\xi_k) = | a_k \xi_k \epsilon^{-1} |^{m/4} \exp(-\pi\xi_k) = O(\epsilon^{-m/4}).$$

LEMMA 11. *If $m > 2$ and $0 < n < m$, then*

$$(40) \qquad \int_{-1/2qN}^{1/2qN} F(v)\,dv = \frac{\pi\Gamma(m/2 - 1)}{\Gamma(n/2)\Gamma([m-n]/2)} (2\epsilon)^{1-m/2} + q^{m/2-1} O(\epsilon^{1/2-m/4}).$$

Proof. Let W be the integral on the left-hand side of (40) and W_0 the same integral between the limits $-\infty$ and ∞. Obviously

(41) $$| W - W_0 | < 2 \int_{1/2qN}^{\infty} (2v)^{-m/2} dv = \frac{(qN)^{m/2-1}}{m/2-1} = q^{m/2-1} O(\epsilon^{1/2-m/4}),$$

$$W_0 = \tfrac{1}{2}\epsilon^{1-m/2} \int_{-\infty}^{\infty} (1-iv)^{-n/2}(1+iv)^{-(m-n)/2} dv.$$

Since

$$\Gamma(n/2)(1-iv)^{-n/2} = \int_0^{\infty} x^{n/2-1} \exp\{-(1-iv)x\} dx$$

and

$$\int_{-\infty}^{\infty} \exp(ivx)(1+iv)^{-(m-n)/2} dv = \frac{2\pi}{\Gamma([m-n]/2)} x^{(m-n)/2-1} e^{-x},$$

we obtain

(42) $$W_0 = \frac{\pi\epsilon^{1-m/2}}{\Gamma(n/2)\Gamma([m-n]/2)} \int_0^{\infty} x^{m/2-2} \exp(-2x) dx$$
$$= \frac{\pi\Gamma(m/2-1)}{\Gamma(n/2)\Gamma([m-n]/2)} (2\epsilon)^{1-m/2}.$$

By (41) and (42), the lemma follows.

3. Proof of Theorems 3 and 4. Let S be indefinite. By (2) and (33)

$$A(\epsilon) = \int_J f(u) du;$$

hence by Lemma 8

(43) $$A(\epsilon) = \int_{J_0} f(u) du + \sum_{q,r} \int_{J_{qr}} f(u) du,$$

where q and r run over all integers satisfying (30). By Lemma 9

(44) $$\int_{J_0} f(u) du = O(\epsilon^{-m/4});$$

by (31) and Lemma 10

$$\int_{J_{qr}} f(u) du = | D |^{-\frac{1}{2}} q^{-m} G_q(r) \int_{-1/2qN}^{1/2qN} F(v) dv + 1/qN\, O(\epsilon^{-m/4}).$$

Using the abbreviation

(45) $$\omega = | D |^{-\frac{1}{2}} \frac{\pi\Gamma(m/2-1)}{\Gamma(n/2)\Gamma([m-n]/2)} 2^{1-m/2}$$

we obtain by (5) and Lemma 11

$$(46) \qquad \int_{J_{qr}} f(u)\,du = \omega q^{-m} G_q(r) \epsilon^{1-m/2} + 1/qN\, O(\epsilon^{-m/4}).$$

By (6), (30), (43), (44), (46) we find

$$(47) \qquad A(\epsilon) = \omega \epsilon^{1-m/2} \sum_{q=1}^{N} H_q + O(\epsilon^{-m/4}).$$

If $m > 4$, then $1 - m/2 < - m/4$ and by (45), (47) and Lemma 4

$$\lim_{\epsilon \to 0} \epsilon^{m/2-1} A(\epsilon) = \omega \sum_{q=1}^{\infty} H_q = \omega\sigma > 0.$$

This proves Theorem 3.

If $m = 4$ and D is a square and S a zero-form in all R_p, the expression $(\log N)^{-1} \sum_{q=1}^{N} H_q$ tends by Lemma 7 for $N \to \infty$ to a positive limit σ_0. Since $\epsilon^{-\frac{1}{2}} - 1 < N \leq \epsilon^{-\frac{1}{2}}$, we obtain by (47) the relationship

$$\lim_{\epsilon \to 0} \frac{\epsilon}{\log \epsilon^{-1}} A(\epsilon) = \tfrac{1}{2}\omega\sigma_0 > 0,$$

and Theorem 4 is proved.

4. Proof of Theorem 1.

LEMMA 12. *Let the quadratic form S be a zero-form in R and c any rational number. Then the equation $S = c$ has a solution in rational numbers.*

Proof. Without loss of generality we may assume

$$S(x) = \sum_{k=1}^{m} a_k x_k^2, \qquad \sum_{k=1}^{m} a_k r_k^2 = 0$$

with rational numbers a_k, r_k and $a_1 r_1 \neq 0$. Putting

$$\rho = c(4a_1r_1^2)^{-1}, \qquad x_1 = (1+\rho)r_1, \qquad x_k = (1-\rho)r_k \qquad (k = 2, \cdots, m),$$

we obtain $S(x) = 4\rho a_1 r_1^2 = c$, and the lemma is proved.

Let now S be a quadratic form with coefficients in P. A matrix $\mathfrak{C}$ with elements c_{kl} $(k, l = 1, \cdots, m)$ of P is called a *unit of S in P*, if the linear substitution

$$x_k \to \sum_{l=1}^{m} c_{kl} x_l \qquad (k = 1, \cdots, m)$$

carries S into itself.

LEMMA 13. *Let P be one of the fields R, R_p, R_∞ and $S(x)$ a diagonal* *form with coefficients in* P. *If* $x_1, \cdots, x_m$ *are any given numbers of* P, *not all zero, then there exists in* P *a unit* $\mathfrak{E}$ *of* S, *such that* x_1 *is carried into a number* $\neq 0$.

Proof. The assertion is trivial in the case $x_1 \neq 0$, and we may assume $x_1 = 0$, $x_h \neq 0$, where h is one of the numbers $2, \cdots, m$. Let λ be a parameter, $S = \sum_{k=1}^{m} a_k x_k^2$ and

$$\alpha = \frac{a_1 a_h - \lambda^2}{a_1 a_h + \lambda^2}, \qquad \beta = \frac{2\lambda}{a_1 a_h + \lambda^2}.$$

Since $\alpha^2 + a_1 a_h \beta^2 = 1$, the linear substitution

$$(48) \quad x_1 \to \alpha x_1 + \beta a_h x_h, \qquad x_h \to -\beta a_1 x_1 + \alpha x_h, \qquad x_k \to x_k \quad (k \neq 1, h)$$

carries S into itself. Choosing for λ any number of P, such that $\lambda \neq 0$ and $\lambda^2 \neq -a_1 a_h$, we obtain from (48) a unit of S with the required property.

LEMMA 14.[8] *Let* P *be one of the fields* R, R_p R_∞ *and* S, T *two quadratic forms in the* m *variables* $x_1, \cdots, x_m$ *with coefficients in* P. *If the quadratic forms* $ax_0^2 + S$ *and* $ax_0^2 + T$ *in the* $m + 1$ *variables* $x_0, \cdots, x_m$ *are equivalent in* P, *then also* S *and* T *are equivalent in* P.

Proof. Obviously we may assume that $a = 1$ and that S is a diagonal form. Let $\mathfrak{E}$ be any unit of $x_0^2 + S$ in P. If $\mathfrak{G}$ is the matrix of a linear substitution

$$x_k \to \sum_{l=0}^{m} g_{kl} x_l \qquad (k = 0, \cdots, m)$$

carrying $x_0^2 + S$ into $x_0^2 + T$, with coefficients in P, then $\mathfrak{E}\mathfrak{G}$ has the same property. Since not all elements g_{k0} $(k = 0, \cdots, m)$ of the first column of $\mathfrak{G}$ are zero, we may assume, by Lemma 13, that g_{00} is a number $b \neq 0$. Denoting by $\mathfrak{c}$ and $\mathfrak{d}$ the columns of the coefficients g_{k0} $(k = 1, \cdots, m)$ and g_{0l} $(l = 1, \cdots, m)$, by $\mathfrak{H}$ the matrix of the m^2 elements g_{kl} $(k, l = 1, \cdots, m)$, by $\mathfrak{S}$, $\mathfrak{T}$ the matrices of S, T and using the abbreviation $\mathfrak{M}'\mathfrak{S}\mathfrak{M} = \mathfrak{S}[\mathfrak{M}]$, we obtain the matrix equations

$$b^2 + \mathfrak{S}[\mathfrak{c}] = 1, \qquad \mathfrak{d}b + \mathfrak{H}'\mathfrak{S}\mathfrak{c} = 0, \qquad \mathfrak{d}\mathfrak{d}' + \mathfrak{S}[\mathfrak{H}] = \mathfrak{T}.$$

Hence $\mathfrak{d} = -\mathfrak{H}'\mathfrak{S}\mathfrak{c}b^{-1}$ and

$$(\mathfrak{S} + b^{-2}\mathfrak{S}\mathfrak{c}\mathfrak{S})[\mathfrak{H}] = \mathfrak{T}.$$

Defining

$$\mathfrak{F} = \mathfrak{E} + (b^2 \pm b)^{-1}\mathfrak{c}\mathfrak{c}'\mathfrak{S}, \qquad \mathfrak{W} = \mathfrak{S}\mathfrak{c}\mathfrak{c}'\mathfrak{S},$$

[8] E. Witt, "Theorie der quadratischen Formen in beliebigen Körpern," *Journal für die reine und angewandte Mathematik*, vol. 176 (1937), pp. 31-44.

where $\mathfrak{E}$ is the ordinary unit matrix and the sign is determined such that $b^2 \pm b \neq 0$, we obtain

$$\mathfrak{S}[\mathfrak{F}] = \mathfrak{S} + 2(b^2 \pm b)^{-1}\mathfrak{W} + (b^2 \pm b)^{-2}(1 - b^2)\mathfrak{W} = \mathfrak{S} + b^{-2}\mathfrak{W}$$
$$\mathfrak{S}[\mathfrak{F}\mathfrak{H}] = \mathfrak{T},$$

and the lemma is proved.

We come now to the proof of Theorem 1. We consider two quadratic forms

$$S = \sum_{k=1}^{m} a_k x_k^2, \qquad T = \sum_{k=1}^{m} b_k y_k^2$$

with integral coefficients $a_k, b_k \neq 0$, which are equivalent in all R_p and R_∞. Denoting the determinants of S and T by D_1 and D_2, we infer that the product $D_1 D_2$ is a square number in all R_p and in R_∞, hence the square of a rational integer. This proves the theorem in the case $m = 1$. Let us assume that $m > 1$ and that the theorem holds for $m - 1$ instead of m.

Consider now the quadratic form $V = S - T$ in the $2m$ variables x_k, y_k $(k = 1, \cdots, m)$. Its determinant is $(-1)^m D_1 D_2$ and hence is a square for any even m and in particular for $m = 2$. On account of the equivalence of S and T in all R_p and R_∞, we see that V is a zero-form in all these fields. Therefore we may apply the Theorems 3 and 4 to the quadratic form V. Writing

$$W = \sum_{k=1}^{m} (| a_k | x_k^2 + | b_k | y_k^2), \qquad B(\epsilon) = \sum_{V=0} \exp(-\pi\epsilon W) \qquad (\epsilon > 0),$$

where the summation extends over all integral solutions of $V = 0$, we conclude from those theorems that the expression $\epsilon^{m-1}B(\epsilon)$ tends for $\epsilon \to 0$ to a positive limit, if $m > 2$, and in the case $m = 2$ the same is true for the expression $\dfrac{\epsilon}{\log \epsilon^{-1}} B(\epsilon)$.

The solutions of $V = 0$ are identical with the solutions of $S = T$. Let us suppose, for a moment, that for all these solutions either every $x_k = 0$ $(k = 1, \cdots, m)$ or every $y_k = 0$ $(k = 1, \cdots, m)$. Then certainly

$$B(\epsilon) \leq \{ \sum_{l=-\infty}^{\infty} \exp(-\pi\epsilon l^2) \}^m,$$

and consequently $\epsilon^{m/2}B(\epsilon)$ is bounded for $\epsilon \to 0$, in contradiction to the asymptotic behavior of $B(\epsilon)$.

Hence there exists an integral solution $x = x^{(1)}$, $y = y^{(1)}$ of $S(x) = T(y)$ with $x^{(1)} \neq 0$, $y^{(1)} \neq 0$. If $S(x^{(1)}) = T(y^{(1)}) = 0$, then S and T are zero-forms in R, and we can construct, by Lemma 12, an integral solution $x^{(2)}$, $y^{(2)}$ of $S(x) = T(y) \neq 0$. Hence we may assume, in any case, that $S(x^{(1)}) =$

$T(y^{(1)}) = a \neq 0$. Now we can find in R two matrices $\mathfrak{A}$ and $\mathfrak{B}$ with non-vanishing determinants and the first columns $x^{(1)}$ and $y^{(1)}$. Performing on S and T linear transformations with these matrices, we obtain two quadratic forms S_1 and T_1 with the same coefficient a of the square of the first variable, and these quadratic forms are again equivalent in all R_p and R_∞. Moreover, by completing squares, we may assume that $S_1 - ax_1{}^2 = S_2$ and $T_1 - ay_1{}^2 = T_2$ depend only upon the last $m-1$ variables. By Lemma 14, S_2 and T_2 are equivalent in all R_p and R_∞. Since our theorem holds for $m-1$ variables, S_2 and T_2 are equivalent in R, hence also S_1 and T_1 and finally S and T.

5. Proof of Theorem 2. We denote by $\mathfrak{K}^{(1)}, \cdots, \mathfrak{K}^{(h)}$ the different diagonal matrices having the m diagonal elements ± 1; their number is $h = 2^m$.

LEMMA 15. *Let $\mathfrak{L}$ be a matrix in P with non-vanishing determinant. There exists at least one matrix $\mathfrak{K}^{(g)}$ such that the determinant $|\mathfrak{L} - \mathfrak{K}^{(g)}| \neq 0$.*

Proof. Let $\mathfrak{D}$ be the diagonal matrix with indeterminate diagonal elements $\lambda_1, \cdots, \lambda_m$ and take $\mathfrak{D}_l = \mathfrak{K}^{(l)}\mathfrak{D}$ $(l = 1, \cdots, h)$. The determinant $|\mathfrak{L} - \mathfrak{D}|$ is a linear function of any single λ_k $(k = 1, \cdots, m)$ and the same holds for the sum

$$L = \sum_{l=1}^{h} |\mathfrak{L} - \mathfrak{D}_l|.$$

Since the matrices $\mathfrak{K}^{(l)}$ form a group under multiplication, the function L is not changed, if $\mathfrak{D}$ is replaced by $\mathfrak{K}\mathfrak{D}$, when $\mathfrak{K}$ denotes any of the matrices $\mathfrak{K}^{(l)}$. Consequently L is an even function of any single variable λ_k $(k = 1, \cdots, m)$. This proves that L is a constant. Taking in particular $\mathfrak{D} = \mathfrak{E}$ and $\mathfrak{D} = 0$, we obtain

$$\sum_{l=1}^{h} |\mathfrak{L} - \mathfrak{K}^{(l)}| = h\,|\mathfrak{L}| \neq 0.$$

LEMMA 16. *Let S be a quadratic form with the matrix $\mathfrak{S}$ and with coefficients in P, where P is one of the fields R, R_p, R_∞. If $\mathfrak{A}$ denotes any skew-symmetric matrix in P such that the determinant $|\mathfrak{A} + \mathfrak{S}| \neq 0$, then*

$$\mathfrak{C} = (\mathfrak{A} + \mathfrak{S})^{-1}(\mathfrak{A} - \mathfrak{S}) \tag{49}$$

is a unit of S in P and $|\mathfrak{E} - \mathfrak{C}| \neq 0$. Vice versa, for any unit $\mathfrak{C}$ of S in P with $|\mathfrak{E} - \mathfrak{C}| \neq 0$ a skew-symmetric matrix $\mathfrak{A}$ in P exists, such that $|\mathfrak{A} + \mathfrak{S}| \neq 0$ and (49) holds.

Proof. The units $\mathfrak{C}$ of S are the solutions of the matrix equation

$$\mathfrak{S}[\mathfrak{C}] = \mathfrak{S}. \tag{50}$$

If moreover $|\mathfrak{E} - \mathfrak{C}| \neq 0$, we define $\mathfrak{M} = 2(\mathfrak{E} - \mathfrak{C})^{-1}$ and

(51) $$\mathfrak{A} = \mathfrak{S}\mathfrak{M} - \mathfrak{S}.$$

Then $|\mathfrak{M}| \neq 0$, $|\mathfrak{A} + \mathfrak{S}| \neq 0$ and

(52) $$\mathfrak{C}\mathfrak{M} = \mathfrak{M} - 2\mathfrak{E}.$$

By (51) and (52), the formula (49) follows. By (50) and (52)

(53) $$0 = \mathfrak{S}[\mathfrak{M}] - \mathfrak{S}[\mathfrak{M} - 2\mathfrak{E}] = 2(\mathfrak{S}\mathfrak{M} + \mathfrak{M}'\mathfrak{S} - 2\mathfrak{S}) = 2(\mathfrak{A} + \mathfrak{A}');$$

hence $\mathfrak{A}$ is skew-symmetric. On the other hand, if $\mathfrak{A}$ is any skew-symmetric matrix in P and $|\mathfrak{A} + \mathfrak{S}| \neq 0$, we define $\mathfrak{M}$ and $\mathfrak{C}$ by (51) and (52). Then $(\mathfrak{E} - \mathfrak{C})\mathfrak{M} = 2\mathfrak{E}$, $|\mathfrak{M}| \neq 0$, $|\mathfrak{E} - \mathfrak{C}| \neq 0$ and (50) follows from (52) and (53).

LEMMA 17. *Let S be a quadratic form with integral p-adic coefficients and $p \neq 2$. Then S is equivalent in J_p to a diagonal form.*

Proof. The assertion is trivial for $m = 1$ and we may apply induction with respect to m. Let p^a be the largest power of p dividing all coefficients s_{kl} $(k, l = 1, \cdots, m)$ of S. If all diagonal elements are divisible by p^{a+1}, then a certain coefficient s_{ab} $(a \neq b)$ is exactly divisible by p^a. By the substitution $x_b \to x_a + x_b$, $x_k \to x_k$ $(k \neq b)$, the quadratic form S is replaced by the equivalent form $S + s_{bb}x_a^2 + 2x_a \sum_{l=1}^{m} s_{bl}x_l$, and now x_a^2 has the coefficient $s_{aa} + 2s_{ab} + s_{bb}$ divisible exactly by the power p^a, whereas all other coefficients are divisible at least by this power. Hence we may assume that already s_{aa} is not divisible by p^{a+1}. Then the difference

$$S - s_{aa}\Big(x_a + \sum_{k \neq a} \frac{s_{ak}}{s_{aa}} x_k\Big)^2$$

is a quadratic form with integral p-adic coefficients and only $m - 1$ variables x_k $(k \neq a)$. This proves the lemma.

The proof of Theorem 2 proceeds in the following way. Let $\mathfrak{S}$ and $\mathfrak{T}$ be the matrices of two quadratic forms S and T with integral coefficients, which are equivalent in all J_p and J_∞. For any prime number p, a matrix $\mathfrak{B}_p$ of J_p exists such that $\mathfrak{S}[\mathfrak{B}_p] = \mathfrak{T}$. Moreover, by Theorem 1, the equation $\mathfrak{S}[\mathfrak{B}] = \mathfrak{T}$ holds for a certain matrix $\mathfrak{B}$ of R.

We determine a matrix $\mathfrak{W}$ of R, such that $\mathfrak{S}[\mathfrak{W}] = \mathfrak{S}_2$ becomes a diagonal matrix. Applying Lemma 15 for $\mathrm{P} = R_2$ and $\mathfrak{L}_2 = \mathfrak{W}^{-1}\mathfrak{B}_2\mathfrak{B}^{-1}\mathfrak{W}$, we find a certain diagonal matrix $\mathfrak{K}_2$ with the diagonal elements ± 1 and $|\mathfrak{L}_2 - \mathfrak{K}_2| \neq 0$.

Obviously $\mathfrak{S}_2[\mathfrak{K}_2] = \mathfrak{S}_2$. The matrix $\mathfrak{B}_0 = \mathfrak{W}\mathfrak{K}_2\mathfrak{W}^{-1}\mathfrak{B}$ has rational elements and satisfies

$$\mathfrak{S}[\mathfrak{B}_0] = \mathfrak{T}, \qquad \mathfrak{B}_2 - \mathfrak{B}_0 = \mathfrak{W}(\mathfrak{L}_2 - \mathfrak{K}_2)\mathfrak{W}^{-1}\mathfrak{B}, \qquad |\,\mathfrak{B}_0 - \mathfrak{B}_2\,| \neq 0.$$

Let now p be any odd prime number. By Lemma 17 a matrix $\mathfrak{W}_p$ exists in J_p such that $\mathfrak{S}[\mathfrak{W}_p] = \mathfrak{S}_p$ is a diagonal matrix and also $\mathfrak{W}_p^{-1}$ belongs to J_p. Applying Lemma 15 for $\mathrm{P} = R_p$ and $\mathfrak{L}_p = \mathfrak{W}_p^{-1}\mathfrak{B}_0\mathfrak{B}_p^{-1}\mathfrak{W}_p$, we obtain a diagonal matrix $\mathfrak{K}_p$ with the diagonal elements ± 1 and $|\,\mathfrak{L}_p - \mathfrak{K}_p\,| \neq 0$. Again $\mathfrak{S}_p[\mathfrak{K}_p] = \mathfrak{S}_p$. Now the matrix $\mathfrak{B}_p{}^* = \mathfrak{W}_p\mathfrak{K}_p\mathfrak{W}_p^{-1}\mathfrak{B}_p$ belongs to J_p and satisfies

$$\mathfrak{S}[\mathfrak{B}_p{}^*] = \mathfrak{T}, \qquad \mathfrak{B}_0 - \mathfrak{B}_p{}^* = \mathfrak{W}_p(\mathfrak{L}_p - \mathfrak{K}_p)\mathfrak{W}_p^{-1}\mathfrak{B}_p, \qquad |\,\mathfrak{B}_0 - \mathfrak{B}_p{}^*\,| \neq 0.$$

In the case $p = 2$, we define $\mathfrak{B}_p{}^* = \mathfrak{B}_p$. Then we have found a matrix $\mathfrak{B}_0$ in R and a matrix $\mathfrak{B}_p{}^*$ in every J_p with the properties

$$\mathfrak{S}[\mathfrak{B}_0] = \mathfrak{S}[\mathfrak{B}_p{}^*] = \mathfrak{T}, \qquad |\,\mathfrak{B}_0{}^* - \mathfrak{B}_p{}^*\,| \neq 0.$$

Let now q be any given positive integer and p a prime factor of q. We use Lemma 16 for $\mathrm{P} = R_p$ and the unit $\mathfrak{C}_p = \mathfrak{B}_p{}^*\mathfrak{B}_0^{-1}$ of S in R_p. Since the condition $|\,\mathfrak{E} - \mathfrak{C}_p\,| \neq 0$ is fulfilled, a skew-symmetric matrix $\mathfrak{A}_p$ exists in R_p such that $|\,\mathfrak{A}_p + \mathfrak{S}\,| \neq 0$ and

$$\mathfrak{B}_p{}^* = (\mathfrak{A}_p + \mathfrak{S})^{-1}(\mathfrak{A}_p - \mathfrak{S})\mathfrak{B}_0.$$

If β is an arbitrarily large integer, a skew-symmetric matrix $\mathfrak{A}$ with rational elements exists which satisfies the congruences $\mathfrak{A} \equiv \mathfrak{A}_p \pmod{p^\beta}$ for all prime factors p of q. Now $|\,\mathfrak{A}_p + \mathfrak{S}\,| \neq 0$ and moreover all elements of $\mathfrak{B}_p{}^*$ are p-adic integers. Hence for sufficiently large β, the inequality $|\,\mathfrak{A} + \mathfrak{S}\,| \neq 0$ holds and the rational matrix

$$\mathfrak{B}^* = (\mathfrak{A} + \mathfrak{S})^{-1}(\mathfrak{A} - \mathfrak{S})\mathfrak{B}_0$$

is p-adically integral, for all prime factors p of q. This means that the denominators of the elements of $\mathfrak{B}^*$ are relative-prime to q. On the other hand, by Lemma 16,

$$\mathfrak{S}[\mathfrak{C}^*] = \mathfrak{S}[\mathfrak{B}_0] = \mathfrak{T}.$$

Hence S represents T rationally without essential denominator. In this result we may interchange S and T. Consequently S and T are semiequivalent and the proof of Theorem 2 is complete.

THE INSTITUTE FOR ADVANCED STUDY.

37.

On the integrals of canonical systems

Annals of Mathematics 42 (1941), 806—822

1. Trigonometrical series

We consider a *canonical system* of differential equations

$$\dot{x}_k = H_{y_k}, \qquad \dot{y}_k = -H_{x_k} \qquad (k = 1, \cdots, n) \tag{1}$$

and suppose that the real function H does not contain the independent variable t and is, in a neighbourhood of the origin, an *analytic* function of the $2n$ variables $x_1, \cdots, y_n$. Let the number n of degrees of freedom be at least 2. We suppose moreover that the origin is an *equilibrium point* of the system; i.e. all the $2n$ derivatives H_{x_k}, H_{y_k} $(k = 1, \cdots, n)$ vanish at the origin. It may also be assumed that the function H itself vanishes at the origin. Denoting the $2n$ variables $x_1, \cdots, y_n$ by $z_1, \cdots, z_{2n}$, we write the system (1) in the form

$$\dot{z}_k = \sum_{l=1}^{2n} a_{kl} z_l + R_k \qquad (k = 1, \cdots, 2n), \tag{2}$$

where R_k is a power series in $z_1, \cdots, z_{2n}$ beginning with terms of the second order.

Let $\lambda_1, \cdots, \lambda_{2n}$ be the characteristic roots of the matrix (a_{kl}). In our case of a canonical system, the characteristic polynomial is an even function; hence we may arrange the roots such that

$$\lambda_{k+n} = -\lambda_k \qquad (k = 1, \cdots, n). \tag{3}$$

We suppose that $\lambda_1, \cdots, \lambda_n$ are *linearly independent*, with respect to the field of rational numbers; this means that the relationship

$$g_1\lambda_1 + \cdots + g_n\lambda_n = 0$$

holds in integral numbers $g_1, \cdots, g_n$ only for $g_1 = 0, \cdots, g_n = 0$.

If w is a power series of $2n$ variables x_k, η_k $(k = 1, \cdots, n)$ without linear terms and the determinant $| w_{x_k \eta_l} | \neq 0$ at the origin, the equations

$$\xi_k = w_{\eta_k}, \qquad y_k = w_{x_k} \qquad (k = 1, \cdots, n) \tag{4}$$

define a *contact transformation* of the variables $x_1, \cdots, y_n$ into the variables $\xi_1, \cdots, \eta_n$, and the canonical system (1) is invariant:

$$\dot{\xi}_k = H_{\eta_k}, \qquad \dot{\eta}_k = -H_{\xi_k} \qquad (k = 1, \cdots, n). \tag{5}$$

It has been known[1] for a long time that after an appropriate contact transformation the function H will depend only upon the n products

$$\xi_k \eta_k = \zeta_k \qquad (k = 1, \cdots, n) \tag{6}$$

and take the form

$$H = \sum_{k=1}^{n} \lambda_k \zeta_k + R, \tag{7}$$

where R is a power series in the n variables $\zeta_1, \cdots, \zeta_n$ beginning with quadratic terms. The integration of (5) for this *normal form* of H is then immediate. Since

$$H_{\eta_k} = \xi_k H_{\zeta_k}, \qquad H_{\xi_k} = \eta_k H_{\zeta_k}, \tag{8}$$

we deduce from (5) that the n products ζ_k are constant; hence

$$\xi_k = \alpha_k e^{H_{\zeta_k} t}, \qquad \eta_k = \beta_k e^{-H_{\zeta_k} t} \qquad (k = 1, \cdots, n),$$

with arbitrary constants α_k, β_k and

$$\alpha_k \beta_k = \zeta_k \qquad (k = 1, \cdots, n).$$

The original unknown functions $x_1, \cdots, y_n$ become now series with the general term

$$c_{g_1 \cdots g_n} e^{(g_1 H_{\zeta_1} + \cdots + g_n H_{\zeta_n}) t},$$

where the coefficient $c_{g_1 \cdots g_n}$ denotes a constant and $g_1, \cdots, g_n$ integers. If all the characteristic roots $\lambda_1, \cdots, \lambda_n$ are pure imaginary numbers and the initial values of $x_1, \cdots, y_n$ real, then all the values $H_{\zeta_1}, \cdots, H_{\zeta_n}$ are pure imaginary, and we get a representation of the solutions of the canonical system by trigonometrical series.

This elegant method of solution has also been generalized to the case of a function H which contains explicitly the variable t, in periodical form, and is closely related to the important researches of Delaunay, Hill and Poincaré[2] in celestial mechanics. However, there is a serious objection: *The question of convergence has never been settled.* If we define sum, difference, product, quotient and derivative of power series in a formal algebraic manner, we can perform these operations also with divergent power series, and then we can construct by straightforward calculation a transformation of the type (4) which reduces H to a power series of the n products $\xi_k \eta_k$ alone. But no proof for the convergence of this contact transformation has been given, with exception of some special examples, when the integration of the system (1) can also be carried out by elementary methods. On account of the small divisors appearing in the

[1] E. T. Whittaker, *On the solution of dynamical problems in terms of trigonometric series*, Proceedings of the London Mathematical Society, vol. 34 (1902), pp. 206-221. Cf. also G. D. Birkhoff, *Dynamical systems*, New York (1927), chap. 3, and E. T. Whittaker, *A treatise on the analytical dynamics of particles and rigid bodies*, 4th edition, Cambridge (1937), chap. 16.

[2] Cf. H. Poincaré, *Les méthodes nouvelles de la mécanique céleste*, Paris (1893), vol. 2.

coefficients of the transformation, it seemed to be probable[3] that the series will diverge in general, but no single example had hitherto been found. From Poincaré's well-known theorem[4] on the analytic integrals of canonical differential equations we can only infer that those series do not uniformly converge, if $\lambda_1, \cdots, \lambda_n$ are variable complex parameters, whereas this theorem cannot be applied to a fixed function H.

We arrange the coefficients of H in a certain order and denote them by $h_1, h_2, h_3, \cdots$. We assume that the power series H converges in a neighbourhood of the origin and that the characteristic roots $\lambda_1, \cdots, \lambda_n$ are pure imaginary linearly independent numbers. The corresponding systems $(h_1, h_2, h_3, \cdots)$ form the points of a space Σ. A point of Σ is called *singular*, if the transformation of H into the normal form (7) *cannot* be performed by a *convergent* contact transformation (4), and else *regular*.

THEOREM 1. *Let* $(c_1, c_2, c_3, \cdots)$ *be a point of* Σ *and* $\epsilon_1, \epsilon_2, \epsilon_3, \cdots$ *an arbitrary sequence of positive numbers. Then a singular point* $(h_1, h_2, h_3, \cdots)$ *of* Σ *exists in the domain*

$$c_k - \epsilon_k < h_k < c_k + \epsilon_k \qquad (k = 1, 2, 3, \cdots).$$

This theorem asserts that the singular points are *everywhere dense* in Σ. We shall reduce the proof to that of another theorem concerning the *integrals* of a canonical system. It would be important to obtain also some information about the distribution of the regular points of Σ, but this seems to be rather a difficult problem. We do not know e.g., if the regular points are also everywhere dense in Σ and if they constitute an open connected set of points. In particular, it would be interesting to decide, whether H is regular or singular in the special case of the restricted problem of three bodies, with respect to the equilibrium solutions of Lagrange. But this seems to be beyond the power of the known methods of analysis.

2. Integrals

If P is any convergent or divergent power series of the $2n$ variables $x_1, \cdots, y_n$, we define the Poisson bracket (P, H) by the power series

$$(P, H) = \sum_{k=1}^{n} (P_{x_k} H_{y_k} - P_{y_k} H_{x_k}).$$

[3] G. D. Birkhoff, *Surface transformations and their dynamical applications*, Acta Mathematica, vol. 43 (1922), pp. 1–119. Cf. on the other hand G. W. Hill, *Remarks on the progress of celestial mechanics since the middle of the century*, Bulletin of the American Mathematical Society, 2nd series, vol. 2 (1896), pp. 125-136, and E. T. Whittaker, *On the adelphic integral of the differential equations of dynamics*, Proceedings of the Royal Society of Edinburgh, vol. 37 (1918), pp. 95-116.

[4] H. Poincaré, *Les méthodes nouvelles de la mécanique céleste*, Paris (1892), vol. 1, chap. 5.

We call P an *integral* of the canonical system (1), if the equation

$$(P, H) = 0$$

holds identically in the variables; in other words, P is an integral, if the relationship

$$\dot{P} = 0$$

follows from (1).

The expression (P, H) is invariant under any contact transformation. By (6) and (8), we obtain

$$(\zeta_k, H) = 0 \qquad (k = 1, \cdots, n).$$

Introducing into $\zeta_k = \xi_k \eta_k$ the original variables $x_1, \cdots, y_n$, we find n power series

$$\zeta_k = P_k(x_1, \cdots, y_n) \qquad (k = 1, \cdots, n) \tag{9}$$

which are integrals of (1). Since the functional determinant of $\xi_1, \cdots, \eta_n$ as functions of $x_1, \cdots, y_n$ does not vanish identically, these n power series are certainly independent one from another, i.e. there exists no power series of the variables P_k with constant coefficients not all zero, which vanishes identically in the variables $x_1, \cdots, y_n$.

Obviously the function H itself and more generally any convergent power series in the single variable H is a *convergent* integral. If H is regular, in the sense of our former definition, there will exist a convergent contact transformation reducing H to the normal form (7), hence the integrals (9) will then also converge. Moreover, by (4), we deduce easily that the integral P_k cannot be expressed as a power series in H alone. Therefore Theorem 1 is contained in

THEOREM 2. *Let $(c_1, c_2, c_3, \cdots)$ be a point of Σ and $\epsilon_1, \epsilon_2, \epsilon_3, \cdots$ an arbitrary sequence of positive numbers. There exists a point $(h_1, h_2, h_3, \cdots)$ in the domain*

$$c_k - \epsilon_k < h_k < c_k + \epsilon_k \qquad (k = 1, 2, 3, \cdots)$$

such that any convergent integral of the corresponding canonical system (1) *is a power series in the single variable H.*

The proof of this theorem depends upon several lemmata.

LEMMA 1. *Any integral of* (1) *can be represented as a power series in the n integrals $P_1, \cdots, P_n$.*

PROOF: It is obvious that the sum, the difference, the product of two integrals and more generally any power series in a finite number of integrals without constant terms is again an integral. Let $P(x_1, \cdots, y_n)$ be any integral of (1). By the contact transformation (4), this integral becomes a power series in the variables $\xi_1, \cdots, \eta_n$ with the general term

$$c_{\alpha_1 \cdots \beta_n} \prod_{k=1}^{n} (\xi_k^{\alpha_k} \eta_k^{\beta_k}),$$

where $c_{\alpha_1 \cdots \beta_n}$ denotes a constant. Consider now the n differences

$$\alpha_k - \beta_k = g_k \qquad (k = 1, \cdots, n).$$

The sum of all special terms with $g_1 = 0, \cdots, g_n = 0$ is a power series T in the n products $\xi_k \eta_k = \zeta_k = P_k(x_1, \cdots, y_n)$, and the expression

$$P - T = J$$

is again an integral. If J is not identically zero, take a term j of least degree $(\alpha_1 + \beta_1) + \cdots + (\alpha_n + \beta_n) = d$ and calculate the terms of degree d in the power series (J, H). Since

$$(J, H) = 0,$$

we obtain from (6) and (7) the relationship

$$\sum_{k=1}^{n} \lambda_k (\xi_k j_{\xi_k} - \eta_k j_{\eta_k}) = 0$$

or

$$\sum_{k=1}^{n} \lambda_k g_k = 0.$$

This is impossible, the numbers $\lambda_1, \cdots, \lambda_n$ being linearly independent and the integers g_k not all zero. Hence $J = 0$ and $P = T$ a power series in the integrals $P_1, \cdots, P_n$.

3. Linear transformation

For our further purposes it is practical to introduce new variables $u_1, \cdots, v_n$ by a special *linear* contact transformation, which reduces the *quadratic* terms of $H(x_1, \cdots, y_n)$ to the normal form $\lambda_1 u_1 v_1 + \cdots + \lambda_n u_n v_n$. Obviously we find such a transformation, if we replace in (4) the power series w by the sum of its quadratic terms. Let

$$z_k = \sum_{l=1}^{n} (c_{kl} u_l + c_{k,l+n} v_l) \qquad (k = 1, \cdots, 2n) \tag{10}$$

be this transformation,

$$\mathfrak{C} = (c_{kl}) \tag{11}$$

its matrix and

$$H = E(u_1, \cdots, v_n) = \sum_{k=1}^{n} \lambda_k u_k v_k + \cdots \tag{12}$$

the power series for H as a function of the new variables. By (3) and (12), the transformed canonical system is

$$\dot{u}_k = E_{v_k} = \lambda_k u_k + \cdots, \quad \dot{v}_k = -E_{u_k} = \lambda_{k+n} v_k + \cdots \quad (k = 1, \cdots, n). \tag{13}$$

Let $\mathfrak{A}$ be the matrix of the coefficients a_{kl} in (2) and $\mathfrak{D}$ the diagonal matrix with the diagonal elements $\lambda_1, \cdots, \lambda_{2n}$. By (2), (10), (11), (13), we deduce

$$\mathfrak{A}\mathfrak{C} = \mathfrak{C}\mathfrak{D}$$

or more explicitly

$$\mathfrak{A}\mathfrak{c}_k = \mathfrak{c}_k\lambda_k \qquad (k = 1, \cdots, 2n),$$

where $\mathfrak{c}_k$ denotes the kth column of the matrix $\mathfrak{C}$. Since $\lambda_1, \cdots, \lambda_n$ are linearly independent, the $2n$ characteristic roots $\lambda_1, \cdots, \lambda_{2n}$ are certainly different one from another. Therefore the general solution of the linear equation

$$\mathfrak{A}\mathfrak{x} = \mathfrak{x}\lambda_k$$

is

$$\mathfrak{x} = \mathfrak{c}_k\rho$$

with an arbitrary scalar factor ρ. On the other hand, λ_k is pure imaginary, and hence by (3), the bar denoting the passage to conjugate complex numbers,

$$\mathfrak{A}\bar{\mathfrak{c}}_k = \bar{\mathfrak{c}}_k\lambda_{k+n} \qquad (k = 1, \cdots, n).$$

This proves the relationship

$$(14) \qquad \bar{\mathfrak{c}}_k = \mathfrak{c}_{k+n}\rho_k \qquad (k = 1, \cdots, n);$$

with a certain scalar factor ρ_k. Hence the linear functions z_k of the variables $u_1, \cdots, v_n$ are not changed, if $\mathfrak{c}_l$ is replaced by $\bar{\mathfrak{c}}_l$ $(l = 1, \cdots, 2n)$ and at the same time the variables u_l, v_l by $\hat{u}_l, \hat{v}_l$, where

$$(15) \qquad \hat{u}_l = \rho_l^{-1} v_l, \qquad \hat{v}_l = \bar{\rho}_l u_l \qquad (l = 1, \cdots, n);$$

For any power series F, we denote by $\bar{F}$ the power series with the conjugate complex coefficients and the same variables. Since H is a real function,

$$H(x_1, \cdots, y_n) = \bar{H}(x_1, \cdots, y_n),$$

we obtain

$$E(u_1, \cdots, v_n) = \bar{E}(\hat{u}_1, \cdots, \hat{v}_n)$$

and in particular, by (12) and (15),

$$\lambda_k = \bar{\lambda}_k\bar{\rho}_k\rho_k^{-1} \qquad (k = 1, \cdots, n).$$

The characteristic roots $\lambda_1, \cdots, \lambda_n$ are pure imaginary; hence the same holds for the n numbers $\rho_1, \cdots, \rho_n$. Obviously the canonical form of the system (13) and the quadratic terms of E are unchanged, if the variables u_k, v_k are replaced by $a_k^{-1}u_k, a_kv_k$ $(k = 1, \cdots, n)$, where $a_1, \cdots, a_n$ are arbitrary constants $\neq 0$. Denoting the columns $\mathfrak{c}_k a_k^{-1}$, $\mathfrak{c}_{k+n}a_k$ again by $\mathfrak{c}_k, \mathfrak{c}_{k+n}$, we have to replace the factor ρ_k by $\rho_k(a_k\bar{a}_k)^{-1}$. Therefore we may assume that $\rho_k = \pm i$.

If $\rho_k = +i$ for any value of k, we replace moreover u_k, v_k by v_k, $-u_k$ and obtain the case $\rho_k = -i$. Hence it is allowed to assume

$$\rho_k = -i \qquad (k = 1, \cdots, n).$$

Now we change the notation. We suppose that the function $H = H^*(x_1, \cdots, y_n)$ and the matrix $\mathfrak{C}$ are given and denote the characteristic roots $\lambda_1, \cdots, \lambda_n$ by $\lambda_1^*, \cdots, \lambda_n^*$, the corresponding power series E by E^*. Let P be the set of all convergent power series

$$E(u_1, \cdots, v_n) = \sum_{k=1}^{n} \lambda_k u_k v_k + \cdots \tag{16}$$

satisfying the condition

$$E(u_1, \cdots, v_n) = \bar{E}(iv_1, \cdots, iu_n),$$

with linearly independent values of $\lambda_1, \cdots, \lambda_n$. Then the inverse of the linear transformation (10) takes any such function E again into a real power series H of the variables $x_k = z_k$, $y_k = z_{k+n}$ $(k = 1, \cdots, n)$.

If F is any power series in the variables $u_1, \cdots, v_n$, we denote by F_l $(l = 0, 1, 2, \cdots)$ the sum of its terms of order l and by $\overline{|F_l|}$ the maximum of the absolute values of the coefficients of these terms. The proof of Theorem 2 is now tantamount to the proof of

THEOREM 3. *Let $\epsilon_2, \epsilon_3, \epsilon_4, \cdots$ be an arbitrary sequence of positive numbers. There exists a power series E of* P *such that*

$$\overline{|E_l - E_l^*|} < \epsilon_l \qquad (l = 2, 3, \cdots)$$

and any convergent integral of the canonical system

$$\dot{u}_k = E_{v_k}, \qquad \dot{v}_k = -E_{u_k} \qquad (k = 1, \cdots, n)$$

is a power series in the single variable E.

Let E be an arbitrary power series of the set P and $H(x_1, \cdots, y_n)$ the corresponding real function. By the linear transformation (10), the n power series

$$\zeta_k = P_k(x_1, \cdots, y_n) \qquad (k = 1, \cdots, n) \tag{17}$$

become integrals of the system

$$\dot{u}_k = E_{v_k}, \qquad \dot{v}_k = -E_{u_k} \qquad (k = 1, \cdots, n). \tag{18}$$

Let Q be one of these integrals and

$$Q_2 = \sum_{k,l=1}^{n} (\alpha_{kl} u_k u_l + \beta_{kl} u_k v_l + \gamma_{kl} v_k v_l)$$

the sum of its terms of second order, where

$$\alpha_{kl} = \alpha_{lk}, \qquad \gamma_{kl} = \gamma_{lk} \qquad (k, l = 1, \cdots, n).$$

Calculating the terms of second order on the left-hand side of the equation

$$(Q, E) = 0,$$

we find by (16) the expression

$$\sum_{k,l=1}^{n} \{\alpha_{kl}(\lambda_k + \lambda_l)u_k u_l + \beta_{kl}(\lambda_k - \lambda_l)u_k v_l - \gamma_{kl}(\lambda_k + \lambda_l)v_k v_l\}.$$

Hence

$$\alpha_{kl} = 0, \qquad \gamma_{kl} = 0 \qquad (k, l = 1, \cdots, n),$$

$$\beta_{kl} = 0 \qquad (k \neq l;\, k, l = 1, \cdots, n),$$

and ζ_k takes the special form

$$\zeta_k = \sum_{l=1}^{n} b_{kl} u_l v_l + \cdots \qquad (k = 1, \cdots, n). \tag{19}$$

By (4) and (10), the variables $\xi_1, \cdots, \eta_n$ can be expressed as power series in $u_1, \cdots, v_n$. The determinant of the linear terms in these power series is different from zero. Let $\psi_1, \cdots, \psi_n$ be indeterminates and

$$\chi_l = \sum_{k=1}^{n} b_{kl}\psi_k \qquad (l = 1, \cdots, n). \tag{20}$$

By (6), (19), (20), the quadratic form

$$\sum_{k=1}^{n} \psi_k \xi_k \eta_k$$

of the $2n$ variables $\xi_1, \cdots, \eta_n$ has the same rank as the quadratic form

$$\sum_{l=1}^{n} \chi_l u_l v_l$$

of the $2n$ variables $u_1, \cdots, v_n$. Hence the n linear forms (20) vanish simultaneously if and only if $\psi_k = 0$ $(k = 1, \cdots, n)$, and consequently their determinant is different from zero. On solving for $u_l v_l$ from (19) we obtain n integrals of (18) in the form

$$S^{(l)} = u_l v_l + \cdots \qquad (l = 1, \cdots, n).$$

Let us suppose that $S^{(l)}$ contains a term of the special type

$$c \prod_{k=1}^{n} (u_k v_k)^{\alpha_k}, \qquad \alpha_1 + \cdots + \alpha_n = g > 1 \tag{21}$$

and that the degree g of this term is as small as possible. Then the integral

$$S^{(l)} - c \prod_{k=1}^{n} S^{(k)\,\alpha_k}$$

does not contain a term of this special type of degree $\leqq g$. It is now obvious that we can also construct n integrals

$$s^{(l)} = u_l v_l + \cdots \qquad (l = 1, \cdots, n),$$

which do not contain *any* term of the form (21). Moreover the integrals $S^{(1)}, \cdots, S^{(n)}$ and consequently the integrals (17) are power series in $s^{(1)}$, $\cdots, s^{(n)}$. Lemma 1 gives the result, that any integral of (18) is a power series of the variables $s^{(1)}, \cdots, s^{(n)}$. This holds in particular for the integral E. By (16), the power series expressing E as a function of $s^{(1)}, \cdots, s^{(n)}$ has the form

$$E = \sum_{k=1}^{n} \lambda_k s^{(k)} + \cdots ;$$

hence we may also represent $s^{(n)}$ as a power series in $E, s^{(1)}, \cdots, s^{(n-1)}$. Therefore we have

LEMMA 2. *There exist $n - 1$ integrals*

$$s^{(l)} = u_l v_l + \cdots \qquad (l = 1, \cdots, n - 1)$$

containing no term of the type (21) *and such that any integral of* (18) *is a power series in $E, s^{(1)}, \cdots, s^{(n-1)}$.*

For the rest of our investigation, we will only consider the case of two degrees of freedom. As a matter of fact, the generalization of our proof to the case $n > 2$ requires more complicated calculations, but does not present more serious difficulties.

4. Estimation of the coefficients

LEMMA 3. *Let ξ, η be complex numbers and G a homogeneous polynomial of degree r in the variables u_1, u_2, v_1, v_2. Then*

$$(|\xi| + |\eta|) \lceil G \rceil \leqq (2r + 2) \lceil (\xi u_1 v_1 + \eta u_2 v_2) G \rceil. \tag{22}$$

PROOF: We can write

$$G = \sum_{l=0}^{r} G^{(l)},$$

where $G^{(l)}$ is also homogeneous in the variables u_1, u_2, of degree l. Since $\lceil G \rceil$ is the maximum of the values $\lceil G^{(l)} \rceil$ $(l = 0, \cdots, r)$ and $\lceil (\xi u_1 v_1 + \eta u_2 v_2) G \rceil$ the maximum of the values $\lceil (\xi u_1 v_1 + \eta u_2 v_2) G^{(l)} \rceil$, the inequality (22) will certainly hold, if it is true for $G^{(l)}$ instead of G and $l = 0, \cdots, r$. Hence we may suppose

$$G = \sum_{k=0}^{l} \varphi_k u_1^k u_2^{l-k},$$

where φ_k denotes a homogeneous polynomial in v_1, v_2, of degree $r - l$. If $|\xi| > |\eta|$, we interchange ξ, u_1, v_1 and η, u_2, v_2. Consequently, we have only to consider the case

$$|\xi| \leqq |\eta|. \tag{23}$$

Putting

$$\varphi_{-1} = 0, \qquad \varphi_{l+1} = 0,$$

$$\Phi_k = \xi v_1 \varphi_{k-1} + \eta v_2 \varphi_k \qquad (k = 0, \cdots, l+1),$$

we obtain

$$(\xi u_1 v_1 + \eta u_2 v_2)G = \sum_{k=0}^{l+1} \Phi_k u_1^k u_2^{l+1-k}$$

$$(\eta v_2)^{k+1} \varphi_k = \sum_{p=0}^{k} (-\xi v_1)^{k-p} (\eta v_2)^p \Phi_p \qquad (k = 0, \cdots, l),$$

whence, by (23),

$$|\eta| \, \overline{|\varphi_k|} \leqq \sum_{p=0}^{k} \overline{|\Phi_p|}.$$

Since $\overline{|G|}$ is now the maximum of the numbers $\overline{|\varphi_k|}$ $(k = 0, \cdots, l)$ and $\overline{|(\xi u_1 v_1 + \eta u_2 v_2)G|}$ the maximum of the numbers $\overline{|\Phi_k|}$ $(k = 0, \cdots, l+1)$, the inequality

$$|\eta| \, \overline{|G|} \leqq (l+1) \, \overline{|(\xi u_1 v_1 + \eta u_2 v_2)G|}$$

holds. Moreover

$$|\xi| + |\eta| \leqq 2|\eta|, \qquad l + 1 \leqq r + 1,$$

and the lemma is proved.

By Lemma 2, the existence of $n - 1$ integrals $s^{(l)}$ $(l = 1, \cdots, n-1)$ with certain properties was stated. In our case $n = 2$, let us denote the integral $s^{(1)}$ more shortly by s. Then

$$s = \sum_{k=2}^{\infty} s_k, \qquad s_2 = u_1 v_1, \tag{24}$$

where s_k is a homogeneous polynomial in u_1, u_2, v_1, v_2, of degree k. If $k > 2$, the polynomial s_k does not contain a term of the special form $c(u_1 v_1)^\alpha (u_2 v_2)^\beta$.

LEMMA 4. *Let the canonical system*

$$\dot{u}_k = E_{v_k}, \qquad \dot{v}_k = -E_{u_k} \qquad (k = 1, 2) \tag{25}$$

possess a convergent integral, which is not a power series in E alone. Then the sequence

$$\frac{\log \overline{|s_k|}}{k \log k} \qquad (k = 2, 3, \cdots)$$

has a finite upper bound.

PROOF: By Lemma 2, any integral $P(u_1, u_2, v_1, v_2)$ of (25) can be written as a power series in E and s,

$$P = \sum_{\alpha,\beta=0}^{\infty} c_{\alpha\beta} s^\alpha E^\beta.$$

We assume that there exists at least one coefficient

$$c_{\alpha\beta} \neq 0, \qquad \alpha > 0;$$

take $\alpha + \beta = g$ as small as possible. If P is a *convergent* integral, the same holds for the expression

$$p(u_1, u_2, v_1, v_2) = P - \sum_{\beta=0}^{g-1} c_{0\beta} E^\beta.$$

By (16) and (24), we find the decomposition

$$p = \sum_{k=2g}^{\infty} p_k,$$

where

$$p_{2g} = \sum_{\alpha+\beta=g} c_{\alpha\beta} s_2^\alpha E_2^\beta, \qquad s_2 = u_1 v_1, \qquad E_2 = \lambda_1 u_1 v_1 + \lambda_2 u_2 v_2.$$

The polynomial

$$\Delta = \frac{\partial p_{2g}}{\partial s_2} = \sum_{\alpha+\beta=g} \alpha c_{\alpha\beta} s_2^{\alpha-1} E_2^\beta \tag{26}$$

does not vanish identically; since it is homogeneous in the two variables $u_1 v_1$ and $u_2 v_2$, it may be written in the form

$$\Delta = c \prod_{h=1}^{g-1} (\xi^{(h)} u_1 v_1 + \eta^{(h)} u_2 v_2) \tag{27}$$

with constants $\xi^{(h)}$, $\eta^{(h)}$ not both zero $(h = 1, \cdots, g - 1)$ and a constant $c \neq 0$.

We denote by x, y, z any three of the variables u_1, u_2, v_1, v_2. Since p is a power series in s and E, the functional determinant

$$\frac{d(E, p, s)}{d(x, y, z)} = 0,$$

identically in x, y, z. Calculating the terms of degree $h - 3$, we obtain

$$\sum_{\alpha+\beta+\gamma=h} \frac{d(E_\alpha, p_\beta, s_\gamma)}{d(x, y, z)} = 0 \qquad (h \geqq 2g + 4).$$

We apply this relationship for $x, y, z = u_1, u_2, v_1$ and for $x, y, z = u_1, u_2, v_2$. Denoting the corresponding expressions

$$\sum_{\alpha+\beta=l} \frac{d(E_\alpha, p_\beta)}{d(y, z)}, \qquad \sum_{\alpha+\beta=l} \frac{d(E_\alpha, p_\beta)}{d(z, x)}, \qquad \sum_{\alpha+\beta=l} \frac{d(E_\alpha, p_\beta)}{d(x, y)} \qquad (l \geqq 2g + 2)$$

by A_{1l}, A_{2l}, A_{3l} and B_{1l}, B_{2l}, B_{3l}, we find

$$\sum_{l+\gamma=h} \left(A_{1l} \frac{\partial s_\gamma}{\partial u_1} + A_{2l} \frac{\partial s_\gamma}{\partial u_2} + A_{3l} \frac{\partial s_\gamma}{\partial v_1} \right) = 0, \tag{28}$$

$$\sum_{l+\gamma=h} \left(B_{1l} \frac{\partial s_\gamma}{\partial u_1} + B_{2l} \frac{\partial s_\gamma}{\partial u_2} + B_{3l} \frac{\partial s_\gamma}{\partial v_2} \right) = 0. \tag{29}$$

Let μ_1, μ_2, μ_3, μ_4 be certain appropriate positive constants, which do not depend upon the subscript k appearing in the formulas. Since the power series E and p converge, the inequalities

$$\overline{E_k} < \mu_1^k \qquad (k \geqq 2),$$

$$\overline{p_k} < \mu_1^k \qquad (k \geqq 2g)$$

hold, and consequently

$$\overline{\frac{\partial E_k}{\partial x}} < k\mu_1^k, \qquad \overline{\frac{\partial p_k}{\partial y}} < k\mu_1^k.$$

The polynomial $\frac{\partial E_k}{\partial x}$ is a sum of $\binom{k+2}{3}$ terms, hence

$$\overline{\frac{d(E_\alpha, p_\beta)}{d(x, y)}} < 2\alpha\beta\binom{\alpha+2}{3}\mu_1^{\alpha+\beta}.$$

If ψ_k denotes any one of the six polynomials $A_{1k}, \cdots, B_{3k}$, we have

$$\overline{\psi_k} < \mu_2^k \qquad (k \geqq 2g+2),$$

whence

$$\overline{\psi_l \frac{\partial s_\gamma}{\partial x}} \leqq \gamma\binom{\gamma+2}{3}\mu_2^l\,\overline{s_\gamma}. \tag{30}$$

By (26), the identity

$$\frac{d(E_2, p_{2g})}{d(x, y)} = \Delta\frac{d(E_2, s_2)}{d(x, y)}$$

holds and therefore we obtain in the case $l = 2g + 2$ for $A_{1l}, \cdots, B_{3l}$ the values $\lambda_2 u_1 v_2 \Delta$, 0, $-\lambda_2 v_1 v_2 \Delta$, 0, $\lambda_2 v_1 u_2 \Delta$, $-\lambda_2 v_1 v_2 \Delta$. From (28), (29), (30), we deduce now the inequality

$$\overline{\lambda_2 v_2 \Delta\left(u_1\frac{\partial s_k}{\partial u_1} - v_1\frac{\partial s_k}{\partial v_1}\right)} + \overline{\lambda_2 v_1 \Delta\left(u_2\frac{\partial s_k}{\partial u_2} - v_2\frac{\partial s_k}{\partial v_2}\right)} < \sum_{\gamma=2}^{k-1}(\gamma+3)^4\,\overline{s_\gamma}\,\mu_2^{k+2g+2-\gamma}$$

and, by (27) and Lemma 3,

$$\overline{u_1\frac{\partial s_k}{\partial u_1} - v_1\frac{\partial s_k}{\partial v_1}} + \overline{u_2\frac{\partial s_k}{\partial u_2} - v_2\frac{\partial s_k}{\partial v_2}} < k^{g+3}\sum_{\gamma=2}^{k-1}\overline{s_\gamma}\,\mu_3^{k-\gamma} \qquad (k \geqq 3). \tag{31}$$

If

$$\omega = a u_1^{\alpha_1} v_1^{\beta_1} u_2^{\alpha_2} v_2^{\beta_2}$$

is any term of s_k, then

$$|\alpha_1 - \beta_1| + |\alpha_2 - \beta_2| \geqq 1,$$

$$u_1 \frac{\partial \omega}{\partial u_1} - v_1 \frac{\partial \omega}{\partial v_1} = (\alpha_1 - \beta_1)\omega, \qquad u_2 \frac{\partial \omega}{\partial u_2} - v_2 \frac{\partial \omega}{\partial v_2} = (\alpha_2 - \beta_2)\omega,$$

and (31) implies

$$\overline{|s_k|} < k^{g+3} \sum_{\gamma=2}^{k-1} \overline{|s_\gamma|}\, \mu_3^{k-\gamma} \qquad (k = 3, 4, \cdots). \tag{32}$$

Obviously the inequality

$$\overline{|s_l|} \leqq (2l^{g+3}\mu_3)^{l-2} \tag{33}$$

is true for $l = 2$. If it is proved for $l = 2, 3, \cdots, k - 1$, we find from (32) the relationship

$$\overline{|s_k|} < k^{g+3} \sum_{\gamma=2}^{k-1} (2\gamma^{g+3}\mu_3)^{\gamma-2} \mu_3^{k-\gamma} \leqq (k^{g+3}\mu_3)^{k-2} \sum_{\gamma=2}^{k-1} 2^{\gamma-2} < (2k^{g+3}\mu_3)^{k-2},$$

and (33) holds for $l = k$. Hence

$$\overline{|s_k|} < k^{\mu_4 k}$$

$$\frac{\log \overline{|s_k|}}{k \log k} < \mu_4 .$$

5. Proof of Theorem 3

On account of Lemma 4, it is sufficient for the proof of Theorem 3 to construct a power series

$$E = \sum_{k=2}^{\infty} E_k$$

with the following 4 properties:

I) $$E_k(u_1, u_2, v_1, v_2) = \bar{E}_k(iv_1, iv_2, iu_1, iu_2) \quad (k = 2, 3, \cdots);$$

II) $$E_2 = \lambda_1 u_1 v_1 + \lambda_2 u_2 v_2,$$

where λ_1, λ_2 *are linearly independent;*

III) $$\overline{|E_k - E_k^*|} < \epsilon_k \qquad (k = 2, 3, \cdots);$$

IV) *the sequence*

$$\frac{\log \overline{|s_k|}}{k \log k} \qquad (k = 2, 3, \cdots)$$

has no finite upper bound.

The positive numbers $\epsilon_2, \epsilon_3, \cdots$ are arbitrarily given. Obviously we may suppose that

$$\epsilon_k < 1 \qquad (k = 2, 3, \cdots).$$

We begin with the construction of λ_1, λ_2. The coefficients λ_1^*, λ_2^* in

$$E_2^* = \lambda_1^* u_1 v_1 + \lambda_2^* u_2 v_2$$

are pure imaginary and linearly independent; hence

$$\omega^* = \frac{\lambda_1^*}{\lambda_2^*}$$

is a real number. We choose two integers q, r such that

$$q > 1 + |\omega^*| + 2|\lambda_2^*|\epsilon_2^{-1}, \tag{34}$$

$$|q\omega^* + r| < 1 \tag{35}$$

and define three sequences of numbers q_m, r_m, l_m $(m = 1, 2, \cdots)$ in the following manner:

$$r_m = q_m\left(\frac{r}{q} - \sum_{k=1}^{m} q_k^{-1}\right); \tag{36}$$

$$l_m = q_m + |r_m|; \tag{37}$$

$$q_1 = q^2; \tag{38}$$

q_{m+1} is the least integral power of q satisfying the inequality

$$q_{m+1} > q_m^2 + 4|\lambda_2^*|\epsilon_{l_m}^{-1} l_m^{m l_m}. \tag{39}$$

It is obvious that the numbers q_m, r_m, l_m are uniquely determined and q_m, l_m are positive. For the exponent a_m in

$$q_m = q^{a_m}$$

the inequality

$$a_{m+1} > 2a_m$$

holds. Since $a_1 = 2$, we obtain

$$a_m \geqq 2^m, \qquad a_{m+1} - a_m > a_m \geqq 2^m, \tag{40}$$

hence r_m and l_m are integers and the sequence $q_m q_{m+1}^{-1}$ tends to zero. By (34), (38), (40), the series

$$\theta = \sum_{k=1}^{\infty} q_k^{-1} \tag{41}$$

converges, and we find the estimations

(42) $$0 < \sum_{k=h}^{\infty} q_k^{-1} < q_h^{-1} \sum_{k=0}^{\infty} q^{-k} \leqq 2q_h^{-1} \qquad (h = 1, 2, \cdots)$$

(43) $$0 < \theta < 2q_1^{-1} \leqq q^{-1}.$$

Moreover, by (35), (36), (41),

$$| r_m | < q_m(| \omega^* | + q^{-1} + \theta),$$

whence, by (34), (37), (38), (39), (43),

(44) $$l_{m+1} - l_m \geqq q_{m+1} - q_m - | r_m | > q_m(q^2 - 1 - | \omega^* | - 2q^{-1}) > 0.$$

Let λ_1, λ_2 be defined by

(45) $$\lambda_1 = \lambda_2^* \left(\theta - \frac{r}{q}\right), \qquad \lambda_2 = \lambda_2^*;$$

then λ_1, λ_2 are pure imaginary and

$$E_2 = \lambda_1 u_1 v_1 + \lambda_2 u_2 v_2$$

satisfies I) with $k = 2$. For the expression

(46) $$\rho_m = \lambda_1 q_m + \lambda_2 r_m \qquad (m = 1, 2, \cdots)$$

we find, by (36), (41), (45),

$$\rho_m = \lambda_2 q_m \sum_{k=m+1}^{\infty} q_k^{-1}$$

and by (42)

(47) $$0 < \rho_m \lambda_2^{-1} < 2q_m q_{m+1}^{-1}.$$

If x, y are two indeterminates, the identity

$$(\lambda_1 x + \lambda_2 y) q_m \lambda_2^{-1} = (q_m y - r_m x) + \rho_m \lambda_2^{-1} x$$

holds. For given integral values of x and y, the number $q_m y - r_m x$ is integral, whereas the absolute value of $\rho_m \lambda_2^{-1} x$, by (47), is less than 1, if m is sufficiently large, and 0 only in the case $x = 0$. Therefore the numbers λ_1, λ_2 are linearly independent. On the other hand, by (34), (35), (43), (45),

$$| \lambda_1 - \lambda_1^* | = | \lambda_2^* | \left| \theta - \frac{r}{q} - \omega^* \right| < | \lambda_2^* | (q^{-1} + q^{-1}) < \epsilon_2.$$

Consequently II) is satisfied, and III) for $k = 2$.

By (34), (37), (38), we have $l_1 \geqq 4$. If we define

$$E_k = E_k^* \qquad (2 < k < l_1),$$

the conditions I) and III) are satisfied for $k < l_1$. Let m be any positive integer and assume, that the polynomials E_k are already determined for $k < l_m$ such that I) and III) hold. Consider now any power series $E = E_2 + E_3 + \cdots$ of P with these fixed terms E_k $(k = 2, 3, \cdots, l_m - 1)$. Let s be the integral

$$s = \sum_{k=2}^{\infty} s_k, \qquad s_2 = u_1 v_1$$

of the corresponding canonical system. Then

$$(s, E) = 0,$$

whence

$$\sum_{h=2}^{l} (s_h, E_{l+2-h}) = 0 \qquad (l = 3, 4, \cdots)$$

(48)
$$\lambda_1\left(u_1 \frac{\partial s_l}{\partial u_1} - v_1 \frac{\partial s_l}{\partial v_1}\right) + \lambda_2\left(u_2 \frac{\partial s_l}{\partial u_2} - v_2 \frac{\partial s_l}{\partial v_2}\right) = u_1 \frac{\partial E_l}{\partial u_1} - v_1 \frac{\partial E_l}{\partial v_1} - \sum_{h=3}^{l-1} (s_h, E_{l+2-h}).$$

Let $s_{\alpha\beta\gamma\delta} u_1^{\alpha} u_2^{\beta} v_1^{\gamma} v_2^{\delta}$, $E_{\alpha\beta\gamma\delta} u_1^{\alpha} u_2^{\beta} v_1^{\gamma} v_2^{\delta}$ be corresponding terms of s_l, E_l, where $s_{\alpha\beta\gamma\delta}$, $E_{\alpha\beta\gamma\delta}$ are the coefficients. Then $\alpha + \beta + \gamma + \delta = l$ and $s_{\alpha\beta\gamma\delta} = 0$ for $\alpha = \gamma$, $\beta = \delta$. From (48) we obtain

(49)
$$\{(\alpha - \gamma)\lambda_1 + (\beta - \delta)\lambda_2\} s_{\alpha\beta\gamma\delta} = (\alpha - \gamma) E_{\alpha\beta\gamma\delta} + b_{\alpha\beta\gamma\delta},$$

where $b_{\alpha\beta\gamma\delta}$ denotes a certain bilinear function of the coefficients of $s_3, \cdots, s_{l-1}$ and $E_3, \cdots, E_{l-1}$. Since E_k is fixed for $k = 3, 4, \cdots, l_m - 1$, we infer from (49), that the coefficients of s_k for $k = 3, 4, \cdots, l_m - 1$ are uniquely determined and that the same holds for the expression

(50)
$$s_{\alpha\beta\gamma\delta} - \frac{\alpha - \gamma}{(\alpha - \gamma)\lambda_1 + (\beta - \delta)\lambda_2} E_{\alpha\beta\gamma\delta}$$

with $\alpha + \beta + \gamma + \delta = l_m$ and $\alpha - \gamma$, $\beta - \delta$ not both zero. Take in particular

$$\alpha = q_m, \quad \beta = r_m \quad \gamma = 0, \quad \delta = 0, \quad \text{if} \quad r_m \geqq 0,$$

$$\alpha = q_m, \quad \beta = 0, \quad \gamma = 0, \quad \delta = -r_m, \quad \text{if} \quad r_m < 0$$

and denote the corresponding coefficients of s_{l_m}, E_{l_m}, $\overset{*}{E}_{l_m}$ more shortly by σ_m, η_m, $\overset{*}{\eta}_m$. Then, by (46) and (50), the value

(51)
$$\sigma_m - q_m \rho_m^{-1}(\eta_m - \overset{*}{\eta}_m) = \nu_m$$

is uniquely given.

If we choose for η_m the two values

(52)
$$\eta_m = \overset{*}{\eta}_m \pm \tfrac{1}{2}\epsilon_{l_m},$$

we find, by (51), two values of σ_m which have the difference $q_m\rho_m^{-1}\epsilon_{l_m}$. By (39), (45), (47), the inequality

$$| q_m\rho_m^{-1}\epsilon_{l_m} | > \tfrac{1}{2}q_{m+1} | \lambda_2 |^{-1}\epsilon_{l_m} > 2l_m^{ml_m}$$

holds. Hence we can determine the sign in (52) such that

$$| \sigma_m | > l_m^{ml_m}. \tag{53}$$

By (44), we have $l_m < l_{m+1}$. For $k = l_m, l_m + 1, \cdots, l_{m+1} - 1$ we define E_k by

$$E_{l_m} = E_{l_m}^* \pm \tfrac{1}{2}\epsilon_{l_m}(u_1^{q_m}u_2^{r_m} + i^{l_m}v_1^{q_m}v_2^{r_m}), \qquad \text{if } r_m \geqq 0,$$

$$E_{l_m} = E_{l_m}^* \pm \tfrac{1}{2}\epsilon_{l_m}(u_1^{q_m}v_2^{-r_m} + i^{l_m}v_1^{q_m}u_2^{-r_m}), \qquad \text{if } r_m < 0,$$

$$E_k = E_k^* \qquad (l_m < k < l_{m+1}).$$

Now the conditions I) and III) are also satisfied for $l_m \leqq k < l_{m+1}$.

By this construction, a power series E satisfying I), II), III) is uniquely determined. The corresponding integral

$$s = \sum_{k=2}^{\infty} s_k$$

contains in the term s_{l_m} the coefficient σ_m. By (53), the inequality

$$\overline{| s_{l_m} |} > l_m^{ml_m} \qquad (m = 1, 2, \cdots)$$

holds. Hence the condition IV) is also satisfied, and the theorem is proved.

INSTITUTE FOR ADVANCED STUDY.

38.

Some remarks concerning the stability of analytic mappings

Revista de la Universidad Nacional de Tucumán A 2 (1941), 151—157

1. Let

$$\xi_k = f_k(x_1, \ldots, x_n) \qquad (k = 1, \ldots, n)$$

be n power series of n real variables $x_1, \ldots, x_n$, with real coefficients and without constant terms, converging in a neighborhood N of $x_1 = 0, \ldots, x_n = 0$. We assume that the functional determinant $\left|\frac{\partial \xi_k}{\partial x_l}\right| \neq 0$ in N. By the substitution $x_k \to \xi_k$ $(k = 1, \ldots, n)$ a mapping T is defined. A subset of N is called *invariant*, if it is mapped onto itself by T. Obviously the origin O is always invariant.

The mappings T are of three possible types. If any neighborhood of O contains always an invariant neighborhood of O, then the mapping T is called *stable* (at the point O). It is usual to call T instable, if it is not stable, but we shall restrict the use of this term in the following manner: The mapping T is called *instable* (at the point O), if there exists a neighborhood of O not containing any invariant set $\neq$ O. In the remaining case, when T is neither stable nor instable, we call it *mixed;* then there exists in any neighborhood of O an invariant set containing at least one point $\neq$ O and, on the other hand, there exist a neighborhood of O not containing an invariant neighborhood of O. It is easily seen that T and all iterated mappings T^n $(n = \pm 1, \pm 2, \ldots)$ belong to the same type; moreover, for any mapping U, the mappings T and $U^{-1}TU$ are of the same type.

Let $\mathfrak{L}$ be the functional matrix $\left(\frac{\partial \xi_k}{\partial x_l}\right)$ at the point O and consider the characteristic roots of the matrix $\mathfrak{L}$; we call them the *roots* of T. A well-known result due to Levi-Civita [1] gives a necessary condition for stability, namely

Theorem 1: If T *is stable, then all its roots have the absolute value* 1. On the other hand, we have as a sufficient condition for instability

Theorem 2: If no root of T *has the absolute value* 1, *then* T *is instable.* Both theorems are contained in

Theorem 3: If exactly m *roots of* T *have the absolute value* 1, *then all invariant sets lie on an irreducible analytic manifold of* m *dimensions.*

The proof of this theorem may be obtained by a method which is also useful for the investigation of the asymptotic solutions of differential equations [2]. In the following section we will only give a very short proof of Theorems 1 and 2 in the case $n = 2$.

2. Let λ and μ be the two roots of T. For real values of λ and μ, the mapping T is called *hyperbolic,* and else *elliptic.* In order to prove Theorems 1 and 2, we may replace T by T^{-1}; hence we may assume $|\lambda| \geq 1$.

We consider first the case $|\lambda| > 1$, $|\mu| > 1$. Then the determinant $|\mathfrak{L} - z\mathfrak{E}| = (\lambda - z)(\mu - z) \neq 0$ for $|z| \leq 1$ and consequently the elements of the matrix

$$(\mathfrak{L} - z\mathfrak{E})^{-1} = \sum_{p=1}^{\infty} z^{p-1}\mathfrak{L}^{-p}$$

are regular analytic functions of z for $|z| \leq 1$. Hence the series

$$\gamma = \sum_{p=1}^{\infty} \mathfrak{L}'^{-p}\mathfrak{L}^{-p} = \frac{1}{2\pi i}\int_{|z|=1} (\mathfrak{L}' - \bar{z}\mathfrak{E})^{-1}(\mathfrak{L} - z\mathfrak{E})^{-1}\frac{dz}{z} \tag{1}$$

converges and

$$\mathfrak{L}'\gamma\mathfrak{L} = \mathfrak{E} + \gamma. \tag{2}$$

Let $S(x, y)$ be the quadratic form with the matrix γ. Since $\mathfrak{L}$ is the matrix of the linear terms of the power series $\xi = f_1(x,y)$, $\eta = f_2(x, y)$, we obtain, by (2),

$$S(\xi, \eta) = S(x, y) + r^2 + o(r^2),$$

[1] T. Levi-Civita, *Sopra alcuni criteri di instabilità, Annali di matematica pura ed applicata,* ser. IIIª, vol. 5, (1900) pp. 221-307.

[2] C. L. Siegel, *Der Dreierstoss, Annals of Mathematics,* vol. 42, (1941) pp. 127-168.

where $r^2 = x^2 + y^2$ and $o(r^2)$ denotes a function F of x and y, such that $\lim_{r \to 0} r^{-2}F = 0$. Hence the inequality

$$S(\xi, \eta) \geq S(x, y) + \frac{1}{2} r^2 \tag{3}$$

holds in a certain circle $r \leq r_1$, $r_1 > 0$. Consider now any invariant set in this circle. Also the closure M of this set is invariant. For a certain point x, y of M, the quadratic form S assumes a maximum. Since also the image ξ, η belongs to M, we find $S(\xi, \eta) \leq S(x, y)$. From (3) we infer now $x^2 + y^2 = 0$, $S(x, y) = 0$. By (1), the quadratic form S is positive definite. Since its maximum in M is 0, the set M consists of the single point O. This proves the instability of T in the case $|\lambda| > 1$, $|\mu| > 1$. In particular, Theorems 1 and 2 are proved in the elliptic case.

Consider now the hyperbolic case. For the proof of Theorems 1 and 2, we may replace T by T^2; hence we may assume either $\lambda > 1$, $\mu > 0$ or $\lambda = 1$, $\mu \geq 1$. Let $\alpha, \beta, \gamma, \delta$ be the elements of $\mathfrak{L}$, then $\alpha\delta - \beta\gamma = \lambda\mu$, $\alpha + \delta = \lambda + \mu$. Denoting by ξ^*, η^* the image of x, y under T^{-1}, we have

$$\begin{aligned} &\xi = \alpha x + \beta y + \ldots, \qquad \eta = \gamma x + \delta y + \ldots, \\ &\lambda\mu\xi^* = \delta x - \beta y + \ldots, \qquad \lambda\mu\eta^* = -\gamma x + \alpha y + \ldots \\ &(\xi + \lambda\mu\xi^*)^2 + (\eta + \lambda\mu\eta^*)^2 = (\lambda + \mu)^2 r^2 + o(r^2). \end{aligned} \tag{4}$$

Let x, y be a point on a closed invariant set M, with maximal value of $x^2 + y^2 = r^2$. Then $\xi^2 + \eta^2 \leq r^2$, $\xi^{*2} + \eta^{*2} \leq r^2$, and by the triangle inequality

$$(\xi + \lambda\mu\xi^*)^2 + (\eta + \lambda\mu\eta^*)^2 \leq (1 + \lambda\mu)^2 r^2. \tag{5}$$

If T is not instable, a sequence M exists with $0 < r \to 0$, and we infer from (4) and (5) the inequality $(1 + \lambda\mu)^2 \geq (\lambda + \mu)^2$, or $(\lambda - 1)(\mu - 1) \geq 0$. Hence either $\lambda > 1$, $\mu \geq 1$ or $\lambda = 1$, $\mu \geq 1$. We have already proved the instability in the case $\lambda > 1$, $\mu > 1$, and Theorem 2 follows immediately.

In order to complete the proof of Theorem 1, we have only to show that there is no stability in the case $\lambda\mu > 1$. In this case, the inequality

$$\xi_x\eta_y - \xi_y\eta_x > \frac{1 + \lambda\mu}{2}$$

holds in all points of M, if r is sufficiently small. Denoting by A the measure of M, we obtain

$$\mathrm{A} = \iint\limits_{\mathrm{M}} d\xi d\eta \geq \frac{1+\lambda\mu}{2} \iint\limits_{\mathrm{M}} dx dy = \frac{1+\lambda\mu}{2} \mathrm{A};$$

hence $\frac{1-\lambda\mu}{2} \mathrm{A} \geq 0$, $\mathrm{A} = 0$. This proves that there cannot exist an invariant neighborhood of O, for sufficiently small value of r; and T is not stable.

3. It is easy to show by special examples that in the case $\lambda = \pm 1$, $\mu \neq \pm 1$ the mixed type as well as the instable type really may occur and that in the case $|\lambda| = |\mu| = 1$ all three types occur. This means that in those cases the type of T is not determined by the linear terms of the power series.

In his above mentioned paper, Levi-Civita investigates more closely the case $|\lambda| = |\mu| = 1$. After a suitable linear transformation of the variables, T or T^2 may be assumed to have one of the following 3 forms:

$$\begin{array}{ll} \mathrm{I})\ \xi = x + \varphi + \ldots, & \eta = y + \psi + \ldots, \\ \mathrm{II})\ \xi = x + \varphi + \ldots, & \eta = x + y + \psi + \ldots, \\ \mathrm{III})\ \xi = x\cos\theta + y\sin\theta + \ldots, & \eta = -x\sin\theta + y\cos\theta + \ldots \end{array}$$
$$(0 < \theta < \pi),$$

φ and ψ denoting the quadratic terms of ξ and η. For I), Levi-Civita proves that T is not stable, if φ and ψ have no common linear factor; for II), he proves that T is not stable, if φ is not divisible by x. He remarks that the case III) may be reduced to the case I), if $\theta = \frac{2p\pi}{q}$ with integral values of p and q, by considering T^q instead of T. He applies this in particular for $q = 3$, in order to prove that certain periodic solutions in the restricted problem of three bodies are not stable. He does not remark, but it may be seen by a simple calculation, that his criterion does *not* apply to any other value of q, since then the quadratic forms φ and ψ are both identically zero for T^q.

4. In the theory of dynamical systems with two degrees of freedom, the *area-preserving* mappings are of special importance. For their classification it is practical to admit more generally formal power series $\xi = \alpha x + \beta y + \ldots$, $\eta = \gamma x + \delta y + \ldots$ with real coefficients, not necessarily converging for any point $\neq O$. Such a formal transformation T is called area-preserving, if the power series $\xi_x \eta_y - \xi_y \eta_x = 1$. Then $\alpha\delta - \beta\gamma = 1$, and the two roots λ, μ have reciprocal values.

We consider only the elliptic *irrational* case $\lambda = e^{i\theta}$, $\theta\pi^{-1}$ being a real irrational number. There exists an area-preserving transformation U, such that $V = U^{-1}TU$ has the normal form

$$\xi = x \cos \omega + y \sin \omega, \qquad \eta = -x \sin \omega + y \cos \omega$$

with

$$\omega = \theta + \sum_{k=1}^{\infty} \theta_k (x^2 + y^2)^k,$$

where the coefficients $\theta_1, \theta_2, \ldots$, are uniquely determined by T [3]. Since $\xi^2 + \eta^2 = x^2 + y^2$, the transformation V is stable, if it has an analytical meaning, i. e. if ω converges.

Assume now again, that T is convergent in a neighborhood of O. If also U is convergent, then obviously T is stable. Hence the question arises, if the transformation of a convergent T into the normal form V can always be performed by a convergent U. The answer is negative. This may be proved in the same manner as a corresponding result in the theory of canonical differential equations [4].

If not all the numbers $\theta_1, \theta_2, \ldots$, vanish, then there exist in any neighborhood of O invariant sets formed by a finite number of points $\neq O$ [5]. Hence an elliptic area-preserving mapping is « in general » either stable or mixed. It is not known, if the mixed type really occurs.

5. We will conclude our remarks by giving a simple example of an *instable* algebraic area-preserving mapping, where the root λ is an arbitrarily chosen root of unity.

If $w(x, \eta) = ax^2 + bx\eta + c\eta^2 + \ldots$, is a real power series, without linear terms, converging for sufficiently small values of the variables x, η, and if the coefficient $b \neq 0$, then the equations

$$\xi = w_\eta, \qquad y = w_x$$

---

[3] G. D. Birkhoff, *Surface transformations and their dynamical applications*, *Acta Mathematica*, vol. 43, (1922) pp. 1-119.

[4] C. L. Siegel, *On the integrals of canonical systems*, *Annals of Mathematics*, vol. 42, (1941) pp. 806-822.

[5] G. D. Birkhoff, *Dynamical Systems*, New York (1927).

define an area-preserving mapping T. Let now $\lambda = e^{2\frac{p}{q}\pi i}$ be a primitive root unity of degree $q \neq 4$. Defining w by

$$2iw = \frac{\lambda + \lambda^{-1}}{4}(\lambda^{-1}u^2 - \lambda v^2) + q^{-1}uv(u^q - v^q)$$

with

$$\frac{\lambda + \lambda^{-1}}{2}u = x + i\lambda\eta, \qquad \frac{\lambda + \lambda^{-1}}{2}v = x - i\lambda^{-1}\eta,$$

we obtain

$$(\lambda + \lambda^{-1})\xi = \frac{\lambda + \lambda^{-1}}{2}(u + v) + q^{-1}(\lambda v - \lambda^{-1}u)(u^q - v^q) + \\ + uv(\lambda u^{q-1} + \lambda^{-1}v^{q-1}),$$

$$i(\lambda + \lambda^{-1})y = \frac{\lambda + \lambda^{-1}}{2}(\lambda^{-1}u - \lambda v) + q^{-1}(u + v)(u^q - v^q) + \\ + uv(u^{q-1} - v^{q-1}),$$

whence

$$u = \lambda(x + iy) + \frac{\lambda}{\lambda + \lambda^{-1}}G, \qquad v = \lambda^{-1}(x - iy) - \frac{\lambda^{-1}}{\lambda + \lambda^{-1}}G$$

with

$$G = q^{-1}(u + v)(v^q - u^q) + uv(v^{q-1} - u^{q-1}).$$

Consequently ξ and η are algebraic functions of x and y, and we find the power series
$\xi + i\eta = \lambda(x + iy)\{1 + (1 + q^{-1})(x - iy)^q - q^{-1}(x + iy)^q\} + H,$
where H begins with terms of order $2q + 1$. Hence, using the abbreviations
$(x + iy)^q = z = X + iY, \quad (\xi + i\eta)^q = \zeta = X_1 + iY_1, \quad |z| = R,$
we have

$$\zeta = z\{1 + (q + 1)\bar{z} - z\} + o(R^2)$$

$$X_1 - X = qX^2 + (q + 2)Y^2 + o(R^2) \tag{6}$$

$$X_1 - X \geq \frac{1}{2}R^2$$

for $R \leq R_0$ and sufficiently small positive value of R_0.

Let x, y be any point of an invariant set in the circle $x^2 + y^2 \leq R_0^{\frac{2}{q}}$. Denoting by X_n, Y_n the image of X, Y under T^n ($n = 0, \pm 1, \pm 2, \dots$), we infer from (6) the inequalities

$$X_{n+1} - X_n \geq \frac{1}{2} X_n^2 \tag{7}$$

$$X_{n+1} - X_n \geq \frac{1}{2} Y_n^2. \tag{8}$$

This proves the existence of $\lim\limits_{n \to \infty} X_n = X_\infty$, $\lim\limits_{n \to -\infty} X_n = X_{-\infty}$ and $X_{-\infty} \leq X_n \leq X_\infty$. Applying (7) for $n \to \pm \infty$, we obtain $X_\infty = 0$, $X_{-\infty} = 0$, hence $X_n = 0$ and, by (8), also $Y_n = 0$. Consequently $x = 0$, $y = 0$, and T is instable.

For any primitive root of unity λ, of degree $q \neq 4$, we have constructed an instable algebraic area-preserving mapping T with the root λ. Choosing in particular $q = 8$ and taking T^2 instead of T, we get also an example with $q = 4$.

39.

Iteration of analytic functions

Annals of Mathematics 43 (1942), 607—612

Let

$$f(z) = \sum_{k=1}^{\infty} a_k z^k \tag{1}$$

be a power series without constant term and denote by $R > 0$ its radius of convergence. The fixed point $z = 0$ of the mapping $z \to f(z)$ is called stable, if there exist two positive finite numbers $r_0 \leqq R$ and $r \leqq R$, such that for all points z of the circle $|z| < r_0$ the set of image points $z_1 = f(z)$, $z_{n+1} = f(z_n)$ $(n = 1, 2, \cdots)$ lies in the circle $|z| < r$.

It is easy to prove the stability in the case $|a_1| < 1$, for then a positive number $r_0 < R$ exists, such that the inequality $|f(z)| \leqq |z|$ holds for $|z| < r_0$, and $r = r_0$ has the required property. Henceforth, the inequality $|a_1| \geqq 1$ is assumed.

If $z = 0$ is stable, then the images z_n $(n = 1, 2, \cdots)$ of the points z of the circle $|z| < r_0$ under the mapping $z \to f(z)$ and its iterations cover a domain D which is connected and contains the point $z = 0$. For all z in D, the image point $f(z)$ again lies in D. Let

$$z = \varphi(\zeta) = \zeta + \sum_{k=2}^{\infty} c_k \zeta^k \tag{2}$$

be the power series mapping a certain circle $|\zeta| < \rho$ of the ζ plane conformally onto the universal covering surface of D. Then the formula

$$\varphi(\zeta) = z \to f(z) = z_1 = \varphi(\zeta_1)$$

defines a function $\zeta_1 = g(\zeta)$ which is regular in the circle $|\zeta| < \rho$ and satisfies there the inequality $|g(\zeta)| < \rho$; moreover $g(0) = 0$ and $g'(0) = 1$. It follows from Schwarz's lemma that $|a_1| = 1$ and $\zeta_1 = a_1\zeta$. Consequently, the functional equation of Schröder

$$\varphi(a_1\zeta) = f(\varphi(\zeta)) \tag{3}$$

has a convergent solution $\varphi(\zeta) = \zeta + \cdots$.

On the other hand, it is obvious that $z = 0$ is stable, if $|a_1| = 1$ and the functional equation (3) has a convergent solution.

If a_1 is an nth root of unity, then $z = 0$ is stable, if and only if the $(n-1)^{\text{th}}$ iteration of the mapping $z \to f(z)$ is the identity. This is also easily proved by direct calculation. We assume now that $|a_1| = 1$ and $a_1^n \neq 1$ for $n = 1, 2, \cdots$.

By (1), (2) and (3),

(4) $$\sum_{k=2}^{\infty} c_k(a_1^k - a_1)\zeta^k = \sum_{l=2}^{\infty} a_l\left(\zeta + \sum_{r=2}^{\infty} c_r\zeta^r\right)^l;$$

hence c_k $(k = 2, 3, \cdots)$ is a polynomial in $c_2, \cdots, c_{k-1}$ whose coefficients depend upon $a_1, \cdots, a_k$, and there exists exactly one formal (convergent or divergent) solution $\varphi(\zeta) = \zeta + \cdots$ of (3). The first example of a convergent series $f(z) = a_1z + \cdots$ with *divergent* Schröder series $\varphi(\zeta)$ has been given by Pfeiffer.[1] Later Cremer[2] has constructed such examples for arbitrary a_1 satisfying the condition

$$\liminf_{n\to\infty} |a_1^n - 1|^{1/n} = 0.$$

These a_1 are very closely approximated by certain roots of unity, and their linear Lebesgue measure on the unit circle $|a_1| = 1$ is 0.

Until now, however, it was not known if there exists a number a_1 of absolute value 1, such that every convergent power series $f(z) = a_1z + \cdots$ has a *convergent* Schröder series. Julia[3] tried to prove the erroneous hypothesis that the Schröder series is always divergent, if $f(z) - a_1z$ is a rational function and not identically 0. We shall demonstrate the following

THEOREM: *Let*

(5) $$\log|a_1^n - 1| = O(\log n) \qquad (n \to \infty);$$

then the Schröder series is convergent.

Write $a_1 = e^{2\pi i\omega}$; then the condition (5) may be expressed in the form

$$\left|\omega - \frac{m}{n}\right| > \lambda n^{-\mu},$$

for arbitrary integers m and n, $n \geqq 1$, where λ and μ denote positive numbers depending only upon ω. It is easily seen that (5) holds for all points of the unit circle $|a_1| = 1$ with the exception of a set of measure 0.

LEMMA 1: *Let* x_p $(p = 1, \cdots, r)$ *and* y_q $(q = 1, \cdots, s)$ *be positive integers*, $r \geqq 0$, $s \geqq 2$, $r + s = t$,

$$\sum_{p=1}^{r} x_p + \sum_{q=1}^{s} y_q = k, \qquad \sum_{q=1}^{s} y_q > \frac{k}{2}, \qquad y_q \leqq \frac{k}{2}\ (q = 1, \cdots, s);$$

then

(6) $$\prod_{p=1}^{r} x_p \prod_{q=1}^{s} y_q^2 \geqq k^3 8^{1-t}.$$

---

[1] G. A. Pfeiffer, *On the conformal mapping of curvilinear angles. The functional equation* $\varphi[f(x)] = a_1\varphi(x)$, Trans. Amer. Math. Soc. 18, pp. 185–198 (1917).

[2] H. Cremer, *Über die Häufigkeit der Nichtzentren*, Math. Ann. 115, pp. 573–580 (1938).

[3] G. Julia, *Sur quelques problèmes relatifs à l'itération des fractions rationnelles*, C. R. Acad. Sci. Paris 168, pp. 147–149 (1919).

PROOF: Denote the left-hand side of (6) by L and consider first the case $k < 2t - 2$. Then

$$(7) \qquad k^{-3}L \geqq k^{-3} > (2t-2)^{-3}.$$

Assume now $k \geqq 2t - 2$ and let

$$\left[\frac{k}{2}\right] = g, \qquad r + \sum_{q=1}^{s} y_q = \eta.$$

Then

$$t \leqq g + 1 \leqq g + 1 + r \leqq \eta \leqq k, \qquad \sum_{p=1}^{r} x_p = k - \eta + r,$$

whence

$$\prod_{p=1}^{r} x_p \geqq k - \eta + 1, \qquad \prod_{q=1}^{s} y_q \geqq \begin{cases} \eta - t + 1, & \text{if } \eta \leqq g - 1 + t \\ (\eta - g - t + 2)g, & \text{if } \eta \geqq g - 1 + t. \end{cases}$$

In the interval $g + 1 \leqq \eta \leqq g - 1 + t$,

$$(k - \eta + 1)(\eta - t + 1)^2 \geqq \min\{(k-g)(g-t+2)^2, (k-g-t+2)g^2\};$$

in the interval $g - 1 + t \leqq \eta \leqq k$,

$$(k - \eta + 1)(\eta - g - t + 2)^2 g^2 \geqq (k - g - t + 2)g^2;$$

in the interval $0 \leqq \xi \leqq g$,

$$(k-g)(g-\xi)^2 - (k-g-\xi)g^2 = \{(k-g)\xi - (2k-3g)g\}\xi \leqq g(2g-k)\xi \leqq 0;$$

consequently

$$L \geqq (k-g)(g-t+2)^2$$

$$(8) \qquad k^{-3}L \geqq \frac{k-g}{k}\left(\frac{g-t+2}{k}\right)^2 \geqq \tfrac{1}{2}(2t-2)^{-2} \geqq (2t-2)^{-3}.$$

Now

$$t - 1 \leqq 2^{t-2} \qquad (t = 2, 3, \cdots),$$

and the lemma follows from (7) and (8).

We use the abbreviation

$$\epsilon_n = |\,a_1^n - 1\,|^{-1} \qquad (n = 1, 2, \cdots).$$

On account of (5), the inequalities

$$\epsilon_n < (2n)^{\nu} \qquad (n = 1, 2, \cdots)$$

are fulfilled for a certain constant positive value ν. We define

$$N_1 = 2^{2\nu+1}, \qquad N_2 = 8^{\nu}N_1 = 2^{5\nu+1}.$$

LEMMA 2: *Let m_l ($l = 0, \cdots, r$) be integral, $r \geqq 0$ and $m_0 > m_1 > \cdots > m_r > 0$; then*

$$\prod_{l=0}^{r} \epsilon_{m_l} < N_1^{r+1}\left\{m_0 \prod_{l=1}^{r}(m_{l-1} - m_l)\right\}^{\nu}. \tag{9}$$

PROOF: The assertion is true in the case $r = 0$; assume $r > 0$ and apply induction.

We have the identity

$$a_1^q(a_1^{p-q} - 1) = (a_1^p - 1) - (a_1^q - 1) \qquad (0 < q < p),$$

whence

$$\epsilon_{p-q}^{-1} \leqq \epsilon_p^{-1} + \epsilon_q^{-1}$$

$$\min(\epsilon_p, \epsilon_q) \leqq 2\epsilon_{p-q} < 2^{\nu+1}(p-q)^{\nu}.$$

This simple remark is the main argument of the whole proof.

Let ϵ_{m_l} ($l = 0, \cdots, r$) have its minimum value for $l = h$. Then

$$\epsilon_{m_h} < 2^{\nu+1} \min\{(m_{h-1} - m_h)^{\nu}, (m_h - m_{h+1})^{\nu}\}, \tag{10}$$

if we define moreover $m_{-1} = \infty$ and $m_{r+1} = -\infty$. On the other hand, the lemma being true for $r - 1$ instead of r, we have

$$\epsilon_{m_h}^{-1}\prod_{l=0}^{r}\epsilon_{m_l} < N_1^{r}\left\{\frac{m_0(m_{h-1} - m_{h+1})}{(m_{h-1} - m_h)(m_h - m_{h+1})}\prod_{l=1}^{r}(m_{l-1} - m_l)\right\}^{\nu}. \tag{11}$$

Since

$$\frac{m_{h-1} - m_{h+1}}{(m_{h-1} - m_h)(m_h - m_{h+1})} = \frac{1}{m_{h-1} - m_h} + \frac{1}{m_h - m_{h+1}} \leqq \frac{2}{\min(m_{h-1} - m_h, m_h - m_{h+1})},$$

the inequality (9) follows from (10) and (11).

Consider now the sequence of positive numbers $\delta_1 = 1, \delta_2, \delta_3, \cdots$ recurrently defined in the following way: For every $k > 1$, let μ_k denote the maximum of all products $\delta_{l_1}\delta_{l_2}\cdots\delta_{l_r}$ with $l_1 + l_2 + \cdots + l_r = k > l_1 \geqq l_2 \geqq \cdots \geqq l_r \geqq 1$, $2 \leqq r \leqq k$, and put

$$\delta_k = \epsilon_{k-1}\mu_k. \tag{12}$$

LEMMA 3:

$$\delta_k \leqq k^{-2\nu}N_2^{k-1} \qquad (k = 1, 2, \cdots). \tag{13}$$

PROOF: The assertion is true in the case $k = 1$; assume $k > 1$ and apply induction.

The numbers $\alpha_k = k^{-2\nu}N_2^{k-1}$ satisfy the inequalities

$$\frac{\alpha_k\alpha_l}{\alpha_{k+l}} = (k^{-1} + l^{-1})^{2\nu}N_2^{-1} \leqq 2^{2\nu}N_2^{-1} < 1 \qquad (k \geqq 1, l \geqq 1),$$

and consequently

$$\delta_{j_1}\delta_{j_2}\cdots\delta_{j_f} \leqq j^{-2\nu}N_2^{j-1} \qquad (1 \leqq j_1 + \cdots + j_f = j < k; f \geqq 1). \tag{14}$$

By (12), there exists a decomposition

$$\delta_k = \epsilon_{k-1}\delta_{g_1}\delta_{g_2} \cdots \delta_{g_\alpha} \qquad (g_1 + \cdots + g_\alpha = k > g_1 \geqq \cdots \geqq g_\alpha \geqq 1).$$

In the case $g_1 > k/2$, we use this formula with g_1 instead of k and find a decomposition

$$\delta_{g_1} = \epsilon_{g_1-1}\delta_{h_1}\delta_{h_2} \cdots \delta_{h_\beta} \qquad (h_1 + \cdots + h_\beta = g_1 > h_1 \geqq \cdots \geqq h_\beta \geqq 1);$$

if also $h_1 > k/2$, we decompose again

$$\delta_{h_1} = \epsilon_{h_1-1}\delta_{i_1}\delta_{i_2} \cdots \delta_{i_\gamma} \qquad (i_1 + \cdots + i_\gamma = h_1 > i_1 \geqq \cdots \geqq i_\gamma \geqq 1),$$

and so on. Writing $k_0 = k$, $k_1 = g_1$, $k_2 = h_1$, $\cdots$, we obtain in this manner the formula

$$\delta_k = \prod_{p=0}^{r} (\epsilon_{k_p-1}\Delta_p)$$

with $k = k_0 > k_1 > \cdots > k_r > k/2$, where Δ_p denotes for $p = 0, \cdots, r$ a certain product $\delta_{j_1} \cdots \delta_{j_f}$ and

$$j_1 + \cdots + j_f = \begin{cases} k_p - k_{p+1} & (p = 0, \cdots, r-1) \\ k_r & (p = r), \end{cases}$$

all subscripts $j_1, \cdots, j_f$ being $\leqq k/2$. The number f depends upon p; let $f = s$ for $p = r$.

Using (13) for the s single factors of Δ_r and applying (14) for the estimation of Δ_p ($p = 0, \cdots, r-1$), we find the inequality

$$\prod_{p=0}^{r} \Delta_p \leqq N_2^{k-r-s} \left\{ \prod_{q=1}^{s} j_q \prod_{p=1}^{r} (k_{p-1} - k_p) \right\}^{-2\nu},$$

where $1 \leqq j_q \leqq k/2$ ($q = 1, \cdots, s$) and $j_1 + \cdots + j_s = k_r$. By Lemma 2,

$$\prod_{p=0}^{r} \epsilon_{k_p-1} < N_1^{r+1} \left\{ k \prod_{p=1}^{r} (k_{p-1} - k_p) \right\}^{\nu},$$

and consequently

$$\delta_k < N_1^{r+1} N_2^{k-t} \left(k^{-1} \prod_{p=1}^{r} x_p \prod_{q=1}^{s} y_q^2 \right)^{-\nu}$$

with $t = r + s$, $x_p = k_{p-1} - k_p$, $y_q = j_q$. By Lemma 1,

$$N_2^{1-k} k^{2\nu} \delta_k < N_1^{r+1} N_2^{1-t} 8^{\nu(t-1)} \leqq \left(\frac{8^\nu N_1}{N_2} \right)^{t-1} = 1,$$

and (13) is proved.

PROOF OF THE THEOREM: Since the power series (1) has a positive radius of convergence, there exists a positive number a, such that $|a_n| \leqq a^{n-1}$ ($n = 2, 3, \cdots$). The functional equation (3) remains true under the transformation $f(z) \to af(z/a)$, $\varphi(\zeta) \to a\varphi(\zeta/a)$; hence we may assume $|a_n| \leqq 1$ ($n = 2, 3, \cdots$).

Instead of (4), we consider the functional equation

$$\sum_{k=2}^{\infty} \eta_k \gamma_k \zeta^k = \sum_{l=2}^{\infty} \left(\zeta + \sum_{r=2}^{\infty} \gamma_r \zeta^r\right)^l, \tag{15}$$

where $\eta_2, \eta_3, \cdots$ are positive parameters. Then the coefficients $\gamma_1 = 1, \gamma_2, \gamma_3, \cdots$ are uniquely determined by the formula

$$\gamma_k = \eta_k^{-1} \sum \gamma_{l_1} \gamma_{l_2} \cdots \gamma_{l_r} \qquad (k = 2, 3, \cdots), \tag{16}$$

where $l_1, \cdots, l_r$ run over all positive integral solutions of $l_1 + \cdots + l_r = k$ $(r = 2, \cdots, k)$. Write $\gamma_k = \sigma_k$ in the case $\eta_k = \epsilon_{k-1}^{-1}$ $(k = 2, 3, \cdots)$, and $\gamma_k = \tau_k$ in the case $\eta_k = 1$.

The inequality

$$\sigma_k \leqq \delta_k \tau_k \tag{17}$$

is true for $k = 1$. Applying induction, we infer from (12) and (16) that

$$\sigma_k \leqq \epsilon_{k-1} \mu_k \sum \tau_{l_1} \tau_{l_2} \cdots \tau_{l_r} = \delta_k \tau_k ;$$

hence (17) holds for all values of k.

On the other hand, the power series

$$\psi = \sum_{k=1}^{\infty} \tau_k \zeta^k$$

satisfies the equation

$$\psi - \zeta = (1 - \psi)^{-1} \psi^2,$$

whence

$$4\psi = 1 + \zeta - (1 - 6\zeta + \zeta^2)^{\frac{1}{2}};$$

consequently ψ converges in the circle $|\zeta| < 3 - 2\sqrt{2}$.

By (4), (15) and (17),

$$|c_k| \leqq \delta_k \tau_k \qquad (k = 2, 3, \cdots).$$

It follows now from Lemma 3, that the Schröder series $\varphi(\zeta)$ converges in the circle $|\zeta| < (3 - 2\sqrt{2})2^{-5\nu-1}$.

INSTITUTE FOR ADVANCED STUDY

40.

Note on automorphic functions of several variables

Annals of Mathematics 43 (1942), 613—616

1

Some years ago I found a method[1] of estimating the number of linearly independent modular forms of degree n and of weight g, which has been useful for the demonstration[2] of certain identities in the analytical theory of quadratic forms. The object of this note is to prove an analogous estimate concerning automorphic functions.

Let $\mathfrak{Z} = (z_{kl})$ be a complex symmetric matrix with n rows, and consider the space E defined by the condition $\mathfrak{E} - \mathfrak{Z}\bar{\mathfrak{Z}} > 0$, with the line element

$$ds = \sigma^{\frac{1}{2}}\{d\mathfrak{Z}(\mathfrak{E} - \bar{\mathfrak{Z}}\mathfrak{Z})^{-1}d\bar{\mathfrak{Z}}(\mathfrak{E} - \mathfrak{Z}\bar{\mathfrak{Z}})^{-1}\},$$

the symbol σ denoting the trace. If $\mathfrak{A}$ and $\mathfrak{B}$ are n-rowed complex square matrices satisfying $\mathfrak{A}\mathfrak{B}' = \mathfrak{B}\mathfrak{A}'$ and $\mathfrak{A}\bar{\mathfrak{A}}' - \mathfrak{B}\bar{\mathfrak{B}}' = \mathfrak{E}$, then the linear transformation

$$\mathfrak{Z}^* = (\mathfrak{A}\mathfrak{Z} + \mathfrak{B})(\bar{\mathfrak{B}}\mathfrak{Z} + \bar{\mathfrak{A}})^{-1} \tag{1}$$

defines an isometric mapping of E onto itself. Those transformations constitute a group Ω.

Denoting by $\rho(\mathfrak{Z}_1, \mathfrak{Z}_0)$ the distance of two arbitrary points $\mathfrak{Z}_1$ and $\mathfrak{Z}_0$ of E, we have[3]

$$\rho(\mathfrak{Z}_1, 0) = \left(\sum_{k=1}^{n} u_k^2\right)^{\frac{1}{2}},$$

where

$$u_k = \log \frac{1 + \lambda_k^{\frac{1}{2}}}{1 - \lambda_k^{\frac{1}{2}}} \qquad (k = 1, \cdots, n)$$

and $\lambda_1, \cdots, \lambda_n$ are the characteristic roots of the hermitian matrix $\mathfrak{Z}_1\bar{\mathfrak{Z}}_1$. Since

$$\frac{4\lambda_k}{1 - \lambda_k} = e^{u_k} + e^{-u_k} - 2 = 2\sum_{l=1}^{\infty} \frac{u_k^{2l}}{(2l)!}$$

---

[1] C. L. Siegel, *Einführung in die Theorie der Modulfunktionen n-ten Grades*, Math. Ann. 116, pp. 617–657 (1939).

[2] H. Maass, *Zur Theorie der automorphen Funktionen von n Veränderlichen*, Math. Ann. 117, pp. 538–578 (1940).

E. Witt, *Eine Identität zwischen Modulformen zweiten Grades*, Abh. Math. Sem. Hansischen Univ. 14, pp. 323–337 (1941).

H. Maass, *Modulformen und quadratische Formen über dem quadratischen Zahlkörper* $R(\sqrt{5})$, Math. Ann. 118, pp. 65–84 (1942).

[3] C. L. Siegel, *Symplectic geometry*, submitted for publication in the Amer. J. Math.

and

$$\sum_{k=1}^{n} u_k^{2l} \leqq \left(\sum_{k=1}^{n} u_k^2\right)^l = \rho^{2l}(\mathfrak{Z}_1, 0),$$

we obtain the inequality

$$\sum_{k=1}^{n} \frac{\lambda_k}{1-\lambda_k} \leqq \sinh^2 \tfrac{1}{2}\rho, \qquad \rho = \rho(\mathfrak{Z}_1, 0). \tag{2}$$

Let Δ be a subgroup of Ω, discontinuous in E, and assume that all frontier points of a fundamental domain F of Δ belong to E; i.e. E is compact relative to Δ. The least upper bound of the distance $\rho(\mathfrak{Z}_1, \mathfrak{Z}_0)$ for two variable points $\mathfrak{Z}_1$ and $\mathfrak{Z}_0$ of F is a finite positive number δ, the diameter of F. We use the abbreviations

$$\nu = \frac{n(n+1)}{2}, \qquad b = \sinh^2 \tfrac{1}{2}\delta, \qquad c = (\nu+1)b^{\nu}. \tag{3}$$

2

An analytic function $f(\mathfrak{Z})$ of the ν independent variables z_{kl} $(1 \leqq k \leqq l \leqq n)$ is called an automorphic form with the group Δ, if it is regular in E and satisfies there the equations

$$f(\mathfrak{Z}^*) = v(\mathfrak{A}, \mathfrak{B}) \mid \bar{\mathfrak{B}}\mathfrak{Z} + \bar{\mathfrak{A}} \mid^{-g} f(\mathfrak{Z}) \tag{4}$$

for all transformations (1) in the group Δ, where g is a constant and the numbers $v = v(\mathfrak{A}, \mathfrak{B})$ depend only upon $\mathfrak{A}$ and $\mathfrak{B}$. Let $L = L(\Delta, g, v)$ denote the set of all such functions $f(\mathfrak{Z})$, the weight g and the multiplier system v being given. If f_1 and f_2 belong to this set, then so does $\lambda f_1 + \mu f_2$, for arbitrary complex constants λ and μ; hence L is a vector space with a certain (finite or infinite) dimension d.

For automorphic forms of a single variable, i.e. in the case $n = 1$, the number d is given by the generalized Riemann-Roch theorem.[4] It is not known in which way this theorem might be extended to automorphic forms of several variables. We now assume that the weight g is real and that all multipliers $v(\mathfrak{A}, \mathfrak{B})$ have absolute value 1. We shall derive a finite upper bound of d depending only upon n, g and δ.

Consider first the case $g = 0$. Then, by (4) the absolute value abs $f(\mathfrak{Z})$ is invariant under Δ; consequently it attains in E a maximum at an inner point. This proves $f(\mathfrak{Z})$ is a constant, whence $d = 1$, if $v(\mathfrak{A}, \mathfrak{B}) = 1$, and $d = 0$ otherwise. In the remainder of the paper, we suppose $g \neq 0$.

LEMMA: *Let $f(\mathfrak{Z})$ be a function of the set $L(\Delta, g, v)$, not identically* 0. *If all its partial derivatives of the orders* $0, 1, \cdots, h-1$ $(h \geqq 0)$ *vanish at a point $\mathfrak{Z}_0$ of E, then $h \leqq bg$.*

---

[4] E. Ritter, *Die multiplicativen Formen auf algebraischem Gebilde beliebigen Geschlechtes mit Anwendung auf die Theorie der automorphen Formen*, Math. Ann. 44, pp. 261–374 (1894).
H. Petersson, *Zur analytischen Theorie der Grenzkreisgruppen, Teil II*, Math. Ann. 115, pp. 175–204 (1938).

Proof: The continuous function

$$\varphi(\mathfrak{Z}) = |\,\mathfrak{E} - \mathfrak{Z}\bar{\mathfrak{Z}}\,|^{\frac{1}{2}g} \operatorname{abs} f(\mathfrak{Z})$$

is invariant under Δ; consequently it has in E a maximum $\mu > 0$, which is attained at a point $\mathfrak{Z}_1$ of F. On account of (4), we may assume that $\mathfrak{Z}_0$ also lies in F. In case $h > 0$, the function $f(\mathfrak{Z})$ vanishes at $\mathfrak{Z} = \mathfrak{Z}_0$, whence $\mathfrak{Z}_1 \neq \mathfrak{Z}_0$. In case $h = 0$, the assumption of the lemma holds for every point $\mathfrak{Z}_0$ of E, and we may suppose $\mathfrak{Z}_1 \neq \mathfrak{Z}_0$.

If the transformation (1) is any given element M of the group Ω, then the function $|\,\mathfrak{B}\mathfrak{Z} + \mathfrak{A}\,|^{-g} f(\mathfrak{Z}^*)$ belongs to $L(M^{-1}\Delta M, g, v)$. Since Ω is transitive in E and the diameter δ is invariant under Ω, we may assume for the proof of the lemma that $\mathfrak{Z}_0 = 0$ and $\rho(\mathfrak{Z}_1, 0) \leqq \delta$. Let $\lambda_1, \cdots, \lambda_n$ be the characteristic roots of $\mathfrak{Z}_1\bar{\mathfrak{Z}}_1$, $0 \leqq \lambda_1 \leqq \cdots \leqq \lambda_n$; then $0 < \lambda_n < 1$ and, by (2) and (3),

$$0 < \sum_{k=1}^{n} \frac{\lambda_k}{1 - \lambda_k} \leqq b. \tag{5}$$

We introduce a single complex variable z and choose in particular $\mathfrak{Z} = z\mathfrak{Z}_1$. For all points z of the circle $z\bar{z} < \lambda_n^{-1}$, the matrix $\mathfrak{Z}$ lies in E; hence there $f(\mathfrak{Z})$ is a regular analytic function $\psi(z)$ which vanishes at the point $z = 0$ at least of the order h and satisfies the relationship

$$\operatorname{abs} \psi(z) = |\,\mathfrak{E} - z\bar{z}\mathfrak{Z}_1\bar{\mathfrak{Z}}_1\,|^{-\frac{1}{2}g}\varphi(z\mathfrak{Z}_1) \leqq |\,\mathfrak{E} - z\bar{z}\mathfrak{Z}_1\bar{\mathfrak{Z}}_1\,|^{-\frac{1}{2}g}\mu,$$

where the equality holds for $z = 1$.

Let $1 < t < \lambda_n^{-1}$. On the circle $z\bar{z} \leqq t$, the analytic function $z^{-h}\psi(z)$ attains the maximum of its absolute value at a point of the boundary, whence

$$\operatorname{abs} \psi(1) \leqq t^{-\frac{1}{2}h} \max_{z\bar{z}=t} \operatorname{abs} \psi(z)$$

$$|\,\mathfrak{E} - \mathfrak{Z}_1\bar{\mathfrak{Z}}_1\,|^{-\frac{1}{2}g}\mu \leqq t^{-\frac{1}{2}h}\,|\,\mathfrak{E} - t\mathfrak{Z}_1\bar{\mathfrak{Z}}_1\,|^{-\frac{1}{2}g}\mu.$$

But $|\,\mathfrak{E} - t\mathfrak{Z}_1\bar{\mathfrak{Z}}_1\,| = \prod_{k=1}^{n} (1 - t\lambda_k)$ and therefore

$$h \leqq g \log \prod_{k=1}^{n} \frac{1 - \lambda_k}{1 - t\lambda_k} \Big/ \log t \qquad (1 < t < \lambda_n^{-1}).$$

Performing the passage to the limit $t \to 1$, we obtain the inequality

$$h \leqq g \sum_{k=1}^{n} \frac{\lambda_k}{1 - \lambda_k}. \tag{6}$$

The assertion of the lemma follows from (5) and (6).

Theorem: *The dimension d of $L(\Delta, g, v)$ is 0 for $g < b^{-1}$ and $\leqq cg^{\nu}$ for $g > 0$.*

Proof: Assume $d > 0$ and choose in $L(\Delta, g, v)$ a function $f(\mathfrak{Z})$, which does not vanish identically. Applying the lemma with $h = 0$, we infer $0 \leqq bg$. This proves the theorem in the case $g < 0$.

Now consider the case $g > 0$. If $f(\mathfrak{Z}) \neq 0$ everywhere in E, then $f^{-1}(\mathfrak{Z})$ is a non-vanishing function of the set $L(\Delta, -g, v^{-1})$ and $-g < 0$, which is impossible. Consequently we may apply the lemma with $h = 1$ and obtain the inequality $1 \leqq bg$, whence $1 < (\nu + 1)(bg)^\nu = cg^\nu$. This proves the theorem in the case $g > 0$ and $d = 0$ or 1.

In the remaining case $g > 0$, $d \geqq 2$, let $f_1, \cdots, f_m$ be a finite number of linearly independent functions in $L(\Delta, g, v)$ and $m \geqq 2$. We determine the positive integer h by the condition

$$\binom{\nu + h - 1}{\nu} < m \leqq \binom{\nu + h}{\nu} \tag{7}$$

and choose m constants $a_1, \cdots, a_m$, not all 0, such that all partial derivatives of the orders $0, 1, \cdots, h - 1$ vanish for the function

$$f(\mathfrak{Z}) = a_1 f_1 + \cdots + a_m f_m$$

at the point $\mathfrak{Z} = 0$; this is possible, by (7), since we have to satisfy $\binom{\nu + h - 1}{\nu}$ homogeneous linear equations with the m unknown quantities $a_1, \cdots, a_m$. By (7) and the lemma,

$$m \leqq \binom{\nu + h}{\nu} \leqq (\nu + 1)h^\nu \leqq (\nu + 1)(bg)^\nu = cg^\nu.$$

This proves the remaining part of the theorem.

3

A function $\chi(\mathfrak{Z})$ is called an automorphic function with the group Δ, if $\chi(\mathfrak{Z}) = f_1/f_0$, f_0 not identically 0, where f_1 and f_0 are automorphic forms in the same set $L(\Delta, g, v)$. For a sufficiently large value $G > 0$, certain functions in the set $L(\Delta, G, 1)$ can be expressed as Poincaré series,[5] and it may be proved by known methods that there exist $\nu + 1$ of those functions, say $F_0, \cdots, F_\nu$, which are algebraically independent. Then the ν quotients $\chi_k = F_k/F_0$ $(k = 1, \cdots, \nu)$ are algebraically independent automorphic functions with the group Δ.

Define $q = [c\nu! G^\nu]$ and choose a positive integer Q satisfying the condition $q + 1 > c\nu!(G + gqQ^{-1})^\nu$. The number of power products

$$P = \chi^r \prod_{k=1}^{\nu} \chi_k^{s_k}$$

with $0 \leqq r \leqq q$, $0 \leqq s_k$ $(k = 1, \cdots, \nu)$, $s_1 + \cdots + s_\nu \leqq Q$ is

$$A = (q + 1)\binom{Q + \nu}{\nu} > \frac{q + 1}{\nu!} Q^\nu > c(gq + GQ)^\nu; \tag{8}$$

we denote them by $P_1, \cdots, P_A$. Then the A functions $f_0^q F_0^Q P_l$ $(l = 1, \cdots, A)$ are automorphic forms of the set $L(\Delta, gq + GQ, v^q)$; by (8) and the theorem, they are linearly dependent. Consequently, the automorphic function χ satisfies an algebraic equation of degree q whose coefficients are polynomials in $\chi_1, \cdots, \chi_\nu$ and not all identically 0. Since q is fixed, the automorphic functions with the group Δ form an algebraic field with exactly ν independent elements.

INSTITUTE FOR ADVANCED STUDY

[5] M. Sugawara, *Über eine allgemeine Theorie der Fuchsschen Gruppen und Theta-Reihen*, Ann. of Math. (2) 41, pp. 488–494 (1940).

41.

Symplectic geometry *

American Journal of Mathematics 65 (1943), 1—86

I. INTRODUCTION.

1. Our present knowledge concerning functions of several complex variables $z_1, \cdots, z_m$ is much less far-reaching and complete than the classical theory in the case $m = 1$. If we want to proceed further, it seems reasonable to investigate, in the first place, a *special* class of analytic functions of m variables found by the following considerations:

Let R be the Riemann surface of an analytic function of a single variable. On account of the main theorem of uniformization, the universal covering surface U of R can be conformally mapped onto a simple domain E, which is either the unit-circle $|z| < 1$ or the finite z-plane or the complete z-plane. The conformal mappings of E onto itself form a group Ω of linear transformations, and the fundamental group of R is faithfully represented by a subgroup Δ of Ω, discontinuous in E. By the introduction of the uniformizing parameter z, the general theory of the analytic single-valued functions on R is reduced to the theory of the automorphic functions with the group Δ.

The group Ω is transitive, i. e., there exists for any two points z_1 and z_2 of E an element of Ω transforming z_1 into z_2. Moreover, there exists for every point z_1 of E an involution in Ω with the fixed point z_1, i. e., an element of Ω identical with its inverse and transforming z_1 into itself. Consequently E is a *symmetric* space, in the notation of Elie Cartan. The domain E is bounded, if we consider only the first case, the case of the unit-circle $|z| < 1$; it is well known, that this occurs if and only if U has at least two frontier points.

A generalization of the theory of automorphic functions to the case of an arbitrary number of variables requires the following three steps: 1) To determine all bounded simple domains E in the space of m complex variables, which are symmetric spaces with respect to a group Ω of analytic mappings. 2) To investigate the invariant geometric properties of E, to find the discontinuous subgroups Δ of Ω and to construct their fundamental domains. 3) To study the field of automorphic functions in E with the group Δ.

The first step has been made by Cartan; he obtained explicitly 6 different types of irreducible domains E, such that all other bounded simple symmetric

* Received February 27, 1942.

analytic spaces can be derived from them by analytic mappings and topological products.

We shall consider more closely the second step. We restrict our researches to one of the six possible types, which is the most important for applications to other branches of mathematics. In this case, the number m of complex dimensions is $\frac{1}{2}n(n+1)$, with integral $n \geq 1$, the m variables form the elements $z_{kl} = z_{lk}$ $(1 \leq k \leq l \leq n)$ of a symmetric complex matrix $\mathfrak{Z} = (z_{kl})$ with n rows and E consists of all points $\mathfrak{Z}$ for which the hermitian form $\sum_{k=1}^{n} (|u_k|^2 - \sum_{l=1}^{n} |z_{kl}u_l|^2)$ in the auxiliary variables $u_1, \cdots, u_n$ is positive definite.

The third step has already been carried out, in a former publication, for the special case of the modular group of degree n. It is possible to generalize most of those results, but we shall not do so in the present paper.

2. Notations, definitions, results. All German letters denote matrices with complex elements; small German letters denote columns. The upper indices p and q in $\mathfrak{A}^{(pq)}$ designate the number p of rows and the number q of columns of the matrix $\mathfrak{A}$; instead of $\mathfrak{A}^{(pp)}$ and $\mathfrak{a}^{(p1)}$ we write more simply $\mathfrak{A}^{(p)}$ and $\mathfrak{a}^{(p)}$. If $a_1, \cdots, a_p$ are the diagonal elements of $\mathfrak{A}^{(p)}$ and if all other elements are 0, we write $\mathfrak{A} = [a_1, \cdots, a_p]$ and call $\mathfrak{A}$ a *diagonal* matrix. The letter $\mathfrak{E}$ denotes a *unit* matrix, and 0 denotes also a *zero* matrix. If $\mathfrak{B}$ is any matrix, $\mathfrak{B}'$ is the *transposed* matrix and $\bar{\mathfrak{B}}$ the *conjugate complex* matrix. We use the abbreviations $\mathfrak{B}'\mathfrak{A}\mathfrak{B} = \mathfrak{A}[\mathfrak{B}]$, $\mathfrak{B}'\mathfrak{A}\bar{\mathfrak{B}} = \mathfrak{A}\{\mathfrak{B}\}$. The inequality $\mathfrak{A} > 0$ means that $\mathfrak{A} = \bar{\mathfrak{A}}'$ is the matrix of a positive definite hermitian form, i. e., $\mathfrak{A}\{\mathfrak{x}\} > 0$ for all $\mathfrak{x} \neq 0$; obviously $\mathfrak{A} > 0$ means in the case of a real $\mathfrak{A}$, that $\mathfrak{A} = \mathfrak{A}'$ is the matrix of a positive definite quadratic form, i. e., $\mathfrak{A}[\mathfrak{x}] > 0$ for all real $\mathfrak{x} \neq 0$. The *trace* $\sigma(\mathfrak{A})$ of a matrix $\mathfrak{A}^{(p)} = (a_{kl})$ is defined by $\sigma(\mathfrak{A}) = \sum_{k=1}^{p} a_{kk}$.

We denote by $\mathfrak{Z} = (z_{kl})$ a symmetric matrix with n rows and variable complex elements $z_{kl} = z_{lk}$ $(1 \leq k \leq l \leq n)$; $\mathfrak{Z} = \mathfrak{X} + i\mathfrak{Y}$, where $\mathfrak{X} = \frac{1}{2}(\mathfrak{Z} + \bar{\mathfrak{Z}})$ and $\mathfrak{Y} = (1/2i)(\mathfrak{Z} - \bar{\mathfrak{Z}})$ are the real and imaginary part of $\mathfrak{Z}$. The condition $\mathfrak{E} - \mathfrak{Z}\bar{\mathfrak{Z}} > 0$ defines a bounded domain E which is obviously a generalization of the unit-circle. On the other hand, the domain H defined by the inequality $\mathfrak{Y} > 0$ is a generalization of the upper half-plane. It is well-known that the transformation $w = (az + b)/(cz + d)$ with real a, b, c, d and $ad - bc = 1$ is the most general analytic mapping of the upper half-plane onto itself. In order to generalize this theorem, we have to introduce the symplectic group. The *homogeneous symplectic* group Ω_0 consists of all real matrices

$$\mathfrak{M} = \begin{pmatrix} \mathfrak{A}^{(n)} & \mathfrak{B}^{(n)} \\ \mathfrak{C}^{(n)} & \mathfrak{D}^{(n)} \end{pmatrix}$$

satisfying the condition $\mathfrak{J}[\mathfrak{M}] = \mathfrak{J}$ with

$$\mathfrak{J} = \begin{pmatrix} 0 & \mathfrak{E}^{(n)} \\ -\mathfrak{E}^{(n)} & 0 \end{pmatrix}.$$

It is easily proved that the transformation

$$\mathfrak{W} = (\mathfrak{A}\mathfrak{Z} + \mathfrak{B})(\mathfrak{C}\mathfrak{Z} + \mathfrak{D})^{-1} \tag{1}$$

maps the domain H onto itself. These transformations form the (inhomogeneous) *symplectic* group Ω obtained by identifying $\mathfrak{M}$ and $-\mathfrak{M}$.

THEOREM 1. *Every analytic mapping of H onto itself is symplectic.*

The next four theorems generalize known properties of the Poincaré model of non-euclidean geometry. For any two points $\mathfrak{Z}, \mathfrak{Z}_1$ of H we define

$$\mathfrak{R}(\mathfrak{Z}, \mathfrak{Z}_1) = (\mathfrak{Z} - \mathfrak{Z}_1)(\mathfrak{Z} - \bar{\mathfrak{Z}}_1)^{-1}(\bar{\mathfrak{Z}} - \bar{\mathfrak{Z}}_1)(\bar{\mathfrak{Z}} - \mathfrak{Z}_1)^{-1}.$$

THEOREM 2. *There exists a symplectic transformation mapping a given pair $\mathfrak{Z}, \mathfrak{Z}_1$ of H into another given pair $\mathfrak{W}, \mathfrak{W}_1$ of H, if and only if the two matrices $\mathfrak{R}(\mathfrak{Z}, \mathfrak{Z}_1)$ and $\mathfrak{R}(\mathfrak{W}, \mathfrak{W}_1)$ have the same characteristic roots.*

Let $d\mathfrak{Z} = (dz_{kl})$ denote the matrix of the differentials dz_{kl}. The quadratic differential form

$$ds^2 = \sigma(\mathfrak{Y}^{-1} d\mathfrak{Z} \mathfrak{Y}^{-1} d\bar{\mathfrak{Z}}) \tag{2}$$

is invariant under Ω and defines a Riemann metric in H.

THEOREM 3. *There exists exactly one geodesic arc connecting two arbitrary points $\mathfrak{Z}, \mathfrak{Z}_1$ of H; its length ρ is given by*

$$\rho^2 = \sigma\left(\log^2 \frac{1 + \mathfrak{R}^{\frac{1}{2}}}{1 - \mathfrak{R}^{\frac{1}{2}}}\right)$$

with $\mathfrak{R} = \mathfrak{R}(\mathfrak{Z}, \mathfrak{Z}_1)$ and

$$\log^2 \frac{1 + \mathfrak{R}^{\frac{1}{2}}}{1 - \mathfrak{R}^{\frac{1}{2}}} = 4\mathfrak{R}\left(\sum_{k=0}^{\infty} \frac{\mathfrak{R}^k}{2k+1}\right)^2.$$

THEOREM 4. *All geodesics are symplectic images of the curves $\mathfrak{Z} = i[p_1^{s}, \cdots, p_n^{s}]$, where $p_1, \cdots, p_n$ are arbitrary positive constants satisfying $\sum_{k=1}^{n} \log^2 p_k = 1$.*

Let $\mathfrak{X} = (x_{kl})$, $\mathfrak{Y}^{-1} = (Y_{kl})$ and dv be the euclidean volume element in the space with the $n(n+1)$ rectangular cartesian coördinates x_{kl}, Y_{kl}

$(1 \leq k \leq l \leq n)$. It is easily shown that $2^{n(n-1)/2}dv$ is the volume element for the symplectic metric (2).

THEOREM 5. *The Euler characteristic of a closed manifold F with the metric* (2) *is*

$$\chi = c_n(-\pi)^{-n(n+1)/2} \int_F dv, \tag{3}$$

where c_n denotes a positive rational number depending only upon n; in particular $c_1 = \frac{1}{2}$, $c_2 = \frac{3}{8}$, $c_3 = \frac{45}{64}$.

The theorems 6 and 7 are concerned with the generalization of the Fuchsian groups and their fundamental domains. Let Δ be a subgroup of the symplectic group Ω. Two points $\mathfrak{Z}, \mathfrak{W}$ of H are called *equivalent* under Δ, if (1) holds for a matrix $\mathfrak{M}$ of Δ. The group Δ is *discontinuous*, if no set of equivalent points has a limit point in H. A domain F in H is a *fundamental domain* for Δ, if the images of F under Δ cover H without gaps and overlappings. A domain F is called a *star*, if there exists an inner point $\mathfrak{Z}_0$ of F such that for every point $\mathfrak{Z}$ of F the whole geodesic arc between $\mathfrak{Z}$ and $\mathfrak{Z}_0$ belongs to F.

THEOREM 6. *A fundamental domain F of a discontinuous group Δ may be chosen as a star bounded by analytic surfaces and such that every compact domain in H is covered by a finite number of images of F under Δ.*

A discontinuous group Δ is called of the *first kind*, if there exists a *normal* fundamental domain F having the following three properties: 1) Every compact domain in H is covered by a finite number of images of F; 2) only a finite number of images of F are neighbors of F; 3) the integral

$$V(\Delta) = \int_F dv$$

converges. The space H is called *compact relative to* Δ, if there exists for every infinite sequence of points $\mathfrak{Z}_k$ $(k = 1, 2, 3, \cdots)$ in H a compact sequence $\mathfrak{W}_k$ such that $\mathfrak{W}_k$ is equivalent to $\mathfrak{Z}_k$ under Δ.

THEOREM 7. *If H is compact relative to a discontinuous group Δ, then Δ is of the first kind and has a compact normal fundamental domain.*

Let us assume that a discontinuous group Δ has no fixed point in H, i. e., that no transformation of Δ except the identical one has a fixed point in H. Identifying equivalent frontier points of a fundamental domain F, we obtain a closed manifold, if H is compact relative to Δ. The Euler number of this manifold is then given by Theorem 5. If H is not compact relative to Δ, we obtain an open manifold. It is probable that Theorem 5 still holds good for this open manifold, provided Δ is of the first kind; it may easily be proved that this is true in the case $n=1$.

The rest of the paper deals with two special classes of groups Δ defined by arithmetical properties. The simplest and most important example of a discontinuous subgroup of Ω is given by the *modular* group Γ of degree n consisting of all symplectic matrices $\mathfrak{M}^{(2n)}$ with rational integral elements.

THEOREM 8. *The modular group of degree n is a discontinuous group of the first kind.*

Let K be a totally real algebraic number-field of degree $h \geqq 1$, $K(\sqrt{-r})$ a totally imaginary quadratic field over K and s a positive number in K such that all other conjugates of s are negative. Let $\mathfrak{G}^{(2n)}$ be a skew-symmetric matrix and $\mathfrak{H}^{(2n)}$ a hermitian matrix, both with elements from $K(\sqrt{-r})$ and non-singular. We assume that all conjugates of $\mathfrak{H}$ except $\mathfrak{H}$ and $\bar{\mathfrak{H}}$ are positive and that $\mathfrak{G}$ and $\mathfrak{H}$ are connected by the relation $\mathfrak{H}\bar{\mathfrak{G}}^{-1}\bar{\mathfrak{H}} = s\mathfrak{G}$. Let $\Lambda(\mathfrak{G},\mathfrak{H})$ denote the group of matrices $\mathfrak{U}$ with integral elements of $K(\sqrt{-r})$ satisfying the two conditions $\mathfrak{G}[\mathfrak{U}] = \mathfrak{G}$ and $\mathfrak{H}\{\mathfrak{U}\} = \mathfrak{H}$. Then there exists a constant matrix $\mathfrak{C}$ such that $\mathfrak{C}^{-1}\mathfrak{U}\mathfrak{C} = \mathfrak{M}$ is symplectic, and $\mathfrak{C}^{-1}\Lambda(\mathfrak{G},\mathfrak{H})\mathfrak{C} = \Delta(\mathfrak{G},\mathfrak{H})$ is a subgroup of Ω. The modular group Γ is a particular case of these groups $\Delta(\mathfrak{G},\mathfrak{H})$, namely the case $h=1$, $\mathfrak{G}=\mathfrak{J}$, $\mathfrak{H}=i\mathfrak{J}$, $r=1$.

THEOREM 9. *The group $\Delta(\mathfrak{G},\mathfrak{H})$ is discontinuous and of the first kind. In the case $h>1$, the space H is compact relative to $\Delta(\mathfrak{G},\mathfrak{H})$.*

For every ideal κ of $K(\sqrt{-r})$, we denote by $\Lambda_\kappa(\mathfrak{G},\mathfrak{H})$ the congruence subgroup of $\Lambda(\mathfrak{G},\mathfrak{H})$ defined by the condition $\mathfrak{U} \equiv \mathfrak{E} \pmod{\kappa}$, and by $\Delta_\kappa(\mathfrak{G},\mathfrak{H}) = \mathfrak{C}^{-1}\Lambda_\kappa(\mathfrak{G},\mathfrak{H})\mathfrak{C}$ the corresponding subgroup of $\Delta(\mathfrak{G},\mathfrak{H})$.

THEOREM 10. *Let ρ be a prime ideal of $K(\sqrt{-r})$ and κ the least power of ρ such that p is not divisible by κ^{p-1}, where p denotes the rational prime number divisible by ρ. Then $\Delta_\kappa(\mathfrak{G},\mathfrak{H})$ has no fixed point in H.*

On account of the theorems 5 and 10, the calculation of the integral $V(\Delta)$ for $\Delta = \Delta(\mathfrak{G},\mathfrak{H})$ is important. Applying the Gauss-Dirichlet method from analytic number theory, we obtain in the case of the modular group of degree n a curious connection with Riemann's ζ-function. Using the abbreviation $\xi(t) = \pi^{-(t/2)}\Gamma(t/2)\zeta(t)$, so that $\xi(t) = \xi(1-t)$ is the functional equation of $\zeta(t)$, we have

THEOREM 11. *The symplectic volume of the fundamental domain of the modular group is*

$$V(\Gamma) = 2\prod_{k=1}^{n} \xi(2k).$$

This formula may be written in a different way, suggested by the results of the analytic theory of quadratic forms. Consider a domain Q in the space of the real skew-symmetric matrices $\mathfrak{Q}^{(2n)} = (q_{kl})$, with the rectangular cartesian coördinates q_{kl} $(1 \leq k < l \leq 2n)$, and denote by L the corresponding part of the space of the real matrices $\mathfrak{L}^{(2n)}$ defined by the condition $\mathfrak{J}[\mathfrak{L}] = \mathfrak{Q}$, the coördinates in L being the $4n^2$ elements of $\mathfrak{L}$. Obviously L is invariant under any mapping $\mathfrak{L} \to \mathfrak{M}\mathfrak{L}$ with symplectic $\mathfrak{M}$. Let L_0 be a fundamental domain in L with respect to the homogeneous modular group, and let $v(L_0)$, $v(Q)$ be the euclidean volumes of L_0 and Q. We define

$$d_0(\Gamma) = \lim_{Q\to\mathfrak{J}} \frac{v(L_0)}{v(Q)}, \tag{4}$$

where Q runs over a sequence of domains tending to the single point $\mathfrak{J}$. On the other hand, let p be a rational prime number and E_p the number of modulo p incongruent integral solutions $\mathfrak{M}$ of the congruence $\mathfrak{J}[\mathfrak{M}] \equiv \mathfrak{J}$ (mod p). Since there are, modulo p, exactly $p^{n(2n-1)}$ integral skew-symmetric matrices $\mathfrak{Q}$ and p^{4n^2} integral matrices $\mathfrak{L}$, the expression

$$d_p(\Gamma) = p^{n(2n+1)} E_p^{-1}$$

may be considered as the p-adic analogue of $d_0(\Gamma)$. As a consequence of Theorem 11, we obtain

THEOREM 12. *Let p run over all prime numbers, then*

$$d_0(\Gamma) = \prod_p d_p(\Gamma).$$

It is possible to generalize this theorem for the case of an arbitrary group $\Delta(\mathfrak{G}, \mathfrak{H})$ instead of Γ.

Two subgroups Δ and Δ_1 of Ω are *conjugate*, if the relation $\Delta_1 = \mathfrak{F}^{-1}\Delta\mathfrak{F}$ holds for a symplectic matrix $\mathfrak{F}$. More generally, Δ and Δ_1 are called *commensurable*, if they contain conjugate subgroups of finite index. It is important, for the theory of automorphic functions, to know whether two given groups Δ and Δ_1 are commensurable or not. Let $\Delta = \Delta(\mathfrak{G}, \mathfrak{H})$, $\Delta_1 = \Delta(\mathfrak{G}_1, \mathfrak{H}_1)$ and let K_1, r_1, s_1 have the same meaning for $\mathfrak{G}_1, \mathfrak{H}_1$ that K, r, s have for $\mathfrak{G}, \mathfrak{H}$.

THEOREM 13. *The two groups $\Delta(\mathfrak{G}, \mathfrak{H})$ and $\Delta(\mathfrak{G}_1, \mathfrak{H}_1)$ are commensurable if, and only if, $K = K_1$ and the ternary quadratic forms $rsx^2 - ry^2 + sz^2$ and $r_1s_1x^2 - r_1y^2 + s_1z^2$ are equivalent in K.*

In the particular case $n = 2$, another class of discontinuous subgroups of Ω is given by the theory of *units* of quinary quadratic forms. Let K be again a totally real field of degree h. We consider a quadratic form $\mathfrak{T}[\mathfrak{x}]$ of 5 variables with coefficients from K and assume that $\mathfrak{T}[\mathfrak{x}]$ has the signature 2, 3, whereas all other conjugates of $\mathfrak{T}[\mathfrak{x}]$ are definite. Let $\Lambda(\mathfrak{T})$ be the group of all integral matrices $\mathfrak{U}$ in K satisfying $\mathfrak{T}[\mathfrak{U}] = \mathfrak{T}$, $|\mathfrak{U}| = 1$. On account of the spin representation of the orthogonal group, either $\Lambda(\mathfrak{T})$ itself or a subgroup of index 2 is then isomorphic to a certain subgroup $\Delta(\mathfrak{T})$ of Ω. Concerning these groups $\Delta(\mathfrak{T})$, there are analogues of the theorems 9, 10, 12, 13; in particular, analogous to Theorem 9, we have

THEOREM 14. *The group* $\Delta(\mathfrak{T})$ *is discontinuous and of the first kind. In the case* $h > 1$, *the space* H *is compact relative to* $\Delta(\mathfrak{T})$.

It would be interesting to seek discontinuous subgroups of Ω which are not commensurable with any of the groups $\Delta(\mathfrak{G}, \mathfrak{H})$ and $\Delta(\mathfrak{T})$. In the case $n = 1$, we may start with an arbitrary polygon satisfying certain conditions, and use the reflection method, but this simple geometric principle breaks down for $n > 1$.

---

3. Literature.

C. B. Allendoerfer, "The Euler number of a Riemann manifold," *American Journal of Mathematics* **62**, pp. 243-248 (1940).

E. Cartan, "Sur les domaines bornés homogènes de l'espace de n variables complexes," *Abhandlungen aus dem Mathematischen Seminar der Hansischen Universität* **11**, pp. 116-162 (1936).

W. Fenchel, "On total curvatures of Riemannian manifolds: I," *The Journal of the London Mathematical Society* **15**, pp. 15-22 (1940).

R. Fricke and F. Klein, *Vorlesungen über die Theorie der automorphen Funktionen*, Vol. 1, B. G. Teubner, Leipzig (1897).

G. Fubini, "A remark on general Fuchsian groups," *Proceedings of the National Academy of Sciences* **26**, pp. 695-700 (1940).

————, "The distance in general Fuchsian geometries," *Proceedings of the National Academy of Sciences* **26**, pp. 700-708 (1940).

G. Giraud, "Sur une classe de groupes discontinus de transformations birationnelles quadratiques et sur les fonctions de trois variables indépendantes restant invariables par ces transformations," *Annales Scientifiques de l'Ecole Normale Supérieure* (3) **32**, pp. 237-403 (1915).

————, "Sur les groupes de transformations semblables arithmétiques de certaines formes quadratiques quinaires indéfinies et sur les fonctions de trois variables indépendantes invariantes par des groupes isomorphes aux précédents," *Annales Scientifiques de l'Ecole Normale Supérieure* (3) **33**, pp. 330-362 (1916).

P. Humbert, "Théorie de la réduction des formes quadratiques définies positives dans un corps algébrique K fini," *Commentarii Mathematici Helvetici* **12**, pp. 263-306 (1940).

H. Minkowski, "Diskontinuitätsbereich für arithmetische Äquivalenz," *Journal für die reine und angewandte Mathematik* **129**, pp. 220-274 (1905).
C. L. Siegel, "Einführung in die Theorie der Modulfunktionen n-ten Grades," *Mathematische Annalen* **116**, pp. 617-657 (1939).
———, "Einheiten quadratischer Formen," *Abhandlungen aus dem Mathematischen Seminar der Hansischen Universität* **13**, pp. 209-239 (1940).
M. Sugawara, "Über eine allgemeine Theorie der Fuchsschen Gruppen und Theta-Reihen," *Annals of Mathematics* (2) **41**, pp. 488-494 (1940).
———, "A generalization of Poincaré-space," *Proceedings of the Imperial Academy of Japan* **16**, pp. 373-377 (1940).
E. Witt, "Eine Identität zwischen Modulformen zweiten Grades," *Abhandlungen aus dem Mathematischen Seminar der Hansischen Universität* **14**, pp. 323-337 (1941).

II. THE SYMPLECTIC GROUP.

4. The linear substitution $z = i\dfrac{1+z_0}{1-z_0}$ maps the unit-circle $z_0\bar{z}_0 < 1$ onto the upper half-plane $\dfrac{1}{2i}(z-\bar{z}) > 0$. We shall prove that there is an immediate generalization to the case $n > 1$.

Let $\mathfrak{Z}_0$ be a point of E, i.e., $\mathfrak{Z}_0 = \mathfrak{Z}'_0$, $\mathfrak{E} - \mathfrak{Z}_0\bar{\mathfrak{Z}}_0 > 0$. If $\mathfrak{x}$ is a solution of $(\mathfrak{E} - \mathfrak{Z}_0)\mathfrak{x} = 0$, then $\bar{\mathfrak{x}} = \bar{\mathfrak{Z}}_0\bar{\mathfrak{x}}$, $\mathfrak{x}' = \mathfrak{x}'\mathfrak{Z}_0$ and consequently $(\mathfrak{E} - \mathfrak{Z}_0\bar{\mathfrak{Z}}_0)\{\mathfrak{x}\} = \mathfrak{x}'\bar{\mathfrak{x}} - \mathfrak{x}'\mathfrak{Z}_0\bar{\mathfrak{Z}}_0\bar{\mathfrak{x}} = 0$, $\mathfrak{x} = 0$. This proves $|\mathfrak{E} - \mathfrak{Z}_0| \neq 0$ and the existence of the matrix

$$i(\mathfrak{E} + \mathfrak{Z}_0)(\mathfrak{E} - \mathfrak{Z}_0)^{-1} = \mathfrak{Z}. \tag{5}$$

Obviously $\mathfrak{Z} = \mathfrak{Z}'$ and

$$\frac{1}{2i}(\mathfrak{Z} - \bar{\mathfrak{Z}}) = \tfrac{1}{2}(\mathfrak{E} - \mathfrak{Z}_0)^{-1}((\mathfrak{E} + \mathfrak{Z}_0)(\mathfrak{E} - \bar{\mathfrak{Z}}_0) + (\mathfrak{E} - \mathfrak{Z}_0)(\mathfrak{E} + \bar{\mathfrak{Z}}_0))(\mathfrak{E} - \bar{\mathfrak{Z}}_0)^{-1}$$
$$= (\mathfrak{E} - \mathfrak{Z}_0\bar{\mathfrak{Z}}_0)\{(\mathfrak{E} - \mathfrak{Z}_0)^{-1}\} > 0;$$

hence $\mathfrak{Z}$ is a point of H. On the other hand, let $\mathfrak{Z}$ be an arbitrary point of H, i.e., $\mathfrak{Z} = \mathfrak{Z}'$, $\dfrac{1}{2i}(\mathfrak{Z} - \bar{\mathfrak{Z}}) > 0$. If $\mathfrak{x}$ is a solution of $(\mathfrak{Z} + i\mathfrak{E})\mathfrak{x} = 0$, then $\bar{\mathfrak{Z}}\bar{\mathfrak{x}} = i\bar{\mathfrak{x}}$, $\mathfrak{x}'\mathfrak{Z} = -i\mathfrak{x}'$ and consequently $\dfrac{1}{2i}(\mathfrak{Z} - \bar{\mathfrak{Z}})\{\mathfrak{x}\} = \dfrac{1}{2i}(\mathfrak{x}'\mathfrak{Z}\bar{\mathfrak{x}} - \mathfrak{x}'\bar{\mathfrak{Z}}\bar{\mathfrak{x}})$ $= -\mathfrak{x}'\bar{\mathfrak{x}} \leq 0$, $\mathfrak{x} = 0$. This proves $|\mathfrak{Z} + i\mathfrak{E}| \neq 0$ and the existence of the matrix

$$(\mathfrak{Z} - i\mathfrak{E})(\mathfrak{Z} + i\mathfrak{E})^{-1} = \mathfrak{Z}_0. \tag{6}$$

Obviously $\mathfrak{Z}_0 = \mathfrak{Z}'_0$ and

$$\mathfrak{E} - \mathfrak{Z}_0\bar{\mathfrak{Z}}_0 = (\mathfrak{Z} + i\mathfrak{E})^{-1}((\mathfrak{Z} + i\mathfrak{E})(\bar{\mathfrak{Z}} - i\mathfrak{E}) - (\mathfrak{Z} - i\mathfrak{E})(\bar{\mathfrak{Z}} + i\mathfrak{E}))(\bar{\mathfrak{Z}} - i\mathfrak{E})^{-1}$$
$$= \frac{2}{i}(\mathfrak{Z} - \bar{\mathfrak{Z}})\{(\mathfrak{Z} + i\mathfrak{E})^{-1}\} > 0;$$

hence $\mathfrak{Z}_0$ is a point of E. Moreover (6) follows from (5), and vice versa.

5. The homogeneous symplectic group Ω_0 consists of all matrices

$$\mathfrak{M} = \begin{pmatrix} \mathfrak{A} & \mathfrak{B} \\ \mathfrak{C} & \mathfrak{D} \end{pmatrix}$$

with real elements satisfying $\mathfrak{M}'\mathfrak{J}\mathfrak{M} = \mathfrak{J}$. Since $\mathfrak{J}^{-1} = -\mathfrak{J}$, we have then also $\mathfrak{M}\mathfrak{J}\mathfrak{M}' = \mathfrak{J}$; hence $\mathfrak{M}'$ is symplectic and

$$(7) \qquad \mathfrak{A}\mathfrak{B}' = \mathfrak{B}\mathfrak{A}', \qquad \mathfrak{C}\mathfrak{D}' = \mathfrak{D}\mathfrak{C}', \qquad \mathfrak{A}\mathfrak{D}' - \mathfrak{B}\mathfrak{C}' = \mathfrak{E}.$$

Let $\mathfrak{Z}$ be a point of H, i. e.,

$$\mathfrak{J}\begin{bmatrix} \mathfrak{Z} \\ \mathfrak{E} \end{bmatrix} = 0, \qquad \frac{1}{2i}\mathfrak{J}\begin{Bmatrix} \mathfrak{Z} \\ \mathfrak{E} \end{Bmatrix} > 0.$$

The matrices $\mathfrak{A}\mathfrak{Z} + \mathfrak{B} = \mathfrak{P}$, $\mathfrak{C}\mathfrak{Z} + \mathfrak{D} = \mathfrak{Q}$ satisfy

$$\mathfrak{M}\begin{pmatrix} \mathfrak{Z} \\ \mathfrak{E} \end{pmatrix} = \begin{pmatrix} \mathfrak{P} \\ \mathfrak{Q} \end{pmatrix}, \qquad \mathfrak{J}\begin{bmatrix} \mathfrak{P} \\ \mathfrak{Q} \end{bmatrix} = 0, \qquad \frac{1}{2i}\mathfrak{J}\begin{Bmatrix} \mathfrak{P} \\ \mathfrak{Q} \end{Bmatrix} > 0,$$

$$\mathfrak{P}'\mathfrak{Q} = \mathfrak{Q}'\mathfrak{P}, \qquad \frac{1}{2i}(\mathfrak{P}'\bar{\mathfrak{Q}} - \mathfrak{Q}'\bar{\mathfrak{P}}) > 0.$$

If $\mathfrak{x}$ is a solution of $\mathfrak{Q}\mathfrak{x} = 0$, then $\bar{\mathfrak{Q}}\bar{\mathfrak{x}} = 0$, $\mathfrak{x}'\mathfrak{Q}' = 0$, $\frac{1}{2i}(\mathfrak{P}'\bar{\mathfrak{Q}} - \mathfrak{Q}'\bar{\mathfrak{P}})\{\mathfrak{x}\} = 0$, whence $\mathfrak{x} = 0$, $|\mathfrak{Q}| \neq 0$. This proves the existence of

$$(\mathfrak{A}\mathfrak{Z} + \mathfrak{B})(\mathfrak{C}\mathfrak{Z} + \mathfrak{D})^{-1} = \mathfrak{P}\mathfrak{Q}^{-1} = \mathfrak{W},$$

with $\mathfrak{W} = \mathfrak{W}'$, $\frac{1}{2i}(\mathfrak{W} - \bar{\mathfrak{W}})\{\mathfrak{Q}\} > 0$, $\frac{1}{2i}(\mathfrak{W} - \bar{\mathfrak{W}}) > 0$. Consequently the fractional linear transformation

$$\mathfrak{W} = (\mathfrak{A}\mathfrak{Z} + \mathfrak{B})(\mathfrak{C}\mathfrak{Z} + \mathfrak{D})^{-1} = (\mathfrak{Z}\mathfrak{C}' + \mathfrak{D}')^{-1}(\mathfrak{Z}\mathfrak{A}' + \mathfrak{B}')$$

maps H into itself. Since $\mathfrak{Z}(-\mathfrak{C}'\mathfrak{W} + \mathfrak{A}') = \mathfrak{D}'\mathfrak{W} - \mathfrak{B}'$ and

$$(8) \qquad \mathfrak{M}^{-1} = \mathfrak{J}^{-1}\mathfrak{M}'\mathfrak{J} = \begin{pmatrix} \mathfrak{D}' & -\mathfrak{B}' \\ -\mathfrak{C}' & \mathfrak{A}' \end{pmatrix},$$

we obtain $|-\mathfrak{C}'\mathfrak{W} + \mathfrak{A}'| \neq 0$ and $\mathfrak{Z} = (\mathfrak{D}'\mathfrak{W} - \mathfrak{B}')(-\mathfrak{C}'\mathfrak{W} + \mathfrak{A}')^{-1}$; hence H is mapped onto itself.

It is easily seen that two symplectic matrices $\mathfrak{M}$ and $\mathfrak{M}_1$ define the same symplectic mapping $\mathfrak{W} = (\mathfrak{A}\mathfrak{Z} + \mathfrak{B})(\mathfrak{C}\mathfrak{Z} + \mathfrak{D})^{-1}$, if and only if $\mathfrak{M}_1 = \pm \mathfrak{M}$. Hence the inhomogeneous symplectic group Ω is the factor group of $\mathbf{\Omega}_0$ obtained by identifying $\mathfrak{M}$ and $-\mathfrak{M}$.

We have

$$\begin{pmatrix} i\mathfrak{C}' + \mathfrak{D}' & -i\mathfrak{A}' - \mathfrak{B}' \\ 0 & \mathfrak{E} \end{pmatrix} \mathfrak{M} \begin{pmatrix} \mathfrak{E} & i\mathfrak{E} \\ 0 & \mathfrak{E} \end{pmatrix} = \begin{pmatrix} \mathfrak{E} & 0 \\ \mathfrak{C} & i\mathfrak{C} + \mathfrak{D} \end{pmatrix}.$$

On the other hand $| i\mathfrak{C} + \mathfrak{D} | \neq 0$, since $i\mathfrak{E}$ is a point of H. This proves $| \mathfrak{M} | = 1$.

6. The fractional linear transformation (5) maps E onto H; its matrix is

$$\mathfrak{L} = \begin{pmatrix} i\mathfrak{E} & i\mathfrak{E} \\ -\mathfrak{E} & \mathfrak{E} \end{pmatrix}$$

and satisfies

$$\mathfrak{J}[\mathfrak{L}] = 2i\mathfrak{J}, \qquad \frac{1}{i}\,\mathfrak{J}\{\mathfrak{L}\} = 2\mathfrak{K}$$

with

$$\mathfrak{K} = \begin{pmatrix} -\mathfrak{E} & 0 \\ 0 & \mathfrak{E} \end{pmatrix}.$$

Let $\mathfrak{M}$ be an arbitrary symplectic matrix, i. e., $\mathfrak{J}[\mathfrak{M}] = \mathfrak{J}$, $\mathfrak{J}\{\mathfrak{M}\} = \mathfrak{J}$. Then

$$\mathfrak{L}^{-1}\mathfrak{M}\mathfrak{L} = \mathfrak{M}_0 = \begin{pmatrix} \mathfrak{A}_0 & \mathfrak{B}_0 \\ \mathfrak{C}_0 & \mathfrak{D}_0 \end{pmatrix}$$

fulfills the conditions $\mathfrak{J}[\mathfrak{M}_0] = \mathfrak{J}$, $\mathfrak{K}\{\mathfrak{M}_0\} = \mathfrak{K}$, whence $\mathfrak{J}[\mathfrak{M}_0] = \mathfrak{J}$, $\mathfrak{F}\bar{\mathfrak{M}}_0 = \mathfrak{M}_0\mathfrak{F}$ with

$$\mathfrak{F} = \mathfrak{J}\mathfrak{K} = \begin{pmatrix} 0 & \mathfrak{E} \\ \mathfrak{E} & 0 \end{pmatrix},$$

or more explicitly

$$(9) \qquad \mathfrak{A}_0\mathfrak{B}'_0 = \mathfrak{B}_0\mathfrak{A}'_0, \quad \mathfrak{A}_0\bar{\mathfrak{A}}'_0 - \mathfrak{B}_0\bar{\mathfrak{B}}'_0 = \mathfrak{E}, \quad \mathfrak{C}_0 = \bar{\mathfrak{B}}_0, \quad \mathfrak{D}_0 = \bar{\mathfrak{A}}_0.$$

The corresponding transformation

$$(10) \qquad \mathfrak{W}_0 = (\mathfrak{A}_0\mathfrak{Z}_0 + \mathfrak{B}_0)(\bar{\mathfrak{B}}_0\mathfrak{Z}_0 + \bar{\mathfrak{A}}_0)^{-1}$$

maps E onto itself, and all these transformations form the group $\mathfrak{L}^{-1}\Omega\mathfrak{L} = \Omega_E$.

We shall prove that Ω_E is transitive. Let $\mathfrak{Z}_0$ be any point of E, i. e., $\mathfrak{Z}_0 = \mathfrak{Z}'_0$, $\mathfrak{E} - \mathfrak{Z}_0\bar{\mathfrak{Z}}_0 > 0$. It is sufficient to prove the existence of a transformation (10) mapping $\mathfrak{Z}_0$ into 0. We choose $\mathfrak{A}_0$ such that $\mathfrak{A}_0(\mathfrak{E} - \mathfrak{Z}_0\bar{\mathfrak{Z}}_0)\bar{\mathfrak{A}}' = \mathfrak{E}$ and define $\mathfrak{B}_0 = -\mathfrak{A}_0\mathfrak{Z}_0$; then (9) is satisfied and (10) has obviously the required property. Consequently Ω is also transitive.

A mapping of Ω_E has the fixed point 0, if and only if $\mathfrak{B}_0 = 0$; then $\mathfrak{A}_0$ is unitary, by (9). Consequently this mapping has the particular form

$$\mathfrak{W}_0 = \mathfrak{U}'\mathfrak{Z}_0\mathfrak{U},$$

where $\mathfrak{U}$ denotes an arbitrary unitary matrix, i. e., a matrix satisfying $\mathfrak{U}'\bar{\mathfrak{U}} = \mathfrak{E}$. Since (5) maps 0 into $i\mathfrak{E}$, the formula

$$\frac{\mathfrak{W} - i\mathfrak{E}}{\mathfrak{W} + i\mathfrak{E}} = \mathfrak{U}' \frac{\mathfrak{Z} - i\mathfrak{E}}{\mathfrak{Z} + i\mathfrak{E}} \mathfrak{U}$$

gives all symplectic transformations having $i\mathfrak{E}$ as a fixed point.

7. By the results of the preceding section, the proof of Theorem 1 is reduced to the proof of the following statement: *Let $\mathfrak{Z}_0 \rightarrow \mathfrak{W}_0$ be an analytic mapping of E onto itself with the fixed point 0; then $\mathfrak{W}_0 = \mathfrak{U}'\mathfrak{Z}_0\mathfrak{U}$ with unitary constant $\mathfrak{U}$.*

Let $\mathfrak{Z}_0 = (z_{kl})$ be an arbitrary point of E and denote by r_k $(k = 1, \cdots, n)$ the characteristic roots of the hermitian matrix $\mathfrak{Z}_0\bar{\mathfrak{Z}}_0$; then $r_k \geqq 0$ and also $r_k < 1$, by $\mathfrak{E} - \mathfrak{Z}_0\bar{\mathfrak{Z}}_0 > 0$; we may assume $0 \leqq r_1 \leqq r_2 \leqq \cdots \leqq r_n < 1$. The matrix $\mathfrak{Z} = t\mathfrak{Z}_0$ is again a point of E, if the complex scalar factor t satisfies the condition $r_n t\bar{t} < 1$. Let $\mathfrak{W} = \mathfrak{W}(t)$ be the image of $\mathfrak{Z}$ under the analytic mapping $\mathfrak{Z}_0 \rightarrow \mathfrak{W}_0$. The elements of the matrix $\mathfrak{W}$ are analytic functions of the single complex variable t, for given $\mathfrak{Z}_0$; they are regular in the circle $r_n t\bar{t} < 1$ and a fortiori in the unit-circle $t\bar{t} \leqq 1$. Consequently

$$\mathfrak{W} = \sum_{k=1}^{\infty} t^k \mathfrak{W}_k \qquad (r_n t\bar{t} < 1), \tag{11}$$

where the coefficients $\mathfrak{W}_k$ are matrices depending only upon $\mathfrak{Z}_0$. On the other hand, $\mathfrak{W}$ may be expressed as a power series in the variables tz_{kl}, converging for sufficiently small values of $t\bar{t}$. Since this expansion is unique, the matrix $t^k\mathfrak{W}_k$ is exactly the aggregate of the terms of order k in that power series. This proves, in particular, that the power series representation $\mathfrak{W}_0 = \sum_{k=1}^{\infty} \mathfrak{W}_k$ converges everywhere in E, if we do not split up the polynomials $\mathfrak{W}_k$ into their single terms.

Since $\mathfrak{Z}_0 \rightarrow \mathfrak{W}_0$ maps E onto itself, we have $\mathfrak{E} - \mathfrak{W}\bar{\mathfrak{W}} > 0$ for $t\bar{t} = 1$. Integrating over that circle we obtain

$$\frac{1}{2\pi i} \int_{t\bar{t}=1} (\mathfrak{E} - \mathfrak{W}\bar{\mathfrak{W}}) \frac{dt}{t} > 0,$$

whence by (11)

$$\mathfrak{E} - \sum_{k=1}^{\infty} \mathfrak{W}_k \bar{\mathfrak{W}}_k > 0 \tag{12}$$

and in particular

$$\mathfrak{E} - \mathfrak{W}_1 \bar{\mathfrak{W}}_1 > 0. \tag{13}$$

The $\frac{1}{2}n(n+1)$ elements w_{kl} $(1 \leq k \leq l \leq n)$ of $\mathfrak{W}_1 = (w_{kl})$ are linear functions of the independent variables z_{kl} $(1 \leq k \leq l \leq n)$; let D be their determinant. Since $\mathfrak{W}_1$ is the linear part of the power series for $\mathfrak{W}_0$, the functional determinant of the $\frac{1}{2}n(n+1)$ independent elements of $\mathfrak{W}_0$ with respect to the variables z_{kl} is also D, at the point $\mathfrak{Z}_0 = 0$. If we interchange $\mathfrak{W}_0$ and $\mathfrak{Z}_0$, the determinant D is replaced by D^{-1}. In order to prove Theorem 1, we may therefore assume $D\bar{D} \geq 1$.

Consider now the linear mapping $\mathfrak{Z}_0 \rightarrow \mathfrak{W}_1$, with the determinant D. By (13), the domain E is mapped onto a domain E_1 contained in E. Let $v(E)$ and $v(E_1)$ be the euclidean volumes of E and E_1, the real and imaginary parts of the z_{kl} being rectangular cartesian coördinates. Then $v(E_1) = D\bar{D}v(E) \geq v(E)$, whence $D\bar{D} = 1$, $E_1 = E$, and the boundary of E is mapped onto itself. We take $\mathfrak{Z}_0 = \mathfrak{U}'\mathfrak{P}\mathfrak{U}$ with unitary $\mathfrak{U}$ and $\mathfrak{P} = [p_1, \cdots, p_n]$; obviously $\mathfrak{Z}_0$ is a boundary point of E, if $-1 \leq p_k \leq 1$ $(k = 1, \cdots, n)$ and at least one $p_k = \pm 1$. On the other hand, the determinant $|\mathfrak{E} - \mathfrak{W}_1\bar{\mathfrak{W}}_1|$ is a polynomial in $p_1, \cdots, p_n$, of total degree $2n$. Since $|\mathfrak{E} - \mathfrak{W}_1\bar{\mathfrak{W}}_1|$ vanishes on the boundary of E, this polynomial is divisible by $\prod_{k=1}^{n}(1 - p_k^2)$, of total degree $2n$. Moreover the constant terms in both polynomials have the value 1; hence

$$|\mathfrak{E} - \mathfrak{W}_1\bar{\mathfrak{W}}_1| = |\mathfrak{E} - \mathfrak{Z}_0\bar{\mathfrak{Z}}_0| \tag{14}$$

for $\mathfrak{Z}_0 = \mathfrak{U}'\mathfrak{P}\mathfrak{U}$, where $\mathfrak{U}$ is an arbitrary unitary matrix and $\mathfrak{P}$ an arbitrary real diagonal matrix. We use now the following lemma, the proof of which will be given in Section **9**.

LEMMA 1. *Let $\mathfrak{Z}$ be a complex symmetric matrix and $\mathfrak{P}$ the diagonal matrix $[q_1^{\frac{1}{2}}, \cdots, q_n^{\frac{1}{2}}]$, where $q_1, \cdots, q_n$ denote the characteristic roots of $\mathfrak{Z}\bar{\mathfrak{Z}}$. There exists a unitary matrix $\mathfrak{U}$ such that $\mathfrak{Z} = \mathfrak{U}'\mathfrak{P}\mathfrak{U}$.*

On account of this lemma, the relationship (14) holds also identically in $\mathfrak{Z}_0 = (z_{kl})$. Since $\mathfrak{W}_1$ is linear in all z_{kl}, we obtain

$$|\lambda\mathfrak{E} - \mathfrak{W}_1\bar{\mathfrak{W}}_1| = |\lambda\mathfrak{E} - \mathfrak{Z}_0\bar{\mathfrak{Z}}_0|$$

identically in λ. This proves that $\mathfrak{Z}_0\bar{\mathfrak{Z}}_0$ and $\mathfrak{W}_1\bar{\mathfrak{W}}_1$ have the same characteristic roots. Applying again Lemma 1, we find

(15) $$\mathfrak{W}_1 = \mathfrak{U}'\mathfrak{Z}_0\mathfrak{U}$$
with unitary $\mathfrak{U}$.

By (12), the inequality $\mathfrak{E} - \mathfrak{W}_1\bar{\mathfrak{W}}_1 - \mathfrak{W}_k\bar{\mathfrak{W}}_k > 0$ holds for $k = 2, 3, \cdots$ and every $\mathfrak{Z}_0$ in E. Choose, in particular, $\mathfrak{Z}_0 = u \exp i\mathfrak{S}$ with real symmetric $\mathfrak{S}$ and $0 < u < 1$. Then, by (15),

$$(1 - u^2)\mathfrak{E} - \mathfrak{W}_k\bar{\mathfrak{W}}_k > 0 \qquad (k = 2, 3, \cdots);$$

hence $\mathfrak{W}_k$ tends to 0, if u tends to 1, and $\mathfrak{W}_k = 0$ for $\mathfrak{Z}_0 = \exp i\mathfrak{S}$ and arbitrary real symmetric $\mathfrak{S}$. But $\mathfrak{W}_k$ is analytic and consequently $\mathfrak{W}_k = 0$ also for $\mathfrak{Z}_0 = \exp i\mathfrak{S}$ with complex symmetric $\mathfrak{S}$. This proves that $\mathfrak{W}_k$ vanishes identically.

8. In order to complete the proof of Theorem 1, we have to prove that the unitary matrix $\mathfrak{U}$ in (15) can be chosen as a constant matrix. Let

(16) $$\mathfrak{W}_1 = \mathfrak{W}_1(\mathfrak{Z}_0) = \sum_{k \le l} z_{kl}\mathfrak{A}_{kl}$$

with constant matrices $\mathfrak{A}_{kl}$ and define

(17) $$\mathfrak{W}_1{}^* = \mathfrak{W}_1{}^*(\mathfrak{Z}_0) = \sum_{k \le l} z_{kl}\bar{\mathfrak{A}}_{kl};$$

whence $\bar{\mathfrak{W}}_1 = \mathfrak{W}_1{}^*(\bar{\mathfrak{Z}}_0)$. Now $\mathfrak{W}_1\bar{\mathfrak{W}}_1 = \mathfrak{E}$ for $\mathfrak{Z}_0\bar{\mathfrak{Z}}_0 = \mathfrak{E}$ and consequently

(18) $$\mathfrak{W}_1(\mathfrak{Z}_0)\mathfrak{W}_1{}^*(\mathfrak{Z}_0{}^{-1}) = \mathfrak{E}$$

for $\mathfrak{Z}_0 = \exp i\mathfrak{S}$ with arbitrary real symmetric $\mathfrak{S}$. Since $\mathfrak{W}_1$ and $\mathfrak{W}_1{}^*$ are analytic, we infer again that (18) is an identity in $\mathfrak{Z}_0$.

Putting $z_{kk} = z_k \neq 0$ $(k = 1, \cdots, n)$, $\mathfrak{Z}_1 = [z_1, \cdots, z_n]$, $\mathfrak{Z}_2 = \mathfrak{Z}_0 - \mathfrak{Z}_1$ and using the Taylor series in the neighborhood of $\mathfrak{Z}_2 = 0$, we find

$$\mathfrak{Z}_0{}^{-1} = \mathfrak{Z}_1{}^{-1}(\mathfrak{E} + \mathfrak{Z}_2\mathfrak{Z}_1{}^{-1})^{-1} = \mathfrak{Z}_1{}^{-1} - \mathfrak{Z}_1{}^{-1}\mathfrak{Z}_2\mathfrak{Z}_1{}^{-1} + \cdots$$
$$(\mathfrak{W}_1(\mathfrak{Z}_1) + \mathfrak{W}_1(\mathfrak{Z}_2))(\mathfrak{W}_1{}^*(\mathfrak{Z}_1{}^{-1}) - \mathfrak{W}_1{}^*(\mathfrak{Z}_1{}^{-1}\mathfrak{Z}_2\mathfrak{Z}_1{}^{-1}) + \cdots) = \mathfrak{E},$$

hence in particular

(19) $$\mathfrak{W}_1(\mathfrak{Z}_1)\mathfrak{W}_1{}^*(\mathfrak{Z}_1{}^{-1}) = \mathfrak{E},$$

(20) $$\mathfrak{W}_1(\mathfrak{Z}_2)\mathfrak{W}_1{}^*(\mathfrak{Z}_1{}^{-1}) = \mathfrak{W}_1(\mathfrak{Z}_1)\mathfrak{W}_1{}^*(\mathfrak{Z}_1{}^{-1}\mathfrak{Z}_2\mathfrak{Z}_1{}^{-1}).$$

It follows from (16), (17) and (19) that

$$\sum_{k,l=1}^{n} z_k z_l{}^{-1}\mathfrak{A}_k\bar{\mathfrak{A}}_l = \mathfrak{E}$$

with $\mathfrak{A}_k = \mathfrak{A}_{kk}$ $(k = 1, \cdots, n)$, whence

(21) $$\mathfrak{A}_k\bar{\mathfrak{A}}_l = 0 \qquad (k \neq l).$$

By (15), the matrix $\mathfrak{A}_k\bar{\mathfrak{A}}_k$ has the characteristic roots $1, 0, \cdots, 0$. Without loss of generality, we may replace $\mathfrak{W}_1$ by $\mathfrak{U}_1'\mathfrak{W}_1\mathfrak{U}_1$, for any constant unitary matrix $\mathfrak{U}_1$. On account of Lemma 1, we may therefore assume that $\mathfrak{A}_1 = [1, 0, \cdots, 0]$. Then, by (21), the matrices $\mathfrak{A}_2, \cdots, \mathfrak{A}_n$ have the form

$$\mathfrak{A}_k = \begin{pmatrix} 0 & 0 \\ 0 & \mathfrak{B}_k^{(n-1)} \end{pmatrix} \qquad (k = 2, \cdots, n).$$

By induction, applying again Lemma 1 and (21), we may assume

$$\mathfrak{A}_k = [e_{k1}, e_{k2}, \cdots, e_{kn}] \qquad (k = 1, \cdots, n)$$

with $e_{kl} = 0 (k \neq l)$ and $e_{kk} = 1$; hence

$$\mathfrak{W}_1(\mathfrak{Z}_1) = \mathfrak{Z}_1. \tag{22}$$

It follows from (20) and (22) that

$$\mathfrak{W}_1(\mathfrak{Z}_2) = \mathfrak{Z}_1\mathfrak{W}^*{}_1(\mathfrak{Z}_1^{-1}\mathfrak{Z}_2\mathfrak{Z}_1^{-1})\mathfrak{Z}_1,$$

whence

$$z_k z_l \mathfrak{A}_{kl} = \mathfrak{Z}_1 \bar{\mathfrak{A}}_{kl} \mathfrak{Z}_1 \qquad (k \neq l).$$

Consequently

$$\mathfrak{W}_1 = (a_{kl} z_{kl})$$

with real $a_{kl} = a_{lk}$ and $a_{kk} = 1$. Since the matrix $[\pm 1, \pm 1, \cdots, \pm 1]$ is unitary, we may, moreover, assume $a_{1l} \geq 0$ $(l = 2, \cdots, n)$.

The expression $|\mathfrak{W}_1|\,|\mathfrak{Z}_0|^{-1}$ is a rational function of the z_{kl} and has, by (15), the constant absolute value 1; hence it is identically constant. On the other hand, both determinants $|\mathfrak{W}_1|$ and $|\mathfrak{Z}_0|$ contain the term $z_1 z_2 \cdots z_n = z$ with the same coefficient 1. This proves $|\mathfrak{W}_1| = |\mathfrak{Z}_0|$. The term $(z_1 z_l)^{-1} z z_{1l}^2$ $(l = 2, \cdots, n)$ has in $|\mathfrak{W}_1|$ the coefficient $-a_{1l}^2$ and in $|\mathfrak{Z}_0|$ the coefficient -1, hence $a_{1l} = 1$. The term $(z_1 z_k z_l)^{-1} z z_{1k} z_{1l} z_{kl}$ $(1 < k < l)$ has then in $|\mathfrak{W}_1|$ the coefficient $2a_{kl}$ and in $|\mathfrak{Z}_0|$ the coefficient 2, hence $a_{kl} = 1$ and $\mathfrak{W}_1 = \mathfrak{Z}_0$.

9. It remains to prove Lemma 1. There exists a unitary matrix $\mathfrak{U}_1$ such that

$$\mathfrak{Z}\bar{\mathfrak{Z}} = \mathfrak{P}^2\{\mathfrak{U}_1\}.$$

Then the matrix $\mathfrak{Z}[\mathfrak{U}_1^{-1}] = \mathfrak{F}$ is symmetric and $\mathfrak{F}\bar{\mathfrak{F}} = \mathfrak{P}^2$. Let $\mathfrak{F}_1$ and $\mathfrak{F}_2$ be the real and imaginary parts of $\mathfrak{F} = \mathfrak{F}_1 + i\mathfrak{F}_2$. Since $\mathfrak{P}$ is real, we obtain $\mathfrak{F}_1\mathfrak{F}_2 = \mathfrak{F}_2\mathfrak{F}_1$; consequently the two real symmetric matrices $\mathfrak{F}_1$ and $\mathfrak{F}_2$ are permutable. This proves the existence of a real orthogonal matrix $\mathfrak{O}$ such that $\mathfrak{F}_1[\mathfrak{O}]$ and $\mathfrak{F}_2[\mathfrak{O}]$ are both diagonal matrices. Hence $\mathfrak{F}[\mathfrak{O}] = \mathfrak{R}$ is also a diagonal matrix $[r_1,\cdots,r_n]$ and $\mathfrak{R}\bar{\mathfrak{R}}=\mathfrak{P}^2[\mathfrak{Q}]$. The numbers $r_k\bar{r}_k$ $(k=1,\cdots,n)$ are therefore a permutation of $q_1,\cdots,q_n$, and we may obviously assume $r_k\bar{r}_k=q_k$.

The diagonal matrix $\mathfrak{U}_2=[s_1,\cdots,s_n]$ with $s_k=r_k^{1/2}q_k^{-(1/4)}$ $(k=1,\cdots,n)$ is unitary and $\mathfrak{P}[\mathfrak{U}_2]=\mathfrak{R}$. Defining $\mathfrak{U}=\mathfrak{U}_2\mathfrak{Q}'\mathfrak{U}_1$, we have $\mathfrak{P}[\mathfrak{U}]=\mathfrak{R}[\mathfrak{Q}'\mathfrak{U}_1]$ $=\mathfrak{J}[\mathfrak{U}_1]=\mathfrak{Z}$; q. e. d.

10. Consider the symplectic mappings in the case $n=1$, i. e.,

$$w=\frac{az+b}{cz+d} \tag{23}$$

with real a,b,c,d and $ad-bc=1$. It is well-known that there exists a transformation (23) mapping two given points z,z_1 of the upper half-plane into two other given points w,w_1 of the upper half-plane, if and only if $R(z,z_1)$ $=R(w,w_1)$, where $R(z,z_1)$ denotes the cross-ratio $\dfrac{z-z_1}{z-\bar{z}_1}\,\dfrac{\bar{z}-\bar{z}_1}{\bar{z}-z_1}$. Theorem 2 is the generalization to the case of an arbitrary n.

Let $\mathfrak{Z},\mathfrak{Z}_1$ be two points of H and $\mathfrak{W},\mathfrak{W}_1$ their images under the symplectic mapping $\mathfrak{W}=(\mathfrak{A}\mathfrak{Z}+\mathfrak{B})(\mathfrak{C}\mathfrak{Z}+\mathfrak{D})^{-1}$ with the matrix $\mathfrak{M}$. We have

$$\begin{aligned}\mathfrak{Z}_1-\mathfrak{Z}&=(\mathfrak{Z}_1\mathfrak{E})\mathfrak{J}\begin{pmatrix}\mathfrak{Z}\\ \mathfrak{E}\end{pmatrix}=(\mathfrak{Z}_1\mathfrak{E})\mathfrak{M}'\mathfrak{J}\mathfrak{M}\begin{pmatrix}\mathfrak{Z}\\ \mathfrak{E}\end{pmatrix}\\ &=(\mathfrak{C}\mathfrak{Z}_1+\mathfrak{D})'(\mathfrak{W}_1-\mathfrak{W})(\mathfrak{C}\mathfrak{Z}+\mathfrak{D}),\end{aligned} \tag{24}$$

$$\bar{\mathfrak{Z}}_1-\mathfrak{Z}=(\mathfrak{C}\bar{\mathfrak{Z}}_1+\mathfrak{D})'(\bar{\mathfrak{W}}_1-\mathfrak{W})(\mathfrak{C}\mathfrak{Z}+\mathfrak{D}). \tag{25}$$

Now $(\mathfrak{Z}-\bar{\mathfrak{Z}}_1)^{-1}$ exists, since $\mathfrak{Z}-\bar{\mathfrak{Z}}_1$ is a point of H; consequently

$$\begin{aligned}&(\mathfrak{Z}-\mathfrak{Z}_1)(\mathfrak{Z}-\bar{\mathfrak{Z}}_1)^{-1}\\ &\quad=(\mathfrak{Z}_1\mathfrak{C}'+\mathfrak{D}')(\mathfrak{W}-\mathfrak{W}_1)(\mathfrak{W}-\bar{\mathfrak{W}}_1)^{-1}(\bar{\mathfrak{Z}}_1\mathfrak{C}'+\mathfrak{D}')^{-1}.\end{aligned}$$

Introducing the cross-ratio

$$\mathfrak{R}=\mathfrak{R}(\mathfrak{Z},\mathfrak{Z}_1)=(\mathfrak{Z}-\mathfrak{Z}_1)(\mathfrak{Z}-\bar{\mathfrak{Z}}_1)^{-1}(\bar{\mathfrak{Z}}-\bar{\mathfrak{Z}}_1)(\bar{\mathfrak{Z}}-\mathfrak{Z}_1)^{-1}$$

and putting $\mathfrak{R}^*=\mathfrak{R}(\mathfrak{W},\mathfrak{W}_1)$, $\mathfrak{Q}=(\mathfrak{C}\mathfrak{Z}_1+\mathfrak{D})'$, we find

$$\mathfrak{R}=\mathfrak{Q}\mathfrak{R}^*\mathfrak{Q}^{-1}. \tag{26}$$

Hence the matrices $\mathfrak{R}$ and $\mathfrak{R}^*$ have the same characteristic roots.

Choose in particular $\mathfrak{Z}_1=i\mathfrak{E}$, $\mathfrak{Z}=i\mathfrak{T}$ with $\mathfrak{T}=[t_1,\cdots,t_n]$ and $1\leq t_1\leq t_2\leq\cdots\leq t_n$. Then $\mathfrak{R}=[r_1,\cdots,r_n]$ with

$$r_k=\left(\frac{t_k-1}{t_k+1}\right)^2 \qquad (k=1,\cdots n),$$

whence $0 \leq r_1 \leq r_2 \leq \cdots \leq r_n < 1$ and

$$t_k = \frac{1 + r_k^{\frac{1}{2}}}{1 - r_k^{\frac{1}{2}}}. \tag{27}$$

In this case, the diagonal matrix $\mathfrak{T}$ is uniquely determined by the characteristic roots $r_1, \cdots, r_n$ of $\mathfrak{R}$. In order to complete the proof of Theorem 2, we have only to prove

LEMMA 2. *Let $\mathfrak{Z}, \mathfrak{Z}_1$ be two arbitrary points of H. There exists a symplectic transformation mapping $\mathfrak{Z}, \mathfrak{Z}_1$ into $i\mathfrak{T}, i\mathfrak{E}$ with $\mathfrak{T} = [t_1, \cdots, t_n]$ and $1 \leq t_1 \leq t_2 \leq \cdots \leq t_n$.*

Since Ω is transitive, we may already assume $\mathfrak{Z}_1 = i\mathfrak{E}$. If $\mathfrak{T} = [t_1, \cdots, t_n]$ with $1 \leq t_1 \leq t_2 \leq \cdots \leq t_n$, then $(\mathfrak{T} - \mathfrak{E})(\mathfrak{T} + \mathfrak{E})^{-1} = \mathfrak{P} = [p_1, \cdots, p_n]$ with $p_k = (t_k - 1)(t_k + 1)^{-1}$ $(k = 1, \cdots, n)$, $0 \leq p_1 \leq p_2 \leq \cdots \leq p_n < 1$, and vice versa. By (5), (6) and the results of Section **6**, we have only to prove that there exists for every point $\mathfrak{Z}$ of E a unitary matrix $\mathfrak{U}_1$ satisfying $\mathfrak{U}'_1\mathfrak{Z}\mathfrak{U}_1 = \mathfrak{P} = [p_1, \cdots, p_n]$ with $0 \leq p_1 \leq p_2 \leq \cdots \leq p_n < 1$. This follows from Lemma 1: We choose $\mathfrak{U}_1 = \mathfrak{U}^{-1}$ and $p_k = q_k^{\frac{1}{2}}$; since $q_1, \cdots, q_n$ are the characteristic roots of the hermitian matrix $\mathfrak{Z}\bar{\mathfrak{Z}}$ and $\mathfrak{E} - \mathfrak{Z}\bar{\mathfrak{Z}} > 0$, we may assume $0 \leq q_1 \leq q_2 \leq \cdots \leq q_n < 1$, and $p_1, \cdots, p_n$ have the required property.

On account of the symplectic invariance of the characteristic roots $r_1, \cdots, r_n$ of $\mathfrak{R}(\mathfrak{Z}, \mathfrak{Z}_1)$, the diagonal elements t_k of $\mathfrak{T}$ are given by (27). This proves that those characteristic roots are always real numbers of the interval $0 \leq r < 1$.

III. THE SYMPLECTIC METRIC.

11. We consider the cross-ratio

$$\mathfrak{R} = (\mathfrak{Z} - \mathfrak{Z}_1)(\mathfrak{Z} - \bar{\mathfrak{Z}}_1)^{-1}(\bar{\mathfrak{Z}} - \bar{\mathfrak{Z}}_1)(\bar{\mathfrak{Z}} - \mathfrak{Z}_1)^{-1}$$

as a function of $\mathfrak{Z}_1$, for any given $\mathfrak{Z}$ in H. Since the two factors $\mathfrak{Z} - \mathfrak{Z}_1$ and $\bar{\mathfrak{Z}} - \bar{\mathfrak{Z}}_1$ vanish for $\mathfrak{Z}_1 = \mathfrak{Z}$, the second differential of $\mathfrak{R}$, at the point $\mathfrak{Z}_1 = \mathfrak{Z}$, has the value

$$d^2\mathfrak{R} = 2d\mathfrak{Z}(\mathfrak{Z} - \bar{\mathfrak{Z}})^{-1}d\bar{\mathfrak{Z}}(\bar{\mathfrak{Z}} - \mathfrak{Z})^{-1} = \tfrac{1}{2}d\mathfrak{Z}\mathfrak{Y}^{-1}d\bar{\mathfrak{Z}}\mathfrak{Y}^{-1},$$

where $\mathfrak{Y}$ denotes the imaginary part of $\mathfrak{Z} = \mathfrak{X} + i\mathfrak{Y}$. On the other hand, by (26), the trace $\sigma(\mathfrak{R})$ of $\mathfrak{R} = \mathfrak{R}(\mathfrak{Z}, \mathfrak{Z}_1)$ is invariant under any cogredient symplectic transformation of the points $\mathfrak{Z}, \mathfrak{Z}_1$. Moreover $d^2\sigma(\mathfrak{R}) = \sigma(d^2\mathfrak{R})$, and consequently the hermitian differential form

$$ds^2 = \sigma(\mathfrak{Y}^{-1}d\mathfrak{Z}\mathfrak{Y}^{-1}d\bar{\mathfrak{Z}}) \tag{28}$$

is invariant under Ω. Introducing $\mathfrak{X} = (x_{kl})$ and $\mathfrak{Y} = (y_{kl})$, we obtain

$$ds^2 = \sigma(\mathfrak{Y}^{-1}d\mathfrak{X}\mathfrak{Y}^{-1}d\mathfrak{X} + \mathfrak{Y}^{-1}d\mathfrak{Y}\mathfrak{Y}^{-1}d\mathfrak{Y}) \tag{29}$$

and in particular, for $\mathfrak{Z} = i\mathfrak{E}$,

$$ds^2 = \sum_{k=1}^{n} (dx_{kk}^2 + dy_{kk}^2) + 2\sum_{k<l} (dx_{kl}^2 + dy_{kl}^2).$$

Since Ω is transitive in H, the quadratic differential form ds^2 is obviously positive definite everywhere in H.

Let us determine the most general quadratic differential invariant Q of the symplectic group. On account of the transitivity of Ω, we have only to find Q at the point $\mathfrak{Z} = i\mathfrak{E}$ of H or, if we use the variable $\mathfrak{Z}_0 = (\mathfrak{Z} - i\mathfrak{E})(\mathfrak{Z} + i\mathfrak{E})^{-1}$ already defined in (6), at the point $\mathfrak{Z}_0 = 0$ of E. Then Q becomes a quadratic form of the elements of $\mathfrak{S} = d\mathfrak{Z}_0$ and $\bar{\mathfrak{S}} = d\bar{\mathfrak{Z}}_0$ which is, by the result of Section **6**, invariant under all transformations $\mathfrak{S} \rightarrow \mathfrak{U}'\mathfrak{S}\mathfrak{U}$ with unitary $\mathfrak{U}$. By Lemma 1, there exists for any complex symmetric $\mathfrak{S}$ a unitary matrix $\mathfrak{U}$, such that $\mathfrak{U}'\mathfrak{S}\mathfrak{U} = \mathfrak{P} = [p_1, \cdots, p_n]$ with real p_k $(k = 1, \cdots, n)$, where the p_k^2 are the characteristic roots of $\mathfrak{S}\bar{\mathfrak{S}}$. This proves that Q is a quadratic function of $p_1, \cdots, p_n$ alone. Let $k_1, \cdots, k_n$ be a permutation of the numbers $1, \cdots, n$ and ϵ_l $(l = 1, \cdots, n)$ a fourth root of unity; then the matrix $\mathfrak{U}_0$ of the substitution $s_{k_l} \rightarrow \epsilon_l s_l$ $(l = 1, \cdots, n)$ is unitary and $\mathfrak{U}'_0\mathfrak{P}\mathfrak{U}_0 = [q_1, \cdots, q_n]$ with $q_l = \epsilon_l^2 p_{k_l} = \pm p_{k_l}$ $(l = 1, \cdots, n)$. Hence Q is a symmetric polynomial in $p_1^2, \cdots, p_n^2$,

$$Q = \lambda \sum_{k=1}^{n} p_k^2 = \lambda\sigma(\mathfrak{S}\bar{\mathfrak{S}})$$

with constant λ. Consequently any quadratic differential invariant of the symplectic group is a constant multiple of ds^2.

12. We are now interested in the properties of the geodesics for the symplectic metric (28). In order to find the shortest arc connecting two arbitrarily given points $\mathfrak{Z}_1$ and $\mathfrak{Z}_2$ of H, we have, by Lemma 2, only to investigate the special case $\mathfrak{Z}_1 = i\mathfrak{E}$, $\mathfrak{Z}_2 = i\mathfrak{T} = i[t_1, \cdots, t_n]$, $1 \leq t_1 \leq t_2 \leq \cdots \leq t_n$; moreover, we may obviously assume $\mathfrak{Z}_1 \neq \mathfrak{Z}_2$, i. e., $t_n > 1$. Let now $\mathfrak{Z} = \mathfrak{Z}(u)$ be any curve connecting these two points in H and having a piecewise continuous tangent, $\mathfrak{Z}(0) = i\mathfrak{E}$, $\mathfrak{Z}(1) = i\mathfrak{T}$. We may put

$$\mathfrak{Z} = \mathfrak{X} + i\mathfrak{Q}[\mathfrak{D}],$$

where $\mathfrak{Q} = [q_1, \cdots, q_n]$ with $q_k > 0$ $(k = 1, \cdots, n)$ and $\mathfrak{D}$ denotes a real orthogonal matrix; moreover $\mathfrak{X}$, $\mathfrak{Q}$, $\mathfrak{D}$ have again piecewise continuous derivatives; $\mathfrak{Q} = \mathfrak{E}$, $\mathfrak{D} = \mathfrak{E}$, $\mathfrak{X} = 0$ for $u = 0$; $\mathfrak{Q} = \mathfrak{T}$, $\mathfrak{D} = \mathfrak{E}$, $\mathfrak{X} = 0$ for $u = 1$. This arc has the length

$$s = \int_0^1 \sigma^{\frac{1}{2}}(\mathfrak{Y}^{-1}\dot{\mathfrak{Z}}\mathfrak{Y}^{-1}\dot{\bar{\mathfrak{Z}}})\,du,$$

where the dot denotes differentiation with respect to u.

By (29), we have $s \geq s_1$, where s_1 denotes the length of the curve

$$\mathfrak{Z} = i\mathfrak{Q}[\mathfrak{D}] \tag{30}$$

also connecting $\mathfrak{Z}_1$ and $\mathfrak{Z}_2$, and $s > s_1$, if both curves do not coincide.

We use the abbreviation $\dot{\mathfrak{D}}\mathfrak{D}' = \mathfrak{F} = (f_{kl})$. Since $\mathfrak{D}\mathfrak{D}' = \mathfrak{E}$, we have $\dot{\mathfrak{D}}\mathfrak{D}' = -\mathfrak{D}\dot{\mathfrak{D}}'$, and consequently $\mathfrak{F}$ is skew-symmetric. Differentiating the equation $\mathfrak{D}\mathfrak{Y}\mathfrak{D}' = \mathfrak{Q}$, we obtain

$$\mathfrak{D}\dot{\mathfrak{Y}}\mathfrak{D}' = \dot{\mathfrak{Q}} - \mathfrak{F}\mathfrak{Q} + \mathfrak{Q}\mathfrak{F}$$

$$\begin{aligned}
\mathfrak{D}\mathfrak{Y}^{-1}\dot{\mathfrak{Y}}\mathfrak{Y}^{-1}\dot{\mathfrak{Y}}\mathfrak{D}' &= \mathfrak{Q}^{-1}(\dot{\mathfrak{Q}} - \mathfrak{F}\mathfrak{Q} + \mathfrak{Q}\mathfrak{F})\mathfrak{Q}^{-1}(\dot{\mathfrak{Q}} - \mathfrak{F}\mathfrak{Q} + \mathfrak{Q}\mathfrak{F}) \\
&= \mathfrak{F}^2 + \mathfrak{Q}^{-1}\mathfrak{F}^2\mathfrak{Q} + \mathfrak{Q}^{-1}\dot{\mathfrak{Q}}\mathfrak{Q}^{-1}\dot{\mathfrak{Q}} - \mathfrak{Q}^{-1}\mathfrak{F}\mathfrak{Q}\mathfrak{F} - \mathfrak{F}\mathfrak{Q}^{-1}\mathfrak{F}\mathfrak{Q} \\
&\quad - \mathfrak{Q}^{-1}\dot{\mathfrak{Q}}\mathfrak{Q}^{-1}\mathfrak{F}\mathfrak{Q} - \mathfrak{Q}^{-1}\mathfrak{F}\dot{\mathfrak{Q}} + \mathfrak{Q}^{-1}\dot{\mathfrak{Q}}\mathfrak{F} + \mathfrak{F}\mathfrak{Q}^{-1}\dot{\mathfrak{Q}}
\end{aligned}$$

$$\begin{aligned}
\sigma(\mathfrak{Y}^{-1}\dot{\mathfrak{Y}}\mathfrak{Y}^{-1}\dot{\mathfrak{Y}}) &= 2\sigma(\mathfrak{F}^2) - 2\sigma(\mathfrak{F}\mathfrak{Q}\mathfrak{F}\mathfrak{Q}^{-1}) + \sigma(\mathfrak{Q}^{-1}\dot{\mathfrak{Q}}\mathfrak{Q}^{-1}\dot{\mathfrak{Q}}) \\
&= \sum_{k,l=1}^{n} f_{kl}^2 \frac{(q_k - q_l)^2}{q_k q_l} + \sum_{k=1}^{n} \left(\frac{\dot{q}_k}{q_k}\right)^2.
\end{aligned} \tag{31}$$

On the other hand, the formula

$$\sum_{k=1}^{n} Q_k^2 = (c_1 Q_1 + \cdots + c_n Q_n)^2 + \tfrac{1}{2} \sum_{k,l=1}^{n} (c_k Q_l - c_l Q_k)^2 \tag{32}$$

holds for $c_1^2 + c_2^2 + \cdots + c_n^2 = 1$ and in particular with

$$Q_k = \frac{\dot{q}_k}{q_k}, \qquad c_k = \rho^{-1} \log t_k \qquad (k = 1, \cdots, n),$$

where

$$\rho = \Big(\sum_{k=1}^{n} \log^2 t_k\Big)^{\frac{1}{2}} > 0. \tag{33}$$

By (31) and (32),

$$s_1 \geq \int_0^1 (c_1 Q_1 + \cdots + c_n Q_n)\,du = \sum_{k=1}^{n} c_k \log t_k = \rho,$$

with the sign of inequality, if not all the three conditions

$$(34) \qquad f_{kl}(q_k - q_l) = 0 \qquad (k, l = 1, \cdots, n),$$

$$(35) \qquad c_k Q_l - c_l Q_k = 0 \qquad (k, l = 1, \cdots, n),$$

$$(36) \qquad \sum_{k=1}^{n} c_k Q_k \geq 0$$

are fulfilled. By (35),

$$\log t_n \, \log q_k = \log t_k \, \log q_n \qquad (k = 1, \cdots, n),$$

whence

$$(37) \qquad q_k = t_k^{\gamma} \qquad (k = 1, \cdots, n)$$

with $\gamma = \gamma(u)$, $\gamma(0) = 0$, $\gamma(1) = 1$. By (36), the function $\gamma(u)$ is monotone. By (34) and (37),

$$f_{kl}(t_k - t_l) = 0 \qquad (k, l = 1, \cdots, n)$$

$$\mathfrak{D}\dot{\mathfrak{D}}'\mathfrak{T} + \mathfrak{T}\dot{\mathfrak{D}}\mathfrak{D}' = 0$$

$$(\mathfrak{D}'\mathfrak{T}\mathfrak{D})^{\dot{}} = \dot{\mathfrak{D}}'\mathfrak{T}\mathfrak{D} + \mathfrak{D}'\mathfrak{T}\dot{\mathfrak{D}} = 0$$

$$\mathfrak{D}'\mathfrak{T}\mathfrak{D} = \mathfrak{T};$$

consequently $\mathfrak{T}\mathfrak{D} = \mathfrak{D}\mathfrak{T}$ and, by (37), also $\mathfrak{Q}\mathfrak{D} = \mathfrak{D}\mathfrak{Q}$. This proves, by (30), that the minimum ρ of s is attained, if and only if $\mathfrak{Z} = i[t_1^{\gamma}, \cdots, t_n^{\gamma}]$, where $\gamma(u)$ is a monotone function with $\gamma(0) = 0$, $\gamma(1) = 1$. We may replace $\gamma(u)$ by u and obtain the curve $\mathfrak{Z} = i[t_1^{u}, \cdots, t_n^{u}]$ as the unique solution. Introducing the length of arc $\tau = \rho u$, we have $\mathfrak{Z} = i[e^{c_1\tau}, \cdots, e^{c_n\tau}]$ with $c_k = \rho^{-1} \log t_k$ $(k = 1, \cdots, n)$ and $c_1^2 + \cdots + c_n^2 = 1$.

13. Let $\mathfrak{Z}$ and $\mathfrak{Z}_1$ be again two arbitrary points of H. By (33) and the results of Section **10**, the symplectic distance $\rho = \rho(\mathfrak{Z}, \mathfrak{Z}_1)$ is given by

$$(38) \qquad \rho^2 = \sum_{k=1}^{n} \log^2 \frac{1 + r_k^{\frac{1}{2}}}{1 - r_k^{\frac{1}{2}}},$$

where $r_1, \cdots, r_n$ denote the characteristic roots of the cross-ratio $\mathfrak{R} = \mathfrak{R}(\mathfrak{Z}, \mathfrak{Z}_1)$. Since

$$\log^2 \frac{1 + r^{\frac{1}{2}}}{1 - r^{\frac{1}{2}}} = 4r \left(\sum_{k=0}^{\infty} \frac{r^k}{2k+1} \right)^2 \qquad (0 \leq r < 1)$$

and

$$\sum_{k=1}^{n} r_k^{\,l} = \sigma(\mathfrak{R}^l) \qquad (l = 1, 2, \cdots),$$

we may write

$$\rho^2 = \sigma\left(\log^2 \frac{1 + \mathfrak{R}^{\frac{1}{2}}}{1 - \mathfrak{R}^{\frac{1}{2}}} \right)$$

with

$$\log^2 \frac{1+\mathfrak{R}^{\frac{1}{2}}}{1-\mathfrak{R}^{\frac{1}{2}}} = 4\mathfrak{R}\left(\sum_{k=0}^{\infty} \frac{\mathfrak{R}^k}{2k+1}\right)^2.$$

By the results of this and the preceding section, Theorem 3 and Theorem 4 are completely proved.

14. In order to calculate the differential equation of the geodesics and the tensor of curvature, we determine the first variation δs. We consider any curve $\mathfrak{Z} = \mathfrak{Z}(s)$ $(0 \leq s \leq s_0)$, where the parameter s denotes the length of arc. Then $\sigma(\mathfrak{Y}^{-1}\dot{\mathfrak{Z}}\mathfrak{Y}^{-1}\dot{\bar{\mathfrak{Z}}}) = 1$ and

$$\delta s = \tfrac{1}{2}\int_0^{s_0} \delta\sigma(\mathfrak{Y}^{-1}\dot{\mathfrak{Z}}\mathfrak{Y}^{-1}\dot{\bar{\mathfrak{Z}}})\, ds.$$

Using the abbreviations $\dot{\mathfrak{Z}}\mathfrak{Y}^{-1}\dot{\bar{\mathfrak{Z}}} = \mathfrak{V}$, $\mathfrak{Y}^{-1}\dot{\mathfrak{Z}}\mathfrak{Y}^{-1} = \mathfrak{W}$ and denoting by R the real part, we find

$$\delta\sigma(\mathfrak{Y}^{-1}\dot{\mathfrak{Z}}\mathfrak{Y}^{-1}\dot{\bar{\mathfrak{Z}}}) = 2R\sigma(\mathfrak{V}\delta\mathfrak{Y}^{-1} + (\mathfrak{W}\delta\bar{\mathfrak{Z}})^{\cdot} - \dot{\mathfrak{W}}\delta\bar{\mathfrak{Z}})$$

$$\delta\mathfrak{Y}^{-1} = \frac{i}{2}\,\mathfrak{Y}^{-1}(\delta\mathfrak{Z} - \delta\bar{\mathfrak{Z}})\mathfrak{Y}^{-1}$$

$$\dot{\mathfrak{W}} = \mathfrak{Y}^{-1}\ddot{\mathfrak{Z}}\mathfrak{Y}^{-1} + i\mathfrak{Y}^{-1}\dot{\mathfrak{Z}}\mathfrak{Y}^{-1}\dot{\mathfrak{Z}}\mathfrak{Y}^{-1} - \frac{i}{2}\,\mathfrak{Y}^{-1}(\mathfrak{V} + \bar{\mathfrak{V}})\mathfrak{Y}^{-1},$$

whence

$$\delta s = -R\int_0^{s_0} \sigma(\mathfrak{Y}^{-1}(\ddot{\mathfrak{Z}} + i\dot{\mathfrak{Z}}\mathfrak{Y}^{-1}\dot{\mathfrak{Z}})\mathfrak{Y}^{-1}\delta\bar{\mathfrak{Z}})\, ds.$$

Consequently

(39) $$\ddot{\mathfrak{Z}} = -i\dot{\mathfrak{Z}}\mathfrak{Y}^{-1}\dot{\mathfrak{Z}}$$

is the differential equation of the geodesic lines.

It is easy to perform the integration without using Section **12**. On account of the symplectic invariance of the geodesics and the transitivity of Ω, it is sufficient to integrate (39) for the initial point $\mathfrak{Z} = i\mathfrak{E}$ and an arbitrary direction $\dot{\mathfrak{Z}} = \mathfrak{K}$ through this point; obviously $\sigma(\mathfrak{K}\bar{\mathfrak{K}}) = 1$. By Section **6**, the mapping

(40) $$\frac{\mathfrak{Z} - i\mathfrak{E}}{\mathfrak{Z} + i\mathfrak{E}} \to \mathfrak{U}'\,\frac{\mathfrak{Z} - i\mathfrak{E}}{\mathfrak{Z} + i\mathfrak{E}}\,\mathfrak{U}$$

is symplectic for arbitrary unitary $\mathfrak{U}$. Under this mapping, the direction $\mathfrak{K}$ through $i\mathfrak{E}$ is replaced by $\mathfrak{U}'\mathfrak{K}\mathfrak{U}$. By Lemma 1, we can determine $\mathfrak{U}$ such that $\mathfrak{U}'\mathfrak{K}\mathfrak{U} = i\mathfrak{G} = i[g_1, \cdots, g_n]$ with $0 \leq g_1 \leq \cdots \leq g_n$; since $\sigma(\mathfrak{K}\bar{\mathfrak{K}}) = 1$, we have $g_1^2 + \cdots + g_n^2 = 1$. It is now sufficient to integrate (39) for the initial conditions $\mathfrak{Z} = i\mathfrak{E}$, $\dot{\mathfrak{Z}} = i\mathfrak{G}$. Obviously the solution is $\mathfrak{Z} = i \exp s\mathfrak{G}$. Consequently the most general geodesic line is

$$(\mathfrak{A}\mathfrak{Z} + \mathfrak{B})(\mathfrak{C}\mathfrak{Z} + \mathfrak{D})^{-1} = i[e^{g_1 s}, \cdots, e^{g_n s}],$$

where the left-hand side is an arbitrary symplectic transformation of $\mathfrak{Z}$ and $g_1, \cdots, g_n$ are arbitrary real numbers with $0 \leq g_1 \leq \cdots \leq g_n$, $g_1^2 + \cdots + g_n^2 = 1$.

15. We shall now establish directly, without using Section **12**, that there exists exactly one geodesic through two arbitrarily given points $\mathfrak{Z}_1$ and $\mathfrak{Z}_2 \neq \mathfrak{Z}_1$ of H. We may again assume $\mathfrak{Z}_1 = i\mathfrak{E}$, $\mathfrak{Z}_2 = i\mathfrak{T} = i[t_1, \cdots, t_n]$, $1 \leq t_1 \leq \cdots \leq t_n$,

$$\rho = (\sum_{k=1}^{n} \log^2 t_k)^{\frac{1}{2}} > 0.$$

Defining $g_k = \rho^{-1} \log t_k$ $(k = 1, \cdots, n)$, we obtain the geodesic line

$$\mathfrak{Z} = i \exp s\mathfrak{G}. \tag{41}$$

Since (40) is the most general symplectic mapping with the fixed point $i\mathfrak{E}$, any geodesic through this point has an equation

$$\frac{\mathfrak{Z} - i\mathfrak{E}}{\mathfrak{Z} + i\mathfrak{E}} = \mathfrak{U}' \frac{\exp s\mathfrak{H} - \mathfrak{E}}{\exp s\mathfrak{H} + \mathfrak{E}} \mathfrak{U} \tag{42}$$

with unitary $\mathfrak{U}$ and $\mathfrak{H} = [h_1, \cdots, h_n]$, $0 \leq h_1 \leq \cdots \leq h_n$, $h_1^2 + \cdots + h_n^2 = 1$. If this curve goes also through the point $\mathfrak{Z} = i\mathfrak{T}$ of (41), we obtain

$$\mathfrak{U}\left(\frac{\mathfrak{E} - \mathfrak{T}}{\mathfrak{E} + \mathfrak{T}}\right)^2 = \left(\frac{\mathfrak{E} - \exp s_0\mathfrak{H}}{\mathfrak{E} + \exp s_0\mathfrak{H}}\right)^2 \mathfrak{U}$$

for a certain $s_0 > 0$, whence $\mathfrak{T} = \exp s_0\mathfrak{H}$, $s_0\mathfrak{H} = \rho\mathfrak{G}$, $s_0 = \rho$, $\mathfrak{H} = \mathfrak{G}$. Moreover $\mathfrak{U}$ and $(\exp s_0\mathfrak{H} - \mathfrak{E})(\exp s_0\mathfrak{H} + \mathfrak{E})^{-1}$ are permutable, hence also $\mathfrak{U}$ and $(\exp s\mathfrak{H} - \mathfrak{E})(\exp s\mathfrak{H} + \mathfrak{E})^{-1}$. Putting $s = \rho$ in (42), we find $\mathfrak{U}'\mathfrak{U} = \mathfrak{E}$, and consequently the geodesics (41) and (42) coincide.

This result proves again, by a general theorem from the calculus of variations, that there exists exactly one shortest arc between two arbitrarily given points of H.

16. By the minimum property of the geodesic arc, the symplectic distance $\rho(\mathfrak{Z}_1, \mathfrak{Z}_2)$ satisfies the triangle inequality

$$\rho(\mathfrak{Z}_1, \mathfrak{Z}_3) \leq \rho(\mathfrak{Z}_1, \mathfrak{Z}_2) + \rho(\mathfrak{Z}_2, \mathfrak{Z}_3)$$

for three arbitrary points $\mathfrak{Z}_1, \mathfrak{Z}_2, \mathfrak{Z}_3$ of H, and the sign of equality is true, if and only if $\mathfrak{Z}_2$ is a point on the uniquely determined geodesic arc between $\mathfrak{Z}_1$

and $\mathfrak{Z}_3$. Obviously $\rho(\mathfrak{Z}, \mathfrak{Z}_1)$ is a continuous function of $\mathfrak{Z}$. If G is any compact point set in H, then $\rho(\mathfrak{Z}, \mathfrak{Z}_1) \leq c$ for all $\mathfrak{Z}$ in G, where c is a positive constant depending only upon $\mathfrak{Z}_1$ and G. Let us prove that also the converse statement is true: If c is an arbitrary positive constant and $\mathfrak{Z}_1$ any given point of H, then the inequality $\rho(\mathfrak{Z}, \mathfrak{Z}_1) \leq c$ defines a compact set G of points $\mathfrak{Z}$ in H. It is sufficient to prove this in the special case $\mathfrak{Z}_1 = i\mathfrak{E}$. By the definition of the cross-ratio,

$$\mathfrak{R}(\mathfrak{Z}, i\mathfrak{E}) = \mathfrak{Z}_0\bar{\mathfrak{Z}}_0,$$

where $\mathfrak{Z}_0 = (\mathfrak{Z} - i\mathfrak{E})(\mathfrak{Z} + i\mathfrak{E})^{-1}$ is the image of $\mathfrak{Z}$ under the transformation (6) mapping H onto E. We infer from (38) that the characteristic roots r_k of the hermitian matrix $\mathfrak{Z}_0\bar{\mathfrak{Z}}_0$ satisfy an inequality

$$0 \leq r_k \leq \vartheta < 1 \qquad (k = 1, \cdots, n)$$

for all $\mathfrak{Z}$ with $\rho(\mathfrak{Z}, \mathfrak{Z}_1) \leq c$, where ϑ depends only upon c. Since an arbitrary symmetric matrix $\mathfrak{Z}_0$ is a point of E, if the characteristic roots of $\mathfrak{Z}_0\bar{\mathfrak{Z}}_0$ are < 1, all limit points of the images $\mathfrak{Z}_0$ of the points $\mathfrak{Z}$ in G belong to E again, and consequently G is compact.

17. Let

$$ds^2 = \sum_{k,l=1}^{m} g_{kl}\, dx_k\, dx_l \tag{43}$$

be a Riemann metric in an m-dimensional space and let

$$\ddot{x}_k = -\sum_{p,q=1}^{m} \{pq, k\}\dot{x}_p\dot{x}_q \qquad (k = 1, \cdots, m)$$

be the differential equations of the geodesics, so that $\{pq, k\}$ denotes the Christoffel symbol of the second kind. The Riemann tensor of curvature R is obtained in the following way: Define two covariant differentials $\delta_1 u_k$ and $\delta_2 u_k$ by

$$\delta_r u_k = -\sum_{p,q} \{pq, k\} u_p \delta_r x_q \qquad (r = 1, 2); \tag{44}$$

then

$$R = \sum_{k,l} g_{kl} v_k (\delta_1\delta_2 - \delta_2\delta_1) u_l = \sum_{k,l,p,q} R_{klpq} u_k v_l \delta_1 x_p \delta_2 x_q, \tag{45}$$

where u_k, v_l, $\delta_1 x_p$, $\delta_2 x_q$ are the components of 4 covariant vectors.

In the case of the symplectic metric (28), the differential equations of the geodesics are given by (39). Instead of (44), we may write now

$$2i\delta_r\mathfrak{U} = \mathfrak{U}\mathfrak{Y}^{-1}\delta_r\mathfrak{Z} + \delta_r\mathfrak{Z}\mathfrak{Y}^{-1}\mathfrak{U} \qquad (r = 1, 2)$$

with complex symmetric $\mathfrak{U} = (u_{kl})$, and we obtain

$$-4\delta_1\delta_2\mathfrak{U} = (\mathfrak{U}\mathfrak{Y}^{-1}\delta_1\bar{\mathfrak{Z}} + \delta_1\mathfrak{Z}\mathfrak{Y}^{-1}\mathfrak{U})\mathfrak{Y}^{-1}\delta_2\mathfrak{Z} + \delta_2\mathfrak{Z}\mathfrak{Y}^{-1}(\mathfrak{U}\mathfrak{Y}^{-1}\delta_1\mathfrak{Z} + \delta_1\bar{\mathfrak{Z}}\mathfrak{Y}^{-1}\mathfrak{U})$$

(46) $$4(\delta_1\delta_2 - \delta_2\delta_1)\mathfrak{U} = \mathfrak{F}\mathfrak{Y}^{-1}\mathfrak{U} + \mathfrak{U}\mathfrak{Y}^{-1}\mathfrak{F}',$$

where

(47) $$\mathfrak{F} = \delta_1\mathfrak{Z}\mathfrak{Y}^{-1}\delta_2\bar{\mathfrak{Z}} - \delta_2\mathfrak{Z}\mathfrak{Y}^{-1}\delta_1\bar{\mathfrak{Z}}.$$

Introducing

(48) $$\mathfrak{G} = \mathfrak{U}\mathfrak{Y}^{-1}\bar{\mathfrak{V}} - \mathfrak{V}\mathfrak{Y}^{-1}\bar{\mathfrak{U}}$$

with complex symmetric $\mathfrak{V} = (v_{kl})$, we find, by (28), (45) and (46),

(49) $$\begin{aligned} 4R &= \sigma(\mathfrak{Y}^{-1}\mathfrak{V}\bar{\mathfrak{F}}\mathfrak{Y}^{-1}\bar{\mathfrak{U}} + \mathfrak{Y}^{-1}\mathfrak{F}\mathfrak{Y}^{-1}\mathfrak{U}\mathfrak{Y}^{-1}\bar{\mathfrak{V}}) \\ &= \sigma(\mathfrak{Y}^{-1}\mathfrak{F}\mathfrak{Y}^{-1}\mathfrak{G}) = -\sigma(\mathfrak{Y}^{-1}\mathfrak{F}\mathfrak{Y}^{-1}\bar{\mathfrak{G}}'). \end{aligned}$$

In order to determine the Gaussian curvature, we have to take two arbitrary different directions $\delta_1\mathfrak{Z}$ and $\delta_2\mathfrak{Z}$ at the point $\mathfrak{Z}$ and to choose $\mathfrak{U} = \delta_1\mathfrak{Z}$, $\mathfrak{V} = \delta_2\mathfrak{Z}$. Then

$$R = -\tfrac{1}{4}\sigma(\mathfrak{Y}^{-1}\mathfrak{F}\mathfrak{Y}^{-1}\bar{\mathfrak{F}}') \leq 0,$$

where the sign of equality is true only for $\mathfrak{F} = 0$. Consequently the curvature is negative for $\delta_1\mathfrak{Z}\mathfrak{Y}^{-1}\delta_2\bar{\mathfrak{Z}} \neq \delta_2\mathfrak{Z}\mathfrak{Y}^{-1}\delta_1\bar{\mathfrak{Z}}$, and 0 otherwise.

It may easily be seen, that the contracted tensor of curvature is $\frac{n+1}{2}\,ds^2$; hence we have an Einstein metric with cosmological term.

18. Allendoerfer and Fenchel proved independently the following generalization of the Gauss-Bonnet formula concerning the curvatura integra of a closed two-dimensional surface. Let F be a closed manifold with the Riemann metric (43) and an even number m of dimensions. For every permutation $k_1, \cdots, k_m$ of the numbers $1, \cdots, m$ we define $\epsilon_{k_1 \dots k_m} = 1$, if the permutation is even, and $= -1$, if the permutation is odd. Let g be the determinant $|g_{kl}|$ and

(50) $$K = (2^{m/2} g\, m!)^{-1} \Sigma R_{k_1k_2l_1l_2} R_{k_3k_4l_3l_4} \cdots R_{k_{m-1}k_m l_{m-1} l_m} \epsilon_{k_1k_2\dots k_{m-1}k_m} \epsilon_{l_1l_2\dots l_{m-1}l_m},$$

where the summation is extended over all permutations $k_1, \cdots, k_m$ and $l_1, \cdots, l_m$ of $1, \cdots, m$; moreover let $d\omega$ be the volume element in the given metric. Then the Euler characteristic of F has the value

(51) $$\chi = \pi^{-(m+1)/2}\Gamma\left(\frac{m+1}{2}\right)\int_F K\, d\omega.$$

For practical purposes, the sum on the right-hand side of (50) may be calculated in the following manner: Determine the single terms of the polynomial

$$R^{m/2} = (\Sigma R_{klpq} u_k v_l u^*_p v^*_q)^{m/2}$$

and replace every product $u_{k_1} v_{k_2} \cdots u_{k_{m-1}} v_{k_m} u^*_{l_1} v^*_{l_2} \cdots u^*_{l_{m-1}} v^*_{l_m}$ by $\epsilon_{k_1 \ldots k_m} \epsilon_{l_1 \ldots l_m}$.

In the case of the symplectic metric, the transitive group Ω of isometric mappings exists, and consequently the invariant K is constant in the whole space H. In order to find this constant value, we may assume $\mathfrak{Z} = i\mathfrak{E}$. Writing $\mathfrak{U}^*, \mathfrak{V}^*$ instead of $\delta_1 \mathfrak{Z}, \delta_2 \mathfrak{Z}$, we obtain, by (47), (48) and (49),

$$R = \tfrac{1}{4}\sigma(\mathfrak{Q}\mathfrak{Q}^*)$$

with

$$\mathfrak{Q} = \mathfrak{U}\bar{\mathfrak{V}} - \mathfrak{V}\bar{\mathfrak{U}}, \qquad \mathfrak{Q}^* = \mathfrak{U}^*\bar{\mathfrak{V}}^* - \mathfrak{V}^*\bar{\mathfrak{U}}^*,$$

where $\mathfrak{U}, \mathfrak{V}, \mathfrak{U}^*, \mathfrak{V}^*$ are indeterminate symmetric complex matrices. Hence

$$(52) \qquad R^\nu = 2^{-2\nu} \sum q_{k_1 l_1} \cdots q_{k_\nu l_\nu} q^*_{k_1 l_1} \cdots q^*_{k_\nu l_\nu} \qquad (\nu = 1, 2, \cdots)$$

with

$$q_{kl} = \sum_{r=1}^{n} (u_{kr}\bar{v}_{rl} - v_{kr}\bar{u}_{rl}), \qquad q^*_{kl} = \sum_{r=1}^{n} (u^*_{kr}\bar{v}^*_{rl} - v^*_{kr}\bar{u}^*_{rl}),$$

where $k_1, l_1, \cdots, k_\nu, l_\nu$ run independently from 1 to n. We choose

$$\nu = \frac{m}{2} = \frac{n(n+1)}{2}.$$

Let us denote the ν elements u_{kl} $(1 \leq k \leq l \leq n)$ of $\mathfrak{U} = (u_{kl})$ in lexicographic order by $u_1, \cdots u_\nu$, their conjugates by $u_{\nu+1}, \cdots, u_m$, and introduce the corresponding notation for the elements of $\mathfrak{V}, \mathfrak{U}^*, \mathfrak{V}^*$. Replacing every term $u_{g_1} v_{g_2} \cdots u_{g_{m-1}} v_{g_m}$ in $q_{k_1 l_1} \cdots q_{k_\nu l_\nu}$ by $\epsilon_{g_1 \ldots g_m}$, we get the expression $2^\nu \eta_{k_1 l_1 \ldots k_\nu l_\nu}$ with

$$(53) \qquad \eta_{k_1 l_1 \ldots k_\nu l_\nu} = \Sigma \epsilon_{g_1 \ldots g_m},$$

where $g_1, \cdots, g_m$ run over all permutations of $1, \cdots, m$ such that the m conditions

$$u_{k_h r_h} = u_{g_{2h-1}}, \qquad \bar{v}_{l_h r_h} = v_{g_{2h}} \qquad (h = 1, \cdots, \nu)$$

have a solution $r_1, \cdots, r_\nu$. By (52), the sum of the right-hand side of (50) has, for $\mathfrak{Z} = i\mathfrak{E}$, the positive integral value

$$(54) \qquad a_n = \Sigma \eta^2_{k_1 l_1 \ldots k_\nu l_\nu}.$$

Moreover g is the determinant of the quadratic form $\sigma(\mathfrak{Y}^{-1} d\mathfrak{Z} \mathfrak{Y}^{-1} d\bar{\mathfrak{Z}})$ of the variables dz_{kl} and $d\bar{z}_{kl}$ $(1 \leq k \leq l \leq n)$; hence

$$g = (-1)^\nu 2^{-2n},$$

for $\mathfrak{Z} = i\mathfrak{E}$, and consequently

$$K = (-1)^{\nu} 2^{2n-\nu} \frac{a_n}{(2\nu)!}. \tag{55}$$

On the other hand,

$$d\omega = 2^{\nu-n} |\mathfrak{Y}|^{-n-1} \prod_{k \leq l} (dx_{kl} dy_{kl}) = 2^{\nu-n} \prod_{k \leq l} (dx_{kl} dY_{kl}) \tag{56}$$

with $(Y_{kl}) = \mathfrak{Y}^{-1}$. Since

$$\pi^{-\nu-\frac{1}{2}} \Gamma(\nu + \tfrac{1}{2}) \frac{2^{2n-\nu}}{(2\nu)!} 2^{\nu-n} = (2^{n^2} \pi^{\nu} \nu!)^{-1},$$

we obtain, by (51), (55) and (56),

$$\chi = c_n (-\pi)^{-n(n+1)/2} \int_F dv,$$

where the positive rational number

$$c_n = \frac{a_n}{2^{n^2}[(n^2+n)/2]!}$$

is defined in (53), (54) and

$$dv = \prod_{k \leq l} (dx_{kl} dY_{kl}) \tag{57}$$

denotes the euclidean volume element in the space of $\mathfrak{X}, \mathfrak{Y}^{-1}$.

We find by direct calculation $a_1 = 1$, $a_2 = 6 \cdot 3!$, $a_3 = 360 \cdot 6!$ and therefore $c_1 = \frac{1}{2}$, $c_2 = \frac{3}{8}$, $c_3 = \frac{45}{64}$, but a simple explicit formula for a_n and c_n in the case of an arbitrary n is not known [1]).

The proof of Theorem 5 is now accomplished.

IV. DISCONTINUOUS GROUPS.

19. A group of mappings of H onto itself is called discontinuous (in H), if for every $\mathfrak{Z}$ of H the set of images of $\mathfrak{Z}$ has no limit point in H. Since H can be covered by a countable number of compact domains, the number of elements of a discontinuous group is either finite or countably infinite. We shall assume, moreover, that the mappings are analytic. Then, by Theorem 1, they form a subgroup Δ of the symplectic group.

On the other hand, let us consider the definition of a *discrete* group. A group of matrices $\mathfrak{M}$ with real (or complex) elements is called discrete, if every infinite sequence of different $\mathfrak{M}$ diverges. It is obvious that a discontinuous group of symplectic matrices is discrete. Let us now prove the con-

[1]) Eine explizite Formel für a_n wurde vom Verfasser 1964 in der Arbeit „Über die Fourierschen Koeffizienten der Eisensteinschen Reihen" angegeben.

verse of this statement. If Δ is a non-discontinuous group of symplectic mappings

$$\mathfrak{Z}^* = (\mathfrak{A}\mathfrak{Z} + \mathfrak{B})(\mathfrak{C}\mathfrak{Z} + \mathfrak{D})^{-1}, \tag{58}$$

we can find a point $\mathfrak{Z}$ of H and an infinite sequence of different matrices

$$\mathfrak{M} = \begin{pmatrix} \mathfrak{A} & \mathfrak{B} \\ \mathfrak{C} & \mathfrak{D} \end{pmatrix}$$

in Δ, such that the corresponding sequence (58) tends to a limit $\mathfrak{Z}^*_1$ in H. Denoting by $\mathfrak{Y}, \mathfrak{Y}^*, \mathfrak{Y}^*_1$ the imaginary parts of $\mathfrak{Z}, \mathfrak{Z}^*, \mathfrak{Z}^*_1$, we have, by (25),

$$\mathfrak{Y}^* = \mathfrak{Y}\{(\mathfrak{C}\mathfrak{Z} + \mathfrak{D})^{-1}\}. \tag{59}$$

Now $\mathfrak{Y}^*$ is bounded, $\mathfrak{Y}$ is fixed and $\mathfrak{Y} > 0$. By (59), the sequence of matrices $(\mathfrak{C}\mathfrak{Z} + \mathfrak{D})^{-1}$ is bounded; moreover, the square of the absolute value of the determinant $|\mathfrak{C}\mathfrak{Z} + \mathfrak{D}|$ tends to the limit $|\mathfrak{Y}|\,|\mathfrak{Y}^*_1|^{-1}$; hence also $\mathfrak{C}\mathfrak{Z} + \mathfrak{D}$ is bounded. Since $\mathfrak{C}$ is the imaginary part of $(\mathfrak{C}\mathfrak{Z} + \mathfrak{D})\mathfrak{Y}^{-1}$ and $\mathfrak{D} = (\mathfrak{C}\mathfrak{Z} + \mathfrak{D}) - \mathfrak{C}\mathfrak{Z}$, the matrices $\mathfrak{C}, \mathfrak{D}$ are bounded. It follows from $\mathfrak{A}\mathfrak{Z} + \mathfrak{B} = \mathfrak{Z}^*(\mathfrak{C}\mathfrak{Z} + \mathfrak{D})$ that also $\mathfrak{A}$ and $\mathfrak{B}$ are bounded. Consequently there exists a converging subsequence of matrices $\mathfrak{M}$, and Δ is non-discrete.

20. For any point set P in H, we define the diameter $\delta(P)$ as the least upper bound of the distance $\rho(\mathfrak{Z}, \mathfrak{Z}^*)$, where $\mathfrak{Z}$ and $\mathfrak{Z}^*$ run independently over all points of P. The diameter is finite, if P is compact. The distance $\rho(P, P^*)$ of two point sets P, P^* in H is defined as the greatest lower bound of the distance $\rho(\mathfrak{Z}, \mathfrak{Z}^*)$, $\mathfrak{Z}$ running over P and $\mathfrak{Z}^*$ over P^*. By the triangle inequality,

$$\delta(P + P^*) \leq \rho(P, P^*) + \delta(P) + \delta(P^*). \tag{60}$$

Let $D_1, D_2, \cdots$ be the elements of the discontinuous group Δ and let D_1 be the identity. We denote by $D_k(P) = P_k$ the image of the set P under D_k $(k = 1, 2, \cdots)$. We assume now that P and another point set Q in H are compact. We shall prove that the distance $\rho(Q, P_k)$ tends to infinity with k. Let us first consider the case of two points $Q = \mathfrak{Z}$, $P = \mathfrak{Z}_1$. By Section **16**, the condition $\rho(\mathfrak{Z}, \mathfrak{Z}^*) \leq c$ defines, for arbitrarily given $c > 0$ and variable $\mathfrak{Z}^*$, a compact point set in H; hence the inequality $\rho(\mathfrak{Z}, \mathfrak{Z}_k) \leq c$ holds only for a finite number of indices k so that $\rho(\mathfrak{Z}, \mathfrak{Z}_k) \to \infty$ for $k \to \infty$. Consider now the general case for P and Q. By (60),

$$\rho(Q, P_k) \geq \delta(Q + P_k) - \delta(Q) - \delta(P_k).$$

Choosing a point $\mathfrak{Z}$ in Q and a point $\mathfrak{Z}_1$ in P, we have $\delta(Q + P_k) \geq \rho(\mathfrak{Z}, \mathfrak{Z}_k) \to \infty$ and $\delta(P_k) = \delta(P)$, whence $\rho(Q, P_k) \to \infty$.

A point $\mathfrak{Z}$ of H is called a fixed point of Δ, if $D_k(\mathfrak{Z}) = \mathfrak{Z}$ for at least one index $k > 1$. Let P be an arbitrary compact domain in H, e.g., the domain $\rho(\mathfrak{Z}, i\mathfrak{E}) \leq 1$. Since $\rho(P, P_k) \to \infty$ for $k \to \infty$, there exists only a finite number of values k, such that the equation $D_k(\mathfrak{Z}) = \mathfrak{Z}$ has a solution $\mathfrak{Z}$ in P. But this equation, for any $k > 1$, defines an algebraic manifold in H, and consequently we may construct a point of P which is not contained in any of those manifolds; in other words, we may certainly construct a point $\mathfrak{Z}_1$ of H which is not a fixed point. The images $\mathfrak{Z}_k = D_k(\mathfrak{Z}_1)$ of $\mathfrak{Z}_1$ are then all different one from another.

21. We denote by F the set of all points $\mathfrak{Z}$ satisfying all the inequalities

$$\rho(\mathfrak{Z}, \mathfrak{Z}_1) \leq \rho(\mathfrak{Z}, \mathfrak{Z}_k) \qquad (k = 2, 3, \cdots). \tag{61}$$

It follows from this definition that F is closed, with respect to H; but F is not necessarily compact. Let $G = H - F$ be the complement of G in H and let B be the frontier of F and $F_0 = F - B$ the set of inner points of F.

Obviously, the set G consists of all points $\mathfrak{Z}$ satisfying the inequality $\rho(\mathfrak{Z}, \mathfrak{Z}_1) > \rho(\mathfrak{Z}, \mathfrak{Z}_k)$ for at least one value of k; hence all the points $\mathfrak{Z}_2, \mathfrak{Z}_3, \cdots$ belong to G.

Let us now consider a point $\mathfrak{Z}$ which fulfills all conditions

$$\rho(\mathfrak{Z}, \mathfrak{Z}_1) < \rho(\mathfrak{Z}, \mathfrak{Z}_k) \qquad (k = 2, 3, \cdots); \tag{62}$$

the point $\mathfrak{Z} = \mathfrak{Z}_1$ is an example. The differences $\rho(\mathfrak{Z}, \mathfrak{Z}_k) - \rho(\mathfrak{Z}, \mathfrak{Z}_1)$ $(k = 2, 3, \cdots)$ are all positive and tend to infinity with k and, consequently, they have a positive minimum μ. The points $\mathfrak{Z}^*$ of the geodesic sphere $\rho(\mathfrak{Z}, \mathfrak{Z}^*) < \frac{1}{2}\mu$ form a neighborhood of $\mathfrak{Z}$. It follows from

$$\rho(\mathfrak{Z}^*, \mathfrak{Z}_k) - \rho(\mathfrak{Z}^*, \mathfrak{Z}_1) > \rho(\mathfrak{Z}, \mathfrak{Z}_k) - \tfrac{1}{2}\mu - \rho(\mathfrak{Z}, \mathfrak{Z}_1) - \tfrac{1}{2}\mu \geq 0 \qquad (k = 2, 3, \cdots),$$

that all these points belong to F. Consequently $\mathfrak{Z}$ is a point of F_0.

Consider next the case where all conditions (61) are fulfilled, with the sign of equality for at least one index $k = l > 1$. Then $\mathfrak{Z} \neq \mathfrak{Z}_l$. Let $\mathfrak{Z}^*$ be an arbitrary point on the geodesic arc joining $\mathfrak{Z}$ and $\mathfrak{Z}_l$, different from $\mathfrak{Z}$. Since $\rho(\mathfrak{Z}, \mathfrak{Z}_1) = \rho(\mathfrak{Z}, \mathfrak{Z}_l)$ and $\mathfrak{Z}_1 \neq \mathfrak{Z}_l$, the point $\mathfrak{Z}^*$ does not lie at the same time on the geodesic arc between $\mathfrak{Z}$ and $\mathfrak{Z}_1$ so that

$$\rho(\mathfrak{Z}, \mathfrak{Z}_1) < \rho(\mathfrak{Z}, \mathfrak{Z}^*) + \rho(\mathfrak{Z}^*, \mathfrak{Z}_1).$$

On the other hand,

$$\rho(\mathfrak{Z}, \mathfrak{Z}_l) = \rho(\mathfrak{Z}, \mathfrak{Z}^*) + \rho(\mathfrak{Z}^*, \mathfrak{Z}_l),$$

and the inequality $\rho(\mathfrak{Z}^*, \mathfrak{Z}_1) > \rho(\mathfrak{Z}^*, \mathfrak{Z}_l)$ is proved. Consequently, the whole geodesic arc between $\mathfrak{Z}$ and $\mathfrak{Z}_l$ belongs to G, except the point $\mathfrak{Z}$ itself, which is a point of F. This proves that $\mathfrak{Z}$ is a point of B. Therefore F_0 consists of all $\mathfrak{Z}$ satisfying (62) and B consists of all $\mathfrak{Z}$ satisfying (61) with at least one sign of equality.

Let again $\mathfrak{Z}$ be a point of B, and choose a point $\mathfrak{Z}^* \neq \mathfrak{Z}$ on the geodesic arc joining $\mathfrak{Z}$ and $\mathfrak{Z}_1$; then

$$\rho(\mathfrak{Z}, \mathfrak{Z}_1) = \rho(\mathfrak{Z}, \mathfrak{Z}^*) + \rho(\mathfrak{Z}^*, \mathfrak{Z}_1).$$

Moreover

$$\rho(\mathfrak{Z}, \mathfrak{Z}_1) \leq \rho(\mathfrak{Z}, \mathfrak{Z}_k) \leq \rho(\mathfrak{Z}, \mathfrak{Z}^*) + \rho(\mathfrak{Z}^*, \mathfrak{Z}_k) \qquad (k = 2, 3, \cdots),$$

where the sign of equality cannot be true in both places. Hence $\rho(\mathfrak{Z}^*, \mathfrak{Z}_1) < \rho(\mathfrak{Z}^*, \mathfrak{Z}_k)$, i. e., $\mathfrak{Z}^*$ is a point of F_0. This proves that any geodesic ray through $\mathfrak{Z}_1$ either lies completely in F or intersects B in exactly one point. The domain F is a star formed by geodesic arcs through $\mathfrak{Z}_1$.

The boundary B of F consists of parts of the analytic surfaces $\rho(\mathfrak{Z}, \mathfrak{Z}_1) = \rho(\mathfrak{Z}, \mathfrak{Z}_k)$ for certain values of $k > 1$. It is not generally true that the number of these values is finite. However, if we consider a compact domain P in H, the distance $\rho(P, \mathfrak{Z}_k)$ tends to infinity with k; consequently only a finite number of these bounding surfaces enter into P.

Let $\mathfrak{Z}$ be an arbitrary point of H. Since $\rho(\mathfrak{Z}, \mathfrak{Z}_k) \to \infty$, there exists a positive integer r, such that

$$(63) \qquad \rho(\mathfrak{Z}, \mathfrak{Z}_r) \leq \rho(\mathfrak{Z}, \mathfrak{Z}_k) \qquad (k = 1, 2, \cdots).$$

Then the point $\mathfrak{Z}^* = D_r^{-1}(\mathfrak{Z})$ satisfies the conditions (61). Consequently $\mathfrak{Z}$ is equivalent to a point of F. On the other hand, a point $\mathfrak{Z}$ cannot satisfy both conditions (62) and (63), for any $r > 1$ and all k. It follows that no point of F_0 is equivalent to any point of F, except to itself under the identical mapping D_1.

Our results contain the proof of Theorem 6.

22. If the fundamental domain F is compact, then the boundary B consists of a finite number of surfaces $\rho(\mathfrak{Z}, \mathfrak{Z}_1) = \rho(\mathfrak{Z}, \mathfrak{Z}_k)$. Now F depends upon the initial point $\mathfrak{Z}_1$; we write more explicitly $F = F(\mathfrak{Z}_1)$. We shall prove that $F(\mathfrak{Z}^*_1)$ is compact, for an arbitrary initial point $\mathfrak{Z}^*_1$, if $F(\mathfrak{Z}_1)$ is compact.

The space H is called compact relative to Δ, if there exists for every infinite sequence of points $\mathfrak{Z}^{(k)}$, $(k = 1, 2, \cdots)$, in H at least one compact sequence of images $\mathfrak{Z}_{l_k}^{(k)}$ under Δ. Obviously this condition is satisfied, if and only if there exists a compact domain G in H, such that every point $\mathfrak{Z}$

of H has at least one image $\mathfrak{Z}_k$ in G. By the minimum property of F, this domain is then also compact, and vice versa. Hence our assertion is proved.

In the classical case $n=1$, the fundamental polygon F is compact, if and only if all vertices are elliptic; it is well-known that the uniformization of any field of algebraic functions of genus $p>1$ leads to a discontinuous group with the required property. From the algebraic point of view, the most important discontinuous groups Δ, in the case $n=1$, are, more generally, those having a fundamental polygon with a finite number of elliptic or parabolic vertices. They constitute the Fuchsian groups of the first kind, and the corresponding automorphic functions form algebraic function fields of a single variable.

For arbitrary n, we say that a discontinuous group Δ is of the first kind, if there exists a fundamental domain F with the following three properties: 1) Every compact domain in H is covered by a finite number of images of F; 2) only a finite number of images of F are neighbors of F; 3) the integral

$$V(\Delta)=\int_F dv \tag{64}$$

converges. In the special case $n=1$, it is easily seen that this definition is tantamount to the ordinary definition of Fuchsian groups of the first kind.

It is now clear that Δ is certainly of the first kind, if H is compact relative to Δ; hence Theorem 7 is proved.

Let

$$\mathfrak{M}=\begin{pmatrix}\mathfrak{A} & \mathfrak{B}\\ \mathfrak{C} & \mathfrak{D}\end{pmatrix}$$

be any symplectic matrix. Under the automorphism $\mathfrak{Z}\rightarrow(\mathfrak{A}\mathfrak{Z}+\mathfrak{B})(\mathfrak{C}\mathfrak{Z}+\mathfrak{D})^{-1}$ of H, a subgroup Δ of Ω is replaced by $\mathfrak{M}\Delta\mathfrak{M}^{-1}$, i. e., by a conjugate subgroup, and a fundamental domain of Δ is mapped onto a fundamental domain of $\mathfrak{M}\Delta\mathfrak{M}^{-1}$. Obviously all conjugate subgroups $\mathfrak{M}\Delta\mathfrak{M}^{-1}$ will be of the first kind, if Δ itself is of the first kind.

23. Let us now assume that Δ has no fixed point in H. Then the images $\mathfrak{Z}_k\,(k=1,2,\cdots)$ of an arbitrary point $\mathfrak{Z}_1$ of H are all different from each other, and the minimum of the distances $\rho(\mathfrak{Z}_k,\mathfrak{Z}_1)$ $(k=2,3,\cdots)$ is a positive number $\delta=\delta(\mathfrak{Z}_1)$. The images of the geodesic sphere $\rho(\mathfrak{Z},\mathfrak{Z}_1)<\frac{1}{2}\delta$ with the center $\mathfrak{Z}_1$ do not overlap.

Identifying equivalent points of H, we obtain a set H_Δ. We may obviously introduce the symplectic metric into H_Δ, defining a neighborhood of $\mathfrak{Z}_1$ by $\rho(\mathfrak{Z},\mathfrak{Z}_1)<\frac{1}{2}\delta$. Starting from a fundamental domain F of Δ, we obtain a model of H_Δ, if we identify equivalent points on the boundary of F. Assume now that H is compact relative to Δ. Then F may be considered as a closed manifold with the symplectic metric. By Theorem 5, this manifold has the Euler number

$$\chi = c_n(-\pi)^{-n(n+1)/2} V(\Delta), \tag{65}$$

where $V(\Delta)$ denotes the symplectic volume (6) of F.

Probably the formula (65) is true for all groups Δ of the first kind, provided Δ has no fixed point in H. This is easily proved in the case $n=1$. The general proof of our suggestion would require a careful investigation of the geodesics of infinite length in the fundamental domain.

V. HERMITIAN FORMS.

24. In the case $n=1$, we know three different methods of constructing discontinuous groups of the first kind, namely an analytic, a geometric and an arithmetic method. The analytic method starts with a Riemann surface of finite genus and applies the theory of uniformization. The geometric method uses the principle of reflection for a circular polygon with a finite number of elliptic and parabolic vertices, the angles at the elliptic vertices being aliquot parts of π. The arithmetic method depends upon the theory of units of indefinite binary hermitian forms, in an imaginary quadratic ring over a totally real algebraic number field of finite degree. It is not known to what extent the analytic and the geometric method may be generalized; however, we shall show in the following sections, that there is a generalization of the arithmetic method to the case of an arbitrary n.

LEMMA 3. *Let $\mathfrak{H}^{(2n)}$ be a hermitian and $\mathfrak{G}^{(2n)}$ a non-singular skew-symmetric matrix with complex elements. If*

$$\mathfrak{H}\bar{\mathfrak{G}}^{-1}\bar{\mathfrak{H}} = \mathfrak{G}, \tag{66}$$

then there exists a matrix $\mathfrak{C}$ such that $\mathfrak{H}\{\mathfrak{C}\} = i\mathfrak{J}$ and $\mathfrak{G}[\mathfrak{C}] = \mathfrak{J}$.

Putting $\mathfrak{G}^{-1}\mathfrak{H} = \mathfrak{F}$, we have $\mathfrak{F}\bar{\mathfrak{F}} = \mathfrak{E}$, by (66), whence

$$(\mathfrak{F} + i\lambda\mathfrak{E})(\bar{\mathfrak{F}} + i\bar{\lambda}\mathfrak{E}) + (\mathfrak{F} - i\lambda\mathfrak{E})(\bar{\mathfrak{F}} - i\bar{\lambda}\mathfrak{E}) = 0$$

for any scalar λ of absolute value 1. Choosing this λ such that $|\mathfrak{F} + i\lambda\mathfrak{E}| \neq 0$, we obtain

$$\frac{\mathfrak{F} - i\lambda\mathfrak{E}}{\mathfrak{F} + i\lambda\mathfrak{E}} = i\mathfrak{T}$$

with real $\mathfrak{T}$; consequently $\mathfrak{E} - i\mathfrak{T} = 2i\lambda(\mathfrak{F} + i\lambda\mathfrak{E})^{-1}$, $|\mathfrak{E} - i\mathfrak{T}| \neq 0$,

$$\mathfrak{F} = i\lambda \frac{\mathfrak{E} + i\mathfrak{T}}{\mathfrak{E} - i\mathfrak{T}}.$$

Let $\mathfrak{C}_1 = \lambda^{\frac{1}{2}}(\mathfrak{E} + i\mathfrak{T})$, $\mathfrak{H}_1 = \mathfrak{H}\{\mathfrak{C}_1\}$, $\mathfrak{G}_1 = \mathfrak{G}[\mathfrak{C}_1]$; then

$$\mathfrak{G}_1^{-1}\mathfrak{H}_1 = \mathfrak{C}_1^{-1}\mathfrak{F}\bar{\mathfrak{C}}_1 = i\mathfrak{E};\quad \bar{\mathfrak{H}}_1 = \mathfrak{H}'_1 = i\mathfrak{G}'_1 = -i\mathfrak{G}_1 = -\mathfrak{H}_1;$$

hence $\mathfrak{H}_1$ is pure imaginary and $\mathfrak{G}_1 = -i\mathfrak{H}_1$ real. There exists a real matrix $\mathfrak{C}_2$ satisfying $\mathfrak{G}_1[\mathfrak{C}_2] = \mathfrak{J}$, and $\mathfrak{C} = \mathfrak{C}_1\mathfrak{C}_2$ has the required property.

25. Let K be a totally real algebraic number field of finite degree h and let $K^{(1)}, \cdots, K^{(h)}$ be its conjugate fields, $K = K^{(1)}$. If r is any positive number of K, then the field $K_0 = K(\sqrt{-r})$, of degree $2h$, is imaginary. We consider a hermitian matrix $\mathfrak{H} = \mathfrak{H}^{(2n)}$ and a non-singular skew-symmetric matrix $\mathfrak{G}$, both with elements in K_0, and we assume that the relationship

$$\mathfrak{H}\bar{\mathfrak{G}}^{-1}\bar{\mathfrak{H}} = s\mathfrak{G} \tag{67}$$

holds with a positive scalar factor s. Obviously s is then a number of K.

The matrices $\mathfrak{U}$ with integral elements in K_0, satisfying the two conditions

$$\mathfrak{G}[\mathfrak{U}] = \mathfrak{G}, \qquad \mathfrak{H}\{\mathfrak{U}\} = \mathfrak{H},$$

constitute a multiplicative group $\Lambda = \Lambda(\mathfrak{G}, \mathfrak{H})$. Applying Lemma 3 with $s^{-\frac{1}{2}}\mathfrak{H}$ instead of $\mathfrak{H}$, we obtain a complex matrix $\mathfrak{C}$, such that $\mathfrak{G}[\mathfrak{C}] = \mathfrak{J}$ and $\mathfrak{H}\{\mathfrak{C}\} = is^{\frac{1}{2}}\mathfrak{J}$. Consequently the elements $\mathfrak{C}^{-1}\mathfrak{U}\mathfrak{C} = \mathfrak{M}$ of the group $\mathfrak{C}^{-1}\Lambda\mathfrak{C} = \Delta_0 = \Delta_0(\mathfrak{G}, \mathfrak{H})$ satisfy $\mathfrak{J}[\mathfrak{M}] = \mathfrak{J}$ and $\mathfrak{J}\{\mathfrak{M}\} = \mathfrak{J}$, whence $\mathfrak{J}[\bar{\mathfrak{M}}] = \mathfrak{J}$ and $\bar{\mathfrak{M}} = \mathfrak{M}$. This proves that Δ_0 is a subgroup of the homogeneous symplectic group Ω_0. Identifying $\mathfrak{U}$ and $-\mathfrak{U}$, i.e., $\mathfrak{M}$ and $-\mathfrak{M}$, we obtain a subgroup $\Delta = \Delta(\mathfrak{G}, \mathfrak{H})$ of Ω.

The matrix $\mathfrak{C}$ is not uniquely determined. If also $\mathfrak{H}\{\mathfrak{C}^*\} = is^{\frac{1}{2}}\mathfrak{J}$ and $\mathfrak{G}[\mathfrak{C}^*] = \mathfrak{J}$, then $\mathfrak{C}^{-1}\mathfrak{C}^* = \mathfrak{B}$ is symplectic, and vice versa. Using $\mathfrak{C}^*$ instead of $\mathfrak{C}$, we have to replace Δ by $\mathfrak{B}^{-1}\Delta\mathfrak{B}$; hence the class of conjugate subgroups $\mathfrak{B}^{-1}\Delta\mathfrak{B}$ in Ω is uniquely determined by $\mathfrak{G}$ and $\mathfrak{H}$.

Obviously $\Lambda(\mathfrak{G}, a\mathfrak{H}) = \Lambda(\mathfrak{G}, \mathfrak{H})$ for any number $a \neq 0$ of K. Therefore we may assume r and s to be integers. Henceforth we shall, moreover, assume that r is totally positive and that all conjugates of $\mathfrak{H}$ except $\mathfrak{H}$ and $\bar{\mathfrak{H}}$ are positive. Let r_l and the pair $\mathfrak{H}_l, \bar{\mathfrak{H}}_l$ be the image of r and the pair $\mathfrak{H}, \bar{\mathfrak{H}}$ under the isomorphism $K \rightarrow K^{(l)}$ $(l = 1, \cdots, h)$. For any element $\mathfrak{U}$ of Λ, we have $\mathfrak{H}_l\{\mathfrak{U}_l\} = \mathfrak{H}_l$, where $\mathfrak{U}_l, \bar{\mathfrak{U}}_l$ $(l = 1, \cdots, h)$ denote the $2h$ conjugates of $\mathfrak{U} = \mathfrak{U}_1$. Since $\mathfrak{H}_l$ is positive for $l > 1$, the matrices $\mathfrak{U}_2, \cdots, \mathfrak{U}_h$ are bounded. If also $\mathfrak{U}$ itself is bounded, then all conjugates of $\mathfrak{U}$ are bounded.

On the other hand, there exists only a finite number of integers in K_0 with bounded conjugates. Consequently Λ and Δ_0 are discrete groups and, by Section **19**, the group $\Delta(\mathfrak{G}, \mathfrak{H})$ is discontinuous.

It follows from (67) that $\mathfrak{H} = -s\bar{\mathfrak{H}}^{-1}\{\mathfrak{G}\}$. Since s is positive, $\mathfrak{H} = \mathfrak{H}_1$ is necessarily the matrix of an indefinite hermitian form. Since $\mathfrak{H}_l$ is positive for $l > 1$, the conjugates $s_2, \cdots, s_h$ of the positive number $s = s_1$ are all negative.

The most important example of a group $\Delta(\mathfrak{G}, \mathfrak{H})$ is provided by $\mathfrak{G} = \mathfrak{J}$, $\mathfrak{H} = i\mathfrak{J}$, $r = 1$, $h = 1$. Then we may choose $\mathfrak{C} = \mathfrak{E}$, and $\Delta_0(\mathfrak{G}, \mathfrak{H})$ consists of all symplectic matrices $\mathfrak{M}$ with rational integral elements. We call this group the homogeneous modular group of degree n and denote it by Γ_0. Identifying the elements $\mathfrak{M}$ and $-\mathfrak{M}$ of Γ_0, we obtain the (inhomogeneous) modular group Γ.

26. Two subgroups Δ and Δ^* of Ω are called commensurable, if there exist a subgroup Δ_1 of finite index in Δ and a subgroup Δ^*_1 of finite index in Δ^*, such that Δ_1 and Δ^*_1 are conjugate subgroups of Ω. If Δ is a discontinuous group of the first kind, then the same holds for Δ^*, and we obtain $jV(\Delta) = j^*V(\Delta^*)$, where j and j^* denote the indices of the subgroups Δ_1 and Δ^*_1; consequently the quotient $V(\Delta)/V(\Delta^*)$ is a rational number.

It is easily seen that the property of commensurability is symmetric and transitive; therefore we may speak of a class of commensurable groups. We have now the problem of deciding whether two groups $\Delta(\mathfrak{G}, \mathfrak{H})$ and $\Delta(\mathfrak{G}^*, \mathfrak{H}^*)$ are commensurable or not. The complete answer is given by Theorem 13. In this section we solve only a particular case of the problem: We assume that $\mathfrak{G}^*$ and $\mathfrak{H}^*$ are also matrices of the field K_0 and that they fulfill the condition

$$\mathfrak{H}^*\bar{\mathfrak{G}}^{*-1}\bar{\mathfrak{H}}^* = s\mathfrak{G}^*$$

with the same factor s as in (67).

Lemma 4. *Let $c_1, \cdots, c_{2n}$ be $2n$ numbers of K_0, not all 0. There exists a matrix $\mathfrak{C}_1^{(2n)} = (c_{kl})$ in K_0, such that $c_{k1} = c_k$ $(k = 1, \cdots, 2n)$ and $\mathfrak{J}[\mathfrak{C}_1] = \mathfrak{J}$. If, moreover, $c_1 \neq 0$, we may choose $c_{1l} = 0$ $(l = 2, \cdots, 2n)$.*

Put $\mathfrak{c}'_1 = (c_1 \cdots c_n)$ and $\mathfrak{c}'_2 = (c_{n+1} \cdots c_{2n})$. If $\mathfrak{c}_1 = 0$, we choose in K_0 a non-singular matrix $\mathfrak{Q}^{(n)}$ with the first row $\mathfrak{c}'_2$ and define

$$\mathfrak{C}_1 = \begin{pmatrix} 0 & -\mathfrak{Q}^{-1} \\ \mathfrak{Q}' & 0 \end{pmatrix}.$$

If $\mathfrak{c}_1 \neq 0$, we choose in K_0 a non-singular matrix $\mathfrak{P}^{(n)}$ with the first row $\mathfrak{c}'_1$ and a symmetric matrix $\mathfrak{S}$ with the first column $\mathfrak{P}\mathfrak{c}_2$; then

$$\mathfrak{C}_1 = \begin{pmatrix} \mathfrak{P}' & 0 \\ \mathfrak{P}^{-1}\mathfrak{S} & \mathfrak{P}^{-1} \end{pmatrix}$$

has the required property. In the case $c_1 \neq 0$, we may obviously choose $(c_1 0 \cdots 0)$ as the first row of $\mathfrak{P}'$.

Lemma 5. *There exists a matrix $\mathfrak{C}_0$ in K_0 such that $\mathfrak{G}[\mathfrak{C}_0] = \mathfrak{G}^*$ and $\mathfrak{H}\{\mathfrak{C}_0\} = \mathfrak{H}^*$.*

The equation $\mathfrak{G}[\mathfrak{X}] = \mathfrak{J}$ has a solution $\mathfrak{X}$ in K_0; hence we may assume, without loss of generality, that $\mathfrak{G} = \mathfrak{G}^* = \mathfrak{J}$. Moreover it is sufficient to prove the lemma for the special case

$$\mathfrak{H}^* = \begin{pmatrix} \mathfrak{E} & 0 \\ 0 & -s\mathfrak{E} \end{pmatrix}.$$

Since none of the conjugates of $-\mathfrak{H}$ is positive, it follows from Hasse's generalization of A. Meyer's theorem, that the diophantine equation $\mathfrak{H}\{\mathfrak{x}\} = 1$ has a solution $\mathfrak{x}$ in K_0. Applying Lemma 4 with $(c_1 \cdots c_{2n}) = \mathfrak{x}'$, we construct a matrix $\mathfrak{C}_1$ in K_0 which has the first column $\mathfrak{x}$ and satisfies $\mathfrak{J}[\mathfrak{C}_1] = \mathfrak{J}$. Then $\mathfrak{H}\{\mathfrak{C}_1\}$ has the first diagonal element 1. On the other hand, the condition (67) means now

$$\mathfrak{H}\mathfrak{J}\bar{\mathfrak{H}} = -s\mathfrak{J}. \tag{68}$$

For the proof of Lemma 5, we may therefore replace $\mathfrak{H}\{\mathfrak{C}_1\}$ again by $\mathfrak{H}$.

By Lemma 4, there exists a matrix $\mathfrak{C}_2$ in K_0 with the following three properties: $\mathfrak{C}_2$ and $\mathfrak{H}$ have the same first column; $\mathfrak{C}_2$ has the first row $(1\,0 \cdots 0)$; $\mathfrak{J}[\mathfrak{C}_2] = \mathfrak{J}$. Put $\mathfrak{C}_2^{-1} = \bar{\mathfrak{C}}'_3$; then also $\mathfrak{J}[\mathfrak{C}_3] = \mathfrak{J}$, and the two matrices $\mathfrak{C}'_3\mathfrak{H}$ and $\bar{\mathfrak{C}}_3$ have both the first column $(1\,0 \cdots 0)'$. Writing again $\mathfrak{H}$ instead of $\mathfrak{H}\{\mathfrak{C}_3\}$, we obtain the decomposition

$$\mathfrak{H} = \begin{pmatrix} \mathfrak{H}_1 & \mathfrak{H}_{12} \\ \bar{\mathfrak{H}}'_{12} & \mathfrak{H}_2 \end{pmatrix},$$

$$\mathfrak{H}_1^{(n)} = \begin{pmatrix} 1 & 0 \\ 0 & \mathfrak{F}_1 \end{pmatrix}, \quad \mathfrak{H}_{12} = \begin{pmatrix} 0 & 0 \\ \mathfrak{a} & \mathfrak{F}_{12} \end{pmatrix}, \quad \mathfrak{H}_2 = \begin{pmatrix} t & \mathfrak{c}' \\ \mathfrak{b} & \mathfrak{F}_2 \end{pmatrix}.$$

By (68),

$$\mathfrak{H}_1\mathfrak{H}'_{12} = \mathfrak{H}_{12}\mathfrak{H}'_1, \qquad \bar{\mathfrak{H}}'_{12}\mathfrak{H}'_2 = \mathfrak{H}_2\bar{\mathfrak{H}}_{12},$$
$$\mathfrak{H}_1\mathfrak{H}'_2 - \mathfrak{H}_{12}\bar{\mathfrak{H}}_{12} = -s\mathfrak{E}, \qquad \mathfrak{H}'_1\mathfrak{H}_2 - \bar{\mathfrak{H}}_{12}\mathfrak{H}_{12} = -s\mathfrak{E},$$

whence $\mathfrak{a} = 0$, $t = -s$, $\mathfrak{b} = 0$, $\mathfrak{c} = 0$. This contains, in particular, the proof of the lemma for $n = 1$. If $n > 1$, the hermitian matrix

$$\mathfrak{F} = \begin{pmatrix} \mathfrak{F}_1 & \mathfrak{F}_{12} \\ \bar{\mathfrak{F}}'_{12} & \mathfrak{F}_2 \end{pmatrix}$$

fulfills the same conditions as $\mathfrak{H}$, with $n-1$ instead of n; and we may apply induction with respect to n. Hence the lemma is proved.

Let $\mathfrak{C}_0$ be the matrix of Lemma 5 and choose a positive rational integer q, such that the two matrices $q\mathfrak{C}_0$ and $q\mathfrak{C}_0^{-1}$ have integral elements. Since the integers of K_0 belong to a finite number of classes of residues modulo q^2, the elements $\mathfrak{U}$ of $\Lambda(\mathfrak{G},\mathfrak{H})$ satisfying $\mathfrak{U}\equiv\mathfrak{E} \pmod{q^2}$ form a subgroup Λ_1 of finite index. Consider now the subgroup Λ_2 consisting of all $\mathfrak{U}$ with integral $\mathfrak{C}_0^{-1}\mathfrak{U}\mathfrak{C}_0=\mathfrak{U}^*$. Obviously Λ_1 is contained in Λ_2; consequently Λ_2 is a fortiori of finite index in $\Lambda(\mathfrak{G},\mathfrak{H})$. On the other hand, $\mathfrak{U}^*$ is an element of $\Lambda(\mathfrak{G}^*,\mathfrak{H}^*)$ with the characteristic property that $\mathfrak{C}_0\mathfrak{U}^*\mathfrak{C}_0^{-1}=\mathfrak{U}$ is integral; hence the group $\Lambda^*_2=\mathfrak{C}_0^{-1}\Lambda_2\mathfrak{C}_0$ is of finite index in $\Lambda(\mathfrak{G}^*,\mathfrak{H}^*)$. If $\mathfrak{C}$ is the matrix of Section **25**, we have $\Delta_0(\mathfrak{G},\mathfrak{H})=\mathfrak{C}^{-1}\Lambda(\mathfrak{G},\mathfrak{H})\mathfrak{C}$, and we may define $\Delta_0(\mathfrak{G}^*,\mathfrak{H}^*)=\mathfrak{C}_4^{-1}\Lambda(\mathfrak{G}^*,\mathfrak{H}^*)\mathfrak{C}_4$ with $\mathfrak{C}_4=\mathfrak{C}_0^{-1}\mathfrak{C}$. Then $\mathfrak{C}^{-1}\Lambda_2\mathfrak{C}=\mathfrak{C}_4^{-1}\Lambda^*_2\mathfrak{C}_4$ is a common subgroup of $\Delta_0(\mathfrak{G},\mathfrak{H})$ and $\Delta_0(\mathfrak{G}^*,\mathfrak{H}^*)$, of finite indices. This proves that $\Delta(\mathfrak{G},\mathfrak{H})$ and $\Delta(\mathfrak{G}^*,\mathfrak{H}^*)$ are commensurable.

27. The two conditions $\mathfrak{G}[\mathfrak{U}]=\mathfrak{G}$ and $\mathfrak{H}\{\mathfrak{U}\}=\mathfrak{H}$ for the elements $\mathfrak{U}$ of $\Lambda(\mathfrak{G},\mathfrak{H})$ may be written $\mathfrak{F}\bar{\mathfrak{U}}=\mathfrak{U}\mathfrak{F}$ and $\mathfrak{U}\mathfrak{G}^{-1}\mathfrak{U}'\mathfrak{G}=\mathfrak{E}$, with $\mathfrak{F}=\mathfrak{G}^{-1}\mathfrak{H}$. Let us consider the set R of all matrices $\mathfrak{V}$ in K_0 which satisfy the condition

$$\mathfrak{F}\bar{\mathfrak{V}}=\mathfrak{V}\mathfrak{F}. \tag{69}$$

Obviously R is a ring. By (67), the matrix

$$\tilde{\mathfrak{V}}=\mathfrak{G}^{-1}\mathfrak{V}'\mathfrak{G} \tag{70}$$

is again a solution of (69), and consequently (70) defines an anti-automorphism of R. The elements $\mathfrak{U}$ of $\Lambda(\mathfrak{G},\mathfrak{H})$ are the integral elements $\mathfrak{V}=\mathfrak{U}$ of R with the property

$$\mathfrak{U}\tilde{\mathfrak{U}}=\mathfrak{E}. \tag{71}$$

By Lemma 5,

$$\mathfrak{G}[\mathfrak{C}_0]=\mathfrak{I},\quad \mathfrak{H}\{\mathfrak{C}_0\}=\begin{pmatrix}\mathfrak{E} & 0\\ 0 & -s\mathfrak{E}\end{pmatrix}=\mathfrak{H}^*,\quad \mathfrak{C}_0^{-1}\mathfrak{F}\mathfrak{C}_0=\begin{pmatrix}0 & s\mathfrak{E}\\ \mathfrak{E} & 0\end{pmatrix}=\mathfrak{F}^*,$$

where $\mathfrak{C}_0$ is a matrix in K_0. The elements $\mathfrak{V}^*=\mathfrak{C}_0^{-1}\mathfrak{V}\mathfrak{C}_0$ of the ring $R^*=\mathfrak{C}_0^{-1}R\mathfrak{C}_0$ satisfy $\mathfrak{F}^*\bar{\mathfrak{V}}^*=\mathfrak{V}^*\mathfrak{F}^*$, whence

$$\mathfrak{V}^*=\begin{pmatrix}\mathfrak{P} & s\bar{\mathfrak{Q}}\\ \mathfrak{Q} & \bar{\mathfrak{P}}\end{pmatrix}$$

with arbitrary matrices $\mathfrak{P}^{(n)}$, $\mathfrak{Q}^{(n)}$ in K_0. Defining

$$2^{1/2}s^{1/4}\mathfrak{L}=\begin{pmatrix}is^{1/2}\mathfrak{E} & s^{1/2}\mathfrak{E}\\ -\mathfrak{E} & -i\mathfrak{E}\end{pmatrix},\qquad \mathfrak{C}_0\mathfrak{L}=\mathfrak{C},$$

we obtain

$$\mathfrak{G}[\mathfrak{C}] = \mathfrak{J}, \qquad \mathfrak{H}\{\mathfrak{C}\} = is^{\frac{1}{2}}\mathfrak{J}, \tag{72}$$

$$\mathfrak{C}^{-1}\mathfrak{B}\mathfrak{C} = \mathfrak{L}^{-1}\mathfrak{B}^{*}\mathfrak{L} = \begin{pmatrix} \mathfrak{A}_0 + \sqrt{rs}\,\mathfrak{A}_1 & \sqrt{r}\,\mathfrak{A}_2 + \sqrt{s}\,\mathfrak{A}_3 \\ -\sqrt{r}\,\mathfrak{A}_2 + \sqrt{s}\,\mathfrak{A}_3 & \mathfrak{A}_0 - \sqrt{rs}\,\mathfrak{A}_1 \end{pmatrix} = \mathfrak{M} \tag{73}$$

with

$$\mathfrak{A}_0 = \tfrac{1}{2}(\mathfrak{P} + \bar{\mathfrak{P}}), \quad \mathfrak{A}_1 = \frac{1}{2\sqrt{-r}}(\mathfrak{Q} - \bar{\mathfrak{Q}}),$$

$$\mathfrak{A}_2 = \frac{1}{2\sqrt{-r}}(\mathfrak{P} - \bar{\mathfrak{P}}), \quad \mathfrak{A}_3 = -\tfrac{1}{2}(\mathfrak{Q} + \bar{\mathfrak{Q}});$$

consequently $\mathfrak{A}_0, \mathfrak{A}_1, \mathfrak{A}_2, \mathfrak{A}_3$ are arbitrary matrices in K.

Consider now the generalized quaternion algebra A over K consisting of the elements $\alpha = a_0\epsilon_0 + a_1\epsilon_1 + a_2\epsilon_2 + a_3\epsilon_3$ with arbitrary a_0, a_1, a_2, a_3 in K, where ϵ_0 is the unit and $\epsilon_1{}^2 = rs\epsilon_0$, $\epsilon_2{}^2 = -r\epsilon_0$, $\epsilon_1\epsilon_2 = -\epsilon_2\epsilon_1 = s\epsilon_3$. We denote by $\hat{\alpha} = a_0\epsilon_0 - a_1\epsilon_1 - a_2\epsilon_2 - a_3\epsilon_3$ the conjugate quaternion. There exists the well-known representation of A, of degree 2, defined by

$$\epsilon_0 = \begin{pmatrix} 1 & 0 \\ 0 & 1 \end{pmatrix}, \quad \epsilon_1 = \sqrt{rs}\begin{pmatrix} 1 & 0 \\ 0 & -1 \end{pmatrix}, \tag{74}$$

$$\epsilon_2 = \sqrt{r}\begin{pmatrix} 0 & 1 \\ -1 & 0 \end{pmatrix}, \quad \epsilon_3 = \sqrt{s}\begin{pmatrix} 0 & 1 \\ 1 & 0 \end{pmatrix}.$$

Then obviously

$$\mathfrak{M} = \sum_{k=0}^{3} \mathfrak{A}_k \times \epsilon_k, \tag{75}$$

where $\mathfrak{A}_k \times \epsilon_k$ denotes the Kronecker product of the matrices $\mathfrak{A}_k$ and ϵ_k; and consequently $\mathfrak{C}^{-1}R\mathfrak{C}$ is the ring of all matrices $M = (\alpha_{kl})$ of n rows and columns with arbitrary elements α_{kl} of A.

By (70) and (73), the condition (71) may be expressed in the form

$$\mathfrak{M}\tilde{\mathfrak{M}} = \mathfrak{E} \tag{76}$$

with

$$\tilde{\mathfrak{M}} = \mathfrak{C}^{-1}\tilde{\mathfrak{B}}\mathfrak{C} = \mathfrak{J}^{-1}\mathfrak{M}'\mathfrak{J} = \mathfrak{A}'_0 \times \epsilon_0 - \sum_{k=1}^{3} \mathfrak{A}'_k \times \epsilon_k;$$

hence $\tilde{\mathfrak{M}}$, written as a quaternion matrix, is the transpose $(\hat{\alpha}_{lk})$ of the conjugate $(\hat{\alpha}_{kl})$ of M. By (72) and Section **25**, the group $\Delta_0(\mathfrak{G}, \mathfrak{H})$ consists of all matrices $\mathfrak{M}$ of the form (75), such that (76) is satisfied and $\mathfrak{C}\mathfrak{M}\mathfrak{C}^{-1}$ is integral. On the other hand, the solutions of (76) with integral $\mathfrak{A}_k$ $(k = 0, \cdots, 3)$ in K constitute also a subgroup $\Delta_0(r, s)$ of the homogeneous symplectic group Ω_0. It follows from the argument at the end of Section **26**, that the two groups $\Delta_0(\mathfrak{G}, \mathfrak{H})$ and $\Delta_0(r, s)$ are commensurable. The problem of the commensurability of two groups $\Delta(\mathfrak{G},\mathfrak{H})$ and $\Delta(\mathfrak{G}_1,\mathfrak{H}_1)$ is therefore reduced to the corresponding problem for $\Delta_0(r,s)$ and $\Delta_0(r_1,s_1)$. The solution will be given in Chapter IX.

VI. THE FUNDAMENTAL DOMAIN OF THE MODULAR GROUP.

28. We shall construct a fundamental F for any group $\Delta(\mathfrak{G},\mathfrak{H})$ and, in particular, for the modular group Γ. The application of the general method of Chapter IV would lead to a rather complicated shape of the frontier of F, and it would then be difficult to prove that $\Delta(\mathfrak{G},\mathfrak{H})$ is a group of the first kind. Therefore we shall use another procedure applying the special arithmetic properties of these groups.

LEMMA 6. *The equation*

$$\mathfrak{S}=\begin{pmatrix}\mathfrak{Y}^{-1} & 0\\ 0 & \mathfrak{Y}\end{pmatrix}\begin{bmatrix}\mathfrak{E} & -\mathfrak{X}\\ 0 & \mathfrak{E}\end{bmatrix} \tag{77}$$

defines a mapping of the space H of the matrices $\mathfrak{Z}=\mathfrak{X}+i\mathfrak{Y}$ onto the space S of the symplectic positive symmetric matrices $\mathfrak{S}$. Any symplectic transformation $\mathfrak{Z}^*=(\mathfrak{A}\mathfrak{Z}+\mathfrak{B})(\mathfrak{C}\mathfrak{Z}+\mathfrak{D})^{-1}$ with the matrix $\mathfrak{M}$ induces in S the transformation $\mathfrak{S}^*=\mathfrak{S}[\mathfrak{M}^{-1}]$.

Let

$$\mathfrak{S}=\begin{pmatrix}\mathfrak{S}_1 & \mathfrak{S}_{12}\\ \mathfrak{S}'_{12} & \mathfrak{S}_2\end{pmatrix}$$

be an arbitrary point of S. Since $\mathfrak{S}>0$, the inequality $\mathfrak{S}_1>0$ holds, whence $\mathfrak{S}_1^{-1}=\mathfrak{Y}>0$. Moreover $\mathfrak{S}_1\mathfrak{S}'_{12}=\mathfrak{S}_{12}\mathfrak{S}_1$ and $\mathfrak{S}_1\mathfrak{S}_2-\mathfrak{S}_{12}^2=\mathfrak{E}$, whence $-\mathfrak{S}_1^{-1}\mathfrak{S}_{12}=\mathfrak{X}=\mathfrak{X}'$, $\mathfrak{S}_{12}=-\mathfrak{Y}^{-1}\mathfrak{X}$ and $\mathfrak{S}_2=\mathfrak{Y}+\mathfrak{Y}^{-1}[\mathfrak{X}]$. This proves the first assertion of the lemma.

The relationship (77) can be written

$$\mathfrak{S}[\mathfrak{w}]=\mathfrak{Y}^{-1}[\mathfrak{u}-\mathfrak{X}\mathfrak{v}]+\mathfrak{Y}[\mathfrak{v}]=\mathfrak{Y}^{-1}\{\mathfrak{u}-\mathfrak{Z}\mathfrak{v}\} \tag{78}$$

with an arbitrary real column

$$\mathfrak{w}^{(2n)}=\begin{pmatrix}\mathfrak{u}^{(n)}\\ \mathfrak{v}^{(n)}\end{pmatrix}.$$

For the symplectic transformation $\mathfrak{Z}^*=\mathfrak{X}^*+i\mathfrak{Y}^*=(\mathfrak{A}\mathfrak{Z}+\mathfrak{B})(\mathfrak{C}\mathfrak{Z}+\mathfrak{D})^{-1}$ we obtain, by (59),

$$\mathfrak{Y}^{*-1}=\mathfrak{Y}^{-1}\{\mathfrak{Z}\mathfrak{C}'+\mathfrak{D}'\}$$

$$\mathfrak{Y}^{*-1}\{\mathfrak{u}-\mathfrak{Z}^*\mathfrak{v}\}=\mathfrak{Y}^{-1}\{(\mathfrak{C}\mathfrak{Z}+\mathfrak{D})'\mathfrak{u}-(\mathfrak{A}\mathfrak{Z}+\mathfrak{B})'\mathfrak{v}\}=\mathfrak{Y}^{-1}\{\mathfrak{u}^*-\mathfrak{Z}\mathfrak{v}^*\},$$

where $\mathfrak{u}^* = \mathfrak{D}'\mathfrak{u} - \mathfrak{B}'\mathfrak{v}$ and $\mathfrak{v}^* = -\mathfrak{C}'\mathfrak{u} + \mathfrak{A}'\mathfrak{v}$. Now the second part of the lemma follows from (8) and (78).

29. Let P be the space of all positive symmetric matrices $\mathfrak{T}^{(m)}$ with real elements. Any $\mathfrak{T}$ in P may be uniquely expressed as $\mathfrak{T} = \mathfrak{P}[\mathfrak{Q}]$, where $\mathfrak{P} = [p_1, \cdots, p_m]$ is a diagonal matrix with $p_k > 0$ $(k = 1, \cdots, m)$ and $\mathfrak{Q} = (q_{kl})$ is a triangular matrix with $q_{kl} = 0$ for $k > l$ and $q_{kk} = 1$. If t is any positive number, the inequalities

$$(79) \qquad 0 < p_k \leq t p_{k+1}, \qquad -t \leq q_{kl} \leq t \qquad (1 \leq k < l \leq m)$$

define a compact domain $Q(t)$ in P, and any given compact set in P is contained in $Q(t)$ for sufficiently large values of t.

Let U denote the group of all different transformations $\mathfrak{T} \to \mathfrak{T}[\mathfrak{U}]$, where $\mathfrak{U}$ runs over the unimodular matrices, i. e., the matrices with rational integral elements and determinant ± 1. On account of Minkowski's theory of reduction, there exists in P a fundamental domain R with respect to U, defined by a finite number of inequalities

$$(80) \qquad L_r(\mathfrak{T}) \geq 0 \qquad (r = 1, 2, \cdots, g),$$

where $L_r(\mathfrak{T})$ denotes a certain homogeneous linear function of the elements of $\mathfrak{T}$ with rational coefficients. A point $\mathfrak{T}$ lies on the frontier of R if, and only if, the conditions (80) are fulfilled with at least one sign of equality. The images of R under U cover the whole space P without gaps and overlappings. Only a finite number of images enter into any compact part of P, and only a finite number of images are neighbors of R.

Most of the results of the theory of reduction are simple consequences of the following two known lemmata.

LEMMA 7. *There exists a positive number τ_1 depending only upon m, such that R is contained in $Q(\tau_1)$.*

LEMMA 8. *Let $\mathfrak{T}_1, \mathfrak{T}_2$ be two points of $Q(t)$ and let $\mathfrak{T}_2 = \mathfrak{T}_1[\mathfrak{F}]$, where $\mathfrak{F}$ is a matrix with rational integral elements f_{kl}. Then*

$$-\tau \leq f_{kl} \leq \tau \qquad (k, l = 1, \cdots, m),$$

where τ is a positive number depending only upon t, m and the determinant $|\mathfrak{F}|$.

Let $t_1, \cdots, t_m$ be the diagonal elements of a point $\mathfrak{T} = \mathfrak{P}[\mathfrak{Q}]$ of R. Then

$$t_l = \sum_{k=1}^{m} p_k q_{kl}^2 = p_l\Big(1 + \sum_{k=1}^{l-1} \frac{p_k}{p_l} q_{kl}^2\Big) \qquad (l = 1, \cdots, m)$$

and $p_1 p_2 \cdots p_m = |\mathfrak{T}|$. By (79) and Lemma 7, the inequality

$$\prod_{k=1}^{m} t_k < \tau_2 |\mathfrak{T}| \tag{81}$$

follows, where τ_2 depends only upon m.

30. The general method for constructing a fundamental domain with respect to any discontinuous group Δ uses the minimum of the distance $\rho(\mathfrak{Z}^*, \mathfrak{Z}_1)$, where $\mathfrak{Z}_1$ is given and $\mathfrak{Z}^* = (\mathfrak{A}\mathfrak{Z} + \mathfrak{B})(\mathfrak{C}\mathfrak{Z} + \mathfrak{D})^{-1}$ runs over all the images of $\mathfrak{Z}$ under Δ.

Let us now choose in particular $\mathfrak{Z}_1 = i\lambda\mathfrak{E}$, with a positive scalar factor λ; we shall investigate the asymptotic behavior of the distance $\rho(\mathfrak{Z}, \mathfrak{Z}_1)$ for $\lambda \to \infty$. By (38), we have

$$\rho^2(\mathfrak{Z}, \mathfrak{Z}_1) = \sum_{k=1}^{n} \log^2 \frac{1 + r_k^{\frac{1}{2}}}{1 - r_k^{\frac{1}{2}}},$$

where $r_1, \cdots, r_n$ denote the characteristic roots of the cross-ratio

$$\mathfrak{R} = (\mathfrak{Z} - \mathfrak{Z}_1)(\mathfrak{Z} - \bar{\mathfrak{Z}}_1)^{-1}(\bar{\mathfrak{Z}} - \bar{\mathfrak{Z}}_1)(\bar{\mathfrak{Z}} - \mathfrak{Z}_1)^{-1} = \mathfrak{E} + 2i\lambda^{-1}(\mathfrak{Z} - \bar{\mathfrak{Z}}) + \cdots.$$

If $s_1, \cdots, s_n$ are the characteristic roots of the imaginary part $\mathfrak{Y}$ of $\mathfrak{Z}$, we obtain

$$r_k = 1 - 4 s_k \lambda^{-1} + \cdots \qquad (k = 1, \cdots, n),$$

whence

$$\rho^2(\mathfrak{Z}, i\lambda\mathfrak{E}) = \sum_{k=1}^{n} \log^2 (s_k^{-1}\lambda) + \omega(\lambda),$$

where $\omega(\lambda)$ is a power series in λ^{-1} without constant term. Consequently

$$\lim_{\lambda \to \infty} (\rho(\mathfrak{Z}, i\lambda\mathfrak{E}) - n^{\frac{1}{2}} \log \lambda) = n^{-\frac{1}{2}} \log |\mathfrak{Y}|^{-1}.$$

This suggests a consideration of the minimum of $|\mathfrak{Y}^*|^{-1}$.

Denoting by the sign abs $\mathfrak{K}$ the absolute value of the determinant of a matrix $\mathfrak{K}$, we have, by (59),

$$|\mathfrak{Y}^*|^{-1} = |\mathfrak{Y}|^{-1} \operatorname{abs} (\mathfrak{C}\mathfrak{Z} + \mathfrak{D})^2.$$

In order to obtain the minimum of $|\mathfrak{Y}^*|^{-1}$, we have therefore to determine the minimum of abs $(\mathfrak{C}\mathfrak{Z} + \mathfrak{D})$. The existence of this minimum is by no means trivial; we shall prove it now in the case of the modular group Γ.

Let

$$\mathfrak{M} = \begin{pmatrix} \mathfrak{A} & \mathfrak{B} \\ \mathfrak{C} & \mathfrak{D} \end{pmatrix}, \qquad \mathfrak{M}_0 = \begin{pmatrix} \mathfrak{A}_0 & \mathfrak{B}_0 \\ \mathfrak{C}_0 & \mathfrak{D}_0 \end{pmatrix}$$

be two elements of the homogeneous modular group Γ_0 and let

$$\mathfrak{M}_0\mathfrak{M}^{-1} = \mathfrak{M}_1 = \begin{pmatrix} \mathfrak{A}_1 & \mathfrak{B}_1 \\ \mathfrak{C}_1 & \mathfrak{D}_1 \end{pmatrix}.$$

We assume that the equation

$$\text{abs}\,(\mathfrak{C}\mathfrak{Z} + \mathfrak{D}) = \text{abs}\,(\mathfrak{C}_0\mathfrak{Z} + \mathfrak{D}_0) \tag{82}$$

holds identically for all $\mathfrak{Z}$ in H. Introducing $(\mathfrak{D}'\mathfrak{Z} - \mathfrak{B}')(-\mathfrak{C}'\mathfrak{Z} + \mathfrak{A}')^{-1}$ instead of $\mathfrak{Z}$, we obtain the necessary and sufficient condition

$$\text{abs}\,(\mathfrak{C}_1\mathfrak{Z} + \mathfrak{D}_1) = 1. \tag{83}$$

Since $|\mathfrak{C}_1\mathfrak{Z} + \mathfrak{D}_1|$ is an analytic function of the elements z_{kl} of $\mathfrak{Z}$, we infer that $|\mathfrak{C}_1\mathfrak{Z} + \mathfrak{D}_1| = c$, identically, for all complex symmetric matrices $\mathfrak{Z}$, with a constant c of absolute value 1. Putting $\mathfrak{Z} = 0$, we find $|\mathfrak{D}_1| = c$. On the other hand, the elements of $\mathfrak{D}_1$ are rational integers; consequently $\mathfrak{D}_1$ is a unimodular matrix $\mathfrak{U}$ and $c = \pm 1$. Calculating the linear terms in the identity $|\mathfrak{D}_1^{-1}\mathfrak{C}_1\mathfrak{Z} + \mathfrak{E}| = 1$, we obtain $\sigma(\mathfrak{D}_1^{-1}\mathfrak{C}_1\mathfrak{Z}) = 0$. But the matrix $\mathfrak{D}_1^{-1}\mathfrak{C}_1$ is symmetric and therefore $\mathfrak{C}_1 = 0$.

Let now $\mathfrak{M}_1$ be any modular matrix with $\mathfrak{C}_1 = 0$. The general form is

$$\mathfrak{M}_1 = \begin{pmatrix} \mathfrak{U}'^{-1} & \mathfrak{B}\mathfrak{U} \\ 0 & \mathfrak{U} \end{pmatrix} \tag{84}$$

with unimodular $\mathfrak{U}$ and integral symmetric $\mathfrak{B}$. Obviously (79) is satisfied, and $\mathfrak{M}_0 = \mathfrak{M}_1\mathfrak{M}$, with an arbitrary modular matrix $\mathfrak{M}$, gives the general solution of (82). Then

$$\mathfrak{C}_0 = \mathfrak{U}\mathfrak{C}, \qquad \mathfrak{D}_0 = \mathfrak{U}\mathfrak{D}. \tag{85}$$

It is also easily seen that $\mathfrak{M}_1 = \mathfrak{M}_0\mathfrak{M}^{-1}$ has always the form (84), if the second matrix rows $(\mathfrak{C}\mathfrak{D})$ and $(\mathfrak{C}_0\mathfrak{D}_0)$ of two modular matrices $\mathfrak{M}$ and $\mathfrak{M}_0$ are connected by (85), with unimodular $\mathfrak{U}$. The two pairs $\mathfrak{C}, \mathfrak{D}$ and $\mathfrak{C}_0, \mathfrak{D}_0$ are called *associate*.

Denoting by $\mathfrak{Y}^*$ and $\mathfrak{Y}^*_0$ the imaginary parts of

$$\mathfrak{Z}^* = (\mathfrak{A}\mathfrak{Z} + \mathfrak{B})(\mathfrak{C}\mathfrak{Z} + \mathfrak{D})^{-1} \quad \text{and} \quad \mathfrak{Z}^*_0 = (\mathfrak{A}_0\mathfrak{Z} + \mathfrak{B}_0)(\mathfrak{C}_0\mathfrak{Z} + \mathfrak{D}_0)^{-1},$$

we obtain, by (59),

$$\mathfrak{Y}^{-1}\{\mathfrak{Z}\mathfrak{C}'_0 + \mathfrak{D}'_0\} = \mathfrak{Y}^{*-1}[\mathfrak{U}'] = \mathfrak{Y}^{*\,-1}_0. \tag{86}$$

Let $\mathfrak{Z}$ be a given point of H. For any modular matrix $\mathfrak{M}$, we choose a unimodular matrix $\mathfrak{U}$, such that $\mathfrak{Y}^{*-1}[\mathfrak{U}'] = \mathfrak{Y}^{*\,-1}_0$ lies in the Minkowski domain R of Section **29.** We shall now prove that abs $(\mathfrak{C}_0\mathfrak{Z} + \mathfrak{D}_0)$ tends to infinity, if $(\mathfrak{C}_0\mathfrak{D}_0)$ runs over all second matrix rows of modular matrices with the required property of $\mathfrak{Y}^*_0$.

Let $y_1, \cdots, y_n$ denote the diagonal elements of $\mathfrak{Y}^{*}{}_0{}^{-1}$ and $\mathfrak{c}_l, \mathfrak{d}_l$ the l-th columns of $\mathfrak{C}'_0, \mathfrak{D}'_0$ $(l=1, \cdots, n)$. By (86),

$$\text{(87)} \qquad \begin{aligned} \mathfrak{Y}^{*}{}_0{}^{-1} &= \mathfrak{Y}^{-1}[\mathfrak{X}\mathfrak{C}'_0 + \mathfrak{D}'_0] + \mathfrak{Y}[\mathfrak{C}'_0]; \\ y_l &= \mathfrak{Y}^{-1}[\mathfrak{X}\mathfrak{c}_l + \mathfrak{d}_l] + \mathfrak{Y}[\mathfrak{c}_l] \end{aligned} \qquad (l=1, \cdots, n).$$

Consider all solutions $\mathfrak{C}_0, \mathfrak{D}_0$ of the inequality abs $(\mathfrak{C}_0\mathfrak{Z} + \mathfrak{D}_0)^2 < a$, where a is an arbitrary positive constant. By (81) and (86),

$$\prod_{l=1}^{n} y_l < \tau_2 a \,|\, \mathfrak{Y} \,|^{-1};$$

by (87),

$$\text{(88)} \qquad \mathfrak{Y}[\mathfrak{c}_l] \leq y_l, \qquad \mathfrak{Y}^{-1}[\mathfrak{X}\mathfrak{c}_l + \mathfrak{d}_l] \leq y_l \qquad (l=1, \cdots, n),$$

and $\mathfrak{Y}^{-1}[\mathfrak{d}_l] = y_l$ in the case $\mathfrak{c}_l = 0$. Since $|\, \mathfrak{C}_0\mathfrak{Z} + \mathfrak{D}_0 \,| \neq 0$, the columns $\mathfrak{c}_l, \mathfrak{d}_l$ are not both 0; hence $y_1 > y$, where y is a positive number depending only upon $\mathfrak{Y}$, and

$$y_l < \tau_2 a y^{1-n} \,|\, \mathfrak{Y} \,|^{-1}.$$

By (88), we obtain only a finite number of pairs $\mathfrak{C}_0, \mathfrak{D}_0$.

On account of (82), the existence of a modular transformation $\mathfrak{Z}^* = (\mathfrak{A}\mathfrak{Z} + \mathfrak{B})(\mathfrak{C}\mathfrak{Z} + \mathfrak{D})^{-1}$ with the minimum value of abs $(\mathfrak{C}\mathfrak{Z} + \mathfrak{D})$ is established for any $\mathfrak{Z}$ in H. We determine again $\mathfrak{U}$ by the condition that $\mathfrak{Y}^{*-1}[\mathfrak{U}']$ is a point of R and define $\mathfrak{Z}^{*}{}_0 = (\mathfrak{A}_0\mathfrak{Z} + \mathfrak{B}_0)(\mathfrak{C}_0\mathfrak{Z} + \mathfrak{D}_0)^{-1} = \mathfrak{Z}^{*}[\mathfrak{U}^{-1}] + \mathfrak{B}$, by (84), where $\mathfrak{B}$ is an arbitrary symmetric matrix with rational integral elements. We may choose $\mathfrak{B}$ such that all elements of the real part of $\mathfrak{Z}^{*}{}_0$ lie in the interval $-\frac{1}{2} \leq x \leq \frac{1}{2}$.

31. Let F be the set of all points $\mathfrak{Z} = \mathfrak{X} + i\mathfrak{Y}$ of H satisfying the following three conditions:

$$\text{(89)} \qquad \text{abs}\,(\mathfrak{C}\mathfrak{Z} + \mathfrak{D}) \geq 1$$

for all modular transformations $\mathfrak{Z}^* = (\mathfrak{A}\mathfrak{Z} + \mathfrak{B})(\mathfrak{C}\mathfrak{Z} + \mathfrak{D})^{-1}$;

$$\text{(90)} \qquad L_r(\mathfrak{Y}^{-1}) \geq 0 \qquad (r=1, \cdots, g);$$

$$\text{(91)} \qquad x_{kl} \geq -\tfrac{1}{2}, \qquad -x_{kl} \geq -\tfrac{1}{2} \qquad (1 \leq k \leq l \leq n)$$

for the elements x_{kl} of $\mathfrak{X}$. In (89), we shall omit the trivial case $\mathfrak{C} = 0$, since the corresponding condition abs $(\mathfrak{D}) \geq 1$ holds identically for all $\mathfrak{Z}$. By the result of the preceding section, the images of F under Γ cover the whole space H.

We write $\mathfrak{Y}^{-1} = \mathfrak{P}[\mathfrak{Q}]$ with $\mathfrak{P} = [p_1, \cdots, p_n]$, $\mathfrak{Q} = (q_{kl})$, $q_{kl} = 0$ $(1 \leq l < k \leq n)$, $q_{kk} = 1$ $(k=1, \cdots, n)$ and define $\mathfrak{W}^{(n)} = (w_{kl})$ with $w_{kl} = 0$ $(k + l \neq n+1)$, $w_{kl} = 1$ $(k + l = n+1)$,

$$\mathfrak{P}_1 = \begin{pmatrix} \mathfrak{P} & 0 \\ 0 & \mathfrak{P}^{-1}[\mathfrak{W}] \end{pmatrix}, \qquad \mathfrak{Q}_1 = \begin{pmatrix} \mathfrak{Q} & -\mathfrak{Q}\mathfrak{X} \\ 0 & \mathfrak{W}\mathfrak{Q}'^{-1}\mathfrak{W} \end{pmatrix}, \qquad \mathfrak{W}_1 = \begin{pmatrix} \mathfrak{E} & 0 \\ 0 & \mathfrak{W} \end{pmatrix}.$$

By (77),

$$\mathfrak{S}[\mathfrak{W}_1] = \mathfrak{P}_1[\mathfrak{Q}_1]. \tag{92}$$

By Lemma 7 and (91), the absolute values of the elements of the triangular matrix $\mathfrak{Q}_1$ are less than a number depending only upon n. Denoting the diagonal elements of $\mathfrak{P}_1$ by $d_1, \cdots, d_{2n}$, we have

$$d_k d_{k+1}^{-1} = p_k p_{k+1}^{-1} \ (1 \leq k < n), \ = p_n^2 \ (k = n), \ = p_{2n-k} p_{2n-k+1}^{-1} \ (n < k < 2n).$$

By Lemma 7,

$$0 < d_k \leq \tau_1 d_{k+1} \qquad (k \neq n), \tag{93}$$

where τ_1 depends only upon $m = 2n$.

We apply (89) for the particular modular transformation with

$$\mathfrak{A} = \begin{pmatrix} \mathfrak{E}^{(n-1)} & 0 \\ 0 & 0 \end{pmatrix}, \quad \mathfrak{B} = \begin{pmatrix} 0 & 0 \\ 0 & -1 \end{pmatrix}, \quad \mathfrak{C} = \begin{pmatrix} 0 & 0 \\ 0 & 1 \end{pmatrix}, \quad \mathfrak{D} = \begin{pmatrix} \mathfrak{E}^{(n-1)} & 0 \\ 0 & 0 \end{pmatrix}.$$

Denoting by $x_n + iy_n$ the last diagonal element of $\mathfrak{Z}$, we obtain the inequality $x_n^2 + y_n^2 \geq 1$. By (91), we have moreover $x_n^2 \leq \frac{1}{4}$, whence $y_n^2 \geq \frac{3}{4}$. But $\mathfrak{Y} = \mathfrak{P}^{-1}[\mathfrak{Q}'^{-1}]$, and consequently $y_n = p_n^{-1}$,

$$0 < d_n \leq (4/3)\, d_{n+1}. \tag{94}$$

By (92), (93) and (94), $\mathfrak{S}[\mathfrak{W}_1]$ is contained in a domain $Q(\tau_3)$ of the space P of positive symmetric matrices with $2n$ rows, where τ_3 depends only upon n.

Consider now any modular transformation $\mathfrak{Z}^* = (\mathfrak{A}\mathfrak{Z} + \mathfrak{B})(\mathfrak{C}\mathfrak{Z} + \mathfrak{D})^{-1}$ different from identity, i. e.,

$$\mathfrak{M} = \begin{pmatrix} \mathfrak{A} & \mathfrak{B} \\ \mathfrak{C} & \mathfrak{D} \end{pmatrix} \neq \pm \mathfrak{E},$$

and assume that $\mathfrak{Z}$ and $\mathfrak{Z}^*$ both are points of F. By Lemma 6, $\mathfrak{S} = \mathfrak{S}^*[\mathfrak{M}]$,

$$\mathfrak{S}[\mathfrak{W}_1] = \mathfrak{S}^*[\mathfrak{W}_1][\mathfrak{W}_1 \mathfrak{M} \mathfrak{W}_1].$$

Applying Lemma 8 with

$$\mathfrak{T}_1 = \mathfrak{S}^*[\mathfrak{W}_1], \quad \mathfrak{T}_2 = \mathfrak{S}[\mathfrak{W}_1], \quad \mathfrak{F} = \mathfrak{W}_1 \mathfrak{M} \mathfrak{W}_1, \quad |\mathfrak{F}| = 1,$$

we conclude that $\mathfrak{M}$ belongs to a finite set of modular matrices $\mathfrak{M}_1, \cdots, \mathfrak{M}_h$, independent of $\mathfrak{Z}$ and $\mathfrak{Z}^*$.

On account of the minimum property of $|\mathfrak{Y}|^{-1}$, we have $|\mathfrak{Y}| = |\mathfrak{Y}^*|$, whence abs $(\mathfrak{C}\mathfrak{Z}+\mathfrak{D})=1$. If $\mathfrak{C}\neq 0$, then the sign of equality is true in one of the conditions (89). If $\mathfrak{C}=0$, then $\mathfrak{M}$ has the form (84),

$$\mathfrak{M}=\begin{pmatrix}\mathfrak{U}'^{-1} & \mathfrak{B}\mathfrak{U}\\ 0 & \mathfrak{U}\end{pmatrix}$$

and $\mathfrak{Y}^{*-1}=\mathfrak{Y}^{-1}[\mathfrak{U}']$. In the case $\mathfrak{U}\neq\pm\mathfrak{E}$, the sign of equality is true in one of the conditions (90). In the case $\mathfrak{U}=\pm\mathfrak{E}$, we have $\mathfrak{Z}^*=\mathfrak{Z}+\mathfrak{B}$, $\mathfrak{X}^*=\mathfrak{X}+\mathfrak{B}$ with integral symmetric $\mathfrak{B}\neq 0$, and then the sign of equality holds in one of the conditions (91).

We have proved the following statement: If two points $\mathfrak{Z}$ and $\mathfrak{Z}^*$ of F are equivalent under a modular transformation with the matrix $\mathfrak{M}\neq\pm\mathfrak{E}$, then $\mathfrak{M}$ is one of the matrices

$$\mathfrak{M}_s=\begin{pmatrix}\mathfrak{A}_s & \mathfrak{B}_s\\ \mathfrak{C}_s & \mathfrak{D}_s\end{pmatrix} \qquad (s=1,\cdots,h)$$

and the conditions

(95) $$\text{abs}\,(\mathfrak{C}_s\mathfrak{Z}+\mathfrak{D}_s)\geq 1 \qquad (s=1,\cdots,h),$$

(96) $$L_r(\mathfrak{Y}^{-1})\geq 0 \qquad (r=1,\cdots,g),$$

(97) $$x_{kl}\geq -\tfrac{1}{2},\qquad -x_{kl}\geq -\tfrac{1}{2} \qquad (1\leq k\leq l\leq n)$$

are fulfilled with at least one sign of equality.

32. Since (95) is contained in (89), every point $\mathfrak{Z}$ of F satisfies (95), (96) and (97). We prove, now, that the converse is true, namely, that all the inequalities (89) follow from (95), (96) and (97). We shall demonstrate at the same time, that then the stronger inequalities abs $(\mathfrak{C}\mathfrak{Z}+\mathfrak{D})>1$ hold, if $\mathfrak{C},\mathfrak{D}$ is not associate with one of the pairs $\mathfrak{C}_s,\mathfrak{D}_s$ $(s=1,\cdots,h)$.

LEMMA 9. *Let $\mathfrak{Z}=\mathfrak{X}+i\mathfrak{Y}$ be a point of H and $\mathfrak{Z}_\lambda=\mathfrak{X}+i\lambda\mathfrak{Y}$, with an arbitrary scalar factor λ. If $(\mathfrak{C}\mathfrak{D})$ is the second matrix row of any symplectic matrix and $\mathfrak{C}\neq 0$, then the inequality* abs $(\mathfrak{C}\mathfrak{Z}_\lambda+\mathfrak{D})>$ abs $(\mathfrak{C}\mathfrak{Z}_\mu+\mathfrak{D})$ *holds for $\lambda>\mu>0$.*

The determinant $|\,\mathfrak{C}\mathfrak{Z}^\lambda+\mathfrak{D}\,|=\phi(\lambda)$ is a polynomial in λ. For any λ with positive real part, $\mathfrak{Z}_\lambda$ is a point of H and consequently $\phi(\lambda)\neq 0$. Moreover $\overline{\phi(\lambda)}=\phi(-\bar{\lambda})$; hence all zeros of $\phi(\lambda)$ are pure imaginary. This proves that for real λ the expression abs $(\mathfrak{C}\mathfrak{Z}_\lambda+\mathfrak{D})^2$ is a polynomial in λ^2 with real non-negative coefficients. It remains only to prove that this polynomial is not identically constant.

Assume now that

$$\text{abs}\,(\mathfrak{C}\mathfrak{Z}^\lambda+\mathfrak{D})=\text{abs}\,(\mathfrak{C}\mathfrak{Z}_0+\mathfrak{D})=\text{abs}\,(\mathfrak{C}\mathfrak{X}+\mathfrak{D}),$$

identically in λ. Then abs $(\mathfrak{C}\mathfrak{X}+\mathfrak{D}) \neq 0$ and

$$\text{abs}\,(\mathfrak{Y}^{-1}+i\lambda(\mathfrak{C}\mathfrak{X}+\mathfrak{D})^{-1}\mathfrak{C}) = |\,\mathfrak{Y}\,|^{-1}. \tag{98}$$

Since $(\mathfrak{C}\mathfrak{X}+\mathfrak{D})^{-1}\mathfrak{C}$ is a real symmetric matrix and $\mathfrak{Y}^{-1}>0$, there exists a real matrix $\mathfrak{K}^{(n)}$ and a diagonal matrix $\mathfrak{R}=[r_1,\cdots,r_n]$, such that

$$\mathfrak{Y}^{-1}[\mathfrak{K}] = \mathfrak{E}, \qquad ((\mathfrak{C}\mathfrak{X}+\mathfrak{D})^{-1}\mathfrak{C})[\mathfrak{K}] = \mathfrak{R}. \tag{99}$$

By (98) and (99),

$$\prod_{k=1}^{n}(1+r_k^2\lambda^2) = 1$$

for all real values of λ, and consequently $\mathfrak{R}=0$, $\mathfrak{C}=0$, which is a contradiction. This completes the proof of the lemma.

We denote again by $(\mathfrak{C}\mathfrak{D})$ the second matrix rows of the modular matrices. Let $\mathfrak{Z}$ be a point of H satisfying all conditions (95), (96) and (97), and assume that the inequality abs $(\mathfrak{C}\mathfrak{Z}+\mathfrak{D}) \leq 1$ holds for at least one pair $\mathfrak{C},\mathfrak{D}$, where $\mathfrak{C}\neq 0$ and $\mathfrak{C},\mathfrak{D}$ is not associate with one of the pairs $\mathfrak{C}_s,\mathfrak{D}_s$ $(s=1,\cdots,h)$. By the result of Section **30**, only a finite number of non-associate pairs $\mathfrak{C},\mathfrak{D}$ fulfill that inequality. By Lemma 9, there exists a number $\lambda \geq 1$, such that abs $(\mathfrak{C}\mathfrak{Z}_\lambda+\mathfrak{D}) \geq 1$ for all $\mathfrak{C},\mathfrak{D}$ and abs $(\mathfrak{C}\mathfrak{Z}_\lambda+\mathfrak{D}) = 1$ for $\mathfrak{C}=\mathfrak{C}_0$, $\mathfrak{D}=\mathfrak{D}_0$, where $\mathfrak{C}_0\neq 0$ and $\mathfrak{C}_0,\mathfrak{D}_0$ is not associate with one of the pairs $\mathfrak{C}_s,\mathfrak{D}_s$. Since $\mathfrak{Z}_\lambda$ has the real part $\mathfrak{X}$ and $L_r(\lambda^{-1}\mathfrak{Y}^{-1})=\lambda^{-1}L_r(\mathfrak{Y}^{-1})$, all conditions (89), (90) and (91) are satisfied for $\mathfrak{Z}_\lambda$ instead of $\mathfrak{Z}$; hence $\mathfrak{Z}_\lambda$ is a point of F. On the other hand, the expression abs $(\mathfrak{C}\mathfrak{Z}_\lambda+\mathfrak{D})$ attains its minimum 1 for $\mathfrak{C}=\mathfrak{C}_0$, $\mathfrak{D}=\mathfrak{D}_0$, and consequently there exists a modular transformation $\mathfrak{Z}^*_\lambda=(\mathfrak{A}\mathfrak{Z}_\lambda+\mathfrak{B})(\mathfrak{C}\mathfrak{Z}_\lambda+\mathfrak{D})^{-1}$, such that $\mathfrak{C},\mathfrak{D}$ is associate with $\mathfrak{C}_0,\mathfrak{D}_0$ and $\mathfrak{Z}^*_\lambda$ is a point of F. By Section **31**, $\mathfrak{C}=\mathfrak{C}_s$, $\mathfrak{D}=\mathfrak{D}_s$, and this is a contradiction. Consequently abs $(\mathfrak{C}\mathfrak{Z}+\mathfrak{D}) \geq 1$ for all $\mathfrak{C},\mathfrak{D}$ and abs $(\mathfrak{C}\mathfrak{Z}+\mathfrak{D}) > 1$, if $\mathfrak{C}\neq 0$ and $\mathfrak{C},\mathfrak{D}$ is not associate with one of the pairs $\mathfrak{C}_s,\mathfrak{D}_s$.

33. By the result of the preceding section, F may be defined by the inequalities (95), (96) and (97), in finite number. Obviously F is closed relative to H. It follows from Lemma 9 and the linearity of the conditions (96) and (97), that $\mathfrak{Z}$ is a frontier point of F, if, and only if, (95), (96) and (97) are fulfilled with at least one sign of equality.

Let $F_{\mathfrak{M}}$ be the image of F under the modular transformation $\mathfrak{Z}^* = (\mathfrak{A}\mathfrak{Z}+\mathfrak{B})(\mathfrak{C}\mathfrak{Z}+\mathfrak{D})^{-1}$ with the matrix $\mathfrak{M}\neq\pm\mathfrak{E}$. If F and $F_{\mathfrak{M}}$ have a point $\mathfrak{Z}^*$ in common, then, by Section **31**, $\mathfrak{M}$ is one of the matrices $\mathfrak{M}_1,\cdots,\mathfrak{M}_h$, and $\mathfrak{Z}^*$ is a frontier point of F. Consequently the images $F_{\mathfrak{M}}$ cover H without overlappings, and F has only a finite number of neighbors.

Consider any compact domain G in H, and let G_1 be the corresponding domain in the space S of the matrices $\mathfrak{S}$ defined in Lemma 6. There exists a number t depending only upon G, such that G_1 is contained in the domain $Q(t)$ of Section **29**. We may choose $t \geq \tau_3$, where τ_3 was defined in Section **31**. Let $\mathfrak{Z}^* = (\mathfrak{A}\mathfrak{Z} + \mathfrak{B})(\mathfrak{C}\mathfrak{Z} + \mathfrak{D})^{-1}$ be a common point of $F_{\mathfrak{M}}$ and G. Then $\mathfrak{Z}$ is a point of F and the relationship $\mathfrak{S}^* = \mathfrak{S}[\mathfrak{M}^{-1}]$ holds for the corresponding points $\mathfrak{S}^*$ and $\mathfrak{S}$ of S, by Lemma 6. It follows from the result of Section **31**, that the point $\mathfrak{S}[\mathfrak{W}_1] = \mathfrak{S}^*[\mathfrak{M}\mathfrak{W}_1]$ lies in $Q(t)$. But also $\mathfrak{S}^*$ itself is a point of $Q(t)$, and consequently, by Lemma 8, the matrix $\mathfrak{M}$ belongs to a finite set. This proves that only a finite number of images $F_{\mathfrak{M}}$ enter into the compact domain G.

For the particular value $\mathfrak{Z} = i\mathfrak{E}$, we have $|\mathfrak{C}\mathfrak{Z} + \mathfrak{D}| = c + id$, with rational integers c, d not both 0. Consequently (89) is satisfied. Also (91) holds, since $\mathfrak{X} = 0$. Moreover $\mathfrak{Y}^{-1} = \mathfrak{E}$ is a point of the Minkowski domain R. Consequently $\mathfrak{Z} = i\mathfrak{E}$ is a point of F. By Lemma 9, the whole curve $\mathfrak{Z} = i\lambda\mathfrak{E}$ $(\lambda \geq 1)$ belongs to F. Since λ may be arbitrarily large, the fundamental domain F is not compact. Let G be any compact domain in H and consider the finite set of modular matrices $\mathfrak{M}$, such that $F_{\mathfrak{M}}$ enters into G. The set of images of G under the inverse mappings with the matrices $\mathfrak{M}^{-1}$ constitutes again a compact domain G_0. For sufficiently large values of λ, the point $i\lambda\mathfrak{E}$ of F does not lie in G_0; hence no image of this point lies in G. This proves that the space H is not compact relative to the modular group Γ.

By the results of Section **31**, the matrices $\mathfrak{X}$ and $\mathfrak{Y}^{-1}$ are bounded for all $\mathfrak{Z}$ in F. On account of (57), the integral $V(\Gamma)$ converges.

Theorem 8 is now completely proved.

VII. THE FUNDAMENTAL DOMAIN OF THE GROUP $\Delta(\mathfrak{G}, \mathfrak{H})$.

34. Let K_0 be an algebraic number field, of finite degree g over the field of rational numbers. Let g_1 of the conjugate fields be real and $2g_2$ imaginary, $g = g_1 + 2g_2$. We denote the real conjugate fields by $K_0^{(\alpha)}$ $(\alpha = 1, \cdots, g_1)$ and the pairs of conjugate complex conjugate fields by $K_0^{(\alpha)}$ and $K_0^{(\alpha+g_2)}$ $(\alpha = g_1 + 1, \cdots, g_1 + g_2)$. We consider g_1 positive symmetric matrices $\mathfrak{T}_\alpha$ $(\alpha = 1, \cdots, g_1)$ with real elements and g_2 positive hermitian matrices $\mathfrak{T}_\alpha$ $(\alpha = g_1 + 1, \cdots, g_1 + g_2)$ with complex elements, all of m rows. We denote the systems of $g_1 + g_2$ matrices $\mathfrak{T}_\alpha$ $(\alpha = 1, \cdots, g_1 + g_2)$ more shortly by $\mathfrak{T}$; they form the points of a space P of $\frac{1}{2}g_1 m(m+1) + g_2 m^2$ dimensions.

We have a unique decomposition $\mathfrak{T}_\alpha = \mathfrak{P}_\alpha\{\mathfrak{Q}_\alpha\}$ with a diagonal matrix

$\mathfrak{P}_a = [p_1{}^{(a)}, \cdots, p_m{}^{(a)}]$, $p_k{}^{(a)} > 0$ $(k = 1, \cdots, m)$, and a triangular matrix $\mathfrak{Q}_a = (q_{kl}^{(a)})$, $q_{kl}^{(a)} = 0$ $(k > l)$, $q_{kk}^{(a)} = 1$, where $\mathfrak{Q}_a$ is real for $\alpha = 1, \cdots, g_1$. If t is any positive number > 1, the inequalities

$$0 < p_k{}^{(a)} \leq t p_{k+1}^{(a)} \quad (k < m), \qquad p_k{}^{(a)} \leq t p_k{}^{(\beta)} \quad (k \leq m)$$
$$\text{abs}\, q_{kl}^{(a)} \leq t \qquad (k < l)$$

with $\alpha, \beta = 1, \cdots, g_1 + g_2$ define a compact domain $Q(t)$ in P.

A matrix $\mathfrak{U}$ with integral elements in K_0 is called unimodular if the determinant $|\mathfrak{U}|$ is an algebraic unit. The unimodular matrices $\mathfrak{U}^{(m)}$ constitute the unimodular group $\mathfrak{U}$ in K_0, of degree m. The center C of U consists of the matrices $\mathfrak{U} = u\mathfrak{E}$, where u is any root of unity in K_0. We denote by U_0 the factor group U/C. Let $\mathfrak{U}_a$ be the conjugate of $\mathfrak{U}$ in $K_0{}^{(a)}$. The transformation $\mathfrak{T}_a \rightarrow \mathfrak{T}_a\{\mathfrak{U}_a\}$ $(\alpha = 1, \cdots, g_1 + g_2)$, or more shortly $\mathfrak{T} \rightarrow \mathfrak{T}\{\mathfrak{U}\}$, maps the space P onto itself. This mapping is the identical one, if and only if $\mathfrak{U}$ is an element of C; consequently the transformations $\mathfrak{T} \rightarrow \mathfrak{T}\{\mathfrak{U}\}$ give a faithful representation of U_0.

Minkowski's theory of reduction of positive quadratic forms is concerned with the case $g = 1$, the field of rational numbers. The generalization to the case of an arbitrary field K_0 is due to P. Humbert. He obtained the following results:

There exists in P a fundamental domain R with respect to U_0, which is the union of a finite number of convex pyramids. The faces of these pyramids have equations of the form

$$\sum_{a=1}^{g_1+g_2} (\mathfrak{a}'_a \mathfrak{T}_a \bar{\mathfrak{b}}_a + \bar{\mathfrak{a}}'_a \bar{\mathfrak{T}}_a \mathfrak{b}_a) = 0, \tag{100}$$

where $\mathfrak{a}_a$ and $\mathfrak{b}_a$ are the conjugates of two columns $\mathfrak{a} \neq 0$ and $\mathfrak{b} \neq 0$ in K_0; moreover $\mathfrak{a} \neq \lambda \mathfrak{b}$ for every pure imaginary scalar factor λ. Any compact domain in P is covered by a finite number of images $R_{\mathfrak{U}}$ of R, and R has only a finite number of neighbors $R_{\mathfrak{U}}$.

LEMMA 10. *There exists a finite set L of matrices $\mathfrak{L}$ with integral elements in K_0 and a positive number τ_4 depending only upon K_0 and m, such that for every $\mathfrak{T}$ in R the point $\mathfrak{T}\{\mathfrak{L}\}$ belongs to $Q(\tau_4)$, with at least one $\mathfrak{L}$ of the set L.*

LEMMA 11. *Let $\mathfrak{T}$ and $\mathfrak{T}\{\mathfrak{F}\}$ be two points of $Q(t)$, where $\mathfrak{F}$ is an integral matrix in K_0, and let ν be the norm of $|\mathfrak{F}|$. Then $\mathfrak{F}$ belongs to a finite set of matrices depending only upon K_0, m, t and ν.*

These statements are generalizations of the lemmata 7 and 8.

35. We assume now that $K_0 = K(\sqrt{-r})$, where K is a totally real algebraic number field of degree h and r a totally positive number of K; then $g_1 = 0$, $g_2 = h$. Let $K^{(\alpha)}$ $(\alpha = 1, \cdots, h)$ be the conjugates of $K = K^{(1)}$, r_α the conjugate of r in $K^{(\alpha)}$ and $K_0^{(\alpha)} = K^{(\alpha)}(\sqrt{-r_\alpha})$. In the notation of Chapter V, $\mathfrak{H}$ is a hermitian matrix and $\mathfrak{G}$ is a skew-symmetric matrix, both in K_0, satisfying the condition (67). Let $\mathfrak{H}_\alpha, \mathfrak{G}_\alpha$ be the conjugates of $\mathfrak{H}, \mathfrak{G}$ in $K_0^{(\alpha)}$ and s_α the conjugate of s in $K^{(\alpha)}$. We assumed moreover $s > 0$, $\mathfrak{H}_\alpha > 0$ for $\alpha = 2, \cdots, h$; then $s_\alpha < 0$ $(\alpha = 2, \cdots, h)$. The group $\Lambda = \Lambda(\mathfrak{G}, \mathfrak{H})$ consists of all unimodular matrices $\mathfrak{W}$ in K_0 which satisfy $\mathfrak{G}[\mathfrak{W}] = \mathfrak{G}$ and $\mathfrak{H}\{\mathfrak{W}\} = \mathfrak{H}$. We have $\Delta_0 = \mathfrak{C}^{-1}\Lambda\mathfrak{C}$, where $\mathfrak{C}$ is a complex matrix with $\mathfrak{G}[\mathfrak{C}] = \mathfrak{J}$ and $\mathfrak{H}\{\mathfrak{C}\} = is^{\frac{1}{2}}\mathfrak{J}$. Identifying $\mathfrak{W}$ and $-\mathfrak{W}$, we obtain the factor group $\Delta = \Delta(\mathfrak{G}, \mathfrak{H})$ of Δ_0. Obviously this group is not changed, if we replace $\mathfrak{G}, \mathfrak{H}$ by $a\mathfrak{G}, b\mathfrak{H}$ with arbitrary positive rational numbers a, b; consequently we may assume that $\mathfrak{G}$ and $\mathfrak{H}$ have integral elements.

The matrix $\mathfrak{S}$ of (77) is the general solution of $\mathfrak{S}' = \bar{\mathfrak{S}} > 0$, $\mathfrak{J}[\mathfrak{S}] = \mathfrak{J}$, $\mathfrak{J}\{\mathfrak{S}\} = \mathfrak{J}$. Consequently

(101) $$\mathfrak{T}_1 = \mathfrak{S}\{\mathfrak{C}^{-1}\}$$

is the general solution of

(102) $$\mathfrak{T}'_1 = \bar{\mathfrak{T}}_1 > 0, \quad \mathfrak{T}_1\bar{\mathfrak{G}}^{-1}\bar{\mathfrak{T}}_1 = -\mathfrak{G}, \quad \mathfrak{T}_1\mathfrak{H}^{-1}\mathfrak{T}_1 = s^{-1}\mathfrak{H}.$$

We define

(103) $$\mathfrak{T}_\alpha = (-s_\alpha)^{-\frac{1}{2}}\mathfrak{H}_\alpha \qquad (\alpha = 2, \cdots, h);$$

then, by (67) and (102),

(104) $$\mathfrak{T}'_\alpha = \bar{\mathfrak{T}}_\alpha > 0, \quad \mathfrak{T}_\alpha = \bar{\mathfrak{T}}_\alpha^{-1}\{\mathfrak{G}_\alpha\}, \quad \mathfrak{T}_\alpha = |s_\alpha|^{-1}\mathfrak{T}_\alpha^{-1}\{\mathfrak{H}'_\alpha\} \qquad (\alpha = 1, \cdots, h),$$

where $|s_\alpha|$ denotes the absolute value of s_α. The matrices $\mathfrak{T}_2, \cdots, \mathfrak{T}_h$ are fixed, whereas $\mathfrak{T}_1$ depends upon the variable point $\mathfrak{Z}$ of H, by (77). The space H is mapped onto a surface T, of $n(n+1)$ dimensions, in the space R. If $\mathfrak{W}$ is any element of the group Λ, then the transformation $\mathfrak{T}_\alpha \rightarrow \mathfrak{T}_\alpha\{\mathfrak{W}_\alpha^{-1}\}$ $(\alpha = 1, \cdots, h)$ maps T onto itself, and this mapping is the identical one, if and only if $\mathfrak{W} = \pm \mathfrak{E}$; on the other hand, by Lemma 6, the corresponding mapping in H is a symplectic transformation of $\mathfrak{Z}$, with the matrix $\mathfrak{M} = \mathfrak{C}^{-1}\mathfrak{W}\mathfrak{C}$ of the group Δ.

For any point $\mathfrak{T}$ of T, there exists a unimodular matrix $\mathfrak{U} = \mathfrak{U}_{\mathfrak{Z}}$ in K_0, such that $\mathfrak{T}\{\mathfrak{U}\}$ is a point of the domain R. By Lemma 10, we may choose a matrix $\mathfrak{L}$ of the finite set L, such that $\hat{\mathfrak{T}} = \mathfrak{T}\{\mathfrak{U}\mathfrak{L}\}$ belongs to $Q(\tau_4)$. Putting $\hat{\mathfrak{G}} = \mathfrak{G}[\mathfrak{U}\mathfrak{L}]$, $\hat{\mathfrak{H}} = \mathfrak{H}\{\mathfrak{U}\mathfrak{L}\}$ we obtain, by (104),

(105) $$\hat{\mathfrak{T}} = \bar{\hat{\mathfrak{T}}}^{-1}\{\hat{\mathfrak{G}}\}, \qquad \hat{\mathfrak{T}} = |\, s\,|^{-1}\hat{\mathfrak{T}}^{-1}\{\hat{\mathfrak{H}}'\};$$

we omit here and in the following formulae the index α which runs always from 1 to h.

Let $\mathfrak{B}$ denote the matrix of the linear transformation $x_k \rightarrow x_{2n-k+1}$ $(k = 1, \cdots, 2n)$. If $\hat{\mathfrak{T}} = \mathfrak{P}\{\mathfrak{Q}\}$ is the decomposition defined in Section **34**, then $\bar{\hat{\mathfrak{T}}}^{-1}\{\mathfrak{B}\} = \mathfrak{P}^{-1}\{\mathfrak{B}\}\{\mathfrak{B}\bar{\mathfrak{Q}}'^{-1}\mathfrak{B}\}$, and consequently the points $|\, s\,|^{-1}\bar{\hat{\mathfrak{T}}}^{-1}\{\mathfrak{B}\}$ and $\hat{\mathfrak{T}}^{-1}\{\mathfrak{B}\}$ belong to a domain $Q(\tau_5)$, where τ_5 depends only upon K_0, n and s. Moreover

$$|\,\mathfrak{B}\hat{\mathfrak{H}}'\,| = (-1)^n\,|\,\mathfrak{H}\,|\ \mathrm{abs}\,(\mathfrak{U}\mathfrak{L})^2, \qquad |\,\mathfrak{B}\hat{\mathfrak{G}}\,| = (-1)^n\,|\,\mathfrak{G}\,|\ \ |\,\mathfrak{U}\mathfrak{L}\,|^2;$$

hence the norms of $|\,\mathfrak{B}\hat{\mathfrak{H}}'\,|$ and $|\,\mathfrak{B}\hat{\mathfrak{G}}\,|$ belong to a finite set. It follows now from Lemma 11 and (105), that also the matrices $\hat{\mathfrak{G}}$ and $\hat{\mathfrak{H}}$ belong to a finite set, independent of $\mathfrak{Z}$, and the same holds good for $\mathfrak{G}[\mathfrak{U}] = \hat{\mathfrak{G}}[\mathfrak{L}^{-1}]$ and $\mathfrak{H}\{\mathfrak{U}\} = \hat{\mathfrak{H}}\{\mathfrak{L}^{-1}\}$.

Choose now a complete system of points $\mathfrak{Z}_0$ in H, such that the pairs $\mathfrak{G}[\mathfrak{U}_0]$, $\mathfrak{H}\{\mathfrak{U}_0\}$ with $\mathfrak{U}_0 = \mathfrak{U}_{\mathfrak{Z}_0}$ are all different, and let V be the finite set of the unimodular matrices $\mathfrak{U}_0$. We denote by $G(\mathfrak{U}_0)$ the closed set of all points $\mathfrak{Z}$ of H, such that the corresponding point $\mathfrak{T}$ of T lies in $R_{\mathfrak{U}_0^{-1}}$, and by G the union of these $G(\mathfrak{U}_0)$, as $\mathfrak{U}_0$ runs over the elements of the set V.

Let $\mathfrak{Z}$ be again an arbitrary point of H and $\mathfrak{U} = \mathfrak{U}_{\mathfrak{Z}}$. Then there exists a uniquely determined $\mathfrak{U}_0$ in V, such that $\mathfrak{G}[\mathfrak{U}_0] = \mathfrak{G}[\mathfrak{U}]$ and $\mathfrak{H}\{\mathfrak{U}_0\} = \mathfrak{H}\{\mathfrak{U}\}$; thus $\mathfrak{U}_0\mathfrak{U}^{-1} = \mathfrak{W}$ is an element of the group Λ. Since $\mathfrak{T}\{\mathfrak{U}\}$ lies in R, the point $\mathfrak{T}\{\mathfrak{W}^{-1}\} = \mathfrak{T}\{\mathfrak{U}\mathfrak{U}_0^{-1}\}$ is contained in $R_{\mathfrak{U}_0^{-1}}$; hence $\mathfrak{Z}$ is mapped by the element $\mathfrak{M} = \mathfrak{C}^{-1}\mathfrak{W}\mathfrak{C}$ of Δ into a point of $G(\mathfrak{U}_0)$. This proves that any $\mathfrak{Z}$ in H is under Δ equivalent to at least one point of G; we call this point a *reduced image* of $\mathfrak{Z}$.

36. Let us assume that there exists in H a compact domain B, such that $\mathfrak{T}\{\mathfrak{U}_{\mathfrak{Z}}\}$ is a boundary point of R, relative to P, for all $\mathfrak{Z}$ in B. By Section **34**, the unimodular matrix $\mathfrak{U}_{\mathfrak{Z}}$ belongs then to a finite set, and we infer from (77), (100), (101), (103), that the expression $\mathfrak{p}'\mathfrak{S}\bar{\mathfrak{q}} + \bar{\mathfrak{p}}'\mathfrak{S}\mathfrak{q}$ has a constant value in H, where $\mathfrak{p} = \mathfrak{C}^{-1}\mathfrak{a}$ and $\mathfrak{q} = \mathfrak{C}^{-1}\mathfrak{b}$ with two columns $\mathfrak{a} \neq 0$ and $\mathfrak{b} \neq 0$ in K_0; moreover $\mathfrak{a} \neq \lambda\mathfrak{b}$ for every pure imaginary scalar factor λ. Replacing $\mathfrak{Y}$ by $\mathfrak{E} + \mathfrak{Y}$, we have the Taylor series

$$\mathfrak{S} = \mathfrak{E} + \mathfrak{S}_1 + \mathfrak{S}_2 + \cdots, \qquad \mathfrak{S}_1 = \begin{pmatrix} -\mathfrak{Y} & -\mathfrak{X} \\ -\mathfrak{X} & \mathfrak{Y} \end{pmatrix}, \qquad \mathfrak{S}_2 = \begin{pmatrix} \mathfrak{Y}^2 & \mathfrak{Y}\mathfrak{X} \\ \mathfrak{X}\mathfrak{Y} & \mathfrak{X}^2 \end{pmatrix},$$

in the neighborhood of $\mathfrak{Y} = 0$. It follows that the real part of $\mathfrak{p}'\mathfrak{S}_2\bar{\mathfrak{q}}$ vanishes identically in the real symmetric matrices $\mathfrak{X}$ and $\mathfrak{Y}$. Since $\mathfrak{a} = \mathfrak{C}\mathfrak{p}$, $\mathfrak{b} = \mathfrak{C}\mathfrak{q}$

and $\mathfrak{a} \neq \lambda\mathfrak{b}$, for all pure imaginary values of λ, we find easily $\mathfrak{a} = \omega\mathfrak{C}\mathfrak{r}$, $\mathfrak{b} = i\omega\mathfrak{C}\mathfrak{s}$ with real $\mathfrak{r}, \mathfrak{s}$ and complex scalar $\omega \neq 0$.

On the other hand $\mathfrak{G}[\mathfrak{C}] = \mathfrak{J}$, $\mathfrak{H}\{\mathfrak{C}\} = \sqrt{-s}\,\mathfrak{J}$, whence $\bar{\mathfrak{C}} = \sqrt{-s}\,\mathfrak{H}^{-1}\mathfrak{G}\mathfrak{C}$. We obtain, therefore,

$$\bar{\omega}\sqrt{-s}\,\mathfrak{H}^{-1}\mathfrak{G}\mathfrak{a} = \omega\bar{\mathfrak{a}}.$$

But $\mathfrak{G}$, $\mathfrak{H}$ and $\mathfrak{a} \neq 0$ are in $K_0 = K(\sqrt{-r})$, hence

$$\text{(106)} \qquad \begin{gathered} \bar{\omega}\sqrt{-s} = \omega(\xi + \eta\sqrt{-r})\,; \\ s = \xi^2 + r\eta^2, \end{gathered}$$

where ξ, η are numbers in K. Since $r_\alpha > 0$, $s_\alpha < 0$ $(\alpha = 2, \cdots, h)$, the relationship (106) is only possible for $h = 1$; then K is the field of rational numbers.

It will be proved in Chapter IX, that $\Delta(\mathfrak{G}, \mathfrak{H})$ is commensurable with the modular group Γ, if and only if the diophantine equation (106) has a rational solution ξ, η. In this case, however, the construction and the properties of a fundamental domain for Δ follow in a simple way from the results of Chapter VI. Therefore we exclude this case for the rest of the present chapter.

For every point $\mathfrak{Z}_0$ of H, there exists now a unimodular matrix $\mathfrak{U}$ and a sequence of points $\mathfrak{Z}$ tending to $\mathfrak{Z}_0$, such that the corresponding points $\mathfrak{T}$ of T are inner points of $R_{\mathfrak{U}^{-1}}$, relative to P.

37. We denote by $F(\mathfrak{U}_0)$ the closure of the set of inner points of $G(\mathfrak{U}_0)$, relative to H. If $\mathfrak{Z}_0$ is a point of $G(\mathfrak{U}_0)$ which does not belong to $F(\mathfrak{U}_0)$, then we use the result of the last section to construct a sequence of points $\dot{\mathfrak{Z}}$ tending to $\mathfrak{Z}_0$, such that they have as reduced images inner points of $G(\mathfrak{U})$, where $\mathfrak{U}$ is a certain matrix of the set V. Consequently $\mathfrak{Z}_0$ has a reduced image in $F(\mathfrak{U})$, and any point of H is equivalent under Δ to at least one point in one of the domains $F(\mathfrak{U}_0)$.

Let $\mathfrak{Z}^*$ be the image of $\mathfrak{Z}$ under the transformation $\mathfrak{M} = \mathfrak{C}^{-1}\mathfrak{W}\mathfrak{C}$ of Δ and let $\mathfrak{T}^*, \mathfrak{T}$ be the corresponding points in T. We assume now the existence of an inner point $\mathfrak{Z}$ of $F(\mathfrak{U}_0)$, such that $\mathfrak{Z}^*$ is a point of $F(\mathfrak{U}^*_0)$, where $\mathfrak{U}^*_0$ is also one of the matrices of the set V. By Section **36**, this holds then even under the further condition that $\mathfrak{T}\{\mathfrak{U}_0\}$ be an inner point of R, relative to P. But $\mathfrak{T}^*\{\mathfrak{U}^*_0\} = \mathfrak{T}\{\mathfrak{U}_0\}\{\mathfrak{U}_0^{-1}\mathfrak{W}^{-1}\mathfrak{U}^*_0\}$ is again a point of R, and consequently $\mathfrak{U}^*_0 = \pm\mathfrak{W}\mathfrak{U}_0$, $\mathfrak{G}[\mathfrak{U}^*_0] = \mathfrak{G}[\mathfrak{U}_0]$, $\mathfrak{H}\{\mathfrak{U}^*_0\} = \mathfrak{H}\{\mathfrak{U}_0\}$. Now it follows from the definition of V, that $\mathfrak{U}^*_0 = \mathfrak{U}_0$, $\mathfrak{W} = \pm\mathfrak{E}$. This proves that $F(\mathfrak{U}_0)$ and $F(\mathfrak{U}^*_0)$ do not overlap, if $\mathfrak{U}_0 \neq \mathfrak{U}^*_0$, and that the sum of the domains $F(\mathfrak{U}_0)$ is a fundamental domain F of Δ.

Obviously every $F(\mathfrak{U}_0)$ is bounded by a finite number of algebraic surfaces, and F has the same property. It follows immediately from Section **34**, that any compact domain in H is covered by a finite number of images $F_{\mathfrak{M}}$ of F under Δ and that F has only a finite number of neighbors $F_{\mathfrak{M}}$.

38. Let $\mathfrak{Z}$ be a point of $F(\mathfrak{U}_0)$ and $\mathfrak{S}$ the corresponding point of S. By (101) and (105),

$$\mathfrak{P} = s^{-1}\mathfrak{P}^{-1}\{\hat{\mathfrak{H}}'\{\bar{\mathfrak{Q}}^{-1}\}\}, \tag{107}$$

where

$$\begin{cases} \hat{\mathfrak{H}} = \mathfrak{H}\{\mathfrak{U}_0\mathfrak{L}\}, & \mathfrak{P}\{\mathfrak{Q}\} = \mathfrak{T}_1\{\mathfrak{U}_0\mathfrak{L}\} = \mathfrak{S}\{\mathfrak{C}^{-1}\mathfrak{U}_0\mathfrak{L}\} \\ \mathfrak{P} = [p_1, \cdots, p_{2n}], & 0 < p_k \leq \tau_4 p_{k+1} \qquad (k = 1, \cdots, 2n-1) \\ \mathfrak{Q} = (q_{kl}), & q_{kl} = 0\ (k > l), \quad q_{kk} = 1, \quad \operatorname{abs} q_{kl} \leq \tau_4 \quad (k < l). \end{cases} \tag{108}$$

Let d be the first diagonal element of $\hat{\mathfrak{H}}$. Then

$$p_1^2 \geq s^{-1} d^2 \tag{109}$$

and

$$\prod_{k=1}^{2n} p_k = (-s)^{-n} \,|\, \hat{\mathfrak{H}} \,|, \tag{110}$$

by (107).

We assume now $h > 1$, i. e., K is not the field of rational numbers. Then the conjugates of $\hat{\mathfrak{H}}$ in $K^{(\alpha)}(\sqrt{-r_\alpha})$ $(\alpha = 2, \cdots, h)$ are positive, and consequently $d \neq 0$. On the other hand, $\mathfrak{U}_0$ and $\mathfrak{L}$ belong to a finite set. It follows from (108), (109), (110), that $\mathfrak{S}$ is bounded for all $\mathfrak{Z}$ in the fundamental domain F. By (77), the matrices $\mathfrak{Y}^{-1}$, $\mathfrak{Y} + \mathfrak{Y}^{-1}[\mathfrak{X}]$, $\mathfrak{Y}^{-1}\mathfrak{X}$ are bounded, hence also $\mathfrak{Y}$, $|\,\mathfrak{Y}\,|^{-1}$, $\mathfrak{X}$. This proves that F is compact.

In the remaining case $h = 1$, F is not necessarily compact, and the proof of the convergence of the volume integral $V(\Delta)$ requires more detailed estimates. This proof may be given by the same method which leads to the analogous result in the theory of units of indefinite quadratic forms; we omit it here.

It is also not difficult to prove that the space H is compact relative to $\Delta(\mathfrak{G}, \mathfrak{H})$, in the case $h = 1$, if and only if $n = 1$ and Δ is not commensurable with the elliptic modular group, and then also F is compact.

39. The congruence subgroup $\Lambda_\kappa(\mathfrak{G}, \mathfrak{H})$ of $\Lambda(\mathfrak{G}, \mathfrak{H})$ consists of all elements of Λ satisfying $\mathfrak{W} \equiv \mathfrak{E} \pmod{\kappa}$, where κ is a given ideal in K_0. Let ρ be a prime ideal of K_0 and p the rational prime number which is divisible by ρ; let κ be a power of ρ, such that p is not divisible by κ^{p-1}. If the transformation with the matrix $\mathfrak{C}^{-1}\mathfrak{W}\mathfrak{C} \neq \pm \mathfrak{E}$ has a fixed point in H, then $\mathfrak{W}$ is of finite order, since Δ is discontinuous in H.

We shall prove that $\Lambda_\kappa(\mathfrak{G}, \mathfrak{H})$ contains no element of finite order except $\mathfrak{E}$. Otherwise we may assume

$$\mathfrak{W}^q = \mathfrak{E}, \qquad \mathfrak{W} = \mathfrak{E} + \mathfrak{R}, \qquad \mathfrak{R} \equiv 0 \pmod{\rho^a}, \qquad \mathfrak{R} \not\equiv 0 \pmod{\rho^{a+1}},$$

where q is a rational prime number and ρ^a divisible by κ. Then

$$\sum_{l=1}^{q} \binom{q}{l} \mathfrak{R}^l = 0; \quad \mathfrak{R} \equiv - q^{-1}\mathfrak{R}^q \pmod{\rho^{2a}}.$$

Since

$$q^{-1}\mathfrak{R}^q \equiv 0 \pmod{\rho^{a+1}},$$

we arrive at a contradiction.

The proofs of Theorems 9 and 10 are finished.

VIII. THE VOLUME OF THE FUNDAMENTAL DOMAIN OF THE MODULAR GROUP.

40. In the interval $0 \leq x \leq 1$, we consider an arbitrary monotone function $f(x)$, such that

(111) $$f(1) = 0, \qquad \int_0^1 f(x) x^{n-1} dx = 1;$$

an example is $f(x) = n(n+1)(1-x)$. For $x \geq 1$, we put $f(x) = 0$. Let $\mathfrak{Z}$ be a point of H and $\mathfrak{S}$ the positive symmetric matrix defined in (77). For any $\epsilon > 0$, we define

(112) $$\phi(\epsilon, \mathfrak{Z}) = \epsilon^{2n} \sum_{\mathfrak{w} \neq 0} f(\mathfrak{S}[\epsilon \mathfrak{w}]),$$

where $\mathfrak{w}$ runs over all lattice points $\neq 0$; this is a finite sum.

Lemma 12. *If ϵ tends to 0 through positive values and $\mathfrak{Z}$ is fixed, then*

$$\lim \phi(\epsilon, \mathfrak{Z}) = \frac{\pi^n}{(n-1)!}.$$

On account of the definition of the integral, we have

$$\lim_{\epsilon \to 0} \phi(\epsilon, \mathfrak{Z}) = \int_{\mathfrak{S}[\mathfrak{q}] \leq 1} f(\mathfrak{S}[\mathfrak{q}])\, d\mathfrak{q},$$

where $d\mathfrak{q}$ denotes the euclidean volume element in the space of the real vectors $\mathfrak{q}$ of $2n$ dimensions. Since the volume of the ellipsoid $\mathfrak{S}[\mathfrak{q}] \leq x$ is

$$J(x) = \frac{\pi^n}{n!} x^n \qquad (x \geq 0),$$

we obtain

$$\int\limits_{\mathfrak{S}[\mathfrak{q}]\leq 1} f(\mathfrak{S}[\mathfrak{q}])d\mathfrak{q} = \int\limits_0^1 f(x)\frac{dJ(x)}{dx}dx = \frac{\pi^n}{(n-1)!}\int\limits_0^1 f(x)x^{n-1}dx = \frac{\pi^n}{(n-1)!}.$$

41. Let F be the fundamental domain of the modular group, in the space H of $\mathfrak{Z} = \mathfrak{X} + i\mathfrak{Y}$, and denote by dv the euclidean volume element in the space of $\mathfrak{X}$ and $\mathfrak{Y}^{-1}$, of $n(n+1)$ dimensions.

Lemma 13. *There exists an integrable positive function $g(\mathfrak{Z})$ of the elements of $\mathfrak{Z}$, independent of ϵ, such that*

$$\phi(\epsilon, \mathfrak{Z}) \leq g(\mathfrak{Z}) \qquad (0 < \epsilon \leq 1) \tag{113}$$

and the integral

$$\gamma = \int\limits_F g(\mathfrak{Z})dv$$

converges.

We denote by $h(\rho, \mathfrak{Z})$ the number of lattice points $\mathfrak{w}$ satisfying $\mathfrak{S}[\mathfrak{w}] \leq \rho$, where ρ is an arbitrary positive number. By (78),

$$\mathfrak{S}[\mathfrak{w}] = \mathfrak{Y}^{-1}[\mathfrak{u} - \mathfrak{X}\mathfrak{v}] + \mathfrak{Y}[\mathfrak{v}], \qquad \mathfrak{w} = \begin{pmatrix}\mathfrak{u}\\ \mathfrak{v}\end{pmatrix},$$

and consequently $h(\rho, \mathfrak{Z})$ is not larger than the number of integral solutions $\mathfrak{u}, \mathfrak{v}$ of

$$\mathfrak{Y}^{-1}[\mathfrak{u} - \mathfrak{X}\mathfrak{v}] \leq \rho, \qquad \mathfrak{Y}[\mathfrak{v}] \leq \rho. \tag{114}$$

Put $\mathfrak{Y}^{-1} = \mathfrak{P}[\mathfrak{Q}]$ with $\mathfrak{P} = [p_1, \cdots, p_n]$ and $\mathfrak{Q} = (q_{kl})$, $q_{kl} = 0$ $(k > l)$, $q_{kk} = 1$, and let u_k, v_k, r_k $(k = 1, \cdots, n)$ denote the elements of the columns $\mathfrak{u}, \mathfrak{v}, \mathfrak{r} = \mathfrak{X}\mathfrak{v}$. The first condition (114) involves

$$p_k\{(u_k - r_k) + \sum_{l=k+1}^{n} q_{kl}(u_l - r_l)\}^2 \leq \rho \qquad (k = 1, \cdots, n);$$

this proves that the number of integral $\mathfrak{u}$ is

$$\leq \prod_{k=1}^{n}(1 + 2p_k^{-\frac{1}{2}}\rho^{\frac{1}{2}}),$$

for any given $\mathfrak{v}$. On the other hand, the second condition (114) involves

$$p_k^{-1}(v_k + \sum_{l=1}^{k-1} q^*_{kl}v_l)^2 \leq \rho,$$

where $(q^*_{kl}) = \mathfrak{Q}^{-1}$; this proves that the number of integral $\mathfrak{v}$ is

$$\leq \prod_{k=1}^{n}(1 + 2p_k^{\frac{1}{2}}\rho^{\frac{1}{2}}).$$

It follows that

$$h(\rho, \mathfrak{Z}) \leq \prod_{k=1}^{n} (1 + 2\rho^{\frac{1}{2}}(p_k^{\frac{1}{2}} + p_k^{-\frac{1}{2}}) + 4\rho).$$

Let $\gamma_1, \cdots, \gamma_4$ denote positive numbers which depend only upon n. By (93) and (94), we have $p_k < \gamma_1$ $(k = 1, \cdots, n)$, for all $\mathfrak{Z}$ in F; hence

(115) $$h(\rho, \mathfrak{Z}) < \gamma_2(1 + \rho)^n \prod_{k=1}^{n} p_k^{-\frac{1}{2}}.$$

Now $0 \leq f(x) \leq f(0)$ $(0 \leq x \leq 1)$ and $f(x) = 0$ $(x \geq 1)$; consequently we infer from the definition (112) that

(116) $$\phi(\epsilon, \mathfrak{Z}) \leq \epsilon^{2n} f(0) h(\epsilon^{-2}, \mathfrak{Z}).$$

By (115) and (116),

$$\phi(\epsilon, \mathfrak{Z}) < f(0)\gamma_2(1 + \epsilon^2)^n \prod_{k=1}^{n} p_k^{-\frac{1}{2}} < f(0)\gamma_3 \prod_{k=1}^{n} p_k^{-\frac{1}{2}} \qquad (0 < \epsilon \leq 1).$$

We define

$$g(\mathfrak{Z}) = f(0)\gamma_3 \prod_{k=1}^{n} p_k^{-\frac{1}{2}};$$

then (113) is fulfilled and it remains only to prove the convergence of the integral

$$\gamma_4 = \int_F \prod_{k=1}^{n} p_k^{-\frac{1}{2}} dv.$$

Instead of the elements Y_{kl} $(k \leq l)$ of $(Y_{kl}) = \mathfrak{Y}^{-1} = \mathfrak{P}[\mathfrak{Q}]$, we introduce the new variables $p_k^{\frac{1}{2}}$ $(k = 1, \cdots, n)$ and q_{kl} $(k < l)$. The functional determinant has the value

$$2^n \prod_{k=1}^{n} p_k^{n-k+\frac{1}{2}},$$

whence

$$\gamma_4 = 2^n \int_F \prod_{k=1}^{n} p_k^{n-k} dv_1$$

with

$$dv_1 = \prod_{k \leq l} dx_{kl} \prod_{k<l} dq_{kl} \prod_{k} dp_k^{\frac{1}{2}}.$$

Since $\mathfrak{X}$, $\mathfrak{P}$, $\mathfrak{Q}$ are bounded in F, the convergence is obvious.

Applying a well-known theorem of integral calculus, we obtain from Lemmata 12 and 13 the important

Lemma 14. *The integral*

$$\psi(\epsilon) = \int_F \phi(\epsilon, \mathfrak{Z}) dv = \epsilon^{2n} \sum_{\mathfrak{w} \neq 0} \int_F f(\mathfrak{S}[\epsilon\mathfrak{w}]) dv$$

converges and

$$\lim_{\epsilon \to 0} \psi(\epsilon) = \frac{\pi^n}{(n-1)!} \int_F dv = \frac{\pi^n}{(n-1)!} V_n$$

where $V_n = V(\Gamma_n)$ is the symplectic volume of the fundamental domain for the modular group $\Gamma = \Gamma_n$ of degree n.

42. We denote by W the set of all columns $\mathfrak{w}^{(2n)}$ with coprime integral elements and by $\mathfrak{e}$ the first column of the unit matrix $\mathfrak{E}^{(2n)}$; obviously $\mathfrak{e}$ belongs to W.

LEMMA 15. *There exists a modular matrix $\mathfrak{M}$ with the first column $\mathfrak{w}$, if and only if $\mathfrak{w}$ belongs to W.*

The necessity of the condition is obvious, since $\mathfrak{M}$ has integral elements and the determinant 1. Therefore we have only to prove the existence of a modular matrix $\mathfrak{M}$ satisfying $\mathfrak{M}^{-1}\mathfrak{w} = \mathfrak{e}$, where $\mathfrak{w}$ is a given column of the set W.

Consider the column

$$\mathfrak{M}^{-1}\mathfrak{w} = \mathfrak{w}_1 = \begin{pmatrix} \mathfrak{u}^{(n)} \\ \mathfrak{v}^{(n)} \end{pmatrix},$$

where $\mathfrak{M}$ is an arbitrary modular matrix, and let u, v denote the greatest common divisors of the n elements of $\mathfrak{u}, \mathfrak{v}$; we define $u = 0$ or $v = 0$ if $\mathfrak{u} = 0$ or $\mathfrak{v} = 0$. We choose now the matrix $\mathfrak{M}$, such that the sum $u + v = w$ is as small as possible. If $u < v$, we replace $\mathfrak{M}, \mathfrak{u}, \mathfrak{v}$ by $\mathfrak{M}\mathfrak{J}, -\mathfrak{v}, \mathfrak{u}$ and obtain the case $u > v$, with the same value of w; hence we may assume $u \geq v$.

If $v > 0$, we determine a unimodular matrix $\mathfrak{U}$ with the first row $v^{-1}\mathfrak{v}'$ and an integral column $\mathfrak{t}$, such that all elements of the column $\mathfrak{U}\mathfrak{u} - v\mathfrak{t} = \mathfrak{u}_1$ have an absolute value $\leq (v/2)$; then the greatest common divisor u_1 of these elements satisfies $u_1 \leq (v/2) < u$. Let $\mathfrak{T}$ be an integral symmetric matrix having $\mathfrak{t}$ as its first column and

$$\mathfrak{M}_1 = \begin{pmatrix} \mathfrak{U}^{-1} & \mathfrak{U}^{-1}\mathfrak{T} \\ 0 & \mathfrak{U}' \end{pmatrix}.$$

Since $\mathfrak{U}'^{-1}\mathfrak{v} = v\mathfrak{e}_1$ and $\mathfrak{T}\mathfrak{U}'^{-1}\mathfrak{v} = v\mathfrak{t}$, where $\mathfrak{e}_1$ denotes the first column of the unit matrix $\mathfrak{E}^{(n)}$, we find

$$(\mathfrak{M}\mathfrak{M}_1)^{-1}\mathfrak{w} = \mathfrak{M}_1^{-1}\mathfrak{w}_1 = \begin{pmatrix} \mathfrak{u}_1 \\ v\mathfrak{e}_1 \end{pmatrix}.$$

But $\mathfrak{M}_1$ and $\mathfrak{M}\mathfrak{M}_1$ are again modular matrices and $u_1 + v < w$, in contradiction to the minimum property of w.

Consequently $v=0$ and $u=1$, the elements of $\mathfrak{w}_1$ being coprime. Let $\mathfrak{U}_1$ be a unimodular matrix with the first row $\mathfrak{u}'$ and

$$\mathfrak{M}_2=\begin{pmatrix}\mathfrak{U}'_1 & 0\\ 0 & \mathfrak{U}_1^{-1}\end{pmatrix}.$$

Then $(\mathfrak{M}\mathfrak{M}_2)^{-1}\mathfrak{w}=\mathfrak{e}$ and $\mathfrak{M}\mathfrak{M}_2$ is unimodular, q. e. d.

We denote by Δ_1 the subgroup of Γ consisting of all modular matrices $\mathfrak{M}$ with the first column $\mathfrak{e}$. Obviously two arbitrary modular matrices are then and only then in the same left coset of Δ_1 relative to the homogeneous modular group Γ_0, if they have the same first column. Applying Lemma 15, we find the decomposition

$$\Gamma_0=\sum_{\mathfrak{w}\subset W}\mathfrak{M}_{\mathfrak{w}}\Delta_1=\sum_{\mathfrak{w}\subset W}\Delta_1\mathfrak{M}_{\mathfrak{w}}^{-1},$$

where $\mathfrak{w}$ runs over all elements of the set W and $\mathfrak{M}_{\mathfrak{w}}$ denotes a modular matrix with the first column $\mathfrak{w}$. We choose $\mathfrak{M}_{-\mathfrak{w}}=-\mathfrak{M}_{\mathfrak{w}}$, such that $\mathfrak{M}_{\mathfrak{w}}$ and $\mathfrak{M}_{-\mathfrak{w}}$ give the same element of Γ. Let $F_{\mathfrak{w}}$ be the image of F under the transformation $\mathfrak{M}_{\mathfrak{w}}^{-1}$; then the domains $F_{\mathfrak{w}}$ cover exactly twice a fundamental domain F_0 of the group Δ_1. On the other hand

$$\int_F f(\mathfrak{S}[\epsilon\mathfrak{w}])\,dv=\int_{F_{\mathfrak{w}}} f(\mathfrak{S}[\epsilon\mathfrak{e}]\,dv,$$

by Lemma 6. Using the abbreviation $p=\mathfrak{S}[\mathfrak{e}]$ for the first diagonal element of $\mathfrak{S}$, we obtain

$$\sum_{\mathfrak{w}\subset W}\int_F f(\mathfrak{S}[\epsilon\mathfrak{w}])\,dv=2\int_{F_0} f(\epsilon^2 p)\,dv.$$

Now we replace ϵ by ϵl and sum over all positive integers l; then $l\mathfrak{w}$ runs exactly over all lattice points $\neq 0$, and we have

$$\psi(\epsilon)=2\epsilon^{2n}\sum_{l=1}^{\infty}\int_{F_0} f(\epsilon^2 l^2 p)\,dv, \tag{117}$$

where $\psi(\epsilon)$ is the function defined in Lemma 14.

43. Any element of Δ_1 has the form

$$\mathfrak{M}=\begin{pmatrix}\mathfrak{A} & \mathfrak{B}\\ \mathfrak{C} & \mathfrak{D}\end{pmatrix},\quad \mathfrak{A}=\begin{pmatrix}1 & *\\ 0 & \mathfrak{A}_1\end{pmatrix},\quad \mathfrak{B}=\begin{pmatrix}* & *\\ * & \mathfrak{B}_1\end{pmatrix}, \tag{118}$$

$$\mathfrak{C}=\begin{pmatrix}0 & *\\ 0 & \mathfrak{C}_1\end{pmatrix},\quad \mathfrak{D}=\begin{pmatrix}* & *\\ * & \mathfrak{D}_1\end{pmatrix}.$$

It follows from (7) that also

$$\mathfrak{A}_1\mathfrak{B}'_1 = \mathfrak{B}_1\mathfrak{A}'_1, \quad \mathfrak{C}_1\mathfrak{D}'_1 = \mathfrak{D}_1\mathfrak{C}'_1, \quad \mathfrak{A}_1\mathfrak{D}'_1 - \mathfrak{B}_1\mathfrak{C}'_1 = \mathfrak{E};$$

hence

$$\mathfrak{M}_1 = \begin{pmatrix} \mathfrak{A}_1 & \mathfrak{B}_1 \\ \mathfrak{C}_1 & \mathfrak{D}_1 \end{pmatrix}$$

belongs to the homogeneous modular group of degree $n-1$. We define

$$\mathfrak{A}_2 = \begin{pmatrix} 1 & 0 \\ 0 & \mathfrak{A}_1 \end{pmatrix}, \quad \mathfrak{B}_2 = \begin{pmatrix} 0 & 0 \\ 0 & \mathfrak{B}_1 \end{pmatrix}, \quad \mathfrak{C}_2 = \begin{pmatrix} 0 & 0 \\ 0 & \mathfrak{C}_1 \end{pmatrix},$$

$$\mathfrak{D}_2 = \begin{pmatrix} 1 & 0 \\ 0 & \mathfrak{D}_1 \end{pmatrix}, \quad \mathfrak{M}_2 = \begin{pmatrix} \mathfrak{A}_2 & \mathfrak{B}_2 \\ \mathfrak{C}_2 & \mathfrak{D}_2 \end{pmatrix},$$

$$\mathfrak{M}_0 = \mathfrak{M}\mathfrak{M}_2^{-1} = \begin{pmatrix} \mathfrak{A} & \mathfrak{B} \\ \mathfrak{C} & \mathfrak{D} \end{pmatrix}\begin{pmatrix} \mathfrak{D}'_2 & -\mathfrak{B}'_2 \\ -\mathfrak{C}'_2 & \mathfrak{A}'_2 \end{pmatrix} = \begin{pmatrix} \mathfrak{A}_0 & \mathfrak{B}_0 \\ \mathfrak{C}_0 & \mathfrak{D}_0 \end{pmatrix},$$

where

$$\mathfrak{A}_0 = \begin{pmatrix} 1 & * \\ 0 & \mathfrak{E} \end{pmatrix}, \quad \mathfrak{B}_0 = \begin{pmatrix} * & * \\ * & 0 \end{pmatrix}, \quad \mathfrak{C}_0 = \begin{pmatrix} 0 & * \\ 0 & 0 \end{pmatrix}, \quad \mathfrak{D}_0 = \begin{pmatrix} * & * \\ * & \mathfrak{E} \end{pmatrix}.$$

Since $\mathfrak{M}_0$ is symplectic, we have $\mathfrak{C}_0\mathfrak{D}'_0 = \mathfrak{D}_0\mathfrak{C}'_0$, whence $\mathfrak{C}_0 = 0$; moreover $\mathfrak{A}_0\mathfrak{D}'_0 = \mathfrak{E}$ and $\mathfrak{A}_0\mathfrak{B}'_0 = \mathfrak{B}_0\mathfrak{A}'_0$ so that $\mathfrak{A}_0 = \mathfrak{U}'$, $\mathfrak{D}_0 = \mathfrak{U}^{-1}$, $\mathfrak{B}_0 = \mathfrak{T}\mathfrak{U}^{-1}$ with

(119) $$\mathfrak{U} = \begin{pmatrix} 1 & 0 \\ \mathfrak{a} & \mathfrak{E} \end{pmatrix}, \quad \mathfrak{T} = \begin{pmatrix} b & \mathfrak{b}' \\ \mathfrak{b} & 0 \end{pmatrix}$$

and integral $\mathfrak{a}, \mathfrak{b}, b$.

On the other hand, if $\mathfrak{U}$ and $\mathfrak{T}$ are defined by (119) with arbitrary integral $\mathfrak{a}, \mathfrak{b}, b$, then

(120) $$\mathfrak{M}_0 = \begin{pmatrix} \mathfrak{U}' & \mathfrak{T}\mathfrak{U}^{-1} \\ 0 & \mathfrak{U}^{-1} \end{pmatrix}$$

is a modular matrix and $\mathfrak{M} = \mathfrak{M}_0\mathfrak{M}_2$ has again the form (118). It is obvious that the matrices $\mathfrak{M}_2$ constitute a group Δ_2 which is isomorphic to the homogeneous modular group of degree $n-1$ and is a subgroup of Δ_1. The left cosets of Δ_2 relative to Δ_1 are of the form $\mathfrak{M}_0\Delta_2$, where $\mathfrak{M}_0$ runs over all matrices defined by (119) and (120).

This result enables us to construct another fundamental domain of Δ_1. Let $\hat{\mathfrak{Z}} = (\mathfrak{A}_2\mathfrak{Z} + \mathfrak{B}_2)(\mathfrak{C}_2\mathfrak{Z} + \mathfrak{D}_2)^{-1}$ be the modular transformation with the matrix $\mathfrak{M}_2$. We decompose

$$\mathfrak{Z} = \begin{pmatrix} * & * \\ * & \mathfrak{Z}_1 \end{pmatrix}, \quad \hat{\mathfrak{Z}} = \begin{pmatrix} * & * \\ * & \hat{\mathfrak{Z}}_1 \end{pmatrix}$$

and obtain

$$\mathfrak{A}_2\mathfrak{Z} + \mathfrak{B}_2 = \begin{pmatrix} * & * \\ * & \mathfrak{A}_1\mathfrak{Z}_1 + \mathfrak{B}_1 \end{pmatrix}, \quad \mathfrak{C}_2\mathfrak{Z} + \mathfrak{D}_2 = \begin{pmatrix} 1 & 0 \\ * & \mathfrak{C}_1\mathfrak{Z}_1 + \mathfrak{D}_1 \end{pmatrix},$$

$$(\mathfrak{C}_2\mathfrak{Z} + \mathfrak{D}_2)^{-1} = \begin{pmatrix} 1 & 0 \\ * & (\mathfrak{C}_1\mathfrak{Z}_1 + \mathfrak{D}_1)^{-1} \end{pmatrix};$$

consequently $\hat{\mathfrak{Z}}_1 = (\mathfrak{A}_1\mathfrak{Z}_1 + \mathfrak{B}_1)(\mathfrak{C}_1\mathfrak{Z}_1 + \mathfrak{D}_1)^{-1}$ is the image of $\mathfrak{Z}_1$ under the modular transformation with the matrix $\mathfrak{M}_1$, of degree $n-1$. For any $\mathfrak{Z}$ in H, we determine $\mathfrak{M}_1$, such that $\hat{\mathfrak{Z}}_1$ lies in the fundamental domain F_1 of the modular group of degree $n-1$. Since we may replace $\mathfrak{M}_1$ by $-\mathfrak{M}_1$, there are always two different possibilities for the choice of the corresponding element $\mathfrak{M}_2$ of Δ_2.

We replace $\hat{\mathfrak{Z}}$ again by $\mathfrak{Z}$ and consider now the modular transformation $\hat{\mathfrak{Z}} = \mathfrak{Z}[\mathfrak{U}] + \mathfrak{T}$ with the matrix $\mathfrak{M}_0$. By (119),

$$\hat{\mathfrak{Z}}_1 = \mathfrak{Z}_1, \quad \hat{\mathfrak{Y}}^{-1} = \mathfrak{Y}^{-1}\begin{bmatrix} 1 & -\mathfrak{a}' \\ 0 & \mathfrak{E} \end{bmatrix}, \quad \hat{\mathfrak{X}} = \mathfrak{X}\begin{bmatrix} 1 & 0 \\ \mathfrak{a} & \mathfrak{E} \end{bmatrix} + \begin{pmatrix} b & \mathfrak{b}' \\ \mathfrak{b} & 0 \end{pmatrix},$$

where $\hat{\mathfrak{X}} + i\hat{\mathfrak{Y}} = \hat{\mathfrak{Z}}$. On account of the definition (77), the matrices $\mathfrak{Y}^{-1}$ and $\mathfrak{S}$ have the same first diagonal element p. Putting $\mathfrak{Y}^{-1} = (Y_{kl})$ and $\hat{\mathfrak{Y}}^{-1} = (\hat{Y}_{kl})$, we obtain $\hat{Y}_{1l} = Y_{1l} - pa_l$ $(l = 2, \cdots, n)$, where $a_2, \cdots, a_n$ denote the elements of $\mathfrak{a}$. We determine first $\mathfrak{a}$, such that $-(p/2) \leq \hat{Y}_{1l} \leq p/2$ $(l = 2, \cdots, n)$, and then $b, \mathfrak{b}$, such that the elements $\hat{x}_{1l}$ of the first row of $\hat{\mathfrak{X}}$ satisfy $-\frac{1}{2} \leq \hat{x}_{1l} \leq \frac{1}{2}$ $(l = 1, \cdots, n)$.

It follows that any point of H has, relative to Δ_1, an equivalent point in the domain defined by the conditions

$$(121) \qquad \mathfrak{Z}_1 \subset F_1, \qquad \begin{matrix} -(p/2) \leq Y_{1l} \leq p/2 & (l = 2, \cdots, n), \\ -\frac{1}{2} \leq x_{1l} \leq \frac{1}{2} & (l = 1, \cdots, n). \end{matrix}$$

On account of the ambiguity in the choice of $\mathfrak{M}_2$, this domain is not yet a fundamental domain of Δ_1. It is transformed into itself by the particular mapping $z_{1l} \to -z_{1l}$ $(l = 2, \cdots, n)$, $z_{11} \to z_{11}$, $\mathfrak{Z}_1 \to \mathfrak{Z}_1$, obtained from $\mathfrak{M}_1 = -\mathfrak{E}$, $\mathfrak{M}_0 = \mathfrak{E}$. By the additional condition

$$(122) \qquad Y_{12} \geq 0$$

together with (121), we obtain now a fundamental domain F^* of Δ_1.

In the special case $n = 1$, the condition (122) does not exist, and (121) reduces to $-\frac{1}{2} \leq x_{11} \leq \frac{1}{2}$.

44. By Lemma 6, the first element p of $\mathfrak{S}$ is invariant under all transformations of the group Δ_1. Since F_0 and F^* are both fundamental domains of Δ_1, we obtain

$$(123) \qquad \int_{F_0} f(\epsilon^2 l^2 p)\, dv = \int_{F^*} f(\epsilon^2 l^2 p)\, dv.$$

We use now the decomposition

$$\mathfrak{Y}^{-1} = \begin{pmatrix} p^{-1} & 0 \\ 0 & \mathfrak{Y}_1^{-1} \end{pmatrix}\begin{bmatrix} p & \mathfrak{y}' \\ 0 & \mathfrak{E} \end{bmatrix} = \begin{pmatrix} p & \mathfrak{y}' \\ \mathfrak{y} & \mathfrak{Y}_0 \end{pmatrix},$$

where

(124) $$\mathfrak{Y}_1^{-1} = \mathfrak{Y}_0 - p^{-1}\mathfrak{y}\mathfrak{y}'$$

and $\mathfrak{Y}_1$ denotes the imaginary part of $\mathfrak{Z}_1$. Introducing as new variables the elements η_{kl} $(1 \leq k \leq l \leq n-1)$ of $\mathfrak{Y}_1^{-1} = (\eta_{kl})$ instead of the elements Y_{kl} $(2 \leq k \leq l \leq n)$ of $\mathfrak{Y}_0$, we obtain, by (124),

(125) $$dv = \prod_{1 \leq k \leq l \leq n} (dx_{kl} dY_{kl})$$
$$= \prod_{2 \leq k \leq l \leq n} (dx_{kl} d\eta_{kl}) \prod_{l=1}^{n} (dx_{1l} dY_{1l}) = dv_1 \prod_{l=1}^{n} (dx_{1l} dY_{1l}),$$

where dv_1 is the symplectic volume element for $\mathfrak{Z}_1$ instead of $\mathfrak{Z}$; moreover $Y_{11} = p$.

Define $\eta_n = 1$ for $n = 1$ and $= 2$ for $n > 1$. By (111), (121), (122) and (125),

(126) $$\eta_n \int_{F^*} f(\epsilon^2 l^2 p)\, dv = V_{n-1} \int_0^\infty p^{n-1} f(\epsilon^2 l^2 p)\, dp$$
$$= V_{n-1}(\epsilon l)^{-2n} \int_0^1 x^{n-1} f(x)\, dx = V_{n-1}(\epsilon l)^{-2n},$$

where V_{n-1} is the volume $V(\Gamma_{n-1})$ of the fundamental domain F_1 for the modular group of degree $n-1$ and $V_0 = 1$. By (117), (123) and (126),

$$\psi(\epsilon) = 2\eta_n^{-1} V_{n-1} \zeta(2n),$$

independent of ϵ. Lemma 14 leads now to the recursion formula

$$V_n = 2\eta_n^{-1}(n-1)!\, \pi^{-n} \zeta(2n) V_{n-1},$$

whence

(127) $$V_n = 2 \prod_{k=1}^{n} \{(k-1)!\, \pi^{-k} \zeta(2k)\},$$

and Theorem 11 is proved.

45. By a well-known result of Euler,

$$2(2\pi)^{-2k} \zeta(2k) = \frac{B_{2k}}{(2k)!} \qquad (k = 1, 2, \cdots),$$

where B_{2k} is the absolute value of the Bernoulli numbers

$$B_2 = \frac{1}{6}, \quad -B_4 = -\frac{1}{30}, \quad B_6 = \frac{1}{42}, \quad -B_8 = -\frac{1}{30}, \cdots.$$

Thus we obtain the expression

$$V_n = 2^{n^2+1} \pi^{n(n+1)/2} \prod_{k=1}^{n} \left\{ \frac{(k-1)!}{(2k)!} B_{2k} \right\}$$

and in particular

$$V_1 = \frac{\pi}{3}, \quad V_2 = \frac{\pi^3}{270}, \quad V_3 = \frac{\pi^6}{127575}, \quad V_4 = \frac{\pi^{10}}{200930625}.$$

Consider now the congruence subgroup $\Gamma_n(p)$ of the modular group of degree n, defined by $\mathfrak{M} \equiv \mathfrak{E} \pmod{p}$, where p is a prime number. Its index has the value

(128) $$j_n(p) = \prod_{k=1}^{n} p^{2k-1}(p^{2k} - 1).$$

For $p \neq 2$, this group has no fixed point in H, by Theorem 10. *If* Theorem 5 still holds good for the non-compact fundamental domain of $\Gamma_n(p)$, then this open manifold has the Euler number

$$\chi = c_n(-\pi)^{-n(n+1)/2} V_n j_n(p).$$

We denote by $\chi_n(p)$ the right-hand side of this hypothetic formula. Using the values of c_1, c_2, c_3 given in Theorem 5, we find

$$c_1 V_1 = -\frac{\pi}{3!}, \qquad c_2 V_2 = -\frac{\pi^3}{6!}, \qquad c_3 V_3 = \frac{2\pi^6}{9!}$$

and consequently

$$\chi_1(p) = -\frac{1}{6} p(p^2 - 1), \quad \chi_2(p) = -\frac{1}{720} p^4(p^2 - 1)(p^4 - 1),$$
$$\chi_3(p) = \frac{2}{9!} p^9(p^2 - 1)(p^4 - 1)(p^6 - 1).$$

It is easily proved that these rational numbers are integers for all prime numbers p; in particular $\chi_1(2) = -1$, $\chi_2(2) = -1$, $\chi_3(2) = 8$.

46. Let $q = p^a$ $(a \geq 1)$ be a power of a prime number p. For any integral skew-symmetric matrix $\mathfrak{G}^{(2n)}$, we denote by $A_q(\mathfrak{G})$ the number of integral solutions $\mathfrak{L}$, modulo q, of the congruence

(129) $$\mathfrak{J}[\mathfrak{L}] \equiv \mathfrak{G} \pmod{q}.$$

In particular, $A_q(\mathfrak{J}) = E_q$ is the order of the homogeneous modular group modulo q, namely the number of incongruent solutions $\mathfrak{M}$ of

(130) $$\mathfrak{J}[\mathfrak{M}] \equiv \mathfrak{J} \pmod{q}.$$

It is known that $E_p = j_n(p)$ has the value (128), and more generally

$$E_q = q^{n(2n+1)} \prod_{k=1}^{n} (1 - p^{-2k}).$$

By (129) and (130), $\mathfrak{M}\mathfrak{L}$ is also a solution of (129); we call it equivalent to $\mathfrak{L}$, relative to the group of the $\mathfrak{M}$. Since there are exactly E_q matrices in each class of equivalent solutions, the number of different classes of solutions of (129) is $A_q(\mathfrak{G})/E_q$. On the other hand, the number of incongruent skew-symmetric matrices $\mathfrak{G}$ is $q^{n(2n-1)}$, and

$$\sum_{\mathfrak{G}} A_q(\mathfrak{G}) = q^{4n^2}$$

is the number of incongruent $\mathfrak{L}$. The average number of classes of solutions is therefore

$$(131) \qquad q^{-n(2n-1)} \sum_{\mathfrak{G}} \frac{A_q(\mathfrak{G})}{E_q} = \prod_{k=1}^{n} (1-p^{-2k})^{-1} = d_p,$$

independent of the exponent a.

By Euler's formula

$$\zeta(s) = \prod_p (1-p^{-s})^{-1}; \qquad (s>1),$$

the result (127) may be written

$$d_0 = \prod_p d_p,$$

where p runs over all prime numbers and

$$(132) \qquad d_0 = \tfrac{1}{2} V_n \prod_{k=1}^{n} \frac{\pi^k}{(k-1)!}.$$

Now the main formula in the analytic theory of quadratic forms suggests that d_0 can be defined independently as a density connected with the real solutions $\mathfrak{L}$ of the equation $\mathfrak{J}[\mathfrak{L}] = \mathfrak{G}$. We shall prove that d_0 has the value defined in (4); this is the statement of Theorem 12.

47. Let

$$\mathfrak{G} = \begin{pmatrix} \mathfrak{G}_1 & \mathfrak{G}_2 \\ -\mathfrak{G}'_2 & \mathfrak{G}_3 \end{pmatrix}$$

be a real skew-symmetric matrix and

$$(133) \qquad \mathfrak{F} = \begin{pmatrix} \mathfrak{E} & \mathfrak{E} \\ -i\mathfrak{E} & i\mathfrak{E} \end{pmatrix}, \qquad \frac{1}{2i}\,\mathfrak{G}\{\mathfrak{F}\} = \begin{pmatrix} \mathfrak{H}_1 & -\bar{\mathfrak{A}} \\ \mathfrak{A} & -\bar{\mathfrak{H}}_1 \end{pmatrix} = \mathfrak{K}_1;$$

then $\mathfrak{H}_1 = \tfrac{1}{2}(\mathfrak{G}_2 + \mathfrak{G}'_2) + \frac{1}{2i}(\mathfrak{G}_1 + \mathfrak{G}_3)$ is hermitian and $\mathfrak{A} = \tfrac{1}{2}(\mathfrak{G}_2 - \mathfrak{G}'_2) + \frac{1}{2i}(\mathfrak{G}_1 - \mathfrak{G}_3)$ is complex skew-symmetric. For $\mathfrak{G} = \mathfrak{J}$, we have $\mathfrak{H}_1 = \mathfrak{E}$ and $\mathfrak{A} = 0$. We choose a neighborhood G of $\mathfrak{G} = \mathfrak{J}$, such that $|\mathfrak{H}_1| \neq 0$ and that the characteristic roots $b_1, \cdots, b_m$ of the matrix

$$(134) \qquad \mathfrak{B} = -\bar{\mathfrak{A}}\bar{\mathfrak{H}}_1^{-1}\mathfrak{A}\mathfrak{H}_1^{-1}$$

are of absolute value < 1, for all $\mathfrak{G} \subset G$.

The series

$$(135) \qquad \mathfrak{W} = \sum_{k=0}^{\infty} \binom{\frac{1}{2}}{k} \mathfrak{V}^k$$

converges and satisfies the equation

$$\mathfrak{W}^2 = \mathfrak{E} + \mathfrak{V}.$$

The characteristic roots of the matrix $\mathfrak{E} + \mathfrak{W}$ are $1 + (1 + b_k)^{\frac{1}{2}} \neq 0$ $(k = 1, \cdots, n)$. We define

$$(136) \qquad \mathfrak{H} = \tfrac{1}{2}(\mathfrak{E} + \mathfrak{W})\mathfrak{H}_1;$$

then $|\mathfrak{H}| \neq 0$ and $|2\mathfrak{H} - \mathfrak{H}_1| \neq 0$.

LEMMA 16. *The matrix* $\mathfrak{H}$ *is hermitian and*

$$(137) \qquad \mathfrak{H} + \tfrac{1}{4}\bar{\mathfrak{A}}\bar{\mathfrak{H}}^{-1}\mathfrak{A} = \mathfrak{H}_1.$$

We have

$$\mathfrak{V}\bar{\mathfrak{A}} = -\bar{\mathfrak{A}}\bar{\mathfrak{H}}_1^{-1}\mathfrak{A}\mathfrak{H}_1^{-1}\bar{\mathfrak{A}} = \bar{\mathfrak{A}}\bar{\mathfrak{V}}' \quad \text{and} \quad \mathfrak{V}\mathfrak{H}_1 = -\bar{\mathfrak{A}}\bar{\mathfrak{H}}_1^{-1}\mathfrak{A} = \mathfrak{H}_1\bar{\mathfrak{V}}',$$

whence

$$\bar{\mathfrak{H}}' = \tfrac{1}{2}\mathfrak{H}_1(\mathfrak{E} + \bar{\mathfrak{W}}') = \tfrac{1}{2}(\mathfrak{E} + \mathfrak{W})\mathfrak{H}_1 = \mathfrak{H}$$

and

$$\begin{aligned}\tfrac{1}{2}\bar{\mathfrak{A}}\bar{\mathfrak{H}}^{-1}\mathfrak{A} = \bar{\mathfrak{A}}(\mathfrak{E} + \bar{\mathfrak{W}}')\bar{\mathfrak{H}}_1^{-1}\mathfrak{A} &= -(\mathfrak{E} + \mathfrak{W})^{-1}\mathfrak{V}\mathfrak{H}_1 \\ &= (\mathfrak{E} - \mathfrak{W})\mathfrak{H}_1 = 2\mathfrak{H}_1 - 2\mathfrak{H},\end{aligned}$$

q. e. d.

We define now

$$\mathfrak{K} = \begin{pmatrix} \mathfrak{H} & 0 \\ 0 & -\bar{\mathfrak{H}} \end{pmatrix}, \qquad \mathfrak{C} = \begin{pmatrix} \mathfrak{E} & -\tfrac{1}{2}\bar{\mathfrak{H}}^{-1}\mathfrak{A} \\ -\tfrac{1}{2}\mathfrak{H}^{-1}\bar{\mathfrak{A}} & \mathfrak{E} \end{pmatrix}$$

and obtain, by (133) and (137), $\mathfrak{K}\{\mathfrak{C}\} = \mathfrak{K}_1$ and

$$\mathfrak{C}\begin{pmatrix} \mathfrak{E} & \tfrac{1}{2}\bar{\mathfrak{H}}^{-1}\mathfrak{A} \\ \tfrac{1}{2}\mathfrak{H}^{-1}\bar{\mathfrak{A}} & \mathfrak{E} \end{pmatrix} = \begin{pmatrix} 2\mathfrak{E} - \bar{\mathfrak{H}}^{-1}\bar{\mathfrak{H}}_1 & 0 \\ 0 & 2\mathfrak{E} - \mathfrak{H}^{-1}\mathfrak{H}_1 \end{pmatrix},$$

whence in particular $|\mathfrak{C}| \neq 0$.

48. We consider now the set L of real matrices $\mathfrak{L}$ satisfying $\mathfrak{S}[\mathfrak{L}] = \mathfrak{G} \subset G$. Putting

$$(138) \qquad \mathfrak{L}\mathfrak{F} = \mathfrak{B}_1 = \begin{pmatrix} \mathfrak{P}_1 & \bar{\mathfrak{P}}_1 \\ \mathfrak{Q}_1 & \bar{\mathfrak{Q}}_1 \end{pmatrix}, \qquad \mathfrak{B}_1\mathfrak{C}^{-1} = \begin{pmatrix} \mathfrak{P} & \bar{\mathfrak{P}} \\ \mathfrak{Q} & \bar{\mathfrak{Q}} \end{pmatrix} = \mathfrak{B},$$

we have

$$\frac{1}{2i}\mathfrak{S}\{\mathfrak{B}\} = \frac{1}{2i}\mathfrak{G}\{\mathfrak{F}\mathfrak{C}^{-1}\} = \mathfrak{K}_1\{\mathfrak{C}^{-1}\} = \mathfrak{K}$$

and consequently

$$(139) \qquad \frac{1}{2i}(\mathfrak{P}'\bar{\mathfrak{Q}} - \mathfrak{Q}'\bar{\mathfrak{P}}) = \mathfrak{H}, \qquad \mathfrak{P}'\mathfrak{Q} - \mathfrak{Q}'\mathfrak{P} = 0;$$

moreover

$$\mathfrak{P}_1 = \mathfrak{P} - \tfrac{1}{2}\bar{\mathfrak{P}}\mathfrak{H}^{-1}\bar{\mathfrak{A}}, \qquad \mathfrak{Q}_1 = \mathfrak{Q} - \tfrac{1}{2}\bar{\mathfrak{Q}}\mathfrak{H}^{-1}\bar{\mathfrak{A}}.$$

By (133), (134), (135), (136) and (137), the neighborhood G of $\mathfrak{G} = \mathfrak{J}$ is mapped onto a neighborhood G^* of $\mathfrak{H} = \mathfrak{E}$, $\mathfrak{A} = 0$ in the $(\mathfrak{H}, \mathfrak{A})$ space. Since $|\mathfrak{H}| \neq 0$, we have $\mathfrak{H} > 0$. By (139), $|\mathfrak{Q}| \neq 0$ and

$$\mathfrak{P}\mathfrak{Q}^{-1} = \mathfrak{Z} = \mathfrak{X} + i\mathfrak{Y}$$

is a point of H with the imaginary part $\mathfrak{Y} = \mathfrak{H}\{\mathfrak{Q}^{-1}\}$. Then

$$(140) \qquad \mathfrak{P}_1 = (\mathfrak{Z} - \tfrac{1}{2}\bar{\mathfrak{Z}}\mathfrak{Y}^{-1}\bar{\mathfrak{A}}[\mathfrak{Q}^{-1}])\mathfrak{Q}, \quad \mathfrak{Q}_1 = (\mathfrak{E} - \tfrac{1}{2}\mathfrak{Y}^{-1}\bar{\mathfrak{A}}[\mathfrak{Q}^{-1}])\mathfrak{Q}.$$

It follows, from (138) and (140), that L is mapped onto the set L^* of the $(\mathfrak{Z}, \mathfrak{Q}, \mathfrak{A})$ space defined by the conditions $\mathfrak{Z} \subset H$, $(\mathfrak{Y}\{\mathfrak{Q}\}, \mathfrak{A}) \subset G^*$.

If

$$\mathfrak{M} = \begin{pmatrix} \mathfrak{M}_1 & \mathfrak{M}_2 \\ \mathfrak{M}_3 & \mathfrak{M}_4 \end{pmatrix}$$

is any modular matrix, then the mapping

$$(141) \qquad \mathfrak{Z} \to (\mathfrak{M}_1\mathfrak{Z} + \mathfrak{M}_2)(\mathfrak{M}_3\mathfrak{Z} + \mathfrak{M}_4)^{-1}, \qquad \mathfrak{Q} \to (\mathfrak{M}_3\mathfrak{Z} + \mathfrak{M}_4)\mathfrak{Q}$$

transforms L^* into itself and leaves every point of G^* invariant. We restrict now $\mathfrak{Z}$ to the fundamental domain F of the modular group Γ. Since the particular mapping with $\mathfrak{M} = -\mathfrak{E}$ leaves $\mathfrak{Z}$ invariant and changes $\mathfrak{Q}$ into $-\mathfrak{Q}$, we obtain in L^* a fundamental domain L^*_0 for all mappings (141), if we impose on $\mathfrak{Q}$ a linear homogeneous condition, e. g., $\sigma(\mathfrak{Q} + \bar{\mathfrak{Q}}) \geq 0$; then L^*_0 is defined by $\mathfrak{Z} \subset F$, $(\mathfrak{Y}\{\mathfrak{Q}\}, \mathfrak{A}) \subset G^*$, $\sigma(\mathfrak{Q} + \bar{\mathfrak{Q}}) \geq 0$. Let L_0 be the corresponding domain in L. Obviously L_0 is a fundamental domain in L relative to the homogeneous modular group Γ_0, such that the images of L_0 under the mappings $\mathfrak{L} \to \mathfrak{M}\mathfrak{L}$ cover L completely without gaps and overlappings.

Denote by $v(L_0)$ the euclidean volume of L_0, the elements of $\mathfrak{L}$ being considered as rectangular cartesian coördinates, and by $v(G)$ the euclidean volume of G, where the elements of the skew-symmetric matrix $\mathfrak{G} = \mathfrak{J}[\mathfrak{L}]$ above the diagonal are the coördinates. Theorem 12 asserts that

$$(142) \qquad \lim_{G \to \mathfrak{J}} \frac{v(L_0)}{v(G)} = d_0,$$

if G runs over any sequence of neighborhoods tending to the single point $\mathfrak{J}$, with the value d_0 defined in (132). Obviously the left-hand side of (142) is the analogue of the expression in (131), for the real valuation instead of the p-adic valuation.

49. In order to simplify the notation, we introduce cartesian coördinates for a matrix $\mathfrak{T}^{(m)} = (t_{kl})$ in the following way: If $\mathfrak{T}$ is arbitrarily real, we choose the m^2 coördinates t_{kl} $(k, l = 1, \cdots, m)$; if $\mathfrak{T}$ is symmetric, we take the $\frac{1}{2}m(m+1)$ coördinates t_{kl} $(1 \leq k \leq l \leq m)$; if $\mathfrak{T}$ is skew-symmetric, we take the $\frac{1}{2}m(m-1)$ coördinates t_{kl} $(1 \leq k < l \leq m)$. If $\mathfrak{T}$ is complex, we split

$$\mathfrak{T} = \mathfrak{T}_1 + i\mathfrak{T}_2, \qquad \mathfrak{T}_1 = \tfrac{1}{2}(\mathfrak{T} + \bar{\mathfrak{T}}), \qquad \mathfrak{T}_2 = \frac{1}{2i}(\mathfrak{T} - \bar{\mathfrak{T}}),$$

and proceed in the same manner with the real part $\mathfrak{T}_1$ and the imaginary part $\mathfrak{T}_2$. In particular, a hermitian matrix $\mathfrak{T}$ has then the m^2 coördinates

$$t_{kk}\ (k = 1, \cdots, m), \quad \tfrac{1}{2}(t_{kl} + \bar{t}_{kl}), \quad \frac{1}{2i}(t_{kl} - \bar{t}_{kl}) \qquad (1 \leq k < l \leq m).$$

In all these cases, we denote by $d\mathfrak{T}$ the euclidean volume element in the space of the coördinates of $\mathfrak{T}$.

By (133), (138) and (140), we have

$$v(L_0) = \int_{L_0} d\mathfrak{L}, \qquad d\mathfrak{L} = d\mathfrak{P}_1 d\mathfrak{Q}_1 = |\,\mathfrak{Q}_1\bar{\mathfrak{Q}}_1\,|^n\, d\mathfrak{R}\, d\mathfrak{Q}_1$$

with

$$\mathfrak{R} = \mathfrak{P}_1\mathfrak{Q}_1^{-1} = (\mathfrak{Z} + \tfrac{1}{2}\mathfrak{Z}\mathfrak{Y}^{-1}\bar{\mathfrak{A}}[\mathfrak{Q}^{-1}])(\mathfrak{E} - \tfrac{1}{2}\mathfrak{Y}^{-1}\bar{\mathfrak{A}}[\mathfrak{Q}^{-1}])^{-1}.$$

In a sufficiently small neighborhood of $\mathfrak{A} = 0$, the power series

$$\mathfrak{R} = \mathfrak{Z} - i\bar{\mathfrak{A}}[\mathfrak{Q}^{-1}] + \cdots$$

converges, whence

$$d\mathfrak{R} \sim 2^{n(n-1)}\,|\,\mathfrak{Q}\bar{\mathfrak{Q}}\,|^{1-n}\, d\mathfrak{Z}\, d\mathfrak{A}, \qquad d\mathfrak{Q}_1 \sim d\mathfrak{Q} \qquad (\mathfrak{A} \to 0).$$

It follows that

$$v(L_0) \sim 2^{n(n-1)} \int_{L^*_0} |\,\mathfrak{Q}\bar{\mathfrak{Q}}\,|\, d\mathfrak{X}\, d\mathfrak{Y}\, d\mathfrak{Q}\, d\mathfrak{A} \qquad (G \to \mathfrak{J}).$$

We choose a real matrix $\mathfrak{C}_1^{(n)}$, such that $\mathfrak{C}'_1\mathfrak{C}_1 = \mathfrak{Y}$. Then the condition $\mathfrak{Y}\{\mathfrak{Q}\} = \mathfrak{H}$ is replaced by $\mathfrak{Q}'_2\bar{\mathfrak{Q}}_2 = \mathfrak{H}$ with $\mathfrak{Q}_2 = \mathfrak{C}_1\mathfrak{Q}$. Since

$$d\mathfrak{Q}_2 = |\,\mathfrak{C}_1\,|^{2n}\, d\mathfrak{Q} = |\,\mathfrak{Y}\,|^n\, d\mathfrak{Q}, \qquad |\,\mathfrak{Q}\bar{\mathfrak{Q}}\,| = |\,\mathfrak{Q}_2\bar{\mathfrak{Q}}_2\,|\ |\,\mathfrak{Y}\,|^{-1},$$

we obtain

$$(143)\quad v(L_0) \sim 2^{n(n-1)} \int_F |\,\mathfrak{Y}\,|^{-n-1}\, d\mathfrak{X}\, d\mathfrak{Y} \cdot \tfrac{1}{2} \int_{(\mathfrak{Q}'_2\bar{\mathfrak{Q}}_2,\, \mathfrak{A}) \subset G^*} |\,\mathfrak{Q}_2\bar{\mathfrak{Q}}_2\,|\, d\mathfrak{Q}_2\, d\mathfrak{A} \quad (G \to \mathfrak{J}).$$

On the other hand, by (133) and (136),

$$v(G) = \int_G d\mathfrak{G}, \qquad d\mathfrak{G} = d\mathfrak{G}_1 d\mathfrak{G}_2 d\mathfrak{G}_3 = 2^{n(n-1)} d\mathfrak{H}_1 d\mathfrak{A},$$

$$d\mathfrak{H}_1 \sim d\mathfrak{H} \qquad (G \to \mathfrak{J});$$

hence

$$(144) \qquad v(G) \sim 2^{n(n-1)} \int_{(\mathfrak{H}, \mathfrak{A}) \subset G^*} d\mathfrak{H} d\mathfrak{A}.$$

The first integral in (143) has the value $V_m = V(\Gamma)$. By (132), (143) and (144), the proof of (142) is reduced to the proof of the following lemma.

LEMMA 17. *Let H_1 be a domain in the space of the positive hermitian matrices and $\mathfrak{H}^* > 0$; then*

$$(145) \qquad \int_{\mathfrak{H}^*\{\mathfrak{Q}\} \subset H_1} d\mathfrak{Q} = c_n \,|\, \mathfrak{H}^* \,|^{-n} \int_{\mathfrak{H} \subset H_1} d\mathfrak{H}, \qquad c_n = \prod_{k=1}^{n} \frac{\pi^k}{(k-1)!}.$$

We determine a matrix $\mathfrak{C}^*$ satisfying $\mathfrak{H}^*\{\mathfrak{C}^*\} = \mathfrak{E}$ and replace $\mathfrak{Q}$, $d\mathfrak{Q}$ by $\mathfrak{C}^*\mathfrak{Q}$, $|\, \mathfrak{C}^*\bar{\mathfrak{C}}^* \,|^n d\mathfrak{Q}$. Then we have only to prove (145) in the special case $\mathfrak{H}^* = \mathfrak{E}$.

We apply induction and assume first $n > 1$. Let $\mathfrak{Q}_0$ be a matrix having the same first column $\mathfrak{q}$ as $\mathfrak{Q}$ and $|\, \mathfrak{Q}_0 \,| \neq 0$; then

$$\mathfrak{Q} = \mathfrak{Q}_0 \begin{pmatrix} 1 & \mathfrak{t}' \\ 0 & \mathfrak{T} \end{pmatrix},$$

$$d\mathfrak{Q} = |\, \mathfrak{Q}_0 \bar{\mathfrak{Q}}_0 \,|^{n-1} d\mathfrak{q} d\mathfrak{t} d\mathfrak{T}.$$

Introducing

$$\mathfrak{Q}'_0 \bar{\mathfrak{Q}}_0 = \mathfrak{H}_0 = \begin{pmatrix} h & \bar{\mathfrak{d}}'_0 \\ \mathfrak{d}_0 & \mathfrak{D}_0 \end{pmatrix} = \begin{pmatrix} h & 0 \\ 0 & \mathfrak{R}_0 \end{pmatrix} \left\{ \begin{matrix} 1 & h^{-1}\bar{\mathfrak{d}}'_0 \\ 0 & \mathfrak{E} \end{matrix} \right\},$$

$$(146) \qquad \mathfrak{Q}' \bar{\mathfrak{Q}} = \mathfrak{H} = \begin{pmatrix} h & \bar{\mathfrak{d}}' \\ \mathfrak{d} & \mathfrak{D} \end{pmatrix} = \begin{pmatrix} h & 0 \\ 0 & \mathfrak{R} \end{pmatrix} \left\{ \begin{matrix} 1 & h^{-1}\bar{\mathfrak{d}}' \\ 0 & \mathfrak{E} \end{matrix} \right\},$$

we have

$$(147) \qquad \begin{aligned} &h = \mathfrak{q}'\bar{\mathfrak{q}}, \quad \mathfrak{R} = \mathfrak{D} - h^{-1}\mathfrak{d}\bar{\mathfrak{d}}', \\ &h \,|\, \mathfrak{R}_0 \,| = |\, \mathfrak{H}_0 \,| = |\, \mathfrak{Q}_0 \bar{\mathfrak{Q}}_0 \,|, \quad \mathfrak{R} = \mathfrak{R}_0\{\mathfrak{T}\}, \quad \mathfrak{d} = \mathfrak{T}'\mathfrak{d}_0 + h\mathfrak{t}. \end{aligned}$$

We replace $\mathfrak{t}$ by the new variable $\mathfrak{d}$ and obtain

$$dt = h^{2-2n} d\mathfrak{d},$$

$$d\mathfrak{Q} = |\, \mathfrak{Q}_0 \bar{\mathfrak{Q}}_0 \,|^{n-1} h^{2-2n} d\mathfrak{q} d\mathfrak{d} d\mathfrak{T}.$$

Using (145) with $n-1$, $\mathfrak{R}_0$, $\mathfrak{T}$, $\mathfrak{R}$ instead of n, $\mathfrak{H}^*$, $\mathfrak{Q}$, $\mathfrak{H}$, we find

$$(148) \qquad \int_{\mathfrak{Q}'\bar{\mathfrak{Q}} \subset H_1} d\mathfrak{Q} = c_{n-1} \int |\, \mathfrak{Q}_0 \bar{\mathfrak{Q}}_0 \,|^{n-1} h^{2-2n} \,|\, \mathfrak{R}_0 \,|^{1-n} d\mathfrak{q} d\mathfrak{d} d\mathfrak{R},$$

where the domain of integration for the variables $\mathfrak{q}$, $\mathfrak{d}$, $\mathfrak{N}$ is given by (146), (147) and the condition $\mathfrak{H} \subset H_1$. We take the new variable $\mathfrak{D}$ instead of $\mathfrak{N}$, with $d\mathfrak{D} = d\mathfrak{N}$, and perform the integration over $\mathfrak{q}$, for fixed values of $\mathfrak{d}$ and $\mathfrak{D}$. Now

$$\int_{\mathfrak{q}'\bar{\mathfrak{q}} \leq g} d\mathfrak{q} = J(g) = \frac{\pi^n}{n!} g^n; \qquad (g > 0),$$

whence

(149) $$\int_{h_1 \leq h \leq h_2} h^{1-n} d\mathfrak{q} = \int_{h_1}^{h_2} h^{1-n} \frac{dJ(h)}{dh}\, dh = \frac{\pi^n}{(n-1)!} \int_{h_1}^{h_2} dh.$$

But

$$| \mathfrak{Q}_0 \bar{\mathfrak{Q}}_0 |^{n-1} h^{2-2n} | \mathfrak{N}_0 |^{1-n} = h^{1-n}, \qquad c_{n-1} \frac{\pi^n}{(n-1)!} = c_n$$

and consequently, by (148) and (149),

(150) $$\int_{\mathfrak{Q}'\bar{\mathfrak{Q}} \subset H_1} d\mathfrak{Q} = c_n \int_{\mathfrak{H} \subset H_1} d\mathfrak{H}.$$

It remains to prove (150) in the case $n = 1$. Then it is contained in formula (149) which holds good also in this case.

50. The relationship

$$d_0 = \prod_p d_p$$

constitutes another example of the " integral formulae " of analytic number theory which appear in the theory of class fields and in the theory of quadratic forms. The formula also holds good in the case of an arbitrary group $\Delta(\mathfrak{G}, \mathfrak{H})$, if the densities d_0 and d_p are defined in an analogous manner. But we do not go into detail since the proof of this statement depends upon the analytic theory of hermitian forms, of which no complete account has hitherto been given.

We proved in Section **31**, that the matrix $\mathfrak{Y}^{-1}$ is bounded in the fundamental domain F of the modular group. Theorem 11 may be used for an estimation of the maximum μ_n of $|\mathfrak{Y}|^{-1}$ in F. It follows from (80), (90) and (91), that F is contained in the domain F_1 defined by the conditions

$$|\mathfrak{Y}|^{-1} \leq \mu_n, \quad \mathfrak{Y}^{-1} \subset R, \quad -\tfrac{1}{2} \leq x_{kl} \leq \tfrac{1}{2} \qquad (1 \leq k \leq l \leq n),$$

where R is the Minkowski domain of Section **29**. Consequently the symplectic volume of F_1 is equal to the euclidean volume of that part of R which is defined by $|\mathfrak{T}| \leq \mu_n$, $\mathfrak{T} \subset R$. By an important result of Minkowski, this volume is

(151) $$\frac{2}{n+1} \mu_n^{(n+1)/2} \prod_{k=2}^{n} \left\{\pi^{-k/2} \Gamma\left(\frac{k}{2}\right) \zeta(k)\right\}.$$

Hence this number is an upper bound of V_n. Using (127), we obtain the estimation

$$(152) \qquad \mu_n \geq \nu_n, \qquad \nu_n^{(n+1)/2} = \frac{n+1}{6}\pi \prod_{k=2}^{n} \left\{ \pi^{-k/2} \frac{\Gamma(k)\zeta(2k)}{\Gamma(k/2)\zeta(k)} \right\}$$

and in particular

$$\mu_1 \geq \frac{\pi}{3}, \qquad \mu_2^{3/2} \geq \frac{\pi^2}{30}, \qquad \mu_3^2 \geq \frac{8\pi^6}{42525\zeta(3)},$$

the exact value of μ_1 being $2/3^{1/2}$. By Stirling's formula, for $n \to \infty$,

$$\log \nu_n = \frac{n}{2}\left(\log \frac{2n}{\pi} - \frac{3}{2}\right) + O(1); \quad \log \mu_n > \frac{n}{2} \log n + O(n).$$

This proves that μ_n increases rapidly, as a function of n.

Let now $\mathfrak{Z} = \mathfrak{X} + i\mathfrak{Y}$ be an arbitrary point of H and let $\mathfrak{Z}^* = \mathfrak{X}^* + i\mathfrak{Y}^* = (\mathfrak{A}\mathfrak{Z} + \mathfrak{B})(\mathfrak{C}\mathfrak{Z} + \mathfrak{D})^{-1}$ be the image of $\mathfrak{Z}$ under any modular transformation. By Section **30**, the expression

$$|\mathfrak{Y}^*|^{-1} = |\mathfrak{Y}|^{-1} \operatorname{abs} (\mathfrak{C}\mathfrak{Z} + \mathfrak{D})^2$$

has its minimum value, if and only if $\mathfrak{Z}^*$ lies in F. Hence μ_n is the maximum of these minima, for the set of all $\mathfrak{Z}$ in H. A fortiori, there exists a matrix $\mathfrak{Z}$ in H, such that the inequality

$$\operatorname{abs} (\mathfrak{C}\mathfrak{Z} + \mathfrak{D})^2 \geq \nu_n |\mathfrak{Y}|$$

holds for all second matrix rows $(\mathfrak{C}\mathfrak{D})$ of modular matrices, where ν_n is the number defined in (152). Writing $\mathfrak{Z} = \mathfrak{P}\mathfrak{Q}^{-1}$, we have

$$\mathfrak{P}'\mathfrak{Q} - \mathfrak{Q}'\mathfrak{P} = 0, \quad \frac{1}{2i}(\mathfrak{P}'\bar{\mathfrak{Q}} - \mathfrak{Q}'\bar{\mathfrak{P}}) > 0$$

and

$$\operatorname{abs} (\mathfrak{C}\mathfrak{P} + \mathfrak{D}\mathfrak{Q})^2 \geq \nu_n \left| \frac{1}{2i}(\mathfrak{P}'\bar{\mathfrak{Q}} - \mathfrak{Q}'\bar{\mathfrak{P}}) \right|.$$

IX. COMMENSURABLE GROUPS.

51. We proved in Chapter V that the group $\Delta_0(\mathfrak{G}, \mathfrak{H})$ is commensurable with $\Delta_0(r, s)$. In order to demonstrate Theorem 13, we have now to discuss the necessary and sufficient conditions for the commensurability of two groups $\Delta_0(r, s)$ and $\Delta_0(r_1, s_1)$. We assumed that the numbers r and s are integers of the totally real field K; all conjugates of s except s itself are negative, whereas r is totally positive. Obviously s generates the field K. The numbers r_1 and s_1 have the same properties with respect to the totally real field K_1.

With the groups $\Delta_0(r, s)$ and $\Delta_0(r_1, s_1)$ we associate the two quadratic forms

$$Q(r, s) = rsx^2 - ry^2 + sz^2 \quad \text{and} \quad Q(r_1, s_1) = r_1 s_1 x_1^2 - r_1 y_1^2 + s_1 z_1^2$$

in 3 variables.

LEMMA 18. *If $Q(r, s)$ and $Q(r_1, s_1)$ are equivalent in K, then $K = K_1$ and the groups $\Delta_0(r, s)$, $\Delta_0(r_1, s_1)$ are commensurable.*

Under the assumption of the lemma, s_1 is certainly a number of K; therefore $K_1 \subset K$. Since all conjugates of $Q(r, s)$ are negative definite except $Q(r, s)$ itself, the same holds good for $Q(r_1, s_1)$ considered as a quadratic form in K; consequently s_1 is also a generating number of K and $K = K_1$.

Using the quaternion units $\epsilon_0, \epsilon_1, \epsilon_2, \epsilon_3$ defined in (74), we have $Q(r, s)\epsilon_0 = (x\epsilon_1 + y\epsilon_2 + z\epsilon_3)^2$. Let $\mathfrak{F} = (f_{kl})$ be the matrix of the linear substitution transforming $Q(r, s)$ into $Q(r_1, s_1)$ and let

$$\eta_k = \sum_{l=1}^{3} f_{lk}\epsilon_l \qquad (k = 1, 2, 3).$$

Then

$$\eta_1^2 = r_1 s_1 \epsilon_0, \quad \eta_2^2 = -r_1\epsilon_0, \quad \eta_3^2 = s_1\epsilon_0, \quad \eta_k\eta_l = -\eta_l\eta_k \quad (1 \leq k < l \leq 3)$$

and consequently there exists a real matrix $\mathfrak{L}^{(2)}$ satisfying

$$|\mathfrak{L}| = 1, \qquad \mathfrak{L}^{-1}\eta_k\mathfrak{L} = \omega_k \qquad (k = 1, 2, 3),$$

$$\omega_1 = \sqrt{r_1 s_1}\begin{pmatrix} 1 & 0 \\ 0 & -1 \end{pmatrix}, \qquad \omega_2 = \pm\sqrt{r_1}\begin{pmatrix} 0 & 1 \\ -1 & 0 \end{pmatrix}, \qquad \omega_3 = \pm\sqrt{s_1}\begin{pmatrix} 0 & 1 \\ 1 & 0 \end{pmatrix}.$$

The elements of $\Delta_0(r, s)$ are defined by

$$\mathfrak{M} = \sum_{k=0}^{3} \mathfrak{A}_k \times \epsilon_k, \qquad \mathfrak{J}[\mathfrak{M}] = \mathfrak{J},$$

with integral $\mathfrak{A}_k$ $(k = 0, \cdots, 3)$ in K. Putting

$$(153) \qquad (\mathfrak{E}^{(n)} \times \mathfrak{F}^{-1})(\mathfrak{A}_1\mathfrak{A}_2\mathfrak{A}_3)' = (\mathfrak{B}_1\mathfrak{B}_2\mathfrak{B}_3)', \qquad \mathfrak{E}^{(n)} \times \mathfrak{L} = \mathfrak{R},$$

we obtain

$$\mathfrak{M} = \mathfrak{A}_0 \times \epsilon_0 + \sum_{k=1}^{3} \mathfrak{B}_k \times \eta_k = \mathfrak{R}\mathfrak{M}_1\mathfrak{R}^{-1}$$

with

$$(154) \qquad \mathfrak{M}_1 = \mathfrak{A}_0 \times \epsilon_0 + \sum_{k=1}^{3} \mathfrak{B}_k \times \omega_k,$$

and $\mathfrak{R}$ is symplectic.

Let q be an even positive rational integer, such that the matrix $q\mathfrak{F}^{-1}/2rs$ is integral. If $\mathfrak{M} \equiv \mathfrak{E} \pmod{q}$, then $\mathfrak{A}_0 + \sqrt{rs}\mathfrak{A}_1 \equiv \mathfrak{E}$, $\mathfrak{A}_0 - \sqrt{rs}\mathfrak{A}_1 \equiv \mathfrak{E}$,

$\sqrt{r}\mathfrak{A}_2 + \sqrt{s}\mathfrak{A}_3 \equiv 0$, $-\sqrt{r}\mathfrak{A}_2 + \sqrt{s}\mathfrak{A}_3 \equiv 0$; hence $\mathfrak{A}_0$ is integral and $\mathfrak{A}_k \equiv 0 \pmod{q/2rs}$ $(k = 1, 2, 3)$. By (153) and (154), $\mathfrak{B}_k$ is also integral and $\mathfrak{M}_1 = \mathfrak{K}^{-1}\mathfrak{M}\mathfrak{K}$ is an element of the group $\Delta_0(r_1, s_1)$. Consider now in $\Delta_0(r, s)$ the subgroup of all $\mathfrak{M}$, such that $\mathfrak{M}_1$ is contained in $\Delta_0(r_1, s_1)$. Since this subgroup Δ^*_0 contains the congruence subgroup of $\Delta_0(r, s)$, for the module q, it is of finite index in $\Delta_0(r, s)$. On the other hand, $\mathfrak{K}^{-1}\Delta^*_0\mathfrak{K}$ consists of all $\mathfrak{M}_1$ in $\Delta_0(r_1, s_1)$, such that $\mathfrak{M} = \mathfrak{K}\mathfrak{M}_1\mathfrak{K}^{-1}$ is an element of $\Delta_0(r, s)$; hence the same argument shows that $\mathfrak{K}^{-1}\Delta^*_0\mathfrak{K}$ is a subgroup of finite index in $\Delta_0(r_1, s_1)$. It follows that $\Delta_0(r, s)$ and $\Delta_0(r_1, s_1)$ are commensurable.

52. On account of Lemma 18, the condition of Theorem 13 is sufficient for the commensurability of $\Delta_0(r, s)$ and $\Delta_0(r_1, s_1)$. It remains to prove that this condition is also necessary, which is a little more difficult.

LEMMA 19. *Let a and b be two numbers of K, $ab \neq 0$ and K_0 an arbitrary algebraic number field. There exists an integral number t in K, such that $at^2 - b$ is not the square of a number of K_0 and $a(at^2 - b)$ is totally positive.*

We may obviously assume that a, b are integral and $K \subset K_0$. We choose in K a prime ideal λ having the following 3 properties: λ is not divisible by the square of a prime ideal of K_0, i. e., λ is not a factor of the relative discriminant of K_0 with respect to K; $2ab$ is not divisible by λ; ab is a quadratic residue modulo λ in K. Then there exists an integer t in K, such that $at^2 - b$ is divisible by λ, but not by λ^2, and that, moreover, $a(at^2 - b)$ is totally positive. Since $at^2 - b$ is divisible by exactly the first power of a prime ideal in K_0, it cannot be a square number in K_0.

LEMMA 20. *There exists a quadratic form $Q(r_0, s_0)$ equivalent with $Q(r, s)$ in K and a quadratic form $Q(r_2, s_2)$ equivalent with $Q(r_1, s_1)$ in K_1, such that the field $K^*(\sqrt{r_0}, \sqrt{s_0}, \sqrt{r_2}, \sqrt{s_2})$ has the degree 16 relative to K^*, where K^* is the union of the fields K and K_1.*

Using Lemma 19, we choose an integral number t in K, such that $rt^2 - s = r_0$ is totally positive and no square in K^*. Then the quadratic form $Q(r, s) = rsx^2 - ry^2 + sz^2$ is equivalent with $rsx^2 - r_0y^2 + r_0rsz^2$ in K. Applying again Lemma 19, we construct an integer u in K, such that $r_0rsu^2 + rs = s_0$ is no square in $K^*(\sqrt{r_0})$ and ss_0 is totally positive. Then $Q(r, s)$ is equivalent with $Q(r_0, s_0)$ in K and the field $K^*(\sqrt{r_0}, \sqrt{s_0})$ has the degree 4 relative to K^*. We complete the proof of the lemma by using the same argument for $Q(r_1, s_1)$, K_1, $K^*(\sqrt{r_0}, \sqrt{s_0})$ instead of $Q(r, s)$, K, K^*.

By Lemmata 18 and 20, we can assume for the rest of the proof of Theorem 13, that $K^*(\sqrt{r}, \sqrt{s}, \sqrt{r_1}, \sqrt{s_1})$ has the degree 16 relative to the union K^* of K and K_1.

LEMMA 21. *Let G_1 be a subgroup of another group G, of finite index j. For any element A of G, there exists a positive rational integer $g \leq j$, such that A^g is an element of G_1.*

Let $G_1, G_2, \cdots, G_j$ be the right cosets of G_1 relative to G and consider the $j+1$ powers A^k $(k=0, \cdots, j)$. Then two of these powers A^k and A^l $(0 \leq k < l \leq j)$ lie in the same coset, and A^g, with $g = l - k$, is an element of G_1, q. e. d.

53. LEMMA 22. *Let Δ^* be a subgroup of $\Delta_0(r, s)$ of finite index. Then there exists in Δ^* a diagonal matrix $\mathfrak{P}$, such that all diagonal elements of $\mathfrak{P}$ are different one from another and that no conjugate of $\mathfrak{P}$, different from $\mathfrak{P}$ and $\mathfrak{P}^{-1}$, has a diagonal element in common with $\mathfrak{P}$.*

Let h be the degree of the field K with the conjugates $K^{(1)}, \cdots, K^{(h)}$ and $K^{(1)} = K$. The number of algebraic fundamental units in K is $h-1$. The field $K(\sqrt{rs})$ has the degree $2h$; since it has 2 real conjugates and $h-1$ pairs of conjugate complex conjugates, the number of algebraic fundamental units in $K(\sqrt{rs})$ is h. Consequently there exists an algebraic unit $\lambda = a + b\sqrt{rs}$, where a and b are numbers of K, such that no power λ^q $(q = \pm 1, \pm 2, \cdots)$ is a number of K.

Denoting by N the norm relative to K, we have $N(\lambda) = a^2 - rsb^2 = c$, where c is an algebraic unit in K, and $N(c^{-1}\lambda^2) = 1$. We replace $c^{-1}\lambda^2$ again by λ; then λ is an algebraic unit in $K(\sqrt{rs})$, no power λ^q $(q = \pm 1, \pm 2, \cdots)$ is a number of K, and $N(\lambda) = 1$, $\lambda^{-1} = a - b\sqrt{rs}$. By Fermat's theorem, we may, moreover, assume $\lambda \equiv 1 \pmod{2\sqrt{rs}}$; hence a and b are integers of K.

Let $q_1, \cdots, q_n$ be different positive rational integers and let

$$\mathfrak{P}_1 = [\lambda^{q_1}, \cdots, \lambda^{q_n}].$$

Then the matrix

$$\mathfrak{P} = \begin{pmatrix} \mathfrak{P}_1 & 0 \\ 0 & \mathfrak{P}_1^{-1} \end{pmatrix} = \tfrac{1}{2}(\mathfrak{P}_1 + \mathfrak{P}_1^{-1}) \times \epsilon_0 + \frac{1}{2\sqrt{rs}} (\mathfrak{P}_1 - \mathfrak{P}_1^{-1}) \times \epsilon_1$$

is an element of the group $\Delta_0(r,s)$. By Lemma 21, a certain power $\mathfrak{P}^g$ with positive exponent g lies in the subgroup Δ^*. Replacing gq_k $(k=1,\cdots,n)$ by q_k, we may assume that already $\mathfrak{P}$ is an element of Δ^*. The diagonal elements of $\mathfrak{P}$ are $\lambda^{q_k}, \lambda^{-q_k}$ $(k=1,\cdots,n)$. Since the exponents $q_k, -q_k$ are all different and λ is no root of unity, these diagonal elements are all different.

For any number t of K, we denote by $t^{(l)}$ the conjugate of t in $K^{(l)}$. The $2h$ conjugates of $\lambda^{q_k} = a_k + b_k\sqrt{rs}$ are $a_k^{(l)} \pm b_k^{(l)}\sqrt{r^{(l)}s^{(l)}}$ $(l=1,\cdots,h)$. Since $b_k \neq 0$ and $r^{(l)}s^{(l)} < 0$ for $l=2,\cdots,h$, only the two conjugates $a_k + b_k\sqrt{rs} = \lambda^{q_k}$ and $a_k - b_k\sqrt{rs} = \lambda^{-q_k}$ are real. If a conjugate $\mathfrak{P}^*$ of $\mathfrak{P}$ has a diagonal element in common with $\mathfrak{P}$, then the substitution $\mathfrak{P} \to \mathfrak{P}^*$ arises either from the identical mapping $\lambda \to \lambda$ or from $\lambda \to \lambda^{-1}$, hence $\mathfrak{P}^* = \mathfrak{P}$ or $\mathfrak{P}^* = \mathfrak{P}^{-1}$, q. e. d.

We assume that the groups $\Delta_0(r,s)$ and $\Delta_0(r_1,s_1)$ are commensurable; we shall now first prove, that then $K = K_1$. There exists a subgroup Δ^* of $\Delta_0(r,s)$, of finite index, and a symplectic matrix $\mathfrak{R}$, such that $\mathfrak{R}^{-1}\Delta^*\mathfrak{R} = \Delta_1$ is a subgroup of $\Delta_0(r_1,s_1)$, of finite index. Henceforth we do not need the existence of a *symplectic* matrix $\mathfrak{R}$ with this property; we have only to assume that there is a non-singular matrix $\mathfrak{R}$ with real or complex elements satisfying $\Delta^*\mathfrak{R} = \mathfrak{R}\Delta_1$ where Δ^* and Δ_1 are subgroups of $\Delta_0(r,s)$ and $\Delta_0(r_1,s_1)$, of finite indices. Obviously we may then, moreover, assume that $\mathfrak{R}$ lies in the field $K^*(\sqrt{r}, \sqrt{s}, \sqrt{r_1}, \sqrt{s_1}) = K_0$, of degree 16 over the union K^* of K and K_1.

Let $\mathfrak{P}$ be the matrix of Lemma 22. Since $\mathfrak{P}$ belongs to the subgroup Δ^* of $\Delta_0(r,s)$, the matrix $\mathfrak{R}^{-1}\mathfrak{P}\mathfrak{R}$ is an element of Δ_1 and lies therefore in the field $K_1(\sqrt{r_1}, \sqrt{s_1})$. We consider any isomorphism A of K_0 which does not change the numbers of $K_1(\sqrt{r_1}, \sqrt{s_1})$. Denoting the image under A by the subscript A, we have $\mathfrak{R}_A^{-1}\mathfrak{P}_A\mathfrak{R}_A = \mathfrak{R}^{-1}\mathfrak{P}\mathfrak{R}$; hence the matrix $\mathfrak{B} = \mathfrak{R}_A\mathfrak{R}^{-1}$ satisfies

$$\mathfrak{P}_A = \mathfrak{B}\mathfrak{P}\mathfrak{B}^{-1}. \tag{155}$$

This proves that the diagonal matrices $\mathfrak{P}_A$ and $\mathfrak{P}$ have the same diagonal elements, perhaps in different order. By Lemma 22, either $\mathfrak{P}_A = \mathfrak{P}$ or $\mathfrak{P}_A = \mathfrak{P}^{-1}$. If $a + b\sqrt{rs}$ is a diagonal element of $\mathfrak{P}$, then $b \neq 0$ and $(a + b\sqrt{rs})_A = a \pm b\sqrt{rs}$; whence $(rs)_A = rs$.

On the other hand, rs generates K, since all conjugates of rs except rs itself are negative. Consequently all numbers of K are invariant under A. This proves $K \subset K_1(\sqrt{r_1}, \sqrt{s_1})$. Since $K^*(\sqrt{r_1}, \sqrt{s_1})$ has the degree 4 relative to K^*, the intersection of $K_1(\sqrt{r_1}, \sqrt{s_1})$ and K^* is K_1. Therefore

$K \subset K_1$. Interchanging K and K_1, we have also $K_1 \subset K$; consequently $K = K_1$.

54. We use the abbreviation

$$\mathfrak{C} = \begin{pmatrix} \mathfrak{E} & \mathfrak{E} \\ -\mathfrak{E} & \mathfrak{E} \end{pmatrix}.$$

LEMMA 23. *There exists an element* $\mathfrak{M}$ *of* Δ^*, *such that* $\mathfrak{C}\mathfrak{M}\mathfrak{C}^{-1} = \mathfrak{Q}$ *is a diagonal matrix with different diagonal elements.*

Analogously to the proof of Lemma 22, we construct an algebraic unit $\mu = a + b\sqrt{s}$ in $K(\sqrt{s})$, such that a, b are integers of K, $a^2 - sb^2 = 1$ and all powers μ^q $(q = \pm 1, \pm 2, \cdots)$ are different one from another. Let $q_1, \cdots, q_n$ be different positive rational integers, $\mathfrak{Q}_1 = [\mu^{q_1}, \cdots \mu^{q_n}]$ and

$$\mathfrak{Q} = \begin{pmatrix} \mathfrak{Q}_1 & 0 \\ 0 & \mathfrak{Q}_1^{-1} \end{pmatrix}.$$

Then the matrix

$$\mathfrak{M} = \mathfrak{C}^{-1}\mathfrak{Q}\mathfrak{C} = \tfrac{1}{2}\begin{pmatrix} \mathfrak{Q}_1 + \mathfrak{Q}_1^{-1} & \mathfrak{Q}_1 - \mathfrak{Q}_1^{-1} \\ \mathfrak{Q}_1 - \mathfrak{Q}_1^{-1} & \mathfrak{Q}_1 + \mathfrak{Q}_1^{-1} \end{pmatrix}$$

$$= \tfrac{1}{2}(\mathfrak{Q}_1 + \mathfrak{Q}_1^{-1}) \times \epsilon_0 + \frac{1}{2\sqrt{s}}(\mathfrak{Q}_1 - \mathfrak{Q}_1^{-1}) \times \epsilon_3$$

is an element of $\Delta_0(r, s)$. By Lemma 3, a power $\mathfrak{M}^g = \mathfrak{C}^{-1}\mathfrak{Q}^g\mathfrak{C}$ lies in Δ^*. Replacing $\mathfrak{M}^g, \mathfrak{Q}^g$ by $\mathfrak{M}, \mathfrak{Q}$, we obtain the proof of Lemma 23.

Let again A denote an isomorphism of $K(\sqrt{r}, \sqrt{s}, \sqrt{r_1}, \sqrt{s_1}) = K_0$ which leaves invariant all numbers of $K(\sqrt{r_1}, \sqrt{s_1})$. Analogous to (155), we obtain

$$\mathfrak{Q}_A = (\mathfrak{C}\mathfrak{B}\mathfrak{C}^{-1})\mathfrak{Q}(\mathfrak{C}\mathfrak{B}\mathfrak{C}^{-1})^{-1} \tag{156}$$

with the matrix $\mathfrak{Q}$ of Lemma 23 and $\mathfrak{B} = \mathfrak{R}_A\mathfrak{R}^{-1}$. Consider in particular the isomorphism A_s defined by $\sqrt{s} \to -\sqrt{s}$, $\sqrt{r} \to \sqrt{r}$ and write more shortly the subscript s instead of A_s; then

$$\mathfrak{P}_s = \mathfrak{P}^{-1}, \qquad \mathfrak{Q}_s = \mathfrak{Q}^{-1}.$$

By (155) the matrix $\mathfrak{R}_s\mathfrak{R}^{-1} = \mathfrak{B}$ has the form

$$\mathfrak{B} = \begin{pmatrix} 0 & \mathfrak{D}(1) \\ \mathfrak{D}(0) & 0 \end{pmatrix},$$

where $\mathfrak{D}(0)$ and $\mathfrak{D}(1)$ denote diagonal matrices; by (156), the matrix $\mathfrak{C}\mathfrak{B}\mathfrak{C}^{-1}$ has the same form, whence

$$\mathfrak{R}_s = \begin{pmatrix} 0 & \mathfrak{D}(1) \\ -\mathfrak{D}(1) & 0 \end{pmatrix} \mathfrak{R}, \tag{157}$$

$$\mathfrak{R} = \mathfrak{R}_{ss} = -(\mathfrak{D}_s(1)\mathfrak{D}(1) \times \epsilon_0)\mathfrak{R}, \quad \mathfrak{D}_s(1)\mathfrak{D}(1) = -\mathfrak{E}. \tag{158}$$

Consider now the isomorphism A_r defined by $\sqrt{r} \to -\sqrt{r}$, $\sqrt{s} \to \sqrt{s}$; then

$$\mathfrak{P}_r = \mathfrak{P}^{-1}, \qquad \mathfrak{Q}_r = \mathfrak{Q},$$

and we obtain from (155) and (156) the formula

$$\mathfrak{R}_r = \begin{pmatrix} 0 & \mathfrak{D}(2) \\ \mathfrak{D}(2) & 0 \end{pmatrix} \mathfrak{R} \tag{159}$$

with a diagonal matrix $\mathfrak{D}(2)$, whence

$$\mathfrak{D}_r(2)\mathfrak{D}(2) = \mathfrak{E}. \tag{160}$$

Interchanging r, s and r_1, s_1, we find in an analogous manner

$$\mathfrak{R}_{s_1} = \mathfrak{R} \begin{pmatrix} 0 & \mathfrak{D}(3) \\ -\mathfrak{D}(3) & 0 \end{pmatrix}, \qquad \mathfrak{R}_{r_1} = \mathfrak{R} \begin{pmatrix} 0 & \mathfrak{D}(4) \\ \mathfrak{D}(4) & 0 \end{pmatrix}, \tag{161}$$

$$\mathfrak{D}(3)\mathfrak{D}_{s_1}(3) = -\mathfrak{E}, \qquad \mathfrak{D}(4)\mathfrak{D}_{r_1}(4) = \mathfrak{E} \tag{162}$$

with diagonal matrices $\mathfrak{D}(3)$ and $\mathfrak{D}(4)$. Moreover $\mathfrak{R}_{rr_1} = \mathfrak{R}_{r_1 r}$, whence

$$(\mathfrak{D}_{r_1}(2)\mathfrak{D}^{-1}(2) \times \epsilon_0)\mathfrak{R} = \mathfrak{R}(\mathfrak{D}_r(4)\mathfrak{D}^{-1}(4) \times \epsilon_0). \tag{163}$$

Since $|\mathfrak{R}| \neq 0$ at least one element r_{1l} of the first row of $\mathfrak{R} = (r_{kl})$ is $\neq 0$. We assume $r_{1l} \neq 0$ for $l = p_0$ and define $p = p_0$, if $p_0 \leq n$, and $p = p_0 - n$, if $p > n$. Let a be the first diagonal element of $\mathfrak{D}(2)$ and b be the p-th diagonal element of $\mathfrak{D}(4)$. By (160), (162) and (163),

$$aa_r = 1, \qquad bb_{r_1} = 1, \qquad ab_r = ba_{r_1}.$$

55. Lemma 24. *There exists a number $c \neq 0$ in K_0 satisfying*

$$ac = c_r, \qquad bc = c_{r_1}. \tag{164}$$

If $a \neq 1$, we define $d = \dfrac{\sqrt{r}}{a-1}$, whence

$$d_r = \frac{-\sqrt{r}}{a_r - 1} = \frac{-a\sqrt{r}}{1-a} = ad;$$

if $a = 1$, we define $d = 1$. In both cases $ad = d_r$. Putting $\dfrac{bd}{d_{r_1}} = f$, we find $ff_{r_1} = 1$,

$$f_r = \frac{b_r d_r}{d_{r_1 r}} = \frac{b_r a d}{(ad)_{r_1}} = \frac{bd}{d_{r_1}} = f.$$

Let $g = \dfrac{\sqrt{r_1}}{f-1}$ for $f \neq 1$, and $g = 1$ for $f = 1$. In both cases

$$fg = g_{r_1}, \qquad g_r = g,$$

and $c = dg$ has the required properties.

Since there is an arbitrary scalar factor $\neq 0$ in $\mathfrak{R}$, we may replace $\mathfrak{R}$ by $c\mathfrak{R}$, where c is defined in Lemma 24. It follows from (159), (161) and (164), that then a and b are both replaced by 1.

Let α be the first diagonal element of $\mathfrak{D}(1)$ and β the p-th diagonal element of $\mathfrak{D}(3)$. By (158) and (162),

$$(165) \qquad \alpha\alpha_s = -1, \qquad \beta\beta_{s_1} = -1.$$

Calculating

$$\mathfrak{R}_{rs} = \mathfrak{R}_{sr}, \quad \mathfrak{R}_{sr_1} = \mathfrak{R}_{r_1 s}, \quad \mathfrak{R}_{rs_1} = \mathfrak{R}_{s_1 r}, \quad \mathfrak{R}_{r_1 s_1} = \mathfrak{R}_{s_1 r_1} \quad \text{and} \quad \mathfrak{R}_{ss_1} = \mathfrak{R}_{s_1 s}$$

by (157), (159) and (161), we obtain, moreover,

$$(166) \qquad \alpha_r = -\alpha, \quad \alpha_{r_1} = \alpha, \quad \beta_r = \beta, \quad \beta_{r_1} = -\beta, \quad \beta\alpha_{s_1} = \alpha\beta_s.$$

By (165) and (166), the numbers $u = \alpha\sqrt{r}$ and $v = \beta\sqrt{r_1}$ lie in $K(\sqrt{s}, \sqrt{s_1})$ and satisfy

$$uu_s = -r, \qquad vv_{s_1} = -r_1, \qquad vu_{s_1} = uv_s.$$

Defining $w = u/u_{s_1} = v/v_s$, we have $w_{s_1} = w^{-1} = w_s$, and consequently w is a number of the field $K(\sqrt{ss_1})$. Let $\tau = \sqrt{ss_1}/(w-1)$ for $w \neq 1$, and $\tau = 1$ for $w = 1$; in both cases τ lies in $K(\sqrt{ss_1})$ and $\tau_s = \tau_{s_1} = w\tau$. Then the numbers $\rho = u\tau$ and $\sigma = v\tau$ satisfy

$$\rho_{s_1} = u_{s_1}\tau_{s_1} = \frac{u}{w} w\tau = u\tau = \rho, \qquad \sigma_s = v_s\tau_s = \frac{v}{w} w\tau = v\tau = \sigma,$$

$$\rho\rho_s = u\tau u_s\tau_s = -r\tau\tau_s, \qquad \sigma\sigma_{s_1} = v\tau v_{s_1}\tau_{s_1} = -r_1\tau\tau_{s_1},$$

whence

$$\rho = \xi + \eta\sqrt{s}, \quad \sigma = \xi_1 + \eta_1\sqrt{s_1}, \quad \tau = \zeta + \omega\sqrt{ss_1},$$

$$(167) \quad \xi^2 - s\eta^2 = -r(\zeta^2 - ss_1\omega^2), \quad \xi_1^2 - s_1\eta_1^2 = -r_1(\zeta^2 - ss_1\omega^2),$$

where ξ, η, ξ_1, η_1, ζ, ω are numbers of K which are not all 0.

We consider first the case $\omega \neq 0$. Performing the 3 linear substitutions

$$x = \eta x_3 + \xi y_3, \qquad y = \xi x_3 + s\eta y_3, \qquad z = z_3$$

$$x_3 = \frac{x_2}{s\eta^2 - \xi^2}, \qquad y_3 = \frac{\zeta y_2}{s\omega(s\eta^2 - \xi^2)} + \frac{z_2}{rs\omega}, \qquad z_3 = \frac{y_2 + \zeta z_2}{s\omega}$$

$$x_2 = s_1\eta_1 x_1 + \xi_1 y_1, \qquad y_2 = \xi_1 x_1 + \eta_1 y_1, \qquad z_2 = z_1,$$

we obtain, by (167),

$$\begin{aligned} Q(r,s) &= rsx^2 - ry^2 + sz^2 = r(s\eta^2 - \xi^2)(x_3^2 - sy_3^2) + sz_3^2 \\ &= \frac{r}{s\eta^2 - \xi^2}(x_2^2 - s_1 y_2^2) + s_1 z_2^2 = r_1 s_1 x_1^2 - r_1 y_1^2 + s_1 z_1^2 = Q(r_1, s_1); \end{aligned}$$

hence $Q(r,s)$ and $Q(r_1,s_1)$ are equivalent in K.

In the remaining case $\omega = 0$, we have

$$\xi^2 - s\eta^2 = -r\zeta^2 \quad \text{and} \quad \xi_1^2 - s_1\eta_1^2 = -r_1\zeta^2.$$

Consequently the diophantine equation $Q(r,s) = 0$ has the non-trivial solution $x = \xi$, $y = s\eta$, $z = r\zeta$. Moreover it follows immediately from the signs of the conjugates of r and s, that K is the field of rational numbers. Applying the 2 linear substitutions

$$x = \frac{\eta x_2 + \xi y_2}{r\zeta}, \qquad y = \frac{\xi x_2 + s\eta y_2}{r\zeta}, \qquad z = z_2$$

$$x_2 = x_1, \qquad y_2 = \frac{s+1}{2s} y_1 + \frac{s-1}{2s} z_1, \qquad z_2 = \frac{s-1}{2s} y_1 + \frac{s+1}{2s} z_1,$$

we obtain

$$Q(r,s) = x_2^2 - sy_2^2 + sz_2^2 = x_1^2 - y_1^2 + z_1^2 = Q(1,1);$$

hence $Q(r,s)$ and $Q(1,1)$ are equivalent in K. Since the same holds for $Q(r_1,s_1)$ instead of $Q(r,s)$, $Q(r,s)$ and $Q(r_1,s_1)$ are also equivalent in K.

Theorem 13 is now completely proved. In the particular case

$$\mathfrak{G}_1 = \mathfrak{J}, \quad \mathfrak{H}_1 = i\mathfrak{J}, \quad r_1 = 1, \quad s_1 = 1,$$

we have

$$\Delta(\mathfrak{G}_1, \mathfrak{H}_1) = \Gamma \quad \text{and} \quad Q(r_1, s_1) = x_1^2 - y_1^2 + z_1^2.$$

It follows that the group $\Delta(\mathfrak{G}, \mathfrak{H})$ is then and only then commensurable with the modular group, when the diophantine equation $x^2 + ry^2 = s$ has a solution x, y in K.

X. UNIT GROUPS OF QUINARY QUADRATIC FORMS.

56. For $n > 2$, the groups $\Delta(\mathfrak{G}, \mathfrak{H})$ and their subgroups are the only known examples of non-trivial discontinuous subgroups of the symplectic group. However, in the case $n = 2$, another set of examples is provided by the unit groups of certain quinary quadratic forms.

Consider the special quinary quadratic form

$$\mathfrak{S}[\mathfrak{w}] = w_1 w_2 - w_3^2 + w_4 w_5$$

and a complex column $\mathfrak{w}$ satisfying

(168) $$\mathfrak{S}[\mathfrak{w}] = 0, \qquad \mathfrak{S}\{\mathfrak{w}\} > 0.$$

If $w_5 = 0$, then $w_1 w_2 = w_3^2$ and $w_1 \bar{w}_2 + w_2 \bar{w}_1 - 2 w_3 \bar{w}_3 > 0$, whence $w_1 \neq 0$,

$$(w_1 \bar{w}_3 - w_3 \bar{w}_1)^2 = w_1 \bar{w}_1 (w_1 \bar{w}_2 + w_2 \bar{w}_1 - 2 w_3 \bar{w}_3) > 0,$$

which is impossible, the left-hand side being the square of a pure imaginary quantity; consequently $w_5 \neq 0$. Introducing inhomogeneous coördinates $w_5^{-1}\mathfrak{w} = \mathfrak{z} = \mathfrak{x} + i\mathfrak{y}$, we infer from

$$\mathfrak{S}[\mathfrak{z}] = 0 \quad \text{and} \quad \mathfrak{S}[\mathfrak{y}] = \mathfrak{S}\left[\frac{\mathfrak{z} - \bar{\mathfrak{z}}}{2i}\right] = \tfrac{1}{2}\mathfrak{S}\{\mathfrak{z}\} > 0$$

the relationships

(169) $$z_1 z_2 - z_3^2 = z_4, \qquad y_1 y_2 - y_3^2 > 0,$$

whence, in particular, $y_1 \neq 0$. On the other hand, (168) follows again from (169), if we define $\mathfrak{w} = w_5 \mathfrak{z}$ with arbitrary $w_5 \neq 0$.

The matrices

$$Z = \begin{pmatrix} z_1 & z_3 \\ z_3 & z_2 \end{pmatrix}$$

with $y_1 y_2 - y_3^2 > 0$ and $y_1 > 0$ form the space H for $n = 2$; let $\bar{H}$ be the space defined by $y_1 y_2 - y_3^2 > 0$ and $y_1 < 0$.

Consider now a real linear transformation $\hat{\mathfrak{w}} = \mathfrak{B}\mathfrak{w}$, such that $\mathfrak{S}[\hat{\mathfrak{w}}] = 0$, $\mathfrak{S}\{\hat{\mathfrak{w}}\} > 0$ follows from (168). Since the equation $\mathfrak{S}[\mathfrak{w}] = 0$ is irreducible, we conclude that $\mathfrak{S}[\mathfrak{B}] = \lambda \mathfrak{S}$, with a scalar factor $\lambda \neq 0$. Consequently $|\mathfrak{B}| \neq 0$, and these transformations form a group. Since $w_1, \cdots, w_5$ are homogeneous coördinates, we may replace $\mathfrak{B}$ by $\mu\mathfrak{B}$, for any scalar $\mu \neq 0$. But $|\mu\mathfrak{B}| = \mu^5 |\mathfrak{B}|$; hence we may assume $|\mathfrak{B}| = 1$ and $\mathfrak{S}[\mathfrak{B}] = \mathfrak{S}$.

Put $\mathfrak{V} = (v_{kl})$ and $\hat{w}_5^{-1}\hat{\mathfrak{w}} = \hat{\mathfrak{z}} = \hat{\mathfrak{x}} + i\hat{\mathfrak{y}}$. Then the fractional linear substitution

$$\hat{z}_k = \frac{\sum_{l=1}^{5} v_{kl} z_l}{\sum_{l=1}^{5} v_{5l} z_l} \qquad (k = 1, 2, 3) \tag{170}$$

with $z_4 = z_1 z_2 - z_3^2$ and $z_5 = 1$ transforms the space H either into itself or into $\bar{H}$. We are only interested in the substitutions which leave H invariant; they form an invariant subgroup of index 2 in the whole group. We denote this subgroup by $\Omega(\mathfrak{S})$.

Obviously we obtain the solution of (170) with respect to z_1, z_2, z_3, if we replace $\mathfrak{V}$ by $\mathfrak{V}^{-1}$ and interchange $\mathfrak{z}, \hat{\mathfrak{z}}$. Hence (170) is a birational analytic mapping of H onto itself. A simple calculation gives the functional determinant

$$\frac{d(\hat{z}_1, \hat{z}_2, \hat{z}_3)}{d(z_1, z_2, z_3)} = \hat{w}_5^{-3} w_5^{3} \neq 0. \tag{171}$$

On account of Theorem 1, the transformation (170) is symplectic:

$$\begin{pmatrix} \hat{z}_1 & \hat{z}_3 \\ \hat{z}_3 & \hat{z}_2 \end{pmatrix} = \hat{\mathfrak{Z}} = (\mathfrak{A}\mathfrak{Z} + \mathfrak{B})(\mathfrak{C}\mathfrak{Z} + \mathfrak{D})^{-1}, \quad \begin{pmatrix} \mathfrak{A} & \mathfrak{B} \\ \mathfrak{C} & \mathfrak{D} \end{pmatrix} = \mathfrak{M}, \quad \mathfrak{J}[\mathfrak{M}] = \mathfrak{J}. \tag{172}$$

57. Let us now start from an arbitrary symplectic transformation (172). Defining

$$\mathfrak{J}_2 = \begin{pmatrix} 0 & 1 \\ -1 & 0 \end{pmatrix},$$

we have $\mathfrak{J}_2[\mathfrak{F}] = |\mathfrak{F}|\,\mathfrak{J}_2$ for any matrix $\mathfrak{F}^{(2)}$, and consequently

$$(\mathfrak{C}\mathfrak{Z} + \mathfrak{D})^{-1} = |\mathfrak{C}\mathfrak{Z} + \mathfrak{D}|^{-1}\mathfrak{J}_2(\mathfrak{Z}\mathfrak{C}' + \mathfrak{D}')\mathfrak{J}_2^{-1}. \tag{173}$$

Moreover

$$|\mathfrak{F}_1 + \mathfrak{F}_2| = |\mathfrak{F}_1| + |\mathfrak{F}_2| + \sigma(\mathfrak{F}_1\mathfrak{J}_2\mathfrak{F}'_2\mathfrak{J}_2^{-1})$$

for any two matrices $\mathfrak{F}_1^{(2)}$ and $\mathfrak{F}_2^{(2)}$, whence

$$|\mathfrak{A}\mathfrak{Z} + \mathfrak{B}| = |\mathfrak{A}\mathfrak{Z}| + |\mathfrak{B}| + \sigma(\mathfrak{A}\mathfrak{Z}\mathfrak{J}_2\mathfrak{B}'\mathfrak{J}_2^{-1}) \tag{174}$$

$$|\mathfrak{C}\mathfrak{Z} + \mathfrak{D}| = |\mathfrak{C}\mathfrak{Z}| + |\mathfrak{D}| + \sigma(\mathfrak{C}\mathfrak{Z}\mathfrak{J}_2\mathfrak{D}'\mathfrak{J}_2^{-1}). \tag{175}$$

We apply (173), (174) and (175) for the calculation of

$$\hat{\mathfrak{Z}} = (\mathfrak{A}\mathfrak{Z} + \mathfrak{B})(\mathfrak{C}\mathfrak{Z} + \mathfrak{D})^{-1} \quad \text{and} \quad |\hat{\mathfrak{Z}}| = |\mathfrak{A}\mathfrak{Z} + \mathfrak{B}|\;|\mathfrak{C}\mathfrak{Z} + \mathfrak{D}|^{-1}.$$

It follows that

$$(176)\qquad \hat{\mathfrak W} = (\mathfrak A \mathfrak W \mathfrak J_2 \mathfrak D' + \mathfrak B \mathfrak J_2 \mathfrak W \mathfrak C' + w_4 \mathfrak A \mathfrak J_2 \mathfrak C' + w_5 \mathfrak B \mathfrak J_2 \mathfrak D')\mathfrak J_2^{-1}$$

$$(177)\qquad \hat w_4 = \sigma(\mathfrak A \mathfrak W \mathfrak J_2 \mathfrak B' \mathfrak J_2^{-1}) + |\mathfrak A| w_4 + |\mathfrak B| w_5$$

$$(178)\qquad \hat w_5 = \sigma(\mathfrak C \mathfrak W \mathfrak J_2 \mathfrak D' \mathfrak J_2^{-1}) + |\mathfrak C| w_4 + |\mathfrak D| w_5$$

with

$$\mathfrak W = \begin{pmatrix} w_1 & w_3 \\ w_3 & w_2 \end{pmatrix}, \qquad \hat{\mathfrak W} = \begin{pmatrix} \hat w_1 & \hat w_3 \\ \hat w_3 & \hat w_2 \end{pmatrix}$$

is a real linear substitution $\hat{\mathfrak w} = \mathfrak B \mathfrak w$ mapping the domain $\mathfrak S[\mathfrak w] = 0$, $\mathfrak S\{\mathfrak w\} > 0$ into itself. Hence $|\mathfrak B| = \nu \neq 0$, $|\nu^{-1/5}\mathfrak B| = 1$. Moreover, $\mathfrak B$ is not changed if we replace $\mathfrak M$ my $-\mathfrak M$. This proves the identity of $\Omega(\mathfrak S)$ and the symplectic group Ω, for $n = 2$. By (171) and (178), the functional determinant of the transformation (172) has the value

$$(\nu^{-1/5}\hat w_5)^{-3} w_5^3 = \nu^{3/5} \, |\mathfrak C \mathfrak Z + \mathfrak D|^{-3};$$

on the other hand, by (24), $d\mathfrak Z = d\hat{\mathfrak Z}[\mathfrak C \mathfrak Z + \mathfrak D]$, which leads to the value $|\mathfrak C \mathfrak Z + \mathfrak D|^{-3}$ of that functional determinant; consequently $\nu = 1$, $|\mathfrak B| = 1$ and $\mathfrak S[\mathfrak B] = \mathfrak S$.

58. The formulae (176), (177), (178) and the identity of the groups $\Omega(\mathfrak S)$ and Ω can be demonstrated in another way, without using Theorem 1.

Let us first determine all skew-symmetric symplectic matrices $\mathfrak G^{(4)}$. We have the conditions

$$(179)\qquad \mathfrak G = \begin{pmatrix} \mathfrak A & \mathfrak B \\ \mathfrak C & \mathfrak D \end{pmatrix} = -\mathfrak G'$$

$$(180)\qquad \mathfrak A \mathfrak B' = \mathfrak B \mathfrak A', \qquad \mathfrak C \mathfrak D' = \mathfrak D \mathfrak C', \qquad \mathfrak A \mathfrak D' - \mathfrak B \mathfrak C' = \mathfrak E.$$

By (179),

$$\mathfrak A = w_4 \mathfrak J_2, \quad \mathfrak D = w_5 \mathfrak J_2, \quad \mathfrak B = \mathfrak W \mathfrak J_2, \quad \mathfrak C = \mathfrak J_2 \mathfrak W', \quad \mathfrak W = \begin{pmatrix} w_1 & w_3 \\ w_6 & w_2 \end{pmatrix}$$

with arbitrary $w_1, \cdots, w_6$; by (180), $w_4 \mathfrak W$ and $w_5 \mathfrak W$ are symmetric and $\mathfrak W \mathfrak J_2 \mathfrak W = (w_4 w_5 - 1)\mathfrak J_2$. Hence either $\mathfrak W$ is non-symmetric and then, necessarily, $\mathfrak G = \pm \mathfrak J$ or $\mathfrak W$ is symmetric and

$$(181)\qquad w_1 w_2 - w_3^2 = w_4 w_5 - 1.$$

Omitting in the second case the condition (181), we obtain the identity

$$(182)\qquad (\mathfrak J \mathfrak G)^2 = -\mathfrak S[\mathfrak w]\mathfrak E$$

with

$$\mathfrak{G} = \begin{pmatrix} w_4\mathfrak{J}_2 & \mathfrak{W}\mathfrak{J}_2 \\ \mathfrak{J}_2\mathfrak{W} & w_5\mathfrak{J}_2 \end{pmatrix}, \qquad \mathfrak{W} = \begin{pmatrix} w_1 & w_3 \\ w_3 & w_2 \end{pmatrix}$$

and arbitrary $w_1, \cdots, w_5$.

We substitute

$$\begin{aligned} w_1 &= -v_1 - v_2, \quad w_2 = v_1 - v_2, \quad w_3 = -v_3, \\ w_4 &= -v_4 - v_5, \quad w_5 = v_4 - v_5; \end{aligned} \tag{183}$$

then

$$\mathfrak{J}\mathfrak{G} = \begin{pmatrix} \mathfrak{J}_2\mathfrak{W} & w_5\mathfrak{J}_2 \\ -w_4\mathfrak{J}_2 & -\mathfrak{W}\mathfrak{J}_2 \end{pmatrix} \tag{184}$$

$$= \begin{pmatrix} -v_3 & v_1 - v_2 & 0 & v_4 - v_5 \\ v_1 + v_2 & v_3 & -v_4 + v_5 & 0 \\ 0 & v_4 + v_5 & -v_3 & v_1 + v_2 \\ -v_4 - v_5 & 0 & v_1 - v_2 & v_3 \end{pmatrix} = \sum_{k=1}^{5} v_k \mathfrak{F}_k,$$

$$\mathfrak{S}[\mathfrak{w}] = \sum_{k=1}^{5} (-1)^k v_k^2,$$

$$\begin{aligned} \mathfrak{F}_k^2 &= (-1)^{k-1}\mathfrak{E} \qquad (k = 1, \cdots, 5), \\ \mathfrak{F}_k\mathfrak{F}_l &= -\mathfrak{F}_l\mathfrak{F}_k \qquad (1 \leq k < l \leq 5), \end{aligned} \tag{185}$$

by (182). The 16 products $\mathfrak{F}_1^{e_1}\mathfrak{F}_2^{e_2}\mathfrak{F}_3^{e_3}\mathfrak{F}_4^{e_4}$ $(e_k = 0, 1;\ k = 1, \cdots, 4)$ form a basis for the four-dimensional complete matric representation of the well-known Clifford-Lipschitz algebra of order 16. The matrix $\mathfrak{F}_1\mathfrak{F}_2\mathfrak{F}_3\mathfrak{F}_4\mathfrak{F}_5$ is permutable with all matrices of the algebra and has the square $\mathfrak{E}$, hence it is equal to $\mathfrak{E}$ or $-\mathfrak{E}$; by direct calculation we find the value $\mathfrak{E}$ and therefore

$$\mathfrak{F}_5 = \mathfrak{F}_1\mathfrak{F}_2\mathfrak{F}_3\mathfrak{F}_4. \tag{186}$$

Let now $\hat{\mathfrak{w}} = \mathfrak{B}\mathfrak{w}$ be a real linear substitution with $\mathfrak{S}[\hat{\mathfrak{w}}] = \mathfrak{S}[\mathfrak{w}]$ and $|\mathfrak{B}| = 1$. We denote the matrix of the substitution (183) by $\mathfrak{L}$ and put $\mathfrak{L}^{-1}\mathfrak{B}\mathfrak{L} = \mathfrak{R} = (r_{kl})$. By (182) and (184), the matrices

$$\hat{\mathfrak{F}}_k = \sum_{l=1}^{5} r_{lk}\mathfrak{F}_l \qquad (k = 1, \cdots, 5) \tag{187}$$

satisfy again (185), and consequently their product is $\pm\mathfrak{E}$. It follows from (185), (186) and the linear independence of the 16 products that

$$\hat{\mathfrak{F}}_1\hat{\mathfrak{F}}_2\hat{\mathfrak{F}}_3\hat{\mathfrak{F}}_4\hat{\mathfrak{F}}_5 = |\mathfrak{R}|\,\mathfrak{E} = \mathfrak{E}; \tag{188}$$

hence (186) holds also for $\hat{\mathfrak{F}}_k$ instead of $\mathfrak{F}_k$.

Since the two representations generated by $\mathfrak{F}_k$ and $\hat{\mathfrak{F}}_k$ are necessarily equivalent, there exists a real matrix $\mathfrak{M}$, such that

$$(189) \qquad \hat{\mathfrak{F}}_k = \mathfrak{M}^{-1}\mathfrak{F}_k\mathfrak{M} \qquad (k=1,\cdots,5).$$

Moreover, by (184) and (187), the matrices $\mathfrak{J}\mathfrak{F}_k$ and $\mathfrak{J}\hat{\mathfrak{F}}_k$ are skew-symmetric, and consequently (189) leads to

$$\mathfrak{J}\mathfrak{M}^{-1}\mathfrak{F}_k\mathfrak{M} = \mathfrak{M}'\mathfrak{J}\mathfrak{F}_k\mathfrak{J}\mathfrak{M}'^{-1}\mathfrak{J}^{-1} \qquad (k=1,\cdots,5).$$

This proves that $\mathfrak{M}\mathfrak{J}\mathfrak{M}'\mathfrak{J}^{-1}$ is a scalar multiple of $\mathfrak{E}$. There is an arbitrary real scalar factor in $\mathfrak{M}$; hence we may assume $\mathfrak{J}[\mathfrak{M}] = \pm\mathfrak{J}$. Putting

$$(190) \qquad \hat{\mathfrak{G}} = \begin{pmatrix} \hat{w}_4\mathfrak{J}_2 & \hat{\mathfrak{W}}\mathfrak{J}_2 \\ \mathfrak{J}_2\hat{\mathfrak{W}} & \hat{w}_5\mathfrak{J}_2 \end{pmatrix} = \sum_{k=1}^{5} v_k\mathfrak{J}^{-1}\hat{\mathfrak{F}}_k,$$

we obtain

$$(191) \qquad \hat{\mathfrak{G}} = \pm\,\mathfrak{G}[\mathfrak{M}]$$

or more explicitly

$$(192) \qquad \begin{pmatrix} \hat{w}_4\mathfrak{J}_2 & \hat{\mathfrak{W}}\mathfrak{J}_2 \\ \mathfrak{J}_2\hat{\mathfrak{W}} & \hat{w}_5\mathfrak{J}_2 \end{pmatrix} = \pm\,\mathfrak{M}'\begin{pmatrix} w_4\mathfrak{J}_2 & \mathfrak{W}\mathfrak{J}_2 \\ \mathfrak{J}_2\mathfrak{W} & w_5\mathfrak{J}_2 \end{pmatrix}\mathfrak{M}.$$

On the other hand, if $\mathfrak{M}$ is any real matrix satisfying $\mathfrak{J}[\mathfrak{M}] = \pm\mathfrak{J}$, then the matrix $\hat{\mathfrak{G}}$ in (191) is again a skew-symmetric solution of (182) and consequently of the form (190), and (192) defines a real linear substitution $\hat{\mathfrak{w}} = \mathfrak{V}\mathfrak{w}$ with $\mathfrak{S}[\mathfrak{V}] = \mathfrak{S}$ and $|\mathfrak{V}| = 1$, by (188). We may replace $\mathfrak{M}$ by $-\mathfrak{M}$ and obtain the same matrix $\mathfrak{V}$, but the pair $\mathfrak{M}, -\mathfrak{M}$ is uniquely determined by $\mathfrak{V}$.

Imposing on $\mathfrak{V}$ the condition $\mathfrak{J}[\mathfrak{M}] = +\mathfrak{J}$, we obtain a subgroup of index 2 in the group of all $\mathfrak{V}$; and this subgroup is isomorphic to the inhomogeneous symplectic group, by (192). If we write

$$\mathfrak{M}' = \begin{pmatrix} \mathfrak{A} & \mathfrak{B} \\ \mathfrak{C} & \mathfrak{D} \end{pmatrix}$$

and calculate the single terms in (192), we find exactly the formulae (176), (177) and (178).

59. Let K be again a totally real algebraic number field of degree h. Let $\mathfrak{T}[\mathfrak{v}]$ be a quinary quadratic form with coefficients in K such that all conjugates except $\mathfrak{T}[\mathfrak{v}]$ itself are definite. We assume, moreover, that $\mathfrak{T}[\mathfrak{v}]$ has the signature 2, 3, i. e., that $\mathfrak{T}[\mathfrak{v}]$ can be transformed into $-v_1^2+v_2^2-v_3^2+v_4^2-v_5^2$ by a real linear substitution. Then there exists also a real matrix $\mathfrak{N}$, such that $\mathfrak{T}[\mathfrak{N}] = \mathfrak{S}$.

Consider now the units of $\mathfrak{T}$ in K, i. e., the integral matrices $\mathfrak{U}$ in K

satisfying $\mathfrak{T}[\mathfrak{U}] = \mathfrak{T}$. Since $|\mathfrak{U}| = \pm 1$ and $|-\mathfrak{U}| = -|\mathfrak{U}|$, we restrict ourselves to the case $|\mathfrak{U}| = +1$. Then the matrix $\mathfrak{R}^{-1}\mathfrak{U}\mathfrak{R} = \mathfrak{V}$ satisfies $\mathfrak{S}[\mathfrak{V}] = \mathfrak{S}$, $|\mathfrak{V}| = 1$, and the corresponding substitution (170) transforms H either into itself or into $\bar{H}$. We consider only the matrices $\mathfrak{U}$ with the first property; they form a subgroup of index 2 or 1 in the whole group of units with $|\mathfrak{U}| = 1$; we denote it by $\Lambda(\mathfrak{T})$, and by $\Delta(\mathfrak{T})$ the isomorphic subgroup of Ω.

Let us first prove that $\Delta(\mathfrak{T})$ is discontinuous. By Section **19**, it is sufficient to prove that $\Delta(\mathfrak{T})$ does not contain an infinite number of bounded elements. Otherwise $\Lambda(\mathfrak{T})$ would also contain infinitely many bounded matrices $\mathfrak{U}$, by (176), (177), (178) and $\mathfrak{U} = \mathfrak{R}\mathfrak{V}\mathfrak{R}^{-1}$. Since $\mathfrak{T}[\mathfrak{U}] = \mathfrak{T}$ and all conjugates of $\mathfrak{J}[\mathfrak{v}]$, except $\mathfrak{J}[\mathfrak{v}]$ itself, are definite, all conjugates of these matrices are bounded. Moreover their elements are integers, and this is a contradiction.

We apply now the following results from the theory of units of quadratic forms. Let Q be the space of real matrices $\mathfrak{Q}^{(32)}$ satisfying

$$\mathfrak{S}[\mathfrak{P}] > 0, \qquad \mathfrak{P}^{(52)} = \begin{pmatrix} \mathfrak{Q} \\ \mathfrak{E} \end{pmatrix}.$$

If

$$\mathfrak{V} = \begin{pmatrix} \mathfrak{V}_1 & \mathfrak{V}_2 \\ \mathfrak{V}_3 & \mathfrak{V}_4 \end{pmatrix}$$

is a real solution of $\mathfrak{S}[\mathfrak{V}] = \mathfrak{S}$, with $\mathfrak{V}_1 = \mathfrak{V}_1^{(3)}$, then the mapping

$$\mathfrak{Q} \to (\mathfrak{V}_1\mathfrak{Q} + \mathfrak{V}_2)(\mathfrak{V}_3\mathfrak{Q} + \mathfrak{V}_4)^{-1}$$

transforms Q into itself. We restrict $\mathfrak{V}$ to the matrices $\mathfrak{R}^{-1}\mathfrak{U}\mathfrak{R}$, where $\mathfrak{U}$ runs over the units of $\mathfrak{T}$ with $|\mathfrak{U}| = 1$. Then there exists in Q a fundamental domain Q_0, with respect to $\Lambda(\mathfrak{T})$, bounded by a finite number of algebraic surfaces and having only a finite number of neighbors. Moreover the integral

$$v(\mathfrak{T}) = \int_{Q_0} |\mathfrak{S}[\mathfrak{P}]|^{-5/2} d\mathfrak{Q} \tag{193}$$

has a finite value. As a matter of fact, a proof of these statements has been published only in the case of the field of rational numbers, instead of a totally real algebraic field K of arbitrary degree h; but the generalization of this proof offers no difficulties.

60. In order to derive the corresponding results for the group $\Delta(\mathfrak{T})$ and the space H, we have only to map Q onto H. If

(194) $$\mathfrak{Z} = \begin{pmatrix} z_1 & z_3 \\ z_3 & z_2 \end{pmatrix} \subset H, \qquad z_4 = |\mathfrak{Z}|, \qquad z_5 = 1,$$

we define

$$\mathfrak{z} = \mathfrak{x} + i\mathfrak{y}, \qquad \mathfrak{P} = (\mathfrak{x}\mathfrak{y})\begin{pmatrix} x_4 & y_4 \\ 1 & 0 \end{pmatrix}^{-1} = \frac{1}{2iy_4^2}(\mathfrak{z}\bar{\mathfrak{z}})\begin{pmatrix} 1 & -\bar{z}_4 \\ -1 & z_4 \end{pmatrix};$$

then the elements of $\mathfrak{Q} = (q_{kl})$ are

$$q_{k1} = \frac{y_k}{y_4}, \qquad q_{k2} = \frac{x_k y_4 - y_k x_4}{y_4} \qquad (k = 1, 2, 3)$$

and

$$\mathfrak{S}[\mathfrak{P}] = \frac{1}{2y_4^2}\mathfrak{S}\{\mathfrak{z}\}\mathfrak{E}\begin{bmatrix} 0 & y_4 \\ 1 & -x_4 \end{bmatrix} > 0;$$

hence $\mathfrak{Q}$ is a point of Q. On the other hand, if $\mathfrak{Q}$ is an arbitrary point of Q, we determine z_4 from the quadratic equation

(195) $$\mathfrak{S}[\mathfrak{P}]\begin{bmatrix} z_4 \\ 1 \end{bmatrix} = 0$$

and put

(196) $$\mathfrak{P}\begin{pmatrix} z_4 \\ 1 \end{pmatrix} = \mathfrak{z};$$

then

$$\mathfrak{S}[\mathfrak{z}] = 0, \qquad \mathfrak{S}\{\mathfrak{z}\} = \mathfrak{S}[\mathfrak{P}]\begin{Bmatrix} z_4 \\ 1 \end{Bmatrix} > 0.$$

If we replace z_4 by the other root $\bar{z}_4$ of (195), the column $\mathfrak{z}$ is replaced by $\bar{\mathfrak{z}}$; therefore we can choose the root z_4 of this quadratic equation, such that $y_1 > 0$, and then (194) is satisfied.

In this way, the fundamental domain Q_0 for $\Lambda(\mathfrak{T})$ in Q is mapped onto a fundamental domain F for $\Delta(\mathfrak{T})$ in H. It follows that F has only a finite number of neighbors $F_{\mathfrak{M}}$, for the elements $\mathfrak{M}$ of $\Delta(\mathfrak{T})$, and that any compact domain in H is covered by a finite number of images $F_{\mathfrak{M}}$; moreover F is bounded by a finite number of algebraic surfaces. Putting $\mathfrak{Z} = \mathfrak{X} + i\mathfrak{Y}$ and introducing the new variables $\mathfrak{X}, \mathfrak{Y}$ into (193), by (195) and (196), we obtain

$$v(\mathfrak{T}) = 4\int_F |\mathfrak{Y}|^{-3} d\mathfrak{X} d\mathfrak{Y} = 4\int_F d\mathfrak{X} d\mathfrak{Y}^{-1}.$$

This proves that F has a finite symplectic volume.

The latter result is not trivial in the case $h = 1$, since then H is not compact relative to $\Delta(\mathfrak{T})$; this may be derived from the theorem of A. Meyer, that an indefinite quinary quadratic form with rational coefficients is a zero form. On the other hand, $\mathfrak{T}[\mathfrak{v}]$ is not a zero form in K in the case $h > 1$, since we assumed that the conjugates of $\mathfrak{T}[\mathfrak{v}]$ are definite except $\mathfrak{T}[\mathfrak{v}]$ itself; it can be proved as a simple consequence that then F is compact.

This is a sketch of the proof of Theorem 14; the details may be completed according to the scheme of Chapter VII.

Consider now the invariant subgroup $\Delta_\kappa(\mathfrak{T})$ of $\Delta(\mathfrak{T})$, defined by the condition $\mathfrak{U} \equiv \mathfrak{E} \pmod{\kappa}$ for the units $\mathfrak{U}$ of $\mathfrak{T}$, where κ denotes, as in Theorem 10, a certain power of an arbitrary prime ideal. It follows from Section **39**, that $\Delta_\kappa(\mathfrak{T})$ has no fixed points in H. The subgroup $\Delta_\kappa(\mathfrak{T})$ is of finite index j in $\Delta(\mathfrak{T})$, and the union of j images $F_{\mathfrak{M}}$ of F, for suitably chosen elements $\mathfrak{M}$ of $\Delta(\mathfrak{T})$, constitutes a fundamental domain F_κ of $\Delta_\kappa(\mathfrak{T})$. Since the domain F_κ is compact in the case $h > 1$, it gives another example of a closed manifold with the symplectic metric.

It is known that the volume $v(\mathfrak{T})$ appears in the formula for the measure of the genus of $\mathfrak{T}$. In this way an analogue of Theorem 12 might be found.

61. We proved in Section **27**, that $\Delta(\mathfrak{G}, \mathfrak{H})$ is commensurable with a group $\Delta(r, s)$ of symplectic quaternion matrices $\pm\,\mathfrak{M}$. We shall now derive a corresponding result for the group $\Delta(\mathfrak{T})$.

A matrix of rank r is called *primitive,* if its elements are algebraic integers and if the minors of degree r are relative prime. Let $\mathfrak{W}_0^{(24)}$ be a primitive matrix of rank 2. Then the matrix $\mathfrak{J}[\mathfrak{W}_0] = \mathfrak{G}^{(4)} = (g_{kl})$ is skew-symmetric and has the rank 2; its elements are the minors of $\mathfrak{W}_0$. It follows by an application of Laplace's theorem, that also $\mathfrak{G}$ is primitive.

LEMMA 25. *Let $\mathfrak{G}^{(4)}$ be a primitive skew-symmetric matrix of rank 2, with elements from an algebraic number field K_0. Then there exists in K_0 a primitive matrix $\mathfrak{W}_0$, such that $\mathfrak{J}_0[\mathfrak{W}_0] = \mathfrak{G}$.*

Since $\mathfrak{G}$ is a primitive matrix of rank 2 and degree 4, with elements from K_0, we can determine in K_0 a unimodular matrix $\mathfrak{U}_0$, such that the first two columns of $\mathfrak{G}\mathfrak{U}_0$ are zero. Moreover the matrix $\mathfrak{G}[\mathfrak{U}_0]$ is skew-symmetric and again primitive; hence

$$\mathfrak{G}[\mathfrak{U}_0] = \epsilon \begin{pmatrix} 0 & 0 \\ 0 & \mathfrak{J}_2 \end{pmatrix},$$

where ϵ is an algebraic unit in K_0. Obviously we may choose $\mathfrak{U}_0$, such that $\epsilon = 1$. Denoting by $\mathfrak{W}_0$ the matrix of the two last rows of $\mathfrak{U}_0^{-1}$, we obtain the statement of the lemma.

For any skew-symmetric $\mathfrak{G}^{(4)} = (g_{kl})$,

$$|\mathfrak{G}| = (g_{12}g_{34} - g_{13}g_{24} + g_{14}g_{23})^2$$

and consequently

(197) $$g_{12}g_{34} - g_{13}g_{24} + g_{14}g_{23} = 0,$$

if the rank of $\mathfrak{G}$ is < 4. It follows from (197) that the 36 minors of $\mathfrak{G}$, of degree 2, have the values $\pm g_{kl}g_{pq}$ $(1 \leq k < l \leq 4;\ 1 \leq p < q \leq 4)$. This proves that the skew-symmetric matrix $\mathfrak{G}^{(4)}$ is a primitive matrix of rank 2, if and only if (197) holds and the six numbers g_{kl} $(1 \leq k < l \leq 4)$ are relative prime.

Let $\mathfrak{W}_0 = (\mathfrak{C}_1{}^{(2)}\mathfrak{D}_1{}^{(2)})$ be the matrix of Lemma 25; then $\mathfrak{C}_1\mathfrak{D}'_1 - \mathfrak{D}_1\mathfrak{C}'_1 = (g_{13} + g_{24})\mathfrak{J}_2$, and consequently the relationship $\mathfrak{C}_1\mathfrak{D}'_1 = \mathfrak{D}_1\mathfrak{C}'_1$ holds, if and only if the condition

(198) $$g_{13} + g_{24} = 0$$

is satisfied. Since $\mathfrak{W}_0\mathfrak{U}_0 = (0\mathfrak{E})$, the equation $\mathfrak{A}_0\mathfrak{D}'_1 - \mathfrak{B}_0\mathfrak{C}'_1 = \mathfrak{E}$ has an integral solution $\mathfrak{A}_0, \mathfrak{B}_0$ in K_0. Then the matrices $\mathfrak{A}_1 = \mathfrak{A}_0 - \mathfrak{B}_0\mathfrak{A}'_0\mathfrak{C}_1$ and $\mathfrak{B}_1 = \mathfrak{B}_0 - \mathfrak{B}_0\mathfrak{A}'_0\mathfrak{D}_1$ satisfy

$$\mathfrak{A}_1\mathfrak{B}'_1 - \mathfrak{B}_1\mathfrak{A}'_1 = \mathfrak{B}_0\mathfrak{A}'_0(\mathfrak{C}_1\mathfrak{D}'_1 - \mathfrak{D}_1\mathfrak{C}'_1)\mathfrak{A}_0\mathfrak{B}'_0,$$
$$\mathfrak{A}_1\mathfrak{D}'_1 - \mathfrak{B}_1\mathfrak{C}'_1 = \mathfrak{E} - \mathfrak{B}_0\mathfrak{A}'_0(\mathfrak{C}_1\mathfrak{D}'_1 - \mathfrak{D}_1\mathfrak{C}'_1),$$

and the matrix

(199) $$\mathfrak{M}_1 = \begin{pmatrix} \mathfrak{A}_1 & \mathfrak{B}_1 \\ \mathfrak{C}_1 & \mathfrak{D}_1 \end{pmatrix},$$

with integral elements in K_0 and the second matrix row $\mathfrak{W}_0$, is symplectic, if (198) is fulfilled.

62. We consider again the substitution $\hat{\mathfrak{w}} = \mathfrak{V}\mathfrak{w}$ with $\mathfrak{S}[\hat{\mathfrak{w}}] = \mathfrak{S}[\mathfrak{w}]$ and $|\mathfrak{V}| = 1$. We assume now that the elements v_{kl} of $\mathfrak{V}$ are integers in a real algebraic field K_0 and that $\mathfrak{V} \equiv \mathfrak{E} \pmod 2$. We define

$$g_{14} = v_{51},\quad g_{23} = -v_{52},\quad g_{24} = \tfrac{1}{2}v_{53},\quad g_{13} = -\tfrac{1}{2}v_{53},\quad g_{12} = v_{54},\quad g_{34} = v_{55}.$$

Then (198) is satisfied, and also (197), as a consequence of $\mathfrak{S}^{-1}[\mathfrak{V}'] = \mathfrak{S}^{-1}$. Since $|\mathfrak{V}| = 1$ and $v_{53} \equiv 0 \pmod 2$, the 6 numbers g_{kl} $(1 \leq k < l \leq 4)$ are relative prime. By the results of the last section, the matrix $\mathfrak{M}_1$ of (199) is symplectic with integral elements in K_0 and $\mathfrak{J}_2[\mathfrak{C}_1\mathfrak{D}_1] = \mathfrak{G} = (g_{kl})$, whence

(200) $$\hat{w}_5 = \sum_{l=1}^{5} v_{5l}w_l = \sigma(\mathfrak{C}_1\mathfrak{W}\mathfrak{J}_2\mathfrak{D}'_1\mathfrak{J}_2^{-1}) + |\mathfrak{C}_1|\,w_4 + |\mathfrak{D}_1|\,w_5.$$

Let $\mathfrak{V}_1$ be the matrix of the linear transformation (176), (177), (178) with $\mathfrak{M}_1$ instead of $\mathfrak{M}$. By (178) and (200), the matrices $\mathfrak{V}$ and $\mathfrak{V}_1$ have the same fifth row, hence (0 0 0 0 1) is the fifth row of $\mathfrak{V}\mathfrak{V}_1^{-1} = \mathfrak{V}_2$. Putting

$$\mathfrak{M}\mathfrak{M}_1^{-1} = \mathfrak{M}_2 = \begin{pmatrix} \mathfrak{A}_2 & \mathfrak{B}_2 \\ \mathfrak{C}_2 & \mathfrak{D}_2 \end{pmatrix},$$

we infer from (168) that

$$|\mathfrak{D}_2| = 1, \quad |\mathfrak{C}_2| = 0 \quad \text{and} \quad \sigma(\mathfrak{C}_2\mathfrak{W}\mathfrak{F}_2\mathfrak{D}'_2\mathfrak{F}_2^{-1}) = \sigma(\mathfrak{W}\mathfrak{D}_2^{-1}\mathfrak{C}_2) = 0,$$

whence $\mathfrak{C}_2 = 0$ and $\mathfrak{A}_2\mathfrak{D}'_2 = \mathfrak{E}$. The corresponding linear transformation (176) takes the simpler form

(201) $$\hat{\mathfrak{W}} = \mathfrak{W}[\mathfrak{A}'_2] + w_5\mathfrak{B}_2\mathfrak{A}'_2.$$

Obviously $\mathfrak{B}_1$ is unimodular in K_0, hence the same is true for the matrix $\mathfrak{B}_2$, and the coefficients in (201) are integers. Let

$$\mathfrak{A}_2 = \begin{pmatrix} a & b \\ c & d \end{pmatrix},$$

then a^2, b^2, c^2, d^2 are necessarily integers, hence also a, b, c, d. Moreover $\mathfrak{B}_2\mathfrak{A}'_2$ is integral and $|\mathfrak{A}_2| = 1$; hence $\mathfrak{B}_2$ is integral. This proves that $\mathfrak{M} = \mathfrak{M}_2\mathfrak{M}_1$ has integral elements. Since $|\mathfrak{M}| = 1$, these elements are relative prime.

On the other hand, by (176), (177) and (178), the elements of $\mathfrak{M}$ satisfy a system of algebraic equations with coefficients in K_0, and the only solutions of these equations are $\mathfrak{M}$ and $-\mathfrak{M}$. It follows that $\sqrt{t}\mathfrak{M} = \mathfrak{F}$, where $\mathfrak{F}$ is a matrix in K_0 and t is a number $\neq 0$ in K_0.

Since $\sqrt{t}$ is the greatest common divisor of the elements of $\mathfrak{F}$, the principal ideal (t) is the square of an ideal $\mathfrak{a}$ in K_0. Let $A_1 = E, A_2, \cdots, A_g$ denote the ambiguous classes of ideals in K_0, i. e., the classes A satisfying $A^2 = E$, where E is the principal class. We choose an integral ideal $\mathfrak{a}_k$ in A_k $(k = 2, \cdots, g)$ and take $\mathfrak{a}_1 = (1)$; then $\mathfrak{a}_k^2 = (a_k)$ is a principal ideal and $a_1 = 1$. Let $u_1, \cdots, u_s$ be a complete system of fundamental units in K_0 and denote by f_l $(l = 1, \cdots, 2^{s+1})$ the 2^{s+1} products $(-1)^{e_0}u_1^{e_1} \cdots u_s^{e_s}$ $(e_k = 0, 1;\ k = 0, \cdots, s)$, in particular $f_1 = 1$. The products a_kf_l are all different; we denote them by $t_1, \cdots, t_m$ with $m = 2^{s+1}g$ and $t_1 = a_1f_1 = 1$. Obviously $t = t_qv^2$, where t_q is one of the numbers $t_1, \cdots, t_m$ and v is a number in K_0.

None of the numbers $t_2, \cdots, t_m$ is a square in K_0. We choose now an integral ideal ω_0 in K_0, such that none of those numbers is a quadratic residue modulo ω_0. If $\mathfrak{V} \equiv \mathfrak{E} \pmod{2\omega_0}$, then $|\mathfrak{D}| \equiv 1$, $|\mathfrak{A}| \equiv 1$, $\mathfrak{C} \equiv 0$, $\mathfrak{B} \equiv 0$, by (176), (177) and (178). Moreover $\mathfrak{A}\mathfrak{D}' \equiv \mathfrak{E}$, and the coefficients of $\mathfrak{W}[\mathfrak{A}'] - \mathfrak{W}$ are $\equiv 0$. Putting

$$\mathfrak{A} = \begin{pmatrix} a_1 & a_2 \\ a_3 & a_4 \end{pmatrix}, \quad \mathfrak{D} = \begin{pmatrix} d_1 & d_2 \\ d_3 & d_4 \end{pmatrix},$$

we obtain

$$(202)\quad a_1^2 \equiv 1, \quad a_1 \equiv a_4 \equiv d_1 \equiv d_4, \quad a_2 \equiv a_3 \equiv d_2 \equiv d_3 \equiv 0 \pmod{2\omega_0}.$$

But $\sqrt{t_q}\, a_1 = x$ is an integer in K_0; hence $x^2 \equiv t_q \pmod{\omega_0}$, $t_q = t_1 = 1$.

We have proved that $\mathfrak{M}$ is an integral matrix in K_0, if $\mathfrak{B}$ is an integral matrix in K_0 satisfying $\mathfrak{S}[\mathfrak{B}] = \mathfrak{S}$, $|\mathfrak{B}| = 1$ and $\mathfrak{B} \equiv \mathfrak{E} \pmod{2\omega_0}$.

63. Let $\mathfrak{T}[\mathfrak{v}]$ be the quinary quadratic form of Section **59**. There exists in K a matrix $\mathfrak{L}_0$, such that

$$\mathfrak{T}[\mathfrak{L}_0\mathfrak{v}] = m(-pv_1^2 + v_2^2 - qv_3^2 + rsv_4^2 - rv_5^2)$$

with integral positive m, p, q, r, s. Putting

$$(pqs)^{-1} = m_2, \quad pm_2 = m_1, \quad qm_2 = m_3, \quad rsm_2 = m_4, \quad rm_2 = m_5,$$

we have

$$(203)\quad \prod_{k=1}^{5} m_k = r^2 m_2^4, \qquad -m^{-1}m_2\mathfrak{T}[\mathfrak{L}_0\mathfrak{v}] = \sum_{k=1}^{5} (-1)^{k-1} m_k v_k^2.$$

Let $\mathfrak{L}_1$ be the matrix of the linear substitution

$$(204)\quad \begin{aligned} w_1 &= -v_1\sqrt{m_1} - v_2\sqrt{m_2}, \quad w_2 = v_1\sqrt{m_1} - v_2\sqrt{m_2}, \quad w_3 = -v_3\sqrt{m_3},\\ w_4 &= -v_4\sqrt{m_4} - v_5\sqrt{m_5}, \quad w_5 = v_4\sqrt{m_4} - v_5\sqrt{m_5} \end{aligned}$$

and let $\mathfrak{L}_0\mathfrak{L}_1^{-1} = \mathfrak{N}_1$; then $m^{-1}m_2\mathfrak{T}[\mathfrak{N}_1] = \mathfrak{S}$.

By (185) and (186), the matrices

$$\mathfrak{Q}_k = \sqrt{m_k}\,\mathfrak{F}_k \qquad (k = 1, \cdots, 5)$$

satisfy the conditions

$$(205)\quad \mathfrak{Q}_k\mathfrak{Q}_l = -\mathfrak{Q}_l\mathfrak{Q}_k \ (1 \le k < l \le 5), \quad \mathfrak{Q}_k^2 = (-1)^{k-1}m_k\mathfrak{E} \ (k = 1, \cdots, 5), \qquad \prod_{k=1}^{5} \mathfrak{Q}_k = rm_2^2\mathfrak{E}.$$

Using the abbreviations

$$\mathfrak{J}_1 = \begin{pmatrix} 0 & 1 \\ 1 & 0 \end{pmatrix}, \quad \mathfrak{J}_2 = \begin{pmatrix} 0 & 1 \\ -1 & 0 \end{pmatrix}, \quad \mathfrak{J}_3 = \begin{pmatrix} -1 & 0 \\ 0 & 1 \end{pmatrix},$$

$$\sqrt{p} = \rho_1, \quad \sqrt{s} = \rho_2, \quad \sqrt{q} = \rho_3, \quad \sqrt{r} = \rho_4,$$

we introduce the 16 linearly independent matrices

$$\mathfrak{P}_1 = \begin{pmatrix}\mathfrak{E} & 0\\ 0 & \mathfrak{E}\end{pmatrix}, \qquad \mathfrak{P}_2 = m_2^{-1}\mathfrak{Q}_1\mathfrak{Q}_2 = \rho_1\begin{pmatrix}-\mathfrak{J}_3 & 0\\ 0 & \mathfrak{J}_3\end{pmatrix},$$

$$\mathfrak{P}_3 = m_2^{-1}s\mathfrak{Q}_1\mathfrak{Q}_2\mathfrak{Q}_3 = \rho_2\begin{pmatrix}-\mathfrak{E} & 0\\ 0 & \mathfrak{E}\end{pmatrix}, \qquad \mathfrak{P}_4 = ps\mathfrak{Q}_3 = \rho_1\rho_2\begin{pmatrix}\mathfrak{J}_3 & 0\\ 0 & \mathfrak{J}_3\end{pmatrix},$$

$$\mathfrak{P}_5 = m_2^{-1}\mathfrak{Q}_2\mathfrak{Q}_3 = \rho_3\begin{pmatrix}-\mathfrak{J}_1 & 0\\ 0 & \mathfrak{J}_1\end{pmatrix}, \qquad \mathfrak{P}_6 = m_2^{-1}\mathfrak{Q}_1\mathfrak{Q}_3 = \rho_1\rho_3\begin{pmatrix}\mathfrak{J}_2 & 0\\ 0 & \mathfrak{J}_2\end{pmatrix},$$

$$\mathfrak{P}_7 = qs\mathfrak{Q}_1 = \rho_2\rho_3\begin{pmatrix}\mathfrak{J}_1 & 0\\ 0 & \mathfrak{J}_1\end{pmatrix}, \qquad \mathfrak{P}_8 = m_2^{-1}\mathfrak{Q}_2 = \rho_1\rho_2\rho_3\begin{pmatrix}-\mathfrak{J}_2 & 0\\ 0 & \mathfrak{J}_2\end{pmatrix},$$

$$\mathfrak{P}_9 = m_2^{-1}\mathfrak{Q}_1\mathfrak{Q}_3\mathfrak{Q}_4 = \rho_4\begin{pmatrix}0 & -\mathfrak{E}\\ -\mathfrak{E} & 0\end{pmatrix}, \qquad \mathfrak{P}_{10} = m_2^{-1}p\mathfrak{Q}_2\mathfrak{Q}_3\mathfrak{Q}_4 = \rho_1\rho_4\begin{pmatrix}0 & -\mathfrak{J}_3\\ \mathfrak{J}_3 & 0\end{pmatrix},$$

$$\mathfrak{P}_{11} = m_2^{-1}\mathfrak{Q}_2\mathfrak{Q}_4 = \rho_2\rho_4\begin{pmatrix}0 & \mathfrak{E}\\ -\mathfrak{E} & 0\end{pmatrix}, \qquad \mathfrak{P}_{12} = m_2^{-1}\mathfrak{Q}_1\mathfrak{Q}_4 = \rho_1\rho_2\rho_4\begin{pmatrix}0 & \mathfrak{J}_3\\ \mathfrak{J}_3 & 0\end{pmatrix},$$

$$\mathfrak{P}_{13} = m_2^{-1}q\mathfrak{Q}_1\mathfrak{Q}_2\mathfrak{Q}_4 = \rho_3\rho_4\begin{pmatrix}0 & \mathfrak{J}_1\\ -\mathfrak{J}_1 & 0\end{pmatrix}, \qquad \mathfrak{P}_{14} = pq\mathfrak{Q}_4 = \rho_1\rho_3\rho_4\begin{pmatrix}0 & \mathfrak{J}_2\\ \mathfrak{J}_2 & 0\end{pmatrix},$$

$$\mathfrak{P}_{15} = m_2^{-1}\mathfrak{Q}_3\mathfrak{Q}_4 = \rho_2\rho_3\rho_4\begin{pmatrix}0 & -\mathfrak{J}_1\\ -\mathfrak{J}_1 & 0\end{pmatrix}, \qquad \mathfrak{P}_{16} = m_2^{-2}\mathfrak{Q}_1\mathfrak{Q}_2\mathfrak{Q}_3\mathfrak{Q}_4 = \rho_1\rho_2\rho_3\rho_4\begin{pmatrix}0 & -\mathfrak{J}_2\\ \mathfrak{J}_2 & 0\end{pmatrix}$$

Then any real matrix $\mathfrak{M}^{(4)}$ can be expressed in the form

$$\mathfrak{M} = \sum_{k=1}^{16} x_k\mathfrak{P}_k \tag{206}$$

with uniquely determined real scalar factors x_k.

We denote the real algebraic number field $K(\sqrt{p}, \sqrt{q}, \sqrt{r}, \sqrt{s})$ by K_0. Let ω_0 be the ideal of the preceding section and choose in K an ideal ω having the corresponding properties with respect to K instead of K_0. We put $4pqrs\omega\omega_0 = \mu$.

On account of (203) and (204), the elements of the matrix $\mathfrak{N}_1$ lie in K_0. Let f be an integer $\neq 0$, such that $f\mathfrak{N}_1$ and $f\mathfrak{N}_1^{-1}$ are integral, and choose in K an ideal ν which is divisible by $f^2\mu$. We consider now the elements $\mathfrak{U}$ of the congruence subgroup $\Lambda_\nu(\mathfrak{T})$ of $\Lambda(\mathfrak{T})$ defined by condition $\mathfrak{U} \equiv \mathfrak{E} \pmod{\nu}$. Then $\mathfrak{B} = \mathfrak{N}_1^{-1}\mathfrak{U}\mathfrak{N}_1$ is an integral matrix in K_0 satisfying $\mathfrak{S}[\mathfrak{B}] = \mathfrak{S}$, $|\mathfrak{B}| = 1$ and $\mathfrak{B} \equiv \mathfrak{E} \pmod{\mu}$. The corresponding symplectic matrices $\pm\mathfrak{M}$ form a subgroup $\Delta_\nu(\mathfrak{T})$ of $\Delta(\mathfrak{T})$.

By Section **58**, the pair $\mathfrak{M}, -\mathfrak{M}$ is uniquely determined by the conditions

$$\hat{\mathfrak{Q}}_k = \mathfrak{M}^{-1}\mathfrak{Q}_k\mathfrak{M}\ (k = 1, \cdots, 5), \qquad \mathfrak{J}[\mathfrak{M}] = \mathfrak{J} \tag{207}$$

with

$$\hat{\mathfrak{Q}}_k = \sum_{l=1}^{5} r_{lk}\mathfrak{Q}_l\ (k = 1, \cdots, 5), \qquad (r_{kl}) = \mathfrak{L}_0^{-1}\mathfrak{U}\mathfrak{L}_0. \tag{208}$$

On account of the result of Section **62**, the coefficients x_k in (206) are numbers of K_0. We apply any isomorphism of K_0 which leaves all numbers of K

invariant and denote by $\mathfrak{P}^*_k$, $\mathfrak{Q}^*_k$, $\hat{\mathfrak{Q}}^*_k$, x^*_k the images of $\mathfrak{P}_k$, $\mathfrak{Q}_k$, $\hat{\mathfrak{Q}}_k$, x_k. Then (205) and (208) hold good with $\mathfrak{Q}^*_k$, $\hat{\mathfrak{Q}}^*_k$ instead of $\mathfrak{Q}_k$, $\hat{\mathfrak{Q}}_k$, and the same is true for the relationship

$$\mathfrak{Q}'_k = \mathfrak{J}^{-1}\mathfrak{Q}_k\mathfrak{J} = (\mathfrak{Q}_2\mathfrak{Q}_4)^{-1}\mathfrak{Q}_k(\mathfrak{Q}_2\mathfrak{Q}_4) \qquad (k = 1, \cdots, 5).$$

It follows that both matrices

$$\mathfrak{M}^* = \sum_{k=1}^{16} x^*_k\mathfrak{P}^*_k, \qquad \mathfrak{M}_0 = \sum_{k=1}^{16} x_k\mathfrak{P}^*_k$$

are solutions of (207), with $\mathfrak{Q}^*_k$, $\hat{\mathfrak{Q}}^*_k$ instead of $\mathfrak{Q}_k$, $\hat{\mathfrak{Q}}_k$, and consequently

$$\mathfrak{M}^* = \pm \mathfrak{M}_0, \qquad x^*_k = \pm x_k \qquad (k = 1, \cdots, 16).$$

Putting

$$\mathfrak{M} = \begin{pmatrix} \mathfrak{A} & \mathfrak{B} \\ \mathfrak{C} & \mathfrak{D} \end{pmatrix},$$

we have

$$\mathfrak{A} = \begin{pmatrix} x_1 + x_2\rho_1 - x_3\rho_2 - x_4\rho_1\rho_2 & (-x_5 + x_6\rho_1 + x_7\rho_2 - x_8\rho_1\rho_2)\rho_3 \\ (-x_5 - x_6\rho_1 + x_7\rho_2 + x_8\rho_1\rho_2)\rho_3 & x_1 - x_2\rho_1 - x_3\rho_2 + x_4\rho_1\rho_2 \end{pmatrix},$$

$$\mathfrak{D} = \begin{pmatrix} x_1 - x_2\rho_1 + x_3\rho_2 - x_4\rho_1\rho_2 & (x_5 + x_6\rho_1 + x_7\rho_2 + x_8\rho_1\rho_2)\rho_3 \\ (x_5 - x_6\rho_1 + x_7\rho_2 - x_8\rho_1\rho_2)\rho_3 & x_1 + x_2\rho_1 + x_3\rho_2 + x_4\rho_1\rho_2 \end{pmatrix};$$

if we replace x_k by $(-1)^k x_{k+8}\rho_4$ $(k = 1, \cdots, 8)$, we obtain the expressions for $\mathfrak{B}$, $\mathfrak{C}$. By (176), (177) and (178), $\mathfrak{B} \equiv 0 \pmod{\mu}$ and $\mathfrak{C} \equiv 0 \pmod{\mu}$, hence $x_9, \cdots, x_{16}$ are integers. Moreover (202) holds now for the module μ instead of $2\omega_0$; consequently $x_1, \cdots, x_8$ are also integers and $x_1^2 \equiv 1 \pmod{\omega}$. Since $|\mathfrak{M}| = 1$, the numbers $x_1, \cdots, x_{16}$ are relative prime. We apply the argument of Section **62** and conclude that the coefficients x_k are numbers of the field K.

Let $\Delta(p, q, r, s)$ denote the group of all symplectic matrices $\pm\mathfrak{M}$ with integral $x_1, \cdots, x_{16}$ in K. We have proved that $\Delta_\nu(\mathfrak{T})$ is a subgroup of $\Delta(p, q, r, s)$. On the other hand, if $\mathfrak{M}$ is an element of $\Delta(p, q, r, s)$ satisfying $x_1 \equiv 1$, $x_k \equiv 0 \pmod{f^2}$ for $k = 2, \cdots, 16$, then $\mathfrak{B} \equiv \mathfrak{E} \pmod{f^2}$, by (176), (177) and (178), and $\mathfrak{U} = \mathfrak{N}_1\mathfrak{B}\mathfrak{N}_1^{-1}$ is an element of the group $\Lambda(\mathfrak{T})$. Consequently the groups $\Delta(\mathfrak{T})$ and $\Delta(p, q, r, s)$ are commensurable.

INSTITUTE FOR ADVANCED STUDY,
PRINCETON, N. J.

42.

Contribution to the theory of the Dirichlet L-series and the Epstein zeta-functions

Annals of Mathematics 44 (1943), 143—172

Let

$$t > 0, \qquad \nu = \left[\sqrt{\frac{t}{2\pi}}\right],$$

$$\vartheta = -\frac{t}{2}\log\pi + \arg\Gamma\left(\frac{1}{4} + \frac{ti}{2}\right) = \frac{t}{2}\log\frac{t}{2\pi e} - \frac{\pi}{8} + O(t^{-1}),$$

$$e^{i\vartheta}\zeta(\tfrac{1}{2} + ti) - 2\sum_{n=1}^{\nu} n^{-\frac{1}{2}}\cos(\vartheta - t\log n) = R.$$

The formula

$$(1) \qquad R = O(t^{-\frac{1}{4}}),$$

due to Hardy and Littlewood[1], is important in the theory of the zeta-function. This formula contains the main term of an asymptotic expansion of $\zeta(\frac{1}{2} + ti)$ for $t \to \infty$, which had been discovered already by Riemann, but was not published[2] before 1932. Riemann's formula is

$$(2) \quad R = (-1)^{\nu-1}\left(\frac{2\pi}{t}\right)^{\frac{1}{4}}\left(C_0 + C_1 t^{-\frac{1}{2}} + \cdots + C_k t^{-\frac{k}{2}} + R_k\right), \qquad R_k = O\left(t^{-\frac{k+1}{2}}\right),$$

where k is an arbitrary integer $\geqq 0$ and $C_0, C_1, \cdots, C_k$ denote certain bounded functions of t, e.g. $C_0 = \cos\left(2\pi u^2 + \frac{3\pi}{8}\right)\Big/\cos 2\pi u$, $u = \sqrt{\frac{t}{2\pi}} - \nu - \frac{1}{2}$. This has been used by Titchmarsh[3], with $k = 1$ and numerical bounds of R_1, for the calculation of the zeros of $\zeta(\sigma + ti)$ in the strip $0 < t < 1468$; he found that all 1041 zeros lie on the critical line $\sigma = \frac{1}{2}$.

Kusmin[4] generalized (1) for the case of an arbitrary L-series, $L(s) = \sum_{n=1}^{\infty}\chi(n)n^{-s}$, where $\chi(n)$ denotes a proper character modulo $m \geqq 1$. In the

---

[1] G. H. Hardy and J. E. Littlewood, *The zeros of Riemann's zeta-function on the critical line*, Math. Zeitschr. 10, pp. 283–317 (1921).

[2] C. L. Siegel, *Über Riemanns Nachlass zur analytischen Zahlentheorie*, Quell. u. Stud. z. Gesch. d. Math. B2, pp. 45–80 (1932).

[3] E. C. Titchmarsh, *The zeros of the Riemann zeta-function*, Proc. Roy. Soc. London A 151, pp. 234–255 (1935), and 157, pp. 261–263 (1936).

[4] R. O. Kusmin, *Sur les zéros de la fonction $\zeta(s)$ de Riemann*, C. R. Acad. Sci. URSS (N.S.) 2, pp. 398–400 (1934) (Russian. French summary.); R. O. Kusmin, *Zur Theorie der Dirichletschen Reihen $L(s)$*, Bull. Acad. Sci. URSS (7), pp. 1471–1491 (1934) (Russian. German summary).

present paper, I prove the analogue of (2) for $L(s)$; the result (Theorem 6) is of the same form as (2) and contains, of course, (2) as the special case $m = 1$. My proof is somewhat simpler than my former proof of (2). It starts from a representation of $L(s)$ as the sum of two particular integrals (Theorem 4), obtained in a different way by Kusmin; the corresponding theorem for $\zeta(s)$, discovered by Riemann, was published in my edition of Riemann's manuscripts on analytical number-theory. Using a simplification of my former method, remarked by Kusmin, I prove then the following two theorems:

Let $A(t_1, t_2)$ denote the number of different zeros of odd order of $L(s)$ in the interval $t_1 < t < t_2$ on the critical line $s = \frac{1}{2} + ti$. If t_1 is a function of t satisfying the condition $t^{\frac{1}{2}} \log t = o(t - t_1)$, then

(3) $$\liminf_{t\to\infty} A(t_1, t)/(t - t_1) \geqq \gamma,$$

where $\gamma = m/\pi e \varphi(m)$ and $\varphi(m)$ is Euler's function.

Let $B(t_1, t_2, \epsilon)$ denote the number of zeros of $L(s)$ in the rectangle $t_1 < t < t_2$, $\frac{1}{2} - \epsilon < \sigma < \frac{1}{2} + \epsilon$. If $t^{\frac{1}{2}} \log t = o(t - t_1)$ and $\epsilon = o(\log\log t/\log t)$, then

(4) $$\liminf_{t\to\infty} B(t_1, t, \epsilon)/(t - t_1)t^{\epsilon} \geqq \tfrac{1}{4}\gamma.$$

Hardy and Littlewood proved that (3) holds in the case of $\zeta(s)$ with a positive constant γ, provided $t^{\lambda} = O(t - t_1)$ with constant $\lambda > \frac{1}{2}$; however, they did not determine an explicit value of γ. The value $\gamma = m/\pi e\varphi(m)$ is better than the values formerly obtained, in the case $t_1 = 0$, by me for $\zeta(s)$ and by Kusmin for an arbitrary L-function.

The interest of (4) consists in the condition $\epsilon = o(\log\log t/\log t)$ for the breadth of the rectangle. In the well-known theorems of Littlewood[5] and Carlson[6], this breadth is subjected to the conditions $\log\log t/\log t = o(\epsilon)$ and $1 = O(\epsilon)$.

The second part of the paper is concerned with similar problems for certain Epstein zeta-functions, whereas the methods are quite different. Let $Q(x) = Q(x_1, \cdots, x_k)$ be a positive quadratic form of k variables, $\mathfrak{S}$ its matrix, D its determinant and $\zeta(s; \mathfrak{S})$ the Epstein zeta-function defined by the series $\zeta(s; \mathfrak{S}) = \sum Q(n)^{-s} \left(\sigma > \frac{k}{2}\right)$, where $n = (n_1, \cdots, n_k)$ runs over all lattice-points in the k-dimensional space with exception of the origin. The function $\left(s - \frac{k}{2}\right)\zeta(s; \mathfrak{S})$ is regular in the whole plane, and $\eta(s; \mathfrak{S}) = \pi^{-s}\Gamma(s)\zeta(s; \mathfrak{S})$ fulfills the functional equation $\eta(s; \mathfrak{S}) = D^{-\frac{1}{2}}\eta\left(\frac{k}{2} - s; \mathfrak{S}^{-1}\right)$. Obviously $\zeta(s; \mathfrak{C}'\mathfrak{S}\mathfrak{C}) = \zeta(s; \mathfrak{S})$, for any unimodular matrix $\mathfrak{C}$ with k rows; hence $\zeta(s; \mathfrak{S}) = \zeta(s; \mathfrak{S}^{-1})$, if $\mathfrak{S}$ itself

[5] J. E. Littlewood, *On the zeros of the Riemann zeta-function*, Proc. Cambridge Philos. Soc. 22, pp. 295–318 (1925).

[6] F. Carlson, *Über die Nullstellen der Dirichlet'schen Reihen und der Riemann'schen ζ-Funktion*, Ark. Mat. Astr. Fys. no. 20, 28 pp. (1921).

is unimodular. The functional equation shows, in this case, that $\eta(s; \mathfrak{S})$ is real on the line $\sigma = \frac{k}{4}$, which corresponds to the critical line $\sigma = \frac{1}{2}$ for the zeta-function. This holds in particular for $\mathfrak{S} = \mathfrak{E}_k$, the unit matrix of k rows; put $\zeta(s; \mathfrak{E}_k) = \zeta_k(s)$. The formula $\zeta_1(s) = 2\zeta(2s)$ suggests that the distribution of the zeros of $\zeta_k(s)$ might be analogous to that of $\zeta(s)$ itself. Generalizing Hardy's first proof of the existence of an infinite number of zeros of $\zeta(\frac{1}{2} + ti)$, Landau[7] obtained the same result for all $\zeta_k\left(\frac{k}{4} + ti\right)$. He did not notice that, in the special cases $k = 4, 8$, his theorem is an immediate consequence of the formulae

(5) $\zeta_4(s) = 8(1 - 2^{2-2s})\zeta(s)\zeta(s-1), \quad \zeta_8(s) = 16(1 - 2^{1-s} + 2^{4-2s})\zeta(s)\zeta(s-3)$

following from Jacobi's theorems on the number of decompositions of an integer into 4 and 8 squares; obviously $\zeta_4(s)$, $\zeta_8(s)$ have on the critical line $\sigma = \frac{k}{4}$ exactly the zeros $s = 1 \pm \frac{l\pi i}{\log 2}$ $(l = 1, 2, \cdots)$, $s = 2 + \frac{i}{\log 2}(2l\pi \pm \operatorname{arc\,tg}\sqrt{15})$ $(l = 0, \pm 1, \cdots)$. For other values of k, however, there is no such obvious reason for the existence of the zeros. My results depend upon two theorems concerning the Epstein zeta-function for arbitrary integral $\mathfrak{S}$:

If $\mathfrak{S}$ and $\mathfrak{S}_1$ belong to the same genus, then

$$\zeta(s; \mathfrak{S}) - \zeta(s; \mathfrak{S}_1) = t^{\frac{1}{2}} \log t\, O\left(1 + t^{\frac{k}{2}-2\sigma}\right). \tag{6}$$

Let $\mathfrak{S}_1, \cdots, \mathfrak{S}_h$ be representatives of the different classes of the genus of $\mathfrak{S}$, let $E(\mathfrak{S})$ be the number of units of $\mathfrak{S}$ and

$$\mathrm{Z}(s) = \sum_{l=1}^{h} \frac{\zeta(s; \mathfrak{S}_l)}{E(\mathfrak{S}_l)} \Big/ \sum_{l=1}^{h} \frac{1}{E(\mathfrak{S}_l)};$$

define

$$H\left(\frac{a}{b}\right) = D^{-\frac{1}{2}} b^{-\frac{k}{2}} \sum_{n \,(\mathrm{mod}\, b)} e^{\pi i \frac{a}{b} Q(n)},$$

where a, b are coprime positive integers and $abQ(x)$ is an even quadratic form; then

$$\mathrm{Z}(s) = \pi^s \frac{\Gamma\left(\frac{k}{2} - s\right)}{\Gamma\left(\frac{k}{2}\right)} \sum_{a,b} a^{s-\frac{k}{2}} b^{-s} \left\{ e^{\frac{\pi i}{4}(2s-k)} H\left(\frac{a}{b}\right) + e^{\frac{\pi i}{4}(k-2s)} \overline{H\left(\frac{a}{b}\right)} \right\} \quad \left(1 < \sigma < \frac{k}{2} - 1\right). \tag{7}$$

---

[7] E. Landau, *Über die Hardysche Entdeckung unendlich vieler Nullstellen der Zetafunktion mit reellem Teil* ½, Math. Ann. 76, pp. 212–243 (1915).

The proofs of these two theorems use the theory of modular forms and the analytic theory of quadratic forms. The formulae (6), (7) contain an analogue of (1); it is easy to deduce the following statements:

Let $A(t_1)$ denote the number of different zeros of odd order of $\zeta(s; \mathfrak{S})$ in the interval $0 < t < t_1$ on the line $s = \frac{k}{4} + ti$. If $\mathfrak{S}$ belongs to the genus of $\mathfrak{E}_k$, then

$$A(t) > \frac{t}{\pi} \log 2 + O(1) \qquad (k > 8). \tag{8}$$

Let $B(t_1)$ denote the number of zeros of $\zeta(s; \mathfrak{S})$ in the rectangle $0 < t < t_1$, $2 \leqq \sigma \leqq \frac{k}{2} - 2$. If $\mathfrak{S}$ belongs to the genus of $\mathfrak{E}_k$, then

$$B(t) = \frac{t}{\pi} \log 2 + O(1) \qquad (k \geqq 12). \tag{9}$$

Obviously, (8) and (9) correspond to (3) and (4). The consequences are much more precise; it follows immediately, for $k \geqq 12$, that the zeros of $\zeta(s; \mathfrak{S})$ in the strip $2 \leqq \sigma \leqq \frac{k}{2} - 2$ are simple and lie on $\sigma = \frac{k}{4}$, with at most a finite number of exceptions. In the cases $k = 4, 8$, the zeros of $\zeta(s; \mathfrak{S})$ on $\sigma = \frac{k}{4}$ are completely known, by (5); it is possible to discuss also the remaining cases for $3 < k < 12$, but this requires some numerical computations and we omit it. For the function $\zeta_3(s)$, however, our method does not lead to any result.

Since the number $N(t_1)$ of all zeros in the strip $0 < t < t_1$ satisfies $N(t) = \frac{t}{\pi} \log t + O(t)$, it follows that most of the zeros of $\zeta(s; \mathfrak{S})$ do not lie in the neighborhood of $\sigma = \frac{k}{4}$, if $\mathfrak{S}$ belongs to the genus of $\mathfrak{E}_k$ and $k \geqq 12$.

Part I: Dirichlet L-series

1. Asymptotic expansion

Let σ_1, σ_2 be given real numbers, $\sigma_1 < \sigma_2$, and $s = \sigma + ti$ a complex variable in the half-strip $\sigma_1 \leqq \sigma \leqq \sigma_2$, $t \geqq 2$. If $P, Q \neq 0$ are functions of s and some parameters $p, u, n, \cdots$, then the formula $P = O(Q)$ means that P/Q is bounded in the half-strip, uniformly with respect to the set of values of all parameters $p, u, \cdots$ except n. The symbols $\Re\{c\}$, $\Im\{c\}$ denote real and imaginary part of a complex number c, and $\bar{c}$ is the conjugate complex number. We define

$$\tau = \sqrt{i\left(\frac{1}{2} - s\right)} = \sqrt{t + i\left(\frac{1}{2} - \sigma\right)} = \sqrt{t}\,(1 + O(t^{-1})),$$

$$\sqrt{t} > 0, \qquad \epsilon = e^{\frac{\pi i}{4}} = \frac{1+i}{\sqrt{2}}, \qquad g(z) = e^{\frac{i}{2}z^2} z^{-s}$$

with the principal value of $z^{-s} = e^{-s \log z}$; moreover u is a real variable, p is a positive parameter satisfying the condition $p = \tau + O(1)$ and $c_1, \cdots, c_{21}$ are certain appropriate positive constants.

LEMMA 1:

$$g(p + \epsilon u)/g(\tau) = O(e^{-c_1 u^2}).$$

PROOF: Let $\tau^{-1}(\epsilon u + p - \tau) = v = |v| e^{i\alpha}, -\pi \leqq \alpha < \pi$; then

$$v = t^{-\frac{1}{2}}(\epsilon u + O(1))(1 + O(t^{-1})), \tag{10}$$

whence $\alpha = \arg v = -\frac{\pi}{4} + \frac{\pi}{2} \operatorname{sign} u + O(u^{-1}) + O(t^{-1})$, $\cos \alpha > -\frac{3}{4}$ $(u^2 > c_2;\ t > c_3)$ and $(\tau v)^2 = iu^2 + (|u| + 1)\, O(1)$; moreover

$$|1 + v| = \frac{p}{|\tau|}\left|1 + \frac{\epsilon}{p} u\right| \geqq \frac{p}{|\tau|\sqrt{2}} > c_4 \qquad (t > c_5). \tag{11}$$

Put

$$\lambda = v + \tfrac{1}{2}v^2 - \log(1 + v) = \int_0^v \frac{w + 2}{w + 1} w\, dw, \qquad e^{-2i\alpha}\lambda = \mu,$$

where the integration is performed over the segment $w = re^{i\alpha}$, $0 \leqq r \leqq |v|$. By (11), $\mu = v^2 O(1)$; on the other hand $\left(r^2 - \frac{9}{4}r + 2\right)(1 + r)^{-2} > c_6\ (0 \leqq r)$,

$$\begin{aligned}\Re\{\mu\} &= \int_0^{|v|} \frac{r^2 + 3r\cos\alpha + 2}{r^2 + 2r\cos\alpha + 1} r\, dr \\ &\geqq \int_0^{|v|} \left(r^2 - \frac{9}{4}r + 2\right)(1 + r)^{-2} r\, dr \geqq \tfrac{1}{2}c_6 |v|^2 \qquad (u^2 > c_2;\ t > c_3).\end{aligned}$$

Therefore

$$\begin{aligned}\Im\{\tau^2\lambda\} &= \Im\{\tau^2 v^2 |v|^{-2}\mu\} = u^2 |v|^{-2}\Re\{\mu\} + (|u| + 1)|v|^{-2}\mu\, O(1) \\ &\geqq \tfrac{1}{2}c_6 u^2 + O(|u| + 1) > c_1 u^2 \qquad (u^2 > c_7;\ t > c_3)\end{aligned} \tag{12}$$

and

$$\Im\{\tau^2\lambda\} = O(1) \qquad (u^2 \leqq c_7). \tag{13}$$

Since $g(p + \epsilon u) = g(\tau)(1 + v)^{-\frac{1}{2}} e^{i\tau^2\lambda}$, the assertion follows from (11), (12), (13).

Consider now v as an independent complex variable and define

$$h = h(v) = v - \tfrac{1}{2}v^2 - \log(1 + v) \tag{14}$$

with the principal value of $\log(1 + v)$,

$$\psi(v) = (1 + v)^{-\frac{1}{2}} e^{i\tau^2 h}. \tag{15}$$

The function $\psi(v)$ is regular in the circle $|v| < 1$, let

$$\psi(v) = \sum_{n=0}^{\infty} A_n v^n \qquad (|v| < 1)$$

be its power series and

$$S_n(v) = \sum_{k=0}^{n-1} A_k v^k, \qquad R_n(v) = \psi(v) - S_n(v) \qquad (n = 0, 1, \cdots).$$

LEMMA 2: *Let u be real and $v = \tau^{-1}(\epsilon u + p - \tau)$; then*

$$R_n(v) = (|u| + 1)^n O(t^{-\frac{n}{6}}) \qquad (u^2 \leqq c_8 t^{\frac{1}{3}}), \qquad S_n(v) = O(u^n) \qquad (u^2 \geqq c_8 t^{\frac{1}{3}}).$$

PROOF: By (14), the function $v^{-3}h(v)$ is regular in the circle $|v| < 1$ and consequently bounded for $|v| \leqq \frac{1}{2}$, hence $\tau^2 h(v) = O(1)$, $\psi(v) = O(1)$ $(|v| \leqq \frac{1}{2}t^{-\frac{1}{3}})$. Applying the formula

$$|R_n(v)| = \left| \frac{1}{2\pi i} \int_{|z|=\rho} \frac{v^n \psi(z)}{z^n(z - v)}\, dz \right| \leqq \left(\frac{|v|}{\rho}\right)^n \frac{\rho}{\rho - |v|} \max_{|z|=\rho} |\psi(z)| \qquad (|v| < \rho < 1)$$

with $\rho = \frac{1}{2}t^{-\frac{1}{3}}$, $|v| < \frac{1}{2}\rho$, we obtain

$$R_n(v) = v^n O\left(t^{\frac{n}{3}}\right) \qquad (|v| < c_9 t^{-\frac{1}{3}}). \tag{16}$$

Moreover $A_n = v^{-n}(R_{n+1} - R_n) = O\left(|v|\, t^{\frac{n+1}{3}} + t^{\frac{n}{3}}\right)$ $(|v| < c_9 t^{-\frac{1}{3}})$, whence $A_n = O\left(t^{\frac{n}{3}}\right)$,

$$S_n(v) = O\left(1 + |v|^n t^{\frac{n}{3}}\right). \tag{17}$$

By (10), the condition $|v| < c_9 t^{-\frac{1}{3}}$ is satisfied for $v = \tau^{-1}(\epsilon u + p - \tau)$, whenever $u^2 \leqq c_8 t^{\frac{1}{3}}$. The assertion follows from (10), (16), (17).

LEMMA 3: *The coefficients $A_n = A_n(\tau)(n = 0, 1, \cdots)$ of the power series $\psi(v)$ are polynomials in τ^2 of degree $\leqq \dfrac{n}{3}$ satisfying the recursion formula $nA_n + (n - \frac{1}{2})A_{n-1} + i\tau^2 A_{n-3} = 0$ $(n = 1, 2, \cdots)$ with $A_0 = 1$, $A_{-1} = A_{-2} = 0$.*

PROOF: The function $\psi = \psi(v)$ fulfills the differential equation

$$\frac{d \log \psi}{dv} = -\frac{1}{2}\frac{1}{1 + v} + i\tau^2\left(1 - v - \frac{1}{1 + v}\right),$$

whence

$$(1 + v)\frac{d\psi}{dv} + (\tfrac{1}{2} + i\tau^2 v^2)\psi = 0,$$

$nA_n + (n - 1)A_{n-1} + \frac{1}{2}A_{n-1} + i\tau^2 A_{n-3} = 0$ $(n = 1, 2, \cdots)$, moreover $A_0 = \psi(0) = 1$; q.e.d.

Let $f(u)$ be an integrable function of the real variable u and

$$|f(u)| < c_{10} e^{c_{11} u^2}, \qquad c_{11} < c_1,\ c_{11} < 1. \tag{18}$$

Setting $\epsilon u + p = z$, we define

$$F(s) = \int_{-\infty}^{+\infty} g(z) f(u)\, du, \qquad B_n = \int_{-\infty}^{+\infty} e^{i(z-\tau)^2}(z - \tau)^n f(u)\, du \qquad (n = 0, 1, \cdots).$$

LEMMA 4:

$$F(s)/g(\tau) = \sum_{k=0}^{n-1} A_k B_k \tau^{-k} + O\left(t^{-\frac{n}{6}}\right) \qquad (n = 0, 1, \cdots).$$

PROOF: Introducing again $v = \tau^{-1}(\epsilon u + p - \tau) = \tau^{-1}(z - \tau)$, we have, by (14), (15), $g(z)/g(\tau) = e^{i(z-\tau)^2}\psi(v)$. We use the decomposition

$$F(s)/g(\tau) = \int_{-\infty}^{+\infty} e^{i(z-\tau)^2} S_n(v)f(u)\,du - \int_{|u|\geqq a} e^{i(z-\tau)^2} S_n(v)f(u)\,du$$

$$+ \int_{-a}^{a} e^{i(z-\tau)^2} R_n(v)f(u)\,du + \int_{|u|\geqq a} g(z)f(u)\,du/g(\tau)$$

with $a^2 = c_8 t^{\frac{1}{3}}$ and obtain, by (18) and Lemmata 1, 2,

$$F(s)/g(\tau) - \sum_{k=0}^{n-1} A_k B_k \tau^{-k} = \int_a^\infty e^{-c_{12}u^2} O(u^n)\,du$$

$$+ \int_0^a e^{-c_{12}u^2}(u+1)^n O\left(t^{-\frac{n}{6}}\right) du + \int_a^\infty O(e^{-c_{13}u^2})\,du$$

$$= O(e^{-c_{14}t^{\frac{1}{3}}}) + O\left(t^{-\frac{n}{6}}\right) + O(e^{-c_{15}t^{\frac{1}{3}}}) = O\left(t^{-\frac{n}{6}}\right);$$

q.e.d.

We write $P \approx \sum_{n=0}^{\infty} Q_n \tau^{-n}$ as an abbreviation for the formula $P - \sum_{k=0}^{n-1} Q_k \tau^{-k} = O(\tau^{-n})(n = 0, 1, \cdots)$. It is easily seen that the relation $P \approx Q$ has the following simple properties: If $P \approx Q$ and $P^* \approx Q^*$, then $P + P^* \approx Q + Q^*$ and $PP^* \approx QQ^*$, where $Q + Q^*$ and QQ^* are sum and product of the formal power series Q, Q^*; if $P \approx Q$, then $P^{-1} \approx Q^{-1}$, whenever the first coefficient Q_0 of Q satisfies the condition $Q_0^{-1} = O(1)$.

THEOREM 1:

$$F(s)/g(\tau) \approx \sum_{k=0}^{\infty} \Gamma_k \tau^{-k},$$

where

$$\Gamma_k = \sum_{l=0}^{3k} \gamma_{kl} \Phi^{(l)}(\tau), \qquad \Phi(y) = \int_{-\infty}^{+\infty} e^{i(z-y)^2} f(u)\,du$$

with numerical coefficients γ_{kl}; *in particular* $\gamma_{00} = 1$.

PROOF: Since

$$e^{-iy^2}\Phi(\tau + y) = \int_{-\infty}^{+\infty} e^{i(z-\tau)^2 - 2iy(z-\tau)} f(u)\,du,$$

we find

$$(19) \qquad B_k = \int_{-\infty}^{+\infty} e^{i(z-\tau)^2}(z-\tau)^k f(u)\,du = (-2i)^{-k}\{D_y^k e^{-iy^2}\Phi(\tau + y)\}_{y=0},$$

a homogeneous linear function of the derivatives $\Phi^{(l)}(\tau)(l = 0, \cdots, k)$ with numerical coefficients; moreover $z - \tau = \epsilon u + O(1)$ and consequently $\Phi^{(n)}(\tau) = O(1)$ $(n = 0, 1, \cdots)$. On the other hand, by Lemma 3, the expression $A_k\tau^{-k}$ is a polynomial in τ^{-1} of degree $\leqq k$ which does not contain the powers $\tau^{-\nu}$ for $0 \leqq \nu < \frac{k}{3}$. Therefore $\sum_{k=0}^{3n-1} A_k B_k \tau^{-k} = \sum_{k=0}^{3n-1} \Gamma_k^* \tau^{-k}$, where Γ_k^* is a homogeneous linear function of $\Phi^{(l)}(\tau)$ $(l = 0, \cdots, 3k)$ with constant coefficients and independent of n for $k < n$. Writing $\Gamma_k^* = \Gamma_k = \sum_{l=0}^{3k} \gamma_{kl}\Phi^{(l)}(\tau)$ $(k = 0, \cdots, n-1)$ and applying Lemma 4 with $3n$ instead of n, we obtain $F(s)/g(\tau) = \sum_{k=0}^{3n-1} A_k B_k \tau^{-k}$ $+ O(\tau^{-n}) = \sum_{k=0}^{n-1} \Gamma_k \tau^{-k} + O(\tau^{-n})$ $(n = 0, 1, \cdots)$, where $\Gamma_0 = \Phi(\tau)$; q.e.d.

2. Properties of the coefficients

In order to get simple recursion formulae for the coefficients γ_{kl}, we introduce the formal power series

$$d_l = d_l(T) = \sum_{k \geq \frac{l}{3}} \gamma_{kl} T^{-k} \qquad (l = 0, 1, \cdots), \tag{20}$$

T being an indeterminate, and define $d_{-1} = d_{-2} = 0$.

LEMMA 5:

$$\frac{n(n+1)}{2} d_{n+1} + nTd_n + \tfrac{1}{8} d_{n-3} = 0 \qquad (n = 1, 2, \cdots).$$

PROOF: By (19),

$$\sum_{n=0}^{\infty} d_n \Phi^{(n)}(\tau) = \sum_{k=0}^{\infty} \Gamma_k T^{-k} = \sum_{k=0}^{\infty} A_k(T) B_k T^{-k}$$

$$= \sum_{k=0}^{\infty} A_k(T)(-2iT)^{-k}\{D_y^k e^{-iy^2}\Phi(\tau + y)\}_{y=0},$$

whence

$$d_n = \sum_{k=n}^{\infty} A_k(T)(-2iT)^{-k} \binom{k}{n} \{D^{k-n} e^{-iy^2}\}_{y=0}. \tag{21}$$

We write $A_k(T)(-2iT)^{-k}k! = G_k$, $\sum_{k=0}^{\infty} G_k y^{-k} = G$, with another indeterminate y; then the coefficients h_n of the formal Laurent series $L = e^{-iy^2}G = \sum_{n=-\infty}^{\infty} h_n y^{-n}$ are formal power series in T^{-1}, and by (21),

$$d_n = h_n/n! \qquad (n = 0, 1, \cdots). \tag{22}$$

Using Lemma 3, we obtain the recursion formula $TG_{n+1} + \frac{i}{2}\left(n + \frac{1}{2}\right)G_n +$

$\frac{n(n-1)}{8} G_{n-2} = 0$ $(n = 0, 1, \cdots)$; hence G satisfies formally the differential equation

$$T(G-1) - \frac{i}{2}\left(G' - \frac{1}{2y}G\right) + \frac{1}{8}(y^{-1}G)'' = 0.$$

Setting $G = e^{iy^2}L$, we find $(T + \frac{1}{2}y)L + \frac{1}{8}(y^{-1}L)'' = Te^{iy^2}$,

$$(23) \qquad Th_n + \tfrac{1}{2}h_{n+1} + \frac{(n-1)(n-2)}{8} h_{n-3} = 0 \qquad (n = 1, 2, \cdots).$$

The assertion follows from (22), (23).

Let

$$(24) \qquad \begin{aligned} &\frac{1}{\sqrt{2\pi}}\left(\frac{\tau^2}{2}\right)^{\frac{1}{4}} e^{\frac{\pi}{4}\tau^2} \sqrt{\Gamma\left(\frac{s}{2}\right)\Gamma\left(\frac{1-s}{2}\right)} = \alpha = e^{\omega}, \\ &e^{-\frac{\pi i}{8}}\left(\frac{\tau^2}{2e}\right)^{\frac{i}{2}\tau^2} \sqrt{\Gamma\left(\frac{1-s}{2}\right)\Big/\Gamma\left(\frac{s}{2}\right)} = \beta = e^{-i\Theta}. \end{aligned}$$

Lemma 6:

$$\alpha\beta \approx d_0(\tau), \qquad \alpha^{-2} \approx 1 + \frac{d_1(\tau)}{d_0(\tau)}\tau^{-1}.$$

Proof: In the special case $f(u) = 1$, we get

$$F(s) = F_0(s) = \int_{-\infty}^{+\infty} g(x)\, du = \pi 2^{\frac{1-s}{2}} e^{\frac{\pi i}{4}s}\Big/\Gamma\left(\frac{s+1}{2}\right),$$

$$\Phi(y) = \Phi_0(y) = \int_{-\infty}^{+\infty} e^{i(z-y)^2}\, du = \sqrt{\pi};$$

consequently, by Theorem 1 and (20),

$$F_0(s)/g(\tau) \approx d_0(\tau)\Phi_0(\tau) = \sqrt{\pi}\, d_0(\tau).$$

For $f(u) = \epsilon u$, we obtain in the same manner

$$F(s) = F_1(s) = \int_{-\infty}^{+\infty} g(z)(z-p)\, du = F_0(s-1) - pF_0(s),$$

$$\Phi(y) = \Phi_1(y) = \int_{-\infty}^{+\infty} e^{i(z-y)^2}(z-p)\, du = (y-p)\int_{-\infty}^{+\infty} e^{i(z-y)^2}\, du = \sqrt{\pi}\,(y-p);$$

$$F_1(s)/g(\tau) \approx d_0(\tau)\Phi_1(\tau) + d_1(\tau)\Phi_1'(\tau) = \sqrt{\pi}\,\{(\tau-p)\,d_0(\tau) + d_1(\tau)\}.$$

Therefore

$$\frac{F_0(s-1)}{F_0(s)} - p \approx \tau - p + \frac{d_1(\tau)}{d_0(\tau)}, \qquad \tau^{-1}\frac{F_0(s-1)}{F_0(s)} \approx 1 + \frac{d_1(\tau)}{d_0(\tau)}\tau^{-1};$$

on the other hand

$$F_0(s-1)/F_0(s) = 2^{\frac{1}{2}}e^{-\frac{\pi i}{4}}\Gamma\left(\frac{s+1}{2}\right)\Big/\Gamma\left(\frac{s}{2}\right)$$

$$= \pi 2^{\frac{3}{2}} e^{\frac{\pi i}{2}\left(s-\frac{1}{2}\right)}\Big/(1+e^{\pi i s})\Gamma\left(\frac{s}{2}\right)\Gamma\left(\frac{1-s}{2}\right)$$

$$= \tau\alpha^{-2}/(1+e^{\pi i s}) = \tau\alpha^{-2}(1+O(e^{-\pi t})).$$

This proves $\alpha^{-2} \approx 1 + \tau^{-1}d_1(\tau)/d_0(\tau)$. Moreover

$$\pi^{-\frac{1}{2}}F_0(s)/g(\tau) = \pi^{\frac{1}{2}}2^{\frac{1-s}{2}}e^{\frac{\pi i}{4}s}\tau^s e^{-\frac{i}{2}\tau^2}\Big/\Gamma\left(\frac{s+1}{2}\right) = \alpha\beta(1+e^{\pi i s}),$$

whence $\alpha\beta \approx d_0(\tau)$; q.e.d.

The coefficients a_n, b_n of the power series

$$\frac{1}{\cos x} = \sum_{n=0}^{\infty}\frac{a_n}{(2n)!}x^{2n} \quad \left(|x| < \frac{\pi}{2}\right), \qquad \frac{x}{\sin x} = \sum_{n=0}^{\infty}\frac{b_n}{(2n!)}x^{2n} \quad (|x| < \pi)$$

may be calculated from the recursion formulae

$$\sum_{k=0}^{n}(-1)^k\binom{2n}{2k}a_k = 0, \qquad \sum_{k=0}^{n}(-1)^k\binom{2n+1}{2k}b_k = 0 \qquad (n = 1, 2, \cdots)$$

with $a_0 = b_0 = 1$.

Lemma 7:

$$\omega \approx \frac{1}{8}\sum_{n=1}^{\infty}\frac{a_n}{n}(2\tau^2)^{-2n}, \qquad \Theta \approx \frac{1}{8}\sum_{n=1}^{\infty}\frac{b_n}{n(2n-1)}(2\tau^2)^{1-2n}.$$

Proof: Let $\Re\{\xi\} \geqq \frac{1}{4}$, $\xi \neq \frac{1}{4}$; then

$$\frac{d\log\Gamma(\xi)}{d\xi} = \int_0^{\infty}\left(\frac{e^{-u}}{u} - \frac{e^{-\xi u}}{1-e^{-u}}\right)du = \int_0^{\infty}(e^{-u} - e^{(\frac{1}{4}-\xi)u})\frac{du}{u}$$

$$+ \int_0^{\infty} e^{(\frac{1}{4}-\xi)u}\left(u^{-1} - \frac{e^{-\frac{1}{4}u}}{1-e^{-u}}\right)du$$

$$= \log(\xi - \tfrac{1}{4}) - (4\xi-1)^{-1} + \int_0^{\infty} e^{(1-4\xi)u}\left(1 + u^{-1} - \frac{4e^{3u}}{e^{4u}-1}\right)du$$

$$\log\Gamma(\xi) = (\xi - \tfrac{1}{2})\log(\xi - \tfrac{1}{4}) - (\xi - \tfrac{1}{4})$$

$$+ \tfrac{1}{4}\int_0^{\infty} e^{(1-4\xi)u}\left(\frac{1}{\mathrm{ch}u} + \frac{1}{\mathrm{sh}u} - u^{-1} - 1\right)\frac{du}{u} + c$$

with constant c. On account of the formula $\Gamma(\xi)\Gamma(\xi+\frac{1}{2}) = \sqrt{\pi}\,2^{1-2\xi}\Gamma(2\xi)$, the passage to the limit $\xi \to \infty$ gives the value $c = \frac{1}{2}\log 2\pi$. Applying Cauchy's theorem, we obtain

$$\log\Gamma\left(\frac{s}{2}\right) = \frac{s-1}{2}\log\left(\frac{s}{2}-\frac{1}{4}\right) - \left(\frac{s}{2}-\frac{1}{4}\right) + \frac{1}{2}\log 2\pi$$

$$+\frac{1}{4}\int_0^\infty e^{i(2s-1)x}\left\{\frac{1}{\cos x}-1+i\left(\frac{1}{\sin x}-x^{-1}\right)\right\}\frac{dx}{x},$$

where the poles $x = \frac{k\pi}{2}$ $(k = 1, 2, \cdots)$ of the integrand on the positive real axis are avoided by small half-circles to the left; hence

$$\log\Gamma\left(\frac{s}{2}\right)-\frac{s-1}{2}\log\left(\frac{s}{2}-\frac{1}{4}\right)$$
$$+\left(\frac{s}{2}-\frac{1}{4}\right)-\frac{1}{2}\log 2\pi\approx\frac{1}{8}\sum_{n=1}^{\infty}\left\{\frac{a_n}{n}(2\tau^2)^{-2n}+i\frac{b_n}{n(2n-1)}(2\tau^2)^{1-2n}\right\},$$

and the assertion follows from the definition of ω, Θ in (24).

THEOREM 2:

$$e^{i\Theta}F(s)/g(\tau)\approx\sum_{k=0}^{\infty}G_k\tau^{-k},\qquad G_k=\sum_{l=0}^{3k}g_{kl}\Phi^{(l)}(\tau),\tag{25}$$

where the coefficients g_{kl} are rational numbers computed from the recursion formulae

$$\delta_{-2}=\delta_{-1}=0,\qquad\delta_0=e^{\omega(T)},\qquad\delta_1=(\delta_0^{-1}-\delta_0)T,\tag{26}$$

$$\delta_n=-\frac{2T}{n}\delta_{n-1}-\frac{1}{4n(n-1)}\delta_{n-4}\qquad(n=2,3,\cdots),\tag{27}$$

$$\omega(T)=\tfrac{1}{8}\sum_{n=1}^{\infty}\frac{a_n}{n}(2T^2)^{-2n},\qquad a_0=1,\tag{28}$$
$$\sum_{k=0}^{n}(-1)^k\binom{2n}{2k}a_k=0\qquad(n=1,2,\cdots),$$

$$\delta_n=\sum_{k\geq\frac{n}{3}}g_{kn}T^{-k}\qquad(n=0,1,\cdots).\tag{29}$$

PROOF: Defining $\Theta(T)=\frac{1}{8}\sum_{n=1}^{\infty}\frac{b_n}{n(2n-1)}(2T^2)^{1-2n}$, $\delta_n=e^{i\Theta(T)}d_n(n=0,1,\cdots)$, we infer from Lemmata 5, 6, 7 that

$$\delta_0=e^{\omega(T)},\qquad\delta_0^{-2}=1+\frac{\delta_1}{\delta_0}T^{-1},$$
$$\frac{n(n+1)}{2}\delta_{n+1}+nT\delta_n+\tfrac{1}{8}\delta_{n-3}=0\qquad(n=1,2,\cdots),$$

i.e. (26), (27), (28). Formulae (25), (29) follow from Theorem 1, (20), Lemma 7. By (26), (27), (28), (29), all coefficients g_{kl} are rational numbers.

We find in particular

$$G_0=\Phi(\tau),\qquad G_1=-\frac{1}{2^3.3}\Phi^{(3)}(\tau),\qquad G_2=\frac{1}{2^4}\Phi^{(2)}(\tau)+\frac{1}{2^7.3^2}\Phi^{(6)}(\tau),$$

$$G_3=-\frac{1}{2^4}\Phi^{(1)}(\tau)-\frac{1}{2^4.3.5}\Phi^{(5)}(\tau)-\frac{1}{2^{10}.3^4}\Phi^{(9)}(\tau),$$

$$G_4 = \frac{1}{2^5}\,\Phi(\tau) + \frac{19}{2^9.3}\,\Phi^{(4)}(\tau) + \frac{11}{2^{11}.3^2.5}\,\Phi^{(8)}(\tau) + \frac{1}{2^{15}.3^5}\,\Phi^{(12)}(\tau).$$

We shall use the symbol $\Omega(\Phi)$ to designate the asymptotic series $\sum_{k=0}^{\infty} G_k \tau^{-k}$.

3. Calculation of some integrals

By the sign $l \swarrow l+1$ we mean that the integration extends over a line $x = \epsilon u + a$, where a is a given real number in the interval $l < a < l+1$, $\epsilon = e^{\frac{\pi i}{4}}$ and u runs through real values from $+\infty$ to $-\infty$. Let q be a positive integer and ξ a complex parameter.

LEMMA 8:

$$\frac{1}{2i}\int_{-1\swarrow 0} e^{q\pi i(x-\xi)^2} \operatorname{ctg} \pi x \, dx = \frac{e^{q\pi i \xi^2}}{1 - e^{q\pi i(1-2\xi)}} + \sum_{k=1}^{q} \alpha_k \operatorname{tg} \pi\left(\xi + \frac{k}{q}\right)$$

with constant $\alpha_1, \cdots, \alpha_q$.

PROOF: We denote the integral by J and apply Cauchy's theorem; then

$$\begin{aligned} J - e^{q\pi i\xi^2} &= \frac{1}{2i}\int_{0\swarrow 1} e^{q\pi i(x-\xi)^2} \operatorname{ctg} \pi x \, dx \\ &= \frac{1}{2i}\, e^{q\pi i(1-2\xi)} \int_{-1\swarrow 0} e^{q\pi i(x-\xi)^2 + 2q\pi i x} \operatorname{ctg} \pi x \, dx \\ &= e^{q\pi i(1-2\xi)}\left\{J + \frac{1}{2i}\int_{-1\swarrow 0} e^{q\pi i(x-\xi)^2}(e^{2q\pi i x} - 1) \operatorname{ctg} \pi x \, dx\right\}. \end{aligned}$$

Since

$$\frac{1}{2i}(e^{2q\pi i x} - 1) \operatorname{ctg} \pi x = \sum_{k=0}^{q} \beta_k e^{2k\pi i x}, \quad \beta_0 = \beta_q = \tfrac{1}{2}, \quad \beta_k = 1 \quad (0 < k < q)$$

and

$$\frac{1}{2i}\int_{-1\swarrow 0} e^{q\pi i(x-\xi)^2 + 2k\pi i x}\, dx = e^{-\pi i \frac{k^2}{q} + 2k\pi i \xi}\, b,$$

where

$$b = \int_{-1\swarrow 0} e^{q\pi i\left(x - \xi + \frac{k}{q}\right)^2} dx = \int_{-1\swarrow 0} e^{q\pi i x^2}\, dx = -\epsilon q^{-\frac{1}{2}} \int_{-\infty}^{+\infty} e^{-\pi x^2}\, dx \tag{30}$$

is independent of ξ, we get

$$(1 - \eta^q) J = e^{q\pi i \xi^2} + \sum_{k=0}^{q} \beta_k^* \eta^{q-k} \tag{31}$$

with

$$\eta = e^{\pi i(1-2\xi)}, \qquad \beta_k^* = (-1)^k e^{-\pi i \frac{k^2}{q}} \beta_k b \qquad (k = 0, \cdots, q). \tag{32}$$

On the other hand,

$$(33)\quad \sum_{k=0}^{q} \beta_k^* \eta^{q-k}/(1-\eta^q) = \alpha_0 + i \sum_{k=1}^{q} \alpha_k \frac{\eta + \epsilon_k}{\eta - \epsilon_k} = \alpha_0 + \sum_{k=1}^{q} \alpha_k \operatorname{tg} \pi \left(\xi + \frac{k}{q}\right),$$

where $\alpha_0, \alpha_1, \cdots, \alpha_q$ are certain constants and $\epsilon_k = e^{2\pi i \frac{k}{q}}$. Choosing $\eta = 0$ and $\eta = \infty$, we find $2\alpha_0 = \beta_q^* - \beta_0^* = (\beta_q - \beta_0)\, b = 0$, and the assertion follows from (31), (33).

LEMMA 9:

$$\sum_{k=1}^{q} e^{-\pi i \frac{k^2}{q} + \pi i \frac{kn}{q}} = e^{\frac{\pi i}{4}\left(\frac{n^2}{q} - 1\right)} q^{\frac{1}{2}} \qquad (n - q \text{ even}).$$

PROOF: Take $\xi = \dfrac{n}{2q}$ and apply (31), (32); then

$$\eta = e^{\pi i \left(1 - \frac{n}{q}\right)}, \qquad \eta^q = 1, \qquad b \sum_{k=1}^{q} e^{-\pi i \frac{k^2}{q} + \pi i \frac{kn}{q}} = -\, e^{\pi i \frac{n^2}{4q}},$$

and the assertion follows from (30).

We introduce a proper character $\chi(n)$ modulo $m \geqq 1$ and define

$$W(x) = \frac{\pi}{2m} \sum_{n=1}^{2m} \chi(n) e^{-\pi i \frac{n^2}{m}} \operatorname{ctg} \pi \frac{x-n}{2m}, \qquad C = C(\chi) = \sum_{n=1}^{m} \chi(n) e^{-2\pi i \frac{n}{m}}.$$

THEOREM 3:

$$\int_{0 \swarrow 1} e^{\frac{\pi i}{m} x^2 - \frac{2\pi i}{m} \xi x} W(x)\, dx = \frac{2\pi i}{1 - e^{-2\pi i \xi}} \sum_{n=1}^{m} \chi(n) e^{-\frac{2\pi i n}{m} \xi} - C e^{-\frac{\pi i}{m} \xi^2} \overline{W(\bar{\xi})}.$$

PROOF: Apply Lemma 8 with $q = 4m$, replace x, ξ by $\dfrac{x-n}{2m}, \dfrac{\xi - n}{2m}$, multiply by $2\pi i \chi(n) e^{-\pi i \frac{n^2}{m}}$ and sum over n from 1 to $2m$; then

$$\int_{0 \swarrow 1} e^{\frac{\pi i}{m}(x-\xi)^2} W(x)\, dx = \frac{2\pi i}{1 - e^{-4\pi i \xi}} \sum_{n=1}^{2m} \chi(n) e^{-\pi i \frac{n^2}{m} + \frac{\pi i}{m}(\xi - n)^2}$$

$$(34)\qquad + 2\pi i \sum_{n=1}^{2m} \chi(n) e^{-\pi i \frac{n^2}{m}} \sum_{k=1}^{4m} \alpha_k \operatorname{tg} \frac{\pi}{2m}\left(\xi - n + \frac{k}{2}\right)$$

$$= \frac{2\pi i e^{\frac{\pi i}{m}\xi^2}}{1 - e^{-2\pi i \xi}} \sum_{n=1}^{m} \chi(n) e^{-\frac{2\pi i n}{m}\xi} + \sum_{k=1}^{4m} \lambda_k \operatorname{ctg} \frac{\pi}{2m}\left(\xi - \frac{k}{2}\right)$$

with constant $\lambda_1, \cdots, \lambda_{4m}$. Performing the passage to the limit $\xi \to \dfrac{k}{2}$, we find $\lambda_k = 0$ (k odd) and

$$(35)\qquad \frac{2m}{\pi} \lambda_{2l} = -\, e^{\pi i \frac{l^2}{m}} \sum_{n=1}^{m} \chi(n) e^{-2\pi i \frac{ln}{m}} \qquad (l = 1, \cdots, 2m).$$

Since

$$\sum_{n=1}^{m} \chi(n) e^{-2\pi i \frac{ln}{m}} = C\bar{\chi}(l), \tag{36}$$

the assertion follows from (34), (35).

We set

$$\gamma_k = 0 \quad (k - m \text{ odd}), \qquad \gamma_k = \frac{i}{8m} e^{\pi i \frac{k^2}{8m}} \sum_{l=1}^{m} \chi(l) e^{\pi i \frac{l^2}{m} - \pi i \frac{kl}{m}} \qquad (k - m \text{ even}).$$

LEMMA 10:

$$C\bar{\gamma}_k = -e^{-\frac{\pi i}{4}} m^{\frac{1}{2}} \gamma_k \qquad (k = 1, \cdots, 8m).$$

PROOF: The assertion is trivial if $k - m$ is odd. In the other case, by Lemma 9 and (36),

$$\begin{aligned} 8miCe^{\pi i \frac{k^2}{8m}} \bar{\gamma}_k &= \sum_{l,n=1}^{m} \chi(n) e^{-2\pi i \frac{ln}{m} - \pi i \frac{l^2}{m} + \pi i \frac{kl}{m}} \\ &= \sum_{n=1}^{m} \chi(n) e^{\pi i \frac{n^2}{m} - \pi i \frac{kn}{m}} \sum_{l=1}^{m} e^{-\pi i \frac{l^2}{m} + \pi i \frac{kl}{m}} \\ &= -8mie^{-\pi i \frac{k^2}{8m}} \gamma_k e^{\frac{\pi i}{4}\left(\frac{k^2}{m} - 1\right)} m^{\frac{1}{2}}; \end{aligned}$$

q.e.d.

LEMMA 11: If *l is divisible by m, then*

$$\begin{aligned} &\frac{1}{2\pi i} \int_{l \swarrow l+1} e^{\frac{2\pi i}{m}(x-\xi)^2} W(x)\, dx \\ &= \frac{(-1)^l}{1 - (-1)^m e^{-4\pi i \xi}} \sum_{n=1}^{m} \chi(n) e^{-\pi i \frac{n^2}{m} + \frac{2\pi i}{m}(\xi - l - n)^2} + \sum_{k=1}^{8m} \gamma_k \operatorname{ctg} \frac{\pi}{2m}\left(\xi - \frac{k}{4}\right). \end{aligned}$$

PROOF: Apply Lemma 8 with $q = 8m$, replace x, ξ by $\frac{x - n}{2m}, \frac{\xi - n - l}{2m}$, multiply by $\chi(n) e^{-\pi i \frac{n^2}{m}}$ and sum over n from 1 to $2m$; then

$$\begin{aligned} \frac{1}{2\pi i} \int_{0 \swarrow 1} e^{\frac{2\pi i}{m}(x+l-\xi)^2} W(x)\, dx &= \frac{1}{1 - e^{-8\pi i \xi}} \sum_{n=1}^{2m} \chi(n) e^{-\pi i \frac{n^2}{m} + \frac{2\pi i}{m}(\xi - n - l)^2} \\ &+ \sum_{n=1}^{2m} \chi(n) e^{-\pi i \frac{n^2}{m}} \sum_{k=1}^{8m} \alpha_k \operatorname{tg} \frac{\pi}{2m}\left(\xi - n - l + \frac{k}{4}\right) \\ &= \frac{e^{\frac{2\pi i}{m}(\xi - l)^2}}{1 - (-1)^m e^{-4\pi i \xi}} \sum_{n=1}^{m} \chi(n) e^{\pi i \frac{n^2}{m} - \frac{4\pi i n}{m}\xi} + \sum_{k=1}^{8m} \gamma_k^* \operatorname{ctg} \frac{\pi}{2m}\left(\xi - \frac{k}{4}\right) \end{aligned} \tag{37}$$

with constant $\gamma_1^*, \cdots, \gamma_{8m}^*$. Performing the passage to the limit $\xi \to \frac{k}{4}$, we find $\gamma_k^* = 0$ $(k - m$ odd) and

$$(38) \qquad \gamma_k^* = \frac{i}{8m} e^{\frac{2\pi i}{m}\left(\frac{k}{4}-l\right)^2} \sum_{n=1}^{m} \chi(n) e^{\pi i \frac{n^2}{m} - \pi i \frac{nk}{m}} = (-1)^l \gamma_k \qquad (k - m \text{ even}).$$

Since $W(x + l) = (-1)^l W(x)$, the assertion follows from (37), (38).

4. Generalization of Riemann's formulae

It is well-known that C has the absolute value $m^{\frac{1}{2}}$. We define

$$a = \frac{1 - \chi(-1)}{2}, \qquad \rho = i^{-\frac{a}{2}} C^{-\frac{1}{2}} m^{\frac{1}{4}}, \qquad \lambda(s) = \frac{1}{2\pi i} \int_{0 \swarrow 1} e^{\frac{\pi i}{m} x^2} x^{-s} W(x)\, dx,$$

$$\mu(s) = \rho \left(\frac{m}{\pi}\right)^{\frac{s}{2}} \Gamma\left(\frac{s + a}{2}\right) \lambda(s), \qquad L(s) = \sum_{n=1}^{\infty} \chi(n) n^{-s} \qquad (\sigma > 1).$$

THEOREM 4:

$$\rho \left(\frac{m}{\pi}\right)^{\frac{s}{2}} \Gamma\left(\frac{s + a}{2}\right) L(s) = \mu(s) + \overline{\mu(1 - \bar{s})}.$$

PROOF:

$$\int_0^{\epsilon - 1\infty} \frac{\xi^{s-1}}{1 - e^{-2\pi i \xi}} \sum_{n=1}^{m} \chi(n) e^{-\frac{2\pi i n}{m}\xi}\, d\xi = \int_0^{\epsilon - 1\infty} \xi^{s-1} \sum_{n=1}^{\infty} \chi(n) e^{-\frac{2\pi i n}{m}\xi}\, d\xi$$

$$= \Gamma(s) \sum_{n=1}^{\infty} \chi(n) \left(\frac{2\pi i n}{m}\right)^{-s} = \left(\frac{m}{2\pi}\right)^s e^{-\frac{\pi i}{2} s}\, \Gamma(s) L(s),$$

$$\int_0^{\epsilon - 1\infty} \xi^{s-1} \left(\int_{0 \swarrow 1} e^{\frac{\pi i}{m} x^2 - \frac{2\pi i}{m} \xi x} W(x)\, dx\right) d\xi$$

$$= \left(\frac{m}{2\pi}\right)^s e^{-\frac{\pi i}{2} s}\, \Gamma(s) \int_{0 \swarrow 1} e^{\frac{\pi i}{m} x^2} x^{-s} W(x)\, dx;$$

consequently, by Theorem 3 and the formula $W(-x) = -\chi(-1) W(x)$,

$$\left(\frac{m}{2\pi}\right)^s e^{-\frac{\pi i}{2} s}\, \Gamma(s) \{L(s) - \lambda(s)\} = \frac{C}{2\pi i} \int_0^{\epsilon - 1\infty} e^{-\frac{\pi i}{m} \xi^2} \xi^{s-1} \overline{W(\bar{\xi})}\, d\xi$$

$$= -\frac{C}{1 + \chi(-1) e^{\pi i s}} \frac{1}{2\pi i} \int_{0 \nwarrow 1} e^{-\frac{\pi i}{m} \xi^2} \xi^{s-1}\, \overline{W(\bar{\xi})}\, d\xi = \frac{C \overline{\lambda(1 - \bar{s})}}{1 + \chi(-1) e^{\pi i s}};$$

moreover

$$2^s e^{\frac{\pi i}{2} s}\, \Gamma\left(\frac{s + a}{2}\right) \Big/ \Gamma(s) = \pi^{-\frac{1}{2}} i^a (1 + \chi(-1) e^{\pi i s}) \Gamma\left(\frac{1 - s + a}{2}\right),$$

and the assertion follows.

Set

$$l = m\left[\sqrt{\frac{t}{2\pi m}}\right], \qquad \eta = y\sqrt{\frac{m}{2\pi}} - l - \frac{1}{2},$$

$$\Phi(y) = \frac{1}{1-(-1)^m e^{-4\pi i\eta}} \sum_{n=1}^{m} \chi(n) e^{-\pi i \frac{n^2}{m} + \frac{2\pi i}{m}\left(\eta+\frac{1}{2}-n\right)^2}$$

$$+ (-1)^l \sum_{k=1}^{8m} \gamma_k \operatorname{ctg} \frac{\pi}{2m}\left(\eta + l + \frac{1}{2} - \frac{k}{4}\right).$$

THEOREM 5:

$$\lambda(s) = \sum_{n=1}^{l} \chi(n) n^{-s} + (-1)^l e^{\frac{i}{2}\tau^2 - i\Theta}\left(\frac{2\pi}{m}\right)^{\frac{s}{2}} \tau^{-s} Q, \qquad Q \approx \Omega(\Phi).$$

PROOF: Putting $\sqrt{\dfrac{m}{2\pi}} = b$, $p = (l + \frac{1}{2})b^{-1}$, $z = \epsilon u + p$, $x = bz$ and $f(u) = -\dfrac{\epsilon b}{2\pi i} W(\frac{1}{2} + \epsilon b u)$, we infer from Cauchy's theorem that

$$\lambda(s) - \sum_{n=1}^{l} \chi(n) n^{-s} = \frac{1}{2\pi i} \int_{l \swarrow l+1} e^{\frac{\pi i}{m} x^2} x^{-s} W(x)\, dx = (-1)^l b^{-s} \int_{-\infty}^{+\infty} g(z) f(u)\, du.$$

By Lemma 11

$$\int_{-\infty}^{+\infty} e^{i(z-y)^2} f(u)\, du = \frac{(-1)^l}{2\pi i} \int_{l \swarrow l+1} e^{\frac{2\pi i}{m}(x-by)^2} W(x)\, dx$$

$$= \frac{1}{1-(-1)^m e^{-4\pi i b y}} \sum_{n=1}^{m} \chi(n) e^{-\pi i \frac{n^2}{m} + \frac{2\pi i}{m}(by-l-n)^2}$$

$$+ (-1)^l \sum_{k=1}^{8m} \gamma_k \operatorname{ctg} \frac{\pi}{2m}\left(by - \frac{k}{4}\right) = \Phi(y),$$

and the assertion follows from Theorem 2.

We define $\chi(n) = e^{i\alpha_n}$, if n and m are coprime, $\rho e^{\frac{\pi i}{8}(2a-1)} = e^{i\delta}$,

$$\Psi(y) = \frac{(-1)^{l-1}}{\sin 2\pi\left(\eta + \frac{m}{4}\right)} \sum_{\substack{n=1\\(n,m)=1}}^{m} \sin\left\{\frac{2\pi}{m}\left(\eta + \frac{m+1}{2} - n\right)^2 - \pi\frac{n^2}{m} + \alpha_n + \delta\right\},$$

$$e^{i\vartheta} = \rho\left(\frac{m}{\pi}\right)^{\frac{s}{2}-\frac{1}{4}} \sqrt{\Gamma\left(\frac{s+a}{2}\right) \Big/ \Gamma\left(\frac{1-s+a}{2}\right)}.$$

THEOREM 6:

$$e^{i\vartheta} L(s) = 2 \sum_{\substack{n=1\\(n,m)=1}}^{l} n^{-\frac{1}{2}} \cos(\vartheta + \alpha_n - \tau^2 \log n) + \left(\frac{2\pi}{m}\right)^{\frac{1}{4}} \tau^{-\frac{1}{2}} R, \qquad R \approx \Omega(\Psi).$$

PROOF: By (24),

$$(39)\quad e^{\frac{i}{2}\tau^2 - i\Theta}\left(\frac{2\pi}{m}\right)^{\frac{s}{2}-\frac{1}{4}} \tau^{\frac{1}{2}-s} = e^{-\frac{\pi i}{8}}\left(\frac{\pi}{m}\right)^{\frac{s}{2}-\frac{1}{4}} \sqrt{\Gamma\left(\frac{1-s}{2}\right) \Big/ \Gamma\left(\frac{s}{2}\right)} = \rho e^{-\frac{\pi i}{8} - i\vartheta} c,$$

where $c = 1$ for $a = 0$ and $c = \operatorname{tg}^{\frac{1}{2}} \dfrac{\pi s}{2}$ for $a = 1$ and consequently $c = i^{\frac{a}{2}} +$

$O(e^{-\pi t})$. The functions

$$\vartheta = \vartheta(s) \text{ and } \nu(s) = \rho\left(\frac{m}{\pi}\right)^{\frac{s}{2}}\Gamma\left(\frac{s+a}{2}\right)e^{-i\vartheta} = \left(\frac{\pi}{m}\right)^{\frac{1}{4}}\sqrt{\Gamma\left(\frac{s+a}{2}\right)\Gamma\left(\frac{1-s+a}{2}\right)}$$

satisfy $\vartheta(s) = -\overline{\vartheta(1-\bar{s})}$ and $\nu(s) = \overline{\nu(1-\bar{s})}$. It follows from Theorems 4, 5 and (39) that

$$e^{i\vartheta}L(s) = e^{i\vartheta}\lambda(s) + e^{-i\vartheta}\overline{\lambda(1-\bar{s})}$$

$$= 2\sum_{\substack{n=1\\(n,m)=1}}^{l} n^{-\frac{1}{2}}\cos(\vartheta + \alpha_n - \tau^2\log n) + \left(\frac{2\pi}{m}\right)^{\frac{1}{4}}\tau^{-\frac{1}{2}}R,$$

$$R \approx \Omega(\psi), \qquad (-1)^l\psi(y) = \rho e^{\frac{\pi i}{8}(2a-1)}\Phi(y) + \rho^{-1}e^{-\frac{\pi i}{8}(2a-1)}\overline{\Phi(\bar{y})}.$$

By Lemma 10,

$$\rho e^{\frac{\pi i}{8}(2a-1)}\gamma_k + \rho^{-1}e^{-\frac{\pi i}{8}(2a-1)}\overline{\gamma_k} = \rho e^{\frac{\pi i}{8}(2a-1)}\left(\gamma_k + e^{\frac{\pi i}{4}}Cm^{-\frac{1}{2}}\overline{\gamma_k}\right) = 0;$$

hence

$$\psi(y) = \frac{(-1)^l}{\sin 2\pi\left(\eta + \frac{m}{4}\right)}\sum_{\substack{n=1\\(n,m)=1}}^{m}$$

$$\sin\left\{\frac{2\pi}{m}(\eta + \tfrac{1}{2} - n)^2 - \pi\frac{n^2}{m} + 2\pi\eta + \pi\frac{m}{2} + \alpha_n + \delta\right\} = \Psi(y);$$

q.e.d.

For our further purposes we need Theorem 4 and the main term in Theorem 5, namely the formula

$$\lambda(s) = \sum_{n=1}^{r}\chi(n)n^{-s} + O\left(t^{-\frac{\sigma}{2}}\right), \qquad r = \left[\sqrt{\frac{mt}{2\pi}}\right]; \tag{40}$$

obviously

$$\log\lambda(s) = \log(L(s) + O(t^{-1})) = \sum_{k,p}\frac{1}{k}\chi(p^k)p^{-ks} + O(t^{-1}) \qquad (\sigma = 3), \tag{41}$$

p running over all prime numbers and k over all positive integers. Moreover, by Lemma 7 and (39),

$$\Re\{\vartheta\} = \Re\left\{\frac{\tau^2}{2}\log\frac{m\tau^2}{2\pi e}\right\} + O(1) = \frac{t}{2}\log\frac{mt}{2\pi e} + O(1), \tag{42}$$

$$|e^{i\vartheta}| = \left(\frac{mt}{2\pi}\right)^{\frac{\sigma}{2}-\frac{1}{4}}(1 + O(t^{-1})) = O\left(t^{\frac{\sigma}{2}-\frac{1}{4}}\right). \tag{43}$$

5. The zeros of $L(s)$ on and near the critical line

LEMMA 12: *Let $h(s)$ be a regular analytic function on a segment C and δ the variation of $\arg h(s)$ on C, where the zeros of $h(s)$ on C are avoided by small half-*

circles to the left; let N be the number of different points on C, where the real part of $h(s)$ changes its sign; then

(44) $$N \geqq \frac{\delta}{\pi} - 1.$$

PROOF: Assume first that $h(s) \neq 0$ on C, then $\arg h(s)$ is continuous on C and runs over an interval of length $\geqq |\delta|$. The number of odd multiples of $\frac{\pi}{2}$ in the interior of this interval is $\geqq \frac{|\delta|}{\pi} - 1$; hence $N \geqq \frac{|\delta|}{\pi} - 1 \geqq \frac{\delta}{\pi} - 1$.

Let now $s = s_k (k = 1, \cdots, n)$ be all zeros of $h(s)$ on C, every zero written with its multiplicity; let α be the angle between C and the real axis, $a = e^{i\alpha}$; then $h_1(s) = h(s) \prod_{k=1}^{n} \left(\frac{a}{s - s_k} \right)$ is regular and $\neq 0$ on C, $\Re\{h(s)\} = \Re\{h_1(s)\} \prod_{k=1}^{n} \left(\frac{s - s_k}{a} \right)$. Denoting by δ_1 the variation of $\arg h_1(s)$ on C, we have $\delta_1 = \delta + \pi n$ and therefore, if the real part of $h_1(s)$ changes its sign exactly N_1 times, $N_1 \geqq \frac{\delta_1}{\pi} - 1 = \frac{\delta}{\pi} + n - 1$. On the other hand, $N \geqq N_1 - n$, and (44) follows.

We define $\beta(s) = e^{i\vartheta}\lambda(s) = \rho \left(\frac{m}{\pi} \right)^{\frac{s}{2} - \frac{1}{4}} \sqrt{\Gamma\left(\frac{s + a}{2}\right) \Big/ \Gamma\left(\frac{1 - s + a}{2}\right)}\, \lambda(s)$; by Theorem 4,

(45) $$\tfrac{1}{2} e^{i\vartheta} L(s) = \Re\{\beta(s)\} \qquad (\sigma = \tfrac{1}{2}).$$

LEMMA 13: *Let $\delta(t)$, $\delta_1(t)$ be the variations of* $\arg \beta(s)$, $\arg \lambda(s)$ *on the segment $s = \sigma + ti$, the real part σ running increasingly or decreasingly over a given interval $\sigma_3 \leqq \sigma \leqq \sigma_4$; then $\delta(t) = O(\log t)$, $\delta_1(t) = O(\log t)$.*

PROOF: Consider the function $\gamma(z) = \frac{1}{2}\lambda(z) + \frac{1}{2}\overline{\lambda(2ti + \bar{z})}$ in the circle $|z - z_0| \leqq 2r$, $z_0 = 2 + ti$, $r = 2 + |\sigma_3| + |\sigma_4|$. By (40),

$$|\gamma(z)| < \sum_{n < c_{16} t^{\frac{1}{2}}} n^{2r-2} + O(t^{r-1}) = O(t^{r-\frac{1}{2}}),$$

$$\gamma(z_0) = \Re\{\lambda(z_0)\} > 2 - \zeta(2) + O(t^{-\frac{1}{2}}) > c_{17} \qquad (t > c_{18}).$$

On account of Jensen's theorem, the number of zeros of $\gamma(z)$ in the circle $|z - z_0| \leqq r$ is therefore $O(\log t)$. This circle contains the segment $z = \sigma + ti$, $\sigma_3 \leqq \sigma \leqq \sigma_4$, and $\gamma(\sigma + ti) = \Re\{\lambda(\sigma + ti)\}$; consequently the number of zeros of $\Re\{\lambda(\sigma + ti)\}$ on the segment is $O(\log t)$. By Lemma 12, the variation $\delta_1(t)$ of $\arg \lambda(s)$ is $O(\log t)$. By (42), the variation $\delta_2(t)$ of $\arg e^{i\vartheta} = \Re\{\vartheta\}$ is $O(1)$. Since $\delta(t) = \delta_1(t) + \delta_2(t)$, the assertion follows.

We denote by $A(t_1, t_2)$ the number of zeros of odd order of the function $L(\frac{1}{2} + ui)$ in the interval $t_1 < u < t_2$, where $0 < t_1 < t_2$.

LEMMA 14: *Let σ_0 be any number in the interval $\sigma_1 \leqq \sigma < \frac{1}{2}$; then*

$$\pi(\tfrac{1}{2} - \sigma_0) A(t_1, t) > - \int_{t_1}^{t} \log |\beta(\sigma_0 + ui)|\, du + O(\log t).$$

PROOF: Assume that a function $h(s)$ is regular in the rectangle $\sigma_1 \leqq \sigma \leqq \sigma_2$, $t_1 \leqq t \leqq t_2$. We define $\arg h(s)$ on the contour by analytic continuation, beginning at the point $s_1 = \sigma_1 + t_1 i$ and running through the boundary C in positive direction, where zeros of $h(s)$ are avoided by small half-circles to the left. Then

$$\frac{1}{2\pi i} \int_C \log h(s)\, ds = \sum_\rho (s_1 - \rho),$$

where ρ runs over all zeros of $h(s)$ in the interior, whence

$$-\Im\left\{\int_C \log h(s)\, ds\right\} = 2\pi \sum_\rho (\Re\{\rho\} - \sigma_1) \geqq 0,$$

$$(46) \qquad \int_{t_1}^{t_2} \log |h(\sigma_1 + ti)|\, dt + \int_{\sigma_1}^{\sigma_2} \arg h(\sigma + t_2 i)\, d\sigma \geqq \int_{t_1}^{t_2} \log |h(\sigma_2 + ti)|\, dt + \int_{\sigma_1}^{\sigma_2} \arg h(\sigma + t_1 i)\, d\sigma.$$

Applying this inequality with $h(s) = \beta(s)$, $\sigma_1 = \sigma_0$, $\sigma_2 = \frac{1}{2}$ and with $h(s) = \lambda(s)$, $\sigma_1 = \frac{1}{2}$, $\sigma_2 = 3$, we obtain, by (41) and Lemma 13,

$$(47) \qquad \int_{t_1}^{t} \log |\beta(\sigma_0 + ui)|\, du + \int_{\sigma_0}^{\frac{1}{2}} \arg \beta(\sigma + ti)\, d\sigma > \int_{t_1}^{t} \log |\beta(\tfrac{1}{2} + ui)|\, du + O(\log t),$$

$$\int_{t_1}^{t} \log |\lambda(\tfrac{1}{2} + ui)|\, du > O(\log t).$$

Let δ be the variation of $\arg \beta(\frac{1}{2} + ui)$ for $t_1 \leqq u \leqq t$; then, by (45) and Lemmata (12), (13),

$$(48) \qquad \arg \beta(\sigma + ti) = \delta + O(\log t) < \pi A(t_1, t) + O(\log t) \quad (\sigma_0 \leqq \sigma \leqq \tfrac{1}{2});$$

moreover $|\beta(\frac{1}{2} + ui)| = |\lambda(\frac{1}{2} + ui)|$. This proves

$$\int_{t_1}^{t} \log |\beta(\sigma_0 + ui)|\, du + \pi(\tfrac{1}{2} - \sigma_0)\, A(t_1, t) > O(\log t);$$

q.e.d.

LEMMA 15: *If* $\sigma_1 \leqq \sigma < \frac{1}{2}$ *and* $t^{\frac{1}{2}} \log t = o(t - t_1)$, *then*

$$(49) \qquad \int_{t_1}^{t} \log |\beta(\sigma + ui)|\, du < \frac{t - t_1}{2}\left(\log \frac{\varphi(m)}{m(1 - 2\sigma)} + o(1)\right).$$

PROOF: Let $t - t_1 = \Delta$, $r = r(t) = \left[\sqrt{\frac{mt}{2\pi}}\right]$, $\sum_{n=1}^{r} \chi(n) n^{-s} = \lambda_0(s)$, then

$$(50) \qquad \int_{t_1}^{t} \log |\beta(\sigma + ui)|\, du \leqq \Delta \log\left(\Delta^{-1} \int_{t_1}^{t} |\beta(\sigma + ui)|\, du\right),$$

and by (40), (43),

$$(51)\qquad \int_{t_1}^{t} |\beta(\sigma+ui)|\,du < \int_{t_1}^{t}\left(\frac{mu}{2\pi}\right)^{\frac{\sigma}{2}-\frac{1}{4}} |\lambda_0(\sigma+ui)|\,du + \Delta O(t^{-\frac{1}{4}}).$$

Suppose first $t < 2t_1$ and set

$$\int_{t_1}^{t}\left(\frac{mu}{2\pi}\right)^{\frac{\sigma}{2}-\frac{1}{4}} |\lambda_0(\sigma+ui)|\,du = H.$$

Since

$$\sum_{n=1}^{r(u)} |\chi(n)|^2 n^{-2\sigma} < \frac{\varphi(m)}{m}\int_0^{r(u)} v^{-2\sigma}\,dv + O(1) = \frac{\varphi(m)}{m(1-2\sigma)}\left(\frac{mu}{2\pi}\right)^{\frac{1}{2}-\sigma}(1+o(1)),$$

we obtain

$$\Delta^{-2}H^2 \leqq \Delta^{-1}\int_{t_1}^{t}\left(\frac{mu}{2\pi}\right)^{\sigma-\frac{1}{2}} |\lambda_0(\sigma+ui)|^2\,du < \frac{\varphi(m)}{m(1-2\sigma)}(1+o(1))$$

$$+\Delta^{-1}O\left(\sum_{1\leqq k<n\leqq r}(kn)^{-\sigma}\left|\int_{t'}^{t} u^{\sigma-\frac{1}{2}}\left(\frac{n}{k}\right)^{iu} du\right|\right),$$

where $t' = \max\left(t_1, \dfrac{2\pi n^2}{m}\right)$, $r = r(t)$. Moreover

$$\int_{t'}^{t} u^{\sigma-\frac{1}{2}}\left(\frac{n}{k}\right)^{iu} du = \frac{1}{\log\frac{n}{k}}\,O(t^{\sigma-\frac{1}{2}})$$

and

$$\sum_{1\leqq k<n\leqq r}(kn)^{-\sigma}/\log\frac{n}{k} \leqq \frac{1}{\log 2}\sum_{k\leqq\frac{n}{2}}(kn)^{-\sigma} + \sum_{\frac{n}{2}<k<n}(kn)^{-\sigma}\frac{n}{n-k}$$

$$= O(1)\sum_{n=1}^{r} n^{1-2\sigma} + O(1)\sum_{n=1}^{r} n^{1-2\sigma}\log n = O(t^{1-\sigma}\log t).$$

Hence

$$\Delta^{-2}H^2 < \frac{\varphi(m)}{m(1-2\sigma)}(1+o(1)) + \Delta^{-1}O(t^{\frac{1}{2}}\log t) = \frac{\varphi(m)}{m(1-2\sigma)}(1+o(1)),$$

and the assertion follows from (50), (51).

Consider now the remaining case $t \geqq 2t_1$. We set $\log\frac{t}{t_1}\Big/\log 2 = h$, $[h]+1 = h_0$ and apply (49) for the h_0 intervals $u_k \leqq u \leqq u_{k+1}$, $u_k = t_1 2^{\frac{kl}{h_0}}$ $(k = 0, \cdots, h_0-1)$; the assertion follows by summation over k.

Theorem 7: *If $t^{\frac{1}{2}}\log t = o(t-t_1)$, then* $\liminf_{t\to\infty} A(t_1, t)/(t-t_1) \geqq m/\pi e\varphi(m)$.

PROOF: Apply Lemmata 14, 15 with $\sigma_0 = \sigma = \frac{1}{2}\left(1 - \frac{e\varphi(m)}{m}\right)$; then

$$\frac{\pi e \varphi(m)}{2m} A(t_1, t) > -\frac{t-t_1}{2}(\log e^{-1} + o(1) = \frac{t-t_1}{2}(1 + o(1));$$

q.e.d.

We denote by $B(t_1, t_2, \epsilon)$ the number of zeros of $L(s)$ in the rectangle $t_1 < t < t_2$, $\frac{1}{2} - \epsilon < \sigma < \frac{1}{2} + \epsilon$ $(\epsilon > 0, 0 < t_1 < t_2)$.

THEOREM 8: *If* $t^{\frac{1}{2}} \log t = o(t - t_1)$ *and* $\epsilon = o$ $(\log \log t/\log t)$, *then*

$$\liminf_{t\to\infty} B(t_1, t, \epsilon)/(t - t_1)t^{\epsilon} \geqq m/4\pi e\varphi(m).$$

PROOF: Let $B^*(t_1, t_2, \epsilon)$ be the number of zeros of $L(s)$ with $\sigma \geqq \frac{1}{2} + \epsilon$, $t_1 < t < t_2$, and put $B(t_1, t, \epsilon) = B$, $B^*(t_1, t, \epsilon) = B^*$, $A(t_1, t) = A$. We have

$$B \geqq A \tag{52}$$

and

$$B + 2B^* = \frac{1}{2\pi}\int_{t_1}^{t} \log \frac{mu}{2\pi}\, du + O(\log t) > \frac{\Delta}{2\pi} \log \frac{mt}{2\pi e} + O(\log t). \tag{53}$$

On the other hand, by (45),

$$|\beta(\tfrac{1}{2} + ti)| \geqq |\Re\{\beta(\tfrac{1}{2} + ti)\}| = \tfrac{1}{2}|L(\tfrac{1}{2} + ti)|,$$

by (46),

$$\int_{t_1}^{t} \log |L(\tfrac{1}{2} + ui)|\, du > 2\pi\epsilon B^* + O(\log t).$$

Applying (47), (48) and Lemma 15, we obtain

$$\pi(\tfrac{1}{2} - \sigma)A > 2\pi\epsilon B^* - \Delta \log 2 - \frac{\Delta}{2}\left(\log \frac{\varphi(m)}{m(1 - 2\sigma)} + o(1)\right),$$

where $\sigma_1 \leqq \sigma < \frac{1}{2}$ and $\Delta = t - t_1$. Set $4\pi\epsilon B^*\Delta^{-1} = \eta$ and choose

$$\sigma = \tfrac{1}{2} - \frac{2\varphi(m)}{m} e^{1-\eta}:$$

then

$$A > \frac{m}{4\pi\varphi(m)} \Delta e^{\eta-1}(1 + o(1)).$$

By (52), (53),

$$2\pi\Delta^{-1}B > \max\left\{\frac{m}{2\varphi(m)} e^{\eta-1}(1 + o(1)), \log \frac{mt}{2\pi e} - \epsilon^{-1}\eta\right\} + \Delta^{-1}O(\log t).$$

Putting

$$\eta_0 = \epsilon \log \frac{mt}{2\pi e} - \frac{m\epsilon t^{\epsilon}}{2e\varphi(m)},$$

we infer that

$$\log \frac{mt}{2\pi e} - \epsilon^{-1}\eta \geqq \log \frac{mt}{2\pi e} - \epsilon^{-1}\eta_0 = \frac{mt^\epsilon}{2e\varphi(m)} \qquad (\eta \leqq \eta_0),$$

$$e^\eta > e^{\eta_0} = \left(\frac{mt}{2\pi e}\right)^\epsilon (1 + o(1)) = t^\epsilon(1 + o(1)) \qquad (\eta > \eta_0),$$

whence

$$2\pi\Delta^{-1}B > \frac{mt^\epsilon}{2e\varphi(m)} (1 + o(1));$$

q.e.d.

PART II: EPSTEIN ZETA-FUNCTIONS

6. Modular forms and Dirichlet series

Let $\Phi(z)$ be a modular form of weight g, with the multiplier system $v = v(a, b, c, d)$ for a subgroup Δ of the modular group Γ, of finite index; this means

$$(54) \qquad (cz + d)^{-g}\Phi\left(\frac{az + b}{cz + d}\right) = v\Phi(z)$$

for all substitutions in Δ, and

$$(55) \qquad (cz + d)^{-g}\Phi\left(\frac{az + b}{cz + d}\right) = \sum_{n=0}^{\infty} a_n e^{\frac{2\pi i n}{q} z} \qquad (\Im\{z\} > 0)$$

for all substitutions in Γ, where the coefficients $a_0, a_1, \cdots$ depend upon a, b, c, d and q is a uniquely determined positive integer. The modular form $\Phi(z)$ is called a cusp-form, if $a_0 = 0$ for all modular substitutions.

With any modular form $\Phi(z)$ we may associate a Dirichlet series $\hat{\Phi}(s)$ in the following way: We consider the expansion (55) in the case of the identical substitution,

$$(56) \qquad \Phi(z) = \sum_{n=0}^{\infty} a_n e^{\frac{2\pi i n}{q} z},$$

and define

$$(57) \qquad \hat{\Phi}(s) = \sum_{n=1}^{\infty} a_n n^{-s}.$$

LEMMA 16: *Let $\Phi(z)$ be a modular cusp-form of weight g, and let all its multipliers have the absolute value* 1; *then $\hat{\Phi}(s)$ is an entire function and $\hat{\Phi}(s) = t^{\frac{1}{2}} \log t\, O(1 + t^{g-2\sigma})$.*

PROOF: It is known that $a_k = O\left(k^{\frac{g}{2}}\right)$, hence (57) converges at least in the half-plane $\sigma > \frac{g}{2} + 1$. Let $t > 2$, $\alpha = e^{\pi i(1-t^{-1})}$, $\left(\frac{iq}{2\pi\alpha}\right)^s \Gamma(s)\hat{\Phi}(s) = \varphi(s)$; then

$$\varphi(s) = \int_0^\infty r^{s-1}\Phi(\alpha r)\,dr. \tag{58}$$

If y denotes the imaginary part of z, then $y^{\frac{g}{2}}\,|\,\Phi(z)|$ is invariant under the substitutions of Δ, by (54), and vanishes in the parabolic frontier-points of a fundamental domain of Δ, by (55), whence

$$|\,\Phi(z)|\,<\,c_{19}\,y^{-\frac{g}{2}}.$$

Now $\mathfrak{J}\{\alpha r\} = r\sin\frac{\pi}{t} > \frac{2r}{t}$, and consequently

$$|\Phi(\alpha r)| < c_{19}\left(\frac{t}{2r}\right)^{\frac{g}{2}}. \tag{59}$$

On the other hand, by (56) and the corresponding formula (55) for the substitution $z \to -z^{-1}$, we obtain, since $\mathfrak{J}\{-\alpha^{-1}r^{-1}\} = r^{-1}\sin\frac{\pi}{t} > \frac{2}{rt}$,

$$|\,\Phi(\alpha r)\,| < c_{20}e^{-\frac{4\pi r}{qt}}\quad (r \geqq t), \qquad |\,\Phi(\alpha r)\,| < c_{21}r^{-g}e^{-\frac{4\pi}{qrt}}\quad (r \leqq t^{-1}). \tag{60}$$

We use (59), for $t^{-1} \leqq r \leqq t$, and (60). It follows that $\varphi(s)$ is regular in the whole s-plane, by (58), and that

$$\varphi(s) = O\left(\int_0^{t^{-1}} r^{\sigma-g-1}e^{-\frac{4\pi}{qrt}}\,dr + t^{\frac{g}{2}}\int_{t^{-1}}^{t} r^{\sigma-\frac{g}{2}-1}\,dr + \int_t^\infty r^{\sigma-1}e^{-\frac{4\pi r}{qt}}\,dr\right)$$

$$= O\left(t^{g-\sigma} + t^{\frac{g}{2}}\left(t^{\sigma-\frac{g}{2}} + t^{\frac{g}{2}-\sigma}\right)\log t + t^{\sigma}\right) = t^{\sigma}\log t\,O(1 + t^{g-2\sigma}).$$

Since $\left(\frac{2\pi\alpha}{iq}\right)^s\Big/\Gamma(s) = O(t^{\frac{1}{2}-\sigma})$, the assertion is proved.

7. Application of the analytic theory of quadratic forms

Let $\mathfrak{S}$ be an integral positive symmetric matrix with k rows and denote by $\alpha(n)$ the number of integral solutions $\mathfrak{x}$ of $\mathfrak{x}'\mathfrak{S}\mathfrak{x} = n$, where n is any integer. It is known that $f(z;\mathfrak{S}) = f(z) = \sum_{n=0}^{\infty}\alpha(n)e^{\pi inz}$ is a modular form of weight $\frac{k}{2}$ whose multipliers are roots of unity depending upon the genus γ of $\mathfrak{S}$; moreover, if also $\mathfrak{S}_1$ belongs to γ, then the difference $f(z;\mathfrak{S}) - f(z;\mathfrak{S}_1)$ is a cusp-form. The corresponding Dirichlet series $\hat{f}(s) = \sum_{n=1}^{\infty}\alpha(n)n^{-s} = \zeta(s;\mathfrak{S})$ are Epstein zeta-functions. On account of Lemma 16, $\zeta(s;\mathfrak{S}) - \zeta(s;\mathfrak{S}_1) = t^{\frac{1}{2}}\log t\,O\left(1 + t^{\frac{k}{2}-2\sigma}\right)$, whenever $\mathfrak{S}$, $\mathfrak{S}_1$ are in the same genus.

Let $\mathfrak{S}_1, \cdots, \mathfrak{S}_h$ denote representatives of all different classes of γ and define

$$F(z;\gamma) = F(z) = \sum_{l=1}^{h}\frac{f(z;\mathfrak{S}_l)}{E(\mathfrak{S}_l)}\Big/\sum_{l=1}^{h}\frac{1}{E(\mathfrak{S}_l)}, \qquad \hat{F}(s) = Z(s;\gamma),$$

where $E(\mathfrak{S})$ denotes the number of units of $\mathfrak{S}$. Since

$$\zeta(s;\mathfrak{S}) - Z(s;\gamma) = \sum_{l=1}^{h} \frac{\zeta(s;\mathfrak{S}) - \zeta(s;\mathfrak{S}_l)}{E(\mathfrak{S}_l)} \Big/ \sum_{l=1}^{h} \frac{1}{E(\mathfrak{S}_l)},$$

we infer

THEOREM 9:

$$\zeta(s;\mathfrak{S}) = Z(s;\gamma) + t^{\frac{1}{2}} \log t \, O\left(1 + t^{\frac{k}{2}-2\sigma}\right).$$

The matrix $\mathfrak{S}$ is called even, if $\alpha(n) = 0$ for all odd integers n. Let D be the determinant of $\mathfrak{S}$ and define, for any pair of coprime integers a, b and $b > 0$,

$$H\left(\frac{a}{b};\gamma\right) = H\left(\frac{a}{b}\right) = D^{-\frac{1}{2}} b^{-\frac{k}{2}} \sum_{\mathfrak{x} \bmod b} e^{\pi i \frac{a}{b} \mathfrak{x}' \mathfrak{S} \mathfrak{x}},$$

if $ab\,\mathfrak{S}$ is even, and $H\left(\frac{a}{b}\right) = 0$ otherwise.

THEOREM 10: *If* $1 < \sigma < \frac{k}{2} - 1$, *then*

$$Z(s;\gamma) = \pi^s \frac{\Gamma\left(\frac{k}{2} - s\right)}{\Gamma\left(\frac{k}{2}\right)} \sum_{a,b} a^{s-\frac{k}{2}} b^{-s} \left\{ e^{\frac{\pi i}{4}(2s-k)} H\left(\frac{a}{b}\right) + e^{\frac{\pi i}{4}(k-2s)} H\left(\frac{-a}{b}\right)\right\},$$

where a, b run over all pairs of positive coprime integers.

PROOF: Put $e^{\frac{\pi i}{2}s} \pi^{-s}\, \Gamma(s) Z(s;\gamma) = g(s)$; then

$$g(s) = \int_0^{\infty} z^{s-1}(F(z) - 1)\,dz \qquad \left(\sigma > \frac{k}{2}\right),$$

where the integration is extended over the positive imaginary axis $z = iy$.

It is known that

$$\text{(61)} \qquad F(z) - 1 = e^{\frac{\pi i k}{4}} \sum_{a,b} H\left(\frac{a}{b}\right)(bz - a)^{-\frac{k}{2}} \qquad (k < 4),$$

where a, b run over all pairs of coprime integers with $b > 0$, and that $\left|H\left(\frac{a}{b}\right)\right| \leq 1$. Since the sum $\sum_{a,b} (a^2 + b^2)^{-\frac{k}{4}} \max\left(1, y^{-\frac{k}{2}}\right)$ is a dominant series for the expansion (61) with $z = iy$, we obtain

$$\text{(62)} \qquad g(s) = \frac{H(1) e^{\frac{\pi i}{2}s} Y^{s-\frac{k}{2}}}{s - \frac{k}{2}} + e^{\frac{\pi i k}{4}} \sum_{\substack{a,b\\ a\neq 0}} H\left(\frac{a}{b}\right) \int_0^{iY} z^{s-1}(bz - a)^{-\frac{k}{2}}\,dz + \int_{iY}^{\infty} z^{s-1}(F(z) - 1)\,dz \qquad \left(\sigma > \frac{k}{2}\right),$$

for any $Y > 0$. The last term in (62) is an entire function of s. Now

$$\sum_{\substack{a,b\\a\neq 0}} \int_0^Y y^{\sigma-1}(b^2y^2 + a^2)^{-\frac{k}{4}}\,dy < \sum_{a\neq 0} \int_0^\infty \left(\int_0^Y y^{\sigma-1}(b^2y^2 + a^2)^{-\frac{k}{4}}\,dy\right)db \tag{63}$$

$$= 2\zeta\left(\frac{k}{2} - 1\right)\frac{Y^{\sigma-1}}{\sigma - 1}\int_0^\infty (b^2 + 1)^{-\frac{k}{4}}\,db,$$

for $\sigma > 1$; therefore the infinite series in (62) converges uniformly for $1 < \sigma_1 \leqq \sigma \leqq \sigma_2$ and any fixed $Y > 0$. This proves that (62) holds good for $\sigma > 1$. Assume $1 < \sigma < \frac{k}{2} - 1$ and use (63) with $Y^{-1}, \frac{k}{2} - \sigma$ instead of Y, σ; it follows, for $Y = 1$, that

$$\sum_{\substack{a,b\\a\neq 0}} \int_0^\infty y^{\sigma-1}(b^2y^2 + a^2)^{-\frac{k}{4}}\,dy$$

$$< 2\zeta\left(\frac{k}{2} - 1\right)\left(\frac{1}{\sigma - 1} + \frac{1}{\frac{k}{2} - \sigma - 1}\right)\int_0^\infty (b^2 + 1)^{-\frac{k}{4}}\,db,$$

and consequently the series in (62) converges also uniformly with respect to Y. Performing the passage to the limit $Y \to \infty$, we obtain

$$g(s) = e^{\frac{\pi i k}{4}}\sum_{a,b}\left\{H\left(\frac{a}{b}\right)\int_0^\infty z^{s-1}(bz - a)^{-\frac{k}{2}}\,dz\right.$$

$$\left. + H\left(\frac{-a}{b}\right)\int_0^\infty z^{s-1}(bz + a)^{-\frac{k}{2}}\,dz\right\} \qquad \left(1 < \sigma < \frac{k}{2} - 1\right),$$

where a, b run over all pairs of positive coprime integers. Since

$$e^{\pi i\left(\frac{k}{2} - s\right)}\int_0^\infty z^{s-1}(bz - a)^{-\frac{k}{2}}\,dz = \int_0^\infty z^{s-1}(bz + a)^{-\frac{k}{2}}\,dz = a^{s-\frac{k}{2}}b^{-s}\,\frac{\Gamma(s)\Gamma\left(\frac{k}{2} - s\right)}{\Gamma\left(\frac{k}{2}\right)},$$

the assertion follows.

Henceforth we assume $D = 1$. If k is not divisible by 8, then there exists exactly one genus, the genus γ_k of the unit matrix $\mathfrak{E}_k$. If k is divisible by 8, then there exist exactly two genera, namely γ_k and a genus γ_k^* of even matrices.

THEOREM 11:

$$Z(s; \gamma_k^*) = \frac{(2\pi)^{\frac{k}{2}}}{\Gamma\left(\frac{k}{2}\right)\zeta\left(\frac{k}{2}\right)}\,2^{-s}\zeta(s)\zeta\left(s + 1 - \frac{k}{2}\right).$$

PROOF: It follows from the known values of the Gaussian sums that $H\left(\frac{a}{b}; \gamma_k^*\right) = 1$. By Theorem 10,

$$Z(s;\gamma_k^*) = 2\pi^s \frac{\Gamma\left(\frac{k}{2}-s\right)}{\Gamma\left(\frac{k}{2}\right)} \cos\frac{\pi s}{2}\,\zeta(s)\,\zeta\left(\frac{k}{2}-s\right)\Big/\zeta\left(\frac{k}{2}\right),$$

and the assertion follows from the functional equation of $\zeta(s)$.

THEOREM 12:

$$(64)\qquad Z(s;\gamma_k) = 2\pi^s \frac{\Gamma\left(\frac{k}{2}-s\right)}{\Gamma\left(\frac{k}{2}\right)}\left\{\psi(s)+\psi\left(\frac{k}{2}-s\right)\right\} \qquad \left(1<\sigma<\frac{k}{2}-1\right),$$

where

$$\psi(s) = 2^{s-\frac{k}{2}}\left\{\cos\frac{\pi}{4}(2s-k)\sum_{\substack{a,b\\ b\equiv 1 \,(\mathrm{mod}\, 4)}} \chi_b^k(a)a^{s-\frac{k}{2}}b^{-s} + \cos\frac{\pi}{4}(2s+k)\sum_{\substack{a,b\\ b\equiv 3\,(\mathrm{mod}\, 4)}} \chi_b^k(a)a^{s-\frac{k}{2}}b^{-s}\right\},$$

$\chi_b(a) = \left(\frac{a}{b}\right)$ *denoting the Legendre-Jacobi symbol.*

PROOF: We have $H\left(\frac{a}{b};\gamma_k\right) = 0$, if ab is odd,

$$(65)\qquad H\left(\frac{a}{b}\right) = i^{k\left(\frac{b-1}{2}\right)^2}\chi_b^k(2a) \qquad (a \text{ even}, b \text{ odd}),$$

$$(66)\qquad H\left(\frac{a}{b}\right) = e^{\frac{\pi i k}{4}} H\left(\frac{-b}{a}\right),\quad H\left(\frac{-a}{b}\right) = e^{-\frac{\pi i k}{4}} H\left(\frac{b}{a}\right) \qquad (0<a \text{ odd}, b \text{ even}).$$

Define

$$q(s) = \sum_{\substack{a,b\\ a \text{ even}}} a^{s-\frac{k}{2}}b^{-s}\left\{e^{\frac{\pi i}{4}(2s-k)}H\left(\frac{a}{b}\right)+e^{\frac{\pi i}{4}(k-2s)}H\left(\frac{-a}{b}\right)\right\},$$

then, by Theorem 10 and (66),

$$Z(s;\gamma_k) = \pi^s \frac{\Gamma\left(\frac{k}{2}-s\right)}{\Gamma\left(\frac{k}{2}\right)}\left\{q(s)+q\left(\frac{k}{2}-s\right)\right\}.$$

On the other hand, by (65),

$$q(s) = 2^{s-\frac{k}{2}}\sum_{\substack{a,b\\ b \text{ odd}}} a^{s-\frac{k}{2}}b^{-s}i^{k\left(\frac{b-1}{2}\right)^2}\chi_b^k(a)\left(e^{\frac{\pi i}{4}(2s-k)}+\chi_b^k(-1)e^{\frac{\pi i}{4}(k-2s)}\right) = 2\psi(s);$$

q.e.d.

If k is even, then (64) may be expressed in a different way, analogous to Theorem 11. Obviously

$$\psi(s) = 2^{s-\frac{k}{2}} \cos \frac{\pi}{4}(2s-k) \sum_{\substack{a,b \\ b \text{ odd}}} (-1)^{\frac{k(b-1)}{4}} a^{s-\frac{k}{2}} b^{-s} \qquad (k \text{ even}),$$

whence

$$\psi(s) = 2^{s-\frac{k}{2}} \cos \frac{\pi}{4}(2s-k)\, \zeta\left(\frac{k}{2}-s\right) \zeta(s)(1-2^{-s}) \Big/ \zeta\left(\frac{k}{2}\right)\left(1-2^{-\frac{k}{2}}\right) \qquad (k \equiv 0 \pmod 4),$$

$$\psi(s) = 2^{s-\frac{k}{2}} \cos \frac{\pi}{4}(2s-k)\, \zeta\left(\frac{k}{2}-s\right) L_{-4}(s) \Big/ L_{-4}\left(\frac{k}{2}\right) \qquad (k \equiv 2 \pmod 4),$$

with $L_{-4}(s) = \sum_{n=0}^{\infty} (-1)^n (2n+1)^{-s}$. By (64) and the functional equations of $\zeta(s)$, $L_{-4}(s)$, we obtain

$$Z(s;\gamma_k) = \frac{\pi^{\frac{k}{2}}}{\Gamma\left(\frac{k}{2}\right)\zeta\left(\frac{k}{2}\right)\left(1-2^{-\frac{k}{2}}\right)} \cdot \left\{1-2^{-s}+(-1)^{\frac{k}{4}}\left(2^{\frac{k}{2}-2s}-2^{-s}\right)\right\} \zeta(s)\,\zeta\left(s+1-\frac{k}{2}\right) \qquad (k \equiv 0),$$

$$Z(s;\gamma_k) = \frac{\pi^{\frac{k}{2}}}{\Gamma\left(\frac{k}{2}\right) L_{-4}\left(\frac{k}{2}\right)} \cdot \left\{L_{-4}(s)\,\zeta\left(s+1-\frac{k}{2}\right) + (-1)^{\frac{k-2}{4}} 2^{1-\frac{k}{2}} \zeta(s) L_{-4}\left(s+1-\frac{k}{2}\right)\right\} \qquad (k \equiv 2).$$

For odd values of k, the corresponding formula is more complicated. Let d be a discriminant, i.e. an integer such that either $d \equiv 1 \pmod 4$ and d not divisible by any square $\neq 1$, or $d \equiv 8, 12 \pmod 4$ and $\frac{d}{4}$ not divisible by any square $\neq 1$, and define $L_d(s) = \sum_{n=1}^{\infty} \left(\frac{d}{n}\right) n^{-s}$; then it follows from Theorem 12 and the functional equation of $L_d(s)$ that

$$\pi^{-\frac{k}{2}} \Gamma\left(\frac{k}{2}\right) Z(s;\gamma_k)/\zeta(2s)$$
$$= (1-2^{-2s}) \sum_{d \equiv 1 \pmod 4} d^{\frac{1-k}{2}} L_d\left(s+1-\frac{k}{2}\right) \Big/ L_d\left(s+\frac{k}{2}\right)\left(1-\left(\frac{d}{2}\right)2^{-s-\frac{k}{2}}\right)$$

$$+\cos\frac{\pi k}{4}\,2^{\frac{k}{2}-2s}\sum_{d\equiv 1\,(\mathrm{mod}\,4)} d^{\frac{1-k}{2}}\,L_d\left(s+1-\frac{k}{2}\right)\left(1-\left(\frac{d}{2}\right)2^{s-\frac{k}{2}}\right)\Big/L_d\left(s+\frac{k}{2}\right)$$
$$+\cos\frac{\pi k}{4}\,2^{\frac{k}{2}}\sum_{d\equiv 0\,(\mathrm{mod}\,4)} d^{\frac{1-k}{2}}\,L_d\left(s+1-\frac{k}{2}\right)\Big/L_d\left(s+\frac{k}{2}\right)\qquad\left(\sigma>\frac{k}{2}\right),$$

where the summation extends over all discriminants d. This formula is of some interest, because it connects the L-series with the theory of the Epstein zeta-functions, but we do not need it for our further purpose and omit the detailed proof.

8. The zeros of $\zeta(s;\mathfrak{S})$ in the strip $1<\sigma<\frac{k}{2}-1$.

THEOREM 13: *Let $\mathfrak{S}$ be in the genus γ_k^* and $0<\epsilon<\frac{k}{4}-1$; then the number of zeros of $\zeta(s;\mathfrak{S})$ in the strip $1+\epsilon\leqq\sigma\leqq\frac{k}{2}-1-\epsilon$ is finite.*

PROOF: By Theorems 9 and 11, we have

$$\zeta(s;\mathfrak{S}) = Z(s;\gamma_k^*)\left\{1+t\log t\,O\left(t^{\sigma-\frac{k}{2}}+t^{-\sigma}\right)\right\}$$
$$= Z(s;\gamma_k^*)\{1+\log t\,O(t^{-\epsilon})\}\qquad\left(1+\epsilon\leqq\sigma\leqq\frac{k}{2}-1-\epsilon\right),$$

and $Z(s;\gamma_k^*)$ has exactly $\frac{k}{4}-2$ zeros in the strip $1\leqq\sigma\leqq\frac{k}{2}-1$, namely $s = 3, 5, \cdots, \frac{k}{2}-3$.

THEOREM 14: *Let $\mathfrak{S}$ be in the genus γ_k and $k\geqq 12$; then all zeros of $\zeta(s;\mathfrak{S})$ in the strip $2\leqq\sigma\leqq\frac{k}{2}-2$ are simple and lie on $\sigma=\frac{k}{4}$, with at most a finite number of exceptions, and the interval $0<u<t$ contains exactly $\frac{t}{\pi}\log 2+O(1)$ zeros of $\zeta\left(\frac{k}{4}+ui;\mathfrak{S}\right)$.*

PROOF: By Theorems 9, 12,

$$\zeta(s;\mathfrak{S}) = 2\pi^s\,\frac{\Gamma\left(\frac{k}{2}-s\right)}{\Gamma\left(\frac{k}{2}\right)}\left\{\psi(s)+\psi\left(\frac{k}{2}-s\right)\right\}\tag{67}$$
$$+\,t^{\frac{1}{2}}\log t\,O\left(1+t^{\frac{k}{2}-2\sigma}\right)\qquad\left(1<\sigma<\frac{k}{2}-1\right),$$

$$\zeta(s;\mathfrak{S}) = \pi^s\,\frac{\Gamma\left(\frac{k}{2}-s\right)}{\Gamma\left(\frac{k}{2}\right)}\,e^{\frac{\pi i}{8}(k-4s)}\tag{68}$$

$$\left\{\rho(s) + \overline{\rho\left(\frac{k}{2} - \bar{s}\right)} + \log t\, O(t^{-1})\right\} \quad \left(2 \leqq \sigma \leqq \frac{k}{2} - 2\right),$$

where

$$\rho(s) = e^{\frac{\pi i k}{8}} 2^{s - \frac{k}{2}} \left\{ \sum_{\substack{a,b \\ b \equiv 1 \pmod 4}} \chi_b^k(a) a^{s - \frac{k}{2}} b^{-s} - i^k \sum_{\substack{a,b \\ b \equiv 3 \pmod 4}} \chi_b^k(a) a^{s - \frac{k}{2}} b^{-s} \right\}.$$

Put $e^{-\frac{\pi i k}{8}} 2^{\frac{k}{2} - s} \rho(s) = 1 + R$, then

$$(69) \qquad 1 + |R| \leqq \sum_{\substack{a,b \\ b \text{ odd}}} a^{\sigma - \frac{k}{2}} b^{-\sigma} = \zeta\left(\frac{k}{2} - \sigma\right) \zeta(\sigma)(1 - 2^{-\sigma}) / \zeta\left(\frac{k}{2}\right)\left(1 - 2^{-\frac{k}{2}}\right);$$

and consequently

$$(70) \qquad \rho(s) + \overline{\rho\left(\frac{k}{2} - \bar{s}\right)} = \begin{cases} 2^{s - \frac{k}{2}} e^{\frac{\pi i k}{8}} (1 + R_1) & \left(\sigma = \dfrac{k}{2} - 2\right) \\ 2^{-s} e^{-\frac{\pi i k}{8}} (1 + R_1) & (\sigma = 2) \end{cases}$$

with

$$(71) \qquad \begin{aligned} |R_1| &< -1 + \frac{\zeta(2)\zeta\left(\frac{k}{2} - 2\right)\left(1 - 2^{2 - \frac{k}{2}}\right)}{\zeta\left(\frac{k}{2}\right)\left(1 - 2^{-\frac{k}{2}}\right)} \\ &\quad + 2^{4 - \frac{k}{2}} \left(-1 + \frac{\zeta\left(\frac{k}{2} - 2\right)\zeta(2)(1 - 2^{-2})}{\zeta\left(\frac{k}{2}\right)\left(1 - 2^{-\frac{k}{2}}\right)} \right) \\ &\leqq \frac{\zeta(2)\zeta(4)}{\zeta(6)(1 - 2^{-6})}(1 + 2^{-3}) - (1 + 2^{-2}) = \frac{3}{4} \qquad (k \geqq 12). \end{aligned}$$

Let $\Gamma\left(\frac{k}{2}\right)\pi^{-s} e^{\frac{\pi i}{8}(4s - k)} \zeta(s; \mathfrak{S}) \Big/ \Gamma\left(\frac{k}{2} - s\right) = g(s)$; by (68), (70), (71), the function $\log g(s) - \left(s - \frac{k}{2}\right) \log 2$ is regular and bounded on $\sigma = \frac{k}{2} - 2$ for sufficiently large values of t, and the same holds for $\log g(s) + s \log 2$ on $\sigma = 2$. Analogous to Lemma 13, it is easily proved, by (68), that the variation of $\log g(s)$ on the segment $s = \sigma + ti$ is bounded, if σ runs from 2 to $\frac{k}{2} - 2$. Let $B(t_1)$ be the number of zeros of $\zeta(s; \mathfrak{S})$ in the rectangle $0 < t < t_1$, $2 \leqq \sigma \leqq \frac{k}{2} - 2$; then $2\pi i\, B(t_1)$ is the variation of $\log g(s)$ on the contour, whence

$$(72) \qquad B(t) = \frac{t}{\pi} \log 2 + O(1) \qquad (k \geqq 12).$$

On the other hand, by the functional equation of $\zeta(s;\mathfrak{S})$, we have

$$\zeta(s;\mathfrak{S}) = 2\pi^s \frac{\Gamma\left(\frac{k}{2}-s\right)}{\Gamma\left(\frac{k}{2}\right)} e^{\frac{\pi i}{8}(k-4s)} \Re\{h(s)\} \qquad \left(\sigma = \frac{k}{4}\right),$$

where $h(s)$ is regular on $\sigma = \frac{k}{4}$ and, by (67),

$$h(s) = \rho(s) + \log t\, O(t^{1-\frac{k}{4}}) \qquad (k > 4).$$

By (69),

$$\left| e^{-\frac{\pi i k}{8}} 2^{\frac{k}{2}-s} \rho(s) - 1 \right| \leqq -1 + \zeta^2\left(\frac{k}{4}\right) \Big/ \zeta\left(\frac{k}{2}\right)\left(1 + 2^{-\frac{k}{4}}\right)$$

$$< -1 + \zeta^2(2)/\zeta(4)(1 + 2^{-2}) = 1 \qquad (k > 8);$$

hence

$$\log h(s) = ti \log 2 + O(1) \qquad \left(\sigma = \frac{k}{4}, k > 8\right).$$

Let $A(t_1)$ denote the number of different zeros of odd order of $\zeta(s;\mathfrak{S})$ in the interval $0 < t < t_1$ on the line $s = \frac{k}{4} + ti$. By Lemma 12,

$$A(t) > \frac{t}{\pi} \log 2 + O(1) \qquad (k > 8),$$

and the assertion follows from (72).

The Institute for Advanced Study

43.

Discontinuous groups

Annals of Mathematics 44 (1943), 674—689

I. Introduction

1. Let G be a topological group, and let H be a *discrete* subgroup of G; this means that there exists in G a neighborhood U of the unit element e such that no other element of H is contained in U. If M is a subset of G and $a \in H$, then the set Ma is an *image* of M. A *fundamental set* F relative to H is defined by the following three properties: 1) $FH = G$; 2) $Fa \cap F = 0$, whenever $e \neq a \in H$; 3) F is a Borel set in G. The first two properties establish that every point x of G is covered by one and only one image of F. We obtain an arbitrary set M with these two properties, if we select a representative x from every left coset xH of H relative to G; however, in general, such a set M is not a Borel set. In Lemma 2, we shall prove that a fundamental set exists, if G satisfies the second axiom of countability.

We say that a fundamental set F is *normal*, if every point of G has a neighborhood contained in the union of a finite number of images of F. An image Fa of F is called a *neighbor* of F, if $\bar{F}a \cap \bar{F} \neq 0$. Let H_0 be the group generated by all elements $a \in H$ satisfying $\bar{F}a \cap \bar{F} \neq 0$. In section 9 we shall prove, for any connected group G satisfying the second axiom of countability, that $H_0 = H$, whenever the fundamental set F is normal; in particular, if F has only a finite number of neighbors, then H possesses a finite system of generators.

2. Let T be a topological space of points τ, and let $\tau \to f(\tau, x)$, $x \in G$, be an open continuous *representation* of G as a transitive group of homeomorphic mappings of T on itself. The representation $\tau \to f(\tau, a)$, $a \in H$, of H in T is called *discontinuous*, if no sequence $f(\tau, a_n)$ $(n = 1, 2, \cdots)$ converges to a point in T, as a_n runs over distinct elements of H. Let τ_1 be a given point of T, and consider the set C of elements $x \in G$ satisfying $f(\tau_1, x) = \tau_1$; obviously C is a closed subgroup of G. It is known that then T and $C\backslash G$ are homeomorphic, where the topological space $C\backslash G$ consists of the right cosets Cy of C relative to G; on the other hand, for any closed subgroup C of G and any homeomorphic mapping of $C\backslash G$ on a topological space T, the transformations $Cy \to Cyx$, $x \in G$, define an open continuous representation of G as a transitive group of homeomorphic mappings of T on itself. Therefore, in order to find all discontinuous representations of H, we can restrict ourselves to the investigation of the case $T = C\backslash G$, where C is any closed subgroup of G. In Lemma 6 we shall prove that the representation of H in $C\backslash G$ is discontinuous in the case of a compact group C.

Let G be a locally compact group satisfying the second axiom of countability. For all Borel sets B in G, the Haar measure defines a completely additive and right-invariant volume $v(B)$, which is positive for all open sets. It will be proved that the volume of a fundamental set F does not depend upon the particular choice of F and only upon the discrete subgroup H. The main result of the second chapter is the following theorem.

THEOREM 1: *Let $v(F)$ be finite; then the representation of H in $C\backslash G$ is discontinuous, if and only if the closed subgroup C is compact.*

The interest of Theorem 1 lies in the *necessity* of the condition concerning C. The proof uses an idea similar to that in the proof of Poincaré's theorem in ergodic theory.

3. Let the subgroup C be compact, and assume that the representation of H in $C\backslash G$ has no fixed points; this means that $Cya \neq Cy$ for all $y \in G$ and all $a \neq e$ in H. It can readily be seen that this assumption is fulfilled, in particular, if H does not contain any element of finite order except e. We shall prove, in Lemma 7, that there exists a fundamental set F relative to H such that $F = CF$, whenever G satisfies the second axiom of countability; then F may be considered as a fundamental set in the space $C\backslash G$.

Let G be a locally compact group satisfying the second axiom of countability. We say that H is a subgroup of the *first kind* in G, if there exists a normal fundamental set relative to H, of finite volume, having only a finite number of neighbors. We have no general constructive method of deciding whether a given subgroup H is of the first kind; however, in the known particular cases where we are able to answer this question, the problem is simplified by considering it for the space $C\backslash G$ instead of G, with suitably chosen compact C. In the case of the *unimodular* group, e.g., $G = G_m$ is the multiplicative group of all real m-rowed matrices x with determinant ± 1, and $H = H_m$ is the subgroup consisting of all $x = u$ with integral elements; if C denotes the orthogonal group in m dimensions, then the space $C\backslash G$ is homeomorphic to the space T of the positive symmetric matrices $t = x'x$ with determinant 1, and H_m is represented by the transformations $t \rightarrow u'tu$ of T into itself. In this way, Minkowski replaced the problem of constructing a fundamental set for H_m in G_m by the corresponding problem concerning the reduction of positive quadratic forms in m variables, and he proved that H_m is a subgroup of the first kind in G_m.

The problem of finding *all* subgroups H of the first kind in G seems to be far beyond our power, even if we consider only the particular case $G = G_m (m \geqq 2)$. The solution is known only for $m = 2$:

G_2 is the group of all two-rowed matrices $\begin{pmatrix} ab \\ cd \end{pmatrix}$ with real elements and the determinant 1. A subgroup H of G_2 is of the first kind, if and only if the representation of H by the linear mappings $z \rightarrow (az + b)(cz + d)^{-1}$ possesses in the upper z half-plane a fundamental polygon with a *finite* number of vertices. However, even in this comparatively simple case, we have no method of deciding whether two arbitrarily given subgroups H and H_0 of G_2 are isomorphic.

4. In the third chapter, we investigate the properties of a special type of discrete groups; these groups include the unimodular group H_m, and they are found by the following considerations:

We assume that the topological group G may be imbedded in a connected topological ring A which is locally compact and satisfies the second axiom of countability. It follows from a theorem of Jacobson and Taussky[1] that A is isomorphic to an algebra of finite rank in R, the field of real numbers. Consequently, we can introduce the norm $N(x)$ of an arbitrary element x in A. Let G be the group of all x with $N(x) = \pm 1$.

On the other hand, let A_0 be a simple algebra of finite rank in R_0, the field of rational numbers. Under extension of R_0 into R, the simple algebra A_0 in R_0 is replaced by a semi-simple algebra in R, and we assume now that this is the algebra A. Let an *order* J in A_0 be given; a quantity a is called a *unit* in J, if both a and a^{-1} belong to J. It is obvious that the units in J constitute a discrete subgroup H in G.

THEOREM 2: *The group of units in a simple order is of the first kind.*

The proof of this theorem depends upon the theory of reduction of positive quadratic forms; it is a generalization of Minkowski's proof concerning the unimodular group H_m.

5. By a well-known theorem of Wedderburn, the simple algebra A_0 is isomorphic to an algebra of matrices whose elements are arbitrary quantities in a division algebra D_0. Let Z be the center of D_0. In two important special cases the theory of the group of units in J had been investigated a long time since, namely in the case $A_0 = Z$ by Dirichlet, and in the case $D_0 = R_0$ by Minkowski. Recently, Humbert[2] studied the more general case $D_0 = Z$, and Weyl[3] proved Humbert's results as simple consequences of a geometric theory of reduction of lattices, which he applied also in the case of a totally definite quaternion algebra D_0 over a totally real center Z.

Concerning the general case of the group H of units in an arbitrary simple order, Eichler[4] stated that H has a finite system of generators; however, his proof is correct only for $A_0 = D_0$. Moreover, Eichler's paper contains an interesting theorem about continuous mappings of G/H on manifolds with the Poincaré group H, also without complete proof; it is related to Theorem 1, and it was the starting-point of the researches in the second chapter.

6. Let an *involution* in A_0 be given, i.e., a mapping $x \to x^*$ of A_0 onto itself such that $(x^*)^* = x$, $(x + y)^* = x^* + y^*$, $(xy)^* = y^* x^*$; under extension of R_0

---

[1] N. Jacobson and O. Taussky, *Locally compact rings*, Proc. Nat. Acad. Sci. 21, pp. 106–108 (1935).

[2] P. Humbert, *Théorie de la réduction des formes quadratiques définies positives dans un corps algébrique K fini*, Comment. Math. Helv. 12, pp. 263–306 (1940).

[3] H. Weyl, *Theory of reduction for arithmetical equivalence. II*, Trans. Amer. Math. Soc. 51, pp. 203–231 (1942).

[4] M. Eichler, *Zur Einheitentheorie der einfachen Algebren*, Comment. Math. Helv. 11, pp. 253–272 (1939).

into R, we obtain an involution in A. Let $s \epsilon A_0$, $N(s) \neq 0$ and $s^* = s$, and consider the set $G(s)$ of all $x \epsilon A$ such that $x^*sx = s$; obviously $G(s)$ is a subgroup of G. For any given order J in A_0, the intersection $H \cap G(s)$ defines a discrete subgroup $H(s)$ of $G(s)$.

Assume now that the involution $x \to x^*$ leaves invariant all elements of the center Z. By the results of Albert,[5] the division algebra D_0 is then either Z itself or a quaternion algebra over Z.

In the first case, A_0 is the ring of all m-rowed matrices x with elements in Z, and x^* is the transpose of x; then $H(s)$ is the group of units of the symmetric matrix s. In particular, let $Z = R_0$; then it is known[6] that $H(s)$ is a subgroup of the first kind in $G(s)$, except in the trivial case $m = 2$, $N(s) = -r^2$, r a rational number. This result was proved by an application of Hermite's method of continuous reduction of indefinite quadratic forms: We consider the space T of all positive symmetric matrices t, with real elements, satisfying $s = ts^{-1}t$; the transformations $t \to x^*tx$, $x \epsilon G(s)$, are transitive in T, and the group C of all x satisfying $t = x^*tx$ is compact, for any fixed t; from the theory of reduction of positive quadratic forms it follows that the representation $t \to a^*ta$, $a \epsilon H(s)$, is of the first kind in T, except in the above mentioned trivial case. If $n, m - n$ is the signature of s, then T has $n(m - n)$ dimensions; it can easily be shown, by Theorem 1, that any discontinuous representation of $H(s)$ is at least $n(m - n)$-dimensional.

In the second case, A_0 is the ring of all m-rowed matrices x with elements in the quaternion algebra D_0 over Z, and x^* is the conjugate transpose of x. In particular, let Z be totally real, of degree h over R_0, and let the norm, relative to Z, of every element $\neq 0$ in D_0 be positive at $h - 1$ infinite prime spots of Z. It is known[7] that then $H(e)$ is of the first kind in $G(e)$; it can easily be proved, by Theorem 1, that any discontinuous representation of $H(e)$ is at least $m(m + 1)$-dimensional.

These examples indicate that a systematic investigation of all unit groups of fixed points in an involution might be of some interest.

II. General Theory

7. Throughout the present chapter, G is a topological group and H is a discrete subgroup of G.

Lemma 1: *For every $x \epsilon G$ there exists a neighborhood V_x of x such that $V_x a \cap V_x = 0$, for all elements $a \neq e$ in H.*

Proof: Let U be a neighborhood of e containing no other element a of H. Since $e^{-1}e = e$, there exists a neighborhood V of x such that $V^{-1}V \subset U$. Define $V_x = xV$, and let y, z be two arbitrary points in V_x; then $y^{-1}z \epsilon U$, hence $y^{-1}z \neq a$, $ya \neq z$, and V_x has the required property.

Lemma 1 establishes that the neighborhood V_x of x contains at most one element from every left coset yH of H relative to G.

[5] A. A. Albert, *Structure of algebras*, New York (1939); Chap. X.

[6] C. L. Siegel, *Einheiten quadratischer Formen*, Abh. Math. Sem. Hansischen Univ. 13, pp. 209–239 (1940).

[7] C. L. Siegel, *Symplectic geometry*, Amer. Jour. Math. 55, pp. 1–86 (1943).

LEMMA 2: *Let G satisfy the second axiom of countability; then there exists a fundamental set relative to H.*

PROOF: Let $A_1, A_2, \cdots$ constitute a basis of G. We consider all A_k contained in at least one of the neighborhoods V_x defined in Lemma 1, and we denote these A_k by $B_1, B_2, \cdots$. Let

$$F_1 = B_1, \qquad F_k = B_k - (B_1 \cup \cdots \cup B_{k-1})H \qquad (k = 2, 3, \cdots),$$
$$F = F_1 \cup F_2 \cup \cdots.$$

Since any V_x is the union of a certain number of sets B_k, every element x of G is contained in some B_k; in particular, this is true for every element a of H. On the other hand, by Lemma 1, B_k does not contain two elements of H. Consequently, H is finite or countably infinite, and F is a Borel set.

We have $F_k \subset B_k (k = 1, 2, \cdots)$; therefore, by Lemma 1,

$$F_k a \cap F_k = 0 \qquad (e \neq a \in H);$$

moreover

$$F_k a \subset (B_1 \cup \cdots \cup B_{l-1})H, \qquad F_k a \cap F_l = 0 \qquad (1 \leqq k < l;\ a \in H);$$

hence $F_k a \cap F_l = 0$, for arbitrary positive integers k, l and $e \neq a \in H$. It follows that $Fa \cap F = 0$, for $e \neq a \in H$.

Let x be any element of G. Since x lies in some B_k, there exists also an index k such that x lies in $B_k H$, but not in $(B_1 \cup \cdots \cup B_{k-1})H$; then $x \in B_k H - (B_1 \cup \cdots \cup B_{k-1})H = F_k H$, $x \in FH$. It follows that $FH = G$.

We have verified that F has the three characteristic properties of a fundamental set relative to H, and the lemma is proved.

If $S_1, S_2, \cdots$ is a finite or countably infinite number of disjoint sets, we denote their union by the sign $\sum$.

LEMMA 3: *Let G satisfy the second axiom of countability, and let E, F be two fundamental sets relative to H; then there exist two decompositions*

$$E = \sum_{a \in H} E_a, \qquad F = \sum_{a \in H} F_a,$$

where E_a and $F_a = E_a a$ are Borel sets.

PROOF: Define $Ea \cap F = F_a$, $E \cap Fa^{-1} = E_a$; then E_a and $F_a = E_a a$ are Borel sets; furthermore

$$F_a \cap F_b = Ea \cap Eb \cap F = 0 \qquad (a \in H; b \in H; a \neq b),$$
$$E_a \cap E_b = E \cap Fa^{-1} \cap Fb^{-1} = 0$$

and

$$\sum_{a \in H} F_a = (\sum_{a \in H} Ea) \cap F = (EH) \cap F = G \cap F = F,$$
$$\sum_{a \in H} E_a = E \cap (\sum_{a \in H} Fa^{-1}) = E \cap (FH) = E \cap G = E;$$

q.e.d.

8. Let us assume that there exists a fundamental set F, relative to H, such that $\bar{F}$ is compact, and consider any infinite set of cosets xH, $x \in S$. We choose $a_x \in H$ such that $xa_x \in F$; then the set xa_x, $x \in S$, has a limit point y in $\bar{F}$, hence the set of points xH, $x \in S$, in G/H has the limit point yH; i.e., G/H is compact. Conversely, we shall prove that the existence of a fundamental set with compact closure follows again from the compactness of G/H, provided G satisfies the second axiom of countability. However, in the following lemma, we do not need the latter assumption.

LEMMA 4: *Let the topological space G/H be compact; then G is locally compact.*

PROOF: Let U be a neighborhood of e in G containing no other element of H. Since the topological space G is regular, we can choose a neighborhood W of e such that $\bar{W}^{-1}WW^{-1}\bar{W} \subset U$. Let S be an infinite subset of $\bar{W}$. Since G/H is compact, there exists a point z in G such that, for any neighborhood V of z in G, the set VH contains infinitely many points of S. Let $V \subset Wz$, and let x, y be two points of $VH \cap S$; then xa and yb are points of Wz, for suitably selected elements a and b of H, and

$$ab^{-1} \in x^{-1}WW^{-1}y \subset \bar{W}^{-1}WW^{-1}\bar{W} \subset U;$$

hence $a = b$. It follows that there exists a fixed $a \in H$ such that Va contains infinitely many points of S, for any neighborhood V of z; then S has the limit point za, and $\bar{W}$ is compact. Hence G is locally compact; q.e.d.

Assume now that G satisfies the second axiom of countability, and consider again the construction of F in the proof of Lemma 2. In view of Lemma 4, we can suppose that the sets $\bar{V}_x$ are compact; then also the sets $\bar{B}_k$ and $\bar{F}_k$ are compact. We shall prove that F_k is empty for all sufficiently large values of k. Otherwise there would exist a sequence of points $x_1, x_2, \cdots$ in G such that $x_n \in F_{k_n}$, where $k_1, k_2, \cdots$ is an increasing sequence of indices, and a sequence of points $a_1, a_2, \cdots$ in H such that the sequence $x_n a_n (n = 1, 2, \cdots)$ converges to a point x_0 in G. The point x_0 lies in some B_k. If $x_0 \in B_l$ and $k > l$, then

$$B_l \cap F_k H = B_l \cap (B_k H - (B_1 \cup \cdots \cup B_{k-1})H) = 0;$$

consequently, no $x_n a_n (k_n > l)$ lies in B_l, and this is a contradiction. It follows that $F = F_1 \cup F_2 \cup \cdots$ is the union of a finite number of F_k; hence $\bar{F}$ is also compact.

Let $\bar{F}$ be compact, and let C be an arbitrary compact subset in G. Consider all $a \in H$ such that $\bar{F}a \cap C \neq 0$. All these a are contained in the compact set $\bar{F}^{-1}C$; since H is discrete, they belong to a finite set. On the other hand, the images Fa cover the whole space G. It follows that C is completely covered by a finite number of images Fa. Since G is locally compact, every point in G has a neighborhood contained in a finite number of images of F. Furthermore, for $C = \bar{F}$, we see that F has only a finite number of neighbors Fa.

9. In this section we assume that there exists a normal fundamental set F; this means that a suitably chosen neighborhood of every point is contained in the union of a finite number of images of F. It is obvious that then every compact set in G is covered by a finite number of images of F. Let A be the set of all elements a of H which are contained in $\bar{F}^{-1}\bar{F}$; it is clear that $a \in A$, if and only if Fa is a neighbor of F. Let H_0 be the smallest group containing A; i.e., H_0 is the group generated by all $a \in A$. We are going to prove that $H_0 = H$, provided G is connected.

If $H_0 \neq H$, let $G_0 = \sum_{a \in H_0} Fa$; then $G_0 \neq 0$ and $G - G_0 = \sum_{b \in H - H_0} Fb \neq 0$. Since G is connected, the two sets $\bar{G}_0$ and $\overline{G - G_0}$ have a common point x. On the other hand, only a finite number of images of F enter into a suitably chosen neighborhood of x. It follows that there exist a point a in H_0 and a point b in $H - H_0$ such that $x \in \bar{F}a$ and $x \in \bar{F}b$; then $ba^{-1} \in \bar{F}^{-1}\bar{F}$, $ba^{-1} \in A \subset H_0$, $b \in H_0$, and this is a contradiction.

10. In this section we assume that G is locally compact and satisfies the second axiom of countability. The volume $v(B)$ of a Borel set B in G has the following properties:[8] $v(\sum_k B_k) = \sum_k v(B_k)$; $v(Bx) = v(B)$, for all $x \in G$; $v(xB) = \Delta(x)v(B)$, where $\Delta(x)$ is a positive continuous function of x and $\Delta(xy) = \Delta(x)\Delta(y)$, for all $x, y \in G$; $v(B) > 0$, for all open sets B; $v(B)$ is finite for all compact sets B. Moreover, by these properties, $v(B)$ is uniquely determined up to a positive constant factor.

Let E, F be two fundamental sets relative to H. Any Borel set in G/H can be expressed in the form BH, where B is a Borel set in G; let $BH \cap E = C$, $BH \cap F = D$. In view of Lemma 3,

$$C = \sum_{a \in H} (BH \cap E_a), \qquad D = \sum_{a \in H} (BH \cap F_a), \qquad F_a = E_a a$$

$$v(C) = \sum_{a \in H} v(BH \cap E_a), \qquad v(D) = \sum_{a \in H} v(BH \cap F_a), \qquad v(BH \cap E_a) = v(BH \cap F_a);$$

hence $v(C) = v(D)$, and we can define, for all Borel sets BH in G/H, a volume in the space G/H by the formula $v_H(B) = v(BH \cap F)$. Then $v_H(B) \leqq v(F)$, and $v_H(G) = v(F) = v(E)$.

Lemma 5: *Let $v(F)$ be finite; then $v(B)$ and $v_H(B)$ are left-invariant.*

Proof: It follows from the definition of a fundamental set F that also $E = xF$ is a fundamental set, for any given x in G. Hence

$$v(F) = v(E) = \Delta(x)v(F).$$

We infer from the construction of the particular fundamental set F in the proof of Lemma 2 that it contains the open set B_1; hence $v(F) > 0$. On the other hand, we assumed $v(F)$ to be finite. Therefore $\Delta(x) = 1$, for all $x \in G$, and

$$v_H(xB) = v(xBH \cap E) = \Delta(x)v(BH \cap F) = v_H(B).$$

---

[8] J. von Neumann, *The uniqueness of Haar's measure*, Rec. Math. N. S. (Mat. Sbornik) 1 (43), pp. 721–734 (1936). [English. Russian summary.]

11. Lemma 6: *Let C be a compact subgroup of G; then the representation of H in $C\backslash G$ is discontinuous.*

Proof: Let $a_1, a_2, \cdots$ be a sequence of distinct elements in H, let $x \in G$, and assume that the set of right cosets Cxa_n $(n = 1, 2, \cdots)$ has the limit point Cy in $C\backslash G$. We choose a neighborhood P of y and a neighborhood Q of e such that $P^{-1}Q^{-1}QP$ contains no element $\neq e$ of H. Then $xa_n = c_n p_n$, $c_n \in C$, and $p_n \in P$ for all sufficiently large n. Since C is compact, there exists a point $c \in C$ such that $c_n \in cQ$ for infinitely many n. Let $c_n \in cQ$, $c_m \in cQ$, $m \neq n$, then $a_m^{-1}a_n = p_m^{-1}c_m^{-1}c_n p_n \in P^{-1}Q^{-1}QP$; hence $a_m = a_n$, and this is a contradiction. It follows that the representation of H in $C\backslash G$ is discontinuous.

Proof of Theorem 1: In view of Lemma 6 we have only to prove the necessity of the compactness of C. We assume that the representation of H in $C\backslash G$ is discontinuous, where C is a given closed subgroup of G. Consider the particular fundamental set F constructed in the proof of Lemma 2; it contains the open set B_1, hence it contains also an open set B_0, whose closure $\bar{B}_0 = B$ is compact. Then $v_H(B) = v(BH \cap F) \geqq v(B_0 H \cap F) = v(B_0) > 0$. Consequently there exists a compact set B such that the volume $v_H(B)$ is positive.

Let $c_n (n = 1, 2, \cdots)$ be a sequence of distinct points in C, and define

$$c_n^{-1}BH \cap F = P_n, \qquad P_n \cup P_{n+1} \cup \cdots = Q_n \ (n = 1, 2, \cdots),$$

$$Q_1 \cap Q_2 \cap \cdots = Q.$$

Then P_n, Q_n, Q are Borel sets, $Q_n \subset F$, and by Lemma 5

$$v(F) \geqq v(Q_n) \geqq v(P_n) = v_H(c_n^{-1}B) = v_H(B);$$

moreover

$$\sum_{k=1}^{n-1} v(Q_k - Q_{k+1}) = v(Q_1) - v(Q_n) \leqq v(F) \qquad (n = 1, 2, \cdots)$$

$$\sum_{k=1}^{\infty} v(Q_k - Q_{k+1}) = v(Q_1) - v(Q);$$

hence

$$v(Q) = \lim_{n\to\infty} v(Q_n) \geqq v_H(B) > 0.$$

It follows that Q is non-empty.

Let $x \in Q$; then $x \in P_n$ for an infinite number of indices n, hence $x \in c_n^{-1}BH$ for the same set of indices. Consequently, there exists a sequence $a_n \in H (n = 1, 2, \cdots)$ such that $c_n x a_n \in B$ for infinitely many n. But B is compact and the representation of H in $C\backslash G$ is discontinuous. Therefore it follows from $Cxa_n \in CB$ that a_n belongs to a finite set of elements in H. This implies that $c_n x a \in B$, for a fixed $a \in H$ and infinitely many n, and hence the set $c_n (n = 1, 2, \cdots)$ has a limit point c_0. Since C is closed, c_0 is a point of C. This proves the compactness of C.

12. Let C be a compact subgroup of G. The representation of H in $C\backslash G$ has no fixed point, if and only if none of the conjugate subgroups $x^{-1}Cx$, $x \in G$, contains an element $a \neq e$ of H. This assumption is satisfied, in particular, if H does not contain any element of finite order except e: Let $a \in x^{-1}Cx$, $a \in H$, then $a^n \in x^{-1}Cx$ $(n = 1, 2, \cdots)$; since $x^{-1}Cx$ is compact and H is discrete, it follows that a is an element of finite order, hence $a = e$.

If a fundamental set F has the property $F = CF$, we may consider it also as a set in $C\backslash G$.

LEMMA 7: *Let G satisfy the second axiom of countability; then a fundamental set in $C\backslash G$ relative to H exists, if and only if the representation of H in $C\backslash G$ has no fixed point.*

PROOF: The necessity of the condition is easily proved: Let $F = CF$ be a fundamental set in $C\backslash G$ relative to H, and let $a \in x^{-1}Cx$, $a \in H$. Choose $b \in H$ such that $xb \in F$; then $b^{-1}ab \in (xb)^{-1}C(xb) \subset F^{-1}C\,F = F^{-1}F$, $F(b^{-1}ab) \cap F \neq 0$; hence $b^{-1}ab = e$, $a = e$. In this part of the proof, we did not use the assumption that G satisfies the second axiom of countability.

Conversely, assume that the representation of H in $C\backslash G$ has no fixed point. Let $x \in G$ and $y \in C$. Since $x^{-1}yx \neq a$, for all elements $a \neq e$ of H, there exist a neighborhood $P_{x,y}$ of x and a neighborhood $Q_{x,y}$ of y such that $P_{x,y}^{-1}Q_{x,y}P_{x,y}$ does not contain any element $\neq e$ of H. For any given x, the compact set C can be covered by a finite number of the neighborhoods $Q_{x,y}$, and the corresponding $P_{x,y}$ have a non-empty open intersection V_x. Consequently every point x in G has a neighborhood V_x such that $CV_xa \cap CV_x = 0$, for all $a \neq e$ in H.

Now we generalize the proof of Lemma 2 in the following way. We define

$$F_1 = CB_1, \qquad F_k = CB_k - (CB_1 \cup \cdots \cup CB_{k-1})H \qquad (k = 2, 3, \cdots),$$

$$F = F_1 \cup F_2 \cup \cdots .$$

Since $C(CA \cup CB) = CA \cup CB$ and $C(CA - CB) = CA - CB$, for arbitrary sets A and B, it is readily proved that F is a fundamental set and that $F = CF$.

13. In this section we assume that G is a locally compact group satisfying the second axiom of countability. Let C be a compact subgroup of G. Any Borel set in $C\backslash G$ can be expressed in the form CB, where B is a Borel set in G. The formula $v_c(B) = v(CB)$ defines in $C\backslash G$ a right-invariant completely additive volume, which is positive for open sets and finite for compact sets; it is uniquely determined by these properties, up to an arbitrary positive constant factor.[9] In order to establish that H is a subgroup of the first kind in G, it is sufficient to prove the existence of a normal fundamental set $F = CF$ in $C\backslash G$, of finite volume $v_c(F)$, having only a finite number of neighbors.

[9] A. Weil, *L'intégration dans les groupes topologiques et ses applications*, Paris (1940); pp. 42–45.

By the result of section 8, the group H is certainly of the first kind, whenever G/H is compact.

In the next chapter we shall apply the following lemma:

LEMMA 8: *The group H is of the first kind, if and only if there exists, for some compact subgroup C of G, an open set $M = CM$ in $C\backslash G$ of finite volume $v_c(M)$ such that $MH = G$ and that $Ma \cap M \neq 0$ holds only for a finite number of $a \in H$.*

PROOF: Let H be of the first kind; this means that there exists a normal fundamental set F of finite volume $v(F)$, having only a finite number of neighbors. Let Q be the union of all open sets contained in $\sum_{a \in A} \bar{F}a$, where A denotes the finite set of all elements of H contained in $\bar{F}^{-1}\bar{F}$; the set Q is open. If x is an arbitrary point of F, then a certain neighborhood W of x is covered by the union of a finite number of images Fa, $a \in H$; on the other hand, if Fa enters into every neighborhood of x then Fa is a neighbor of F and $a \in A$; consequently there exists also a neighborhood $W \subset Q$. It follows that $x \in Q$, $F \subset Q$, $QH = G$. Furthermore,

$$Qa \cap Q \subset \bigcup_{b,c \in A} (\bar{F}ba \cap \bar{F}c);$$

hence $Qa \cap Q = 0$ for any element $a \in H$ not lying in the finite set $A^{-1}AA$. Therefore $M = Q$ and $C = e$ have the required properties.

Conversely, let C be a compact subgroup of G, and let $M = CM$ be open, $v_c(M)$ finite, $MH = G$, $Ma \cap M \neq 0$ for only a finite set S of $a \in H$. In view of $MH = G$, we can determine, by the construction in the proof of Lemma 2, the fundamental set F as a subset of M; then $v(F) \leqq v(M) = v_c(M)$, hence $v(F)$ is finite. Let x be an arbitrary point in G, and let $x \in Mb$, $b \in H$; then b belongs to a finite set S_x. The intersection of all Mb, $b \in S_x$, is a neighborhood W_x of x. If $Fa \cap W_x \neq 0$, $a \in H$, then $Ma \cap W_x \neq 0$, $Ma \cap Mb \neq 0$, for $b \in S_x$; hence a belongs to the finite set SS_x. It follows that F is normal. Moreover, let $c \in H$, and let $\bar{M}c$, $\bar{M}$ have a common point x. We choose $a \in H$ such that $x \in Ma$; then $Ma \cap Mc \neq 0$ and $Ma \cap M \neq 0$, hence $ac^{-1} \in S$ and $a \in S$; this proves that c belongs to the finite set $S^{-1}S$. Since $\bar{F} \subset \bar{M}$, the fundamental set F has only a finite number of neighbors. Consequently the group H is of the first kind in G.

III. GROUPS OF UNITS IN SIMPLE ORDERS

14. Let A_0 be a simple algebra of finite rank in R_0, the field of rational numbers; then A_0 is isomorphic to an algebra of n-rowed matrices $\xi = (\xi_{kl})$, whose elements ξ_{kl} $(k, l = 1, \cdots, n)$ are arbitrary quantities in a division algebra D_0. The center Z of D_0 is an algebraic number field; let h denote the degree of Z over R_0, and let g be the rank of D_0 in R_0; then $g/h = s^2$ is the square of a positive rational integer s. We choose a basis $\delta_1, \cdots, \delta_g$ of D_0 in R_0 and extend R_0 into R, the field of real numbers; then D_0 is extended into a semi-simple algebra D in R. Every element of D is uniquely expressed by the linear form $\delta = \delta_1 x_1 + \cdots + \delta_g x_g$ with arbitrary real $x_1, \cdots, x_g$; we say that $x_1, \cdots, x_g$ are the coordinates of δ. In the regular representation of D, the element δ is represented by a g-rowed matrix $\hat{\delta}$. The g-rowed unit matrix will be denoted by ϵ.

Let r_2 be the number of imaginary infinite prime spots of Z, and let D_0 be ramified at r_3 real infinite prime spots of Z; define $r_1 = h - 2r_2 - r_3$. There exists a non-singular g-rowed matrix c with constant complex elements such that $c\hat{\delta}c^{-1}$ decomposes into s equal matrices λ of degree hs, and λ itself breaks up into h matrices $\lambda_1, \cdots, \lambda_h$ of degree s; the g elements of these matrices are homogeneous linear functions of $x_1, \cdots, x_g$, whose matrix is the inverse of c'; the r_1 matrices $\lambda_1, \cdots, \lambda_{r_1}$ are real; the r_2 pairs of matrices λ_{r_1+k} and $\lambda_{r_1+r_2+k}$ ($k = 1, \cdots, r_2$) are conjugate complex; the r_3 matrices λ_k ($k = r_1 + 2r_2 + 1, \cdots, h$) have the form $\begin{pmatrix} \alpha & \beta \\ -\bar{\beta} & \bar{\alpha} \end{pmatrix}$, where α and β denote complex matrices of degree $s/2$; moreover, the matrix $c'\bar{c}$ is real. In order to simplify the notation we write $c\hat{\delta}c^{-1} = \delta$.

The general quantity of the algebra A_0 in R, or A, is the n-rowed matrix $\xi = (\xi_{kl})$ with arbitrary elements ξ_{kl} from D; we define $(\hat{\xi}_{kl}) = \hat{\xi}$ and consider ξ as the n-rowed matrix with the g-rowed matrix elements $c\hat{\xi}_{kl}c^{-1} = \xi_{kl}$ ($k, l = 1, \cdots, n$). The gn^2 coordinates of the ξ_{kl} form the coordinates of ξ. Let G be the set of all ξ lying on the surface $|\xi| = \pm 1$. If we introduce the natural topology of R for all coordinates of ξ, the set G becomes a locally compact topological group satisfying the second axiom of countability. Let C be a *maximal* compact subgroup of G. Since the elements of C are matrices, there exists a positive hermitian matrix μ such that $\bar{\xi}'\mu\xi = \mu$ for all $\xi \in C$; it follows from the proof of existence of μ that μ can be chosen as an element of G. Then there exists $\eta \in G$ such that $\mu = \bar{\eta}'\eta$, and $\eta\xi\eta^{-1}$ is unitary. Let C_0 denote the group of all unitary elements of G; then C_0 is a compact subgroup of G, and any maximal compact subgroup of G is a conjugate subgroup $C = \eta^{-1}C_0\eta$, $\eta \in G$. Two points ξ_1, ξ_2 of G lie in the same right coset $C\xi_0$ of C, if and only if $\bar{\xi}_1'\mu\xi_1 = \bar{\xi}_2'\mu\xi_2$; consequently the topological space T of all positive hermitian matrices $\zeta = \bar{\xi}_0'\mu\xi_0$ in G is homeomorphic to the space $C\backslash G$. It is easily proved that the number of dimensions of T is $w_n - 1$, where $w_n = (hns + r_1 - r_3)ns/2$. In T the group G is represented by the transformations $\zeta \rightarrow \bar{\xi}'\zeta\xi$, $\xi \in G$. Let H be any discrete subgroup of the first kind in G; then the representation $\zeta \rightarrow \bar{\vartheta}'\zeta\vartheta$, $\vartheta \in H$, of H in T is discontinuous, and it follows from Theorem 1 that this representation is uniquely determined by the condition that the dimension of T be as small as possible.

15. Let an order J_1 in D_0 be given, and denote by J_n the order in A_0 consisting of all n-rowed matrices $\alpha = (\alpha_{kl})$, $\alpha_{kl} \in J_1$ ($k, l = 1, \cdots, n$). We assume now that the basis $\delta_1, \cdots, \delta_g$ of D_0 is a minimal basis of J_1; then an element of D lies in J_1, if and only if its coordinates are rational integers. We say that a column of n quantities $\xi_1, \cdots, \xi_n$ in D_0 is a *vector* $\mathfrak{x}$; if the *components* $\xi_1, \cdots, \xi_n$ lie in J_1, then $\mathfrak{x}$ is called *integral.*

Let $\zeta \in T$, and define $\bar{\mathfrak{x}}'\zeta\mathfrak{x} = \zeta[\mathfrak{x}]$, $\Phi(\mathfrak{x}) = \sigma(\zeta[\mathfrak{x}])$, where σ denotes the trace.

Obviously $\Phi(\mathfrak{x})$ is a positive quadratic form of gn variables, namely the coordinates of the components of the vector $\mathfrak{x}$. Let V be the volume of the ellipsoid $\Phi(\mathfrak{x}) < 1$, and determine $\eta \in G$ such that $\bar{\eta}'\eta = \zeta$; since the linear transformation $\eta\mathfrak{x} \to \mathfrak{x}$ has the determinant ± 1, it follows that V is independent of the point ζ in T. For our further purposes we do not need the exact value of V; a simple calculation, which we omit, leads to the formula

$$V = \pi^{\frac{gn}{2}} d^{-\frac{n}{2}} / \Gamma\left(1 + \frac{gn}{2}\right),$$

where d denotes the absolute value of the discriminant of the basis $\delta_1, \cdots, \delta_g$.

If $\mathfrak{x}_1, \cdots, \mathfrak{x}_k$ are vectors, then we denote by $L(\mathfrak{x}_1, \cdots, \mathfrak{x}_k)$ the set of all vectors $\mathfrak{x}_1 t_1 + \cdots + \mathfrak{x}_k t_k$ with arbitrary rational $t_1, \cdots, t_k$. We determine gn integral vectors $\mathfrak{y}_k (k = 1, \cdots, gn)$ by the condition that the minimum of $\Phi(\mathfrak{x})$, in the set of all integral $\mathfrak{x}$ outside $L(\mathfrak{y}_1, \cdots, \mathfrak{y}_{k-1})$, be attained for $\mathfrak{x} = \mathfrak{y}_k$; if $k = 1$, the set $L(\mathfrak{y}_1, \cdots, \mathfrak{y}_{k-1})$ is defined as the null-vector. Put $\Phi(\mathfrak{y}_k) = N_k$, then $N_1 \leqq N_2 \leqq \cdots$ and, by Minkowski's theorem,

$$\prod_{k=1}^{gn} N_k \leqq 4^{gn} V^{-2}.$$

16. If $\mathfrak{x}_1, \cdots, \mathfrak{x}_k$ are vectors, then we denote by $L^*(\mathfrak{x}_1, \cdots, \mathfrak{x}_k)$ the set of all vectors $\mathfrak{x}_1\tau_1 + \cdots + \mathfrak{x}_k\tau_k$ with arbitrary $\tau_1, \cdots, \tau_k$ in D_0. We determine n integral vectors $\mathfrak{x}_k$ $(k = 1, \cdots, n)$ by the condition that the minimum of $\Phi(\mathfrak{x})$, in the set of all integral $\mathfrak{x}$ outside $L^*(\mathfrak{x}_1, \cdots, \mathfrak{x}_{k-1})$, be attained for $\mathfrak{x} = \mathfrak{x}_k$; if $k = 1$, the set $L^*(\mathfrak{x}_1, \cdots, \mathfrak{x}_{k-1})$ is defined as the null-vector. We call $\mathfrak{x}_1, \cdots, \mathfrak{x}_n$ an *extremal set.* Put $\Phi(\mathfrak{x}_k) = M_k$, then $M_1 \leqq \cdots \leqq M_n$.

In order to find a relation between these $\mathfrak{x}_k$ and the $\mathfrak{y}_k$ of the preceding section, we use an idea of Weyl. Let $\mathfrak{z}_1, \cdots, \mathfrak{z}_q$ be any vectors in the set $L^*(\mathfrak{x}_1, \cdots, \mathfrak{x}_{k-1})$, and let $q > g(k-1)$; then there exist q rational numbers $t_1, \cdots, t_q$, not all 0, such that $\mathfrak{z}_1 t_1 + \cdots + \mathfrak{z}_q t_q = 0$. Consequently, for any given positive index $k \leqq n$, there exists a uniquely determined positive index $l = l_k \leqq g(k-1) + 1 \leqq gn$, such that $\mathfrak{y}_t$ lies in $L^*(\mathfrak{x}_1, \cdots, \mathfrak{x}_{k-1})$ for $t < l$ and outside for $t = l$. By the definition of $\mathfrak{x}_k$, we obtain the inequality $\Phi(\mathfrak{y}_l) \geqq \Phi(\mathfrak{x}_k)$. On the other hand, the vector $\mathfrak{x}_k$ lies outside $L^*(\mathfrak{x}_1, \cdots, \mathfrak{x}_{k-1})$ and, *a fortiori*, outside $L(\mathfrak{y}_1, \cdots, \mathfrak{y}_{l-1})$; hence $\Phi(\mathfrak{x}_k) \geqq \Phi(\mathfrak{y}_l)$. Consequently, $\Phi(\mathfrak{x}_k) = \Phi(\mathfrak{y}_l)$,

$$M_k^g \leqq \prod_{r=g(k-1)+1}^{gk} N_r, \qquad \prod_{k=1}^{n} M_k \leqq 4^n V^{-\frac{2}{g}}.$$

17. Let $\mathfrak{x}_1, \cdots, \mathfrak{x}_n$ be an extremal set, and let $(\mathfrak{x}_1 \cdots \mathfrak{x}_n) = \nu = \nu_\zeta$; we have to bear in mind that ν_ζ is not necessarily uniquely determined by ζ. It follows from the construction of $\mathfrak{x}_1, \cdots, \mathfrak{x}_n$ that $\mathfrak{x}_1\tau_1 + \cdots + \mathfrak{x}_n\tau_n \neq 0$, for any system of quantities $\tau_1, \cdots, \tau_n$ in D_0, not all 0; consequently $|\nu| \neq 0$, and $|\nu|^2 = N$ is a positive rational integer, $N \geqq 1$.

Put $\mathfrak{x} = \nu\mathfrak{y}$, then $\zeta[\mathfrak{x}] = \rho[\mathfrak{y}]$, where $\rho = \bar{\nu}'\zeta\nu = \zeta[\nu]$ is the n-rowed matrix with the elements $\rho_{kl} = \mathfrak{x}_k' \zeta \mathfrak{x}_l$ $(k, l = 1, \cdots, n)$ in D. Generalizing the Jacobi transformation, we have $\rho = \omega[\delta]$, where δ is a *triangular* matrix with the elements δ_{kl} $(k, l = 1, \cdots, n)$ in D, i.e., $\delta_{kl} = 0$ $(k > l)$ and $\delta_{kk} = \epsilon$, and ω is a diagonal matrix whose diagonal elements $\omega_1, \cdots, \omega_n$ lie in D. Let $\mathfrak{y} = (\eta_1, \cdots, \eta_n)'$, $\delta\mathfrak{y} = \mathfrak{z} = (\zeta_1 \cdots \zeta_n)'$, then

$$\zeta_k = \eta_k + \sum_{l=k+1}^{n} \delta_{kl}\, \eta_l \qquad (k = 1, \cdots, n).$$

Obviously the matrix $\omega_k (k = 1, \cdots, n)$ is positive hermitian. Since

$$\rho_{kk} = \omega_k + \sum_{l=1}^{k-1} \omega_l[\delta_{lk}] \qquad (k = 1, \cdots, n),$$

the hermitian matrix $\rho_{kk} - \omega_k$ is non-negative; hence

$$M_k = \Phi(\mathfrak{x}_k) = \sigma(\rho_{kk}) \geqq \sigma(\omega_k) > 0. \tag{1}$$

On the other hand,

$$N = |\nu|^2 = |\zeta[\nu]| = |\rho| = |\omega| = \prod_{k=1}^{n} |\omega_k|,$$

and consequently

$$N^{\frac{1}{g}} \prod_{k=1}^{n} \frac{\sigma(\omega_k)}{|\omega_k|^{\frac{1}{g}}} \prod_{k=1}^{n} \frac{M_k}{\sigma(\omega_k)} = \prod_{k=1}^{n} M_k \leqq 4^n V^{-\frac{2}{g}}. \tag{2}$$

Let $r_1, \cdots, r_g$ be the characteristic roots of the matrix ω_k; then

$$\sigma(\omega_k) = r_1 + \cdots + r_g \geqq g(r_1 \cdots r_g)^{\frac{1}{g}} = g\,|\omega_k|^{\frac{1}{g}}. \tag{3}$$

It follows from (1), (2), (3) that the numbers N, $\sigma(\omega_k)/|\omega_k|^{\frac{1}{g}}$, $M_k/\sigma(\omega_k)$ are bounded in T; then also the quotients r_p/r_q $(p, q = 1, \cdots, g)$ and, by the inequality $M_k \leqq M_{k+1}$, the quotients $\sigma(\omega_k)/\sigma(\omega_{k+1})$ $(k = 1, \cdots, n-1)$ are bounded in T.

Let k and l be given indices, $1 \leqq k < l \leqq n$, and choose $\eta_l = \epsilon$, $\eta_p = 0 (k < p \neq l)$, hence $\zeta_p = \delta_{pl}$ $(k < p < l)$, $\zeta_l = \epsilon$, $\zeta_p = 0$ $(p > l)$; furthermore, determine η_p $(p \leqq k)$ in J_1 by the condition that the coordinates of

$$\zeta_p = \eta_p + \sum_{q=p+1}^{n} \delta_{pq}\, \eta_q \qquad (p = k, k-1, \cdots, 1)$$

lie in the real interval $-\frac{1}{2} \leqq x < \frac{1}{2}$. Since

$$\mathfrak{x} = \nu\mathfrak{y} = \mathfrak{x}_1\eta_1 + \cdots + \mathfrak{x}_k\eta_k + \mathfrak{x}_l$$

is an integral vector outside $L^*(\mathfrak{x}_1, \cdots, \mathfrak{x}_{l-1})$, it follows that $\Phi(\mathfrak{x}) \geqq \Phi(\mathfrak{x}_l)$,

$$\sum_{p=1}^{k} \sigma(\omega_p[\zeta_p]) \geqq \sum_{p=1}^{k} \sigma(\omega_p[\delta_{pl}]);$$

but ζ_p $(p = 1, \cdots, k)$ is bounded, and consequently the quotients $\sigma(\omega_k[\delta_{kl}])/\sigma(\omega_k)$ $(1 \leqq k < l \leqq n)$ are bounded. Moreover there exists a unitary matrix u such that $\omega_k = \bar{u}'ru$, where r is the g-rowed diagonal matrix with the diagonal elements $r_1, \cdots, r_g$. It follows that δ_{kl} $(1 \leqq k < l \leqq n)$ is bounded in T.

18. Let $\mathfrak{P}$ be an m-rowed positive symmetric matrix with real elements. By the Jacobi transformation we have a uniquely determined representation $\mathfrak{P} = \mathfrak{Q}[\mathfrak{D}] = \mathfrak{D}'\mathfrak{Q}\mathfrak{D}$, where $\mathfrak{D} = (d_{kl})$ $(k, l = 1, \cdots, m)$ is a real triangular matrix, i.e., $d_{kl} = 0$ $(k > l)$ and $d_{kk} = 1$, and $\mathfrak{Q}$ is a diagonal matrix with positive diagonal elements $q_1, \cdots, q_m$. For any positive t, the $\frac{m(m+1)}{2} - 1$ inequalities

$$q_k/q_{k+1} < t, \qquad -t < d_{kl} < t \qquad (1 \leqq k < l \leqq m)$$

define an open set Π_t in the space of all $\mathfrak{P}$.

Consider now the positive hermitian matrix

$$\mathfrak{P}_\rho = (\bar{c}'\rho_{kl}c) = \omega[(\delta_{kl}c)] = \omega[(c\hat{\delta}_{kl})];$$

since $\bar{c}'\omega_k c = \bar{c}'c\hat{\omega}_k$ is real, the matrices $\bar{c}'\omega_k c$ and $\mathfrak{P}_\rho$ are real positive symmetric· It follows from the results of the preceding section that $\mathfrak{P}_\rho \in \Pi_f$, where the positive number f does not depend upon the point $\zeta = \rho[\nu^{-1}]$ in T.

Let H_0 be the group of all units ϑ in the order J_n; obviously H_0 is a discrete subgroup of G. The matrix $\nu = \nu_\zeta$ depends upon the point ζ in T. Since ν lies in J_n and $|\nu|$ is a bounded rational integer $\neq 0$, it follows that all ν lie in a finite number of right cosets of H_0 relative to the group xG, where x is any positive real number. Let $S = \nu_1, \cdots, \nu_p$ be a complete set of representatives of these cosets; then $\nu = \vartheta\nu_k$, $\nu_k \in S$, $\vartheta \in H_0$.

The point ζ of T is called *reduced*, whenever $\nu_\zeta \in S$; let Q be the set of all reduced ζ. The *images* $Q[\vartheta] = \bar{\vartheta}'Q\vartheta$, $\vartheta \in H_0$, cover the whole space T.

Let ζ be a reduced point, and let $\nu_\zeta = \nu \in S$. Since Π_f is open, there exists a neighborhood W_ζ of ζ in T such that $\mathfrak{P}_\rho \in \Pi_f$, for $\rho = \zeta_0[\nu]$ and all $\zeta_0 \in W_\zeta$. Let W_0 be the union of all these W_ζ, $\zeta \in Q$. Then W_0 is open, $Q \subset W_0$; moreover, for any point ζ_0 of W_0, there exists an element $\nu \in S$ such that $\mathfrak{P}_\rho \in \Pi_f$, for $\rho = \zeta_0[\nu]$. Assume now that also $\zeta_0[\vartheta^{-1}] = \zeta^* \in W_0$, for some $\vartheta \in H_0$, and determine $\nu^* \in S$ such that $\mathfrak{P}_{\rho^*} \in \Pi_f$, for $\rho^* = \zeta^*[\nu^*]$. Choose a positive rational integer a such that $a\nu_k^{-1} \in J_n$ $(k = 1, \cdots, p)$ and define $a\nu^{-1}\vartheta^{-1}\nu^* = \beta$, then $\beta \in J_n$, $|\beta| = \pm |a\nu^{-1}\nu^*|$, $\mathfrak{P}_\rho[\hat{\beta}] = a^2\mathfrak{P}_{\rho^*}$. But also $a^2\mathfrak{P}_{\rho^*}$ lies in Π_f, and $\hat{\beta}$ is a gn-rowed matrix with integral rational elements and bounded determinant. By a known theorem concerning the reduction of positive quadratic forms, it follows that β belongs to a finite set, independent of ζ; hence also ϑ belongs to a finite set. Consequently we see that $W_0[\vartheta] \cap W_0 \neq 0$ only for a finite number of $\vartheta \in H_0$.

19. In this section we shall prove that Q is contained in an open set of finite volume.

Let P be any open set in T, and let z be a positive number. We denote by $P(z)$ the set of all products $p = x\zeta$, where $0 < x < z$ and $\zeta \in P$. Let $v_z(P)$ be the euclidean volume of $P(z)$, computed in terms of the coordinates of the points $p \in P(z)$; obviously $v_z(P) = v_1(P)z^{a_n}$ with $a_n = w_n/gn$, where w_n is the number of dimensions of $P(z)$. For any $\xi \in G$, the linear transformation $p \to p[\xi]$ of the coordinates has the determinant 1; consequently $v_1(P)$ defines the invariant volume in T, up to a positive constant factor.

By the results of section 17, it is sufficient to prove the finiteness of $v_1(P_n)$, where P_n consists of all $\rho = \omega[\delta]$ in T satisfying

$$(4)\quad \sigma(\omega_k) < t \mid \omega_k \mid^{\frac{1}{g}} (k = 1, \cdots, n), \qquad \sigma(\omega_k)/\sigma(\omega_{k+1}) < t \quad (k = 1, \cdots, n-1),$$
$$\sigma(\bar{\delta}'_{kl}\delta_{kl}) < t \qquad (1 \leqq k < l \leqq n),$$

and t denotes an arbitrarily given positive number. The points of $P_n(1)$ are defined by (4) and the condition $|\rho| < 1$. Obviously the coordinates of $\omega_1 = \rho_{11}$ are bounded. We apply induction with respect to n. The assertion is trivial for $n = 1$, since then all coordinates of ρ are bounded. Let $n \geqq 2$, and let the assertion be proved for $n - 1$ instead of n.

We have

$$\rho[\mathfrak{y}] - \omega_1[\zeta_1] = \sum_{k=2}^{n} \omega_k[\zeta_k],$$

with $(\zeta_1 \cdots \zeta_n)' = \delta\mathfrak{y}$. For any fixed values of the coordinates of $\rho_{1k} = \omega_1\delta_{1k}$ $(k = 1, \cdots, n)$, let V_1 be the euclidean volume of the corresponding w_{n-1}-dimensional surface of section in $P_n(1)$. Since

$$\prod_{k=2}^{n} |\omega_k| = |\omega_1|^{-1} |\rho| < |\omega_1|^{-1},$$

we have

$$V_1 < v_1(P_{n-1}) \, |\omega_1|^{-a_{n-1}}.$$

Instead of the coordinates of ρ_{1k} $(k = 1, \cdots, n)$ we introduce the coordinates of ω_1 and $\delta_{1k} = \omega_1^{-1}\rho_{1k}$ $(k = 2, \cdots, n)$, as variables of integration; these coordinates are bounded. Since the functional determinant of the transformation is $|\omega_1|^{n-1}$, the integrand becomes

$$V_1 \, |\omega_1|^{n-1} < v_1(P_{n-1}) \, |\omega_1|^{n-a_{n-1}-1};$$

but $v_1(P_{n-1})$ is finite and

$$n - a_{n-1} = n - \frac{1}{2hs}(h(n-1)s + r_1 - r_3) =$$

$$\frac{n+1}{2} - \frac{r_1 - r_3}{2hs} \geqq \frac{n+1}{2} - \frac{1}{2s} \geqq \frac{n}{2} \geqq 1;$$

hence the integrand is bounded, and $v_1(P_n)$ is finite.

20. By the results of the two preceding sections, there exists in T an open set W of finite volume, such that the images $W[\vartheta]$, $\vartheta \in H_0$, cover T and that $W[\vartheta] \cap W \neq 0$ holds only for a finite number of $\vartheta \in H_0$. Let M be the set of all $\xi \in G$ such that $\mu[\xi] = \zeta \in W$; then M fulfills the conditions of Lemma 8. It follows that H_0 is a group of the first kind in G.

Let J be an arbitrary order in A_0, and let H be the group of units in J. Then $J^* = J \cap J_n$ is again an order, and the group H^* of units in J^* is a subgroup of finite indices j and j_0 in H and H_0. Let

$$H_0 = \sum_{k=1}^{j_0} a_k H^*, \qquad H = \sum_{l=1}^{j} H^* b_l, \qquad M_0 = \bigcup_k M a_k;$$

then

$$M_0 H = \bigcup_{k,l} M a_k H^* b_l = \bigcup_l M H_0 b_l = M H_0 = G,$$

and $v(M_0) \leqq j_0 v(M)$ is finite. If ξ is a common point of M_0 and $M_0 \vartheta$, $\vartheta \in H$, then $\mu[\xi] = \zeta$ is a common point of $W[a_k]$ and $W[a_l \vartheta]$, for some $k, l \leqq j_0$. Exactly as in section 18, it can be proved that ϑ belongs to a finite set independent of ξ, if W is suitably chosen. Consequently M_0 satisfies the conditions of Lemma 8. It follows that H is a group of the first kind in G, and Theorem 2 is proved.

The explicit construction of a normal fundamental set in G relative to H_0, and more generally relative to H, is perhaps of minor interest; therefore we give only the following sketch: Let ζ_0 be a frontier point of Q; then it is easily seen, from the definition of Q, that there exist for ζ_0 two extremal sets $\mathfrak{x}_1, \cdots, \mathfrak{x}_n$ and $\mathfrak{y}_1, \cdots, \mathfrak{y}_n$, and an index $l \leqq n$, such that the differences $L_k(\zeta) = \Phi(\mathfrak{x}_k) - \Phi(\mathfrak{y}_k)$ vanish identically in ζ for $k = 1, \cdots, l-1$, but not for $k = l$, and that $L_l(\zeta_0) = 0$; moreover, $\mathfrak{x}_l$ and $\mathfrak{y}_l$ belong to a finite set independent of ζ_0; hence the frontier of Q lies on a finite number of planes. Let S be the set of all $\xi \in G$ such that $\mu[\xi] = \zeta$ is reduced; then the frontier of S lies on a finite number of surfaces of the second order; furthermore, if $S\vartheta \cap S \neq 0$, $\vartheta \in H_0$, then ϑ belongs to a finite set. Let F_0 be the set of all $\xi \in S$ such that $\sigma(\xi\vartheta) \geqq \sigma(\xi)$, whenever $\xi\vartheta \in S$ and $\vartheta \in H_0$; then the frontier of F_0 lies on a finite number of surfaces of the second order, and F_0 is a fundamental domain relative to H_0; i.e., the images $F_0\vartheta$, $\vartheta \in H_0$, cover G completely without overlappings, common frontier points excepted. Omitting a suitably selected set of frontier points of F_0, we obtain a normal fundamental set F relative to H_0, having only a finite number of neighbors. Finally, the passage from F to a fundamental set relative to H may easily be performed.

The group G is not connected; it consists of the two sets G_1 and G_2 defined by $|\xi| = 1$ and $|\xi| = -1$, each of them being connected. The group $G_1 \cap H$ is either H itself or an invariant subgroup of index 2. It follows from the result of section 9 that H has a finite system of generators.

THE INSTITUTE FOR ADVANCED STUDY

44.

Generalization of Waring's problem to algebraic number fields *

American Journal of Mathematics 66 (1944), 122—136

1. Introduction. Waring's problem consists in finding, for any fixed rational integer $r > 1$, a number m such that all positive rational integers ν may be decomposed into m perfect r-th powers of non-negative rational integers. The first solution was given by Hilbert.[1]

Using their powerful *circle method,* Hardy and Littlewood [2] obtained a still deeper result containing Hilbert's theorem: They proved that the number $A(\nu)$ of positive rational integral solutions λ_k $(k = 1, \cdots, m)$ of the equation

$$(1) \qquad \lambda_1{}^r + \cdots + \lambda_m{}^r = \nu$$

has exactly the order of magnitude $\nu^{m/r-1}$, for any fixed $m > m_0(r)$ and $\nu \to \infty$, namely

$$A(\nu) = \frac{\Gamma^m(1 + 1/r)}{\Gamma(m/r)} \sigma \nu^{m/r-1} + o(\nu^{m/r-1}),$$

where σ, the *singular series,* is a function of ν lying between finite positive bounds.

Some years later, I [3] was interested in generalizing the circle method to an arbitrary algebraic number field K of degree n. Trying to solve the analogue of Waring's problem for K, I succeeded only in dealing with the simplest case, the decomposition into square numbers; in the case of an exponent $r > 2$, however, the generalization of the major and minor arcs of the *Farey dissection* led to a difficulty which I could not overcome at that time. Recently I found the solution.

* Received March 2, 1943.

[1] D. Hilbert, "Beweis für die Darstellbarkeit der ganzen Zahlen durch eine feste Anzahl n^{ter} Potenzen (Waringsches Problem)," *Mathematische Annalen,* vol. 67 (1909), pp. 281-300.

[2] G. H. Hardy and J. E. Littlewood, "A new solution of Waring's problem," *The Quarterly Journal of Mathematics,* vol. 48 (1919), pp. 272-293; G. H. Hardy and J. E. Littlewood, "Some problems of 'Partitio Numerorum'; I: A new solution of Waring's problem," *Nachrichten von der Königlichen Gesellschaft der Wissenschaften zu Göttingen, Mathematisch-physikalische Klasse,* (1920), pp. 33-54.

[3] C. L. Siegel, "Additive Zahlentheorie in Zahlkörpern," *Jahresbericht der Deutschen Mathematiker-Vereinigung,* vol. 31 (1922), pp. 22-26; C. L. Siegel, "Additive Theorie der Zahlkörper. I, II," *Mathematische Annalen,* vol. 87 (1922), pp. 1-35 and vol. 88 (1923), pp. 184-210.

Let $K^{(1)}, \cdots, K^{(n)}$ be the n conjugate fields, $K^{(l)}$ $(l = 1, \cdots, n_1)$ being real and $K^{(l)}$, $K^{(l+n_2)}$ $(l = n_1 + 1, \cdots, n_1 + n_2)$ conjugate complex, $n_1 + 2n_2 = n$. A number ν of K is called totally positive, if $\nu^{(l)} > 0$ $(l = 1, \cdots, n_1)$. Since the number of totally positive integral solutions $\lambda_1, \cdots, \lambda_m$ of (1) in K is not necessarily finite, if $n_2 > 0$, we restrict these solutions by the further conditions $|\lambda_k^{(l)}|^r < |\nu^{(l)}|$ $(k = 1, \cdots, m;$ $l = n_1 + 1, \cdots, n_1 + n_2)$ and denote their number by $A(\nu)$.

In the case of the field of rational numbers, it is trivial that any positive integer ν is a sum of r-th powers of integers, namely ν times 1^r. It is easily seen that the corresponding statement, without further restriction, does not hold for an arbitrary K: In a real quadratic field with discriminant $4d$, $d \equiv 2, 3 \pmod 4$, all integral squares have the form $(a + b\sqrt{d})^2 = a^2 + b^2 d + 2ab\sqrt{d}$ with rational integral a, b; consequently a number $p + q\sqrt{d}$ with rational integral p, q and odd q is never a sum of integral squares. This example leads to the introduction of the ring J_r generated by the r-th powers of all integers in K; it consists of all numbers $a_1\lambda_1{}^r + \cdots + a_h\lambda_h{}^r$ $(h = 1, 2, \cdots)$, where $\lambda_1, \cdots, \lambda_h$ are integers in K and $a_1, \cdots, a_h$ are rational integers. Obviously $A(\nu) = 0$, if ν is not a number of J_r. It will be proved that J_r is an *order*, and an explicit construction of J_r will be given. In the above example, J_2 consists of all numbers $p + q\sqrt{d}$ with even q.

Let D be the absolute value of the discriminant of K, and denote by $N(\nu) = M$ the norm of the totally positive integer ν in K.

THEOREM. *For any fixed*

(2) $$m > (2^{r-1} + n)nr$$

and $M \to \infty$

(3) $$A(\nu) = D^{(1-m)/2}\sigma_0\sigma M^{m/r-1} + o(M^{m/r-1}),$$

where σ_0 *is a positive number depending only upon* n_1, n_2, m, r *and, in particular,*

(4) $$\sigma_0 = \left(\frac{\Gamma^m(1 + 1/r)}{\Gamma(m/r)}\right)^n \qquad (n_2 = 0).$$

The singular series σ *lies between finite positive bounds, whenever* ν *belongs to* J_r, *and* $\sigma = 0$ *otherwise.*

As a consequence of this Theorem, all totally positive numbers of J_r with sufficiently large norm are sums of a bounded number of r-th powers of totally positive integers in K. It might be suggested, in analogy to the case $n = 1$, that then all totally positive numbers of J_r will be such sums; however, the following example shows that this is not true without further restriction. In the quadratic field with discriminant 24, the totally positive number $5+2\sqrt{6}$ of J_2 cannot be expressed as a sum of integral squares. On the other hand, it can be proved that all totally positive numbers of J_r are a sum of a bounded number of integral r-th powers, if the field K is not totally real; but this condition is not necessary.

For the sake of brevity, the proof of the Theorem will be given only in the case of a totally real field K, i. e., $n_2=0$; as a matter of fact, the proof in the general case proceeds on the same lines, the formulae being somewhat more cumbersome. Probably, the reader will also notice several possible generalizations of the Theorem. The proof uses Vinogradow's idea of substituting finite trigonometrical sums for the generating power series in the original method of Hardy and Littlewood, with some modifications due to Landau.[4] For $n=1$, the domains B_γ introduced in Section **2** are the major arcs in the definition of Weyl.[5]

Following Dedekind, we abbreviate the function $e^{2\pi i x}$ by the symbol 1^x. Henceforth, small Greek letters without upper index denote points in the real n-dimensional euclidean space R, the coördinates being designated by upper indices; e. g., $\xi=\{\xi^{(1)},\cdots,\xi^{(n)}\}$. The numbers α of the totally real field K are represented by the points $\alpha=\{\alpha^{(1)},\cdots,\alpha^{(n)}\}$ of R, where $\alpha^{(l)}$ is the conjugate of α in $K^{(l)}$ $(l=1,\cdots,n)$. We define $S(\xi)=\xi^{(1)}+\cdots+\xi^{(n)}$, $N(\xi)=\xi^{(1)}\cdots\xi^{(n)}$. A relationship involving small Greek letters without upper index, the symbols S and N excepted, stands always as an abbreviation of the n corresponding relationships for the coördinates; e. g., the inequality $\alpha<\xi$ means $\alpha^{(l)}<\xi^{(l)}$ $(l=1,\cdots,n)$.

Small German letters denote ideals in K. The symbols $N(\mathfrak{a})$, $\mathfrak{a}\,|\,\alpha$, $(\mathfrak{a},\mathfrak{b})$ have their usual meaning. The numbers of any ideal $\mathfrak{a}$ constitute a lattice in R and any basis of $\mathfrak{a}$ defines a fundamental parallelepiped in this lattice with the volume $D^{\frac{1}{2}}N(\mathfrak{a})$. We choose a basis $\omega_1,\cdots,\omega_n$ of the unit ideal; then the inverse matrix $(\omega_k{}^{(l)})^{-1}=(\rho_l{}^{(k)})$ defines a basis $\rho_1,\cdots,\rho_n$ of $\mathfrak{d}^{-1}$, where $\mathfrak{d}$ is the ramification ideal of K and $N(\mathfrak{d})=D$; let E be the corresponding parallelepiped in R, with the volume $D^{-\frac{1}{2}}$.

For any totally positive unit ϵ in K, the formula $A(\epsilon^r\nu)=A(\nu)$ holds good. Since there exist $n-1$ independent units in K, we may assume, during the proof of the Theorem, that

[4] E. Landau, "Über die neue Winogradoffsche Behandlung des Waringschen Problems," *Mathematische Zeitschrift*, vol. 31 (1930), pp. 319-338.

[5] H. Weyl, "Bemerkung über die Hardy-Littlewoodschen Untersuchungen zum Waringschen Problem," *Nachrichten von der Königlichen Gesellschaft der Wissenschaften zu Göttingen, Mathematisch-physikalische Klasse,* (1921), pp. 189-192.

(5) $$\nu = O(M^{1/n}), \qquad \nu^{-1} = O(M^{-(1/n)}).$$

We introduce the abbreviations

$$a = 1/nr - 2^{r-1}/(m-1), \quad h = M^{(1/n)(1+a-1/r)}, \quad t = M^{(1/n)(1/r-a)};$$

by (2), the constant a is positive. The symbols O and o refer always to the passage to the limit $M \to \infty$.

Define

(6) $$f(\xi) = \sum_{0<\lambda<\nu^{1/r}} 1^{S(\lambda^r \xi)},$$

where λ runs over all integers in K satisfying $0 < \lambda < \nu^{1/r}$, and

(7) $$g(\xi) = f^m(\xi) 1^{-S(\nu\xi)}.$$

Since $S(\beta)$ is a rational integer for all numbers β in $\mathfrak{d}^{-1}$, we have

(8) $$A(\nu) = D^{\frac{1}{2}} \int_E g(\xi)\, dv,$$

where $dv = d\xi^{(1)} \cdots d\xi^{(n)}$ is the volume element in R.

2. Generalized Farey dissection. For any number γ of K, let $\mathfrak{a} = \mathfrak{a}_\gamma$ be the denominator of $\gamma\mathfrak{d}$, i. e., $\mathfrak{a} = (1, \gamma\mathfrak{d})^{-1}$. We define B_γ to be the set of all points ξ of R fulfilling the condition

(9) $$N(\mathrm{Max}(h \mid \xi - \gamma \mid, t^{-1})) \leq N(\mathfrak{a}^{-1}).$$

It is clear that B_γ is vacuous in case $N(\mathfrak{a}) > t^n = M^{1/r-a}$.

In the following, it will be sometimes tacitly assumed that M is sufficiently large, i. e., $M > M_0$, where M_0 depends only upon K, m, r.

LEMMA 1. *If $\gamma \neq \hat{\gamma}$, then B_γ and $B_{\hat{\gamma}}$ have no common point.*

Proof. Let ξ be a common point of B_γ and $B_{\hat{\gamma}}$, and put

$$\mathrm{Max}(h \mid \xi - \gamma \mid, t^{-1}) = \tau^{-1}, \quad \mathrm{Max}(h \mid \xi - \hat{\gamma} \mid, t^{-1}) = \hat{\tau}^{-1}, \quad \mathfrak{a}_{\hat{\gamma}} = \hat{\mathfrak{a}};$$

then

$$\tau \leq t, \quad \hat{\tau} \leq t, \quad N(\mathfrak{a}\hat{\mathfrak{a}}) \leq N(\tau\hat{\tau})$$
$$|\gamma - \hat{\gamma}| \leq |\xi - \gamma| + |\xi - \hat{\gamma}| \leq h^{-1}(\tau^{-1} + \hat{\tau}^{-1}) \leq 2t(h\tau\hat{\tau})^{-1}$$
$$N((\gamma - \hat{\gamma})\mathfrak{a}\hat{\mathfrak{a}}) \leq (2th^{-1})^n = 2^n M^{2/r-1-2a} = o(1).$$

On the other hand, the ideal $(\gamma - \hat{\gamma})\mathfrak{a}\hat{\mathfrak{a}}\mathfrak{d}$ is integral and therefore

$$N((\gamma-\hat{\gamma})\mathfrak{a}\hat{\mathfrak{a}}) \geq D^{-1};$$

this is a contradiction.

LEMMA 2. *Let ξ be a point not lying in any B_γ. There exist an integer α in K and a number β of $\mathfrak{d}^{-1}$ such that*

$$(10)\qquad |\alpha\xi-\beta| < h^{-1}, \quad 0<|\alpha|\leq h,$$

$$(11)\qquad \operatorname{Max}(h\,|\alpha\xi-\beta|, |\alpha|) \geq D^{-\frac{1}{2}},$$

$$(12)\qquad \operatorname{Max}(|\alpha^{(1)}|,\cdots,|\alpha^{(n)}|) > t,$$

$$(13)\qquad N((\alpha,\beta\mathfrak{d})) \leq D^{\frac{1}{2}}.$$

Proof. Applying Minkowski's theorem to the system of $2n$ linear forms

$$\sum_{l=1}^{n}\omega_l{}^{(k)}x_l, \qquad \sum_{l=1}^{n}(\xi^{(k)}\omega_l{}^{(k)}x_l-\rho_l{}^{(k)}y_l) \qquad (k=1,\cdots,n)$$

with determinant ± 1, we obtain a solution α,β of (10) with $1|\alpha$, $\mathfrak{d}^{-1}|\beta$. Set $\alpha^{-1}\beta=\gamma$ and $(1,\gamma\mathfrak{d})^{-1}=\mathfrak{a}$; then $\mathfrak{a}|\alpha$, $N(\mathfrak{a})\leqq|N(\alpha)|$. Since ξ is not a point of B_γ, we have

$$N(\operatorname{Max}(h\,|\xi-\gamma|, t^{-1}) > N(\mathfrak{a}^{-1}), \qquad N(\operatorname{Max}(1, t^{-1}\,|\alpha|)) > 1,$$

and (12) follows.

Consider now all pairs α,β **satisfying** the conditions $1|\alpha$, $\mathfrak{d}^{-1}|\beta$ and (10); they form a finite set $\mathfrak{S}$. Choose α,β in $\mathfrak{S}$ such that the number $\operatorname{Max}(|\alpha^{(1)}|,\cdots,|\alpha^{(n)}|)$ attains its minimum b; by (12), $b>t$. We are going to demonstrate that this pair fulfills also the conditions (11) and (13). Put $(\alpha,\beta\mathfrak{d})^{-1}=\mathfrak{q}$ and let κ be a number of $\mathfrak{q}$. The pair $\kappa\alpha=\hat{\alpha}$, $\kappa\beta=\hat{\beta}$ belongs to $\mathfrak{S}$, whenever the conditions

$$(14)\qquad |\kappa|\,|\alpha\xi-\beta|<h^{-1}, \qquad 0<|\kappa|\,|\alpha|\leq h$$

are satisfied, and then, by the definition of b,

$$(15)\qquad \operatorname{Max}(|\hat{\alpha}^{(1)}|,\cdots,|\hat{\alpha}^{(n)}|) \geq b.$$

If $N(\mathfrak{q})<D^{-\frac{1}{2}}$, Minkowski's theorem shows the existence of a number κ in $\mathfrak{q}$ such that $0<|\kappa|<1$. Then (14) is satisfied, by (10), and (15) leads to a contradiction, since $|\hat{\alpha}|<|\alpha|$. Consequently $N(\mathfrak{q}^{-1})\leq D^{\frac{1}{2}}$, and this is the assertion (13).

In order to prove also (11), we may obviously assume

$$(16)\qquad |\alpha^{(1)}|<D^{-\frac{1}{2}},$$

whence $n>1$. Applying again Minkowski's theorem, we construct a number κ in $\mathfrak{q}$ with

$$(17) \qquad 0 < |\kappa^{(1)}| \leq D^{\frac{1}{2}}, \qquad |\kappa^{(l)}| < 1 \qquad (l = 2, \cdots, n);$$

then $|\hat{\alpha}^{(1)}| < 1$ and $|\hat{\alpha}^{(l)}| < |\alpha^{(l)}|$ $(l = 2, \cdots, n)$. Since $|\alpha^{(l)}| = b > t$ for at least one value of l, we have

$$\operatorname{Max}(|\hat{\alpha}^{(1)}|, \cdots, |\hat{\alpha}^{(n)}|) < \operatorname{Max}(1, |\alpha^{(2)}|, \cdots, |\alpha^{(n)}|) = b;$$

in contradiction to (15), if the pair $\hat{\alpha}, \beta$ were in $\mathfrak{S}$; consequently the conditions (14) are not all satisfied. On the other hand, by (10), (16), (17),

$$0 < |\kappa|\,|\alpha| \leq h, \quad |\kappa^{(l)}|\,|\alpha^{(l)}\xi^{(l)} - \beta^{(l)}| < h^{-1} \qquad (l = 2, \cdots, n);$$

hence

$$|\alpha^{(1)}\xi^{(1)} - \beta^{(1)}| \geq (h\,|\kappa^{(1)}|)^{-1} \geq D^{-\frac{1}{2}}h^{-1},$$

and (11) is proved.

Let γ run over all numbers of K. It follows from (9) that only a finite number of the domains B_γ enter into the fundamental parallelepiped E; let E_0 be the set of all points of E not contained in any B_γ. We choose now a complete system Γ of modulo $\mathfrak{d}^{-1}$ incongruent numbers γ with $N(\mathfrak{a}_\gamma) \leq t^n$. If ξ is a point of $E - E_0$, then there exist a number β in $\mathfrak{d}^{-1}$ and a number γ in Γ such that $\xi - \beta = \eta$ lies in B_γ; in view of Lemma 1, β and γ are uniquely determined. On the other hand, for any η in R, there exists a number β in $\mathfrak{d}^{-1}$ such that $\eta + \beta = \xi$ lies in E, and β is uniquely determined except when ξ lies on the frontier of E. Consequently, the formula

$$(18) \qquad \int_E g(\xi)\,dv = \int_{E_0} g(\xi)\,dv + \sum_{\gamma \subset \Gamma} \int_{B_\gamma} g(\xi)\,dv$$

holds for an integrable function $g(\xi)$, whenever $g(\xi + \beta) = g(\xi)$ for all β in $\mathfrak{d}^{-1}$, and in particular for the function defined in (7).

3. Approximation to $f(\xi)$ on B_γ. Let ξ be a point of B_γ, $\xi - \gamma = \zeta$ and $\mathfrak{a} = (1, \gamma\mathfrak{d})^{-1}$; then

$$N(\operatorname{Max}(h\,|\zeta|, t^{-1})) \leq N(\mathfrak{a}^{-1}), \qquad N(\mathfrak{a}) \leq M^{1/r-a}.$$

We determine a point $\theta > 0$ such that

$$\theta \operatorname{Max}(h\,|\zeta|, t^{-1}) \leq D^{1/2n}, \qquad N(\theta) = D^{1/2}N(\mathfrak{a}).$$

On account of Minkowski's theorem, the ideal $\mathfrak{a}$ contains a number α with $0 < |\alpha| \leq \theta$. Then $\alpha\mathfrak{a}^{-1} = \mathfrak{b}$ is an integral ideal and $N(\mathfrak{b}) \leq D^{\frac{1}{2}}$; hence $\mathfrak{b}$

belongs to a finite set depending only upon K. Choose a basis $\beta_1,\cdots,\beta_n$ of $\mathfrak{b}^{-1}$; then $\mathfrak{a}=\alpha\mathfrak{b}^{-1}$ has the basis $\alpha_k=\alpha\beta_k$ $(k=1,\cdots,n)$ and

$$\alpha_k=O(\theta) \qquad (k=1,\cdots,n).$$

If μ runs over a complete system of residues modulo $\mathfrak{a}$, we have, by (6)

$$f(\xi)=\sum_{\mu(\mathrm{mod}\,\mathfrak{a})} 1^{S(\mu^r\gamma)} \sum_{\substack{0<\lambda+\mu<\nu^{1/r}\\ \mathfrak{a}|\lambda}} 1^{S((\lambda+\mu)^r\zeta)}. \tag{19}$$

Put $\lambda=g_1\alpha_1+\cdots+g_n\alpha_n$, with rational integral $g_1,\cdots,g_n$, and let E_λ be the parallelepiped of the points $\eta=y_1\alpha_1+\cdots+y_n\alpha_n$ with $g_k\leq y_k\leq g_k+1$ $(k=1,\cdots,n)$. For all λ occurring in (19),

$$\eta-\lambda=O(\theta)=O(t)=o(\nu^{1/r})$$
$$(\eta+\mu)^r\zeta-(\lambda+\mu)^r\zeta=(\eta-\lambda)\zeta O(|\eta+\mu|^{r-1}+|\lambda+\mu|^{r-1})$$
$$=\zeta\theta O(\nu^{1-1/r})=h^{-1}O(\nu^{1-1/r})=O(M^{-a/n}).$$

Since E_λ has the volume $D^{\frac{1}{2}}N(\mathfrak{a})$, we obtain

$$1^{S((\lambda+\mu)^r\zeta)}=D^{-\frac{1}{2}}N(\mathfrak{a}^{-1})\int_{E_\lambda} 1^{S((\eta+\mu)^r\zeta)}dv+O(M^{-a/n}). \tag{20}$$

The number of all λ in $\mathfrak{a}$, satisfying $0<\lambda+\mu<\nu^{1/r}$ for fixed μ, is less than

$$1+N(\nu^{1/r})N(\mathfrak{a}^{-1})=N(\mathfrak{a}^{-1})O(M^{1/r}). \tag{21}$$

On the other hand, for fixed μ, the sum of the E_λ is contained in the rectangular parallelepiped $-c\theta<\eta+\mu<\nu^{1/r}+c\theta$ and contains the smaller parallelepiped $c\theta<\eta+\mu<\nu^{1/r}-c\theta$, with a suitably chosen positive $c=O(1)$. Since the difference of the volumes of these two parallelepipeds is $M^{(1/r)(1-1/n)}O(t)=O(M^{1/r-a/n})$, we obtain, by (20) and (21),

$$\sum_{\substack{0<\lambda+\mu<\nu^{1/r}\\ \mathfrak{a}|\lambda}} 1^{S((\lambda+\mu)^r\zeta)}=D^{-\frac{1}{2}}N(\mathfrak{a}^{-1})\int_{0<\eta<\nu^{1/r}} 1^{S(\eta^r\zeta)}dv+N(\mathfrak{a}^{-1})O(M^{1/r-a/n}).$$

Setting

$$N(\mathfrak{a}^{-1})\sum_{\mu(\mathrm{mod}\,\mathfrak{a})} 1^{S(\mu^r\gamma)}=G(\gamma),$$

we get the required approximation

$$f(\xi)=D^{-\frac{1}{2}}G(\gamma)N\Big(\int_0^{\nu^{1/r}} 1^{\eta^r\zeta}d\eta\Big)+O(M^{1/r-a/n}). \tag{22}$$

4. Estimation of $f(\xi)$ on E_0. Let ξ be a point of E_0. Applying Weyl's method of estimating trigonometrical sums, we obtain

$$(23) \qquad |f(\xi)|^{2^{r-1}} = O(M^{(1/r)2^{r-1}-1}) \sum_{\lambda_1,\ldots,\lambda_{r-1}} \left| \sum_{\lambda} 1^{r!S(\lambda\lambda_1\cdots\lambda_{r-1}\xi)} \right|,$$

where the summation is carried over the systems of integers $\lambda, \lambda_1, \cdots, \lambda_{r-1}$ in K defined by the $2^{r-1}n$ conditions

$$0 < \lambda + \lambda_{k_1} + \cdots + \lambda_{k_g} < \nu^{1/r}$$
$$(1 \leq k_1 < k_2 < \cdots < k_g \leq r-1;\ g = 0, 1, \cdots, r-1).$$

Then

$$-\nu^{1/r} < \lambda_k < \nu^{1/r} \qquad (k = 1, \cdots, r-1),$$

and for each system $\lambda_1, \cdots, \lambda_{r-1}$ the point λ runs over all integers in a rectangular parallelepiped $P = P(\lambda_1, \cdots, \lambda_{r-1})$ whose sides are $< \nu^{1/r} = O(M^{1/nr})$.

Put

$$(24) \qquad r!\lambda_1 \cdots \lambda_{r-1} = \mu,$$
$$\sum_{\lambda \subset P} 1^{S(\lambda\mu\xi)} = u = u(\lambda_1, \cdots, \lambda_{r-1}).$$

For any fixed integer ω in K, we obtain

$$u1^{S(\omega\mu\xi)} = \sum_{\lambda-\omega \subset P} 1^{S(\lambda\mu\xi)} = u + O(M^{(1/r)(1-1/n)}),$$

whence

$$(25) \quad u = O(M^{(1/r)(1-1/n)}) \operatorname{Min}(M^{1/nr}, |1^{S(\omega_1\mu\xi)} - 1|^{-1}, \cdots, |1^{S(\omega_n\mu\xi)} - 1|^{-1}),$$

where $\omega_1, \cdots, \omega_n$ are the basis of all integers in K.

Let

$$S(\omega_k\mu\xi) = a_k + d_k, \qquad -\tfrac{1}{2} \leq d_k < \tfrac{1}{2} \qquad (k = 1, \cdots, n),$$

with rational integral a_k, and define

$$\sum_{k=1}^{n} a_k\rho_k = \vartheta, \qquad \sum_{k=1}^{n} d_k\rho_k = \zeta;$$

then

$$\mathfrak{d}^{-1}|\vartheta, \quad \mu\xi = \vartheta + \zeta, \quad d_k = S(\omega_k\zeta), \quad 1^{S(\omega_k\mu\xi)} = 1^{d_k} \quad (k = 1, \cdots, n).$$

In view of Lemma 2, there exist two numbers α, β in K satisfying (10), (11), (12), (13) and $1|\alpha$, $\mathfrak{d}^{-1}|\beta$. If exactly q of the conjugates $\alpha^{(1)}, \cdots, \alpha^{(n)}$ are of absolute value $< D^{-\frac{1}{2}}$, then $0 \leq q \leq n-1$, by (12), and we may assume

(26) $|\alpha^{(n)}| > t,\ |\alpha^{(k)}| < D^{-\frac{1}{2}}\ (1 \leq k \leq q),\ |\alpha^{(k)}| \geq D^{-\frac{1}{2}}\ (q+1 \leq k \leq n).$

Since $\zeta = O(1)\,\mathrm{Max}(|d_1|, \cdots, |d_n|)$, we conclude from (25) that

(27) $$u(\lambda_1, \cdots, \lambda_{r-1}) = O(M^{(1/r)(1-1/n)})\ \mathrm{Min}\,(M^{1/nr}, |\zeta^{(n)}|^{-1}).$$

The point ζ depends only upon μ, for any given ξ in E_0. On the other hand, for fixed μ, the number of integral solutions $\lambda_1, \cdots, \lambda_{r-1}$ of (24), satisfying $|\lambda_k| < \nu^{1/r}$ $(k = 1, \cdots, r-1)$, is $O(M^{1-2/r})$ in case $\mu = 0$ and $O(M^{\Delta})$ otherwise, Δ denoting an arbitrarily small positive number. Introduce the abbreviation

(28) $$\mathrm{Min}(M^{1/nr}, |\zeta^{(n)}|^{-1}) = j(\mu);$$

then, by (23) and (27),

(29) $$|f(\xi)|^{2^{r-1}} = O(M^{(1/r)(2^{r-1}-1)}) + O(M^{\Delta+(1/r)(2^{r-1}+1-1/n)-1}) \sum_{|\mu| < r!\,\nu^{1-1/r}} j(\mu),$$

where μ runs over all integers in K satisfying

(30) $$|\mu| < r!\,\nu^{1-1/r}.$$

Let $g_1, \cdots, g_n$ be rational integers and let $W = W(g_1, \cdots, g_n) > 0$ be the number of different integers μ in K fulfilling (30) and the n conditions

(31) $$g_k \leq 2D^{1/n}\zeta^{(k)}\ \mathrm{Max}\ (|\alpha^{(k)}|, D^{-\frac{1}{2}}) < g_k + 1 \qquad (k = 1, \cdots, n).$$

Let $\hat{\mu}$ be one of these μ and $\hat{\mu}\xi = \hat{\vartheta} + \hat{\zeta}$. Setting $\alpha\xi - \beta = \delta$ and $\alpha(\vartheta - \hat{\vartheta}) - \beta(\mu - \hat{\mu}) = \kappa$, we obtain

(32) $$|\alpha(\zeta - \hat{\zeta})| < \tfrac{1}{2}D^{-(1/n)},$$
(33) $$\kappa = \delta(\mu - \hat{\mu}) - \alpha(\zeta - \hat{\zeta}).$$

On account of (10) and (30),

$$\delta(\mu - \hat{\mu}) = h^{-1}O(M^{(1/n)(1-1/r)}) = O(M^{-(a/n)}) = o(1),$$

whence, by (32) and (33), $|\kappa| < D^{-(1/n)}$; but κ is a number of $\mathfrak{d}^{-1}$, and consequently $\kappa = 0$,

(34) $$(\mu - \hat{\mu})/\alpha = (\vartheta - \hat{\vartheta})/\beta = (\zeta - \hat{\zeta})/\delta.$$

This proves that α is a divisor of $(\mu - \hat{\mu})\,\beta\mathfrak{d}$. In view of (13), we infer that $\alpha\,|\,v(\mu - \hat{\mu})$, where v denotes a positive rational integer depending only upon K. Since

$$(\mu - \hat{\mu})/\alpha = \alpha^{-1}O(M^{(1/n)(1-1/r)})$$

and, by (11), (26), (34),

$$(\mu^{(k)} - \hat{\mu}^{(k)})/\alpha^{(k)} = (\zeta^{(k)} - \hat{\zeta}^{(k)})/\delta^{(k)} = O(h) \qquad (1 \leq k \leq q),$$

it follows that the number of values of the differences $\mu - \hat{\mu}$ is

$$1 + O(h^q) \prod_{k=q+1}^{n} (M^{(1/n)(1-1/r)} \mid \alpha^{(k)} \mid^{-1});$$

hence

$$W = 1 + O(M^{1-1/r+a(1-1/n)}) \prod_{k=q+1}^{n} \mid \alpha^{(k)} \mid^{-1}.$$

In view of $\zeta = O(1)$, we have $g_k = O(1)\,(k \leqq q)$ and $g_k = O(\mid \alpha^{(k)} \mid)$ $(k > q)$, by (26) and (31). For any fixed $g_n = g$, the number of possible systems $g_1, \cdots, g_{n-1}$ in (31), with $W > 0$, is $O(\prod_{k=q+1}^{n-1} \mid \alpha^{(k)} \mid)$. Consequently, the number of integral μ in K, fulfilling (30) and the single condition

(35) $$g \leqq 2D^{1/n} \mid \alpha^{(n)} \mid \zeta^{(n)} < g + 1,$$

is

(36) $$\begin{aligned} W_g &= \sum_{g_1, \cdots, g_{n-1}} W(g_1, \cdots, g_{n-1}, g) \\ &= O(1 + M^{1-1/r+a(1-1/n)} \prod_{k=q+1}^{n} \mid \alpha^{(k)} \mid^{-1}) \prod_{k=q+1}^{n-1} \mid \alpha^{(k)} \mid \\ &= O(h^{n-q-1} + M^{1-1/r+a(1-1/n)} \mid \alpha^{(n)} \mid^{-1}) \\ &= M^{(1-1/n)(1-1/r+a)} O(1 + M^{(1/n)(1-1/r)} \mid \alpha^{(n)} \mid^{-1}). \end{aligned}$$

Defining

$$\sum_{0 \leq g < |\alpha^{(n)}|} \mathrm{Min}(M^{1/nr}, g^{-1} \mid \alpha^{(n)} \mid) = Q$$

we obtain, by (28), (35) and (36),

(37) $$\begin{aligned} \sum_{|\mu| < r!\, \nu^{1-1/r}} j(\mu) &= \sum_g W_g O(\mathrm{Min}(M^{1/nr}, \mid g \mid^{-1} \mid \alpha^{(n)} \mid, \mid g+1 \mid^{-1} \mid \alpha^{(n)} \mid) \\ &= M^{(1-1/n)(1-1/r+a)} Q O(1 + M^{(1/n)(1-1/r)} \mid \alpha^{(n)} \mid^{-1}). \end{aligned}$$

By (10) and (26),

$$Q = O(M^{1/nr} + \mid \alpha^{(n)} \mid \log \mid \alpha^{(n)} \mid) = O(M^{1/nr} + h \log h) = O(M^{(1/n)(1-1/r+a)} \log M)$$
$$QM^{(1/n)(1-1/r)} \mid \alpha^{(n)} \mid^{-1} = (t^{-1} + M^{-(1/nr)} \log h) O(M^{1/n}) = O(M^{(1/n)(1-1/r+a)} \log M),$$

and (29), (37) lead to the required estimate

(38) $$\begin{aligned} \mid f(\xi) \mid^{2^{r-1}} &= O(M^{\Delta + (1/r)2^{r-1} + a - 1/nr}) = O(M^{\Delta + (1/r - 1/(m-1))2^{r-1}}), \\ f(\xi) &= o(M^{1/r - 1/m}). \end{aligned}$$

5. Proof of the asymptotic formula for $A(\nu)$. The relationship

$$(39)\qquad G(\gamma)=N(\mathfrak{a}^{-1})\sum_{\mu(\mathrm{mod}\,\mathfrak{a})}1^{S(\mu^r\gamma)}=(N(\mathfrak{a}))^{-(1/r)}O(1)$$

may be proved in exactly the same way as in the case $n=1$. Moreover

$$\int_0^{\nu^{1/r}}1^{\eta^r\zeta}d\eta=O(\mathrm{Min}(\nu^{1/r},|\zeta|^{-(1/r)}));$$

consequently (22) leads to the formula

$$f^m(\xi)=D^{-(m/2)}G^m(\gamma)N^m(\int_0^{\nu^{1/r}}1^{\eta^r\zeta}d\eta)+O(M^{m(1/r-a/n)})$$
$$+(N(\mathfrak{a}))^{-(m-1)/r}N(\mathrm{Min}(\nu^{(m-1)/r},|\zeta|^{-(m-1)/r}))O(M^{1/r-a/n}),$$

for all $\xi=\gamma+\zeta$ in B_γ, whence

$$\sum_{\gamma\subset\Gamma}\int_{B_\gamma}g(\xi)dv=D^{-(m/2)}\sum_{\gamma\subset\Gamma}G^m(\gamma)1^{-S(\nu\gamma)}\int_{B_\gamma}N^m(\int_0^{\nu^{1/r}}1^{\eta^r\zeta}d\eta)1^{-S(\nu\zeta)}dv$$
$$+O(M^{m(1/r-a/n)})+O(M^{m/r-a/n-1}).$$

On the other hand, for any point ξ of $R-B_\gamma$, the inequality

$$h\,|\,\zeta^{(k)}\,|>(N(\mathfrak{a}))^{-1/n}$$

is true for at least one k; therefore

$$\int_{R-B_\gamma}N^m(\int_0^{\nu^{1/r}}1^{\eta^r\zeta}d\eta)1^{-S(\nu\zeta)}dv=\int_{R-B_\gamma}N^m(\mathrm{Min}(\nu^{1/r},|\zeta|^{-1/r}))dvO(1)$$
$$=\int_{h^{-1}(N(\mathfrak{a}))^{-(1/n)}}^{\infty}z^{-(m/r)}dzO(M^{(m/r-1)(1-1/n)})=(N(\mathfrak{a}))^{(1/n)(m/r-1)}O(M^{(m/r-1)(1+a/n-1/nr)}).$$

Since

$$\int_R N^m(\int_0^{\nu^{1/r}}1^{\xi\eta^r}d\eta)\,1^{-S(\nu\xi)}dv=\sigma_0M^{m/r-1},$$

with the constant σ_0 defined in (4), and $ma>(m-1)a=(m-1)/nr-2^{r-1}\geqq n$, by (3), we obtain

$$(40)\quad\sum_{\gamma\subset\Gamma}\int_{B_\gamma}g(\xi)dv-D^{-(m/2)}\sigma_0\sigma M^{m/r-1}$$
$$=o(M^{m/r-1})+O(M^{(m/r-1)(1+a/n-1/nr)})\sum_{\gamma\subset\Gamma}N(\mathfrak{a}^{-1})$$
$$=o(M^{m/r-1})+O(M^{m/r-1-(1/n)(1/r-a)(m/r-n-1)})=o(M^{m/r-1}),$$

with

$$\sigma = \sum_{\gamma (\mathrm{mod}\, \mathfrak{d}^{-1})} G^m(\gamma) 1^{-S(\nu\gamma)},$$

where γ runs over a complete system of incongruent numbers in K modulo $\mathfrak{d}^{-1}$. The first assertion of the Theorem, namely formula (3), follows now from (8), (18), (38) and (40).

6. The singular series. For every ideal $\mathfrak{a}$ in K we define

$$H(\mathfrak{a}) = \sum_{\gamma} G^m(\gamma) 1^{-S(\nu\gamma)},$$

where γ runs over a complete system of modulo $(\mathfrak{a}\mathfrak{d})^{-1}$ incongruent numbers satisfying $(1, \gamma\mathfrak{d})^{-1} = \mathfrak{a}$; then

$$\sigma = \sum_{\mathfrak{a}} H(\mathfrak{a}),$$

the summation extended over all integral ideals $\mathfrak{a}$.

Denote by $A(\nu, \mathfrak{a})$ the number of modulo $\mathfrak{a}$ incongruent systems of integral solutions $\lambda_1, \cdots, \lambda_m$ of the congruence

$$\lambda_1{}^r + \cdots + \lambda_m{}^r \equiv \nu \ (\mathrm{mod}\ \mathfrak{a}),$$

and let $A_0(\nu, \mathfrak{a})$ be the number of modulo $\mathfrak{a}$ primitive solutions, i. e., satisfying $(\lambda_1, \cdots, \lambda_m, \mathfrak{a}) = 1$.

Exactly as in the known case $n = 1$, the following four statements are proved, for any $m > 2r$. The singular series σ has the factorization

$$\sigma = \prod_{\mathfrak{p}} \sigma_{\mathfrak{p}}, \qquad \sigma_{\mathfrak{p}} = \sum_{q=0}^{\infty} H(\mathfrak{p}^q),$$

where $\mathfrak{p}$ runs over all prime ideals in K; the singular series vanishes, if and only if $\sigma_{\mathfrak{p}} = 0$ for at least one $\mathfrak{p}$; let $\mathfrak{p}^b$ and $\mathfrak{p}^c$ denote the highest powers of $\mathfrak{p}$ dividing ν and r, then

$$\sigma_{\mathfrak{p}} = A(\nu, \mathfrak{p}^q) N(\mathfrak{p}^{-(m-1)q}) \ (q > b + 2c), \ \sigma_{\mathfrak{p}} \geqq A_0(\nu, \mathfrak{p}^q) N(\mathfrak{p}^{-(m-1)q}) \ (q > 2c);$$

the singular series possesses a positive lower bound for all ν in J_r, if $A_0(\nu, \mathfrak{p}^{2c+1}) > 0$ for all prime ideals $\mathfrak{p}$.

In order to prove the second assertion of the Theorem, concerning the value of σ, we consider now more closely the ring J_r, generated by the r-th powers of all integers in K. On account of the identity

$$\sum_{k=0}^{r-1} (-1)^{r-k-1} \binom{r-1}{k} \{(x+k)^r - k^r\} = r!\,x,$$

the number $r!\,\mu$ belongs to J_r, for any integer μ in K; since also 1 belongs to J_r, the ring J_r is an order. Let $\mathfrak{p}$ be a prime ideal; we say that an integer ν of K belongs to $J_r(\mathfrak{p})$, whenever ν is congruent, modulo $\mathfrak{p}^q$, to a number ν_q of J_r, for $q = 1, 2, \cdots$; obviously $J_r(\mathfrak{p})$ contains J_r and constitutes also an order. If $(r!, \mathfrak{p}) = 1$, then $J_r(\mathfrak{p}) = J_r$. Moreover, it is easily seen that ν belongs to $J_r(\mathfrak{p})$, if the congruence $\nu \equiv \nu_q \pmod{\mathfrak{p}^q}$ has a solution ν_q in J_r for the fixed exponent $q = 2c + 1$, with the above definition of c; consequently ν belongs to $J_r(\mathfrak{p})$, if and only if the congruence

$$x_1\eta_1{}^r + \cdots + x_h\eta_h{}^r \equiv \nu \pmod{\mathfrak{p}^{2c+1}}$$

has a solution in non-negative rational integers $x_k < h$ $(k = 1, \cdots, h)$, where $h = N(\mathfrak{p}^{2c+1})$ and $\eta_1, \cdots, \eta_h$ constitute a complete system of integral residues modulo $\mathfrak{p}^{2c+1}$ in K. On the other hand, using a basis of the order J_r, one proves immediately that ν belongs again to J_r, if it belongs to $J_r(\mathfrak{p})$ for all $\mathfrak{p}$. These remarks provide a method for the explicit construction of J_r.

If ν is not in J_r, then it is not in $J_r(\mathfrak{p})$, for some $\mathfrak{p}$, hence a fortiori $A(\nu, \mathfrak{p}^q) = 0$ for $q > 2c$, and $\sigma_{\mathfrak{p}} = 0$, $\sigma = 0$. Consequently, for the completion of the proof of the Theorem, it is sufficient to demonstrate the following

LEMMA 3. *If* $m > (2^{r-1} + n)nr$, *then* $A_0(\nu, \mathfrak{p}^{2c+1}) > 0$ *for all* ν *in* $J_r(\mathfrak{p})$.

Proof. Put $N(\mathfrak{p}) = p^g$, p being a rational prime number, and let $\mathfrak{p}^l$ be the highest power of $\mathfrak{p}$ dividing p; then $gl \leqq n$ and $l \mid c = fl$, where p^f denotes the highest power of p dividing r.

The numbers of the ring J_r form modulo $\mathfrak{p}^{2c+1}$ an additive Abelian group; let s be its order, then $s \mid N(\mathfrak{p}^{2c+1}) = p^{g(2c+1)} \leq p^{n(2f+1)}$. Since J_r is generated by the r-th powers of all integers, there exist integers $\eta_1, \cdots, \eta_d$ in K and rational integers $q_k > 1$ $(k = 1, \cdots, d)$, with $q_1 \cdots q_d = s$, such that the linear form $x_1\eta_1{}^r + \cdots + x_d\eta_d{}^r$ $(x_k = 0, 1, \cdots, q_k - 1;\ k = 1, \cdots, d)$ uniquely represents all numbers of J_r modulo $\mathfrak{p}^{2c+1}$.

Let m_p denote the smallest number such that every rational integer is congruent to a sum $y_1{}^r + \cdots + y_{m_p}{}^r$ modulo p^q $(q = 1, 2, \cdots)$, where $y_1, \cdots, y_{m_p}$ are rational integers; define

$$\sum_{k=1}^{d} \operatorname{Min}(q_k - 1, m_p) = j.$$

The congruence

$$\lambda_1^r + \cdots + \lambda_j^r \equiv \nu \pmod{\mathfrak{p}^{2c+1}}$$

has an integral solution $\lambda_1, \cdots, \lambda_j$ in K, whenever ν belongs to $J_r(\mathfrak{p})$. If $(\nu, \mathfrak{p}) = 1$, then the solution is certainly primitive modulo $\mathfrak{p}$; if $\mathfrak{p} | \nu$, then $(\nu - 1, \mathfrak{p}) = 1$; consequently, in both cases, $A_0(\nu, \mathfrak{p}^{2c+1}) > 0$ provided that $m \geq j + 1$. Therefore it is sufficient to prove the inequality

$$j < (2^{r-1} + 1)nr. \tag{41}$$

Since q_k is a power of p and $q_1 \cdots q_d \leq p^{n(2f+1)}$, we infer that $d \leq n(2f+1)$. On the other hand, it is known that $m_p \leq 4r$ for $r > 3$, $m_p = 4$ for $r = 2, 3$. Moreover, $f = 0$ in case $(p, r) = 1$ and $2f + 1 \leq 3(\log r/\log p)$ in case $p | r$; hence

$$\frac{j}{nr} \leq \frac{m_p d}{nr} \leq \begin{cases} 12\dfrac{\log r}{\log p} < 2^{r-1} & (p | r > 4), \\ 4 \leq 2^{r-1} & (r > 2, (p, r) = 1 \text{ or } p = r = 3), \\ 2 = 2^{r-1} & (p > r = 2). \end{cases} \tag{42}$$

In the two remaining cases $p = 2$, $r = 2^f$, $f = 1$ or $f = 2$, we set $q_k = 2^{a_k}$ $(k = 1, \cdots, d)$ and assume that the values $a_k = u$ $(u = 1, 2, \cdots, 2f)$ and $a_k > 2f$ occur exactly h_u and h_{2f+1} times. In both cases, $m_2 = 2^{2f} = r^2$, and therefore

$$2^{2f} h_{2f+1} + \sum_{u=1}^{2f} (2^u - 1) h_u = j, \qquad \sum_{u=1}^{2f+1} u h_u \leq n(2f+1),$$

whence

$$j/nr \leq (r^2 - 1)/r\,(1 + 1/2f) < \tfrac{3}{2} r \leq 2^{r-1} + 1 \qquad (p | r = 2, 4). \tag{43}$$

The assertion (41) follows from (42) and (43); and the proof of the Theorem is now accomplished.

As an immediate consequence of the Theorem, there exists a positive rational integer w depending only upon K and m such that the equation

$$(\xi_1/w)^r + \cdots + (\xi_m/w)^r = \nu \tag{44}$$

has a solution in totally positive integers $\xi_1, \cdots, \xi_m$ in K, for *all* totally positive integers ν in K, if $m > (2^{r-1} + n)nr$. This particular result can also be found in the following simpler way:

According to (5), we may assume $\nu^{(l)} < C\nu^{(k)}$ $(k, l = 1, \cdots, n)$, where the constant C depends only upon K and r. Since the numbers of K lie everywhere dense in R, we may construct n totally positive numbers $\vartheta_1, \cdots, \vartheta_n$ in

K such that the matrix $(\eta_l^{(k)})$, with $\eta_l = \vartheta_l^r$, lies in any given neighborhood of the unit matrix (e_{kl}); hence we may assume $|\gamma_l^{(k)} - e_{kl}| < 1/Cn$, where $(\gamma_l^{(k)}) = (\eta_k^{(l)})^{-1}$. Then $\nu = a_1\vartheta_1^r + \cdots + a_n\vartheta_n^r$, with

$$a_k = S(\gamma_k\nu) = (1 - 1/Cn)\nu^{(k)} - \sum_{l\neq k}(1/Cn)\nu^{(l)}$$
$$> (1 - 1/Cn - (n-1)/n)\nu^{(k)} > 0 \qquad (k = 1, \cdots, n).$$

Choose a positive rational integer v such that the numbers $v\vartheta_k$ and $v^r\gamma_k$ $(k = 1, \cdots, n)$ are all integral; then $v^r a_k$ is a positive rational integer. Assume now that the Waring-Hilbert Theorem holds for the exponent $m = m_0$, in the field of rational numbers; then $v^r a_k = \sum_{l=1}^{m_0} x_{kl}^r$ with rational integral $x_{kl} \geq 0$ $(k = 1, \cdots, n;\ l = 1, \cdots, m_0)$, and even $x_{kl} > 0$, if v is chosen sufficiently large. It follows that (44) has a solution, if $w = v^2$ and $m \geq m_0 n$. Using the Theorem for $n = 1$, we infer that $m \geq ((2^{r-1} + 1)r + 1)n$ is a sufficient condition for the existence of a solution of (44). This condition is weaker than (2), in case $n > 1$, and it might be suggested that the Theorem remains true, if this condition is substituted for (2). The demonstration of the suggestion can be performed by using sharper estimates in some places of our proof.

In the case $r = 2$, it is known that the Theorem holds even under the condition $m > 4$, independent of n, instead of (2). The question arises whether the lower bound $(2^{r-1} + n)nr + 1$ for m could be replaced by a function of r alone; however, the solution of this new problem seems rather difficult.

Institute for Advanced Study,
Princeton, N. J.

45.

On the theory of indefinite quadratic forms

Annals of Mathematics 45 (1944), 577—622

1. Introduction

Let $\mathfrak{S}$ be a non-singular real m-rowed symmetric matrix and let $\Omega(\mathfrak{S})$ be the group of all real matrices $\mathfrak{U}$ satisfying $\mathfrak{S}[\mathfrak{U}] = \mathfrak{S}$. By the transformation $\mathfrak{X} \rightarrow \mathfrak{U}\mathfrak{X}$ the space of all non-singular real matrices $\mathfrak{X}^{(m)}$ is mapped onto itself; if $\mathfrak{W}^{(m)}$ is any real symmetric matrix with the same signature as $\mathfrak{S}$, then the $\frac{1}{2}m(m-1)$-dimensional surfaces $\mathfrak{S}[\mathfrak{X}] = \mathfrak{W}$ remain invariant. We consider the m^2 variable elements of $\mathfrak{X}$ as differentiable functions of the $\frac{1}{2}m(m+1)$ independent elements in $\mathfrak{W}$ and of $\frac{1}{2}m(m-1)$ new independent variables $u_1, u_2, \cdots$; let Φ denote the absolute value of the jacobian of this transformation of variables. The formula

(1) $$dv = |\mathfrak{W}\mathfrak{S}^{-1}|^{\frac{1}{2}}\Phi du_1 du_2 \cdots$$

defines a volume element on the surface $\mathfrak{S}[\mathfrak{X}] = \mathfrak{W}$ which is invariant under $\Omega(\mathfrak{S})$; on account of the factor $|\mathfrak{W}\mathfrak{S}^{-1}|^{\frac{1}{2}}$, this volume element does not depend upon $\mathfrak{W}$. If ρ_m denotes the volume of the space of the m-rowed orthogonal matrices $\mathfrak{X}$ obtained for $\mathfrak{S} = \mathfrak{W} = \mathfrak{E}$, then

$$\rho_m = \prod_{k=1}^{m} \frac{\pi^{k/2}}{\Gamma(k/2)}.$$

Let $\mathfrak{G}$ be a given real matrix with m rows and n columns, of rank n, let $\mathfrak{Y}$ be a variable real matrix with m rows and $m-n$ columns, and set $\mathfrak{X} = (\mathfrak{G}, \mathfrak{Y})$. For all $\mathfrak{U}$ in the subgroup $\Omega(\mathfrak{S}, \mathfrak{G})$ of $\Omega(\mathfrak{S})$ defined by the condition $\mathfrak{U}\mathfrak{G} = \mathfrak{G}$, the transformation $\mathfrak{X} \rightarrow \mathfrak{U}\mathfrak{X}$ maps the $\mathfrak{X}$-space onto itself, and the $\frac{1}{2}(m-n)(m-n-1)$-dimensional surfaces $\mathfrak{S}[\mathfrak{X}] = \mathfrak{W}$ remain invariant, $\mathfrak{W}$ denoting any real symmetric matrix of the form

$$\mathfrak{W} = \begin{pmatrix} \mathfrak{T} & \mathfrak{Q} \\ \mathfrak{Q}' & \mathfrak{R} \end{pmatrix}, \qquad \mathfrak{T} = \mathfrak{S}[\mathfrak{G}],$$

with the same signature as $\mathfrak{S}$. The matrices $\mathfrak{Y}$ and $\mathfrak{Q}$, $\mathfrak{R}$ are connected by the equations $\mathfrak{G}'\mathfrak{S}\mathfrak{Y} = \mathfrak{Q}$, $\mathfrak{S}[\mathfrak{Y}] = \mathfrak{R}$. We consider the $m(m-n)$ variable elements of $\mathfrak{Y}$ as differentiable functions of the $\frac{1}{2}(m-n)(m+n+1)$ independent elements in $\mathfrak{Q}$, $\mathfrak{R}$ and of $\frac{1}{2}(m-n)(m-n-1)$ new independent variables u_1, $u_2, \cdots$. If Φ denotes again the absolute value of the jacobian of this transformation, then (1) defines a volume element on the surface $\mathfrak{S}[\mathfrak{X}] = \mathfrak{W}$ which is invariant under $\Omega(\mathfrak{S}, \mathfrak{G})$.

Assume now that $\mathfrak{S}$ and $\mathfrak{G}$ are integral, and denote by $\Gamma(\mathfrak{S})$ and $\Gamma(\mathfrak{S}, \mathfrak{G})$ the subgroups of all integral $\mathfrak{U}$ in $\Omega(\mathfrak{S})$ and $\Omega(\mathfrak{S}, \mathfrak{G})$. Let $\rho(\mathfrak{S})$ be the volume of a fundamental domain on the surface $\mathfrak{S}[\mathfrak{X}] = \mathfrak{W}$ with respect to the discontinuous subgroup $\Gamma(\mathfrak{S})$ of $\Omega(\mathfrak{S})$, computed with the volume element (1), and let $\rho(\mathfrak{S}, \mathfrak{G})$ be the analogous volume for $\Gamma(\mathfrak{S}, \mathfrak{G})$. These volumes are independent of $\mathfrak{W}$.

Two matrices $\mathfrak{G}_1$ and $\mathfrak{G}_2$ are called associate, relative to $\Gamma(\mathfrak{S})$, if there exists at least one element $\mathfrak{U}$ of $\Gamma(\mathfrak{S})$ such that $\mathfrak{G}_2 = \mathfrak{U}\mathfrak{G}_1$. Let $\mathfrak{T}$ be an integral n-rowed symmetric matrix, not necessarily non-singular, and let $\mathfrak{G}$ run over a complete set of non-associate integral solutions of $\mathfrak{S}[\mathfrak{G}] = \mathfrak{T}$, of rank n; then we define

$$(2) \qquad \mu(\mathfrak{S}, \mathfrak{T}) = \sum_{\mathfrak{G}} \rho(\mathfrak{S}, \mathfrak{G})/\rho(\mathfrak{S}),$$

the measure of the representations of $\mathfrak{T}$ by $\mathfrak{S}$. For positive $\mathfrak{S}$ and $\mathfrak{T}$ we have

$$\mu(\mathfrak{S}, \mathfrak{T}) = \frac{\rho_{m-n}}{\rho_m} \,|\, \mathfrak{S} \,|^{n/2} \,|\, \mathfrak{T} \,|^{\frac{1}{2}(n-m+1)} A(\mathfrak{S}, \mathfrak{T}),$$

where $A(\mathfrak{S}, \mathfrak{T})$ is the number of all representations of $\mathfrak{T}$ by $\mathfrak{S}$; consequently, for indefinite quadratic forms, the measure $\mu(\mathfrak{S}, \mathfrak{T})$ is an equivalent of the representation number.

On the other hand, we consider the number $A_q(\mathfrak{S}, \mathfrak{T})$ of modulo q incongruent integral solutions $\mathfrak{G}$ of the congruence $\mathfrak{S}[\mathfrak{G}] \equiv \mathfrak{T} \pmod{q}$, where q is any positive integer. In particular, let $q = p^l (l = 1, 2, \cdots)$ run over all powers of a given prime number p and define

$$\alpha_p(\mathfrak{S}, \mathfrak{T}) = \lim_{l \to \infty} q^{\frac{1}{2}n(n+1)-mn} A_q(\mathfrak{S}, \mathfrak{T}),$$

the p-adic density of the representations of $\mathfrak{T}$ by $\mathfrak{S}$.

Our principal object is the proof of

THEOREM 1. *Let r, $m - r$ be the signature of $\mathfrak{S}$ and let*

$$(3) \qquad n \leqq r, \qquad n \leqq m - r, \qquad 2n + 2 < m;$$

then

$$(4) \qquad \mu(\mathfrak{S}, \mathfrak{T}) = \prod_p \alpha_p(\mathfrak{S}, \mathfrak{T}),$$

where p runs over all primes.

As a consequence of this theorem we shall obtain another theorem concerning the primitive representations of $\mathfrak{T}$ by $\mathfrak{S}$. An integral matrix $\mathfrak{F}^{(m,n)}$ is called primitive if it can be filled up to an m-rowed unimodular matrix; this means that the greatest common divisor of all n-rowed minors of $\mathfrak{F}$ is 1. Let $\mathfrak{F}$ run over a complete system of non-associate primitive solutions of $\mathfrak{S}[\mathfrak{F}] = \mathfrak{T}$, then we define

$$(5) \qquad \nu(\mathfrak{S}, \mathfrak{T}) = \sum_{\mathfrak{F}} \rho(\mathfrak{S}, \mathfrak{F})/\rho(\mathfrak{S}).$$

On the other hand, let $B_q(\mathfrak{S}, \mathfrak{T})$ be the number of modulo q incongruent primitive solutions $\mathfrak{F}$ of the congruence $\mathfrak{S}[\mathfrak{F}] \equiv \mathfrak{T} \pmod{q}$ and define

$$(6) \qquad \beta_p(\mathfrak{S}, \mathfrak{T}) = \lim_{l \to \infty} q^{\frac{1}{2}n(n+1)-mn} B_q(\mathfrak{S}, \mathfrak{T}),$$

where $q = p^l$ runs over all powers of a given prime number p.

THEOREM 2. *If* (3) *is fulfilled, then*

$$\nu(\mathfrak{S}, \mathfrak{T}) = \prod_p \beta_p(\mathfrak{S}, \mathfrak{T}),$$

where p runs over all primes.

Theorem 1 is a refinement of the result of a former paper. There I proved: Let $\mathfrak{T}$ be non-singular, let r, $m - r$ and s, $n - s$ be the signatures of $\mathfrak{S}$ and $\mathfrak{T}$, suppose that

$$(7) \qquad s \leqq r, \qquad n - s \leqq m - r, \qquad n + 1 < m$$

and let $\mathfrak{S}_1, \cdots, \mathfrak{S}_h$ denote representatives of all classes in the genus of $\mathfrak{S}$; then

$$(8) \qquad \sum_{k=1}^{h} \rho(\mathfrak{S}_k)\mu(\mathfrak{S}_k, \mathfrak{T}) / \sum_{k=1}^{h} \rho(\mathfrak{S}_k) = \prod_p \alpha_p(\mathfrak{S}, \mathfrak{T}).$$

It is obvious that (8) follows from (4) by a summation over the different classes of the genus of $\mathfrak{S}$, provided that the stronger condition (3) instead of (7) is satisfied. Moreover, under the assumption (3), our new result (4) asserts that the quantity $\mu(\mathfrak{S}, \mathfrak{T})$ is a genus invariant; this means that quadratic forms in the same genus have the same representation measures $\mu(\mathfrak{S}, \mathfrak{T})$, whenever $n \leqq r$, $n \leqq m - r$, $2n + 2 < m$. This assertion is trivial if the genus of $\mathfrak{S}$ contains only one class. By a well known theorem of A. Meyer, the class number h is 1, whenever $\mathfrak{S}[\mathfrak{x}]$ is an indefinite quadratic form of more than 2 variables whose determinant does not contain a square factor $\neq 1$. Our result (4) might lead to the hypothesis that each indefinite genus of more than 4 variables contains only one class. However, Witt has discovered an example of two different classes of positive $\mathfrak{S}$ with the same representation numbers $A(\mathfrak{S}, \mathfrak{T})$, for $n = 1, 2$; namely, the two classes of the genus of positive even quadratic forms with 16 variables and determinant 1. Therefore, the formula (4) seems to be rather a weak argument for the truth of the hypothesis.

The proof of Theorem 1 is essentially different from our former proof of (8). We introduce the space H of all positive real symmetric matrices $\mathfrak{H}$ satisfying $\mathfrak{H}\mathfrak{S}^{-1}\mathfrak{H} = \mathfrak{S}$ and the space Z of all complex n-rowed symmetric matrices $\mathfrak{Z} = \mathfrak{X} + i\mathfrak{Y}$ with positive imaginary part $\mathfrak{Y}$. Let $\mathfrak{G}$ run over all integral matrices with m rows and n columns, and define

$$f(\mathfrak{Z}) = f(\mathfrak{Z}, \mathfrak{H}) = \sum_{\mathfrak{G}} e^{-2\pi\sigma(\mathfrak{H}[\mathfrak{G}]\mathfrak{Y} - i\mathfrak{S}[\mathfrak{G}]\mathfrak{X})}.$$

Since $f(\mathfrak{Z}, \mathfrak{H}[\mathfrak{U}]) = f(\mathfrak{Z}, \mathfrak{H})$, for all $\mathfrak{U}$ in $\Gamma(\mathfrak{S})$, the function $f(\mathfrak{Z}, \mathfrak{H})$ is an invariant with respect to the representation $\mathfrak{H} \to \mathfrak{H}[\mathfrak{U}]$ of $\Gamma(\mathfrak{S})$ in H. On the other hand, it is possible to investigate the behavior of $f(\mathfrak{Z})$ for all transformations $\mathfrak{Z} \to (\mathfrak{A}\mathfrak{Z} + \mathfrak{B})(\mathfrak{C}\mathfrak{Z} + \mathfrak{D})^{-1}$ of Z under the modular group of degree n; this is accomplished by the transformation formula in Theorem 3. Furthermore, we generalize the circle method of Hardy and Littlewood; instead of the Farey dissection, we use the properties of the fundamental domain of the modular group of degree n. This leads to the formula of Theorem 4, namely

$$(9) \qquad \lim_{\epsilon \to 0} \epsilon^{\frac{1}{2}n(m-n-1)} \sum_{\mathfrak{S}[\mathfrak{G}]=\mathfrak{T}}' e^{-\frac{1}{2}\pi\epsilon\sigma(\mathfrak{H}[\mathfrak{G}])} = \frac{\rho_r \rho_{m-r} \rho_{m-2n-1}}{\rho_{r-n} \rho_{m-r-n} \rho_{m-n-1}} S^{-n/2} \prod_p \alpha_p(\mathfrak{S}, \mathfrak{T}),$$

where ϵ is a positive number, $\mathfrak{G}$ runs over all integral solutions of $\mathfrak{S}[\mathfrak{G}] = \mathfrak{T}$ and S denotes the absolute value of $|\mathfrak{S}|$. From Theorem 4 we obtain Theorem 1 by integration of (9) over a fundamental domain F of $\Gamma(\mathfrak{S})$ in H; since F is not compact and (9) does not hold uniformly in F, we need a further estimate, given by Theorem 5.

For all positive $\mathfrak{T}$ the formula (4) of Theorem 1 can be expressed in a different way involving modular forms of degree n; this will be indicated in the last chapter.

The conditions (3) are used in several parts of the proof of Theorem 1, and it seems that they cannot be improved very much without changing the whole method. With a considerable number of modifications it is possible to prove (4) in the particular case $n = 1 \leqq r < m = 4$ not contained in (3); consequently, indefinite quaternary quadratic forms in the same genus have the same representation measures $\mu(\mathfrak{S}, t)$, for all numbers t. A sketch of the proof is given in the last chapter.

We add some remarks which are not used in the main part of the paper:

In the notation of E. Cartan, H is a symmetric space with respect to the representation $\mathfrak{H} \rightarrow \mathfrak{H}[\mathfrak{U}]$ of $\Omega(\mathfrak{S})$. An invariant line element is defined by the quadratic differential form $ds^2 = \frac{1}{8}\sigma(\mathfrak{H}^{-1}d\mathfrak{H}\mathfrak{H}^{-1}d\mathfrak{H})$; let $v(F)$ denote the volume of the fundamental domain F computed in this metric; then

$$\rho(\mathfrak{S}) = \tfrac{1}{2}\rho_r\,\rho_{m-r}\,S^{-\frac{1}{2}(m+1)}v(F).$$

Consider any subgroup $\Gamma^*(\mathfrak{S})$ of finite index j in $\Gamma(\mathfrak{S})$ with the property that the mappings $\mathfrak{H} \rightarrow \mathfrak{H}[\mathfrak{U}]$, for all $\mathfrak{U} \neq \mathfrak{E}$ in $\Gamma^*(\mathfrak{S})$, have no fixed point in H; e.g., this condition is fulfilled for every congruence subgroup of $\Gamma(\mathfrak{S})$ defined by $\mathfrak{U} \equiv \mathfrak{E} \pmod{q}$, where q is an arbitrarily given integer >2. The volume of a fundamental domain F^* of $\Gamma^*(\mathfrak{S})$ on H has the value $v(F^*) = jv(F)$. Identifying all frontier points of F^* which are mapped into each other by transformations of the group, we obtain a Riemannian manifold. Assume that the number $r(m - r)$ of dimensions of H is an even number 2μ. By an application of the formula of Allendoerfer and Weil, the relationship

$$\chi = \pi^{-\mu-\frac{1}{2}}\Gamma(\mu + \tfrac{1}{2})Kv(F^*)$$

is proved, where χ is the characteristic of F^* and the scalar curvature quantity K is a constant, because of the transitivity of $\Omega(\mathfrak{S})$ in H; the value $(-1)^\mu K$ is found to be a positive rational number. It follows that

$$\chi = (-1)^\mu c_{rm}\,\pi^{-[m^2/4]}S^{\frac{1}{2}(m+1)}j\rho(\mathfrak{S}), \tag{10}$$

where c_{rm} is a positive rational number depending only on r and m.

In a similar way a topological interpretation of $\rho(\mathfrak{S}, \mathfrak{G})$ can be obtained. In particular, let $\mathfrak{G} = \mathfrak{F}$ be primitive and let $\mathfrak{S}[\mathfrak{F}] = \mathfrak{T}$ be non-singular. Completing $\mathfrak{F}$ to a unimodular matrix $\mathfrak{B}$ and setting

$$\mathfrak{B}^{-1}\mathfrak{F} = \mathfrak{F}_1, \qquad \mathfrak{S}[\mathfrak{B}] = \mathfrak{S}_1 = \begin{pmatrix} \mathfrak{T} & \mathfrak{Q} \\ \mathfrak{Q}' & \mathfrak{R} \end{pmatrix}, \qquad \mathfrak{R} - \mathfrak{T}^{-1}[\mathfrak{Q}] = \mathfrak{L},$$

we have $\mathfrak{B}^{-1}\Gamma(\mathfrak{S}, \mathfrak{F})\mathfrak{B} = \Gamma(\mathfrak{S}_1, \mathfrak{F}_1)$, and the elements $\mathfrak{U}$ of $\Gamma(\mathfrak{S}_1, \mathfrak{F}_1)$ are of the form

$$\mathfrak{U} = \begin{pmatrix} \mathfrak{E} & \mathfrak{A} \\ 0 & \mathfrak{B} \end{pmatrix}, \qquad \mathfrak{A} = \mathfrak{T}^{-1}\mathfrak{Q}(\mathfrak{E} - \mathfrak{B}),$$

with unimodular $\mathfrak{B}$ satisfying the conditions

$$\mathfrak{T}^{-1}\mathfrak{Q}(\mathfrak{E} - \mathfrak{B}) \equiv 0 \pmod 1, \qquad \mathfrak{L}[\mathfrak{B}] = \mathfrak{L}.$$

Consequently, the group $\Gamma(\mathfrak{S}, \mathfrak{F})$ is isomorphic to a subgroup of finite index j_1 in $\Gamma(\mathfrak{L})$. The volumes $\rho(\mathfrak{S}, \mathfrak{F})$ and $\rho(\mathfrak{L})$ are related by the formula

$$\rho(\mathfrak{S}, \mathfrak{F}) = T^{n-m} j_1 \rho(\mathfrak{L}), \tag{11}$$

where T denotes the absolute value of $|\mathfrak{T}|$. Let $q, n - q$ be the signature of $\mathfrak{T}$; then $\mathfrak{L}$ has the signature $r - q, m - n - r + q$. If the product $(r - q)(m - n - r + q)$ is even, then (10) and (11) lead to a relationship between $\rho(\mathfrak{S}, \mathfrak{F})$ and the characteristic of a fundamental domain connected with $\Gamma(\mathfrak{S}, \mathfrak{F})$. This shows that Theorem 1 can be interpreted as a formula concerning the characteristics of certain manifolds, whenever the numbers $r(m - r)$ and $(r - q)(m - n - r + q)$ are both even.

The fundamental domain F^* is not compact if $\mathfrak{S}[\mathfrak{x}]$ is a zero form; hence always for $m > 4$. Therefore, the application of the formula of Allendoerfer and Weil to the proof of (10) is not immediate. It is necessary to consider F^* as the limit of a particular sequence of polyhedra, and the passage to the limit requires a detailed study of the points at infinity. This presents no serious difficulty, since the necessary properties of F^* are provided by the theory of reduction, but it is somewhat laborious, and we omit it in the present paper.

2. Algebraic lemmata

For any complex square matrix $\mathfrak{M}$ we denote the absolute value of the determinant $|\mathfrak{M}|$ by abs $\mathfrak{M}$. Let $\mathfrak{S}^{(m)}$ be a non-singular real symmetric matrix with the signature $r, m - r$, and let $\mathfrak{H}$ be a positive real symmetric matrix satisfying $\mathfrak{H}\mathfrak{S}^{-1}\mathfrak{H} = \mathfrak{S}$. Let $\mathfrak{Z} = \mathfrak{X} + i\mathfrak{Y}$ be a complex n-rowed symmetric matrix whose imaginary part $\mathfrak{Y}$ is positive. We introduce a matrix $\mathfrak{B}^{(m,n)} = (\mathfrak{v}_1 \cdots \mathfrak{v}_n)$ with indeterminate elements, set $\mathfrak{v}' = (\mathfrak{v}_1' \cdots \mathfrak{v}_n')$ and define the mn-rowed complex symmetric matrix $\mathfrak{R}$ by the formula

$$\mathfrak{R}[\mathfrak{v}] = \sigma(\mathfrak{H}[\mathfrak{B}]\mathfrak{Y} - i\mathfrak{S}[\mathfrak{B}]\mathfrak{X}). \tag{12}$$

LEMMA 1.

$$|\mathfrak{R}| = |-i\mathfrak{Z}|^r \, |i\bar{\mathfrak{Z}}|^{m-r} \operatorname{abs} \mathfrak{S}^n.$$

PROOF. Choose the real matrix $\mathfrak{F}$ such that $\mathfrak{S}[\mathfrak{F}] = \mathfrak{P} = [p_1, \cdots, p_m]$ is a diagonal matrix and $\mathfrak{H}[\mathfrak{F}] = \mathfrak{E}$. Since $\mathfrak{H}\mathfrak{S}^{-1}\mathfrak{H} = \mathfrak{S}$, we obtain $p_k^2 = 1$ $(k = 1, \cdots, m)$; hence r of the m diagonal elements p_k are 1 and $m - r$ are -1. Choose the real matrix $\mathfrak{G}$ such that $\mathfrak{X}[\mathfrak{G}] = \mathfrak{Q} = [q_1, \cdots, q_n]$ and $\mathfrak{Y}[\mathfrak{G}] = \mathfrak{E}$.

Define $\mathfrak{B} = \mathfrak{F}\mathfrak{W}\mathfrak{G}'$, $\mathfrak{W} = (w_{kl}) = (\mathfrak{w}_1 \cdots \mathfrak{w}_n)$, $\mathfrak{w}' = (\mathfrak{w}_1' \cdots \mathfrak{w}_n')$, $\mathfrak{F} \times \mathfrak{G} = \mathfrak{M}'$, then $\mathfrak{v} = \mathfrak{M}'\mathfrak{w}$, $|\mathfrak{M}'| = |\mathfrak{F}|^n |\mathfrak{G}|^m$,

$$\mathfrak{H}[\mathfrak{B}]\mathfrak{Y} - i\mathfrak{S}[\mathfrak{B}]\mathfrak{X} = \mathfrak{G}(\mathfrak{W}'\mathfrak{W} - i\mathfrak{W}'\mathfrak{P}\mathfrak{W}\mathfrak{Q})\mathfrak{G}^{-1}$$

$$(13)\qquad \mathfrak{N}[\mathfrak{M}'\mathfrak{w}] = \mathfrak{N}[\mathfrak{v}] = \sigma(\mathfrak{W}'\mathfrak{W} - i\mathfrak{W}'\mathfrak{P}\mathfrak{W}\mathfrak{Q}) = \sum_{k=1}^{m}\sum_{l=1}^{n}(1 - ip_k q_l)w_{kl}^2$$

$$|\mathfrak{N}|\,|\mathfrak{M}'|^2 = \prod_{k,l}(1 - ip_k q_l) = |\mathfrak{E} - i\mathfrak{Q}|^r\,|\mathfrak{E} + i\mathfrak{Q}|^{m-r}$$

$$|\mathfrak{N}|\,|\mathfrak{F}|^{2n}\,|\mathfrak{G}|^{2m} = |\mathfrak{G}|^{2m}\,|\mathfrak{Y} - i\mathfrak{X}|^r\,|\mathfrak{Y} + i\mathfrak{X}|^{m-r},$$

moreover $|\mathfrak{S}|\,|\mathfrak{F}|^2 = |\mathfrak{P}| = (-1)^{m-r}$, and the assertion follows.

LEMMA 2. *Let* $-\mathfrak{Z}^{-1} = \mathfrak{X}_1 + i\mathfrak{Y}_1$, *then*

$$\mathfrak{N}^{-1}[\mathfrak{v}] = \sigma(\mathfrak{H}^{-1}[\mathfrak{B}]\mathfrak{Y}_1 - i\mathfrak{S}^{-1}[\mathfrak{B}]\mathfrak{X}_1).$$

PROOF. By (13),

$$\mathfrak{N}^{-1}[\mathfrak{M}'^{-1}\mathfrak{w}] = \sum_{k,l}(1 - ip_k q_l)^{-1}w_{kl}^2\,.$$

Since

$$(1 - ip_k q_l)^{-1} = \tfrac{1}{2}\left(\frac{1 + p_k}{1 - iq_l} + \frac{1 - p_k}{1 + iq_l}\right),$$

we obtain

$$\mathfrak{N}^{-1}[\mathfrak{M}'^{-1}\mathfrak{w}] = \tfrac{1}{2}\sigma(\mathfrak{W}'(\mathfrak{E} + \mathfrak{P})\mathfrak{W}(\mathfrak{E} - i\mathfrak{Q})^{-1} + \mathfrak{W}'(\mathfrak{E} - \mathfrak{P})\mathfrak{W}(\mathfrak{E} + i\mathfrak{Q})^{-1}).$$

Performing the substitution $\mathfrak{W} = \mathfrak{F}'\mathfrak{B}\mathfrak{G}$, we have $\mathfrak{w} = \mathfrak{M}\mathfrak{v}$, whence

$$\mathfrak{N}^{-1}[\mathfrak{v}] = \tfrac{1}{2}\sigma(\mathfrak{B}'(\mathfrak{H}^{-1} + \mathfrak{S}^{-1})\mathfrak{B}(\mathfrak{Y} - i\mathfrak{X})^{-1} + \mathfrak{B}'(\mathfrak{H}^{-1} - \mathfrak{S}^{-1})\mathfrak{B}(\mathfrak{Y} + i\mathfrak{X})^{-1})$$
$$= \sigma(\mathfrak{H}^{-1}[\mathfrak{B}]\mathfrak{Y}_1 - i\mathfrak{S}^{-1}[\mathfrak{B}]\mathfrak{X}_1);$$

q.e.d.

We define $\mathfrak{H}_1 = \tfrac{1}{2}(\mathfrak{S} + \mathfrak{H})$, $\mathfrak{H}_2 = \tfrac{1}{2}(\mathfrak{S} - \mathfrak{H})$.

LEMMA 3. *Let* $\mathfrak{R}_0$, $\mathfrak{R}_1$, $\mathfrak{R}_2$ *be matrices with m rows and h columns and set* $\mathfrak{R} = \mathfrak{R}_0 + \mathfrak{S}^{-1}\mathfrak{H}_1\mathfrak{R}_1 + \mathfrak{S}^{-1}\mathfrak{H}_2\mathfrak{R}_2$, *then*

$$\mathfrak{H}_1[\mathfrak{R}] = \mathfrak{H}_1[\mathfrak{R}_0 + \mathfrak{R}_1], \qquad \mathfrak{H}_2[\mathfrak{R}] = \mathfrak{H}_2[\mathfrak{R}_0 + \mathfrak{R}_2].$$

PROOF. In view of $\mathfrak{H}\mathfrak{S}^{-1}\mathfrak{H} = \mathfrak{S}$, the formulae $\mathfrak{H}_1\mathfrak{S}^{-1}\mathfrak{H}_1 = \mathfrak{H}_1$, $\mathfrak{H}_2\mathfrak{S}^{-1}\mathfrak{H}_2 = \mathfrak{H}_2$, $\mathfrak{H}_1\mathfrak{S}^{-1}\mathfrak{H}_2 = 0$ hold, and the assertion follows from the definition of $\mathfrak{R}$.

LEMMA 4. *Suppose that*

$$(14)\qquad \mathfrak{S} = \begin{pmatrix}\mathfrak{S}_1^{(m-r)} & * \\ * & *\end{pmatrix}, \qquad -\mathfrak{S}_1 > 0;$$

then the transformation

$$(15)\qquad \begin{pmatrix}\mathfrak{Y}\\ \mathfrak{E}\end{pmatrix} = \mathfrak{X}, \qquad \mathfrak{S}[\mathfrak{X}] = \mathfrak{W} > 0, \qquad 2\mathfrak{W}^{-1}[\mathfrak{X}'\mathfrak{S}] - \mathfrak{S} = \mathfrak{H}$$

maps the $r(m-r)$-dimensional space Y of all real $\mathfrak{Y}^{(m-r,r)}$ with positive $\mathfrak{W}$ onto the space H of all positive symmetric $\mathfrak{H}$ satisfying $\mathfrak{H}\mathfrak{S}^{-1}\mathfrak{H} = \mathfrak{S}$.

PROOF. Let $\mathfrak{X}_0^{(m,r)}$ be real, $\mathfrak{S}[\mathfrak{X}_0] = \mathfrak{W}_0 > 0$ and define $\mathfrak{H} = 2\mathfrak{W}_0^{-1}[\mathfrak{X}_0'\mathfrak{S}] - \mathfrak{S}$, $\mathfrak{H}_1 = \frac{1}{2}(\mathfrak{S} + \mathfrak{H})$, $\mathfrak{H}_2 = \frac{1}{2}(\mathfrak{S} - \mathfrak{H})$; then $\mathfrak{H}_1 = \mathfrak{W}_0^{-1}[\mathfrak{X}_0'\mathfrak{S}]$, whence $\mathfrak{H}_1\mathfrak{S}^{-1}\mathfrak{H}_1 = \mathfrak{H}_1$, $\mathfrak{H}\mathfrak{S}^{-1}\mathfrak{H} = \mathfrak{S}$, $\mathfrak{H}_1\mathfrak{S}^{-1}\mathfrak{H}_2 = 0$, $\mathfrak{H}_2\mathfrak{S}^{-1}\mathfrak{H}_2 = \mathfrak{H}_2$,

$$\mathfrak{S}^{-1}[\mathfrak{H}_1\mathfrak{x}_1 + \mathfrak{H}_2\mathfrak{x}_2] = \mathfrak{H}_1[\mathfrak{x}_1] + \mathfrak{H}_2[\mathfrak{x}_2], \tag{16}$$

with indeterminate columns $\mathfrak{x}_1$, $\mathfrak{x}_2$. Since $\mathfrak{W}_0$ is positive, $\mathfrak{X}_0$ has the rank r and $\mathfrak{H}_1 = \mathfrak{W}_0[\mathfrak{W}_0^{-1}\mathfrak{X}_0'\mathfrak{S}]$ has the signature $r, 0$; on the other hand, $\mathfrak{S}^{-1} = \mathfrak{S}[\mathfrak{S}^{-1}]$ has the signature $r, m-r$. It follows from (16) that $\mathfrak{H}_2$ is non-positive; hence $\mathfrak{H} = \mathfrak{H}_1 - \mathfrak{H}_2$ is non-negative. But $\mathfrak{H}$ is non-singular, because of $\mathfrak{H}\mathfrak{S}^{-1}\mathfrak{H} = \mathfrak{S}$; therefore, $\mathfrak{H} > 0$. In particular, for $\mathfrak{X}_0 = \mathfrak{X} = \begin{pmatrix}\mathfrak{Y}\\ \mathfrak{E}\end{pmatrix}$, this proves that (15) maps Y into H. Since

$$\tfrac{1}{2}(\mathfrak{H} + \mathfrak{S})[\mathfrak{S}^{-1}] = \mathfrak{H}_1[\mathfrak{S}^{-1}] = \begin{pmatrix}\mathfrak{W}^{-1}[\mathfrak{Y}'] & \mathfrak{Y}\mathfrak{W}^{-1}\\ \mathfrak{W}^{-1}\mathfrak{Y}' & \mathfrak{W}^{-1}\end{pmatrix},$$

different points of Y are mapped into different points of H.

Vice versa, let $\mathfrak{H}$ be an arbitrary point of H, and choose a real $\mathfrak{F}^{(m)}$ such that $\mathfrak{H}[\mathfrak{F}] = \mathfrak{E}$, $\mathfrak{S}[\mathfrak{F}] = [p_1, \cdots, p_m]$; then r of the numbers p_k are 1 and $m - r$ are -1. This implies that $\mathfrak{H}_1 = \frac{1}{2}(\mathfrak{H} + \mathfrak{S})$ is non-negative and of rank r. Using (14) and completing squares, we get

$$\mathfrak{S} = \begin{pmatrix}\mathfrak{S}_1 & 0\\ 0 & \mathfrak{S}_2\end{pmatrix}\begin{bmatrix}\mathfrak{E} & *\\ 0 & \mathfrak{E}\end{bmatrix}, \qquad \mathfrak{S}^{-1} = \begin{pmatrix}\mathfrak{S}_1^{-1} & 0\\ 0 & \mathfrak{S}_2^{-1}\end{pmatrix}\begin{bmatrix}\mathfrak{E} & 0\\ * & \mathfrak{E}\end{bmatrix}, \qquad \mathfrak{S}_2 > 0. \tag{17}$$

If $\mathfrak{x}$ is a real column whose first $m - r$ elements are 0, then $\mathfrak{S}^{-1}[\mathfrak{x}] \geqq 0$, by (17); therefore $\mathfrak{H}_1[\mathfrak{S}^{-1}\mathfrak{x}] = \frac{1}{2}\mathfrak{H}[\mathfrak{S}^{-1}\mathfrak{x}] + \frac{1}{2}\mathfrak{S}^{-1}[\mathfrak{x}] > 0$, except for $\mathfrak{x} = 0$. This proves that the matrix $\mathfrak{H}_0^{(r)}$ in

$$\mathfrak{H}_1[\mathfrak{S}^{-1}] = \begin{pmatrix}* & *\\ * & \mathfrak{H}_0\end{pmatrix}$$

is non-singular. Set $\mathfrak{H}_0^{-1} = \mathfrak{W}$, then $\mathfrak{W} > 0$ and

$$\mathfrak{H}_1[\mathfrak{S}^{-1}] = \begin{pmatrix}0 & 0\\ 0 & \mathfrak{H}_0\end{pmatrix}\begin{bmatrix}\mathfrak{E} & 0\\ * & \mathfrak{E}\end{bmatrix} = \mathfrak{W}^{-1}[*, \mathfrak{E}] = \mathfrak{W}^{-1}[\mathfrak{X}'], \qquad \mathfrak{X} = \begin{pmatrix}\mathfrak{Y}\\ \mathfrak{E}\end{pmatrix},$$

with real $\mathfrak{Y}^{(m-r,r)}$. Furthermore, $\mathfrak{H}_1\mathfrak{S}^{-1}\mathfrak{H}_1 = \mathfrak{H}_1$ implies

$$(\mathfrak{S}[\mathfrak{X}] - \mathfrak{W})[\mathfrak{W}^{-1}\mathfrak{X}'] = 0,$$

whence $\mathfrak{S}[\mathfrak{X}] = \mathfrak{W}$. Because of $\mathfrak{H} = 2\mathfrak{H}_1 - \mathfrak{S}$, the equations (15) are fulfilled. This proves that every point of H is represented by (15).

3. Modular substitutions

All statements in this chapter are known, except Lemma 8; proofs are contained in my papers: *Ueber die analytische Theorie der quadratischen Formen*,

Ann. of Math. (2) 36, pp. 527–606 (1935); *Einführung in die Theorie der Modulfunktionen n-ten Grades*, Math. Ann. 116, pp. 617–657 (1939).

Let $\mathfrak{R}$ be a rational n-rowed symmetric matrix. There exists an n-rowed matrix $\mathfrak{C}$ such that the matrix $(\mathfrak{C}, \mathfrak{D})$, with $\mathfrak{D} = \mathfrak{C}\mathfrak{R}$, is primitive; then $\mathfrak{R} = \mathfrak{C}^{-1}\mathfrak{D}$, and $\mathfrak{C}, \mathfrak{D}$ are integral, $|\mathfrak{C}| \neq 0$, $\mathfrak{C}\mathfrak{D}' = \mathfrak{D}\mathfrak{C}'$. The matrix $\mathfrak{C}$ is called denominator of $\mathfrak{R}$, it is determined up to an arbitrary unimodular factor $\mathfrak{U}^{(n)}$ on the left side; we may choose $\mathfrak{U}$ such that $|\mathfrak{U}\mathfrak{C}| > 0$. On the other hand, if two n-rowed matrices $\mathfrak{C}, \mathfrak{D}$ are given with $|\mathfrak{C}| \neq 0$, $\mathfrak{C}\mathfrak{D}' = \mathfrak{D}\mathfrak{C}'$ and primitive $(\mathfrak{C}, \mathfrak{D})$, then $\mathfrak{C}$ is denominator of the symmetric matrix $\mathfrak{R} = \mathfrak{C}^{-1}\mathfrak{D}$. We define abs $\mathfrak{C} = \overline{|\mathfrak{R}|}$.

More generally, consider any two n-rowed matrices $\mathfrak{C}, \mathfrak{D}$ with $\mathfrak{C}\mathfrak{D}' = \mathfrak{D}\mathfrak{C}'$ and primitive $(\mathfrak{C}, \mathfrak{D})$; they constitute a coprime symmetric n-pair. We say that two such pairs $\mathfrak{C}, \mathfrak{D}$ and $\mathfrak{C}_1, \mathfrak{D}_1$ belong to the same class, whenever $\mathfrak{C}\mathfrak{D}_1' = \mathfrak{D}\mathfrak{C}_1'$; this occurs, if and only if $(\mathfrak{C}_1, \mathfrak{D}_1) = \mathfrak{U}(\mathfrak{C}, \mathfrak{D})$ with suitably chosen unimodular $\mathfrak{U}$. Plainly, the expression abs $(\mathfrak{C}\mathfrak{Z} + \mathfrak{D})$ depends only on the class of the pair $\mathfrak{C}, \mathfrak{D}$, for any given complex matrix $\mathfrak{Z}^{(n)}$.

In each class of coprime symmetric n-pairs $\mathfrak{C}, \mathfrak{D}$, the rank of $\mathfrak{C}$ is fixed; if this rank is h, then the class is called an h-class. There exists only one 0-class, the class of $0, \mathfrak{E}$. On the other hand, for every n-class, the matrix $\mathfrak{C}^{-1}\mathfrak{D} = \mathfrak{R}$ is fixed; *vice versa*, each rational symmetric $\mathfrak{R}^{(n)}$ determines a single n-class.

We say that two matrices $\mathfrak{F}$ and $\mathfrak{F}_1$ are left-equivalent, whenever $\mathfrak{F}_1 = \mathfrak{F}\mathfrak{V}$ with unimodular $\mathfrak{V}$. Once for all we choose a complete set F_h of non-equivalent primitive matrices $\mathfrak{F}^{(n,h)}$ $(h = 1, \cdots, n)$; in particular, $F_n = \mathfrak{E}$. For each $\mathfrak{F}^{(n,h)}$ with given $h < n$, we determine a fixed complement, i.e., a primitive matrix $\mathfrak{F}^{*(n,n-h)}$ such that $(\mathfrak{F}, \mathfrak{F}^*) = \mathfrak{U}$ is unimodular and $|\mathfrak{U}| = 1$. Let U_h denote the set of these $\mathfrak{U}$, and define $U_n = \mathfrak{E}$. Furthermore, we choose a fixed denominator $\mathfrak{C}_0$ with $|\mathfrak{C}_0| > 0$ for each rational h-rowed symmetric matrix $\mathfrak{R}_0$ and put $\mathfrak{D}_0 = \mathfrak{C}_0\mathfrak{R}_0$; let C_h be the set of all pairs $\mathfrak{C}_0, \mathfrak{D}_0$.

Lemma 5. *Let $\mathfrak{U}$ run over U_h and $\mathfrak{C}_0, \mathfrak{D}_0$ over C_h; then the pairs of n-rowed matrices*

$$\mathfrak{C} = \begin{pmatrix} \mathfrak{C}_0 & 0 \\ 0 & 0 \end{pmatrix} \mathfrak{U}', \qquad \mathfrak{D} = \begin{pmatrix} \mathfrak{D}_0 & 0 \\ 0 & \mathfrak{E} \end{pmatrix} \mathfrak{U}^{-1}$$

represent in one and only one way all h-classes of coprime symmetric n-pairs. If $\mathfrak{U} = (\mathfrak{F}, \mathfrak{F}^*)$ and $\mathfrak{C}_0^{-1}\mathfrak{D}_0 = \mathfrak{R}_0$, then

$$|\mathfrak{C}\mathfrak{Z} + \mathfrak{D}| = \overline{|\mathfrak{R}_0|}\, |\mathfrak{Z}[\mathfrak{F}] + \mathfrak{R}_0|,$$

for any complex symmetric $\mathfrak{Z}^{(n)}$.

Let $\mathfrak{Z}$ be a variable complex n-rowed symmetric matrix with positive imaginary part. A modular substitution $\mathfrak{Z} \to (\mathfrak{A}_1\mathfrak{Z} + \mathfrak{B}_1)(\mathfrak{C}_1\mathfrak{Z} + \mathfrak{D}_1)^{-1}$ of degree n is defined by the conditions

$$(18) \qquad \mathfrak{A}_1\mathfrak{B}_1' = \mathfrak{B}_1\mathfrak{A}_1', \qquad \mathfrak{C}_1\mathfrak{D}_1' = \mathfrak{D}_1\mathfrak{C}_1', \qquad \mathfrak{A}_1\mathfrak{D}_1' - \mathfrak{B}_1\mathfrak{C}_1' = \mathfrak{E},$$

with integral n-rowed matrices $\mathfrak{A}_1, \mathfrak{B}_1, \mathfrak{C}_1, \mathfrak{D}_1$. Because of the second and third of these conditions, the matrices $\mathfrak{C}_1, \mathfrak{D}_1$ form a coprime symmetric n-pair.

Vice versa, for any coprime symmetric n-pair $\mathfrak{C}_1$, $\mathfrak{D}_1$, there exist two integral matrices $\mathfrak{A}_1$, $\mathfrak{B}_1$ satisfying the first and third of the conditions (18); this means that $\mathfrak{C}_1$ and $\mathfrak{D}_1$ are matrix coefficients in a suitably chosen modular substitution of degree n.

The modular substitutions constitute a group M; the inverse of $\mathfrak{Z} \to (\mathfrak{A}_1\mathfrak{Z} + \mathfrak{B}_1)(\mathfrak{C}_1\mathfrak{Z} + \mathfrak{D}_1)^{-1}$ is $\mathfrak{Z} \to (\mathfrak{D}_1'\mathfrak{Z} - \mathfrak{B}_1')(\mathfrak{A}_1' - \mathfrak{C}_1'\mathfrak{Z})^{-1}$, whence $\mathfrak{A}_1'\mathfrak{C}_1 = \mathfrak{C}_1'\mathfrak{A}_1$, $\mathfrak{B}_1'\mathfrak{D}_1 = \mathfrak{D}_1'\mathfrak{B}_1$, $\mathfrak{A}_1'\mathfrak{D}_1 - \mathfrak{C}_1'\mathfrak{B}_1 = \mathfrak{E}$. The integral modular substitutions are defined by the condition $\mathfrak{C}_1 = 0$; they have the form $\mathfrak{Z} \to \mathfrak{Z}[\mathfrak{V}] + \mathfrak{T}$ with arbitrary unimodular $\mathfrak{V}^{(n)}$ and integral symmetric $\mathfrak{T}^{(n)}$, and they constitute a subgroup M_0 of M. Two modular substitutions with the matrix coefficients $\mathfrak{A}_1$, $\mathfrak{B}_1$, $\mathfrak{C}_1$, $\mathfrak{D}_1$ and $\mathfrak{A}_2$, $\mathfrak{B}_2$, $\mathfrak{C}_2$, $\mathfrak{D}_2$ lie then and only then in the same right coset of M_0 relative to M, if the two pairs $\mathfrak{C}_1$, $\mathfrak{D}_1$ and $\mathfrak{C}_2$, $\mathfrak{D}_2$ belong to the same class. It follows that each class of coprime symmetric n-pairs $\mathfrak{C}$, $\mathfrak{D}$ determines one and only one right coset, and we have

LEMMA 6. *If $\mathfrak{A}_1$, $\mathfrak{B}_1$, $\mathfrak{C}_1$, $\mathfrak{D}_1$ are the coefficients of a given modular substitution of degree n, then the transformation*

$$(\mathfrak{C}, \mathfrak{D}) \to (\mathfrak{C}, \mathfrak{D}) \begin{pmatrix} \mathfrak{A}_1 & \mathfrak{B}_1 \\ \mathfrak{C}_1 & \mathfrak{D}_1 \end{pmatrix}$$

maps the set of all classes of coprime symmetric n-pairs $\mathfrak{C}$, $\mathfrak{D}$ onto itself.

For each pair $\mathfrak{C}_0$, $\mathfrak{D}_0$ in the set C_h, we choose two fixed h-rowed matrices $\mathfrak{A}_0$, $\mathfrak{B}_0$ such that $\mathfrak{A}_0$, $\mathfrak{B}_0$, $\mathfrak{C}_0$, $\mathfrak{D}_0$ are the coefficients of a modular substitution of degree h. Let $\mathfrak{U}$ lie in the set U_h; then the matrices

$$\mathfrak{A} = \begin{pmatrix} \mathfrak{A}_0 & 0 \\ 0 & \mathfrak{E} \end{pmatrix} \mathfrak{U}', \qquad \mathfrak{B} = \begin{pmatrix} \mathfrak{B}_0 & 0 \\ 0 & 0 \end{pmatrix} \mathfrak{U}^{-1}, \qquad \mathfrak{C} = \begin{pmatrix} \mathfrak{C}_0 & 0 \\ 0 & 0 \end{pmatrix} \mathfrak{U}', \qquad \mathfrak{D} = \begin{pmatrix} \mathfrak{D}_0 & 0 \\ 0 & \mathfrak{E} \end{pmatrix} \mathfrak{U}^{-1}$$

are the coefficients of a modular substitution of degree n. This modular substitution shall be called reduced of type h; it is uniquely determined by $\mathfrak{F}$ and $\mathfrak{R}_0 = \mathfrak{C}_0^{-1}\mathfrak{D}_0$. The identical substitution is called reduced of type 0. As a consequence of Lemma 5 we have

LEMMA 7. *Every modular substitution $\mathfrak{Z} \to \mathfrak{Z}^{**}$ is the product of an integral modular substitution $\mathfrak{Z}^{**} = \mathfrak{Z}^*[\mathfrak{V}] + \mathfrak{T}$ and a reduced modular substitution $\mathfrak{Z}^* = (\mathfrak{A}\mathfrak{Z} + \mathfrak{B})(\mathfrak{C}\mathfrak{Z} + \mathfrak{D})^{-1}$, in one and only one way.*

We put

$$\mathfrak{Z}^* = \begin{pmatrix} \mathfrak{Z}_0 & \mathfrak{Z}_{01} \\ \mathfrak{Z}_{01}' & \mathfrak{Z}_1 \end{pmatrix},$$

with h-rowed $\mathfrak{Z}_0$.

LEMMA 8. *Let the modular substitution $\mathfrak{Z}^* = (\mathfrak{A}\mathfrak{Z} + \mathfrak{B})(\mathfrak{C}\mathfrak{Z} + \mathfrak{D})^{-1}$ be reduced of type h; then*

$$\mathfrak{Z}[\mathfrak{U}] = \begin{pmatrix} -\mathfrak{C}_0^{-1}\mathfrak{D}_0 & 0 \\ 0 & \mathfrak{Z}_1 \end{pmatrix} - (\mathfrak{Z}_0 - \mathfrak{A}_0\mathfrak{C}_0^{-1})^{-1}[\mathfrak{C}_0'^{-1}, \mathfrak{Z}_{01}].$$

PROOF. We have

$$(19)\quad (\mathfrak{A}-\mathfrak{Z}^*\mathfrak{C})\mathfrak{U}'^{-1} = \begin{pmatrix}\mathfrak{A}_0-\mathfrak{Z}_0\mathfrak{C}_0 & 0\\ -\mathfrak{Z}_{01}'\mathfrak{C}_0 & \mathfrak{E}\end{pmatrix},\quad (\mathfrak{Z}^*\mathfrak{D}-\mathfrak{B})\mathfrak{U} = \begin{pmatrix}\mathfrak{Z}_0\mathfrak{D}_0-\mathfrak{B}_0 & \mathfrak{Z}_{01}\\ \mathfrak{Z}_{01}'\mathfrak{D}_0 & \mathfrak{Z}_1\end{pmatrix}$$

$$\mathfrak{U}'(\mathfrak{A}-\mathfrak{Z}^*\mathfrak{C})^{-1} = \begin{pmatrix}\mathfrak{E} & 0\\ \mathfrak{Z}_{01}'\mathfrak{C}_0 & \mathfrak{E}\end{pmatrix}\begin{pmatrix}(\mathfrak{A}_0-\mathfrak{Z}_0\mathfrak{C}_0)^{-1} & 0\\ 0 & \mathfrak{E}\end{pmatrix}$$

$$(\mathfrak{Z}^*\mathfrak{D}-\mathfrak{B})\mathfrak{U}-(\mathfrak{A}-\mathfrak{Z}^*\mathfrak{C})\mathfrak{U}'^{-1}\begin{pmatrix}-\mathfrak{C}_0^{-1}\mathfrak{D}_0 & 0\\ 0 & \mathfrak{Z}_1\end{pmatrix} = \begin{pmatrix}\mathfrak{A}_0\mathfrak{C}_0^{-1}\mathfrak{D}_0-\mathfrak{B}_0 & \mathfrak{Z}_{01}\\ 0 & 0\end{pmatrix}.$$

Since $\mathfrak{A}_0\mathfrak{C}_0^{-1}\mathfrak{D}_0-\mathfrak{B}_0 = (\mathfrak{A}_0\mathfrak{D}_0'-\mathfrak{B}_0\mathfrak{C}_0')\mathfrak{C}_0'^{-1} = \mathfrak{C}_0'^{-1}$ and $\mathfrak{Z} = (\mathfrak{A}-\mathfrak{Z}^*\mathfrak{C})^{-1}(\mathfrak{Z}^*\mathfrak{D}-\mathfrak{B})$, we obtain

$$\mathfrak{Z}[\mathfrak{U}]-\begin{pmatrix}-\mathfrak{C}_0^{-1}\mathfrak{D}_0 & 0\\ 0 & \mathfrak{Z}_1\end{pmatrix} = \begin{pmatrix}\mathfrak{E} & 0\\ \mathfrak{Z}_{01}'\mathfrak{C}_0 & \mathfrak{E}\end{pmatrix}\begin{pmatrix}(\mathfrak{A}_0-\mathfrak{Z}_0\mathfrak{C}_0)^{-1} & 0\\ 0 & \mathfrak{E}\end{pmatrix}\begin{pmatrix}\mathfrak{C}_0'^{-1} & \mathfrak{Z}_{01}\\ 0 & 0\end{pmatrix}$$
$$= (\mathfrak{A}_0\mathfrak{C}_0^{-1}-\mathfrak{Z}_0)^{-1}[\mathfrak{C}_0'^{-1}, \mathfrak{Z}_{01}];$$

q.e.d.

4. Arithmetic lemmata

Let $c_1, \cdots, c_n$ be positive integers, $c_k \mid c_{k+1}$ $(k = 1, \cdots, n-1)$ and define the n-rowed diagonal matrix $\mathfrak{K} = [c_1, \cdots, c_n]$. Let U be the group of all n-rowed unimodular matrices $\mathfrak{U}$, and let K be the subgroup of all $\mathfrak{U}$ with integral $\mathfrak{K}\mathfrak{U}\mathfrak{K}^{-1}$.

LEMMA 9. *The index of K in U fulfills the inequality*

$$[U:K] \leqq \prod_{p \mid c_n} (1-p^{-1})^{1-n} \prod_{k=1}^{n} c_k^{2k-n-1},$$

where p runs over all different prime factors of c_n.

PROOF. Let q be any positive multiple of c_n, and let Q be the invariant subgroup of U consisting of all $\mathfrak{U} \equiv \mathfrak{E} \pmod{q}$. Since Q is also a subgroup of K, we have $[U:K] = [U/Q:K/Q]$. The factor group U/Q is isomorphic to the group of all integral n-rowed matrices $\mathfrak{V}$ modulo q with $|\mathfrak{V}| \equiv \pm 1 \pmod{q}$. If q_1, q_2 are coprime positive integers, then the ring of residue classes modulo q_1q_2 is the direct sum of the rings of residue classes modulo q_1 and q_2. Consequently, it suffices to prove the inequality

$$[U^*:K^*] \leqq (1-p^{-1})^{1-n} \prod_{k=1}^{n} c_k^{2k-n-1},$$

where q is a power of the prime number p and a multiple of c_n, the group U^* consists of all integral n-rowed matrices $\mathfrak{V}$ modulo q with $|\mathfrak{V}| \equiv \pm 1 \pmod{q}$ and K^* is the subgroup of all $\mathfrak{V}$ with integral $\mathfrak{K}\mathfrak{V}\mathfrak{K}^{-1}$.

Furthermore, let V_n be the group of integral $\mathfrak{V}^{(n)}$ modulo q with $(|\mathfrak{V}|, q) = 1$, and let K_n be the subgroup of all $\mathfrak{V}$ in V_n with integral $\mathfrak{K}\mathfrak{V}\mathfrak{K}^{-1}$; plainly, $[V_n:U^*] =$

$[K_n : K^*]$, whence $[V_n : K_n] = [U^* : K^*]$. If $[V_n]$ and $[K_n]$ denote the orders of V_n and K_n, then it suffices to prove that

$$(20) \qquad [K_n] \geqq [V_n](1 - p^{-1})^{n-1} \prod_{k=1}^{n} c_k^{n-2k+1}.$$

It is well known that

$$(21) \qquad [V_n] = q^{n^2} \prod_{k=1}^{n} (1 - p^{-k}).$$

In the special case $c_1 = c_n$, we have $\mathfrak{K} = c_1\mathfrak{E}$; then $K_n = V_n$, and (20) is true, because of $\sum_{k=1}^{n} (n + 1 - 2k) = 0$; this holds in particular for $n = 1$. We apply induction with respect to n, and we may suppose that $c_1 < c_n$. Define h by the condition $c_h < c_{h+1} = c_n$, then $1 \leqq h \leqq n - 1$. We put

$$\mathfrak{V} = (v_{kl}) = \begin{pmatrix} \mathfrak{V}_1 & \mathfrak{V}_2 \\ \mathfrak{V}_3 & \mathfrak{V}_4 \end{pmatrix},$$

with h-rowed $\mathfrak{V}_1$. The matrices $\mathfrak{V}$ and $\mathfrak{K}\mathfrak{V}\mathfrak{K}^{-1}$ are both integral, if and only if v_{kl} and $c_k v_{kl} c_l^{-1}$ are integers for $k, l = 1, \cdots, n$; then $\mathfrak{V}_3$ and $\mathfrak{V}_4$ are arbitrary integral matrices, whereas $\mathfrak{V}_1$ and $\mathfrak{V}_2$ are integral matrices subjected to the conditions $c_k^{-1} c_l \mid v_{kl}$ $(k \leqq h, k < l)$. Since $p \mid c_k^{-1} c_l$ for $k \leqq h < l$, we infer that $\mathfrak{V}_2 \equiv 0 \pmod p$, whence $|\mathfrak{V}| \equiv |\mathfrak{V}_1| |\mathfrak{V}_4| \pmod p$. Consequently, we get the elements $\mathfrak{V}$ of K_n in the following way: $\mathfrak{V}_4$ is any element of V_{n-h}; $\mathfrak{V}_3$ is an arbitrary integral matrix modulo q; $\mathfrak{V}_2$ is any matrix modulo q satisfying the conditions $c_k^{-1} c_l \mid v_{kl}$ $(k \leqq h < l)$; $\mathfrak{V}_1$ is any element of K_h. It follows that

$$[K_n] = a q^{h(n-h)} [V_{n-h}][K_h],$$

where a is the number of matrices $\mathfrak{V}_2$, namely

$$a = q^{h(n-h)} \prod_{k \leqq h < l} (c_k c_l^{-1}).$$

Applying (20) with h instead of n and (21) with h, $n - h$ instead of n, we obtain

$$[K_n] \geqq q^{n^2} (1 - p^{-1})^{h-1} \prod_{k=1}^{h} c_k^{h-2k+1} \prod_{k \leqq h < l} (c_k c_l^{-1}) \prod_{k=1}^{h} (1 - p^{-k}) \prod_{k=1}^{n-h} (1 - p^{-k}).$$

Since

$$q^{n^2} \prod_{k=1}^{h} (1 - p^{-k}) > [V_n], \qquad \prod_{k=1}^{n-h} (1 - p^{-k}) \geqq (1 - p^{-1})^{n-h},$$

$$\prod_{k=1}^{h} c_k^{h-2k+1} \prod_{k \leqq h < l} (c_k c_l^{-1}) = c_n^{-h(n-h)} \prod_{k=1}^{h} c_k^{n-2k+1} = \prod_{k=1}^{n} c_k^{n-2k+1},$$

the assertion (20) follows.

LEMMA 10. *Let $A(c_1, \cdots, c_n)$ denote the number of modulo 1 incongruent rational n-rowed symmetric matrices whose denominators have the given elementary divisors $c_1, \cdots, c_n$; then*

$$A(c_1, \cdots . c_n) \leqq \prod_{p \mid c_n} (1 - p^{-1})^{1-n} \prod_{k=1}^{n} c_k^k .$$

PROOF. Let $\mathfrak{C}$ be any integral n-rowed matrix with the elementary divisors $c_1, \cdots, c_n$. Choose two unimodular matrices $\mathfrak{U}_0$ and $\mathfrak{U}$ such that $\mathfrak{U}_0^{-1}\mathfrak{C}\mathfrak{U}^{-1} = \mathfrak{K} = [c_1, \cdots, c_n]$. Let $A(\mathfrak{C})$ denote the number of modulo 1 incongruent symmetric $\mathfrak{R}$ with integral $\mathfrak{C}\mathfrak{R}$, and set $\mathfrak{R}[\mathfrak{U}'] = \mathfrak{R}_1 = (r_{kl})$; then $\mathfrak{C}\mathfrak{R}\mathfrak{U}' = \mathfrak{U}_0\mathfrak{K}\mathfrak{R}_1$, whence $A(\mathfrak{C}) = A(\mathfrak{K})$. The matrix $\mathfrak{K}\mathfrak{R}_1$ is integral, if and only if $c_k r_{kl}$ is an integer for $k, l = 1, \cdots, n$. Since $r_{kl} = r_{lk}$ and $c_1 \mid c_2 \mid \cdots \mid c_n$, we infer that

$$A(\mathfrak{K}) = \prod_{k=1}^{n} c_k^{n-k+1}. \tag{22}$$

Plainly, the number of modulo 1 incongruent symmetric $\mathfrak{R}$ with the same denominator $\mathfrak{C}$ is at most $A(\mathfrak{C})$. On the other hand, the matrices $\mathfrak{C} = \mathfrak{U}_0\mathfrak{K}\mathfrak{U}$ and $\mathfrak{C}^* = \mathfrak{U}_0^*\mathfrak{K}\mathfrak{U}^*$, with unimodular $\mathfrak{U}_0^*$ and $\mathfrak{U}^*$, are then and only then denominators of the same $\mathfrak{R}$, if $\mathfrak{C}^*\mathfrak{C}^{-1}$ is unimodular; this means that $\mathfrak{K}\mathfrak{U}^*\mathfrak{U}^{-1}\mathfrak{K}^{-1}$ is integral, $\mathfrak{U}^*\mathfrak{U}^{-1}$ belongs to the subgroup K of the unimodular group U, and $\mathfrak{U}, \mathfrak{U}^*$ lie in the same right coset of K in U. Consequently,

$$A(c_1, \cdots, c_n) \leqq [U:K]A(\mathfrak{K}),$$

and the assertion follows from (22) and Lemma 9.

LEMMA 11. *Let $\mathfrak{R}^{(n)}$ run over a complete system of modulo 1 incongruent rational symmetric matrices; then the Dirichlet series*

$$\psi(s) = \sum_{\mathfrak{R} (\mathrm{mod}\ 1)} \lceil \mathfrak{R} \rceil^{-n-s}$$

converges for $s > 1$. If $u > 0$ and $s > 1$, then

$$u^{-s} \sum_{\lceil \mathfrak{R} \rceil < u} \lceil \mathfrak{R} \rceil^{-n} + \sum_{\lceil \mathfrak{R} \rceil \geqq u} \lceil \mathfrak{R} \rceil^{-n-s} < a\left(2 + \frac{1}{s-1}\right) u^{1-s},$$

where a depends only on n.

PROOF. If $\lambda(s)$, $\mu(s)$ are two Dirichlet series with non-negative coefficients l_k, m_k satisfying $l_k \leqq m_k$ $(k = 1, 2, \cdots)$, then we write $\lambda(s) \prec \mu(s)$.

In view of the definition of $A(c_1, \cdots, c_n)$, we have

$$\psi(s) = \sum_{c_1 \mid c_2 \mid \cdots \mid c_n} A(c_1, \cdots, c_n)(c_1 \cdots c_n)^{-n-s},$$

where $c_1, \cdots, c_n$ run over all systems of positive integers fulfilling the condition $c_1 \mid c_2 \mid \cdots \mid c_n$. Using Lemma 10 and letting $c_1, \cdots, c_n$ run independently over all positive integers, we get

$$\psi(s) \prec \sum_{c_1, \cdots, c_n} \prod_{p \mid c_n} (1 - p^{-1})^{1-n} \prod_{k=1}^{n} c_k^{k-n-s}$$
$$= \prod_{p} \left(1 + (1 - p^{-1})^{1-n} \sum_{l=1}^{\infty} p^{-ls}\right) \prod_{k=1}^{n-1} \zeta(s + n - k).$$

Put $2^n + n - 3 = \nu$, $\zeta^\nu(s+1) = \gamma(s)$, $(1 - p^{-1})^{1-n} - 1 = p^{-1}b_p$; then $0 \leqq b_p \leqq 2^n - 2 = \nu - n + 1$, for all $p \geqq 2$, and

$$1 + (1 - p^{-1})^{1-n} \sum_{l=1}^{\infty} p^{-ls} = (1 + b_p p^{-1-s})(1 - p^{-s})^{-1}$$

$$< (1 - p^{-1-s})^{n-\nu-1}(1 - p^{-s})^{-1},$$

whence

$$\psi(s) < \gamma(s)\zeta(s). \tag{23}$$

This proves the first assertion of the lemma.

Let a_k, d_k be the coefficients of the Dirichlet series $\psi(s)$, $\gamma(s)$ and set $\sum_{l=1}^{k} a_l = \sigma_k$, $\gamma(1) = \zeta^\nu(2) = a$. By (23),

$$\sigma_k \leqq \sum_{l=1}^{k} d_l \left[\frac{k}{l}\right] \leqq k \sum_{l=1}^{k} d_l l^{-1} < k \sum_{l=1}^{\infty} d_l l^{-1} = ak \qquad (k = 1, 2, \cdots);$$

hence

$$\sum_{|\mathfrak{R}| < u} |\mathfrak{R}|^{-n} = \sum_{l<u} a_l < au, \tag{24}$$

for all positive u. Moreover, for $s > 1$,

$$\sum_{|\mathfrak{R}| \geqq u} |\mathfrak{R}|^{-n-s} = \sum_{k \geqq u} a_k k^{-s} = \sum_{k \geqq u} (\sigma_k - \sigma_{k-1})k^{-s} \leqq \sum_{k \geqq u} \sigma_k(k^{-s} - (k+1)^{-s})$$

$$= s \sum_{k \geqq u} \sigma_k \int_k^{k+1} x^{-s-1}\,dx < as \sum_{k \geqq u} \int_k^{k+1} x^{-s}\,dx \leqq as \int_u^{\infty} x^{-s}\,dx = \frac{as}{s-1} u^{1-s}. \tag{25}$$

The second assertion of the lemma follows from (24) and (25).

Let $\mathfrak{P}^{(g)}$ be a positive real symmetric matrix, reduced in the sense of Minkowski; let $p_1, \cdots, p_g$ be the diagonal elements of $\mathfrak{P}$; then $p_k \leqq p_{k+1}$ $(k = 1, \cdots, g - 1)$ and

$$\prod_{k=1}^{g} p_k < b_0 |\mathfrak{P}|, \tag{26}$$

where b_0 depends only on g, by a well known theorem of Hermite and Minkowski. We define the diagonal matrix $\mathfrak{P}_0 = [p_1, \cdots, p_g]$.

Lemma 12. *There exists a positive number $b = b(g)$ depending only on g such that $\mathfrak{P} > b\mathfrak{P}_0$.*

Proof. Set $\mathfrak{P}_0^{\frac{1}{2}} = [p_1^{\frac{1}{2}}, \cdots, p_g^{\frac{1}{2}}]$; then all elements of $\mathfrak{P}[\mathfrak{P}_0^{-\frac{1}{2}}]$ have the absolute value $\leqq 1$, and $|\mathfrak{P}[\mathfrak{P}_0^{-\frac{1}{2}}]| > b_0^{-1}$, by (26). Let $\lambda_1, \cdots, \lambda_g$ be the roots of the equation $|\lambda\mathfrak{P}_0 - \mathfrak{P}| = 0$, with $\lambda_1 \leqq \lambda_k$ $(k = 2, \cdots, g)$; since $|\lambda\mathfrak{P}_0 - \mathfrak{P}| = |\mathfrak{P}_0||\lambda\mathfrak{E} - \mathfrak{P}[\mathfrak{P}_0^{-\frac{1}{2}}]|$, these roots are bounded positive numbers, the bound depending only on g, and their product is $> b_0^{-1}$. It follows that λ_1 has a positive lower bound. On the other hand, the smallest root λ_1 is the least upper bound of all real λ satisfying $\mathfrak{P} > \lambda\mathfrak{P}_0$. This proves the assertion.

Let also $\mathfrak{Q}^{(h)}$ be positive real symmetric and reduced, with the diagonal elements $q_1, \cdots, q_h$, and set $\mathfrak{Q}_0 = [q_1, \cdots, q_h]$.

LEMMA 13. *Let* $\mathfrak{W}^{(g,h)}$ *be a real matrix, then*

$$\sigma(\mathfrak{P}[\mathfrak{W}]\mathfrak{Q}) \geqq b_1\sigma(\mathfrak{P}_0[\mathfrak{W}]\mathfrak{Q}_0) \geqq b_1q_1\sigma(\mathfrak{P}_0[\mathfrak{W}]) \geqq b_1p_1q_1\sigma([\mathfrak{W}]),$$

where $b_1 = b(g)b(h)$.

PROOF. Choose a real matrix $\mathfrak{L}$ such that $\mathfrak{Q} = \mathfrak{L}\mathfrak{L}'$. By Lemma 12, $\sigma(\mathfrak{P}[\mathfrak{W}]\mathfrak{Q}) = \sigma(\mathfrak{P}[\mathfrak{W}\mathfrak{L}]) \geqq b(g)\sigma(\mathfrak{P}_0[\mathfrak{W}\mathfrak{L}])$

$$= b(g)\sigma(\mathfrak{P}_0[\mathfrak{W}]\mathfrak{Q}) \geqq b(g)b(h)\sigma(\mathfrak{P}_0[\mathfrak{W}]\mathfrak{Q}_0);$$

this proves the left part of the assertion. The rest follows from the inequalities $q_k \geqq q_1$ $(k = 1, \cdots, h)$, $p_k \geqq p_1$ $(k = 1, \cdots, g)$.

LEMMA 14. *Let* p_1 *be the first diagonal element of the reduced positive symmetric matrix* $\mathfrak{P}^{(g)}$; *then* $\sigma(\mathfrak{P}^{-1}) < cp_1^{-1}$, *where* c *depends only on* g.

PROOF. Since $p_k \geqq p_1$ $(k = 1, \cdots, g)$, we have $\mathfrak{P}_0 > \lambda\mathfrak{E}$, for all real $\lambda < p_1$; consequently, by Lemma 12, $\mathfrak{P} > \lambda\mathfrak{E}$ for $\lambda < bp_1$. This proves that the characteristic roots $\mu_1, \cdots, \mu_g$ of $\mathfrak{P}$ are $\geqq bp_1$. Since $\sigma(\mathfrak{P}^{-1}) = \sum_{k=1}^{g} \mu_k^{-1}$, the assertion follows, with $c = gb^{-1}$.

If $\mathfrak{P}_1^{(g)}$ is positive real symmetric, but not necessarily reduced, then we denote by $m_k(\mathfrak{P}_1)$ $(k = 1, \cdots, g)$ the diagonal elements p_k of a reduced equivalent matrix $\mathfrak{P} = \mathfrak{P}_1[\mathfrak{U}]$ with suitably chosen unimodular $\mathfrak{U}$. The value $m_1(\mathfrak{P}_1)$ can be defined independently as the minimum of the quadratic form $\mathfrak{P}_1[\mathfrak{x}]$ in the set of all integral $\mathfrak{x}^{(g)} \neq 0$.

LEMMA 15. *Let* $\mathfrak{Y}^{(n)}$ *be positive,* $1 \leqq h \leqq n$ *and let* $\mathfrak{F}^{(n,h)}$ *run over a complete set of non-equivalent primitive matrices; then the Dirichlet series*

$$\omega(s) = \sum_{\mathfrak{F}} |\, \mathfrak{Y}[\mathfrak{F}] \,|^{-s} \tag{27}$$

converges for $s > \frac{n}{2}$. *If* $m_1(\mathfrak{Y}) = y$ *and* $s > \frac{n}{2}$, *then* $\omega(s) < dy^{-hs}$, *where* d *depends only on* n *and* s.

PROOF. If $\mathfrak{U}^{(n)}$ is any given unimodular matrix, then also $\mathfrak{U}\mathfrak{F}$ runs over a complete set of non-equivalent primitive matrices. On the other hand, we have $|\, \mathfrak{Y}[\mathfrak{F}\mathfrak{V}] \,| = |\, \mathfrak{Y}[\mathfrak{F}] \,|$, for any unimodular $\mathfrak{V}^{(h)}$. Consequently, we may suppose that the positive symmetric matrices $\mathfrak{Y}$ and $\mathfrak{Y}[\mathfrak{F}]$ in the general term of the series (27) are both reduced, in the sense of Minkowski. Let $\mathfrak{f}_1, \cdots, \mathfrak{f}_h$ be the columns of $\mathfrak{F}$, then $\mathfrak{Y}[\mathfrak{f}_k]$ $(k = 1, \cdots, h)$ are the diagonal elements of $\mathfrak{Y}[\mathfrak{F}]$. By (26) and Lemma 12,

$$|\, \mathfrak{Y}[\mathfrak{F}] \,| > b_0^{-1} \prod_{k=1}^{h} \mathfrak{Y}[\mathfrak{f}_k] > b_0^{-1}(by)^h \prod_{k=1}^{h} [\mathfrak{f}_k]. \tag{28}$$

Let $\mathfrak{f}^{(n)}$ run over all integral columns $\neq 0$ and define

$$Z_n(s) = \sum_{\mathfrak{f}} [\mathfrak{f}]^{-s};$$

it is well known that this Dirichlet series converges for $s > \frac{n}{2}$. By (27) and (28), we obtain the inequality

$$\omega(s) < b_0^s(by)^{hs}\mathrm{Z}_n(s),$$

for $s > \frac{n}{2}$, and the assertion follows readily.

5. The transformation formula

We introduce the notation

$$\eta(\mathfrak{M}) = e^{2\pi i\sigma(\mathfrak{M})},$$

for any complex square matrix $\mathfrak{M}$. Let $\mathfrak{S}$ be an integral m-rowed symmetric matrix, with the signature r, $m - r$ and abs $\mathfrak{S} = S$, let $\mathfrak{H}$ be a positive real symmetric matrix satisfying $\mathfrak{H}\mathfrak{S}^{-1}\mathfrak{H} = \mathfrak{S}$ and let $\mathfrak{Z} = \mathfrak{X} + i\mathfrak{Y}$ be a complex n-rowed symmetric matrix with positive imaginary part $\mathfrak{Y}$. We define

$$f(\mathfrak{Z}) = \sum_{\mathfrak{G}} \eta(i\mathfrak{H}[\mathfrak{G}]\mathfrak{Y} + \mathfrak{S}[\mathfrak{G}]\mathfrak{X}), \tag{29}$$

the summation extended over all integral matrices $\mathfrak{G}$ with m rows and n columns. Obviously, $f(\mathfrak{Z})$ remains invariant if $\mathfrak{H}$ is replaced by $\mathfrak{H}[\mathfrak{U}]$, for any element $\mathfrak{U}$ of $\Gamma(\mathfrak{S})$, the group of units of $\mathfrak{S}$. On the other hand, $f(\mathfrak{Z})$ is invariant under the integral modular substitutions $\mathfrak{Z} \to \mathfrak{Z}[\mathfrak{V}] + \mathfrak{T}$ with unimodular $\mathfrak{V}^{(n)}$ and integral symmetric $\mathfrak{T}^{(n)}$.

We consider a given reduced modular substitution $\mathfrak{Z} \to (\mathfrak{A}\mathfrak{Z} + \mathfrak{B})(\mathfrak{C}\mathfrak{Z} + \mathfrak{D})^{-1}$ of type h; suppose that

$$\mathfrak{A} = \begin{pmatrix}\mathfrak{A}_0 & 0\\ 0 & \mathfrak{E}\end{pmatrix}\mathfrak{U}', \qquad \mathfrak{B} = \begin{pmatrix}\mathfrak{B}_0 & 0\\ 0 & 0\end{pmatrix}\mathfrak{U}^{-1}, \qquad \mathfrak{C} = \begin{pmatrix}\mathfrak{C}_0 & 0\\ 0 & 0\end{pmatrix}\mathfrak{U}', \qquad \mathfrak{D} = \begin{pmatrix}\mathfrak{D}_0 & 0\\ 0 & \mathfrak{E}\end{pmatrix}\mathfrak{U}^{-1}.$$

Let $\mathfrak{G}_1$ be an integral matrix with m rows and h columns and define

$$\begin{aligned}\lambda(\mathfrak{G}_1) = {}& 2^{-\frac{1}{2}hm} e^{\pi i \frac{1}{2}h(r-\frac{1}{2}m)} S^{-h/2} \,|\, \mathfrak{C}_0 \,|^{-m/2}\\ & \sum_{\mathfrak{G}_0 \,(\mathrm{mod}\ \mathfrak{C}_0)} \eta(\tfrac{1}{4}\mathfrak{S}^{-1}[\mathfrak{G}_1]\mathfrak{A}_0\mathfrak{B}_0' - \mathfrak{S}[\mathfrak{G}_0 - \tfrac{1}{2}\mathfrak{S}^{-1}\mathfrak{G}_1\mathfrak{A}_0]\mathfrak{C}_0^{-1}\mathfrak{D}_0),\end{aligned} \tag{30}$$

where $\mathfrak{G}_0^{(m,h)}$ runs over all residue classes relative to the left ideal $(\mathfrak{C}_0)$.

The following theorem describes the behavior of $f(\mathfrak{Z})$ for any reduced modular substitution; it could easily be extended to the case of an arbitrary modular substitution, in view of Lemma 7; but we do not need this generalization.

Theorem 3. *Let $\mathfrak{Z}^* = \mathfrak{X}^* + i\mathfrak{Y}^* = (\mathfrak{A}\mathfrak{Z} + \mathfrak{B})(\mathfrak{C}\mathfrak{Z} + \mathfrak{D})^{-1}$ be a reduced modular substitution of type h; then*

$$\begin{aligned}f(\mathfrak{Z}) = {}& |\, \mathfrak{C}\mathfrak{Z} + \mathfrak{D} \,|^{-r/2} \,|\, \mathfrak{C}\bar{\mathfrak{Z}} + \mathfrak{D} \,|^{-\frac{1}{2}(m-r)} \sum_{\mathfrak{G}_1,\, \mathfrak{G}_2} \lambda(\mathfrak{G}_1)\eta(i\mathfrak{H}[\tfrac{1}{2}\mathfrak{S}^{-1}\mathfrak{G}_1, \mathfrak{G}_2]\mathfrak{Y}^*\\ & + \mathfrak{S}[\tfrac{1}{2}\mathfrak{S}^{-1}\mathfrak{G}_1, \mathfrak{G}_2]\mathfrak{X}^*),\end{aligned}$$

where $\mathfrak{G}_1^{(m,h)}$ and $\mathfrak{G}_2^{(m,n-h)}$ run over all integral matrices.

Proof. Set $\mathfrak{Z}[\mathfrak{U}] = \mathfrak{Z}_2$,

$$\mathfrak{Z}^* = \begin{pmatrix}\mathfrak{Z}_0 & \mathfrak{Z}_{01}\\ \mathfrak{Z}_{01}' & \mathfrak{Z}_1\end{pmatrix}, \tag{31}$$

with h-rowed $\mathfrak{Z}_0$, and

$$\mathfrak{Z}_0 - \mathfrak{A}_0\mathfrak{C}_0^{-1} = \mathfrak{Z}_3, \tag{32}$$

then

$$\mathfrak{Z}_2 = \begin{pmatrix} -\mathfrak{C}_0^{-1}\mathfrak{D}_0 & 0 \\ 0 & \mathfrak{Z}_1 \end{pmatrix} - \mathfrak{Z}_3^{-1}[\mathfrak{C}_0'^{-1}, \mathfrak{Z}_{01}], \tag{33}$$

by Lemma 8. Let $\mathfrak{G}_1^{(m,h)}$, $\mathfrak{G}_2^{(m,n-h)}$ run over all integral matrices and let $\mathfrak{G}_0^{(m,h)}$ run over the same range as in (30); then $\mathfrak{G} = (\mathfrak{G}_0 + \mathfrak{G}_1\mathfrak{C}_0, \mathfrak{G}_2)$ runs exactly over all integral matrices with m rows and n columns. By (33),

$$\mathfrak{Z}_2[\mathfrak{G}'] = -\mathfrak{C}_0^{-1}\mathfrak{D}_0[\mathfrak{G}_0' + \mathfrak{C}_0'\mathfrak{G}_1'] + \mathfrak{Z}_1[\mathfrak{G}_2'] - \mathfrak{Z}_3^{-1}[\mathfrak{G}_1' + \mathfrak{C}_0'^{-1}\mathfrak{G}_0' + \mathfrak{Z}_{01}\mathfrak{G}_2'].$$

Introduce $\mathfrak{H}_1 = \frac{1}{2}(\mathfrak{S} + \mathfrak{H})$, $\mathfrak{H}_2 = \frac{1}{2}(\mathfrak{S} - \mathfrak{H})$, $\mathfrak{B} = \mathfrak{G}_0\mathfrak{C}_0^{-1} + \mathfrak{G}_2\mathfrak{Z}_{01}'$. Since $f(\mathfrak{Z}) = f(\mathfrak{Z}[\mathfrak{U}])$ and $\eta(-\mathfrak{S}[\mathfrak{G}_0 + \mathfrak{G}_1\mathfrak{C}_0]\mathfrak{C}_0^{-1}\mathfrak{D}_0] = \eta(-\mathfrak{S}[\mathfrak{G}_0]\mathfrak{C}_0^{-1}\mathfrak{D}_0)$, we obtain

$$\begin{aligned} f(\mathfrak{Z}) = f(\mathfrak{Z}_2) &= \sum_{\mathfrak{G}} \eta(\mathfrak{H}_1[\mathfrak{G}]\mathfrak{Z}_2 + \mathfrak{H}_2[\mathfrak{G}]\bar{\mathfrak{Z}}_2) \\ &= \sum_{\mathfrak{G}_0, \mathfrak{G}_2} \eta(\mathfrak{H}_1[\mathfrak{G}_2]\mathfrak{Z}_1 + \mathfrak{H}_2[\mathfrak{G}_2]\bar{\mathfrak{Z}}_1 - \mathfrak{S}[\mathfrak{G}_0]\mathfrak{C}_0^{-1}\mathfrak{D}_0) \\ &\quad \cdot \sum_{\mathfrak{G}_1} \eta(-\mathfrak{H}_1[\mathfrak{G}_1 + \mathfrak{B}]\mathfrak{Z}_3^{-1} - \mathfrak{H}_2[\mathfrak{G}_1 + \bar{\mathfrak{B}}]\bar{\mathfrak{Z}}_3^{-1}). \end{aligned} \tag{34}$$

By Lemma 3, we have

$$\mathfrak{H}_1[\mathfrak{G}_1 + \mathfrak{B}] = \mathfrak{H}_1[\mathfrak{G}_1 + \mathfrak{W}], \qquad \mathfrak{H}_2[\mathfrak{G}_1 + \bar{\mathfrak{B}}] = \mathfrak{H}_2[\mathfrak{G}_1 + \mathfrak{W}], \tag{35}$$

where

$$\mathfrak{W} = \mathfrak{G}_0\mathfrak{C}_0^{-1} + \mathfrak{S}^{-1}\mathfrak{H}_1\mathfrak{G}_2\mathfrak{Z}_{01}' + \mathfrak{S}^{-1}\mathfrak{H}_2\mathfrak{G}_2\bar{\mathfrak{Z}}_{01}'. \tag{36}$$

Let $\mathfrak{P}^{(g)}$ be a complex symmetric matrix with positive real part, let $\mathfrak{x}^{(g)}$ be a complex column, and let $\mathfrak{v}^{(g)}$ run over all integral columns; then, by the well known formula from the theory of theta functions,

$$\sum_{\mathfrak{v}} \eta(i\mathfrak{P}[\mathfrak{x} + \mathfrak{v}]) = |2\mathfrak{P}|^{-\frac{1}{2}} \sum_{\mathfrak{v}} \eta\left(\frac{i}{4}\mathfrak{P}^{-1}[\mathfrak{v}] + \mathfrak{v}'\mathfrak{x}\right).$$

We apply this formula to the inner sum in (34), using Lemmata 1, 2 and (35); then $\mathfrak{P}$ is the matrix $\mathfrak{R}$ defined in (12), with $-\mathfrak{Z}_3^{-1}$ instead of $\mathfrak{Z}$, and $\mathfrak{x}' = (\mathfrak{w}_1' \cdots \mathfrak{w}_h')$, where $\mathfrak{w}_1, \cdots, \mathfrak{w}_h$ are the columns of $\mathfrak{W}$. Since $\mathfrak{H}^{-1} = \mathfrak{H}[\mathfrak{S}^{-1}]$, we obtain

$$\begin{aligned} &\sum_{\mathfrak{G}_1} \eta(-\mathfrak{H}_1[\mathfrak{G}_1 + \mathfrak{B}]\mathfrak{Z}_3^{-1} - \mathfrak{H}_2[\mathfrak{G}_1 + \bar{\mathfrak{B}}]\bar{\mathfrak{Z}}_3^{-1}) \\ &\quad = 2^{-hm/2} S^{-h/2} |i\mathfrak{Z}_3^{-1}|^{-r/2} |-i\bar{\mathfrak{Z}}_3^{-1}|^{-\frac{1}{2}(m-r)} \\ &\quad \cdot \sum_{\mathfrak{G}_1} \eta(\mathfrak{H}_1[\tfrac{1}{2}\mathfrak{S}^{-1}\mathfrak{G}_1]\mathfrak{Z}_3 + \mathfrak{H}_2[\tfrac{1}{2}\mathfrak{S}^{-1}\mathfrak{G}_1]\bar{\mathfrak{Z}}_3 + \mathfrak{G}_1'\mathfrak{W}). \end{aligned} \tag{37}$$

By (31),

$$\eta(\mathfrak{H}_1[\mathfrak{G}_2]\mathfrak{Z}_1 + \mathfrak{H}_1[\tfrac{1}{2}\mathfrak{S}^{-1}\mathfrak{G}_1]\mathfrak{Z}_0 + \mathfrak{G}_1'\mathfrak{S}^{-1}\mathfrak{H}_1\mathfrak{G}_2\mathfrak{Z}_{01}') = \eta(\mathfrak{H}_1[\tfrac{1}{2}\mathfrak{S}^{-1}\mathfrak{G}_1, \mathfrak{G}_2]\mathfrak{Z}^*), \tag{38}$$

$$(39)\quad \eta(\mathfrak{H}_2[\mathfrak{G}_2]\bar{\mathfrak{Z}}_1 + \mathfrak{H}_2[\tfrac{1}{2}\mathfrak{S}^{-1}\mathfrak{G}_1]\bar{\mathfrak{Z}}_0 + \mathfrak{G}_1'\mathfrak{S}^{-1}\mathfrak{H}_2\mathfrak{G}_2\bar{\mathfrak{Z}}_{01}') = \eta(\mathfrak{H}_2[\tfrac{1}{2}\mathfrak{S}^{-1}\mathfrak{G}_1, \mathfrak{G}_2]\mathfrak{Z}^*);$$

by (18),

$$(40)\quad \begin{aligned} &\eta(\mathfrak{G}_1'\mathfrak{G}_0\mathfrak{C}_0^{-1} - \tfrac{1}{4}\mathfrak{S}^{-1}[\mathfrak{G}_1]\mathfrak{A}_0\mathfrak{C}_0^{-1} - \mathfrak{S}[\mathfrak{G}_0]\mathfrak{C}_0^{-1}\mathfrak{D}_0) \\ &\qquad = \eta(\tfrac{1}{4}\mathfrak{S}^{-1}[\mathfrak{G}_1]\mathfrak{A}_0\mathfrak{B}_0' - \mathfrak{S}[\mathfrak{G}_0 - \tfrac{1}{2}\mathfrak{S}^{-1}\mathfrak{G}_1\mathfrak{A}_0]\mathfrak{C}_0^{-1}\mathfrak{D}_0). \end{aligned}$$

We infer from (30), (32), (34), (36), (37), (38), (39), (40) that

$$(41)\quad \begin{aligned} f(\mathfrak{Z}) &= e^{-\pi i \frac{1}{2}h(r-\frac{1}{2}m)} \,|\, \mathfrak{C}_0 \,|^{m/2} \,|\, i\mathfrak{Z}_3^{-1} \,|^{-r/2} \,|\, -i\bar{\mathfrak{Z}}_3^{-1} \,|^{-\frac{1}{2}(m-r)} \\ &\qquad \cdot \sum_{\mathfrak{G}_1, \mathfrak{G}_2} \lambda(\mathfrak{G}_1)\eta(i\mathfrak{H}[\tfrac{1}{2}\mathfrak{S}^{-1}\mathfrak{G}_1, \mathfrak{G}_2]\mathfrak{Y}^* + \mathfrak{S}[\tfrac{1}{2}\mathfrak{S}^{-1}\mathfrak{G}_1, \mathfrak{G}_2]\mathfrak{X}^*). \end{aligned}$$

Since $\mathfrak{Z} = (\mathfrak{D}'\mathfrak{Z}^* - \mathfrak{B}')(\mathfrak{A}' - \mathfrak{C}'\mathfrak{Z}^*)^{-1}$, we have $(\mathfrak{C}\mathfrak{Z} + \mathfrak{D})(\mathfrak{A}' - \mathfrak{C}'\mathfrak{Z}^*) = \mathfrak{C}(\mathfrak{D}'\mathfrak{Z}^* - \mathfrak{B}') + \mathfrak{D}(\mathfrak{A}' - \mathfrak{C}'\mathfrak{Z}^*) = \mathfrak{E}$, by (18); moreover, by (19), $|\, \mathfrak{A} - \mathfrak{Z}^*\mathfrak{C} \,| = |\, \mathfrak{A}_0 - \mathfrak{Z}_0\mathfrak{C}_0 \,|$ because of $|\, \mathfrak{U} \,| = 1$; hence $|\, \mathfrak{C}\mathfrak{Z} + \mathfrak{D} \,| = |\, \mathfrak{A} - \mathfrak{Z}^*\mathfrak{C} \,|^{-1} = |\, \mathfrak{A}_0 - \mathfrak{Z}_0\mathfrak{C}_0 \,|^{-1} = |\, - \mathfrak{Z}_3\mathfrak{C}_0 \,|^{-1}$,

$$e^{-\pi i \frac{1}{2}h(r-\frac{1}{2}m)} \,|\, \mathfrak{C}_0 \,|^{m/2} \,|\, i\mathfrak{Z}_3^{-1} \,|^{-r/2} \,|\, -i\bar{\mathfrak{Z}}_3^{-1} \,|^{-\frac{1}{2}(m-r)} = |\, \mathfrak{C}\mathfrak{Z} + \mathfrak{D} \,|^{-r/2} \,|\, \mathfrak{C}\bar{\mathfrak{Z}} + \mathfrak{D} \,|^{-\frac{1}{2}(m-r)},$$

and the assertion follows from (41).

6. Estimation of $f(\mathfrak{Z})$

LEMMA 16.

$$\operatorname{abs} \lambda(\mathfrak{G}_1) \leqq 1.$$

PROOF. Set $-\frac{1}{2}\mathfrak{S}^{-1}\mathfrak{G}_1\mathfrak{A}_0 = \mathfrak{K}$, $\mathfrak{C}_0^{-1}\mathfrak{D}_0 = \mathfrak{R}_0$, and denote by G the sum on the right-hand side of (30); then

$$(42)\quad \operatorname{abs} \lambda(\mathfrak{G}_1) = 2^{-\frac{1}{2}hm} S^{-h/2} \,|\, \mathfrak{C}_0 \,|^{-m/2} \operatorname{abs} G,$$

$$(43)\quad \begin{aligned} \operatorname{abs} G^2 &= \sum_{\mathfrak{G}_0, \mathfrak{G}_0^* (\mathrm{mod}\ \mathfrak{C}_0)} \eta(\mathfrak{S}[\mathfrak{G}_0 + \mathfrak{G}_0^* + \mathfrak{K}]\mathfrak{R}_0 - \mathfrak{S}[\mathfrak{G}_0^* + \mathfrak{K}]\mathfrak{R}_0) \\ &= \sum_{\mathfrak{G}_0} \eta(\mathfrak{S}[\mathfrak{G}_0]\mathfrak{R}_0) \sum_{\mathfrak{G}_0^*} \eta(2\mathfrak{G}_0'\mathfrak{S}\mathfrak{G}_0^*\mathfrak{R}_0). \end{aligned}$$

Suppose that the matrix $2\mathfrak{S}\mathfrak{G}_0\mathfrak{C}_0^{-1}$ is integral for exactly α residue classes of $\mathfrak{G}_0$ modulo $\mathfrak{C}_0$, and let β denote the number of all residue classes. The inner sum on the right-hand side in (43) is β, whenever $2\mathfrak{S}\mathfrak{G}_0\mathfrak{R}_0$ is integral, and 0 otherwise; however, $2\mathfrak{S}\mathfrak{G}_0\mathfrak{R}_0$ is integral if and only if $2\mathfrak{S}\mathfrak{G}_0\mathfrak{C}_0^{-1}$ is integral. It follows that

$$(44)\quad \operatorname{abs} G^2 \leqq \alpha\beta.$$

In order to compute α and β, we may assume $\mathfrak{S}$ and $\mathfrak{C}_0$ to be diagonal matrices, $\mathfrak{S} = [s_1, \cdots, s_m]$ and $\mathfrak{C}_0 = [c_1, \cdots, c_h]$. We see immediately that

$$(45)\quad \beta = (c_1 \cdots c_h)^m = |\, \mathfrak{C}_0 \,|^m, \qquad \alpha = \prod_{k,l} (2s_k, c_l) \leqq \prod_{k=1}^{m} (2 \operatorname{abs} s_k)^h = 2^{hm} S^h,$$

and the assertion follows from (43), (44), (45).

We denote by $a_1, \cdots, a_{33}$ positive numbers depending only on S, m, n. For any rational symmetric $\mathfrak{R}^{(n)} = \mathfrak{C}^{-1}\mathfrak{D}$ we define

$$\gamma(\mathfrak{R}) = 2^{-\frac{1}{2}mn} e^{\pi i \frac{1}{4} n(r-\frac{1}{2}m)} S^{-n/2} \overline{|\mathfrak{R}|}^{-m} \sum_{\mathfrak{G}\,(\mathrm{mod}\ \mathfrak{C})} \eta(-\mathfrak{S}[\mathfrak{G}]\mathfrak{R}), \tag{46}$$

where $\mathfrak{G}$ runs over a complete system of residues modulo $\mathfrak{C}$, and

$$\varphi(\mathfrak{Z}; \mathfrak{R}) = \gamma(\mathfrak{R}) | \mathfrak{Z} + \mathfrak{R} |^{-r/2} | \bar{\mathfrak{Z}} + \mathfrak{R} |^{-\frac{1}{2}(m-r)}. \tag{47}$$

Using the definition (30) of $\lambda(\mathfrak{G}_1)$, we have $\gamma(\mathfrak{R}) = \overline{|\mathfrak{R}|}^{-m/2} \lambda(0)$.

Lemma 17. *Let $\mathfrak{Z}^* = \mathfrak{X}^* + i\mathfrak{Y}^* = (\mathfrak{A}\mathfrak{Z} + \mathfrak{B})(\mathfrak{C}\mathfrak{Z} + \mathfrak{D})^{-1}$ be a reduced modular substitution of type h and set $m_1(\mathfrak{Y}^*) = y$, $m_k(\mathfrak{H}) = h_k$ $(k = 1, \cdots, m)$; then*

$$\operatorname{abs} f(\mathfrak{Z}) < \operatorname{abs} (\mathfrak{C}\mathfrak{Z} + \mathfrak{D})^{-m/2} \prod_{k=1}^{m} (1 + a_1(h_k y)^{-n/2}) \qquad (h \leqq n),$$

$$\operatorname{abs} (f(\mathfrak{Z}) - \varphi(\mathfrak{Z}; \mathfrak{C}^{-1}\mathfrak{D})) < \operatorname{abs} (\mathfrak{C}\mathfrak{Z} + \mathfrak{D})^{-m/2}(1 + a_2(h_1 y)^{-\frac{1}{2}mn})e^{-a_3 h_1 y} \qquad (h = n).$$

Proof. By Theorem 3, Lemma 16 and (47), we have

$$\operatorname{abs} f(\mathfrak{Z}) \leqq \operatorname{abs} (\mathfrak{C}\mathfrak{Z} + \mathfrak{D})^{-m/2} \sum_{\mathfrak{G}} \eta\left(\frac{i}{4S} \mathfrak{H}[\mathfrak{G}]\mathfrak{Y}^*\right) \qquad (h \leqq n), \tag{48}$$

where $\mathfrak{G}^{(m,n)}$ runs over all integral matrices, and

$$\operatorname{abs} (f(\mathfrak{Z}) - \varphi(\mathfrak{Z}; \mathfrak{C}^{-1}\mathfrak{D})) \leqq \operatorname{abs} (\mathfrak{C}\mathfrak{Z} + \mathfrak{D})^{-m/2} \sum_{\mathfrak{G} \neq 0} \eta\left(\frac{i}{4S} \mathfrak{H}[\mathfrak{G}]\mathfrak{Y}^*\right) \qquad (h = n). \tag{49}$$

If $\mathfrak{U}_1^{(m)}$ and $\mathfrak{U}_2^{(n)}$ are unimodular, then also $\mathfrak{U}_1\mathfrak{G}\mathfrak{U}_2'$ runs over all integral matrices or all integral matrices $\neq 0$, respectively. Therefore, in order to estimate the sums on the right-hand sides in (48) and (49), we may suppose that $\mathfrak{H}$ and $\mathfrak{Y}^*$ are reduced, in the sense of Minkowski. Then it follows from Lemma 13 that

$$\sigma(\mathfrak{H}[\mathfrak{G}]\mathfrak{Y}^*) \geqq a_4 y \sigma(\mathfrak{H}_0[\mathfrak{G}]) \geqq a_4 h_1 y \sigma([\mathfrak{G}]),$$

with $\mathfrak{H}_0 = [h_1, \cdots, h_m]$; hence

$$\eta\left(\frac{i}{4S} \mathfrak{H}[\mathfrak{G}]\mathfrak{Y}^*\right) < e^{-a_3 h_1 y} \eta\left(\frac{i}{8S} \mathfrak{H}[\mathfrak{G}]\mathfrak{Y}^*\right), \tag{50}$$

for all integral $\mathfrak{G} \neq 0$, and

$$\sum_{\mathfrak{G}} \eta\left(\frac{i}{4S} \mathfrak{H}[\mathfrak{G}]\mathfrak{Y}^*\right) < \sum_{\mathfrak{G}} \eta\left(\frac{i}{8S} \mathfrak{H}[\mathfrak{G}]\mathfrak{Y}^*\right) < \prod_{k=1}^{m} \left(\sum_{g=-\infty}^{+\infty} e^{-a_5 h_k y g^2}\right)^n \leqq \left(\sum_{g=-\infty}^{+\infty} e^{-a_5 h_1 y g^2}\right)^{mn}, \tag{51}$$

where $\mathfrak{G}$ runs over all integral matrices. Since

$$\left(\sum_{g=-\infty}^{+\infty} e^{-a_5 h_k y g^2}\right)^n < 1 + a_1(h_k y)^{-n/2},$$

the assertions follow from (48), (49), (50), (51).

7. Estimation of $\varphi(\mathfrak{Z})$

Let $\mathfrak{R}^{(n)}$ run over all rational symmetric matrices and define

(52) $$\varphi(\mathfrak{Z}) = \sum_{\mathfrak{R}} \varphi(\mathfrak{Z}; \mathfrak{R}) = \sum_{\mathfrak{R}} \gamma(\mathfrak{R}) | \mathfrak{Z} + \mathfrak{R} |^{-r/2} | \bar{\mathfrak{Z}} + \mathfrak{R} |^{-\frac{1}{2}(m-r)},$$

the expressions $\varphi(\mathfrak{Z}; \mathfrak{R})$ and $\gamma(\mathfrak{R})$ being given in (46) and (47). In virtue of a theorem of H. Braun, the Eisenstein series (52) is absolutely convergent for $2n + 2 < m$; henceforth we shall assume that this inequality is fulfilled. In order to study the behavior of $\varphi(\mathfrak{Z})$, we prove first the following

LEMMA 18. *Let $\mathfrak{K}^{(n)}$ be real symmetric, then*

$$\log \operatorname{abs} (\mathfrak{Z} + \mathfrak{K}) \leqq \log \operatorname{abs} \mathfrak{Z} + \tfrac{1}{2}\sigma(\mathfrak{Y}^{-1})\sigma^{\frac{1}{2}}(\mathfrak{K}^2).$$

PROOF. Choose the real matrix $\mathfrak{F}^{(n)}$ such that $\mathfrak{Y}[\mathfrak{F}] = \mathfrak{E}$ and $\mathfrak{X}[\mathfrak{F}] = \mathfrak{Q} = [q_1, \cdots, q_n]$, and set $\mathfrak{Q}(\mathfrak{E} + \mathfrak{Q}^2)^{-1} = \mathfrak{W}$, then $\mathfrak{Z}^{-1} = (\mathfrak{Q} + i\mathfrak{E})^{-1}[\mathfrak{F}']$, $\frac{1}{2}(\mathfrak{Z}^{-1} + \bar{\mathfrak{Z}}^{-1}) = \mathfrak{W}[\mathfrak{F}']$. If $d\mathfrak{Z}$ is real, then we get

(53) $$\begin{aligned} d \log \operatorname{abs} \mathfrak{Z} &= \tfrac{1}{2}(d \log | \mathfrak{Z} | + d \log | \bar{\mathfrak{Z}} |) \\ &= \tfrac{1}{2}\sigma(\mathfrak{Z}^{-1} d\mathfrak{Z} + \bar{\mathfrak{Z}}^{-1} d\bar{\mathfrak{Z}}) = \sigma(\mathfrak{W}[\mathfrak{F}'] d\mathfrak{Z}). \end{aligned}$$

On the other hand, for real symmetric $\mathfrak{T}^{(m)}$ and $\mathfrak{V}^{(n)}$, we have the inequality $\operatorname{abs} \sigma(\mathfrak{T}\mathfrak{V}) \leqq \sigma^{\frac{1}{2}}(\mathfrak{T}^2)\sigma^{\frac{1}{2}}(\mathfrak{V}^2)$. Since the diagonal elements $q_k(1 + q_k^2)^{-1} (k = 1, \cdots, n)$ of the real diagonal matrix $\mathfrak{W}$ lie between $-\frac{1}{2}$ and $\frac{1}{2}$, we obtain

(54) $$\begin{aligned} \operatorname{abs} \sigma(\mathfrak{W}[\mathfrak{F}'] d\mathfrak{Z}) &\leqq \sigma^{\frac{1}{2}}(\mathfrak{W}\mathfrak{F}'\mathfrak{F}\mathfrak{W}\mathfrak{F}'\mathfrak{F})\sigma^{\frac{1}{2}}(d\mathfrak{Z}^2) \leqq \tfrac{1}{2}\sigma^{\frac{1}{2}}(\mathfrak{Y}^{-2})\sigma^{\frac{1}{2}}(d\mathfrak{Z}^2) \\ &\leqq \tfrac{1}{2}\sigma(\mathfrak{Y}^{-1})\sigma^{\frac{1}{2}}(d\mathfrak{Z}^2). \end{aligned}$$

The matrices $\mathfrak{Z}$ and $\mathfrak{Z} + \mathfrak{K}$ have the same imaginary part $\mathfrak{Y}$, and the assertion follows from the mean value theorem of differential calculus, by (53) and (54).

LEMMA 19. *Let $\mathfrak{Z}^* = \mathfrak{X}^* + i\mathfrak{Y}^* = (\mathfrak{A}\mathfrak{Z} + \mathfrak{B})(\mathfrak{C}\mathfrak{Z} + \mathfrak{D})^{-1}$ be a reduced modular substitution of type h, and set $m_1(\mathfrak{Y}^*) = y$; then*

$$\operatorname{abs} \varphi(\mathfrak{Z}) < a_6 \operatorname{abs} (\mathfrak{C}\mathfrak{Z} + \mathfrak{D})^{-m/2} e^{a_7 y^{-1}} \qquad (h < n),$$

$$\operatorname{abs} (\varphi(\mathfrak{Z}) - \varphi(\mathfrak{Z}; \mathfrak{C}^{-1}\mathfrak{D})) < a_8 \operatorname{abs} (\mathfrak{C}\mathfrak{Z} + \mathfrak{D})^{-m/2} e^{a_9 y^{-1}} y^{1-\frac{1}{2}m} \qquad (h = n).$$

PROOF. Define $A = \operatorname{abs} (\varphi(\mathfrak{Z}) - \varphi(\mathfrak{Z}; \mathfrak{C}^{-1}\mathfrak{D}))$, for $h = n$, and $A = \operatorname{abs} \varphi(\mathfrak{Z})$, for $h < n$. By Lemma 16 and (46) the inequality $\operatorname{abs} \gamma(\mathfrak{R}) \leqq |\mathfrak{R}|^{-m/2}$ holds; by (52), we infer that

(55) $$A \leqq \sum_{\mathfrak{C}_1, \mathfrak{D}_1} \operatorname{abs} (\mathfrak{C}_1 \mathfrak{Z} + \mathfrak{D}_1)^{-m/2},$$

where the pair $\mathfrak{C}_1, \mathfrak{D}_1$ runs over all classes of coprime symmetric n-pairs, the class of $\mathfrak{C}, \mathfrak{D}$ excepted. Performing the inverse substitution $\mathfrak{Z} = (\mathfrak{D}'\mathfrak{Z}^* - \mathfrak{B}')(\mathfrak{A}' - \mathfrak{C}'\mathfrak{Z}^*)^{-1}$ and using the formula $(\mathfrak{A}' - \mathfrak{C}'\mathfrak{Z}^*)^{-1} = \mathfrak{C}\mathfrak{Z} + \mathfrak{D}$, we get

(56) $$\mathfrak{C}_1\mathfrak{Z} + \mathfrak{D}_1 = (\mathfrak{C}_2\mathfrak{Z}^* + \mathfrak{D}_2)(\mathfrak{A}' - \mathfrak{C}'\mathfrak{Z}^*)^{-1} = (\mathfrak{C}_2\mathfrak{Z}^* + \mathfrak{D}_2)(\mathfrak{C}\mathfrak{Z} + \mathfrak{D}),$$

with

$$(\mathfrak{C}_2, \mathfrak{D}_2) = (\mathfrak{C}_1, \mathfrak{D}_1)\begin{pmatrix} \mathfrak{D}' & -\mathfrak{B}' \\ -\mathfrak{C}' & \mathfrak{A}' \end{pmatrix}.$$

Because of Lemma 6, the pair $\mathfrak{C}_2$, $\mathfrak{D}_2$ runs over all classes with exception of the 0-class. We define

(57) $$F_h = \sum_{\mathfrak{R}_0, \mathfrak{F}} \overline{|\mathfrak{R}_0|}^{-m/2} \operatorname{abs} (\mathfrak{Z}^*[\mathfrak{F}] + \mathfrak{R}_0)^{-m/2} \qquad (h = 1, \cdots, n),$$

where $\mathfrak{R}_0$ runs over all rational h-rowed symmetric matrices and $\mathfrak{F}^{(n,h)}$ over a complete set of non-equivalent primitive matrices. By Lemma 5, (55), (56), (57), we have

(58) $$A \leqq \operatorname{abs} (\mathfrak{C}\mathfrak{Z} + \mathfrak{D})^{-m/2} \sum_{h=1}^{n} F_h .$$

In the sum (57) we may replace $\mathfrak{F}$ by $\mathfrak{F}\mathfrak{V}$, with arbitrary unimodular $\mathfrak{V}^{(h)}$; thus we may suppose that the positive symmetric matrix $\mathfrak{Y}^*[\mathfrak{F}]$ is reduced, in the sense of Minkowski. Since $\mathfrak{Y}^*[\mathfrak{f}] \geqq m_1(\mathfrak{Y}^*) = y$, for any integral $\mathfrak{f}^{(n)} \neq 0$, it follows from Lemma 14 that

(59) $$\sigma(\mathfrak{Y}^*[\mathfrak{F}]^{-1}) < a_{10} y^{-1}.$$

Let $\mathfrak{T}^{(h)}$ be integral symmetric, and consider all real h-rowed symmetric matrices $\mathfrak{X}_h$ such that the elements of $\mathfrak{X}_h - \mathfrak{T}$ lie between 0 and 1, the value 1 excluded; they form a cube C ($\mathfrak{T}$) of $\frac{1}{2}h(h + 1)$ dimensions. Let dv_h be the Euclidean volume element in the space R_h of all real $\mathfrak{X}_h$, the coordinates being the $\frac{1}{2}h(h + 1)$ independent elements of $\mathfrak{X}_h$. For each $\mathfrak{R}_0$ in C ($\mathfrak{T}$) we obtain, by Lemma 18 and (59),

(60) $$\operatorname{abs} (\mathfrak{Z}^*[\mathfrak{F}] + \mathfrak{R}_0)^{-m/2} < e^{a_{11} y^{-1}} \int_{C(\mathfrak{T})} \operatorname{abs} (\mathfrak{Z}^*[\mathfrak{F}] + \mathfrak{X}_h)^{-m/2} \, dv_h .$$

Put $\mathfrak{R}_0 = \mathfrak{R} + \mathfrak{T}$, where $\mathfrak{R}^{(h)}$ is a given rational symmetric matrix in the unit cube C (0), and sum (60) over all integral $\mathfrak{T}$; then

(61) $$\sum_{\mathfrak{R}_0 \equiv \mathfrak{R} (\mathrm{mod}\ 1)} \operatorname{abs} (\mathfrak{Z}^*[\mathfrak{F}] + \mathfrak{R}_0)^{-m/2} < e^{a_{11} y^{-1}} J(\mathfrak{F}),$$

where

(62) $$J(\mathfrak{F}) = \int_{R_h} \operatorname{abs} (\mathfrak{Z}^*[\mathfrak{F}] + \mathfrak{X}_h)^{-m/2} \, dv_h .$$

The right-hand member in (61) is independent of $\mathfrak{R}$; moreover, $\overline{|\mathfrak{R}_0|} = \overline{|\mathfrak{R}|}$ for $\mathfrak{R}_0 \equiv \mathfrak{R}$ (mod 1). We multiply (61) by $\overline{|\mathfrak{R}|}^{-m/2}$ and sum over all rational $\mathfrak{R}$ in C (0); then, in view of (57),

(63) $$F_h \leqq e^{a_{11} y^{-1}} \sum_{\mathfrak{R} (\mathrm{mod}\ 1)} \overline{|\mathfrak{R}|}^{-m/2} \sum_{\mathfrak{F}} J(\mathfrak{F}).$$

Since $\frac{m}{2} > n + 1 \geqq h + 1$, the first sum in (63) converges, by Lemma 11.

We determine a real matrix $\mathfrak{K}^{(h)}$ satisfying $\mathfrak{Y}^*[\mathfrak{F}] = [\mathfrak{K}]$ and apply in the integral (62) the linear transformation $\mathfrak{X}_h \to \mathfrak{X}_h[\mathfrak{R}] - \mathfrak{X}^*[\mathfrak{F}]$, with the jacobian $|\mathfrak{R}|^{h+1} = |\mathfrak{Y}^*[\mathfrak{F}]|^{\frac{1}{2}(h+1)}$; we obtain

(64) $$J(\mathfrak{F}) = |\mathfrak{Y}^*[\mathfrak{F}]|^{\frac{1}{2}(h-m+1)} J_h,$$

where

(65) $$J_h = \int_{R_h} |\mathfrak{E} + \mathfrak{X}_h^2|^{-m/4}\, dv_h \qquad (h = 1, \cdots, n).$$

Because of $m - h - 1 \geqq m - n - 1 > n$, it follows from Lemma 15 and (64) that

(66) $$\sum_{\mathfrak{F}} J(\mathfrak{F}) < a_{12}\, y^{\frac{1}{2}h(h-m+1)} J_h .$$

Furthermore, $\frac{h}{2}(h - m + 1) \leqq 1 - \frac{m}{2} < 0 \quad (h = 1, \cdots, n)$, whence

(67) $$e^{a_{11}v^{-1}} y^{\frac{1}{2}h(h-m+1)} < a_{13}\, e^{2a_{11}v^{-1}} y^{1-\frac{1}{2}m} < a_{14}\, e^{3a_{11}v^{-1}}.$$

In view of (58), (63), (66), (67), the assertions of the lemma will follow if we prove the convergence of the integral J_h.

We substitute $\mathfrak{X}_h = \mathfrak{W}[\mathfrak{O}]$, $\mathfrak{W} = [w_1, \cdots, w_h]$, $w_1 \geqq w_2 \geqq \cdots \geqq w_h$, with orthogonal $\mathfrak{O}$. Then $d\mathfrak{O}\mathfrak{O}'$ is a skew-symmetric matrix $\mathfrak{M}$ and $d\mathfrak{X}_h[\mathfrak{O}'] = d\mathfrak{W} + \mathfrak{W}\mathfrak{M} - \mathfrak{M}\mathfrak{W}$. Let $u_1, u_2, \cdots$ be parameters in the space of the orthogonal matrices $\mathfrak{O}^{(h)}$, and let ϕ denote the absolute value of the determinant of the $\frac{1}{2}h(h - 1)$ independent elements of $\mathfrak{M}$, considered as linear functions of du_1, $du_2, \cdots$; then we have

(68) $$dv_h = \prod_{k<l} (w_k - w_l)\, dw_1 \cdots dw_h\, \phi\, du_1 du_2 \cdots .$$

If $g(\mathfrak{X}_h)$ is any integrable function of the elements of $\mathfrak{X}_h$, with the property $g(\mathfrak{X}_h) = g(\mathfrak{W})$, then

(69) $$\int_{R_h} g(\mathfrak{X}_h)\, dv_h = a_{15} \int g(\mathfrak{W}) \prod_{k<l} (w_k - w_l)\, dw_1 \cdots dw_h,$$

by (68); the integration is carried over all real $w_1, \cdots, w_h$ satisfying $w_1 \geqq w_2 \geqq \cdots \geqq w_h$. It is easily proved that

$$a_{15} = \rho_h = \prod_{k=1}^{h} \frac{\pi^{k/2}}{\Gamma(k/2)};$$

however, we do not need the exact value of the finite number a_{15}. Applying (69) with $g(\mathfrak{X}_h) = |\mathfrak{E} + \mathfrak{X}_h^2|^{-m/4} = \prod_{k=1}^{h} (1 + w_k^2)^{-m/4}$ and using the inequality

(70) $$\prod_{k<l} (w_k - w_l) \leqq \prod_{k<l} (1 + w_k^2)^{\frac{1}{2}}(1 + w_l^2)^{\frac{1}{2}} = \prod_{k=1}^{h} (1 + w_k^2)^{\frac{1}{2}(h-1)},$$

we obtain the formula

$$(71) \qquad J_h \leqq a_{15}\left(\int_{-\infty}^{+\infty} (1 + w^2)^{\frac{1}{2}(h-1)-\frac{1}{2}m}\, dw\right)^h = a_{16},$$

the integral being convergent, because of $\frac{m}{2} > n \geqq h$.

8. Approximation to $f(\mathfrak{Z})$ by $\varphi(\mathfrak{Z})$

Let Z be the space of all complex symmetric $\mathfrak{Z}^{(n)} = \mathfrak{X} + i\mathfrak{Y}$ with positive imaginary part $\mathfrak{Y}$. It is known that in Z a fundamental domain F relative to the modular group M of degree n is given by the following conditions: The inequality abs $(\mathfrak{C}_1\mathfrak{Z} + \mathfrak{D}_1) \geqq 1$ holds for all coprime symmetric n-pairs $\mathfrak{C}_1, \mathfrak{D}_1$; the matrix $\mathfrak{Y}$ is reduced, in the sense of Minkowski; all elements of $\mathfrak{X}$ lie between $-\frac{1}{2}$ and $\frac{1}{2}$. Moreover, it is known that the first diagonal element y of $\mathfrak{Y}$ satisfies the inequality $y \geqq a_{17} = \frac{1}{2}\sqrt{3}$, everywhere in F. Let G be the union of all images of F under the subgroup M_0 consisting of the integral modular substitutions $\mathfrak{Z}^* = \mathfrak{X}^* + i\mathfrak{Y}^* = \mathfrak{Z}[\mathfrak{B}] + \mathfrak{T}$, with unimodular $\mathfrak{B}^{(n)}$ and integral symmetric $\mathfrak{T}^{(n)}$. Since $\mathfrak{Y}^* = \mathfrak{Y}[\mathfrak{B}]$, we have the following

LEMMA 20. *Let $\mathfrak{Z}^* = \mathfrak{X}^* + i\mathfrak{Y}^*$ be a point of G, then $m_1(\mathfrak{Y}^*) \geqq a_{17}$.*

This lemma is the necessary tool for the generalization of the Farey dissection of the interval $0 \leqq x < 1$.

Let $K_1, K_2, \cdots$ be the classes of coprime symmetric n-pairs and let $\mathfrak{Z}^* = (\mathfrak{A}\mathfrak{Z} + \mathfrak{B})(\mathfrak{C}\mathfrak{Z} + \mathfrak{D})^{-1}$ be the reduced modular substitution, where the pair $\mathfrak{C}, \mathfrak{D}$ represents a given class $K_q (q = 1, 2, \cdots)$. Let G_q be the image of G under the inverse mapping $\mathfrak{Z} = (\mathfrak{D}'\mathfrak{Z}^* - \mathfrak{B}')(\mathfrak{A}' - \mathfrak{C}'\mathfrak{Z}^*)^{-1}$; by Lemma 7, the domains G_q do not overlap and cover the whole space Z.

We choose a positive number $\epsilon < a_{17}$ and consider the $\frac{1}{2}n(n + 1)$-dimensional cube E^* defined by $\mathfrak{Z} = \mathfrak{X} + i\,\epsilon\,\mathfrak{E}$, $\mathfrak{X} = (x_{kl})$, $0 \leqq x_{kl} < 1$ $(1 \leqq k \leqq l \leqq n)$. Put

$$E^* \cap G_q = D_q, \qquad D_q - (D_1 \cup D_2 \cup \cdots \cup D_{q-1}) = E_q^* (q = 1, 2, \cdots),$$

and let E_q be the projection of E_q^* on $\mathfrak{Y} = 0$, i.e., the set consisting of the real parts $\mathfrak{X}$ of the points $\mathfrak{X} + i\,\epsilon\,\mathfrak{E}$ in E_q^*. In view of the known properties of the fundamental domain F, the sets E_q are empty for all sufficiently large q, and each E_q has a Euclidean volume in the space R_n of all real symmetric $\mathfrak{X}^{(n)}$. If E denotes the unit cube $0 \leqq x_{kl} < 1$ $(1 \leqq k \leqq l \leqq n)$ in R_n, then $E = E_1 + E_2 + \cdots$.

If K_q is the 0-class, then $G_q = G$ and E_q is empty, by Lemma 18 and the condition $\epsilon < a_{17}$. Suppose that K_q is an h-class, with $1 \leqq h \leqq n$; if

$$\mathfrak{C} = \begin{pmatrix}\mathfrak{C}_0 & 0\\ 0 & 0\end{pmatrix}\mathfrak{U}', \qquad \mathfrak{D} = \begin{pmatrix}\mathfrak{D}_0 & 0\\ 0 & \mathfrak{E}\end{pmatrix}\mathfrak{U}^{-1}$$

represent K_q, with $\mathfrak{U} = (\mathfrak{F}, \mathfrak{F}^*)$ and $\mathfrak{C}_0^{-1}\mathfrak{D}_0 = \mathfrak{R}_0$, then we write $E_q = E^*(\mathfrak{F}, \mathfrak{R}_0)$. Let $\mathfrak{R}^{(h)} = (r_{kl})$ be a given rational symmetric matrix in the unit cube $0 \leqq r_{kl}$

< 1 $(1 \leqq k \leqq l \leqq h)$, let $\mathfrak{R}_0$ run over all matrices in the residue class of $\mathfrak{R}$ modulo 1 and define

$$E_0(\mathfrak{F}, \mathfrak{R}) = \sum_{\mathfrak{R}_0 \equiv \mathfrak{R} \pmod 1} E^*(\mathfrak{F}, \mathfrak{R}_0).$$

For any given point $\mathfrak{X}$ in $E^*(\mathfrak{F}, \mathfrak{R}_0)$, we determine the integral n-rowed symmetric matrix

$$\mathfrak{T} = \begin{pmatrix} \mathfrak{R}_0 - \mathfrak{R} & * \\ * & * \end{pmatrix}$$

such that all elements of the last $n - h$ rows in

$$\mathfrak{X}_0 = \mathfrak{X}[\mathfrak{U}] + \begin{pmatrix} \mathfrak{R} & 0 \\ 0 & 0 \end{pmatrix} + \mathfrak{T} \tag{72}$$

lie in the interval $0 \leqq x < 1$. This matrix $\mathfrak{T}$ depends on $\mathfrak{X}$, $\mathfrak{U}$, $\mathfrak{R}_0$; however, since q and E_0 are bounded, $\mathfrak{T}$ belongs to a finite set. Let $E(\mathfrak{F}, \mathfrak{R})$ be the image of $E_0(\mathfrak{F}, \mathfrak{R})$ under the transformation (72). The substitution $\mathfrak{X} \to \mathfrak{X}[\mathfrak{U}] + \begin{pmatrix} \mathfrak{R} & 0 \\ 0 & 0 \end{pmatrix}$ maps the set of all residue classes of $\mathfrak{X}$ modulo 1 onto itself; consequently, $E_0(\mathfrak{F}, \mathfrak{R})$ is mapped onto $E(\mathfrak{F}, \mathfrak{R})$. On the other hand, if R_{nh} is the part of the whole space R_n defined by the conditions $0 \leqq x_{kl} < 1$ $(h < k \leqq l \leqq n)$, then $E(\mathfrak{F}, \mathfrak{R})$ is contained in R_{nh}.

Put abs $(f(\mathfrak{Z}) - \varphi(\mathfrak{Z})) = \delta(\mathfrak{Z})$. Our next aim is the estimation of the integral

$$\Delta = \int_E \delta(\mathfrak{Z})\, dv_n, \tag{73}$$

where $\mathfrak{Z} = \mathfrak{X} + i\,\epsilon\,\mathfrak{E}$. Let $\Delta(\mathfrak{F}, \mathfrak{R})$ be the integral extended over $E_0(\mathfrak{F}, \mathfrak{R})$, and define

$$\Delta_h = \sum_{\mathfrak{F}, \mathfrak{R}} \Delta(\mathfrak{F}, \mathfrak{R}) \qquad (h = 1, \cdots, n), \tag{74}$$

where $\mathfrak{R}^{(h)}$ runs over all rational symmetric matrices in the unit cube and $\mathfrak{F}^{(n,h)}$ runs over a complete set of non-equivalent primitive matrices. Plainly,

$$\Delta = \sum_{h=1}^{n} \Delta_h. \tag{75}$$

Let $\mathfrak{H}$ be the positive symmetric matrix in the definition of $f(\mathfrak{Z})$, and suppose that $m_1(\mathfrak{H}) > h_0$, with given positive h_0. We denote by $\alpha_1, \cdots, \alpha_8$ positive numbers depending only on h_0, m, S.

LEMMA 21.

$$\Delta_h < \alpha_1\, \epsilon^{\frac{1}{2}h(h+1-m)} \qquad (h = 1, \cdots, n).$$

PROOF. Let $\mathfrak{X}$ be a point of $E^*(\mathfrak{F}, R_0)$, $\mathfrak{Z} = \mathfrak{X} + i\,\epsilon\,\mathfrak{E}$, and let $\mathfrak{Z}^* = (\mathfrak{A}\mathfrak{Z} + \mathfrak{B})(\mathfrak{C}\mathfrak{Z} + \mathfrak{D})^{-1}$ be the reduced modular substitution with

$$\mathfrak{C} = \begin{pmatrix} \mathfrak{C}_0 & 0 \\ 0 & 0 \end{pmatrix} \mathfrak{U}', \qquad \mathfrak{D} = \begin{pmatrix} \mathfrak{D}_0 & 0 \\ 0 & \mathfrak{E} \end{pmatrix} \mathfrak{U}^{-1}, \qquad \mathfrak{U} = (\mathfrak{F}, \mathfrak{F}^*), \qquad \mathfrak{C}_0^{-1}\mathfrak{D}_0 = \mathfrak{R}_0;$$

then $\mathfrak{Z}^*$ lies in G. By Lemmata 5, 17, 19, 20,

$$(76) \qquad \delta(\mathfrak{Z}) < \alpha_2 \left| \mathfrak{R}_0 \right|^{-m/2} \operatorname{abs} (\mathfrak{Z}[\mathfrak{F}] + \mathfrak{R}_0)^{-m/2}.$$

We integrate (76) over $E^*(\mathfrak{F}, \mathfrak{R}_0)$, sum over all $\mathfrak{R}_0 \equiv \mathfrak{R} \pmod 1$ and apply the linear transformation (72), with the jacobian 1. Denoting by $\mathfrak{X}_h$ the matrix of the elements in the first h rows and columns of $\mathfrak{X}_0$, we obtain $\mathfrak{X}_h = \mathfrak{X}[\mathfrak{F}] + \mathfrak{R}_0$; hence

$$(77) \quad \Delta(\mathfrak{F}, \mathfrak{R}) = \int_{E_0(\mathfrak{F},\mathfrak{R})} \delta(\mathfrak{Z})\, dv_n \leqq \alpha_2 \left|\mathfrak{R}\right|^{-m/2} \int_{E(\mathfrak{F},\mathfrak{R})} \operatorname{abs} (\mathfrak{X}_h + i\epsilon[\mathfrak{F}])^{-m/2}\, dv_n\, .$$

On the other hand, $E(\mathfrak{F}, \mathfrak{R})$ is contained in R_{nh}, the product of R_h and the intervals $0 \leqq x_{kl} < 1$ $(h < k \leqq l \leqq n)$. It follows from (62), (64), (71) that

$$\Delta(\mathfrak{F}, \mathfrak{R}) < \alpha_3\, \epsilon^{\frac{1}{2}h(h+1-m)} \left|\mathfrak{R}\right|^{-m/2} \left| [\mathfrak{F}] \right|^{\frac{1}{2}(h+1-m)}.$$

Summing over $\mathfrak{F}$ and $\mathfrak{R}$, we obtain the assertion, by Lemmata 11, 15 and (74).

LEMMA 22.

$$\Delta_n < \alpha_4 \epsilon^{\frac{1}{2}n(n+1-m)+\frac{1}{4}m-\frac{1}{2}(n+1)}.$$

PROOF. Instead of (76), we infer from Lemmata 17, 19, 20 the stronger inequality

$$\delta(\mathfrak{Z}) < \alpha_5 \left|\mathfrak{R}_0\right|^{-m/2} \operatorname{abs} (\mathfrak{Z} + \mathfrak{R}_0)^{-m/2} y^{1-\frac{1}{4}m},$$

with $y = m_1(\mathfrak{Y}^*)$, for any point $\mathfrak{X}$ of $E^*(\mathfrak{C}, \mathfrak{R}_0)$ and n-rowed $\mathfrak{R}_0$. Since

$$\mathfrak{Y}^* = \frac{1}{2i}(\mathfrak{A}\mathfrak{Z} + \mathfrak{B})(\mathfrak{C}\mathfrak{Z} + \mathfrak{D})^{-1} - \frac{1}{2i}(\bar{\mathfrak{Z}}\mathfrak{C}' + \mathfrak{D}')^{-1}(\bar{\mathfrak{Z}}\mathfrak{A}' + \mathfrak{B}')$$
$$= \mathfrak{Y}[(\mathfrak{C}\mathfrak{Z} + \mathfrak{D})^{-1}] = \mathfrak{Y}[(\mathfrak{Z} + \mathfrak{R}_0)^{-1}][\mathfrak{C}^{-1}],$$

we have

$$\mathfrak{Y}^{*-1} = \mathfrak{Y}^{-1}[\mathfrak{Z} + \mathfrak{R}_0][\mathfrak{C}'] = (\mathfrak{Y}^{-1}[\mathfrak{X} + \mathfrak{R}_0] + \mathfrak{Y})[\mathfrak{C}'],$$
$$\mathfrak{Y}^* = (\mathfrak{Y}^{-1}[\mathfrak{X} + \mathfrak{R}_0] + \mathfrak{Y})^{-1}[\mathfrak{C}^{-1}].$$

Because of $\mathfrak{Y} = \epsilon\, \mathfrak{E}$, the value $y = m_1(\mathfrak{Y}^*)$ is the minimum of the quadratic form $\epsilon((\mathfrak{X} + \mathfrak{R}_0)^2 + \epsilon^2\mathfrak{E})^{-1}[\mathfrak{C}^{-1}\mathfrak{x}]$ for all integral $\mathfrak{x}^{(n)} \neq 0$; the matrix $\mathfrak{C}$ is denominator of $\mathfrak{R}_0$.

Instead of (77), we obtain now the stronger inequality

$$(78) \quad \Delta(\mathfrak{C}, \mathfrak{R}) = \int_{E_0(\mathfrak{C},\mathfrak{R})} \delta(\mathfrak{Z})\, dv_n < \alpha_6 \left|\mathfrak{R}\right|^{-m/2} \int_{R_n} y^{1-\frac{1}{4}m} \operatorname{abs} (\mathfrak{X}^2 + \epsilon^2 \mathfrak{E})^{-m/4}\, dv_n\, ,$$

where y denotes the minimum of $\epsilon(\mathfrak{X}^2 + \epsilon^2\mathfrak{E})^{-1}[\mathfrak{C}^{-1}\mathfrak{x}]$ in the set of all integral $\mathfrak{x}^{(n)} \neq 0$. We apply the transformation $\mathfrak{X} = \epsilon\, \mathfrak{W}[\mathfrak{O}]$ with orthogonal $\mathfrak{O}$ and $\mathfrak{W} = [w_1, \cdots, w_n]$, $w_1 \geqq w_2 \geqq \cdots \geqq w_n$; then

$$\epsilon^2(\mathfrak{X}^2 + \epsilon^2\mathfrak{E})^{-1}[\mathfrak{y}] = (\mathfrak{W}^2 + \mathfrak{E})^{-1}[\mathfrak{O}\mathfrak{y}] \geqq (w_1^2 + 1)^{-1}[\mathfrak{O}\mathfrak{y}] = (w_1^2 + 1)^{-1}[\mathfrak{y}],$$

for real $\mathfrak{y}^{(n)}$. Since $|\overline{\mathfrak{R}}|\mathfrak{C}^{-1}$ is integral, we have $[\mathfrak{C}^{-1}\mathfrak{x}] \geqq |\overline{\mathfrak{R}}|^{-2}$, for all integral $\mathfrak{x} \neq 0$. Consequently, $y \geqq (w_1^2 + 1)^{-1}\, \epsilon^{-1}\, |\overline{\mathfrak{R}}|^{-2}$.

Define

$$a_{17}^{-\frac{1}{2}}\, \epsilon^{-\frac{1}{2}}\, |\overline{\mathfrak{R}}|^{-1} = \vartheta, \qquad a_{17} \max\,(1, \vartheta^2(w_1^2 + 1)^{-1}) = y_0\,;$$

then $y \geqq y_0$, in view of Lemma 20. Replacing y by y_0 in (78), we obtain an integrand depending only on $w_1, \cdots, w_n$; thus we can apply (69). Because of (70),

$$\Delta(\mathfrak{C}, \mathfrak{R}) < \alpha_6\, |\overline{\mathfrak{R}}|^{-m/2}\, \epsilon^{\frac{1}{2}n(n+1-m)} \int_{\infty}^{+\infty} y^{1-\frac{1}{2}m}(1 + w_1^2)^{\frac{1}{2}(n-1)-\frac{1}{4}m}\, dw_1\,.$$

Denote the integral by J. If $\vartheta \leqq 1$, then $y_0 = a_{17}$ and $J = a_{18}$. If $\vartheta > 1$, then

$$J < a_{19} \int_{\vartheta}^{\infty} w^{n-1-\frac{1}{2}m}\, dw + a_{20}\, \vartheta^{2-m} \int_1^{\vartheta} w^{n+\frac{1}{2}m-3}\, dw < a_{21}\, \vartheta^{n-\frac{1}{2}m}.$$

Hence in both cases

$$J < a_{22} \min\,(1, \epsilon^{\frac{1}{4}m-\frac{1}{2}n}\, |\overline{\mathfrak{R}}|^{\frac{1}{2}m-n}).$$

Summing over all rational symmetric $\mathfrak{R}^{(n)}$ in the unit cube, we get

$$\Delta_n = \sum_{\mathfrak{R}} \Delta(\mathfrak{C}, \mathfrak{R}) < \alpha_7\, \epsilon^{\frac{1}{2}n(n+1-m)}(\epsilon^{\frac{1}{4}m-\frac{1}{2}n} \sum_{|\overline{\mathfrak{R}}|<\epsilon^{-\frac{1}{2}}} |\overline{\mathfrak{R}}|^{-n} + \sum_{|\overline{\mathfrak{R}}|\geqq\epsilon^{-\frac{1}{2}}} |\overline{\mathfrak{R}}|^{-m/2}),$$

and the assertion follows from Lemma 11, with $u = \epsilon^{-\frac{1}{2}}$ and $s = \dfrac{m}{2} - n > 1$.

If $1 \leqq h \leqq n - 1$, then $\dfrac{h}{2}(h + 1 - m) \geqq \dfrac{n-1}{2}(n - m) > \dfrac{n}{2}(n + 1 - m) + \dfrac{m}{4} - \dfrac{n+1}{2}$. We estimate Δ_h for $h = 1, \cdots, n - 1$ by Lemma 21 and for $h = n$ by Lemma 22. By (73), (75), we obtain the important

Lemma 23. *Let $\mathfrak{Z} = \mathfrak{X} + i\,\epsilon\,\mathfrak{C}$, with $0 < \epsilon < a_{17}$, and suppose that $m_1(\mathfrak{H}) > h_0 > 0$, then*

$$\int_E \operatorname{abs}\,(f(\mathfrak{Z}) - \varphi(\mathfrak{Z}))\, dv_n < \alpha_8\, \epsilon^{\frac{1}{2}n(n+1-m)+\frac{1}{4}m-\frac{1}{2}(n+1)},$$

where α_8 depends only on h_0, m, S.

9. Integration over $\mathfrak{X}$

Let $\mathfrak{T}^{(n)}$ be integral symmetric and define

$$T(\epsilon) = \sum_{\mathfrak{S}[\mathfrak{G}]=\mathfrak{T}} e^{-\frac{1}{4}\pi\epsilon\sigma(\mathfrak{H}[\mathfrak{G}])}; \tag{79}$$

the summation is extended over all integral solutions $\mathfrak{G}$ of $\mathfrak{S}[\mathfrak{G}] = \mathfrak{T}$ and ϵ is a positive number. Multiplying (29) by $\eta(-\,\mathfrak{T}\mathfrak{X})$ and integrating over $\mathfrak{X}$ in the unit cube E, we obtain

$$T(4\epsilon) = \int_E f(\mathfrak{Z})\eta(-\mathfrak{T}\mathfrak{X})\, dv_n, \tag{80}$$

with $\mathfrak{Z} = \mathfrak{X} + i\epsilon\mathfrak{E}$. Set $\frac{n}{2}(n + 1 - m) = j$, and apply Lemma 23; since $n + 1 < 2m$, we infer that

$$T(4\epsilon) = \int_E \varphi(\mathfrak{Z})\eta(-\mathfrak{T}\mathfrak{X})\, dv_n + o(\epsilon^j); \tag{81}$$

the sign o refers to the passage to the limit $\epsilon \to 0$ and it holds uniformly in $\mathfrak{H}$ for $m_1(\mathfrak{H}) > h_0$, where h_0 is any given positive number.

In view of the definition (52) of $\varphi(\mathfrak{Z})$, we have

$$\begin{aligned}\int_E \varphi(\mathfrak{Z})\eta(-\mathfrak{T}\mathfrak{X})\, dv_n &= \sum_{\mathfrak{R}\,(\mathrm{mod}\,1)} \gamma(\mathfrak{R})\eta(\mathfrak{T}\mathfrak{R}) \\ &\quad \cdot \int_{R_n} |\mathfrak{Z}|^{-r/2} |\bar{\mathfrak{Z}}|^{-\frac{1}{2}(m-r)} \eta(-\mathfrak{T}\mathfrak{X})\, dv_n,\end{aligned} \tag{82}$$

where $\mathfrak{R}$ runs over all rational n-rowed symmetric matrices modulo 1; the interchange of integration and summation was allowed, the proof of Lemma 19 showing the uniform convergence of the series $\varphi(\mathfrak{Z})$ in E. Also,

$$\begin{aligned}\int_{R_n} &|\mathfrak{Z}|^{-r/2} |\bar{\mathfrak{Z}}|^{-\frac{1}{2}(m-r)} \eta(-\mathfrak{T}\mathfrak{X})\, dv_n \\ &= \epsilon^j e^{\pi i \frac{1}{2} n(\frac{1}{2}m - r)} \int_{R_n} |\mathfrak{E} - i\mathfrak{X}|^{-r/2} |\mathfrak{E} + i\mathfrak{X}|^{-\frac{1}{2}(m-r)} \eta(-\epsilon\mathfrak{T}\mathfrak{X})\, dv_n.\end{aligned} \tag{83}$$

The integral on the right-hand side is absolutely convergent, by (65), (71), and the absolute value of the integrand does not depend on ϵ; thus the integral converges uniformly with respect to ϵ, and we may interchange the integration and the passage to the limit $\epsilon \to 0$. Define

$$J_n(\alpha, \beta) = \int_{R_n} |\mathfrak{E} - i\mathfrak{X}|^{-\alpha} |\mathfrak{E} + i\mathfrak{X}|^{-\beta}\, dv_n \qquad (\alpha + \beta > n),$$

then it follows from (81), (82), (83) that

$$\epsilon^{-j}\, T(4\epsilon) = e^{\pi i \frac{1}{2} n(\frac{1}{2}m - r)} J_n\left(\frac{r}{2}, \frac{m - r}{2}\right) \sum_{\mathfrak{R}\,(\mathrm{mod}\,1)} \gamma(\mathfrak{R})\eta(\mathfrak{T}\mathfrak{R}) + o(1), \tag{84}$$

uniformly in $\mathfrak{H}$ for $m_1(\mathfrak{H}) > h_0 > 0$.

Lemma 24. *Let α, β be real and $\alpha + \beta > n$, then*

$$J_n(\alpha, \beta) = 2^{-n(\alpha+\beta)} (4\pi)^{\frac{1}{4}n(n+3)} \prod_{k=0}^{n-1} \frac{\Gamma\left(\alpha + \beta - \frac{k + n + 1}{2}\right)}{\Gamma\left(\alpha - \frac{k}{2}\right)\Gamma\left(\beta - \frac{k}{2}\right)}. \tag{85}$$

Proof. Let λ and μ be complex constants with positive real parts. It is well known that

$$\begin{aligned}\int_{-\infty}^{+\infty} &(\lambda - ix)^{-\alpha}(\mu + ix)^{-\beta}\, dx \\ &= 2\pi(\mu + \lambda)^{1-\alpha-\beta} \frac{\Gamma(\alpha + \beta - 1)}{\Gamma(\alpha)\Gamma(\beta)} \qquad (\alpha + \beta > 1).\end{aligned} \tag{86}$$

This proves the lemma in case $n = 1$. Suppose that $n > 1$ and apply induction. Setting

$$\mathfrak{E} + i\mathfrak{X} = \begin{pmatrix} 1 + ix & i\mathfrak{x}' \\ i\mathfrak{x} & \mathfrak{E}_1 + i\mathfrak{X}_1 \end{pmatrix},$$

with $\mathfrak{E}_1 = \mathfrak{E}^{(n-1)}$, we have

$$|\mathfrak{E} + i\mathfrak{X}| = |\mathfrak{E}_1 + i\mathfrak{X}_1|\,(1 + ix + (\mathfrak{E}_1 + i\mathfrak{X}_1)^{-1}[\mathfrak{x}]).$$

We use (86) with $\mu = 1 + (\mathfrak{E}_1 + i\mathfrak{X}_1)^{-1}[\mathfrak{x}]$ and $\lambda = 1 + (\mathfrak{E}_1 - i\mathfrak{X}_1)^{-1}[\mathfrak{x}]$; because of $\lambda + \mu = 2 + 2(\mathfrak{E}_1 + \mathfrak{X}_1^2)^{-1}[\mathfrak{x}]$, we get

$$(87)\qquad \begin{aligned} J_n(\alpha, \beta) = 2^{2-\alpha-\beta}\pi \frac{\Gamma(\alpha+\beta-1)}{\Gamma(\alpha)\Gamma(\beta)} \int_{R_{n-1}} |\mathfrak{E}_1 - i\mathfrak{X}_1|^{-\alpha} |\mathfrak{E}_1 + i\mathfrak{X}_1|^{-\beta} \\ \cdot \left(\int_{-\infty}^{+\infty} (1 + (\mathfrak{E}_1 + \mathfrak{X}_1^2)^{-1}[\mathfrak{x}])^{1-\alpha-\beta} \{d\mathfrak{x}\} \right) dv_{n-1}, \end{aligned}$$

where $\{d\mathfrak{x}\}$ denotes the $(n-1)$-dimensional Euclidean volume element in the $\mathfrak{x}$-space. Also, if $\mathfrak{P}^{(n)}$ is positive symmetric,

$$\begin{aligned} \int_{-\infty}^{+\infty} (1 + \mathfrak{P}[\mathfrak{x}])^{1-\alpha-\beta}\{d\mathfrak{x}\} &= \frac{\pi^{\frac{1}{2}(n-1)}}{\Gamma\left(\frac{n-1}{2}\right)} |\mathfrak{P}|^{-\frac{1}{2}} \int_0^\infty x^{\frac{1}{2}(n-1)-1}(1+x)^{1-\alpha-\beta}\,dx \\ &= \pi^{\frac{1}{2}(n-1)} \frac{\Gamma\left(\alpha+\beta-\frac{n+1}{2}\right)}{\Gamma(\alpha+\beta-1)} |\mathfrak{P}|^{-\frac{1}{2}}, \end{aligned}$$

provided $\alpha + \beta > \frac{n+1}{2}$; choose $\mathfrak{P} = (\mathfrak{E}_1 + \mathfrak{X}_1^2)^{-1}$, then (87) leads to the recursion formula

$$J_n(\alpha, \beta) = 2^{2-\alpha-\beta}\pi^{\frac{1}{2}(n+1)} \frac{\Gamma\left(\alpha+\beta-\frac{n+1}{2}\right)}{\Gamma(\alpha)\Gamma(\beta)} J_{n-1}(\alpha - \tfrac{1}{2}, \beta - \tfrac{1}{2}).$$

Applying (85) with $\alpha - \frac{1}{2}, \beta - \frac{1}{2}, n - 1$ instead of α, β, n, we obtain the assertion.

Let $q = q_1, q_2, \cdots$ run over a sequence Q of positive integers such that $t \mid q_k$ for any positive integer t and all sufficiently large k; e.g., the sequence $q_k = k!$ has the required property. Let $\alpha_p(\mathfrak{S}, \mathfrak{T})$ be the p-adic density defined in the introduction and set

$$\lambda(\mathfrak{S}, \mathfrak{T}) = \prod_p \alpha_p(\mathfrak{S}, \mathfrak{T}),$$

the product extended over all primes p.

LEMMA 25. *Let q run over a sequence Q, then*

$$(88)\qquad \begin{aligned} 2^{\frac{1}{2}n(m-n+1)} S^{n/2} e^{\pi i \frac{1}{2}n(\frac{1}{2}m-r)} \sum_{\mathfrak{R}\,(\mathrm{mod}\,1)} \gamma(\mathfrak{R})\eta(\mathfrak{T}\mathfrak{R}) \\ = \lim_{q\to\infty} q^{\frac{1}{2}n(n+1)-mn} A_q(\mathfrak{S}, \mathfrak{T}) = \lambda(\mathfrak{S}, \mathfrak{T}), \end{aligned}$$

and the limit exists uniformly with respect to $\mathfrak{T}$.

PROOF. We say that a symmetric matrix $\mathfrak{W}$ is semi-integral, whenever $2\mathfrak{W}$ is integral with even diagonal elements. Plainly, if $\mathfrak{R}$ is any rational symmetric matrix, then $q\mathfrak{R} = \mathfrak{W}$ is semi-integral for all sufficiently large q in the sequence Q. Denote the left-hand member in (88) by B, and use the definition of $\gamma(\mathfrak{R})$ in (46). By Lemmata 11 and 16, the sum is absolutely convergent, and uniformly with respect to $\mathfrak{T}$, whence

$$(89) \qquad 2^{\frac{1}{2}n(n-1)} B = \lim_{q\to\infty} \sum_{\mathfrak{W}\,(\mathrm{mod}\, q)} \mathrm{abs}\, \mathfrak{C}^{-m} \sum_{\mathfrak{G}\,(\mathrm{mod}\, \mathfrak{C})} \eta(q^{-1}(\mathfrak{T} - \mathfrak{S}[\mathfrak{G}])\mathfrak{W}),$$

uniformly in $\mathfrak{T}$, where $\mathfrak{C}$ is denominator of $q^{-1}\mathfrak{W}$ and $\mathfrak{W}^{(n)}$ runs over a complete set of semi-integral symmetric matrices modulo q. Since the number of integral residue classes $\mathfrak{G}^{(m,n)}$ modulo $\mathfrak{C}$ is abs $\mathfrak{C}^m$, it follows that the general term of the outer sum in (89) is not changed, if we replace $\mathfrak{C}$ by any integral non-singular $\mathfrak{C}_1^{(n)}$ such that the value of $\sigma(\mathfrak{S}[\mathfrak{G}]\mathfrak{W})$ modulo q depends only on the residue class of $\mathfrak{G}$ modulo $\mathfrak{C}_1$, for fixed $\mathfrak{W}$. In particular, we may choose $\mathfrak{C}_1 = q\mathfrak{E}$; then $\mathfrak{C}_1$ is independent of $\mathfrak{W}$, and the two summations in (89) can be interchanged.

For any integral symmetric $\mathfrak{M}^{(n)}$, we have

$$\sum_{\mathfrak{W}\,(\mathrm{mod}\, q)} \eta(q^{-1}\mathfrak{M}\mathfrak{W}) = 0,$$

except when all elements of $\mathfrak{M}$ are divisible by q; in the latter case the sum is equal to the number of semi-integral $\mathfrak{W}$ modulo q, namely $2^{\frac{1}{2}n(n-1)}q^{\frac{1}{2}n(n+1)}$. Consequently,

$$B = \lim_{q\to\infty} q^{\frac{1}{2}n(n+1)-mn} A_q(\mathfrak{S}, \mathfrak{T}),$$

uniformly in $\mathfrak{T}$, where $A_q(\mathfrak{S}, \mathfrak{T})$ is the number of modulo q incongruent integral solutions $\mathfrak{G}$ of $\mathfrak{S}[\mathfrak{G}] \equiv \mathfrak{T} \pmod{q}$. This proves the left part of the assertion.

On the other hand let the sequence $p_1 = 2, p_2, p_3, \cdots$ consist of all different prime numbers p, and let $q = q_1q_2 \cdots, q_k = p_k^{b_k}$ $(k = 1, 2, \cdots)$ with non-negative integral b_k. Of course, $b_k = 0$ for all sufficiently large k; suppose that this is true for all $k > \nu$, the positive integer ν depending on q. Let $\mathfrak{W}_k^{(n)}$ $(k = 2, \cdots, \nu)$ run over all integral residue classes modulo q_k and let $\mathfrak{W}_1^{(n)}$ run over all semi-integral residue classes modulo q_1, then $\mathfrak{W} = q(q_1^{-1}\mathfrak{W}_1 + \cdots + q_\nu^{-1}\mathfrak{W}_\nu)$ runs exactly over all semi-integral residue classes modulo q. Also, if $\mathfrak{G}_k^{(m,n)}$ $(k = 1, \cdots, \nu)$ runs over all integral residue classes modulo q_k, then $\mathfrak{G} = q(q_1^{-1}\mathfrak{G}_1 + \cdots + q_\nu^{-1}\mathfrak{G}_\nu)$ does the same modulo q. Since

$$\eta(q^{-1}(\mathfrak{T} - \mathfrak{S}[\mathfrak{G}])\mathfrak{W}) = \prod_{k=1}^{\nu} \eta(q_k^{-1}(\mathfrak{T} - \mathfrak{S}[q_k^{-1}q\mathfrak{G}_k])\mathfrak{W}_k)$$

and the matrices $\mathfrak{G}_k$, $q_k^{-1}q\mathfrak{G}_k$ run at the same time over all integral residue classes modulo q_k, it follows that the sum in (89) is equal to the product of the ν sums

$$s_k = \sum_{\mathfrak{W}_k} q_k^{-m} \sum_{\mathfrak{G}_k\,(\mathrm{mod}\, q_k)} \eta(q_k^{-1}(\mathfrak{T} - \mathfrak{S}[\mathfrak{G}_k])\mathfrak{W}_k) \qquad (k = 1, \cdots, \nu)$$

and that the terms of the outer sum in (89) are obtained by multiplication of the outer terms in the sums $s_1, \cdots, s_\nu$. In view of the absolute convergence of the sum in (88), we infer that $\lim_{b_k\to\infty} s_k$ exists for each $k = 1, 2, \cdots$, and that

$$2^{\frac{1}{2}n(n-1)}B = \prod_{k=1}^{\infty} \lim_{b_k\to\infty} s_k .$$

Also,

$$s_1 = 2^{\frac{1}{2}n(n-1)} q_1^{\frac{1}{2}n(n+1)-mn} A_{q_1}(\mathfrak{S}, \mathfrak{T}), \qquad s_k = q_k^{\frac{1}{2}n(n+1)-mn} A_{q_k}(\mathfrak{S}, \mathfrak{T}) \quad (k = 2, 3, \cdots);$$

consequently the densities $\alpha_p(\mathfrak{S}, \mathfrak{T})$ exist and

$$B = \prod_p \alpha_p(\mathfrak{S}, \mathfrak{T}) = \lambda(\mathfrak{S}, \mathfrak{T}).$$

This proves the right part of the assertion.

By (84) and Lemmata 24, 25, we obtain

$$(90) \qquad \epsilon^{-j}T(\epsilon) = \pi^{\frac{1}{2}n(n+3)} S^{-n/2}\lambda(\mathfrak{S}, \mathfrak{T}) \prod_{k=0}^{n-1} \frac{\Gamma\left(\dfrac{m-n-k-1}{2}\right)}{\Gamma\left(\dfrac{r-k}{2}\right)\Gamma\left(\dfrac{m-r-k}{2}\right)} + o(1).$$

Set

$$(91) \qquad \rho_l^{-1} = \prod_{k=1}^{l} \pi^{-k/2}\Gamma\left(\frac{k}{2}\right) \qquad (l = 1, 2, \cdots),$$

$\rho_0 = 1$ and $\rho_l^{-1} = 0$ for $l < 0$, then (79) and (90) imply

THEOREM 4. *If $2n + 2 < m$, then*

$$\lim_{\epsilon\to 0} \epsilon^{\frac{1}{2}n(m-n-1)} \sum_{\mathfrak{S}[\mathfrak{G}]=\mathfrak{T}} e^{-\frac{1}{2}\pi\epsilon\sigma(\mathfrak{H}[\mathfrak{G}])} = \frac{\rho_r\,\rho_{m-r}\,\rho_{m-2n-1}}{\rho_{r-n}\,\rho_{m-r-n}\,\rho_{m-n-1}} S^{-n/2} \prod_p \alpha_p(\mathfrak{S}, \mathfrak{T}),$$

uniformly for $m_1(\mathfrak{H}) > h_0 > 0$.

For the later proof of Theorem 1, we need the following estimate of $T(\epsilon)$ which holds uniformly in the whole $\mathfrak{H}$-space.

THEOREM 5. *Suppose that $2n + 2 < m$ and $0 < \epsilon < 1$, then*

$$\epsilon^{\frac{1}{2}n(m-n-1)} \sum_{\mathfrak{S}[\mathfrak{G}]=\mathfrak{T}} e^{-\frac{1}{2}\pi\epsilon\sigma(\mathfrak{H}[\mathfrak{G}])} < a_{23} \prod_{k=1}^{m} (1 + h_k^{-n/2}),$$

where $h_k = m_k(\mathfrak{H})$ $(k = 1, \cdots, m)$ and a_{23} depends only on m and S.

PROOF. We have to repeat the argument leading to Lemma 21. Suppose that $0 < \epsilon < a_{17}$ and put

$$(92) \qquad \int_E \operatorname{abs} f(\mathfrak{Z})\, dv_n = \sum_{h=1}^{n} \Delta_h^*,$$

with $\mathfrak{Z} = \mathfrak{X} + i\,\epsilon\,\mathfrak{E}$, where Δ_h^* is the integral extended over the union of all domains $E_0(\mathfrak{F}, \mathfrak{R})$ with h-rowed $\mathfrak{R}$. Instead of (76), we use the inequality

$$(93) \qquad \operatorname{abs} f(\mathfrak{Z}) < a_{24} \left|\mathfrak{R}_0\right|^{-m/2} \operatorname{abs}(\mathfrak{Z}[\mathfrak{F}] + \mathfrak{R}_0)^{-m/2} \prod_{k=1}^{m} (1 + h_k^{-n/2})$$

following from Lemmata 5, 17, 20, for all points $\mathfrak{X}$ in $E^*(\mathfrak{F}, \mathfrak{R}_0)$. If we replace the factor a_2 on the right-hand side in (76) by $a_{24} \prod_{k=1}^{m} (1 + h_k^{-n/2})$, then we get the right-hand side in (93); we remark that the latter factor does not depend on $\mathfrak{Z}$. Otherwise, the proof remains the same, and we infer that

$$(94) \qquad \Delta_h^* < a_{25}\, \epsilon^{\frac{1}{2}h(h+1-m)} \prod_{k=1}^{m} (1 + h_k^{-n/2}).$$

On the other hand, $h(h + 1 - m) \geqq n(n + 1 - m)$, for $h = 1, \cdots, n$, and

$$(95) \qquad T(4\epsilon) \leqq \int_E \operatorname{abs} f(\mathfrak{Z})\, dv_n\,,$$

by (80). Because of $a_{17} = \frac{1}{2}\sqrt{3} > \frac{1}{4}$, the assertion follows from (79), (92), (94), (95), if we replace ϵ by $\dfrac{\epsilon}{4}$.

10. Integration over $\mathfrak{H}$

If $\mathfrak{X} = (x_{kl})$ is a real matrix with independently variable elements, we define $\{d\mathfrak{X}\} = \prod_{k,l} dx_{kl}$; analogously, for symmetric $\mathfrak{X}$, we define $\{d\mathfrak{X}\} = \prod_{k \leqq l} dx_{kl}$. For any complex square matrix designated by a capital Gothic letter, we denote the absolute value of the determinant by the corresponding capital Roman letter; e.g., abs $\mathfrak{T} = T$.

Let $\mathfrak{V}^{(\mu)}$ be a non-singular real symmetric matrix of signature α, $\mu - \alpha$, and let $\mathfrak{F}^{(\mu,\nu)}$ be a real matrix such that $\mathfrak{V}[\mathfrak{F}] = \mathfrak{T}$ has the signature α, $\nu - \alpha$. If $\mathfrak{X}^{(\mu,\lambda)}$ is a variable real matrix, then the formula

$$\mathfrak{V}[\mathfrak{F}, \mathfrak{X}] = \mathfrak{W} = \begin{pmatrix} \mathfrak{T} & \mathfrak{Q} \\ \mathfrak{Q}' & \mathfrak{R} \end{pmatrix}$$

with $\mathfrak{Q} = \mathfrak{F}'\mathfrak{V}\mathfrak{X}$, $\mathfrak{R} = \mathfrak{V}[\mathfrak{X}]$, defines a mapping of the $\mathfrak{X}$-space into the $\mathfrak{Q}$, $\mathfrak{R}$-space. Suppose that $\mathfrak{W}$ is non-singular, then $\nu + \lambda \leqq \mu$, and the signature of $\mathfrak{W}$ is α, $\nu + \lambda - \alpha$.

Lemma 26. *Let D be any domain in the $\mathfrak{Q}$, $\mathfrak{R}$-space such that $\mathfrak{W}$ has the signature α, $\nu + \lambda - \alpha$, let D_0 be the domain in the $\mathfrak{X}$-space which is mapped into D, and define $T = 1$ for $\nu = 0$; then*

$$(96) \quad \int_{D_0} g(\mathfrak{W})\{d\mathfrak{X}\} = \frac{\rho_{\mu-\nu}}{\rho_{\mu-\nu-\lambda}} (VT)^{-\lambda/2} \int_D g(\mathfrak{W})(TW^{-1})^{\frac{1}{2}(\lambda+\nu-\mu+1)} \{d\mathfrak{Q}\}\{d\mathfrak{R}\},$$

for any integrable function $g(\mathfrak{W})$ of the elements of $\mathfrak{W}$.

Proof. In view of the mean value theorem, it suffices to prove the assertion for $g(\mathfrak{W}) = 1$. We consider first the particular case $\lambda = 1$, $\nu = 0$; then $\alpha = 0$,

$-\mathfrak{W}$ is a positive symmetric matrix $\mathfrak{P}^{(\mu)}$ and $\mathfrak{W} = \mathfrak{R}$ is a negative number $r = -p$. The volume of the ellipsoid $\mathfrak{P}[\mathfrak{x}] \leqq p$ is

$$s(p) = \frac{\pi^{\mu/2}}{\Gamma\left(\frac{\mu}{2}+1\right)} \,|\,\mathfrak{P}\,|^{-\frac{1}{2}} p^{\mu/2};$$

moreover, $\pi^{\mu/2}/\Gamma\left(\frac{\mu}{2}\right) = \rho_\mu/\rho_{\mu-1}$, by (91); hence

$$(97) \qquad \int_{\mathfrak{P}[\mathfrak{x}]\leqq a} \{d\mathfrak{x}\} = \int_0^a \frac{ds(p)}{dp}\, dp = \frac{\rho_\mu}{\rho_{\mu-1}} \,|\,\mathfrak{P}\,|^{-\frac{1}{2}} \int_0^a p^{\frac{1}{2}\mu-1}\, dp.$$

This proves (96) for $\lambda = 1$, $\nu = 0$.

Suppose next that $\lambda = 1$, $\nu > 0$; then $\mathfrak{Q} = \mathfrak{q}$ is a column of ν elements and $\mathfrak{R} = r$ is again a number. We choose a real matrix $\mathfrak{F}_1^{(\mu,\mu-\nu)}$ such that $(\mathfrak{F}, \mathfrak{F}_1) = \mathfrak{M}$ is non-singular and set

$$(98) \qquad \mathfrak{M}^{-1}(\mathfrak{F}, \mathfrak{x}) = \begin{pmatrix} \mathfrak{E}^{(\nu)} & \mathfrak{y}_1 \\ 0 & \mathfrak{y}_2 \end{pmatrix}, \qquad \mathfrak{W}[\mathfrak{M}] = \begin{pmatrix} \mathfrak{T} & \mathfrak{Q}_0 \\ \mathfrak{Q}_0' & \mathfrak{R}_0 \end{pmatrix} = \mathfrak{W}_0,$$

$$\mathfrak{R}_0 - \mathfrak{T}^{-1}[\mathfrak{Q}_0] = -\mathfrak{P}_0, \qquad r - \mathfrak{T}^{-1}[\mathfrak{q}] = -p;$$

then

$$(99) \qquad \mathfrak{W}_0 = \begin{pmatrix} \mathfrak{T} & 0 \\ 0 & -\mathfrak{P}_0 \end{pmatrix}\begin{bmatrix} \mathfrak{E} & \mathfrak{T}^{-1}\mathfrak{Q}_0 \\ 0 & \mathfrak{E} \end{bmatrix}, \qquad \mathfrak{W} = \begin{pmatrix} \mathfrak{T} & 0 \\ 0 & -p \end{pmatrix}\begin{bmatrix} \mathfrak{E} & \mathfrak{T}^{-1}\mathfrak{q} \\ 0 & 1 \end{bmatrix},$$

$$(100) \qquad \mathfrak{T}^{-1}\mathfrak{q} = \mathfrak{y}_1 + \mathfrak{T}^{-1}\mathfrak{Q}_0\mathfrak{y}_2, \qquad \mathfrak{P}_0[\mathfrak{y}_2] = p.$$

Since $\mathfrak{W}$ and $\mathfrak{T}$ have the signatures α, $\mu - \alpha$ and α, $\nu - \alpha$, it follows that $\mathfrak{P}_0$ and p are positive. Instead of $\mathfrak{x}$, we introduce the variables $\mathfrak{q}$, $\mathfrak{y}_2$ into the left-hand integrand in (96); by (98), (99), (100), we have

$$\{d\mathfrak{x}\} = M\{d\mathfrak{y}_1\}\{d\mathfrak{y}_2\}, \qquad \{d\mathfrak{y}_1\} = T^{-1}\{d\mathfrak{q}\}, \qquad VM^2 = TP_0,$$

whence

$$\{d\mathfrak{x}\} = (VTP_0^{-1})^{-\frac{1}{2}}\{d\mathfrak{q}\}\{d\mathfrak{y}_2\}.$$

We perform the integration over $\mathfrak{y}_2$, for fixed $\mathfrak{q}$ and variable r. Since $\mathfrak{P}_0[\mathfrak{y}_2] = p = \mathfrak{T}^{-1}[\mathfrak{q}] - r$ is a positive number, we may apply (97), with $\mathfrak{P}_0$, $\mu - \nu$ instead of $\mathfrak{P}$, μ. By (99), we have $p = WT^{-1}$, and the assertion (96) follows readily, for $\lambda = 1$ and arbitrary $\nu < \mu$.

In the remaining case $\lambda > 1$, we apply induction with respect to λ. We split $\mathfrak{X} = (\mathfrak{X}_0, \mathfrak{x})$ and set

$$(\mathfrak{F}, \mathfrak{X}_0) = \mathfrak{F}_0, \qquad \mathfrak{W}[\mathfrak{F}_0] = \mathfrak{W}_0 = \begin{pmatrix} \mathfrak{T} & \mathfrak{Q}_0 \\ \mathfrak{Q}_0' & \mathfrak{R}_0 \end{pmatrix}, \qquad \mathfrak{W}[\mathfrak{F}_0, \mathfrak{x}] = \begin{pmatrix} \mathfrak{W}_0 & \mathfrak{q} \\ \mathfrak{q}' & r \end{pmatrix}.$$

Use (96) with $\lambda = 1$ and $\mathfrak{F}_0$, $\mathfrak{x}$ instead of $\mathfrak{F}$, $\mathfrak{X}$; then

$$(101)\quad \int \{d\mathfrak{X}\} = \frac{\rho_{\mu-\nu-\lambda+1}}{\rho_{\mu-\nu-\lambda}} \int \left((VW_0)^{-\frac{1}{2}} \int (W_0 W^{-1})^{\frac{1}{2}(\lambda+\nu-\mu+1)} \{d\mathfrak{q}\}\{dr\} \right) \{d\mathfrak{X}_0\}.$$

Using (96) once more with $\lambda - 1$, $\mathfrak{F}$, $\mathfrak{X}_0$, $\mathfrak{W}_0$ instead of λ, $\mathfrak{F}$, $\mathfrak{X}$, $\mathfrak{W}$, we obtain

$$(102)\quad \int g(\mathfrak{W}_0)\{d\mathfrak{X}_0\} = \frac{\rho_{\mu-\nu}}{\rho_{\mu-\nu-\lambda+1}} (VT)^{-\frac{1}{2}(\lambda-1)} \int g(\mathfrak{W}_0)(TW_0^{-1})^{\frac{1}{2}(\lambda+\nu-\mu)} \{d\mathfrak{Q}_0\}\{d\mathfrak{R}_0\}.$$

Since $W = W_0(\mathfrak{W}_0^{-1}[\mathfrak{q}] - r)$, the outer right-hand integrand in (101) is a function $g(\mathfrak{W}_0)$, and the assertion (96) follows from (101), (102), for arbitrary λ. The lemma is now completely proved.

In the special case $\mathfrak{B} = -\mathfrak{E}$, $\nu = 0$, $\lambda = \mu$, $g(\mathfrak{W}) = 1$, the formula (96) becomes

$$\int_{D_0} \{d\mathfrak{X}\} = \rho_\mu \int_D W^{-\frac{1}{2}}\{d\mathfrak{W}\},$$

with $[\mathfrak{X}] = \mathfrak{W}$; this proves that ρ_μ is the volume of the space of the μ-rowed orthogonal matrices, computed with the volume element (1).

Both sides in the assertion of Theorem 1 are class-invariants, i.e., invariants with respect to the transformation $\mathfrak{S} \to \mathfrak{S}[\mathfrak{U}]$ for unimodular $\mathfrak{U}$; therefore it suffices to prove Theorem 1 for $\mathfrak{S}[\mathfrak{U}]$ instead of $\mathfrak{S}$, with suitably chosen $\mathfrak{U}$.

Lemma 27. *Let $\mathfrak{S}$ have the signature r, $m - r$; then there exists a primitive $\mathfrak{F}^{(m,m-r)}$ such that $-\mathfrak{S}[\mathfrak{F}] > 0$.*

Proof. Choose the real $\mathfrak{K}^{(m)}$ such that $\mathfrak{S}[\mathfrak{K}] = [p_1, \cdots, p_m]$, $p_k = -1$ $(k = 1, \cdots, m - r)$, $p_k = 1$ $(k = m - r + 1, \cdots, m)$, and let $\mathfrak{F}_0$ denote the matrix of the first $m - r$ columns in $\mathfrak{K}$; then $-\mathfrak{S}[\mathfrak{F}_0] = \mathfrak{E}^{(m-r)} > 0$. Consequently, there exists also a rational $\mathfrak{F}_1^{(m,m-r)}$ with $-\mathfrak{S}[\mathfrak{F}_1] > 0$. Determine a non-singular rational $\mathfrak{Q}^{(m-r)}$ such that $\mathfrak{F}_1\mathfrak{Q} = \mathfrak{F}$ is primitive; then $\mathfrak{F}$ has the required property.

Since any primitive matrix can be completed to a unimodular matrix, it follows from Lemma 27 that the condition (14) of Lemma 4 may be satisfied within the class of $\mathfrak{S}$. Henceforth we shall suppose that $\mathfrak{S}$ already fulfills (14). By Lemma 4, we have then the parametric representation (15) of the space H of all positive symmetric $\mathfrak{H}$ satisfying $\mathfrak{H}\mathfrak{S}^{-1}\mathfrak{H} = \mathfrak{S}$, namely

$$(103)\quad \mathfrak{H} = 2\mathfrak{W}^{-1}[\mathfrak{X}'\mathfrak{S}] - \mathfrak{S}, \qquad \mathfrak{S}[\mathfrak{X}] = \mathfrak{W} > 0, \qquad \mathfrak{X} = \begin{pmatrix} \mathfrak{Y} \\ \mathfrak{E} \end{pmatrix},$$

with variable real $\mathfrak{Y}^{(m-r,r)}$. We introduce the volume element

$$(104)\qquad dv_H = S^{r/2}W^{-m/2}\{d\mathfrak{Y}\}.$$

Let $\mathfrak{X}_0^{(r)}$ and $\mathfrak{X}_2^{(m,m-r)}$ be variable real matrices and define

$$(105)\quad \mathfrak{X}_1 = (\mathfrak{X}\mathfrak{X}_0, \mathfrak{X}_2), \qquad \mathfrak{S}[\mathfrak{X}_1] = \mathfrak{W}_1 = \begin{pmatrix} \mathfrak{W}_0 & \mathfrak{Q} \\ \mathfrak{Q}' & \mathfrak{R} \end{pmatrix}, \qquad \mathfrak{W}_0 = \mathfrak{S}[\mathfrak{X}\mathfrak{X}_0] = \mathfrak{W}[\mathfrak{X}_0].$$

Choose a domain D in the $\mathfrak{W}_1$-space such that $\mathfrak{W}_0 > 0$ and that $\mathfrak{W}_1$ has the signature r, $m - r$; also, let H_0 be a domain in H. In view of (103), (105), the $\mathfrak{X}_1$-space is mapped into the $\mathfrak{H}$, $\mathfrak{W}_1$-space; let D_0 be the domain of all $\mathfrak{X}_1$ such that $\mathfrak{H}$ lies in H_0 and $\mathfrak{W}_1$ in D.

LEMMA 28.

$$\int_{D_0} \{d\mathfrak{X}_1\} = \rho_r \rho_{m-r} S^{-m/2} \int_{H_0} dv_H \int W_1^{-\frac{1}{2}} \{d\mathfrak{W}_1\}.$$

PROOF. Suppose first that $\mathfrak{X}$ and $\mathfrak{X}_0$ are given; then also $\mathfrak{W}_0$ is fixed. Let $D(\mathfrak{W}_0)$ be the corresponding cross-section of D, and let $D_0(\mathfrak{W}_0)$ be the set of $\mathfrak{X}_2$ mapped into $D(\mathfrak{W}_0)$. Since $\mathfrak{W}_0$ has the signature r, 0, we may apply Lemma 26 with $\mu = m$, $\nu = r$, $\lambda = m - r$ and $\mathfrak{X}_2$, $\mathfrak{S}$, $\mathfrak{W}_0$, $\mathfrak{W}_1$ instead of $\mathfrak{X}$, $\mathfrak{B}$, $\mathfrak{T}$, $\mathfrak{W}$; hence

$$(106) \quad \int_{D_0(\mathfrak{W}_0)} \{d\mathfrak{X}_2\} = \rho_{m-r}(SW_0)^{\frac{1}{2}(r-m)} \int_{D(\mathfrak{W}_0)} (W_0 W_1^{-1})^{\frac{1}{2}} \{d\mathfrak{Q}\}\{d\mathfrak{R}\} = f(\mathfrak{W}_0),$$

say. For variable $\mathfrak{X}$, $\mathfrak{X}_0$, we have

$$(107) \qquad \{d\mathfrak{X}_1\} = X_0^{m-r}\{d\mathfrak{Y}\}\{d\mathfrak{X}_0\}, \qquad X_0 = (W_0 W^{-1})^{\frac{1}{2}},$$

by (105). Using Lemma 26 once more, with $\mu = r$, $\nu = 0$, $\lambda = r$ and $\mathfrak{X}_0$, $\mathfrak{W}$, $\mathfrak{W}_0$, $X_0^{m-r} f(\mathfrak{W}_0)$ instead of $\mathfrak{X}$, $\mathfrak{B}$, $\mathfrak{W}$, $g(\mathfrak{W})$, we obtain

$$(108) \qquad \int f(\mathfrak{W}_0) X_0^{m-r} \{d\mathfrak{X}_0\} = \rho_r W^{-m/2} \int f(\mathfrak{W}_0) W_0^{\frac{1}{2}(m-r-1)} \{d\mathfrak{W}_0\},$$

both integrations extended over the whole space. Integrating (106) over $\mathfrak{X}_1$ and using (106), (107), (108), we get the desired result.

Let $\Omega(\mathfrak{S})$ be the group of all real $\mathfrak{U}$ with $\mathfrak{S}[\mathfrak{U}] = \mathfrak{S}$. The transformation $\mathfrak{H} \to \mathfrak{H}[\mathfrak{U}]$ maps H onto itself, for all $\mathfrak{U}$ in $\Omega(\mathfrak{S})$; because of $\{d(\mathfrak{U}\mathfrak{X}_1)\} = \{d\mathfrak{X}_1\}$, we infer from Lemma 28 that the volume element dv_H is invariant under this mapping. It can be proved that dv_H is the volume element for the invariant metric defined by $ds^2 = \frac{1}{8}\sigma(\mathfrak{H}^{-1}d\mathfrak{H}\mathfrak{H}^{-1}d\mathfrak{H})$; however, we do not need this relation, and we omit the proof.

On the other hand, the definition of the volume element dv in (1) implies the formula

$$\int_{D_0} \{d\mathfrak{X}_1\} = S^{\frac{1}{2}} \int_D W_1^{-\frac{1}{2}} v(D_0, \mathfrak{W}_1) \{d\mathfrak{W}_1\},$$

where $v(D_0, \mathfrak{W}_1)$, for any fixed $\mathfrak{W}_1$, is the volume of the cross-section $\mathfrak{S}[\mathfrak{X}_1] = \mathfrak{W}_1$ of D_0, computed with the volume element (1). It follows from Lemma 28 that

$$(109) \qquad v(D_0, \mathfrak{W}_1) = \rho_r \rho_{m-r} S^{-\frac{1}{2}(m+1)} \int_{H_0} dv_H .$$

Consider now the group $\Gamma(\mathfrak{S})$ of all units of $\mathfrak{S}$, i.e., the subgroup of all integral $\mathfrak{U}$ in $\Omega(\mathfrak{S})$. Plainly, $\mathfrak{U}$ and $-\mathfrak{U}$ lead to the same mapping $\mathfrak{H} \to \mathfrak{H}[\mathfrak{U}]$ on H.

Identifying $\mathfrak{U}$ and $-\mathfrak{U}$, we obtain a factor group $\Gamma^*(\mathfrak{S})$ of $\Gamma(\mathfrak{S})$. We have to use some known properties of $\Gamma^*(\mathfrak{S})$; the proofs are contained in my paper: *Einheiten quadratischer Formen*, Abh. Math. Sem. Hansischen Univ. 13, pp. 209–239 (1940).

The group $\Gamma^*(\mathfrak{S})$ is discontinuous on H and possesses there a fundamental domain H_0 of finite volume $v_H(\mathfrak{S})$, measured with the volume element (104); the trivial case of a decomposable binary quadratic form being excepted. The image F_0 of H_0 on the cross-section $\mathfrak{S}[\mathfrak{X}_1] = \mathfrak{W}_1$ of D_0, for fixed $\mathfrak{W}_1$, admits the mapping $\mathfrak{X}_1 \to -\mathfrak{X}_1$ onto itself; consequently, F_0 is the double of a fundamental domain for the representation $\mathfrak{X}_1 \to \mathfrak{U}\mathfrak{X}_1$ of $\Gamma(\mathfrak{S})$. In view of the definition of $\rho(\mathfrak{S})$ in the introduction, (109) leads to the formula

$$\rho(\mathfrak{S}) = \tfrac{1}{2}\rho_r \rho_{m-r} S^{-\frac{1}{2}(m+1)} v_H(\mathfrak{S}). \tag{110}$$

LEMMA 29. *Let $m_k(\mathfrak{H}) = h_k$ $(k = 1, \cdots, m)$ and suppose that $2n + 2 < m$; then*

$$\int_{H_0} \prod_{k=1}^{m} (1 + h_k^{-n/2})\, dv_H < a_{26}\,.$$

PROOF. Obviously, $\Gamma(\mathfrak{S})$ and H are not changed if $\mathfrak{S}$ is replaced by $-\mathfrak{S}$; therefore we may suppose that $r \leqq m - r$.

Let l be an integer in the interval $0 \leqq l \leqq r$, and let $g_1, \cdots, g_l$ denote arbitrary positive integers. Let $H(l; g_1, \cdots, g_l)$ be the set of all $\mathfrak{H}$ in the fundamental domain H_0 satisfying the following conditions:

$$-g_l < \log h_l \leqq 1 - g_l\,, \qquad -g_k < \log \frac{h_k}{h_{k+1}} \leqq 1 - g_k \quad (k = 1, \cdots, l-1),$$

$$h_l h_{m-l} < 1\,, \qquad h_k h_{m-k} \geqq 1 \qquad (l < k < m - l);$$

in case $l = 0$, these conditions mean $h_k h_{m-k} \geqq 1$ $(k = 1, \cdots, m-1)$. Plainly,

$$\prod_{k=1}^{l} h_k \geqq e^{-\sum_{k=1}^{l} k g_k}\,; \tag{111}$$

on the other hand, it is known that

$$h_k > a_{27} \qquad (k = l+1, \cdots, m), \tag{112}$$

that the sets $H(l; g_1, \cdots, g_l)$, for $g_1, \cdots, g_l = 1, 2, \cdots$ and $l = 0, \cdots, r$, cover H_0 completely, and that their volumes satisfy the inequality

$$\int_{H(l; g_1, \cdots, g_l)} dv_H < a_{28}\, e^{-\frac{1}{2}\sum_{k=1}^{l} k(m-k-1)g_k}\,. \tag{113}$$

It follows from (111), (112), (113) that

$$\int_{H_0} \prod_{k=1}^{m} (1 + h_k^{-n/2})\, dv_H < a_{29} \sum_{l=0}^{r} \sum_{g_1, \cdots, g_l} e^{-\frac{1}{2}\sum_{k=1}^{l} k(m-n-k-1)g_k}\,, \tag{114}$$

where the inner sum means 1 for $l = 0$ and $g_1, \cdots, g_l$ run independently over all positive integers. Since $2n + 2 < m$ and $r \leqq m - r$, we have

$$m - n - k - 1 \geqq m - n - l - 1 \geqq m - n - r - 1 > m - \frac{m}{2} - \frac{m}{2} = 0;$$

hence the sum in (114) converges, and the assertion is proved.

We multiply the formula of Theorem 4 by dv_H and integrate over the fundamental domain H_0. In view of Theorem 5 and Lemma 29, the integration over $\mathfrak{H}$ and the passage to the limit $\epsilon \to 0$ may be interchanged. By (110), we obtain

LEMMA 30. *Let $2n + 2 < m$, then*

$$\lim_{\epsilon \to 0} \epsilon^{\frac{1}{2}n(m-n-1)} \sum_{\mathfrak{S}[\mathfrak{G}]=\mathfrak{T}} \int_{H_0} e^{-\frac{1}{2}\pi\epsilon\sigma(\mathfrak{H}[\mathfrak{G}])}\, dv_H$$

$$= \frac{2\rho_{m-2n-1}}{\rho_{r-n}\,\rho_{m-r-n}\,\rho_{m-n-1}} S^{\frac{1}{2}(m-n+1)} \rho(\mathfrak{S}) \prod_p \alpha_p(\mathfrak{S}, \mathfrak{T}).$$

If $\mathfrak{T} = 0$, then $\mathfrak{G} = 0$ is a solution of $\mathfrak{S}[\mathfrak{G}] = \mathfrak{T}$. Obviously, Lemma 30 remains true if we cancel this term; henceforth we shall suppose that $\mathfrak{G} \neq 0$.

Consider now the subgroup $\Gamma(\mathfrak{S}, \mathfrak{G})$ of $\Gamma(\mathfrak{S})$ consisting of all $\mathfrak{U}$ in $\Gamma(\mathfrak{S})$ satisfying $\mathfrak{U}\mathfrak{G} = \mathfrak{G}$. Since $-\mathfrak{E}$ does not belong to $\Gamma(\mathfrak{S}, \mathfrak{G})$, we may choose a sequence $\mathfrak{U}_1, \mathfrak{U}_2, \cdots$ of elements in $\Gamma(\mathfrak{S})$ such that $\mathfrak{U}_k, -\mathfrak{U}_k$ $(k = 1, 2, \cdots)$ represent the left cosets of $\Gamma(\mathfrak{S}, \mathfrak{G})$ relative to $\Gamma(\mathfrak{S})$. Let $H(\mathfrak{G})$ denote the union of all images of H_0 under the transformations $\mathfrak{H} \to \mathfrak{H}[\mathfrak{U}_k]$ $(k = 1, 2, \cdots)$; plainly, $H(\mathfrak{G})$ is a fundamental domain for $\Gamma(\mathfrak{S}, \mathfrak{G})$ in H. On the other hand, the set of all $\pm\mathfrak{U}_k\mathfrak{G}$ $(k = 1, 2, \cdots)$ consists of the solutions $\mathfrak{X}$ of $\mathfrak{S}[\mathfrak{X}] = \mathfrak{T}$ which are associate with the given solution $\mathfrak{G}$, relative to $\Gamma(\mathfrak{S})$. Hence

$$(115) \qquad \sum_{\mathfrak{G}_1} \int_{H_0} e^{-\frac{1}{2}\pi\epsilon\sigma(\mathfrak{H}[\mathfrak{G}_1])}\, dv_H = 2\int_{H(\mathfrak{G})} e^{-\frac{1}{2}\pi\epsilon\sigma(\mathfrak{H}[\mathfrak{G}])}\, dv_H,$$

where $\mathfrak{G}_1$ runs over all matrices associate with $\mathfrak{G}$.

Let t be the rank of $\mathfrak{T}^{(n)}$. For the proof of Theorem 1 we may suppose that $\mathfrak{T} = \begin{pmatrix}\mathfrak{T}_0 & 0\\ 0 & 0\end{pmatrix}$, with non-singular $\mathfrak{T}_0^{(t)}$. Suppose that h is the rank of a given solution $\mathfrak{G}$ of $\mathfrak{S}[\mathfrak{G}] = \mathfrak{T}$; plainly $t \leqq h \leqq n$.

LEMMA 31. *There exist an integral $\mathfrak{C}^{(m,h)}$ of rank h and a primitive $\mathfrak{F}^{(h-t,n-t)}$ such that*

$$\mathfrak{G} = \mathfrak{C}\mathfrak{P}, \qquad \mathfrak{P} = \begin{pmatrix}\mathfrak{E}^{(t)} & 0\\ 0 & \mathfrak{F}\end{pmatrix}.$$

PROOF. Any integral $\mathfrak{G}^{(m,n)}$ of rank h can be expressed in the form $\mathfrak{G} = \mathfrak{C}\mathfrak{P}$, with integral $\mathfrak{C}^{(m,h)}$ of rank h and primitive $\mathfrak{P}^{(h,n)}$, and $\mathfrak{P}$ is determined up to a unimodular factor $\mathfrak{V}^{(h)}$ on the left side. Let s be the rank of $\mathfrak{S}[\mathfrak{C}]$; since $\mathfrak{C}, \mathfrak{P}$ may be replaced by $\mathfrak{C}\mathfrak{V}^{-1}, \mathfrak{V}\mathfrak{P}$, we may suppose that also $\mathfrak{S}[\mathfrak{C}] = \begin{pmatrix}\mathfrak{T}_1 & 0\\ 0 & 0\end{pmatrix}$, with non-singular $\mathfrak{T}_1^{(s)}$. Set $\mathfrak{P} = \begin{pmatrix}\mathfrak{P}_1 & \mathfrak{P}_{12}\\ \mathfrak{P}_{21} & \mathfrak{F}\end{pmatrix}$, where $\mathfrak{P}_1$ has s rows and t columns;

then $\mathfrak{T}_1[\mathfrak{P}_1, \mathfrak{P}_{12}] = \mathfrak{T}$. The matrix $(\mathfrak{P}_1, \mathfrak{P}_{12})$ has the rank $s \leqq n$ and n columns; hence $s = t$. Furthermore, $\mathfrak{T}_1[\mathfrak{P}_1] = \mathfrak{T}_0$ and $\mathfrak{P}_1'\mathfrak{T}_1\mathfrak{P}_{12} = 0$, whence $\mathfrak{P}_{12} = 0$. It follows that $\mathfrak{P}_1$ and $\mathfrak{B} = \begin{pmatrix} \mathfrak{P}_1 & 0 \\ \mathfrak{P}_{21} & \mathfrak{E} \end{pmatrix}^{-1}$ are unimodular. Replacing $\mathfrak{C}$, $\mathfrak{P}$ by $\mathfrak{C}\mathfrak{B}^{-1}$, $\mathfrak{B}\mathfrak{P}$, we obtain the assertion.

Obviously, $\Gamma(\mathfrak{S}, \mathfrak{G}) = \Gamma(\mathfrak{S}, \mathfrak{C})$, and we may choose $H(\mathfrak{C}) = H(\mathfrak{G})$. Let $\rho(\mathfrak{S}, \mathfrak{C})$ be the volume of a fundamental domain of $\Gamma(\mathfrak{S}, \mathfrak{C})$ computed with the volume element (1), according to the definition in the introduction.

LEMMA 32. *Suppose that $n \leqq r$, $n \leqq m - r$, $2n + 2 < m$, then*

$$\epsilon^{\frac{1}{2}h(m-h-1)} \int_{H(\mathfrak{G})} e^{-\frac{1}{2}\pi\epsilon\sigma(\mathfrak{H}[\mathfrak{G}])}\, dv_H =$$

$$\frac{\rho_{m-2h+t-1}}{\rho_{r-h}\,\rho_{m-r-h}\,\rho_{m-h-1}} S^{\frac{1}{2}(m-h+1)} \left|[\mathfrak{F}']\right|^{\frac{1}{2}(h-m+1)} \rho(\mathfrak{S}, \mathfrak{C}) \int_{\mathfrak{Z}>0,\, \mathfrak{Z}+\epsilon\mathfrak{T}_0>0} e^{-\pi\sigma(\mathfrak{Z}+\frac{1}{2}\epsilon\mathfrak{T}_0)} |\mathfrak{Z}|^{\frac{1}{2}(m-r-h-1)}$$

$$|\mathfrak{Z} + \epsilon\mathfrak{T}_0|^{\frac{1}{2}(r-h-1)}\{d\mathfrak{Z}\},$$

where the integration is extended over all real symmetric $\mathfrak{Z}^{(t)}$ satisfying $\mathfrak{Z} > 0$ and $\mathfrak{Z} + \epsilon\mathfrak{T}_0 > 0$.

PROOF. Let $\mathfrak{X}_1^{(m,m-h)}$ be variable in a domain D_0, and let D be the image of D_0 in the $\mathfrak{Q}$, $\mathfrak{R}$-space determined by $\mathfrak{S}[\mathfrak{C}, \mathfrak{X}_1] = \mathfrak{W}_1 = \begin{pmatrix} \mathfrak{S}_1 & \mathfrak{Q} \\ \mathfrak{Q}' & \mathfrak{R} \end{pmatrix}$, with $\mathfrak{S}_1 = \mathfrak{S}[\mathfrak{C}] = \begin{pmatrix} \mathfrak{T}_0 & 0 \\ 0 & 0 \end{pmatrix}$. Denote by $V(D_0, \mathfrak{W}_1)$ the volume of the cross-section of D_0, for fixed $\mathfrak{W}_1$, computed with the volume element (1); then

$$\int_{D_0} \{d\mathfrak{X}_1\} = S^{\frac{1}{2}} \int_D W_1^{-\frac{1}{2}} V(D_0, \mathfrak{W}_1)\{d\mathfrak{Q}\}\{d\mathfrak{R}\}. \tag{116}$$

Since $h \leqq n \leqq m - r$, we may split $\mathfrak{X}_1 = (\mathfrak{X}\mathfrak{X}_0, \mathfrak{X}_2)$, $\mathfrak{X} = \begin{pmatrix} \mathfrak{Y} \\ \mathfrak{E} \end{pmatrix}$, where $\mathfrak{X}_2$ has $m - h - r$ columns. Set again $\mathfrak{S}[\mathfrak{X}] = \mathfrak{W}$, $2\mathfrak{W}^{-1}[\mathfrak{X}'\mathfrak{S}] - \mathfrak{S} = \mathfrak{H}$, and define D_0 in the following way: D is a given domain in the space of the matrices $\mathfrak{Q}$, $\mathfrak{R}$ such that $\mathfrak{W}_1 = \begin{pmatrix} \mathfrak{S}_1 & \mathfrak{Q} \\ \mathfrak{Q}' & \mathfrak{R} \end{pmatrix}$ has the signature r, $m - r$, and D_0 consists of all points $\mathfrak{X}_1$ mapped into D and subjected to the condition that $\mathfrak{H}$ lies in $H(\mathfrak{C})$.

For all elements $\mathfrak{U}$ of $\Gamma(\mathfrak{S}, \mathfrak{C})$ and any given $\mathfrak{W}_1$, the transformation $\mathfrak{X}_1 \rightarrow \mathfrak{U}\mathfrak{X}_1$ maps the surface $\mathfrak{S}[\mathfrak{C}, \mathfrak{X}_1] = \mathfrak{W}_1$ onto itself; plainly, the intersection $J(\mathfrak{C}, \mathfrak{W}_1)$ of D_0 with this surface is a fundamental domain for $\Gamma(\mathfrak{S}, \mathfrak{C})$. Since $\{d\mathfrak{X}_1\} = \{d(\mathfrak{U}\mathfrak{X}_1)\}$, for any unimodular $\mathfrak{U}^{(m)}$, it follows from (116) that the volume $V(D_0, \mathfrak{W}_1)$ of $J(\mathfrak{C}, \mathfrak{W}_1)$ does not depend on the particular choice of the fundamental domain $H(\mathfrak{C})$. On the other hand, if $\mathfrak{W}_1$ and $\mathfrak{W}_1^* = \begin{pmatrix} \mathfrak{S}_1 & \mathfrak{Q}^* \\ \mathfrak{Q}^{*\prime} & \mathfrak{R}^* \end{pmatrix}$ are any two points in D, then there exists a real matrix $\mathfrak{A}^{(m)} = \begin{pmatrix} \mathfrak{E}^{(h)} & * \\ 0 & * \end{pmatrix}$ satisfying $\mathfrak{W}_1^* = \mathfrak{W}_1[\mathfrak{A}]$, and the transformation $(\mathfrak{E}, \mathfrak{X}_1) \to (\mathfrak{E}, \mathfrak{X}_1)\mathfrak{A} = (\mathfrak{E}, \mathfrak{X}_1^*)$ maps a fundamental domain on $\mathfrak{S}[\mathfrak{E}, \mathfrak{X}_1] = \mathfrak{W}_1$ onto a fundamental domain on $\mathfrak{S}[\mathfrak{E}, \mathfrak{X}_1^*] = \mathfrak{W}_1^*$. Since

$$\{d\mathfrak{X}_1^*\} = A^m\{d\mathfrak{X}_1\}, \quad \{d\mathfrak{Q}^*\} = A^h\{d\mathfrak{Q}\}, \quad \{d\mathfrak{R}^*\} = A^{m-h+1}\{d\mathfrak{R}\}, \quad W_1^* = A^2W_1,$$

we infer from (116) that $V(D_0, \mathfrak{W}_1) = \rho(\mathfrak{S}, \mathfrak{E})$ is also independent of $\mathfrak{W}_1$.

Define $\mathfrak{S}[\mathfrak{E}, \mathfrak{X}\mathfrak{X}_0] = \begin{pmatrix} \mathfrak{S}_1 & \mathfrak{L}_0 \\ \mathfrak{L}_0' & \mathfrak{W}_0 \end{pmatrix} = \mathfrak{W}_2$; let D^* be a domain in the $\mathfrak{L}_0$, $\mathfrak{W}_0$-space such that $\mathfrak{W}_2$ has the signature r, h, and let D_0^* be the corresponding $\mathfrak{X}\mathfrak{X}_0$-domain, $\mathfrak{H}$ lying in $H(\mathfrak{E})$. Applying Lemma 26 with $\mu = m$, $\nu = h + r$, $\lambda = m - h - r$ and $\mathfrak{X}_2$, $\mathfrak{S}$, $\mathfrak{W}_2$, $\mathfrak{W}_1$ instead of $\mathfrak{X}$, $\mathfrak{V}$, $\mathfrak{T}$, $\mathfrak{W}$, we obtain from (116) the formula

$$\int_{D_0^*} g(\mathfrak{W}_2)\{d(\mathfrak{X}\mathfrak{X}_0)\} = \frac{\rho(\mathfrak{S}, \mathfrak{E})}{\rho_{m-r-h}} S^{\frac{1}{2}(m-h-r+1)} \int_{D^*} g(\mathfrak{W}_2) W_2^{\frac{1}{2}(m-h-r-1)}\{d\mathfrak{L}_0\}\{d\mathfrak{W}_0\},$$

for any integrable function $g(\mathfrak{W}_2)$ of the elements of $\mathfrak{W}_2$.

In particular we choose D^* in the following way: $\mathfrak{W}_0$ lies in a given domain Δ of r-rowed positive symmetric matrices and $\mathfrak{L}_0^{(h,r)}$ runs over all real matrices such that $\mathfrak{W}_0^{-1}[\mathfrak{L}_0'] - \mathfrak{S}_1 = \mathfrak{Z} > 0$. Then D_0^* consists of all $\mathfrak{X}\mathfrak{X}_0$ such that $\mathfrak{H}$ lies in $H(\mathfrak{E})$ and $\mathfrak{W}[\mathfrak{X}_0] = \mathfrak{W}_0$ in Δ, and we have

$$\{d(\mathfrak{X}\mathfrak{X}_0)\} = (W_0W^{-1})^{\frac{1}{2}(m-r)}\{d\mathfrak{Y}\}\{d\mathfrak{X}_0\}, \qquad W_2 = W_0Z.$$

Set $\mathfrak{L}_0 = \mathfrak{L}\mathfrak{X}_0$, then

$$\mathfrak{Z} = \mathfrak{W}^{-1}[\mathfrak{L}'] - \mathfrak{S}_1 = \tfrac{1}{2}(\mathfrak{H} - \mathfrak{S})[\mathfrak{E}], \qquad \{d\mathfrak{L}_0\} = (W_0W^{-1})^{h/2}\{d\mathfrak{L}\}.$$

Apply Lemma 26 once more with $\mu = r$, $\nu = 0$, $\lambda = r$ and $\mathfrak{X}_0$, $\mathfrak{W}$, $\mathfrak{W}_0$ instead of $\mathfrak{X}$, $\mathfrak{V}$, $\mathfrak{W}$; in view of (104), we obtain

$$\int_{H(\mathfrak{E})} g(\mathfrak{Z})\, dv_H = \frac{\rho(\mathfrak{S}, \mathfrak{E})}{\rho_r\,\rho_{m-r-h}} S^{\frac{1}{2}(m-h+1)} \int_{\mathfrak{Z}>0} g(\mathfrak{Z}) W^{-h/2} Z^{\frac{1}{2}(m-h-r-1)}\{d\mathfrak{L}\},$$

for any integrable function $g(\mathfrak{Z})$ of $\mathfrak{Z}$.

Since $h \leqq n \leqq r$, we may use Lemma 26 a third time with $\mu = r$, $\nu = 0$, $\lambda = h$ and $\mathfrak{L}'$, $\mathfrak{W}^{-1}$, $\mathfrak{Z} + \mathfrak{S}_1$ instead of $\mathfrak{X}$, $\mathfrak{V}$, $\mathfrak{W}$; replacing $\mathfrak{Z}$ by $\epsilon^{-1}\mathfrak{Z}$ on the right-hand side, we infer that

$$\begin{aligned}(117)\qquad \epsilon^{\frac{1}{2}h(m-h-1)} \int_{H(\mathfrak{E})} g(\mathfrak{Z})\, dv_H &= \frac{\rho(\mathfrak{S}, \mathfrak{E})}{\rho_{r-h}\,\rho_{m-r-h}} S^{\frac{1}{2}(m-h+1)} \\ &\quad \int_{\mathfrak{Z}>0,\, \mathfrak{Z}+\epsilon\mathfrak{S}_1>0} g(\epsilon^{-1}\mathfrak{Z}) Z^{\frac{1}{2}(m-h-r-1)} \,|\,\mathfrak{Z} + \epsilon\mathfrak{S}_1\,|^{\frac{1}{2}(r-h-1)}\{d\mathfrak{Z}\}.\end{aligned}$$

By Lemma 31, we have $\mathfrak{H}[\mathfrak{G}] = 2\mathfrak{Z}[\mathfrak{P}] + \mathfrak{T}$. We choose now

$$(118)\qquad g(\mathfrak{Z}) = e^{-\frac{1}{2}\pi\epsilon\sigma(\mathfrak{H}[\mathfrak{G}])} = e^{-\pi\epsilon\sigma(\mathfrak{Z}[\mathfrak{P}] + \frac{1}{2}\mathfrak{T})}$$

and set $\mathfrak{Z} = \begin{pmatrix} \mathfrak{Z}_1 & 0 \\ 0 & \mathfrak{Z}_2 \end{pmatrix}\begin{bmatrix} \mathfrak{E} & 0 \\ \mathfrak{X}_3 & \mathfrak{E} \end{bmatrix}$, with variable $\mathfrak{Z}_1^{(t)}$, $\mathfrak{Z}_2^{(h-t)}$, $\mathfrak{X}_3^{(h-t,t)}$; then

$$(119)\qquad \{d\mathfrak{Z}\} = Z_2^t\{d\mathfrak{Z}_1\}\{d\mathfrak{Z}_2\}\{d\mathfrak{X}_3\}, \qquad Z = Z_1Z_2,$$

$$(120)\qquad |\,\mathfrak{Z} + \epsilon\mathfrak{S}_1\,| = Z_2\,|\,\mathfrak{Z}_1 + \varepsilon\mathfrak{T}_0\,|, \quad \sigma(\mathfrak{Z}[\mathfrak{P}]) = \sigma(\mathfrak{Z}_1) + \sigma(\mathfrak{Z}_2[\mathfrak{X}_3]) + \sigma(\mathfrak{Z}_2[\mathfrak{F}]).$$

The conditions $\mathfrak{Z} > 0$, $\mathfrak{Z} + \epsilon\mathfrak{S}_1 > 0$ are satisfied if and only if $\mathfrak{Z}_2 > 0$, $\mathfrak{Z}_1 > 0$, $\mathfrak{Z}_1 + \epsilon\mathfrak{T}_0 > 0$; consequently, $\mathfrak{X}_3$ runs over all real matrices. Since

$$\int_{-\infty}^{+\infty} e^{-\pi\sigma(\mathfrak{Z}_2[\mathfrak{X}_3])}\{d\mathfrak{X}_3\} = Z_2^{-t/2}$$

and

$$\int_{\mathfrak{Z}_2>0} e^{-\pi\sigma([\mathfrak{F}']\mathfrak{Z}_2)} Z_2^{\frac{1}{2}(m+t)-h-1}\{d\mathfrak{Z}_2\} = \frac{\rho_{m-2h+t-1}}{\rho_{m-h-1}} \,|\,[\mathfrak{F}']\,|^{\frac{1}{2}(h-m+1)},$$

the assertion follows from (117), (118), (119), (120).

By (115) and Lemma 32, we have

$$\epsilon^{\frac{1}{2}n(m-n-1)} \sum_{\mathfrak{S}[\mathfrak{G}]=\mathfrak{T}} \int_{H_0} e^{-\frac{1}{2}\pi\epsilon\sigma(\mathfrak{H}[\mathfrak{G}])} = \sum_{h=t}^{n} f_h\,\varphi_h(\epsilon), \tag{121}$$

where

$$\varphi_h(\epsilon) = \epsilon^{\frac{1}{2}n(m-n-1)-\frac{1}{2}h(m-h-1)} \cdot \int_{\mathfrak{Z}>0,\mathfrak{Z}+\epsilon\mathfrak{T}_0>0} e^{-\pi\sigma(\mathfrak{Z}+\frac{1}{2}\epsilon\mathfrak{T}_0)}\,|\,\mathfrak{Z}\,|^{\frac{1}{2}(m-r-h-1)}\,|\,\mathfrak{Z}+\epsilon\mathfrak{T}_0\,|^{\frac{1}{2}(r-h-1)}\{d\mathfrak{Z}\} \tag{122}$$

and f_h is a non-negative quantity independent of ϵ; in particular,

$$f_n = \frac{2\rho_{m-2n+t-1}}{\rho_{r-n}\,\rho_{m-r-n}\,\rho_{m-n-1}} S^{\frac{1}{2}(m-n+1)} \sum_{\mathfrak{G}} \rho(\mathfrak{S}, \mathfrak{G}), \tag{123}$$

where $\mathfrak{G}$ runs over a complete set of non-associate $\mathfrak{G}$ of rank n, with $\mathfrak{S}[\mathfrak{G}] = \mathfrak{T}$. The finiteness of f_n is implied in Lemma 30; in particular, all $\rho(\mathfrak{S}, \mathfrak{C})$ are finite.

Suppose that $r \geqq m - r$, then $r - h - 1 \geqq r - n - 1 > 0$, because of $n + 1 < \frac{m}{2}$. It follows from the inequality

$$|\,\mathfrak{Z}+\epsilon\mathfrak{T}_0\,|^{\frac{1}{2}(r-h-1)} < a_{30}\,e^{\sigma(\mathfrak{Z}+\epsilon\mathfrak{T}_0)}$$

that the integral in (122) converges uniformly for $0 < \epsilon < 1$. If $r < m - r$, then we replace $\mathfrak{Z} + \epsilon\mathfrak{T}_0$, $\mathfrak{Z}$ by $\mathfrak{Z}$, $\mathfrak{Z} - \epsilon\mathfrak{T}_0$ and use the inequality

$$|\,\mathfrak{Z}-\epsilon\mathfrak{T}_0\,|^{\frac{1}{2}(m-r-h-1)} < a_{31}\,e^{\sigma(\mathfrak{Z}-\epsilon\mathfrak{T}_0)},$$

arriving at the same conclusion.

Since $\frac{h}{2}(m - h - 1) < \frac{n}{2}(m - n - 1)$, for $h = 0, \cdots, n - 1$, we infer that $\lim_{\epsilon\to 0} \varphi_h(\epsilon) = 0$ for $h < n$. Moreover

$$\lim_{\epsilon\to 0} \varphi_n(\epsilon) = \varphi_n(0) = \int_{\mathfrak{Z}>0} e^{-\pi\sigma(\mathfrak{Z})}\,|\,\mathfrak{Z}\,|^{\frac{1}{2}m-n-1}\{d\mathfrak{Z}\} = \frac{\rho_{m-2n-1}}{\rho_{m-2n+t-1}};$$

consequently, by (2), (121), (122), (123),

$$\lim_{\epsilon\to 0} \epsilon^{\frac{1}{2}n(m-n-1)} \sum_{\mathfrak{S}[\mathfrak{G}]=\mathfrak{T}} \int_{H_0} e^{-\frac{1}{2}\pi\epsilon\sigma(\mathfrak{H}[\mathfrak{G}])}\,dv_H = \frac{2\rho_{m-2n-1}}{\rho_{r-n}\,\rho_{m-r-n}\,\rho_{m-n-1}} S^{\frac{1}{2}(m-n+1)} \rho(\mathfrak{S})\mu(\mathfrak{S}, \mathfrak{T}). \tag{124}$$

Theorem 1 follows immediately from Lemma 30 and (124).

11. Proof of Theorem 2

Let $\mathfrak{G}^{(m,n)}$ be integral of rank n; then there exist a primitive $\mathfrak{F}^{(m,n)}$ and a non-singular integral $\mathfrak{C}^{(n)}$ such that $\mathfrak{G} = \mathfrak{F}\mathfrak{C}$, and $\mathfrak{C}$ is determined up to an arbitrary unimodular factor $\mathfrak{B}^{(n)}$ on the left side. If $\mathfrak{C}_1 = \mathfrak{B}\mathfrak{C}$, then $\mathfrak{C}^{-1}$ and $\mathfrak{C}_1^{-1}$ are left-equivalent. Once for all we choose a complete set Φ of integral $\mathfrak{C}$ with $|\mathfrak{C}| > 0$ and non-equivalent $\mathfrak{C}^{-1}$. The set Φ contains exactly one unimodular matrix; we may assume that this is the unit matrix. Let $\mu(\mathfrak{S}, \mathfrak{T})$ and $\nu(\mathfrak{S}, \mathfrak{T})$ be the quantities defined in (2) and (5). We shall suppose that $n < m$.

LEMMA 33. *Let $\mathfrak{C}$ run over all matrices in Φ with integral $\mathfrak{T}[\mathfrak{C}^{-1}]$, then*

$$\mu(\mathfrak{S}, \mathfrak{T}) = \sum_{\mathfrak{C}} |\mathfrak{C}|^{n-m+1} \nu(\mathfrak{S}, \mathfrak{T}[\mathfrak{C}^{-1}]).$$

PROOF. Let $\mathfrak{G}$ be a solution of $\mathfrak{S}[\mathfrak{G}] = \mathfrak{T}$, of rank n. Consider all real $\mathfrak{Y}^{(m,m-n)}$ such that the matrices $\mathfrak{Q}$, $\mathfrak{R}$ in $\mathfrak{S}[\mathfrak{G}, \mathfrak{Y}] = \mathfrak{W} = \begin{pmatrix} \mathfrak{T} & \mathfrak{Q} \\ \mathfrak{Q}' & \mathfrak{R} \end{pmatrix}$ lie in a given domain D; let D_0 be a fundamental domain in the $\mathfrak{Y}$-space, with respect to the transformations $\mathfrak{Y} \rightarrow \mathfrak{U}\mathfrak{Y}$, where $\mathfrak{U}$ is any element of $\Gamma(\mathfrak{S}, \mathfrak{G})$; then we have

$$(125) \qquad \int_{D_0} \{d\mathfrak{Y}\} = S^{\frac{1}{2}} \rho(\mathfrak{S}, \mathfrak{G}) \int_D W^{-\frac{1}{2}} \{d\mathfrak{Q}\}\{d\mathfrak{R}\}.$$

Suppose that $\mathfrak{G} = \mathfrak{F}\mathfrak{C}$, with primitive $\mathfrak{F}$, and define $\mathfrak{S}[\mathfrak{F}, \mathfrak{Y}] = \mathfrak{W}_1 = \begin{pmatrix} \mathfrak{T}_1 & \mathfrak{Q}_1 \\ \mathfrak{Q}_1' & \mathfrak{R} \end{pmatrix}$; then $\mathfrak{S}[\mathfrak{F}] = \mathfrak{T}_1 = \mathfrak{T}[\mathfrak{C}^{-1}]$, $\mathfrak{Q}_1 = \mathfrak{Q}\mathfrak{C}^{-1}$, $\{d\mathfrak{Q}_1\} = C^{n-m}\{d\mathfrak{Q}\}$, $W_1 = C^{-2}W$. Since $\Gamma(\mathfrak{S}, \mathfrak{G}) = \Gamma(\mathfrak{S}, \mathfrak{F})$, we infer from (125) that $\rho(\mathfrak{S}, \mathfrak{G}) = C^{n-m+1}\rho(\mathfrak{S}, \mathfrak{F})$. The assertion follows readily from the definitions of $\mu(\mathfrak{S}, \mathfrak{T})$ and $\nu(\mathfrak{S}, \mathfrak{T})$.

Let q be a positive integer, and denote by Φ_q the subset of all $\mathfrak{C}$ in Φ with integral $q\mathfrak{C}^{-1}$.

LEMMA 34. *Let $\mathfrak{G}^{(m,n)}$ be integral, then there exists in Φ_q a uniquely determined matrix $\mathfrak{C}$ such that $\mathfrak{G} \equiv \mathfrak{F}\mathfrak{C} \pmod{q}$, with primitive $\mathfrak{F}$.*

PROOF. Let h be the rank of $\mathfrak{G}$. By the theory of elementary divisors, there exist two unimodular matrices $\mathfrak{U}_1^{(m)}$, $\mathfrak{U}_2^{(n)}$ and a rectangular diagonal matrix $\mathfrak{D}^{(m,n)} = [d_1, \cdots, d_n]$, with $1 \mid d_1 \mid \cdots \mid d_h$ and $d_k = 0$ $(h < k \leqq n)$, such that $\mathfrak{G} = \mathfrak{U}_1\mathfrak{D}\mathfrak{U}_2$. Set $c_k = (d_k, q)$ $(k = 1, \cdots, n)$, $\mathfrak{C}_0^{(n)} = [c_1, \cdots, c_n]$; then $\mathfrak{C}_0$ has the elementary divisors $c_1, \cdots, c_n$ and $q\mathfrak{C}_0^{-1}$ is integral. We determine integers a_k $(k = 1, \cdots, m)$ such that $d_k \equiv a_k c_k \pmod{q}$ for $k \leqq n$ and $\prod_{k=1}^{m} a_k \equiv 1 \pmod{q}$; this is possible, because of $n < m$. Choose a unimodular $\mathfrak{U}_0^{(m)} \equiv [a_1, \cdots, a_m] \pmod{q}$, and denote by $\mathfrak{F}_0$ the matrix of the first n columns in $\mathfrak{U}_1\mathfrak{U}_0$; then $\mathfrak{F}_0\mathfrak{C}_0 = \mathfrak{U}_1\mathfrak{U}_0\begin{pmatrix} \mathfrak{C}_0 \\ 0 \end{pmatrix} \equiv \mathfrak{U}_1\mathfrak{D} \pmod{q}$. Determine the unimodular matrix $\mathfrak{B}^{(n)}$ such that $\mathfrak{B}\mathfrak{C}_0\mathfrak{U}_2 = \mathfrak{C}$ lies in Φ, and define $\mathfrak{F}_0\mathfrak{B}^{-1} = \mathfrak{F}$; then $\mathfrak{F}$ is primitive, $q\mathfrak{C}^{-1}$ is integral and $\mathfrak{G} = \mathfrak{U}_1\mathfrak{D}\mathfrak{U}_2 \equiv \mathfrak{F}\mathfrak{C} \pmod{q}$.

If also $\mathfrak{G} \equiv \mathfrak{F}_1\mathfrak{C}_1 \pmod{q}$, with primitive $\mathfrak{F}_1$ and integral $q\mathfrak{C}_1^{-1}$, then $\mathfrak{F}_1\mathfrak{C}_1 \equiv \mathfrak{F}\mathfrak{C} \pmod{q}$; hence $\mathfrak{C}_1\mathfrak{C}^{-1}$ and $\mathfrak{C}\mathfrak{C}_1^{-1}$ are both integral; this proves that $\mathfrak{C}_1^{-1}$ and $\mathfrak{C}^{-1}$ are left-equivalent. Consequently, $\mathfrak{C}$ is uniquely determined in ϕ_q; q.e.d.

For any given $\mathfrak{C}$ in Φ_q, we denote by $A_q(\mathfrak{S}, \mathfrak{T}, \mathfrak{C})$ the number of modulo q incongruent integral solutions $\mathfrak{G}$ of $\mathfrak{S}[\mathfrak{G}] \equiv \mathfrak{T} \pmod{q}$, $\mathfrak{G} \equiv \mathfrak{F}\mathfrak{C} \pmod{q}$, with primitive $\mathfrak{F}$. By Lemma 34, we have

$$(126) \qquad A_q(\mathfrak{S}, \mathfrak{T}) = \sum_{\mathfrak{C}} A_q(\mathfrak{S}, \mathfrak{T}, \mathfrak{C}),$$

where $\mathfrak{C}$ runs over ϕ_q and $A_q(\mathfrak{S}, \mathfrak{T})$ is the number of all solutions of $\mathfrak{S}[\mathfrak{G}] \equiv \mathfrak{T}$ (mod q). Let $\mathfrak{C}$ and a primitive $\mathfrak{F}^{(m,n)}$ be given and consider modulo q all primitive $\mathfrak{F}_1$ satisfying $\mathfrak{F}\mathfrak{C} \equiv \mathfrak{F}_1\mathfrak{C}_1 \pmod{q}$; their number $C_q(\mathfrak{C})$ does not depend on $\mathfrak{F}$. We remark that a given residue class $\mathfrak{F}_0^{(m,n)}$ modulo q contains a primitive $\mathfrak{F}$, if and only if $\mathfrak{F}_0$ is primitive modulo q; this means that all elementary divisors of $\mathfrak{F}_0$ are prime to q. On the other hand, let $B_q(\mathfrak{C})$ denote the number of modulo q incongruent primitive $\mathfrak{F}$ satisfying $\mathfrak{S}[\mathfrak{F}][\mathfrak{C}] \equiv \mathfrak{T} \pmod{q}$. Plainly,

$$(127) \qquad A_q(\mathfrak{S}, \mathfrak{T}, \mathfrak{C}) = B_q(\mathfrak{C})/C_q(\mathfrak{C}),$$

$$(128) \qquad B_q(\mathfrak{C}) = \sum_{\mathfrak{T}_1[\mathfrak{C}] \equiv \mathfrak{T} \pmod{q}} B_q(\mathfrak{S}, \mathfrak{T}_1),$$

where $B_q(\mathfrak{S}, \mathfrak{T}_1)$ is the number of primitive solutions $\mathfrak{F}$ of $\mathfrak{S}[\mathfrak{F}] \equiv \mathfrak{T}_1 \pmod{q}$ and $\mathfrak{T}_1$ runs modulo q over all integral symmetric matrices satisfying $\mathfrak{T}_1[\mathfrak{C}] \equiv \mathfrak{T}$ (mod q); let $D_q(\mathfrak{C})$ denote the number of these $\mathfrak{T}_1$.

Lemma 35. *Let p_0 be the product of all different prime factors of q, and let $c_1, \cdots, c_n$ be the elementary divisors of a given matrix $\mathfrak{C}$ in Φ_q; then*

$$C_q(\mathfrak{C}) \geqq \prod_{k=1}^{n} (c_k, p_0^{-1}q)^m.$$

If $c_n \mid p_0^{-1}q$, then $C_q(\mathfrak{C}) = |\mathfrak{C}|^m$.

Proof. It suffices to prove the lemma for $\mathfrak{C} = \mathfrak{C}_0 = [c_1, \cdots, c_n]$. If $\mathfrak{F}\mathfrak{C} \equiv \mathfrak{F}_1\mathfrak{C} \pmod{q}$, then $\mathfrak{F}_1 - \mathfrak{F} = \mathfrak{X}$ satisfies $\mathfrak{X}\mathfrak{C} \equiv 0 \pmod{q}$. The number of modulo q incongruent solutions $\mathfrak{X}^{(m,n)}$ of this congruence is $|\mathfrak{C}|^m$. Assume first that $q\mathfrak{C}^{-1} \equiv 0 \pmod{p_0}$; then each solution $\mathfrak{X}$ fulfills the congruence $\mathfrak{X} \equiv 0$ (mod p_0). If $\mathfrak{F}$ is primitive, then $\mathfrak{F} + \mathfrak{X}$ is not necessarily primitive, but primitive modulo q, and we may choose $\mathfrak{X}$ in its residue class modulo q such that $\mathfrak{F} + \mathfrak{X} = \mathfrak{F}_1$ becomes primitive. This proves the second part of the assertion. If the condition $q\mathfrak{C}^{-1} \equiv 0 \pmod{p_0}$ is not satisfied, then we restrict the solutions $\mathfrak{X}$ of the congruence $\mathfrak{X}\mathfrak{C} \equiv 0 \pmod{q}$ by the further condition $\mathfrak{X} \equiv 0 \pmod{p_0}$; the remaining number of solutions is $\prod_{k=1}^{n} (c_k, p_0^{-1}q)^m$, whence the first part of the assertion.

Lemma 36. *Let $c_1, \cdots, c_n$ be the elementary divisors of the matrix $\mathfrak{C}$ in Φ_q; then*

$$D_q(\mathfrak{C}) \leqq \prod_{k=1}^{n} (c_k, q)^{n+1}.$$

If $c_n^2 \mid q$ and $D_q(\mathfrak{C}) \neq 0$, then $D_q(\mathfrak{C}) = |\mathfrak{C}|^{n+1}$.

Proof. By definition, $D_q(\mathfrak{C})$ is the number of $\mathfrak{T}_1$ modulo q satisfying $\mathfrak{F}_1[\mathfrak{C}] \equiv \mathfrak{T}$

(mod q). We may again assume that $\mathfrak{C} = \mathfrak{C}_0 = [c_1, \cdots, c_n]$. If $\mathfrak{T}_0$ is a given solution of the congruence, then the general solution is $\mathfrak{T}_1 \equiv \mathfrak{T}_0 + \mathfrak{Z} \pmod{q}$, with arbitrary symmetric $\mathfrak{Z}^{(n)}$ satisfying $\mathfrak{Z}[\mathfrak{C}] \equiv 0 \pmod{q}$. Let $D_q(\mathfrak{C}) > 0$, then it follows that $D_q(\mathfrak{C}) = \prod_{k \leq l} (c_k c_l, q) \leq \prod_{k=1}^{n} (c_k, q)^{n+1} \leq \prod_{k=1}^{n} c_k^{n+1} = |\mathfrak{C}|^{n+1}$; the sign of equality being true, whenever $c_n^2 \mid q$; q.e.d.

LEMMA 37. *Let $q = p^a$ be a power of a given prime number p, and suppose that $4S^2$ is not divisible by q; then*

$$\beta_p(\mathfrak{S}, \mathfrak{T}) = q^{\frac{1}{2}n(n+1)-mn} B_q(\mathfrak{S}, \mathfrak{T}).$$

PROOF. Let p^b be the highest power of p dividing $2S$, then $a > 2b$. Consider a given primitive solution $\mathfrak{F}^{(m,n)}$ of $\mathfrak{S}[\mathfrak{F}] \equiv \mathfrak{T} \pmod{q}$, and let $\gamma(\mathfrak{F})$ be the number of modulo q incongruent primitive solutions which are congruent with $\mathfrak{F}$ modulo $p^{-b}q$. Denote by $d_1, \cdots, d_n$ the elementary divisors of $\mathfrak{S}\mathfrak{F}$ and determine unimodular $\mathfrak{U}_1^{(m)}$, $\mathfrak{U}_2^{(n)}$ such that $\mathfrak{U}_1 \mathfrak{S}\mathfrak{F}\mathfrak{U}_2 = \begin{pmatrix} \mathfrak{D} \\ 0 \end{pmatrix}$, $\mathfrak{D}^{(n)} = [d_1, \cdots, d_n]$; plainly, $d_1 \cdots d_n$ is a divisor of S, and $2d_k$ $(k = 1, \cdots, n)$ is not divisible by p^{b+1}. Set $\mathfrak{F}_1 = \mathfrak{F} + p^{-b} q \mathfrak{U}_1' \mathfrak{X} \mathfrak{U}_2^{-1}$, $\mathfrak{X} = \begin{pmatrix} \mathfrak{Y} \\ \mathfrak{Z} \end{pmatrix}$, with integral $\mathfrak{Y}^{(n)}$ and $\mathfrak{Z}^{(m-n,n)}$; then $\mathfrak{F}_1 \equiv \mathfrak{F}$ (mod $p^{-b}q$) and

$$(\mathfrak{S}[\mathfrak{F}_1] - \mathfrak{S}[\mathfrak{F}])[\mathfrak{U}_2] \equiv p^{-b} q(\mathfrak{D}\mathfrak{Y} + \mathfrak{Y}'\mathfrak{D}) \qquad \pmod{pq}.$$

Consequently, the congruence $\mathfrak{S}[\mathfrak{F}_1] \equiv \mathfrak{T} \pmod{pq}$ holds, if and only if $\mathfrak{Y} = (y_{kl})$ satisfies the conditions

$$(129) \qquad q^{-1} p^b (\mathfrak{T} - \mathfrak{S}[\mathfrak{F}])[\mathfrak{U}_2] \equiv \mathfrak{D}\mathfrak{Y} + \mathfrak{Y}'\mathfrak{D} \qquad \pmod{p^{b+1}}.$$

Denote the left-hand member by $\mathfrak{W} = (w_{kl})$, then $w_{kl} \equiv 0 \pmod{p^b}$, and (129) is the system of congruences $d_k y_{kl} + d_l y_{lk} \equiv w_{kl} \pmod{p^{b+1}}$, for $1 \leq k \leq l \leq n$. It follows that the number of solutions $\mathfrak{Y}$ modulo p^{b+1} is $p^{\frac{1}{2}n(n-1)}$ times the number of solutions $\mathfrak{Y}$ modulo p^b; since $\mathfrak{Z}$ is arbitrary, we infer that there are exactly $p^{\frac{1}{2}n(n-1)+n(m-n)}\gamma(\mathfrak{F})$ modulo pq incongruent primitive solutions of $\mathfrak{S}[\mathfrak{F}] \equiv \mathfrak{T}$ (mod pq) which are congruent with $\mathfrak{F}$ modulo $p^{-b}q$. Summing over all primitive residue classes $\mathfrak{F}$ modulo $p^{-b}q$, we infer that

$$p^{nm-\frac{1}{2}n(n+1)} B_q(\mathfrak{S}, \mathfrak{T}) = B_{pq}(\mathfrak{S}, \mathfrak{T}).$$

The assertion follows readily from the definition (6) of $\beta_p(\mathfrak{S}, \mathfrak{T})$.

Henceforth we suppose again that $2n + 2 < m$. Let q run over a sequence $q_1, q_2, \cdots$ of positive integers such that any positive integer divides q_k for all sufficiently large k. By Lemma 25, the limit

$$(130) \qquad \lim_{q \to \infty} q^{\frac{1}{2}n(n+1)-mn} A_q(\mathfrak{S}, \mathfrak{T}) = \lambda(\mathfrak{S}, \mathfrak{T}) = \prod_p \alpha_p(\mathfrak{S}, \mathfrak{T})$$

exists uniformly with respect to $\mathfrak{T}$ and its value is independent of the particular sequence Q. We denote by Q_0 any sequence Q with the additional property that q_k $(k = 1, 2, \cdots)$ contains all its prime factors at least to the mth power.

Let a non-negative integer v be given, and define

$$(131)\qquad \omega(v, q) = q^{\frac{1}{2}n(n+1)-mn} \sum_{c_n > v} A_q(\mathfrak{S}, \mathfrak{T}, \mathfrak{C}).$$

the sum extended over all $\mathfrak{C}$ in Φ_q with elementary divisor $c_n > v$.

LEMMA 38. *If ϵ is an arbitrarily small positive number, then there exists a positive integer $v_0 = v_0(\epsilon, m, S)$ depending only on ϵ, m, S such that $\omega(v, q) < \epsilon$, for any $v \geqq v_0$ and all sufficiently large q in Q_0.*

PROOF. By Lemmata 16 and 25,

$$(132)\qquad B_q(\mathfrak{S}, \mathfrak{T}_1) \leqq A_q(\mathfrak{S}, \mathfrak{T}_1) < a_{32} q^{mn-\frac{1}{2}n(n+1)},$$

for all sufficiently large q in Q_0, independent of $\mathfrak{T}_1$. Consequently, by (127), (128) and Lemmata 35, 36,

$$(133)\quad q^{\frac{1}{2}n(n+1)-mn} A_q(\mathfrak{S}, \mathfrak{T}, \mathfrak{C}) \leqq a_{32} D_q(\mathfrak{C})/C_q(\mathfrak{C}) \leqq a_{32} \prod_{k=1}^{n} (c_k, q)^{n+1}(c_k, p_0^{-1}q)^{-m},$$

where p_0 is the product of the different prime factors of q and $c_1, \cdots, c_n$ are the elementary divisors of the matrix $\mathfrak{C}$ in ϕ_q. On the right-hand side of (131), we collect all terms with fixed elementary divisors $c_1, \cdots, c_n$ of $\mathfrak{C}$ and $c_n \mid q$; their number is equal to the index of the subgroup of all unimodular $\mathfrak{U}^{(n)}$ with integral $\mathfrak{C}_0\mathfrak{U}\mathfrak{C}_0^{-1}$ in the whole unimodular group, where $\mathfrak{C}_0 = [c_1, \cdots, c_n]$. Defining

$$\delta_k(q) = \sum_{1 \leqq d \mid q} (d, q)^{n+1}(d, p_0^{-1}q)^{-m}\, d^{2k-n-1} \qquad (k = 1, \cdots, n-1),$$

$$(134)\quad \delta(v, q) = \sum_{v < d \mid q} (d, q)^{n+1}(d, p_0^{-1}q)^{-m}\, d^{n-1} \prod_{p \mid d} (1 - p^{-1})^{1-n},$$

we obtain, by Lemma 9, (131), (133),

$$(135)\qquad \omega(v, q) \leqq a_{32}\, \delta(v, q) \prod_{k=1}^{n-1} \delta_k(q),$$

for all sufficiently large q in Q_0.

Plainly, $\delta_k(qq^*) = \delta_k(q)\delta_k(q^*)$, whenever $(q, q^*) = 1$. Moreover, for $q = p^a$ and $a \geqq m$, we have

$$\delta_k(q) = \sum_{l=0}^{a-1} p^{l(2k-m)} + p^m q^{2k-m} < (1 - p^{-2})^{-1} + p^{-m} < (1 - p^{-2})^{-2},$$

because of $m > 2n + 2 > 2k + 2$; hence

$$(136)\qquad \prod_{k=1}^{n-1} \delta_k(q) < a_{33}.$$

In order to estimate $\delta(v, q)$, we multiply the general term of the sum in (134) by d^{-s}; we get a finite Dirichlet series $\delta(v, q, s)$. Plainly, $\delta(v, q, 0) = \delta(v, q)$; on the other hand, $\delta(v, q, s)$ is obtained from the Dirichlet series $\delta(0, q, s)$ by cancelling the first v terms. We have $\delta(0, qq^*, s) = \delta(0, q, s)\delta(0, q^*, s)$, for $(q, q^*) = 1$. If $q = p^a$ and $a \geqq m$, then

$$\begin{aligned}\delta(0, q, s) &= 1 + (1 - p^{-1})^{1-n}\left(\sum_{l=1}^{a-1} p^{l(2n-m-s)} + p^m q^{2n-m-s}\right)\\ &< 1 + (1 - p^{-1})^{1-n}(p^{-2-s}(1 - p^{-2-s})^{-1} + p^{-a(2+s)})\\ &< 1 + 2^n(p^{2+s} - 1)^{-1} < (1 - p^{-2-s})^{-2n}.\end{aligned}$$

Hence $\delta(0, q, s) < \zeta^{2n}(s + 2)$, and it follows that the remainder term $\delta(v, q, s)$ of $\delta(0, q, s)$ tends to zero, for $v \to \infty$, uniformly in q and $s \geqq 0$. Consequently, $\delta(v, q) \to 0$, and the assertion follows from (135), (136).

LEMMA 39. *Let q run over a sequence Q and $\mathfrak{C}$ over all matrices in Φ with integral $\mathfrak{T}[\mathfrak{C}^{-1}]$, then*

$$\lim_{q\to\infty} q^{\frac{1}{2}n(n+1)-mn} \sum_{\mathfrak{C}} |\,\mathfrak{C}\,|^{n-m+1} B_q(\mathfrak{S}, \mathfrak{T}[\mathfrak{C}^{-1}]) = \lambda(\mathfrak{S}, \mathfrak{T}). \tag{137}$$

PROOF. Let v be a given positive integer. By (126), (127), (130), (131), we have

$$\lambda(\mathfrak{S}, \mathfrak{T}) = \lim_{q\to\infty} \left(\omega(v, q) + q^{\frac{1}{2}n(n+1)-mn} \sum_{c_n \leqq v} B_q(\mathfrak{C})/C_q(\mathfrak{C})\right), \tag{138}$$

where $\mathfrak{C}$ runs over all matrices in Φ_q with largest elementary divisor $c_n \leqq v$.

Let Q_0 denote the sequence of the mth powers of the terms of the given sequence Q. Suppose that $(2Sv!)^3 \mid q$; this holds for all sufficiently large q in Q_0. Consider an integral symmetric matrix $\mathfrak{T}_1$ satisfying $\mathfrak{T}_1[\mathfrak{C}] \equiv \mathfrak{T} \pmod{q}$, with $c_n \leqq v$; then $\mathfrak{T}[\mathfrak{C}^{-1}] \equiv \mathfrak{T}_1 \pmod{c_n^{-2}q}$, hence $\mathfrak{T}[\mathfrak{C}^{-1}] = \mathfrak{T}^*$ is integral, and $\mathfrak{T}^* \equiv \mathfrak{T}_1 \pmod{c_n^{-2}q}$. Let p be a prime factor of q and suppose that p^c is the highest power of p dividing $c_n^{-2}q$. If $p^b \mid 2S$, then $c \geqq 3b$ and $c \geqq 1$, whence $c > 2b$. By Lemma 37, we infer that $B_q(\mathfrak{S}, \mathfrak{T}_1) = B_q(\mathfrak{S}, \mathfrak{T}^*)$. Consequently, by (128) and Lemmata 35, 36,

$$B_q(\mathfrak{C})/C_q(\mathfrak{C}) = B_q(\mathfrak{S}, \mathfrak{T}[\mathfrak{C}^{-1}])D_q(\mathfrak{C})/C_q(\mathfrak{C}) = |\,\mathfrak{C}\,|^{n-m+1}B_q(\mathfrak{S}, \mathfrak{T}[\mathfrak{C}^{-1}]). \tag{139}$$

Let $\epsilon > 0$ be given. By Lemma 38, we have $\omega(v, q) < \epsilon$, for any $v \geqq v_0(\epsilon, m, S)$ and all sufficiently large q in Q_0. In view of (138), (139), we obtain the inequality

$$\operatorname{abs}\left(\lambda(\mathfrak{S}, \mathfrak{T}) - q^{\frac{1}{2}n(n+1)-mn} \sum_{c_n \leqq v} |\,\mathfrak{C}\,|^{n-m+1} B_q(\mathfrak{S}, \mathfrak{T}[\mathfrak{C}^{-1}])\right) < 2\epsilon, \tag{140}$$

for any given $v \geqq v_0$ and all sufficiently large q in Q_0; the summation is carried over all $\mathfrak{C}$ in Φ with $c_n \leqq v$ and integral $\mathfrak{T}[\mathfrak{C}^{-1}]$. On the other hand, it follows from (132) and Lemma 15 that

$$q^{\frac{1}{2}n(n+1)-mn} \sum_{c_n > v} |\,\mathfrak{C}\,|^{n-m+1} B_q(\mathfrak{S}, \mathfrak{T}[\mathfrak{C}^{-1}]) < \epsilon, \tag{141}$$

for all sufficiently large v and uniformly for q in Q_0. By (140), (141), the formula (137) of the assertion is proved for the sequence Q_0 instead of Q.

By Lemma 37, the quantity $q^{\frac{1}{2}n(n+1)-mn}B_q(\mathfrak{S}, \mathfrak{T}[\mathfrak{C}^{-1}])$ remains unchanged if we replace q by q^m, provided q is a multiple of $8S^3$. Since this condition is satisfied for all sufficiently large q in Q, the assertion of the lemma holds also for Q; q.e.d.

Let $\mathfrak{T}$ have the rank t; for the proof of Theorem 2 we may suppose that $\mathfrak{T} = \begin{pmatrix}\mathfrak{T}_0 & 0\\ 0 & 0\end{pmatrix}$, with non-singular $\mathfrak{T}_0^{(t)}$. Then $\mathfrak{T}[\mathfrak{C}^{-1}] = \mathfrak{T}^*$ has again the rank t, and we may define Φ such that also $\mathfrak{T}^* = \begin{pmatrix}\mathfrak{T}_0^* & 0\\ 0 & 0\end{pmatrix}$, with non-singular t-rowed $\mathfrak{T}_0^*$, and that $\mathfrak{T}_0^*$ is a fixed representative of its class. It follows that $\mathfrak{C} = \begin{pmatrix}\mathfrak{C}_1 & 0\\ * & *\end{pmatrix}$ and $\mathfrak{T}_0^*[\mathfrak{C}_1] = \mathfrak{T}_0$; hence $|\mathfrak{T}_0^*|$ is a factor of the given number $|\mathfrak{T}_0|$. On the other hand, there exist only a finite number of classes of non-singular integral t-rowed symmetric matrices with given determinant; consequently, $\mathfrak{T}_0^*$ and $\mathfrak{T}^*$ belong to a finite set.

By Theorem 1 and Lemmata 33, 39, we have

$$(142) \qquad \lim_{q\to\infty} \sum_{\mathfrak{T}^*} \left(\nu(\mathfrak{S}, \mathfrak{T}^*) - q^{\frac{1}{2}n(n+1)-mn}B_q(\mathfrak{S}, \mathfrak{T}^*)\right) \sum_{\mathfrak{T}^*[\mathfrak{C}]=\mathfrak{T}} |\mathfrak{C}|^{n-m+1} = 0,$$

where q runs over a sequence Q; the inner summation extends over all $\mathfrak{C}$ in Φ satisfying $\mathfrak{T}^*[\mathfrak{C}] = \mathfrak{T}$, the outer summation over all integral $\mathfrak{T}^*$ for which this equation is solvable. Let h be the number of all prime factors of $|\mathfrak{T}_0|$, computed with their multiplicities. Suppose that Theorem 2 is true for all $\mathfrak{T}_0$ with less than h prime factors; this supposition is empty in case $h = 0$. In the outer sum on the left-hand side of (142), we have the term $\mathfrak{T}^* = \mathfrak{T}$ obtained for $\mathfrak{C}_1 = \mathfrak{E}$; for all other terms, finite in number, we have $\mathfrak{T}_0^*[\mathfrak{C}_1] = \mathfrak{T}_0$ with non-unimodular integral $\mathfrak{C}_1$, hence $|\mathfrak{T}_0^*|$ contains less than h prime factors. By Theorem 2 and Lemma 37, we infer that

$$(143) \qquad \nu(\mathfrak{S}, \mathfrak{T}^*) = \lim_{q\to\infty} q^{\frac{1}{2}n(n+1)-mn}B_q(\mathfrak{S}, \mathfrak{T}^*) = \prod_p \beta_p(\mathfrak{S}, \mathfrak{T}^*),$$

for all $\mathfrak{T}^* \neq \mathfrak{T}$ in (142). Now it follows from (142) that (143) is also true for $\mathfrak{T}^* = \mathfrak{T}$; this completes the proof of Theorem 2.

12. Additional remarks

It is known that the formula (8) can be expressed as an identity in the theory of modular forms of degree n; cf. my papers: *Ueber die analytische Theorie der quadratischen Formen*, Ann. of Math. (2) 36, pp. 527–606 (1935); *Ueber die analytische Theorie der quadratischen Formen* II, Ann. of Math. (2) 37, pp. 230–263 (1936). Theorem 1 leads to a refinement of these results. Let $\mathfrak{G}^{(m,n)}$ be integral of rank h. We determine a primitive matrix $\mathfrak{F}^{(h,n)}$ and an integral matrix $\mathfrak{Q}^{(m,h)}$ such that $\mathfrak{G} = \mathfrak{Q}\mathfrak{F}$, the matrix $\mathfrak{Q}$ being uniquely determined up to an arbitrary unimodular factor on the right side. If $h > 0$ and $\mathfrak{S}[\mathfrak{Q}] > 0$, then we define

$$\tau(\mathfrak{S}, \mathfrak{G}) = i^{(m-r)h} \frac{\rho_m}{\rho_{m-h}} S^{-h/2} |\mathfrak{S}[\mathfrak{Q}]|^{\frac{1}{2}(m-h-1)} \frac{\rho(\mathfrak{S}, \mathfrak{Q})}{\rho(\mathfrak{S})};$$

we set $\tau(\mathfrak{S}, 0) = 1$, and $\tau(\mathfrak{S}, \mathfrak{G}) = 0$ otherwise. Moreover, let $\mathfrak{C}$, $\mathfrak{D}$ run over all h-classes $(h = 0, \cdots, n)$ of coprime symmetric n-pairs defined in Lemma 5, and set

$$H(\mathfrak{S},\mathfrak{C},\mathfrak{D}) = i^{(m-r)h}\, e^{\frac{1}{4}\pi i m h} S^{-h/2} \mid \mathfrak{C}_0 \mid^{-m/2} \sum_{\mathfrak{R} (\mathrm{mod}\ \mathfrak{C}_0)} e^{-\pi i \sigma(\mathfrak{S}[\mathfrak{R}]\mathfrak{C}_0^{-1}\mathfrak{D}_0)},$$

whenever $\sigma(\mathfrak{S}[\mathfrak{R}]\mathfrak{C}_0\mathfrak{D}_0')$ is even for all integral $\mathfrak{R}^{(m,h)}$, and $H(\mathfrak{S}, \mathfrak{C}, \mathfrak{D}) = 0$ otherwise.

Let $\mathfrak{Z}^{(n)}$ be a complex symmetric matrix with positive imaginary part, and define

$$F(\mathfrak{S}, \mathfrak{Z}) = \sum_{\mathfrak{G}} \tau(\mathfrak{S}, \mathfrak{G}) e^{\pi i \sigma(\mathfrak{S}[\mathfrak{G}]\mathfrak{Z})},$$

the summation extended over a complete set of integral matrices $\mathfrak{G}^{(m,n)}$ which are non-associate, relative to the group $\Gamma(\mathfrak{S})$. Theorem 1 implies the identity

$$(144)\quad F(\mathfrak{S}, \mathfrak{Z}) = \sum_{\mathfrak{C},\mathfrak{D}} H(\mathfrak{S}, \mathfrak{C}, \mathfrak{D}) \mid \mathfrak{C}\mathfrak{Z} + \mathfrak{D} \mid^{-m/2}$$

$$(n \leqq r,\ n \leqq m - r,\ 2n + 2 < m);$$

the proof proceeds in the same way as in the first of my above-mentioned papers, and we omit it.

It may be seen from the reciprocity formula of the generalized Gaussian sums $H(\mathfrak{S}, \mathfrak{C}, \mathfrak{D})$ that $F(\mathfrak{S}, \mathfrak{Z})$ is a modular form, whenever $m - r$ is even. It is remarkable that in this case all coefficients $\tau(\mathfrak{S}, \mathfrak{G})$ of the Fourier series $F(\mathfrak{S}, \mathfrak{Z})$ are rational numbers.

For $n = 1$, the function $F(\mathfrak{S}, \mathfrak{Z})$ is a power series of the single variable $e^{\pi i z}$, namely

$$F(\mathfrak{S},z) = 1 + \frac{i^{m-r}\,\pi^{m/2}}{\Gamma\left(\frac{m}{2}\right)} S^{-\frac{1}{2}} \sum_{t=1}^{\infty} t^{\frac{1}{2}m-1} \mu(\mathfrak{S}, t) e^{\pi i t z},$$

with the definition (2) of $\mu(\mathfrak{S}, t)$. The corresponding Dirichlet series

$$\zeta(\mathfrak{S}, s) = \sum_{t=1}^{\infty} \mu(\mathfrak{S}, t) t^{-s}$$

has been investigated in my paper: *Ueber die Zetafunktionen indefiniter quadratischer Formen.* II, Math. Zeitschr. 44, pp. 398–426 (1938); in particular, I obtained a functional equation for $\zeta(\mathfrak{S}, s)$. If $m - r$ is even and $m > 4$, an independent proof of this result can be derived from (144).

On the other hand, the properties of $\zeta(\mathfrak{S}, s)$ are useful for the extension of Theorem 1 to the case $n = 1 \leqq r < m = 4$. By an application of Kloosterman's well known method, it is possible to extend Theorems 4 and 5 to this case, provided $\mathfrak{T} = t \neq 0$, and our former argument leading from there to Theorems 1 and 2 remains valid, with small modifications. Consequently, $\zeta(\mathfrak{S}, s)$ is a genus invariant. If $\mid \mathfrak{S} \mid$ is a square number, then also the value $t = 0$ presents no difficulty. For irrational $|\mathfrak{S}|^{\frac{1}{2}}$ and $t = 0$, however, the estimates obtained by Kloosterman's method are too weak for a proof of Theorem 4; in this case we proceed in the following manner:

It is known that

$$\lim_{s \to 0} s\zeta(\mathfrak{S}^{-1}, s) = (-1)^{\frac{1}{2}(r+1)}\pi^{-1}S^{-\frac{1}{2}}\mu(\mathfrak{S}, 0) \qquad (r = 1, 3;\ m = 4), \tag{145}$$

$$\zeta(\mathfrak{S}^{-1}, 0) + \zeta(-\mathfrak{S}^{-1}, 0) = S^{-\frac{1}{2}}\mu(\mathfrak{S}, 0) - \mu(\mathfrak{S}^{-1}, 0) \qquad (r = 2;\ m = 4). \tag{146}$$

By (145), the quantity $\mu(\mathfrak{S}, 0)$ is a genus invariant, for $r = 1, 3$. In the remaining case $r = 2$, the expression $|\mathfrak{S}|^{-\frac{1}{2}}\mu(\mathfrak{S}, 0) - \mu(\mathfrak{S}^{-1}, 0)$ is a genus invariant, by (146). Consequently we have $\mu(\mathfrak{S}, 0) - \mu(\mathfrak{S}_0, 0) = |\mathfrak{S}|^{\frac{1}{2}}(\mu(\mathfrak{S}^{-1}, 0) - \mu(\mathfrak{S}_0^{-1}, 0))$, for any $\mathfrak{S}_0$ in the genus of $\mathfrak{S}$. On the other hand, it is easily seen that the quotient $\mu(\mathfrak{S}[\mathfrak{L}], 0)/\mu(\mathfrak{S}, 0)$ is rational, for any rational non-singular $\mathfrak{L}^{(4)}$. There exists a rational $\mathfrak{L}$ such that $\mathfrak{S}_0 = \mathfrak{S}[\mathfrak{L}]$; moreover, $\mathfrak{S}^{-1} = \mathfrak{S}[\mathfrak{S}^{-1}]$. Hence $\mu(\mathfrak{S}, 0) - \mu(\mathfrak{S}_0, 0)$ and $\mu(\mathfrak{S}^{-1}, 0) - \mu(\mathfrak{S}_0^{-1}, 0)$ are commensurable; since $|\mathfrak{S}|^{\frac{1}{2}}$ is irrational, it follows that $\mu(\mathfrak{S}, 0) = \mu(\mathfrak{S}_0, 0)$. This proves that $\mu(\mathfrak{S}, 0)$ is a genus invariant, for $r = 2$. Furthermore, my first proof of (8) can be extended to the case $t = 0$, $m = 4$, and then Theorem 1 follows in this case from (8) and the invariance of $\mu(\mathfrak{S}, 0)$.

A generalization of Theorem 1 holds good in any algebraic number field of finite degree, and an analogue exists for hermitian matrices.

INSTITUTE FOR ADVANCED STUDY

46.

Algebraic integers whose conjugates lie in the unit circle

Duke Mathematical Journal 11 (1944), 597—602

Let θ be an algebraic integer and assume that all conjugates of θ, except θ itself, have an absolute value less than 1. Then $-\theta$ also has this property; on the other hand, θ is real. Without loss of generality we may therefore suppose $\theta \geq 0$. Since the norm of θ is a rational integer, we have $\theta \geq 1$, except for the trivial case $\theta = 0$. Recently R. Salem [1] discovered the interesting theorem that the set S of all θ is closed and that $\theta = 1$ is an isolated point of S. Consequently there exists a smallest $\theta = \theta_1 > 1$. We shall prove that θ_1 is the positive zero of $x^3 - x - 1$ and that also θ_1 is isolated in S. Moreover we shall prove that the next number of S, namely the smallest $\theta = \theta_2 > \theta_1$, is the positive zero of $x^4 - x^3 - 1$ and that θ_2 is again an isolated point of S. Since $\theta_1 = 1.324 \cdots$, $\theta_2 = 1.380 \cdots$, both numbers are less than $2^{\frac{1}{2}}$; therefore our statements are contained in the following:

Theorem. *Let θ be an algebraic integer whose conjugates lie in the interior of the unit circle; if $\pm\theta \neq 0, 1, \theta_1, \theta_2$, then $\theta^2 > 2$.*

It is easily seen that the positive zero θ of each polynomial

$$x^n(x^2 - x - 1) + x^2 - 1 \qquad (n = 1, 2, 3, \cdots),$$

$$x^n - \frac{x^{n+1} - 1}{x^2 - 1} \qquad (n = 3, 5, 7, \cdots),$$

$$x^n - \frac{x^{n-1} - 1}{x - 1} \qquad (n = 3, 5, 7, \cdots)$$

belongs to S; all these numbers θ lie in the interval $1 < x < \theta_0 = \frac{1}{2}(1 + 5^{\frac{1}{2}})$, and θ_0 is their only limit point. I have not been able to decide whether θ_0 is the smallest positive limit point in S.

Let θ be a positive number of the set S and let

$$P(x) = x^m + a_1 x^{m-1} + \cdots + a_m$$

be the irreducible polynomial with the zero θ. Define

$$(1) \qquad f = f(x) = \frac{\pm P(x)}{x^m P(x^{-1})} = \sum_{n=0}^{\infty} b_n x^n,$$

where the sign is fixed by the condition $b_0 > 0$, i.e., $b_0 = | a_m |$. The coefficients b_n are rational integers. The function f already played an important part in the paper of R. Salem. It follows from the definition of $f(x)$ that

$$f(x)f(x^{-1}) = 1. \tag{2}$$

LEMMA 1.
$$1 + \theta^2 = b_0^2 + \sum_{n=1}^{\infty} (b_{n-1}\theta - b_n)^2.$$

Proof. Let
$$g(x) = \sum_{n=0}^{\infty} c_n x^n$$

be regular for $| x | \leq 1$ and put

$$\mu(g) = \frac{1}{2\pi i} \int_{|x|=1} g(x)g(x^{-1}) \frac{dx}{x}; \tag{3}$$

then

$$\mu(g) = \sum_{n=0}^{\infty} c_n^2 . \tag{4}$$

Choose in particular $g(x) = (1 - \theta x)f(x)$; by (2), (3), (4),

$$\mu(g) = \mu(1 - \theta x) = 1 + \theta^2; \tag{5}$$

moreover $c_0 = b_0$ and $c_n = b_n - \theta b_{n-1}$ $(n = 1, 2, \cdots)$. The assertion is a consequence of (4) and (5).

If $b_n = 0$ for all sufficiently large n, then it follows from (1) that either $P(x) = x - 1$ or $P(x) = x^2 + a_1 x + 1$; in the second case, $a_1 < -2$ and $\theta \geq \theta_0^2 = \frac{1}{2}(3 + 5^{\frac{1}{2}}) > 2$. Henceforth we shall exclude these two trivial cases; plainly this is allowed for the proof of the Theorem.

LEMMA 2. *The sequence b_0, b_1, $\cdots$ is monotone increasing.*

Proof. If the statement were false, then there would exist a smallest positive k such that $b_k < b_{k-1}$, whence $b_{k-1} \geq b_0 \geq 1$. In virtue of Lemma 1,

$$\theta^2 \geq (b_{k-1}\theta - b_k)^2 + \sum_{n=k}^{\infty} (b_n\theta - b_{n+1})^2 \geq (b_{k-1}\theta - b_k)^2. \tag{6}$$

If $b_k < 0$, then $\theta > b_{k-1}\theta$, by (6), and this is impossible. Therefore $b_k \geq 0$ and

$$b_{k-1}\theta - b_k = (b_{k-1} - b_k)\theta + b_k(\theta - 1) \geq (b_{k-1} - b_k)\theta, \tag{7}$$

where the sign of equality holds only when $b_k = 0$. Since $b_{k-1} - b_k \geq 1$, it follows from (6) and (7) that $b_n = 0$ for all $n = k, k + 1, \cdots$; but this case was excluded. Consequently, $b_{n-1} \leq b_n$ for all $n = 1, 2, \cdots$.

It may easily be proved that $b_{n-1} < b_n$, except for a finite number of indices; however, we do not need this property.

LEMMA 3. *If* $1 < \theta < 2^{\frac{1}{2}}$, *then the sequence* $b_0, b_1, \cdots$ *has one of the following six forms:*

(I) $1, 1, 1, 1, \cdots;$
(II) $1, 1, 1, 2, 2, \cdots;$
(III) $1, 1, 1, 2, 3, a, \cdots, a = 3$ *or* $4;$
(IV) $1, 1, 2, 2, \cdots;$
(V) $1, 1, 1, 2, 3, 5, b, \cdots, b = 5$ *or* 6 *or* $7;$
(VI) $1, 1, 2, 3, c, d, \cdots, c, d = 3, 3$ *or* $3, 4$ *or* $3, 5$ *or* $4, 4$ *or* $4, 5.$

In the last case, $\theta > 4/3$.

Proof. Let r be a positive rational integer,

$$v_r(x) = \frac{1 - \theta^r x^r}{1 - \theta^{-r} x^r}, \qquad g(x) = v_r(x) f(x) = \sum_{n=0}^{\infty} d_n x^n.$$

Then $v_r(x) v_r(x^{-1}) = \theta^{2r}$ and $g(x) g(x^{-1}) = \theta^{2r}$, by (2); therefore

$$\theta^{2r} = \sum_{n=0}^{\infty} d_n^2,$$

by (3), (4). Since $d_n = b_n$ for $n = 0, 1, \cdots, r - 1$ and $\theta^2 < 2$, we obtain the inequality

$$b_0^2 + b_1^2 + \cdots + b_{r-1}^2 \leq \theta^{2r} < 2^r \qquad (r = 1, 2, \cdots). \tag{8}$$

Taking $r = 2, 4$ and using Lemma 2, we infer that $b_0 = 1$, $b_1 = 1$ and that $b_2, b_3 = 1, 1$ or $1, 2$ or $2, 2$ or $2, 3$ or $1, 3$.

Since $\theta^6 \geq b_0^2 + b_1^2 + b_2^2 \geq 3$, we have proved, by the way, that $\theta > 3^{1/6} > 6/5$. If $b_2 \geq 2$, then $\theta^6 \geq 6$, whence $\theta > 6^{1/6} > 4/3$; this proves the last assertion of Lemma 3.

Define

$$A_n = b_1^2 + \cdots + b_n^2, \qquad B_n = b_0 b_1 + b_1 b_2 + \cdots + b_n b_{n+1},$$
$$C_n = b_1^2 + \cdots + b_{n+1}^2, \qquad \varphi_n(x) = A_n x^2 - 2B_n x + C_n;$$

then

$$\varphi_n(\theta) \leq 0 \qquad (n = 1, 2, \cdots), \tag{9}$$

by Lemma 1. In case $b_2 = 1$, $b_3 = 3$, we have $\varphi_2(x) = 2x^2 - 10x + 11$, $\varphi_2'(x) < 0$ for $x < 5/2$, $\varphi_2(\theta) > \varphi_2(2^{\frac{1}{2}}) = 15 - 10(2^{\frac{1}{2}}) > 0$, in contradiction to (9). Therefore the case $b_2 = 1$, $b_3 = 3$ does not occur.

Next let $b_2 = 2$, $b_3 = 3$. We apply (8) with $r = 6$ and use Lemma 2; this gives for b_4, b_5 the following possibilities: 3, 3; 3, 4; 3, 5; 3, 6; 4, 4; 4, 5. In case $b_4 = 3$, $b_5 = 6$, we have

$$\varphi_4(x) = 23x^2 - 72x + 59 > 0$$

for all real x, in contradiction to (9). Therefore the assumption $b_2 = 2, b_3 = 3$ leads to case (VI) of Lemma 3. Moreover, the pairs $b_2, b_3 = 1, 1$ and $2, 2$ correspond to the cases (I) and (IV).

Consider now the only remaining possibility $b_2 = 1, b_3 = 2$. If $b_4 \geq 4$, then for $x < 2$

$$\varphi_3(x) = 6x^2 - 4(b_4 + 2)x + b_4^2 + 6, \qquad \varphi_3'(x) < 0,$$

$$\varphi_3(\theta) > \varphi_3(2^{\frac{1}{2}}) = b_4^2 + 18 - 4(b_4 + 2)\cdot 2^{\frac{1}{2}} \geq 34 - 24(2^{\frac{1}{2}}) > 0;$$

hence $b_4 = 2$ or 3. The first value gives case (II). If $b_4 = 3$ and $b_5 \geq 6$, we obtain for $x < 28/15$

$$\varphi_4(x) = 15x^2 - 2(3b_5 + 10)x + b_5^2 + 15, \qquad \varphi_4'(x) < 0,$$

$$\varphi_4(\theta) > \varphi_4(2^{\frac{1}{2}}) = b_5^2 + 45 - 2(3b_5 + 10)\cdot 2^{\frac{1}{2}} \geq 81 - 56(2^{\frac{1}{2}}) > 0;$$

hence $b_5 = 3, 4, 5$. The values 3, 4 lead to case (III). If $b_5 = 5$ and $b_6 \geq 8$, then for $x < 13/8$

$$\varphi_5(x) = 40x^2 - 10(b_6 + 5)x + b_6^2 + 40, \qquad \varphi_5'(x) < 0,$$

$$\varphi_5(\theta) > \varphi_5(2^{\frac{1}{2}}) = b_6^2 + 120 - 10(b_6 + 5)\cdot 2^{\frac{1}{2}} \geq 184 - 130\cdot 2^{\frac{1}{2}} > 0;$$

hence $b_6 = 5, 6, 7$, and this is case (V). The proof of Lemma 3 is now complete.

Let $A = A(x)$ denote a polynomial with rational integral coefficients and define

$$A(x)f(x) = h(x) = \sum_{n=0}^{\infty} \beta_n x^n, \qquad B_k = B_k(x) = \sum_{n=0}^{k} \beta_n x^n,$$

such that B_k $(k = 0, 1, 2, \cdots)$ designates the partial sums of the power series $h(x)$. The main argument in the proof of the Theorem is the following:

LEMMA 4. *If both inequalities*

$$(10) \qquad \mu(A) \leq \mu(B_k), \qquad \theta^{-k}\,|\,B_k(\theta)\,| < (\theta - \theta^{-1} + (\theta^2 - 1)^{\frac{1}{2}})^{-1}$$

are satisfied for a fixed index $k \geq 0$, then $B_k(\theta) = 0$.

Proof. Let

$$v = v_1(x) = \frac{1 - \theta x}{1 - \theta^{-1}x};$$

then

$$v_1(x)v_1(x^{-1}) = \theta^2, \ \mu(vAf) = \mu(\theta A) = \theta^2\mu(A), \ \mu(vB_k) = \mu(\theta B_k) = \theta^2\mu(B_k).$$

Introducing the power series

$$vAf = \sum_{n=0}^{\infty} \alpha_n x^n, \qquad vB_k = \sum_{n=0}^{\infty} \gamma_n x^n,$$

we obtain $\alpha_n = \gamma_n$ for $n = 0, 1, \cdots, k$ and $\alpha_{k+1} = \beta_{k+1} + \gamma_{k+1}$; moreover $vB_k = v(B_k(x) - B_k(\theta)) + vB_k(\theta)$, whence

$$\gamma_n = (\theta^{-n} - \theta^{2-n})B_k(\theta) = (1 - \theta^2)\theta^{-n}B_k(\theta) \qquad (n > k), \tag{11}$$

$$\sum_{n=k+1}^{\infty} \gamma_n^2 = (\theta^2 - 1)\theta^{-2k}B_k^2(\theta).$$

Therefore

$$\theta^2(\mu(A) - \mu(B_k)) = \mu(vAf) - \mu(vB_k) = \sum_{n=0}^{\infty} (\alpha_n^2 - \gamma_n^2) = \sum_{n=k+1}^{\infty} (\alpha_n^2 - \gamma_n^2),$$

$$\begin{aligned}(\beta_{k+1} + \gamma_{k+1})^2 &= \alpha_{k+1}^2 \leq \sum_{n=k+1}^{\infty} \alpha_n^2 \\ &= \theta^2(\mu(A) - \mu(B_k)) + (\theta^2 - 1)\theta^{-2k}B_k^2(\theta).\end{aligned} \tag{12}$$

By (10), (11), (12),

$$|\beta_{k+1}| \leq |\gamma_{k+1}| + \theta^{-k}|B_k(\theta)|(\theta^2 - 1)^{\frac{1}{2}} = \theta^{-k}|B_k(\theta)|(\theta - \theta^{-1} + (\theta^2 - 1)^{\frac{1}{2}}) < 1.$$

Since β_{k+1} is a rational integer, we infer that $\beta_{k+1} = 0$. Then $B_{k+1} = B_k$, and (10) holds, a fortiori, for $k + 1$ instead of k. It follows by induction that $\beta_n = 0$ for all $n > k$. Consequently, $A(x)f(x) = B_k(x)$ and $B_k(\theta) = 0$, in view of $f(\theta) = 0$.

In order to prove the Theorem, we suppose $1 < \theta < 2^{\frac{1}{4}}$ and we define $A = 1 - x^2 - x^3$, $1 - x - x^4$, $1 - x - x^2 + x^3 + (3 - a)x^5$, $1 - x - x^3$, $1 - x - x^2 + x^4 + (6 - b)x^6$, $1 - x^2 - x^3 + (3 - c)x^4 + (1 + c - d)x^5$; $k = k_g = 3$, $4, 5, 3, 6, 5$; $B_k = \psi_g(x) = 1 + x - x^3$, $1 + x^3 - x^4$, $1 - x^2 + x^3 + x^4 - x^5$, $1 + x^2 - x^3$, $1 - x^2 + x^4 + x^5 - x^6$, $1 + x + x^2 + x^3 - x^5$; for $g = 1, \cdots, 6$, corresponding to the six cases enumerated in Lemma 3. A simple calculation shows that these B_k actually are the partial sums of order k in the power series for Af; moreover, $\mu(A) = \mu(B_k) = 3$, for $g = 1, 2, 4$, and $\mu(A) \leq \mu(B_k) = 5$, for $g = 3, 5, 6$, on account of the values of a, b, c, d in Lemma 3. This proves that the first inequality (10) is satisfied.

The first four polynomials $\psi_g(x)$, namely

$$1 - x(x^2 - 1), \qquad 1 - x^3(x - 1), \qquad 1 - x^2(x^2 - 1)(x - 1), \qquad 1 - x^2(x - 1),$$

and the two functions

$$\begin{aligned}x^{-3}\psi_5(x) &= x^{-3} - x^{-1} + x + x^2 - x^3 \\ &= 1 - (1 - x^{-2})\{1 + (x - 1)^2(x + x^{-1} + 1)\},\\ x^{-3}\psi_6(x) &= x^{-3} + x^{-2} + x^{-1} + 1 - x^2\end{aligned}$$

are monotone decreasing for $x > 1$. For $x = 2^{\frac{1}{4}}$, they have the values

$$1 - 2^{\frac{1}{4}}, \qquad 2^{3/2} - 3, \qquad 3 - 2^{3/2}, \qquad 3 - 2^{3/2}, \qquad 2 - 5(2^{-3/2}), \qquad 3(2^{-3/2}) - \tfrac{1}{2};$$

consequently, in the interval $1 < x < 2^{\frac{1}{2}}$, we have $\psi_g(x) > 0$ for $g = 3, 4, 5, 6$ and $\psi_g(x) > -1$ for $g = 1, 2$. Since $\psi_g(1) = 1$ for $g < 6$ and $(3/4)^3\psi_6(4/3) = 551/576 < 1$, it follows that the inequality

$$x^{-k} \mid B_k(x) \mid < x^{-2} \tag{13}$$

holds for $1 < x < 2^{\frac{1}{2}}$, in the cases (I)-(V), and for $4/3 < x < 2^{\frac{1}{2}}$, in the case (VI).

Moreover, for $x > 1$,

$$\begin{aligned} x - x^{-1} + (x^2 - 1)^{\frac{1}{2}} &= x(1 - x^{-2} + (1 - x^{-2})^{\frac{1}{2}}) < 2(x^2 - 1)^{\frac{1}{2}} \\ &= (x^4 - (x^2 - 2)^2)^{\frac{1}{2}} \leq x^2. \end{aligned} \tag{14}$$

By (13) and (14), we obtain

$$x^{-k} \mid B_k(x) \mid < (x - x^{-1} + (x^2 - 1)^{\frac{1}{2}})^{-1}$$

for $1 < x < 2^{\frac{1}{2}}$, in the first five cases, and for $4/3 < x < 2^{\frac{1}{2}}$, in the last case. In virtue of Lemma 3, also the second inequality (10) is fulfilled. By Lemma 4, we infer that $B_k(\theta) = 0$; in other words, θ is a zero of one of the six polynomials $\psi_g(x)$. On the other hand, $\psi_g(x)$ has no zero in the interval $1 < x < 2^{\frac{1}{2}}$, for $g = 3, 4, 5, 6$. This proves that θ is a zero of $x^3 - x - 1$ or $x^4 - x^3 - 1$, and the Theorem follows.

We add the remark that also for $g = 3, 4, 5, 6$ the polynomial $\psi_g(x)$ has a zero θ_g which belongs to the set S; it is easily seen that

$$\theta_1 < \theta_2 < \theta_3 < \theta_4 < \tfrac{3}{2} < \theta_5 < \theta_6 < \theta_0 = \tfrac{1}{2}(1 + 5^{\frac{1}{2}}).$$

Probably it may be proved by the same method that, e.g., the interval $1 < x < \frac{3}{2}$ contains only the four numbers θ_1, θ_2, θ_3, θ_4 of S; but the corresponding refinement of Lemma 3 has to introduce a considerable number of new possible cases. A more interesting problem is the determination of the smallest positive limit point in S; however, it seems that the solution of this problem cannot be given by our method, without using a new idea.

Reference

1. R. Salem, *A remarkable class of algebraic integers. Proof of a conjecture of Vijayaraghavan*, this Journal, vol. 11(1944), pp. 103–108.

The Institute for Advanced Study.

47.

The average measure of quadratic forms with given determinant and signature

Annals of Mathematics 45 (1944), 667—685

1. Let h_d be the number of classes of primitive binary quadratic forms $Q(x, y) = ax^2 + bxy + cy^2$ with positive discriminant $d = b^2 - 4ac$; we use the narrow definition of equivalence: two quadratic forms are said to belong to the same class if they can be transformed into each other by unimodular substitutions with determinant $+1$. Let d be no square number, and define $\epsilon_d = (t + u\sqrt{d})/2$, where t, u are the smallest positive integral solutions of $t^2 - du^2 = 4$.

When $d = 4k$ is divisible by 4, then b is even and $Q(x, y)$ is a properly primitive quadratic form of determinant k, in the notation of Gauss. In his *Disquisitiones Arithmeticae* Gauss[1] stated that the mean value of the expression $h_{4k} \log \epsilon_{4k}$ is asymptotically equal to $\frac{2\pi^2}{7\zeta(3)} k^{\frac{1}{2}}$; this means that

$$\sum_{k \leqq N} h_{4k} \log \epsilon_{4k} \sim \frac{4\pi^2}{21\zeta(3)} N^{3/2} \qquad (N \to \infty). \tag{1}$$

No proof of this statement has been published until now.

In the first chapter we shall prove the assertion of Gauss in two different ways. Both methods may also be used to determine more generally the average of $h_d \log \epsilon_d$ in any class of residues $d \equiv d_0 \pmod{m}$; however, we shall consider only the cases $m = 4$, $m = 1$, and we shall prove the formula

$$\sum_{k \leqq N} h_k \log \epsilon_k = \frac{\pi^2}{18\zeta(3)} N^{3/2} + O(N \log N). \tag{2}$$

The corresponding results for the wide definition of equivalence (unimodular substitutions with determinant ± 1) are an immediate consequence, in virtue of the relationship $h \log \epsilon = 2h_0 \log \epsilon_0$, where h_0 denotes the class number in the wide sense, $\epsilon_0 = (t_0 + u_0\sqrt{d})/2$, and t_0, u_0 are the smallest positive integral solutions of $t_0^2 - du_0^2 = \pm 4$.

2. In the second chapter we investigate the analogous problem for quadratic forms $\mathfrak{S}[\mathfrak{x}]$ with m variables and prescribed signature n, $m - n$, the matrix $\mathfrak{S}$ being integral. Let $\mathfrak{T}$ be a variable real symmetric matrix of signature n, $m - n$,

[1] C. F. Gauss, *Werke*, I (Zweiter Abdruck, Göttingen, 1870); p. 369 and p. 466.

which lies in a domain T; let Y denote the domain in the space of all real m-rowed matrices $\mathfrak{Y}$ which is mapped into T by the condition $\mathfrak{S}[\mathfrak{Y}] = \mathfrak{T}$; let Y_0 be a fundamental region in Y with respect to the group of units of $\mathfrak{S}$. Denote by $v(Y_0)$ and $v(T)$ the Euclidean volumes of Y_0 and T, where the m^2 elements of $\mathfrak{Y}$ and the $(m(m + 1))/2$ independent elements of $\mathfrak{T}$ are taken as rectangular Cartesian coordinates, and let T converge to the single point $\mathfrak{S}$. It is known that

$$\lim_{T \to \mathfrak{S}} v(Y_0)/v(T) = \rho(\mathfrak{S}) \tag{3}$$

exists, except in the trivial case of a rationally decomposable binary form; in this case we define $\rho(\mathfrak{S}) = 0$. Our object is the proof of the following

THEOREM: *Let $\mathfrak{S}$ run through a system of representatives of all classes of given signature n, $m - n$, whose determinants have the absolute value $S \leqq N$; then*

$$\sum_{S \leqq N} S\rho(\mathfrak{S}) \sim \tfrac{1}{2}N \prod_{k=2}^{m} \zeta(k) \qquad (N \to \infty). \tag{4}$$

In the definite case, i.e., for $n = 0$ and $n = m$, this theorem was already given by Minkowski,[2] in a slightly different form. In this case,

$$S^{(m+1)/2} \rho(\mathfrak{S}) = \frac{1}{E(\mathfrak{S})} \prod_{k=1}^{m} \frac{\pi^{k/2}}{\Gamma\left(\frac{k}{2}\right)}, \tag{5}$$

where $E(\mathfrak{S})$ denotes the order of the group of units of $\mathfrak{S}$, and it follows from (4) by partial summation that

$$\sum_{S \leqq N} \frac{2}{E(\mathfrak{S})} \sim \frac{2}{m+1} N^{(m+1)/2} \prod_{k=2}^{m} \left\{ \pi^{-k/2} \Gamma\left(\frac{k}{2}\right) \zeta(k) \right\} = \gamma_m N^{(m+1)/2}, \tag{6}$$

say. On the other hand, $E(\mathfrak{S}) = 2$, except when $\mathfrak{S}$ is equivalent to a matrix on the frontier of the reduced domain, and it is easily seen that the sum of the class numbers $H_m(S)$ of all positive quadratic forms of m variables and determinant $S \leqq N$ is asymptotically equal to the left-hand member in (6). Consequently,

$$\sum_{S=1}^{N} H_m(S) \sim \gamma_m N^{(m+1)/2}, \tag{7}$$

and this is Minkowski's formula; *vice versa*, (4) follows from (7) by partial summation. As a matter of fact, Minkowski established a better result than (7), namely the estimate $O(N^{m/2})$ $(m > 2)$, $O(N \log N)$ $(m = 2)$ for the difference of both sides in (7). Since the proof of (4) is decidedly more difficult in the indefinite case $0 < n < m$, we are interested in the simplest appraisal of the error term which is sufficient for the proof of the Theorem, and this leads only to the estimate $o(N)$ for the difference of both sides in (4). It is possible to ob-

[2] H. MINKOWSKI, *Diskontinuitätsbereich für arithmetische Äquivalenz*, Journal für die reine und angewandte Mathematik 129, pp. 220–274 (1905).

tain the estimate $O(N^{\frac{1}{2}})$ $(m > 2)$, $O(N^{\frac{1}{2}} \log N)$ $(m = 2)$ also in the case of an arbitrary signature; however, this is rather complicated for $m \geqq 3$, and we shall derive this more precise result only in case $m = 2$.

I. Binary Forms

3. Let $\chi(k)$ be a non-principal character modulo q and define

$$s_n = \sum_{k=1}^{n} \chi(k) \qquad (n = 1, 2, \cdots).$$

It has been proved by Pólya[3] for proper characters, and by Landau[4] in the general case that

$$|s_n| < cq^{\frac{1}{2}} \log q, \tag{8}$$

where c is an absolute constant. Let N be a positive integer; then

$$\sum_{n=N+1}^{\infty} \chi(n)n^{-1} = \sum_{n=N+1}^{\infty} (s_n - s_{n-1})n^{-1} = \sum_{n=N}^{\infty} s_n \left(\frac{1}{n} - \frac{1}{n+1}\right) - s_n N^{-1}$$

and, by (8),

$$\left| \sum_{n=N+1}^{\infty} \chi(n)n^{-1} \right| < 2cN^{-1}q^{\frac{1}{2}} \log q. \tag{9}$$

In particular, the Legendre-Jacobi-Kronecker symbol $\left(\frac{d}{k}\right)$ is a non-principal character modulo $|d|$, whenever $d \equiv 0$ or $1 \pmod 4$ and not a square number. It is well known that

$$d^{-\frac{1}{2}} h_d \log \epsilon_d = \sum_{n=1}^{\infty} \left(\frac{d}{n}\right) n^{-1} \qquad (d > 0). \tag{10}$$

We introduce the abbreviations

$$d^{-\frac{1}{2}} h_d \log \epsilon_d = f_d, \qquad \sum_{n=1}^{N} \left(\frac{d}{n}\right) n^{-1} = \sigma_d;$$

it follows from (9) and (10) that

$$|f_d - \sigma_d| < 2cN^{-1} d^{\frac{1}{2}} \log d, \tag{11}$$

for all positive $d \equiv 0$ or $1 \pmod 4$ which are no squares. On the other hand,

$$|\sigma_d| \leqq \sum_{n=1}^{N} n^{-1} < 1 + \log N, \tag{12}$$

also when d is a square.

---

[3] G. Pólya, *Über die Verteilung der quadratischen Reste und Nichtreste*, Nachrichten von der Königlichen Gesellschaft der Wissenschaften zu Göttingen, Mathematisch-physikalische Klasse, Jahrgang 1918, pp. 21–29.

[4] E. Landau, *Abschätzung von Charaktersummen, Einheiten und Klassenzahlen*, Nachrichten von der Königlichen Gesellschaft der Wissenschaften zu Göttingen, Mathematisch-physikalische Klasse, Jahrgang 1918, pp. 79–97.

Let r be either 0 or 1; let t run through all numbers of the given residue class $t \equiv r \pmod 4$ which lie in the interval $1 \leqq t \leqq N$, and let d run through the set of all those t which are no square numbers. By (11) and (12),

$$\sum_d f_d = \sum_{n=1}^{N} n^{-1} \sum_t \left(\frac{t}{n}\right) + O(N^{\frac{1}{2}} \log N) \qquad (N \to \infty). \tag{13}$$

Define

$$\sum_t \left(\frac{t}{n}\right) = P_r(n) \qquad (n = 1, 2, \cdots, N), \tag{14}$$

and assume first that n is not a square. If n is even, then $P_r(n) = 0$. If n is odd, then $\chi_1(k) = \left(\frac{k}{n}\right)$ is a character modulo n, and not the principal character; consequently, by (8),

$$P_0(n) = \sum_{4k \leqq N} \chi_1(k) = n^{\frac{1}{2}} \log n O(1).$$

Let l denote the highest power of 2 dividing n, then $n/l = s$ is odd and $\left(\frac{t}{n}\right) = \left(\frac{l}{t}\right)\left(\frac{t}{s}\right)$, for odd t. Since $\chi_2(k) = \left(\frac{4l}{k}\right)\left(\frac{k}{s}\right)$ and $\chi_3(k) = \left(\frac{-4l}{k}\right)\left(\frac{k}{s}\right)$ are characters modulo $4n$, both different from the principal character, we obtain, again by (8),

$$P_1(n) = \tfrac{1}{2} \sum_{k \leqq N} (\chi_2(k) + \chi_3(k)) = n^{\frac{1}{2}} \log n O(1).$$

Hence

$$P_r(n) = n^{\frac{1}{2}} \log n O(1), \tag{15}$$

for $r = 0, 1$ and $1 \leqq n \leqq N$, $n \neq 1, 4, 9, \cdots$.

Next let $n = u^2$ be a square. Then $P_r(n)$ equals the number of integers in the interval $1 \leqq t \leqq N$ which are prime to u and $\equiv r \pmod 4$. Therefore

$$P_r(u_1^2) = \frac{\varphi(u_1)}{4u_1} N + u_1 O(1) \qquad (u_1 \text{ odd}),$$

$$P_r(u_2^2) = \frac{r\varphi(u_2)}{2u_2} N + u_2 O(1) \qquad (u_2 \text{ even}).$$

It follows that

$$\begin{aligned} \sum_{u^2 \leqq N} u^{-2} P_r(u^2) &= \frac{N}{4} \sum_{u_1^2 \leqq N} u_1^{-3} \varphi(u_1) + \frac{rN}{2} \sum_{u_2^2 \leqq N} u_2^{-3} \varphi(u_2) + O(\log N) \\ &= \frac{N}{4} \frac{\zeta(2)}{\zeta(3)} \left(1 + \frac{2r - 1}{7}\right) + O(\sqrt{n}). \end{aligned} \tag{16}$$

By (13), (14), (15), (16),

$$(17)\qquad \begin{aligned}\sum_d f_d &= \sum_{n=1}^{N} n^{-1}P_r(n) + O(N^{\frac{1}{2}}\log N)\\ &= \frac{\pi^2 N}{24\zeta(3)}\left(1+\frac{2r-1}{7}\right) + O(N^{\frac{1}{2}}\log N).\end{aligned}$$

Applying partial summation, we infer that

$$(18)\qquad \sum_d d^{\frac{1}{2}} f_d = \frac{\pi^2 N^{3/2}}{36\zeta(3)}\left(1+\frac{2r-1}{7}\right) + O(N\log N),$$

where d runs through all integers in the interval $1 \leqq t \leqq N$ which are $\equiv r \pmod 4$ and no squares. Since $d^{\frac{1}{2}} f_d = h_d \log \epsilon_d$, the statement (1) follows from (18), for $r = 0$; on the other hand, we get (2) by using (18), for $r = 0, 1$, and adding the two formulas.

4. The analogue of (10) for positive primitive quadratic forms with discriminant d is the formula

$$(19)\qquad |d|^{-\frac{1}{2}} h_d \frac{2\pi}{w_d} = \sum_{n=1}^{\infty}\left(\frac{d}{n}\right) n^{-1},$$

where $w_{-3} = 6$, $w_{-4} = 4$, $w_d = 2$ for $d < -4$. Using exactly the same method as in the preceding section, we get

$$(20)\qquad \sum_{\substack{k\leqq N\\ -k\equiv r \pmod 4}} k^{-\frac{1}{2}} h_{-k} = \frac{\pi N}{24\zeta(3)}\left(1+\frac{2r-1}{7}\right) + O(N^{\frac{1}{2}}\log N) \qquad (r = 0, 1),$$

$$(21)\qquad \sum_{k\leqq N} h_{-4k} \sim \frac{4\pi}{21\zeta(3)} N^{3/2},$$

$$(22)\qquad \sum_{k\leqq N} h_{-k} = \frac{\pi}{18\zeta(3)} N^{3/2} + O(N\log N),$$

corresponding to (17), (1), (2). The second of these three formulas was already stated by Gauss, without proof.

Let H_d denote the number of classes of all positive quadratic forms $Q(x, y) = ax^2 + bxy + cy^2$ with integral coefficients a, b, c and discriminant $b^2 - 4ac = d$; then $H_d = \sum_t h_t$, where t runs through all divisors of d such that dt^{-1} is a square. By (22),

$$(23)\qquad \sum_{k\leqq N} H_{-k} = \frac{\pi}{18} N^{3/2} + O(N\log N);$$

vice versa, (22) again follows from (23) by an application of the Möbius inversion formula.

There exists in every class of positive quadratic forms $Q(x, y)$ a reduced form, satisfying the condition $|b| \leqq a \leqq c$; the reduced form is unique whenever $|b| < a < c$. This remark suggests the idea of proving (23) directly, without using the class number formula (19), by a computation of the lattice points in the three-dimensional domain $|\eta| < \xi < \zeta$, $0 < 4\xi\zeta - \eta^2 < T$, for sufficiently large T. In this manner (21) was already proved by Mertens.[5] It is possible to apply a corresponding idea also in the indefinite case; this leads to the quadruple integral J introduced in the next section.

5. Let $Q = Q(x, y) = ax^2 + bxy + cy^2$ be an indefinite quadratic form with arbitrary real coefficients, $a \neq 0$, $b^2 - 4ac = D > 0$. If ρ_1, ρ_2 denote the roots of the quadratic equation $Q(x, 1) = 0$, then $Q = a(x - \rho_1 y)(x - \rho_2 y)$ and $D = a^2(\rho_1 - \rho_2)^2$. We determine the order of ρ_1, ρ_2 by the condition $a(\rho_1 - \rho_2) = \sqrt{D}$, with the positive sign of the square root; then $\rho_1 > \rho_2$ for $a > 0$.

Let λ be a positive parameter and define the positive quadratic form

$$(24)\quad P = P(x, y) = |a| \{\lambda^{-1}(x - \rho_1 y)^2 + \lambda(x - \rho_2 y)^2\} = \alpha x^2 + 2\beta xy + \gamma y^2.$$

If $\tau = \xi + i\eta$ denotes the root of $P(x, 1) = 0$ with positive imaginary part, then $\dfrac{\tau - \rho_1}{\tau - \rho_2} = \pm i\lambda$ is pure imaginary; consequently, for variable λ, these points τ describe the half-circle H through ρ_1, ρ_2 in the upper half-plane, with the equation

$$(25)\qquad a(\xi^2 + \eta^2) + b\xi + c = 0.$$

Plainly λ is the tangent of the angle between the diameter from ρ_2 to ρ_1 and the segment from ρ_2 to τ.

The given indefinite quadratic form Q is called reduced, when and only when there exists at least one $\lambda > 0$ such that P is reduced; this means that $2|\beta| \leqq \alpha \leqq \gamma$, or in other words, that τ lies in the fundamental domain F of the modular group, defined by the inequalities $-\frac{1}{2} \leqq \xi \leqq \frac{1}{2}$, $\xi^2 + \eta^2 \geqq 1$. The intersection of H and F is an arc A; consequently, for every given Q, the set of all λ with reduced P is either an interval $\lambda_1 \leqq \lambda \leqq \lambda_2$ or empty. We introduce the non-Euclidean line element $ds = \eta^{-1}(d\xi^2 + d\eta^2)^{\frac{1}{2}}$; then the length of A is

$$(26)\qquad \mu = \mu(a, b, c) = \int_{\lambda_1}^{\lambda_2} \frac{d\lambda}{\lambda} = \log \frac{\lambda_2}{\lambda_1},$$

if A is not empty, and $\mu = 0$ otherwise.

Consider the integral

$$J = \iiint\limits_{D<1} \mu \, da \, db \, dc,$$

extended over the domain of all a, b, c with $a > 0$ and $0 < b^2 - 4ac = D < 1$.

[5] F. Mertens, *Ueber einige asymptotische Gesetze der Zahlentheorie*, Journal für die reine und angewandte Mathematik 77, pp. 289–338 (1874).

In view of the definition (26) of μ we have

$$J = \int_0^\infty \Big(\iiint_{\tau \in F} da\, db\, dc \Big) \frac{d\lambda}{\lambda};$$

for any given $\lambda > 0$ the inner integral designates the volume of the domain R_λ of all a, b, c with $a > 0$, $0 < D < 1$ and τ lying in F. Instead of a, b, c we introduce by (24) the new variables of integration α, β, γ. If λ is fixed, then P is uniquely determined by Q. On the other hand, it follows from the geometrical meaning of λ and τ, that the roots ρ_1, ρ_2 are uniquely determined by P; since $\alpha\gamma - \beta^2 = D$ and $a > 0$, the indefinite form Q is again uniquely determined by P, when λ is fixed. Consequently the domain R_λ is mapped onto the domain G of all reduced P with $\alpha\gamma - \beta^2 < 1$. This domain G is independent of λ.

By (24), $a^{-1}\alpha = \lambda^{-1} + \lambda$, $a^{-1}\beta = -\lambda^{-1}\rho_1 - \lambda\rho_2$, $a^{-1}\gamma = \lambda^{-1}\rho_1^2 + \lambda\rho_2^2$, whence

(27) $$d\alpha = (\lambda^{-1} + \lambda)da, \qquad \frac{d(a^{-1}\beta, a^{-1}\gamma)}{d(\rho_1, \rho_2)} = \begin{vmatrix} -\lambda^{-1} & -\lambda \\ 2\lambda^{-1}\rho_1 & 2\lambda\rho_2 \end{vmatrix} = 2(\rho_1 - \rho_2);$$

moreover $a^{-1}b = -\rho_1 - \rho_2$, $a^{-1}c = \rho_1\rho_2$,

(28) $$\frac{d(a^{-1}b, a^{-1}c)}{d(\rho_1, \rho_2)} = \begin{vmatrix} -1 & -1 \\ \rho_2 & \rho_1 \end{vmatrix} = \rho_2 - \rho_1.$$

From (27) and (28) we get the value of the Jacobian

$$\frac{d(\alpha, \beta, \gamma)}{d(a, b, c)} = -2(\lambda^{-1} + \lambda).$$

Therefore

(29) $$J = \tfrac{1}{2} \int_0^\infty \frac{d\lambda}{\lambda^2 + 1} \int_G d\alpha\, d\beta\, d\gamma = \frac{\pi}{4} V,$$

where V denotes the volume of G. In order to calculate V, we choose the new variables of integration D, ξ, η, instead of α, β, γ. Since $\alpha^{-1}\beta = -\xi$, $\alpha^{-1}\gamma = \xi^2 + \eta^2$, $D = \alpha\gamma - \beta^2 = (\alpha\eta)^2$, we obtain

$$\frac{d(\alpha^{-1}\beta, \alpha^{-1}\gamma)}{d(\xi, \eta)} = -2\eta, \qquad 2\alpha\eta\, d(\alpha\eta) = dD,$$

$$\frac{d(\alpha, \beta, \gamma)}{d(D, \xi, \eta)} = -\alpha\eta^{-1} = -D^{\frac{1}{2}}\eta^{-2},$$

(30) $$V = \int_0^1 D^{\frac{1}{2}}\, dD \int_F \frac{d\xi\, d\eta}{\eta^2} = \frac{2}{3} \int_{-\frac{1}{2}}^{\frac{1}{2}} \frac{d\xi}{\sqrt{1 - \xi^2}} = \frac{2\pi}{9}.$$

By (29) and (30),

(31) $$J = \frac{\pi^2}{18}.$$

6. The half-circle H passes through F when and only when one of the two vertices $\frac{1}{2}(\pm 1 + \sqrt{-3})$ of F belongs to the half-circle domain $\xi^2 + \eta^2 + a^{-1}b\xi + a^{-1}c \leqq 0$, $\eta \geqq 0$. Therefore a reduced form Q is defined by the condition $a + c \leqq \frac{1}{2} \mid b \mid$, in case $a > 0$. Since

$$(\mid b \mid - a)^2 + 3a^2 = \tfrac{1}{4}(4a - \mid b \mid)^2 + \tfrac{3}{4}b^2 = D + 4a(a + c - \tfrac{1}{2} \mid b \mid),$$

we obtain the inequalities

$$a^2 \leqq \tfrac{1}{3}D, \qquad b^2 \leqq \tfrac{4}{3}D, \qquad 4a \mid c \mid = \mid b^2 - D \mid \leqq D, \tag{32}$$

for any reduced Q with $a > 0$. Moreover, the positive form P is reduced for all λ in the interval $\lambda_1 \leqq \lambda \leqq \lambda_2$, and then $\frac{3}{4}\alpha^2 = \alpha^2 - \frac{1}{4}\alpha^2 \leqq \alpha\gamma - \beta^2 = D$,

$$a(\lambda^{-1} + \lambda) = \alpha \leqq 2\sqrt{\frac{D}{3}} \qquad (\lambda_1 \leqq \lambda \leqq \lambda_2). \tag{33}$$

For any $\vartheta > 0$ let P_ϑ denote the domain of all reduced Q satisfying the conditions $a \geqq \vartheta$, $D \leqq 1$; in view of (32), P_ϑ is closed and bounded; by (26) and (33), the function μ is continuous in P_ϑ. Define

$$J_\vartheta = \iiint_{P_\vartheta} \mu \, da \, db \, dc,$$

then

$$J = \lim_{\vartheta \to 0} J_\vartheta. \tag{34}$$

On the other hand, $\mu(qa, qb, qc) = \mu(a, b, c)$ for any $q \neq 0$; therefore

$$J_\vartheta = \lim_{N \to \infty} N^{-3} \sum_{Q \,\epsilon\, S_1} \mu(a, b, c), \tag{35}$$

where the summation is carried over the set S_1 of all reduced Q with integral coefficients satisfying the conditions $a \geqq \vartheta N$, $b^2 - 4ac = D \leqq N^2$.

We consider first all Q in S_1 whose discriminant $D = h^2$ is a square. Then $4ac = (b + h)(b - h)$ and $0 < h \leqq N$; by (32), $a^2 \leqq \frac{1}{3}N^2$, $b^2 \leqq \frac{4}{3}N^2$. For any pair b, h with $b \neq \pm h$, the number of divisors of $(b + h)(b - h)$ is $o(N)$; on the other hand, in case $b = \pm h$, we have $c = 0$ and $a^2 \leqq \frac{1}{3}N^2$. Consequently the number of all these Q is $N^2 o(N) + NO(N) = o(N^3)$. Since $\mu(a, b, c)$ is bounded, for any fixed ϑ, uniformly with respect to N, it follows that (35) holds good if we cancel in S_1 all Q with $D = h^2$, $h = 1, 2, \cdots, N$.

Next consider the set S_0 of all reduced Q with integral a, b, c satisfying $0 < a < \vartheta N$, $0 < D \leqq N^2$. The points of the arc A attain the minimum of their imaginary part η at one of the end points of A; let $\xi_0 + i\eta_0$ be this end point. On the half-circle H we have

$$\frac{d\lambda}{\lambda} = \frac{d\tau}{\tau - \rho_1} - \frac{d\tau}{\tau - \rho_2} = \frac{(\rho_1 - \rho_2)d\tau}{(\tau - \rho_1)(\tau - \rho_2)}$$
$$= \frac{(\rho_1 - \rho_2)(2\tau - \rho_1 - \rho_2)d\xi}{(\tau - \rho_1)(\tau - \rho_2)(\tau - \bar{\tau})} = \frac{2(\rho_1 - \rho_2)d\xi}{(\tau - \bar{\tau})^2} = \frac{-D^{\frac{1}{2}}\, d\xi}{2a\eta^2};$$

hence

$$(36)\qquad \mu(a, b, c) \leqq \frac{D^{\frac{1}{2}}}{2a\eta_0^2}\int_{-\frac{1}{2}}^{\frac{1}{2}} d\xi \leqq \frac{N}{2a\eta_0^2}.$$

On the other hand, by (33),

$$|\log \lambda| < \log \frac{2}{a}\sqrt{\frac{D}{3}} < \log \frac{2N}{a} \qquad (\lambda_1 \leqq \lambda \leqq \lambda_2)$$

$$(37)\qquad \mu(a, b, c) < 2 \log \frac{2N}{a}.$$

For any integral k the number of integers a in the interval $(\vartheta N)/2^{k+1} \leqq a < (\vartheta N)/2^k$ is less than $(\vartheta N)/2^k$. Since $b^2 \leqq (4/3)N^2$, we obtain, by (37),

$$(38)\qquad \sum_{\substack{Q \in S_0 \\ |c| < 2N}} \mu(a, b, c) = O(N^2)\sum_{k=0}^{\infty} \frac{\vartheta N}{2^k} \log (2^{k+2}\vartheta^{-1}) = \vartheta \log \vartheta^{-1} O(N^3),$$

uniformly in ϑ. Moreover, by (25) and (32),

$$a\eta_0^2 = -a\xi_0^2 - b\xi_0 - c \leqq \tfrac{1}{2}|b| - c < N - c,$$

whence $c < N$, and

$$a\eta_0^2 \geqq -\tfrac{1}{4}a - \tfrac{1}{2}|b| - c > -N - c \geqq \tfrac{1}{2}|c|,$$

provided $|c| \geqq 2N$. In virtue of (32) and (36),

$$(39)\qquad \sum_{\substack{Q \in S_0 \\ |c| \geqq 2N}} \mu(a, b, c) = O(N^2)\sum_{a,c} c^{-1},$$

where a, c run through all integral solutions of $0 < a < \vartheta N$, $4ac \leqq N^2$, $c \geqq 2N$. Obviously,

$$(40)\qquad \sum_{a,c} c^{-1} = \sum_{a < \vartheta N} O\left(\log \frac{N}{a}\right) = \vartheta \log \vartheta^{-1} O(N).$$

By (38), (39), (40),

$$(41)\qquad N^{-3} \sum_{Q \in S_0} \mu(a, b, c) = \vartheta \log \vartheta^{-1} O(1).$$

Finally, let S be the set of all reduced Q with integral a, b, c such that the discriminant $b^2 - 4ac \leqq N^2$ and not a square number. If Q belongs to S, then also $-Q$; moreover, $a \neq 0$. By (35) and (41),

$$(42)\qquad \limsup_{N \to \infty} \left| 2J_\vartheta - N^{-3}\sum_{Q \in S} \mu(a, b, c)\right| = \vartheta \log \vartheta^{-1} O(1).$$

If $\vartheta \to 0$, then $\vartheta \log \vartheta^{-1} \to 0$ and $J_\vartheta \to J$, by (34). Since S is independent of ϑ, we infer from (31) and (42) that

$$(43)\qquad \lim_{N \to \infty} N^{-3} \sum_{Q \in S} \mu(a, b, c) = 2J = \frac{\pi^2}{9}.$$

7. Let Q be primitive, i.e., $(a, b, c) = 1$. It is well known that the matrix $\mathfrak{M}$ of ever linear transformation $x \to px + qy$, $y \to rx + sy$ of Q into itself, with integral p, q, r, s and $ps - qr = +1$, has the form

$$\mathfrak{M} = \pm \begin{pmatrix} \frac{t + bu}{2} & au \\ -cu & \frac{t - bu}{2} \end{pmatrix}^{l} \qquad (l = 0, \pm 1, \pm 2, \cdots),$$

where t, u is the smallest positive integral solution of $t^2 - Du^2 = 4$. The corresponding modular substitution has the fixed points ρ_1, ρ_2 and leaves the half-circle H invariant. A fundamental domain on H for the cyclic group of these modular substitutions is given by any arc B on H with the non-Euclidean length $2 \log \epsilon_D$, where $\epsilon_D = \dfrac{t + u\sqrt{D}}{2}$.

Let $Q_k = a_k x^2 + b_k xy + c_k y^2$ $(k = 1, \cdots, g)$ denote all reduced forms which are equivalent, in the narrow sense, with the given primitive form Q, and let A_k denote the arc A for the particular form Q_k. It follows from the definition of A and B, that the arcs $A_1, \cdots, A_g$ are equivalent to certain arcs on the half-circle H which cover B without gaps and overlappings. Consequently,

$$\sum_{k=1}^{g} \mu(a_k, b_k, c_k) = 2 \log \epsilon_D .$$

Summing over all primitive Q with given discriminant D, we obtain

$$\sum_{\substack{b^2 - 4ac = D \\ (a,b,c) = 1}} \mu(a, b, c) = 2h_D \log \epsilon_D , \tag{44}$$

where h_D denotes the class number.

By (43) and (44),

$$\sum_{Dq^2 \leqq N^2} h_D \log \epsilon_D \sim \frac{\pi^2}{18} N^3, \tag{45}$$

where D, q run through all positive integral solutions of $Dq^2 \leqq N^2$ and D is not a square. Denoting the left-hand member in (45) by $g(N)$, we get

$$\sum_{D \leqq N^2} h_D \log \epsilon_D = \sum_{t \leqq N} \mu(t) g(t^{-1}N) \sim \frac{\pi^2}{18} \sum_{t \leqq N} \mu(t) \left(\frac{N}{t}\right)^3 \sim \frac{\pi^2}{18\zeta(3)} N^3.$$

This result differs from (2) only in the estimation of the error term, viz., $o(N^3)$ instead of $O(N^2 \log N)$. It is possible to obtain this better appraisal of the error term by defining the parameter ϑ of §6 in a suitable way as a function of N.

In order to prove also formula (1) by our second method, we cancel in the sum on the right-hand side of (35) all terms in which either b is odd or a, b, c are all even. The remaining triplets a, b, c constitute exactly 3 systems of residue classes modulo 2; consequently we have then to multiply the left-hand member in (35) by the factor 3/8. Since $b^2 - 4ac = D = 4k$ is divisible by 4 and (a, b, c) is odd,we obtain instead of (45) the relationship

$$\sum_{4kq^2 \leqq N^2} h_{4k} \log \epsilon_{4k} \sim \frac{\pi^2}{48} N^3,$$

where k, q run through all positive integral solutions of $4kq^2 \leqq N^2$ with odd q and k is not a square. It follows that

$$\sum_{k \leqq N^2} h_{4k} \log \epsilon_{4k} \sim \frac{\pi^2}{48} \sum_{q \leqq N} \mu(q) \left(\frac{2N}{q}\right)^3 \sim \frac{4\pi^2}{21\zeta(3)} N^3,$$

and this is the formula of Gauss.

II. Forms of m Variables

8. Let $\mathfrak{S}$ be a real symmetric matrix of signature n, $m - n$, and let the absolute value of the determinant $|\mathfrak{S}|$ be $S > 0$. We denote by H the set of all positive real symmetric $\mathfrak{H}$ which satisfy the condition $\mathfrak{H}\mathfrak{S}^{-1}\mathfrak{H} = \mathfrak{S}$. It is known that H is a manifold of $n(m - n)$ dimensions with the parametric representation

$$(46) \qquad \mathfrak{H} = 2\mathfrak{W}^{-1}[\mathfrak{X}'\mathfrak{S}] - \mathfrak{S}, \qquad \mathfrak{W} = \mathfrak{S}[\mathfrak{X}] > 0,$$

where $\mathfrak{X}$ is a variable real matrix with m rows, n columns, rank n and positive $\mathfrak{S}[\mathfrak{X}]$; two such matrices $\mathfrak{X} = \mathfrak{X}_1$, $\mathfrak{X}_2$ represent the same point $\mathfrak{H}$ of H, when and only when $\mathfrak{X}_2 = \mathfrak{X}_1\mathfrak{K}$ with real n-rowed $\mathfrak{K}$.

Let F be the domain of the reduced positive quadratic forms of m variables, in the definition of Minkowski. Moreover, let W be a bounded domain in the space of the positive quadratic forms of n variables and denote by X the set of all $\mathfrak{X}$ which fulfill the two conditions $\mathfrak{W} \epsilon W$, $\mathfrak{H} \epsilon F$. We define

$$\rho_0 = 1, \qquad \rho_k = \prod_{l=1}^{k} \pi^{k/2}/\Gamma\left(\frac{k}{2}\right) \qquad (k = 1, 2, \cdots)$$

and

$$(47) \qquad \mu(\mathfrak{S}) = \rho_{m-n} S^{n/2} \int_X |\mathfrak{W}|^{(n-m+1)/2} d\mathfrak{X} \Big/ \int_W d\mathfrak{W}.$$

Let $\mathfrak{K}$ be the matrix formed by the last n rows of $\mathfrak{X}$ and put $\mathfrak{X}\mathfrak{K}^{-1} = \begin{pmatrix}\mathfrak{Y}\\ \mathfrak{E}\end{pmatrix} = \mathfrak{Z}$, $\mathfrak{S}[\mathfrak{Z}] = \mathfrak{U}$, then $\mathfrak{H} = 2\mathfrak{U}^{-1}[\mathfrak{Z}'\mathfrak{S}] - \mathfrak{S}$, $\mathfrak{U} = \mathfrak{S}[\mathfrak{Z}] > 0$, and

$$\int_X |\mathfrak{W}|^{(n-m+1)/2} d\mathfrak{X} \Big/ \int_W d\mathfrak{W} = \rho_n \int_Y |\mathfrak{U}|^{-m/2} d\mathfrak{Y},$$

where Y is the set of all $\mathfrak{Y}$ satisfying $\mathfrak{U} > 0$, $\mathfrak{H} \epsilon F$. This proves that $\mu(\mathfrak{S})$ is independent of W. In the particular case of an indefinite binary form $\mathfrak{S}[\mathfrak{x}] = ax_1^2 + bx_1x_2 + cx_2^2$ it is easily seen that $2\mu(\mathfrak{S})$ has the value μ in (26), provided F is defined with respect to the narrow unimodular group; however, we shall now assume that equivalence is understood in the wide sense.

We set

$$J = \int_{S<1} \mu(\mathfrak{S}) S^{(1-m)/2}\, d\mathfrak{S}, \tag{48}$$

the integration extended over the space of all $\mathfrak{S}$ with $0 < S < 1$ and given signature $n, m - n$. By (47),

$$J \int_W d\mathfrak{W} = \rho_{m-n} \int_R \left\{ \int (S \mid \mathfrak{W} \mid)^{(n-m+1)/2} d\mathfrak{S} \right\} d\mathfrak{X}; \tag{49}$$

the outer integration is carried over the space R of all real $\mathfrak{X}$ with rank n, the inner integration is restricted by the three conditions $0 < S < 1$, $\mathfrak{W} \in W$, $\mathfrak{H} \in F$, for any given $\mathfrak{X}$ in R.

By the substitution (46) we introduce the new variable of integration $\mathfrak{H}$ instead of $\mathfrak{S}$, for fixed $\mathfrak{X}$. Since $\mathfrak{S}\mathfrak{X} = \mathfrak{H}\mathfrak{X}$, we obtain

$$\mathfrak{H}[\mathfrak{X}] = \mathfrak{W} > 0, \qquad \mathfrak{S} = 2\mathfrak{W}^{-1}[\mathfrak{X}'\mathfrak{H}] - \mathfrak{H}; \tag{50}$$

vice versa, (46) follows from (50). Consequently (46) defines a birational mapping of the space of all $\mathfrak{S}$ with the given signature onto the space of the positive $\mathfrak{H}$. In view of the relationship $\mathfrak{H}\mathfrak{S}^{-1}\mathfrak{H} = \mathfrak{S}$, we can determine a real matrix $\mathfrak{C}$ such that $\mathfrak{H}[\mathfrak{C}] = \mathfrak{E}$ and $\mathfrak{S}[\mathfrak{C}] = \begin{pmatrix} \mathfrak{E}^{(n)} & 0 \\ 0 & -\mathfrak{E}^{(m-n)} \end{pmatrix} = \mathfrak{S}_0$, say, for any given pair $\mathfrak{S}, \mathfrak{H}$. This proves that the Jacobian $d\mathfrak{S}/d\mathfrak{H} = j$ depends only upon m and n; therefore it suffices to compute j at the particular point $\mathfrak{H} = \mathfrak{E}$, $\mathfrak{S} = \mathfrak{S}_0$. It follows from the formula $\mathfrak{S}\mathfrak{X} = \mathfrak{H}\mathfrak{X}$ that then all elements of the last n rows of the fixed matrix $\mathfrak{X}$ are 0. Let $\mathfrak{S} = \begin{pmatrix} \mathfrak{S}_1^{(n)} & \mathfrak{S}_{12} \\ \mathfrak{S}_{21} & \mathfrak{S}_2 \end{pmatrix}$, then

$$\mathfrak{H} = \begin{pmatrix} \mathfrak{S}_1 & \mathfrak{S}_{12} \\ \mathfrak{S}_{21} & 2\mathfrak{S}_1^{-1}[\mathfrak{S}_{12}] - \mathfrak{S}_2 \end{pmatrix}, \text{ by (46), and } d\mathfrak{H} = \begin{pmatrix} d\mathfrak{S}_1 & d\mathfrak{S}_{12} \\ d\mathfrak{S}_{21} & -d\mathfrak{S}_2 \end{pmatrix}$$

for $\mathfrak{S}_{12} = 0$, whence $j = (-1)^{((m-n)(m-n+1))/2}$.

By (49), (50),

$$J \int_W d\mathfrak{W} = \rho_{m-n} \int_{\substack{F \\ |\mathfrak{H}|<1}} \mid \mathfrak{H} \mid^{(n-m+1)/2} \left(\int_{\mathfrak{H}[\mathfrak{X}] \in W} \mid \mathfrak{W} \mid^{(n-m+1)/2} d\mathfrak{X} \right) d\mathfrak{H};$$

on the other hand,

$$\int_{\mathfrak{H}[\mathfrak{X}] \in W} \mid \mathfrak{W} \mid^{(n-m+1)/2} d\mathfrak{X} = \frac{\rho_m}{\rho_{m-n}} \mid \mathfrak{H} \mid^{-(n/2)} \int_W d\mathfrak{W}.$$

Consequently, using Minkowski's formula for the volume of the domain of the reduced $\mathfrak{H}$ with $\mid \mathfrak{H} \mid < 1$, we obtain

$$J = \rho_m \int_{\substack{F \\ |\mathfrak{H}|<1}} \mid \mathfrak{H} \mid^{(1-m)/2} d\mathfrak{H} = \prod_{k=2}^{m} \zeta(k). \tag{51}$$

9. Let $s_{11} = s$ be the first diagonal element of $\mathfrak{S} = (s_{kl})$. For any $\vartheta > 0$ we define

$$J_\vartheta = \int\limits_{\substack{\text{abs } s > \vartheta \\ 0 < S < 1}} \mu(\mathfrak{S}) S^{(1-m)/2} \, d\mathfrak{S}.$$

By (48),

$$J = \lim_{\vartheta \to 0} J_\vartheta . \tag{52}$$

The real symmetric matrix $\mathfrak{S}$ is called reduced whenever there exists a solution $\mathfrak{H}$ of $\mathfrak{H}\mathfrak{S}^{-1}\mathfrak{H} = \mathfrak{S}$ in the domain F. If $\mu(\mathfrak{S}) \neq 0$, then necessarily $\mathfrak{S}$ is reduced, in view of definition (47). Let $h_1, \cdots, h_m$ be the diagonal elements of $\mathfrak{H}$; since $\mathfrak{H} + \mathfrak{S}$ and $\mathfrak{H} - \mathfrak{S}$ are non-negative, it follows that $s_{kl}^2 \leqq h_k h_l$ ($k, l = 1, \cdots, m$). If $\mathfrak{H}$ lies in F, then $h_1 \cdots h_m S^{-m}$ and the $m - 1$ ratios $h_1/h_2, \cdots, h_{m-1}/h_m$ are bounded. Consequently, if moreover $s^2 > \vartheta^2$ and $0 < S < 1$, then $\mathfrak{H}$, $\mathfrak{S}$ and S^{-1} are bounded, for any given ϑ, and $\mu(\mathfrak{S})$ is continuous, by (47). Since $\mu(q\mathfrak{S}) = \mu(\mathfrak{S})$, for all scalar factors $q > 0$, we infer from the definition of an integral that

$$J_\vartheta = \lim_{N \to \infty} N^{-1} \sum_{\substack{\text{abs } s > \vartheta N^{1/m} \\ S \leqq N}} \mu(\mathfrak{S}) S^{(1-m)/2}, \tag{53}$$

where $\mathfrak{S}$ runs through all integral symmetric matrices of signature n, $m - n$ with abs $s > \vartheta N^{1/m}$ and $S \leqq N$. Performing the passage to the limit $\vartheta \to 0$, we obtain, by (52) and (53),

$$J \leqq \liminf_{N \to \infty} N^{-1} \sum_{S \leqq N} \mu(\mathfrak{S}) S^{(1-m)/2}. \tag{54}$$

For any given integral $\mathfrak{S}$ there exist only a finite number of equivalent reduced matrices $\mathfrak{S}_1, \cdots, \mathfrak{S}_g$. It is known that

$$2\rho(\mathfrak{S}) S^{(m+1)/2} = \sum_{k=1}^{g} \mu(\mathfrak{S}_k), \tag{55}$$

where $\rho(\mathfrak{S})$ is defined by (3), except in the case $m = 2$, $n = 1$, S a square. By (51), (54), (55),

$$\liminf_{N \to \infty} N^{-1} \sum_{S \leqq N} S\rho(\mathfrak{S}) \geqq \frac{1}{2} \prod_{k=2}^{m} \zeta(k); \tag{56}$$

in the left-hand member $\mathfrak{S}$ runs over a system of representatives of all classes with signature n, $m - n$ whose determinants have the absolute values $S \leqq N$.

In our proof of (56) we have tacitly assumed, in some places, that $0 < n < m$. However, in the definite case $n = 0$ or m, formula (56) follows directly from (5), (51) and the definition of an integral.

If it is true that the two passages to the limit $N \to \infty$, $\vartheta \to 0$ can be interchanged in the right-hand member of (53), then we should obtain from (53) statement (4) of the Theorem, instead of the much weaker result (56). However, the direct proof of the legitimacy of this interchange seems to be very complicated in the general indefinite case. For binary forms, we overcame this difficulty in §6 by using the estimates (36) and (37) for μ; but the corresponding way becomes impractical in case $m \geqq 3$. In order to get the desired result we shall also apply the generalization of the class number formulas (10) and (19), viz., the formula for the measure of a genus. Therefore our proof of the Theorem will be a combination of the ideas of the two different proofs given in the first Chapter.

The Theorem is trivial in case $m = 1$; for $m = 2$, it is easily derived from (17) and (20), even with the estimate $O(N^{\frac{1}{2}} \log N)$ of the error term. For the rest of the paper we shall assume that $m \geqq 3$.

10. Let $\mathfrak{S}_1, \cdots, \mathfrak{S}_h$ denote a complete system of representatives of the classes in the genus of $\mathfrak{S}$ and define

$$\nu(\mathfrak{S}) = \sum_{k=1}^{h} \rho(\mathfrak{S}_k). \tag{57}$$

It is known that

$$\nu(\mathfrak{S}) = 2 \prod_p \frac{2q^{m(m-1)/2}}{E_q(\mathfrak{S})}, \tag{58}$$

where p runs through all primes, $q = p^t$ is a sufficiently large power of p and $E_q(\mathfrak{S})$ is the order of the group of units of $\mathfrak{S}$ modulo q. If p^b is the highest power of p dividing $2S$, then t may be any integer $>2b$; in particular, for $b = 0$, i.e., $(p, 2S) = 1$, we have the explicit formula

$$\tfrac{1}{2} q^{-m(m-1)/2} E_q(\mathfrak{S}) = \begin{cases} \prod_{k=1}^{(m-1)/2} (1 - p^{-2k}) & (m \text{ odd}) \\ (1 - \delta p^{-m/2}) \prod_{k=1}^{m/2-1} (1 - p^{-2k}) & (m \text{ even}), \end{cases} \tag{59}$$

where δ denotes the Legendre symbol $\left(\frac{(-1)^{m/2} |\mathfrak{S}|}{p}\right)$.

Let $N \geqq 8$, $S \leqq N$ and

$$Q = \prod_p p^{3[\log N/\log p]}; \tag{60}$$

then $p^b \leqq 2S \leqq 2N$, whence $b \leqq \left[\frac{\log N}{\log p}\right] + \left[\frac{\log 2}{\log p}\right] < \frac{3}{2}\left[\frac{\log N}{\log p}\right]$ and $S \mid Q$. Defining

$$\alpha_0(\mathfrak{S}) = \prod_{p>N} \frac{2p^{m(m-1)/2}}{E_p(\mathfrak{S})}, \qquad \alpha(\mathfrak{S}) = \frac{2^{\pi(N)} Q^{m(m-1)/2}}{E_Q(\mathfrak{S})}, \tag{61}$$

where $\pi(N)$ denotes the number of primes $\leqq N$, we obtain

(62) $$\nu(\mathfrak{S}) = 2\alpha_0(\mathfrak{S})\alpha(\mathfrak{S}), \qquad \alpha_0(\mathfrak{S}) = 1 + O(N^{-1}),$$

by (58), (59) and (60).

On the other hand, the number of modulo Q incongruent integral m-rowed matrices $\mathfrak{G}$ with $(|\mathfrak{G}|, Q) = 1$ is

(63) $$A = A_Q = Q^{m^2} \prod_{p \leq N} \prod_{k=1}^{m} (1 - p^{-k}).$$

Obviously the ratio $A/E_Q(\mathfrak{S})$ is the number of symmetric $\mathfrak{S}_0$ modulo Q which are equivalent to $\mathfrak{S}$ modulo Q. For these $\mathfrak{S}_0$ we have

$$|\mathfrak{S}_0| \equiv |\mathfrak{S}|\, x^2 (\mathrm{mod}\ Q), \qquad (x, Q) = 1;$$

it follows that the number of determinants $|\mathfrak{S}_0|$ modulo Q equals the number of quadratic residues x^2 modulo $S^{-1}Q$ which are prime to Q; this number has the value

(64) $$B = 2^{-1-\pi(N)} S^{-1} Q \prod_{p \leq N} (1 - p^{-1}).$$

Consequently the ratio $A/BE_Q(\mathfrak{S})$ is the number of symmetric $\mathfrak{S}_0$ modulo Q fulfilling the two conditions $\mathfrak{S}_0 \sim \mathfrak{S}$ (mod Q), $|\mathfrak{S}_0| \equiv |\mathfrak{S}|$ (mod Q).

Finally, let $\mathfrak{S}$ run through a system of representatives of all genera with signature $n, m - n$ and given determinant $|\mathfrak{S}| = (-1)^{m-n}S$. We denote by $C_n(S)$ the number of residue classes modulo Q which contain an integral symmetric matrix with this signature and determinant. By (61), (63), (64),

(65) $$2Q^{m(m+1)/2-1} S \prod_{p \leq N} \prod_{k=2}^{m} (1 - p^{-k}) \sum_{\mathfrak{S}} \alpha(\mathfrak{S}) = \frac{A}{B} \sum_{\mathfrak{S}} \frac{1}{E_Q(\mathfrak{S})} = C_n(S).$$

11. By the reciprocity formula for Gaussian sums we have

$$\sum_{\mathfrak{x} (\mathrm{mod}\ Q)} e^{2\pi i Q^{-1} \mathfrak{S}[\mathfrak{x}]} = \epsilon^{2n-m} S^{\frac{1}{2}} (2Q)^{m/2}, \qquad \epsilon = e^{\pi i/4}.$$

Define $n_0 = n - 2$ for $n \geqq 2$ and $n_0 = n + 2$ for $n < 2$; then $0 \leqq n_0 \leqq m$, in view of $m \geqq 3$ and $0 \leqq n \leqq m$. Since $\epsilon^{2n_0} = -\epsilon^{2n}$ and $(-1)^{n_0} = (-1)^n$, it follows that two symmetric matrices with the same determinant $(-1)^{m-n}S$ and the different signatures $n, m - n$ and $n_0, m - n_0$ never belong to the same residue class modulo Q. Consequently the sum $C_n(S) + C_{n_0}(S)$ is at most equal to the number $D(S)$ of modulo Q incongruent integral symmetric matrices $\mathfrak{S}_1$ satisfying $|\mathfrak{S}_1| = (-1)^{m-n}S (\mathrm{mod}\ Q)$.

Let $\mathfrak{S}$ and $\mathfrak{S}_0$ run through a system of representatives of all classes of integral symmetric matrices of signatures $n, m - n$ and $n_0, m - n_0$ whose determinants have an absolute value $S \leqq N$. Since

$$\prod_{p \leq N} \prod_{k=2}^{m} (1 - p^{-k})^{-1} = (1 + O(N^{-1})) \prod_{k=2}^{m} \zeta(k),$$

we infer from (57), (62), (65) the inequality

(66) $$\sum_{S \leqq N} \{\rho(\mathfrak{S}) + \rho(\mathfrak{S}_0)\}S < (1 + o(1))Q^{1-m(m+1)/2} \sum_{S=1}^{N} D(S) \prod_{k=2}^{m} \zeta(k).$$

In the remaining sections we shall prove that

(67) $$Q^{1-\frac{1}{2}m(m+1)} \sum_{S=1}^{N} D(S) \sim N \qquad (N \to \infty).$$

Plainly the Theorem is an immediate consequence of (56), (66) and (67).

12. Define

$$e_q(x) = e^{2\pi i (x/q)}, \qquad \beta\left(\frac{l}{q}\right) = q^{-m(m+1)/2} \sum_{\mathfrak{S} (\mathrm{mod}\ q)} e_q(l \mid \mathfrak{S} \mid) \quad (q > 0,\ (l, q) = 1);$$

then

$$QD(S) = \sum_{l=1}^{Q} e_Q((-1)^{m-n-1} lS) \sum_{\mathfrak{S} (\mathrm{mod}\ Q)} e_Q(l \mid \mathfrak{S} \mid),$$

$$Q^{1-\frac{1}{2}m(m+1)} D(S) = \sum_{q \mid Q} \sum_{\substack{l (\mathrm{mod}\ q) \\ (l,q)=1}} \beta\left(\frac{l}{q}\right) e_q((-1)^{m-n-1} lS).$$

Moreover

$$\mathrm{abs} \sum_{S=1}^{N} e_q((-1)^{m-n-1} lS) \leqq \mathrm{Min}\left(N, \frac{1}{\left|\sin \frac{\pi l}{q}\right|}\right)$$

and

$$\sum_{l=1}^{q-1} \mathrm{Min}\left(N, \frac{1}{\left|\sin \frac{\pi l}{q}\right|}\right) = qO(\log N).$$

Consequently, in order to prove (67), it suffices to deduce the estimate

(68) $$\sum_{q \mid Q} q\beta_q = o\left(\frac{N}{\log N}\right),$$

where β_q denotes the maximum of the $\varphi(q)$ numbers $\mathrm{abs}\ \beta\left(\frac{l}{q}\right)$ $(l = 1, \cdots, q;\ (l, q) = 1)$.

It is easily seen that

(69) $$\beta_{q_1 q_2} = \beta_{q_1} \beta_{q_2} \qquad ((q_1, q_2) = 1).$$

It remains to determine an upper appraisal of β_q in case $q = p^t (t = 1, 2, \cdots)$.

Let $p \nmid 2a$ and consider all residue classes of symmetric $\mathfrak{S}$ modulo p satisfying

$|\mathfrak{S}| \equiv a (\text{mod } p)$. Any two such $\mathfrak{S}$ are equivalent modulo p; in virtue of (59) and (63), their number has the value

$$W_a = \frac{2A_p}{(p-1)E_p(\mathfrak{S})} = p^{m(m+1)/2-1}(1 + O(p^{-2})).$$

Hence

$$\beta\left(\frac{l}{p}\right) = p^{-m(m+1)/2}\left(p^{m(m+1)/2} + \sum_{a=1}^{p-1} W_a(e_p(la) - 1)\right) = O(p^{-2}),$$

(70) $$p\beta_p = O(p^{-1}),$$

for the set of all primes p.

Next let $q = p^t$, $t \geqq 2$, $b = [(t+1)/2]$, $q_0 = p^b$; let $\mathfrak{S}_1$ and $\mathfrak{S}_2$ run through complete systems of residues modulo q_0 and q/q_0. If $\mathfrak{S}_0 = (s_{kl})$ denotes the adjoint matrix of $\mathfrak{S}_1$, then

$$|\mathfrak{S}_1 + q_0\mathfrak{S}_2| \equiv |\mathfrak{S}_1| + q_0\sigma(\mathfrak{S}_0\mathfrak{S}_2) \qquad (\text{mod } q),$$

whence

(71) $$\beta\left(\frac{l}{q}\right) = q^{-m(m+1)/2} \sum_{\mathfrak{S}_1} e_q(l\,|\mathfrak{S}_1|) \sum_{\mathfrak{S}_2} e_q(lq_0\,\sigma(\mathfrak{S}_0\mathfrak{S}_2)).$$

The inner sum vanishes, except when q/q_0 is a common divisor of all numbers s_{kk}, $2s_{kl}(k, l = 1, \cdots, m)$, and then it has the value $(q/q_0)^{m(m+1)/2}$. If the latter case occurs exactly F_q times, then

(72) $$\beta_q \leqq q_0^{-m(m+1)/2}F_q.$$

13. Let p^{α_1} be the highest power of the prime p dividing all elements of $\mathfrak{S}_1$ and q_0; if $\alpha_1 = 0$, then $\mathfrak{S}_1$ is called primitive modulo q_0. Put $q_0p^{-\alpha_1} = q_1$; plainly, $\mathfrak{S}_1 = p^{\alpha_1}\mathfrak{T}$, where $\mathfrak{T}$ is modulo q_1 primitive and uniquely determined. Suppose $\alpha_1 < b$, i.e., $p \mid q_1$. If all diagonal elements of $\mathfrak{T} = (t_{kl})$ are divisible by p, then there exists an element t_{kl}, with $k \neq l$, which is not a multiple of p, and the same holds for the principal minor $t_{kk}t_{ll} - t_{kl}^2$. Consequently there exist principal minors in $\mathfrak{T}$ which are not divisible by p; let r_1 be the maximal order of these minors. After a suitable permutation in the rows and the columns of $\mathfrak{T}$ we obtain

(73) $$\mathfrak{T}[\mathfrak{C}_1] = \begin{pmatrix} \mathfrak{T}_1 & \mathfrak{T}_{12} \\ \mathfrak{T}_{21} & \mathfrak{T}_2 \end{pmatrix},$$

where $\mathfrak{C}_1$ is the matrix of the permutation, $\mathfrak{T}_1 = \mathfrak{T}_1^{(r_1)}$, $p \nmid |\mathfrak{T}_1|$. Let $\mathfrak{A}$ be an integral matrix satisfying $\mathfrak{T}_1\mathfrak{A} \equiv \mathfrak{E}$ (mod q_1) and set

(74) $$\mathfrak{C}_2 = \begin{pmatrix} \mathfrak{E} & -\mathfrak{A}\mathfrak{T}_{12} \\ 0 & \mathfrak{E} \end{pmatrix},$$

then

$$\mathfrak{S}_1[\mathfrak{C}_1\mathfrak{C}_2] \equiv p^{\alpha_1}\begin{pmatrix}\mathfrak{T}_1 & 0\\ 0 & \mathfrak{T}_0\end{pmatrix} \pmod{q_0} \tag{75}$$

with integral $\mathfrak{T}_0$.

We denote by p^{ω_l} $(l = 1, \cdots, m)$ the elementary divisors of $\mathfrak{S}_1$ modulo q_0, such that $0 \leqq \omega_1 \leqq \cdots \leqq \omega_m \leqq b$; moreover, let $\alpha_1, \cdots, \alpha_k$ be the different values of the ω_l, where $0 \leqq \alpha_1 < \alpha_2 < \cdots < \alpha_k \leqq b$, and denote by r_l the multiplicity of α_l in the sequence $\omega_1, \cdots, \omega_m$; plainly, α_1 and r_1 have their former meaning. The $(m - r_1)$-rowed matrix $\mathfrak{T}_0$ has modulo q_1 the elementary divisors $p^{\omega_l - \alpha_1}(l \equiv r_1 + 1, \cdots, m)$.

Let $F(q_0; \omega_1, \cdots, \omega_m)$ be the number of modulo q_0 incongruent $\mathfrak{S}_1$ with given $\omega_1, \cdots, \omega_m$, and put $\omega_0 = 0, \gamma_l = \omega_l - \omega_{l-1}$ $(l = 1, \cdots, m)$. We shall prove by induction that

$$q_0^{-m(m+1)/2}F(q_0; \omega_1, \cdots, \omega_m) < c_m p^{-\gamma}, \qquad \gamma = \sum_{l=1}^{m}\frac{l(l+1)}{2}\gamma_{m-l+1}, \tag{76}$$

where c_m depends only upon m. The assertion (76) is empty in case $m = 0$. Using (76) for $m - r_1$, q_1 instead of m, q_0, we obtain

$$q_1^{-(m-r_1)(m-r_1+1)/2}F(q_1; \omega_{r_1+1} - \alpha_1, \cdots, \omega_m - \alpha_1) < c_{m-r_1}p^{-\delta}, \tag{77}$$

where

$$\delta = \sum_{l=1}^{m-r_1}\frac{l(l+1)}{2}\gamma_{m-l+1} = \gamma - \frac{m(m+1)}{2}\alpha_1; \tag{78}$$

moreover, the number of modulo q_1 incongruent $(\mathfrak{T}_1\mathfrak{T}_{12})$ in (73) is at most $q_1^{r_1(m-(r_1-1)/2)}$, the number of permutation matrices $\mathfrak{C}_1$ is $m!$. By (73), (74), (75), (77), (78),

$$q_0^{-m(m+1)/2}F(q_0; \omega_1, \cdots, \omega_m) < m!\,c_{m-r_1}p^{-\delta}(q_1/q_0)^{m(m+1)/2} \leqq c_m p^{-\gamma},$$

with $c_m = m! \operatorname{Max} c_{m-r_1}$; and this is the assertion (76).

Suppose now that $\mathfrak{S}_0 = (s_{kl})$ is the adjoint matrix of $\mathfrak{S}_1$ and that $q/q_0 = p^{t-b}$ is a common factor of all numbers s_{kk}, $2s_{kl}$ $(k, l = 1, \cdots, m)$; then, *a fortiori*, $2p^{b-t}\mathfrak{S}_0$ is integral; hence $t - b \leqq \omega_1 + \cdots + \omega_{m-1}$ for $p \neq 2$ and $t - b \leqq \omega_1 + \cdots + \omega_{m-1} + 1$ for $p = 2$. On the other hand,

$$\omega_1 + \cdots + \omega_{m-1} = \sum_{l=1}^{m}(l-1)\gamma_{m-l+1}$$

and $l(l+1) - 6(l-1) = (l-2)(l-3) \geqq 0$ $(l = 1, \cdots, m)$, where the equality sign holds only for $l = 2, 3$; therefore $\omega_1 + \cdots + \omega_{m-1} \leqq \frac{1}{3}\gamma$, with the equality sign only when $\gamma_l = 0$ for $l \neq m-1, m-2$. It follows that

$$p^{-\gamma} \leqq 8\left(\frac{q_0}{q}\right)^3 = 8q^{-1}p^{3[(t+1)/2]-2t}; \tag{79}$$

in case $t = 3$, $p \neq 2$, we have

(80) $$p^{-\gamma} \leqq \frac{1}{pq},$$

except when $\gamma_l = 0$ for $l \neq m - 1, m - 2$ and $\gamma_{m-1} + 2\gamma_{m-2} = 1$. Plainly this exception is the case $\omega_l = 0 (l = 1, \cdots, m - 2), \omega_{m-1} = \omega_m = 1$.

14. The number of systems of integers $\omega_1, \cdots, \omega_m$ satisfying $0 \leqq \omega_1 \leqq \cdots \leqq \omega_m \leqq b$ is $< (b + 1)^m$. By (71), (72), (76), (79) and (80), we obtain the inequalities

(81) $$q\beta_q < t^m p^{3[(t+1)/2]-2t} O(1) \qquad (q = p^t; t = 2, 3, \cdots),$$

(82) $$q\beta_q < O(p^{-1}) + p^{3-m(m+1)} \text{ abs} \sum_{\mathfrak{S}_1} e_q(|\mathfrak{S}_1|) \qquad (q = p^3),$$

where $\mathfrak{S}_1$ runs through all symmetric matrices modulo p^2 with $\omega_1 = \cdots = \omega_{m-2} = 0, \omega_{m-1} > 0$. In order to estimate this last sum, we put $\mathfrak{S}_1 = \mathfrak{R}_1 + p\mathfrak{R}_2$, where $\mathfrak{R}_2$ runs over all residue classes modulo p and $\mathfrak{R}_1$ over all residue classes modulo p with $\omega_{m-2} = 0, \omega_{m-1} = 1$. The number of these $\mathfrak{R}_1$ is $O(p^{m(m+1)/2-3})$, by (76). Let $\mathfrak{R}_1$ be given and determine a unimodular $\mathfrak{C}$, according to (75), such that $\mathfrak{R}_1[\mathfrak{C}] \equiv \begin{pmatrix} \mathfrak{T}_1^{(m-2)} & 0 \\ 0 & p\mathfrak{T}_2 \end{pmatrix} \pmod{p^2}$, $\mathfrak{T}_2 = \begin{pmatrix} a & 0 \\ 0 & b \end{pmatrix}$ with integral a, b. Put $\mathfrak{R}_2[\mathfrak{C}] = \begin{pmatrix} \mathfrak{W}_1 & \mathfrak{W}_{12} \\ \mathfrak{W}_{21} & \mathfrak{W}_2 \end{pmatrix}$, $\mathfrak{W}_2 = \begin{pmatrix} x & y \\ y & z \end{pmatrix}$, then $|\mathfrak{S}_1| \equiv |\mathfrak{R}_1| + p^2 |\mathfrak{T}_1| \, |\mathfrak{W}_2 + \mathfrak{T}_2|$ $\pmod{p^3}$, $p \nmid |\mathfrak{T}_1|$, $|\mathfrak{W}_2 + \mathfrak{T}_2| = (x + a)(z + b) - y^2$. Obviously,

$$\sum_{x \pmod p} e_q(|\mathfrak{S}_1|) = 0,$$

except when $z \equiv -b \pmod p$. If $\mathfrak{R}_1$ is given, then the number of $\mathfrak{R}_2$ with $z \equiv -b \pmod p$ is $p^{m(m+1)/2-1}$. Consequently,

$$\sum_{\mathfrak{S}_1} e_q(|\mathfrak{S}_1|) = O(p^{m(m+1)-4})$$

and

(83) $$q\beta_q = O(p^{-1}) \qquad (q = p^3),$$

by (82).

It follows from (70), (81), (83) that

(84) $$\sum_{t=1}^{\infty} p^t \beta_{p^t} = O(p^{-1}) \left(1 + \sum_{t=4}^{\infty} t^m p^{3[(t+1)/2]-2t+1}\right) = O(p^{-1}).$$

In view of (60), (69), (84),

$$\sum_{q|Q} q\beta_q < \prod_{p \leqq N} (1 + O(p^{-1})) = e^{O(1) \sum_{p \leqq N} p^{-1}} = e^{O(\log \log N)}$$

$$= (\log N)^{O(1)} = o\left(\frac{N}{\log N}\right),$$

and this is the assertion (68). The proof of the Theorem is now complete.

THE INSTITUTE FOR ADVANCED STUDY

Vollständige Liste aller Titel

Band I

Band II

Band III

Band IV

Titel aller Bücher und Vorlesungsausarbeitungen

In der folgenden Liste werden alle von SIEGEL publizierten Bücher, Monographien und vervielfältigten Ausarbeitungen SIEGELscher Vorlesungen erfaßt. Die Namen der Bearbeiter erscheinen in Klammern hinter dem Titel.

Bücher und Monographien

Transcendental Numbers, *Ann. of Math. Studies 16, Princeton 1949*

Transzendente Zahlen, *Bibliographisches Institut, Mannheim 1967 (aus dem Englischen übersetzt von B. FUCHSSTEINER und D. LAUGWITZ)*

Symplectic Geometry, *Academic Press Inc. 1964 (auch SIEGEL, Ges. Abh. Bd. II, S. 274–359)*

Vorlesungen über Himmelsmechanik, *Grundl. d. math. Wiss. Bd. 85, Springer-Verlag 1956*

Lectures on Celestial Mechanics, gemeinsam mit J. MOSER, *Grundl. d. math. Wiss. Bd. 187, Springer-Verlag 1971 (der Übersetzung, ausgeführt von C. J. KALME, lag eine erweiterte deutsche Fassung der Grundl. d. math. Wiss. Bd. 85 zugrunde)*

Zur Reduktionstheorie quadratischer Formen, *Publ. of the Math. Soc. of Japan, Nr. 5, 1959 (auch SIEGEL, Ges. Abh. Bd. III, S. 275–327)*

Topics in Complex Function Theory, *Intersc. Tracts in Pure and Appl. Math. Nr. 25, Wiley-Interscience*
Vol. I: Elliptic Functions and Uniformization Theory *1969 (aus dem Deutschen übersetzt von A. SHENITZER und D. SOLITAR)*
Vol. II: Automorphic Functions and Abelian Integrals *1971 (aus dem Deutschen übersetzt von A. SHENITZER und M. TRETKOFF)*
Vol. III: Abelian Functions and Modular Functions of Several Variables *1973 (aus dem Deutschen übersetzt von E. GOTTSCHLING und M. TRETKOFF)*

Vorlesungsausarbeitungen

1. Baltimore, Johns Hopkins University
Topics in Celestial Mechanics *1953, herausgegeben von E. K. HAVILAND und D. C. LEWIS, Jr.*

2. Bombay, Tata Institute of Fundamental Research
Lecture Notes in Mathematics
Nr. 7 On Quadratic Forms *1957 (K. G. RAMANATHAN)*
Nr. 23 On Advanced Analytic Number Theory *1. Ausgabe 1961, 2. Ausgabe 1965 (S. RAGHAVAN)*
Nr. 28 On Riemann Matrices 1963 (S. RAGHAVAN, S. S. RANGACHARI)
Nr. 42 On the Singularities of the Three-Body Problem *1967 (K. BALAGANGADHARAN, M. K. VENKATESHA MURTHY)*

3. Göttingen, Mathematisches Institut

Analytische Zahlentheorie 1951

Himmelsmechanik *1951/52 (W. Fischer, J. Moser, A. Stöhr)*

Ausgewählte Fragen der Funktionentheorie, *Teil I 1953/54, Teil II 1954 (E. Gottschling für beide Teile)*

Automorphe Funktionen in mehreren Variablen *1954/55 (E. Gottschling, H. Klingen)*

Quadratische Formen *1955 (H. Klingen)*

Analytische Zahlentheorie, *Teil I 1963 (K. F. Kürten), Teil II 1963/64 (K. F. Kürten, G. Köhler)*

Vorlesungen über ausgewählte Kapitel der Funktionentheorie, *Teil I 1964/65, Teil II 1965, Teil III 1965/66, alle Teile von Siegel selbst verfaßt*

4. New York University

Lectures on Analytic Number Theory *1945 (B. Friedman)*

Lectures on Geometry of Numbers *1945/46 (B. Friedman)*

5. Princeton, The Institute for Advanced Study

Analytic Functions of Several Complex Variables *1948/49 (P. T. Bateman)*

Lectures on the Analytic Theory of Quadratic Forms, *auch Princeton University, 1. Ausgabe 1935 (M. Ward), 2. verbesserte Ausgabe 1949, 3. verbesserte Ausgabe 1963 (U. Christian)*

Berichtigungen und Bemerkungen

(Die Ziffern am Zeilenanfang verweisen auf die Seiten)

Band I

1, Z. 2 v. u.: „Mathé-“ statt „Mathe-“

167, In Fußnote [4]) ist der zweite Satz zu streichen. Hierzu bemerkt der Autor: „Dieser Satz enthält nämlich erstens eine Hochstapelei, indem ich dann, weder ohne Mühe noch mit Mühe, aus (5) nicht die tieferliegende Behauptung ableiten konnte, und zweitens ist der von B. LEVI 1911 gegebene Beweis auch nicht in Ordnung. Die Behauptung wurde 1942 höchst geistvoll durch HAJÓS bewiesen.“

262, § 7, Absatz 2: Eine historische Korrektur gibt die Fußnote in Bd. IV, S. 144.

264, (146): „$|z'|^{1/3}$“ statt „$|z|^{1/3}$“

265, Z. 19 v.o.: Hinsichtlich einer korrekten Wahl von n vgl. die Fußnote in Bd. IV, S. 150.

326, Nr. 20: „Gewidmet ERNST HELLINGER zum 50. Geburtstage“

367, Z. 5 v.o.: „das“ statt „des“
Z. 3 v. u.: „4“ statt „8“

453, Nr. 24: „PAUL EPSTEIN gewidmet“

Band II

8, Nr. 28: „Geschrieben in Dankbarkeit und Verehrung für EDMUND LANDAU zu seinem 60. Geburtstag am 14. Februar 1937“

127, Z. 13–14 und 28 v.o. und S. 129, Z. 5 v.o.: „kompakten“ statt „abgeschlossenen“

128, Z. 4 v. u. bis S. 129, Z. 9 v.o.: Die hier angegebenen Überlegungen sind in Anlehnung an C. L. SIEGEL, Topics in Complex Function Theory III, p. 179–180 (Wiley-Interscience 1973) in folgender Weise zu verbessern und zu ergänzen:
„Es kann von vornherein angenommen werden, daß $a_{kl,\varkappa\lambda}$ in $\varkappa, \lambda$ symmetrisch ist. Die mit den quadratischen Formen

$$Q_{\varkappa\lambda} = \sum_{k,l} a_{kl,\varkappa\lambda}\, q_k q_l$$

gebildete Matrix hat zufolge

$$(\alpha) \qquad Q_{\varkappa\lambda} = c\, p_\varkappa p_\lambda$$

den Rang 1. Wir können voraussetzen, daß diese Rangaussage für alle 5^n durch $q_k = 0, \pm 1, \pm 2$ $(k = 1, 2, \ldots, n)$ bestimmte Spalten $\mathfrak{q} = (q_k)$ gilt. Dann ist

$$(\beta) \qquad \text{Rang}\,(Q_{\varkappa\lambda}) = 1$$

identisch in $\mathfrak{q}$ richtig, da die zweireihigen Unterdeterminanten der Matrix in jeder Variablen q_k Polynome vom Grad höchstens 4 sind.
Ist keine der Formen $Q_{\varkappa\varkappa}$ das Quadrat einer Linearform, so stimmen alle $Q_{\varkappa\lambda}$ zufolge

$$Q_{\varkappa\varkappa} Q_{\lambda\lambda} = Q_{\varkappa\lambda}^2$$

bis auf einen konstanten Faktor mit einer Form

$$Q = \sum_{k,l} a_{kl}^* q_k q_l$$

überein, so daß

$$a_{kl,\varkappa\lambda} = r_\varkappa r_\lambda a_{kl}^*$$

und nach Bd. II, S. 128 (82)

$$z_{kl} = a_{kl} + a_{kl}^* t \quad \text{mit} \quad t = \mathfrak{Z}_1[\mathfrak{r}]$$

wird. Dabei ist $\mathfrak{r}$ die von den Zahlen $r_1, r_2, \ldots, r_n$ gebildete Spalte. Wegen $n > 1$ liegt $\mathfrak{Z}$ also auf endlich vielen algebraischen Flächen, was wir ausschließen dürfen.
Es bleibt der Fall $Q_{\varkappa\varkappa} = L_\varkappa^2$ mit

$$L_\varkappa = \sum_k b_{\varkappa k} q_k \quad (\varkappa = 1, 2, \ldots, n)$$

zu untersuchen. Die Rangaussage (β) gestattet sofort

$$Q_{\varkappa\lambda} = L_\varkappa L_\lambda$$

zu schließen, indem eventuell auftretende Faktoren ± 1 in die Linearformen aufgenommen werden. Es ergibt sich

$$2 a_{kl,\varkappa\lambda} = b_{\varkappa k} b_{\lambda l} + b_{\varkappa l} b_{\lambda k}$$

oder auch

$$(\gamma) \qquad \mathfrak{Z} = \mathfrak{Z}_1[\mathfrak{B}] + \mathfrak{A}$$

mit gewissen Matrizen $\mathfrak{A} = (a_{kl})$ und $\mathfrak{B} = (b_{kl})$ aus einem endlichen Vorrat. Aus (α) folgt $L_x = \sqrt{c}\, p_k$ oder

$$\mathfrak{B}\mathfrak{q} = \mathfrak{p}\sqrt{c}$$

mit der ganzen Spalte $\mathfrak{p} = (p_\varkappa)$ und ganz rationalem c. Wählt man für $\mathfrak{q}$ der Reihe nach die Einheitsvektoren $\mathfrak{e}_1, \mathfrak{e}_2, \ldots, \mathfrak{e}_n$, so durchlaufe $\mathfrak{p}$ entsprechend das System der ganzen Spalten $\mathfrak{p}_1, \mathfrak{p}_2, \ldots, \mathfrak{p}_n$ und c das Zahlensystem $c_1, c_2, \ldots, c_n$. Wir fassen die sich ergebenden Relationen zusammen in

$$\mathfrak{B} = \mathfrak{G} \begin{pmatrix} \sqrt{c_1} & & 0 \\ & \sqrt{c_2} \ddots & \\ 0 & & \sqrt{c_n} \end{pmatrix} \quad \text{mit} \quad \mathfrak{G} = (\mathfrak{p}_1, \mathfrak{p}_2, \ldots, \mathfrak{p}_n)\,.$$

Da nach (γ) auch $\mathfrak{Z}_1$ in einem kompakten Teilbereich von F liegt, so gilt das für $\mathfrak{Z}$ Bewiesene analog für $\mathfrak{Z}_1$. Folglich ist

$$\mathfrak{B}^{-1} = \mathfrak{G}_1 \begin{pmatrix} \sqrt{c_1'} & & 0 \\ & \sqrt{c_2'} \ddots & \\ 0 & & \sqrt{c_n'} \end{pmatrix}$$

mit ganzen $\mathfrak{G}_1, c_1', c_2', \ldots, c_n'$. Also ist $\mathfrak{G} = \mathfrak{U}$ unimodular und $c_\varkappa = \pm 1$ ($\varkappa = 1, 2, \ldots, n$). Mit $\mathfrak{Z}^* = \mathfrak{Z}_1[\mathfrak{U}]$ ergibt sich

$$\mathfrak{Z} = \mathfrak{Z}^*[(e_{kl}\sqrt{c_k})] + \mathfrak{A} \quad (e_{kl} = \text{Kroneckersymbol})\,,$$

und diese Matrix hat nur dann einen positiven Imaginärteil, wenn durchweg $c_k = 1$ ist, woraus

$$\mathfrak{Z} = \mathfrak{Z}_1[\mathfrak{U}] + \mathfrak{A}$$

erhellt.“

169, Z. 5 v.u. und Z. 2 v.u.: „Civita“ statt „Cività“

173, Z. 16 v.o.: „$\ddot{F}$“ statt des zweiten „F“

183, Z. 2 v.o.: „$\frac{1}{r_1^{*3}}$“ statt „$\frac{1}{r_2^{*3}}$“

Z. 12 v.o.: „$\hat{r}_1^{-3}$“ statt „$\hat{r}_2^{-3}$“
Z. 13 v.o.: „$\hat{r}_1$“ statt „$\hat{r}_2$“
Z. 15 v.o.: „$\hat{r}_1 = \hat{r}_3$“ und „$\hat{r}_2 = \hat{r}_1$“ statt „$\hat{r}_2 = \hat{r}_3$“ und „$\hat{r}_3 = \hat{r}_1$“

195, Z. 7 v.u. und Z. 6 v.u.: „R_1“ *und* „R_2“ vertauschen

196, Z. 7 v.o. bis Z. 10 v.o.: „ω“ und „$1-\omega$“ vertauschen

220, Z. 7 v.u.: „éd.“ statt „ed.“

235, Z. 5 v.u. „$\mathfrak{c}\mathfrak{c}'$“ statt „$\mathfrak{c}$“

239, Z. 12 v.o.: „$\mathfrak{B}_0$“ statt „$\mathfrak{B}_0^*$“
Z. 5 v.u.: „$\mathfrak{B}^*$“ statt „$\mathfrak{C}^*$“

347, Z. 7 v.o.: „$-w_4 w_5$“ statt „$+w_4 w_5$“, dann Übereinstimmung mit den folgenden Formeln

378, Z. 9 v.u.: „12, 13“ statt „(12), (13)“

383, (61): „$(k > 4)$“ statt „$(k < 4)$“

386, Z. 5 v.u.: „(mod 16)“ statt „(mod 4)“

Band III

15, Z. 2 v.o.: „$\lambda \succ 1$“ statt „$[\lambda \succ 1]$“

48, Z. 1 v.o.: Hinter „$4 m_3^{-1}$“ einschalten „, χ a proper character“

58, Z. 5 v.u.: „We have“ statt „It suffices“

59, Z. 8 v.o.: „a“ statt „1“

82, Z. 12 v.u.: „$1 - s$“ statt „1^{-s}“

83, Z. 8 v.o.: „B_k“ statt „Bk“

97, Nr. 57: „ERHARD SCHMIDT zum 75. Geburtstag gewidmet“

228, Nr. 66: „ISSAI SCHUR zum Gedächtnis“

237, (36): „$(\varphi_1(i\eta, z) - \eta^{\frac{1}{2}z} - \frac{\omega(1-z)}{\omega(z)}\, \eta^{\frac{1}{2}(1-z)})$“ statt „$\varphi_1(i\eta, z)$“

238, Z. 5 v.o.: „$(\vartheta_1(i\eta) - 1)$“ statt „$\vartheta_1(i\eta)$“

306, Z. 1 v.u.: „ϱ“ statt „$\dot{\varrho}$“

331, Z. 6 v.u.: „$n + 1$) mit $x_{n+1} = 1$ und $k_{n+2} = -1$.“ statt „n), $k_{n+1} = 0$.“

332, Z. 4 v.o.: „j_q“ statt „g_q“

Z. 8 v.o.: „$\sum_{t=q}^{n+1}$“ statt „$\sum_{t=q}^{n}$“ und „k_{t+1}“ statt „k_{+1}“

Z. 9 v.o.: „$\log \frac{2}{x_n}$“ statt „$\log x_n^{-1}$“

341, (12): „$\overline{G(\mathfrak{m}^*, \tau)}$“ statt „$G(\mathfrak{m}^*, \tau)$“

357, Z. 14 v. u.: „dem durch $Y = Y_0$ bestimmten“ statt „dem“

Z. 13 v. u. ist durch „ $\operatorname{abs} w_{kl} = \begin{cases} e^{-b} \, (k = l, \, b = c_2^{-1} \pi), \\ 1 \quad (k < l). \end{cases}$“ zu ersetzen.

Z. 6 v. u.: „$\frac{1}{2} n \, (n + 1)$“ statt „n“

358, Z. 14 v. u. bis 11 v. u. ersetze man durch „Nun sei $Y \geqq Y_0$ und X beliebig, also“
Z. 8 v. u.: „dem gegebenen Bereich, der den Fundamentalbereich $\mathfrak{F}$ zufolge Hilfssatz 1 und (24) im Innern enthält.“ statt „ganz $\mathfrak{F}$.“

360, Z. 7 v. o. und S. 362, Z. 9 v. u.: „$f(Z)$“ statt „$f(z)$“

366, Nr. 76: „KURT REIDEMEISTER zum 70. Geburtstag gewidmet“

373, Z. 3 v. o. und S. 484, Nr. 77: „1963“ statt „1960“

375, Z. 4 v. o.: „$t_1 t_2 \ldots t_n$“ statt „$t_1, t_2, \ldots, t_n$“

377, Z. 7 v. u.: „linearen“ statt „inearen“

407, Z. 8 v. o.: „d^3“ statt „d^2“

448, Z. 16 v. o.: Hinweis auf Bd. I, S. 411 und 412

455, Z. 10 v. o.: „(35)“ statt „(32)“
Z. 13 v. o.: Mit [4] wird auf Bd. II, S. 163–164 hingewiesen.
Z. 14 v. o.: Hinweis auf Bd. III, S. 314–316

462, Z. 4 v. o. und S. 484, Nr. 81: „1965, Heft 36“ statt „1964, Heft 36“

481, Nr. 15: „k“ statt „K“

Offsetdruck: Julius Beltz, Weinheim/Bergstr.

Printed in the United States
By Bookmasters